JN297653

発光の事典

基礎からイメージングまで

木下 修一
太田 信廣
永井 健治
南 不二雄

［編集］

朝倉書店

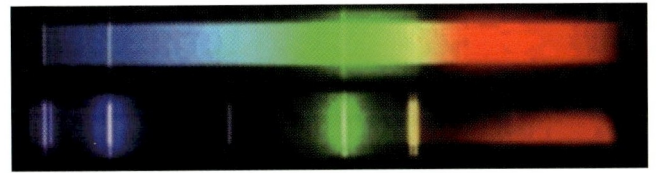

口絵 1 水銀灯と蛍光灯のスペクトルの違い（図 1.2.5 参照）
原子からの発光は離散的であるがこれを蛍光体の発光に変えることにより連続的な発光が得られる．可視部の強い 4 本の輝線は 405 nm，437 nm（紫），536 nm（緑）および 577, 579 nm（黄-橙）のダブレット．

口絵 2 ピレンの蛍光（左）とりん光（右）（図 1.3.1 参照）

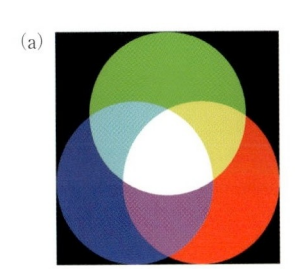

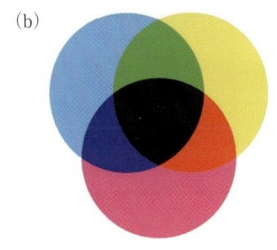

口絵 3 (a) 光の 3 原色と (b) 色の 3 原色（図 2.1.12 参照）

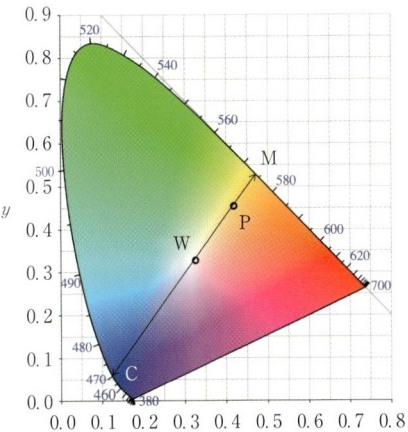

口絵 4 XYZ 表色系における色度図．（図 2.1.15 参照）
W は白色点を示す．点 P で表される色の色相は点 M で与えられ，その補色は点 C になる．百分率で表した線分の長さの比 $\overline{PW}/\overline{MW}*100$（％）を刺激純度と呼び，彩度に相当する量を与える．

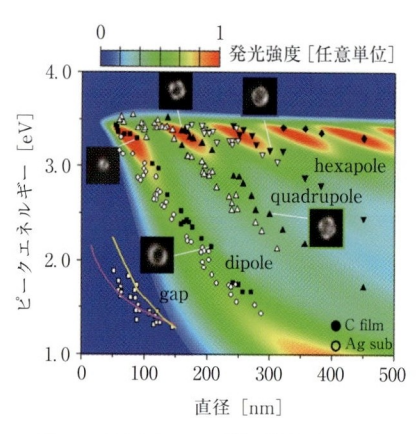

口絵 5 銀微粒子からの発光（図 4.2.36 参照）
発光ピークのサイズ依存．黒丸はカーボン支持膜，白丸は銀基板上の銀微粒子の発光ピークエネルギーをプロットしたもの（文献 9 より引用）．

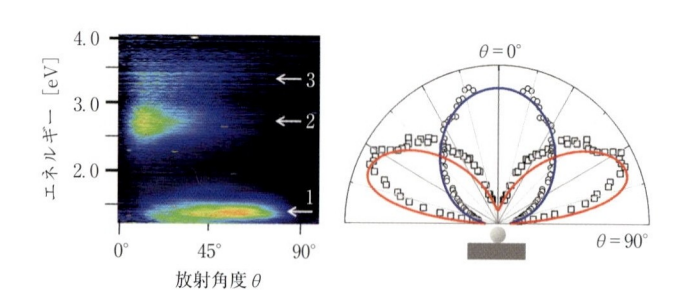

口絵 6 直径 140 nm の微粒子からの角度分解スペクトル（左）と発光強度の角度分布（右）（図 4.2.37 参照）
四角い点がギャップモード (1)，丸い点がミーモード (2, 3) の放射強度の測定値で，暗線と明線がそれぞれに対する理論計算結果である（文献 9 より引用）．

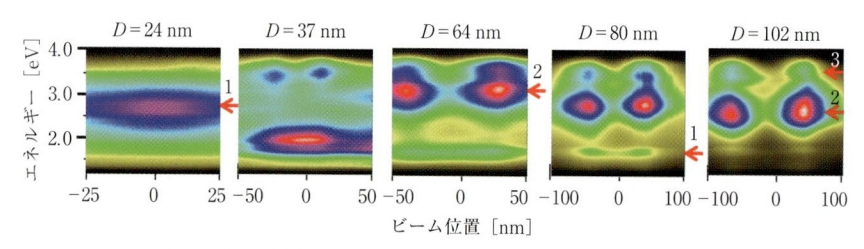

口絵 7 いろいろなサイズの銀微粒子を横切るようにビーム走査しながら測定して得たビーム走査スペクトル像（横軸は電子ビーム位置，縦軸は発光エネルギー．図 4.2.38 参照）

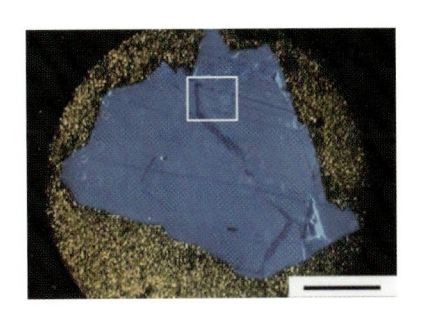

口絵 8 蛍石のカソードルミネセンス画像（カラー CL 画像．図 4.3.14 参照）

(a)

(b)

口絵 9 松代群発地震における地震発光の写真（松代地震センター提供．図 4.3.19 参照）

(a) 1966 年 2 月 12 日 04 時 17 分妻女山付近：松代町西方妻女山付近が仰角 5°くらいまで広い範囲（数 km 幅）で夕焼のような色を示し，夕焼のなかでも最も複雑な，どすぐろい色に見えた．継続時間は 35 秒．地震発生は 4 時 05 分 56 秒に M4.2 が発生しており，そのほか震源やマグニチュードが決められていない地震が断続的に起こっている[11]．

(b) 1966 年 9 月 26 日 03 時 25 分奇妙山一帯撮影：一帯が 96 秒間白色蛍光灯のごとく山にそって光った．光帯の仰角は 5～15°．最輝時の 40 秒間は満月の明るさの 3 倍程度で腕時計の秒針がはっきりと読めた．この現象と最も近接する地震は観測所の記録としては前 3：20 と後ろに 3：45[11] で安井の文献 9 では，11 分および 37 分となっている．

口絵10 各種発光生物（図6.1.15参照）
a：ブラジル産ヒカリコメツキムシ，b：発光サメ，c：クモヒトデ．

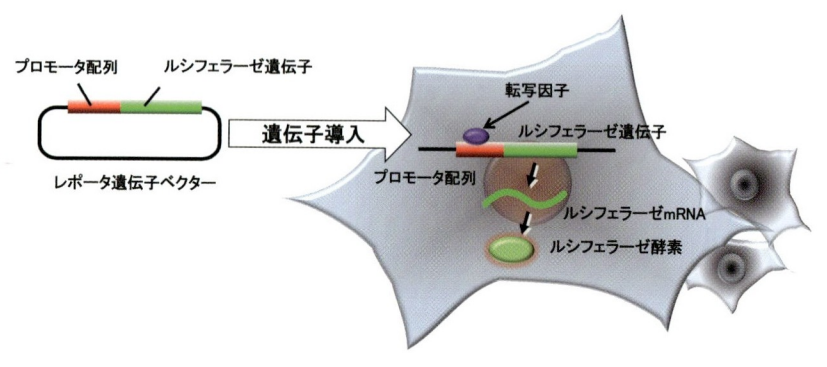

口絵11 ルシフェラーゼ遺伝子導入レポータアッセイの原理（図6.1.21参照）

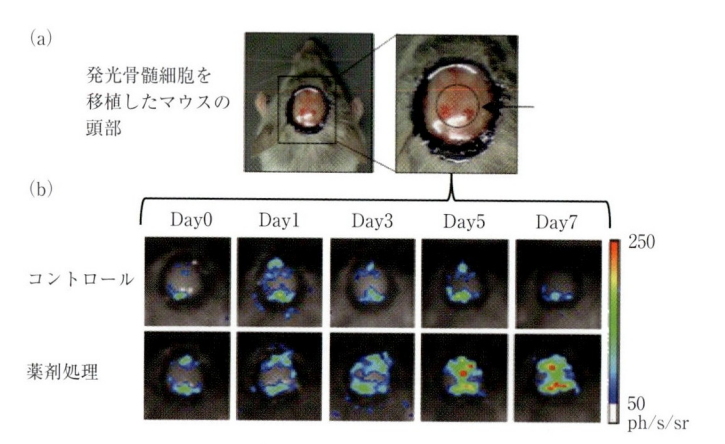

(a) 発光骨髄細胞を移植したマウスの頭部

(b) コントロール／薬剤処理　Day0　Day1　Day3　Day5　Day7

口絵12 発光TGマウス由来発光骨髄細胞を移植したマウスの頭部（a）と骨髄細胞の脳内浸潤過程の光イメージング（b）（図6.1.23参照）

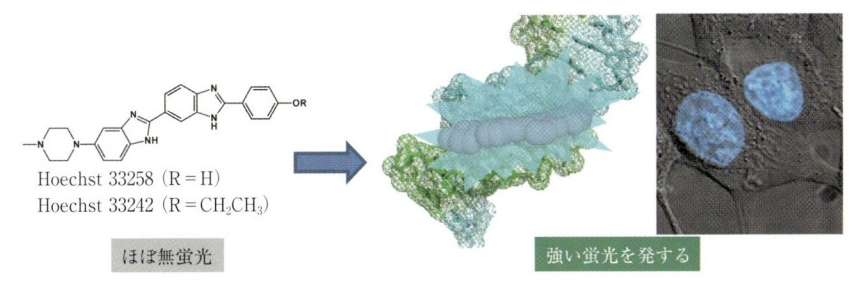

口絵13 蛍光プローブの機能と核染色プローブ（図7.1.6参照）

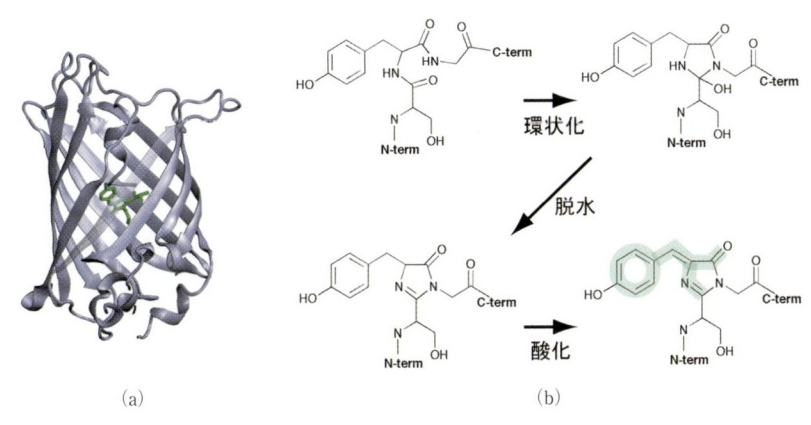

口絵14 GFPの立体構造と発色団の形成過程（図7.1.9参照）
(a) Protein Data Baseのデータ（1EMB）をもとにVMD（フリーソフトウエア）を用いてリボン表示したもの．発色団（緑）をスティック表示した．(b) セリン（Ser），チロシン（Tyr），グリシン（Gly）の三つのアミノ酸から発色団が形成される過程を示す．成熟発色団の共役π電子系を緑で表した．

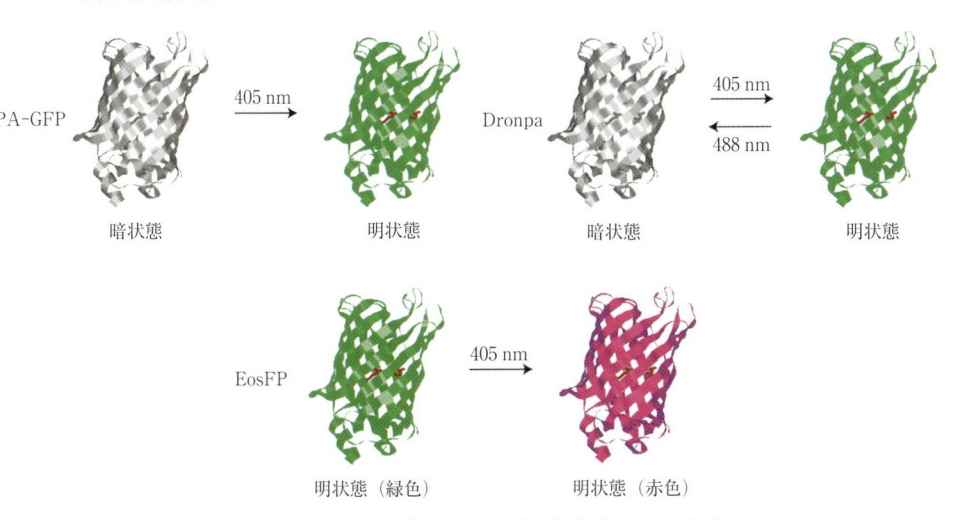

口絵15 光スイッチング蛍光タンパク質の特性（図7.1.11参照）
PA-GFPは不可逆的，Dronpaは可逆的に明暗状態間を変化する．EosFPは不可逆的に蛍光色が変化する．

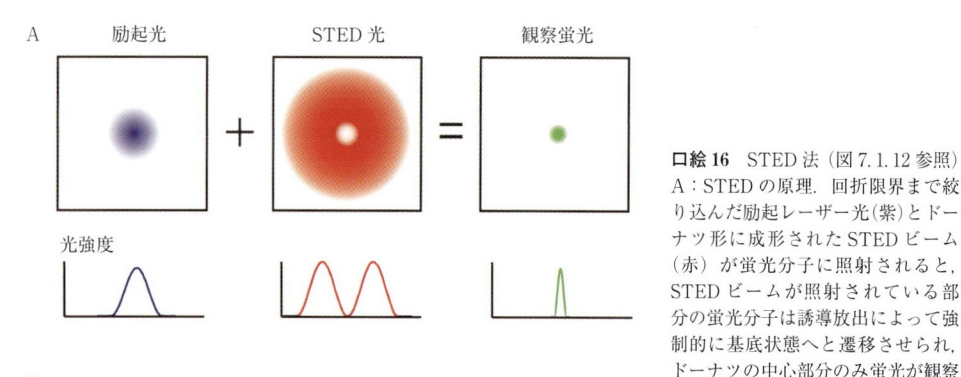

口絵 16 STED 法（図 7.1.12 参照）
A：STED の原理．回折限界まで絞り込んだ励起レーザー光（紫）とドーナツ形に成形された STED ビーム（赤）が蛍光分子に照射されると，STED ビームが照射されている部分の蛍光分子は誘導放出によって強制的に基底状態へと遷移させられ，ドーナツの中心部分のみ蛍光が観察される（緑）．この領域は回折限界よりも小さく，数十 nm の半値全幅をもつ鋭いピーク形状の蛍光スポットとなる．
B：STED 法による黄色蛍光タンパク質 Citrine で標識した小胞体の超解像観察．右パネルは同視野の共焦点顕微鏡観察像を示す．文献 27 よりそれぞれ *PNAS* の許可を得て掲載．スケールバーは 5 μm．

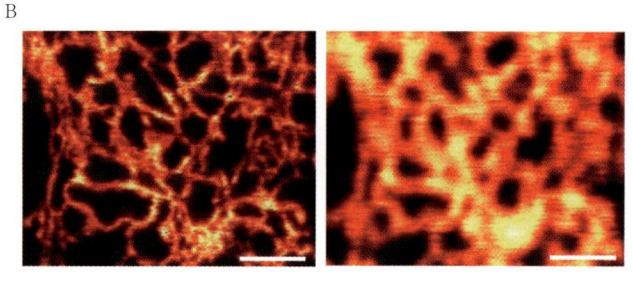

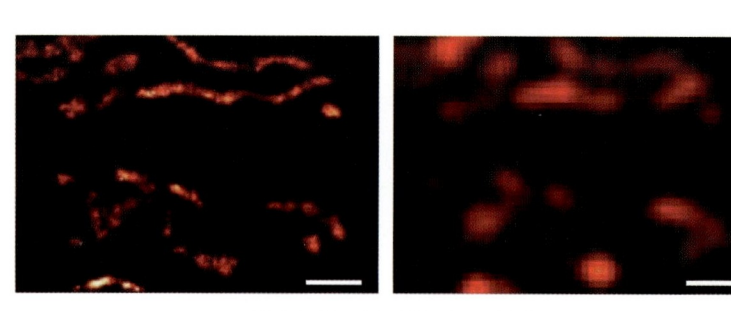

口絵 17 PALM 法（図 7.1.13 参照）
PALM による dEosFP で標識したミトコンドリアの超解像観察．右パネルは同視野の全反射顕微鏡像を示す．文献 31 より *Science* の許可を得て掲載．スケールバーは 1 μm．

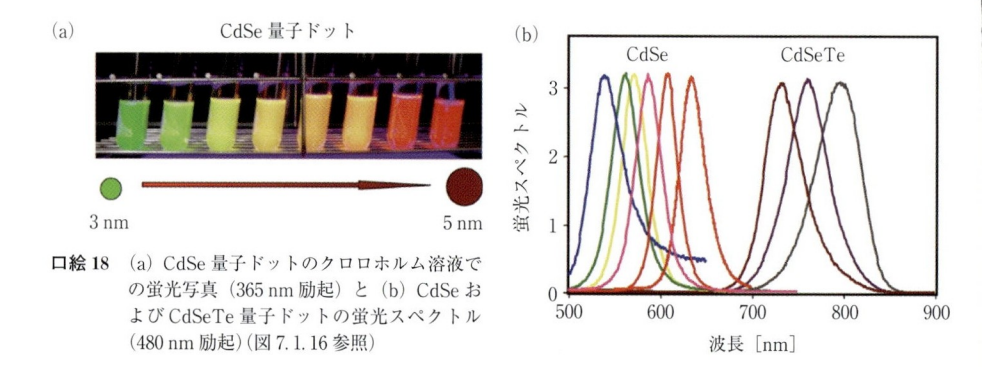

口絵 18 (a) CdSe 量子ドットのクロロホルム溶液での蛍光写真（365 nm 励起）と (b) CdSe および CdSeTe 量子ドットの蛍光スペクトル（480 nm 励起）（図 7.1.16 参照）

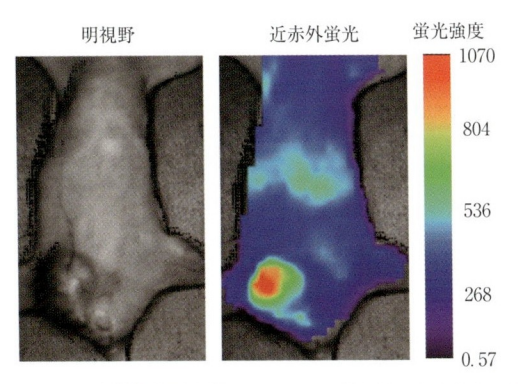

口絵 19　HER2抗体修飾近赤外CdSeTe/CdS量子ドットによるHER2⁺乳がん腫瘍のイメージング（800 nm蛍光．図7.1.22参照）

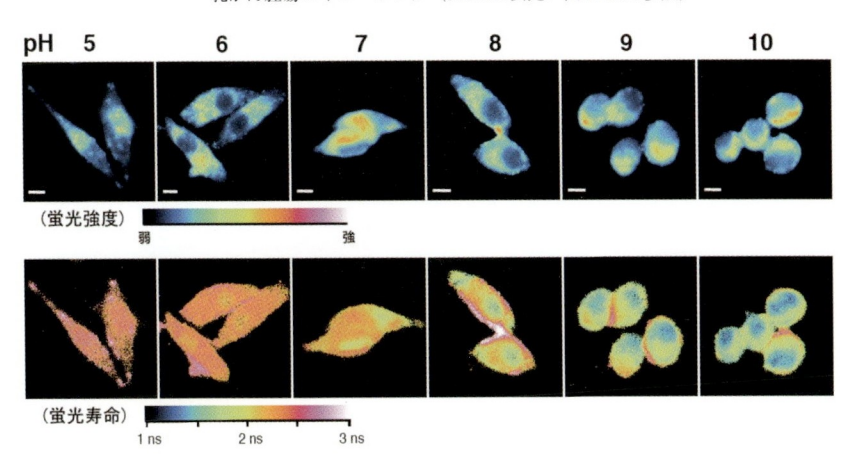

口絵 20　ヒーラ細胞内のNADHの蛍光強度画像（上）および蛍光寿命画像（下）の細胞内水素イオン濃度(pH)依存性(文献6より許可を得て転載ⓒ2011, American Chemical Society. 図7.1.34参照）
pHの増加とともに細胞内のNADHの蛍光寿命が減少する．スケールバーは10 μm.

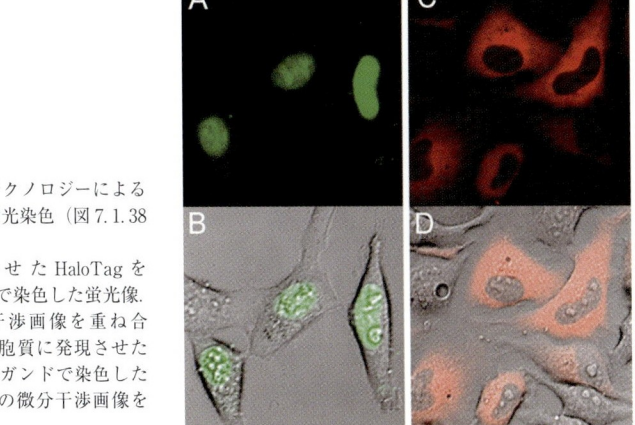

口絵 21　HaloTagテクノロジーによる生細胞の蛍光染色（図7.1.38参照）

A：核に発現させたHaloTagをdiAcFAMリガンドで染色した蛍光像．B：Aとその微分干渉画像を重ね合わせたもの．C：細胞質に発現させたHaloTagをTMRリガンドで染色した蛍光像．D：Cとその微分干渉画像を重ね合わせたもの．

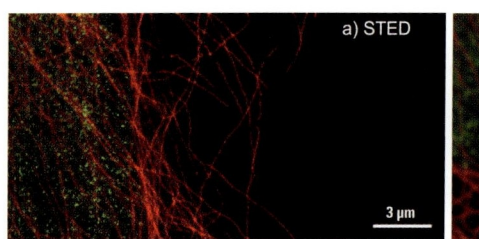

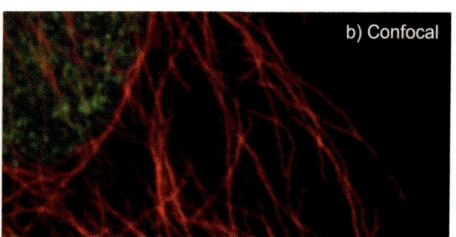

口絵22 a) STED顕微鏡,およびb)共焦点顕微鏡で得られたHeLa細胞の蛍光像(赤:チューブリン,緑:ヒストンH3.ライカマイクロシステムズ社提供.図7.3.16参照)

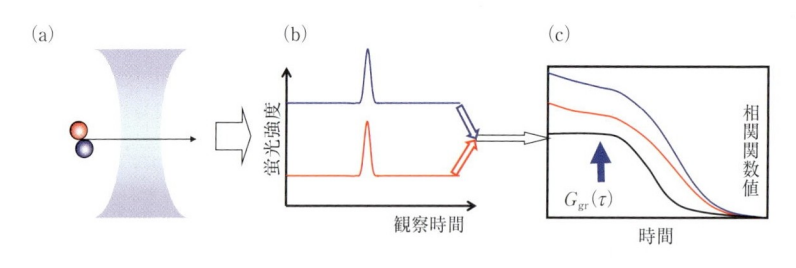

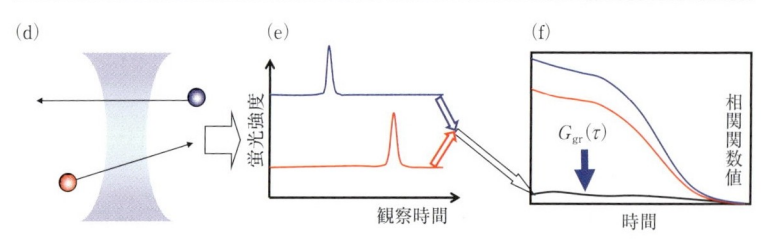

口絵23 蛍光相互相関分光法の概念図(図7.3.20参照)
(a) 2種類の蛍光色素に何らかの相互作用があると,(b) 赤と青の同時シグナル変化が検出され,(c) 赤色蛍光,青色蛍光の自己相関関数と,二つの信号の相互相関関数が求められる.(d) 2種類の蛍光色素に相互作用がないと,(e) 赤と青のシグナルに同時性はなく,(f) そのために低い相互相関関数となる.(c),(f) いずれの場合も相互相関数の曲線以外に,自己相関関数の曲線も得られる.

口絵24 左より60 W白熱電球(消費電力54 W,全光束810 lm),60形電球形蛍光灯(10 W,810 lm),50形LED電球(11 W,640 lm)(図8.1.5参照)

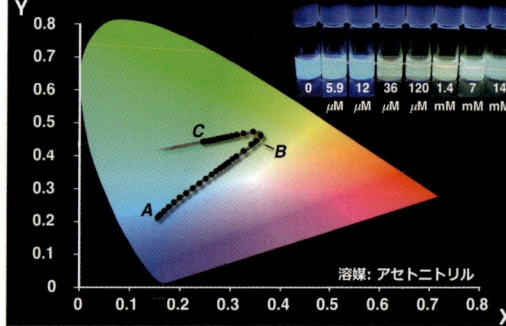

口絵25 アセトニトリル中,BzIm-An (50 μM)にZn^{2+}イオン(〜14 mM)を滴下した際のCIE色度図(図8.2.26参照)
A:0 M, B:75 μM, C:66 mM.

まえがき

　朝倉書店から，発光のハンドブックを編集してみないかという申し出があったとき，私はあいまいな返事をしてしまった．それは編集という仕事が大変なことだということもあったが，発光という分野があまりにも広いということが主な理由だった．学問分野からみても，物理，化学，生物，天文・地学，それにいま盛んに行われている蛍光イメージング，さらには，光源として利用される発光，発光を利用したさまざまなデバイス，照明など，いずれにしても，私一人ではとてもカバーできる分野ではなかった．そんなとき，国際会議で化学の太田信廣氏にお会いしてこの話をすると，熱心に話に乗ってこられ，このことが，私がこの膨大な分野の編集を引き受けるきっかけになったといえる．その後，物理分野で私の先輩に当たる南 不二雄氏に無理を承知で引き受けていただき，最後は，生物およびイメージング分野で適当な方を探した．イメージング分野はいま大変ホットな分野であるので，是非とも本書の中心として組み入れたいが，ホットなだけに忙しい方も多くなかなか引き受け手が見つからなかった．ようやく永井健治氏がお忙しいなか引き受けていただけることになって，発光の学問分野のうち，物理・化学・生物という基礎的な分野とイメージングがそろったことになる．

　第1回の編集会議が開かれたのが2010年12月で，このときはこれまでに出版されている蛍光に関する本を持ち寄って，この本でカバーすべき分野について議論した．その後，何回かの会議を経て内容を煮詰めていった．発光のハンドブックで最もマークすべき本はJ. R. Lakowiczの"Principles of Fluorescence Spectroscopy"である．実際，世界中どこを見渡してもこれに匹敵するような本は見当たらない．逆に，このことが発光のハンドブックづく

りがいかに大変なことかを如実に物語っているように思われた．とりあえず，Lakowiczの本の上をいくことを目標とし，彼の本で扱われている分野を書き出してみた．そうすると，測定法や化学・生物化学分野では非常に詳しく丁寧に書かれているが，逆に，発光そのものの原理，物理，生物，天文・地学分野，それに民生用の応用にはほとんど触れられていないことがわかった．照明や発光デバイスを含む民生用の応用分野は大変広く，それぞれの分野でハンドブックがすでに発行されている．そこで，この方面の応用分野は必要最低限にとどめ，発光の基礎に重点をおき，また，いま活発に用いられているイメージング分野を充実させることにした．さらには，発光の話に至るまでの基礎的な知識も項目として加え，この分野に入ろうとする読者の便宜を図ることにした．一方，ハンドブックという名称は専門家を対象とするイメージが強いので，全体を事典形式とし，各項目が独立性をもつような形にした．

　そうして出来上がったのが本書である．項目数が増えたことによって，各項目の長さが短くなってしまったことは非常に残念だが，世界中を見渡してもこれほど充実した発光の総合的な本は見当たらないだろうと自負している．蛍光を一から学んでみたい，各分野から蛍光を概観したい，イメージングを始めたいという初学者には格好のガイドになるだろうし，参考文献を豊富につけていただいたので，それぞれの分野の専門家にもよい座右の書になるのではないかと考えている．この本が発光現象を網羅した手引書として，末永く愛されることを望んで止まない．

　　2015年8月

編集委員を代表して
木　下　修　一

編集委員

木下　修　一	大阪大学名誉教授
太田　信　廣	台湾国立交通大学応用化学系及び分子科学研究所講座教授
永井　健　治	大阪大学産業科学研究所教授
南　　不二雄	東京工業大学名誉教授

執筆者 (五十音順)

青木　裕　之	京都大学大学院工学研究科
秋本　誠　志	神戸大学分子フォトサイエンス研究センター
安達　千波矢	九州大学最先端有機光エレクトロニクス研究センター
新井　由　之	大阪大学産業科学研究所
飯森　俊　文	室蘭工業大学大学院工学研究科
石橋　宗　典	テキサス大学健康科学センター
伊都　将　司	大阪大学大学院基礎工学研究科
伊藤　紳三郎	京都大学大学院工学研究科
伊藤　隆　夫	広島大学大学院総合科学研究科
岩田　哲　郎	徳島大学大学院ソシオテクノサイエンス研究部
上田　昌　宏	大阪大学大学院生命機能研究科
宇田川　康　夫	東北大学名誉教授
浦野　泰　照	東京大学大学院医学系研究科
江幡　孝　之	広島大学大学院理学研究科
王子田　彰　夫	九州大学大学院薬学研究院
大島　康　裕	東京工業大学大学院理工学研究科
太田　俊　明	立命館大学総合科学技術研究機構SRセンター
太田　信　廣	台湾国立交通大学応用化学系及び分子科学研究所
近江谷　克　裕	産業技術総合研究所バイオメディカル研究部門
岡本　裕　巳	自然科学研究機構分子科学研究所
小川　哲　生	大阪大学大学院理学研究科

執 筆 者

小澤　岳昌	東京大学大学院理学系研究科
梶川　浩太郎	東京工業大学大学院総合理工学研究科
片山　哲郎	関西学院大学理工学部
加藤　昌子	北海道大学大学院理学研究院
門倉　　昭	国立極地研究所宙空圏研究グループ
兼松　泰男	大阪大学大学院工学研究科
金光　義彦	京都大学化学研究所
河合　　壯	奈良先端科学技術大学院大学物質創成科学研究科
川上　良介	北海道大学電子科学研究所
菅野　　憲	富山大学大学院理工学研究部（工学）
喜多村　昇	北海道大学大学院理学研究院
北森　武彦	東京大学大学院工学系研究科
木下　修一	大阪大学名誉教授
木村　正廣	高知工科大学名誉教授
金城　政孝	北海道大学大学院先端生命科学研究院
小谷　正博	学習院大学名誉教授
小塚　　淳	理化学研究所生命システム研究センター
小林　孝嘉	電気通信大学先端超高速レーザー研究センター
迫田　和彰	物質・材料研究機構先端フォトニクス材料ユニット
佐藤　夏雄	国立極地研究所名誉教授
清水　久史	東京大学大学院工学系研究科
神　　　隆	理化学研究所生命システム研究センター
須川　光弘	学習院大学理学部
鈴木　健吾	浜松ホトニクス株式会社システム事業部
関谷　　博	九州大学大学院理学研究院
竹内　繁樹	京都大学大学院工学研究科
田原　太平	理化学研究所田原分子光研究室
玉井　尚登	関西学院大学理工学部
飛田　成史	群馬大学大学院理工学府
永井　健治	大阪大学産業科学研究所
中野　英之	室蘭工業大学大学院工学研究科

執筆者

中林 孝和	東北大学大学院薬学研究科
中村 新男	公益財団法人豊田理化学研究所
西坂 宗之	学習院大学理学部
西戸 裕嗣	岡山理科大学生物地球学部
西村 賢宣	筑波大学数理物質系
蜷川 清隆	岡山理科大学理学部
根本 知己	北海道大学電子科学研究所
橋本 修	群馬県立ぐんま天文台
長谷川 靖哉	北海道大学大学院工学研究院
原口 徳子	情報通信研究機構未来ICT研究所
原田 慶恵	京都大学物質-細胞統合システム拠点
日比 輝正	北海道大学電子科学研究所
平岡 泰	大阪大学大学院生命機能研究科
藤井 朱鳥	東北大学大学院理学研究科
藤井 正明	東京工業大学資源化学研究所
藤田 克昌	大阪大学大学院工学研究科
舛田 哲也	株式会社島津製作所分析計測事業部
舛本 泰章	筑波大学名誉教授
松下 道雄	東京工業大学大学院理工学研究科
松田 知己	大阪大学産業科学研究所
皆川 純	自然科学研究機構基礎生物学研究所
南 不二雄	東京工業大学名誉教授
宮坂 博	大阪大学大学院基礎工学研究科
宮永 之寛	大阪大学大学院理学研究科
森 竜雄	愛知工業大学工学部
山中 千博	大阪大学大学院理学研究科
山本 直紀	東京工業大学大学院理工学研究科
湯浅 順平	奈良先端科学技術大学院大学物質創成科学研究科

目　次

1. **発 光 の 概 要**　…………………………………………………………… 1
   1.1　本書の概要 ……………………………………………〔木下修一〕… 1
   1.2　いろいろな発光 ………………………………………〔宇田川康夫〕… 5
   1.3　発光研究の経緯 ………………………………………〔太田信廣〕… 14

2. **発 光 の 基 礎**　………………………………………………………… 26
   2.1　電磁波としての光 …………………………………………………… 26
   　2.1.1　光とは …………………………………………〔木下修一〕… 26
   　2.1.2　マクスウェル方程式と電磁波 ………………〔木下修一〕… 28
   　2.1.3　電磁波の放射 …………………………………〔木下修一〕… 36
   　2.1.4　偏光と偏光状態 ………………………………〔木下修一〕… 41
   　2.1.5　光と色 …………………………………………〔木下修一〕… 44
   2.2　量子としての光 ……………………………………………………… 50
   　2.2.1　光子とその状態 ………………………………〔小川哲生〕… 50
   　2.2.2　量子的な光の発生 ……………………………〔竹内繁樹〕… 56
   　2.2.3　量子もつれ合い光子対と量子情報処理 ……〔竹内繁樹〕… 61
   2.3　発光の仕組み ………………………………………………………… 67
   　2.3.1　発光とは何か …………………………………〔木下修一〕… 67
   　2.3.2　吸収と発光のスペクトル形状 ………………〔木下修一〕… 79

3. **発 光 測 定 法**　………………………………………………………… 88
   3.1　スペクトル測定 ……………………………………………………… 88
   　3.1.1　発光測定の概要 ………………………………〔太田信廣〕… 88
   　3.1.2　発光測定の実際 ………………………………〔太田信廣〕… 94
   　3.1.3　発光測定における補正 ………………………〔太田信廣〕… 100
   　3.1.4　発光量子収率の測定法 ………………………〔鈴木健吾〕… 107
   3.2　時 間 測 定 …………………………………………………………… 112
   　3.2.1　時間分解測定の概要 …………………………〔田原太平〕… 112

3.2.2　時間相関単一光子計数法……………………………………〔木下修一〕… 118
3.2.3　周波数領域法…………………………………………………〔岩田哲郎〕… 124
3.2.4　アップコンバージョン法……………………………………〔中林孝和〕… 132
3.2.5　ストリークカメラ……………………………………………〔西村賢宣〕… 137
3.2.6　解析方法………………………………………………………〔秋本誠志〕… 143
3.2.7　光カーゲート法………………………………………………〔兼松泰男〕… 148
3.3　いろいろな分光法……………………………………………………………… 153
3.3.1　非線形蛍光法…………………………………………………〔藤井正明〕… 153
3.3.2　蛍光相関分光法………………………………〔伊都将司・宮坂　博〕… 159
3.3.3　近接場分光……………………………………………………〔岡本裕巳〕… 165
3.3.4　単一分子分光…………………………………………………〔松下道雄〕… 171
3.3.5　変調分光法……………………………………………………〔飯森俊文〕… 180
3.3.6　超音速ジェット………………………………………………〔江幡孝之〕… 188
3.3.7　サイト選択分光………………………………………………〔藤井朱鳥〕… 193
3.3.8　増感りん光分光法……………………………………………〔江幡孝之〕… 199
3.3.9　量子ビート分光………………………………………………〔大島康裕〕… 201

4. 発光の物理……………………………………………………………………… 209
4.1　原子分子発光…………………………………………………………………… 209
4.1.1　原子や分子のエネルギー準位………………………………〔木村正廣〕… 209
4.1.2　原子と光の相互作用…………………………………………〔南　不二雄〕… 216
4.1.3　原子・分子の発光……………………………………………〔木村正廣〕… 221
4.1.4　プラズマ発光…………………………………………………〔木村正廣〕… 228
4.1.5　自然放出とその制御…………………………………………〔迫田和彰〕… 233
4.2　固体の発光現象………………………………………………………………… 238
4.2.1　半導体と発光現象…………………………………………………………… 238
4.2.1.1　半導体の発光現象…………………………………〔南　不二雄〕… 238
4.2.1.2　励起子………………………………………………〔南　不二雄〕… 243
4.2.1.3　ナノ構造と量子閉じ込め効果……………………〔舛本泰章〕… 248
4.2.2　不純物中心や微粒子の発光現象…………………………………………… 254
4.2.2.1　半導体の不純物が関与する発光現象……………〔南　不二雄〕… 254
4.2.2.2　不純物中心…………………………………………〔兼松泰男〕… 260
4.2.2.3　色中心………………………………………………〔中村新男〕… 265
4.2.2.4　金属微粒子の発光…………………………………〔山本直紀〕… 272
4.2.2.5　金属と表面プラズモン共鳴………………………〔梶川浩太郎〕… 277
4.2.2.6　半導体ナノ粒子の発光明滅現象…………………〔金光義彦〕… 281

 4.3　天文・気象・鉱物の発光……………………………………………………288
  4.3.1　大気の発光現象（オーロラ）……………〔佐藤夏雄・門倉　昭〕…288
  4.3.2　星の発光……………………………………………〔橋本　修〕…294
  4.3.3　地質鉱物学における発光の利用…………………〔蜷川清隆〕…299
  4.3.4　鉱物のルミネセンス………………………………〔西戸裕嗣〕…303
  4.3.5　地震に伴う発光現象………………………………〔山中千博〕…311

5. 発光の化学 …………………………………………………………………320
 5.1　光と分子の相互作用……………………………………………………320
  5.1.1　分子のエネルギー準位……………………………〔太田信廣〕…320
  5.1.2　吸収，発光と遷移双極子モーメント……………〔太田信廣〕…326
  5.1.3　分子の吸収，発光と選択則………………………〔太田信廣〕…332
 5.2　発光と溶媒効果…………………………………………………………339
  5.2.1　発光分子の溶媒効果………………………………〔喜多村　昇〕…339
  5.2.2　発光分子の温度・粘度効果………………………〔喜多村　昇〕…343
  5.2.3　発光分子の環境効果………………………………〔喜多村　昇〕…348
  5.2.4　発光の偏光…………………………………………〔宇田川康夫〕…353
 5.3　発光のダイナミクスと緩和……………………………………………358
  5.3.1　分子内緩和と発光（理論的取扱い）……………〔太田信廣〕…358
  5.3.2　分子内緩和と発光（実験結果）…………………〔太田信廣〕…366
  5.3.3　励起状態ダイナミクスと緩和……………………〔中林孝和〕…373
  5.3.4　蛍光偏光解消………………………〔青木裕之・伊藤紳三郎〕…378
  5.3.5　遅延蛍光……………………………………………〔小谷正博〕…382
  5.3.6　発光への磁場効果…………………〔太田信廣・飯森俊文〕…387
  5.3.7　発光への電場効果…………………〔太田信廣・飯森俊文〕…393
  5.3.8　金属表面での radiative decay engineering ………〔中林孝和〕…401
 5.4　反応と蛍光………………………………………………………………405
  5.4.1　エネルギー移動……………………………………〔玉井尚登〕…405
  5.4.2　励起状態反応………………………………………〔飛田成史〕…418
  5.4.3　光誘起電子移動……………………〔宮坂　博・片山哲郎〕…422
  5.4.4　会合体………………………………………………〔玉井尚登〕…429
  5.4.5　エキシマーとエキサイプレックス………………〔関谷　博〕…437
  5.4.6　光異性化反応………………………………………〔関谷　博〕…445
  5.4.7　プロトン移動………………………………………〔関谷　博〕…451
 5.5　発光物質のいろいろ……………………………………………………457
  5.5.1　有機蛍光分子の発色団と発光特性………………〔浦野泰照〕…457
  5.5.2　有機蛍光分子の一般的使用法……………………〔浦野泰照〕…463

|　　5.5.3　遷移金属錯体の発光……………………………………〔加藤昌子〕… 465
|　　5.5.4　希土類物質の発光……………………………………〔長谷川靖哉〕… 471
|　　5.5.5　孤立電子対を有する分子からの発光………………〔伊藤隆夫〕… 475

6. 発光の生物 …………………………………………………………………… 482
6.1　生物発光現象 ……………………………………………………………… 482
　　6.1.1　化学発光概説……………………………〔菅野　憲・小澤岳昌〕… 482
　　6.1.2　液相化学発光反応………………………〔菅野　憲・小澤岳昌〕… 488
　　6.1.3　発光生物概論……………………………………〔近江谷克裕〕… 493
　　6.1.4　発光生物各論……………………………………〔近江谷克裕〕… 497
　　6.1.5　生物発光分析……………………………………〔近江谷克裕〕… 502
　　6.1.6　酵素反応に伴う微弱発光………………………〔近江谷克裕〕… 506
6.2　色素と生物 ………………………………………………………………… 510
　　6.2.1　生物における色素の役割………………………〔皆川　純〕… 510
　　6.2.2　光合成系…………………………………………〔皆川　純〕… 513
　　6.2.3　光受容体…………………………………………〔皆川　純〕… 515
　　6.2.4　生物機能をもつ代表的な色素…………………〔皆川　純〕… 517

7. 蛍光イメージング …………………………………………………………… 525
7.1　蛍光イメージングの基礎 ………………………………………………… 525
　　7.1.1　蛍光顕微鏡概説…………………………………〔平岡　泰〕… 525
　　7.1.2　有機小分子蛍光プローブの活用によるライブイメージング
　　　　　　…………………………………………………〔浦野泰照〕… 530
　　7.1.3　蛍光タンパク質…………………………………〔永井健治〕… 536
　　7.1.4　量子ドット蛍光プローブ………………………〔神　　隆〕… 547
　　7.1.5　ダイヤモンドナノ粒子…………………………〔原田慶恵〕… 558
　　7.1.6　化学発光…………………………………〔菅野　憲・小澤岳昌〕… 561
　　7.1.7　自家蛍光…………………………………〔太田信廣・中林孝和〕… 570
　　7.1.8　タグ法……………………………………………〔永井健治〕… 577
7.2　蛍光イメージングの実際 ………………………………………………… 583
　　7.2.1　蛍光イメージング技術 ……………………………………………… 583
　　　7.2.1.1　励起法………………………………〔石橋宗典・上田昌宏〕… 583
　　　7.2.1.2　観察法………………………………………〔原口徳子〕… 588
　　　7.2.1.3　画像処理……………………………………〔新井由之〕… 594
　　　7.2.1.4　応用例………………………………………〔新井由之〕… 599
　　7.2.2　イメージングの対象 ………………………………………………… 606
　　　7.2.2.1　構造イメージング…………………………〔平岡　泰〕… 606

7.2.2.2　機能イメージング……………………………………………611
　　　　　7.2.2.2.1　蛍光タンパク質を利用した機能イメージング
　　　　　　　　　　………………………………………〔永井健治〕… 611
　　　　　7.2.2.2.2　再構成法……………………〔菅野　憲・小澤岳昌〕… 616
7.3　いろいろなイメージング技術………………………………………624
　7.3.1　1分子蛍光イメージング………〔小塚　淳・宮永之寛・上田昌宏〕… 624
　7.3.2　2光子蛍光イメージング………〔根本知己・日比輝正・川上良介〕… 630
　7.3.3　非線形光学効果によるイメージング………………〔藤田克昌〕… 636
　7.3.4　超解像イメージング…………………………………〔藤田克昌〕… 643
　7.3.5　蛍光相関分光測定とイメージングへの応用………〔金城政孝〕… 650
　7.3.6　光退色/光活性化を利用したイメージング
　　　　　　　　　　……………………………〔松田知己・永井健治〕… 661
　7.3.7　蛍光偏光イメージング………………〔西坂崇之・須河光弘〕… 668
　7.3.8　蛍光寿命イメージング………………………………〔中林孝和〕… 675
　7.3.9　吸収イメージング……………………〔北森武彦・清水久史〕… 680

8. いろいろな光源と発光の応用……………………………………684
8.1　光　　源………………………………………………………………684
　8.1.1　照　　明………………………………………………〔森　竜雄〕… 684
　8.1.2　レーザー………………………………………………〔小林孝嘉〕… 695
　8.1.3　放射光と自由電子レーザー…………………………〔太田俊明〕… 708
8.2　発光の応用……………………………………………………………717
　8.2.1　蛍光色材………………………………………………〔中野英之〕… 717
　8.2.2　有機EL発光材料………………………………………〔安達千波矢〕… 723
　8.2.3　蛍光発光および化学発光による生体機能解析………〔王子田彰夫〕… 729
　8.2.4　インテリジェント蛍光プローブ………………〔湯浅順平・河合　壮〕… 739
　8.2.5　ICP発光分光分析……………………………………〔舛田哲也〕… 744

付　　録……………………………………………………………………751
　付表1　物理定数表…………………………………………………………751
　付表2　エネルギー単位換算表……………………………………………752

索　　引……………………………………………………………………753

1 発光の概要

1.1 本書の概要

　文字どおり解釈すれば，発光とは光を発することを意味する．その意味では，光を発するものはすべて発光といえるかもしれないが，実はそうでもない．私たちの身近なもので考えると，白熱電球，蛍光灯，LED電球，水銀灯などの照明は，まさに光を発しているので発光そのものである．ろうそくやガスの炎，たき火などの燃焼現象も光を発するので発光といえるであろう．太陽や星の光などの天文分野の光，稲妻やオーロラ，火山の噴火などの気象・地球科学分野の光もそうであろうし，ホタルや発光バクテリアなどの生物発光も当然発光の範疇に入る．発光はまた，工業製品にも多く使われている．電気製品にかならず取り付けられているLEDやパイロットランプなども発光であるし，テレビやパソコンのディスプレーなども発光を利用したデバイスである．強力な光を生み出すレーザーや放射光などもその一員としてあげられるであろう．このように考えていくと，われわれの身近なものだけでも，発光現象はずいぶん広範囲の分野にまたがっていることがわかる．
　一方，光を発していても発光とは呼ばれないものもある．太陽の光が当たっている鏡はまぶしいほどの光を放ってはいるが，発光とは呼ばれず，光の反射として区別して考えている．その意味で，月の光も発光とは呼ばれない．また，部屋のなかにある，本や本棚，机，壁なども何らかの光を発しているので，われわれの目には見えるのであるが，これらも発光とは呼ばない．これら表面が平坦でないものや濁った液体などに光が当たると，あたかもそのものが光を発しているようにも見えるが，これらは光の散乱と呼び，発光とは区別して考えている．同じように光を放っているが，一方では発光と呼び，一方では反射や散乱と呼ぶのである．それでは，いったい発光とは何であろうか．こんな原理的な問題も発光現象には含まれているのである．
　この広範囲な発光現象全般を扱う本をつくろうという話が出版社から出てきたときに，いったいこの事典に何を含めればよいのか，大いに弱ってしまった．「発光の事

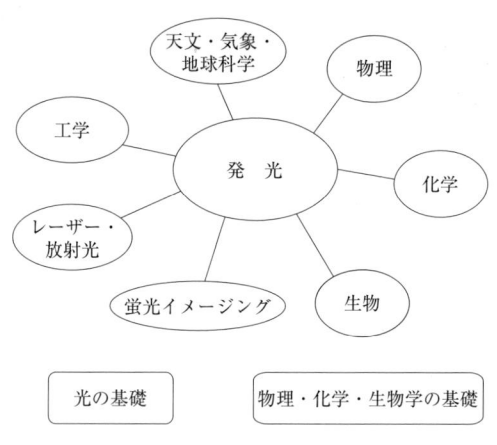

図 1.1.1 本書に関連する分野

「典」のなかには，上で述べた広範囲な発光現象のほかにも，発光のもととなるような気体の放電現象や液体・固体の発光についても書かれていなくてはならないだろうし，さらには，その基礎となる原子分子や半導体などについての物理的な話も必要であろう．さまざまな蛍光物質の基礎となる分子の性質やその電子状態の話も必要になるであろう．また，ホタルや夜光虫などを扱う生物的な話も無論必要だろうし，一方では，照明や発光を利用した工業製品などもその範疇に入れなければならない．さらに，最近，生物・医学分野でさかんになっている蛍光イメージングにも重きをおきたいし，また，星の光やオーロラ，鉱物などの天文・気象・地球科学分野にもふれておきたい．これらの分野を理解するうえでの基礎的な知識についても本書のなかには入れておきたい．このように発光現象全体を見わたしていくと，その関連分野は果てしなく広がっていくのである（図1.1.1参照）．これまで，発光の事典なりハンドブックなりが世のなかに登場しなかったのは，まさにこのように，扱うべき分野があまりにも広すぎたためだったのであろう．

どのような分野や事項を事典として扱ったらよいかを検討するために，まず，発光を扱った本を集めてみることにした．発光の基礎的な分野で，最も広く知られている名著は Lakowicz の "Principles of Fluorescence Spectroscopy[1]" であろう．この本は，測定の原理から，分子の発光やそのダイナミクスについて，さらには，生物系への応用まで幅広く扱っている．そこで，この本をベースにして「発光の事典」に載せるべき項目を整理していくことにした．詳細に検討してみると，Lakowicz の本は化学の分野ではかなり網羅的に扱っているが，逆に，物理や生物的な分野の記述は少なく，また，天文・気象・地球科学的な方面についてはまったく扱われていない．さらに，いま，さかんに応用されている蛍光イメージングについても記述が少ないし，蛍光を扱ううえでぜひとも知っておきたい光の基礎的な性質についてもまったくふれら

れていない．そこで，これらを補充する意味で，さらに，発光を扱った本を集めてみることにした．以下がその例である．
- 小林洋志『発光の物理[2]』
- 金光義彦ほか編『発光材料の基礎と新しい展開[3]』
- 櫛田孝司『光物性物理学[4]』
- 光物性研究会組織委員会編『光物性の基礎と応用[5]』
- 稲葉文男ほか編『最新ルミネッセンスの測定と応用[6]』
- 蛋白質・核酸・酵素別冊『蛍光測定の原理と生体系への応用[7]』
- 長倉三郎編『岩波講座現代化学―光と分子[8]』
- Connor, Phillips『ナノ・ピコ秒の蛍光測定と解析法[9]』
- 日本化学会編『ナノ，ピコ秒の化学[10]』
- 日本化学会編『実験化学講座 物質の構造Ｉ分光（上）[11]』
- Becker "Advanced Time-Correlated Single Photon Counting Techniques[12]"
- Lakowicz 編 "Topics in Fluorescence Spectroscopy[13]" vol. 1-7
- Turo "Modern Molecular Photochemistry[14]"
- 御橋廣眞編『蛍光分光とイメージングの手法[15]』
- 原口徳子ほか『生細胞蛍光イメージング[16]』
- 宮脇敦史編『生命現象の動的理解を目指すライブイメージング[17]』

これらの本の内容を参考にして，本書に入れるべき項目を少しずつ増やしていった．さらに，電磁波としての光や量子としての光など，光の基礎的な知識を載せる項目を追加し，また，発光の仕組みという原理的な話も加えることにした．その代わり，照明やディスプレーなど，工業的な応用については極力省くことにして，もっぱら，発光の基礎的な面を充実させることにした．応用的な分野としては，照明や蛍光色材，発光分析などを加えるだけにし，その代わり，発光測定の際の光源として重要なレーザーと放射光の話を追加することにした．

このような方針で本書全体を検討した結果，次の8章からなる事典の構成ができあがった．
　　第1章　発光の概要
　　第2章　発光の基礎
　　第3章　発光測定法
　　第4章　発光の物理
　　第5章　発光の化学
　　第6章　発光の生物
　　第7章　蛍光イメージング
　　第8章　いろいろな光源と発光の応用

このうち，第1章ではいろいろな発光についての概説とこれまでの発光研究の歴史を載せ，第2章では電磁波としての光，量子としての光，発光の仕組みなど基礎的な

内容を載せた．さらに，第3章の「発光測定法」は，定常光とパルス光励起での発光測定法，および，さまざまな分光法について概説することにした．第4章の「発光の物理」については，原子分子発光と固体の発光についてまとめ，このほかに，天文・気象・鉱物などの発光も含めることにした．第5章の「発光の化学」では，光と分子の相互作用，溶媒効果や化学反応が関係した発光現象，それに，励起状態ダイナミクスや緩和など，化学の分野で中心的に行われている発光研究をまとめるような項目を集めることにした．第6章の「発光の生物」では，ホタルなどの発光生物の話のほか，色素と生物とのかかわりについても載せることにした．第7章は現在，最も急速に進展している蛍光イメージング分野での新しい技術とその基盤となる話を取り上げることにした．そして，最後に第8章として，発光の応用や光源の話を載せることにした．

各項目は，それぞれの分野において最先端で活躍されている方に執筆を依頼した．もともと，この事典を読んだだけでも，その分野の概要がかなり理解できるように十分な分量を書いていただくような構成を目指してきたが，項目を選ぶ段階で項目数がかなり増加してしまい，そのぶん，項目ごとのページ数は減少してしまうことになったことは残念なことである．しかし，この短い文のなかで，そのエッセンスが理解でき，「発光の事典」がそれぞれの分野のよい序章となり，ガイドとなるように心がけた．そのため，次のような点に重点をおいて編集を行った．

(1) 本書の構成は基本的に事典であるから，各項目が独立した文章になるように心がけた．そのため，他の項目に詳しい説明があっても，簡単な説明を入れていただき，本文中でその項を参照するようにし，読者の便宜を図ることにした．そのため，内容が若干重複する項目もできたが，執筆者が異なる場合には，それらを読み比べてみることも意味のあることだと考えている．

(2) 文章はできる限り平易に読めるように工夫した．このため，執筆者に書いていただいた文章を，できる限り初学者が読むときのような目線で査読をしていただき，それにそって執筆者には修正をお願いした．

(3) 学生，初学者，分野外の研究者でも読みやすいように，専門用語にはできるだけ語句の説明を入れてもらうようにした．このとき，短い説明は本文中に括弧書きとして加え，また，長い説明は文献・注の1項目として加えるようにした．また，専門用語には英語を付していただき，英語での索引を調べることもできるようにした．

(4) 模式図や実際に測定して得られた図は，読者の直感的な理解に大いに役立つと考え，できる限り豊富に図を入れていただくように執筆者にお願いした．

(5) 本書が発光研究の分野でのよいガイドとなるように，教科書的な参考書や文献も豊富に入れてもらうことにした．

このような編集方針のため，個々の執筆者にはかなりの負担を強いることになってしまった．しかし，できあがったものは，目指していたものにかなり近く，おそらく世界に類のない発光の本となったことは喜ばしいことである． 〔木下修一〕

文献・注

1) J. R. Lakowicz : Principles of Fluorescence Spectroscopy, Springer, 2006.
2) 小林洋志 : 発光の物理, 朝倉書店, 2000.
3) 金光義彦, 岡本信治編 : 発光材料の基礎と新しい展開―固体照明・ディスプレイ材料, オーム社, 2008.
4) 櫛田孝司 : 光物性物理学, 朝倉書店, 1991.
5) 光物性研究会組織委員会 : 光物性の基礎と応用, オプトロニクス社, 2006.
6) 稲葉文男ほか編 : 最新ルミネッセンスの測定と応用：生物―化学発光の基礎と各種領域への応用, NTS, 1990.
7) 金岡祐一ほか編 : 蛍光測定の原理と生体系への応用, 蛋白質・核酸・酵素別冊, 共立出版, 1974.
8) 長倉三郎編 : 光と分子（上・下），岩波講座現代化学, 岩波書店, 1980.
9) D. V. Connor and D. Phillips 著, 平山 鋭, 原 清明訳 : ナノ・ピコ秒の蛍光測定と解析法―時間相関単一光子計数法, 学会出版センター, 1988.
10) 日本化学会編 : ナノ, ピコ秒の化学, 化学総説 No. 24, 学会出版センター, 1979.
11) 日本化学会編 : 物質の構造 I 分光（上），実験化学講座 9, 2005.
12) W. Becker : Advanced Time-Correlated Single Photon Counting Techniques, Springer, 2005.
13) J. R. Lakowicz, ed. : Topics in Fluorescence Spectroscopy, vol. 1-7, Springer, 1991-2003.
14) N. J. Turo : Modern Molecular Photochemistry, University Science Books, 1991.
15) 御橋廣眞編, 蛍光分光とイメージングの手法, 学会出版センター, 2006.
16) 原口徳子ほか : 講義と実習 生細胞蛍光イメージング, 共立出版, 2007.
17) 宮脇敦史編 : 実験医学, **26**-17 (2008).

1.2　いろいろな発光

古来から人間は松明や行灯, ろうそく, 石油ランプなどの発光現象を利用してきた. 19世紀初頭にはガス灯が出現し, 工場や都会の家庭の照明にかなり広く使われるようになった. エジソンによる白熱電灯の商用化は1880年頃のことである. また, 効率のよい蛍光灯は20世紀後半に普及した. しかし21世紀に入ってからは電力消費量から白熱電灯が徐々に製造中止となり, 蛍光灯もまた水銀の使用が環境上問題視されるようになって発光ダイオード（LED）電球が急速に普及しつつある. またテレビ（TV），パソコンをはじめさまざまな場面で使われる各種ディスプレイも以前はいわゆるブラウン管（cathode ray tube : CRT）であったが, いまではほとんどが液晶・プラズマ・電界発光（EL）などに置き換わられている. 他方, 目には見えないところでも光はバーコードリーダー, 光通信など日常生活のなかに組み込まれており, こちらも身近な記録媒体でいえばCDからDVDやBDへと進化が速い.

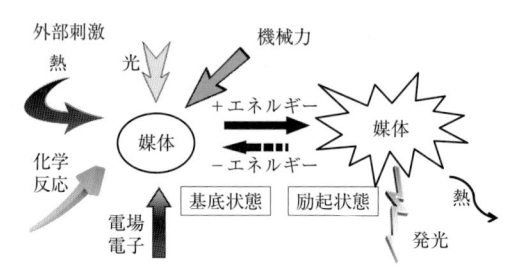

図 1.2.1 いろいろな励起方法

　この変化しつつある多種多様な発光を整理して概観するのは不可能に近い．しかし，どんな発光も図 1.2.1 に示すように熱や光，電場その他の形で媒体に投入されたエネルギーが緩和してもとの状態に戻る際，一部のエネルギー（E）が $E=h\nu=hc/\lambda$ の式にしたがって波長（λ）が可視領域（400～750 nm 程度）の電磁波として放出される現象である．ここで h はプランク定数，ν は振動数，c は光速である．

　そこで，ここでは発光直前のエネルギーの形によって分類してみることにする．すると通常は化学発光に分類されるろうそくの光は熱励起に入ることになる．また，発光を luminescence（冷熱発光）と訳すとそれには入らない熱による黒体放射もここでは対象とする．なお，りん光（phosphorescence）と蛍光（fluorescence）という言葉があり，一般には寿命の長短で使い分けられている．有機色素に関しては励起状態でのスピン多重度に基づいた蛍りん光についての定義があるが，それは無機物の場合適用は難しいので，ここでは区別せず"発光"とすることにする．

a. 熱から光に
1) 黒体放射：連続した分布

　地表のあらゆるエネルギーのもとは太陽光であるといって過言ではない．そして，つい最近までは夜や屋内で一番身近だったのは白熱電球の光であった．発光機構からはこの二つは同じであって，エネルギーのもとは温度すなわち熱である．どんな物体もその温度 T で決まる連続的なエネルギー分布の電磁波を放出している．それを理想化したモデルは黒体放射（black body radiation）と呼ばれ，波長 λ での分光放射輝度 $I(\lambda, T)$ は次のプランク（Planck）の式で表される．ここで k はボルツマン定数である．

$$I(\lambda, T) = \frac{2hc^2}{\lambda^5}\left(\frac{1}{\exp(hc/\lambda kT)-1}\right) \tag{1}$$

　いくつかの温度において式（1）を計算したものが図 1.2.2 であり，高温ほど短波長側に光強度分布がのびる．赤い星は表面温度が低く，白い星は高いことはよく知られている．太陽の表面温度は 6000 K 程度なので可視光領域が分布最大となる．人体（～310 K）からはその波長分布が 10 μm くらいに最大強度をもつ赤外線が放射されてい

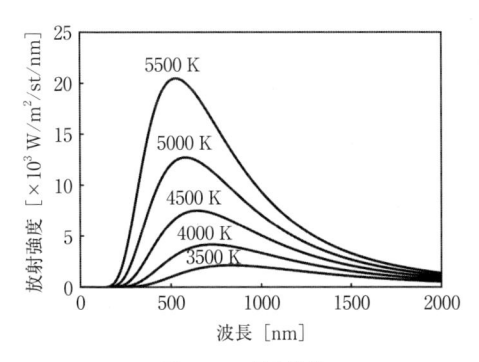

図 1.2.2 黒体放射

る.対象物体自身が発する信号を検出するパッシブ型に分類される人感センサーはこの赤外線を利用している.

白熱電球ではタングステン(W)フィラメントがジュール熱によって 2800 K 程度になって発光する.内部には不活性ガス(Ar, N_2)が充てんされてはいるものの,熱によって W がしだいに昇華し,管球ガラス内部に付着して黒化させ,ついには断線に至る.

電球内にハロゲン(X)化合物を入れておくと昇華した W と反応して蒸気圧の高い WX_2 をつくり,これは高温のフィラメント付近で解離して W はフィラメントに戻る.このハロゲンサイクルを利用したハロゲンランプは小型で色温度が高く長寿命で,自動車のヘッドランプ,複写機,ファックスやスキャナーなどの読取り用光源などに利用されている.

2) 炎色反応

小学校での化学実験でお馴染の炎色反応もエネルギーの源は熱であるが,その色は温度で決まるわけではなく,どんな元素を炎に入れるかで決まる.炎色反応(flame test)でオレンジ色を示す Na を例にとろう.Na ランプはトンネルの照明によく使われている.原子や分子のような狭い空間に閉じ込められている電子は Na について図 1.2.3 の挿入図に示すように飛び飛びのエネルギー準位にしか存在できない.それらの準位の電子は量子数と呼ばれる数字,およびそれを表す記号で区別される軌道に入る.Na ではエネルギーが最低の状態(基底状態と呼ばれる)では最も不安定な電子は 3s 軌道に入っている.この 3s 軌道にある電子が熱(炎色反応)あるいは放電(ランプ)でエネルギーが高いいろいろな軌道に励起され,それがもとに戻る(基底状態に遷移する)ときに余分なエネルギーを図 1.2.3 のようにいろいろな波長の光として放出する.そのうちとくに強いのがオレンジ色(589 nm)の発光で,3p 軌道から 3s 軌道への電子の遷移によるものである.

他の元素,たとえばストロンチウムは赤,銅は緑などそれぞれ特有の発色を示し,

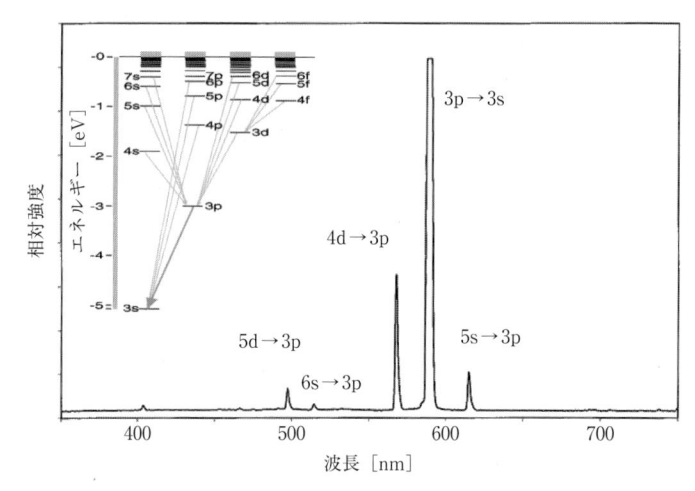

図1.2.3 Na原子の電子軌道とNaランプのスペクトル

花火はこうした元素固有のさまざまな発色を利用したものである．

3) ろうそくなど

ろうそくやガスの炎，いまはめったにみられないが石油ランプの光，なども発光源は熱である．燃焼によってOH, CH, C_2などのラジカルと呼ばれる不安定な分子の励起状態が生じ，それらが基底状態に遷移するときに発光する光と燃焼温度での黒体放射の重なりを見ていることになる．炎のなかの化学反応によって生じる発光は，励起状態の分子が反応により生成するためなので通常はホタルの光と同様化学発光に区分されている．

これらのラジカルのなかの電子はやはり飛び飛びのエネルギー準位しかとれないが，原子と違って分子では電子のエネルギーに原子核の運動のエネルギーも加わるので何本かに分かれたり，幅をもったりする．図1.2.4は液化石油ガス（LPG）の成分の一つであるブタンガスが燃焼するときに発するスペクトルである．

4) 熱ルミネセンス

LiFやCaF$_2$などでは放射線励起によって生成する電子と正孔が不純物中心に捕捉されて準安定状態となり，加熱すると200℃程度で再結合して発光する．これは熱ルミネセンス（thermoluminescence）と呼ばれている．この現象を利用した熱ルミネセンス線量計は放射線積算線量の測定に使われる．また，香辛料など熱による殺菌が適当でない食品に放射線照射を行うことがあるが，そうした食品の照射量検査のためにもこの方法が使われる．考古学の年代測定にも利用される．

常温の熱エネルギーで徐々に熱ルミネセンスが起こるのが時計の文字盤や非常口の案内板などに使われる夜光（蓄光性）塗料である．これはわが国で開発されたもの[1]でアルカリ土類アルミン酸（SrAl$_2$O$_4$など）の母結晶に希土類元素のEuやDyなど

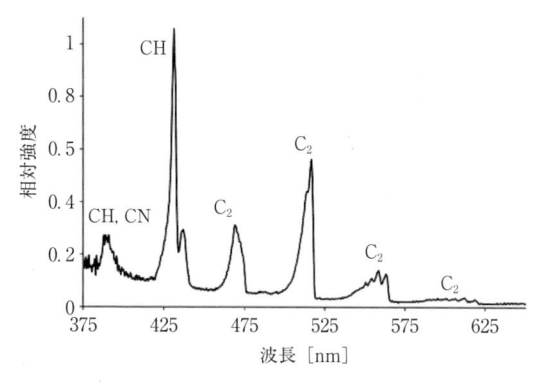

図 1.2.4　ブタンガスの燃焼の際の発光スペクトル

を添加したものである．Eu^{2+} を紫外線励起して生じた正孔が Dy^{3+} によってトラップされる．そのエネルギーが 0.65 eV であり，常温の熱エネルギー（約 25 meV）によって徐々に電子と結合することで発光が長時間にわたって観測される．

b. 光から光に

1) フォトルミネセンス

次に述べる蛍光灯は紫外光による励起で可視光を発している．このように，光で励起して別の光を発生させることを一般にフォトルミネセンス (photoluminescence) と呼ぶ．しかし，現在は半導体や原子・分子を各種のレーザーで励起して得られる発光スペクトルおよびその時間変化を測定することにより電子構造を調べる研究がたいへんさかんであり，フォトルミネセンスという言葉はそうした研究で観測される発光をとくにさす場合も多い．

2) 蛍光灯

白熱電球の次にお馴染みの発光は蛍光灯 (fluorescent lamp) である．蛍光灯のなかには低圧の Ar などの不活性ガスと水銀蒸気が入っており，放電によって励起された水銀原子が 254 nm, 365 nm などの波長の紫外線を放出する．われわれの目に届くのは蛍光灯の内側に塗られた蛍光体がこの紫外線をいったん吸収して可視光に変えて発する光である．こうした蛍光体は母体となるアルミナやイットリアに希土類元素を混合して高温で焼結し，粉砕して調製したものである．この混合物の種類によって色合いの違いをだし，各メーカーが昼光色，昼白色，温白色，電球色などの名称で販売している．なお，水銀原子からは可視部の輝線もでているので蛍光灯の光は図 1.2.5 のように蛍光体からの連続スペクトルに輝線が重なっている．庭園や駐車場に使われる水銀灯はこれらの輝線だけからなるため青白く見える．本節の分類法では水銀灯は放電による発光である．

薄型テレビの一つのプラズマディスプレーの発光原理は蛍光灯と同じで，希ガスの

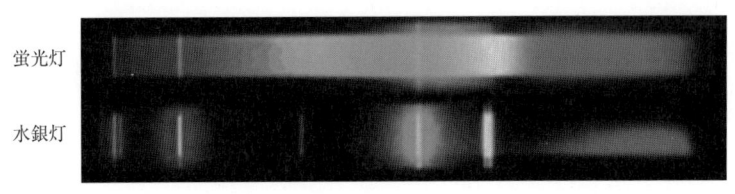

図 1.2.5 水銀灯と蛍光灯のスペクトルの違い（口絵 1 参照）
原子からの発光は離散的であるがこれを蛍光体の発光に変えることにより連続的な発光が得られる．可視部の強い 4 本の輝線は 405 nm, 437 nm, 536 nm および 577, 579 nm のダブレット．

放電により発生する紫外線で蛍光体を発光させている．

3) 光刺激ルミネセンス

光刺激ルミネセンス（photostimulated luminescence）は熱ルミネセンスと同様に，X線照射によって生成した準安定状態が光刺激によって発光する現象である．これは輝尽性発光とも呼ばれ，それを利用した医療用ディジタル画像診断システムが広く使われている．写真フィルムの役目を果たすのがイメージングプレートで，これは BaFBr に Eu^{2+} をドープしたものをプラスチックの薄板に塗布した二次元検出器である．X線露光後 HeNe レーザー光を走査し，発生する紫外光量をカウントすることによりディジタルX線画像を得ることができる．従来のX線フィルムよりはるかに高感度でダイナミックレンジが広く，画像を直接 PC に取り込むことができるので，暗室での湿式現像・焼付け作業を必要とするX線フィルムを医療の現場から一掃した．

ラジオフォトルミネセンスと名づけられている類似の現象もある．放射線照射によって起きた化学反応を紫外線照射によってもとに戻すときに発光する現象であり，発光強度がそれまでの放射線照射量に比例するので熱ルミネセンス同様に放射線線量計（ガラス線量計）として，あるいは考古学の年代測定に使われる．これも紫外の窒素レーザーの利用により利便性が著しく増した．

4) 有機色素

有機色素（organic dye）はその名のとおり，可視光（近紫外光，近赤外光も含む）の一部を吸収する色のついた有機物で，古くから染料または顔料として繊維の染色や印刷インクなどに，そして近代では写真フィルムの増感剤として使われてきた．有機色素の多くは光を吸収すると固有の色の発光を示す．発光量子収率が高いものが多いので，有機色素の応用範囲は広い．蛍光ペンは一番身近にみる有機色素の蛍光である．洗剤には紫外線を吸収して紫色に発光する色素（蛍光増白剤）を入れて黄ばみ（汚れが紫色の光を吸収するために起こる）を補償しているものがある．

色素によっていろいろな色の蛍光を発することを利用した色素レーザーは，YAGレーザーなど他のレーザー光を励起光として近赤外から近紫外までの波長で発振するので用途が広い．

蛍光物質のなかにはカルシウム，マグネシウムなどの金属イオンと結合すると吸収

や発光の強度やスペクトルが変化するものがあり，発光は吸収に比べて感度が高いのでイオンや小分子の生体内の挙動のプローブとして使われる．また，高感度，高選択性という蛍光検出の利点は高速液体クロマトグラフィーの検出にも使われる．

5） X線，放射線による発光その他

X線，γ線は波長の短い，エネルギーの高い（数keV〜数百keV）光（電磁波）である．原子のイオン化ポテンシャルエネルギー（〜10 eV）に比べてはるかに高いので一つのX線光子で多くの原子をイオン化し，生成したイオンが再結合する時に発光する．NaTlなどその効率がよいものが光電子増倍管と組み合わされてシンチレーションカウンターとしてX線やγ線の検出に使われている．

c. 電気，電子から光に

1） 気体の放電（gas discharge）

ネオンサインから稲妻まで，放電現象は発光を伴うことが多い．蛍光灯やプラズマTVでわれわれがみるのは紫外光で励起された蛍光物質が発する光の色だが，もととなる紫外光は放電による水銀や希ガスの発光である．内視鏡の光源から競技場の照明に至るさまざまな用途に水銀，ナトリウム，希ガス，メタルハライドなどを封入した多種多様な放電ランプが市販されている．

2） CRT

かつてはTVをはじめ各種のモニター，ディスプレーといえば電子線を走査して一色ないしRGB三原色の蛍光素子を発光させて画像とするCRT（cathode ray tube，いわゆるブラウン管）がほとんどであったが，最近は液晶，有機ELなどにとって代わられた．

原理はCRTと同じだが発光素子の数だけ電子源を使うのが電界放出ディスプレー（field emission display：FED）である．電子源として鋭く尖った陰極の先端に高電圧をかけて電子をひきだす電界放出（field emission）現象を利用するためにこの名がある．新しい薄型テレビの候補として注目されたがいまだ実用化には至っていないようである．

3） カソードルミネセンス

カソードルミネセンス（cathode luminescence）という言葉は本来CRTも含めて電子線（cathode ray）を蛍光物質に照射して起こす発光一般をさすべきであろうが，現在日本語としては主に走査型電子顕微鏡の検出手段の一つ，発光をモニターしながら走査する方法をさすことに限って使われているようである．

ラジオルミネセンス（radioluminescence）という言葉もあり，これは^{226}Raからのα線や^{147}Pmからのβ線などの照射によってZnS：Cuのような蛍光体が発光することをさし，夜光塗料に利用されたがいまは放射性物質を使うことはない．

4） 発光ダイオード

pn接合の半導体に順方向電圧をかけることにより接合面付近で電子と正孔が結合

して赤や緑に光る発光ダイオード（light emitting diode：LED）は1960年頃から低電力で駆動できる光源としてパイロットランプなどに使用されてきたが，1990年代の青色LEDの登場による白色発光と高輝度化で実用化が進んだ．その最大の特徴は電力消費量の低さと長い寿命であるが，そのほかにも熱線や紫外線が少ない，調光，点滅が容易などの利点があり，交通信号や自動車のランプ，各種ディスプレーにまで応用が広がっている．白熱電球の製造が省エネの観点から近い将来停止されるので，間もなくLED電球が家庭照明の主役になるであろう．

5) **有機EL**

薄型ディスプレー用に液晶やプラズマに代わるかと期待されているのが有機EL（organic light emitting diode：OLED，エレクトロルミネセンス）である．構造的にはLEDと似ており，電流によって励起状態にあがった有機色素が基底状態に戻るときにそのエネルギー差に相当する波長の発光が起こる．自発発光なので美しく，薄くでき，また基板にプラスチックなどを使えば折り曲げ可能，低電圧で動作するなどの利点があり，さらに照明用には面発光であるという特徴ももつ．すでに携帯電話などの小画面用には広く使われており，大型化に向けて熾烈な開発競争が行われている．なお，日本語では有機ELという言葉が定着しているが，英語ではOLEDが普通のようである．

6) **無機EL**

無機EL（inorganic electroluminescence）は，ZnSなどの母体に遷移金属か希土類金属イオンを発光中心として添加したものに100V程度の交流電圧をかけると電界で加速されたキャリヤーが発光種に衝突して運動エネルギーを与えることにより発光する．面発光であり，薄くつくれ，電流は流れないので電力消費が少ないなどの利点があり，液晶のバックライトや広告などに使われる．有機ELとはまったく違う機構の発光であるし，4)で述べたLEDは無機ELには含まれないので少々紛らわしい名称である．

7) **その他**

荷電粒子に関係した発光としては光速に近い電子を磁場で曲げるときに発生する放射光や媒体中の光速をこえて荷電粒子が運動するときに発生するチェレンコフ光などがある．

d. 化学反応による発光
1) **化学発光**

化学発光（chemiluminescence）とは，化学反応によって励起状態の分子が生成し，それが基底状態に戻る際に発光する現象をさす．よく知られた例は血痕の検出に使われるルミノール反応である．また，サイリュームやルミカなどという商品名で売られているコンサートライトも化学発光を利用している．

2) 生物発光

ホタルなどの生物発光（bioluminescence）はルシフェリンがルシフェラーゼと総称される発光酵素の触媒作用でアデノシン三リン酸と化学反応し，いくつかの中間体を経て励起状態のオキシルシフェリンが生成することによる化学発光である．

3) 電気化学発光

電極間に多環芳香族炭化水素などの溶液を挟み，電極での酸化還元反応でアニオンとカチオンをつくり，それらが再結合する際に基底状態と電子励起状態の中性分子ができて後者が発光するのが古くから知られている電気化学発光（electrochemiluminescence : ECL）である．構造が簡単で薄くできるのでディスプレーへの応用にいろいろな ECL 材料が試されている．

e. 機械力による発光

1) トリボルミネセンス

トリボルミネセンス（triboluminescence）は，接触する面の相対運動による発光をいう．鉱石などを粉砕するときに発光することは古くから知られていた．とくに珍しいことではなく，結晶の半分くらいはこの現象を示すという記述もあるが，その機構はさまざまである．砂糖などでは発光スペクトルは窒素ガスのものなので静電気による空気の誘電破壊と説明されている．ZnS などでは電界発光と同じスペクトルを与えるので同様な説明が可能であるが，電界発光あるいは光励起発光とは異なるスペクトルを示す物質も多い．最近真空中でスコッチテープをはがす際に数十 keV の X 線までも含む広いエネルギー範囲の発光が起こるという論文が話題を呼んだ[2]．この場合も大気中では近紫外〜可視の窒素の放電スペクトルを示すという．

2) ソノルミネセンス

液体に超音波を照射すると発光が起こるソノルミネセンス（sonoluminescence）は 1930 年代から知られていたが，実験的にも理論的にも解明は進んでいなかった．近年超音波の照射によって定在音場を発生させ，その腹の部分に単一気泡（single bubble : SB）をつくることが可能になって研究が進んだ．できた気泡は減圧時には膨張し，加圧時には圧壊と呼ばれる激しい収縮をする．その圧壊の際に内部は高温，高圧の局所場を形成し，いろいろな化学反応が起こる．それをソノケミストリーと呼び，その際みられる発光がソノルミネセンスである．通常は紫外にピークをもち可視部に尾をひくブロードな波長分布を示し，黒体輻射とすれば数万度以上に達することもあるとされている．最近硫酸中の SB ソノルミネセンスで高い励起状態の Ar 原子，あるいは酸素分子イオンの発光の微細構造が観測され，内部がプラズマ状態になっていることが示されたが，ソノケミストリーの機構はいまだ謎が多い．

〔宇田川康夫〕

文献・注

1) 村山義彦：日経サイエンス，**26**-5 (1996)，20-29.
2) C. G. Camara, *et al.*：*Nature*, **455** (2008), 1089-1092.
3) E. B. Flint and K. S. Suslick：*Nature*, **434** (2005), 52-55.

1.3 発光研究の経緯

a. 発光研究の始まり

　発光に関する研究には非常に長い歴史があり，古くから世界中至るところで多くの人々に関心をもたれていたことがわかる[1]．これまでに発光に関する研究がどのような経緯をたどって進展し，今日の先端的な発光研究に至ったのかを概観する．20世紀前半の研究の経緯に関しては Nickel による総説[2]，また，生物発光の研究に関しては Shimomura による著書に詳しい[3]．

　発光には一般的にルミネセンス (luminescence) という言葉を用いる場合が多いが，この言葉はラテン語の lumen (=light) からきており，1888年に Wiedemann により lumineszenz として導入され，白熱光とは異なり暖めることなしに発する光 (cold light) をさして名づけられた[4]．今日では，物質と光の場（輻射場）の相互作用およびその他の原因により，物質の電子励起状態が生成し，その状態からもとの基底電子状態に戻る（緩和）際に，発光を伴うことが知られている．ただし，熱によって電子励起状態が生成し，その結果として発光する際にも，熱発光 (thermo-luminescence) と呼ばれている．その名が一般によく知られている蛍光およびりん光もルミネセンスの一種であり，光励起に伴って生じる発光，いわゆるフォトルミネセンスに対して用いられる場合が多く，これらの発光に関する記述はより古くからみられる．ちなみに，fluorescence（蛍光）という言葉は1852年に Stokes により蛍光性の fluo-spar（蛍石）に因んで名づけられたものである[5]．

　文献1によれば溶液中の蛍光観測に関する最初の報告は，1577年の Monardas による *Lignum Nephriticum* と呼ばれる木材の切片から発する青色の光に関するものである．それよりはだいぶ後であるが，1845年には Herschel が硫酸キニーネの溶液から特殊な光が観測されること，すなわち透明な溶液に紫外光に近い青色光を照射したときに，溶液の表面のみが青色に見えることを報告している[6]．表面だけから光が出てくるように見えたのは，彼が用いた溶液は非常に高濃度であったために，励起光が表面ですべて吸収されてしまい溶液の内部までに到達しなかったことによるものであり，いわゆる内部濾光効果として今日知られている現象を合わせて観測していたことによると思われる．Stokes はこれらの現象が光を吸収したあとに観測される蛍

光（フォトルミネセンス）であることを論文のなかで指摘している[5]．すなわち，太陽光をプリズムで分離して紫外光を照射すると青色の光を発することや，発光スペクトルが励起光よりも長波長側に現れるという今日ストークスシフトとして知られる現象が報告されている．彼は，硫酸キニーネ溶液中の蛍光が塩酸により消光することも報告している．発光波長が励起波長よりも長波長であるということは，1842年にBecquerelが硫酸カルシウムの発光観測においても述べていることである[7]．今日でいえば，硫酸カルシウムの場合はりん光，硫酸キニーネの場合は蛍光であり，蛍光，りん光を問わず，発光波長は励起波長よりも長いことが指摘されていたことになる．

動物や植物からの発光も古くから興味の対象であったが，生きた生物からの発光に対して"bioluminescence"（生物発光）という言葉が最初に用いられたのは，1916年にHarveyによると考えられる[8]．ただし，生物発光の近代研究の始まりは，西インド諸島にいるカブト虫から得た2種類の抽出物，すなわちルシフェリンとルシフェラーゼが反応することにより発光が生じる，ということをDuboisが示したときと思われる（1885年）[9]．それ以降，生物発光は酵素であるルシフェラーゼの助けを借りてルシフェリンが反応を起こすために生じると考えられてきた．しかし1962年に生物発光を示すタンパク質（photoprotein）が発見され，酸素の有無に関係なく発光し，発光強度が発光性タンパク質の量に比例することが明らかになった．結局，分子複合体である発光性タンパク質の分子内反応の結果として発光が生じることが示され，生物発光がルシフェリンとルシフェラーゼの反応によるとは限らないことがわかってきた．現在では，かかる発光性タンパク質を生体内に発現させて，発光を観測する研究が非常に多岐にわたっている．

b. 発光特性とダイナミクス

発光励起スペクトル（励起波長を変化させた際の発光強度の変化）は，発光スペクトルとともに発光測定における非常に重要な測定量の一つである．NicholasとMerritは，エオシン溶液を対象として1910年に，発光励起スペクトルに相当するものをはじめて測定した[10]．発光励起スペクトルは，今日では吸収スペクトルを代用するものとして，発光測定における最も重要なものの一つとなっている．彼らは吸収スペクトルと蛍光スペクトルの間にはある波長を境にしてお互いを鏡に映したような，いわゆる鏡像（mirror image）関係にあることを確認している．またNicholasは，発光波長が励起波長の長波長側にいつもあるとは限らないという，一見，ストークスシフトを否定することも報告している[11]．これは基底電子状態の高い振動準位から電子励起状態の零振動状態に励起された分子が基底状態の零振動状態に戻ってくる際に放出される発光の波長は励起波長よりも短波長になるという，アンチストークス発光が存在する，という重要な指摘であった．ストークスラマンスペクトルに対するアンチストークスラマンスペクトルの存在に相当する．

NicholasとMerritの仕事に触発されたVavilovはフルオレセイン，エオシン，ロー

ダミンBの3種の色素の蛍光励起スペクトルを測定し，励起状態にある分子が蛍光を発して基底状態に戻る確率を示す蛍光量子収率は，一つの吸収帯内では実験誤差内で励起波長に依存しないことを報告している[12]．また水溶液中のフルオレセインからの蛍光の絶対量子収率の測定をはじめて行っている[13]．今日，多原子分子の蛍光量子収率は多くの場合，励起される電子状態や振動状態によらずほぼ一定の量子収率を与えることが知られている（Kasha則と呼ばれる）．Vavilovの結果は，その先行研究として，一つの電子状態内の異なる振動状態を光励起しても蛍光収率は一定ということを示していたように思える．

発光スペクトル，発光励起スペクトル，発光強度（収率）に加えて，発光偏光は分子の回転運動を調べるために必須となっている発光特性である．光は電気ベクトルが進行方向に垂直な面内で振動する横波である．その面内での電気ベクトルの振動方向に特定の偏りのある光が偏光である．発光がどのように偏っているか（どのような偏光特性を有するか）は，発光分子の配向，配列と密接に関係する．溶液中の色素からの蛍光における偏光の存在は1920年にWeigertによってみつけられた[14]．分子のサイズが大きくなるにつれて，また溶媒の粘性が大きくなるにつれて，すなわち分子が動きにくくなるにつれて偏光性が顕著になることを報告している．その後，Lewschinのグループ[15]およびF. Perrinによって詳細な実験および理論的考察が行われ，分子の回転によって偏光解消が起こることがわかり，偏光度，蛍光寿命，溶媒の粘度，有効モル容積を結びつけた有名なPerrinの方程式が発表されている[16]．

Stokesにより蛍光消光が分子間衝突によって起こることが報告されていると述べたが，生物学的な研究を進めるうえで最近もよく利用される分子間相互作用による蛍光消光は古くから知られており，動き回るお互いの分子が衝突することにより起こる動的消光（dynamic quenching）の解析にはStern-Volmer式がよく用いられる[17]．また最初から接触した分子間で起こる静的消光（static quenching）に対する定式化はF. Perrinによってなされた[18]．J. Perrinはこれら蛍光の濃度消光は，発光する励起分子から基底状態にある他の分子への双極子–双極子相互作用によるエネルギー移動によるものであり，発光分子の蛍光スペクトルとエネルギーを受け取る分子の吸収スペクトルの重なりが重要であると推定している[19]．1929年には，この機構による溶液中でのエネルギー移動による色素増感蛍光を報告しており[20]，1932年にはF. Perrinによりエネルギー移動の速度がお互いの分子の距離の六乗に逆比例することが示されている[21]．双極子–双極子相互作用による励起エネルギー移動に関しては，その後1948年に，Försterにより量子力学に基づいた厳密な取扱いにより定式化され[22]励起エネルギーを与えるものとエネルギーを受け取る分子のお互いの分子の配向や距離，吸収スペクトルおよび発光スペクトルのお互いの重なり条件などに関しての研究が行われ，それらの研究が今日，生物科学研究における蛍光共鳴エネルギー移動（fluorescence resonance energy transfer：FRET）を利用した研究に発展している．分子間の励起エネルギー移動に関しては，近距離の交換相互作用に基づく理論

がDexterにより報告されている[23]. スピン多重度が3であるスピン三重項状態の間で起こるT-Tエネルギー移動や電子雲の重なりがあるような近距離で起こるエネルギー移動は後者の機構によるものでデクスター型と呼ばれている. 一方, スピン多重度が1であるスピン一重項状態間で比較的長距離でも起こるエネルギー移動はフェルスター型と呼ばれている.

c. 蛍光とりん光の区別

fluorescence（蛍光）がStokesによる命名であることはすでに述べたが, 別の発光であるphosphorescence（りん光）の語源となっているのはギリシャ語であり, $\phi\omega\varsigma$（= light）と$\phi o\rho\varepsilon\iota\nu$（=to bear）からなるphosphor（which bears light）を意味する. 中世において, 光にさらした後で暗闇で輝く鉱物を称して, 光をためておくことができるものということからきている. 参考までに, 1677年にBrandtにより分離されたリン（phosphor）もこの名前であるが, 空気にさらすと燃えて暗闇でも輝くことからこの名前がついている[24]. 1892年にDewarが魔法瓶を発明し, 液化空気を保存できるようになって以来[25], 低温固相状態における種々の分子からりん光が観測されるようになった. そして, 1930年代中頃までには多くの観測結果が得られた[26]. 現在でも, 有機分子のりん光を観測するためには液体窒素で試料を固めるか, あるいは高分子のなかに埋め込んで分子が動けなくするのがよいことはよく知られている. ピレン溶液の常温で観測された蛍光, 低温固体中で観測されたりん光を図1.3.1に示してある. ところで, 1929年にF. Perrinは蛍光とりん光の区別について, りん光は直接励起された状態ではなく, 中間状態を経て達した発光状態からの発するものと報告し[27], 同様の機構は1935年に提唱された通称ヤブロンスキーダイアグラム（Jablonski diagram）にも示されている[28]. この中間状態（りん光の発光状態）がスピン三重項状態に由来することを明らかにするうえで重要だったのは1944年に発表されたLewisとKashaの仕事である[29]. ただ, りん光の発光状態がスピン三重項状態であることは, 1943年にTereninによっても提案されている[30].

フォトルミネセンスにおける蛍光とりん光の大きな違いが, 蛍光は励起光を切った瞬間に消えてしまうのに対し, りん光は励起光を切ってもしばらく消えない長い寿命

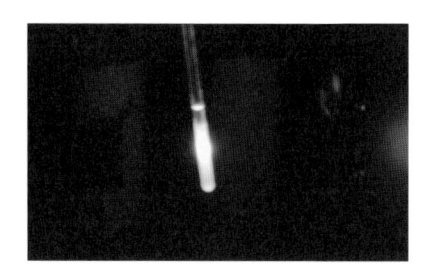

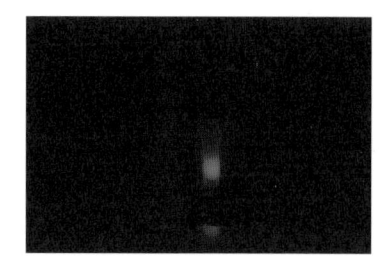

図1.3.1 ピレンの蛍光（左）とりん光（右）（口絵2参照）

の発光(残光)という違いで区別されていた面がある.励起状態のスピン一重項状態からスピン三重項状態へのエネルギー移動(スピン状態の異なる状態間のエネルギー移動を項間交差(intersystem crossing：ISC)と呼ぶ)がナノ秒の時間スケールで起こるのに対し,固体や高分子中,あるいは高粘度の溶媒中で時には秒のオーダーまで光っているということもあり,りん光がスピン三重項状態からの発光というのがすぐに受け入れられたわけではない[31].項間交差をもたらすのは,電子と核の相対的な運動により電子のまわりに一種の電流が存在することで生じる磁場と電子のスピンに付随した磁気モーメントとの相互作用,いわゆるスピン-軌道相互作用である.この相互作用は原子番号の大きさとともに大きくなることが予想されるが,実際のりん光寿命も原子番号の大きな原子を含む分子で短くなるといった内部重原子効果[32],重原子を含む溶媒中でりん光寿命が短くなるといった外部重原子効果[33],さらには最低励起三重項状態から高い三重項状態への $T_1 \rightarrow T_n$ 吸収の減衰時間とりん光の減衰時間の一致[34],といった実験結果が示され,最終的にはHutchinsonとMangumによる三重項状態の電子スピン共鳴の観測により,りん光の発光状態がスピン三重項状態であるという帰属はゆるぎないものとなった[35].今日では,発光寿命の長さの違いで分類するというよりは,同じスピン状態間の遷移に基づく発光を蛍光,異なるスピン状態間の遷移に基づく発光をりん光と呼んでいる.ただし,純粋にスピン三重項状態からスピン一重項状態(基底状態)への遷移であれば異なるスピン状態間の重なり積分は0となるので発光の確率は0である(スピン禁制).このことは,りん光を発するスピン三重項状態とは実際にはスピン三重項状態にスピン一重項状態が混じったものであり(一重項状態と三重項状態の混合状態),スピン一重項状態である基底電子状態への光学遷移であるりん光は,この混合状態中に含まれるスピン一重項状態の存在に基づいている.重原子を含む化合物では,スピン-軌道相互作用が大きくなるために,混合状態中における両スピン状態の比率は拮抗することになり,りん光あるいは蛍光といった分類がなかなか難しいという状況になる.

蛍光とりん光の区別として,照射光を切っても発光しているか,それともすぐ消えてしまうのかが古くは基準に用いられたが,実はりん光と同程度の寿命をもち,しかも発光スペクトルの形状は蛍光スペクトル,という場合がある.これを遅延蛍光と呼んでいる.りん光を発するスピン三重項状態と蛍光を発するスピン一重項状態が近接して存在し,両者が熱的平衡にあるときに,熱的に分布した蛍光発光状態からの遅延蛍光が観測される[36].グリセロールと水の混合溶媒中に溶かしたエオシンからの発光としてF. Perrinにより最初に観測され,共同研究者でもあった父J. Perrinの講演において遅延蛍光という言葉が使われている[37].また,スピン三重項状態にある分子どうしが衝突することによりスピン一重項励起状態が生成し,その結果として遅延蛍光を発する場合もある[38].

d. 発光過程（輻射過程）と無輻射過程

　発光スペクトルに励起波長依存性がないことや，電子励起状態のスピン一重項状態を励起してもスピン三重項状態からのりん光が観測されることなどから，多原子分子の発光特性は原子や小さな分子の発光特性とは異なり，異なるスピン多重度を有する状態間で起こるエネルギー移動である項間交差や同じスピン多重度を有する状態間で起こるエネルギー移動である内部転換（internal conversion：IC）といった無輻射過程（光が関与しない過程）が重要なことは，1950年までにはすでに認識されていた．しかし，これらの現象を説明する無輻射遷移に関する理論は1960年代に入ってから大きく進展した．蛍光やりん光の発光特性が原子番号の大きな原子を含む分子ではISCが効率よく起こるといった重原子効果，水素を重水素に変えると寿命が長くなるといった重水素効果，あるいは無輻射遷移の速度が遷移の起こる電子状態間のエネルギー差に依存する事実，そして低圧気相状態あるいは超音速分子線を用い，パルス光励起と組み合わせて調べた孤立分子状態における分子の発光特性の研究から，無輻射遷移が分子内で起こるものであることも明らかにされてきた[39]．結局，分子内で起こるISCやICは基本的には，分子のエネルギー準位を考える際に無視する核の運動エネルギーを実際には無視することができないという，いわゆるボルン-オッペンハイマー近似の破れによるものであることが理論的に明らかにされた．無輻射遷移速度が励起される電子状態にどのように依存するか，励起される振動状態にどのように依存するか，励起される回転状態にどのように依存するか，といった励起準位依存性に関する実験結果も説明できた．分子のサイズにより，あるいは励起準位近傍における励起される状態と相互作用する他の状態の準位密度の違いにより発光特性が異なることも実験・理論両面における研究により1980年代半ばまでには明らかにされている．分子のサイズや励起波長に依存して，発光減衰曲線が単一指数関数であったり，二つの指数関数の和として表されるようなものであったり，あるいは指数関数的減衰の上に一定周期で振動するビート現象が観測されたり（発光量子ビートの観測），といったことが理論的にもまた実験面でも詳細に調べられ，準位構造と分子内での緩和（エネルギー移動）および発光特性のお互いの関係が明らかになってきた．したがって，液相，固相，気相を問わず，多原子分子の発光特性は今日ではよく理解されるようになっている．

　上で述べたように，分子内では吸収過程と発光過程の間に緩和過程が存在し，励起光とはエネルギー的に相関をもたない発光のふるまいについて議論されており，いわゆる散乱とは区別して議論される場合がほとんどである．実際，分子を主な対象とする化学や生物の領域では，とくに溶液中では励起光の波長とは無関係に発光スペクトルが観測されるのはすでに述べたとおりである．しかし，ヨウ素分子の発光でも議論されたように[40]，散乱光と発光を明確に線引きができるのか，といった問題は光物性研究者の重要な関心事として取り上げられ[41]，試料の条件によっては短時間域での散乱光成分と長時間域での発光成分をはっきりと分離できる場合と，散乱成分から通常

の発光成分への移行が連続的に起こる場合があることが指摘されている[42].

e. 発光測定技術および新たな発光測定法の開発
1) 定常光励起による測定

発光スペクトルや発光励起スペクトルを得るためには測定するための実験装置を必要とするが，最初に蛍光分光計を構築したのは Stokes と考えられる[5]．当時は発光観測は目視するか，あるいは写真乾板を用いる方法であった．現在多くの研究室で使用されているようなキセノンアークランプを光源に，光電子増倍管を検出器として分光器と組み合わせた発光計（spectrophotofluorometer）を最初に構築したのは 1955 年の Bowman と思われる．その装置を用いて，発光スペクトル，発光励起スペクトル（activation）の測定を行っている．それらの名称は後の fluorescence spectrometer（蛍光分光光度計）および excitation spectrum（励起スペクトル）に対応する[43]．American Instrument Company（Aminco 社）と Bowman による発光光度計を図 1.3.2 に示す．発光励起スペクトルの測定に関しては，1958 年には Parker がローダミン B を光量子計として用いた蛍光励起分光計を構築し，蛍光励起スペクトルを測定している[44]．彼は，蛍光励起スペクトルに対して，今日用いられている fluorescence excitation spectrum という用語を用いている．これらの発光分光測定装置が 1970 年度前半からはコンピュータと組み合わせることとより，データ取得，スペクトルの解析や補正が容易にかつ短時間でできるようになり[45]，近年では，外部から制御しながら測定を行い，ネットワークを通じて得られた結果をリアルタイムで共有できるようになっている．

2) 時間分解測定

発光測定技術という点からは，発光測定のなかで最も重要なものの一つである発光強度の時間変化，発光寿命測定についてもふれておく必要がある．Gaviola は 1926 年，変調した光を照射し，発光する光の位相のずれを調べる位相蛍光法（phase fluorometry），別名，周波数領域蛍光法（frequency domain fluorometry）と呼ばれる発光寿命測定法を開発し，当時せいぜいマイクロ秒領域の寿命しか測定できなかったのが，この方法により一挙に約 3 桁の時間分解能が向上し，1 ナノ秒程度の寿

図 1.3.2 Aminco-Bowman 分光蛍光光度計

1.3 発光研究の経緯

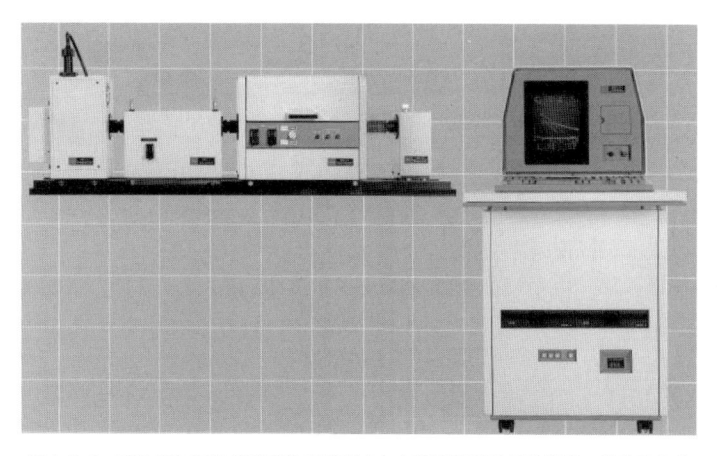

図 1.3.3 1982年に堀場製作所より販売された時間相関光子計数型の蛍光寿命計

命が測定できるようになった[46]．この手法はパルス光励起後の発光減衰曲線測定とともに，発光寿命測定の手法として双璧をなすものであり，その後長い間蛍光寿命測定の一般的な方法として使用されてきた[47]．近年はこの方法を空間分解測定と組み合わせたイメージング測定が一般化され，短時間で蛍光寿命のイメージングを測定できる顕微分光法として周波数領域蛍光寿命イメージング顕微分光法（frequency-domain fluorescence lifetime imaging microscopy：frequency-domain FLIM）が開発されている[48]．また蛍光寿命だけではなく，時間分解異方性（偏光度）イメージングを測定し，分子の回転や生体内のタンパク質間の相互作用の研究にも応用されている[49]．

パルス光を励起光として用いた発光寿命の測定に関しては，気体放電ランプ励起に基づく発光を光電子増倍管およびサンプリングオシロスコープによる測定が1970年代初頭に行われ[50]，その後にパルス光励起と時間電圧変換方式を組み合わせた時間相関単一光子計数法を用いた蛍光寿命測定法が使用され，今日最も一般的な方法となっている．この方式により作成され，国産ではじめて市販された寿命計を図1.3.3に示してある．この手法は1961年にKoechlinによって採用されたとされている[51]．ピコ秒時間領域の蛍光寿命あるいは時間分解発光スペクトルの測定により，種々の分子や分子集合体，材料物質，あるいは生体物質のダイナミクスや機能の研究に非常に有効であることが示されている．ただし，この手法では時間分解能が光電子増倍管により制限される．マルチチャネルプレート型のものを用いてもせいぜいピコ秒オーダー[52]ということもあり，さらなる高時間分解能を有する方法が開発されてきた．光カーゲート法あるいは和周波発生法といった非線形分光法による時間分解発光測定である[53,54]．現在は励起に用いる光源の時間分解能に応じた発光測定が行えるようになっており，フェムト秒時間分解発光測定が行われている．蛍光測定と顕微分光を組

み合わせたレーザー走査型蛍光イメージング測定が開発され[55]，さらにパルス励起光を用いたレーザー走査型時間分解顕微分光法による蛍光寿命イメージング顕微分光法（time-domain fluorescence lifetime imaging microscopy：time-domain FLIM）が開発されている[56]．

3) レーザー光源を用いた発光測定

　レーザーを用いた発光測定の例をすでにいくつか述べたが，レーザーを光源としたさまざまな発光分光法の開発は目を見張るものがある．1960年にMaimanによりルビー結晶によるレーザー発振がはじめて実現されて以来[57]，スペクトルの幅の狭いものから広いものまで，パルスレーザーとして極端に短い時間幅を有するもの，非常に高出力のものなど，レーザー開発は多岐多様にわたっており，それらのレーザーを光源としたさまざまな発光分光法が開発されるようになり，新たな研究領域が生み出されてきた．すでに述べたパルスレーザーを用いた時間分解発光測定もその一つである．極低温の気相状態を作成する超音速分子線とレーザー励起蛍光測定を組み合わせることにより特定の状態を選択的に励起した高分解能励起発光および発光励起スペクトルの測定[58]，多光子励起発光測定[59]，非線形分光法による高速時間分解測定もレーザーなしに語ることはできない．また高い空間分解能を有する発光分光法として共焦点蛍光顕微分光があり，すでに述べたが時間分解発光分光法と空間分解発光分光法を組み合わせた新たな分光法の開発としてFLIMがある．限られた空間内で出入りする分子を反映した発光強度のゆらぎを検出する蛍光相関分光法[60]，分子集合体の平均値として物理量を調べるのではなく，個々の分子のふるまいを検出する単一分子蛍光分光法の開発[61]などがある．また，通常の光学顕微鏡を用いた場合は，回折限界という空間分解能に関する限りがある．この限界をこえた空間分解能を有する新たな発光分光法の開発も著しい．その例として蛍光測定による近接場走査型分光法（scanning near-field optical microscopy：SNOM）[62]，STED顕微分光法（stimulated emission depletion fluorescence microscopy）[63]，そして単一分子蛍光観測[64]を利用したPALM（photo-activated localization microscopy）[65]またはSTORM（stochastic optical reconstruction microscopy）[66]が知られている．

f. 発光分光の将来展望

　発光測定をベースにした研究の今後の新たな発展として，実験と理論の研究者がお互いに協力しながら，その目的に応じての新たな光源の開発，新たな測定装置および新たな分光法の開発，測定しようとする物質や機能に鋭敏に反応する新たな発光プローブの開発といった点がとくに重要と思われる．これまでの研究成果をふまえて，物理，化学，生物，光学といった個々の分野の狭い領域をこえて異分野の研究に目を向けたときに，発光測定に関連したさらなる新たな分野が拓けてくるように思われる．たとえば，生物の発光測定に関連してFRET関連の研究が近年，活発に行われているが，その理論構築がなされたのが20世紀半ばであり，物理化学の分野のエネルギー

移動に関する基礎研究として限られた研究者のなかでのみ続けられてきた研究が,生物や生命科学の研究に結びついたときに,一気に花が開いたような活況をみせているといった事実が異分野交流の重要性を如実に示しているように思われる.

〔太田信廣〕

文献・注

1) (a) E. N. Harvey：A History of Luminescence; from the Earlist Times Until 1900, American Philosophical Society, Philadelphia, 1957；(b) B. Valeur and M. N. Berberan-Santos：Molecular Fluorescence, Wiley-VCH, Weinheim, 2012；(c) J. R. Lakowicz：Principles of Fluorescence Spectroscopy, Springer, New York, 2006.
2) B. Nickel：*EPA Newsletter*, **58**-9 (1996)；**61**-27 (1997)；**64**-19 (1998).
3) O. Shimomura：Bioluminescence—Chemical Principles and Methods—, World Scientific, Singapore, 2006.
4) E. Wiedemann：*Ann. Der Physik*, **34** (1888), 446-449.
5) G. G. Stokes：*Phil. Trans. Roy. Soc. London*, **A142** (1852), 463.
6) J. F. W. Herschel：*Phil. Trans. Roy. Soc. London*, **135** (1845), 143-145.
7) E. Becquerel：*Ann. de Chimie et Physique*, **9** (1842), 257.
8) E. N. Harvey：*Science*, **44** (1916), 208.
9) R. Dubois：*Compt. Rend. Soc. Biol.*, **37** (1985), 559.
10) E. L. Nicholas and M. Merrit：*Phys. Rev.*, **30** (1910), 328；**31** (1910), 381.
11) E. L. Nicholas：Jahrbuch der Radioaktivität und Electronik (J. Stark, ed.), Hirzel, Leipzig, 1906, [2], [149].
12) S. I. Vavilov：*Phil. Mag.*, **43** (1922), 307.
13) S. J. Wawilow：*Z. Physik.*, **22** (1924), 266.
14) F. Weigert：*Verh. Dtsch. Physikal Ges.*, **23** (1920), 100.
15) S. J. Wawilow and W. L. Lewschin：*Z. Physik.*, **16** (1923), 154.
16) F. Perrin：*J. Phys. Radium V*, Ser. 6, **7** (1926), 390；*Ann. Phy.*, Ser 10, **12** (1929), 169.
17) J. B. Birks：Organic Molecular Photophysics (J. B. Birks, ed.), John Wiley, New York (1975), 409.
18) F. Perrin：*Comptes Rendues*, **178** (1924), 1978.
19) J. Perrin：Light and Chemical Reactions, the title of the book with the printed lectures is Structure et Activite Chimiques, Rapports et Discussions, Gauthier-Villars, Paris, 1926.
20) J. Perrin and M. Choucroun：*Comptes Rendues*, **189** (1929), 1213.
21) F. Perrin：*Ann. De Phys.*, **10**-Ser. 17 (1932), 283.
22) T. Förster：*Ann. Phys.*, **2** (1948), 55；光の事典, 国分氏の訳.
23) J. Dexter：*Chem. Phys.*, **21** (1953), 836.
24) B. Valeur：Molecular Fluorescence, Wiley-VCH, Weinheim, 2002.
25) J. Dewar：*Proc. R. Inst. Gt. Br.*, **14** (1893), 1.
26) P. Pringsheim：Fluorescenz und Phosphoreszenz, Springer, Berlin, 1928.
27) F Perrin：*Ann. Phys.*, **10e**-Ser. 12 (1929), 169.
28) A. Jablonski：*Z. Physik.*, **94** (1935), 38.
29) G. N. Lewis and M. Kasha：*J. Am. Chem. Soc.*, **66** (1943), 2100.

30) A. N. Terenin : *Acta. Phicochim. U. R. S. S.*, **18** (1943), 210.
31) 廣田　襄：光化学, **36** (2005), 143.
32) D. S. McClure : *J. Chem. Phys.*, **17** (1949), 905.
33) M. Kasha : *J. Chem. Phys.*, **20** (1952), 71.
34) D. S. McClure : *J. Chem. Phys.*, **19** (1951), 670.
35) C. A. Hutchinson, Jr. and B. W. Mangum : *J. Chem. Phys.*, **29** (1958), 952.
36) F. Perrin : *Comptes Rendues*, **178** (1924), 2252.
37) J. Perrin : Structure et Activite Chimiques, Repports et Discussions, Gauthier-Villars, Paris, 1926, [322], discussion [399].
38) C. A. Parker : Advances in Photochemistry, vol. 2 (W. A. Noyes, *et al.*, eds.), Interscience, New York, 1964, [305].
39) J. Jortner, *et al.* : Advances in Photochemistry (J. N. Pitts, Jr., *et al.*, eds.), vol. 7, Interscience Publishers, New Yok, 1969, [149], および引用文献.
40) D. L. Rousseau and P. F. Williams : *J. Chem. Phys.*, **64** (1976), 3519.
41) T. Takagahara, *et al.* : *J. Phys. Soc. Jpn.*, **43** (1977), 1522 ; **44** (1978), 742.
42) M. Aihara : *Phys. Rev. Lett.*, **57** (1978), 463.
43) R. L. Bowman, *et al.* : *Science*, **122** (1955), 32.
44) C. A. Parker : *Nature* (London), **182** (1958), 1002.
45) J. E. Wamper : Modern Fluorescence Spectroscopy (E. L. Wehry, ed.), Plenum Press, New York, 1976, chap. 1, [1].
46) E. Gaviola : *Z. Physik*, **35** (1926), 748.
47) J. B. Birks : Photophysics of Aromatic Molecules, Wiley, London, 1970.
48) (a) C. G. Morgan, *et al.* : *Trans. Roy. Microscopy Soc.*, **1** (1990), 463 ; (b) J. R. Lakowicz and K. W. Berndt : *Rev. Sci. Instrum.*, **62** (1991), 1727 ; (c) B. Q. Spring and R. M. Clegg : FLIM Microscopy in Biology and Medicine (A. Periasamy and R. M. Clegg, eds.), CRC Press, Boca Raton, 2010, chap. 5, [115].
49) S. V. Vogel, *et al.* : FLIM Microscopy in Biology and Medicine (A. Periasamy and R. M. Clegg, eds.), CRC Press, Boca Raton, 2010, chap. 10, [245].
50) (a) E. J. Meserve : Excited States of Proteins and Nucleic Acids (R. F. Steiner and I. Weinryb, eds.), Plenum Press, New York, 1971 ; (b) A. M. North and I. Souter : *J. Chem. Soc. Faraday Trans. II*, **68** (1972), 1101.
51) (a) Y. Koechlin : Thesis, passim. University of Paris, 1961 ; D. V. O'Conner and D. Phillips : Time-Correlated Single Photon Counting, 1985, 平山　鋭, 原　清明訳：ナノ・ピコ秒の蛍光測定と解析法, 学会出版センター , 1988 ; (b) D. J. S. Birch and R. E. Imhof : Topics in Fluorescence Spectroscopy, vol. 1 (J. R. Lakowicz, ed.), Plenum Press, New York, 1991, chap. 1, [1].
52) I. Yamazaki, *et al.* : *Rev. Sci. Instrum.*, **56** (1985), 1187.
53) M. A. Duguary and J. W. Hansen : *Opt. Commun.*, **1** (1969), 254.
54) H. Mahr and M. D. Hirsch : *Opt. Commun.*, **13** (1975), 96.
55) B. Matsumoto, ed. : Methods in Cell Biology—Cell biological applications of confocal microscopy, Academic Press, New York 1993.
56) I. Bugiel, *et al.* : *Lasers Life Sci.*, **3** (1989), 47
57) T. H. Maiman : *Nature*, **187** (1960), 493.

58) (a) M. P. Sinha and R. N. Zare : *J. Chem. Phys.*, **58** (1973), 549 ; (b) D. H. Levy : *Ann. Rev. Pgys. Chem.*, **31** (1980), 197 ; (c) 三上直彦：応用物理, **49** (1980), 802.
59) J. R. Lakowicz, ed. : Topics in Fluorescence Spectroscopy, vol. 5, Plenum Press, New York, 1997.
60) (a) D. Magde, *et al.* : *Phys. Rev. Lett.*, **29** (1972), 705 ; (b) R. Riegler and E. S. Elson, eds. : Fluorescence Correlation Spectroscopy, Springer, New York, 2001.
61) E. B. Shera, *et al.* : *Chem. Phys. Lett.*, **174** (1990), 553.
62) R. C. Dunn : *Chem. Rev.*, **99** (1999), 2891.
63) S. W. Hell and J. Wichman : *Opt. Lett.*, **19** (1994), 780.
64) W. Moemer and L. Kador : *Phys. Rev. Lett.*, **62** (1989), 2535.
65) E. Betzig, *et al.* : *Science*, **313** (2006), 1642.
66) M. J. Rust, *et al.* : *Nature Methods*, **3** (2006), 793.

2

発 光 の 基 礎

2.1 電磁波としての光

2.1.1 光 と は

　雲の隙間や壁に開いた穴から差し込む光は直線的である．直線的な光は鏡で反射され，水に入り屈折し，レンズで集光される．このように，われわれの身近な世界での光には，「光線」のイメージがよく当てはまる．実際，光を光線として扱う幾何光学は，鏡やレンズを組み合わせた光学系や組合せレンズの設計などに広く用いられている．

　しかし，光が 1 μm，あるいは，それ以下の物体に当たったときや薄い膜で反射されるときなどには，光の波としての性質が顕著に現れてくる．たとえば，狭い隙間を通ってきた光は回折という波独特の現象により直進せずに広がってしまう．この効果は隙間が狭ければ狭いほど大きく，つまり，波の性質が強く現れてくるのである．光が薄膜で反射されると，波の性質である光の干渉により，表裏で反射した光が互いに重なり合って「干渉色」と呼ばれる独特の色をつくりだす．シャボン玉や油膜が虹色に見えるのは，まさにその干渉のためである．偏光という現象も，波が進行方向に対してどの方向に振動しているのかを表す概念である．このように私たちは知らず知らずのうちに光波としての性質にも接しているのである．

　光波の振動数は音波に比べて格段に高い．人が聞こえる音の振動数はだいたい 20 Hz から 20000 Hz であるのに対し，人の目に光として感じる光波の振動数はだいたい 4×10^{14} Hz から 8×10^{14} Hz の範囲である．この範囲の光であれば，振動数が高いと私たちの目には青や紫の色として，振動数が低いと黄や赤の色として感じられる（図 2.1.1 参照）．つまり，私たちは光の振動数の違いを色の違いとして感じているのである．振動数があまりに高くなると人の目には感じられなくなるが，その領域の光を紫外線と呼んでいる．紫外線は色としては感じられないが，私たちの体の化学成分を破壊するので，その存在を実感することができる．さらに高い振動数の光は X 線

2.1 電磁波としての光

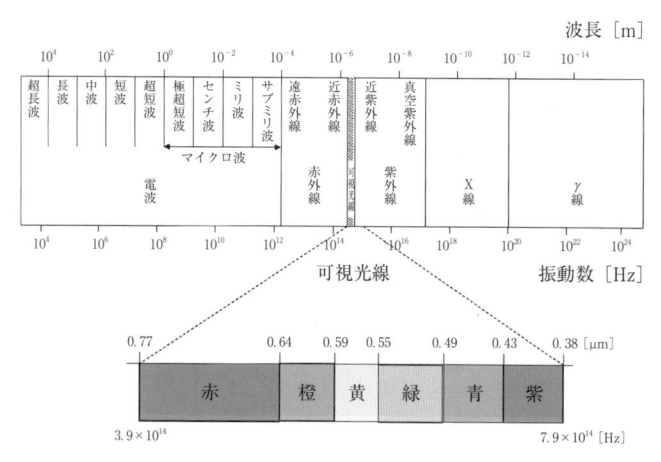

図 2.1.1 電磁波の振動数と波長

(10^{18}〜10^{20} Hz)やγ線（10^{20} Hz〜）と呼ばれ，光とはまったく異なる印象を与えるが，やはり光と同じ仲間である．一方，赤い光より低い振動数の光は赤外線と呼ばれている．赤外線も色としては感じられないが，私たちの体は赤外線を吸収するため暖かさからその存在を実感することができる．さらに低い振動数の光はマイクロ波（10^9〜10^{12} Hz）と呼ばれ，電子レンジで食べ物を温めるのに使われる波がこれに当たる．さらに低い振動数の光はラジオ・テレビや携帯電話など主に通信用に用いられている．マイクロ波より低い振動数の光は一般に電波と呼ばれている．このように振動数という観点から眺めてみると，光はたいへん広い範囲の波を含んでいることがわかる．この広い振動数範囲の波全体を光と呼んでもかまわないが，通常は電磁波と呼ぶことが多い．

一方，光には粒子という側面もある．プランクは，黒体放射（外部からくる電磁波をすべての振動数にわたって完全に吸収する物体からの放射）による光のスペクトルがステファン-ボルツマンの法則（黒体から放射される電磁波のエネルギーが絶対温度の四乗に比例するという法則）に合わないことを説明するために，光が飛び飛びのエネルギーをもつと仮定した．さらに，エネルギーと振動数を結びつける比例係数としてhというプランク定数を導入した．この考えは，その後のアインシュタインの光量子説や量子力学につながっていくことになる．アインシュタインは光電効果を説明するために，光量子という概念を考え出した．これは，原子に光を照射すると原子に束縛された電子が光電子として放出されるが，このとき振動数の低い光をどんなに強く照射しても放出されないが，振動数の高い光の場合には強度が小さくても放出されるという現象を説明しようとしたのである．

光が波か粒かという論争はその後も続いたが，量子力学が最終的にその答えを出す

ことになった。量子力学の考え方は、ディラックの著書『量子力学』[1]のなかの「量子力学は光の波動性と粒子性の調和をもたらす」という文章に代表される。この考えに基づき、光の干渉実験を光子のイメージで解釈すると次のようになる。たとえば、光波を二つに分けて干渉させたとき、もし、それぞれに属する光子どうしが干渉すると考えれば、干渉の結果、光子数が増えたり減ったりしてエネルギーの保存と矛盾する。そこで、一つの光子は二つに分けられた光のそれぞれに部分的に入っていると考えなければならない。したがって、「光子はみなそれぞれ自分自身とだけ干渉し、2個の異なる光子の干渉は決して起こらないのである」という文章に帰着するのである。

粒としての光が自分自身とだけ干渉するという、一見奇妙な事実を確かめようと多くの実験がなされた。しかし、これらの実験の多くは光を十分に弱くし、実験装置内に平均1個以下の光子しかない状態を目指した実験であった。しかし、光を単に弱くしただけでは真の意味での1光子の実験にはなっていない。同時に2個以上の光子が存在する確率が0ではないからである。

純粋に1光子の状態は量子的な光と呼ばれる特別な光の場合にだけ実現される[2,3]。例として、1原子から放出される発光を観察する場合を考えよう。原子にちょうど共鳴するような光を当てると、原子は励起状態に上がり、やがて光子を放出して基底状態に戻る。原子に光を当て続けると、このような吸収・放出を繰り返すことになる。このとき、同時に2個の光子は放出されないから、1原子からの発光は1光子の状態を与える光となるのである。

1光子の状態は特異な性質をもっている。たとえば、光を二分してそれぞれに検出器をおき、二つの検出器間で光子検出の相関を測定すると、1光子状態では、一方の検出器で検出すると他方の検出器では決して同時に検出されることはないから、検出器からの出力の積を計算するとかならず0になる（これをアンチバンチング（anti-bunching）という）。これに対して、普通の光（古典的な光）はゆらぎをもっているので、同時検出する確率はむしろ増えてしまう（これをバンチング（bunching）という）。このような特異な性質をもつ量子的な光は究極の光として注目され、量子論の検証をはじめとして、量子通信、量子暗号、量子コンピュータなどの分野への応用を目指し研究が進められている。

2.1.2 マクスウェル方程式と電磁波

a. 電磁波の方程式

電気や磁気がかかわるさまざまな物理現象は、19世紀後半マクスウェルが定式化した一連の方程式で統一的に説明された。現在ではマクスウェルの方程式と呼ばれている。これらの方程式から電磁波の発生が予想され、ヘルツにより実験的に確かめられたのである。

マクスウェルの方程式は次の四つの式にまとめられる[4-6]。

2.1 電磁波としての光

$$\nabla \times \boldsymbol{E} = -\frac{\partial \boldsymbol{B}}{\partial t} \tag{1}$$

$$\nabla \times \boldsymbol{H} = \boldsymbol{j} + \frac{\partial \boldsymbol{D}}{\partial t} \tag{2}$$

$$\nabla \cdot \boldsymbol{D} = \rho \tag{3}$$

$$\nabla \cdot \boldsymbol{B} = 0 \tag{4}$$

ここで，∇ は $\nabla = (\partial/\partial x, \partial/\partial y, \partial/\partial z)$ を表すベクトル演算子で，$\boldsymbol{E}, \boldsymbol{D}, \boldsymbol{H}, \boldsymbol{B}$ はそれぞれ電場，電束密度，磁場，磁束密度を表すベクトルである．これらのベクトルの間には，$\boldsymbol{D} = \varepsilon \boldsymbol{E} = \varepsilon_0 \boldsymbol{E} + \boldsymbol{P}$ と $\boldsymbol{B} = \mu \boldsymbol{H} = \mu_0 \boldsymbol{H} + \boldsymbol{M}$ という関係がある．ここで，ε と μ はそれぞれ誘電率と透磁率と呼ばれる量である．また，ε_0 と μ_0 は真空の誘電率と透磁率を表している．$\boldsymbol{P}$ と $\boldsymbol{M}$ は分極ベクトルと磁化ベクトルである．さらに，$\boldsymbol{j}$ と ρ は電流密度と電荷密度を表している．最初の式は，磁束密度が変化すると起電力を生じるという電磁誘導を，2番目の式は電流が流れると磁場が生じるというアンペールの法則を，3番目はガウスの法則を，最後の式は磁気単極子はないことを示したものである．

電荷をもたない均一な絶縁体では，$\boldsymbol{j} = 0$ と $\rho = 0$ が成り立ち，また，ε と μ も場所によらない定数になるので，マクスウェル方程式は次のように簡単化される．

$$\nabla \times \boldsymbol{E} = -\frac{\partial \boldsymbol{B}}{\partial t} \tag{5}$$

$$\nabla \times \boldsymbol{B} = \varepsilon \mu \frac{\partial \boldsymbol{E}}{\partial t} \tag{6}$$

$$\nabla \cdot \boldsymbol{E} = 0 \tag{7}$$

$$\nabla \cdot \boldsymbol{B} = 0 \tag{8}$$

式 (5) の両辺に左から $\nabla \times$ を作用させると

$$\nabla \times (\nabla \times \boldsymbol{E}) = -\frac{\partial (\nabla \times \boldsymbol{B})}{\partial t} \tag{9}$$

となるが，右辺の $\nabla \times \boldsymbol{B}$ に式 (6) を代入すると，

$$\nabla \times (\nabla \times \boldsymbol{E}) = -\varepsilon \mu \frac{\partial^2 \boldsymbol{E}}{\partial t^2} \tag{10}$$

となる．さらに，ベクトル公式 $\nabla \times (\nabla \times \boldsymbol{E}) = \nabla (\nabla \cdot \boldsymbol{E}) - \nabla^2 \boldsymbol{E}$ と式 (7) を用いると，次の式が得られる．

$$\nabla^2 \boldsymbol{E} = \varepsilon \mu \frac{\partial^2 \boldsymbol{E}}{\partial t^2} \tag{11}$$

まったく同様の式を磁束密度 $\boldsymbol{B}$ についても得ることができる．

$$\nabla^2 \boldsymbol{B} = \varepsilon \mu \frac{\partial^2 \boldsymbol{B}}{\partial t^2} \tag{12}$$

これらの式は $\boldsymbol{E}$ や $\boldsymbol{B}$ を振幅とする波動方程式になっていて，このことから，電場や磁場が空間を波として伝わっていくことがわかる．これが電磁波である．電磁波の進む速度は $\varepsilon \mu = 1/v^2$ から，$v = 1/\sqrt{\varepsilon \mu}$ と求められる．一方，真空中では $\varepsilon = \varepsilon_0$, $\mu = \mu_0$

となるので，真空中の光速をcとすると，$c=1/\sqrt{\varepsilon_0\mu_0}$という関係式が得られる．これらの関係と$n\equiv c/v$という屈折率の定義から，屈折率は$n=\sqrt{\varepsilon\mu/(\varepsilon_0\mu_0)}$と求められる．このように電磁波の伝播速度は空間の電気的な性質を示すεと磁気的な性質を示すμという二つの定数により表されるが，一般には，光の磁気的な作用は電気的な作用に比べ1/100ほどの大きさしかないため[5,6]，光の電気的な作用だけを考え，$\mu\to\mu_0$とおくことにより，屈折率は$n=\sqrt{\varepsilon/\varepsilon_0}$と表されることが多い．

式 (11) と (12) は三次元での波動方程式を表している．この方程式の解が，三次元空間を伝搬する平面波の複素表示(計算の便宜のため波を複素数を用いて表すこと)で表した一般式

$$\boldsymbol{E}(\boldsymbol{r}, t) = \boldsymbol{E}_0 \exp[\mathrm{i}(\boldsymbol{k}\cdot\boldsymbol{r}-\omega t)] \tag{13}$$

$$\boldsymbol{B}(\boldsymbol{r}, t) = \boldsymbol{B}_0 \exp[\mathrm{i}(\boldsymbol{k}\cdot\boldsymbol{r}-\omega t)] \tag{14}$$

で表されることは，それぞれの解を式 (11) と (12) に代入することで確かめることができる．ここで，$\boldsymbol{k}$とωは波数ベクトルと角振動数である．この計算は$\nabla\to\mathrm{i}\boldsymbol{k}$と$\partial/\partial t\to -\mathrm{i}\omega$という置き換えができることがわかると簡単に計算することができる．たとえば，電場に対する式 (11) に代入して計算すると，

$$-k^2\boldsymbol{E} = -\omega^2\varepsilon\mu\boldsymbol{E} \tag{15}$$

となるので，$k^2=\omega^2\varepsilon\mu$，すなわち，$k=\omega/v$が成り立つときに解になっていることがわかる．まったく同じ関係式は磁束密度についても得られる．

空間を伝播する電場と磁場は互いに独立でなく，式 (5)～(8) で表されるマクスウェル方程式によって結びついている．波の一般式 (13) と (14) を式 (5)～(8) に代入すると，

$$\mathrm{i}\boldsymbol{k}\times\boldsymbol{E} = \mathrm{i}\omega\boldsymbol{B} \tag{16}$$

$$\mathrm{i}\boldsymbol{k}\times\boldsymbol{B} = -\mathrm{i}\varepsilon\mu\omega\boldsymbol{E} \tag{17}$$

$$\mathrm{i}\boldsymbol{k}\cdot\boldsymbol{E} = 0 \tag{18}$$

$$\mathrm{i}\boldsymbol{k}\cdot\boldsymbol{B} = 0 \tag{19}$$

となる．式 (18) と (19) から，電場$\boldsymbol{E}$と磁束密度$\boldsymbol{B}$は波の進行方向を表す$\boldsymbol{k}$に垂直であることがわかる．つまり，光は横波であることを示している．さらに，式 (16)，あるいは，(17) から，電場$\boldsymbol{E}$と磁束密度$\boldsymbol{B}$も互いに直交していることもわかる．また，電場と磁場の大きさを調べてみると，

$$kE_0 = \omega B_0, \qquad kB_0 = \varepsilon\mu\omega E_0 \tag{20}$$

となり，これからE_0/B_0の比を求めると，電場と磁場の大きさの間に$E_0/B_0 = (\varepsilon\mu)^{-1/2}$という関係のあることがわかる．

b. 光強度

光強度Iは単位面積を通過する単位時間あたりのエネルギーの流れとして定義され，ポインティングベクトル$\boldsymbol{S}=\boldsymbol{E}\times\boldsymbol{H}$を使って，次のように表される．

$$I = |\overline{\boldsymbol{S}}| = |\overline{\boldsymbol{E} \times \boldsymbol{H}}| = \frac{1}{2} E_0 H_0 = \frac{1}{2} \varepsilon v E_0^2 \tag{21}$$

ここで，$\overline{A}$ は角振動数 ω で振動する A を振動の1周期で平均をとることを意味し，これをサイクル平均と呼ぶ．一般に，同じ角振動数で振動する二つの量 $y_1(t)$ と $y_2(t)$ の積のサイクル平均は，それぞれを複素表示で表した $\tilde{y}_1(t)$ を $\tilde{y}_2(t)$ を用いて

$$\overline{y_1(t) y_2(t)} = \frac{1}{2} \mathrm{Re} \{ \tilde{y}_1(t) \tilde{y}_2^*(t) \} \tag{22}$$

で表される．式 (21) では，電場と磁場は互いに直交していて，その大きさの間には $H_0 = (\varepsilon/\mu)^{1/2} E_0$ の関係があることと，$v = 1/(\varepsilon\mu)^{1/2}$ という関係を用いている．

c. 複素屈折率

光が物質に吸収される場合には，光が物質中を伝搬していくとその振幅が徐々に減少していく．このような効果は，通常，屈折率に虚数部を加えることで考慮することができる．屈折率が複素数になることは，式 (2) の右辺を

$$\boldsymbol{j} + \frac{\partial \boldsymbol{D}}{\partial t} = \sigma \boldsymbol{E} + \varepsilon \frac{\partial \boldsymbol{E}}{\partial t} = (\sigma - \mathrm{i}\omega\varepsilon) \boldsymbol{E} = -\mathrm{i}\omega \left(\varepsilon + \mathrm{i} \frac{\sigma}{\omega} \right) \boldsymbol{E} \tag{23}$$

とし，$(\varepsilon + \mathrm{i}\sigma/\omega) \to \varepsilon$ と置き直し，誘電率のなかに含めることで導入することができる．ここで，σ は電気伝導率である．新しく置き直した ε は σ が 0 のときには実数であるが，0 でないときには複素数になるので，一般に複素誘電率と呼ばれている．複素誘電率は，外電場に対して分極の応答に遅れが生じるとする線形応答理論からも導くことができる[7]．$\mu \to \mu_0$ のとき，屈折率と誘電率は $n = \sqrt{\varepsilon/\varepsilon_0}$ という関係式で結ばれているので，屈折率も複素数で表されることになる．

たとえば，複素屈折率を $n = \eta + \mathrm{i}\kappa$ と書いてみよう．この式を，複素表示で表した一次元での波の一般式 $\tilde{y}(x, t) = y_0 \exp[\mathrm{i}(kx - \omega t)]$ に代入してみる．ただし，波は屈折率 n の媒質中を伝搬しているとし，$k = n\omega/c$ の関係で表されるものとする．すると，

$$\tilde{y}(x, t) = y_0 \exp \left[\mathrm{i} \left(\frac{\eta \omega x}{c} - \omega t \right) - \frac{\kappa \omega x}{c} \right] \tag{24}$$

となることは容易にわかる．波の強度 I は式 (21) に示すように波の振幅の二乗に比例するので

$$I \propto y_0^2 \exp \left[-\frac{2\kappa \omega x}{c} \right] \equiv y_0^2 \exp[-\alpha x] \tag{25}$$

となる．この式は波が x 方向に進行していくと，$1/\alpha$ の距離を進むと強度が $1/e$ に減衰することを表している．ここで，$\alpha \equiv 2\kappa\omega/c$ は吸収係数と呼ばれている．つまり，屈折率の虚数部 κ は吸収による波の減衰に直接関係するのである．

d. フレネルの公式

物体の表面に光が当たると,光は表面で反射され,一部は屈折して物体内部に入っていく.このときの光の反射率や透過率はフレネルの公式(Fresnel formula)としてまとめられている.

いま,図2.1.2のように,xy平面内で媒質1から媒質2に光が入射すると考える.このとき,二つの媒質の界面をxz平面にとり,界面でE_x, E_z, H_x, H_zは連続であるという条件を用いると,光の反射や屈折を定量的に説明することができる.このとき,入射波,屈折波,反射波がそれぞれ三次元の波の一般式で表されるとして,

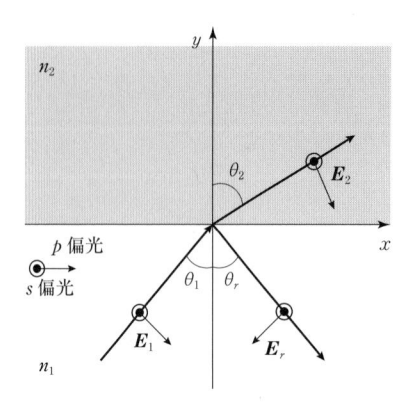

図2.1.2 界面における入射・反射・屈折光を説明するための座標系

$$\bm{E}_1 = \bm{E}_{10} \exp[i(\bm{k}_1 \cdot \bm{r} - \omega_1 t)] \tag{26}$$

$$\bm{E}_2 = \bm{E}_{20} \exp[i(\bm{k}_2 \cdot \bm{r} - \omega_2 t)] \tag{27}$$

$$\bm{E}_r = \bm{E}_{r0} \exp[i(\bm{k}_r \cdot \bm{r} - \omega_r t)] \tag{28}$$

と書く.ここで,$\bm{E}_1$, $\bm{E}_2$, $\bm{E}_r$はそれぞれ入射波,屈折波,反射波の電場ベクトルを表している.さらに,それぞれの振幅,波数ベクトル,角振動数は一般的に異なるとしている.

媒質1と2の界面上に任意の点$\bm{r}_0$をとる.平面波は平坦な界面(xz平面)に入射しているとすると,入射・屈折・反射波間の位相の関係は場所や時間によらないはずである.たとえば,$\bm{r}_0$における入射波と反射波の位相差は

$$(\bm{k}_1 \cdot \bm{r}_0 - \omega_1 t) - (\bm{k}_r \cdot \bm{r}_0 - \omega_r t) = (\bm{k}_1 - \bm{k}_r) \cdot \bm{r}_0 - (\omega_1 - \omega_r) t \tag{29}$$

となるが,これが場所や時間によらないためには,$\bm{k}_1 \cdot \bm{r}_0 = \bm{k}_r \cdot \bm{r}_0$と$\omega_1 = \omega_r$が成り立つ必要がある.同様に屈折波と入射波の間にも関係が成り立ち,結局,

$$\omega_1 = \omega_r = \omega_2 \tag{30}$$

$$\bm{k}_1 \cdot \bm{r}_0 = \bm{k}_r \cdot \bm{r}_0 = \bm{k}_2 \cdot \bm{r}_0 \tag{31}$$

の関係が成り立つ.

たとえば,$\bm{r}_0$をxz平面内でz軸にそったベクトルであると考えると,$\bm{k}_1$は入射波の進む方向でxy平面内だから,$\bm{k}_1 \cdot \bm{r}_0 = 0$が成り立つ.したがって,$\bm{k}_r \cdot \bm{r}_0 = \bm{k}_2 \cdot \bm{r}_0 = 0$となるので,$\bm{k}_1$, $\bm{k}_r$, $\bm{k}_2$はすべてxy平面内にあることがわかる.この平面を入射面と呼ぶことにする.また,$\bm{r}_0$として,x軸に平行なベクトルをとると,式(31)から,$k_{1x} = k_{rx} = k_{2x}$という関係式が出てくる.波数ベクトルの大きさは,それぞれ$k_1 = n_1 \omega/c$, $k_r = n_1 \omega/c$, $k_2 = n_2 \omega/c$であるから,$k_1 \sin \theta_1 = k_r \sin \theta_r$, すなわち,$\theta_1 = \theta_r$と,$k_1 \sin \theta_1 = k_2 \sin \theta_2$, すなわち,$n_1 \sin \theta_1 = n_2 \sin \theta_2$という関係式が求められる.前者は反射の法則を,後者は屈折の法則(スネルの法則)を表す.ここで,屈折率は実数の場合を

考えている．

それでは，光が媒質 1 と 2 の界面を照射したときの反射率や透過率を，境界面での接続条件をもとにして求めてみよう．その前に，マクスウェル方程式 (5) を用いると，電場と磁場の間に

$$H_i = \frac{1}{\omega\mu_0} k_i \times E_i \tag{32}$$

という関係式があることを知っておこう．ただし，$i = 1, 2, r$ で，$\mu \to \mu_0$ としている．まず，電場ベクトルが入射面に垂直な場合を考えよう．この場合を s 偏光と呼ぶ．このときは，E ベクトルは z 成分しかもたないから，$A_1 = E_{10z}, A_r = E_{r0z}, A_2 = E_{20z}$ とおいて，境界では電場の z 成分と磁場の x 成分に対して接続条件を適用して，

$$A_1 + A_r = A_2 \tag{33}$$

$$k_{1y} A_1 + k_{ry} A_r = k_{2y} A_2 \tag{34}$$

という結果を得る．最後の結果は，電場と磁場の間の関係式 (32) を用いた．さらに，$k_{1y} = (n_1\omega/c)\cos\theta_1, k_{ry} = -(n_1\omega/c)\cos\theta_r, k_{2y} = (n_2\omega/c)\cos\theta_2$ という関係式を，式 (34) に代入すると，$n_1(A_1 - A_r)\cos\theta_1 = n_2 A_2 \cos\theta_2$ という式が導かれる．この式と式 (33) から A_r を消去すると

$$t_s = \frac{A_2}{A_1} = \frac{2n_1 \cos\theta_1}{n_1 \cos\theta_1 + n_2 \cos\theta_2} \tag{35}$$

という s 偏光に対する振幅透過率が導かれる．同様に，A_2 を消去すると，

$$r_s = \frac{A_r}{A_1} = \frac{n_1 \cos\theta_1 - n_2 \cos\theta_2}{n_1 \cos\theta_1 + n_2 \cos\theta_2} \tag{36}$$

という振幅反射率が求められる．

一方，電場の向きが入射面に平行な場合を p 偏光と呼ぶが，このときは電場の x 成分と磁場の z 成分の間に接続条件を適用すればよいので，入射，反射，屈折光の電場の振幅を A_1, A_r, A_2 とおいて次の関係式を得る．

$$t_p = \frac{A_2}{A_1} = \frac{2n_1 \cos\theta_1}{n_2 \cos\theta_1 + n_1 \cos\theta_2} \tag{37}$$

$$r_p = \frac{A_r}{A_1} = \frac{n_2 \cos\theta_1 - n_1 \cos\theta_2}{n_2 \cos\theta_1 + n_1 \cos\theta_2} \tag{38}$$

これらの式を総称して，フレネルの公式と呼んでいる．この公式は界面での電磁波の接続条件を厳密に取り入れているため，たとえ，媒質に吸収があっても正確に反射率を与えていてたいへん有用な式である．光が媒質 i から j へ進むときの振幅反射率と振幅透過率を r_{ij} と t_{ij} と書くと，フレネルの公式から次の関係式が一般に成り立つことが示せる．

$$\begin{aligned} r_{ij} &= -r_{ji}, \\ r_{ij}^2 + t_{ij} t_{ji} &= 1 \end{aligned} \tag{39}$$

また，$R_{s,p} \equiv |r_{s,p}|^2$ と $T_{s,p} \equiv (n_2 \cos\theta_2)/(n_1 \cos\theta_1)|t_{s,p}|^2$ をそれぞれ強度反射率，強度

透過率,あるいは単に反射率,透過率と呼ぶ.媒質中で光の吸収が起きない場合には,強度反射率と強度透過率の間にはエネルギー保存を表す

$$R_{s,p} + T_{s,p} = 1 \tag{40}$$

という関係がある.

e. ブリュースター角と全反射

図2.1.3に屈折率1.5と1.0をもつ媒質の界面での強度反射率をフレネルの公式を用いて計算した結果を示す.(a)は屈折率1.0の媒質から屈折率1.5の媒質に光が入射した場合で,s偏光のほうが反射率が大きいこと,反射率は入射角が90°に近づくほど増大すること,さらに,p偏光では入射角が56.3°近傍で反射率が0になることなどが特徴として読み取れる.一方,(b)は屈折率1.5の媒質から屈折率1.0の媒質に入射した場合であるが,同様の特徴のほかに,入射角が41.8°より大きくなると反射率が1になってしまうことがわかる.

p偏光で反射率が0になる角度をブリュースター角(Brewster's angle)と呼んでいる.これは,式(38)にスネルの法則から導いた関係式 $n_1 = n_2 \sin\theta_2/\sin\theta_1$ を代入すると,

$$r_p = \frac{\sin\theta_1\cos\theta_1 - \sin\theta_2\cos\theta_2}{\sin\theta_1\cos\theta_1 + \sin\theta_2\cos\theta_2} = \frac{\tan(\theta_1-\theta_2)}{\tan(\theta_1+\theta_2)} \tag{41}$$

という関係が成り立つことに基づいている.この式から,$\theta_1 = \theta_2$ のときと,$\theta_1 + \theta_2 = \pi/2$ のときに反射率が0になることが導かれるが,前者は媒質間に屈折率の差がないとき,後者はここで述べたブリュースター角に相当する.後者の関係から,$\theta_2 = \pi/2 - \theta_1$ となるので,三角関数の公式を使って,$\sin\theta_2 = \cos\theta_1$ が導かれ,さらに,$\sin\theta_2 = (n_1/n_2)\sin\theta_1$ の関係から,

$$\tan\theta_B = \frac{n_2}{n_1} \tag{42}$$

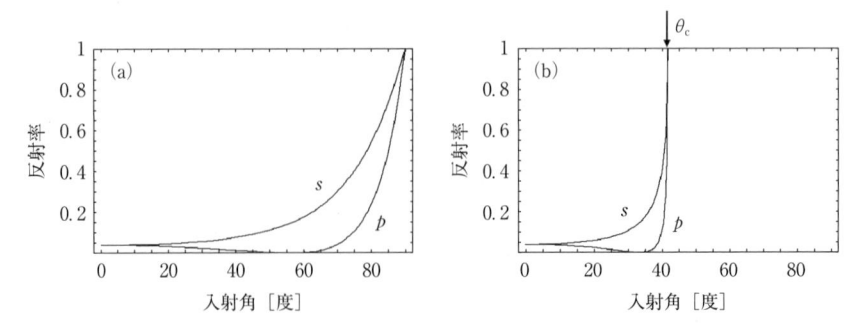

図2.1.3 屈折率の異なる界面における反射率の入射角度依存性
(a)は屈折率1.0の媒質から1.5の媒質に入射するとき,(b)は屈折率1.5から1.0の媒質に入射するとき.sおよびpは偏光方向が入射面に垂直か平行を表す.また,θ_cは全反射の臨界角を表す.

が得られる.ただし,$\theta_2=\pi/2-\theta_1$が成り立つときのθ_1をθ_Bとおいた.ブリュースター角は,媒質に入射した光の進行方向に直角の方向が,表面での反射光の方向と一致するという条件で求めることができる.

一方,屈折率の大きい媒質から小さい媒質に光が入射するときに,ある入射角から上で反射率が1になる現象は全反射と呼ばれていて,この限界の角度を臨界角θ_cと呼んでいる.スネルの法則を変形すると,$\sin\theta_2 = n_1\sin\theta_1/n_2 \equiv \alpha$となるが,$n_1 > n_2$のときは,$n_1/n_2$は1より大きくなるので$\theta_1$がある値以上では,右辺の値が1以上になることがある.このときは実数の範囲では等式を満足するθ_2の値を得ることができない.その限界のθ_1が臨界角θ_cで,θ_cは$\sin\theta_c = n_2/n_1$を満足する.入射角が臨界角以上になると,$\sin\theta_2 = \alpha > 1$となるから,$\cos\theta_2 = \pm\sqrt{1-\alpha^2} = \pm i\sqrt{\alpha^2-1}$とおいて,媒質2のなかでの波の一般式に代入すると(たとえば,s偏光の場合は),

$$\begin{aligned}E_{2z} &= A_2 e^{i(\boldsymbol{k}_2\cdot\boldsymbol{r}-\omega t)}\\ &= A_2 e^{i(k_2 x\sin\theta_2 + k_2 y\cos\theta_2 - \omega t)}\\ &= A_2 e^{i(k_2 x\alpha - \omega t)} e^{\mp k_2 y\sqrt{\alpha^2-1}}\end{aligned} \qquad (43)$$

となる.ここで,$\mp$のうち正の符号をとりyが大きくなると発散するので,負の符号だけをとることにすると,

$$E_{2z} = A_2 e^{i(k_2 x\alpha - \omega t)} e^{-k_2 y\sqrt{\alpha^2-1}} \qquad (44)$$

となる.この式から,光は媒質2のなかではx軸の正の方向にαの因子だけ大きな波数ベクトルをもって進行するが,y軸方向には振幅が指数関数的に減衰することがわかる.y軸方向だけみると,光は振幅としては存在しているが波として伝搬できないので,このような波をエバネッセント波(evanescent wave)と呼んでいる[7].

光強度としてみる場合にはサイクル平均を計算すればよいから

$$I_2 \propto \frac{1}{2}|A_2|^2 e^{-2k_2 y\sqrt{\alpha^2-1}} \qquad (45)$$

となる.ここで,$d \equiv 1/(2k_2\sqrt{\alpha^2-1}) = \lambda/(4\pi n_2\sqrt{\alpha^2-1})$は全反射における侵入距離と呼ばれる量である.

s偏光に対するフレネルの公式(36)に,$\cos\theta_2 = i\sqrt{\alpha^2-1}$という関係を代入すると,

$$r_s = \frac{A_r}{A_1} = \frac{n_1\cos\theta_1 - in_2\sqrt{\alpha^2-1}}{n_1\cos\theta_1 + in_2\sqrt{\alpha^2-1}} \qquad (46)$$

となる.この式は$(a-bi)/(a+bi)$という形をしているので変形すると,$(a-bi)/(a+bi) = (\sqrt{a^2+b^2}e^{-i\phi})/(\sqrt{a^2+b^2}e^{i\phi}) = e^{-2i\phi}$となり,大きさが1で位相が$-2\phi$変化する因子を与えることがわかる.ただし,$\tan\phi = n_2\sqrt{\alpha^2-1}/(n_1\cos\theta_1)$である.このように全反射のときに反射光の位相が変化することをグース-ヘンヒェン効果(Goos-Hänchen effect)と呼んでいる[8].この現象は図

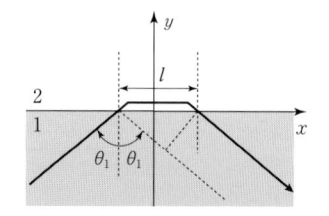

図 2.1.4 全反射におけるグース-ヘンヒェン効果(lはグース-ヘンヒェン距離)

2.1.4のように,全反射をしていても光は媒質2のなかをわずかな距離だが界面にそって進行しているとして解釈できる.その距離 l は媒質1からみて $2\phi = k_1 l \sin\theta_1$ の関係があるので, $l = 2\phi/(k_1 \sin\theta_1) = \lambda\phi/(\pi \sin\theta_1)$ と求められ,ずれの大きさは光の波長程度であることがわかる.このずれはグース-ヘンヒェン距離と呼ばれ,光ファイバー中での光の位相変化などを計算するときや全反射を用いた分光の際に登場する.

2.1.3 電磁波の放射

a. ベクトルポテンシャルとスカラーポテンシャル

次に,電磁波の放射について考えてみよう[4,6].これには,光の振動数で振動する(電気)双極子による電磁波の放射(双極子放射)について考えればよい.双極子から放射される電磁波の電場と磁場を求めるには,次のようなポテンシャルを用いると便利である.まず,任意のベクトル A について成り立つベクトル公式 $\nabla \cdot (\nabla \times A) = 0$ を,マクスウェルの方程式(4)に用いると,

$$B = \nabla \times A$$

となるような任意のベクトル A を考えることができる.この式を,同じくマクスウェルの方程式(1)に代入すると

$$\nabla \times \left(E + \frac{\partial A}{\partial t}\right) = 0$$

となる.再び,任意のスカラー量 ϕ について成り立つベクトル公式 $\nabla \times (\nabla \phi) = 0$ を用いると,

$$E + \frac{\partial A}{\partial t} = -\nabla \phi$$

とすることができる.つまり,電場も磁束密度も任意関数の微分により次のように表されるのである.

$$E = -\frac{\partial A}{\partial t} - \nabla \phi \tag{47}$$

$$B = \nabla \times A \tag{48}$$

ここで, ϕ をスカラーポテンシャル, A をベクトルポテンシャルと呼んでいる.

このようにポテンシャルを考えると,電場や磁束密度を直接考えなくても,ポテンシャルを考えた後に,上式を用いて導けばよいのである.それでは,任意関数 A や ϕ を規定する関係式を導いてみよう.電荷や電流が存在するときのマクスウェル方程式(2)に上の関係式(47)と(48)を用いると

$$\nabla \times (\nabla \times A) - \frac{1}{c^2}\frac{\partial}{\partial t}\left(-\frac{\partial A}{\partial t} - \nabla\phi\right) = \mu_0 j$$

という式が導かれる.ここで,電荷や電流を除くと残りの空間は真空であると考え, $\varepsilon = \varepsilon_0$ と $\mu = \mu_0$ とおいている.また, $\varepsilon_0 \mu_0 = 1/c^2$ という関係を用いた.さらに,ベクト

ル公式 $\nabla \times (\nabla \times \boldsymbol{A}) = \nabla(\nabla \cdot \boldsymbol{A}) - \nabla^2 \boldsymbol{A}$ を用いると,

$$\nabla\left(\nabla \cdot \boldsymbol{A} + \frac{1}{c^2}\frac{\partial \phi}{\partial t}\right) + \frac{1}{c^2}\frac{\partial^2 \boldsymbol{A}}{\partial t^2} - \nabla^2 \boldsymbol{A} = \mu_0 \boldsymbol{j} \tag{49}$$

と表される.一方,マクスウェル方程式 $\nabla \cdot \boldsymbol{D} = \rho$ も電荷が真空中にあるときは,$\nabla \cdot \boldsymbol{E} = \rho/\varepsilon_0$ となるから,式 (47) を代入することにより

$$-\nabla \cdot \left(\frac{\partial \boldsymbol{A}}{\partial t}\right) - \nabla^2 \phi = \frac{\rho}{\varepsilon_0} \tag{50}$$

という関係式を得る.この二つの式 (49) と (50) において,

$$\nabla \cdot \boldsymbol{A} + \frac{1}{c^2}\frac{\partial \phi}{\partial t} = 0 \tag{51}$$

という関係があれば,

$$\frac{1}{c^2}\frac{\partial^2 \boldsymbol{A}}{\partial t^2} - \nabla^2 \boldsymbol{A} = \mu_0 \boldsymbol{j} \tag{52}$$

$$\frac{1}{c^2}\frac{\partial^2 \phi}{\partial t^2} - \nabla^2 \phi = \frac{\rho}{\varepsilon_0} \tag{53}$$

が導かれ,ともに,左辺は波動方程式の形になっている.この二つの式の意味は,右辺にある電流や電荷が時間的に変化すると,これらポテンシャルがともに光速 c で伝搬していくことを意味している.ポテンシャルは電場や磁束密度と結びついているので,結局,電場や磁束密度も光速で伝搬していくことになる.

さて,力学でもポテンシャル(位置のエネルギー)を考えたときに,ポテンシャルの原点をどこにおくかという任意性があったが,ここで定義したポテンシャルも微分で定義しているのでやはり任意性を含んでいる.この任意性を使って,式 (51) が成り立つようにポテンシャルの形を選べるだろうか.ベクトルポテンシャルやスカラーポテンシャルは任意の関数 u を使って,$\boldsymbol{A}' = \boldsymbol{A} + \nabla u$,$\phi' = \phi - \partial u/\partial t$ とおき,これらを式 (47) と (48) の $\boldsymbol{A}$ や ϕ の代わりに代入すると再びこれらの式を満足する.そこで,u として,ちょうど $\nabla \cdot \boldsymbol{A} + (1/c^2)\partial \phi/\partial t = 0$ となるように関数を定めればよい.関数 u を使って新しく定義した二つのポテンシャルを用いて

$$\nabla \cdot \boldsymbol{A}' + \frac{1}{c^2}\frac{\partial \phi'}{\partial t} = \nabla \cdot \boldsymbol{A} + \frac{1}{c^2}\frac{\partial \phi}{\partial t} + \nabla^2 u - \frac{1}{c^2}\frac{\partial^2 u}{\partial t}$$

とすることができる.したがって,右辺を 0 とし,与えられた $\boldsymbol{A}$ と ϕ に対して

$$\nabla^2 u - \frac{1}{c^2}\frac{\partial u^2}{\partial t^2} = -\nabla \cdot \boldsymbol{A} - \frac{1}{c^2}\frac{\partial \phi}{\partial t}$$

を u について解くことにより u を定めればよいことになる.毎回この操作を繰り返す代わりに,はじめから $\boldsymbol{A}'$ と ϕ' を使い,付帯条件

$$\nabla \cdot \boldsymbol{A} + \frac{1}{c^2}\frac{\partial \phi'}{\partial t} = 0 \tag{54}$$

をつけておくと便利である.ベクトルポテンシャルとスカラーポテンシャルを結びつける,この付帯条件をローレンツ条件という.

b. 遅延ポテンシャル

さて，電荷や電流が真空中にあって，それらが時間的に変化するときに，ベクトルポテンシャルやスカラーポテンシャルがどのようにふるまうかを知るためには，式(52)と(53)を解かなければならない．この計算は煩雑であるので，その詳細は成書[4-6)]に譲ることとし，ここではその結果だけを書いておこう．

電流分布 $j(r', t)$ や電荷分布 $\rho(r', t)$ があるとき，点 r でのベクトルポテンシャルとスカラーポテンシャルは

$$A(r, t) = \frac{\mu_0}{4\pi} \int dr' \frac{j(r', t')}{|r-r'|} \tag{55}$$

$$\phi(r, t) = \frac{1}{4\pi\varepsilon_0} \int dr' \frac{\rho(r', t')}{|r-r'|} \tag{56}$$

と表すことができる．ここで，$t' = t \mp |r-r'|/c$ である．$\mp$ のうち負の符号をとる場合は，距離 $|r-r'|$ だけ離れたところで電荷や電流をみると，電荷や電流の時間変化がちょうど光速と同じ速さで遅れて伝わってくることを意味している．この遅れた時間を遅延時間と呼び，このようなポテンシャルを遅延ポテンシャルと呼んでいる．これに対して，正をとる場合は先の時間をとることになり先進ポテンシャルと呼んでいる．

c. 双極子放射

座標原点で，点電荷が振動している場合を考えると，$j(r', t') = q\dot{r}_0(t')\delta(r'-r_0) = \dot{p}(t')\delta(r'-r_0)$ の関係を用いると，式(55)の空間積分をはずすことができ，

$$A = \frac{\mu_0}{4\pi} \frac{\dot{p}(t-r/c)}{r}$$

と表すことができる．ただし，$p \equiv qr_0$ は双極子モーメントであり，q は電荷の大きさを表す．また，$|r-r_0| \approx |r| = r$ とおいて，遅延ポテンシャルの場合の負の符号をとっている．

これより，

$$B = \nabla \times A = \frac{\mu_0}{4\pi} \nabla \times \frac{\dot{p}(t-r/c)}{r}$$
$$= \frac{\mu_0}{4\pi} \frac{\dot{p}(t-r/c) + (r/c)\ddot{p}(t-r/c)}{r^3} \times r \tag{57}$$

とすることができる．一方，スカラーポテンシャルはローレンツ条件(51)を用いて求めると，

$$\phi = \frac{1}{4\pi\varepsilon_0} \frac{p(t-r/c) + (r/c)\dot{p}(t-r/c)}{r^3} \cdot r \tag{58}$$

となる．これらの関係式と式(47)を用いて，電場を計算すると

$$E(r, t) = \frac{-1}{4\pi\varepsilon_0 r^3}\left[\left\{p_0 - \frac{3(p_0 \cdot r)r}{r^2}\right\} - \frac{1}{c^2}\left\{\ddot{p}\left(t-\frac{r}{c}\right) \times r\right\} \times r\right] \tag{59}$$

を得る．ここで，$p_0 = p(t-r/c) + (r/c)\dot{p}(t-r/c)$ とおいた．式(59)の右辺の括弧内

の項のうち，第1項は原点からの距離に対してr^{-3}に依存して減少していくが，第2項はr^{-1}で減少するので，十分に離れたところではこの項だけが寄与することになる．同様に，磁束密度に対しても式(57)の分子第1項はr^{-2}に比例し，第2項がr^{-1}に依存するので，第2項だけが遠方場として寄与することがわかる．

これら遠方でも寄与する項による電磁波の放射を双極子放射と呼んでいる．そこで，電場と磁束密度のうち，双極子放射に寄与する項を改めて$\boldsymbol{E}^{(2)}$と$\boldsymbol{B}^{(2)}$と書くことにしよう．すなわち，

$$\boldsymbol{E}^{(2)}(\boldsymbol{r},t) = \frac{1}{4\pi\varepsilon_0}\frac{\{\ddot{\boldsymbol{p}}(t-r/c)\times\boldsymbol{r}\}\times\boldsymbol{r}}{c^2 r^3} \tag{60}$$

$$\boldsymbol{B}^{(2)}(\boldsymbol{r},t) = \frac{\mu_0}{4\pi}\frac{\ddot{\boldsymbol{p}}(t-r/c)\times\boldsymbol{r}}{cr^2} \tag{61}$$

となる．

双極子放射を表す$\boldsymbol{E}^{(2)}$と$\boldsymbol{B}^{(2)}$の性質を調べていこう．式(60)に式(61)の右辺の項を代入すると，次のような関係式が導ける．

$$\boldsymbol{E}^{(2)} = c\boldsymbol{B}^{(2)}\times\frac{\boldsymbol{r}}{r} \tag{62}$$

また，式(61)と$\boldsymbol{r}$との内積をとることにより，

$$\boldsymbol{B}^{(2)}\cdot\boldsymbol{r} = \frac{\mu_0}{4\pi}\frac{\{\ddot{\boldsymbol{p}}(t-r/c)\times\boldsymbol{r}\}\cdot\boldsymbol{r}}{cr^2} = 0 \tag{63}$$

という関係式が得られる．ここで，ベクトル公式$\boldsymbol{r}\cdot(\boldsymbol{r}\times\boldsymbol{A})=0$を用いた．さらに，式(62)と$\boldsymbol{r}$の外積を計算し，ベクトル公式$\boldsymbol{A}\times(\boldsymbol{B}\times\boldsymbol{C})=\boldsymbol{B}(\boldsymbol{A}\cdot\boldsymbol{C})-\boldsymbol{C}(\boldsymbol{A}\cdot\boldsymbol{B})$と式(63)を用いると，

$$\boldsymbol{E}^{(2)}\times\boldsymbol{r} = \frac{c(\boldsymbol{B}^{(2)}\times\boldsymbol{r})\times\boldsymbol{r}}{r} = \frac{c\{\boldsymbol{r}(\boldsymbol{r}\cdot\boldsymbol{B}^{(2)})-r^2\boldsymbol{B}^{(2)}\}}{r} = -cr\boldsymbol{B}^{(2)} \tag{64}$$

となるから，

$$\boldsymbol{B}^{(2)} = -\frac{1}{cr}\boldsymbol{E}^{(2)}\times\boldsymbol{r} \tag{65}$$

という関係式も得られる．このことから，$\boldsymbol{E}^{(2)}$も$\boldsymbol{B}^{(2)}$も$\boldsymbol{r}$も互いに直交していることが確かめられる．

単位面積を通り単位時間あたりに放射される電磁波の強度は，次のサイクル平均したポインティングベクトルで表すことができる．

$$\bar{\boldsymbol{S}} = \frac{1}{2\mu_0}\boldsymbol{E}^{(2)}\times\boldsymbol{B}^{(2)*} = -\frac{c}{2\mu_0 r}\{\boldsymbol{B}^{(2)}(\boldsymbol{B}^{(2)*}\cdot\boldsymbol{r})-\boldsymbol{r}(\boldsymbol{B}^{(2)*}\cdot\boldsymbol{B}^{(2)})\} \tag{66}$$

ここで，式(62)と上に書いたベクトル公式を用いた．さらに，$\boldsymbol{B}^{(2)}$の直交関係(63)を使うと右辺第1項は0になり，残りの項に式(61)を用いると

$$\bar{\boldsymbol{S}} = \frac{1}{2(4\pi)^2\varepsilon_0 c^3}\frac{|\boldsymbol{n}_0\times\ddot{\boldsymbol{p}}(t-r/c)|^2}{r^2}\boldsymbol{n}_0 \tag{67}$$

となる．ここで，$\boldsymbol{r}/r\equiv\boldsymbol{n}_0$とおいた．これを全角度で積分すると全放射エネルギーが

計算でき，

$$P = \int \bar{\boldsymbol{S}} \cdot \boldsymbol{n}_0 r^2 \sin\theta \mathrm{d}\theta \mathrm{d}\phi$$

$$= \frac{1}{2(4\pi)^2 \varepsilon_0 c^3} \int \left|\boldsymbol{n}_0 \times \ddot{\boldsymbol{p}}\left(t-\frac{r}{c}\right)\right|^2 \sin\theta \mathrm{d}\theta \mathrm{d}\phi$$

となる．さらに，$\ddot{\boldsymbol{p}}(t-r/c)$の方向を$z$軸にして座標軸を考えると，$|\boldsymbol{n}_0 \times \ddot{\boldsymbol{p}}(t-r/c)|^2 = |\ddot{\boldsymbol{p}}(t-r/c)|^2 \sin^2\theta$ となるので，積分計算ができ，

$$P = \frac{1}{12\pi\varepsilon_0 c^3}\left|\ddot{\boldsymbol{p}}\left(t-\frac{r}{c}\right)\right|^2 \tag{68}$$

を得る．したがって，全放射エネルギーは振動する双極子の振幅の二階微分の二乗になる．

d．微粒子による光散乱（レイリー散乱）

双極子放射の具体的な例としてレイリー散乱を取り上げよう．図 2.1.5 に示すように，座標原点に光の波長より十分小さい微粒子があるとし，その微粒子に光が入射し，光電場により微粒子内の電子が光の電場の振動と同期しながら振動すると考える．そのとき生じる分極（双極子モーメント）は，分極率をαとして$\boldsymbol{p} = \alpha \boldsymbol{E}_i$ と表すことができる．ここで，入射光の電場は$\boldsymbol{E}_i = \boldsymbol{E}_{i0}\exp[\mathrm{i}(\boldsymbol{k}\cdot\boldsymbol{r}-\omega t)]$と表せるとし，分極は$r = 0$にあるとすると

$$\boldsymbol{p}(t) = \alpha \boldsymbol{E}_{i0} e^{-\mathrm{i}\omega t} \tag{69}$$

と表される．したがって，微粒子から十分に離れた，距離rの地点での電場は式（60）を用いて，

$$\boldsymbol{E}(\boldsymbol{r},t) = \frac{-\omega^2}{4\pi\varepsilon_0 c^2}\frac{\{\boldsymbol{p}(t-r/c)\times\boldsymbol{r}\}\times\boldsymbol{r}}{r^3} \tag{70}$$

と表され，放射される全エネルギーは式（68）を用いて，

$$P = \frac{\omega^4}{12\pi\varepsilon_0 c^3}|\alpha \boldsymbol{E}_{i0}|^2 \tag{71}$$

と書ける．

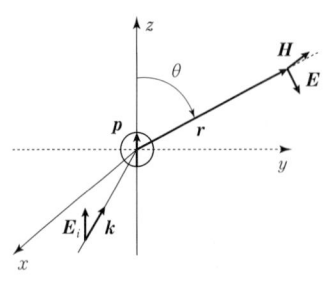

図 2.1.5　レイリー散乱を説明するための座標系

さて，式（70）と（71）からはいろいろなことが読み取れる．まず，外積の性質から，電場の向きはベクトル$\boldsymbol{p}$と$\boldsymbol{r}$を含む面内で，ベクトル$\boldsymbol{r}$に垂直な方向である．さらに，電場の大きさは$\boldsymbol{p}$と$\boldsymbol{r}$が直交すると最大になり，逆に，平行の場合は0になる．その依存性は前に述べたが，ベクトル$\boldsymbol{p}$と$\boldsymbol{r}$のなす角をθとしたとき$\sin\theta$になっているので，強度で考えると$\sin^2\theta$になる．さらに，光強度はr^2に逆比例する．散乱光の強度は入射光の角振動数の四乗に比例することになり，角振動数

の小さい赤色より大きい青色のほうが散乱されやすくなる．レイリー散乱では青色が強く散乱されるというのはこの項によるものである．基本的に散乱効率は分極の大きさを決める分極率によるが，分子や粒子内に入射光の振動電場に共鳴する要素があれば，必然的に散乱は大きくなる．また，分極率は一般にはテンソルで表されるので，分極の向きは入射光の電場とはかならずしも一致していないこともあることに留意すべきであろう．

2.1.4　偏光と偏光状態

a.　直線偏光と円偏光

光は電場と磁場の振動を伴った波であり，異方性のない均質な媒質中では進行方向に対して電場の方向も磁場の方向も直交している．通常，電場が振動している方向を偏光方向と呼んでいる．ここでは，光の偏光についてまとめておこう．

まず，図2.1.6のように角振動数 ω で z 方向に進む光を考えよう．光の電場は xy 平面内で振動しているので，e_x と e_y を x 軸，y 軸の正の方向を向いた単位ベクトルとして

$$\bm{E}(z,t) = E_x(z,t)\bm{e}_x + E_y(z,t)\bm{e}_y \tag{72}$$

と書くことができる．ここで，$E_x(z,t)$ と $E_y(z,t)$ は電場の x 成分と y 成分を表し，それぞれ実表示で次のように書けるとする．

$$E_x(z,t) = A_x \cos(kz - \omega t + \phi_x) \tag{73}$$
$$E_y(z,t) = A_y \cos(kz - \omega t + \phi_y) \tag{74}$$

それぞれの式の両辺を A_x と A_y で割った後，辺々を足したり引いたりすると

$$\frac{E_x}{A_x} + \frac{E_y}{A_y} = 2\cos\left(kz - \omega t + \frac{\phi_x + \phi_y}{2}\right)\cos\left(\frac{\phi_x - \phi_y}{2}\right) \tag{75}$$

$$\frac{E_x}{A_x} - \frac{E_y}{A_y} = -2\sin\left(kz - \omega t + \frac{\phi_x + \phi_y}{2}\right)\sin\left(\frac{\phi_x - \phi_y}{2}\right) \tag{76}$$

が得られる．$\phi = \phi_y - \phi_x$ とおき，辺々を二乗して変形してから加えると，

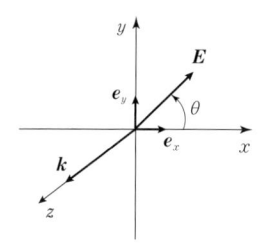

図2.1.6　偏光状態を説明するための座標系

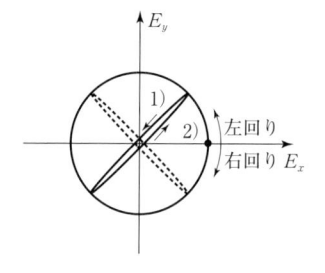

図2.1.7　1) 直線偏光と 2) 円偏光

$$\left(\frac{E_x}{A_x}\right)^2 + \left(\frac{E_y}{A_y}\right)^2 - 2\left(\frac{E_x}{A_x}\right)\left(\frac{E_y}{A_y}\right)\cos\phi = \sin^2\phi \tag{77}$$

という式を得る．この式は，E_x/A_x と E_y/A_y を二つの変数とする楕円の方程式である．

光のさまざまな偏光状態は式（77）から導かれる．式（77）が表す電場の軌跡は一般に楕円になるので，このような偏光状態を楕円偏光と呼んでいる．これには次の二つの特別な場合がある．

1) **$\phi = m\pi$ のとき**

このときは，

$$\left(\frac{E_x}{A_x} \mp \frac{E_y}{A_y}\right)^2 = 0 \tag{78}$$

となり，図2.1.7に示すように，電場の軌跡は直線になるので，この場合を直線偏光という．∓符号は y 軸について対称な二つの直線偏光を表す．

2) **$A_x = A_y \equiv A$ および $\phi = (m+1/2)\pi$ のとき**

このときは，

$$\left(\frac{E_x}{A}\right)^2 + \left(\frac{E_y}{A}\right)^2 = 1 \tag{79}$$

となり，電場の軌跡は円になる．この場合を円偏光という．

2) の場合，たとえば，$\phi = \pm\pi/2$ のときは，$\phi_x = 0$ とおくと，

$$E_x = A_x \cos(kz - \omega t)$$

$$E_y = A_x \cos\left(kz - \omega t \pm \frac{\pi}{2}\right)$$

と書ける．図2.1.7に示すように z を固定してみると，$\phi = \pi/2$ のときは光の進行方向からみて，電場は時間 t とともに円を左回りに回るような軌跡を描く．また，t を固定してみると，進行方向に向かって左巻きになっていることがわかる．このような偏光状態を左回り円偏光と呼ぶ．これに対して $\phi = -\pi/2$ のときは，右回り円偏光になる．このとき電場を複素表示で書くと，$E_x = A\exp[\mathrm{i}(kz - \omega t)]$ と $E_y = A\exp[\mathrm{i}(kz - \omega t \pm \pi/2)]$ になり，$E_y = E_x \exp(\pm\mathrm{i}\pi/2)$ となるので，

$$E_y = \binom{+\mathrm{i}}{-\mathrm{i}} E_x \begin{array}{l}\cdots\text{左回り円偏光}\\ \cdots\text{右回り円偏光}\end{array} \tag{80}$$

と書くこともできる．

b. 無偏光の表し方

一方，太陽の光のように偏光方向が定まらず，時間とともに刻々と変化するような不規則な光もある．このような場合を無偏光と呼んでいる．無偏光状態を表すときには，ストークスパラメータ（Stokes papameters）という量を用いると便利である．ストークスパラメータを行列表示したストークスベクトル $\boldsymbol{S}$ は次のように定義される．

2.1 電磁波としての光

$$S = \begin{pmatrix} I \\ Q \\ U \\ V \end{pmatrix} = \begin{pmatrix} \langle |E_x|^2 \rangle + \langle |E_y|^2 \rangle \\ \langle |E_x|^2 \rangle - \langle |E_y|^2 \rangle \\ 2\mathrm{Re}\langle E_x^* E_y \rangle \\ -2\mathrm{Im}\langle E_x^* E_y \rangle \end{pmatrix} \tag{81}$$

ここで，$\langle \cdots \rangle$ は時間あるいは統計平均を行うことを表している．たとえば，上で述べたようないろいろな偏光状態のときは，z 方向に進む波の電場を $A_x = A\cos\theta$, $A_y = A\sin\theta$ とおいて，

$$E_x = A\cos\theta \cdot \exp[\mathrm{i}(kz - \omega t + \phi_x)] \tag{82}$$
$$E_y = A\sin\theta \cdot \exp[\mathrm{i}(kz - \omega t + \phi_y)] \tag{83}$$

とすることにより，$I = A^2$, $Q = A^2\cos 2\theta$, $U = A^2\sin 2\theta\cos\phi$, $V = -A^2\sin 2\theta\sin\phi$ と表される．ここで，$\phi = \phi_y - \phi_x$ である．したがって，直線偏光のときは $\phi = m\pi$ とすればよいから，$I = A^2$, $Q = A^2\cos 2\theta$, $U = \pm A^2\sin 2\theta$, $V = 0$ となる．また，円偏光のときは，式 (82) と (83) において，$\sin\theta$ や $\cos\theta$ などの因子を取り除き，$\phi = (m+1/2)\pi$ とおいて式 (81) を計算すると，$I = A^2$, $Q = 0$, $U = 0$, $V = \pm A^2$ と表される．

これに対して，無偏光状態の光の電場をあえて式で書き表すと，

$$E_x = A_{ux}\exp[\mathrm{i}(kz - \omega t + \phi_x(t))] \tag{84}$$
$$E_y = A_{uy}\exp[\mathrm{i}(kz - \omega t + \phi_y(t))] \tag{85}$$

となる．ここで，$\phi_x(t)$ と $\phi_y(t)$ は時間的にランダムに変化する関数で，時間平均を $\langle \cdots \rangle$ で表すと，$\langle e^{\mathrm{i}\phi_x(t)} \rangle = \langle e^{\mathrm{i}\phi_y(t)} \rangle = 0$ とすることができる．また，A_{ux} と A_{uy} は光の振動周期に対してゆっくりと変化するランダム関数であると考え，$\langle A_{ux}^2 \rangle = \langle A_{uy}^2 \rangle \equiv (1/2)\langle A_u^2 \rangle$，また，$\langle A_{ux} \rangle = \langle A_{uy} \rangle = 0$，および，$\langle A_{ux}A_{uy} \rangle = \langle A_{ux} \rangle \langle A_{uy} \rangle = 0$ になると考える．この場合のストークスパラメータは $I = \langle A_u^2 \rangle$, $Q = 0$, $U = 0$, $V = 0$ となる．

偏光した光に無偏光の光が混じった状態のときは，

$$E_x = A_p\cos\theta \cdot \exp[\mathrm{i}(kz - \omega t + \phi_{x0})] + A_{ux}\exp[\mathrm{i}(kz - \omega t + \phi_{x1}(t))] \tag{86}$$
$$E_y = A_p\sin\theta \cdot \exp[\mathrm{i}(kz - \omega t + \phi_{y0})] + A_{uy}\exp[\mathrm{i}(kz - \omega t + \phi_{y1}(t))] \tag{87}$$

のように表すことができる．このときは，$I = A_p^2 + \langle A_u^2 \rangle$, $Q = A_p^2\cos 2\theta$, $U = A_p^2\sin 2\theta\cos\phi$, $V = -A_p^2\sin 2\theta\sin\phi$ となるから，

$$S = A_p^2 \begin{pmatrix} 1 \\ \cos 2\theta \\ \sin 2\theta\cos\phi \\ -\sin 2\theta\sin\phi \end{pmatrix} + \langle A_u^2 \rangle \begin{pmatrix} 1 \\ 0 \\ 0 \\ 0 \end{pmatrix} \tag{88}$$

と表される．

右辺第1項は偏光成分に対する項で，第2項は無偏光成分に対する項である．そこで，全光強度に対する偏光成分の光強度の割合を偏光度 P として，次式で表すことにする．

$$P = \frac{A_p^2}{A_p^2 + \langle A_u^2 \rangle} = \frac{\sqrt{Q^2 + U^2 + V^2}}{I} \tag{89}$$

フレネルの公式のところでも述べたが，入射角がブリュースター角と一致するときは，

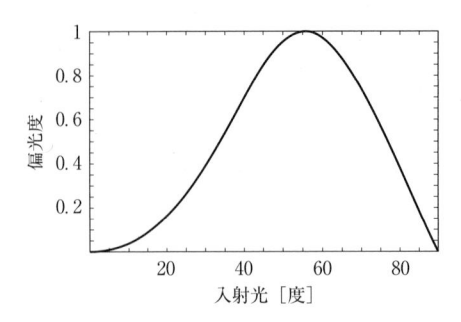

図 2.1.8 無偏光な光が屈折率 1.0 の媒質から 1.5 の媒質に入射するときの反射光の偏光度

p 偏光成分はまったく反射しないので，たとえ入射光が無偏光であっても，物体からの反射光は偏光することになる．この様子をストークスパラメータを用いて計算したものが図 2.1.8 である．入射角が 0°のときは，無偏光の光はそのまま反射されるため偏光度は 0 であるが，入射角がブリュースター角に近づくにつれて偏光度は上昇し，ブリュースター角で完全な偏光状態になる．無偏光の光を界面での反射だけで完全に偏光した光に変えることができるのは面白い現象である．

2.1.5 光 と 色

　太陽や星の光，稲妻やオーロラからの光，そして，ホタルや夜光虫あるいはキノコが発する光など，発光現象は古くから人々に多くの恵みと神秘さと恐れを与えてきた．一方，発光現象により生じた光は，植物の光合成を通して私たち生命体の維持になくてはならない酸素を与えてくれる．しかし，太陽や照明を直接見たとき以外，普段，発光はそれほど強く意識されることはないであろう．むしろ，私たちが日常的に目にする光の多くは，多種多様な色として現れている．雨上がりに見える虹の色，宝石の輝くような色，自然の木々の葉が春先には鮮やかな緑に，そして，秋には紅葉に伴って黄色や赤色と変化する様子などがそのよい例である．これらは，見ている対象自身が光を発しているわけではなく，光がものに当たって反射されたり散乱されたりするときに目に入ってくる光なのである．一方，発光そのものが色づいて見えることもある．ネオンサインやトンネル内の照明に使われるナトリウムランプなどがそうである．光と色とはいったいどのような関係にあるのだろうか．光については 2.1.1～2.1.4 項に詳細に書かれているので，ここでは色を中心に説明していこう．

　光と色との関係をはじめて明らかにしたのは，万有引力の発見で有名なニュートンである．ニュートンは力学の祖と思われているが，光についてもさまざまな研究をし，『光学[9]』にその結果をまとめている．いまでも，ニュートン式望遠鏡やニュートンリングとしてその名前を残している．『光学』のなかで，ニュートンは図 2.1.9 のような装置を組み立てて実験をしている．まず，太陽からの光を細い光束にして，プリズムに入射する．すると，白色だった光はプリズムにより虹色に分かれる．色に分かれた光をレンズを通して第 2 のプリズムに入射する．そうすると，光は再び白色光に戻るのである．戻った光を第 3 のプリズムに入れると，また，虹色にすることができる．この実験は次の二つの重要な事実を教えてくれる．一つは，白色はいろいろな色

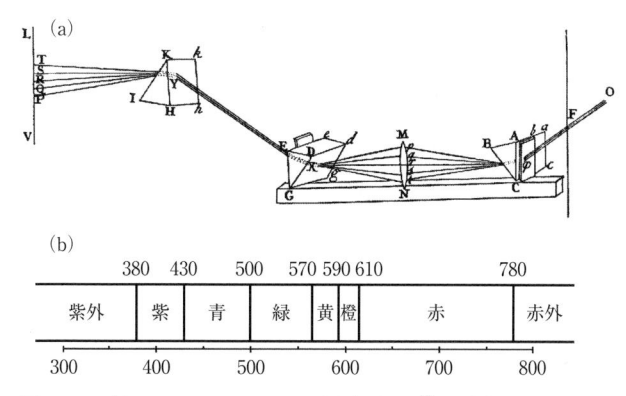

図 2.1.9 (a) ニュートンが用いた分光実験装置[9] と (b) 光の波長と色との関係[2]

の集まりであること，もう一つは，色は光がプリズムを何度で曲がるかという完全に物理的な量で決まるということである．現在では，光の曲がる角度が色によって異なるのは，プリズムの材質の屈折率が光の波長により異なるためだということはよく知られている．通常，物質の屈折率は波長が短くなるほど大きくなるので，波長が短いほど大きく屈折するのはそのためである．こうして色に分かれた光のうち，波長の長い光は私たちの目には赤く見え，波長の短い光は紫に見え，その間は虹のように橙，黄，緑，青と順に変化していくので，色の違いは光の波長の違いだということがわかる．人の目は波長がおよそ 380 nm から 780 nm の間の光を検知することができるので[10]，この範囲のそれぞれの波長がそれぞれの色に対応しているのである（図 2.1.9(b) 参照[10]）．

しかし，色にはまったく異なる側面もある．そのことを指摘したのは，詩人であり科学者でもあったゲーテである．ゲーテは色のついた物体をずっと見続けてから白い壁をみると，その形をした補色の像が見えることを発見し，このことを『色彩論[11]』に書き記した．もともと白かったものがみる人の条件によりほかの色に見えるわけだから，色は物理的な量で決まるわけではないのである．こうして見える像は補色残像と呼ばれ，また，この現象は視覚生理学の分野では色順応として知られている．

この現象は人の視覚が 3 原色になっていることと深く関係している．図 2.1.10(a) に人の目の断面を示す[12]．光は角膜，前眼房，水晶体，硝子体を通って網膜上に結像される．網膜のなかには図 2.1.10(a) に示すように，光を検出する視細胞，その情報をデータ処理して神経に伝達するいくつかの細胞群がある[13]．視細胞には桿体，錐体と呼ばれる 2 種類の細胞があって，前者は暗いところでの明暗視を，後者は明いところでの色覚を担っている．錐体には 3 原色に相当する 3 種類の細胞があって，そのなかに含まれる視物質により，それぞれ赤，緑，青の光を検出している．図 2.1.11 は桿体と 3 種類の錐体のなかに含まれる視物質の吸収スペクトルを示している．3 種

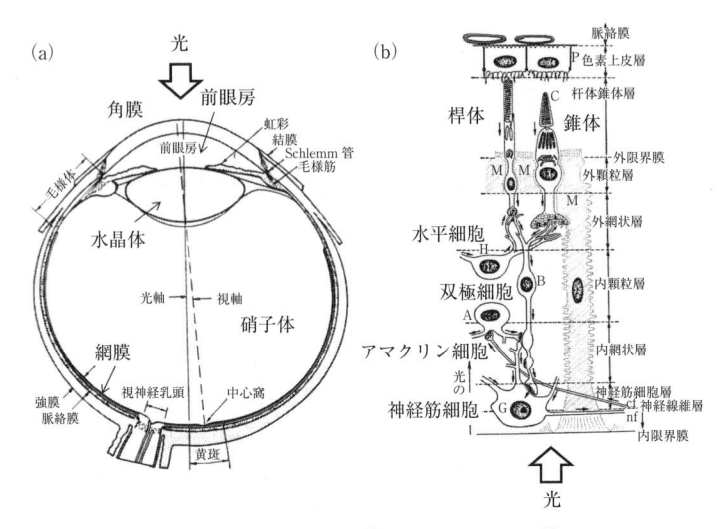

図 2.1.10 (a) 人の目[12] と (b) 網膜の構造[13]

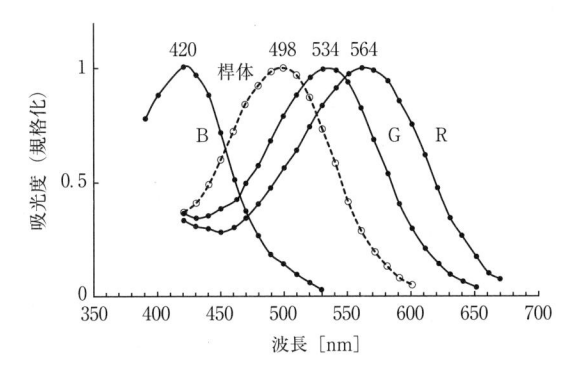

図 2.1.11 人の視細胞に含まれる視物質の吸収スペクトル[12]
R, G, B は赤, 緑, 青に対応する錐体に含まれる視物質をさす.

類の錐体視物質の吸収スペクトルはピーク波長がずれているが, スペクトル幅は広く, 互いに重なりあっている. 単色光が目に入ると, これらの視物質がそれぞれの割合で光を吸収するので色の識別が可能になるが, 同じ割合ならばいろいろな波長の光を混ぜてつくった光でも同じ色に見えることになり, 光の波長と人が感じる色とは直接関係しないのである.

網膜では, 同じ色を見続けているとその色を検出する視細胞の感度を落とす働きがあり, また, その回復に時間のかかることが補色残像の原因である. たとえば, 赤色を見続けていると赤の検出感度が落ちるために, 赤, 緑, 青が均等に含まれる白い光のうち, 赤を除いた色, つまり, 緑と青 (シアン) が見えるようになるのである. ま

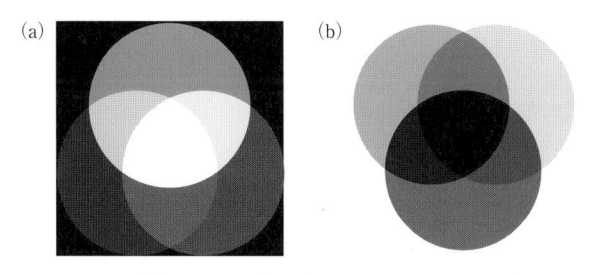

図 2.1.12 (a) 光の3原色と (b) 色の3原色（口絵3参照）

た，異なった色どうしを隣り合わせにおくと，隣においた色の影響を受けて，色が変化して見える現象もある．これを色誘導と呼んでいる．さらに，単に白と黒の組合せだけでも人の目には色と感じる場合もある．これはベンハムの独楽と呼ばれる白黒模様の独楽を用いて確かめることができる．こうしてみると，色は単純に光の波長で決まる物理量でないことは明らかである．光の波長は物理的に決定されるが，その光を見る側の視覚やそれを解釈する脳の作用によって，異なった波長の光が同じ色に見えたり，また，同じスペクトルの光が異なった色に見えたりするからである．

錐体にある3種類の視物質に対応する赤，緑，青の光を光の3原色と呼んでいる．これらの光を重ね合わせて別の色をつくることができる．これが加法混合である．図 2.1.12(a)に示すように，赤と青を混ぜるとマゼンタが，青と緑を混ぜるとシアンが，緑と赤を混ぜるとイエローがつくられる．一方，物体が光の反射や散乱により着色する場合には，どの波長の光が間引かれるかで色が決まる．このような色の出し方を減法混合と呼んでいる．この場合の3原色は色の3原色と呼ばれ，シアン，マゼンタ，イエローがそれに相当する．プリンターで使用されているこれら三つの色素の吸収スペクトルを図2.1.13に示す．白色光からそれぞれ赤，緑，青の光を吸収により取り去って色の3原色ができていることがわかるであろう．つまり，色素により吸収される光の色と，吸収されずに透過あるいは反射した光の色は互いに補色の関係になっているのである．これらの色素を組み合わせて，透過あるいは反射する波長の光をコントロールすることでいろいろな色をつくることができる．たとえば，図2.1.12(b)に示すように，イエローとシアンを混ぜると緑が，イエローとマゼンタを混ぜると赤が，マゼンタとシアンを混ぜると青になり，全部混ぜ合わせると黒になるという具合である．

人の視覚的要素が入っている色を標準化することはたいへん難しいことであるが，色に関係の深い芸術活動や塗装・ディスプレーなど視覚に関係した製品をつくる産業分野にとってはとくに重要な取組みになる[5,14,15]．このことにはじめて取り組んだのはマンセルである．彼は，色には色相，彩度，明度という三つの属性があると考えた．色相については赤，黄，緑，青，紫の5色を考え，さらに，それぞれの色の中間色を考え，全部で10色になるようにして環状に並べ，色相環をつくった．明度について

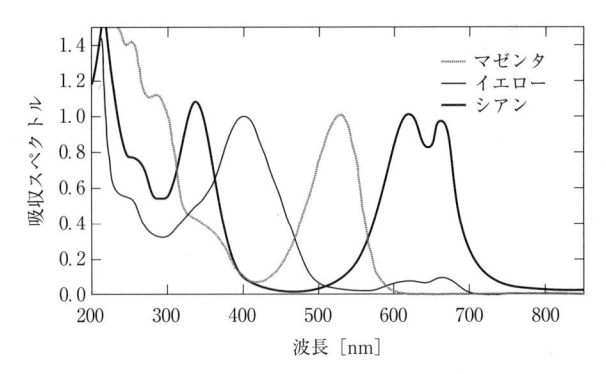

図 2.1.13 プリンターに用いるインク（マゼンタ，イエロー，シアン）の吸収スペクトル

は理想的な黒と白を考え，その中間を 10 等分した．彩度についてははじめに無彩色を考え，彩度が順に増すようにして決定した．マンセルはこのようにして決定した色に対して，色見本をつくるというやり方で色を表現した．このような色の表し方をマンセル表色系[16]と呼び，色見本を立体に並べたものを色立体と呼んでいる．色を表すのに色見本をつくる方法は顕色系と呼ばれ，他にもオストワルド表色系がある．

これに対して，現在主流となっている色の表現法は混色系と呼ばれ，いくつかの基準になる光の混合割合で色を表すやり方である．主なものに，RGB 表色系，XYZ 表色系[17]，$L^*a^*b^*$，あるいは，$L^*u^*v^*$ 表色系[18]がある．1931 年に国際照明委員会（CIE）で定められた RGB 表色系では，人の 3 原色に合わせて，赤 $[R]$ として 700.0 nm，緑 $[G]$ として 546.1 nm，青 $[B]$ として 435.8 nm の光源を用意して，これらを混ぜ合わせて色を再現する方法を採用している．したがって，光の波長で決まる色は，それぞれの光源からの光の混合割合を人が判断して決定することになる．さまざまな波長でこのような測定を行って得られる曲線を等色関数と呼んでいる．RGB 等色関数の例を図 2.1.14(a) に示す．このとき，等色関数は面積を規格化し，また，$[R]$ 1.000 lm，$[G]$ 4.5907 lm，$[B]$ 0.061 lm を混合した場合が白色になるように定められている[19]．

こうして得られた等色関数では，546.1 nm より短波長の部分で赤に対する曲線が負になることが明らかになった．これは緑や青の単色光の色を再現しようとすると，単色光に赤色を混ぜて鮮やかさを減少させないと再現できないという事実に基づいている．しかし，負の色を混ぜるというのは不合理なので，これをすべて正の値になるように一次変換させたものを XYZ 表色系[17]と呼び，現在では最もよく使われている表色系となっている．図 2.1.14(b) にその等色関数を示す．XYZ 表色系では，光源からの光のスペクトル，それを物体に当てて得られる反射・透過スペクトルに，三つの等色関数をそれぞれかけ合わせてから可視域で積分して得られる，X, Y, Z とい

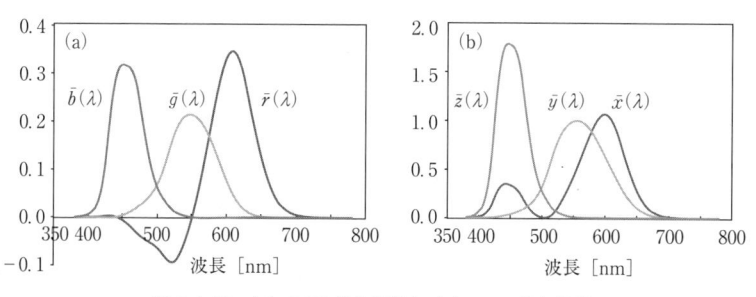

図 2.1.14 （a）RGB 等色関数と（b）XYZ 等色関数

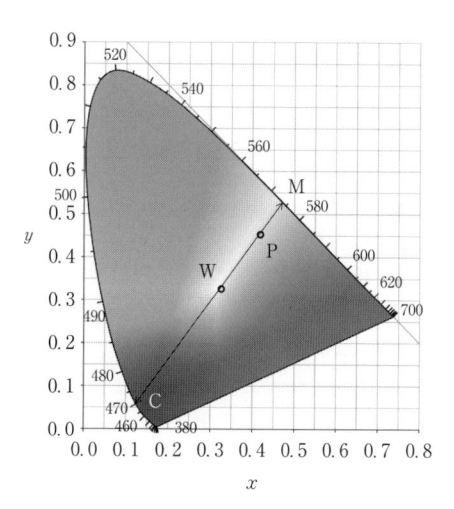

図 2.1.15 XYZ 表色系における色度図
（口絵 4 参照）
W は白色点を示す．点 P で表される色の色相は点 M で与えられ，その補色は点 C になる．百分率で表した線分の長さの比 $\overline{\mathrm{PW}}/\overline{\mathrm{MW}}*100$（%）を刺激純度と呼び，彩度に相当する量を与える．

う三つの量によって色を表現する．また，得られた X, Y, Z の値から，$x=X/(X+Y+Z)$，$y=Y/(X+Y+Z)$ のように色度座標と呼ばれる座標を決め，色を平面座標上の点で表したものを色度図と呼んでいる．図 2.1.15 には XYZ 表色系の色度図を示す．この色度図では，外周上右回りに波長が 380 nm から 780 nm の単色光の色度座標が配置されている．また，$x=y=1/3$ の点は白色点（W）と呼ばれている．外周上の点（M）と白色点を結んで延長した線が外周と交わる点 C が補色を与える．また，白色点と色度図上の点 P までの距離と外周までの距離との比を刺激純度と呼び，彩度に相当する量を与える．そのほか，XYZ 表色系で色度図上の色差が座標により不均等な点を補正した，$L^*a^*b^*$，あるいは，$L^*u^*v^*$ という表色系[18]もある．

光と色との関係，色の標準化の話について書いてきたが，光と色との関係は物理的な関係だけではなく，視覚の生理的作用や脳の活動といった人の活動一般とも密接に関係していることは，今後，発光と人とのかかわりを考えるうえで重要になってくるであろう．　　　　　　　　　　　　　　　　　　　　　　　　　　〔木下修一〕

文献・注

1) P. A. M. ディラック著，朝永振一郎ほか訳：量子力学，原書第4版，岩波書店，1968.
2) R. ラウドン著，小島忠信，小島和子訳：光の量子論，第2版，内田老鶴圃，1994.
3) 松岡正浩：量子光学，裳華房，2000.
4) 砂川重信：理論電磁気学，第3版，紀伊國屋書店，1999.
5) 木下修一：生物ナノフォトニクス―構造色入門―，朝倉書店，2010.
6) S. Kinoshita : Bionanophotonics―An Introductory Textbook, Pan Stanford Publishing, 2013.
7) 久保亮五：統計物理学，第2版，岩波講座現代物理学の基礎，岩波書店，1978.
8) 大津元一：現代光科学 I ―光の物理的基礎―，朝倉書店，1994.
9) I. ニュートン著，島尾永康訳：光学，岩波文庫，岩波書店，1983.
10) 日本工業規格：Z8120，光学用語，2001.
11) J. W. V. ゲーテ著，木村直司訳：色彩論，ちくま学芸文庫，筑摩書房，2001.
12) 本郷利憲ほか：標準生理学，第6版，医学書院，2005.
13) 山田英智：生体の科学，**18** (1967), 54-66.
14) 池田光男，芦澤昌子：どうして色は見えるのか，平凡社，1992.
15) 大田 登：色彩工学，第2版，東京電機大学出版局，2005.
16) 日本工業規格：Z8721，色の表示方法―三属性による表示，1993.
17) 日本工業規格：Z8701，色の表示方法―XYZ 表色系と $X_{10}Y_{10}Z_{10}$ 表色系，1999.
18) 日本工業規格：Z8729，色の表示方法―$L^*a^*b^*$ 表色系と $L^*u^*v^*$ 表色系，2004.
19) lm はルーメンと呼ばれる心理物理量の一種で，1 cd（カンデラ）の光度をもつ標準の点光源が 1 sr（ステラジアン）の立体角に放出する光束として定義されている．

2.2　量子としての光

2.2.1　光子とその状態

輻射場（光）に関するプランクやアインシュタインの洞察により，輻射場は，古典電磁気学（マクスウェル電磁気学）で記述される電磁「波」としての性質だけでなく，光子と称される「粒」としての性質も同時に持ち合わせていることが20世紀に入り明らかになってきた．この「波動-粒子二重性」を記述するために量子力学が生まれたのは周知のとおりである．量子力学の誕生以降，輻射場を量子力学で取り扱う新しい「量子光学（quantum optics）」が創成され，1960年のレーザーの発明を契機に，

非常に進んだ現代的分野として現在に至っている．古典的電流や古典的双極子などによって発生する輻射場は，マクスウェル（Maxwell）電磁気学を用いて古典的電磁波として記述され，「古典状態」と総称されるが，他方，量子化された輻射場の状態はすべて「量子状態」である．ここでは，量子力学的輻射場は量子力学的調和振動子の集合体で記述されることと不確定性関係に支配されること，これらに注意して，輻射場の量子状態のいくつかの典型例を紹介する．

a. 量子力学的調和振動子の集合体

電磁気学により，ある共振器中に閉じ込められた古典的輻射場の全エネルギーは，

$$\frac{1}{2}\int(\varepsilon_0|\boldsymbol{E}(\boldsymbol{r},t)|^2+\mu_0|\boldsymbol{H}(\boldsymbol{r},t)|^2)\mathrm{d}^3\boldsymbol{r} \tag{1}$$

で与えられる．ここで，電場 $\boldsymbol{E}(\boldsymbol{r},t)$ と磁場 $\boldsymbol{H}(\boldsymbol{r},t)$ を共振器内の定在波 $\boldsymbol{u}_\kappa(\boldsymbol{r})$ で展開し，

$$\boldsymbol{E}(\boldsymbol{r},t)=-\frac{1}{\sqrt{\varepsilon_0}}\sum_\kappa \frac{\mathrm{d}q_\kappa(t)}{\mathrm{d}t}\boldsymbol{u}_\kappa(\boldsymbol{r}) \tag{2}$$

$$\boldsymbol{H}(\boldsymbol{r},t)=\frac{1}{\mu_0\sqrt{\varepsilon_0}}\sum_\kappa q_\kappa(t)\nabla\times\boldsymbol{u}_\kappa(\boldsymbol{r}) \tag{3}$$

としよう．輻射場のモード指数 κ は，波数ベクトル $\boldsymbol{k}$ と偏光 $\sigma=\pm 1$ の両方を区別する添字 $\kappa=(\boldsymbol{k},\sigma)$ である．このときの $q_\kappa(t)$ と $\boldsymbol{u}_\kappa(\boldsymbol{r})$ は，$\mathrm{d}^2q_\kappa(t)/\mathrm{d}t^2+\omega_k^2 q_\kappa(t)=0$ および $\nabla^2\boldsymbol{u}_\kappa(\boldsymbol{r})+(\omega_k^2/c^2)\boldsymbol{u}_\kappa(\boldsymbol{r})=0$ を満たす関数である（共振器モード関数と呼ばれる）．$\boldsymbol{u}_\kappa(\boldsymbol{r})$ は，適当な境界条件のもとで正規直交系になるようにとった解で，ω_k はモード κ の角振動数である．これより，全エネルギー（1）は $(1/2)\sum_\kappa\{(\mathrm{d}q_\kappa/\mathrm{d}t)^2+\omega_k^2 q_\kappa^2\}$ と表せる．これは調和振動子の集合体のハミルトニアンにほかならない．つまり，量子化された輻射場は，エネルギーが $\hbar\omega_k$ を単位として量子化された量子力学的調和振動子の集合体と考えることができる．

この $q_\kappa(t)$ と $p_\kappa(t)\equiv \mathrm{d}q_\kappa(t)/\mathrm{d}t$ とは互いに正準共役な量であることに注意し，量子力学の「対応原理」にしたがって，交換関係 $[\hat{q}_\kappa,\hat{p}_\kappa]=i\hbar$ を満たすように $q_\kappa\to\hat{q}_\kappa$，$p_\kappa\to\hat{p}_\kappa$ と正準量子化すれば，正準量子化された輻射場のハミルトニアン演算子 $\hat{H}=(1/2)\sum_\kappa(\hat{p}_\kappa^2+\omega_k^2\hat{q}_\kappa^2)$ が得られる．以降，文字の上のハット（^）は演算子であることを示す．

上記の $\hat{q}_\kappa$ と $\hat{p}_\kappa$ とを用いて，演算子 $\hat{a}_\kappa^\dagger,\hat{a}_\kappa$ を，$\hat{a}_\kappa^\dagger\equiv(\omega_k/2\hbar)^{1/2}(\hat{q}_\kappa-i\hat{p}_\kappa/\omega_k)$，$\hat{a}_\kappa\equiv(\omega_k/2\hbar)^{1/2}(\hat{q}_\kappa+i\hat{p}_\kappa/\omega_k)$ と定義してハミルトニアンを書き換えると，$\hat{H}=\sum_\kappa\hbar\omega_k(\hat{a}_\kappa^\dagger\hat{a}_\kappa+1/2)$ となる．この $\hat{a}_\kappa$ を消滅演算子，$\hat{a}_\kappa^\dagger$ を生成演算子と呼ぶ．$\hat{a}_\kappa^\dagger\neq\hat{a}_\kappa$ なので，これらはエルミート演算子ではない．これらの演算子は非可換で，ボース粒子の交換関係 $[\hat{a}_\kappa,\hat{a}_{\kappa'}]=0$，$[\hat{a}_\kappa^\dagger,\hat{a}_{\kappa'}^\dagger]=0$，および $[\hat{a}_\kappa,\hat{a}_{\kappa'}^\dagger]=\delta_{\kappa,\kappa'}$ を満たす．以下では，簡単のために単一モードの輻射場を考え，添字 κ を省略する．

b. 光子数確定状態

個数演算子と呼ばれるエルミート演算子 $\hat{n} \equiv \hat{a}^\dagger \hat{a}$ を定義すると，単一モード輻射場のハミルトニアンは，$\hat{H} = \hbar\omega(\hat{n} + 1/2)$ と表すことができる．すなわち，輻射場のハミルトニアンの固有状態は，個数演算子の固有状態で表される．エネルギー固有値問題すなわち（時間に依存しない）シュレーディンガー（Schrödinger）方程式を解く際，座標表示や運動量表示などの表示を気にせず，個数演算子 $\hat{n}$ の固有値問題 $\hat{n}|n\rangle = n|n\rangle$ を考えればよい．ここで，$\hat{n}$ の固有値を n（個数演算子はエルミート演算子なので固有値 n は実数），この n に属する固有ケットベクトルを $|n\rangle$ と書いた．この $|n\rangle$ で表される輻射場の量子状態を「光子数確定状態（number states）」や「個数状態」あるいは「フォック（Fock）状態」という．固有値 n は非負の整数 $n = 0, 1, 2, \cdots$ であることが示され，状態 $|n\rangle$ にある光子の個数に相当する．一つの光子がもつエネルギーは $\hbar\omega$ なので，状態 $|n\rangle$ のエネルギーは $\hbar\omega(n + 1/2)$ となる．基底状態（$n = 0$）のエネルギー $\hbar\omega/2$ は，不確定性関係から生じる零点エネルギーである．

光子数確定状態の集合 $\{|n\rangle\}$ は完全正規直交系をなしている，すなわち，正規直交性 $\langle n|m\rangle = \delta_{nm}$ や閉包関係 $\sum_{n=0}^{\infty} |n\rangle\langle n| = \hat{1}$ が成り立っている．光子数確定状態 $|n\rangle$ は，$\hat{a}^\dagger$ を基底ケットベクトル（真空状態）$|0\rangle$ に n 回作用させることにより，

$$|n\rangle = \frac{1}{\sqrt{n!}}(\hat{a}^\dagger)^n |0\rangle \tag{4}$$

と表される．

ここで，輻射場の波としての性質を記述する量として，位相 φ を考えよう．位相が値 φ で確定しているような量子状態を量子力学的に正確に定義することは難しいが（位相演算子や位相状態についてはふれない），ここでは簡単に光子数確定状態 $|n\rangle$ の重ね合せとして，$|\varphi\rangle \equiv \sum_{n=0}^{\infty} C_n \exp(i\varphi n)|n\rangle$ としよう．ここで，係数 C_n は実数である．この状態で，位相 φ の期待値を計算すると，

$$\begin{aligned}
\langle \varphi|\varphi|\varphi\rangle &= \sum_{n=0}^{\infty}\sum_{n'=0}^{\infty} C_{n'}C_n \exp(-i\varphi n')\,\varphi \exp(i\varphi n)\langle n'|n\rangle \\
&= \sum_{n=0}^{\infty}\sum_{n'=0}^{\infty} C_{n'}C_n \exp(-i\varphi n')\left(-i\frac{\partial}{\partial n}\right)\exp(i\varphi n)\langle n'|n\rangle \\
&= \left\langle \varphi\left|-i\frac{\partial}{\partial n}\right|\varphi\right\rangle
\end{aligned}$$

となる．この式の最左辺と最右辺とを比較すると $\varphi = -i\partial/\partial n$ となるので，位相 φ には「位相演算子」$\hat{\varphi} = -i\partial/\partial n$ が対応していることがわかる．よって，個数演算子 $\hat{n}$ と位相演算子 $\hat{\varphi}$ との間には，交換関係 $[\hat{n}, \hat{\varphi}] = i$ が成り立つので，粒子数と位相は不確定性関係 $\delta n \delta \varphi \geq 1$ を満たすことになる．ここで，$\delta n \equiv \sqrt{\langle(\hat{n} - \langle\hat{n}\rangle)^2\rangle}$ と $\delta\varphi \equiv \sqrt{\langle(\hat{\varphi} - \langle\hat{\varphi}\rangle)^2\rangle}$ は，任意の状態での光子数と位相の標準偏差である．

光子数確定状態 $|n\rangle$ は，その状態の光子数が，一切のゆらぎなく n という非負整数値に決定されている状態で（すなわち $\delta n = 0$），量子化された輻射場の粒子性が際だっ

2.2 量子としての光

た極限の状態といえる．よって，位相の不確定性（標準偏差）は，$\delta\varphi \to \infty$ となり（位相は 0 から 2π までの範囲で定義可能なので，$\delta\varphi \to \infty$ には慎重な議論を必要とする）．位相はまったく不確定となる．つまり，波としての性質が表に出てこない状態である．

c. コヒーレント状態

$t=0$ での初期状態が光子数確定状態 $|n\rangle$ の場合，ハイゼンベルク表示の位置演算子 $\hat{q}_H(t)$ や運動量演算子 $\hat{p}_H(t)$ の期待値 $\langle \hat{q}_H(t) \rangle$ と $\langle \hat{p}_H(t) \rangle$ が古典力学での調和振動子のように角振動数 ω で振動しているわけではない．実際，光子数確定状態 $|n\rangle$ では，任意の時刻 $t \geq 0$ において $\langle n|\hat{q}_H(t)|n\rangle = \langle n|\hat{p}_H(t)|n\rangle = 0$ となり，まったく時間変化しない．古典的振動子のように，時間とともに期待値 $\langle \hat{q}_H(t) \rangle$ が単振動するような状態は，光子数確定状態 $\{|n\rangle\}$ を重ね合わせてつくられるはずである．そのような状態がコヒーレント状態（coherent states）である．

コヒーレント状態 $|\alpha\rangle$ は，非エルミート演算子である消滅演算子 $\hat{a}$ の固有状態 $|\alpha\rangle$，すなわち $\hat{a}|\alpha\rangle = \alpha|\alpha\rangle$ を満たす状態 $|\alpha\rangle$ として定義される．ここで，複素数 α は $\hat{a}$ の固有値である．ボソン代数により，$|\alpha\rangle = \sum_{n=0}^{\infty}|n\rangle\langle n|\alpha\rangle = \langle 0|\alpha\rangle \sum_{n=0}^{\infty}(\alpha^n/\sqrt{n!})|n\rangle$ と変形でき，規格化条件により $\langle 0|\alpha\rangle$ の値を定めると，コヒーレント状態 $|\alpha\rangle$ は，光子数確定状態 $|n\rangle$ を

$$|\alpha\rangle = \exp\left(-\frac{1}{2}|\alpha|^2\right) \sum_{n=0}^{\infty} \frac{\alpha^n}{\sqrt{n!}} |n\rangle \tag{5}$$

のように重ね合わせたものになっている．これから，コヒーレント状態 $|\alpha\rangle$ は，$n=0$ から $n=\infty$ までのすべての光子数確定状態を重ね合わさないと生成できないことがわかる．また，式 (5) は真空状態 $|0\rangle$ を用いて $|\alpha\rangle = \hat{D}(\alpha)|0\rangle \equiv \exp(\alpha\hat{a}^\dagger - \alpha^*\hat{a})|0\rangle = \exp(-|\alpha|^2/2)\exp(\alpha\hat{a}^\dagger)\exp(-\alpha^*\hat{a})|0\rangle$ と表すこともでき，このユニタリー演算子 $\hat{D}(\alpha)$ は変位演算子（displacement operator）と呼ばれる．

コヒーレント状態 $|\alpha\rangle$ の個数表示は，$\langle n|\alpha\rangle = \exp(-|\alpha|^2/2)\alpha^n(n!)^{-1/2}$ であるので，コヒーレント状態 $|\alpha\rangle$ にある輻射場を観測して，エネルギーが $\hbar\omega$ の光子を n 個見いだす確率（光子数分布関数という）は $|\langle n|\alpha\rangle|^2 = \exp(-|\alpha|^2)|\alpha|^{2n}(n!)^{-1}$ となり，ポアソン分布となる．このときの光子数 $\hat{n}$ の期待値は $\langle \hat{n}\rangle = |\alpha|^2$ であり，この値は光子数の分散 $(\delta n)^2$ に等しくなっている．また，コヒーレント状態 $|\alpha\rangle$ の座標表示 $\langle q|\alpha\rangle$ は，結果だけ記すと，

$$\langle q|\alpha\rangle = \left(\frac{m\omega}{\pi\hbar}\right)^{1/4} \exp\left(-\frac{1}{2}(|\alpha|^2 - \alpha^2)\right) \exp\left\{-\frac{m\omega}{2\hbar}\left(q - \alpha\sqrt{\frac{2\hbar}{m\omega}}\right)^2\right\} \tag{6}$$

となり，ガウス波束になっている．

二つのコヒーレント状態 $|\alpha\rangle$ と $|\beta\rangle$ の内積は $\langle \alpha|\beta\rangle = \exp(\alpha^*\beta - |\alpha|^2/2 - |\beta|^2/2) \neq 0$ なので，コヒーレント状態の集合 $\{|\alpha\rangle\}$ は直交系ではない．また，閉包関係 $(1/\pi)\int|\alpha\rangle\langle\alpha|d^2\alpha = 1$ が成り立つので，$\{|\alpha\rangle\}$ は完全系ではあるが，$|\alpha\rangle = (1/\pi)\int\exp(\alpha\beta^*$

$-|\alpha|^2/2-|\beta|^2/2)|\beta\rangle d^2\beta$ のように $|\alpha\rangle$ と $|\beta\rangle$ とは一次従属なので,個数状態の完全系 $\{|n\rangle\}$ とは一対一に対応していない.このような系を過完備系(overcomplete set)という.

コヒーレント状態 $|\alpha\rangle$ での位置と運動量の不確定さ(標準偏差)は,$\delta q=\sqrt{\hbar/(2\omega)}$,$\delta p=\sqrt{\hbar\omega/2}$ である.よって,位置と運動量の不確定積は,固有値 α に依存せずに,$\delta q\delta p=\hbar/2$ となり最小になっている.すなわち,任意の固有値 α に対して,コヒーレント状態は最小不確定状態である.ちなみに,光子数確定状態の不確定積は,$\delta q\delta p=\hbar(n+1/2)$ となり,$n=0$ の真空以外の光子数確定状態は,最小不確定状態ではない.

輻射場が,初期時刻 $t=0$ でコヒーレント状態 $|\alpha\rangle$ にあったとすると,ハミルトニアン $\hat{H}=\hbar\omega(\hat{a}^\dagger\hat{a}+1/2)$ でのユニタリー時間発展後の時刻 t での状態は $\exp(-i\hat{H}t/\hbar)|\alpha\rangle$ となる.この状態はやはりコヒーレント状態である.よって,時刻 t でのコヒーレント状態 $\exp(-i\hat{H}t/\hbar)|\alpha\rangle$ での位置と運動量の期待値は,

$$\langle\hat{q}_\mathrm{H}(t)\rangle=\left(\frac{\hbar}{2\omega}\right)^{1/2}\{(\mathrm{Re}\,\alpha)\cos\omega t+(\mathrm{Im}\,\alpha)\sin\omega t\} \tag{7}$$

$$\langle\hat{p}_\mathrm{H}(t)\rangle=\left(\frac{\hbar\omega}{2}\right)^{1/2}\{-(\mathrm{Re}\,\alpha)\sin\omega t+(\mathrm{Im}\,\alpha)\cos\omega t\} \tag{8}$$

となり,古典的振動子のように位置や運動量の期待値が時間とともに振動する状態になっている.しかも位置と運動量の不確定積は,時間によらずに最小値 $\hbar/2$ を保っている.よって,コヒーレント状態は常に最小不確定状態である.これらより,コヒーレント状態は,量子化された輻射場の状態のなかで,最も古典的波動に近い状態といえる.発振閾値よりも十分に高いポンピングレートで駆動される少数準位系のレーザーは,一般には,古典的な電磁波状態に最も近い量子状態になっていると信じられている.

d. スクイーズド状態
1) 直交位相振幅スクイーズド状態

コヒーレント状態は,$\delta q=\sqrt{\hbar/(2\omega)}$,$\delta p=\sqrt{\hbar\omega/2}$ という値で,$\delta q\delta p=\hbar/2$ を満たす最小不確定状態であった.しかし,最小不確定状態の条件 $\delta q\delta p=\hbar/2$ を満たしつつ,上記と異なる δq および δp の値をとることも可能である.このように,$\delta q\delta p=\hbar/2$ を満たす最小不確定状態のうちで,δq と δp の値が上記のコヒーレント状態での値からずれている状態を,直交位相振幅スクイーズド状態(quadrature-phase amplitude squeezed states)という.一方の物理量のゆらぎが大きくなっているが,他方の共役な物理量のゆらぎが小さく抑圧されており,ゆらぎが圧搾(squeeze)されているため,このような名称が付与されている.この状態では,標準偏差の小さいほうの物理量は,コヒーレント状態での標準偏差(標準量子限界)よりもゆらぎが小さい.これを用いた超高精度測定などへの応用も図られている.

ここで，直交位相振幅演算子を，$\hat{X}_1 \equiv (\hat{a}^\dagger + \hat{a})/2$ および $\hat{X}_2 \equiv (\hat{a}^\dagger - \hat{a})/2$ と定義する．これらはエルミート演算子および反エルミート演算子で，位置 q と運動量 p とは $\hat{X}_1 = \sqrt{\omega/(2\hbar)}\,\hat{q}$ および $\hat{X}_2 = \sqrt{1/(2\hbar\omega)}\,\hat{p}$ の関係にある（つまり $\hat{X}_1 \propto \hat{q}$ および $\hat{X}_2 \propto \hat{p}$ である）．電場の振幅に相当する生成消滅演算子は $\hat{a} = \hat{X}_1 + i\hat{X}_2$ および $\hat{a}^\dagger = \hat{X}_1 - i\hat{X}_2$ と表されるので，X_1 と X_2 は位相が $\pi/2$ だけ異なる二つの振幅（振幅の sin 成分と cos 成分に当たる）に相当し，両者を合わせて直交位相振幅 (quadrature-phase amplitudes) と呼ばれる．交換関係は $[\hat{X}_1, \hat{X}_2] = i/2$ なので，直交位相振幅に関する不確定積は，$\delta X_1 \delta X_2 \geq 1/4$ となる．コヒーレント状態では $(\delta X_1)^2 = (\delta X_2)^2 = 1/4$ であり，光子数確定状態では $(\delta X_1)^2 = (\delta X_2)^2 = (2n+1)/4$ である．

このような直交位相振幅スクイーズド状態を生成するには，光子の生成・消滅演算子の二乗（以上）の項が必要である．スクイーズド演算子と呼ばれるユニタリー演算子を，$\hat{S}(\zeta) = \exp[(\zeta^*/2)\hat{a}^2 - (\zeta/2)(\hat{a}^\dagger)^2]$ と定義しよう．ここで $\zeta = re^{i\theta}$ は，スクイーズドパラメータと呼ばれる複素数である（r と θ は実数）．この $\hat{S}(\zeta)$ と変位演算子 $\hat{D}(\alpha)$ の両方を真空 $|0\rangle$ に作用させた状態

$$|\alpha, \zeta\rangle \equiv \hat{S}(\zeta)\hat{D}(\alpha)|0\rangle \tag{9}$$

を考えよう．簡単のために $\theta = 0$ として，この状態の直交位相振幅のゆらぎを求めると，$(\delta X_1)^2 = \exp(-2r)/4$ および $(\delta X_2)^2 = \exp(+2r)/4$ となり，最小不確定条件 $\delta X_1 \delta X_2 = 1/4$ を満たしながら，コヒーレント状態での値 $1/4$ と異なる値になることがわかる．よって，$|\alpha, \zeta\rangle$ は，直交位相振幅スクイーズド状態の一つである．ちなみに，この直交位相振幅スクイーズド状態での光子数の期待値は，$\langle \hat{n} \rangle = |\alpha|^2(\cosh^2 r + \sinh^2 r) - (\alpha^*)^2 \exp(i\theta)\sinh r \cosh r - \alpha^2 \exp(-i\theta)\sinh r \cosh r + \sinh^2 r$ となる．なお，演算子の演算順序を入れ替えた状態 $\hat{D}(\alpha)\hat{S}(\zeta)|0\rangle$ も同様の性質があり，やはり直交位相振幅スクイーズド状態の一つである．また，生成・消滅演算子の三次以上の項も，広義のスクイーズド状態をつくるが，ここではふれない．

2) 光子数位相スクイーズド状態

直交位相振幅 X_1 と X_2 は，不確定性関係 $\delta X_1 \delta X_2 \geq 1/4$ にしたがう共役な量であったが，光子数 $\hat{n}$ と位相 $\hat{\varphi} = -i\partial/\partial n$ も不確定性関係 $\delta n \delta \varphi \gtrsim 1$ にしたがう量である（位相演算子の定義にあいまいさが含まれているので，不等号ではなく「ほぼ不等号」を用いた）．そこで，X_1 と X_2 との間の直交位相振幅スクイージングだけでなく，光子数 n と位相 φ の間のスクイージングも可能である．

コヒーレント状態 $|\alpha\rangle$ では，光子数の分散 $(\delta n)^2$ は平均光子数 $\langle \hat{n} \rangle$ に等しいが，光子数ゆらぎと位相ゆらぎとの間にも $\delta n \delta \varphi \sim 1$ が成り立つ光子数位相最小不確定状態でもある．この最小不確定関係を保ちながら，光子数揺らぎが小さく（位相揺らぎが大きく），$(\delta n)^2 < \langle \hat{n} \rangle$ および $(\delta \varphi)^2 > \langle \hat{n} \rangle^{-1}$ となっている状態が，光子数位相スクイーズド状態 (number-phase squeezed states) である．位相ゆらぎを犠牲にして，光子数ゆらぎを圧搾している状態といえる．なお，スクイージングの程度が小さい場合は，直交位相振幅スクイーズド状態とほとんど差異はない．

この光子数位相スクイーズド状態の生成法としては,光子数の量子非破壊測定[1]と負のフィードバックによる方法が最初に提案され,その後に光カー効果を有する非線形マッハ-ツェンダー干渉計(光の強度に依存して物質の屈折率が変わる「光カー効果」を用いて,一方の経路と他方の経路の位相差を干渉により測定する装置)を用いたユニタリー時間発展の方法が提案されている.ユニタリー時間発展によって生成される後者を取り上げよう.この方法に必要な非線形ハミルトニアンは,$\hat{H}_{\text{int}} \propto (\hat{a}^\dagger)^2 \hat{a}^2 \propto \hat{n}(\hat{n}-1)$の形で,光子数位相スクイーズド状態は,

$$|\alpha, \gamma, \xi\rangle = \exp(\xi \hat{a}^\dagger - \xi^* \hat{a}) \exp\left[\frac{i}{2}\gamma(\hat{a}^\dagger)^2 \hat{a}^2\right] \hat{D}(\alpha)|0\rangle \tag{10}$$

として得られる.この状態では,光子数位相最小不確定条件 $\delta n \delta \varphi \sim 1$ を満たしながらも,光子数分散 $(\delta n)^2$ が $\langle \hat{n} \rangle^{1/3}$ まで小さくなる.なお,直交位相振幅スクイーズド状態では,$\langle \hat{n} \rangle^{2/3}$ までしか小さくならない. 〔小川哲生〕

文献・注

1) 量子力学では,たとえば自由粒子の位置を厳密に測定しようとすると,不確定性原理により,運動量(粒子の速度)が不定になってしまう.量子非破壊測定とは,測定対象となる物理量を乱さずに測定する手法で,測定による反作用によって共役な物理量のゆらぎは増大するものの,関心のある物理量への影響を原理的にはゼロにすることができる.
2) 松岡正浩:量子光学,裳華房,2000.
3) D. F. ウォールス,G. J. ミルバーン著,霜田光一,張 吉夫訳:量子光学,シュプリンガー・フェアラーク東京,2000.
4) W. Vogel and D.-G. Welsch:Quantum Optics, Wiley-VCH, Berlin, 2006.
5) C. C. Gerry and P. L. Knight:Introductory Quantum Optics, Cambridge University Press, Cambridge, 2005.
6) M. O. Scully and M. S. Zubairy:Quantum Optics, Cambridge University Press, Cambridge, 1997.
7) W. P. Schleich:Quantum Optics in Phase Space, Wiley-VCH, Berlin, 2001.
8) P. Meystre and M. Sargent III:Elements of Quantum Optics, Springer, Berlin, 2007.

2.2.2 量子的な光の発生

a. 量子的な光と古典的な光

まず,本項のタイトルにある「量子的な光」,またその逆の「古典的な光」とは何かを考えたい.「古典的な光」として思い浮かぶのは,電球の光,太陽光などであろうか.一方,「量子的な光」と聞かれて,レーザー光を思い浮かべられる方がいるかもしれない.しかし,驚かれるかもしれないが,量子光学ではレーザー光は「古典的な光」の一種である.では,何が「古典的な光」と「量子的な光」を分けているのであろうか[1-3].

2.2.1項にもあるように,単一モード(電磁波を時空間的に直交関数系で展開する際の基本波)の光の状態を正しく記述するには,量子力学的な調和振動子の集合体からなる,量子化された輻射場として取り扱う必要がある.その意味では,すべての光は「量子的な光」である.しかし,ある種の光はその原子との応答を考えるとき,マクスウェル方程式に基づく古典的な「電磁場」として取り扱っても(半古典論),量子化された輻射場として計算した結果と同じ結果を得ることができる.このような光のことを「古典光」と呼ぶ.

さきほど例にあげた,電球の光,太陽光などは黒体輻射によって発生する光であり,熱的光(thermal light)と呼ばれる.これらは,位相が乱雑になった古典的な電磁場とした取扱いが可能であり,古典光の一種である.また,レーザー光も実は位相がそろった古典的な電磁場として取り扱うことができる.「位相がそろっている」という意味から,コヒーレント光(coherent light)と呼ばれている.このように,量子光学ではレーザー光も「古典的な光」と見なされている.

では,「量子的な光」とは何だろうか.それは,古典的な電磁場としての取扱いができない光をさす.その代表例が,光子が一つひとつ存在する単一光子状態(光子数状態)である.ほかにはスクイーズド状態や,次の2.2.3項で扱われる量子もつれ光などがある.光の状態が「量子的」か「古典的」かを見分けるための指標としてよく用いられるのが,光子の強度相関関数である.

ここでは,まず光の強度相関関数とその測定方法について述べた後,単一光子状態の発生とその応用について述べる.

b. 光子の強度相関関数とその測定方法

検出器によって観測される光の強度の時刻tと,時刻$t+\tau$における光強度の相関(二次相関)は,図2.2.1のような実験系で調べることができる.入射した光を半透鏡で二つに分割し,二つの光子検出器D_1,D_2で受信する.その際,半透鏡からそれぞれの検出器に至る光路長の差$c\tau$を掃引しながら,あるいは検出信号に電気的な遅延を加えながら,同時に光子を受信する確率(同時計数確率)を測定する.この実験系は最初に実験を行ったHanbury BrownとTwiss[4]の名前をとって,HBT干渉計とも呼ばれている.

同時計数確率$g^{(2)}(\tau)$は,次の式で与えられる[3].

$$g^{(2)}(\tau)=\frac{\langle \hat{E}^{(-)}(t)\hat{E}^{(-)}(t+\tau)\hat{E}^{(+)}(t+\tau)\hat{E}^{(+)}(t)\rangle}{\langle \hat{E}^{(-)}(t)\hat{E}^{(+)}(t)\rangle\langle \hat{E}^{(-)}(t+\tau)\hat{E}^{(+)}(t+\tau)\rangle} \tag{1}$$

ここで$\hat{E}^{(+)}$,$\hat{E}^{(-)}$は,正,負の方向に伝搬する電磁波の電場振幅の作用素(operator)である.式(1)からわかるように,$g^{(2)}(\tau)$は電場強度の相関(分子)が,各検出器での平均強度の積(分母)により規格化されたもので,二次の相関関数,あるいは二次のコヒーレンス度とも呼ばれる.単一モードに光子がn個存在する状態(光子数状態)$|n\rangle$について,$\tau\to 0$として式(1)を計算すると,

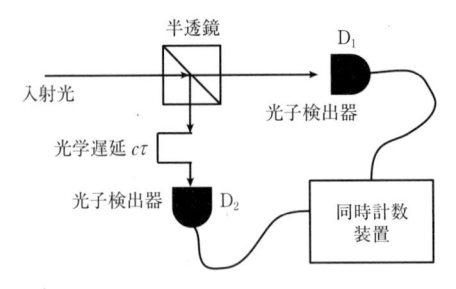

図 2.2.1 Hanbury Brown-Twiss 強度干渉計

$$g^{(2)}(0) = 1 - \frac{1}{n} \qquad (2)$$

となる[3]. どの n に対しても, $g^{(2)}(0)$ は1より小さく, とくに $n=1$ の単一光子状態に対しては, $g^{(2)}(0) = 0$ となる.

$g^{(2)}(0)$ は, 光子がどの程度, 同時刻に存在しやすいかを表す指標であり, $g^{(2)}(0) < 1$ の光の状態は, アンチバンチング状態（反群集状態）, 逆に $g^{(2)}(0) > 1$ の光は, バンチング状態（群集状態）と呼ばれる. コヒーレント光に対して計算すると, $g^{(2)}(0) = 1$, また熱的状態については, $g^{(2)}(0) = 2$ となることが知られている[3]. このように二次相関関数 $g^{(2)}(\tau)$ は, 光の状態が古典的か量子的か（$g^{(2)}(0) < 1$）を見分ける基準としてよく用いられる[5].

c. アンチバンチング状態の観測と単一光子源

1977年に, Kimble, Dagenais と Mandel らは, 原子から放出される光（共鳴蛍光）の二次相関測定を行った[6]. 彼らは, 光ポンピングしたナトリウム原子の原子ビームを用いた. 実験では, ナトリウムの $3P_{3/2}$, $F=3$, $M_F=2$ から $3^2S_{1/2}$, $F=2$, $M_F=2$ への遷移に共鳴するように同調させた色素レーザーが, 平均1個以下の原子が通過するように弱められた原子ビームによって, 垂直方向に散乱された光を, 図2.2.1と類似の実験装置で観測した. 最初の実験では, $g^{(2)}(\tau)$ の $\tau=0$ 付近にアンチバンチングを示唆するディップが観測されたが, 実験装置の迷光が除去しきれていなかった. 迷光の影響を補正した $g^{(2)}(0)$ 推定値として, 0.6を導出した. これが単一発光体により得られる理想値の0に到達しなかったのは, 原子をオーブンから射出しているため, 観測領域内に原子が複数存在した場合があったからと推測している. その後, Diedrich と Walther は, イオントラップを用いることで, 確実に1個の Mg イオンを補足, その単一イオンからの発光を, 迷光が押さえられた条件で得ることに成功した. その実験で, $g^{(2)}(\tau)$ の $\tau=0$ 付近での明瞭なディップ, ならびに0に近い $g^{(2)}(0)$ の観測を報告している[7].

d. 量子暗号と単一光子源

1984年の Benett と Brassard による量子暗号の理論提案[8]によって, 単一光子状態の発生が注目を浴びることになる. 量子暗号通信は, 光子一つひとつの偏光状態や位相状態に情報を乗せることで, 盗聴者の存在を検知する技術である. その際, 微弱コヒーレント光を用いても実装は可能であるが, 単一光子状態を用いれば, より頑健でかつ伝送効率の高いシステムが構築できる. このように, これまでは電磁場の量子

化の実証といった基礎的側面の強かった研究に，応用面での大きな目標が出現した．とくに実装面から，固体素子を用いた単一光子源の研究に注目が集まった．

固体素子を用いた単一光子源の先駆けとして，Yamamoto らによる，共鳴トンネルによって電子と正孔を交互に注入することで単一光子を発生する「ターンスタイルデバイス」の提案[9]と実験[10]がある．pn 接合について，n 側から供給される電子と p 側から供給されるホールに対して，それぞれトンネル障壁を設けておき，バイアス電圧が V_0 のときには，クーロンブロッケード効果により，n 側から1個の電子のみが発光再結合領域にトンネルする．同様にバイアス電圧が $V_0+\Delta V$ のときは，p 側から1個のホールのみが発光再結合領域にトンネルする．このようにして，バイアス電圧を変化させることにより，1個ずつ電子とホールを発光再結合領域に注入し，単一光子を発生させるアイデアである．ただ，この実験は共鳴トンネル効果を用いるため，50 mK という極低温にデバイスを冷却する必要があった．

2000 年頃から，量子ドットや，ダイヤモンド中の窒素欠陥中心からの発光を用いた単一光子源の研究が次々と報告された．量子ドットに励起子が二つ存在するときの発光と，一つだけ存在するときの発光では，励起子間相互作用の分だけ発光波長がわずかに異なる．このため，励起子が一つの場合の発光のみを分光器でより分けることで，単一光子源として用いることが可能になる．ただし，そのためには励起子の発光スペクトルの線幅が，励起子間相互作用のエネルギーに対して十分狭い必要があり，一般に 4 K 程度の極低温下で実験は行われる．

一方，量子ドットのなかでも，セレン化カドミウムなどのコロイドナノ粒子を用いた実験では，室温で 0 に近い $g^{(2)}(0)$ が報告されている．これは，励起子が二つ生成した際のオージェ効果（電子の放出）により，観測される発光は，かならず単一の励起子による発光であるためである．

このような単一光子源にとって，発生した光子をいかに損失なく単一モード光ファイバに高い効率で結合させるかは，量子暗号や光量子情報処理への応用上非常に重要である．最近，CdSe/ZnS 量子ドットを直径が 300 nm 程度にまで細く引き延ばしたテーパ光ファイバーに付着させることで，そのような高効率結合を実現した単一光子源も報告されている[11]．図 2.2.2 は，その実験において得られた二次相関関数 $g^{(2)}(\tau)$ である．$g^{(2)}(0)$ =0.096 と，ほぼ理想的な単一光子源が得られている．

また，同様に室温で動作する単一光子源として，ダイヤモンド中の窒素欠陥中心が注目されている．コロイドナノ粒子は，数分から数十分の励起により，発光波長の変化および退色が生じるという問題がある．それに対して，ダイヤモンド中の窒素欠陥中心は退色がなく，長期間安定して単一光子源として使

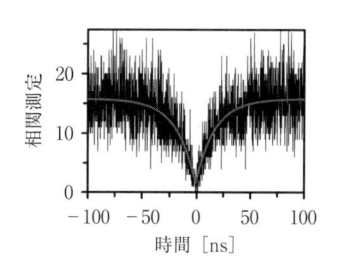

図 2.2.2 CdSe/ZnS 量子ドットの強度相関測定結果

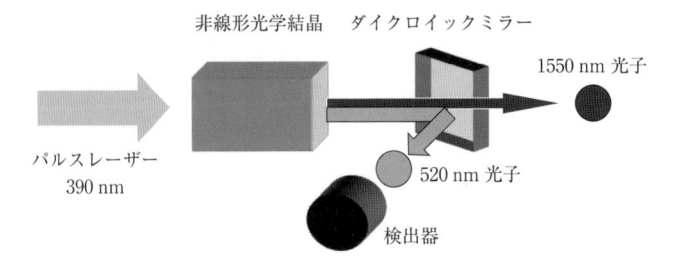

図 2.2.3 伝令つき単一光子源の例

用することが可能である．

e. パラメトリック下方変換と伝令つき単一光子源

単一光子を生み出すもう一つの方法として，パラメトリック下方変換（parametric down conversion：PDC）や4光波混合などの非線形光学過程によって生成される1個もしくは複数の光子対を利用する方法がある．第2高調波発生（second harmonic generation：SHG）では，基本波の光子二つが倍の周波数の光子1個に変換される．PDCはSHGの逆の過程であり，基本波の光子1個が二つの光子へと変換される．基本波の光子はしばしばポンプ光子（エネルギー E_p，波数ベクトル $\boldsymbol{k}_p$），また変換された光子はシグナル光子（エネルギー E_s，波数ベクトル $\boldsymbol{k}_s$）とアイドラー光子（エネルギー E_i，波数ベクトル $\boldsymbol{k}_i$）と呼ばれる．その際，エネルギー保存則（$E_p = E_s + E_i$），および運動量保存則または位相整合条件（$\boldsymbol{k}_p = \boldsymbol{k}_s + \boldsymbol{k}_i$）が満たされる必要がある．

「伝令つき単一光子」とは，伝令信号（heralding signal）が存在する場合にのみ，単一光子が存在する状態である．一般に，パラメトリック下方変換で発生させた光子対の一方を検出し，それを伝令信号として用いる．図2.2.3に，パルス状伝令つき単一光子源の例を示す[12]．波長390 nmのフェムト秒レーザー励起による非縮退パラメトリック下方変換により，非線形光学結晶から520 nmと1550 nmの光子対が発生する．位相整合条件から，これら二つの光子はポンプ光と同軸に出力される．ダイクロイックミラーで二つの光子を分離し，そのうち520 nmの光子を単一光子検出器で検出，伝令信号を発生させている．光子対が1対発生する確率はポンプ光強度に比例し，2対発生する確率はポンプ光強度の二乗に比例する．よって，伝令信号が存在する場合に，光子が2個存在する確率 $P(2)$ はポンプ光強度に比例する．つまり，1光子存在確率 $P(1)$ を維持したままで，2光子存在確率 $P(2)$ をポンプ光強度で制御することができる．このような光源を用いた，量子暗号通信実験が報告されている[13]．

〔竹内繁樹〕

文献・注

1) P. L. Knight and L. Allen：Concepts of Quantum Optics, Pergamon Press, 1983. 氏原

紀公雄訳：量子光学の考え方，内田老鶴圃，1989．
2) R. Loudon：The Quantum Theory of Light, 2nd ed., Oxford University Press, 1973, 1983．小島忠宣，小島和子共訳：光の量子論，第2版，内田老鶴圃，1994．
3) 松岡正浩：量子光学，裳華房テキストシリーズ―物理学，裳華房，2000．
4) R. Hanbury Brown and R. Q. Twiss：*Nature*, **177** (1956), 27.
5) $g^{(2)}(\tau)$ が1より大きい場合にも，半古典論で記述できない「量子的な光」は存在する．
6) H. J. Kimble, *et al.*：*Phys. Rev. Lett.*, **39** (1977), 691.
7) F. Diedrich and H. Walther：*Phys. Rev. Lett.*, **58** (1987), 203.
8) C. H. Bennett and G. Brassard：Proceedings of the IEEE International Conference on Computer, Systems, and Signal Processing, Bangalore, India, IEEE, New York, 1985, [175].
9) A. Imamoğlu and Y. Yamamoto：*Phys. Rev. Lett.*, **72** (1994), 210-213.
10) J. Kim, *et al.*：*Nature*, **397** (1999), 500-503.
11) M. Fujiwara, *et al.*：*Nano Lett.*, **11** (2011), 4362-4365.
12) A. Soujaeff, *et al.*：*J. Mod. Opt.*, **54** (2007), 467-475.
13) A. Soujaeff, *et al.*：*Opt. Exp.*, **15** (2007), 726-734.

2.2.3 量子もつれ合い光子対と量子情報処理

a. 量子もつれ合いとは

量子もつれ合い（quantum entanglement，量子エンタングルメント，量子からみ合い）とは，空間的に隔たった二つ以上の粒子からなる系の波動関数が，それぞれの粒子の波動関数の直積で記述できない状態をいう．

例として，スピン1/2をもつ二つの粒子a, bについてみてみよう．以下，粒子aのスピンが量子化軸（z軸）に対して上向きのときを$|\uparrow_z\rangle_a$，下向きを$|\downarrow_z\rangle_a$と表す．たとえば，スピンが上向きと下向きで，同じ割合で重ね合わさった状態は

$$|a\rangle = \frac{1}{\sqrt{2}}(|\uparrow_z\rangle_a + |\downarrow_z\rangle_a) \tag{1}$$

と表される．このとき，スピンは量子化軸と直交した方向（x軸方向）を向いている（$|\uparrow_x\rangle_a$）．

粒子aが上向き，粒子bが下向きの状態にあるとき，この系の状態は，

$$|\phi_{ab}\rangle = |\uparrow_z\rangle_a \otimes |\downarrow_z\rangle_b \tag{2}$$

と表される．ここで，$\otimes$は直積を表す記号である．

いま，$|\phi_{ab}\rangle$が次のように表される場合を考えよう．

$$|\phi_{ab}\rangle = \frac{1}{\sqrt{2}}(|\downarrow_z\rangle_a \otimes |\uparrow_z\rangle_b - |\uparrow_z\rangle_a \otimes |\downarrow_z\rangle_b) \tag{3}$$

この状態は，どのように変形しても，任意の$|a\rangle$, $|b\rangle$の単純な直積の形

$$|\phi_{ab}\rangle = |a\rangle \otimes |b\rangle \tag{4}$$

としては表すことができず，「量子もつれ合い状態」にある．逆に，式(2)や式(4)

のように，構成する粒子の状態の単純な直積として表される状態は，分離可能状態（separable state）と呼ばれる．この量子もつれ合いの概念は，シュレーディンガーが提唱した[1]．

b. 量子力学の非局所性と量子もつれ合い

この量子もつれ状態は，量子力学の非局所性（nonlocality）と密接に関連している．いま，スピン1/2をもつ二つの粒子a, bが，たとえば地球と火星など遠く隔たった地点 X_a, X_b に存在しているとしよう．そして，地点 X_a の観測者（アリス）と，地点 X_b の観測者（ボブ）が，それぞれ粒子を z 軸方向，もしくは x 軸方向のどちらかをでたらめに決めて測定する場合を考える．

粒子aの状態が「x 軸方向に上向き」のとき，アリスが粒子aを x 軸方向に測定すると，当然ながらアリスはかならず（確率1で）「上向き」の結果を得る．一方，z 軸方向に測定すると，「上向き」と「下向き」の結果が，それぞれ1/2の確率ででたらめに出現する．もし，粒子aが「z 軸方向に上向き」のときは，aを x 軸方向に測定すると「上向き」と「下向き」の結果が，それぞれ1/2の確率ででたらめに出現し，z 軸方向に測定すると，確率1で「上向き」の結果を得る．このように，粒子aの x 軸方向と z 軸方向のスピンの状態を同時に確定できないことは，量子力学の重要な帰結の一つであり，「不確定性原理」と呼ばれ実験的にも確認されている．

いま，アリスが粒子aを x 軸方向に測定した結果が「上向き」だったとしよう．このとき，量子力学の標準的な解釈では，「測定するまでは粒子の状態が x 軸方向に上向きか下向きかは決定していないが，測定の結果，上向きになった」と考える．しかし，実在論的な立場からは，「上向きの結果がでる前から，本当は上向きだった」と考えるのが自然のように思われる．もしくは，「実際には何か隠れた変数が存在し，変数の値もしくはその分布は，測定の前から決定論的に与えられているが，まだ人間には知られていないだけである」という考え方もできる．このような考え方を，「隠れた変数理論」（hidden variable theory）と呼ぶ．

さらに一般に物理学の現象は，ニュートン（Newton）の時代の遠隔作用的な立場が廃され，場の理論にみられるように近接作用に基づき局所的に記述できるとしてこれまで発展してきた．別の言い方をすれば，ある地点 X_a での何らかの物理現象や操作が，別の地点 X_b に光速をこえる速度で瞬間的に影響を与えるような，アインシュタイン（Einstein）の呼ぶところの「気味の悪い遠隔作用」（spooky action at a distance）はありえないという立場である．先ほどの実在論とこの局所性の概念を合わせたものは，「局所実在論」と呼ばれ，またそれに対応する，隠れた変数理論にこの局所性の条件を加えた理論は，一般に「局所的な隠れた変数（local hidden variable）理論：LHV理論」と呼ばれる．

いま，粒子a, bについて，アリスとボブがそれぞれ，x 軸方向もしくは z 軸方向に，自分の意志でどちらかの方向を選んで，スピンの測定を行うとする（図2.2.4）．

このとき，「アリスとボブが同じ方向に測定をした場合にはかならず，スピンの向きが逆向きになる」ということがありえるだろうか．

局所実在論の立場からは，このようなことは起こりえないことを示そう．

いま，ボブが z 軸方向に粒子 b のスピンの測定を行うところである．

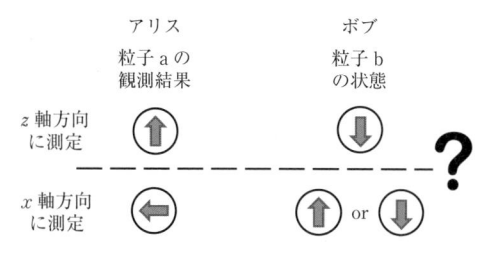

図 2.2.4 遠隔地点でのスピン測定と，局所実在論

この直前に，仮にアリスが z 軸方向に粒子の測定を行い，上向きの結果を得たとしよう．「粒子 a, b のスピンの向きはかならず逆向き」であるなら，実在論の立場ではボブが観測する前から，粒子 b のスピンの状態は「z 軸方向に下向き」に決まっていたはずである．

ところが，ボブの測定の直前に，アリスがたまたま x 軸方向に粒子 a のスピン測定を行ったとしよう．その結果，アリスは粒子 a のスピンとして，x 軸方向上向きの結果を得たとする．「スピンの向きはかならず逆向き」であるなら，粒子 b のスピンの状態は，ボブが測定する前から，「x 軸方向に下向き」のはずである．しかしこの場合，ボブが，z 軸方向にスピンの測定をすると，不確定性原理により「z 軸方向に上向き」と「z 軸方向に下向き」の結果がでたらめに得られることになる．

つまり，ボブの測定のほんの直前に，アリスがどの向きに粒子 a のスピンを測定するかによって，粒子 b の状態が「z 軸方向に下向き」と決まった状態や，あるいは「z 軸方向に上向き」と「z 軸方向に下向き」がでたらめに存在する状態となることになる．すなわち，実験的に確認されている不確定性原理と，「粒子 b の状態は，X_b とは遠く隔たった地点 X_a でのアリスの測定とは無関係に記述できる」という局所性を両立させることができないのである．

ところが，量子力学では量子もつれあい状態（式 (3)）にある粒子 a, b に対して，上に述べた「アリスとボブがそれぞれ，x 軸方向もしくは z 軸方向に，自分の意志でどちらかの方向を選んで，スピンの測定を行う」とき，以下にみるように「アリスとボブが同じ方向に測定をした場合にはかならず，スピンの向きが逆向きになる」ということが起こる．

式 (3) からは，アリスとボブの両方が z 軸方向にスピンを測定すると，双方の結果が逆向きになることは自明である．一方，式 (3) の状態は，変形すると次のように表すことができる．

$$|\phi_{ab}\rangle = \frac{1}{\sqrt{2}}\left(\frac{1}{\sqrt{2}}(|\uparrow_z\rangle_a + |\downarrow_z\rangle_a) \otimes \frac{1}{\sqrt{2}}(|\uparrow_z\rangle_b - |\downarrow_z\rangle_b) - \frac{1}{\sqrt{2}}(|\uparrow_z\rangle_a - |\downarrow_z\rangle_a) \otimes \frac{1}{\sqrt{2}}(|\uparrow_z\rangle_b + |\downarrow_z\rangle_b)\right)$$
$$= \frac{1}{\sqrt{2}}(|\uparrow_x\rangle_a \otimes |\downarrow_x\rangle_b - |\downarrow_x\rangle_a \otimes |\uparrow_x\rangle_b) \tag{5}$$

この式からは,アリスとボブの両方が x 軸方向にスピンを測定した場合も,双方の結果はかならず逆向きになることがわかる.

このことは,アインシュタインが Podolsky および Rosen との共著論文[2]において,別の形で 1935 年にはじめて指摘した.その後,ベル(Bell)が LHV 理論ではかならず満たされなければならない不等式(ベルの不等式)が,量子力学においては破られることを理論的に示した[3].

その後 1960 年代に,Clauser らはベルの不等式をより実験にそった形へと発展させるとともに,原子からの 2 段階放出で発生する光子対を用いた実験に精力的に取り組んだ.そして 1984 年に Aspect の光子を用いた実験によって,ベルの不等式が破られる(局所実在論は成立していない)ことが確認された[4].このように,量子もつれ合いの研究は,量子力学の非局所性と密接な関係がある.

c. もつれ合い光子対の発生方法

もつれ合い光子対の発生は,1960 年代から研究が進められた.1960 年のレーザーの発明の後,1960 年代に非線形光学に関する研究が劇的に進展したこと,また前述したベルの不等式の発見がその背景にある.もつれ合い光子対の発生は,当初,原子からのカスケード放出によって試みられた.その後,1980 年代後半に非線形光学媒質中のパラメトリック下方変換(parametric down conversion)過程を用いた発生が主流になり,現在も最も多く用いられている.以下,これらのもつれ合い光子対発生方法について紹介する.

1) 原子のカスケード放出による発生

これは,原子の励起状態から中間準位を経て基底状態へ,エネルギーが縮退した 2 光子の発生によって緩和する現象を用いるものである.ある軸に対して正負異なる方向に射出された光子は,正方向の光子が右回り偏光で負方向は左回り偏光の状態と,その反対の状態(正が左回りで負が右回り)という,式(2)と類似した重ね合せ状態になる.アスペによるベルの不等式の破れの検証実験でも光源として用いられた.しかし,光子は全立体角に放出されるため,検出効率の向上が困難であること,またカスケード放出過程において,有限時間,中間準位を経由する際に位相緩和が生じるため,式(2)のような純粋状態ではなく,混合状態になってしまうなどの問題があり,現在ではあまり用いられていない.

2) 非線形光学媒質中のパラメトリック下方変換による発生

非線形光学媒質中に,ポンプ光と呼ばれるレーザー光を入射すると,位相整合条件とエネルギー保存則が満たされるとき,その二次の非線形感受率に応じて,ポンプ光の光子一つが,二つの光子に変換される(図 2.2.5).この過程はパラメトリック下方変換と呼ばれる.また,発生した光子対は一般

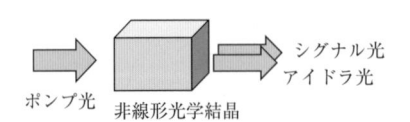

図 2.2.5 パラメトリック下方変換

にシグナル（signal）光子とアイドラ（idler）光子と呼ばれるが，これらにとくに区別はない．原子のカスケード放出と対比すると，2光子発生時に実準位を介しない点が異なる．このため，カスケード放出において問題になっていた位相緩和が生じず，ほぼ理想的な量子もつれ状態の生成が可能である．パラメトリック下方変換による2光子の同時発生を検証する先駆的な実験が，1970年にBurnhamとWeinbergによってなされた後[5]，1980年代後半になり，Mandelらによってパラメトリック下方変換光子対を用いたベルの不等式の破れの実験がなされた[6]．その後，量子もつれ合いにある光子対の光源として現在に至るまで主に用いられている．非線形光学媒質として，最近では擬似位相整合素子[7]や，フォトニック結晶ファイバー[8]なども利用されている．また，非線形光学媒質中での4光波混合過程も，量子もつれ光子対発生に用いられている．

3) その他の発生方法

非線形光学過程を用いる方法では，複数光子対の同時発生過程が問題になる場合がある．このため，2000年頃より別な方法での量子もつれ光子対発生の研究がさかんに行われている．その一つとして，半導体量子ドットによる方法が2000年に提案された[9]．これは，原子カスケード放出と類似の状況を，量子ドット中に束縛された二つの励起子（励起子分子）の再結合に伴う消滅過程で実現しようとするものである．量子もつれ合い状態としての良質さは，パラメトリック下方変換を用いる方法には及ばないが，将来の光源として期待されている．

d. もつれ合い光子対の量子情報処理への応用

量子情報処理とは，量子力学の基本的な性質である，重ね合せ状態や不確定性原理などを，直接情報通信や情報処理に応用しようとするものである．以下，それらについてもつれ合い光子対の応用の観点から述べる．

1) 量子暗号

量子暗号（quantum cryptography）とは，遠隔地の二者間で不確定性原理を利用して共有した乱数列（秘密鍵と呼ばれる）を用い，安全な秘密通信を実現する方法である．BennettとBrassardによって，1984年に提唱された[10]．量子鍵配布（quantum key distribution）とも呼ばれる．

この秘密鍵を共有する方法として，量子もつれ合い状態にある二つの光子対を用いる方法がEkertらによって1991年に提唱された[11]．現在，量子暗号通信装置の主流は微弱コヒーレント光を利用する方式であるが，量子もつれ光子対を用いる方法は測定装置の不完全性などによらずに安全性を評価できること，また追って述べる量子リピータ（quantum repeater）方式に応用できるとして，最近再度注目されている．

2) 量子テレポーテーション（quantum teleportation）

重ね合せ状態にある量子状態は，観測するとそのいずれかの状態に決定してしまう．このため，アリスの手もとにある重ね合せ状態を含めた任意の状態を，遠く離れたボ

ブの手もとにある別の同種粒子へと，情報のみを伝えて「転写」することは単純にはできない．しかし，量子もつれ状態にある光子対をアリスとボブが共有することで，このような遠隔地における「転写」が実現可能であることを，Bennettらが1993年に提唱した[12]．その後，量子もつれ光子対を用いて1997年に実証された[13]．

3) 量子リピータ

量子暗号の長距離化を実現する方法．通常の量子暗号では，伝送路における光損失と検出器のダークカウントによって伝送距離が決定しており，伝送路として光ファイバを利用した場合，200 km程度が限界である．その限界を打破すると期待されているのが，量子リピータである[14]．量子もつれ光子対を2組準備し，その対の一方どうしの光子間で量子相関測定を行うことで，残りの二つの光子を量子もつれ状態にすることができる．これを量子スワッピングと呼ぶ．量子リピータでは伝送路間に接地した複数の中継器間でこの量子スワッピング操作を繰り返すことで，最終的に遠隔地間で量子もつれ状態を実現，得られた量子もつれ状態を用いてEkertの提唱した量子暗号[11]を実現する．

4) 光量子計測

光計測における精度には，測定に用いる光子数をNとして，Nの平方根の逆数に比例する限界があり，一般に標準量子限界（standard quantum limit）と呼ばれる．しかし，量子もつれ状態にある光子を用いると，この限界をこえられることが最近示された[15]．原理的には，Nの逆数に比例する真の限界（ハイゼンベルク限界と呼ばれる）に達することができる．

このように，量子もつれ合い光子対は量子情報処理や量子計測をはじめとするさまざまな分野への応用が期待されている． 〔竹内繁樹〕

文献・注

1) E. Schrödinger and M. Born : *Math. Proc. Cambridge Philosop. Soc.*, **31**-4 (1935), 555-563.
2) A. Einstein, *et al.* : *Phys. Rev.*, **47** (1935), 777-781.
3) J. S. Bell : *Physics*, **1** (1964), 195-200.
4) A. Aspect, *et al.* : *Phys. Rev. Lett.*, **49**-2 (1982), 91-94.
5) D. C. Burnham and D. L. Weinberg : *Phys. Rev. Lett.*, **25**-2 (1970), 84-87.
6) Z. Y. Ou and L. Mandel : *Phys. Rev. Lett.*, **61** (1988), 50-53.
7) Quasi Phase Matching (QPM) 素子．非線形感受率の符号を周期的に反転した構造により擬似的に位相整合を達成する技術．周期的に分極反転させた素子が広く用いられている．
8) 光ファイバ中のコアの周辺に，格子状に屈折率変調を与えることで，光をコアに閉じ込めるようにしたものがフォトニック結晶ファイバである．通常のコアとクラッドからなる光ファイバと比べて，より小さい領域への光閉じ込めや，広帯域での単一モード伝搬，コア部を中空にした構造などを実現できる利点がある．
9) O. Benson, *et al.* : *Phys. Rev. Lett.*, **84**-11 (2000), 2513-2516.

10) C. H. Bennett and G. Brassard : Proceedings of the IEEE International Conference on Computer, Systems, and Signal Processing, Bangalore, India, IEEE, New York, 1985, [175].
11) A. Ekert : *Phys. Rev. Lett.*, **67**-6 (1991), 661-663.
12) C. H. Benett, et al. : *Phys. Rev. Lett.*, **70**-13 (1993), 1895-1899.
13) D. Bowmeester, et al. : *Nature*, **390** (1997), 575-579.
14) H. J. Briegel, et. al. : *Phys. Rev. Lett.*, **81**-26 (1998), 5932-5935.
15) T. Nagata, et al. : *Science*, **316** (2007), 726-729.

2.3 発光の仕組み

2.3.1 発光とは何か

a. 定常光励起の光散乱と発光
1) 二次光学過程

　発光とは，一般的には，光照射，粒子線照射，放電，加熱，化学反応など，さまざまな手段で原子や分子が高い励起状態に励起された後の光放出過程をさしているが，ここでは，最も基本的な過程である光照射後の発光過程（光励起発光）について取り上げていきたい．光励起発光は原子や分子，あるいは，原子・分子集合体に光を照射したとき，その光を吸収した後，再び光を放出する過程である．この過程を光学過程として見ると，光吸収・光放出という，それぞれ1光子がかかわる二つの光学過程が含まれていることがわかる．この二つの光学過程を一連の過程として見るか，別々の過程として見るかで，考え方や扱い方がまったく異なってくる．前者の場合は発光を二次の光学過程と見なし，光を吸収して放出されるまでの一連の過程を露わに考えていくことになるが，後者の場合は二つの一次光学過程として別個の過程として見るので，途中の過程は光学過程としては扱わない．ここでは，発光の本質にまで立ち返ってみたいので，光吸収と光放出は一連の過程であるという前者の立場に立って話を進めていこう．

　発光の仕組みを調べるには，同じ二次の光学過程である光散乱との違いを明らかにするとよいであろう．光散乱は，光が物質に当たって散乱される過程である．光散乱は，通常，散乱に際して物質と光との間でエネルギーのやり取りがあるかないかで，弾性散乱と非弾性散乱に分けられる．前者は光学分野で扱われる光散乱で，微粒子による散乱を表すレイリー散乱や光の波長程度の大きさの粒子による散乱を表すミー散乱などが含まれる．一方，後者としては，密度ゆらぎに基づく散乱を表すレイリー散乱，音波による散乱をさすブリルアン散乱，および，分子振動や格子振動に基づくラマン散乱などがあげられる．ここではとりあえず，光散乱に際して物質と光との間で

エネルギー授受はないとして考えていく.

2) 振動分極による電磁波の発生

具体的に光散乱や吸収・発光過程を扱う前に，原子による光の放出過程を直感的に理解しよう．最も簡単な原子として水素原子を考えてみよう．水素原子は正の電荷をもった原子核と負の電荷をもった電子から成り立っている．電子は雲のように原子核を取り囲んでいるが，その重心位置は原子核と一致しているので，遠くから見ると正負の電荷が互いに打ち消し合って中性に見える．この原子に外部から正負に振動する電場をかけて電子を素早く揺さぶってみよう（図2.3.1(a)参照）．その振動数はあまりに速いので，重い原子核はついていけずに静止してしまうと考える．すなわち，外部から電場をかけることにより，電子と原子核の重心位置がわずかにずれた状態ができあがる．このように正負の電荷がずれた状態を分極（あるいは双極子）と呼んでいる．外部からの電場が正負に振動するので，分極の向き（負電荷の位置から見た正電荷の位置の向き）も一緒に振動する.

振動している分極を遠くから見るとどうなるだろうか．原子から遠く離れた点に正の電荷をおいてみると，原子核の正電荷の影響を受けて，反発するような力を生じる（図2.3.1(b)参照）．一方，電子の負電荷からは引力を受ける．この二つの力の向きは分極が生じている間は一直線上に乗ることができず，わずかではあるがずれている．したがって，二つの力を合成すると，原子と正電荷を結んだ線に対してほぼ直角方向に力を生じることになる．つまり振動する分極からは電場を生じ，外場の振動と同期して振動するのである．一方，外場の振動とともに原子内では電子が移動する．電子が移動すると電流を生じるが，電流は電子の動きと反対方向なので，逆向きに振動している．電流が流れると磁場を生じるが，その方向は分極の方向を中心線とする円の円周にそってである（図2.3.1(b)）．つまり，振動する分極からは振動する電場と磁場が生じるのである[1]．分極の向きに対して斜め方向で見ると，電場も磁場も大きさが小さくなる．電場や磁場が最も大きくなるのは分極の向きに垂直な方向である.

しかし，この説明だけでは電磁波の発生を理解することはできない．実際，こうして発生した電場や磁場が外場の振動と同期して振動すれば，分極からの距離にかかわ

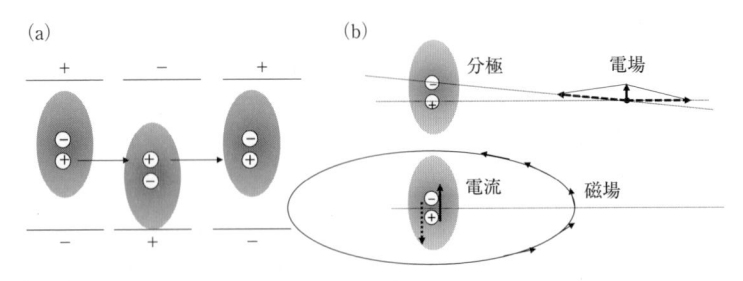

図2.3.1 (a) 振動電場により発生する振動分極と (b) 振動分極と振動電流による電磁場の発生

らずどの点で見ても一緒に振動するはずだから，波としては伝わっていかない．電場や磁場が波として伝わっていくためには，分極の変化が空間を伝わるのに時間がかかると考える必要がある．双極子放射のところでも述べたように（2.1.3項参照），その変化は光速で伝わっていくと考える．このように電場や磁場が伝わるのに時間がかかるとすると，近くの場所は早く伝わり，遠くの場所では遅くなるので，時間にずれが生じ波として伝わることができる．これこそが光なのである．つまり，光は振動する電場と磁場を伴った波，すなわち電磁波なのである．

それでは，電子を振動させるような速い振動を伴った外場とは何なのだろうか．これには通常二つの原因を考えることができる．一つは光自身が外場になる場合で，もう一つは外場がなくても電子が自発的に振動する場合である．光は速く振動する電場を伴っているので，原子に作用して電子を揺さぶることができる．この効果は光の散乱や誘導放出（励起状態にいる原子や分子に光を照射し，強制的に光を放出させる現象）などの現象として見ることができる．一方，励起状態にいる原子や分子が発光する場合は後者の場合に当たる．この場合，分極は自発的に生じ，振動して光を放出するので自然放出と呼ばれている．自発的に振動する要因となるものは，原子や分子を取り囲む空間にある光の電場モードの零点振動である．光のモードを考えるときには，仮想的な空間を考え，そこに電磁波が定在波の形で存在するとして考える．量子力学の立場からは，このモードは電磁波が存在しなくても零点振動として原子や分子と相互作用し，自発的に振動分極をつくりだすのである．この効果は最近のフォトニクス分野でのトピックスの一つとなっていて，微小な共振器をつくり空間を制限したり，周期的な構造をつくったりして，光のモードが存在できないようにすると自然放出もまた制限されることになる[2]．

光散乱と吸収・発光過程との違いを電磁波の放出過程から見てみると，前者は，外場として与えられた光により振動分極ができ，双極子放射により光を発する過程であるといえる．一方，後者は，光励起によりいったん原子が励起状態に励起された後に，光の電場モードの零点振動により振動分極を生じ，光を放出する過程だといえるであろう．

3） エネルギーダイヤグラムでみた光学過程

次に，光散乱と吸収・発光過程の違いを，エネルギーダイヤグラム上で見てみよう（図2.3.2）．まず，入射光のエネルギー $\hbar\omega_1$ が原子を基底状態から励起状態に励起するのに十分でない非共鳴条件下でのダイヤグラムを見てみよう．光散乱は電子

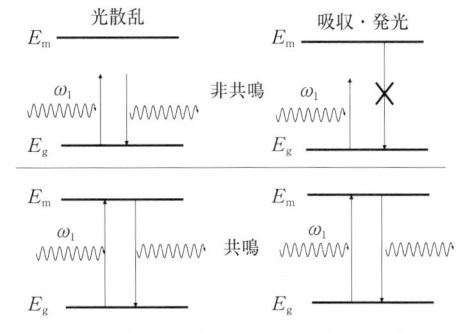

図 2.3.2 非共鳴と共鳴条件下における光散乱と吸収・発光過程

を揺さぶることができればよいので非共鳴でも起き，ダイヤグラム上では入射光により仮想的に励起され，そのまま放出される過程を示している．一方，吸収・発光過程は，非共鳴条件下では原子を励起するのに十分なエネルギーが与えられないので，この過程は事実上生じない．つまり，非共鳴では光散乱だけが起きることになる．光散乱における「仮想的な励起」が，上述の説明では振動電場により原子に生じた分極（以後，分極状態という）に対応している．いま，原子の固有状態（エネルギーの確定した状態）がダイヤグラムのように基底状態と励起状態だけでできているとする．分極状態は原子の固有状態ではないので，基底状態と励起状態の波動関数の重ね合せで生じると考える．入射光のエネルギーが小さい場合には，分極の大きさも小さいので，わずかに励起状態の波動関数を混ぜ合わせればよいが，共鳴（励起状態と基底状態のエネルギー差に入射光のエネルギーが一致した状態）に近いほど励起状態の寄与が大きくなると考えるのである．

基底状態と励起状態の重ね合せでできる分極状態を通して双極子放射により光を放出する光散乱過程と，基底状態から励起状態へ実際に遷移する吸収・発光過程とは，このように非共鳴条件では明確に区別できる．しかしながら，入射光のエネルギーが励起状態と基底状態のエネルギー差に近づき，ついには一致すると，図2.3.2の下図に示すようにエネルギーダイヤグラム上で両者はまったく区別がつかなくなる．このときの光散乱を共鳴光散乱と呼ぶが，吸収・発光過程とどのように区別すべきなのかは，このダイヤグラムからではまったくわからない．

4) 共鳴条件での発光と散乱[3-8]

この問題に糸口を与えたのはハイトラーである[9]．ハイトラーは孤立した1個の原子を考え，そこにスペクトル幅の狭い光が照射されている場合を考えた．原子の吸収線は励起状態に有限の寿命があることから広がっている（自然幅という）と考え，入射光のエネルギーはその吸収線の線幅内に入っていると考える．ハイトラーの命題は，このとき放出される光のスペクトルは励起状態の寿命を反映して自然幅で広がるだろ

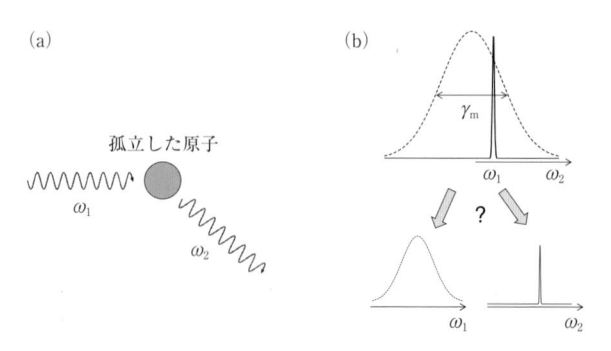

図2.3.3 ハイトラーの共鳴蛍光
(a) 孤立した原子に単色光を照射したとき，(b) 原子からの放出光スペクトルを予測する．γ_m は自然幅を表す．

うか，それとも，入射光のスペクトルを反映した狭い幅になるだろうか，というものだった（図2.3.3参照）．ハイトラーはこの放出光を共鳴蛍光と呼んだが，放出される光のスペクトルだけから判断すれば，前者ならば原子固有のスペクトルをもつので発光に対応し，後者ならば光散乱だといってもよいであろう．

ハイトラーは理論的な考察から，放出光は入射光のスペクトルと同じスペクトルをもつ，すなわち，光散乱が起きると予測したのである．ハイトラーは著書『輻射の量子論』[9]で，「もし原子が乱されなかったら，共鳴蛍光は一つのコヒーレントな量子過程を表す」と記述している．つまり，入射光と放出光はエネルギー的にも位相的にも一つながりの過程であると考えたのである．この予測を証明しようと，1970年代に原子の吸収線を用いたハイトラー実験が行われ，彼の予測の正しいことが確かめられた[10]．

ハイトラーの予測は，上述のように分極を用いて考えるときわめて当然の結果になる．原子に単色の光が当たると，原子のなかの電子が入射光と同じ振動数で振動して，振動分極をつくりだす．共鳴条件下なので，生じる振動分極の振幅は大きくなり，また，自然放出によるエネルギー損失があるため，振動の位相は入射光の電場より少し遅れたものになるであろう．しかし，この振動分極から双極子放射により光が放出されるので，放出光は入射光と同じエネルギーをもち，位相関係も定まった光になる．これはまさに光散乱そのものにほかならない．すなわち，共鳴条件下であっても光散乱が起きるのである．

それでは逆に，共鳴条件であるのにもかかわらず，なぜ光吸収は起きないのであろうか．この問いには，ハイトラーの仮定「もし原子が乱されなかったら」という部分が深くかかわっている．この問題に，櫛田はヤングの干渉実験との類推から，光散乱を光の入射と放出がつながったコヒーレントな量子過程，吸収・発光過程は量子的な相関がなくなったインコヒーレントな過程であるとして両者の区別を試みた[11]．櫛田は図2.3.4に示すようなヤングの干渉実験を考えた．光源から出たスペクトル幅の狭い光を，二つのスリットを通してスクリーン上に投影すると，スクリーン上には二つのスリットを通った光が互いに干渉し合って干渉縞をつくる．このとき，スクリーン上での光電場は二つの経路を通った光の電場の和として，$E = E_{10} \exp[ikr_1] + E_{20} \exp[ikr_2]$と書き表され，光強度は$I = |E|^2 = I_1 + I_2 + 2\sqrt{I_1 I_2} \cos\omega\tau$となる（便宜的に，係数を除き，光強度を$I$とおいた）．ここで，$r_1$と$r_2$はスリット1と2を通った光に対する光路長，$I_1 (\equiv |E_{10}|^2)$と$I_2 (\equiv |E_{20}|^2)$は

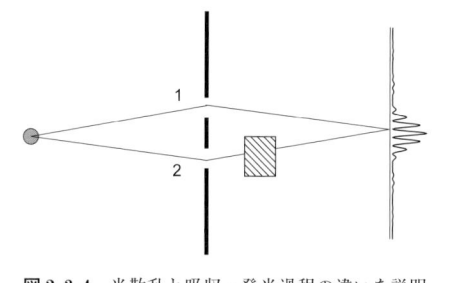

図2.3.4 光散乱と吸収・発光過程の違いを説明するためのヤングの干渉実験

経路2を通る光の位相をランダムに変調すると干渉縞が消え，スクリーン上にはそれぞれのスリットを通った光の強度の和が見えるようになる．

れぞれを通った光の強度，k, ω は光の波数と角振動数，および，$\tau(\equiv |r_1 - r_2|/c)$ は二つの経路を光が通過したときの時間差である．

一方，この実験で光路2を通る光の位相を何らかの方法で乱したとしよう．こうなるともはや干渉縞は現れない．このときのスクリーン上での光強度は単に $I = I_1 + I_2$ と表される．つまり，光路1と光路2の双方を通って干渉していた光は，位相が乱されることにより，どちらか一方だけを通った光の和として見なせるようになる．櫛田はこの考えを分極状態にも当てはめた．分極状態の波動関数は基底状態の波動関数 ψ_g と励起状態の波動関数 ψ_e の重ね合せの状態として，$\Psi = c_g \psi_g + c_e \psi_e$ と表される．何らかの理由で分極状態が乱されると，重ね合わせが崩れ，$|c_{g,e}|^2$ の確率で基底状態あるいは励起状態に移るというものである．こうして励起状態に移ったものは光を吸収して励起されたと解釈し，一方，基底状態に移ったものは光吸収は起きなかったと解釈するのである．すなわち，原子が光により励起されるには，光と原子が相互作用している系を外部から乱し，基底状態と励起状態の重ね合せの状態である分極状態を崩す必要があるのである．

5) 分極状態を乱す要因とその扱い方

それでは，外部から原子の分極状態を乱すものとは何であろうか．これにはいろいろとその原因が考えられる．たとえば，気体であれば，いま注目する原子のほかの原子がランダムに衝突することが原因の一つとなる．ただし，この場合の衝突は，原子が注目する原子の近くを通過したときに，振動する分極の位相だけを変化させるようなものを考えることにする．このとき，通過する原子の影響を受けて，注目する原子のエネルギーが Δt の間に $\hbar \Delta \omega$ だけ変化したとすれば，原子が通過するたびにその積 $\Delta \omega \cdot \Delta t$ の位相変化が起きることになる．原子が空間的，時間的にランダムに，かつ，高速に通過すれば，分極状態は瞬時に位相変化を起こし，また，位相変化もランダムに起きることになる．このような乱れ方をする場合を，衝突による位相変化が十分に短時間に起きるという意味で impact limit と呼んでいる（図2.3.5(a)参照）．この場合の平均衝突間隔は位相緩和時間（phase relaxation time）と呼ばれ，分極状態の位相が一定に保たれている時間に相当している．このモデルは希薄な気体以外にも，極低温におけるフォノンの衝突の際にも適用されることがある．

衝突する原子が多くなってくると，一つの原子が衝突している間にほかの原子も衝突し，注目している原子のエネルギーが絶えず変動するよう

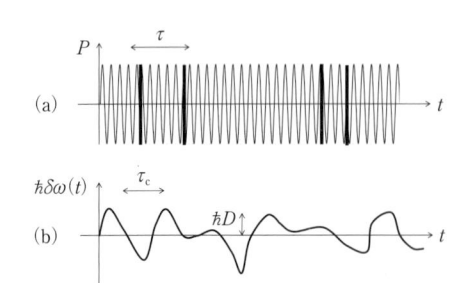

図2.3.5 (a) 衝突により振動分極の位相が瞬時に変化すると考えるモデル（impact limit, τ は平均衝突間隔を表す）と (b) エネルギーが連続的に変化すると考えるモデル（周波数揺動モデル）．$\hbar D$ と τ_c はゆらぎの振幅と相関時間を表す

な事態が起きる．このようなときには，原子が個別に衝突していると見るよりも，注目する原子のエネルギーが周囲の原子の影響を受けてゆらいでいると見たほうが都合がよい[12]（図2.3.5(b)参照）．この場合には，ゆらぎの振幅$\hbar D$とゆらぎの相関時間τ_cが重要な意味をもってくる．エネルギーが本来の値から実際に$\hbar D$だけ変化したことを知るためには，不確定性関係から，最低$1/D$の時間はその状態にとどまっていなければならない．したがって，この時間が，ゆらぎによりエネルギーが変動する時間τ_cより短いとき，すなわち，$1/D \ll \tau_c$，あるいは，$D\tau_c \gg 1$の条件が成り立つときには，エネルギーのゆらぎは実際に変動したとおりに観測されることになる．このとき，観測を繰り返すと，あたかもエネルギーが幅$\hbar D$だけ静的に分布をしているかのように見える．この場合をゆらぎが遅いという意味で，slow modulation limit，また，観測する時間内にゆらぎが止まって見えるということで，static limitと呼ばれている．一方，逆の場合，すなわち，$D\tau_c \ll 1$のときは，エネルギーのゆらぎは$\hbar D$の大きさほどはゆらいでいるとは見えず，実際より小さく見えることになる．このときは，$\hbar D$に$D\tau_c$の因子がかかったように見えるため，その幅は$\hbar D^2 \tau_c$になる．この場合をfast modulation limitと呼んでいる．また，この現象は速くゆらぐことによりスペクトル線幅が狭くなる現象ともいえるので，運動による先鋭化極限（motional narrowing limit）ともいわれている．

このようにゆらぎの振幅と速さとの統計的な関係により，スペクトルの形が変化することは光吸収などの一次光学過程ではよく調べられている．この現象を定量的に扱うため，ゆらぎを統計的な揺動として扱う周波数揺動モデル（ストキャスティックモデル，stochastic model）がよく用いられている[12-15]．この場合，ガウス過程にしたがうゆらぎだとすると，slow modulation limitではスペクトルもガウス型になり，fast modulation limitではローレンツ型のスペクトルを示すことになる．一方，ゆらぎを量子論的なフォノン（格子振動を量子化したもの）との相互作用として扱う方法も広く行われ，ダイナミカルモデル（dynamical model）と呼ばれている[16,17]．この場合，ゆらぎはフォノンの吸収・放出によりエネルギーが変動すると考え，フォノンとの相互作用を摂動論的に取り入れることで扱うことができる．

6） 位相緩和と発光

振動分極の位相緩和を特徴づける位相緩和時間τは，気体の場合は平均衝突間隔で与えられる．振動数が揺動する場合，fast modulation limitでは，位相緩和時間はローレンツ関数の幅を与える$D^2\tau_c$を用いて，$\tau = 1/(D^2\tau_c)$と表される（2.3.2項参照）．これに対して，slow modulation limitでは，ゆらぎの振幅を表すDがその役割を果たす．この場合は，エネルギーの変動時間を与えるτ_cがはるかに大きいので，実際に位相が変化する気体などとは異なった緩和を考えることになる．slow modulation limitではエネルギーが$\hbar D$の幅で分布しているように見えるので，数多くの原子を，十分なスペクトル幅をもつ光で照射すると，いろいろな振動数で振動する分極が同時にできることになる．これらはそれぞれの振動数で入射光の対応する振動数成分と同期して

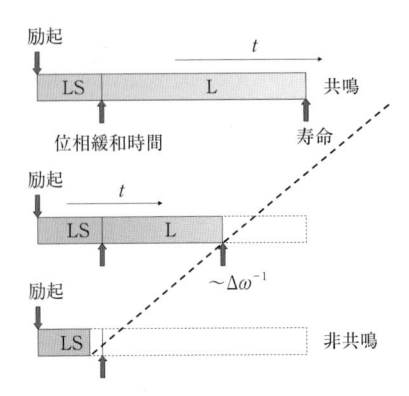

図 2.3.6 位相緩和時間を用いて，共鳴・近共鳴・非共鳴のときの光散乱と発光の強度比を推測する

LS は光散乱，L は発光を表す．また，$\Delta\omega^{-1}$ は共鳴エネルギーと入射光エネルギーの差の逆数に対応する角振動数を表す．

振動するが，全体としてみると振動数が異なるため，しだいに位相がずれていき最後には打ち消しあって消えてしまう．この場合，振動分極が全体として維持される時間が位相緩和時間に相当し，$\tau \sim 1/D$ と表される．

振動分極の位相が維持されている間に放出される光散乱と位相が乱された後に生じる発光との関係は，位相緩和時間を境として，直感的に図 2.3.6 のように表される．共鳴条件では，光照射された直後は分極状態ができ，位相関係の定まった散乱光が放出されるが，位相緩和が起きて分極状態は崩れ，一部は励起状態に励起されることになる．励起状態では定められた寿命の間だ

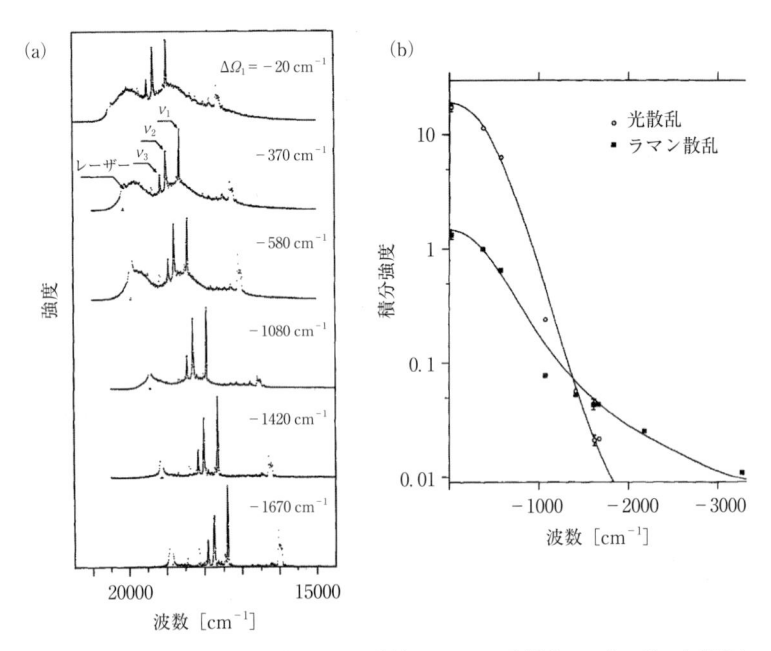

図 2.3.7 (a) β-カロテンのイソペンタン溶液について，入射光のエネルギーを共鳴から非共鳴に変化させたときの二次放出光スペクトルの変化（文献 19 から転載．$\Delta\Omega_1$ は入射光エネルギーの分子の共鳴エネルギーに対する差を波数で表したもの）と (b) 光散乱（ラマン散乱）と発光の積分強度の励起エネルギー依存性

け光を放出する.したがって,光散乱と発光を合わせた全放出光のなかで光散乱の占める割合は,$I_{LS}/I_T \approx \tau/\tau_m$ と表されるはずである.ここで,I_{LS} と I_T は光散乱強度と全放出光強度で,τ_m は励起状態の寿命である.この見積もりが正しいかどうかを実験した例がある[18].位相緩和時間は吸収スペクトル幅と関係するので,吸収スペクトルから位相緩和時間を見積もり,共鳴条件下で発光寿命の短い,いくつかの色素溶液で光散乱光(この実験ではラマン散乱光)と発光とを合わせた放出光スペクトルを測定した.この結果から上記の式を用いて発光寿命を見積もると,実測の発光寿命とほぼ一致する結果が得られ,上述の理解の正しいことが確かめられた.

非共鳴になり吸収帯から入射光のエネルギーがずれてくると,今度は,共鳴エネルギー(基底状態と励起状態とのエネルギー差)と入射光のエネルギーとの差が重要な因子になってくる.このエネルギー差を $\hbar\Delta\omega$ とすると,光との相互作用で原子系が励起状態に滞在できる時間は非共鳴条件では $\Delta\omega^{-1}$ 程度となるため,発光成分はそのぶん少なくなっていく.さらに非共鳴になり,$\Delta\omega^{-1} < \tau$ になると,もはや発光成分はなくなってしまい,光散乱成分だけになってしまう.

共鳴条件では発光が強いが,非共鳴条件では光散乱が相対的に強くなることは日常よく出会う現象であるが,実験的にもいくつかの系で確かめられている.図2.3.7はβ-カロテン溶液での実験例[19]であるが,左図は共鳴から非共鳴へと入射光エネルギーを変化させたときの二次放出光スペクトルの変化を示している.共鳴条件ではスパイク状のラマン散乱(入射光と分子振動の振動数のぶんだけエネルギーの異なる光散乱)

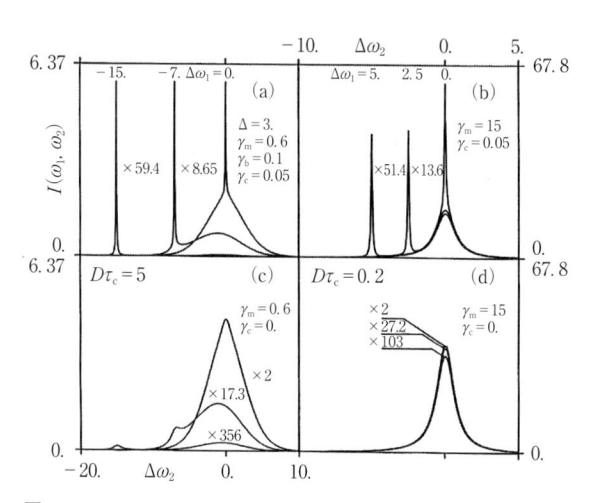

図 2.3.8 ガウス-マルコフ型のゆらぎを受けたときの二次放出光スペクトルの励起エネルギー依存性(文献18から転載)左図は $D\tau_c = 5$,右図は $D\tau_c = 0.2$ のとき.下の図は二次放出光スペクトルから散乱成分を除いたもの.図中の Δ は D,γ_m は $1/\tau_c$ に対応する.γ_b,γ_c はそれぞれ励起状態と終状態の分布緩和速度を表す.

が広い発光のバックグラウンドの上に乗っているように見えるが，共鳴条件から離れるにつれて発光成分は相対的に減少し，ついにはほとんど見えなくなってしまう．右図は3本のラマン散乱ピークとそれに相当する発光成分の積分強度をプロットしたものであるが，発光強度はほぼガウス関数にしたがい急激に減少していくのに対し，ラマン散乱強度は長波長側に長い裾をもっていることがわかる．

このようなふるまいはゆらぎがガウス過程にしたがうとしたストキャスティックモデルを使っても再現することができる．図2.3.8はそのシミュレーションの例である[19]．上の段は共鳴，近共鳴，非共鳴の場合の二次放出光スペクトル，下段はこのうち光散乱成分を除いたものを示す．$D\tau_c > 1$ の slow modulation の場合には共鳴から非共鳴になるにつれ，発光のバックグランドが顕著に減少していくが，逆に，$D\tau_c < 1$ の fast modulation では両者の比はほぼ一定に保たれていることがわかる．これは，前者ではガウス関数型の吸収スペクトルであるので，非共鳴条件で光吸収過程が急激に減少するため発光は生じなくなるが，後者では吸収スペクトルがローレンツ型で長い裾をもっているので，両者の間に差が生まれてこないからである．いずれの場合でも，ストキャスティックモデルでは，光散乱と発光はこの図のように性質の異なる過程として明確に表現することができる．これに対して，豊沢[17]はダイナミカルモデルの立場からこの問題を扱い，二次光学過程には分極の相関という見方と吸収・発光の相関という見方の二つの見方が含まれていることを明らかにした．さらに，ゆらぎとしてフォノンとの相互作用を摂動論的に組み込んでみると，低次の摂動は非弾性光散乱としてふるまい，発光は摂動の極限として現れることを指摘した．

b. パルス光励起での光散乱と発光

それでは，ハイトラー実験をパルス光で行い，二次放出光の時間応答を観測するとどうなるであろうか．この実験では放出光の時間応答をみるために，原子の励起状態の寿命よりはるかに狭い時間幅をもつ光パルスを共鳴条件で入射するとしよう．その場合，励起状態の寿命で指数関数減衰する時間応答を示すであろうか，それとも，入射光がそのまま散乱されるだけであろうか（図2.3.9(a)参照）．単純に考えると，前者ならば発光であろうし，後者ならば光散乱だといえなくもない．しかし，定常光励起のハイトラーの予測を拡張して解釈すると，実は前者，すなわち，発光だと考えた時間応答が得られるのである．スペクトル幅の狭い入射光を用いた定常光励起の場合，放出光は入射光と同じスペクトルの光が放出され，原子が乱されない限り光散乱しか起きないと述べたのに対して，この一見矛盾した結果をどう解釈すればよいであろうか．

この矛盾は，光パルスがさまざまな波長の光を位相をそろえて足し合わせてできたものだと考えれば説明がつく．すなわち，それぞれの波長で単色の光が原子に照射されると，エネルギー的にも位相的にも一つながりの光散乱が起きることは定常光励起でもパルス励起でも変わらないと考える．入射パルスに含まれる光の振幅に比例した

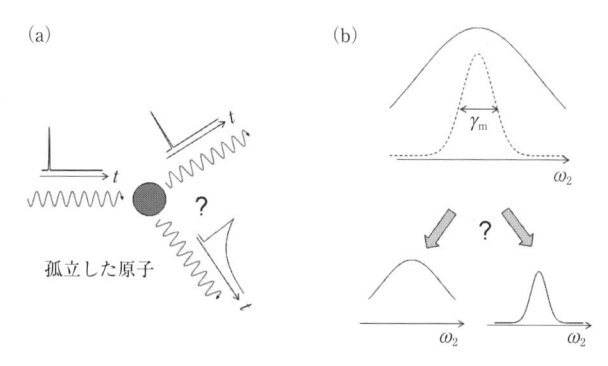

図 2.3.9 (a) 孤立した原子にパルス光が照射されたときの放出光の時間応答の予測と (b) 同じ実験をスペクトル上でみたとき (b) の上の図の実線は入射光のスペクトルを表し，点線は原子の吸収スペクトルを表す．また，γ_m は自然幅を表す．

散乱光がそれぞれの波長でそのまま足し合わされるだけならば，入射光パルスが単に散乱されたことになるはずである．しかし，原子の吸収線の形から，吸収線の中心部では振幅の大きな分極ができ，裾の部分では小さな分極しかできないはずである．励起状態の寿命より十分に狭い時間幅をもつ光パルスは，吸収線よりも十分広いスペクトル幅をもつことを意味する（図 2.3.9(b) 参照）．したがって，入射光のスペクトルのうち吸収線から遠く離れた部分ではほとんど分極をつくることができず，実効的に吸収線内にある波長だけが寄与することになる．こうして生じたいろいろな振動数の振動分極を足し合わせると，フーリエ合成の原理で，結局，吸収線の形をフーリエ変換した指数関数応答が得られると考えるのである．この考え方は，定常光励起の場合の拡張なのであまり奇妙には感じられないかもしれないが，その結果生じる時間応答には大いに違和感を感じるだろう．すなわち，光散乱の時間応答は入射光パルスの時間幅より長くなってもよいのである．

原子が乱されると，分極がコヒーレントに振動している間に生じる光散乱過程と，乱された結果，励起状態を経由してから生じる発光過程とが明確に区別できるようになる．前者を特徴づける時間は位相緩和時間，後者の場合は励起状態の寿命である．乱され方が激しくなってくると，位相緩和時間はどんどん短くなり，そのうち寿命よりもはるかに短くなるであろう．一方，吸収線の幅は位相緩和時間と反比例の関係にあるので，同時に吸収線の幅も顕著に広がっていくことになる．このような場合の時間応答をみると，図 2.3.10 に示すように，共鳴条件での光散乱の時間応答は，位相緩和時間を時定数として減衰するはずである．一方，発光の時間応答は位相緩和時間を時定数として立ち上がり，励起状態の寿命を時定数として減衰していく．この両者を合わせると，励起状態の寿命を時定数とする単純な指数関数減衰になるのである．一方，吸収スペクトルがローレンツ型で，非共鳴条件で吸収スペクトルの裾の部分を

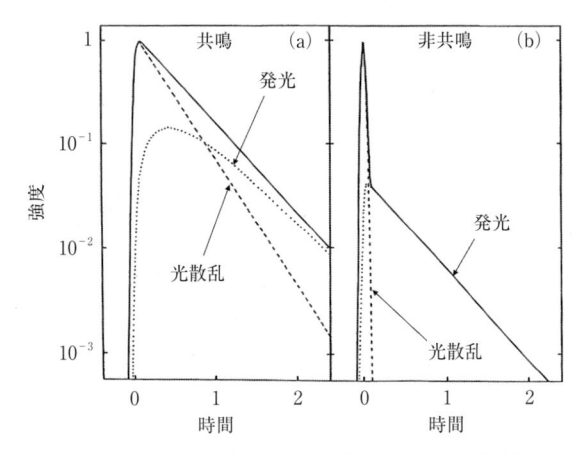

図 2.3.10 (a) 共鳴と (b) 非共鳴条件下でのパルス光励起における二次放出光の時間応答（文献 20 から転載）

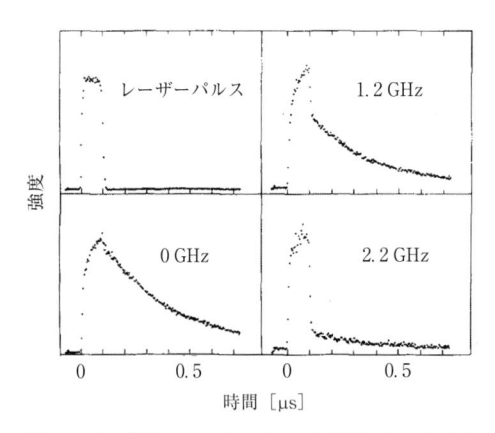

図 2.3.11 矩形のレーザーパルスを照射したときのヨウ素気体からの二次放出光の時間特性（文献 21 から転載）
数字は入射光エネルギーの共鳴エネルギーからのずれを表す．

励起すると考える．ローレンツ型の吸収スペクトルの裾の部分は波長による変化が少なく平坦であるので，分極はほぼすべての波長で均一に起きる．そのため，光散乱としては励起パルスとほぼ同じ形として現れるようになる．一方，発光は，吸収スペクトルの裾を励起する過程と入射光スペクトルの裾の部分で吸収線の中心を励起する過程がわずかに寄与するだけになり，指数関数応答として現れるが，強度は弱くなる．

このように，ハイトラーの定常光における考え方を拡張して二次放出光の時間応答を解釈すると，共鳴条件下では，光散乱は励起光パルスよりも遅い応答を示すが，立ち上がりをもつ発光過程と重なり全体として励起状態の寿命を時定数とする指数関数応答だけが観測されることになる．これに対して，非共鳴条件下では，光散乱と発光は時間応答の違いとして明確に区別することができる．

光散乱と発光が共存する場合の時間応答はルッソーとウィリアムス[21]により観測された．彼らはヨウ素気体を用いて，ヨウ素分子の吸収線に現れる回転線にちょうど

共鳴するように，単一モードアルゴンイオンレーザー光の波長を選び，その出力を音響光学素子（音波により光を偏向させる素子）で矩形のパルス状にした．さらに，エタロン（薄い板状の光学素子で，光の干渉を用いて発振波長を変化させる）を用いて波長をわずかずつ変化させながら時間特性を測定した．その結果を図2.3.11に示すが，共鳴条件では指数関数減衰する時間応答が得られたが，近共鳴条件では励起光パルスの形を反映する成分と指数関数減衰する成分の和として時間応答が得られ，非共鳴条件では前者の割合が増加する結果を得た．同様の実験が中村ら[5]やオーベラートら[20]によっても報告されているが，いずれの実験においても，光散乱成分が遅い応答を示すことを実験的に証明したわけではなく，また，そもそも遅い時間応答をもつ成分は，光散乱と呼ばずに発光と呼ぶべきだという意見もあり，その解釈はいまだに定まっていない．

2.3.2 吸収と発光のスペクトル形状

a. 吸収スペクトルの表式

次に，吸収や発光スペクトルの具体的な形について述べていこう．媒質中の電子が光の電場と相互作用する場合，光吸収過程は電場について二次の摂動，光放出過程まで含めると四次の摂動として扱うことができる．媒質中の原子を考え，その基底状態をg，励起状態をmで表すと，吸収スペクトルの形状は一般に次式のように表すことができる[8,17]．

$$S_{ab}(\omega_1) = \frac{1}{\hbar^2}\int_{-\infty}^{\infty} d\tau \langle d_{gm} e^{iH_m\tau/\hbar} d_{mg} e^{-iH_g\tau/\hbar}\rangle |E|^2 e^{-i\omega_1\tau} \qquad (1)$$

ここで，E は外場として与えた光電場の振幅，d は双極子演算子で，その非対角成分を $d_{mg} = \langle m|d|g\rangle$，あるいは，$d_{gm} = \langle g|d|m\rangle = d_{mg}^\dagger$ と書いている．また，H_g と H_m は基底状態と励起状態に対する断熱ハミルトニアン（原子核の動きに電子が即座に追随するとして求めた近似的なハミルトニアン）で，周囲にある核の配置の関数になっている．$\langle \cdots \rangle$ は熱平衡状態での核の自由度についての平均を表す．この表式は双極子モーメントが核の座標にはよらないとするコンドン近似を用いることで，

$$S_{ab}(\omega_1) = \frac{|d_{mg}E|^2}{\hbar^2}\int_{-\infty}^{\infty} d\tau \langle e^{iH_m\tau/\hbar} e^{-iH_g\tau/\hbar}\rangle e^{-i\omega_1\tau} \qquad (2)$$

と簡単化できる．一方，定常光励起での二次放出光スペクトルは，ω_1 を入射光，ω_2 を放出光の角振動数として，

$$S_{em}(\omega_1, \omega_2) = \frac{1}{\hbar^4}\int_0^\infty d\tau \int_0^\infty d\tau' \int_{-\infty}^{\infty} d\mu$$
$$\times \langle d_{gm} e^{iH_m\tau/\hbar} d_{mg} e^{iH_g\mu/\hbar} d_{gm} e^{-iH_m\tau'/\hbar} d_{mg} e^{-iH_g\sigma/\hbar}\rangle |E|^2 e^{-i(\omega_1\sigma-\omega_2\mu)} \qquad (3)$$

と表せる[8,17]．ここで，$\sigma = \tau' + \mu - \tau$ である．

これらの式を具体的に計算していくには，まず，分極の受けるゆらぎが古典的か量

子的かを考える必要がある.さらに,二次放出光スペクトルについては,定常光励起かパルス光励起かを考える.これまでに,ゆらぎを古典的に扱うストキャスティックモデル[13-15]や量子論的に扱うダイナミカルモデル[16,17]が提案され,さらに,パルス光を励起に用いた時間分解スペクトルの表式も報告されている[4,22].しかし,これらはいずれも複雑なので詳細は文献に譲ることとし,ここではもっとも簡単な例として,分極が古典的なゆらぎを受けるとするストキャスティックモデルを用いた吸収スペクトルの計算例を紹介しよう.その準備として,式 (2) は励起状態と基底状態のエネルギー差を $V = H_m - H_g$ とおくことにより,

$$S_{ab}(\omega_1) = \frac{|d_{mg}E|^2}{\hbar^2} \int_{-\infty}^{\infty} d\tau \left\langle \exp_{-}\left[i\int_0^{\tau} ds \frac{V(s)}{\hbar}\right]\right\rangle e^{-i\omega_1 \tau} \quad (4)$$

と書き換えられることを注意しよう[8,17].ここで,$\exp_{-}[\cdots]$ は時間順序指数関数 (time-ordered exponential) で,また,$V(s) = \exp[iH_g s/\hbar] V \exp[-iH_g s/\hbar]$ である.

b. impact limit の場合

式 (4) を用いて,impact limit の場合の吸収スペクトルを計算してみよう.impact limit は,周囲の原子がランダムに衝突し,注目する原子の位相を瞬時に変化させてしまうというモデルである (図 2.3.5(a) 参照).原子の衝突は古典的に扱えるとして,式 (4) のなかの量子力学的表現を古典的な角振動数のゆらぎ $\delta\omega(s)$ を使って,

$$\left\langle \exp_{-}\left[i\int_0^{\tau} ds V(s)/\hbar\right]\right\rangle \to \left\langle \exp\left[i\int_0^{\tau} ds \delta\omega(s)\right]\right\rangle \exp[i\omega_{mg}\tau - \gamma_m|\tau|/2]$$

のように書き換える.ここで,後者の場合,$\langle\cdots\rangle$ は統計平均を表し,励起状態の分布緩和速度 (population relaxation rate) を表す γ_m を現象論的に加えている.また,$\hbar\omega_{mg} \equiv \hbar\omega_m - \hbar\omega_g$ は励起状態と基底状態のゆらぎのないときのエネルギー差を表している.

まず,原子の衝突は瞬時に起きるとして,$\delta\omega(s) = \sum_j a_j \delta(s-s_j)$ と書くことにする.ここで,s_j は j 番目の衝突の起きた時刻で,a_j はそのときの位相変化の大きさである.また,$\delta(t)$ はデルタ関数である.衝突がポアソン分布にしたがうとし,$\tau>0$ の場合について計算してみると

$$\left\langle \exp\left[i\int_0^{\tau} ds \delta\omega(s)\right]\right\rangle = \left\langle \exp\left[i\sum_j a_j\right]\right\rangle \approx \sum_{n=0}^{\infty} \frac{\bar{n}^n}{n!} e^{-\bar{n}} \langle e^{ia_j}\rangle^n$$
$$= \exp[\bar{n}(\langle e^{ia_j}\rangle - 1)] \equiv e^{-\Gamma^*\tau} \quad (5)$$

となる.ここで,おのおのの衝突はまったくランダムに起きるとし,そのときの位相変化の大きさを a_j で代表させている.また,τ の間における平均衝突回数 $\bar{n}$ は単位時間あたりの衝突回数を ν として $\bar{n} = \nu\tau$ と書けるとしている.また,$\Gamma = \gamma' + i\gamma''$ とおくと,$\gamma' = \nu(1 - \langle\cos a_j\rangle)$,および,$\gamma'' = \nu\langle\sin a_j\rangle$ と求められる.

同様の計算を $\tau<0$ についても行い,結果を式 (4) に代入して吸収スペクトルを求めると次のような形になる.

$$S_{ab}(\omega_1) = \frac{|d_{mg}E|^2}{\hbar^2} \cdot \frac{2\gamma}{(\omega_{mg}+\gamma''-\omega_1)^2+\gamma^2} \tag{6}$$

ここで，$\gamma = \gamma' + \gamma_m/2$ は寿命による減衰を加えた位相緩和速度で，これに対して衝突に基づく位相緩和速度は γ' に対応し，純位相緩和速度（pure phase relaxation rate）と呼ばれている．γ'' は衝突に伴うエネルギーシフトを表す．このように，impact limit の場合の吸収スペクトルはローレンツ関数になり，その幅を決めているものは位相緩和速度であり，また，それは平均衝突回数に対して線形に変化していることがわかる．

式 (6) において，$\gamma \to \gamma_m/2$, $\gamma'' \to 0$ とおいたものは，衝突のない場合の吸収スペクトルで，ハイトラー実験の場合に対応する．このとき，吸収スペクトルは

$$S_{ab}(\omega_1) = \frac{|d_{mg}E|^2}{\hbar^2} \cdot \frac{\gamma_m}{(\omega_{mg}-\omega_1)^2+(\gamma_m/2)^2} \tag{7}$$

となり，励起状態の分布緩和速度を反映したローレンツ関数になる．一方，二次放出光スペクトルは，式 (3) において，$H_{g,m}/\hbar \to \omega_{g,m}$ とおくことにより，

$$S_{em}(\omega_1,\omega_2) = \frac{2\pi|d_{gm}d_{mg}E|^2}{\hbar^4} \cdot \frac{1}{(\omega_{mg}-\omega_1)^2+(\gamma_m/2)^2}\delta(\omega_1-\omega_2) \tag{8}$$

となる．$\delta(\omega_1-\omega_2)$ の項の存在から，吸収スペクトルの形によらず入射光がそのまま放出されることが確かめられる．

c. 周波数揺動モデル

衝突が頻繁になり原子のエネルギーが揺動していると見なしたほうがよい場合には，ゆらぎがガウス-マルコフ過程にしたがうとする周波数揺動モデルがよく用いられる[12]．このモデルでは，式 (4) の被積分関数を古典的なゆらぎに置き換え，キュムラント（統計や確率論で分布を特徴づける量の一つ）展開した後，ガウス過程がキュムラントの二次までで表されることを用いて，

$$\left\langle \exp\left[i\int_0^\tau ds\delta\omega(s)\right]\right\rangle = \exp\left[-\int_0^\tau ds_1\int_0^{s_1}ds_2\langle\delta\omega(s_1)\delta\omega(s_2)\rangle\right]$$

と表すことができる[12]．さらに，ゆらぎがマルコフ過程（未来の挙動が過去の挙動によらないと考える確率過程）にしたがうと仮定して，$\langle\delta\omega(s_1)\delta\omega(s_2)\rangle = D^2\exp[-|s_1-s_2|/\tau_c]$ とおくと，上式の指数部の二重積分は

$$g(t) \equiv \int_0^t ds_1\int_0^{s_1}ds_2\langle\delta\omega(s_1)\delta\omega(s_2)\rangle = D^2\tau_c^2\left(e^{-|t|/\tau_c}+\frac{|t|}{\tau_c}-1\right) \tag{9}$$

と計算することができる．ここで，$g(t)$ はスペクトル広がりを表す関数である[15]．吸収スペクトルは結局，

$$S_{ab}(\omega_1) = \frac{|d_{mg}E|^2}{\hbar^2}\int_{-\infty}^{\infty}d\tau\exp[i(\omega_{mg}-\omega_1)\tau - D^2\tau_c^2(e^{-|\tau|/\tau_c}+|\tau|/\tau_c-1)-\gamma_m|\tau|/2] \tag{10}$$

と表すことができる．

$g(t)$ は $|t|\ll\tau_c$ のときは $g(t)\approx D^2t^2/2$ と近似でき，また，$|t|\gg\tau_c$ のときは $g(t)$

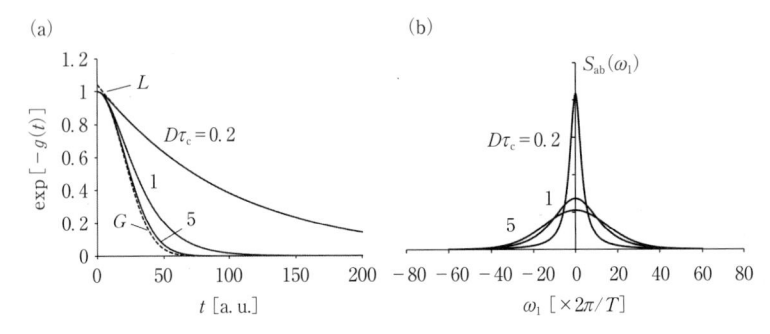

図 2.3.12 周波数揺動モデルにより計算した吸収スペクトル
(a) $D\tau_c$ を変化させたときの関数 $\exp[-g(t)]$ のふるまい. 破線で表した G と L はそれぞれ $t\gg\tau_c$ と $t\ll\tau_c$ のときの近似式 $\exp[-D^2t^2/2]$ と $\exp[-D^2\tau_c^2(t/\tau_c-1)]$（ただし, $D=0.02, \tau_c=100$）を示している. (b) $D\tau_c$ を変化させたときの吸収スペクトル.

$\approx D^2\tau_c|t|$ と近似できるので，$\exp[-g(t)]$ は $|t|\ll\tau_c$ のときにガウス関数型，$|t|\gg\tau_c$ のときに指数関数型の関数になる．このとき，ガウス関数の時間幅を決めるのは D^{-1} であるので，$D^{-1}\ll\tau_c$ すなわち，$D\tau_c\gg 1$ が成り立つときには，ガウス関数が支配的になり，γ_m の項を除いて考えれば，吸収スペクトルは

$$S_{ab}(\omega_l) \approx \frac{|d_{mg}E|^2}{\hbar^2} \cdot \frac{\sqrt{2\pi}}{D} \exp\left[-\frac{(\omega_{mg}-\omega_l)^2}{2D^2}\right] \tag{11}$$

となり，やはりガウス関数になる（図 2.3.12 参照）．この場合が slow modulation (static) limit に相当する．一方，指数関数の減衰を特徴づける時間は $(D^2\tau_c)^{-1}$ であり，このとき，$(D^2\tau_c)^{-1}\gg\tau_c$，すなわち，$D\tau_c\ll 1$ が成り立つときには，指数関数が支配的になり，吸収スペクトルはローレンツ型になる．

$$S_{ab}(\omega_l) \approx \frac{|d_{mg}E|^2}{\hbar^2} \cdot \frac{2\gamma}{(\omega_{mg}-\omega_l)^2+\gamma^2} \tag{12}$$

ここで，$\gamma=D^2\tau_c+\gamma_m/2$ は位相緩和速度である．この場合が fast modulation (motional narrowing) limit に対応する．すなわち，このモデルでは $D\tau_c$ の値により，ガウス型からローレンツ型まで連続的にスペクトル形状を変化させることができる．

d. 均一広がりと不均一広がり

これまでは 1 個の原子（分子）が周囲から影響を受けてスペクトルが広がるという話であったが，多くの原子を考えるときには，それぞれの原子がおかれた環境により原子のエネルギーが変化することが考えられる．たとえば，結晶中に不純物として原子を入れた場合，結晶を構成する原子や分子の与える場が不純物原子の位置によって異なるため，原子のエネルギーに分布が生じる場合がある．また，気体中の原子は運動しているが，運動する原子はドップラー効果によりみかけのエネルギーが変化するので，全体としてみるとドップラー広がりと呼ばれるスペクトル広がりを生じる．こ

のように，原子固有のスペクトル広がりではなく，多くの原子集団を考えることで生じるスペクトル広がりを不均一広がりと呼んでいる．これに対して，原子固有な広がりは均一広がりと呼ぶ．一般に吸収や発光スペクトルを観測すると，この二つのスペクトル広がりが重なってきて，原子がどのようなゆらぎを受けているのかを推測することは困難である．そのため，いろいろな分光法が開発されてきている．たとえば，サイト選択分光法（3.3.7項参照）やフォトンエコー（不均一広がりをもつ原子・分子集団に時間間隔 T をおいてパルスを入射すると，時間 T の後にパルスが観測される現象）などがその代表例である．

しかし，均一広がりと不均一広がりという概念は固定されたものではなく，それぞれ観測する時間が関与した概念であることにも注意をしておこう．たとえば，ドップラー広がりにしても，長時間観測すると，原子がほかの原子や壁に衝突して，運動の方向や速さを変化させることは容易に想像される．最も顕著なものは，液体などのソフトマテリアルの場合であろう．液体に溶けている分子を例にとると，注目する分子の周りにある液体分子の配置が分子ごとに異なるために，その影響を受けて分子のエネルギーも分布していると考えられる．しかし，液体は流動的であるため，この配置はいつまでも維持されず，頻繁に変化していくであろう．したがって，短時間でみると不均一広がりであるが，長時間観測すると平均化され，均一広がりのようにふるまう．また別の例として，上述の周波数揺動モデルにおいて，平衡を保ちながら $\tau_c \to \infty$ にするとゆらぎが時間的に固定化され，スペクトル形状は究極的にガウス関数になり，不均一広がりとして扱えるようになる．τ_c が有限な場合はどのように考えていけばよいかは常に議論になるところである．

観測時間に比べて変化が十分に遅い場合には，たとえ原子のエネルギーが時間的に変動しても不均一広がりとして見なしてもかまわない場合が多い．たとえば，光吸収の場合には光と電子系がコヒーレントな相互作用をする時間，すなわち，位相緩和時間が観測時間に相当するし，発光の場合は発光寿命が観測時間に相当している．しかし，それはスペクトルを解釈するうえだけの考えであり，スペクトルを系のダイナミクスを含めて全般的に議論するときにはそれにとらわれることなく，注目する原子が受けるゆらぎのダイナミクスを考慮に入れながら議論していくほうがよいであろう．一般に，不均一広がりはエネルギーの統計分布を反映してガウス関数で表されることが多い．これに対して，均一広がりは単純な緩和の場合にはローレンツ関数になるが，周波数揺動モデルのように，$D\tau_c$ の値によって，スペクトルがローレンツ型からガウス型まで変化していく場合などもあり，慎重な考察が必要である．

e. 配位座標モデル

固体中の不純物原子や欠陥などの不純物中心の場合，しばしば位相緩和時間については考慮せず，単に基底状態や励起状態のエネルギー分布からスペクトル形状の議論をすることが多い．このほうが，むしろ，二次光学過程として厳密に扱うよりも

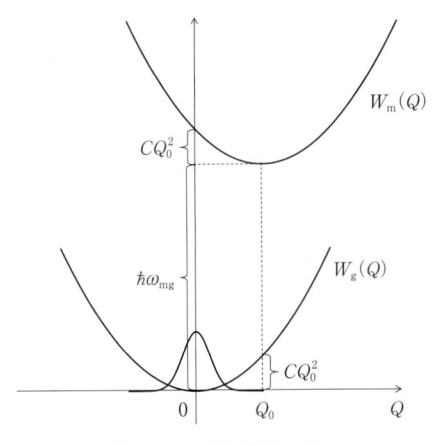

図 2.3.13 配位座標モデル

便利なことが多いからである．ここでは，その代表的な取扱い方として配位座標モデル（configuration coordinate model）を紹介したい[23]．このモデルはもともと固体を想定して考えられたモデルであるが，液体や高分子中に入れられた分子のスペクトルの解釈にも有用なモデルである[24,25]．

注目する原子（分子）の基底状態と励起状態のエネルギーが周囲の影響を受けて分布している場合を考える．この分布した状態を表すために，図2.3.13のような配位座標を考える．横軸には周囲にある媒質の原子（分子）の配置を反映した配位座標 Q をとる．液体中の分子のような場合には Q の具体的イメージははっきりしないが，固体のように媒質を多くの振動子の集まりと考えてよいときには，その振動を基準振動（お互いに独立した単振動）に変換し，それぞれの振動子と電子との相互作用を線形に足し合わせてできるモード（相互作用モード[29]）の座標として Q を考えることができる．Q の変化により，基底状態と励起状態のエネルギーはともに変化し，それぞれ

$$W_g(Q) = CQ^2$$
$$W_m(Q) = C(Q-Q_0)^2 + \hbar\omega_{mg}$$

と表されるものとする[25]．このように，Q についてともに二次関数を考えた理由は，電子と周囲の自由度との相互作用のうち線形のものだけを考えるという意味と，このエネルギー曲線上に原子がボルツマン分布すると，$\exp[-W_g(Q)/(k_BT)] = \exp[-CQ^2/(k_BT)]$ の関係から，図2.3.13のように，Q に対してガウス型の分布を保証するという意味もある．ここで，k_B と T はボルツマン定数と絶対温度である．

このモデルで吸収スペクトルを計算しよう．原子は基底状態でボルツマン分布すると考え，吸収スペクトルは，

$$S_{ab}(\omega_1) = N_{ab}\int dQ e^{-W_g(Q)/(k_BT)}\delta(\hbar\omega_1 - W_m(Q) + W_g(Q)) \tag{13}$$

$$= N_{ab}\sqrt{\frac{\pi}{4CQ_0^2 k_B T}}\exp[-(\hbar\omega_1 - \hbar\omega_{mg} - CQ_0^2)^2/(4CQ_0^2 k_B T)] \tag{14}$$

となる．ここで，N_{ab} は基底状態にいる原子の数に比例した定数である．一方，発光スペクトルは，励起された原子が励起状態でボルツマン分布しているとして，

$$S_{em}(\omega_2) = N_{em}\int dQ e^{-W_m(Q)/(k_BT)}\delta(\hbar\omega_2 - W_m(Q) + W_g(Q)) \tag{15}$$

2.3 発光の仕組み

$$= N_{\text{em}} \sqrt{\frac{\pi}{4CQ_0^2 k_B T}} \exp\left[-(\hbar\omega_2 - \hbar\omega_{\text{mg}} + CQ_0^2)^2/(4CQ_0^2 k_B T)\right] \quad (16)$$

となる.ここで,N_{em} は励起状態に励起された原子の数に比例した定数である.このように吸収と発光スペクトルはともに同じスペクトル幅をもったガウス関数で表される.分子の場合は,基底状態にも励起状態にも分子内振動に基づく振動構造が付随するため,吸収スペクトルの高エネルギー側(短波長側),発光エネルギーの低エネルギー側(長波長側)に裾を引くことが多い.そのときでも,分子内振動は周囲環境にあまり依存しないため,吸収スペクトルと発光スペクトルは対称になることが多い.これを,吸収スペクトルと発光スペクトルの鏡像関係と呼んでいる(図 2.3.14(a) と 2.3.15(a) 参照).

吸収と発光スペクトルのピークエネルギーの差をストークスシフトと呼ぶが,配位座標モデルでは,

$$\Delta E_{\text{SS}} = 2CQ_0^2 \quad (17)$$

と計算される.一方,スペクトルの半値半幅は

$$\Delta E_h = \sqrt{4CQ_0^2 k_B T \ln 2} \quad (18)$$

で表されるので,ストークスシフトと半値半幅の間には

$$\Delta E_h = \sqrt{2\Delta E_{\text{SS}} k_B T \ln 2} \quad (19)$$

という関係がある.すなわち,ストークスシフトとスペクトル広がりは互いに独立ではなく,スペクトルが広くなれば,必然的にストークスシフトも大きくなるという性質をもっている.また,式 (19) の関係から,ストークスシフトが一定ならば $\Delta E_h \propto \sqrt{T}$ という関係があることもわかる.図 2.3.14(b) は溶液中のローダミン 6G でこの関係を調べたものである[25].半値半幅が $\sqrt{T}$ 依存性をしていることがよくわかる.

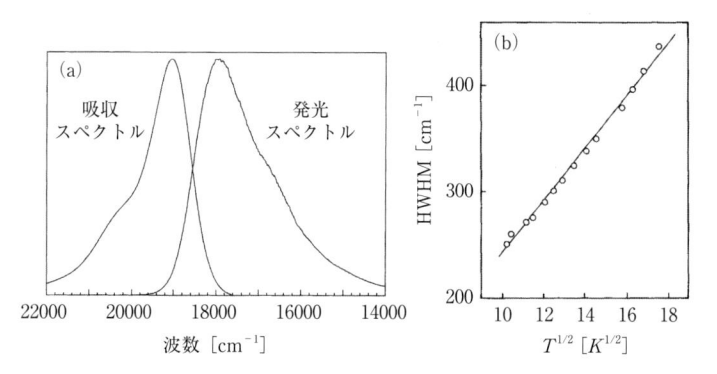

図 2.3.14 (a) ローダミン 6G のエタノール溶液での吸収と発光スペクトル(文献 25 から転載)と (b) 吸収スペクトルの低エネルギー側で見積もった半値半幅(HWHM)の温度依存性(文献 26 から転載).実線は $\sqrt{T}$ に比例した直線

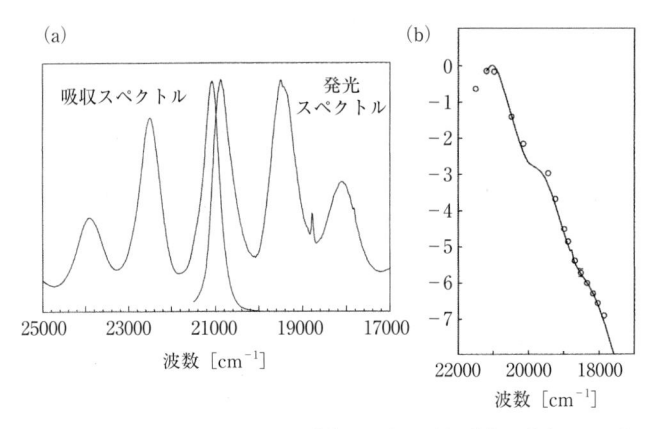

図 2.3.15 テトラセンのベンゼン溶液における (a) 吸収・発光スペクトルと (b) アインシュタインの関係 (文献 25 から転載)
白丸は吸収スペクトル,実線は発光スペクトルからアインシュタインの関係式を用いて計算したもの.

さらに,式 (13) において,被積分関数が 0 でないのは,$\hbar\omega_1 = W_m(Q) - W_g(Q)$ のときだけであるから,この関係を使って式 (13) を書き換えることができる.すなわち,

$$S_{ab}(\omega) = N_{ab}\int dQ\, e^{-\frac{-\hbar\omega + W_m(Q)}{k_B T}} \delta\{\hbar\omega - W_m(Q) + W_G(Q)\} \tag{20}$$

となる.さらに,式 (15) を用いると,

$$S_{ab}(\omega) = \frac{N_{ab}}{N_{em}} e^{\hbar\omega/(k_B T)} S_{em}(\omega) \tag{21}$$

となり,吸収スペクトルと発光スペクトルは互いに結びついていることがわかる.導出過程からもわかるとおり,この式は吸収過程における基底状態と発光過程における励起状態がともに熱平衡状態である限り一般的に成り立つ式で,アインシュタインの関係 (Einstein relation) と呼ばれている.図 2.3.15(b) はテトラセンのベンゼン溶液でアインシュタインの関係を調べた例[25]であるが,驚くほどよく一致していることがわかる.この関係から逆に,熱平衡状態で発光しているかどうかについての知見を得ることができる.

このように配位座標モデルはスペクトル形状を扱うときにたいへん便利で,アーバックテイル (Urbach tail) と呼ばれる,吸収スペクトルの低エネルギー側に現れる指数関数型の裾の解釈に用いられたり[23,25],また,配位座標上での励起状態や基底状態における分布のダイナミクスとして,ダイナミックストークスシフト (dynamic Stokes shift)[26],過渡的ホールバーニング (transient hole burning)[27],溶媒和ダイナミクス[24],拡散律速反応[28]の解釈に用いられるなど広く利用されている.

〔木下修一〕

文献・注

1) 正確にいうと，この説明を電磁波の発生の仕組みとして用いるのは正しくない．図2.3.1は，分極のつくる場のうちで光速cを無限大にした極限での説明になっているからである．これに対して，電磁波は，cが有限のときに生じる項として扱われる（2.1.3項参照）．しかし，振動する分極からいかにして振動する電磁場が発生するか，その仕組みを直感的に理解するには便利な説明である．
2) E. Yablonovitch：*Phys. Rev. Lett.*, **58** (1987), 2059-2062.
3) 櫛田孝司：固体物理, **15** (1980), 57-64.
4) 相原正樹：固体物理, **21** (1986), 857-865.
5) 中村新男：固体物理, **21** (1986), 866-876.
6) 月刊フィジクス, **8**(5) (1987) に特集「共鳴二次光学過程」が組まれている．
7) 長澤信方編：レーザー光学物性, 丸善, 1993.
8) 木下修一：分光研究, **63** (2014), 30-41.
9) W. ハイトラー著, 沢田克郎訳：輻射の量子論（上）, 吉岡書店, 1958.
10) H. M. Gibbs and T. N. C. Venkatesan：*Opt. Commun.*, **17** (1976), 87-90.
11) T. Kushida：*Solid State Commun.*, **32** (1979), 33-38.
12) 久保亮五：統計物理学, 第2版, 岩波講座現代物理学の基礎, 岩波書店, 1978.
13) D. L. Huber：*Phys. Rev.*, **170** (1968), 418-426.
14) T. Takagahara, *et al.*：*J. Phys. Soc. Jpn.*, **43** (1977), 802-810；**43** (1977), 812-816.
15) S. Mukamel：*Phys. Rep.*, **93** (1982), 1-60；Principles of Nonlinear Optical Spectroscopy, Oxford University Press, 1995.
16) V. Hyzhnyakov and I. Tehver：*Phys. Status Solidi*, **21** (1967), 755-768；**39** (1970), 67-78.
17) (a) Y. Toyozawa：*J. Phys. Soc. Jpn.*, **41** (1976), 400-411；**42** (1977), 1495-1505；(b) A. Kotani and Y. Toyozawa：*J. Phys. Soc. Jpn.*, **41** (1976), 1699-1706.
18) S. Kinoshita and T. Kushida：*Chem. Phys. Lett.*, **148** (1988), 502-506.
19) J. Watanabe, *et al.*：*J. Chem. Phys.*, **87** (1987), 4471-4477.
20) W. Overlaet, *et al.*：*J. Phys. Soc. Jpn.*, **56** (1987), 60-69；**58** (1989), 1213-1224.
21) E. L. Rousseau and P. F. Williams：*J. Chem. Phys.*, **64** (1976), 3519-3537.
22) M. Aihara and A. Kotani：*Solid State Commun.*, **46** (1983), 751-754.
23) Y. Toyozawa：*Tech. Rep, ISSP.*, **A119** (1964).
24) G. van der Zwan and J. T. Hynes：*J. Phys. Chem.*, **89** (1985), 4181-4188.
25) S. Kinoshita, *et al.*：*J. Phys. Soc. Jpn.*, **56** (1987), 4162-4175.
26) S. Kinoshita and N. Nishi：*J. Chem. Phys.*, **89** (1988), 6612-6622.
27) S. Kinoshita, *et al.*：*Chem. Phys. Lett.*, **166** (1990), 123-127.
28) H. A. Kramers：*Physica*, **7** (1940), 284-304.
29) 豊沢 豊：物性II素励起の物理, 岩波講座現代物理学の基礎7, 岩波書店, 1978.

3

発 光 測 定 法

3.1 スペクトル測定

3.1.1 発光測定の概要（発光測定法）

　発光測定の重要性の認識が高まるにつれて，発光を専門とする人々だけではなく，発光測定にあまりなじみのない方々にも使いやすい装置が多く市販されており，測定そのものは非常に容易になってはいる．ただし，得られたものが真に得たいと思っていたものなのか，実験的な問題が含まれていないかどうかは常に考える必要がある．そのためには，発光測定が観測系の配置や試料の濃度などにどのように依存するかを知っておく必要がある．
　発光測定により得られる重要な情報として以下のものが考えられる．
　①発光スペクトル
　②発光励起スペクトル
　③発光強度（発光収率）
　④発光強度の時間変化（発光寿命，生成速度，時間分解スペクトル）
　⑤偏光特性（偏光度スペクトル，時間分解偏光度）
　スペクトル測定では，その位置（波長），形状（スペクトル分布），そしてスペクトル幅が重要な要素となる．実験条件によっては人為的な結果が得られる可能性もあるので実験の際には十分注意する必要がある．発光スペクトルは物質固有のものであることから，物質の同定に有用である．吸収スペクトルも物質固有のものであり，その測定から物質を同定することが可能であるが，非常に低濃度の場合には測定が困難な場合も多い．そのような場合に，発光強度をモニターしながら励起波長を掃引して得られるスペクトル（発光励起スペクトル）が吸収スペクトルに代わるものとして重要になる．発光強度測定からは，どこにどれだけの量の発光種があるかということと，環境にも依存する発光の確率（発光収率）がどうなっているかを知ることができる．

またそれらの測定を通して,発光種の状態(分散状態か会合体を形成しているかなど),あるいは発光過程以外の励起状態からの種々の緩和過程に関する情報も得ることが可能である.もちろん,これらの情報は,時間分解測定や偏光測定と組み合わせながら調べることでより確かなものとなる.

発光は発光状態がどうやって生成されるかにより区別されるが,最も一般的なものは,光励起により得られる発光,フォトルミネセンス,と思われる.励起光の波長を選択することによりどのような分子に対しても適用可能,試料の濃度が一定であっても光量の調整などにより発光強度を都合よくコントロールすることが可能,励起光を適当に選ぶことにより上記①〜⑤に関する情報をすべて得ることが可能,といった利点があげられる.したがって,ここでは光励起に基づく発光観測に関して述べることにする.また,時間分解測定,偏光測定に関しては別項で詳しく述べられるので,ここでは,定常光励起による発光強度測定,発光スペクトルおよび発光励起スペクトル測定を中心に述べることにする[1-3].

a. 発光強度の空間分布と観測配置依存性

吸収される光の波長を固定しかつ観測波長を固定して得られる発光強度は,それがもともとは空間的な異方性をもたない場合であっても,観測の仕方によって異なることがフェルスター(Förster)によって示されている[4].ここで,均一で等方的な蛍光試料を考えることにする.図3.1.1に示すような一辺の長さがDの正四角柱のセルに試料が入っていると仮定し,試料面に入射される励起光(吸収に供される光で波長をλ_aとする)の全光子量を$I^0(\lambda_a)$で表す.この光の進行方向をx方向とし,進行方向と直交する面内の広がりは考えないことにする.波長λ_aにおける試料の吸収係数を$k(\lambda_a)$とすると,入射面から距離xの位置での励起光の光子量は$I^0(\lambda_a)e^{-k(\lambda_a)x}$となる.$x$から$x+\mathrm{d}x$の距離間に吸収される光子量はこれの$x$に関する一次微分をとり,符号を変えればよく,それを$\mathrm{d}I_{(\lambda_a)}(x)$で表すことにすると以下のようになる.

$$\mathrm{d}I_{(\lambda_a)}(x) = k(\lambda_a)I^0(\lambda_a)e^{-k(\lambda_a)x}\mathrm{d}x \tag{1}$$

xから$x+\mathrm{d}x$までの微小容積の試料から発する発光のなかで波長λ_eにおける光子の

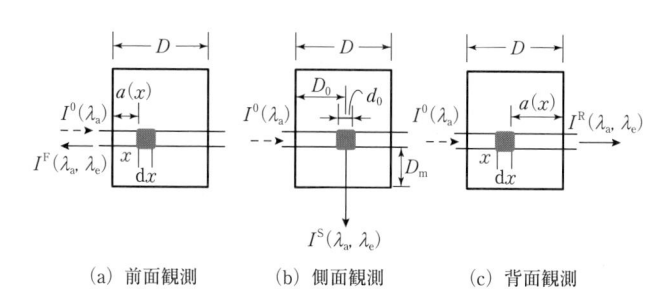

(a) 前面観測　　(b) 側面観測　　(c) 背面観測

図 3.1.1 発光測定における三つの観測系と取扱いの記号

量（限定されたスペクトル領域での発光量なのでスペクトル光子量と呼ぶ）は，吸収された光子量とスペクトル量子収率 $\Phi(\lambda_a, \lambda_e)$ との積で与えられる．ちなみに，$\sum_{\lambda_e} \Phi(\lambda_a, \lambda_e) = \Phi(\lambda_a)$ であり，$\Phi(\lambda_a)$ は励起波長 λ_a における全発光収率となる．ここで単位立体角あたりの発光のスペクトル強度（波長 λ_e におけるスペクトル光子量に対応し $\mathrm{d}I_{(\lambda_e)}(\lambda_a, x)$ で表すことにする）は，発光分布が等方的とすると

$$\mathrm{d}I_{(\lambda_e)}(\lambda_a, x) = \left(\frac{1}{4\pi}\right) \Phi(\lambda_a, \lambda_e) \mathrm{d}I_{(\lambda_a)}(x) \tag{2}$$

で与えられる．ここで発光した光も試料により吸収されることを考慮する必要がある．励起位置と発光がセルから飛び出す出射面までの距離を $a(x)$，発光の波長 λ_e における吸収係数を $k(\lambda_e)$ とすると，観測される方向にセルから飛び出す際に，その強度は $\exp\{-k(\lambda_e)a(x)\}$ の因子を乗じたものに減少する．試料の外に飛び出す波長 λ_e の発光のスペクトル強度，すなわち $I(\lambda_a, \lambda_e)$ は励起光路長のぶんだけ，すなわち x を x_1 から x_2 まで積分すればよいので次式で表すことができる（x_1 から x_2 までの光路長分の励起に対しての発光が観測されると考える）．

$$I(\lambda_a, \lambda_e) = \int_{x_1}^{x_2} \mathrm{d}I_{(\lambda_e)}(\lambda_a, x) e^{-k(\lambda_e)a(x)} \tag{3}$$

よって波長 λ_a の全入射光子量に対する発光波長 λ_e の出射光子量の比，$\gamma(\lambda_a, \lambda_e)$ は単位立体角あたりでは

$$\gamma(\lambda_a, \lambda_e) = \frac{I(\lambda_a, \lambda_e)}{I^0(\lambda_a)} = \gamma^0(\lambda_a, \lambda_e) \int_{x_1}^{x_2} e^{-k(\lambda_a)x - k(\lambda_e)a(x)} \mathrm{d}x \tag{4}$$

で与えられる．ここで

$$\gamma^0(\lambda_a, \lambda_e) = k(\lambda_a) \Phi(\lambda_a, \lambda_e) \tag{5}$$

ただし，ここではセルの吸収および屈折率の違いなどは無視している．

試料の濃度，発光スペクトルと吸収スペクトルの重なりなどにより発光の空間分布が異なる．このことを式（4）の $\gamma(\lambda_a, \lambda_e)$ をもとに考えることにする．

【ケース1】 x 方向の前面観測（図 3.1.1(a)）：入射方向から発光を観測する場合であり，励起光がセルに入射しセルから飛び出すまでの全励起に対する発光を観測すると考える．この場合の $\gamma(\lambda_a, \lambda_e)$ を前面観測ということで $\gamma^{\mathrm{F}}(\lambda_a, \lambda_e)$ で表すことにする．この場合は，式（4）において $x_1 = 0, x_2 = D, a(x) = x$ であり次式が成り立つ．

$$\gamma^{\mathrm{F}}(\lambda_a, \lambda_e) = \gamma^0(\lambda_a, \lambda_e) \frac{1 - e^{-\{k(\lambda_a) + k(\lambda_e)\}D}}{k(\lambda_a) + k(\lambda_e)} \tag{6}$$

【ケース2】 側面観測（図 3.1.1(b)）：入射方向とは垂直の方向から発光を観測する場合であり，励起光が試料を通過する途中のほんの一部の領域からの発光だけを観測することを考えている．そこで入射面からの距離 D_0 を中心とした d_0 の光路長だけから放出される発光が観測されるとする．また発光の再吸収の光路長を D_m とする．すなわち $x_1 = D_0 - d_0/2, x_2 = D_0 + d_0/2, a(x) = D_\mathrm{m}$ となる．この場合の $\gamma(\lambda_a, \lambda_e)$ を側面観測ということで $\gamma^{\mathrm{S}}(\lambda_a, \lambda_e)$ で表すことにすると次式が成り立つ（ただし，発光が再吸

収された後に再発光する寄与は考慮していない).

$$\gamma^{S}(\lambda_a, \lambda_e) = \gamma^0(\lambda_a, \lambda_e) e^{-\{k(\lambda_a)D_0 + k(\lambda_e)D_m\}} \frac{e^{k(\lambda_a)d_0/2} - e^{-k(\lambda_a)d_0/2}}{k(\lambda_a)} \tag{7}$$

【ケース3】 x方向の背面観測(図3.1.1(c)):入射方向とは逆の背面から発光を観測する場合であり,この場合も前面観測同様全励起長からの発光が観測される.この場合の$\gamma(\lambda_a, \lambda_e)$を背面観測ということで$\gamma^R(\lambda_a, \lambda_e)$で表すことにする.ただし,発光の再吸収に対しては$a(x) = D - x$であり次式が成り立つ.

$$\gamma^{R}(\lambda_a, \lambda_e) = \gamma^0(\lambda_a, \lambda_e) \frac{e^{-k(\lambda_e)D} - e^{-k(\lambda_a)D}}{k(\lambda_a) - k(\lambda_e)} \tag{8}$$

励起光の進行方向に対してどの方向から発光を観測するかで$\gamma(\lambda_a, \lambda_e)$が異なること,すなわち発光強度には観測方向依存性があることがわかる.

希薄溶液で励起光が非常に弱く吸収される場合,たとえば$k(\lambda_a) \ll 1$の条件下では

$$\gamma^{F}(\lambda_a, \lambda_e) = \gamma^{R}(\lambda_a, \lambda_e) = D\gamma^0(\lambda_a, \lambda_e) \tag{9}$$

$$\gamma^{S}(\lambda_a, \lambda_e) = d_0\gamma^0(\lambda_a, \lambda_e) \tag{10}$$

となる.一方,発光の再吸収はないが励起光が試料に強く吸収される場合,すなわち,$k(\lambda_e) \ll 1, k(\lambda_a) \gg 1$の条件下では

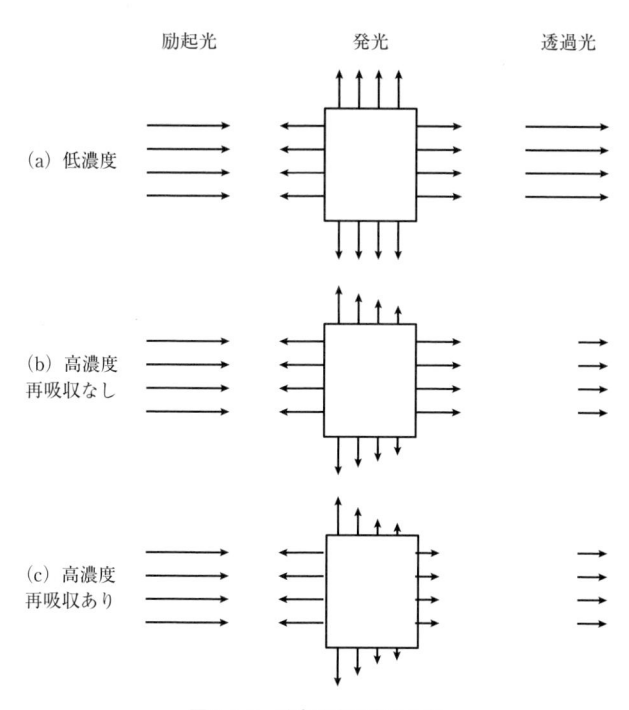

図3.1.2 発光強度の空間分布

$$\gamma^{\mathrm{F}}(\lambda_{\mathrm{a}}, \lambda_{\mathrm{e}}) = \gamma^{\mathrm{R}}(\lambda_{\mathrm{a}}, \lambda_{\mathrm{e}}) = \frac{\gamma^0(\lambda_{\mathrm{a}}, \lambda_{\mathrm{e}})}{k(\lambda_{\mathrm{a}})} \tag{11}$$

$$\gamma^{\mathrm{S}}(\lambda_{\mathrm{a}}, \lambda_{\mathrm{e}}) = \gamma^0(\lambda_{\mathrm{a}}, \lambda_{\mathrm{e}}) e^{-k(\lambda_{\mathrm{a}})D_0} \frac{e^{k(\lambda_{\mathrm{a}})d_0/2} - e^{-k(\lambda_{\mathrm{a}})d_0/2}}{k(\lambda_{\mathrm{a}})} \tag{12}$$

となる.この場合,励起光は大部分表面で吸収される.しかし,前面および背面で観測される強度は同じであり

$$\gamma^{\mathrm{F}}(\lambda_{\mathrm{a}}, \lambda_{\mathrm{e}}) = \gamma^{\mathrm{R}}(\lambda_{\mathrm{a}}, \lambda_{\mathrm{e}}) = \Phi(\lambda_{\mathrm{a}}, \lambda_{\mathrm{e}}) \tag{13}$$

となり,試料の吸収係数に無関係となる.一方,側面観測では,励起光の吸収のために D_0 が大きくなるにつれて発光強度は指数関数的に減少し,極端な場合は

$$\gamma^{\mathrm{S}}(\lambda_{\mathrm{a}}, \lambda_{\mathrm{e}}) = 0 \tag{14}$$

となる.図 3.1.2 に種々の条件における発光の空間分布を示してある.

b. 発光励起スペクトルと吸収スペクトル

前面観測系および側面観測系で測定された発光強度を吸光度(入射光強度を I_0,透過光強度を I として $\log(I_0/I)$)に対してプロットしたものが,観測に用いた試料セルの配置とともに図 3.1.3 に示してある.側面観測ではセルの中心部分のみの発光が観測されている.励起光の強度を一定にした場合,低濃度では,いずれの観測系においても発光強度は試料の濃度に比例して増加する.ただし,前面および背面観測の場合は発光強度は高濃度ではある一定値に飽和する.一方,セルの中心部分の d_0 がたとえば 1 mm 以下のみの発光を観測する側面観測では,ある一定濃度以上になると式 (12) の $\exp\{-k(\lambda_{\mathrm{a}})D_0\}$ の因子に起因して逆に強度が減少するようになる.この現象

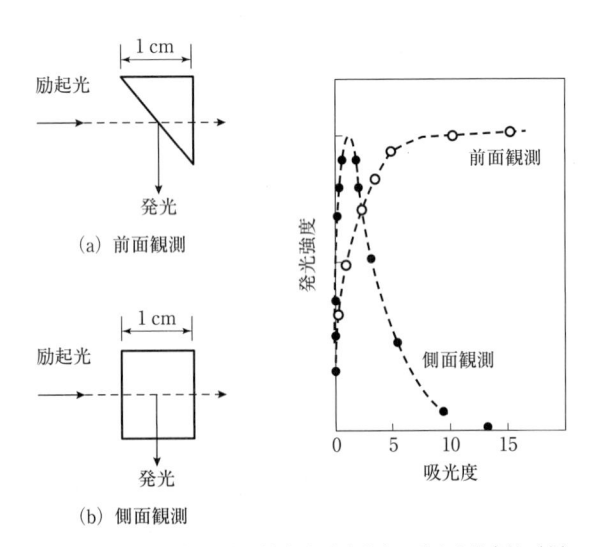

図 3.1.3 発光測定の配置(左)と発光強度の吸光度依存性(右)

は一般に内部濾光効果と呼ばれており，初心者が高濃度で測定したにもかかわらず発光が観測されず不思議がる原因となる場合が多い．吸光度が 0.1 以下では発光強度と吸光度は直線関係が成り立っているが，それ以上の吸光度では比例関係は崩れ，さらに大きい吸光度では逆に発光強度が減少するようになる．

吸収係数 $k(\lambda_a)$ は，分子吸光係数を $\varepsilon(\lambda_a)$，溶液の濃度を C（単位は $M(\equiv molL^{-1})$）とするとベール（Beer）則により次式で与えられる．

$$k(\lambda_a) = \ln 10 C\varepsilon(\lambda_a) \tag{15}$$

したがって，希薄溶液で吸光度が小さい場合，次式が成り立つ．

$$\gamma^F(\lambda_a, \lambda_e), \gamma^R(\lambda_a, \lambda_e), \gamma^S(\lambda_a, \lambda_e) \propto \Phi(\lambda_a, \lambda_e)\varepsilon(\lambda_a) \tag{16}$$

発光励起スペクトルは，一般には観測発光強度を励起波長の関数として求める．各励起波長 (λ_a) における全強度に相当する $X(\lambda_a)$ は次のように求めることができる．

$$X(\lambda_a) = \int \gamma(\lambda_a, \lambda_e) d\lambda_e \tag{17}$$

もし発光の再吸収がない，すなわち $k(\lambda_e) = 0$ とすると前面・背面観測の場合には

$$X(\lambda_a) = \int \Phi(\lambda_a, \lambda_e) d\lambda_e \{1 - e^{-k(\lambda_a)D}\} \tag{18}$$

であり，波長 λ_a 励起での全発光収率を $\Phi(\lambda_a)$ とすると，$\Phi(\lambda_a) = \int \Phi(\lambda_a, \lambda_e) d\lambda_e$ より，透過率 $T(\lambda_a)(= e^{-k(\lambda_a)D})$ を用いて次式で与えられる．

$$X(\lambda_a) = \Phi(\lambda_a)\{1 - T(\lambda_a)\} \tag{19}$$

もし $\Phi(\lambda_a)$ が励起波長によらないとするならば，前面および背面観測で得られる発光励起スペクトルの形状は吸光度と一致する．また吸収強度が小さい場合には，前面，背面，側面いずれの観測系においても

$$X(\lambda_a) \propto \Phi(\lambda_a)\varepsilon(\lambda_a) \tag{20}$$

が成り立つ．したがって，発光量子収率が励起波長に依存しないとすると励起スペクトルは $\varepsilon(\lambda_a)$ の分布，すなわち吸収スペクトルと同じ形状を与えることになる．

発光スペクトルの強度は，本来は発光収率の観測波長分布（あるいは観測エネルギー分布）に対応すべきものであることを最後に述べておく． 〔太田信廣〕

文献・注

1) 金岡祐一ほか編：蛍光測定の原理と生体系への応用，蛋白質核酸酵素別冊，共立出版，1974.
2) 太田信廣：蛍光分光．物質の構造 I（日本化学会編），実験化学講座 9，第 5 版，丸善，2005, [327].
3) K. D. Mielenz : Optical Radiation Measurements, vol. 3 (K. D. Mielenz, ed.), Academic Press (1982), [1].
4) Th. Förster : Fluoreszenz Organischer Verbindungen, Vandenhoeck & Ruprecht, Göttingen, 1951.

3.1.2 発光測定の実際

発光強度の記述には通常,単位時間あたりの輻射エネルギー(E, 単位はW)またはフォトン数(I, 単位は光子数 s^{-1})が用いられる.スペクトルは波長(λ),波数($\bar{\nu}\equiv 1/\lambda$),ときには周波数($\nu\equiv c/\lambda$),あるいはエネルギー(eV単位)の関数として表される.可視,紫外あるいは近赤外領域の発光測定では,エネルギーと直線関係にない波長の関数として,あるいはエネルギーに比例する波数の関数として表される場合が多い.波長表示,波数表示におけるスペクトル強度は同じ波長幅($\Delta\lambda$)あるいは同じ波数幅($\Delta\bar{\nu}$)あたりのエネルギーあるいはフォトン数として $\Delta E/\Delta\lambda$($\equiv E_\lambda$, 単位は Wnm^{-1}), $\Delta E/\Delta\bar{\nu}$($\equiv E_{\bar{\nu}}$, 単位はWcm)および $\Delta I/\Delta\lambda$($\equiv I_\lambda$, 単位は光子数 $s^{-1} nm^{-1}$), $\Delta I/\Delta\bar{\nu}$($\equiv I_{\bar{\nu}}$, 単位は光子数 s^{-1} cm)で一般に表される[1-3]. $\Delta\bar{\nu}=\lambda^{-2}\Delta\lambda$, $E=(hc/\lambda)I$ であり,スペクトル強度を表す四つの量の間には次の関係が成り立つので,スペクトル表示を変換するにはこれを用いて行う.

$$I_{\bar{\nu}}=\frac{\lambda}{hc}E_{\bar{\nu}}=\frac{\lambda^3}{hc}E_\lambda=\lambda^2 I_\lambda \tag{1}$$

a. 発光スペクトルおよび発光励起スペクトルの測定

定常光光源を用いた発光分光測定のための実験装置を図3.1.4に示す.定常光励起による発光測定では市販の発光光度計を用いて行っているのが一般的である.測定一般に側面観測が採用されるのは,散乱光などのバックグラウンドがほかの観測よりも少なく,弱い発光まで精度よく測定できるためである.発光スペクトルだけではなく発光励起スペクトルも測定できるためには任意の波長を選べる連続光が必要である.紫外光を必要とするときには重水素放電管,近赤外光を必要とするときにはタングステン-ハロゲンランプを用いたりもするが,可視領域の光源として高圧キセノンランプが最も一般的に用いられている.キセノンランプのスペクトル分布は250～600 nmの波長領域にあり,これらの領域内の任意の波長で励起することが可能である.定常光光源としてキセノンランプを用いる方法は,励起光の分解能をそれほど必要とせずかつ広い波長領域にわたる励起光を必要とするときにたいへん有用である.もちろん得られるスペクトル分解能は用いる分光器の分解能で決まることになるが,十分な蛍光強度を得るために用いられる励起光の分解能は 0.1 nm 程度までと考えたほうがよい.例として,図3.1.5に芳香族炭化水素化合物の蛍光スペクトルを示している.ベンゼン環の数が増すにつれて発光スペクトルは長波長にシフトする様子がわかり,発光スペクトルと分子構造には密接な関係があることがわかる.

発光励起スペクトルを必要とせず特定の波長励起での発光スペクトルのみを測定する場合には輝線を有する水銀ランプが光源として有用である.最近は可視領域のみならず紫外領域の波長を有する半導体レーザーも一般的になっており,波長を特別に選ぶ必要がないのであれば非常に有用である.回転状態を分離するために非常に高分解

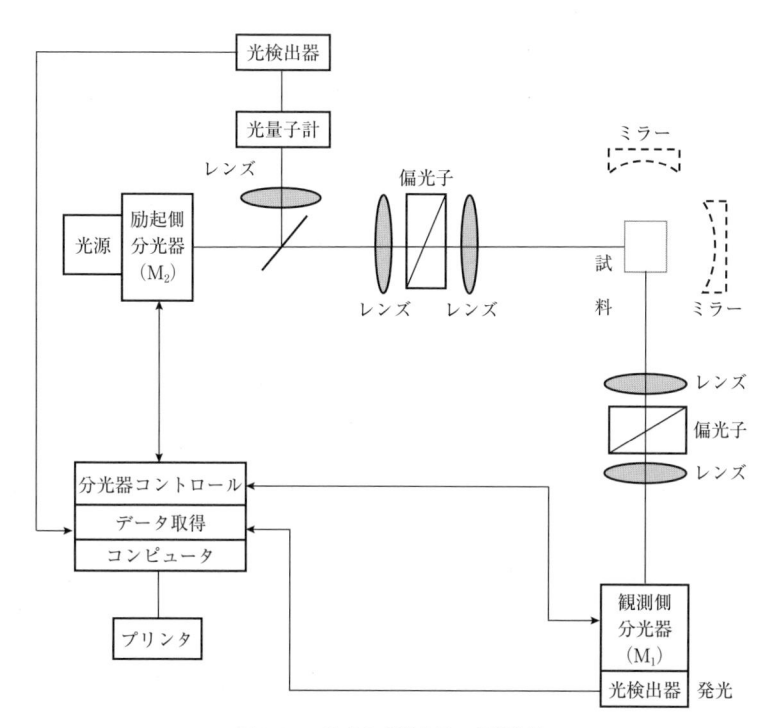

図 3.1.4 発光分光測定用の実験装置

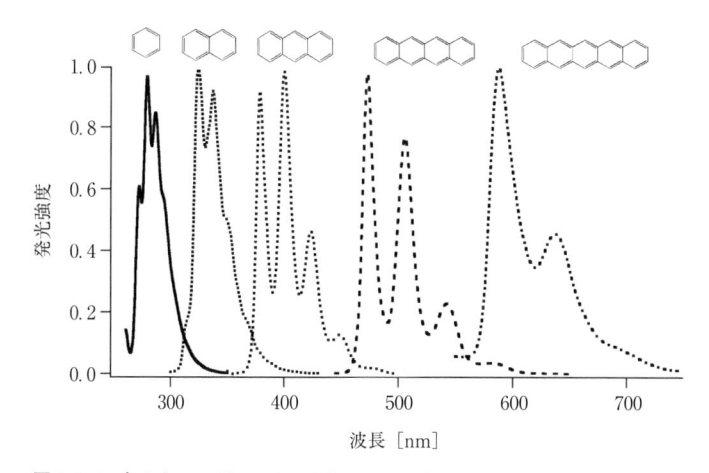

図 3.1.5 左からベンゼン，ナフタレン，アントラセン，テトラセン，ペンタセンの蛍光スペクトル

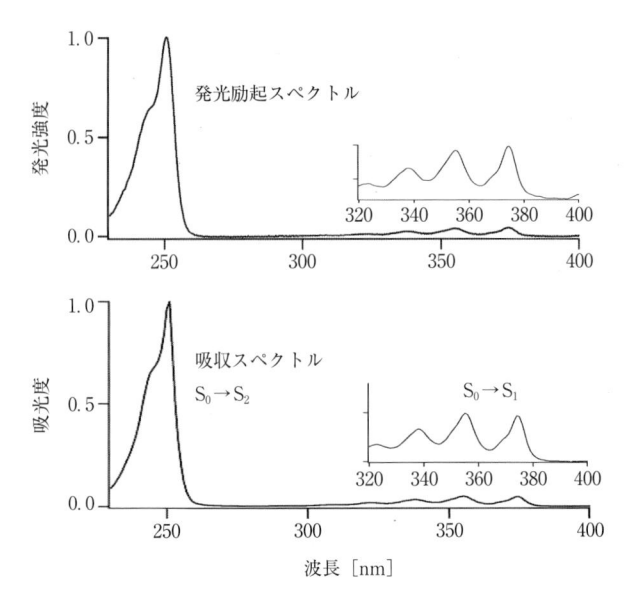

図 3.1.6 アントラセン希薄溶液の蛍光励起スペクトル（上）と吸収スペクトル（下）
$S_0 \to S_1$ 吸収領域の拡大したスペクトルも示している．

能の波長励起を必要とする場合はスペクトル幅の狭い波長可変レーザーが，また一光子励起ではなく多光子励起に基づく蛍光を観測するための高密度励起を必要とする場合は尖頭出力の大きいパルスレーザーを光源とすることが必要不可欠となる．その場合は図 3.1.4 における光源がレーザーで置き換えられる．発光励起スペクトル測定のために波長可変のレーザーが用いられるが，指向性のよいレーザー光のビームが波長によりずれる場合があるので注意する．レーザービームが試料セルの同じ位置を通るようにミラーなどを用いて常に調整する必要がある．

図 3.1.4 に示すような定常光光源を用いた装置の場合は，観測する発光の分光用（M_1）と励起光の分光用（M_2）の二つの分光器が必要である．発光スペクトル測定では M_2 を固定し M_1 を掃引する．発光励起スペクトル測定には逆に M_1 を固定し M_2 を掃引する．参考までに，アントラセン希薄溶液において，最初の電子励起一重項状態（S_1）および 2 番目の電子励起一重項状態（S_2）への吸収領域に関して得られた発光励起スペクトルを吸収スペクトルとともに図 3.1.6 に示してあり，吸収スペクトルと同じ形状を有する発光励起スペクトルを得ることができる（3.1.1 項を参照）．溶液や固体における発光スペクトルは通常は励起波長に依存しない（Kasha 則）ので，発光波長の一部でモニターしても発光全体をモニターしても得られる発光励起スペクトルの形状は同じである．したがって，発光励起スペクトル測定において，観測側のスペクトル幅をどうするかは重要ではない．ただし，励起状態の寿命の間に他の分子

と衝突しない気相状態（孤立分子状態と呼ぶ）では発光スペクトルの形状が，励起波長に依存するのが一般的である．その場合は，ある特定の観測波長，特定の波長幅で観測される発光励起スペクトルは，全発光をモニターして得られたものとは当然異なる．どれだけ異なるかは，異なる励起波長で発光スペクトルを測定することにより確認して，補正する必要がある．全発光に相当する強度をモニターするために，M_1 分光器を通った零次回折光（波長に依存しない反射光）を観測する方法がある（M_1 分光器が回折格子を用いている場合）．その場合は，励起光を選択的にカットするフィルターを分光器の前に設置する必要がある．

　凝集系における多原子分子の発光スペクトルは，一般には励起波長に依存しない．このことを利用して，観測されるスペクトルが本当に発光スペクトルかどうかを検証することができる．たとえば，通常は蛍光に比べて非常に弱いとされているラマンスペクトルが蛍光スペクトルと重なっている場合がある．低濃度溶液の発光試料では，溶媒からのラマン散乱スペクトルが同時に観測される場合もしばしばである．あるいは固体試料の発光測定の際に，強い散乱光が分光器に入ったことに基づく迷光（ゴースト）が観測されることがある．これらを発光と区別するためには励起波長を変えて測定を行うとよい．ラマン散乱であれば，励起波長に応じて観測されるバンドが移動し，励起波長と観測波長のエネルギー差が振動エネルギーに対応することより確めることができる．例として，トルエン中のアントラセン希薄溶液からの発光スペクトルを励起波長を変えて観測した結果が図 3.1.7 に示してある．アントラセンの蛍光スペクトルは励起波長を変えても変化しないが，＊印をつけたバンドは励起波長を変えると異なる波長領域に現れる．励起波長とのエネルギー差が一定（図 3.1.7 の場合は約 3100 cm^{-1}）で現れるこのバンドは溶媒のトルエンのラマンスペクトルである．迷光の場合も，励起波長を変えると変化し，しかもラマンスペクトルと異なり，規則性が見いだせないことで気づくことも多い．ちりやごみによる散乱光や反射光が分光器に入らないようにできるだけ注意することも必要である．

　必要に応じて，セルを通過した励起光の逆方向への反射や，試料から M_1 方向とは反対側に発する発光の M_1 への集光を凹面鏡か平面鏡を用いて行い，大きい発光強度を確保することもできる．ただし，迷光を増やし再吸収を増やすことにもなるので，十分強度がある場合には避けたほうがよい．M_1 からの零次回折光を観測して発光励起スペ

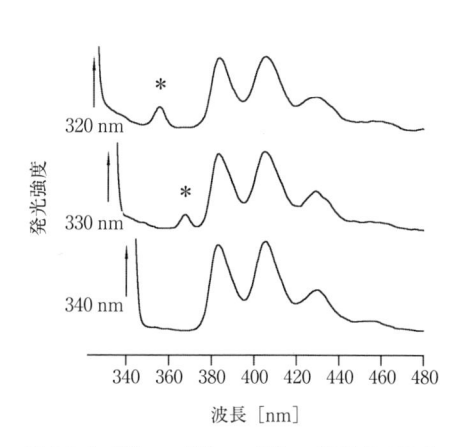

図 3.1.7 320 nm, 330 nm, 340 nm 励起におけるアントラセンの発光スペクトル（＊は溶媒（トルエン）のラマンスペクトル）

クトルを測定する場合には（M_1 が回折格子であるとする），散乱光を除くために M_1 の前にフィルターをおく必要がある．発光が非常に弱い場合には M_1 を用いず散乱光カットのフィルターのみを用い全波長領域の発光を観測しながら励起スペクトルを測定することを積極的に考える．発光スペクトルが励起波長に依存する気相実験の場合はとくに全波長領域の発光をモニターする必要がある．

　分光器はできるだけ明るいほうがよいが，分解能と明るさは相反するので，一方を優先すれば他方が犠牲となるのは仕方がない．また迷光をできるだけ少なくするためには分散素子を2個および3個組み合わせたダブルおよびトリプル分光器を用いる必要がある．分光器で注意しなければならないのは用いる回折格子の反射効率が光の波長および偏光に依存することである．必要に応じて，偏光子および偏光を解消する素子（偏光解消板）を試料照射前の励起光あるいは集光される前の蛍光に対して用いることが要求される．また発光スペクトル測定において励起光の二次光（分光器を通った後で励起波長の2倍の波長に観測される）を防ぐために散乱光カットフィルターを M_1 の前に用いることもある．

b. 発光の検出

　発光は通常光電子増倍管で検出される．光電子増倍管は量子効率が高い，暗電流が少ない，増倍率が大きいことが要求される．光電子増倍管の有感波長範囲，感度は光電面に用いられる材料と入射窓材質で定まる．また被測定光が側面から入るサイドオン型と頭部から入るヘッドオン型がありいずれも電流増幅率は $10^5 \sim 10^7$ 程度である．前者は反射型の光電面が使用され一般に安価である．後者は透過型の光電面が入射窓につけられており，受光面の大きさが変えられる，感度の不均一性がない，暗電流を減らすための冷却がしやすい，などの利点がある．光電子増倍管は磁界の影響を受けるので，近くに磁場が存在する場合は磁気シールドケース（透磁率の高いパーマロイ製など）を用いる必要がある．光電子増倍管のメーカーとして日本の浜松ホトニクス社がよく知られている（カタログには他社製品互換表もみることができる）[4]．光電子増倍管の選択はどの程度の蛍光強度のものをどの波長領域で測定するかを見きわめ，カタログをみてよく検討する．

　検出は発光が比較的強い場合には直流増幅法を用い，微弱な場合には光子計数法を用いる．前者では光電子増倍管からの出力を直流増幅器で電流増幅し，A/D 変換しディジタル処理を行う．光電子増倍管としてはサイドオン型で，近赤外から可視，紫外の広い波長領域にわたって高感度なマルチアルカリ光電面，UV ガラス窓の物を用いることが多い（たとえば浜松ホトニクス社の R928）．光子計数法は個々の光電子パルスが離散的である（single photoelectron event）ことが条件である．個々の光電子パルスの時間幅は用いる増幅器の周波数帯域にもよるが，測定される光子の数が毎秒 10^5 個程度以下の場合に問題ないと考えておけばよい．最終的には暗電流の大きさが測定限度を決定することになるので極端に微弱な発光測定に対しては光子計数用に

設計された極端に暗電流の少ない光電子増倍管をできれば冷却しながら使用する．暗電流が少ないということは長波長領域における感度が小さいことを意味するので長波長側の発光測定には注意を要する．

発光イメージング検出器として，CCD 検出器が用いられる．低温冷却下で1ピクセルあたり熱電子が毎秒1個以下と暗電流も小さく，しかも長波長側は約 1000 nm まで感度が良好でかつ直線性があり，蛍光（発光）顕微鏡と組み合わせ

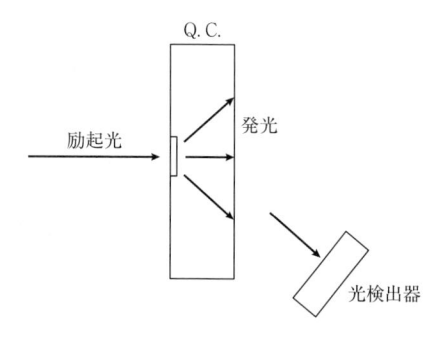

図 3.1.8 光量子計（Q.C.）の最適配置

た蛍光（発光）イメージング測定に最適である．ただ，時間応答は遅く，時間分解測定には不十分な点も否定できないが，最近は数 ns 以下のゲート対応のものが市販されている．

光源の光強度は通常波長に依存するので，発光励起スペクトルの測定に励起光強度のモニターは必要不可欠である．励起光強度モニターには光電子増倍管かフォトダイオードで直接モニターするか，もしくは光量子計（quantum counter，以下 Q.C. と略する）として蛍光量子収率が励起波長に依存しない標準蛍光物質を用いる方法がある[5]．Q.C. を用いる場合は，蛍光量子収率が励起波長に依存しない高濃度の試料をセルに入れそれに励起光の一部を照射し，発する蛍光の強度を時間および励起波長の関数として前面あるいは背面より観測するものである．これは，非常に吸光度の大きい試料の発光を前面および背面で観測する場合，量子収率が励起波長に依存しないとすると 3.1.1 項の式（4），（13）で示されるように発光強度は励起光の強度に比例する，という原理に基づいている．Q.C. では他の光検出器と異なり，感度の波長依存性や光応答性の直線性をそれほど問題としないので広い波長領域のモニターに用いられることが多い．通常はローダミン B のエチレングリコール溶液がよく用いられ，使用しうる波長領域は 250～600 nm である（640 nm で蛍光をモニター）[6]．また，220～380 nm の紫外領域では硫酸キニーネ（450 nm で蛍光をモニター）が用いられる．自己吸収の効果を最小限に抑える，迷光が除去できる，セル表面での偏光特性の効果を最小限にする，などの点から，図 3.1.8 に示すような配置（背面観測，励起光の進行方向からずれた観測，励起光がセル表面に垂直に入射，が特徴）を用いて測定することが望ましい．

光励起に伴って生じる発光，フォトルミネセンスの測定に関して述べたが，光源を必要としない発光測定の場合は，図 3.1.4 の試料ホルダーのところに試料をおいて，発光スペクトルを測定することになる．あるいは光学系のなかに試料をおく必要もなく，口径の大きなオプティカルファイバーを試料のところにもっていき，そこで集めた光をファイバーにより分光器の前までもっていって発光スペクトルを測定すること

も一般に行われている.　　　　　　　　　　　　　　　　　　　　　　〔太田信廣〕

文献・注

1) 國分　決：蛍光測定の原理と生体系への応用（金岡祐一ほか編），蛋白質核酸酵素別冊，共立出版，1974, [43].
2) K. D. Mielenz：Optical Radiation Measurements, vol. 3 (K. D. Mielenz, ed.), Academic Press, 1982, [1].
3) 太田信廣：蛍光分光. 物質の構造Ⅰ（日本化学会編），実験化学講座 9，第 5 版，丸善，2005, [327].
4) 浜松ホトニクス社編：光電子増倍管―その基礎と応用，第 3 版，浜松ホトニクス社，2005（最新版は第 3a 版で CD-ROM）.
5) E. J. Bowen：*Proc. Roy. Soc. London, Ser. A*, **154** (1936), 349.
6) W. H. Melhuish：*App. Opt.* **14** (1975), 26.

3.1.3　発光測定における補正

a. 発光スペクトルの補正

　フォトルミネセンス測定を対象に，得られる発光スペクトルおよび発光励起スペクトルにどのような補正が必要かを考える[1-5]．まず真の発光スペクトルとは，励起波長および発光波長を λ_a, λ_e とすると，発光のスペクトル量子収率 $\Phi(\lambda_a, \lambda_e)$ の λ_e に対する分布（あるいはエネルギー分布）に対応したものであり（3.1.1 項を参照），測定には次のような条件を満たした実験装置が必要となる.

①励起光強度が一定の強度を有する（時間変動を示さない）
②分光器その他の光学素子が波長依存性を示さない
③分光器その他の光学素子が偏光特性を示さない
④光検出器の効率が波長依存性を示さない
⑤光検出器の効率が偏光特性を示さない

発光測定装置は通常これらの条件を満たしておらず，得られるスペクトルは，真のスペクトルと異なると考えたほうがよい．発光光度計において，必要な補正が施されているということになっている場合でも，得られるスペクトルを真のスペクトルとは異なると疑ってかかる必要がある．光学素子などの経時変化により実験条件が変わってくることも想定すべきである．そのためには，実験上の問題点，その解決法を知っておく必要がある．波長 λ_a の光で励起し，観測波長 λ_e で測定される発光のスペクトル光子量（光子数で表した光強度），$I(\lambda_a, \lambda_e)$，から $\Phi(\lambda_a, \lambda_e)$ を求めるために，励起光の強度，試料の吸光度，検出系や光学系の応答の波長依存性や偏光特性，その他諸々の問題点が何かを考え，補正するためにはどのような手段があるかを検討する．用いる発光光度計においてこれら種々の補正がどのようになされているか，あるいはなされていないかを理解し，必要に応じてみずから補正を行う必要がある.

1) **励起光強度の補正：発光スペクトル測定中の励起光強度の時間的変動**

この場合の補正は，発光強度を同時にモニターされた励起光強度に対して規格化してやればよい．たとえばキセノンランプを励起光源として用いる場合は，光源の動作に用いる定電流電源の精度向上に伴い光源光強度の時間的変動は非常に小さく，蛍光スペクトル測定の際には強度モニターを必要としない場合も多いが，一応フォトダイオードや光電子増倍管で励起光強度をモニターしながら測定し，必要があれば補正する．その他の光源，たとえばレーザーを光源とする場合はこの補正は必要不可欠と考えたほうがよい．

2) **試料の吸光度に対する補正**

特定の励起波長で得られた発光スペクトルの形状は再吸収の効果がなければ吸光度には依存しない．ただし，内部濾光効果により，得られる発光強度が吸光度に比例しない場合がある．もしスペクトル形状だけではなく，異なった条件で得られたスペクトルの相対強度を問題とする場合は，あらかじめ吸光度と発光強度の関係（3.1.1項の図 3.1.3 参照）を各実験装置において求めておき，その補正曲線を用いて補正することも考えられる．

3) **検出系の応答性に対する補正：発光の集光，分光，検出する際の波長依存性に対する補正**

集光レンズの透過率，ミラーの反射率，分光器の透過率，光検出器の感度など，個々の部品の波長依存性を把握しておくことは重要であるが，実際の補正には光学系，検出系を含む系全体としての波長応答性を調べておけばよい．そのためにはスペクトル分布の知られている光（標準光と呼ぶことにする）を試料室のところに用意し，検出系を通したときにどのような強度分布を示すのかを測定する必要がある．標準光の波数 $\bar{\nu}$ での強度を $I^0(\bar{\nu})$ とすれば測定された強度 $I(\bar{\nu})$ から補正係数

$$f(\bar{\nu}) = \frac{I^0(\bar{\nu})}{I(\bar{\nu})} \tag{1}$$

が求まる．実際に観測される試料のスペクトルに対して，各波数ごとにこの補正係数を乗じてやればよい．注意しなければならないのは，標準光のスペクトル分布がエネルギーで表されていたり，光子量の波数表示で表されている場合が多いのに対し，実際に測定されるスペクトルが波長表示の光子量で表される場合が多いことである．その場合は 3.1.2 項の式 (1) にしたがって変換する．標準光としてそのエネルギー分布のわかっている光源を用いる方法と発光スペクトルの分布が既知である標準物質を用いる方法がある．

a) 標準ランプの使用　スペクトル強度分布が既知の標準ランプを使用する．最もよく知られているのは，黒体輻射のスペクトル分布に対して NIST (National Institute of Standards and Technology) で較正されたタングステンランプである．ただし，これは高価なので，このランプに対して二次的に較正されたタングステンランプが市販されているのでそちらを使うこともできる．タングステンランプは 350 nm

以上の光に対して有効であり，それ以下の短波長領域には較正された重水素ランプを使用するようにする．これら標準ランプの輝度が大きすぎて，直接検出系に入れたのでは発光測定と同じ実験条件で較正することができない場合には，試料室に拡散板をおいてほんの一部の光が検出系に到達するようにする．拡散板の材料としては反射率がほとんど波長に依存しない硫酸バリウムか酸化マグネシウムを通常用いる．

b) 標準発光物質 一番手軽かつ安価な方法は，発光スペクトル分布が知られている標準発光物質を用いる方法である．これら標準物質の溶液を試料室にセットし，試料の発光スペクトルを測定したと同じ実験系で発光スペクトルを測定する．文献に載っているスペクトル分布と比較して補正係数(式(3))を求める．硫酸キニーネ(15250～26000 cm^{-1})，2-ナフトール (19000～30250 cm^{-1})，3-アミノフタルイミド (14000～23000 cm^{-1})，m-ジメチルアミノニトロベンゼン (12000～22500 cm^{-1})，4-ジメチルアミノ-4'-ニトロスチルベン (10500～18000 cm^{-1})，2-アミノピリジン (23000～30000 cm^{-1}) が発光標準物質としてよく知られている[6-8]．( ) 内は文献に記載してある発光スペクトルの波数領域である．波長領域に変換された強度分布も文献にみることができる[9]．また，硫酸キニーネに関しては標準物質として，SRM936a の名で NIST より入手できる．試料の発光スペクトルの範囲が一個の標準物質の発光スペクトルではカバーできない場合には，発光スペクトルに重なりのある複数個の標準物質を用いればよい．標準物質の補正曲線は，①発光スペクトルを波長の関数で測定する，②得られたスペクトルを，波数の関数のスペクトルに変換する，③変換されたスペクトルと文献で報告されている真の発光スペクトルと比較しながら補正係数を得る，の順序で求めることができる．

4) その他の補正：発光の再吸収や再発光，屈折率の波長依存性，偏光特性に関する補正

a) 再吸収・再発光の補正 吸収スペクトルと発光スペクトルの重なりが大きいほど再吸収の効果は大きい．再吸収の効果が大きくなるにつれて，吸収スペクトルと重なりの大きい短波長側のピークの位置が長波長側にシフトする現象が一般的に観測される（図3.1.9）．再吸収に関する補正は 3.1.1 項の式 (4) および (7) の $k(\lambda_e)$ を含む項を考慮して行うことができる．再吸収したものが再び発光する効果に対しては，厳密な補正はきわめて困難である[10]．結局，再吸収，再発光の効果が予想される場合（吸収，発光スペクト

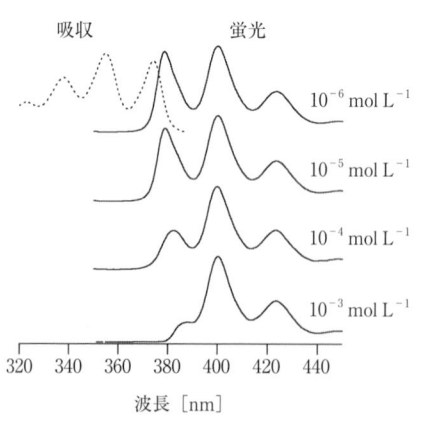

図 3.1.9 アントラセン蛍光スペクトルの濃度依存性（点線は吸収スペクトル）

ルの重なりが大）には，できるだけ補正の必要がないように吸光度の小さい低濃度の試料で測定を行うべきである．

b) 屈折率による立体角補正　図 3.1.10 に示すように蛍光が屈折率 n_i の試料を含む媒質から検出器を含む屈折率 n_0 の媒質（通常は大気中）に平面な境界を垂直に通過するとする（$n_i > n_0$）[11]．波長 λ_e の発光の光子量を $4\pi I(\lambda_e)$（単位は光子数/s）とすれば $2\theta_i$ の円錐部の光束（$I^i(\lambda_e)$，単位は光子数/s・sr）は θ_i が小さいとすると $4I(\lambda_e)/\theta_i^2$ で与

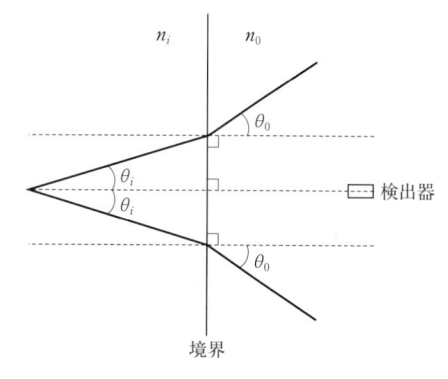

図 3.1.10（文献 12 を一部修正）

えられる．一方，屈折率の小さい検出器を含む媒質での光束（$I^0(\lambda_e)$）は，$4I(\lambda_e)/\theta_0^2$ となる．境界にスネル（Snell）の法則を適用すれば次式が成り立つ．

$$I^i(\lambda_e) = I^0(\lambda_e)\frac{\theta_0^2}{\theta_i^2} = I^0(\lambda_e)\frac{n_i^2}{n_0^2} \tag{2}$$

セル表面に対して垂直に観測し，かつ観測される蛍光の視野が狭い場合にはこの式にしたがって，屈折率に対する補正ができる．セル表面に垂直ではなく傾いて観測する場合や視野の広い場合の補正は文献を参照されたい[12,13]．

c) 偏光特性に対する補正　標準ランプの光は偏光していないと考えられるので，それを用いて得られる補正係数（式（1））は，一般には試料の発光が偏光特性をもたない場合に有効である．もし発光が偏光特性をもつ場合には，分光器が波長に依存した偏光特性をもつ場合が多いので測定に特別の注意を要する．直線偏光した励起光の偏光方向に平行，直角な発光強度成分を $I_{/\!/}, I_\perp$ とすると，全発光強度は $I_{/\!/} + 2I_\perp$ に比例する．したがって $I_{/\!/}$ と $I_\perp$ の比が 1:2 の割合になるように観測すれば，偏光への補正を必要としない発光スペクトルが得られる．そのための実験条件は以下となる．

（1）垂直軸方向に偏光した励起光を用い，観測側に垂直から 54.7°（magic angle）傾けた偏光子を入れる．この角度では，発光の異方性比は 0 となる（4.3.4 項の式（11）参照）．

（2）励起側に垂直軸から 35.3° 傾けた偏光子を挿入し，観測側は偏光子を入れない．

（3）励起側に垂直軸から 54.7° 傾けた偏光子を挿入し，観測側に垂直軸方向の偏光子を入れる．

（4）偏光していない自然光をそのまま励起光として用い，観測側に垂直軸から 35.3° 傾けた偏光子を入れる．

偏光子を通った蛍光は偏光解消させた後，分光器に入射させる必要がある．もちろん垂直軸方向に偏光した励起光を用い，観測側に垂直軸方向および平行方向に偏光子を入れ，$I_{/\!/}, I_\perp$ を別々に求めることにより全発光強度を求めてもよい．この場合には

同時に発光の偏光度スペクトルを得ることができる.

b. 発光励起スペクトルの補正
1) 励起光強度分布に対する補正

真の発光励起スペクトルは励起光強度の波長分布（あるいは波数分布）が一定として得られるものであり，同時に測定された励起光強度に対して規格化する必要がある．気相ベンゼンの回転輪郭（異なる回転状態間の吸収による形状）にそった発光励起スペクトルの測定および補正の例が図 3.1.11 に示してある[14]．

量子収率および励起光強度が励起波長に依存しないとすると，得られる発光励起スペクトルの形状は，吸収スペクトル形状と一致する．したがって，発光量子収率が励起波長に依存しない発光物質の発光励起スペクトルを非常に希薄な溶液で測定し，吸収スペクトルと比較することによって励起光強度の波長分布を調べることができる．

各励起波長 λ_a で得られる発光強度を $I(\lambda_a, \lambda_e)$ とし，λ_a における分子吸光係数を $\varepsilon(\lambda_a)$ とすれば補正係数

$$S(\lambda_a) = \frac{\varepsilon(\lambda_a)}{I(\lambda_a, \lambda_e)} \qquad (3)$$

が各励起波長で得られる．ポンタクロームブルーブラック R のアルミニウムキレートのエタノール溶液が 250～600 nm の励起波長領域で蛍光量子収率が一定であり，標準蛍光試料として好都合であると報告されている[15]．Melhuish はメチレンブルーのエタノール溶液（570～680 nm），ローダミン B のエタノール溶液（490～570 nm），フルオレセインの 0.1 N 水酸化ナトリウム溶液（450～510 nm），プロフラビンの pH 4.4 の 0.05 M アセテート緩衝溶液（390～470 nm），3-アミノフタルイミドのエタノール溶液（340～425 nm），2-アミノピリジンの 1 N 硫酸溶液（220～325 nm）をこの目的のための標準溶液として用いている[3]．（ ）内は使用された励起波長領域である．これらは，吸光度と発光強度が直線関係を示す十

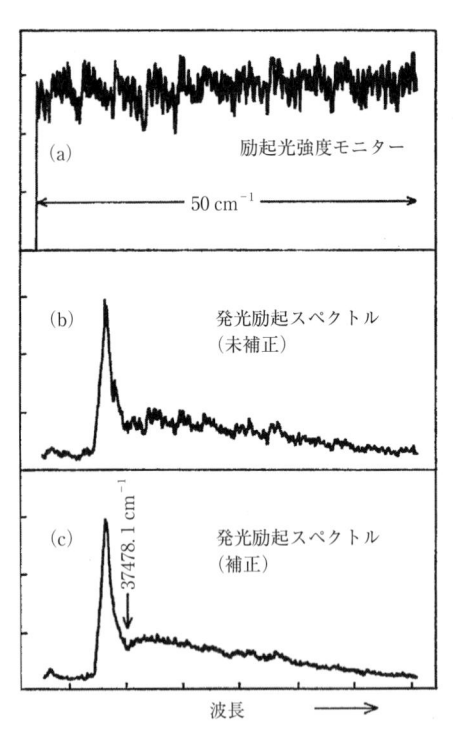

図 3.1.11 気相ベンゼンの蛍光励起スペクトル測定
（文献 14 の図を一部修正）
(a) 励起光のレーザー強度の変動，(b) 未補正の蛍光励起スペクトル，(c) 励起光に対して補正ずみの励起スペクトル．

分低濃度で使用されるべきである．また，この補正法は，光電子増倍管やフォトダイオードあるいは Q.C. を用いて行う励起光強度の波長分布に対する補正のチェックにも役立つ．

2) 発光スペクトルの励起波長依存性に対する補正

発光スペクトルが励起波長によらないとすると，発光を特定の波長で，一定の波長幅でモニターしながら得た発光励起スペクトルの形状は全発光をモニターした場合と同じになるはずである．しかし励起波長によって発光スペクトルが異なる試料の励起スペクトルを測定する場合には，各励起波長で真の発光スペクトルを測定し，その積分強度を励起波長に対してプロットすべきである．分光器を通さず全発光を観測し，励起波長を掃引しながら励起スペクトルを得ることができる．しかしその場合でも，散乱光カットのために用いるフィルターの透過率の波長依存性，および検出系の感度の波長依存性のために完全に全発光を観測していることにはならない．おのおのの励起波長で，真の発光スペクトルに対してどの程度の割合の発光強度を観測しているのかを常にチェックする必要がある．これは用いたフィルターの透過曲線，フィルターのある，なしで得られる発光スペクトル，真の発光スペクトルをお互い比較すること

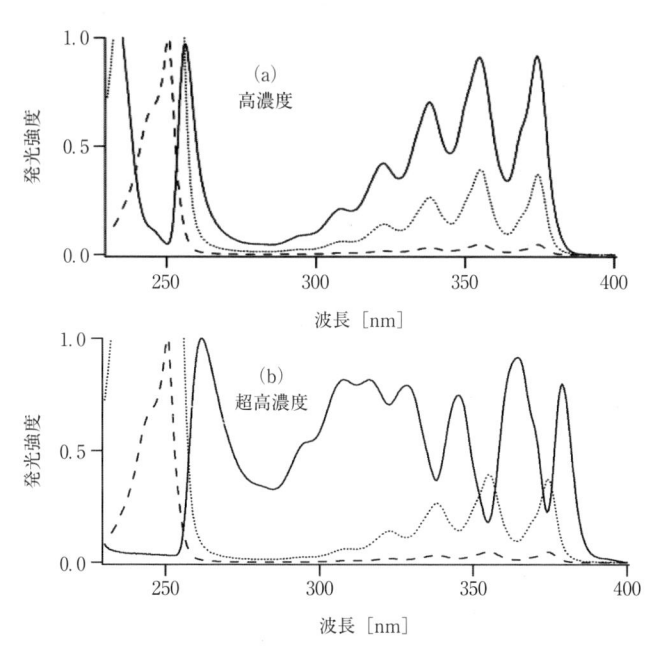

図 3.1.12 アントラセン高濃度溶液の蛍光励起スペクトル（実線）と吸収スペクトル（破線）

点線は吸収スペクトルを拡大したもの．(b) は (a) よりもさらに高濃度のアントラセン溶液に対する発光励起スペクトル．

により行う．できるだけ多くの励起波長でチェックを行うことが必要であるが，とくに定量的議論を行う励起波長では欠かしてはならない．

3) 試料の吸光度に対する補正

発光励起スペクトルの測定は吸光度と発光強度が直線関係を示す低濃度領域で行うべきであるが，発光が弱く，十分な強度を得るためそれ以上の吸光度をどうしても必要とする場合は，3.1.1 項の図 3.1.3 に示した吸光度と蛍光強度の関係から直線関係からずれた部分の強度を見積もり補正する．吸光度が大きい場合には，発光励起スペクトルは吸収スペクトルとは異なることを，アントラセン溶液を例に図 3.1.12 に示してある（側面観測の結果）．非常に高濃度で吸光度が極端に大きい場合には，吸収強度が大きい波長で逆に発光強度が弱くなることがわかる．

4) その他の補正

セルによる発光の寄与を除外する必要があるのは言うまでもない．発光スペクトルの場合と同様，発光の再吸収や再発光の寄与を補正する必要があるが，できればその必要のない十分低濃度の試料を用いて行うようにする．また，偏光特性に関して，全発光強度に比例する強度が観測されているように注意する．

以上のことをふまえて，発光測定結果を報告する際には，①試料の状態，②用いた分光計の種類と特徴，③セルの配置および観測の方向，④励起波長，励起波長幅，観測波長幅などの測定条件，⑤散乱光や二次光をカットするための実験条件，⑥溶質の濃度および励起波長における吸光度，溶媒の種類，⑦測定温度，⑧溶液は空気飽和か，脱気試料か，それとも窒素あるいはアルゴンで置換してあるか，⑨補正の有無，を記載する必要がある．再現性をチェックするための必須事項であり，どのような条件で測定されたものであるかが第三者にわかるようでなければならない．〔太田信廣〕

文献・注

1) 國分 決：蛍光測定の原理と生体系への応用（金岡祐一ほか編），蛋白質核酸酵素別冊，共立出版，1974, [43].
2) L. F. Costa, et al.：Optical Radiation Measurements, vol. 3 (K. D. Mielenz, ed.), Academic Press, 1982, [139].
3) W. H. Melhuish：Optical Radiation Measurements, vol. 3 (K. D. Mielenz, ed.), Academic Press, 1982, [115].
4) W. H. Melhuish：Optical Radiation Measurements, vol. 3 (K. D. Mielenz, ed.), Academic Press, 1982, [175].
5) 太田信廣：蛍光分光．物質の構造 I（日本化学会編），実験化学講座 9, 第 5 版，丸善，2005, [327].
6) W. H. Melhuish：*App. Opt.*, **14** (1975), 26.
7) E. Lippert, et al.：*Z. Anal. Chem.*, **17** (1959), 1.
8) W. H. Melhuish：*J. Res. Nat. Bur. Std.*, **76A** (1972), 547.
9) J. R. Lakowicz：Principles of Fluorescence Spectroscopy, 3rd ed., Springer, New York, 2006, Appendix 参照.

10) A. Budo and I. Ketsukemety : *Acta Phys. Acad. Sci. Hung.*, **7** (1957), 207.
11) J. N. Demas and G. A. Crosby : *J. Phys. Chem.*, **75** (1971), 991.
12) A. Shepp : *J. Chem. Phys.*, **25** (1956), 579.
13) W. H. Melhuish : *J. Opt. Soc. Amer.*, **51** (1961), 278.
14) 馬場宏明ほか：分光研究, **29** (1980), 387.
15) R. J. Argauer and C. E. White : *Anal. Chem.*, **36** (1964), 368.

3.1.4 発光量子収率の測定法

a. 発光量子収率の定義と測定法

発光量子収率とは，分子がある波長の励起光を吸収して蛍光やりん光などの発光を放出するときの，吸収される励起光フォトン数に対する発光フォトン数の割合として定義される．発光量子収率の測定法は相対法，絶対法の2種類に大別される[1,2]．相対法とは発光量子収率が既知である標準溶液と試料溶液との発光スペクトル面積の比較により発光量子収率を算出する方法である．一方，絶対法とは励起光と発光のフォトン数を正確に測定して発光量子収率を算出する方法である．

b. 相対法

相対法では，発光量子収率は標準溶液との比較から式 (1) により求められる[1,2]．

$$\Phi_x = \Phi_{\mathrm{st}} \frac{F_x}{F_{\mathrm{st}}} \frac{A_{\mathrm{st}}}{A_x} \frac{n_x^2}{n_{\mathrm{st}}^2} \tag{1}$$

ここで，Φ は発光量子収率，F は発光スペクトルの面積，A は励起波長における吸光度，n は溶媒の屈折率を示す．添字の st と x はそれぞれ，標準溶液および試料溶液を表している．ここで屈折率の補正項 (n_x^2/n_{st}^2) は，発光を点光源と仮定し，それを

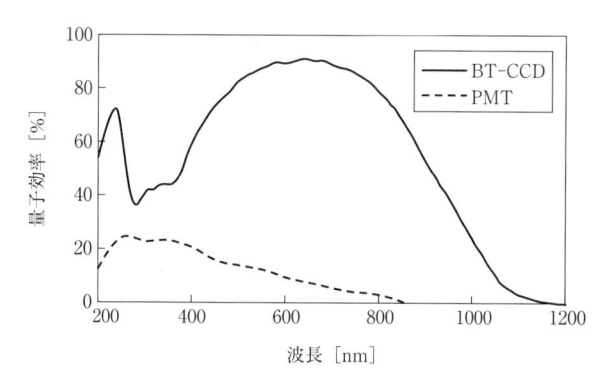

図 3.1.13 裏面入射型 CCD エニアイメージセンサ（BT-CCD）と光電子増倍管（マルチアルカリ光電面，PMT）の分光感度曲線

非常に小さい立体角で観測する場合にのみ成り立つ近似である．したがって，より正確な発光量子収率を求めるには標準溶液と試料溶液で同一の溶媒を使用することが望ましい．

測定時の留意点として以下のことがあげられる．①標準溶液と試料溶液の吸光度をできるだけ一致させ，励起波長や励起光強度などの測定条件を同一にして発光スペクトル測定を行う．②自己吸収効果や濃度消光の影響を避けるために，溶液の吸光度を 0.1 以下に調整する．③正確な発光スペクトルを測定するには測定装置の分光感度補正を厳密に行う必要がある．測定装置の検出部の感度が波長に対して一定ではないためである．参考として，図 3.1.13 に裏面入射型 CCD エニアイメージセンサ（back-thinned CCD：BT-CCD）と典型的な光電子増倍管（マルチアルカリ光電面，PMT）の分光感度曲線を示す[3]．④装置の分光感度補正に起因する誤差を小さくするために，発光波長領域が試料に近い標準溶液を選ぶ．⑤発光量子収率値について信頼性の高い標準溶液を選定する．

c. 標準溶液

信頼性の高い標準溶液として，1988 年に IUPAC の光化学委員会から紫外～可視領域用の標準溶液が推奨されている[2]．表 3.1.1 に，推奨されている標準溶液のうちナフタレン（naphthalene），アントラセン（anthracene），9,10-ジフェニルアントラセン（9,10-diphenylanthracene），硫酸キニーネ（quinine bisulfate），およびトリプトファン（tryptophan）溶液などの蛍光量子収率値を掲載した．近赤外領域用の標準溶液については，高い信頼性をもつものはあまり知られていない．近赤外領域では，検出器として一般的に使用される光電子増倍管の感度が低く，分光感度補正の誤差が

表 3.1.1 積分球法を使って求めた代表的な標準溶液の発光量子収率と文献値

化合物	溶媒	溶液濃度 [M]	励起波長 [nm]	蛍光量子収率	文献値
ナフタレン	シクロヘキサン	7.0×10^{-5}	270	0.23 ± 0.01	0.23 ± 0.02[2]
アントラセン	エタノール	4.5×10^{-5}	340	0.28 ± 0.02	0.27 ± 0.03[2]
9,10-ジフェニルアントラセン	シクロヘキサン	2.4×10^{-5}	355	0.97 ± 0.03	0.9 ± 0.02[2]
1-アミノナフタレン	シクロヘキサン	5.7×10^{-5}	300	0.48 ± 0.02	0.465[13]
N,N-ジメチル-1-アミノナフタレン	シクロヘキサン	1.0×10^{-4}	300	0.01	0.01[13]
硫酸キニーネ	1N H_2SO_4	5.0×10^{-3}	350	0.52 ± 0.02	0.508[3]
	1N H_2SO_4	1.0×10^{-5}	350	0.60 ± 0.02	0.546[3]
フルオレセイン	0.1N NaOH	1.0×10^{-6}	460	0.88 ± 0.03	0.87[14]
トリプトファン	H_2O (pH 6.1)	1.0×10^{-4}	270	0.15 ± 0.01	0.14 ± 0.02[2]
トリス-(2,2'-ビピリジル)ルテニウム(II)	アセトニトリル	1.0×10^{-5}	450	0.094 ± 0.004	0.062 ± 0.006[15]
	H_2O	1.0×10^{-5}	450	0.063 ± 0.002	0.042 ± 0.002[16]

大きくなるなどの問題により，これまで有効な測定手段がなかったためと思われる．IUPACの光化学委員会から，遷移金属錯体である，トリス-(2,2'-ビピリジル)ルテニウム(II)ジクロライド（tris-(2,2'-bipyridyl)ruthenium(II)dichloride）溶液が候補としてあげられている[2]．この溶液は，600〜950 nmの波長領域に発光を示すことが知られている．

d. 絶対法

絶対法として代表的なものは，Melhuishが報告した光拡散板を用いる方法である[4]．この方法はVavilov法[5]に基づいた測定法であり，試料溶液からの発光光量と試料溶液の位置に設置した光拡散板からの励起光の光量をローダミンB光量子計で測定し，発光量子収率を求める方法である．発光量子収率の計算には，試料溶液からの発光放射分布やセル表面での励起光や発光の反射など多くの因子を考慮した補正が行われる．Melhuishはこの方法で硫酸キニーネの 5×10^{-3} Mにおける蛍光量子収率を0.508と決定した（表3.1.1）．IUPAC光化学標準委員会より推奨された蛍光量子収率0.546は，この高濃度溶液の値から自己消光速度定数の値を用いて算出された無限希釈濃度における値である．その他の方法としては，光散乱体を使用するWeber and Teale法，カロリメトリー法，積分球法などがあげられる[1]．絶対法は測定が非常に煩雑なうえ，発光量子収率を計算するために複雑な補正が必要となるため，これまで容易に測定を行うことができないとされてきた．

e. 積分球を用いた絶対法

近年，簡便に測定可能な方法として，積分球を用いた絶対法が提案されている[6,7]．図3.1.14に積分球を用いた絶対発光量子収率測定装置の一例（浜松ホトニクス社，C9920-02）の構成図を示す．装置は，励起光源，積分球，マルチチャンネル分光器，およびデータ解析装置から構成される．励起光源はキセノンランプと分光器との組合せである．積分球には，内壁にポリテトラフルオロエチレンを材料とする多孔質拡散

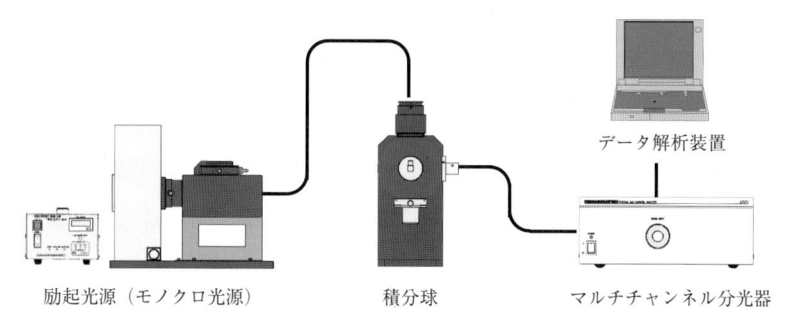

図3.1.14 絶対発光量子収率測定装置（浜松ホトニクス社，C9920-02）の構成図

反射材料がコートされたものが使用されている．マルチチャンネル分光器には，BT-CCD が搭載されている．図 3.1.13 に示すように，BT-CCD は典型的な PMT と比べて幅広い波長領域にわたり高い分光感度をもっていることから，とくに長波長側における発光測定が有利といえる．この装置の検出系の分光感度は強度分布既知の標準光源を使用して厳密に補正されている．

発光量子収率の絶対値 Φ_{PL} は，次式によって求められる．

$$\Phi_{PL} = \frac{\int \frac{\lambda}{hc}[I_{em}^{samp}(\lambda) - I_{em}^{ref}(\lambda)]d\lambda}{\int \frac{\lambda}{hc}[I_{ex}^{ref}(\lambda) - I_{ex}^{samp}(\lambda)]d\lambda} \tag{2}$$

ここで，$I_{ex}^{ref}(\lambda)$，$I_{ex}^{samp}(\lambda)$ はサンプル容器に試料を含まないときと含むときの励起光強度，$I_{em}^{ref}(\lambda)$，$I_{em}^{samp}(\lambda)$ は試料を含まないときと含むときの発光強度を示す．

この測定法の特徴は，試料ホルダとして積分球を採用していることである．積分球に入射された励起光および試料から放出された発光は，積分球の内壁で多重散乱を繰り返すことによって均一化される．したがって，溶液試料の測定時に溶液の屈折率や偏光の効果を補正する必要がない，薄膜や粉末などの固体サンプルや高濃度溶液サンプルなどが測定できるという利点がある．さらに，絶対法を使用しているため標準溶液が不要である．

筆者らは，積分球法を用いて標準溶液の絶対発光量子収率を決定し，文献値との比較を行った（表 3.1.1）．ほとんどの標準溶液で文献値とのよい一致がみられ，この方法が有用な測定法であることが確認された．一方，トリス-(2,2′-ビピリジル)ルテニウム（II）ジクロライド溶液で文献値と異なる値が得られた．積分球法で使用した BT-CCD 検出器の感度が近赤外領域で高いこと，装置に対して厳密な分光感度校正が行われていることを考慮すると，積分球法で得られた測定値がより正確な値と考えられる．

この方法で注意すべき点を以下にあげる．①溶液試料の場合，励起波長における吸光度が 0.05～0.1 になるよう溶液濃度を調整する．固体試料の場合は，試料サイズをなるべく小さくする．溶液濃度が高い場合や固体試料サイズが大きい場合，積分球内の発光の多重散乱のために再吸収・再発光効果（自己吸収効果）が増幅されるからである[7,8]．とくにストークスシフトが小さい試料の取扱いには注意が必要である．一方，吸光度が小さいと吸収される光の量（フォトン数）の見積り誤差が大きくなる可能性がある．②積分球の汚染による測定誤差を避けるため，試料により積分球が汚染されないよう十分注意する．③試料容器に残存した不純物による励起光の吸収や発光を避けるため，試料容器の洗浄を確実に行う．④励起波長領域に吸収がない高純度の溶媒を用いる．⑤試料を十分に精製する．とくに有機結晶などの固体サンプルは微量に含まれる不純物により発光量子収率が大きく減少するという報告がある[9]．

f. 発光量子収率の温度依存性

発光量子収率の温度依存性の測定は,無輻射過程や光化学反応過程を解明するための一手段として重要である.Huberらは相対法を応用し,温度 T における 9,10-ジフェニルアントラセンの EPA 溶液の蛍光量子収率 $\Phi(T)$ を,室温での値 Φ_0 との相対値として求めた[10].

$$\Phi(T) = \Phi_0 \frac{F(T)}{F_0} \frac{A_0}{A(T)} \frac{n^2(T)}{n_0^2} \tag{3}$$

ここで,$F(T)$,$A(T)$は,それぞれ各温度における発光スペクトルの面積および吸光度である.屈折率の補正項については,式 (4) が用いられている.

$$\frac{n^2(T)}{n_0^2} = \left\{ 1 + \frac{C}{n_0} \alpha (T - T_0) \right\}^2 \tag{4}$$

この方法は,同一試料における温度依存性の実験を行うには有効な手段である.クライオスタットを使用して,測定中に試料を交換することなく発光スペクトルや吸光度の温度変化の計測を比較的容易に行えるからである.しかし,常温で発光が観測されない有機化合物のりん光測定などには,この方法を使うことが難しい.

g. 絶対法を用いた液体窒素温度 (77 K) におけるりん光量子収率測定

液体窒素温度 (77 K) におけるりん光量子収率は測定の煩雑さや複雑な補正のため,これまで困難とされてきた.Gilmoreらは,Vavilov法に基づいた絶対法で 77 K におけるベンゾフェノンの EPA 中でのりん光量子収率を 0.85 と報告している[11].この方法では試料溶液を冷却するチャンバを使用するうえ,偏光や屈折率,吸光度の温度変化などに対する複雑な補正が必要であるため,容易に測定を行うことができない.近年,小林らは絶対発光量子収率測定法を用いて 77 K におけるベンゾフェノンのエタノール中でのりん光量子収率を測定し,0.88 と報告している[12].これは積分球法に基づいた方法であるため,より簡便な操作で測定が可能である.積分球の試料設置位置にデュワー瓶を配置して液体窒素で試料溶液を冷却して測定が行われる.

〔鈴木健吾〕

文献・注

1) J. N. Demas and G. A. Crosby : *J. Phys. Chem.*, **75** (1971), 991-1024.
2) D. F. Eaton : *Pure Appl. Chem.*, **60** (1988), 1107-1114.
3) J. R. Lakowicz : Principle of Fluorescence Spectroscopy, 3rd ed., Springer, New York, 2006, [45];浜松ホトニクス「光半導体素子ハンドブック」製作委員会:光半導体素子ハンドブック,浜松ホトニクス株式会社,2004, [78].
4) W. H. Melhuish : *New Zealand J. Sci. Tech.*, **37** (1955), 142-149 ; *J. Phys. Chem.*, **55** (1961), 229-235.
5) S. I. Vavilov : *Z. Phys.*, **22** (1924), 266-275.
6) Y. Kawamura, et al. : *Jpn. J. Appl. Phys.* **43** (2004), 7729-7730.
7) K. Suzuki, et al. : *Phys. Chem. Chem. Phys.*, **11** (2009), 9850-9860.

8) T.-S. Ahn, *et al.*: *Rev. Sci. Instrum.*, **78**, (2007), 086105-1-086105-3.
9) R. Katoh, *et al.*: *J. Phys. Chem. C*, **113** (2009), 2961-2965.
10) W. W. Mantulin and J. R. Huber: *Photochem. Photobiol.*, **17** (1973), 139-143; J. R. Huber, *et al.*: *J. Photochem.*, **2** (1973-1974), 67-70.
11) E. H. Gilmore, *et al.*: *J. Chem. Phys.*, **20** (1952), 829-836; **23** (1955), 399.
12) A. Kobayashi, *et al.*: *Chem.Lett.*, **39** (2010), 282-283.
13) S. R. Meech, *et al.*: *J. Chem. Soc. Faraday Trans.*, 2, **79** (1983), 1563-1584.
14) W. R. Dawson and M. W. Windsor: *J. Phys. Chem.*, **72** (1968), 3251-3260. 励起波長 313.1, 365.5 and 435.8 nm で得られた平均値.
15) J. V. Caspar and T. J. Meyer: *J. Am. Chem. Soc.*, **105** (1983), 5583-5590.
16) J. Van Houten and R. J. Watts: *J. Am. Chem. Soc.*, **97** (1975), 3843-3844; **98** (1976), 4853-4858.

3.2　時　間　測　定

3.2.1　時間分解測定の概要

a.　時間分解測定の意義

通常の蛍光測定では，励起波長にかかわらず最も低いスピン一重項の電子励起状態（S_1）から発せられる蛍光が観測される．この蛍光分光の常識は Kasha 則として広く知られており，そのため蛍光分光は S_1 状態，とくにそのエネルギーや蛍光量子収率などを調べる分光法として使われている．しかし蛍光を時間分解測定すると，これをはるかにこえた，分子についての情報を得ることができる．

蛍光分光における時間分解測定の意義を理解するために，溶液中の分子が光励起から蛍光を出し終わるまでにどのような過程を経るかを考えてみる（図3.2.1）．ここでは分子をまず高い電子励起状態へ励起したとする．電子基底状態は通常スピン一重項状態であり，光学遷移はスピン多重度が同じ状態間で起こるから，光励起によって分子は高い電子励起一重項状態 S_n（$n>1$）へと励起される．S_n 状態も蛍光を発するが，S_n 状態の寿命は通常 10〜数百 fs ときわめて短く，内部転換によって速やかに S_1 状態へと電子的に緩和する．このとき

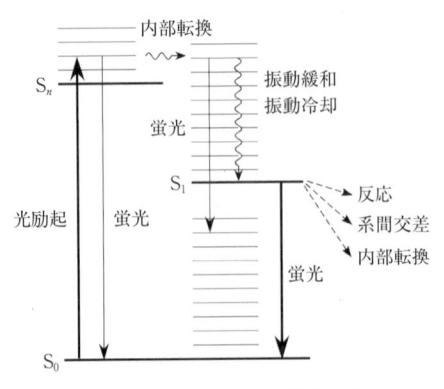

図 3.2.1　光励起分子の緩和過程と蛍光

生成するのは高い振動エネルギーをもつ S_1 状態の振動励起状態であるが，これは数十 ps の間に過剰な振動エネルギーを周囲に散逸させながら緩和・冷却し，周囲と同じ温度の S_1 状態となる．この熱平衡に達した S_1 状態はピコ秒～ナノ秒程度の寿命をもち，最終的に蛍光発光，内部転換，項間交差などの緩和やさまざまな反応によって失活する．このように光吸収から蛍光種である S_1 状態の失活までにはさまざまな過程が進行するが，その途中に現れる電子励起一重項状態（つまり S_n 状態，振動励起された S_1 状態，熱平衡に達した S_1 状態）はそれぞれ蛍光を発する．またある種の反応では電子励起一重項状態が生成物として生じ，これも蛍光を生じる．「蛍光測定では S_1 状態からの蛍光のみが観測される」という Kasha 則の意味するところは，光励起された分子が S_1 状態へ緩和して熱平衡に達するまでにかかる時間と比較するとその後の S_1 状態の寿命が長いということであり，このため分子はほとんどの時間，熱平衡状態にある S_1 状態として蛍光を発しているということにほかならない．こう考えるとわかるように，分子からの蛍光を十分な分解能で時間分解測定すれば，電子励起一重項状態の一連のダイナミクスを蛍光の時間変化として観測することができる．つまり，フェムト秒領域では高いエネルギーをもつ S_n 状態からの蛍光とその失活過程が，ピコ秒～ナノ秒の時間領域では S_1 状態の緩和（振動緩和や内部転換・項間交差などの電子緩和）や反応を S_1 蛍光の変化として観測することができる．通常の蛍光分光ではしばしば，蛍光量子収率の小さい分子をさして無蛍光性の試料と呼ぶが，これは何らかの速い失活過程のために S_1 状態の寿命が短くなっていることを意味しているにすぎない．したがって高い時間分解能で電子励起状態の寿命内で測定を行えば，無蛍光性といわれる試料からも遷移双極子モーメントの自乗に比例する遷移確率に対応した強度で蛍光性の試料と同様に蛍光が観測できる．その意味では，光を吸収した分子はかならず発光する．

さらに重要なのは，時間分解測定を行うことによって蛍光種に対する定量的な議論が可能になるということである．具体的には第一に，蛍光スペクトルから対応する励起一重項状態の励起エネルギーがわかる．これは蛍光が電子励起一重項状態と電子基底状態の間の遷移であるということに基づいている．この利点は蛍光分光一般の特長であるが，とくに時間分解測定では，複数の電子励起状態からの蛍光を寿命などの違いを利用して分離し，それぞれの蛍光種固有の蛍光スペクトルを求めることができるので，蛍光を発しているそれぞれの状態のエネルギーを決めることができる．電子励起状態のダイナミクスを研究するためには時間分解吸収分光も広く用いられているが，これで観測されるのは問題となる電子励起状態とさらに高い電子励起状態との間の遷移，すなわち素性のよくわからない二つの状態間の遷移であって，そのスペクトル情報から状態のエネルギーに対する有益な情報を得ることは難しい．第二に，単位時間あたりの蛍光強度は遷移確率（とその時刻での励起状態の分布数）に比例するので，時間分解測定された蛍光強度から輻射遷移速度を直接求めることができ，これから遷移の自然放出寿命，振動子強度などを知ることができる．これらの量は蛍光種を

帰属する際に蛍光波長からわかる励起エネルギーとともにしばしば決め手の情報となる．第三に，時間分解測定することにより蛍光の偏光情報を利用することができる．蛍光の偏光には本来，励起に用いられた電子吸収の遷移モーメントと蛍光発光の遷移モーメントとがなす角度についての情報が含まれている．しかし，蛍光の偏光は分子が回転すると失われてしまうので，回転の速い通常の溶液分子の蛍光には偏光異方性は観測されない．このような場合でも分子の回転が無視できるフェムト秒領域で時間分解測定を行うことで，偏光測定が可能となる．また，この蛍光偏光が失われていく様子を測定することで分子回転の様子を知ることもできる．

　以上のように，電子励起一重項状態が蛍光を発するフェムト秒からナノ秒領域で時間分解測定を行うことで，定常蛍光測定とは比較にならないほど豊富な情報を得ることができる．複数の化学種を蛍光寿命で区別したり，光化学反応やFRET (fluorescence resonance energy transfer) のようなエネルギー移動の速度を知ることができるし，さらに最近では蛍光寿命をもとにしたイメージングなども行われている．このように，蛍光のもつ分子についての情報を最大限に引き出すために時間分解測定は本質的に重要である．

b. 蛍光減衰の測定

　時間分解測定の基本は蛍光減衰の測定である．とくに，サブナノ秒以降の時間領域の時間分解測定ではS_1状態の寿命のみが問題になる場合がほとんどなので，定常蛍光スペクトル上で適当に選んだ波長で蛍光の寿命測定を行えば十分な場合も多い．観測される蛍光は，単純な系の場合，単一指数関数あるいは2〜3の指数関数の線形結合で表される減衰を示す．

c. 時間分解スペクトル

　蛍光に含まれる情報を完全に利用するためには，上のような限られた波長点での時間分解測定だけでは不十分であり，スペクトルの時間変化，すなわち時間分解蛍光スペクトルを得ることが必須である．ストリークカメラによる測定のように生データとして時間分解スペクトルがそのまま得られる場合もあるが，通常は多数の波長点で蛍光の時間変化を測定し，波長ごとの強度の違いを較正したのち，各時刻の蛍光強度を切り出すことで時間分解スペクトルを得る．このようにして得られた時間分解スペクトルを解析することで蛍光種のエネルギーや振動子強度を求めることができる．また，時間分解スペクトルの形にすることで，観測された蛍光の時間変化が蛍光種の消滅と生成によるのか，同じ蛍光種のスペクトルシフトによるものかの区別が可能になる．

　時間分解蛍光スペクトルの解析の概略を知るために，次のように光励起後，いくつかの蛍光を発する電子励起一重項状態が緩和や反応によって順々に生成，消滅していく場合を考えよう．

$$S_0 \xrightarrow{h\nu} P_1 \xrightarrow{\tau_1} P_2 \xrightarrow{\tau_2} P_3 \xrightarrow{\tau_3} \cdots$$

ここで，それぞれの励起状態 P_1, P_2, P_3 はそれぞれ単一指数関数的に減衰して次の種を生成するとし，その時定数を τ_1, τ_2, τ_3 とする．このとき，波長 λ で測定される蛍光の時間変化は以下のようにそれぞれの時定数をもつ指数関数の和の形となる．

$$I(\lambda;t) = A_1(\lambda)e^{-t/\tau_1} + A_2(\lambda)e^{-t/\tau_2} + A_3(\lambda)e^{-t/\tau_3} + \cdots \tag{1}$$

多数の波長点で測定した時間分解蛍光データに対してこの式を用いたフィッティングを行って時定数を決め，時間積分強度 $\int_{-\infty}^{+\infty} I(\lambda;t)\,\mathrm{d}t$ が対応する波長の定常蛍光スペクトルの強度に等しいとして強度の較正を行うことで，時間分解蛍光スペクトルを得ることができる．この解析によって各時定数に対応する係数のスペクトル $(A_i(\lambda))$ が得られるが，これを decay associated spectra と呼ぶ．ただし，これはかならずしも蛍光種の蛍光スペクトル（species associated spectra）そのものではないことに注意する必要がある．蛍光種の蛍光スペクトルを求めるには，緩和モデルを考えて反応速度式を立て，その解として得られるそれぞれの蛍光種の分布数変化の式（$[P_i(t)]$）を用いた形に式 (1) を変形させる．

$$I(\lambda;t) = a_1(\lambda)[P_1(t)] + a_2(\lambda)[P_2(t)] + a_3(\lambda)[P_3(t)] + \cdots \tag{2}$$

この式の各項の係数 $(a_i(\lambda))$ が P_i 種の蛍光スペクトルを表している（$a_i(\lambda)$ と $A_i(\lambda)$ は簡単な式で結ばれる）．こうして得られた蛍光種固有の蛍光スペクトル $a_i(\lambda)$ のピークは電子励起状態の励起エネルギーを示している（蛍光スペクトルのピーク位置は波長表示，波数表示で異なる．正しくは波数表示 $a_i(\tilde{\nu}) = \lambda^2 a_i(\lambda)$ のピーク位置が電子励起状態のエネルギーに対応する．なお，波数と波長の間には $\tilde{\nu} = 1/\lambda$ の関係がある）．その波長についての積分値 $\int_0^\infty a_i(\lambda)\,\mathrm{d}\lambda$ は単位時間あたりの蛍光強度に対応している．後者は輻射遷移速度を直接表す量であり，適当な標準と比較することで，これから輻射遷移速度の絶対値，自然放出寿命，振動子強度を求めることができる．

d. 時間分解測定の種類

実際に蛍光を時間分解測定する方法は，大きく，①パルス光を励起に用いる方法，②強度変調させた連続光を励起に用いる方法，の二つに大別することができる（図3.2.2）．個々についてはのちの節で詳細に説明されるが，ここでまず全体を概観しておく．

1) パルス光励起による時間分解測定

この方法ではパルス光を用いて分子を「瞬間的に」電子励起状態に光励起し，その後，電子励起状態から発する蛍光を時間分解測定する（図3.2.2(a)）．蛍光の寿命は通常ナノ秒程度までであるから，この種の測定を行うためには蛍光寿命に比べて十分短いフェムト秒〜ピコ秒のパルス光源と十分高い時間分解能を有する光検出が必要である．この方法では原理的には蛍光減衰の関数形を決めることができ，汎用性も高く，広く用いられている．以前はフェムト秒・ピコ秒レーザーは取扱いがたいへん困

(a) パルス光励起による方法　　(b) 強度変調した連続光励起による方法

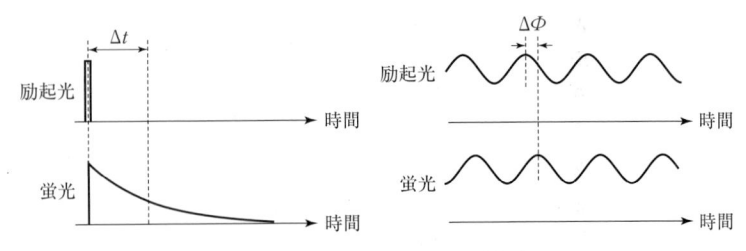

図 3.2.2　蛍光の時間変化の測定概念

(a) 検出器の分解能を利用する時間分解測定

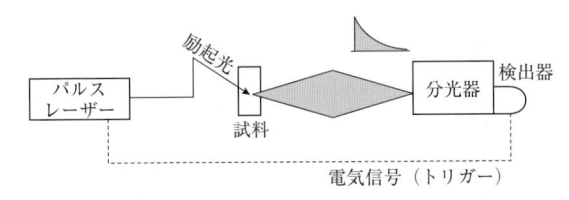

(b) 光ゲートの原理を利用する時間分解測定

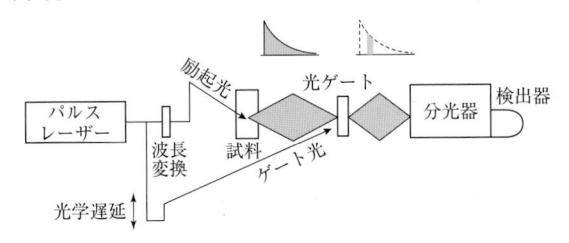

図 3.2.3　時間分解蛍光測定の方法

難で一部の専門家にしかできない測定であったが，チタンサファイアレーザーの発明によってきわめて安定な短パルスレーザーが普及したため格段に容易になった．とくに，ピコ秒発振する安価なレーザーダイオードとパッケージ化された時間相関光子計数法のシステムが市販されるようになり，ピコ秒の時間分解測定はほとんど専門的な知識がなくても行えるようになった．

パルス励起による時間分解測定はさらに，表 3.2.1 および図 3.2.3 のように，①検出器の時間分解能を利用する方法と，②レーザーを用いたポンプ-プローブ法の原理に基づいた一種の光ゲート（光で駆動するシャッター）を利用する方法に分けることができる．前者の方が実験は簡単であるが時間分解能はピコ秒までで，後者はフェムト秒レーザーと非線形光学の技術を必要とするが 100 fs 程度の時間分解能を得ることができる．

光検出器の時間分解能を利用した測定法では，光源であるパルスレーザーと検出器を電気的に同期させて，光励起と蛍光検出の時間差を決める（図 3.2.3(a)）．この方法では通常，検出器の時間分解能が測定全体の時間分解能を決定する．最も広く用いられているのは，光子一つひとつを検出する光子計数法に基づいた時間相関光子係数法である．この方法では，光パルス一つあたり一つ以下の蛍光光子しか検出されない条件で測定を行い，光励起と蛍光光子検出との間の時間を蛍光光子一つひとつについて測定する．これを多数回繰り返すことで，蛍光検出時刻のヒストグラムをつくり，蛍光の時間変化を求める．検出器には高い時間分解能が得られるマイクロチャネルプレート型の光電子増倍管やアバランシェフォトダイオードが用いられる．ダイナミックレンジが大きく汎用性が高い測定法であるが，基本的にシングルチャネル検出なので一度に 1 波長での蛍光の時間分解測定しかできない．したがって時間分解スペクトルを得るには多数の波長での測定を行い，スペクトルを再構成する必要がある．時間分解能は 20〜50 ps 程度が得られる．もう一つの方法はストリークカメラを用いる方法である．この方法では光が光電面で電子に変換され，電場で加速されストリーク管内を飛行する．その際，軌道と垂直方向に時間変化する電場をかけて電子の軌道を変化させ，二次元検出器を用いて検出器のどの位置に到達したかをその強度とともに測定する．電子の軌道は光が光電面で変換された時刻ごとに異なるので，時間情報が電子軌道の情報に，最終的には検出器の位置情報として測定される．この測定では時間情報が二次元検出器の一軸に展開されるので，もう一つの軸を波長情報の展開に使える．このため，分光器-ストリークカメラ-二次元検出器（CCD）という組合せを用いることで，時間分解スペクトルを一度に測定することができる．時間分解能は時間相関光子係数法より高く，数 ps〜数十 ps 程度まで容易に出せる．原理的には 1 パルス励起で多数の光子の時間分解ができるので，単発現象の時間分解測定も行うことができる．ただし，実際には多くの光電子がストリーク管に入ると電子どうしの反発によって時間分解能が落ちてしまうためダイナミックレンジに限界があり，ほとんどの場合繰返し現象の測定のために用いられている．

光ゲートを用いる方法では，一つのレーザー光源（通常フェムト秒レーザー）からのパルス光を二つに分け，一方を試料の光励起に，他方を光ゲートに用いる（図 3.2.3(b)）．光ゲートには瞬間的に応答する非線形光学効果を用いる．すなわちパルス光励起によって試料から発する蛍光のうち，光ゲートの開いた時刻のみの蛍光が検

表 3.2.1　蛍光の時間分解測定の主たる方法

パルス励起による方法	
・検出器の時間分解能を利用するもの	時間相関光子計数法（時間分解能：〜50 ps）
	ストリークカメラ法（時間分解能：〜1 ps）
・光ゲートの原理を利用するもの	アップコンバージョン法（時間分解能：〜100 fs）
	カーゲート法（時間分解能：〜100 fs）
強度変調した連続光励起による方法（周波数領域法）	

出器で検出される．パルス光とゲート光のタイミングはレーザー光が空間的に走る距離（光学遅延）を変えることで変化させ，光学遅延を変えながら測定することで蛍光の時間変化を測定する．この方法は，ポンプ-プローブ法の原理を蛍光時間分解測定に応用したものと考えることができ，測定の時間分解能はポンプ光とゲート光のパルス時間幅で決まり，検出器の時間分解能は必要でない．そのため，100フェムト秒程度の高い時間分解能を実現することができる．光ゲートとして和周波発生を用いるアップコンバージョン法と，偏光と透明媒質の光カー効果を利用するカーゲート法がある．前者はフェムト秒オシレーターレーザーを用いて行うことができるが，基本的には単一波長でのシングルチャネル測定である．後者は分光器とCCDを組み合わせることで，ある遅延時間のスペクトル測定を一度にできるが，再生増幅器の出力などパルスエネルギーの大きいフェムト秒光を必要とする．アップコンバージョン法のほうが広く用いられている（表3.2.1）．

  2） **強度変調した連続光による時間分解測定**

連続光を励起に用いてもその強度を変調することで蛍光の時間情報を得ることができる（図3.2.2(b)）．強度変調をかけた連続光で試料を光励起するとそれに対応して蛍光強度にも同様の変調がかかる．このとき，蛍光は有限の寿命をもつために蛍光信号の強度変調は励起光に比べて時間的にずれる．この励起光と蛍光の変調のずれ（位相差）は蛍光の寿命が長くなるほど大きくなるので，位相差の情報から蛍光寿命を求めることができる．ただし，蛍光が単一指数減衰を示す場合には寿命と位相は単純な関係にあるが，一般にこの方法で減衰の関数形を決めることはできない．技術の進歩によってパルス光励起による時間分解測定が相対的に容易になってきたこともあり，連続光による弱励起を用いることができるという利点があるものの，この方法は現在広くは用いられていない．

〔田原太平〕

3.2.2　時間相関単一光子計数法

時間相関単一光子計数法（time-correlated single-photon counting：TCSPC）は，パルス励起後に放出される発光の時間特性を，光子1個ずつ検出して測定する方法である[1-3]．光子計数を用いるので感度が非常に高く，また，ダイナミックレンジも広いことが特徴である．

図3.2.4にその原理を示すが，パルス励起により生じる発光を，原則として，1パルスあたり1光子以下の割合になるようにして検出し（single photoelectron eventという），光子の到達時刻の頻度分布を求めることにより発光の時間特性を得る方法である．当初は，光源として繰返し周波数の低いフラッシュランプが用いられていたため，1パルス1光子以下という条件を満足しながら測定するには非常に長い時間が必要であった．その後，繰返し周波数の高いフラッシュランプやレーザー，発光ダイオード（LED）などが光源として用いられるようになり，測定時間も飛躍的に短くなっ

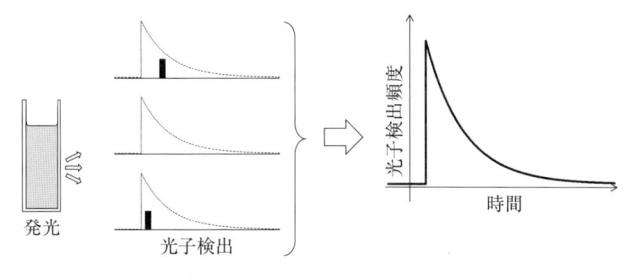

図 3.2.4 時間相関単一光子計数法（TCSPC）の原理

た．また，光子の到達時刻を検出するエレクトロニクスにも改良が加えられ，ピコ秒オーダーの測定も可能になっている．さらに，検出器の進歩も著しく，現在では，時間分解能の高いマイクロチャネルプレート（microchannel plate）型の光電子増倍管やアバランシェフォトダイオード（avalanche photodiode）が用いられるようになり，測定システム全体の時間分解能も 20 ps に迫ろうとしている．

TCSPC は微弱な発光の計測に優れており，光により損傷を受けやすい生体試料や高密度励起効果を受けやすい半導体などのように，強い励起を嫌う試料の測定には，とくにその威力を発揮する．最近では顕微鏡下での生体イメージングにも用いられ，その応用範囲はますます広がっている．

a. 光源

市販されている TCSPC 装置に用いられている光源は，高繰返しフラッシュランプ，あるいは，さまざまな波長のレーザーダイオード（LD）や LED などである．フラッシュランプとしては水素などのガスが充てんされたランプが用いられ，パルス幅 1 ns，繰返し周波数 40 kHz，波長範囲 110～850 nm などが，LED/LD の場合は，250～1310 nm の波長範囲で素子を選び，パルス幅 70 ps～1.5 ns，繰返し周波数 10 kHz～80 MHz などがカタログ[4]に謳われている．

パルス幅をより短くする場合，実験室では CW モード同期レーザーがよく用いられている．この場合のパルス幅は用いるレーザーにもよるが，チタンサファイアレーザーでは 100 fs ほどである．また，繰返し周波数はいずれも 80 MHz にもなり，そのままでは蛍光の減衰曲線が重なったり，後述する TAC の不感時間のために測定系が動作しなくなるため，何らかの工夫が必要になる．光源の繰返しを落とすために，レーザー共振器外にポッケルスセル（電気光学素子の一種で，電場をかけることにより偏光を変化させる）をおいたり[1]，キャビティーダンパーといわれる音響光学素子（音波を発生させることで，光を偏向させる）を共振器内に入れ，パルスを間引くこともしばしば行われている[1,5,6]．この場合の繰返し周波数は可変で，繰返し周波数の上限は数 MHz 程度である．一方，強い光パルスを出力する再生増幅されたレーザー光を光源とする場合には，繰返し周波数がたかだか 1 kHz 程度なので，1 パルス 1 光子以

下という条件を満足するためには，励起光強度を相当に弱めなければならず，結局，長い計測時間が必要になる．

b. 検出器

放出された発光を光子検出する検出器としては，もっぱら光電子増倍管が用いられている．以前は暗電流の少ないヘッドオン型光電子増倍管が好んで用いられていたが，大型なため電子の走行時間が長く，時間分解能を上げることができなかった．光電子増倍管に光が当たると光電面から光電子が跳び出す．その光電子を加速してダイノードと呼ばれる電極に当て，複数個の二次電子を放出させる．これらをさらに加速して次のダイノードに当て，より多くの二次電子を放出させる．このようなことを繰り返して最終的には電流パルスを得るのである．このうち時間分解能を決めるのは，主に最初のほうの過程で，光電子が跳び出すときの運動エネルギー分布や光電面の場所による走行経路の違いが主要な原因になる．電子の走行時間差によるばらつきを抑えるために，初段の加速電圧を増やしたり，小型の光電子増倍管を使ったり，光電面の大きさを実効的に制限したこともあったが[7]，その後，マイクロチャネルプレートを内蔵した光電子増倍管が登場して，時間分解能は飛躍的に高くなった[1,3,6,8]．この光電子増倍管はマイクロチャネルプレートというパイプ状のチャネルを束にした薄板状の増倍器を用いるもので，走行時間が非常に短く，また，平板状なので，光電面の場所による差も少なく分解能が向上する．実際，浜松ホトニクス社製のR3809Uというチャネル径6 μmの光電子増倍管で24 psの時間分解能が報告されている[9]．

光電子増倍管に代わる検出器としてアバランシェフォトダイオードも注目されている[10]．この素子は，ダイオードにブレークダウン電圧をこえて電圧をかけることにより，電子雪崩現象を起こさせ，単一光子の検出を可能にしている．量子効率が高いものでは80%もあり，光電子増倍管の10%程度と比べると圧倒的に高いが，時間分解能を上げるためには光の受光面を極端に小さくしなければならないことが欠点であった．しかし，これも改良が進み，直径100 μmの受光面をもつ素子を使い，室温で35 psの分解能を得たという報告もある[11]．

c. エレクトロニクス系

検出器から出力された1光子に対応する電流パルスは増幅器で増幅された後，TCSPCの心臓部ともいえる時間波高変換器（time-to-amplitude converter：TAC）に入力される（図3.2.5(a)参照）．このモジュールは，スタートに入力されたパルスとストップに入力されたパルスの間の時間差を電圧に変換する装置で，基本的には積分器である．すなわち，スタートパルスと同時に一定電流が流れ始めてコンデンサーに電荷を蓄積していき，ストップパルスで電流を打ち切ると，コンデンサーに蓄積された電荷は電圧に比例するため，時間差を電圧に変換することができる．実際のシステムでは励起光パルスをフォトダイオードで検出して，その信号をスタートパルスに，

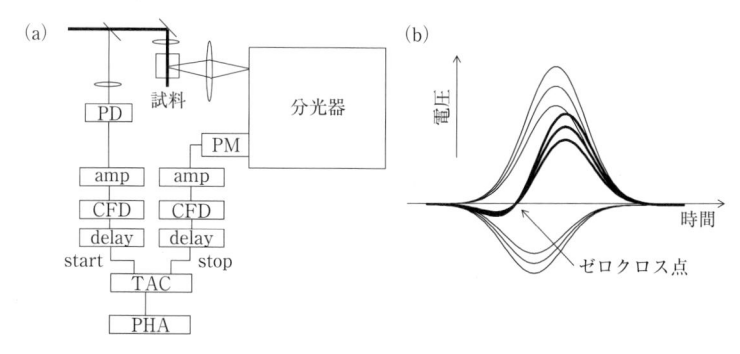

図 3.2.5 (a) TCSPC の測定系と (b) コンスタントフラクション弁別器 (CFD) の原理
PD：フォトダイオード，PM：光電子増倍管，amp：増幅器，delay：可変遅延回路，TAC：時間波高変換器，PHA：波高分析器．

発光を単一光子として検出してその信号をストップパルスに入力して用いる．また，スタートとストップのタイミングを自由にずらすことができるように，通常，可変のディレイを挿入する．

　光検出器から送られてくる電流パルスは高さや形がまちまちで，これがジッター（電気信号の時間のゆらぎ）の原因になり，時間分解能を劣化させる．そこで，TAC に常に同じ形のパルスを入力するように弁別器（discriminator）を通す．このとき，ある一定の閾値電圧を設定して，パルスの立上り時刻を検出するリーディングエッジ型の弁別器を用いると，電流パルスの高さが変化すると閾値をこえる時間にずれが生じるようになる．そのため，高さによる時間のずれを補正するためのコンスタントフラクション弁別器(constant fraction discriminator：CFD)が用いられる．原理を図 3.2.5 (b)に示すが，入力パルスが入ると，それを一定の割合で二分して，一方を時間的に遅らせ，もう一方は極性を反転させる．この二つのパルスを合わせると，ゼロをよぎる点を生じるが，そのタイミングは入力された電流パルスの高さによらず一定である．このゼロクロス点を検出することで，タイミングを一定にすることができる．このようなテクニックにより，温度ドリフトなどがない限り，エレクトロニクス系だけでいえば，数 ps の精度での測定が可能になっている．TAC の出力は AD 変換器である波高分析器（pulse height analyzer：PHA）を通してディジタル量に変換し，メモリに加算される．

d. TCSPC を用いるときの注意点
1) 時間分解能を決める要素
　時間分解能を決める主な要素は，①パルス光源の時間幅，②検出器の時間分解能，③エレクトロニクス系のジッターやドリフト（電気回路の変動）である．とくに，ピ

コ秒オーダーの時間分解能を得るためには，光源の安定性やエレクトロニクス系の温度ドリフトなどが重要になる．そのほか，発光を分光する分光器も分解能を下げる要因になる．回折格子は溝1本につき1波長ずつ光路の異なる光を重ねて干渉させるので，たとえば，1000本/mmの回折格子を5cmの幅で用いると，波長500nmの光パルスに対して83psに相当する光路差を生じる．したがって，回折格子の照射面積を小さくすることも必要である．

2) TACの不感時間

装置が入力に対して応答した後，再び応答できるまでの時間を不感時間というが，この時間はTCSPCにおいてしばしば問題になってくる．TACの不感時間は通常1μsほどである．光源の繰返し周期がこの不感時間より短くなってくると，光源からのパルスがスタートに入力されるたびに，TACは不感時間の間は応答できなくなるため，結果として，光子の測定効率が大幅に落ちてしまう．高繰返しのモード同期レーザーを光源としてTCSPCに用いようとすると常にこの問題が起きる．これを防ぐには，スタートとストップを入れ替え，光子が検出されたときにだけTACを働かせるようにすれば効率のよい測定ができる[7]．

3) パイルアップ効果

1パルスあたり最大でも1光子という条件を満足しようとすると，検出器で検出される光強度を調節する必要がある．1パルスあたりの平均光子数を$\bar{n}$とし，光子がポアソン分布$P(n) = (\bar{n}^n/n!) \exp(-\bar{n})$にしたがい検出されるとすると，2個以上の光子が検出されない確率は$\sum_{n<2} P(n) = (1+\bar{n}) \exp(-\bar{n})$と求められる．たとえば，$\bar{n} = 0.01$とすると，その確率は0.99995と計算される．したがって，1パルスについて2光子が検出される確率を10^{-4}以下にするためには，少なくとも光強度を$\bar{n} = 0.01$以下に落とす必要がある．検出器で1パルスあたり2個以上の光子が検出されると，TACの不感時間のために，不感時間内に検出された光子は無視されてしまう．したがって，時間の遅い部分の光子数が事実上少なく観測されることになり，その結果，発光寿命が見かけ上短く観測される．これをパイルアップ効果（pile-up effect）と呼んでいる[1]．この効果は，不感時間より圧倒的に長い減衰曲線を測定する場合には問題ないが，不感時間より短い場合には常に問題になる．とくに，光源の繰返し周波数が低い場合には，測定にかかる時間とパイルアップ効果の兼ね合いで測定することを強いられる．なお，この効果を補正するアルゴリズムも提案されている[1,12]．

e. TCSPCの応用

図3.2.6にTCSPCで測定した発光の減衰曲線の一例を示す．これは，エリスロシン水溶液からの蛍光の時間特性を，マイクロチャネルプレート型光電子増倍管で測定した例であるが，発光強度が指数関数的に減衰している様子がわかる．また，実線は，励起光パルスの波形と107psの時定数をもつ指数関数を畳み込み積分して得た計算結果であるが，両者はよく合っていることがわかる．このように，TCSPCは発

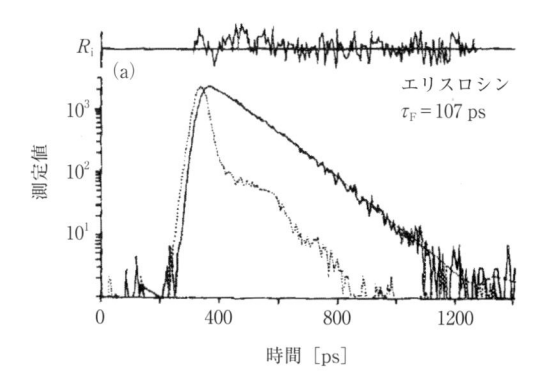

図 3.2.6 マイクロチャネルプレート型光電子増倍管を用いた TCSPC の測定例（文献 6 から転載）
共振器内にキャビティ・ダンパーを入れたモード同期色素レーザーの倍波を励起光として測定した．エリスロシン水溶液の蛍光時間特性（励起波長 305 nm，検出波長 560 nm）．実線は 107 ps の寿命をもつとしたときの減衰曲線の計算結果．上図は計算結果に対する測定値の重み付き残差を表す．

光の時間応答を精度よく測定できるが，そればかりでなく，エネルギー移動や偏光解消の時間特性[1,3]，時間分解発光スペクトル[1,3]，蛍光寿命イメージング（7.3.8 項参照），光子相関[13]などいろいろな分野で用いられている．また，最近では検出器を複数個並べたり，マルチアノード光電子増倍管 (multi-anode photomultiplier) などを用いて，波長や場所などの異なる情報を同時に測定するという多次元 TCSPC の測定も行われている[2,3]．　　　　　　　　　　　　　　　　　　　　　　　〔木下修一〕

文献・注

1) D. V. O'Connor and D. Phillips 著，平山　鋭，原清明訳：ナノ・ピコ秒の蛍光測定と解析法．学会出版センター，1988．
2) W. Becker: Advanced Time-Correlated Single Photon Counting Techniques, Springer Series in Chemical Physics, Springer, 2005.
3) J. R. Lakowicz: Principles of Fluorescence Spectroscopy, 3rd ed., Springer, 2006.
4) 浜松ホトニクス製 OB920，堀場製作所製 PicoBrite™ のカタログによる．
5) K. G. Spears, et al.: *Rev. Sci. Instrum.*, **49**(1978), 255-262.
6) I. Yamazaki, et al.: *Rev. Sci. Instrum.*, **56**(1985), 1187-1194.
7) S. Kinoshita, et al.: *Rev. Sci. Instrum.*, **52**(1980), 572-575；**53**(1982), 469-472.
8) D. Bebelaar: *Rev. Sci. Instrum.*, **57**(1986), 1116-1125.
9) A. Ehlers, et al.: *Microsc. Res. Tech.*, **70**(2007), 154-161.
10) A. Spinelli, et al.: *IEEE J. Quantum Electron.*, **34**(1998), 817-821.
11) A. Gulinatti, et al.,: *Electron. Lett.*, **41**(2005), 272-274.
12) J. G. Walker: *Opt. Commun.*, **201**(2002), 271-277.
13) F. Diedrich and H. Walther: *Phys. Rev. Lett.*, **58**(1987), 203-206.

3.2.3 周波数領域法(位相法)

a. 背 景

蛍光寿命の測定手法は,現象が繰返し可能な場合,励起光として時間幅の狭いパルス光を用いる方法と,正弦波変調光を用いる位相法に大別できる.前者がパルス励起光に対する蛍光の系の時間応答,すなわちインパルス応答を測定するのに対し,後者は定常応答を測定することに相当する.

図3.2.7(a)はパルス励起法の説明図である.励起光を時間tの関数としてのパルス列$e(t)$としたとき,蛍光減衰波形はたとえば図の$g(t)$のようになる.この$g(t)$と$e(t)$の両者を測定して蛍光寿命値を推定する.ここで,試料が複数成分からなる場合,蛍光寿命値も複数個存在することになる.通常は,それぞれの成分に起因する蛍光減衰波形が単一指数減衰関数であると仮定して,測定した$g(t)$に対して数学的なフィッティング処理を施して蛍光寿命値を推定する.一方,図3.2.7(b)は位相法の説明図である.励起光波形$e(t)$は変調度$m_e = a/b$で定義される変調周波数fの正弦波とする.ここで,bは直流バイアス成分,aは交流振幅である.このとき蛍光波形$g(t)$もやはり正弦波となり,周波数は変化しないが,変調度$m_f = c/d$は図に示したように低下する.また,$g(t)$は$e(t)$に対して位相がθ遅れる.ここで,1成分の場合には,m_fのm_eに対する比(振幅変調度比:$M = m_f/m_e = bc/ad$),および位相遅れθのうちいずれか一方を測定すれば,原理的には後述の関係式に基づいて蛍光寿命値が算出できる.複数成分の場合には,情報量を増やすために,周波数を変化させながら同様の測定を繰り返す.

以上の説明から明らかなように,位相法においては定常応答測定を行うとはいっても実際には特定の1個,あるいはたかだか複数個の周波数での振幅変調度比,もしくは位相差測定を行うだけである.したがって,パルス励起法と位相法の両者から得られる情報量は等しくない.パルス励起法での測定の場合と同じ周波数帯域内で,サンプリング定理[1]を満足させながら変調周波数を逐次変化させて測定を繰り返せば,系の応答が線形な場合にのみ,ラプラス変換を経て原理的にはじめて同等な情報が得られる.

その前提で両者を比較する.パルス励起法では試料の損傷や非線形効果に対する配慮がとくに要求される.検出系には高速か

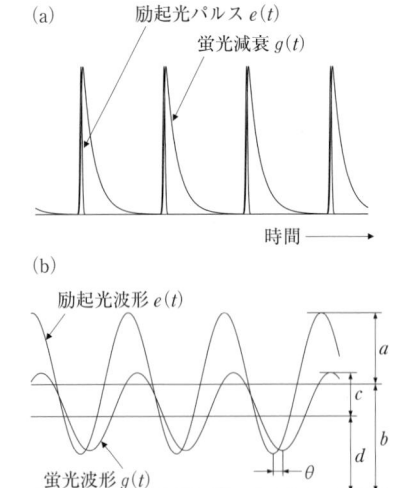

図3.2.7 蛍光寿命測定の説明図
(a) パルス励起法.(b) 位相法.

つ広帯域なエレクトロニクスが必須であり，高周波誘導ノイズの混入やインピーダンス整合に対する注意も必要である．しかし，蛍光減衰波形が直接取得でき，微弱なピコ秒オーダーの寿命にも対応可能な時間相関単一光子計数法が採用できるという強力な利点があるため，現在でも蛍光寿命測定といえばたいていがこの範疇に入る．一方，位相法は減衰波形の取得が原理的に困難であり，微弱光には対応しにくい．しかし，ある程度の蛍光量子収率を有する試料に対しては，系の定常応答を測定しているため，試料に優しく生体試料の測定に適しているといえる．一般に電気的な位相測定の精度が振幅測定のそれに勝るため，振幅変調度比よりは位相差測定が主となるようである．ここで，位相法には蛍光減衰波形が単一指数関数で表現されなければならないという制約が課されるが，通常の希薄溶液ならば多くの場合は許容される．それでも減衰波形が明らかに n 個の指数減衰波形の合成で表される場合には，測定上のノイズが皆無としても n 個の異なった変調周波数での測定が必要である．一つの変調周波数において位相差と振幅変調度比の両者を測定し，それらの情報が使用できるとすれば，$n/2$ 個の測定ですむ．しかし，たとえ減衰波形が単一成分であっても，その事実を事前に知らない限り，確認のために複数個の変調周波数での測定が必要となる．

　現在では上記の分類において，パルス励起法は時間領域法，位相法は周波数領域法とするのが一般的である．昔から，パルス励起法の場合は励起光波形が δ 関数にできる限り近い紫外波長域の光源が，位相法の場合には連続光を高速変調できる手段が必要であった．そのため，パルス励起法では各種の気体放電管が，位相法では音響光学変調器（AOM）[2] や電気光学変調器（EOM）[3] などが利用されてきた．それらの一部は現在でも活用されているが，モードロックレーザーの登場後，基本波の第 2 高調波光（second harmonic generation：SHG）あるいはさらに高次の紫外光が励起の常套手段になった．その際，蛍光波形を高速光電子増倍管（photomultiplier tube：PMT）で取得し励起光波形と相互相関をとれば[4]，ボックスカー積分器の原理そのものである．PMT の帯域をこえる分解時間を確保し微弱光にも対応するとなると，必然的に時間相関単一光子計数法の採用となるが，これが時間領域法の主流である．それに対して，PMT の出力を高周波スペクトルアナライザーに導いて，もしくはオシロスコープでの観測波形にフーリエ変換を施して，そこから得られる高調波成分の情報も活用して，励起光に対する蛍光の振幅変調度比，もしくは位相差から蛍光寿命値を推定する手法が周波数領域法である．したがって励起光源をみる限りでは両者の区別がつかず（したがって蛍光波形も同じとなり），冒頭で述べた前提もあいまいになっている．

　線形な系の応答を測定する手法としては，時間的に不規則に変動するランダム変調光で励起を行い，その応答となる蛍光信号を測定して両者の相互相関関数を求める方法もある．しかし単なるランダム雑音の利用は，最終的に得られる蛍光寿命値の推定精度に問題が残る．そこで広帯域利得を有する CW レーザーの縦モードのビートノイズを利用する試み[5] が報告されたがやや汎用性に欠ける．これに対し，モードロックレーザーの高繰返し周波数の短パルス光列は，そのビートノイズの特別な場合，す

なわち各縦モードの位相が完全にそろった場合であり，図3.2.7(a)で示したパルス光列での励起と同じになる．このような事情を考えると，手法が時間領域か周波数領域かの分類は，取得波形を解析する領域に着目して行うべきかもしれない．しかし，従来の位相法は，たとえ時間領域の波形からθやMを直接算出したとしても，概念的に，あるいは歴史的な理由で周波数領域法に分類される．測定のSN比に関しては，励起光パワー，測定時間，帯域幅，雑音の種類等に応じて議論されるべきであり，単純な比較は難しい．

位相法による最初の蛍光寿命値測定は1926年のGaviolaにさかのぼる[6]．その後AOMを用いる装置が提案され，やがてEOMを用いる装置が登場した．しかし，EOM自身の応答は数百MHzに達するが，駆動回路の制約から変調可能な最大周波数はたかだか数十MHzである．この時期に，トロンボーンと呼ばれた機械式連続可変遅延線と真空管を用いたベクトル加算式位相検出法が実用化した．一方，周波数領域法の観点では二つの重要な提案があげられる．一つは，SpencerとWeberによって提案された相互相関検出法[7]である．高周波信号に適当な中間周波数信号を混合させ，高周波の位相と振幅を低周波数のそれに変換し，蛍光寿命値の推定精度を高めるヘテロダイン[8]の手法もここで用いられた．もう一つは，Merkeloら[9]によるモードロックレーザーの利用である．これらを契機として，各種の可変周波数蛍光寿命計が，HauserとHeidt[10]，HaarとHauser[11]，Gratton[12]，Lakowicz[13]らによって報告され，10GHzの装置も報告された[14]．しかし，近年の青色から紫外波長域の発光ダイオード（light-emitting diode：LED）やレーザーダイオード（laser diode：LD）の普及は，従来の位相法を改めて見直させるような状況にしているかのようである．

b. 原理と測定上の問題点
1) 位相法

従来の位相法の原理を図3.2.7(b)で再度説明する．ここで，励起光の変調時間波形は$e(t) = a\cos(\omega t) + b$，変調角周波数は$\omega = 2\pi f$である．また，試料を$\delta$関数状のインパルス光で励起した場合の蛍光減衰波形は，蛍光寿命値τの単一指数関数$f(t) = A\exp(-t/\tau)$と仮定する．このとき，蛍光の系は自動制御理論の一次遅れ系と見なせ，蛍光波形$g(t) = c\cos(\omega t - \theta) + d$は励起光$e(t)$に対して位相が$\theta$だけ遅れる．$g(t)$の変調度$m_\mathrm{f} = c/d$は，$e(t)$のそれ$m_\mathrm{e} = a/b$よりも低下し，振幅変調度比は$M = m_\mathrm{f}/m_\mathrm{e} = bc/ad$となる．ここで，$\tan\theta = \omega\tau$，$M = 1/\sqrt{1+(\omega\tau)^2}$である．したがって，既知の$\omega$に対して$\theta$あるいは$M$を測定すれば$\tau$が推定できる．通常は反射率の波長依存性が無視できる拡散板を試料位置に配置し，それから得られる信号を$e(t)$とする．この$e(t)$を参照信号と呼ぶことが多い．

以上を測定の時間原点を明示して表現すると次のようになる．

$$g(t) = \int_{-\infty}^{t} e(\rho) f(t-\rho) \mathrm{d}\rho = \int_{0}^{\infty} f(\rho) e(t-\rho) \mathrm{d}\rho$$

ここで，$g(t), e(t), f(t)$ のラプラス変換をそれぞれ $G(s), E(s), F(s)$ とすると，

$$G(s) = E(s)F(s) = \left(\frac{as}{s^2+\omega^2} + \frac{b}{s}\right)\left(\frac{c}{s+1/\tau}\right)$$

となる．これを部分分数展開した後，逆ラプラス変換を施すと，次のようになる．

$$g(t) = \frac{ac/\tau}{\omega^2+1/\tau^2}\cos\omega t + \frac{ac\omega}{\omega^2+1/\tau^2}\sin\omega t + \tau bc - \left(\frac{ac/\tau}{\omega^2+1/\tau^2} + \tau bc\right)e^{-t/\tau}$$

右辺の第4項は過渡応答項であり，定常状態では0となる．したがって，

$$g(t) = \frac{ac}{\sqrt{(1/\tau)^2+\omega^2}}\cos(\omega t - \theta) + \tau bc$$

ここで，$\tan\theta = \omega\tau$ であり，$m_{\mathrm{f}} = a/b\sqrt{1+(\omega\tau)^2}$ より $M = 1/\sqrt{1+(\omega\tau)^2}$ となる．また，τ の相対推定誤差は，$\Delta\tau/\tau = 2\Delta\theta/\sin 2\theta$ となる．これは装置的な位相測定の誤差 $\Delta\theta$ に対して $\theta = \pi/4$ のとき極小を与え，その意味で最適な変調角周波数は $\omega = 1/\tau$ となる．このとき $M = 1/\sqrt{2}$ である．

2) 周波数領域法

減衰波形が2成分の場合の明示的な式もあるが[15]，より多成分の場合には，以下のような手順で求める．成分数を K，i 番目の蛍光寿命値を τ_i，初期振幅を a_i とすると，求めるべきインパルス応答は，$I(t) = \sum_{i=1}^{K} a_i \exp(-t/\tau_i)$ となる．したがって，系の規格化伝達関数 $F(\omega)$ は，そのフーリエ変換によって次式で与えられる．

$$F(\omega) = \frac{\int_0^\infty I(t)e^{-i\omega t}\mathrm{d}t}{\int_0^\infty I(t)\mathrm{d}t} = \frac{1}{J}\int_0^\infty I(t)e^{-i\omega t}\mathrm{d}t = C(\omega) - iS(\omega)$$

ここで，

$$C(\omega) = \frac{1}{J}\int_0^\infty I(t)\cos\omega t\,\mathrm{d}t = \frac{1}{J}\sum_{i=1}^{K}\frac{a_i\tau_i}{1+\omega^2\tau_i^2}, \quad S(\omega) = \frac{1}{J}\int_0^\infty I(t)\sin\omega t\,\mathrm{d}t = \frac{1}{J}\sum_{i=1}^{K}\frac{a_i\omega\tau_i^2}{1+\omega^2\tau_i^2}$$

$J\left(\equiv \int_0^\infty I(t)\mathrm{d}t\right)$ は全蛍光強度に相当する量である．定常状態での蛍光強度測定で i 番目の成分の寄与率を k_i とすると，$k_i = a_i\tau_i/J$ である．以上より，変調角周波数 ω_i での位相 $\theta(\omega_i)$ および振幅 $M(\omega_i)$ は次のようになる．

$$\theta(\omega_i) = \arctan\left(\frac{S(\omega_i)}{C(\omega_i)}\right), \quad M(\omega_i) = \sqrt{S^2(\omega_i) + C^2(\omega_i)}$$

この $\theta(\omega_i)$ と $M(\omega_i)$ から τ_i を推定するためには，蛍光減衰波形に対する適当なモデルを仮定して数値的な適合（フィッティング）を行う．その適合の判定には次式で与えられる「良さの指数」を用いる場合が多い．

$$\chi_{\mathrm{R}}^2 = \frac{1}{\nu}\sum_\omega\left(\frac{\theta(\omega)-\theta_c(\omega)}{\Delta\theta}\right)^2 + \frac{1}{\nu}\sum_\omega\left(\frac{M(\omega)-M_c(\omega)}{\Delta M}\right)^2$$

添字の c は仮定したモデルに基づく計算値を示す．たとえば，減衰波形が複数個の指数減衰関数の合成で表せると仮定して，各寿命値と初期振幅比をパラメータとする．$\Delta\theta$ と ΔM は測定値の不確かさを表し，測定値の標準偏差を用いる場合が多い．ν は

自由度を表し，上式では変調周波数の総点数の2倍からパラメータの総数を引いた値である．仮定したモデルが適切で，重畳している雑音がランダムな場合，χ_R^2の値は1に近づく．そうでない場合は仮定したモデルの修正が必要となる．それぞれの項に，周波数の関数として測定値の分散の逆数に比例するような重み関数をかける場合もある．モデルの妥当性の比較やパラメータの信頼区間の設定のためには統計的検定が必要となる．

次に，周波数領域法での$\theta(\omega_i)$と$M(\omega_i)$の測定の概念を図3.2.8で模式的に示す．左列が時間領域波形，右列が周波数領域波形であり，(a)から(f)の左右の波形はそれぞれのフーリエ変換対の関係にある．また，周波数領域の波形において，実線は複素スペクトルの絶対値，点線は位相スペクトルを表す．左右の縦軸の破線は，それぞれ時間軸および周波数軸の原点を示す．ここで，励起光は繰返し角周波数$\omega_0 = 2\pi/T_0$とし，簡単のためその波形は標準偏差σのガウス波形，蛍光減衰波形は寿命値τの単一指数関数とした．(a)はそのような励起繰返しパルス列から1周期分だけを抽出した単一の励起光波形を示す．右図はその波形のフーリエ変換であり，絶対値は標準偏差$1/\sigma$のガウス波形，位相は0となる．(b)は，(a)の単一の励起光で生じる蛍光減衰波形を示す．そのフーリエ変換の絶対値は半値半幅$1/\tau$のローレンツ波形，位相は原点に対して反対称波形になる．(c)に示した波形は時間周期T_0のcomb（櫛状）関数であり，そのフーリエ変換は周波数領域では周期ω_0のcomb関数となる．以上

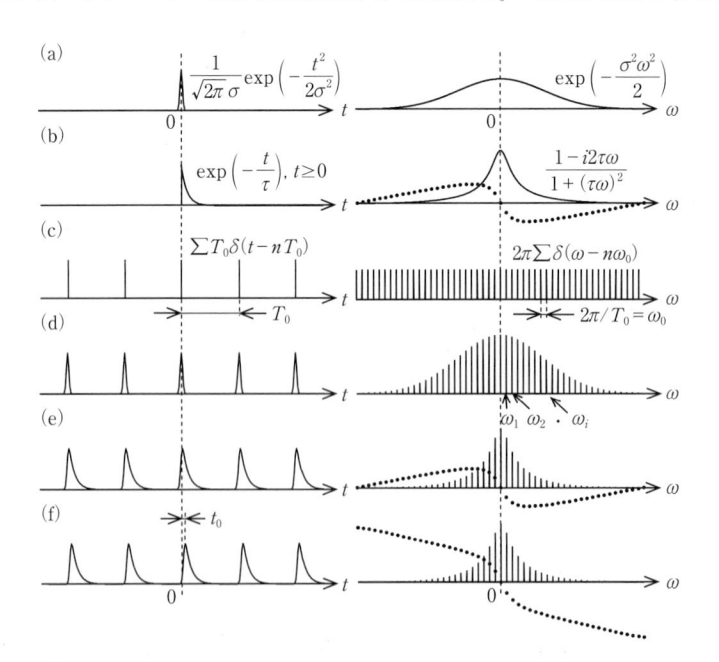

図3.2.8 周波数領域法における測定の概念の説明図

のような設定をすると，参照波形は (d) に示したような時間波形となり，これは (a) と (c) のコンボリューションで与えられる．このフーリエ変換はそれぞれのフーリエ変換の積となる．蛍光波形は (e) に示すように，(d) と (b) のコンボリューションで与えられる．したがって，蛍光寿命値取得のためには (d) と (e) を測定する．こうして，それらの絶対値スペクトルと位相スペクトルが得られれば，comb 関数の各輝線位置 ω_i で位相差 $\theta(\omega_i)$ と振幅変調度比 $M(\omega_i)$ が算出できる．

ここで，以上の時間波形の原点が t_0 だけシフトした場合，時間軸推移定理によりそのフーリエ変換には $\exp(-i\omega t_0)$ が乗算される．なぜならば，一般に関数 $h(t)$ のフーリエ変換を $H(\omega) = \int_{-\infty}^{\infty} h(t) \exp(-i\omega t) dt$ とすると，$h(t-t_0)$ のフーリエ変換は $H(\omega) \exp(-i\omega t_0)$ となるからである．したがって，(f) のような遅延が生じると，絶対値スペクトルは変化しないが，位相は周波数の一次関数としての遅延が生じ，位相からの蛍光寿命推定値に誤差が生じてしまう．実際，光検出器からの出力波形の時間原点は，因果律にしたがって，入射光波形のそれに対してかならずシフトしているはずである．しかし参照信号と蛍光信号に相対的遅延がない限りその影響は相殺される．問題となるのは，光検出器の応答に波長依存性があり，かつ蛍光のストークスシフトが大きい場合である[16]．加えて，時間軸上での繰返し波形の測定時間幅 W，すなわち何周期分の波形を観測しているかという問題もある．その影響は (d) と (e) の波形に対する幅 W の矩形関数の測定窓の乗算であり，周波数領域ではそれぞれのフーリエ変換への幅 $2\pi/W$ の sinc 関数のコンボリューションとなる．その結果，波形はひずむが $W \gg T_0$ あるいは W が T_0 の整数倍ならばさほど問題とはならない．実際の測定では，時間波形のサンプリングのため，周期 $\Delta t (\ll T_0)$ の comb 関数がさらに乗算される．その影響の説明は，サンプリング定理のそれになるが，結局はエリアジング[1]の影響が無視できるように，τ と T を勘案しつつ適切な Δt と W を設定するということになる．以上が周波数領域法に内在する問題点である．

c. LD の変調回路と測定例

装置的な観点では光源の選択が重要である．紫外波長域の高繰返し短パルス光とそれに同期した信号が得られれば，通常の蛍光測定の光学系と高速 PMT，および波形積算機能を有するディジタルオシロスコープがあればよい．後はフーリエ変換処理だけである．同期信号が得られない場合は，光源モニター用の高速光検出器が別途必要である．信号処理においては，高周波スペクトルアナライザーなどの利用も有効であるが，システムが高価になりやすい．従来の位相法を考えるならば，光源の変調手段が重要である．それが得られれば各種の高精度位相測定手法が採用できる．

ここでは一般論を避けて，波長 405 nm の紫色 LD の正弦波変調回路の具体例を図 3.2.9 に示す．この LD の閾値電流は 35 mA である．マイクロ波トランジスタのコレクタ負荷として，40 mA の直流バイアス電流に相応の周波数の 20 mA$_{pp}$ の変調

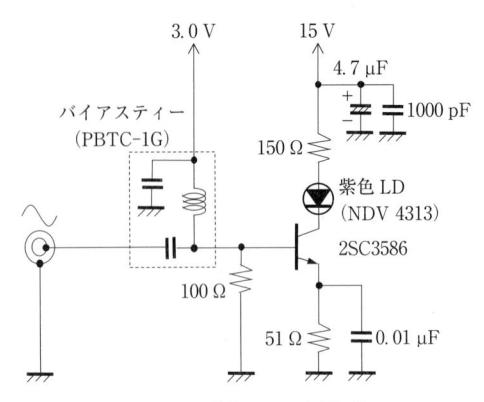

図 3.2.9 紫色 LD の変調回路

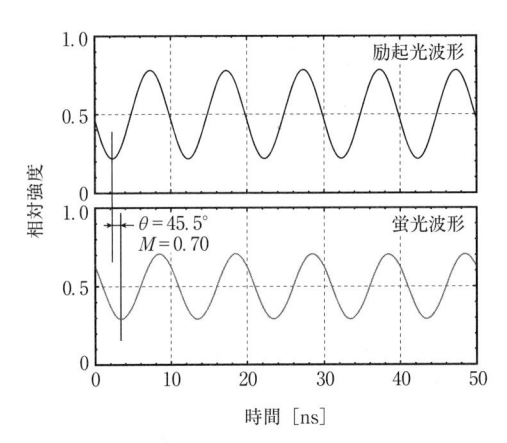

図 3.2.10 10×10^{-6} M クマリンエタノール溶液の測定波形（上：励起光波形，下：蛍光波形）

信号を重畳するだけであるが，高周波回路としての実装上の注意は必要である．変調度50%を与える周波数を上限として定義すると240 MHz 付近まで対応できる．波形ひずみを許容すればさらに高周波まで対応できる．市販品もあるが，変調度の定義に注意すべきである．パルス法での使用に関しては，ナノ秒パルサーが報告されている[17]．

図 3.2.9 に示した LD を励起光源として，10×10^{-6} M のクマリンエタノール溶液を従来の位相法で測定した結果を図 3.2.10 に示す．上段が励起光波形，下段が蛍光波形で，帯域 500 MHz のディジタルオシロスコープでの観測波形である．ここで変調周波数は $f = 100$ MHz とし，蛍光側には遮断波長 480 nm の長波長透過フィルターを挿入し，PMT（R7400U；Hamamatsu）で光検出を行った．このとき $\theta = 45.0°$, $M = 0.70$ であった．蛍光減衰波形が単一指数関数と仮定して，θ と M から算出した蛍光寿命値 τ はそれぞれ 1.59, 1.62 ns となり，文献値[18] $\tau = 1.60$ ns とほぼ一致した．

d．最近の動向

小型，堅牢，低価格，電気的な直接駆動が容易という利点を有する紫外 LED や青色 LD を光源とした簡便な蛍光寿命計の報告が多い[19-22]．200 MHz 帯域の高周波ロックイン増幅器を利用した装置の報告もある[23]．波長 300 nm 近傍のタンパク質やアミノ酸の吸収バンドに適合できる紫外 LED も登場した[24]．試料に応じて波長選択の自由度が高いことも利点である．

蛍光減衰波形が取得不可という原理的な難点を克服するフーリエ変換型位相変調方式蛍光寿命計[25]，短時間幅の測定データから位相推定を可能とする自己回帰モデル

データ解析手法に基づく周波数多重変調方式蛍光寿命計[26]，複数の周波数での同時測定を目的とした位相変調光源を用いる手法[27]，PMTの負荷抵抗を大きく設定して検出感度と測定のSN比の向上をめざす手法[28]，PMTのダイノード電圧をバースト状に同期変調させた装置[29]，微弱光に対応しにくいという欠点を克服する光子計数方式蛍光寿命計などが提案されている[30]．いずれも，スペクトルのみでは識別しにくい試料の識別能力を向上させる目的で，生体試料のスクリーニングへの適用が有力である．多成分試料のデータ解析においては，フィッティング処理が一義的にできない場合が多くなる．そのようなとき，平均蛍光寿命値と試料の複合性を表す指標の二つのパラメータで表現される拡張指数関数の適用が実用的である[31]．蛍光寿命値分布との関連も議論されている[32]．参照テーブルの準備が必要であるが，偏光解消測定への適用も有望である．なお，図3.2.9に示したLDの変調回路に関しては，現在では周波数1.0GHzで変調度50%を越えるものが実現されている[33]．　　　〔岩田哲郎〕

文献・注

1) サンプリング定理（sampling theorem）：ある波形をサンプリング（標本化）する際に，情報の欠落を防ぐための必要十分条件は，その波形に含まれている最大周波数成分の2倍以上の周波数でサンプリングすることである．これを時間領域のサンプリング定理と呼んでいる．その条件が満足されない場合には，サンプリング周波数の半分として定義されるナイキスト周波数と零周波数との間で本来のスペクトル波形の折返しが発生し，再現波形にひずみが生じてしまう．もしくはまったく異なる低周波数の波形になってしまう．これがエリアジング（aliasing）という現象である．したがって，通常はサンプリング周波数を十分に高く設定する．
2) 音響光学変調器（acousto-optic modulator：AOM）：音波は媒質中を伝搬する弾性波であり，とくに石英やTiO_2結晶などに超音波を伝搬させたとき，媒質の密度変化を伴う疎密波によって周期的な屈折率の変化が生じる．したがって，これを透過した光は空間および時間的に変化する屈折率変化によって位相変調を受けることになり，この効果が回折格子として利用できる．光のオンオフ，偏向，強度変調，周波数変調などが行え，そのような目的で使用する装置が音響光学変調器である．
3) 電気光学変調器（electro-optic modulator：EOM）：透明な誘電体結晶に電圧を印加したときに屈折率が変化する現象がある．その変化が印加電場に比例するポッケルス効果や二乗に比例するカー効果などがよく知られており，このような非線形光学効果を総称して電気光学効果と呼んでいる．とくに大きな複屈折性を示す結晶は電気光学素子として用いられ，光の偏向，強度変調，位相変調器として利用されている．
4) G. M. Hieftje and G. R. Haugan：*Anal. Chem.*, **53**-6(1981), 755A-765A.
5) G. M. Hieftje, *et al.*：*Appl. Phys. Lett.*, **30**-9(1977), 463-466.
6) J. R. Lakowicz：Principle of Fluorescence Spectroscopy, 3rd ed., Springer, New York, 2006.
7) R. D. Spencer and G. Weber：*Ann. NY Acad. Sci.*, **158** (1969), 361-376.
8) ヘテロダイン（heterodyne）：測定または検出したい周波数の高い信号波に対して，それより低い周波数の局部発振信号波を別途用意して，両者の乗算から差周波信号成分を抽出する信号処理の操作全般をさす．とくに位相測定においては，周波数を低周波数側

にダウンコンバートさせることにより，計測装置の簡素化と測定精度の向上が図れる場合が多い．

9) H. S. Merkelo, et al.：Science, **164**-4 (1969), 301-303.
10) M. Hauser and G. Heidt：Rev. Sci. Instrum., **46**-4 (1975), 470-471.
11) H. P. Haar and M. Hauser：Rev. Sci. Instrum., **49**-5 (1978), 632-633.
12) E. Gratton and M. Limkeman：Biophys. J., **44**-12 (1983), 315-324.
13) J. R. Lakowicz and B. P. Mailwal：Biophys. Chem., **21**-1 (1985), 61-78.
14) G. Laczko, et al.：Rev. Sci. Instrum., **61**-9 (1990), 2311-2337.
15) G. Ide, et al.：Rev. Sci. Instrum., **54**-7 (1983), 841-844.
16) T. Iwata, et al.：Meas. Sci. Technol., **19**-1 (2008), 015601
17) T. Iwata, et al.：Appl. Spectrosc., **57**-9 (2003), 1145-1150.
18) P. Dahiya, et al.：Chem. Phys. Lett., **414** (2005), 148-154.
19) J. Sipior, et al.：Rev. Sci. Instrum., **68**-7 (1997), 2666-2670.
20) T. Iwata, et al.：Opt. Rev., **7**-6 (2000), 495-498.
21) H. Szmacinski and Q. Chang：Appl. Spectrosc., **54**-1 (2000), 106-109.
22) P. Herman and J. Vecer：Ann. N. Y. Acad. Sci., **1130** (2008), 56-61.
23) P. Harms, et al.：Rev. Sci. Instrum., **70**-2 (1999), 1535-1539.
24) C. D. McGuinness, et al.：Meas. Sci. Technol., **15**-11 (2004), L19-L22.
25) T. Iwata：Opt. Rev., **10**-1(2003), 31-37；T. Iwata, et al.：Meas. Sci. Technol., **16**-11 (2005), 2351-2356.
26) T. Iwata, et al.：Appl. Spectrosc., **61**-9 (2007), 950-955.
27) T. Mizuno, et al.：Opt. Rev., **19**-4 (2012), 222-227.
28) T. Iwata, et al.：Appl. Spectrosc., **63**-11 (2009), 1256-1261.
29) T. Iwata and T. Araki：Appl. Spectrosc., **59**-8 (2005), 1149-1153.
30) T. Iwata, et al.：Opt. Rev., **8**-5 (2001), 326-330.
31) F. Alvarez, et al.：Phys Rev. B, **44**-10 (1994), 7306-7312.
32) J. R. Alcala, et al.：Biophys. J., **51**-4 (1987), 587-596.
33) T. Mizuno, et al.：Rev. Sci. Instrum. (accepted for publication).

3.2.4　アップコンバージョン法

a. アップコンバージョン法の原理

　蛍光や吸収などの時間分解測定においては，光検出器の時間応答を利用した電気的な手法での時分割検出が用いられる．しかし光検出装置の電気応答速度は，一般にはピコ秒よりも遅く，フェムト秒領域の時間分解測定においては，光検出器の時間応答を利用することができない．そこで，フェムト秒パルスレーザー光をポンプ光とプローブ光の二つに分けたポンプ-プローブ法の光学系を設計し，光学的な手法でのフェムト秒時間分解測定が行われる．

　フェムト秒領域の蛍光の時間分解測定には，アップコンバージョン法とカーゲート法がよく用いられる．両手法とも，ポンプ-プローブ法の光学配置にて測定を行い，ポンプ光で試料を光励起し，プローブ光が超高速シャッターの役割を果たす．時間分

解能はレーザー光のパルス幅で決まるために，フェムト秒領域の時間分解測定においてとくに有力な手法である．ここでは，この二つの方法のなかで，アップコンバージョン法について概説する[1]．

アップコンバージョンとは入射光よりも波長の短い光を発する現象であり，蛍光の時間分解においては，和周波発生を用いてアップコンバージョンを行っている．和周波発生とは，角周波数 ω_1 の光と角周波数 ω_2 の光から両者の和の角周波数 ($\omega_1+\omega_2$) の光が新たに発生する二次の非線形光学現象である．レーザー光などの強い光を非線形媒質に入射したときに生じる二次の誘電分極 $P_2(t)$ によって発生する．ここで，非線形媒質とは，入射する光の強度に対して非線形な応答を示す物質の総称である．$P_2(t)$ は入射電場 $E(t)$ を用いて式 (1) になる．

$$P_2(t) = \chi_2 E_1(t) E_2(t) \tag{1}$$

式 (1) で $E_1(t)$，$E_2(t)$ は非線形媒質に入射した二つの光の電場，χ_2 は二次の感受率である．複屈折をもつ結晶などが用いられており，とくに非線形効果の高い結晶を非線形光学結晶と呼ぶ．$E_1(t)$ と $E_2(t)$ の振幅と角周波数をそれぞれ，E_1, ω_1 と E_2, ω_2 とおくと，式 (2) のように和周波光 ($\omega_1+\omega_2$) が生じ，二次の誘電分極は E_1 と E_2 の積に比例することがわかる．$\omega_1=\omega_2$ のときは $2\omega_1$ となり，入射光の角周波数の 2 倍の角周波数の光である第 2 高調波光となる．

$$P_2(t) = \frac{1}{2}\chi_2 E_1 E_2 \{\cos(\omega_1+\omega_2)t + \cos(\omega_1-\omega_2)t\} \tag{2}$$

和周波光の強度は二次の誘電分極の二乗に比例することから，和周波光の強度は ω_1 と ω_2 の光強度の積に比例する．蛍光の時間分解を行うアップコンバージョン法では，ポンプ光によって生じた試料からの蛍光 (ω_f) とゲート光と呼ばれるプローブ光パルス (ω_g) を非線形光学結晶に入射し，両者の和周波光 ($\omega_f+\omega_g$) を検出する．カーシャッター法と比較して，アップコンバージョン法の利点は，パルスレーザー光を増幅することなく，MHz の高い繰返し周波数をもつフェムト秒モード同期レーザーをそのまま使えることである．半導体励起レーザーにより励起したモード同期レーザーの高い安定性と再現性を保った状態で測定を行うことによって，信号雑音比および信頼性の高い信号を得ることができる．一方，カーシャッター法では CCD などの二次元検出器を用いて蛍光スペクトルを一度に測定できるのに対し，アップコンバージョン法では，蛍光波長を掃引しなければ広い波長範囲での蛍光スペクトルを得ることができない[2]．

アップコンバージョン法による時間分解測定の原理図を図 3.2.11 に示す[1,3]．(a) の図において，試料を励起するポンプ光，ゲート光，そしてポンプ光によって生じた蛍光の時間変化の関係を示してある．非線形光学結晶の位置におけるポンプ光パルスとゲート光パルスとの間の時間差を遅延時間 (t) として定義する．式 (2) より，和周波光の強度は蛍光とゲート光の強度の積に比例し，時間的および空間的に重なっているときにのみに発生する．よって図 3.2.11(a) においては，遅延時間 t における蛍

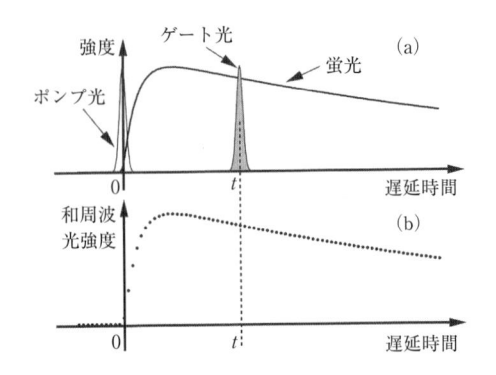

図 3.2.11 アップコンバージョン法を用いた時間分解蛍光測定の原理図[1,3]
(a) ポンプ光，ポンプ光によって生じた試料からの蛍光，ゲート光の時間変化．(b) ゲート光と蛍光から生じた和周波光強度の遅延時間依存性．

光強度とゲート光の強度の積に比例した和周波光の強度が得られる．遅延時間を変化させることによって，各遅延時間での蛍光強度とゲート光の強度の積に比例した和周波光の強度を得ることができ，横軸を遅延時間，縦軸を和周波光の強度としてプロットすると，得られる曲線は蛍光の時間変化と一致する（図 3.2.11(b)）．ゲート光のパルス幅の時間のみの蛍光強度を観測していることから，ゲート光が超高速シャッターの役割を果たしており，検出器の高速応答性は必要のないことがわかる．得られた蛍光の時間分解曲線は，装置関数と蛍光寿命や緩和速度に対応する単一または複数の指数関数のデコンボリューション法によって解析される．装置関数は，システムの時間分解能を決める関数である．アップコンバージョン法の場合は，レーザーパルス光の相関関数が装置関数となる．ただし，光学材料中を通過することなどによるパルス幅の変化を含んだ相関関数でなくてはならない．

b. アップコンバージョン法の光学配置

アップコンバージョン法の光学配置と測定手順の概要について述べる．光学配置の一例を図 3.2.12 に示す[2-4]．図 3.2.12 ではフェムト秒モード同期レーザーを励起光源としている．ポンプ-プローブ法の光学配置であり，非線形光学結晶を用いて可視域に波長をもつ第2高調波に変換した後，ポンプ光となる第2高調波とゲート光となる変換されなかった基本波を特定の波長領域の光のみを反射するダイクロイックミラーで分けている．ポンプ光はレンズなどを用いて試料に入射される．試料の配置は，試料の状態などによって異なり，溶液試料の場合は，1 mm 程度の光路長の光学フローセルなどを用いて試料を循環させて光劣化を抑える方法がよく用いられる．光学セルを通過することによる群速度分散（媒質中を通過する光の速度が，光の波長によって異なる現象）によってパルス幅が増加するために，溶液試料をノズルから薄い液膜の状態で噴出させ，液膜に励起光を照射する方法も用いられている[3]．

試料から生じた蛍光は，レンズなどを用いて捕集され，フィルターなどによってポンプ光成分を除去した後，和周波光を発生させる非線形光学結晶に集光される．図

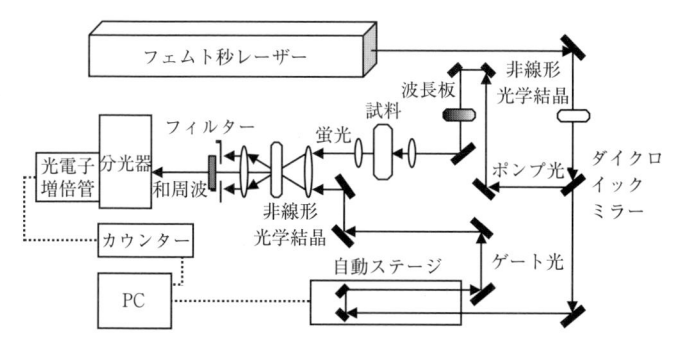

図 3.2.12 時間分解アップコンバージョン蛍光測定システム

3.2.12ではレンズを用いて蛍光を集光しているが，楕円面鏡やカセグレン鏡などの反射集光素子を用いた蛍光の捕集および集光も行われている[1,3]．反射集光素子は，郡速度分散の影響や蛍光波長による色収差の除去，高効率の蛍光の捕集などのさまざまな利点をもつ．

ゲート光は自動ステージ上に設けられた光学遅延路を通り，和周波光を発生させる非線形光学結晶に集光される．非線形光学結晶には，厚さが0.5 mm程度の$\beta\text{-BaB}_2\text{O}_4$結晶（BBO結晶）がよく用いられている．蛍光とゲート光を結晶に空間的に重なるように集光させると，これらの光の波数ベクトルの和の方向に和周波光が発生する．和周波光は非線形光学結晶の位相整合条件を満たすことによって観測することができる．位相整合とは，入射された光と発生した和周波光の位相が媒質中の光路でそろうことであり，位相整合を満たすことによって，和周波光の強度は顕著に増加する．非線形光学結晶の入射光に対する角度を調整して位相整合条件を満たす．観測したい蛍光の波長（λ_F）と観測される和周波光の波長（λ_S）との関係は式（3）になる．

$$\lambda_F^{-1} + \lambda_G^{-1} = \lambda_S^{-1} \tag{3}$$

ここで式（3）は真空中の波長であり，λ_Gはゲート光の波長である．λ_Sは一般に紫外域になる．実験では，式（3）を用いて観測したいλ_Fにおけるλ_Sを計算する．次に分光器の波長をλ_Sに合わせる．非線形光学結晶の角度を変化させ，位相整合条件に一致する角度になったときに，和周波光が検出される．この位相整合条件を満たす角度は，ゲート光および蛍光の波長に依存する．そのために，時間分解蛍光スペクトルを得るためには，結晶の角度を系統的に変化させ，各蛍光波長での和周波光強度を順次測定しなければならない．位相整合条件は，蛍光とゲート光の偏光にも依存する．ゲート光の偏光と同じ偏光成分の蛍光から，これらと直交した和周波光が生成する位相整合条件のことを第1種位相整合（タイプI）と呼ぶ．

和周波光の強度は，ゲート光と蛍光の強度よりも圧倒的に小さいために，ゲート光，蛍光およびゲート光の第2高調波が検出器に入らないようにしなければならない．図3.2.12では虹彩絞りなどを用いてゲート光と蛍光を空間的に遮断し，さらに

和周波光の波長域のみが透過するフィルターを用い,分光器で和周波光を分光して検出している.MHzの繰返し周波数をもつモード同期レーザーを光源としている場合は,微弱光検出の有力な方法である光子計数法によって和周波光を測定することができる.光子計数用の光電子増倍管を用いて和周波光を検出し,カウンターによって信号パルスの数を計測する.

ポンプ光とゲート光との間の遅延時間は,非線形光学結晶に入射するまでの二つのパルス光の光路差を変化させることによって得る.図3.2.12では,自動ステージを用いてゲート光の光路長を変化させることによって,遅延時間を変化させている.自動ステージの位置を固定し,ある遅延時間での和周波光を測定した後,自動ステージをわずかに移動させて次の遅延時間へと変化させる.測定するすべての遅延時間において和周波光を測定し,和周波光の強度(カウント数)を遅延時間に対してプロットすることによって,蛍光の時間分解曲線を得る.光の速度より,0.3 mmの光路差が1 psの遅延時間に対応する.

遅延時間の原点および装置関数は,試料を励起するポンプ光とゲート光の和周波(高調波)を測定する方法が用いられる.溶液試料の場合は,溶媒のラマン光とゲート光の和周波から装置関数を得ることができる.光学配置を変えることなく,また溶液からの瞬時的なラマン信号を用いているために,より厳密な装置関数の測定が可能となる.

c. 応用例

応用例として,水および水-グリセロール混合溶媒中におけるFAD (flavin adenine dinucleotide) のアップコンバージョン法による結果を図3.2.13に示す[5].水中におけるFADの蛍光強度の時間変化は,数psで減衰する成分とnsのオーダーの蛍光寿命をもつバックグラウンド成分の2成分に分けることができる.FADは基底電子状態において,アデニンとイソアロキサジンの二つの芳香環が離れた開環型と,これらが近接した閉環型の二つの状態の平衡状態として存在する.図3.2.13において,nsの蛍光寿命をもつバックグラウンド成分を開環型に,数psの蛍光寿

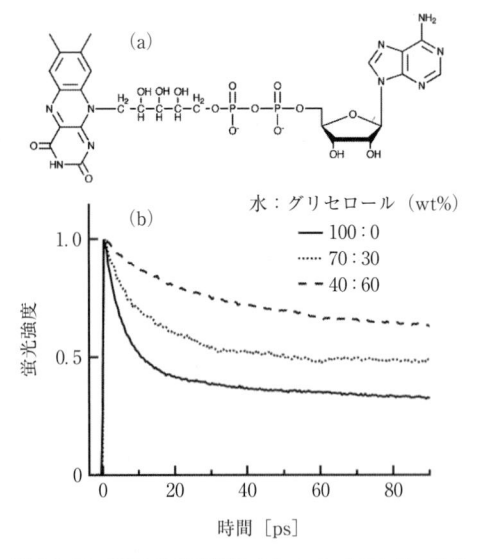

図3.2.13 FADの分子構造(a)と水-グリセロール混合溶媒中におけるFADの蛍光強度の時間変化(b)(文献5よりAmerican Chemical Society (2010) の許可を受け転載)
グリセロール濃度(wt%):0(実線),30(点線),60(破線).

命をもつ速く減衰する成分を閉環型に帰属することができる．開環型と閉環型は吸収および蛍光スペクトルでは区別することができないが，蛍光寿命は100倍以上も異なりこのように容易に判別することができる．閉環型における蛍光寿命の極端な減少は，光励起されたイソアロキサジン環とアデニン環との間の分子内電子移動による消光が原因である．グリセロールの濃度増加に伴い，閉環型に由来するpsの減衰成分の蛍光寿命が長くなることがわかる．またnsのバックグラウンド成分もグリセロールの濃度増加に従い増加し，FADのコンフォメーションにおいて平衡が開環型に偏ることがわかる．他の水-アルコール中においても同様の挙動を示すことから，媒質の誘電率の減少に伴い，閉環型の分子内電子移動速度は遅くなり，また閉環型の分布数も減少することを示している．

〔中林孝和〕

文献・注

1) J. Shah : *IEEE J. Quantum Electron.*, **24** (1988), 276-288.
2) 秋本誠志ほか : 分光研究, **54**(2005), 18-22.
3) 竹内佐年 : 実験化学講座, 9巻, 第5版, 丸善, 2005, [370-375].
4) K. Ohta, *et al.* : *Chem. Phys.*, **242** (1999), 103-114.
5) T. Nakabayashi, *et al.* : *J. Phys. Chem. B*, **114**(2010), 15254-15260.

3.2.5 ストリークカメラ

ストリークカメラは，時間に依存して変化する発光現象を時系列でとらえる装置であり，入射スリットによって空間的には一次元に制限された情報（発光強度）をもち，その情報が経時変化する様子を観測することができる．したがって，時間軸と空間軸に依存した発光強度の情報を一度に取得することが可能である．入射スリット方向をx軸とし，それに垂直な方向をy軸とすると，xy平面上にある観測対象が放つ発光強度分布をx軸上に集める（縮約する）ことによって，たとえば，プラズマ発光やエンジンの燃焼などの発光現象の経時変化を直接観測することができる．このような用途も一般的ではあるが，ここでは分光器を用い，空間軸を波長軸に変換して観測を行う方法についてのみ取り扱うことにする．この場合，分光器の出射側にはスリットを設けないポリクロメーターを使用する．用途としては，時間分解ラマン測定，ポンプ-プローブ測定，発光（蛍光）寿命測定などがあり，測定方法によっては光の検出に制限を加える必要があるため，ゲート回路が設けられることがある．ここでは蛍光寿命測定に関して，その原理と測定の実際も交えて解説を行う．

a. 蛍光寿命測定方法の比較

蛍光寿命測定方法は寿命の時間スケールによって，いくつかに使い分けられており，時間相関単一光子計数法（TCSPC，ナノ秒，ピコ秒），位相差法（ナノ秒），ストリークカメラ法（ナノ秒，ピコ秒），蛍光アップコンバージョン法（ピコ秒，フェムト秒）

などがある．他の方法に比べて，ストリークカメラを使った場合には，蛍光強度変化を時間軸と波長軸に関して同時に観測することができるため，計測時間を短縮できるという利点があり，パソコンのデータ処理速度の向上に伴って，今後主流になっていくと予想される．

b. 光子計数型ストリークカメラの構造と動作特性
1) 構造と動作原理

強い発光現象の時間変化を観測するストリークカメラとは別に，微弱発光を観測するためにマイクロチャネルプレート（MCP）[6]を組み込んで検出感度を増倍することができるストリークカメラが開発された．MCPが装備されていないストリークカメラでは，複数のパルスが重畳したストリーク像が得られるのに対し，MCPで増幅されることによって，微弱信号が個別のパルスとしてストリーク像に蓄積されるので，得られた信号は個々の光子に由来するものと見なすことができる．このようにMCPが組み込まれたストリークカメラは光子計数型ストリークカメラと呼ばれ，それ以外のストリークカメラとは区別される．

2) 基本構造

ストリークカメラの構造を図 3.2.14 に示す．入射した光（微弱光）は，水平の一次元スリットを通って光電面に結像し，入射強度に比例した数の光電子へ変換される．これがメッシュ電極によって加速されて掃引電極に挟まれた掃引場へ導かれ，外部トリガーのタイミングと同期した高速掃引を受ける．この電場掃引をスリット方向に対して垂直方向に行うことにより，空間軸方向とは独立した時間情報が付加される．掃引は図 3.2.14 の上から下の方向に行われるので，時間も同じ方向に発展する．二次元情報が付加された光電子は，MCPによって電子が増倍（$10^3 \sim 10^4$）された後，蛍光面に衝突して光学像（ストリーク像）を形成する．入射光がポリクロメーターによって分光されている場合には，波長軸と時間軸の情報が与えられた発光スペクトルに対応するストリーク像となる．これをレンズもしくはファイバーカップリングによってCCDカメラに結像させ，ストリーク像の蛍光強度をディジタル化してパソコンに取

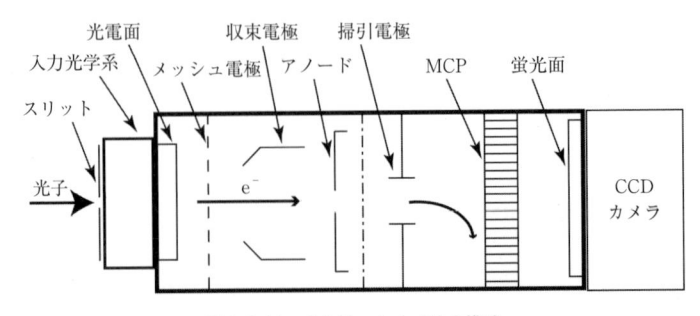

図 3.2.14 ストリークカメラの構造

り込む.さらに必要に応じて,蛍光減衰曲線や時間分解蛍光スペクトルなどにストリーク像をデータ変換する.光子計数型ストリークカメラでは,単一光子を計数することによってストリーク像が形成されていくので,原理的には,上述した TCSPC と同等な観測結果が得られる.

3) 掃引方式

掃引電極に印加される掃引信号には大きく分けて,単掃引とシンクロスキャンの2種類があり,単掃引は外部トリガーに同期して電場掃引を行う.一方,シンクロスキャンの場合には,一定の周波数のサイン波で掃引を行うため,掃引方向は半周期ごと向きが変わり,そのままでは時間の進む向きが上下に変わりながら蛍光面に電子が衝突する.これを避けるために,下から上方向の掃引のときには蛍光面を避ける掃引(楕円掃引)を行う必要がある.測定に関しては,光化学反応における電子移動反応やエネルギー移動反応など,発光種の寿命が単一ではなく,かつ,複数の寿命の重ね合せになる場合には,単掃引方式が使用される.たとえばエネルギー供与体の単寿命の減衰と,エネルギー受容体の長寿命の減衰が重なる場合などである.一方,シンクロスキャンはレーザーパルスや,エタロンによって生成されるパルス列などのように,掃引時間内に発光が完全に消失する現象に適しており,長くても数 ns 以内の現象を測定対象とする.

4) 時間分解能

ストリークカメラを使った発光現象を観測するときの時間分解能は,ストリークカメラへのトリガー信号のゆらぎ(トリガージッター)に大きく依存し,掃引方法にかかわりなく励起光源であるレーザーの安定性によって決まる.したがって,10 ps 以内の時間分解能が必要な場合には,室内環境(温度,湿度,電源ノイズなど)についても十分な注意を要する.またストリークカメラ固有の問題として,蛍光面に形成される「1個の光電子に対応するストリーク像輝点の広がり」をあげることができる.この原因としては,ストリーク管内部における①光電子の初速度の違いによる MCP での増幅後の電子走行時間の広がり,および②ストリーク像における有限な空間解像度がある.これらの要因はメッシュ状加速電極にかける電圧に依存し,この電圧を上げるとストリーク管内部での電子走行時間広がりは減少するが,掃引場での偏向感度も減少し,有限な空間解像度が時間分解能を低下させる.時間分解能,光電子の走行時間広がり,空間解像度と掃引速度に起因する広がりをそれぞれ,Δt, Δt_1, Δt_2 とすると以下の関係式が成り立つ.

$$\Delta t = \sqrt{\Delta t_1^2 + \Delta t_2^2}$$

ただし,すべての広がりはガウス型であると仮定している.Δt_1 と Δt_2 は逆の相関をもっているので,時間分解能を向上させるためには最適な条件を探す必要がある.

5) 感度

波長感度は光電面の材料に依存し,光電子の発生効率も変化する.X 線から近赤外領域までの幅広い波長領域を観測可能であり,測定対象に適したものを選択する.光

電面から発生した光電子が蛍光面に到達し，CCDカメラに結像するまでには，加速電極での透過率，MCP開口率と増倍率，蛍光面に輝点を発生させる効率，CCDカメラにおける計数効率などが関与する．いままでに行われた改良としては，以下の二つのようなものがある．①光電面直後の加速電極をメッシュ状からスリット状に変更することによって光電子の透過率を向上させた．②ストリーク像の読出し光学系をレンズからファイバーカップリングに変更し，光の伝達効率を改善させた．

6) ダイナミックレンジ

最小の読出し信号レベルと最大のレベルの強度範囲を意味する．たとえば2成分の指数関数（成分比99/1）からなる蛍光減衰曲線を測定する場合，信頼性の高い寿命を決定するためには，強度が1/100程度になるまでの減衰曲線を測定する必要が

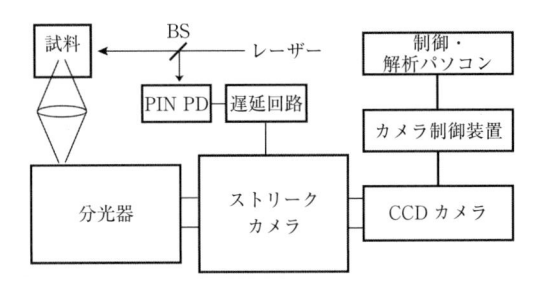

図3.2.15 システム構成

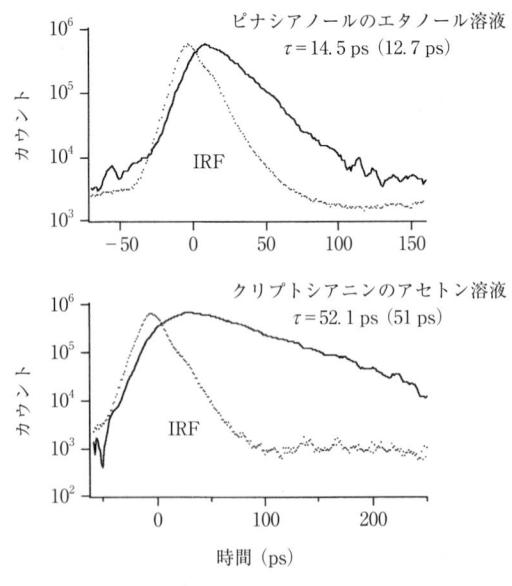

図3.2.16 蛍光減衰曲線

3.2 時間測定

あるので，1%の成分の寿命を正確に決定するための積算ピークカウントの最小値は10000程度となる．これを達成するためのダイナミックレンジは最低でも10^4となる．先に述べたTCSPC法では10^5ほどであるのに対して，開発初期のストリークカメラは10^4に達することはなかったが，主に以下の2点によって10^5に近づいた．① MCPで増倍された電子が蛍光面で反射してMCPへ戻ることを防止するなどの改良をした結果，ストリーク管内の迷光が減少した．② CCDカメラからの読出しノイズを減らすために，ソフトウェアによるスレッシュホールドを設定した．

c. 測定例

1) システム構成（図3.2.15）

試料が発する蛍光を集光して分光する光学系はTCSPCと同じであり，焦点距離やレーザーの偏光面に注意を要する．励起源としては一定の繰返し周波数をもつパルス光源であればよいので，モードロックレーザーや半導体レーザーが使われる．光子計数型ストリークカメラは単一光子事象を測定するので，励起強度的にはオシレーターのみで十分であるが，励起波長によっては，パラメトリック発振装置や高調波発生装置などのシステムを追加する必要がある．注意を要する点としては，ストリーク画像を取得するための掃引を始めるタイミングの取得方法である．試料を励起するパルスと同じタイミングをピンフォトダイオードで生成する場合，掃引のタイミングが電気的な遅延により遅れてしまうので，ストリークカメラに届く信号を遅延させる必要が出てくる．一般的な方法としては，レーザーの発振周期の安定性を利用して，試料を励起するパルスの一つ前のパルスを光ファイバーに通して遅延させ，スト

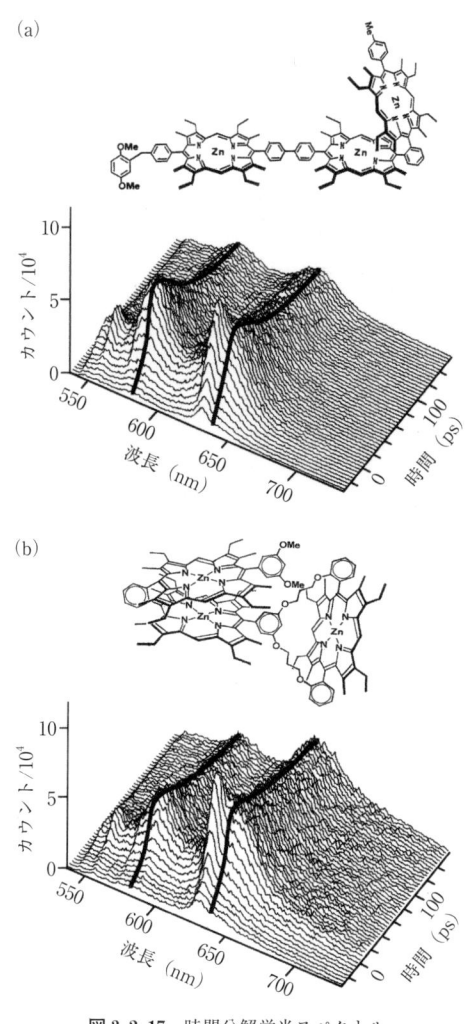

図3.2.17 時間分解蛍光スペクトル
(a) Para Por, (b) Perp Por.

リークカメラの掃引トリガーにするというものである．また，得られたストリーク像の波長軸を校正するために，波長校正ランプも必要である．

2) 蛍光減衰曲線の測定

ピナシアノールとクリプトシアニンの蛍光減衰曲線を装置応答関数とともに図3.2.16に示す．得られた減衰曲線はデコンボリューションによる寿命解析の結果，すべて単一指数関数であり，得られた寿命は（ ）内に示す既報値と実験誤差以内で一致した．

3) 時間分解蛍光スペクトルの測定

TCSPCに対して，ストリークカメラの優位点である二次元測定の例を図3.2.17に示す．人工光合成のモデル化合物として知られるポルフィリン誘導体から構成される，ポルフィリン単量体-二量体の系を使った．エネルギー供与体であるポルフィリン単量体とエネルギー受容体であるポルフィリン二量体を連結し，配向の異なる2種類を用意した．ポルフィリン環が平行に配置された化合物（Para Por）では，単量体を選択励起することによって，単量体由来の蛍光が585 nmをピークとして現れ，それが60 psで減衰するに伴って二量体の蛍光（640 nm）が60 psで立ち上がることが観測された．一方，ポルフィリン環が単量体と二量体で直交している化合物（Perp Por）では，それよりも遅い時定数（130 ps）でエネルギー移動が生じ，フェルスター機構における配向因子に起因していることを見いだした[7]．これは，1秒間CCDカメラに積算したストリーク像を150枚足し合わせたものであり，短時間に計測可能であることを示している．

ストリークカメラは，高感度かつ二次元測光ができるという圧倒的に有利な点があり，さらにデータ解析がパソコンで容易に行えるため，今後，さまざまな研究分野へのさらなる普及が期待される．　　　　　　　　　　　　　　　　　　〔西村賢宣〕

文献・注

1) 山下幹雄ほか：分光研究，**34** (1985), 177.
2) 久米英浩ほか：分光研究，**38** (1989), 391.
3) 西村賢宣ほか：分光研究，**40** (1991), 155.
4) A. Ciuciu, et al.: *J. Phys. Chem. C*, **117** (2013), 791.
5) T. Kato, et al.: *J. Am. Chem. Soc.*, **135** (2013), 741.
6) マイクロチャネルプレート：束ねられた中空のガラス管（内径10～20 μm）の内側に二次電子を発生させる材料が塗布されており，入射した一次電子を10^4程度まで増倍させる能力をもつ．特徴として高速応答性と高い空間分解能という優位性をもつ増倍器である．強い光にさらすと増倍能力を失う恐れがあるので，取扱いには注意を要する．詳細は文献2を参照すること．
7) K. Maruyama, et al.: *Pure Appl. Chem.*, **62** (1990), 1511.

3.2.6 解析方法

a. 蛍光寿命の解析

蛍光減衰曲線は，試料から発せられる蛍光の時間発展だけではなく，装置の時間応答にも依存する．したがって，着目する現象が起こる時間領域が装置の時間分解能に近い場合には，デコンボリューション（deconvolution）解析が必要になる．

観測により得られた蛍光減衰曲線を $I_F(t)$，装置応答関数を $I_{IRF}(t)$，解析により求めようとしている励起状態の減衰曲線を $I_{EX}(t)$ とする．はじめに，$I_{IRF}(t)$ の時間幅が求めようとする寿命に対して十分に無視できるほど短い場合を考える（図3.2.18(a)）．図には装置応答関数の時間幅が 200 fs，蛍光寿命が 20 ps の場合を図示してある．時間は，装置応答関数の強度が最大となる時間を 0 ps としている．このとき，$t=0$ でのみ分子が励起されると考えることができ，

$$I_F(t) = I_{EX}(t) \tag{1}$$

となる．この場合，装置の応答を解析に取り入れることなく，$I_F(t)$ より直接蛍光寿命を得ることができる．

次に，$I_{IRF}(t)$ の時間幅が，求めようとする寿命に対して無視できない場合を考える（図3.2.18(b)）．図には装置応答関数の時間幅が 200 fs，蛍光寿命が 500 fs の場合を図示してある．この場合，装置応答関数の強度が最大となる $t=0$ だけではなく，$I_{IRF}(t)$ が 0 とはならない時間領域でも分子が励起されることを考慮する必要がある．図3.2.18(b) の例では，$t=-0.13,\ 0,\ 0.10\ \mathrm{ps}$ に励起された分子の蛍光減衰曲線は，それぞれ，

$$\left.\begin{array}{l} I_{F(-0.13\,\mathrm{ps})}(t) = I_{IRF}(-0.13\,\mathrm{ps})I_{EX}(t+0.13\,\mathrm{ps}) \\ I_{F(0\,\mathrm{ps})}(t) = I_{IRF}(0\,\mathrm{ps})I_{EX}(t) \\ I_{F(0.10\,\mathrm{ps})}(t) = I_{IRF}(0.10\,\mathrm{ps})I_{EX}(t-0.10\,\mathrm{ps}) \end{array}\right\} \tag{2}$$

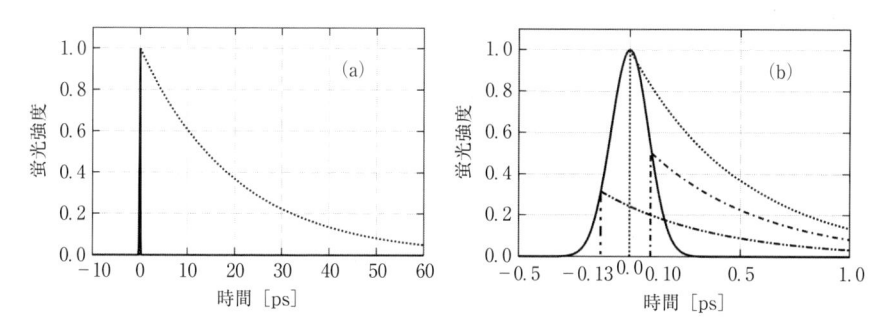

図3.2.18 装置応答関数と蛍光減衰曲線
(a) 装置応答関数（実線）の時間幅が蛍光寿命に対して十分に無視できるほど短いときの蛍光減衰曲線（点線）．(b) 装置応答関数（実線）の時間幅が蛍光寿命に対して無視できないときの蛍光減衰曲線．$t=-0.13\ \mathrm{ps}$（二点鎖線），$t=0\ \mathrm{ps}$（点線），$t=0.10\ \mathrm{ps}$（一点鎖線）における装置応答関数の強度をもとに描いた蛍光減衰曲線を示している．

となる．各蛍光減衰曲線の最大値は，分子が励起される時間での $I_{IRF}(t)$ の強度に依存する．通常，$I_{IRF}(t)$ は連続的な関数であるので，$I_F(t)$ は $I_{IRF}(t)$ と $I_{EX}(t)$ の畳み込み積分として表現される．

$$I_F(t) = \int_{-\infty}^{t} I_{IRF}(t') I_{EX}(t-t') dt' \tag{3}$$

式 (3) により $I_F(t)$ から $I_{EX}(t)$ を求める操作をデコンボリューションと呼ぶ．ここで，

$$\left. \begin{array}{ll} I_{IRF}(t) = 1 & (t=0) \\ I_{IRF}(t) = 0 & (t \neq 0) \end{array} \right\} \tag{4}$$

とすれば，式 (3) は式 (1) と同じとなる．すなわち，$I_{IRF}(t)$ の時間幅が十分に短いときには，デコンボリューション操作は不要となる．

短い寿命を精度よく求めるためには，$I_F(t)$ だけではなく，$I_{IRF}(t)$ をも精確に測定する必要がある．とくに，時間相関単一光子計数法のように複雑な $I_{IRF}(t)$ を示す測定法では，細心の注意が必要である．一方，蛍光アップコンバージョン法や光子計数型のストリークカメラ法など，$I_{IRF}(t)$ がガウス関数で表されるような測定では，市販のコンピュータソフトウェアに用意された関数を用いて，比較的容易に寿命解析が行える．

希薄溶液中での色素の蛍光減衰曲線などは最も単純な単一指数関数で蛍光減衰曲線が解析されることがあるが，植物色素系など分子配列系中における色素の蛍光減衰曲線は複雑な減衰を示し，いくつかの指数関数の和として解析されることが多い（多成分の指数関数解析）．n 個の寿命成分がある場合，蛍光減衰曲線は次のように表される．

$$I_{EX}(t) = \sum_{i=1}^{n} A_i \exp\left(-\frac{t}{\tau_i}\right) \tag{5}$$

ここで，A_i は i 番目の寿命（τ_i）成分の寄与（amplitude）を表し，負の値の場合は時間とともに増加する成分（立ち上がり成分，rise component），正の値の場合は時間とともに減少する成分（減衰成分，decay component）を示す．A_i の値は，観測された装置応答関数や蛍光減衰曲線のカウント数に依存するため，n 個の寿命成分のうち正の A_i を与えるものが m 個あったとすると，

$$\sum_{i=1}^{m} A_i = 1 \tag{6}$$

となるように規格化して表示すると，他の測定結果との比較がしやすい．

遅延蛍光の測定など，長時間の積算が必要となる測定では，ノイズ（B）が蓄積された蛍光減衰曲線

$$I_F(t) + B \tag{7}$$

が得られることになる．B は時間の関数とはならないので，この場合，B を差し引くことにより真の $I_F(t)$ を求めることができるが，B の値の評価は長寿命成分の寿命値（τ）や寄与（A）に影響を与えるため，とくに多成分指数関数として解析を行う必要があるときなどは，あらかじめノイズレベルを測定しておくなどの工夫が必要となる．

デコンボリューション解析に広く用いられている方法として，最小二乗法に基づく

解析法があげられる．これは，時間 t_i における測定値を $I_F(t_i)$，計算値を $I_{SIM}(t_i)$ とすると，

$$\chi^2 = \sum_{i=1}^{N} W_i \{I_F(t_i) - I_{SIM}(t_i)\}^2 \quad (8)$$

の値が最小となるように $I_{SIM}(t_i)$ を求める方法である[1]．ここで，W_i は i 番目のデータ点の重み，N はデータ点の総数を表す．通常，W_i の値は $I_F(t_i)$ の逆数で近似され，式(8)のかわりに式(9)が用いられる．

$$\chi^2 = \sum_{i=1}^{N} \frac{\{I_F(t_i) - I_{SIM}(t_i)\}^2}{I_F(t_i)} \quad (9)$$

蛍光減衰曲線に励起光の散乱が重なってしまい，ある時間領域では正しい蛍光減衰曲線になっていないと考えられるときなどは，解析区間（ここでは例として，t_{N1} から t_{N2} までの区間）を制限し，次式により寿命解析を行うことになる．

$$\chi^2 = \sum_{i=N1}^{N2} \frac{\{I_F(t_i) - I_{SIM}(t_i)\}^2}{I_F(t_i)} \quad (10)$$

解析結果がうまく実験結果を再現しているかどうかを判断するためには，重み付き残差（$r(t_i)$）の評価を行う場合が多い．

$$r(t_i) = \frac{I_F(t_i) - I_{SIM}(t_i)}{\sqrt{I_F(t_i)}} \quad (11)$$

$r(t_i)$ が0のあたりでランダムに分布していれば，解析結果がうまく実験結果を再現していることになる．

図3.2.19は，カロテノイドの一種であるニューロスポレンの第2電子励起状態からの蛍光の時間発展を解析したものである．観測波長540 nmの蛍光減衰曲線は，装置応答関数（図3.2.19(a)中の点線）に250 fsで減衰する指数関数を畳み込んだ関数でよく再現できる（図3.2.19(a)）．それに対して，観測波長500 nmの蛍光減衰曲線を単一指数関数で解析した場合，寿命値として275 fsが得られるものの，測定結果との一致がよくない（図3.2.19(b)）．0.1 psあたりでは上方に，0.4 psあたりでは下方に，解析曲線（実線）が測定値（点線）よりもずれている．観

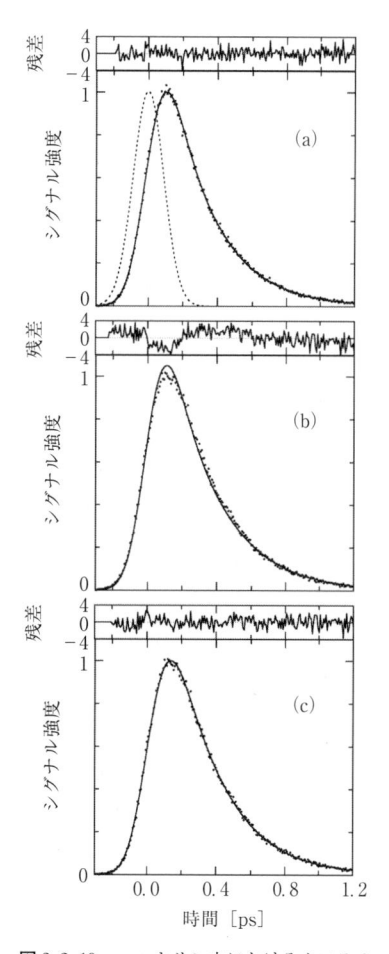

図3.2.19 n-ヘキサン中におけるカロテノイド，ニューロスポレンの蛍光減衰曲線（励起波長：420 nm）(a) 540 nm観測，単一指数関数による解析，(b) 500 nm観測，単一指数関数による解析，(c) 500 nm観測，2成分の指数関数による解析．点が測定，実線が解析曲線を表す．各図の上部に残差を示す．装置応答関数を (a) 中に点線で記してある．

測波長 500 nm の蛍光減衰曲線を 2 成分の指数関数で解析すると 70 fs の立ち上がり成分と 260 fs の減衰成分が得られ，測定結果をうまく再現した（図 3.2.19(c)）．観測波長により蛍光減衰曲線が異なるのは，第 2 電子励起状態における振動エネルギーの緩和過程を反映しているためである[2)]．フィッティング結果の良し悪しは，残差をみることによって詳しく検討できる．図 3.2.19(a)と(c)では，残差は 0 のあたりでランダムに分布している．しかし，図 3.2.19(b)では，0 ps より前と 0.2 ps より後の時間領域ではプラスの値を，0 ps から 0.2 ps の時間領域ではマイナスの値を示しており，残差が 0 のあたりでランダムに分布しているとはいえない．観測波長 500 nm の蛍光減衰曲線については，2 成分の指数関数で解析を行うほうがよいことがわかる．このように，解析結果を図示して説明する場合には，蛍光減衰曲線だけではなく，残差を同時に表示することによって，解析の精度や，多成分の指数関数解析における成分数決定の正当性を議論することが望ましい．

b. 時間分解蛍光スペクトルの解析

さまざまな波長（λ）での蛍光減衰曲線（$I_{\mathrm{EX}}(\lambda, t)$）が得られれば，時間分解蛍光スペクトルを構築することができる．たとえば，ある波長（λ）での $I_{\mathrm{EX}}(\lambda, t)$ が n 成分の指数関数の和として表されるとすると，

$$I_{\mathrm{EX}}(\lambda, t) = \sum_{i=1}^{n} A_i(\lambda) \exp\left(-\frac{t}{\tau_i(\lambda)}\right) \tag{12}$$

となり，励起直後（$t=0$）での蛍光スペクトルが必要であれば，

$$\sum_{i=1}^{n} A_i(\lambda) \tag{13}$$

を λ に対してプロットすることにより，また，$t=3$ (ps) での時間分解スペクトルが必要であれば，

$$\sum_{i=1}^{n} A_i(\lambda) \exp\left(-\frac{3}{\tau_i(\lambda)}\right) \tag{14}$$

を λ に対してプロットすることにより，それぞれの時間での蛍光スペクトルが得られる．時間分解蛍光スペクトルを得るときには，各波長での観測所要時間をそろえ，規格化されていない A_i の値を用いる．

内部転換過程や励起エネルギー移動過程を時間分解蛍光分光法で解析をする場合，さまざまな波長で観測した蛍光減衰曲線に共通の寿命成分が存在することが予想される．このようなとき，寿命値が波長に依存しないと考え，式（12）は，

$$I_{\mathrm{EX}}(\lambda, t) = \sum_{i=1}^{n} A_i(\lambda) \exp\left(-\frac{t}{\tau_i}\right) \tag{15}$$

と考えることができる．式（15）を用い，各波長で得られた蛍光減衰曲線について同時に解析を行うことをグローバル（global）解析と呼ぶ．グローバル解析を行う際の寿命の初期値としては，全波長の蛍光減衰曲線を足し合わせて得られる蛍光減

衰曲線を解析し，得られた寿命値を使うとよい．寿命値が波長に依存しないとして解析を行うため，その寿命に対応したスペクトルを得ることができ，これを FDAS (fluorescence decay-associated spectra) と呼ぶ．たとえば，i 番目の寿命値は τ_i, その FDAS は $A_i(\lambda)$ を λ に対してプロットしたものである．

図 3.2.20 にシアノバクテリア *Synechocystis* sp. PCC 6803 から単離した光化学系 I 複合体の時間分解蛍光スペクトル（図 3.2.20(a)）とグローバル解析により得られた FDAS（図 3.2.20(b)）を示す．時間分解スペクトルでは，励起直後には 689 nm と 712 nm に蛍光バンドがみられ，前者は 50 ps 後には消失し，後者は時間とともに 724 nm へと長波長シフトしていく様子がわかる．この時間分解蛍光スペクトルにつ

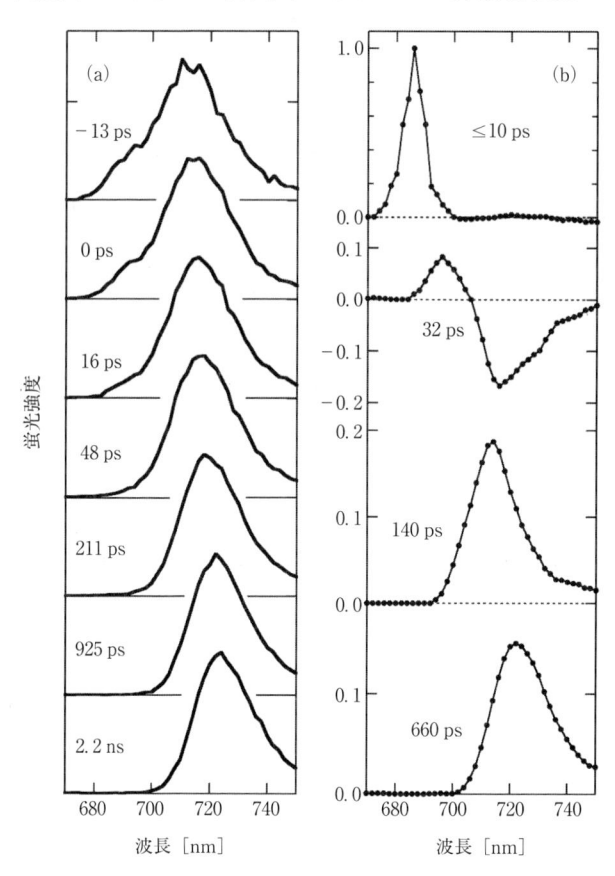

図 3.2.20 77 K におけるシアノバクテリア *Synechocystis* sp. PCC 6803 光化学系 I 複合体の(a)時間分解蛍光スペクトルと(b)グローバル解析の結果

（a）では各スペクトルの最大値で，（b）では 10 ps 以下の寿命成分の最大値を 1 として，規格化して表示している．

いてグローバル解析を行うと，10 ps以下，32 ps, 140 ps, 660 psの四つの寿命成分で解析された．FDASでは，正の値は蛍光の減衰を，負の値は蛍光の立ち上がりを示す．10 ps以下，140 ps, 660 psの三つのFDASは，正の値しか示していない．したがって，686 nmに蛍光を発する高エネルギーのクロロフィルaは10 psの時定数で，714 nmと722 nmに蛍光を発する低エネルギークロロフィルaは，それぞれ，140 ps, 660 psの時定数で励起エネルギーを失っていることがわかる．また，32 ps成分に現れている696 nmの正のピークと715 nmの負のピークの対は，696 nmに蛍光を発するクロロフィルaから715 nmに蛍光を発するクロロフィルaへの励起エネルギー移動が32 psの時定数で起きることを示している．

　グローバル解析は，スペクトルの時間変化を寿命と結びつけて表現するためには非常に有用な方法である．しかし，寿命値が波長に依存しないという仮定をおくために，微弱な変化，とくに，蛍光強度の小さい波長での変化が見落とされることがある．グローバル解析を行う際には，各波長での蛍光減衰曲線のカウント数を十分に得ることが必要不可欠である． 〔秋 本 誠 志〕

文献・注

1) D. V. O'Connor and D. Phillips : Time-correlated Single-photon Counting, Academic Press, London, 1984.
2) 秋本誠志，山崎 巌，三室 守：光合成系カロテノイドの励起緩和ダイナミクス．レーザー研究，**31**(2222), 207-211.

3.2.7　光カーゲート法

　レーザーパルスを用いて超高速シャッターが構成できれば，そのシャッターを通過した光を分光測定することで超高速時間分解スペクトル測定ができる．スペクトル測定に関しては，分光器の出射側にCCDなどのマルチチャネル検出器を用いて，発光スペクトル全体を一挙に取得する方法が確立されている．これらの組合せで，高い時間分解能と効率のよいスペクトル取得を同時に達成する効果的な測定が可能になる．超高速シャッターを構成する手法の一つとして，光カー効果（optical Kerr effect）を用いた光カーゲート（optical Kerr gate）法がある．ここでは，光カーゲート法による超高速時間分解発光スペクトル測定について述べる．フェムト秒域の時間分解発光スペクトル測定が可能である[1-4]．

a.　原　　理

　光カー効果とは，光強度に比例して屈折率変化が生じる現象のことで，狭い意味では，光強度に誘起されて媒質の屈折率に異方性が生じる，すなわち，複屈折性が生じることをさす[5]．光カー効果を示す媒質のことをカー媒質と呼んでいる．光カー効果

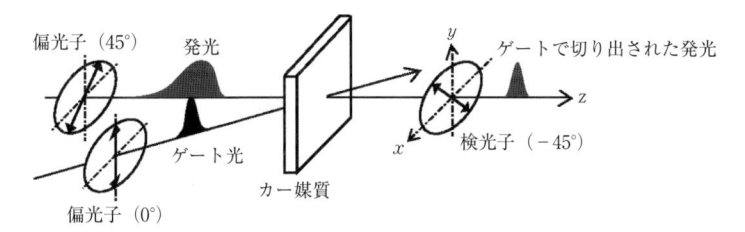

図3.2.21 光カーゲートの原理[6]

は，パルスレーザーの出現後すぐに，時間分解測定に利用されてきた．

図3.2.21のように偏光軸の直交した偏光子（polarizer）と検光子（analyzer）の間に，カー媒質（Kerr material）を挟んで配置し，カー媒質上で，ゲート光（gating pulse）と発光を重ねる．ゲート光の偏光方向を蛍光に対して角度をもたせ，ゲート光により誘起されたカー媒質における過渡的な屈折率の異方性を利用して透過する発光の偏光状態を変化させる．誘起された偏光の変化に応じて，発光は後方の偏光子を通過する．発光に対するゲート光の相対的カー媒質到着時刻を変化させることにより，各時刻における発光スペクトル，すなわち，時間分解発光スペクトルを得ることができる．

b. 発光測定に適した光カー媒質の探査[6]

初期の光カーシャッターを用いたスペクトル測定において使われていたカー媒質は二硫化炭素などの液体であった．その光カー効果による応答には分子配向による遅い応答が存在する．応答速度は数ps程度であり，レーザー自体のパルス幅がピコ秒台のものが主流であったときには，システム全体の時間分解能の観点からは問題にはならなかった．フェムト秒域のパルスを容易に発生するレーザーの出現により，高い時間分解能の時間分解分光への光カー効果の適用が可能になると，光学ガラスの電子応答に起因するカー効果を利用した実験が行われた．この電子応答は原理的には，光パルスに対して，即時的応答を示す．しかし，さらにこれを発光分光へ適用するためには，時間的に切り出された発光が微弱なものとなる場合に対応するため，ゲート効率の高い媒質であって，かつ，ゲート光自体の励起による媒質の発光が測定の妨げにならないことが必要になる．カー媒質が，ゲート光に対して透明であっても，2光子励起発光（基底状態から励起状態への遷移エネルギーが光子エネルギーの2倍の場合に，2光子の同時吸収により励起されて発光が生じる現象）が生ずることがある．したがって，観測する発光スペクトルの波長域において透明であり，屈折率の異方性が無視でき，2光子励起発光が無視できるカー媒質を見いだすことが必要になる．

カー効果は，ゲート光の強度の2乗に比例し，一方，2光子励起発光も，2光子吸収に比例するため，同じ強度依存性を示す．そこで，光強度の2乗に比例する屈折率変化によって生ずるレンズ効果を利用したZスキャン法という簡便な手法で，カー

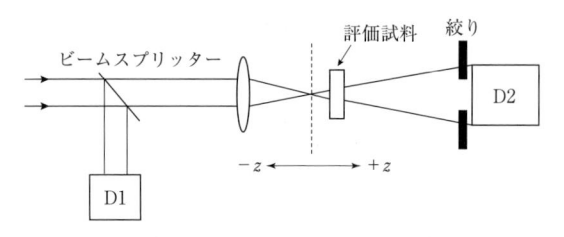

図 3.2.22 Ｚスキャン法の実験配置[6]

媒質の評価ができる[7]．図 3.2.22 にＺスキャン法の実験配置を示す．

コリメートされたレーザービームの光軸，すなわち，Z 軸上に，レンズ，板状の評価試料 (sample)，絞り (aperture)，光検出器 (D2) をおく．入射光はビームスプリッター (BS) によって分割し，もう一つの光検出器 (D1) へ導いておき，D2 と D1 の信号強度を比較することで，透過光強度を求める．試料の位置を Z 軸上，レンズの焦点を中心に前後させる．試料が焦点手前（$-z$）から焦点（0）に近づくとカーレンズ効果によって，レーザービームが広がる．ビームが広がれば，ビームの中心部におかれた絞りを抜ける光が減少する．焦点より先（$+z$）では，逆に絞りへ集光されて検出される光が増加する．この透過光強度曲線からカー効果が評価できる．一方，絞りをはずして，すべての光を検出器へ導いて同様の測定をすると，焦点位置にきたときに最も 2 光子吸収が大きくなり，透過光強度が減少する．2 種類の透過光強度曲線から，光カー効果と 2 光子吸収を比較することができる．入手容易なガラスおよび結晶を評価して，特重フリントガラス SFS1，$SrTiO_3$ など，性能の高いカー媒質を見いだした．紫外域においては，MgO が有望である．

なお，ピコ秒領域の時間分解能で，十分な実験の場合には，従来から用いられている液体，たとえばトルエンなどをカー媒質として用いることができる[8]．

c. 光学配置

測定の概略を図 3.2.23 に示し，具体的な測定例について記す．

励起光源およびゲート光源とも，フェムト秒チタンサファイアレーザーを再生増幅（入力となるレーザー光パルスを種となるシード光パルスとして，レーザー共振器である増幅器のなかへ導き入れ，周回するごとに増幅させる方法）し，適当な波長変換をして用いる．モード同期チタンサファイアレーザーをシード光として，再生増幅器により増幅した光（パルス幅 150 fs，繰返し 200 kHz，波長 800 nm）を光源として，その一部をゲート光として用い，残りを第 2 高調波（基本波の半波長，すなわち光エネルギーが 2 倍の波）発生結晶（BBO 結晶 0.3 mm 厚）により 400 nm に変換し，これを試料 (sample) の励起光 (excitation light) として用いた．

励起光は，焦点距離 50 mm のレンズにより，試料上に集光する．溶液試料の場合，ガラスセル中に流して光劣化を避けるよう工夫する．発光は後方から，焦点距

離 75 mm の放物面鏡により受けてコリメートし,もう一つの放物面鏡でカー媒質である特重フリントガラス (SFS1) 上に,試料上の発光スポットを結像させ,それをさらに,光ファイバーに入射させるようリレー光学系を配置する.光ファイバーは 27.5 cm の分光器 (polychromator:スリットにより特定の波長の光を抜き出す monochromator ではなく,スペクトルイメージを得るように設計された分光器) に取り付けられており,分光された光は分光器出射側の ICCD (Intensified CCD:光電子増倍ゲートのついた CCD 検出器) 上に結像される.まず,偏光軸を直交させた偏光子 (polarizer) と検光子 (analyzer) を SFS1 ガラスの前後に配し,検光子より先には発光を通過させないようにしておく.一方,ゲート光 (gating light) は遅延ステージ (delay stage) を介し,

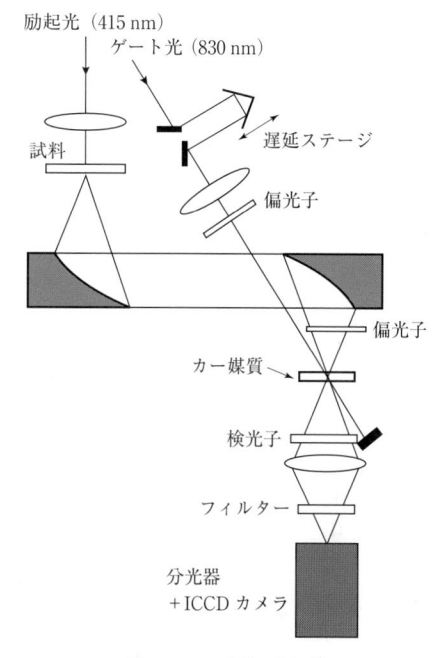

図 3.2.23 光学配置例[7]

焦点距離 150 mm のレンズで集光して SFS1 ガラス上の発光イメージに重ねる.ゲート光の偏光は,発光の偏光に対し 45° 傾けておく.ゲートパルスが通過している間,カー媒質である SFS1 ガラスの屈折率に異方性が生じ,通過する発光の偏光状態が変化し,これにより検光子を通過する偏光成分が生じる.すなわち,ゲートパルスに時間的に一致する発光成分が切り出される.遅延ステージを移動させ,ゲート時刻を変化させて,時間分解発光スペクトルを取得することができる.

d. 測定例

カロテノイド溶液を試料として,振動緩和を直接観測した例[9]を図 3.2.24 に示す.ゲート光によるカー媒質の 2 光子励起発光と偏光子−検光子対からの漏れ光が存在するが,信号光が現れる前の時間領域で測定を行って,これを同定し,各時刻のデータから差し引いた.

時間原点補正のために,試料からカー媒質までの光路差を考慮しなければならない.光学系は色収差のないものを用いるが,その他の,光路上にある素子固有の屈折率の色分散を反映し,光路差の波長依存性が残る.そこで,分散を与える光学素子を極力除き,また,薄くし,最終的に残るものに関しては,分散を考慮し,数値計算により補正した.

3. 発光測定法

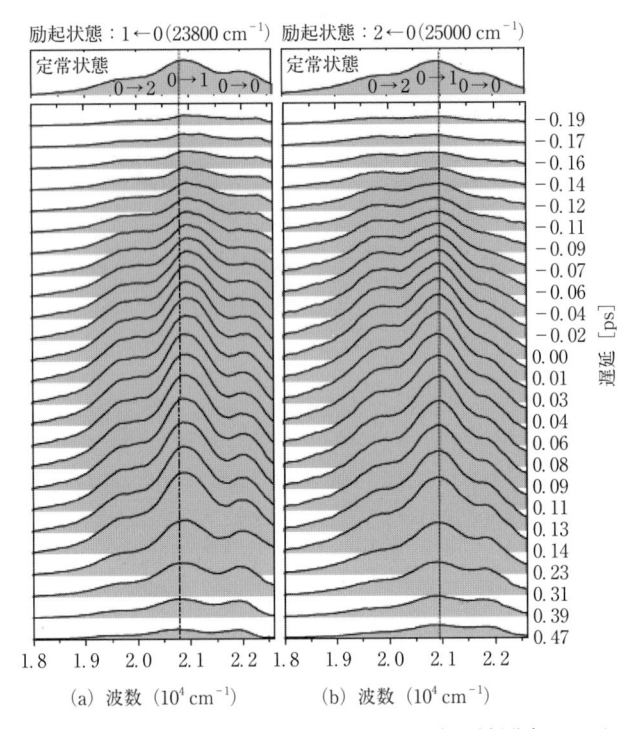

図3.2.24 光カーゲート法によるカロテノイドの時間分解発光スペクトル測定[8]

得られたスペクトルはスフェロイデン誘導体に関するもので，それぞれ，図3.2.24(a)は，励起状態の第1振動状態への励起に，図3.2.24(b)は，第2振動状態への励起に伴う時間分解発光スペクトルである．前者において，スペクトルのピークが時間とともに，低エネルギー側へ移動していくダイナミックストークスシフト[10] が明瞭に観察されるが，後者では，それが見えない．また，フランク-コンドン因子[10]（電子状態と振動状態を独立に扱う近似のもとで遷移確率を与える，基底状態と励起状態における対応する振動状態の重なり積分の絶対値の2乗の値）に基づくスペクトル解析から，第2振動状態への励起においては（図3.2.24(b)），励起状態における第1振動状態からの発光成分が，ごく初期に寄与していることがわかった．このように，光カーゲート法による時間分解発光分光は，緩和に至るまでの非平衡状態からの発光のダイナミクスに関する情報を与えてくれる．光受容タンパク質における光励起高速ダイナミクスにおいて，室温，かつ，溶液における分子からの自然放出の過程にもかかわらず，振動的ふるまいがみられるという興味深い現象もみつかっている[11]．

さらに，半導体における電子正孔プラズマ発光や，励起子衝突を起源とする発光など，高密度励起ダイナミクスの研究にも，カーゲート時間分解発光法は適用されてい

る[12-14].

[兼 松 泰 男]

文献・注

1) Y. Kanematsu, et al.: *J. Luminescence*, **87-9** (2000), 917-919.
2) J. Takeda, et al.: *J. Luminescence*, **87-9** (2000), 927-929.
3) S. Kinoshita, et al.: *Rev. Sci. Instruments*, **71-9** (2000), 3317-3322.
4) J. Takeda, et al.: *Phys. Rev. B*, **62-15** (2000), 10083-10087.
5) 服部利明: 非線形光学入門, 裳華房, 2009, [93-129].
6) R. Nakamura and Y. Kanematsu: *Rev. Sci. Instruments*, **75-3** (2004), 636-644.
7) M. Sheik-bahae, et al.: *Opt. Letters*, **14-17** (1989), 955-957.
8) S. Arzhantsev and M. Maroncelli: *Appl. Spectroscopy*, **59-2** (2005), 206-220.
9) R. Nakamura, et al.: *J. Luminescence*, **119** (2006), 442-447.
10) ダイナミックストークスシフト,フランク-コンドン因子に関しては,それぞれ,櫛田孝司: 光物性物理学, 朝倉書店, 1991, [166] および [89] を含む記述を参照のこと.
11) R. Nakamura, et al.: *J. Chem. Phys.*, **127** (2007), 215102-1-7.
12) H. Ichida, et al.: *Phys. Rev. B*, **72** (2005), 045210-1-5.
13) N. Arai, et al.: *J. Luminescence*, **119** (2006), 346-349.
14) M. Ando, et al.: *Phys. Rev. B*, **86** (2012), 155206-1-6.

3.3 いろいろな分光法

3.3.1 非線形蛍光法

　非線形蛍光法は,蛍光発光過程は線形(1光子過程)であるが,物質・分子の励起に多光子吸収など非線形過程がかかわるもの(たとえば図3.3.1(a))と蛍光発光そのものが2光子過程など非線形過程となっているもの(図3.3.1(b))に大別できる.後者はきわめて確率が低く一般的ではない.そこで,ここでは前者に関して述べる.
　蛍光は分子が励起電子状態に励起された結果として生じる.光励起による蛍光,すなわちフォトルミネセンスを用いると,励起光の波長に対して蛍光発生量を測定する蛍光励起分光法によって吸収スペクトルに相当する情報を得ることができる.この蛍光励起法は吸収が生じていない場合は信号もゼロとなるゼロバックグラウンド測定であり,感度は通常の吸収分光法に比べて100万倍高感度と推定されている[1].多光子吸収などの非線形光学遷移は通常みられる1光子吸収に比べ遷移確率が桁違いに小さいため,高感度な蛍光励起法は非線形過程をとらえる強力な検出手段であり,多光子イオン化法や熱レンズ法と並んで多光子遷移を測定する手段として広く用いられている[2].
　図3.3.1(a)に最も簡単な非線形蛍光分光法である2光子蛍光励起分光法(two-

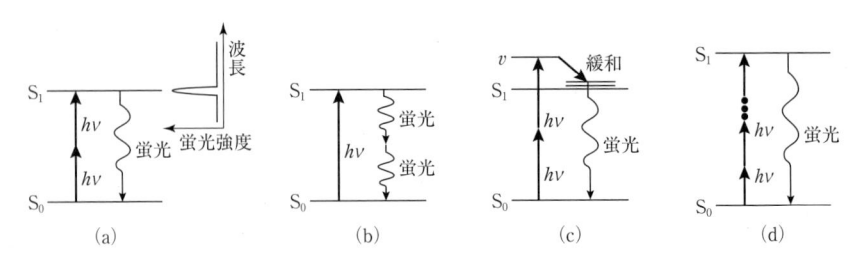

図 3.3.1 種々の非線形蛍光分光法の原理

photon fluorescence excitation：TPF）の原理図を示す．たとえば紫外領域に吸収帯を有する分子に対しその半分のエネルギーの可視光を照射すると分子は光子2個を同時に吸収して励起電子状態 S_1 に励起される．この結果，可視光で分子を励起したにもかかわらず，紫外領域の蛍光が観測されることになる．この紫外蛍光強度をモニターしながら可視励起光の波長を掃引すれば微弱な2光子吸収を蛍光強度の増大として測定することができる（図3.3.1(a)参照）．ここで吸収される2個の光子は同じ波長である必要はないが，2個の光子は段階的に分子に吸収されるのではないので光源の発光時間内で時間的に重なっている必要がある．凝縮相や気相でも衝突のある条件下で測定する場合，2光子吸収で励起された振電準位からそのまま発光するのではなく，いったん振動緩和し，励起状態のゼロ振動準位などより低エネルギーの準位から発光するのが普通である（図3.3.1(c))．3光子吸収以上の高次非線形遷移もまったく同様にして蛍光励起法により検出することができる（図3.3.1(d))．n 光子吸収の場合，入射する光子のエネルギーは吸収帯の $1/n$ のエネルギーになる．このため，3光子以上の可視光を用いる高次非線形遷移は，最低励起状態 S_1 ではなく高励起電子状態 S_n を測定するのに適している．ただし，二原子分子など小さな分子を除き，S_n から直接発光する分子は少ないため，図3.3.1(c)のように S_n から S_1 に緩和して発光する分子に適用が限られている．

図3.3.2に典型的な気相非線形蛍光分光法の実験装置を示す．非線形過程は遷移確率が1光子吸収に比べてはるかに小さいので，光子密度の高い励起光を発生できるパルスレーザーを用いることが普通である．また，上で述べた非線形蛍光分光測定には波長を掃引できるレーザー光源が必要であり，Nd^{3+}：YAGレーザーやエキシマーレーザーで励起された色素レーザーや光パラメトリック発振（OPO）レーザーが用いられている．また，励起レーザー光は光子密度を向上させるため，レンズで試料に集光することが多い．図3.3.2のように二つの異なる光を用いて非線形蛍光分光を行う場合，二つのレーザー光を試料に入射する必要があり，しばしば同軸反対方向から試料に対してレーザー光を集光する配置が用いられる．試料が気相の場合，ガスセルまたは超音速ジェット発生真空槽に励起光を集光するが，固体や液体試料の場合も励起光の集光点に試料を設置することは共通である．集光点から発生する蛍光はレーザー光

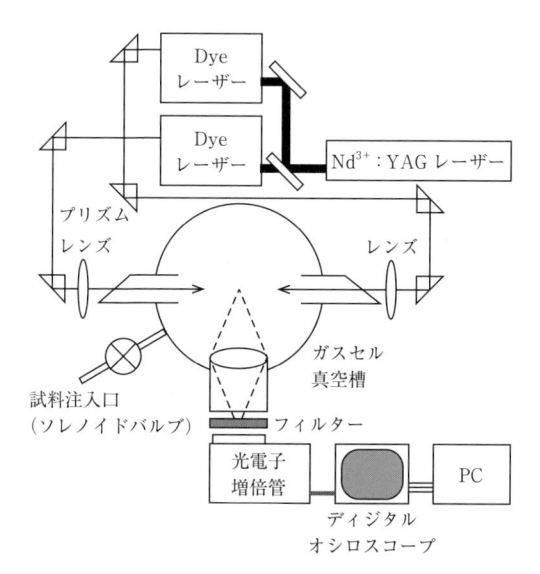

図 3.3.2 非線形蛍光分光法の実験装置図

の散乱を避けるため励起光の進行方向と直交方向からレンズを用いて集光し，光電子増倍管など光検出器に導かれる．非線形蛍光分光法では発生光が微弱であるため，励起光による散乱光の除去が重要である．典型的には可視励起に対して紫外領域の蛍光が発生するため，蛍光検出系に可視カット紫外透過フィルター（たとえばコーニング社 7-54）を挿入し，また，光電子増倍管も感度が紫外領域に限定されたソーラーブラインド型を使用することが多い．光電子増倍管からの信号をディジタルオシロスコープなどでサンプリングし，パルス信号を選択的に積分して電子的に記録するのは他のパルス測定と同様である．

始状態 g から終状態 f への 2 光子吸収の遷移確率 $\omega_{f \leftarrow g}$ は次の式に比例する[2]．

$$\omega_{f \leftarrow g} \propto \left(\frac{n_1}{\nu_1}\right)\left(\frac{n_2}{\nu_2}\right) \sum_l \left| \frac{(\langle f|\boldsymbol{P}|l\rangle \cdot \boldsymbol{e}_1)(\boldsymbol{e}_2 \cdot \langle l|\boldsymbol{P}|g\rangle)}{h\nu_1 - (\varepsilon_l - \varepsilon_g)} \right|^2 \rho_n$$

ここで n_1, n_2, ν_1, ν_2 は励起光の光子数と振動数，$\boldsymbol{P}$ は双極子モーメント，$\boldsymbol{e}_1, \boldsymbol{e}_2$ は励起光の偏光方向に関する単位ベクトル，l は中間状態を表すために展開した励起状態，ρ_n は終状態 f 近傍の状態密度を示す．ここで重要なことは，始状態 g から終状態 f への遷移に双極子モーメントが二つかかわるため，対称中心を有する分子に対しては g⇔g, u⇔u という選択律が成立し，1 光子遷移の選択律 g⇔u と大きく異なることである．また，遷移確率は入射する励起光 ν_1 と ν_2 の光子密度の積に比例する．単一のレーザー光で 2 光子遷移を起こさせた場合，レーザー光の光子密度の二乗に比例することになる．3 光子以上の非線形分光では，励起光子数が n 光子であれば光子密度の n 乗に遷移確率は比例する．奇数個の光子による遷移は 1 光子過程と同じく選択律

g⇔uにしたがい，偶数個の光子が関与する場合は2光子過程と同じく g⇔g, u⇔u という選択律が成立する．偶奇性だけではなく，群論を用いることでより厳密な選択律を導くことができる．また，直線偏光による2光子遷移強度 I_l と円偏光による強度 I_c の比 $\Omega = I_l/I_c$ は非全対称振電準位←全対称準位の遷移では 3/2, 全対称振電準位間の遷移では小さな値をとることがラマン散乱の偏光解消度と同様の考察により導かれる[2-4]．これは測定したスペクトルを帰属する際にたいへん有用である．なお，非線形蛍光分光法の場合，信号強度は遷移確率に加えて蛍光量子収率にも比例することに注意する必要がある．

図 3.3.3 に気相のベンゼン S_1-S_0 $\pi\pi^*$ 遷移に対して 2 光子蛍光励起分光法を適用した実例を示す[3]．縦軸は 2 光子蛍光励起強度，横軸はレーザー波長であり，実際の吸収はこの 2 倍の光子エネルギー（1/2 の波長）に対応することに注意されたい．ベンゼンの $S_1(B_{2u})$ 状態は一光子禁制であり通常の 1 光子吸収スペクトルにはバンドオリジンが現れないことが知られている．2 光子吸収の場合も $S_1(B_{2u})$ 状態は禁制であり，オリジンは観測されない．1 光子吸収の場合には振電相互作用により振動モード 6 (e_{2g} 対称性) の 1 量子準位が強く出現する (false origin)．2 光子吸収の場合は振動モード 14 (b_{2u}) の 1 量子準位 (14^1, 振動数 1570 cm^{-1}) が振電許容となり顕著な強度で出現する (5043 Å)．この準位は振電対称性が $B_{2u} \otimes b_{2u} = A_{1g}$ すなわち全対称であり，基底状態 $S_0(A_{1g})$ からは x^2, y^2, z^2, いずれでも許容となる．2 光子蛍光励起スペクトルで測定されたバンドの偏光依存性を図 3.3.4 に示す[4]．S_0 の振動基底状態から S_1 の 14^1 準位への遷移，すなわち 14^1_0 バンドの場合，直線偏光では明瞭に観測されていたピーク（下段左）が円偏光では非常に弱くなる（下段右）．これに対して振動モード 18 (対称性 e_{1u}) の 1 量子準位 (18^1) では円偏光（上段右）で測定したほうが直線偏光で測定した場合（上段左）よりも強度が増している．18^1 準位の振電対称性は非全対称 (E_{2g}) であり，非全対称準位への遷移に対する偏光依存性をよく示している．

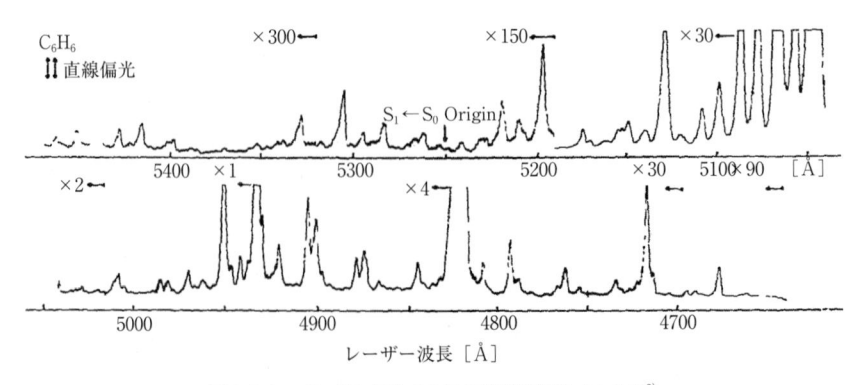

図 3.3.3 ベンゼン気体の 2 光子蛍光励起スペクトル[3]

ここまでは多光子遷移の中間状態が非共鳴である非線形蛍光分光法について述べてきた．多光子遷移の中間状態を実在の状態に共鳴させたポンプ-プローブ型の遷移を考えるとさまざまな状態に対する分光法を展開できる（以下，2波長分光法と総称する）．図3.3.5(a)に2波長蛍光励起分光法の原理を示す．まず第1のレーザー光 ν_1 で分子を S_1 状態に励起し，さらにここから高励起電子状態 S_n への第2のレーザー光 ν_2 で励起する． S_n からの蛍光強度を測定しながら ν_2 の波長を掃引することで S_1 状態から高励起状態 S_n への遷移を測定できる．大きな分子の高励起状態は一般に緩和が連く非蛍光性なので，この方法は S_n 領域でも状態密度が低く緩和の遅い二原子分子など小さな分子に適用が限定される．図3.3.5(b)に示す蛍光ディップ分光法

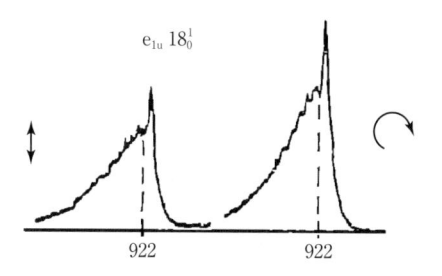

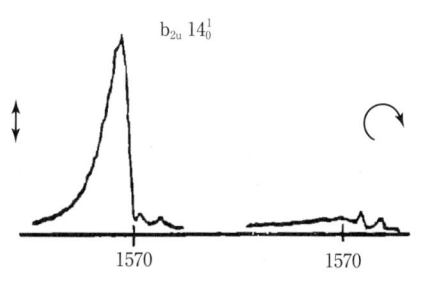

図3.3.4 ベンゼンの2光子蛍光励起スペクトルに対する偏光効果[4]

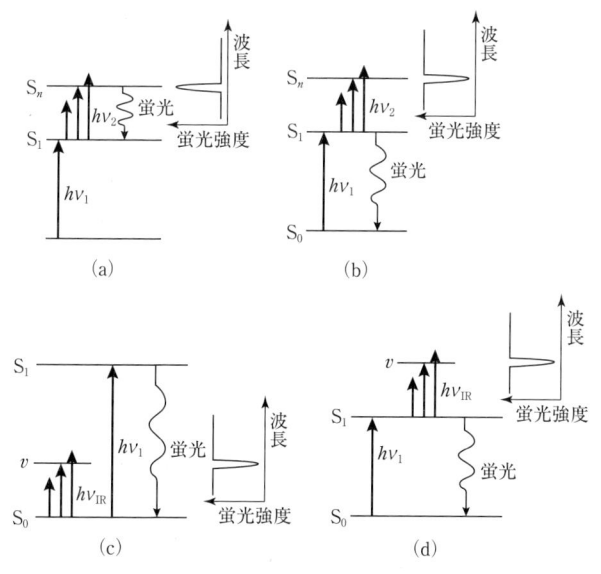

図3.3.5 種々の蛍光を用いる2波長分光法の原理図

(fluorescence dip spectroscopy) は同じく高励起電子状態 S_n を測定する手段だが，S_n が非蛍光性の大きな分子でも適用できる点が特長である．この方法も，まず ν_1 により分子を S_1 へ励起する．次に ν_2 により分子を S_n へさらに励起し，S_n ではなく S_1 からの蛍光強度をモニターしながら波長を掃引する．ν_2 が S_n-S_1 遷移に共鳴すると S_1 の分子数が減少し，これに伴い S_1 からの蛍光強度も減少する．S_n からの蛍光は大きな分子では発生しないので，蛍光強度の減少（dip，ディップ）により $S_n \leftarrow S_1$ 遷移を測定することができる．この方法は適用できる分子種に制限が少ないことに加え，$S_n \leftarrow S_1$ 遷移の吸収断面積 σ の絶対値を測定できる．遷移を速度論的に解析すると，

$$\frac{A_{\text{off}}}{A} = \frac{\sigma I_2}{k_{\text{f}}} + 1$$

という関係式が導かれる[5]．ここで，A および A_{off} は ν_2 を入射したときとしないときの蛍光強度，I_2 は ν_2 の光子密度，k_{f} は S_1 からの蛍光速度である．ν_2 のレーザー強度を変えて蛍光強度を測定することで σ を求めることができる．

図 3.3.6(a) に 1,4-diazabicyclo [2.2.2] octane (DABCO) の蛍光ディップスペクトルを示す[5]．図 3.3.6(b) は同時に測定された多光子イオン化スペクトルである．測定しているエネルギー領域はイオン化ポテンシャル近辺であり，分子のなかの電子が主量子数 n の大きな軌道に励起され残りの分子イオンの遠方を周回する原子類似状態（リュードベリ (Rydberg) 状態）が多数存在する．実際，多光子イオン化スペクトルではイオン化ポテンシャル（図中の IP_0）より高波数側で自発的にイオン化（自動イオン化）したリュードベリ状態がイオン信号のピークとして観測され，カチオンの振動準位（IP_v）に収束する三つの系列に帰属されている．蛍光ディップスペクトルも同じ領域で蛍光量の減少として鋭いリュードベリ状態を示しているが，いくつか

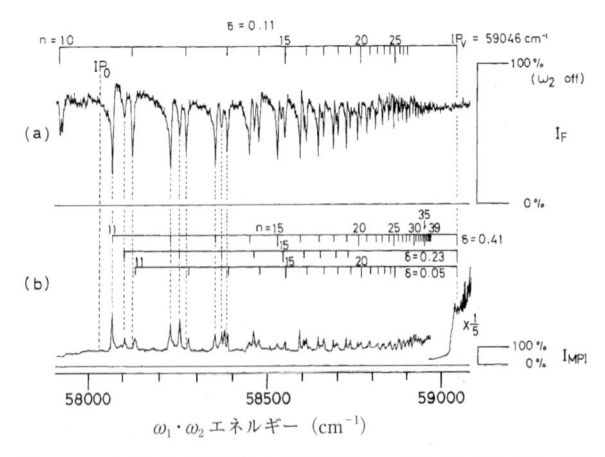

図 3.3.6 DABCO 分子に対する蛍光ディップスペクトル (a) と同時に測定された多光子イオン化スペクトル (b)[5]

の点でイオンの生成により検出したスペクトルとは異なっている．第一に蛍光ディップスペクトルは全領域で信号が 100% より下がっており，多光子イオン化スペクトルでは検出できなかったブロードな吸収が鋭いリュードベリ遷移とともに測定されていることである．第二に蛍光ディップスペクトルにも三つのリュードベリ系列が観測されているが，そのうち一つは多光子イオン化では検出できなかったシリーズである．このように蛍光ディップ分光法は吸収の有無を直接反映しているため，イオン化では検出困難な現象をとらえていると考えることができる．また，この蛍光ディップをレーザー強度を変えて測定することで S_n-S_1 吸収断面積がおよそ $10^{-20}\,\mathrm{cm}^2$ であることも報告されている[5]．

近年のレーザーの発達により赤外領域でも強力なパルス波長可変レーザーが使用可能になっている．この赤外レーザーを蛍光ディップ分光法と組み合わせた赤外ディップ分光法が分子クラスターの研究でさかんに用いられている．原理を図 3.3.5(c) に示す．まず波長可変赤外レーザー ν_{IR} を分子（クラスター）に照射して振動領域を波長掃引する．次に S_1-S_0 遷移に波長を固定したレーザー光 ν_1 を導入し，S_1 からの蛍光強度をモニターしながら ν_{IR} の波長を掃引する．ν_{IR} が振動準位に共鳴すると遷移の出発点である振動基底状態の分子数が減少するので，S_1 からの蛍光も減少する．このため，蛍光強度をモニターしながら ν_{IR} を波長掃引することで分子（クラスター）の赤外スペクトルを測定できる．この方法は ν_1 を固定する電子遷移により特定の分子種だけの赤外スペクトルを測定できる利点があり，種々の分子種が混在するクラスターの測定で威力を発揮する．また，ν_1 より時間的に後で ν_{IR} を導入すると S_1 状態の赤外スペクトルを測定可能である（図 3.3.5(d)）．ただし，この場合，S_1 の寿命がレーザー発光時間より短いと ν_{IR} による蛍光減少が明確には測定できなくなる限界があるが，励起状態の赤外スペクトル測定は非線形蛍光分光法ならではの特長であり，発展性に富んでいると考えられる．

〔藤井正明〕

文献・注

1) 桜井捷海：レーザーと化学反応（日本化学会編），化学総説 No.26，学会出版センター，1980, [79-96].
2) 三上直彦, 伊藤光男：レーザーと化学反応（日本化学会編），化学総説 No.26，学会出版センター, 1980, [181-204].
3) H. Hampf, et al.: *Chem. Phys. Lett.*, **126** (1986), 558.
4) D. M. Friedrich and W. M. McClain: *Chem. Phys. Lett.*, **32** (1975), 541.
5) M. Fujii, et al.: *J. Phys. Chem.*, **88** (1984), 4265.

3.3.2 蛍光相関分光法

蛍光相関分光法（fluorescence correlation spectroscopy：FCS）は非常に希薄に蛍光分子が存在する系を対象に，励起光の集光スポットから発せられる蛍光強度の時間

的ゆらぎを測定し，その自己相関関数から蛍光強度変化の原因となる事象の起こる時間スケールに関する情報を取得する測定手法である．その歴史は比較的古く，1972～1974年に Magde, Elson, Webb によってその測定原理が提案された[1-3]．その後，励起および検出に共焦点レーザー顕微鏡を用いた蛍光相関分光法が1993年に発表され[4]，これが広く用いられている FCS 装置の原型となっている．

現在では，共焦点レーザー顕微鏡の検出系に光電子増倍管やアバランシェフォトダイオードなどの単一光子計数装置を設置した FCS システムでの計測が一般的であり，その検出感度の高さから単一分子検出技術の一つに数えられる．単一分子レベルの蛍光強度の時間変化（ゆらぎ）の原因としては，①蛍光分子が共焦点レーザー顕微鏡の励起レーザー光の集光体積（以下，共焦点体積）へ出入することで生じる蛍光強度の増減，②励起一重項状態から励起三重項状態への項間交差，③励起エネルギー移動や電子移動などによる蛍光消光などが存在する．自己相関関数の解析から，上記それぞれの事象に対応した，①蛍光分子の並進拡散速度，②励起一重項状態からの項間交差の確率，励起三重項（非発光状態）寿命，③蛍光分子と消光剤との衝突の時間スケールに関する情報が得られる．また，蛍光強度のゆらぎ幅（強度変化の大小）は観測領域に存在する分子数と相関があるので，共焦点体積中の蛍光分子濃度に関する情報の取得も可能である．FCS には非常に多くの応用例，派生技術が存在し，これらのほかにも多岐にわたる情報が得られる[5-7]．

a. 理論と解析手法

蛍光強度の自己相関関数 $G(\tau)$ は，実験的に得られた蛍光強度の時間変化 $I(t)$ から式 (1) により計算される．

$$G(\tau) = \frac{\langle I(t)I(t+\tau) \rangle}{\langle I(t) \rangle^2} \left(= \frac{\langle I_{\mathrm{APD1}}(t) I_{\mathrm{APD2}}(t+\tau) \rangle}{\langle I_{\mathrm{APD1}}(t) \rangle \langle I_{\mathrm{APD2}}(t) \rangle} \right) \tag{1}$$

ここで，〈 〉の記号は t に関する積分を表し，$I_{\mathrm{APD1}}(t)$，$I_{\mathrm{APD2}}(t)$ は光子検出器であるアバランシェフォトダイオードの出力信号強度の時間変化を表す（図3.3.9参照）．測定対象に適したモデルを用いて蛍光強度の時間変化の自己相関関数を解析することにより，蛍光色素の並進拡散速度や共焦点体積中の分子濃度等が求められる．式 (2) は最も基本的な解析モデルに基づくもので，1種類の蛍光分子の共焦点体積内外への並進拡散により蛍光強度のゆらぎが起こる場合に対応する[6,7]．

$$G(\tau) = 1 + \frac{1}{N}\left(1 + \frac{\tau}{\tau_D}\right)^{-1}\left(1 + \frac{\tau}{w^2 \tau_D}\right)^{-1/2} \tag{2}$$

N は共焦点体積中に存在する平均分子数，τ_D は蛍光分子が共焦点体積をブラウン運動で通過する平均時間（平均滞在時間）である．$w = w_z/w_{xy}$ は共焦点体積の形状を反映したパラメータであり，w_z はガウス関数で近似した共焦点体積の励起光の光軸方向の長さ，w_{xy} は光軸に垂直な物体面上での半径で，一般的に w の値は5程度である．共焦点体積 V は w_z と w_{xy} を用いて，$V = \pi^{3/2} w_{xy}^2 w_z$ で表される．また，蛍光分子の並

並進拡散係数 D と平均滞在時間 τ_D との関係は式 (3) で表される.

$$\tau_D = \frac{w_{xy}^2}{4D} \qquad (3)$$

並進拡散係数既知の蛍光分子を含む溶液を参照試料として測定し,式 (3) を用い w_{xy} を見積もることにより,測定対象分子の並進拡散係数を FCS により決定できる.図 3.3.7 に式 (2) を用いて計算した蛍光相関波形を示す.この図からわかるように,蛍光分子の濃度が上昇すると時間原点の相関値が減少する.式 (2) からも明らかなように,$G(0) = 1 + 1/N$ であり,N の増加とともに $G(0)$ が減少することを示している.物理的には,共焦点体積中の分子濃度が上昇すると並進拡散に起因する蛍光強度のゆらぎ幅が減少し,それに伴って相関値が減少することに対応する.また平均滞在時間 τ_D が大きくなると相関波形は右側へシフトする.相関波形は相関時間 τ とともに減衰するが,その減衰の速さは蛍光強度のゆらぎの時間スケールを反映する.速いゆらぎの場合には相関波形の減衰は速くなり,逆にゆらぎが遅い場合は相関波形の減衰も遅くなる.図 3.3.8(a) にエタノール中のペリレンビスイミド誘導体の蛍光相関波形と式 (2) による解析結果を示す.この例のように分子の蛍光量子収率 s が 1 に近く,ほとんど励起三重項状態へ項間交差しない分子に関しては式 (2) で解析可能であるが,励起三重項状態への項間交差が無視できない場合には,この効果を取り入れたモデルを用いる必要がある[6,7].

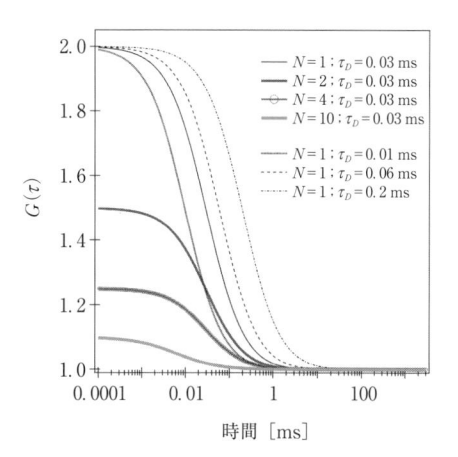

図 3.3.7 式 (2) より計算した蛍光強度の自己相関関数波形
計算に用いた分子数 N および平均滞在時間 τ_D の条件は図中に示した.構造パラメータはすべて $w = 5.0$ とした.

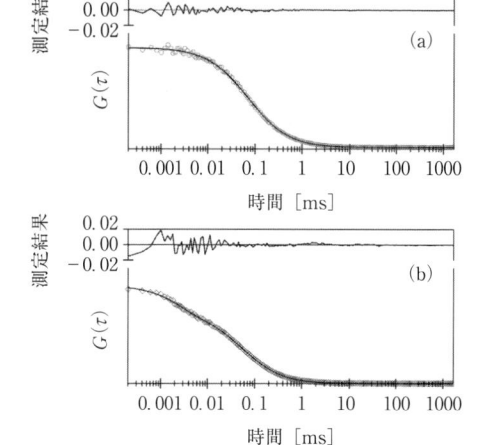

図 3.3.8 (a) エタノール中ペリレンジイミド誘導体に対する FCS と (b) ローダミン 123 水溶液に対する FCS の測定結果
(a) の解析は励起三重項状態を考慮しない式 (2) で,(b) は励起三重項状態を考慮した式 (5) で解析した.

上では蛍光強度変化の原因として,主に並進拡散のみを考慮した最も基本的な解析モデルに関して述べた.そのほかにも,蛍光分子の異性化や消光剤との反応などにより蛍光強度は変化する.基本的な例として,以下のように蛍光分子が発光状態(A)と非発光状態(B)間を速度定数 k_{AB}, k_{BA} で移り変わる場合を考える.

$$A \underset{k_{BA}}{\overset{k_{AB}}{\rightleftarrows}} B$$

この場合,蛍光分子の並進拡散係数が消光により影響されない場合には,蛍光強度の自己相関関数は式(4)で表される.

$$G(\tau) = 1 + \frac{1}{N}\left\{1 + K\exp\left(-\frac{\tau}{\tau_R}\right)\right\}\left(1+\frac{\tau}{\tau_D}\right)^{-1}\left(1+\frac{\tau}{w^2\tau_D}\right)^{-1/2} \quad (4)$$

ここで,$K(=k_{AB}/k_{BA})$ は反応の平衡定数,$\tau_R(=1/(k_{AB}+k_{BA}))$ は反応の緩和時間である.蛍光分子の励起三重項状態への項間交差に伴う蛍光強度変化に対しても同様に扱うことができ,解析モデルは式(5)で表される.

$$G(\tau) = 1 + \frac{1}{N}\left\{1 + \frac{p}{1-p}\exp\left(-\frac{\tau}{\tau_T}\right)\right\}\left(1+\frac{\tau}{\tau_D}\right)^{-1}\left(1+\frac{\tau}{w^2\tau_D}\right)^{-1/2} \quad (5)$$

ここで,p は蛍光分子が励起三重項状態にいる割合であり,$0<p<1$ である.τ_T は励起一重項状態から励起三重項状態への項間交差の速度定数 k_{12} と励起三重項状態から基底状態への失活の速度定数 k_{20},励起一重項状態から基底状態への蛍光輻射緩和率 k_{10},励起光強度 I,吸収断面積 σ を用いて式(6)で表される.式(6)からわかるように,励起光強度 I が低いとき τ_T は励起三重項寿命に一致し($\tau_T \sim 1/k_{20}$),励起光強度が十分高い条件では,$\tau_T \sim 1/(k_{20}+k_{12})$ となる.I を変化させつつ $G(\tau)$ を測定することで k_{12}, k_{20} が求められる.

$$\frac{1}{\tau_T} = k_{20} + \frac{\sigma I k_{12}}{\sigma I + k_{10}} \quad (6)$$

先述のように,蛍光分子が励起三重項状態へ項間交差する場合には,式(5)を用いて解析する必要がある.一例として水溶液中のローダミン123の蛍光相関波形と,式(5)による解析結果の例を図3.3.8(b)に示す.一般に,室温溶液中において有機色素の励起三重項寿命は数 μs 程度であり,図3.3.8(b)においても励起三重項状態由来の減衰成分が1〜10 μs の時間スケールで自己相関関数に現れる.

b. FCSの測定装置

図3.3.9にFCSで一般的に用いられる共焦点レーザー顕微鏡システムの概略を示す.励起には連続発振レーザー光源,パルスレーザー光源ともに使用可能であるが,パルスレーザーを光源に用いる場合には,レーザー光の繰返し照射に伴う蛍光強度の変化が蛍光の自己相関関数に影響を与える.そのため,自己相関関数を計算する際の時間刻み(bin 幅)に比べて,レーザーの繰返し周期が十分短いことが望ましい.励起用のレーザー光は高開口数の光学顕微鏡対物レンズで試料溶液中に集光される.こ

図 3.3.9 蛍光相関分光法で用いられる共焦点顕微鏡システムの構成例

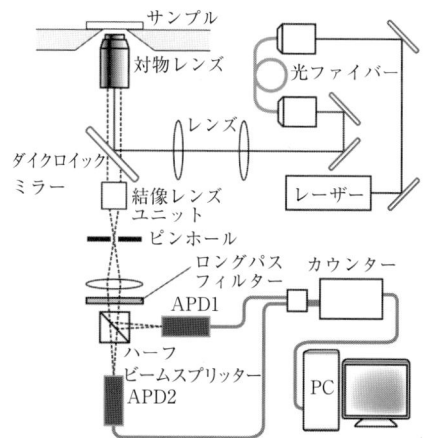

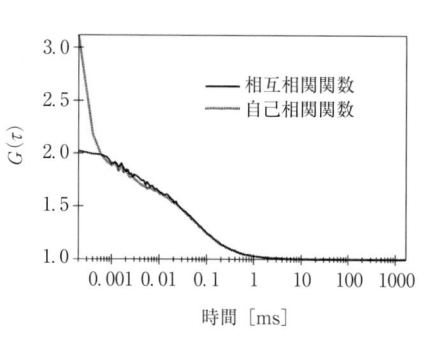

図 3.3.10 1 台の APD の出力信号の自己相関関数と 2 台の APD の出力信号間の相互相関関数の比較

の照射スポット内にブラウン運動によって入ってきた蛍光分子が光励起されて発した蛍光を同じ対物レンズで集め，結像レンズで一次像面に集光する．その結像位置に設置されたピンホールが共焦点光学系を構成し，共焦点体積のみからの蛍光が光子検出器に到達する構成となっている．高開口数の対物レンズと共焦点光学系を用いることで，FCS の検出領域は光軸方向で 2 μm，光軸に垂直な面上で 400 nm 程度が一般的である．共焦点光学系のピンホールを通過した蛍光はハーフビームスプリッターで強度比 1：1 に分割され，それぞれが光子計数用のアバランシェフォトダイオード（APD）で検出される．各 APD の信号 I_{APD1} と I_{APD2} はもともと同じ信号 I を分割したものであるため，光子の不分割性が顕在しない条件では，近似的に $I = 2I_{APD1} = 2I_{APD2}$ であり，それらの相互相関関数は I の自己相関関数と等価である．ここで，APD を 2 台用いる理由は，単一光子計数モードで動作する APD のアフターパルシングの影響を除去するためである．アフターパルシングについて，その詳細を次に述べる．

c. APD のアフターパルシングの影響とその除去法

APD のアフターパルシングの影響を除去するために，FCS の検出系に 2 台の APD を用いる必要があることを先述した．これはアバランシェ現象と深く関連している．フォトダイオードが単一光子を吸収することで生成された一組の電子‐正孔対はフォトダイオードに印加された高電圧でそれぞれ逆方向に加速され，結晶格子と衝突して新たな電子‐正孔対を生成する．この現象が連鎖的に起こること（アバランシェ現象）によって多数のキャリヤーが生成され，単一光子の入力が電流へと変換される．アバランシェ現象が起こるとき，キャリヤーの一部はトラップサイトに捕捉され，最初のアバランシェ現象に遅れて次のアバランシェ現象を引き起こす（アフターパルシ

ング).アフターパルシングの減衰時間は数十～百 ns 程度であり,一つの APD からの信号の自己相関関数を計算すると数百 ns 程度までアフターパルスの影響が残る.これを回避するためには図3.3.7のように2台の APD を用い,それらの出力の相互相関関数を取得する方法が効果的である.図3.3.10に2台の APD を用いた検出系で取得した蛍光相関波形と,1台の APD の出力の自己相関波形を併せて示す.図のように時間原点付近では明らかに波形が異なるため,とくに時間原点付近近傍,1 μs 以下の早い時間領域における蛍光相関波形を議論する際には注意する必要がある.

まとめ

以上に述べたように,FCS は微小体積中の蛍光強度のゆらぎから,蛍光の明滅を誘起する事象の時間スケールに関する情報の取得を可能にする測定法であり,物体面上で数百 nm,光軸方向で数 μm 程度の微小領域における蛍光分子の拡散係数,濃度,励起三重項寿命,消光の時間スケールなどの知見を得ることができる.この特徴を利用して,拡散係数の温度依存性に基づく微小領域の温度測定などへの応用なども報告されている[8].また,生体高分子の構造ゆらぎの解析にも蛍光相関測定は利用されている.この場合には,生体高分子の構造ゆらぎに伴い,蛍光発光がスイッチングできるように高分子に蛍光色素と消光分子を修飾する.消光剤としては,エネルギー移動で色素の励起状態を失活させる分子や,色素との間で光誘起電子移動反応を起こす分子系が選択される.生体高分子の構造ゆらぎにより,色素と消光剤との距離が変化すると,蛍光が明滅するため FCS による測定から生体分子の比較的ゆっくりとした構造ゆらぎに関する知見が得られる[9].以上の他にも分子間相互作用を解析するための蛍光相互相関分光法(fluorescence cross-correlation spectroscopy:FCCS)[10],ピコ秒～ナノ秒のより短い時間スケールから秒オーダーまでの広範囲の蛍光相関を取得可能な光子相関(単一分子光子統計)検出系[11],二光子蛍光相関分光法[12]など多種多様な応用が展開され,近年その発展が著しい. 〔伊都将司・宮坂 博〕

文献・注

1) D. Magde, et al.: *Phys. Rev. Lett.*, **29** (1972), 705.
2) E. L. Elson and D. Magde: *Biopolymers*, **13** (1974), 1.
3) D. Magde, et al.: *Biopolymers*, **13** (1974), 29.
4) R. Rigler, et al.: *Eur. Biophys. J.*, **22** (1993), 169.
5) R. Rigler and E. S. Elson, eds.: Fluorescence Correlation Spectroscopy, Springer Series in Chemical Physics 65, Springer, Berlin, 2001.
6) O. Krichevsky and G. Bonnet: *Rep. Prog. Phys.*, **65** (2002), 251.
7) J. R. Lakowicz: Principles of Fluorescence Spectroscopy, 3rd ed., Springer, 2006.
8) S. Ito, et al.: *J. Phys. Chem. B*, **111** (2007), 2365.
9) T. Kaji, et al.: *J. Phys. Chem. B*, **113** (2009), 13917.
10) P. Schwille, et al.: *Biophys. J.*, **72** (1997), 1878.
11) A. J. Berglund, et al.: *Phys. Rev. Lett.*, **89** (2002), 068101.

12) K. M. Berland, et al.：*Biophys. J.*, **68** (1995), 694.

3.3.3 近接場分光

a. 回折限界，空間分解能

光を狭い空間に集めるには，通常レンズ系による光の回折が用いられる．光学顕微鏡はこの原理を用いたイメージング装置である．光の波動性のため，集光した光のスポットの小ささには限界があり，それはおおむね次の式で与えられる[1,2]．

$$w_0 = 0.6 \frac{\lambda}{\mathrm{NA}}$$

w_0 は集光スポットの半径，λ は光の波長，NA はレンズの開口数で，媒質の屈折率を n，集光角を θ として NA $= n \sin \theta$ である．したがって，回折光学系を用いた顕微鏡では，通常空間分解の限界は波長程度になる．局所的な分光学的情報を得ようとする場合に，顕微鏡に分光システムを組み合わせて測定することになるが，その場合の空間分解能も通常は上記の回折限界で決まる．光学測定でより高い空間分解能を必要とする場合の方策として，現在主に用いられている方法には，①計算による方法，②試料の光学応答の非線形性を用いる方法，③近接場光学による方法，がある．①，②は回折光学系による観察を基本としており，①は顕微鏡の点像関数（光学系の点光源に対する応答を表す関数）をもとに，実験で得られた像をデコンボリューションすることで解像度を高め，②では非線形光学過程を用いることで実質的に光の集光スポットを回折限界より小さく絞ることで高空間分解能を得る．一方，③では回折光学系を用いず，ナノ構造の周辺に局在してまとわりついた，空間を伝搬しない電磁場（近接場光）のスポットを用いることで，回折限界に左右さない空間分解能を得る．ここで解説するのは，③の方法論である．近接場光学による観察では，透過や発光，散乱などの線形な応答を用いる分光法のみならず，さまざまな非線形過程を用いた手法を顕微鏡に組み合わせることも可能である．ナノ物質の形状ばかりでなく，局所的な光学特性に関する豊富な情報を提供する．

b. 近接場光学顕微鏡の原理と方法[2-5]

近接場光学の原理でイメージングや局所的な光学特性を得るための手法として，現在主に二つの方法が用いられている．一つは不透明スクリーンに開けた微小な開口を用いるもの（開口型と呼ばれる）で，いま一つは先鋭化した探針を用いるもの（散乱型，非開口型などと呼ばれる）である．前者ではスクリーンの片面から光を照射し，開口付近で反対の面に浸み出した，局在した近接場光を光源として用いる．後者では，探針に外部から光を照射した際に，その先端近傍に発生する局在した近接場光を光源として用いる．あるいは逆に，測定対象を外部から光照射し，対象物の近傍に発生した電磁場を近接させた開口から拾い出したり（開口型），探針で外部に散乱させて（散

乱型),検出する.

いずれの場合も,近接場はナノ構造のごく近傍にのみ存在する電磁場であることから,近接場を利用するためにはプローブ(開口や探針)を測定対象に近接させ,対象物と近接場を相互作用させる必要がある.伝搬光を用いた通常の顕微鏡では,光源が測定対象物からの影響(摂動)を受けることはまず考える必要がないが,近接場光学を用いる場合,それが正しくない場合があるので注意が必要である.状況によってはプローブを近接させること自体が,力学的・電子的相互作用を通じて,測定対象の物理的条件を変える場合がある.また,電磁場が介在することで,測定試料の近接場散乱光が光源(プローブ)の電磁気学的な状況を変えることは十分ありうる.一般的には光源と測定対象物を物理的に分離して扱うことができないと考える必要があり,これが回折光学系を用いた通常の光学顕微鏡に比べて理論的取扱いを困難にする.

開口型近接場光学顕微鏡では不透明スクリーンに開けた微小開口を用いる.現在主に用いられている微小開口を備えたプローブには,光ファイバーのコアを先鋭化し,その先端に作成したもの(光ファイバープローブ),原子間力顕微鏡のカンチレバーの探針部を加工し,探針先端に開口を作成したもの(開口カンチレバー)がある(図3.3.11).光ファイバープローブは,先鋭化した単一モード光ファイバーの端面に,金属膜を数百 nm 程度蒸着して不透明膜とし,先端に微小な開口を作成する.ファイバー端面を先鋭化するには,ガラスを加熱して延引切断する方式と,フッ化水素によるエッチングを用いる方式がある.後者では条件を整えれば先端形状の制御性と再現

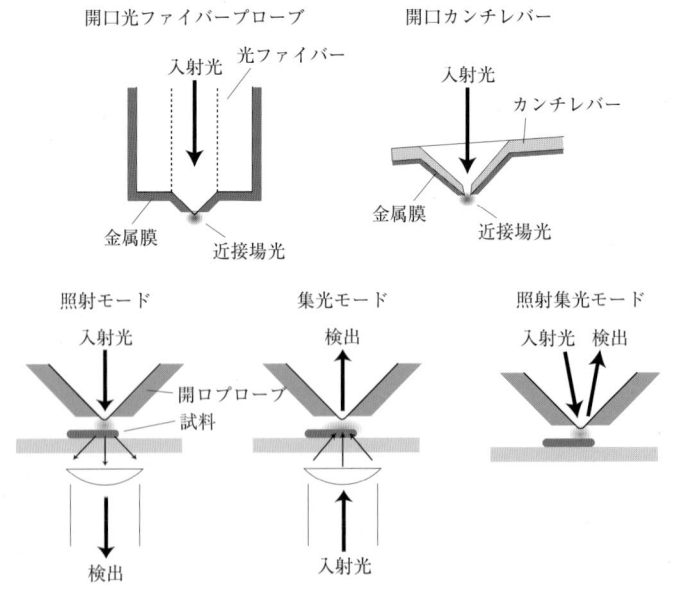

図 3.3.11 開口近接場プローブの例(上段)と照射・集光モード(下段)

性がよく,先端のテーパー角を適切に調整することで光の伝達効率の高いプローブが作成できる.開口型近接場光学顕微鏡では,空間分解能はおおむね開口の直径程度となる.したがって小さな孔を開けることが,高い空間分解能のために本質的に重要な要素となる.一方で,開口が小さくなると光の伝達効率は低下して信号強度の低下を招く.また,現実の材料で不透明スクリーンをつくる限り,光は材料の内部に侵入深さ程度の距離まで入り込むため,開口の大きさをきわめて小さくしたとしても,光のスポットの大きさを侵入深さのオーダーよりも小さくはできない.

散乱型では先鋭化した探針を用いる.多くの場合,散乱強度を大きくするために貴金属の探針や,貴金属でコートされた探針が用いられる.前者の貴金属製探針は,金や銀のワイヤを電解研磨などによって先鋭化して作成される.また後者では,原子間力顕微鏡のカンチレバーを金や銀でコートして用いる(図3.3.12).とくに前者については,探針に設計されたナノ構造の加工を施すことで,外部から照射した光の,探針先端の近接場への結合効率を格段に向上させる試みも行われている[6].散乱型近接場光学顕微鏡では,空間分解能はおおむね探針先端の曲率半径程度になる.したがって,探針先端をなるべく鋭くすることが重要になる.径の小さな開口を作成するのに比べて,曲率の小さな探針を作成するほうが一般的には容易であり,そのため10 nm前後の高い空間分解能を得る目的には,散乱型の方法が用いられることが多い.

プローブを試料に近接させるのには通常,原子間力顕微鏡の原理か,それと類似のシアフォース法が用いられる.後者では,プローブを試料面に平行な方向に振動させつつ表面に近づける.プローブの振幅が,試料表面から遠く離れたときの振幅の10〜50%程度となるように,フィードバック制御により表面からプローブ先端までの距離を調節する.この方法で,プローブ先端を試料表面の数nm上に保つことができる.

c. さまざまな分光手法との結合,イメージング

開口型の装置では,光を開口から試料に導入して励起し,透過光,散乱光,発光をレンズ系を経て外部で検出する方式(照射モード)が最もよく用いられる.たとえば光ファイバープローブの場合は,プローブとは反対側のファイバーの端面から光を導入する.試料への光照射を外部からレンズ系などを用いて行い,試料近傍の近接場光をプローブの開口から拾い出して検出する方式(集光モード)も用いられる.また,試料への光照射と,試料近傍からの光の拾い出しの双方を開口を通じて行う方式(照射集光モード)もしばしば採用される(図3.3.11).散乱型では,試料に対する励起光は常に外部から導入される.励起光導入の光学配置にはさまざまな方式があるが,レンズ系によって試料・探針近傍に集光する方式や,全反射プリズムに載せた試料に対して,全反射面の裏側へのエバネッセント場(全反射面の裏側に光の波長の数分の一程度まで浸透している電磁波)によって光照射する方式がよく用いられる(図3.3.12).またプローブ先端からの散乱光は,通常対物レンズで集光して外部で検出

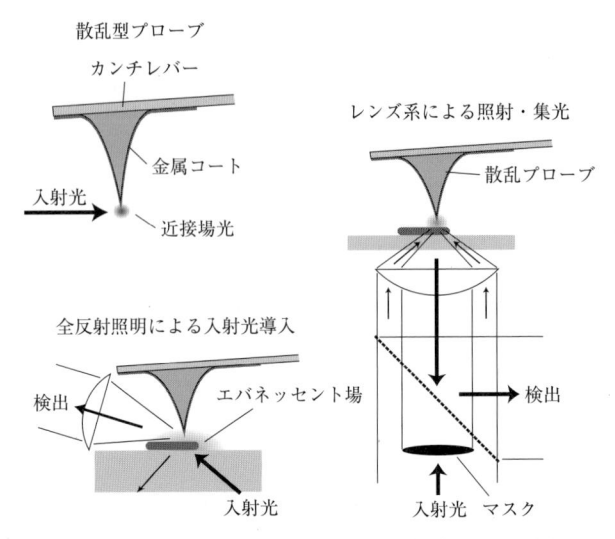

図 3.3.12 散乱型近接場プローブの例（左上）と実験配置

する．光源には多くの場合にレーザーが用いられるが，広い波長領域で透過・散乱を測定するために，放電管などのインコヒーレント光源（通常光源）を用いることも可能である．

試料の光学イメージを得るには，検出された光の強度を，試料に対するプローブの相対位置の関数として表示する．試料はナノメートルの精度で走査可能なステージ上に設置される．試料表面とプローブ先端の間隔を一定に保ちながら試料を面内に二次元で掃引することで，各点での光強度を記録する．これを再構成して，試料の近接場光学イメージが得られる．

近接場光学顕微鏡は光を用いた顕微鏡法であるため，さまざまな分光手法を組み合わせて，ナノ領域でのユニークな情報が得られるポテンシャルを有する．最も基本的な透過・散乱を検出する方法のほか，発光やラマン散乱の検出，偏光を用いた検出などが行われている．さらに，パルスレーザーを用いた非線形分光手法を適用することも可能である．実際に，コヒーレント反ストークスラマン散乱（coherent anti-Stokes Raman scattering：CARS)[7]や二光子誘起発光[8]，第 2 高調波発生[9]などを用いた近接場イメージングが行われている．

ナノ物質の近接場光学像の例を図 3.3.13 に示す．図 3.3.13(a)は DNA 分子のラマンバンドを用いた近接場 CARS 像で，2 波長（787 nm と 880 nm）のピコ秒パルスレーザーと散乱型近接場光学顕微鏡で得られたものである[7]．二つのレーザーの振動数差 1337 cm^{-1} に共鳴するアデニンの CARS 信号光を，金属探針により散乱させてイメージを測定している．バンドルとなった DNA 分子の繊維状構造が観察されている．最も細く観察されている部分は単一 DNA 鎖によるものと考えられ，その幅は約

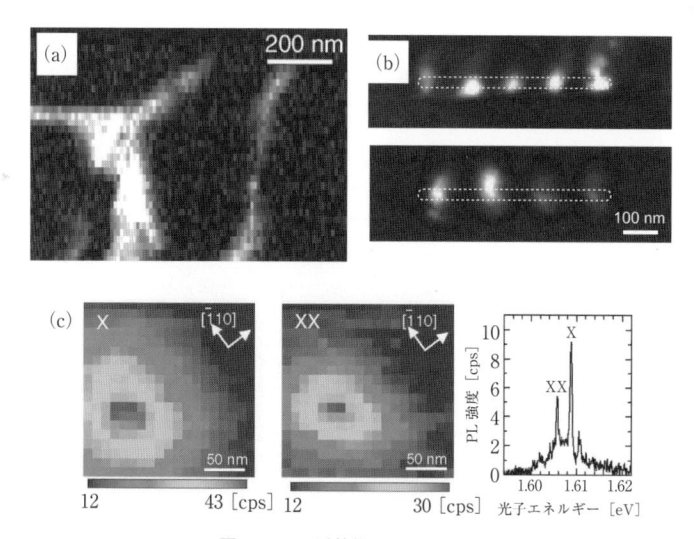

図 3.3.13 近接場イメージの例
(a) バンドル DNA 分子の散乱型近接場 CARS イメージ[7]．入射光波長は 787 nm と 880 nm（2 波長の振動数差がアデニンのラマンバンド振動数 1337 cm^{-1} に一致）．(b) 金ナノロッド（直径 20 nm, 長さ 510 nm, 点線で概形を示す）の開口型近接場 2 光子発光励起イメージ[8]．励起波長は 780 nm（上）および 900 nm（下），照射モードで測定．(c) GaAs 二次元量子井戸構造の開口型近接場発光イメージ（左，中央）と発光スペクトル（右）[10]．励起光波長は 633 nm，照射集光モードで測定．

15 nm で，この装置の空間分解能で決まる幅となっている．図 3.3.13(b) は金の棒状微粒子（ナノロッド）の開口型近接場光学顕微鏡（照射モード）による 2 光子励起像で，フェムト秒パルスレーザーで励起される金の 2 光子誘起発光を検出して得られたものである[8]．励起波長（780 nm，900 nm）により観察されるイメージが異なっている．これらは金微粒子に励起されるプラズモン（金属構造体内の伝導電子の集団的振動）の波の構造に対応しており，励起波長によって共鳴するプラズモンのモードが異なるため，イメージも変化している．図 3.3.13(c) は半導体 GaAs 上の二次元量子井戸構造の，開口型近接場光学顕微鏡（照射集光モード）によるエキシトン発光のイメージングの例である[10]．励起は 633 nm の CW 光源で，右のスペクトルに示すように，エキシトン発光（X）とバイエキシトン発光（XX）が観測される．それぞれの発光ピークで検出してイメージを測定したものが左の二つの図に示されている．X に比べて XX の方が空間的に狭い領域に発光が局在しており，これはエキシトンとバイエキシトンの空間特性の差によっている．

d. 貴金属ナノ構造による増強分光法[4,11]

ここでは近接場に密接に関連する，プラズモンによる増強分光法について簡単に述

べる．貴金属微粒子を光励起すると，伝導電子の集団的振動であるプラズモンが励起され，これが微粒子周辺の空間に増強した光電場をつくる．光電場が増強した空間領域におかれた物質は，自由空間にある物質に比べ，光に対する分光学的応答も増強する場合があり，高感度な分光検出を可能にする．とくに振動分光の分野で古くから研究され，表面増強ラマン散乱（surface enhanced Raman scattering：SERS）や表面増強赤外吸収（surface enhanced infra-red absorption：SEIRA）として知られている．歴史的には，表面の荒れた金属電極上などで振動スペクトルの感度が向上することが発見され，最近になってナノ物質科学の発展に伴い，金属微粒子やその集合体が多く用いられるようになった．

ラマン散乱のように中間状態（励起状態）の寿命が短い過程では，プラズモンとの共鳴により信号の高い増強が得られることが多いが，中間状態の寿命の長い蛍光などの過程では，かならずしも高い増強が得られない場合もあることに注意が必要である．これは，励起状態から貴金属微粒子へのエネルギー移動が，発光の消光を起こすためである．ラマン散乱や寿命の短い蛍光では，エネルギー移動過程が発光過程に比べて遅いため，両過程が競合せず，高い信号増強が得られる場合が多い．

光吸収など一次の過程では，応答は光電場の増強度の二乗（すなわち光強度の増強度の一乗）に比例して増強する．光散乱，ラマン散乱など二次の過程では，励起過程と光放出過程の両方でプラズモンとの共鳴による増強を受けるため，ストークスシフト（励起光と散乱光の振動数差）の小さい散乱過程では，散乱光は電場の増強度の四乗に比例する．とくに，貴金属ナノ微粒子の二量体を始めとする凝集体や配列体では，微粒子と微粒子の間の空隙部分に，自由空間に比べて数千倍に及ぶ高く増強した光電場の生じることがある．このようなサイトに入り込んだ分子のラマン散乱強度は，通常の散乱強度に比べて10桁以上増強する場合があり，単分子のラマン散乱スペクトルが測定可能であるといわれている．このため，増強分光法による超高感度分析や，生体分子の構造解析などへの応用を目指した研究が精力的になされている．先に述べた散乱型近接場光学顕微鏡は，（金属）探針先端における光電場の増強効果を用いたものであり，プラズモンによる増強分光法の一つの応用であるといえる．

〔岡本裕巳〕

文献・注

1) M. Born and E. Wolf：Principles of Optics, 7th expanded ed., Cambridge University Press, 1999.
2) L. Novotny and B. Hecht：Principle of Nano-optics, Cambridge University Press, 2006.
3) M. Ohtsu, ed.：Near-Field Nano/Atom Optics and Technology, Springer, 1998.
4) S. Kawata, ed.：Near-field Optics and Surface Plasmon Polaritons, Topics in Applied Physics, vol. 81, Springer, 2001.
5) D. Courjon：Near-Field Microscopy and Near-Field Optics, Imperial College Press, 2003.

6) C. Ropers, et al.: *Nano Lett.*, **7** (2007), 2784.
7) T. Ichimura, et al.: *Phys. Rev. Lett.*, **92** (2004), 220801.
8) K. Imura and H. Okamoto: *J. Phys. Chem. C*, **113** (2009), 11756.
9) M. Zavelani-Rossi, et al.: *Appl Phys. Lett.*, **92** (2008), 093119.
10) K. Matsuda, et al.: *Phys. Rev. Lett.*, **91** (2003), 177401.
11) R. Aroca: Surface-Enhanced Vibrational Spectroscopy, Wiley, 2006.

3.3.4 単一分子分光

　この項では，固相中の単一分子を対象とした発光分光について述べる．単一分子分光が行われている固相としては，有機・無機結晶，ガラス固体のほか，脂質二重膜，高分子膜などがあげられる．対象分子としては，可視領域から近赤外領域に電子許容遷移をもつ炭化水素分子，いわゆる有機色素分子が最も一般的である[1]．色素とは異なる系で，量子情報の分野で注目されているものとして，ダイヤモンド結晶中で可視域に吸収をもつ N-V 中心と呼ばれる構造があげられる．一般に，結晶中の格子欠陥で可視領域に吸収をもつものを色中心（color center）と呼ぶ．ダイヤモンド中の隣り合う二つの炭素原子が窒素原子と空孔に置き換わったものが N-V 中心（nitrogen vacancy (N-V) center）である．ダイヤモンド結晶中で隣り合う不純物と空孔は，結晶のなかにつくりこまれた一種の二原子分子と考えることができる．N-V 中心の基底状態は $S=1$ の電子スピンをもつ．単一の N-V センターの発光検出と同時に，発光検出を利用した単一電子スピンの磁気共鳴分光が行われた[2]．このため，1個ずつ読み出しが可能な固体の量子論理演算素子として関心を集めている．このほか，可視領域に電子状態間の遷移をもつ固体中の単一量子系として，半導体単一量子ドットの分光[3]も単一分子分光の範疇に入れることができよう．

　手法としての単一分子分光を論じるに当たり，単一分子の検出・観測と，分光測定の二つに分けると整理しやすい．なぜなら，単一分子分光特有の技術や工夫が必要なのは単一分子を検出，観測する過程であり，ひとたび単一分子が観測できれば，分光測定の方法は通常のアボガドロ数の分子を対象にした分光測定と基本的に変わらないからである．しかし分光測定の結果には，単一分子でしかみられない現象が現れる．

a. 単一分子の吸収・発光強度とその測定
1) 単一分子の吸収測定と発光測定

　固相中の単一分子の光学測定で，その後の本格的な分光研究の端緒となったのが，芳香族炭化水素分子の結晶中に数密度 10^{-6} 以下の不純物として存在する芳香族色素分子に対して行われた温度 1.6 K における単一分子の吸収測定であった．具体的には，1989 年に行われたカリフォルニアの IBM の研究所の W. E. Moerner らによる *p*-terphenyl 結晶中の pentacene 1 分子の吸収測定である[4]．後述するように，

pentacene 分子1個が1秒間に吸収できる光子の数はおよそ 4×10^6 個,pentacene の吸収波長 592 nm の光の強度にして 1×10^{-12} W 程度である.この光子数自体は十分検出できる量であるが,定常吸収の測定において吸収より桁違いに強い透過光の強度が吸収によってわずかに減少するのをとらえるのは難しい.このような場合の定石が,観測したい現象が起こっていないときの出力がゼロであるような測定を行うことである.同じ微小な信号でも,大きな信号のわずかな変化を観測するより,信号がないところにわずかな信号が発生するのを観測するほうがはるかにたやすいからである.微弱な光吸収の測定においては,たとえば照射光の波長を周期的に変化させ,透過光強度のうち光源の波長変動に同期した成分だけを取り出せばよい.吸収のない波長では信号はゼロであり,吸収のある波長でのみ信号が発生する.実際に Moerner らが行ったのは光源の周波数に変調を加える周波数変調(FM)分光と呼ばれる手法にさらに工夫を加えたものである[5].FM 分光については「3.3.5 変調分光法」および文献を参照されたい[6,7].

ところで,吸収が弱くて測定しづらいとき,発光性の分子であれば,透過光の強度の代わりに照射光の波長に対して発光強度を測定することがしばしば行われる.得られるスペクトルは発光励起スペクトルと呼ばれる.試料に吸収がなければ発光しないので,バックグラウンドがゼロの測定であり,直接吸収を測るよりはるかに容易である.一分子の吸収測定もその例外ではない.Moerner らの吸収測定の翌年,1990 年にフランス,Bordeaux 大学の Orrit と Bernard はまったく同じ系を使って1分子の発光励起スペクトルを測定し,吸収測定よりはるかに単純で感度もよい結果が得られることを示した[8].以来,単一分子の光検出・観測はほとんどが発光観測に基づいている.Orrit は当時を振り返り,この測定が果たして実現可能かどうか,測定に関係する種々の物理量の見積りを何度も繰り返した,と述べている.一方 Moerner は,なぜこんな簡単なことに気づかなかったのか,と悔しがったという.

2) 単一分子の発光強度と三重項状態の存在

そもそも単一分子の発光強度はどれくらいなのか? 典型的な例として p-terphenyl 中の pentacene について見積もってみよう.結晶中には O_1 から O_4 まで4種類の置換サイトがあるが,単一分子分光が行われた 592 nm 付近の O_1 (592.3 nm) と O_2 (592.2 nm) において,励起状態の輻射寿命はおよそ 22 ns である[9].温度 1.6 K の低温では,光を放出しない無輻射の失活過程は輻射失活に比べて無視できるくらい遅いので,励起状態の寿命は輻射過程で決まっていると考えてよい.したがっていくら強く光励起したとしても,1個の分子は1秒間に励起状態の寿命の逆数程度の回数 (5×10^7 s^{-1}) しか光子を吸収し放出することができない.いわゆる飽和の現象である.仮に測定装置全体の検出効率が 1% であったとすると,1分子から期待される発光光子の観測数は最大 5×10^5 s^{-1} と見積もられる.実際にはこの値よりも小さくなるが,その主たる原因は,分子の三重項状態を考慮していないことにある.

3) 一重項・三重項状態と蛍光・りん光

原子番号の大きな重元素を含まない有機炭化水素分子においては，スピン-軌道相互作用が弱く，電子状態における電子のスピン角運動量と軌道角運動量の分離がよいので，一つひとつの電子状態はそれぞれ電子スピンの固有状態になっている．pentaceneも含め，安定に存在する有機分子の大多数は偶数個の電子をもち，それらはパウリの排他律にしたがって，基底状態において2個ずつがスピン状態を異にして1個の空間軌道を占めている．このため，電子基底状態における電子スピンはスピン量子数が$S=0$でスピン多重度が1の一重項状態しかありえない．これに対し，1個の電子がエネルギーの高い空間軌道へ移った電子励起状態では，2個の電子が異なる軌道を占めている．このため，同一の空間軌道の電子配置に対して，電子スピンが$S=0$の一重項状態と$S=1$で副準位が三つある三重項状態の二つの状態が存在し，一般に三重項状態のほうがエネルギーが低い．光による電子状態間の遷移は，光の振動電場と荷電粒子としての電子との相互作用によるので，電子スピンは変化しない．したがって，pentaceneにおける寿命22 nsの輻射遷移は，基底状態と同じ電子スピンをもつ励起一重項状態からの許容遷移であって，その発光は蛍光（fluorescence）と呼ばれる．基底状態が$S=0$ではない例が酸素分子やN-V中心で，$S=1$の三重項状態をとる．

光によって一重項状態に励起された分子は，ほとんどの場合蛍光を発して基底状態に戻るが，わずかなスピン-軌道相互作用により電子スピン状態が変化し，励起一重項から励起三重項状態へ移る．このような電子スピン状態の変化は項間交差（intersystem crossing）と呼ばれる．励起三重項状態から基底状態への輻射遷移は電子スピン禁制であり，りん光（phosphorescence）と呼ばれる．基底状態が一重項である分子の光吸収と蛍光・りん光にかかわるエネルギーダイヤグラムを図3.3.14に示す．

励起三重項状態の寿命は一重項状態に比べて桁違いに長い．一重項から三重項へ項間交差を起こす確率は低いが，ひとたび三重項状

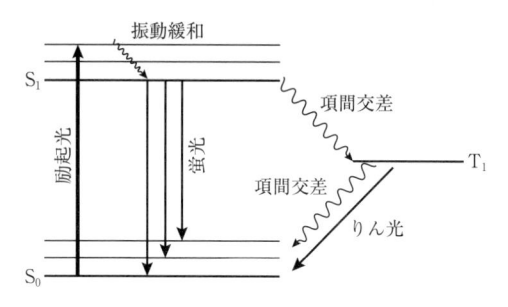

図3.3.14 有機色素分子の発光にかかわる電子状態の典型的なエネルギーダイヤグラム

電子スピンのあり（三重項T）なし（一重項S）がはっきりと分かれる．基底状態が一重項（S_0）であるため光の吸収と放出（蛍光）は第1励起一重項状態（S_1）との間で起こる．第1励起三重項状態（T_1）はS_1からの項間交差で生成する．S_0へ戻る過程は輻射（りん光）・無輻射ともに項間交差を伴うため遅い．

基底状態が三重項である酸素分子のような常磁性種が近くにあれば，磁気的な相互作用が項間交差を促進して励起三重項から基底一重項状態への無輻射失活が速くなり，単位時間の蛍光量は増加する．ただし酸素分子は化学反応によって色素分子を減らし，アンサンブル測定では蛍光強度の減少，単一分子観測では光退色も引き起こす．

態に入ると長時間そこにとどまり，その間蛍光光子を放出することはない．このため単位時間に1個の分子が放つ光子数は，三重項を考慮しない見積りより少なくなる．p-terphenyl 中 O_1, O_2 サイトの pentacene の例では，一重項から三重項へ項間交差を起こす確率は 0.005[10]，励起三重項状態の寿命は $45\,\mu s$ である[10]．すなわち 200 回光吸収と蛍光放出を繰り返すと三重項状態に入り，$45\,\mu s$ そこにとどまる．200 回蛍光を放つのに $4.4\,\mu s$ の時間がかかるので，分子1個が単位時間に放つ光子数はおよそ $50\,\mu s$ あたりに 200 個，すなわち $4\times10^6\,s^{-1}$ となる．これは三重項がないと仮定した場合の 1/10 である．ちなみに，p-terphenyl 中の残り二つのサイト，O_3 (588 nm)，O_4 (586 nm) では pentacene の項間交差の確率が 60% もあり[9]，分子1個が放つ光子数はたかだか $2\times10^4\,s^{-1}$ に制限される．低温用の顕微分光装置の検出効率を 1% とすると，実際に測定される蛍光光子数は O_1, O_2 サイトで $4\times10^4\,s^{-1}$，O_3, O_4 サイトでは $2\times10^2\,s^{-1}$ になる．

4) 背景光の除去と光学系の共焦点配置

pentacene を例に見積もったように，単一分子の発光の検出光子数は1秒間に数百個から数万個の範囲であることが多い．光電子倍増管（photo-multiplier tube：PMT）や APD（avalanche photo-diode detector）などの光子計数ができる検出器が働く波長であれば，検出感度は十分にある．課題は，観測対象の分子以外に由来する発光や散乱光，いわゆる背景光をいかに遮断できるかである．散乱光，不純物発光ともに照射光の波長が短波長になるほど増加するため，吸収や発光の波長が短いほど背景光の遮断・除去は難しく，細心の注意が必要である．

1分子観測において背景光を減らすには，励起光を対象分子以外に当てないこと，そして検出器に対象分子以外からの光が入らないようにすることが大切である．これらを実現するために用いられる代表的な方法が，共焦点配置と呼ばれる光学系の配置である．照射光学系，検出器への結像系ともに像を回折限界まで絞り込み，照射光学系によって試料中につくられる光源の像の位置に試料をおき，検出用結像系によって検出器空間につくられる試料の像の位置に検出器をおく．こうすることで，回折限界の範囲でみたい分子のみを照射し，みたい分子からの光のみを観測することができる．点光源としてレーザーが一般に用いられ，検出器側の焦点には必要であれば

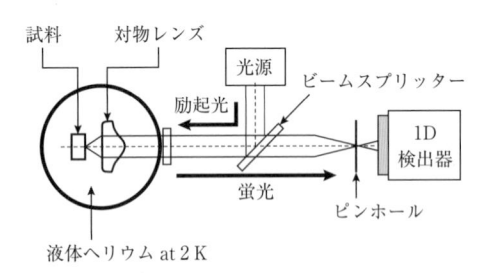

図 3.3.15 液体ヘリウムを使った低温における微弱発光観測のための共焦点配置の装置の概略

検出側には，測定する系に合わせた短波長をカットするフィルターが必須である．また共焦点配置での蛍光画像の測定は，試料か励起光の焦点かどちらかを二次元スキャンする機構を組み込んで行う．低温単一分子分光の装置全体は文献 15，試料の光励起と発光の集光に関しては文献 1，液体ヘリウム中で用いる対物レンズとビームスキャンについては文献 22 を参照されたい．

ピンホールをおく．液体ヘリウム用クライオスタット内の試料直近に対物レンズを配置した典型的な単一分子の蛍光顕微分光装置の概略を図3.3.15に示す．

5) 単一分子の蛍光画像と位置精度

1分子の発光画像の大きさは回折限界で決まり，それ以上小さくはならない．しかし発光分子の位置は回折限界を上回る精度で決定できる．つまり，焦点に結んだ像は波長程度の大きさがあるが，光源が1個の点光源である場合には，光源は発光像の中心にあることになり，その位置は像の大きさよりはるかに高い精度で決めることができる．1分子の発光像を用いてナノメートルスケールで試料の空間分布を得る方法については，「7.3.4 超解像イメージング」を参照されたい．

b. 単一分子発光の明滅と光退色

単一分子からの発光を観測しているときに遭遇する典型的な現象が明滅（blinking）と光退色（photobleaching）である．どちらも，定常的に発光していた分子が発光しなくなることであるが，ある時間の後再び発光を取り戻すのが明滅，発光が回復せず不可逆的に発光しなくなるのが退色である．可逆・不可逆いずれにしても分子が発光しなくなるのは，ほとんどの場合分子が光を吸収しなくなる，つまり吸収波長が変化するためである．実際に1分子の発光励起スペクトルが時間とともに変化していく様子はスペクトル拡散（spectral diffusion）やスペクトルジャンプ（spectral jump）として観測されている（後述，c. 2)参照）．分子の吸収波長の変化の原因を分子外と分子内に分けて考えよう．

まず原因が分子外にある場合，分子自身は何も変わらなくても分子を取り囲む静電的環境が変われば分子の電子状態のエネルギーが変わり，その結果，電子遷移のエネルギー，すなわち吸収波長が変わる．静電的環境の変化は，分子の周辺の何らかの構造変化によって引き起こされる．この構造変化が可逆であれば，分子の吸収波長はやがてもとに戻り，発光も回復する．

1) 色素分子の明滅と三重項状態

発光分子そのものが光異性化など何らかの構造変化を起こせば，それに伴って吸収波長も変化することが考えられる．光励起状態から項間交差で生成する三重項状態も，励起光を吸収できず蛍光を発しない暗状態の一つである．高分子ポリマー poly-vinyl alcohol 中の色素分子 rhodamine 6G の室温における明滅過程について，三重項の寿命より長い暗状態の存在が詳しく調べられている[11]．それによると，暗状態の生成速度は三重項に近いが，暗状態の寿命は三重項状態よりはるかに長く，温度依存性が小さい．これらをもとに，以下のような明滅反応のモデルが立てられた．すなわち，三重項状態から電荷移動を起こしてラジカル種となり無蛍光の状態が続く．長寿命のラジカル種はトンネリングによる電子移動によってもとに戻り，蛍光が回復する，というモデルである．

2) 色素分子の光退色と酸素分子

色素分子が化学反応を起こして別の化合物になると蛍光は回復しない．光照射下における主に酸素分子との反応による光退色がその代表例だろう．経験的に，室温の大気中において1個の色素分子は10^6〜10^8回光励起を繰り返すと発光しなくなる．空気中の酸素分子がこの光退色にかかわっているのは確かだが，色素分子の光退色の過程は，光励起で生成する励起三重項状態における酸素分子との反応だけではない．その全貌はいくつかの中間体が介在する多段階の反応で，段階ごとに酸素分子が関与していたり，光励起が必要だったりする．また，酸素分子の作用は励起状態にある分子との化学反応だけではない．基底電子状態が三重項である酸素分子は，常磁性種として励起三重項状態から基底一重項状態への項間交差を促進し，三重項状態の寿命を縮める．このため，実験条件によっては酸素存在下のほうが無酸素下より単一分子の蛍光強度が増すという一見矛盾した現象もみられる[12,13]．poly-vinyl alcohol 中の rhodamine 6G の室温における光退色の場合，励起三重項状態から生成するラジカル種が中間体として重要な役割を担っている[13]．この中間体は励起三重項状態よりもはるかに寿命が長く，この中間体からの反応による光退色が支配的で，比較的退色しにくく単一分子として観測されるのは何らかの理由でこの経路の反応が抑制された分子である．

室温における単一分子の発光観測において，光退色は重大な問題である．仮に pentacene と同じ$4\times10^6\,\mathrm{s}^{-1}$の光子強度で蛍光を放っている分子が$10^8$回の光励起で退色するとすれば25 s しか測定できない．光退色を抑えるのに温度を下げることは有効である．液体ヘリウムを用いた温度数 K では，光退色は完全にはなくならないが，劇的に抑えられる．このため，単一分子に関するほとんどの分光測定は数 K の温度で行われている．

c. 単一分子の分光測定

単一分子の発光について，ただその強度を測るだけでなく，波長などのパラメータについてスペクトルをとるという分光測定を行えば，得られる情報量は一気に増える．その代価として失うのは時間分解能である．スペクトルはあるパラメータに対する頻度のヒストグラムにほかならないので，統計的に確かなスペクトルを得るにはある程度まとまった数の光子を計測する必要があるからである．したがってある限度以上スペクトル測定の時間分解能を上げることはできない．たとえば，スペクトルの横軸上の50点に対して平均光子数100個の測定を行うとすると，スペクトル1枚では5×10^3個の光子計数を必要とする．単位時間の発光光子数が最大$4\times10^6\,\mathrm{s}^{-1}$の pentacene の場合，測定装置の検出効率が 1% のとき，1枚のスペクトルの測定には最低 0.1 s 程度の時間を要する．

1) 発光および発光励起スペクトル

単一分子の発光観測で用いられる分光法として，まず単一分子の検出に用いている

発光のエネルギー分布である発光スペクトル，次いで発光強度を励起波長に対して記録した発光励起スペクトルがあげられよう．発光励起スペクトルはフォトルミネセンススペクトルとも呼ばれる．また発光が電子スピン許容な蛍光である場合，スピンを意識して蛍光励起スペクトルと呼ぶことが多い．こうしたスペクトルは固相中の個々の分子の環境をそのまま反映している．分子会合体の1個1個について，発光スペクトルと発光励起スペクトルを組み合わせると，分子間の励起エネルギー移動などをつぶさに知ることができる．代表的な例が，光合成において光エネルギーを吸収して反応部位へ送り込む働きをする色素とタンパク質の複合体についての単一複合体の分光研究である[14-16]．

2) 電子スペクトルにおけるゼロフォノン線

吸収や蛍光といった分子の電子状態間の遷移は，原子核の運動状態である分子内振動や結晶の格子振動とまったく無関係ではなく，電子状態の遷移に伴ってある確率で振動状態もさまざまに変化する．これらは振電遷移と呼ばれるが，そのうち分子内振動がまったく励起されていない状態を保ったままで電子状態が遷移するとき，これを0-0遷移という．0-0遷移は格子振動の量子であるフォノンの生成・消滅を伴わないゼロフォノン線と，フォノンの変化を伴ったフォノンサイドウィングからなる．

p-terphenyl 中の pentacene のように，無極性分子の結晶中にある色素分子は分子内の運動と結晶フォノンとの分離がよい．このため，蛍光励起スペクトルとして測定される0-0遷移のゼロフォノン線は，位相緩和のない輻射寿命幅だけで決まる理想的なローレンツ曲線になる[9]．その半値全幅は 8 MHz であり，輻射寿命 22 ns に対応している．

3) スペクトル拡散とスペクトルジャンプ

単一分子の電子スペクトルの時間変化にみられる特徴として，スペクトル拡散とスペクトルジャンプがあげられる．吸収・発光スペクトルが時間とともに変化する現象のうち，中心波長がスペクトルの線幅程度絶えず変化しているものをスペクトル拡散，あるとき突然線幅の数倍以上変化するものをスペクトルジャンプと呼んでいる．両者が混在する例や，どちらともつかない例もあり，本質的な区別はない．こうしたスペクトルの時間変化は，一定の励起波長での発光強度を測定していれば，発光の明滅や分子の退色として観測される．光合成細菌のアンテナ複合体 LH2 で観測されたスペクトル拡散とスペクトルジャンプを図 3.3.16 に示す．

固体中の色素分子の吸収・発光波長の変化は，色素分子自身が構造変化を起こさなければ，ほとんどの場合周囲の構造変化に伴う静電的環境の変化による．温度数Kの低温固体中で分子の光吸収により周囲に構造変化が起こり，分子の吸収波長が変わるという現象は，アボガドロ数個の分子に対する通常のアンサンブルの測定でもホールバーニング（hole burning）として知られていた[18]．一般に固相におけるアンサンブルの分子の吸収スペクトルは，周囲の環境の不均一性のために分子1個の吸収線幅より何桁も幅が広くなっている．その幅の広い吸収の一部だけを単色で狭帯域のレー

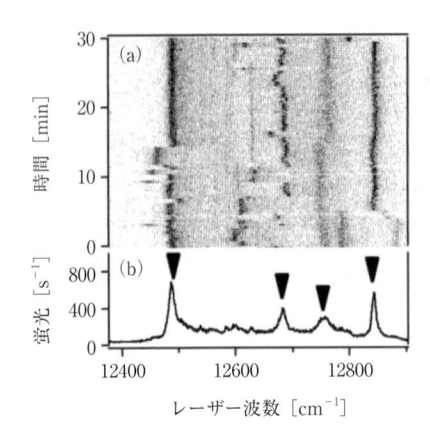

図 3.3.16 光合成細菌の光捕集色素-タンパク質複合体 (light-harvesting pigment-protein complex) 1 個の蛍光励起スペクトルの 4.7 K における時間変化

(a) 横軸に励起光のエネルギーの波数表示 ($1/\lambda$ [cm^{-1}]), 縦軸に時間をとり, 蛍光強度をグレースケールで表示. (b) 30 分のスペクトルを足し合わせ, 1 秒あたりの光子数で表示. この波長領域にはタンパク質内部に結合した色素分子が複合体 1 個につき 9 個存在する. 時間平均したスペクトル (b) には印をつけた 4 個の色素分子, 二次元表示 (a) では少なくとも 5 個の色素分子が確認できる. 色素分子のスペクトルの時間変化は, 色素の結合部位周辺のタンパク質の構造変化を反映するが, 温度を変えて測定すると, スペクトルの変化が温度とともに激しくなる熱活性化型の構造変化と, 温度に依存しないトンネリングによるプロトン移動とが起こっていることがわかった[17].

ザーで吸収が飽和するくらいの強度で照射する. するとレーザー光を吸収した分子だけ周囲に構造変化が起こり, 分子の吸収波長が変わってレーザー光を吸収できなくなる. こうしてレーザー光の波長を吸収する分子の数が減り, 吸収スペクトルはレーザー波長のところに鋭い穴が開いたように見える.

さて, 色素分子が無極性分子に取り囲まれている場合に比べ, 極性分子に囲まれている場合のほうが静電的環境の変化は大きく, 電子遷移エネルギーの変化も大きい. 単一分子観測におけるそれぞれの代表例を比較しておこう. 無極性炭化水素の分子結晶中の色素分子のスペクトルジャンプのなかで最も大きなものとして知られているのが p-terphenyl 中の terrylene で観測された 28.1 cm^{-1} のジャンプである[19]. これに対し, タンパク質中の色素分子のスペクトルジャンプは 1 桁以上大きい. 光合成アンテナ複合体 LH2 のなかの B800 帯に属する色素 bacteriochlorophyll a の最も大きなジャンプはおよそ 300 cm^{-1} であり[20,21], とくに大きなものとしてはミドリムシの青色光受容自己活性化酵素 PAC に含まれる色素分子 flavin で観測された 2000 cm^{-1} をこえるジャンプがある[22].

4) 分光法の展開

最後に, 単一分子の分光法の展開を, 複数の波長の電磁波を用いる手法と, 非線形分光とについて概観する.

可視領域の蛍光による 1 分子検出を, マイクロ波による電子スピンの磁気遷移と組み合わせたのが, 光検出磁気共鳴法 (optical detection of magnetic resonance) である. これは, 分子の励起三重項の三つの電子スピン副準位間のマイクロ波による磁気遷移を, 分子の蛍光強度の変化としてとらえるもので, 1993 年にはじめて単一分子について実験が行われ, 1 個の電子スピンの磁気遷移が観測された[23,24]. 同じ手法はダイヤモンド中の N-V 中心にも用いられ[2], 1 個のスピン系を用いた量子もつれ状態

を室温で生成する実験が報告されている[25].また近年,可視域の1分子蛍光に赤外光を組み合わせた実験も始まった.タンパク質1分子の赤外振動吸収を,タンパク質に20Åのリンカーを介して結合させた色素分子の蛍光を通して検出するという実験で,タンパク質1分子の波長6.1 μm(波数 1650 cm^{-1})の中赤外光の吸収が観測されている[26].

非線形分光法としては,パルスレーザーの強い尖頭出力を生かした2光子励起による蛍光スペクトル測定が報告されている[27].1光子励起に比べて励起波長が長波長で,観測する蛍光波長から離れているために背景光が少なく,分子の蛍光スペクトル全体を測定できる利点がある反面,励起光の圧倒的な強度を必要とするため,たとえ液体ヘリウム温度においても分子の光退色は1光子励起に比べて早く起こる[28].

〔松下道雄〕

文献・注

1) Ph. Tamarat, et al.: *J. Phys. Chem. A*, **104** (2000), 1-16.
2) A. Gruber, et al.: *Science*, **276** (1997), 2012-2014.
3) R. G. Neuhauser, et al.: *Phys. Rev. Lett.*, **85** (2000), 3301-3304.
4) W. E. Moerner and L. Kador: *Phys. Rev. Lett.*, **62** (1989), 2535-2538.
5) W. E. Moerner and Th. Basché: *Angew. Chemie Int. Ed. Engl.*, **32** (1993), 457-476.
6) G. C. Bjorklund: *Opt. Lett.*, **5** (1980), 15-17.
7) G. C. Bjorklund, et al.: *Appl. Phys. B*, **32** (1983), 145-152.
8) M. Orrit and J. Bernard: *Phys. Rev. Lett.*, **65** (1990), 2716-2719.
9) F. G. Patterson, et al.: *Chem. Phys.*, **84** (1984), 51-60.
10) H. de Vries and D. A. Wiersma: *J. Chem. Phys.*, **70** (1979), 5807-5822.
11) R. Zondervan, et al.: *J. Phys. Chem. A*, **107** (2003), 6770-6776.
12) C. G. Hübner, et al.: *J. Chem. Phys.*, **115** (2001), 9619-9622.
13) R. Zondervan, et al.: *J. Phys. Chem. A*, **108** (2004), 1657-1665.
14) A. M. van Oijen, et al.: *Science*, **285** (1999), 400-402.
15) R. J. Cogdell and J. Köhler: *Biochemical. J.*, **422** (2009), 193-205.
16) D. Uchiyama, et al.: *Phys. Chem. Chem. Phys.*, **13** (2011), 11615-11619.
17) H. Oikawa, et al.: *J. Am. Chem. Soc.*, **130** (2008), 4580-4581.
18) B. M. Kharlamov, et al.: *Opt. Commun.*, **12** (1974), 191-193.
19) F. Kulzer, et al.: *Nature*, **387** (1997), 688-691.
20) C. Hofmann, et al.: *Proc. Natl. Acad. Sci. USA*, **100** (2003), 15534-15538.
21) J. Baier, et al.: *Biophys. J.*, **97** (2009), 2604-2612.
22) S. Fujiyoshi, et al.: *Phys. Rev. Lett.*, **106** (2011), 078101.
23) J. Köhler, et al.: *Nature*, **363** (1993), 242-244.
24) J. Wrachtrup, et al.: *Nature*, **363** (1993), 244-245.
25) P. Neumann, et al.: *Science*, **320** (2008), 1326-1329.
26) S. Fujiyoshi, et al.: *J. Phys. Chem. Lett.*, **1** (2010), 2541-2545.
27) T. Plakhotnik, et al.: *Science*, **271** (1996), 1703-1705.
28) S. Fujiyoshi, et al.: *Phys. Rev. Lett.*, **100** (2008), 168101.

3.3.5 変調分光法

われわれが分光測定によって得る信号には,かならず雑音(ノイズ)が伴う.したがって分光測定の質を高めるためには,信号と雑音が混在しているなかから,ほしい信号をひずませることなく取り出すことが肝心である.雑音の発生原因としては,レーザー光のゆらぎや迷光など光そのものに由来するものをはじめ,光センサー自身や計測系の内部においても,熱雑音やショット雑音などの電気的な雑音が発生することが知られている.このように雑音の発生原因はさまざまであるが,われわれが分光測定を行うときに遭遇する雑音のパワースペクトルは,周波数 f に反比例して小さくなることが多く,低周波数になるほど相対的にパワーが増大する.これを $1/f$ 雑音という[1].もとの信号の周波数が低く,雑音が大きく影響するような場合においても,検出したい信号だけを高周波数で変調[1,2]してやることで,雑音の影響が少ない周波数領域に信号を移行させることができる.

変調分光法は,光の強度や電磁場などの測定条件を周期的に変化させることによって,分光測定の信号を変調させ,測定条件の変化と同期して変化する信号成分を検波[1,2]する測定手法である.光源や計測装置などに由来する雑音の影響を取り除くことができるため,信号と雑音の比(S/N 比)が向上し高い感度で分光測定を行うことができる.分光測定に用いる光源の強度や周波数などを変化させるものを光源変調法と呼び,電磁場や分子数などに変化を与えることによって,分子のエネルギー準位や濃度などを変化させるものを分子変調法と呼ぶ[3].ただし分類法はこの限りではなく,電場,磁場,温度などを周期的に変化させ,物質の状態を変化させるものを外部変調といい,光源の波長など測定条件そのものを変化させるものを内部変調と呼ぶ場合もある[4].

a. ロックインアンプ

変調分光測定では,ロックインアンプ(lock-in amplifier)が多用される.ここでは一例として,変調を受けている信号光を光センサーでモニターし,変調成分を検波する場合を取り上げ,ロックインアンプの原理の概略を説明する.ロックインアンプの解説書は多数あるが,ここでは文献 1 および 4~7 をあげておく.ロックインアンプの回路の基本的な構成は図 3.3.17 のようになっている.

まず光センサーの出力が,$E_S \cos 2\pi\nu_M t + N(t)$ という形で表されるとしよう.ここで,t は時間,$E_S \cos 2\pi\nu_M t$ は周波数 ν_M で変調を受けた信号であり,E_S はその振幅,そして $N(t)$ は雑音である.光センサーから入力された信号は,交流増幅器(AC アンプ)を通過し,乗算回路に入る.さらに,ロックインアンプには,変調に同期している交流電圧(周波数は ν_M)を参照信号として入力する必要がある.その波形は正弦波であっても方形波であってもよいが,ここでは正弦波を考える.装置内部では,入力された参照信号を基準として,位相ロックループとよばれる回路と移相器を用いること

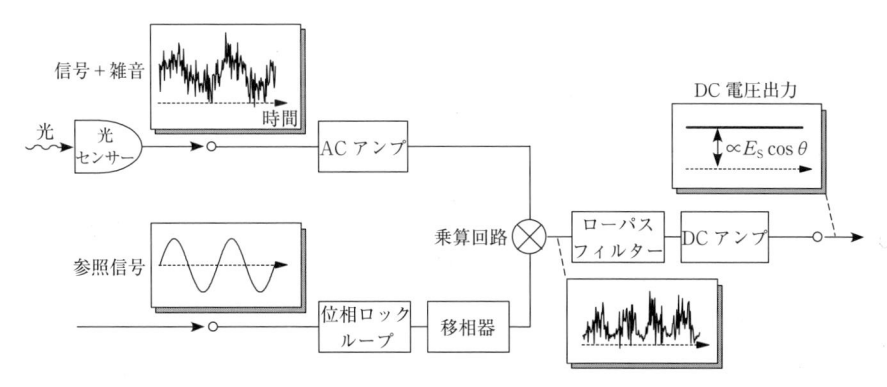

図 3.3.17 ロックインアンプの回路構成

により，同じ周波数と任意の位相差 ψ をもつ参照信号をあらたに発生させて用いる（図3.3.18）．ここで，発生させた参照信号と，光センサーからの入力に含まれている変調信号成分とのあいだの位相差も図 3.3.18 のように定義することができ，これを θ とおく．すると参照信号側から乗算回路に入力される波形は $\cos(2\pi\nu_\mathrm{M} t - \theta)$ と表される．この振幅は 1 に規格化されていると考えて以下の議論に差し支えはない．以上の二つの入力信号を乗算回路でかけ算すると，

$$[E_\mathrm{S} \cos 2\pi\nu_\mathrm{M} t + N(t)] \times \cos(2\pi\nu_\mathrm{M} t - \theta)$$
$$= \frac{E_\mathrm{S} \cos(4\pi\nu_\mathrm{M} t - \theta)}{2} + \frac{E_\mathrm{S} \cos\theta}{2} + N(t)\cos(2\pi\nu_\mathrm{M} t - \theta)$$

が出力されることになる．ここで，右辺の第 1 項目は，周波数が $2\nu_\mathrm{M}$，すなわちもとの変調周波数の 2 倍で振動する成分を表しており，第 3 項目は，雑音成分が周波数 ν_M で変調されたことを表している．また測定を行っているあいだ，位相差 θ は一定で位相ロック状態と見なすことができるので，第 2 項目の成分は直流成分となる．この出力から，ローパスフィルターで直流成分だけを取り出してやると，周波数が $2\nu_\mathrm{M}$ の高調波成分と雑音成分の大部分が取り除かれ，変調信号の振幅に比例した直流電圧 $(E_\mathrm{S} \cos\theta)/2$ が得られる．最終的に，この直流成分が直流増幅器（DC アンプ）を通って装置から出力される．このような機能を別の観点から表現すると，ロックインアンプは，入力信号から，参照信号の周波数に同期した成分のみをフィルタリングするバンドパスフィルターとして機能することになる．またフィルターを通過する成分のバンド幅は，ローパスフィルターのバンド幅で決まることになり，これを非常に狭くすることは技術的に難しいこと

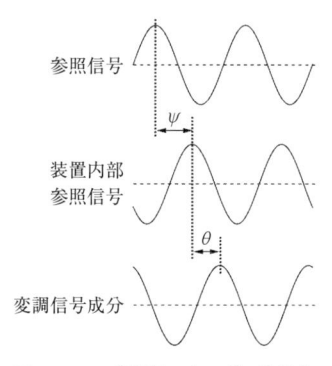

図 3.3.18 各信号のあいだの位相差

ではない．変調分光法の特徴である高感度でS/N比に優れた測定は，雑音の影響が少ない周波数領域での測定を行っていることに加え，ロックインアンプのもつ非常に鋭いバンドパスフィルターとしての雑音除去性能にも由来している．また，ロックインアンプのように参照信号と同期した信号のみを選択的に検出して，$\cos\theta$に比例した出力を得ることを，位相敏感検波と呼ぶ．

検波回路を二つそなえたロックインアンプは，2位相ロックインアンプと呼ばれ，信号の振幅E_sと位相差θの両方を分けて出力できるので便利である．実際に波長その他の測定条件を変えながら変調分光測定を行う場合には，位相差θが測定条件に依存して変化することもめずらしくない．そのような場合は2位相ロックインアンプが重宝する．また参照信号と同じ周波数だけでなく，その整数倍の高調波に同期する信号成分を検波する機能を備えたロックインアンプも市販されている．

b. 変調分光法各論

ここでは，発光測定に限らず，吸収スペクトル測定などを含む分光測定全般において用いられる変調分光法の主なものについて解説する．次の1)から3)は光源変調法，4)から7)は分子変調法に分類される．

1) 光強度の変調

光源の強度に変調を与える方法は，測定感度を向上させるための常套手段の一つとしてよく用いられる．光強度の変調には，光チョッパーを用いることができる．光チョッパーによる変調周波数の上限は，回転盤（ブレード）の回転数の上限によって決まり，数kHz程度である．市販品の大部分は，光のオン・オフと同期した電圧信号を出力する機能をもっており，ロックインアンプの参照信号として使用することができる．

微弱発光の検出において有用な光子計数法を，光チョッパーと組み合わせて用いることも可能である．この場合には，ロックインアンプの代わりにゲート機能を備えたフォトンカウンターを用いる．光子計数のゲートを光チョッパーの周期と同期するように設定し，信号光がオンの場合とオフの場合のカウントをそれぞれ個別に測定して，これらのカウントの差のみを積算する．この方式はディジタルロックイン法や同期計数法と呼ばれ，背景光や暗電流の影響が大きい場合に有利である．具体的な計測装置の仕組み，および微弱な発光のスペクトル測定例と本手法の利点については，文献8に詳しい．

光チョッパーを用いずに光強度に変調を与える手段として，AO変調器(acoustooptic modulator：AOM)[9,10]やEO変調器(electrooptic modulator：EOM)[10,11]を用いることができる．これらの変調器は，主にレーザー光を光源に用いるときに使用され，機械式のチョッパーと比べて変調周波数を格段に高く設定できることが利点の一つである．利用できる光の効率は高くはないという欠点があるが，これらの変調器を用いた光源強度の変調は，たとえば位相法を用いた蛍光寿命測定（3.2.5項参照）

など，分光測定のさまざまな場面において利用されている．ランプなどの光を変調する場合には，超音波の定在波を液体中に発生させて変調器として用いる方法があり，例として水銀灯を光源として60％以上の強度変調が得られるとされている[12]．

2) 周波数変調

EOMを用いると，出力される光の位相に変調を与えることができるが，これは光の周波数を変調させることに類似している．この周波数変調をスペクトル上で眺めると，もとのレーザー光周波数 ω_0 から変調の周波数 ω_m だけ離れた位置（$\omega_0 \pm \omega_m$）にサイドバンドを発生させることに対応する．このような光を光源として用い，試料からの透過光を ω_m で検波すると，2本のサイドバンドの位置における吸光度の差 $\Delta A = A(\omega_0 + \omega_m) - A(\omega_0 - \omega_m)$ に対応する信号を得ることができる．変調の周波数 ω_m は，高周波（RF）領域に設定されることもある．周波数変調分光の特徴の一つは，高感度な吸収スペクトル測定が行えることであり，例として，固体中に分散させた単一分子の吸収をとらえた研究において，周波数変調分光は本質的に重要な役割を果たした[13]．EOMを用いる変調法以外に，半導体レーザーの励起電流を変調させ，出力光の周波数と強度を直接変調させる手段が用いられることもある．本手法の測定原理や応用例に関しては，文献3,14が参考になる．

3) 偏光変調

偏光変調は，偏光スペクトルや円二色性スペクトルを高感度で測定するために用いられる．市販されている円二色性分光計には，偏光変調が実際に用いられており，図3.3.19はそのブロック図である[15]．偏光状態の変調を得るためには，光弾性変調器（photoelastic modulator：PEM）[16]などが用いられる．PEMは，複屈折が変調する位相差板として作用し，左回り円偏光と右回り円偏光を交互に出力するように設定される．試料を透過した変調光を光センサーで検出し，直流（DC）成分と交流成分とに分けて測定する．PEMの変調，すなわち偏光の変調に同期した交流成分をロックインアンプで検波し，円二色性に由来する信号を測定する．また光センサーの感度が左右の円偏光に対して差をもたないとすれば，DC成分の大きさは，円二色性でない通常のスペクトルの吸光度によって決まることになる．DC成分と変調成分の信号の強度比から円二色性を計算することができるが，実際には円二色性が既知の標準物質を用いて測定をあらかじめ行い，装置を校正する作業が必要になる．また赤外分光における偏光変調では，分散型分光器を使用する場合は回転偏光子を変調に用いる場合もあるが，フーリエ変換型分光器では，光源強度の変調周波数よりも高い周波数で偏光を変調させるためにPEMが用いられる．

4) 電場変調

シュタルク変調とも呼ばれる．シュタルク効果[17]などによる分子のスペクトルの変化を測定するために用いられる．またスペクトル変化を変調として用いることで，測定感度の向上を期待して用いられることもある．実際には，電場がオンのときとオフのときのスペクトルの変化分のみを測定し，差スペクトルを得る場合が多い．電場

変調吸収スペクトル測定に用いられる装置は，図 3.3.19 に示した偏光変調のための装置と同様の構成をもち，PEM の代わりに交流電圧発生器を使用することになる．試料を透過する光の強度と，試料に与える変調交流電場の関係を図示すると図 3.3.20 のようになる．ここでは電場が存在すると試料の吸光度が減少する場合を考え，吸光度の増減は電場の極性に依存しない二次のシュタルク効果の測定を仮定している．I_0 は，電場が存在しないときの吸光度によって決まる透過光の強度であり，ΔI は交流電場によって生じる透過光の強度変化の幅である．通常の実験室で実現できる測定条件のもとでは，I_0 に対する ΔI の大きさは 10^{-2} から 10^{-5} 程度の割合しか得られない場合が多い．ロックインアンプを使用して透過光強度の変調信号を検波すると，このような微小な変化を感度よく測定することができる．この例からわかるように，二次のシュタルク効果を測定する場合は，もとの変調電場の周波数に対して，透過光の信号の周波数は 2 倍になる．そのためロックインアンプは，変調周波数の第 2 高調波を測定するように設定されることになる．発光の電場変調分光においても同様の測定法を用いることができるが，本書 5.3.7 項および文献 18 には，発光測定における電場変調分光について解説がなされている．可視・紫外吸収スペクトルや発光スペクトル，すなわち，電子スペクトルにおけるシュタルク効果を詳しく解析すると，分子の基底状態と電子励起状態の永久双極子モーメントや分極率に関する情報が得られる．さらに，有機薄膜太陽電池などの多層膜中に存在する内部電場を，評価する手法としての有用性もある．また歴史的には，マイクロ波分光や赤外レーザー分光など高分解能分子分光の分野において，測定の感度を上げる手段として電場変調は最もよく使われる

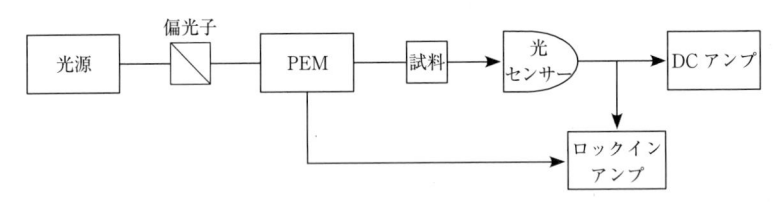

図 3.3.19 円二色性分光計のブロック図

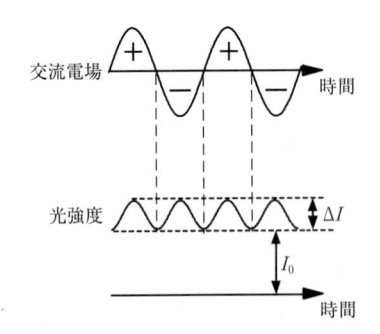

図 3.3.20 電場変調吸収スペクトル測定における交流電場と透過光強度の変調
+/− は，試料にかかる電場の方向が交互に逆転していることを表している．

手法の一つとなっている．高分解能分子分光や赤外分光における電場変調測定に関する解説として，文献19～21をあげておく．電場を発生させる電極としては，2枚一対の平行平板が用いられる場合が多いが，マイクロ波領域の測定では導波管のなかに電極を組み込んで用いることもある．

5) 磁場変調

交流磁場を分子に加え，スペクトルに対する磁場効果を測定する手法である．ゼーマン変調とも呼ばれる．フリーラジカルなど不対電子をもつ分子を調べるために用いられた例がある．これらの分子は，磁場がかかるとゼーマン効果[22]によってバンド形状の変化を示し，このことを変調に用いる．交流磁場の発生には，図3.3.21に示すように試料セルの外側にソレノイドコイルを巻き付ける方法が用いられることがある[23]．この方式で発生できる最大磁場の大きさは，実際には0.1T（テスラ）に満たない場合が多いようである．また磁場の方向は光軸方向と同じになるため，磁場と光の偏光方向は直交する．

分子の三重項状態は，ゼーマン効果を示すので，三重項状態がからんだ発光には磁場効果が期待できる．永久磁石を用いて磁場を変調させ，発光スペクトルに対する磁場効果を測定するために用いられた装置の例を図3.3.22に示す[24]．円盤の円周に4個の永久磁石をおき，試料を一対の磁石ではさみ込むことで磁場を印加する．円盤を回転させることで磁場を周期的に変化させることができる．磁石対のあいだの距離を変えることで磁界の強さを変えることができ，2～75mT（ミリテスラ）を得ている．試料の発光を信号としてロックインアンプへ入力し，参照信号として，円盤の回転に

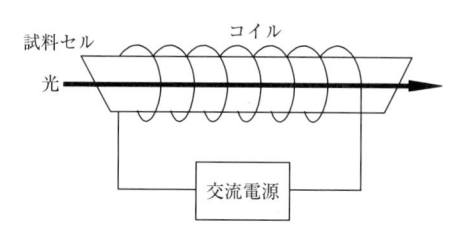

図3.3.21 磁場変調に用いられる装置の概略図

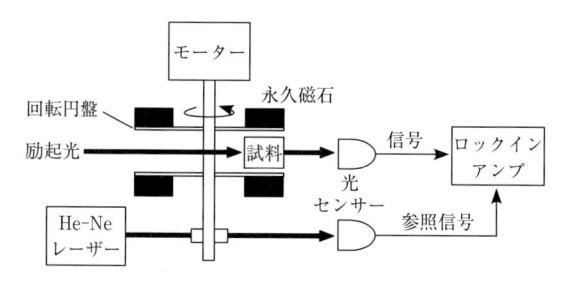

図3.3.22 発光の磁場変調測定に用いられた装置のブロック図

同期した光センサーの出力を用いることで, 発光における磁場と同期した変調成分を検出している. 本装置を用いた研究例については, 5.3.6項を参照されたい.

6) 生成変調

測定対象の分子の濃度や分布数に何らかの手法で周期的な変化を与え, 分光測定信号を変調させる手法である. たとえば, 測定対象の分子種が光解離などの光化学反応によって生成するときは, 励起光強度を周期的に変化させると反応が周期的に進行するため, 分子種に由来する分光測定信号が変調を受ける. 分光測定信号と励起光の強度変調のあいだの位相差をロックインアンプで測定することにより, 反応速度に関する情報を得ることができる[25]. また光化学反応以外に, 放電などにより分子種が生成する場合においても生成変調を行うことが可能である. フリーラジカルの生成法として, 低気圧下での放電が用いられる場合があるが, 放電のオン・オフを周期的に繰り返すことによってフリーラジカルの濃度を変調させることができる. 放電と同期した信号を検波することによって, 測定の感度を上げることが可能になる.

7) 速度変調

放電などで生成させたイオン種に, 電極を用いて交流電場をかけると, 電場の極性が反転するのと同じ周期でイオンの運動方向も反転する. その結果吸収バンドはドップラー効果を反映した周期的なシフトを示し, 単色光を用いた観測であっても周波数変調と同等な高感度測定が期待できる. また変調信号の位相からは, 電場の方向（極性）とドップラーシフトの方向の対応関係がわかるが, このことを利用してイオン種がもつ電荷の符号の検証を行うことができる.

分子変調法は, 分子に固有の性質を利用しているので, さまざまな分子が混在しているなかから, 特定の分子に由来する信号を選択的に検出するために用いられることがある. また, 以上の各種変調を組み合わせる二重変調が用いられることもあり, 測定感度をさらに向上させることができる. 本解説の主な焦点は分子の分光測定におかれているが, バルクの半導体のスペクトル測定においても変調分光法は有用である. ブロードな半導体の反射スペクトルにおいて, 変調分光法を用いると, ピークなどのスペクトルの構造が強調されるといった利点がある. 半導体の分光測定における変調分光法の応用については文献26にまとめられており, ここで紹介した変調法以外に, 温度変調や応力変調, 波長変調なども用いられている.

〔飯森俊文〕

文献・注

1) 桜井捷海, 霜田光一：応用エレクトロニクス, 物理学選書17, 裳華房, 1984.
2) 変調（modulation）とは, 通信のための搬送波に, 伝送したい情報（信号波）に対応する変化を与えて, 搬送波にのせて信号を運べる形にすることである. また変調された搬送波から, もとの信号波を復元することを, 検波（detection）または復調という. 搬送波として周波数や振幅が一定の高周波が通常用いられる.
3) 日本化学会編：物質の構造 I, 実験化学講座9, 第5版, 丸善, 2005, [179].
4) 菅 滋正, 櫛田孝司編：分光測定, 実験物理学講座8, 丸善, 1999, [102].

5) ロックインアンプ技術解説集，エヌエフ回路設計ブロック，2002.
6) 安藤正典：応用物理，**70**-9 (2001), 1104-1107.
7) 森田隆二：応用物理，**79**-5 (2010), 449-453.
8) 日本化学会編：基礎技術3 光 [1]，新実験化学講座4，丸善，1976, [297].
9) 超音波を用いて光ビームを偏向させる光学素子．結晶を超音波で励振すると，光弾性効果によって結晶中に周期的な屈折率の変動が生じる．ここに光を入射すると，屈折率の周期構造が回折格子のように作用し，光ビームの偏向などが生じる．この超音波と光との相互作用は，音響光学効果と呼ばれる．
10) A. Yariv 著，多田邦雄，神谷武志訳：光エレクトロニクス，原書5版・展開編，丸善，2000.
11) 電気光学効果を利用して，光ビームの強度や位相を制御する光学素子．ポッケルス効果を示す一軸性の結晶に電界をかけると，屈折率が電界に比例した変化を示す．このような結晶に直線偏光を入射すると，電界に依存したリターデイションが生じ，偏光状態を制御することができる．結晶とその前後に互いに直交する偏光子をおくと，出力される光の強度を電界で変調させることができる．
12) 田村善蔵ほか：けい光分析，講談社，1974, [276].
13) W. E. Moerner：*J. Phys. Chem. B*, **106**-5 (2002), 910-927.
14) M. D. Levenson and S. S. Kano：非線形レーザー分光学，オーム社，1988, [84].
15) J. Michl and E. W. Thulstrup：Spectroscopy with Polarized Light：Solute Alignment by Photoselection, in Liquid Crystals, Polymers, and Membranes, Wiley-VCH, 1995.
16) 圧電効果を示す結晶を等方性の結晶と組み合わせた構造をもち，圧電逆効果で発生するひずみを使って等方性結晶に一軸性の複屈折を生じさせることで，電気的に制御可能な位相差板として作用する．可視・紫外光の場合は水晶振動子と溶融石英ブロックなどの組合せが用いられ，ひずみを周期的に石英に与えると複屈折が周期的に変化するため，石英を透過する光の偏光状態を変調させることができる．
17) 電場をかけると原子や分子のエネルギー準位が分裂を示すことをシュタルク効果という．また分子の双極子モーメントと電場の相互作用によってエネルギー準位がシフトを示すが，これをシュタルクシフトと呼ぶ．分子に電場がかかると，シュタルクシフトに起因するスペクトルのバンド形状の変化が誘起されるが，このスペクトル変化のことをシュタルク効果と呼ぶこともある．
18) N. Ohta：*Bull. Chem. Soc. Jpn.*, **75**-8 (2002), 1637-1655.
19) 日本化学会編：物質の構造I，実験化学講座9，第5版，丸善，2005, [109].
20) 日本化学会編：分光I，実験化学講座6，第4版，丸善，1991, [52].
21) 平松弘嗣，濱口宏夫：分光研究，**52**-3 (2003), 138-156.
22) 原子や分子に磁場をかけると，空間における磁気モーメントの配向に依存して磁場との相互作用エネルギーが変化する．そのためエネルギー準位の磁気量子数についての縮退がとけ，エネルギー準位の分裂が生じる現象をゼーマン効果という．
23) 日本化学会編：分光I，実験化学講座6，第4版，丸善，1991, [108].
24) Y. Tanimoto, *et al.*：*J. Phys. Chem.*, **93**-9 (1989), 3586-3594.
25) 日本化学会編：反応と速度，新実験化学講座16，丸善，1978, [359].
26) M. Cardona：Modulation Spectroscopy, Solid State Physics, vol. 11, Academic Press, 1969.

3.3.6 超音速ジェット

超音速ジェットは超音速自由噴流（supersonic free jet）とも呼ばれ，分子を気体の状態で極低温に冷却する方法である．超音速ジェットは，①凝縮することなく極低温の孤立分子が得られる，②極低温の副産物としてファンデルワールス力や水素結合など弱い分子間力で結ばれた分子集団（分子クラスター）が生成される，などの特徴がある．室温条件で分子の吸収スペクトルを観測すると，ボルツマン分布する多くの準位からの遷移が重なるために得られるスペクトルが複雑な構造やあるいはブロードな構造になるが，超音速ジェットで極低温にすると，分布がほとんどゼロ点準位に占められるために，吸収スペクトルは著しく単純化されシャープな構造を示す．この冷却効果は，大きな分子や複雑な分子にとくに顕著に現れる．超音速ジェット法の欠点としては，分子濃度が低いために，凝集相で通常もちいられる吸収スペクトル観測が適用できないことがあげられる．ただし，この点については高感度レーザー分光を用いることで，観測することができる．はじめに，断熱膨張による分子冷却と超音速ジェットあるいは超音速自由噴流の原理について述べる．

a. 断熱膨張と分子冷却

熱力学第一法則によると，図 3.3.23 のような粒子数変化のない閉じた系かつ外部との熱の出入りがない断熱状態おいて，ピストン内部の気体をこれとつりあった外圧に対して圧力，体積を (p_1, V_1) から (p_2, V_2) まで膨張させ，そのとき温度が T_1 から T_2 まで変化したとすると，圧力，体積の変化と温度の変化の関係式として

$$T_2 = \left(\frac{p_2}{p_1}\right)^{\frac{\gamma-1}{\gamma}} T_1 \qquad T_2 = \left(\frac{V_1}{V_2}\right)^{1-\gamma} T_1$$

が得られる．ここで $\gamma = c_p/c_v$ であり，c_v, c_p はそれぞれ定容，定圧熱容量である．たとえば，ヘリウム気体では，$\gamma = 5/3$ なので，V_2 が V_1 の 10 倍になったとすると，T_2 は $0.21\,T_1$ に下がる．これが断熱膨張による冷却である．

実際には，上記のようなピストンを用いて膨張を行う代わりに，高圧気体を，細管を通して低圧空間に噴出させることで同じ効果が得られる[1]．図 3.3.24 のような一次元の気体の流れを考える．地点 1 と地点 2 での気体のエネルギー，体積，圧力，密度，流れの方向の平均速度をそれぞれ，$(U_1, V_1, p_1, \rho_1, u_1)$, $(U_2, V_2, p_2, \rho_2, u_2)$ とする．流れは定常的，断熱的で平衡が成り立つ場合に，この過程は等エンタルピーかつ等エントロピーのもとで進み，気体の流れに沿って，

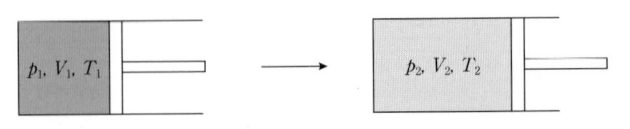

図 3.3.23 ピストンを用いた可逆的断熱膨張

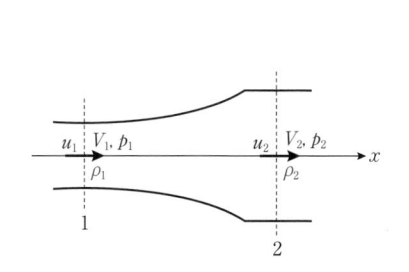

図 3.3.24 一次元の気体の流れのモデル

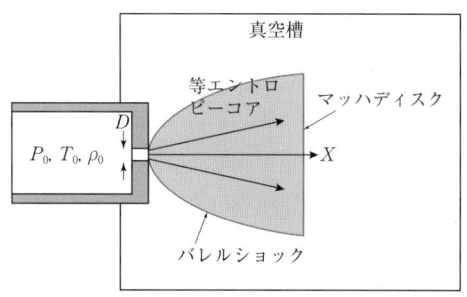

図 3.3.25 超音速ジェット（超音速自由噴流）の模式図（文献3より転載）

$$c_p T_1 + \frac{1}{2} u_1^2 = c_p T_2 + \frac{1}{2} u_2^2$$

が成り立つ[6]．超音速ジェットは図 3.3.25 のように，図 3.3.24 の地点1を高圧力，地点2を真空にすることで得られる．

このとき断熱膨張をさせる前の澱み点で粒子はランダムに運動しているので，平均速度は0と見なせる．すなわち，

$$c_p T_0 = c_p T + \frac{1}{2} u^2$$

ここで流体中の音速 a は，

$$a = \sqrt{\left(\frac{\partial p}{\partial \rho}\right)_S}$$

で表され，理想気体の場合，気体定数 R を用いて

$$a = \sqrt{\gamma \frac{p}{\rho}} = \sqrt{\gamma R T}$$

となる．気体の速さ u と音速 a との比であるマッハ数（Mach number）M は，

$$M = \frac{u}{a} = \frac{u}{\sqrt{\gamma R T}}$$

で定義される．また c_p は，

$$c_p = \frac{\gamma R}{\gamma - 1}$$

であるから，理想気体の断熱膨張による温度や圧力は，γ と M を用いて次式となる．

$$\frac{T}{T_0} = \left(1 + \frac{\gamma-1}{2} M^2\right)^{-1} \qquad \frac{p}{p_0} = \left(1 + \frac{\gamma-1}{2} M^2\right)^{-\frac{\gamma}{\gamma-1}}$$

上式から，マッハ数が大きくなれば膨張した気体の温度が冷却されることがわかる．たとえば，ヘリウムを 300 K から 4 K に冷却するには $\gamma = 5/3$ として $M = 14.9$ となる．実際，澱み点での気体の平均自由行程（λ_0）とオリフィス径 D との比 $K = \lambda_0/D$ が1より十分小さいと，理想気体についてマッハ数 M が

$$M \cong A\left(\frac{X}{D}\right)^{\gamma-1}$$

で,近似されることが示されており[5],オリフィスから出た気体が真空中を進む(Xが大きくなる)にしたがいマッハ数が大きくなり分子が冷却されていくことがわかる.係数Aはγに依存する定数で単原子分子では3.26,二原子分子では3.65と求められている.図3.3.26に超音速ジェット中の各点での温度変化の様子を模式的に示した.

分光学的に重要な振動・回転の超音速ジェット中での冷却は,キャリヤーガスに混合した分子がキャリヤーガスとの二体衝突時に,分子のもつ振動・回転エネルギーがキャリヤーガスの並進エネルギーに移動するエネルギー緩和過程(V-T緩和,R-T緩和)で進む.衝突によるエネルギー移動効率は,双方のエネルギーのマッチングが重要である.振動・回転・並進運動のエネルギー間隔は,振動(V)>回転(R)>並進(T)なので,R-Tエネルギー移動の効率が,V-Tエネルギー移動よりも高く,そのため到達する回転温度のほうが振動温度よりも並進温度に近くなる.衝突頻度は膨張とともに小さくなっていくので,それぞれの自由度の到達冷却温度は異なる.到達温度はおおよそ

T(振動) = 50〜100 K > T(回転) = 10〜20 K > T(並進) = 4〜10 K

の順番となる.図3.3.27に超音速ジェット中のヨウ素分子の振動・回転温度のノズルからの距離依存性を示す[4].また,回転定数が小さい分子や低い振動数の振動をもつ分子が冷却されやすいことや,異性体がある場合その相対比が異性体間の障壁の高さで異なる,などの特徴がある.

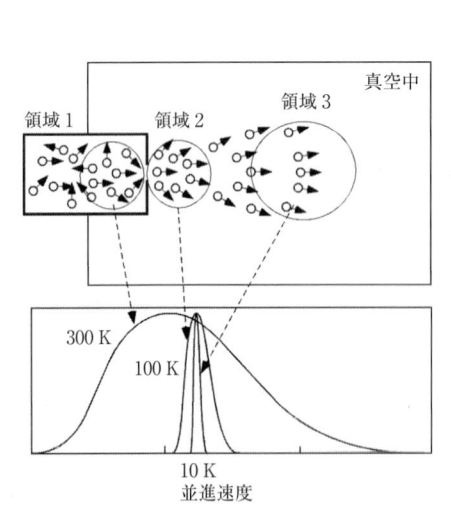

図3.3.26 超音速自由噴流中温度変化の模式図

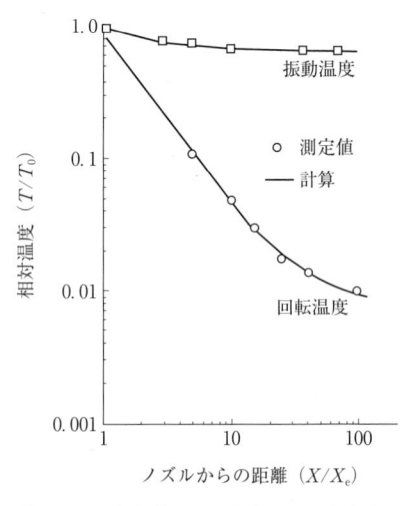

図3.3.27 超音速ジェット中のヨウ素分子の振動・回転温度のノズルからの距離依存性[4]

超音速ジェットは，孤立冷却分子のみを生成するだけでなく，ファンデルワールス力や水素結合など弱い分子間力で結ばれた分子クラスターと呼ばれる分子集団を生成する．分子クラスターは断熱膨張の過程で2個以上の分子とキャリヤーガスとの多体衝突が起き冷却が進む場合に形成される．ファンデルワールス力による分子間の結合エネルギーは $100 \sim 500$ cm^{-1}，水素結合体の結合エネルギーは $1500 \sim 2500$ cm^{-1} なので，数 K に冷却されるジェット中では二量体やさらに大きなサイズの分子クラスターが容易に生成する．

b. 超音速ジェット装置

超音速ジェットは，キャリヤーガス（ヘリウムなど）と試料気体を混合した全圧 3 barr 程度の気体を約 1 mm のピンホール（ノズル）を通して真空槽中に噴出させて得る．ノズルは大きく分けて，連続的に真空槽中に噴出するものとパルス的に噴出するタイプの2通りあるが，真空ポンプの負担の軽減や分光に用いるレーザー光源が $10 \sim 20$ Hz の繰り返しをもつパルスレーザーを使うことが多いので，ほとんどの場合パルスノズルがよく用いられる．図 3.3.28 に示したのがパーカーハネフィン社で販売しているソレノイド磁石を用いた超音速ジェット用パルスノズルである[7]．キャリヤーガスと試料気体との混合気体を本体上部から導入し，外部から $100 \sim 200$ μs の幅で $100 \sim 200$ V の直流パルスを流して電磁誘導で内部のポペットをピストン運動させ，オリフィスの開閉を行う．オリフィスが開いている時間だけ試料気体が真空中に噴出され超音速ジェットとなる．その他，パルスノズルにはピエゾ素子を用いたものや，大きな電流でソレノイドを駆動し開閉時間をより短くしたものがある．

真空槽は，常に真空ポンプにより引かれ $10^{-5} \sim 10^{-6}$ torr の真空に保たれている．超音速ジェットで生成された分子の吸収スペクトルは分子の濃度が低いために，高感度レーザー分光により観測される．電子スペクトルを観測するには，レーザー誘起蛍光法（laser induced fluorescence spectroscopy：LIF）や共鳴多光子イオン化法（resonance enhanced multiphoton ionization：REMPI）が用いられる．LIF 法は，レーザー光で電子励起された分子の蛍光を光電子増倍管で検出する分光法であり，REMPI 法は，共鳴イオン化で生成するイオンを検出する分光法である．図 3.3.29 に超音速ジェットレーザー誘起蛍光分光装置の模式図を示す．

図 3.3.30 に超音速ジェットレーザー分光実験の例として，フェノール分子の S_0-S_1 LIF

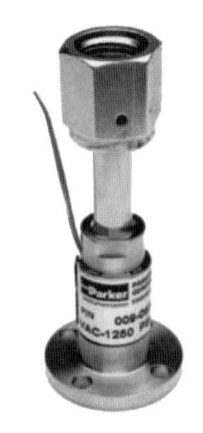

図 3.3.28 ジェネラルバルブ（General Valve series 9, Parker Haniffin 社）

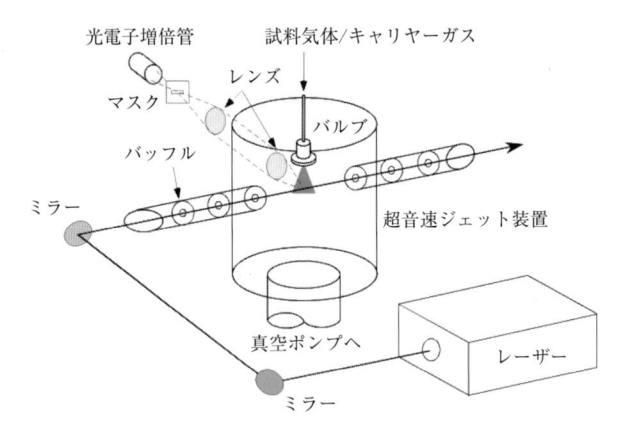

図 3.3.29 超音速ジェットとレーザー誘起蛍光観測の実験装置模式図

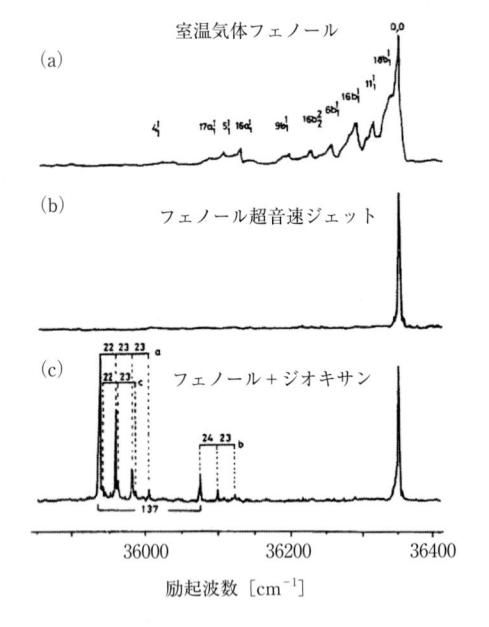

図 3.3.30 (a) フェノール室温気体の S_0-S_1 LIF スペクトル, (b) 超音速ジェットで冷却したフェノールの S_0-S_1 LIF 励起スペクトル, (c) フェノールとジオキサン混合気体をジェット冷却して得られたフェノール-ジオキサン錯体の S_0-S_1 LIF スペクトル[8]

励起スペクトルの室温気体と超音速ジェットで冷却した場合の比較を示す[8]. 室温気体では多くのホットバンドが現れるが, ジェットで冷却することによりゼロ点準位からの遷移のみになる. さらにジオキサンとの混合気体をジェット冷却するとフェノール-ジオキサン水素結合錯体の S_0-S_1 LIF スペクトルが得られる.

超音速ジェットレーザー分光は種々の線形, 非線形分光が用いられる. 振動スペクトル観測には赤外-紫外二重共鳴分光法, 誘導ラマン-紫外二重共鳴分光法があげられる. これら分光法については, 「3.3.1 非線形蛍光法」を参照いただきたい.

〔江幡孝之〕

文献・注

1) D. H. Levy : *Ann. Rev. Phys. Chem.*, **31** (1980), 197-225.
2) R. E. Smally, et al. : *Acc. Chem. Res.*, **10** (1977), 139-145.
3) 三上直彦 : 応用物理, **802** (1980), 802-810.
4) 土屋荘司編 : レーザー化学―分子の反応ダイナミックス入門, 学会出版センター, 1984, Chap. 2.
5) J. B. Anderson : Molecular Beams and Low Density Gas Dynamics (P. P. Wegner, ed.), Dekker, New York, 1974, vol. 4, Chap. 1.
6) H. Pauli and J. P. Toennies : Method of Experimental Physics, Academic Press, New York, 1968, vol. 7A, Chap. 3.
7) General Valve series 9, Parker Haniffin.
8) H. Abe, et al. : *J. Phys. Chem.*, **86** (1982), 1768-1771.

3.3.7 サイト選択分光

不均一系の分光において，異なる環境下にある特定部位（サイト）の光学応答を選択的に取り出して観測することをサイト選別分光（site-selective spectroscopy）と呼ぶ[1]．サイトの選択方法には，環境に応じた光学遷移振動数の違いを利用する手法，対象サイト特有の性質を利用する手法，そしてサイトの存在する空間自身を選択する手法がある．最後のものではさらに，顕微分光（microspectrophotometry）などにより光学的に空間選択を行う場合と，蛍光分子（タグ）の導入などにより観測サイトの空間を標識する場合があり，複数の手法を結合することも行われる．

不均一性は，対象系における同一分子（あるいは原子）に対する周辺環境の違いを起源とすることが多い．固体結晶における不純物の混入や格子欠陥がその典型としてあげられる．液体中では，注目する分子を取り巻く溶媒分子との相互作用が時間とともに常に変化し続けるため，不均一性がかならず存在する．近年では1分子分光法（single molecule spectroscopy）の発展により，このようなゆらぎによる不均一性の直接観測も可能となっている．またさまざまな界面（interface）はかならず内部（バルク）とは異なった環境におかれ，内部との違いを本質的にもつ．1分子内において局在化した光学遷移がある場合も，分子内に複数のサイトが存在すると見なすことができ，これを選択して観測することが求められる場合がある．とくにタンパク質など生体巨大分子では分子自身の高次構造形成により各部位の環境が異なってくるため，このような分子内特定サイトの観測は非常に重要である．

a. 遷移周波数の環境依存性の利用
1) ホールバーニング分光

複数の同一種が異なる環境下にある系では，各サイトの遷移振動数は環境の不均一性を反映して異なり，それが重なりあうことにより遷移振動数の広がりを生じる．これを不均一幅（inhomogeneous width）と呼ぶ（図3.3.31(a)参照）．これに対して，遷移の終状態の寿命のため不確定性原理から生じる幅は均一幅（homogeneous width）あるいは自然幅（natural width）と呼ばれる．いま，不均一幅が均一幅よりも広い場合を考える．不均一幅よりも線幅の狭い光により励起を行うと，励起光の振動数に一致する遷移振動数をもつサイト，すなわち特定環境下のサイトのみが選択的に励起される．このように，線幅が狭くかつ強力な光（ホール光）で励起を行うと，特定サイトの基底状態分布数のみに減少を起こすことができる．この分布数の減少はホールと呼ばれる．この励起を行いながら，同様の振動数分解能をもち強度を十分に弱くした光（プローブ光）を別に用意して系の吸収スペクトルを測定すると，不均一幅で広がったバンドのなかに励起されたサイトの均一幅に近い幅をもつくぼみ（ディップ）が現れる（図3.3.31(b)参照）．このくぼみはホール光により選択されたサイトの吸収のみを選択的に取り出したものと見なせる．この分光法はホールバーニング（hole-burning）分光法と呼ばれる（スペクトルホールバーニング（spectral

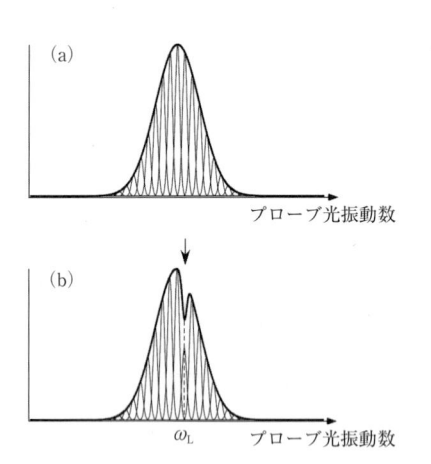

図 3.3.31 ホールバーニング分光法の原理 (a) プローブ光のみによるスペクトル．サイトごとの環境の違いにより，観測されるバンド幅は各サイトの均一幅よりも広がり，不均一幅となる（太線の包絡線）．(b) ホール光を入射した場合のスペクトル．振動数 ω_L のホール光入射により，特定サイトの分布減少が起き，バンドに矢印で示すくぼみ（ディップ）が現れる．

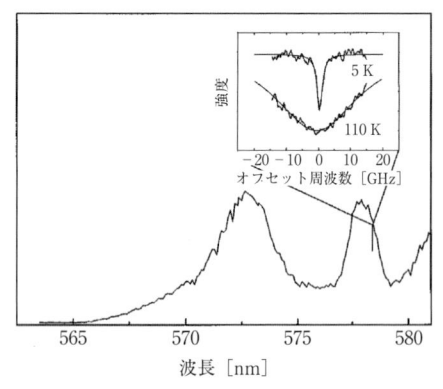

図 3.3.32 β-アルミナ中にドープされた Eu^{3+} イオンに対するホールバーニングの観測
図は308 nm光励起による Eu^{3+} イオンの $^5D_0-^7F_0$ 遷移の発光スペクトルを示している．578.5 nmのレーザー光によりホールを空けることにより，囲み内の拡大図に見えるくぼみが生じる（文献2より再録）．

hole-burning) 法ともいう. これは, レーザー共振器内などにおいて空間的に異なる場所に分布数の違いをつくることを空間的ホールバーニング (spatial hole-burning) と呼ぶため, 両者を区別するために用いる)[1]. ホール光の遮断後, 緩和により直ちにホールが消滅するものを過渡的ホールバーニング (transient hole-burning), 光化学反応により照射領域の担体の消滅が起きるなどしてホールが長時間継続するものを永続的ホールバーニング (persistent hole-burning) と呼ぶ. ホール光は高輝度かつ高分解能が求められるため, 通常はレーザー光が使用される. プローブ光では連続光源が使用されることもあるが, 多くは減光したレーザーを用いる. ホール光とプローブ光はかならずしも同じバンドに共鳴する必要はなく, 遷移の始状態を共有すればよい. そこで電子遷移と赤外振動遷移の組合せなどでも行うことができる. プローブ光の吸収観測も, それと同等な蛍光励起や多光子イオン化に代えることが可能である. また, ホール光とプローブ光をパルス化することにより, ホールの時間変化を観測できる.

ホールバーニング分光法はサイトごとの遷移振動数の違いを利用するサイト選択的分光法の代表である. ホールバーニング分光法は結晶や無機ガラス中の希土類イオン, 金属イオンについて多くの研究が行われている. 一例として図 3.3.32 に β-アルミナ中にドープされた Eu^{3+} イオンの観測例を示す[2]. この例では始状態を共通とした分光スキームを用い, 308 nm 光励起による発光スペクトルにホールを空けている. スペクトルに現れているバンドは Eu^{3+} イオンの $^5D_0 - {}^7F_0$ 遷移によるものであり, バンド幅は不均一幅により決まっている. 578.5 nm のホール光を入射すると, 図中の囲みで示した拡大図にみられるように, バンド中にくぼみが生じる. くぼみの形状は均一幅に対応するローレンツ関数でよく再現され, 線幅が温度に依存していることがわかる. このような固体中の原子イオンの観測のほかに, ホールバーニング分光法はポリマー中の有機分子への適用例も多い. また半導体超微粒子における粒径依存性や混晶半導体における成分比のゆらぎなどもこの手法により調べられている.

ホールバーニング分光法の原理は同一種のスペクトルにおける不均一広がりだけでなく, 異なった化学種の共存によるスペクトルの重なりを分離する目的でも利用可能である. そのため, 気相においても同じ原理を使った分光法が使われ, たとえば同じ分子からなるが構成分子数 (サイズ) の異なるクラスター (分子集合体) のスペクトルをサイズや構造ごとに分離することなどが行われている[3]. また気相における原子分子の並進運動に起因する線幅のドップラー広がりも不均一幅であり, ホールバーニング分光法と同様の原理によりドップラー幅の限界をこえる超高分解能分光が行われている[1].

2) 不均一系におけるサイト選択励起による発光

不均一広がりをもった系をその幅よりも線幅の狭い光で励起すると, 励起サイトが限定されるので, その蛍光のスペクトル幅が狭まることが起きる. これは蛍光スペクトルの先鋭化 (fluorescence line narrowing) と呼ばれ, ホールバーニング分光と同

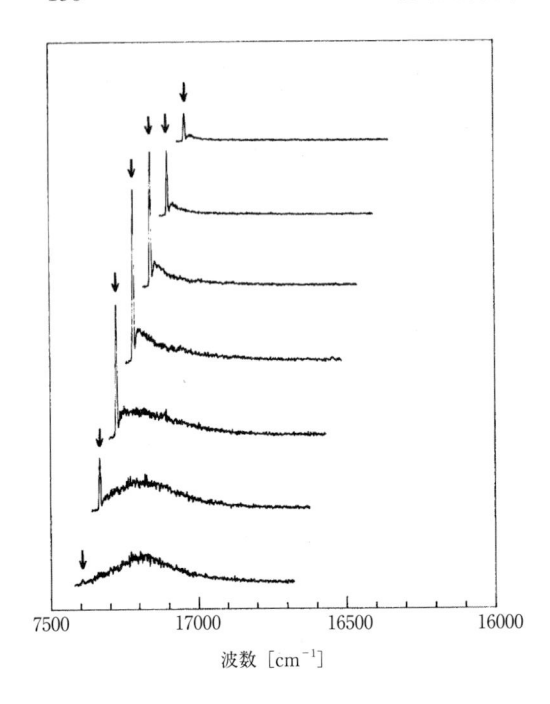

図 3.3.33 サイト選択励起による蛍光スペクトルの例
4 K における PMMA（ポリメチルメタクレート）フィルム中の色素分子（マグネシウムオクタエチルポルフィリン）の蛍光スペクトル．矢印は励起光のエネルギーを示す（図は文献 4 より再録）．

じく固体結晶やポリマー中の色素分子などで観測されている[1]．サイト選択励起による蛍光スペクトルの観測例を図 3.3.33 に示す[4]．これは 4 K における PMMA（ポリメチルメタクレート）フィルム中の色素分子（マグネシウムオクタエチルポルフィリン）の蛍光スペクトルであり，矢印は励起光のエネルギーを示す．励起波長と一致したゼロフォノン遷移によるシャープな成分とフォノン・サイドバンドによるブロードな成分が現れており，励起位置によりその成分比が変化することがわかる．また，蛍光スペクトルの発光波長範囲が狭く，分離可能ならば，特定の蛍光波長に分光器を固定し，励起光波長を掃引することにより，サイト選択励起スペクトルが観測できる．環境によるサイトの遷移振動数変化が大きい場合は，励起光の振動数選択だけで完全な励起サイトの選択が可能となる．

　サイト選択励起には多くの応用例がある．たとえば，二つ以上の発色団をもつ分子では，発色団を選択して励起することが可能となる場合があり，その蛍光を分光することにより実際に発光する発色団を特定することができる．アルキル鎖で結ばれた二つの異なる芳香環の励起部位と発光部位の相関をみることにより励起後の分子内エネルギー移動の観測が行われている[5]．また X 線による内殻励起も分子を構成原子レベルでサイト選択するものといえる．さらには希ガスのクラスターでは表面に位置する原子とクラスター内部の原子では X 線内殻励起遷移波長が異なり，これらのバンドは分離して観測されるので，その強度比からクラスターのサイズによる表面・内部原子

数比が求められている[6].

b. 観測サイトの特性の利用
1) 共鳴ラマン分光

共鳴ラマン分光法(resonance Raman spectroscopy)にも光振動数を利用したサイト選択の効果がある.ラマン遷移は励起光のエネルギー近傍に電子状態があると強度が著しく増大し,これを共鳴ラマン散乱と呼ぶ[7].タンパク質などの巨大分子では,共鳴する電子状態が芳香環などをもつ特定部位に局在していると見なせる.そこでその部位の電子遷移に共鳴する波長の励起光を用いてラマン分光を行うと,共鳴部位近傍の振動だけが事実上強度をもつことになる.たとえばヘモグロビンでは酸素を捕捉するヘム(ポルフィリン)部に共鳴する紫外光を用いて共鳴ラマン散乱を測定することにより,巨大な分子全体からヘム部の振動のみを抜き出して観測することが可能となる.

2) 界面選択的な非線形分光

気体と液体など均一な二相の境界は界面と呼ばれ,界面は各相の内部とは異なる環境となる.その結果,界面における分子の濃度や配向,あるいは分子間構造が内部とは大きく異なる場合があることが知られている.界面を選択的に観測する分光法として,二次の非線形感受率による二次高調波発生(second harmonic generation:SHG)分光法や和周波発生(sum frequency generation:SFG)分光法があり,これらは界面特有の性質を利用したサイト選択分光である[8,9].二次の非線形感受率は内部では分子のランダムな配向により打ち消しあってしまうため(反転中心が存在すると見なせる),配向に異方性が生じる界面でのみ有効となる.その結果,界面付近の分子のみが信号に寄与し,界面選択的な分光法となる.これらの分光法は固体表面の構造や吸着,触媒反応,界面における分子認識,あるいは水溶液の表面濃度勾配や分子配向など非常に多岐にわたり応用がなされている.

c. 空間分解能によるサイト選択
1) 顕微分光

同種分子の環境による不均一性を調べる場合,振動数領域ではなく,顕微分光のように測定装置の空間分解能を利用してサイト選択を行うことができる[10].細胞レベルの研究では,蛍光顕微分光により特定分子種の細胞内分布を可視化(imaging)することが広く行われている.これには細胞を集積性の異なる色素分子により選択的に染色することがしばしば組み合わされる.このような空間分解能利用の究極は特定の1分子のみによる発光の観測であり,1分子分光として実用化されている.これは対象となる分子の濃度を十分に減らし,それに共焦点顕微鏡などの三次元空間分解能に優れる蛍光顕微分光法を適用して,1分子が存在する空間のみを観測対象として切り出すことにより行われる.1分子分光では環境ごとに異なる分子の物理量を完全に個別

に測定することができ，集団の平均値からはわからない環境による影響について情報を与える．詳細は3.3.4項を参照されたい．

2) 蛍光分子による標識

　タンパク質などの巨大分子では，顕微分光による空間分解能に加えて，分子内の特定部位を蛍光色素分子（蛍光タグ）で選択的に標識することにより顕微鏡の分解能をこえて観測する空間の選択性を高めることが行われる[10]．標識には標的タンパク質と特異的に結合するリガンドに色素分子を化学結合させて用いる場合と，標的タンパク自身を遺伝子工学的手法で変化させる場合がある．たとえばタンパク質の動的過程を観測するために，タンパク質上の配列上は離れるが高次構造形成で空間的に近接するアミノ酸対をドナー，アクセプターと呼ばれる励起エネルギー移動が可能なペアとなる色素分子で標識することが行われる．このようなタンパク質における変性状態からのフォールディング過程は，ドナーの励起に波長を合わせた励起光による1分子蛍光計測法で観測可能となる．色素分子間の蛍光共鳴エネルギー移動（fluorescence resonance energy transfer：FRET）は，その効率が分子間距離の六乗に逆比例するので，変性状態においてアミノ酸対の空間距離が離れているとほとんど起きず，主にドナーの蛍光が観測される．しかしフォールディングが進み色素分子が空間的に近接すると効率よくFRETが起き，蛍光がアクセプターからのものに切り替わる．標識色素分子の蛍光を分光することにより，標識部位間の距離に応じた選択的検出が可能となり，フォールディングの進行の様子が追跡されるのである[11]．同様の発想により，部位接近によるエキシマー蛍光のモニターを利用して核酸ハイブリッド合成の検出なども行われている[12]．蛍光分子による標識は標識された部位周辺の環境をよく反映するので，1分子計測にとどまらず，広く生体巨大分子の部位選択的観測に用いられている．特定部位との結合状態を蛍光収率の変化や波長シフトにより示す蛍光リガンドなど分析化学的応用も多い．これらの詳細については第7章を参照されたい．

〔藤井朱鳥〕

文献・注

1) 櫛田孝司編：レーザー測定，実験物理学講座9，丸善，2000．
2) H. Yugami, *et al.* : *Phys. Rev. B*, **53** (1996), 8283.
3) 高柳正夫，花崎一郎：分光研究，**43** (1994), 347.
4) J. S. Ahn, *et al.* : *Phys. Rev. B*, **48** (1993), 9058.
5) T. Ebata, *et al.* : *Chem. Phys. Lett.*, **110** (1984), 597.
6) O. Björneholm, *et al.* : *Nuc. Instr. Method Phys. Res. A*, **601** (2009), 161.
7) 北川禎三，紙中庄司：分光研究，**40** (1991), 193.
8) 二次高調波発生は，角振動数ωの光が物質に入射した際に，物質の二次非線形分極により角振動数2ωの光が生じる現象である．ωあるいは2ωが界面分子の電子遷移に共鳴すると信号強度が増大するので，電子スペクトルに相当するものが得られる．和周波発生では，角振動数ω_1，ω_2の二つの光を入射することにより，角振動数$\omega_1+\omega_2$の光が生じる．ω_2を赤外光にすると界面の赤外スペクトルに相当するものが得られる．

9) 山口祥一，田原太平：分光研究，**57**（2008），168.
10) 船津高志編：生命科学を拓く新しい光技術，シリーズ光が拓く生命科学7，共立出版，1999.
11) 後藤祐児ほか：タンパク質科学，化学同人，2005.
12) 伊藤道也：レーザー光化学，裳華房，2002.

3.3.8 増感りん光分光法

a. 光増感

ある分子を他の分子を介して間接的に特定の励起多重度状態に励起することを増感といい，励起源として光を使った場合が光増感である．この増感作用の仲介をする分子は増感剤と呼ばれる．光増感のよく知られた応用は写真における増感剤で，普通の写真では銀塩が光で分解され銀微粒子が生成し，これが核となって還元剤でより大きな粒子に成長する．可視光の長波長や赤外の領域における銀塩の感度を上げるために色素を増感剤として混ぜる．

光増感で最も用いられるのが励起三重項状態である．三重項状態は基底電子状態からはスピン禁制なので直接光励起できないが，励起一重項状態からの項間交差（intersystem crossing：ISC）で生成する[1]．一般に分子の三重項状態は寿命が長いので，近傍に分子があると三重項-三重項状態間のエネルギー移動が起き，近傍の分子が三重項状態に励起される．図 3.3.34 に，分子 A から分子 B へのエネルギー移動のスキームを示す．まず，分子 A（増感剤，donor）を励起一重項状態状（S_1）に光励起すると，分子 A は速やかに ISC により最低三重項状態（T_1）に無輻射緩和する．T_1 状態はミリ秒程度の長い寿命をもつ．分子 A の近傍に分子 B（acceptor）が存在しました分子 A の T_1 状態のエネルギーが分子 B の T_1 状態よりも高いと，分子 A の T_1 から分子 B の T_1 へエネルギー移動が起き，その後分子 B の T_1 状態がりん光を発する．したがって直接光励起されない分子 B がりん光を発する．このようなエネルギー移動は T_1 状態生成だけでなく，一重項励起酸素を生成する場合にも用いられる．酸素の $^1\Delta_g$ 励起状態は基底状態 $^3\Sigma_g^-$ からは光で直接励起できないが，メチレンブルーやチオニンといった色素分子を酸素共存下で光励起すると，色素の三重項状態からのエネルギー移動により $^1\Delta_g$ 励起状態の酸素が生成する（三重項増感反応）．三重項状態間のエネルギー移動のメカニズムは，一重項状態間のエネルギー移動（双極子-双極子相互作用）と異なり，電子移動や交換相互作用によるいわゆる Dexter 型のエネ

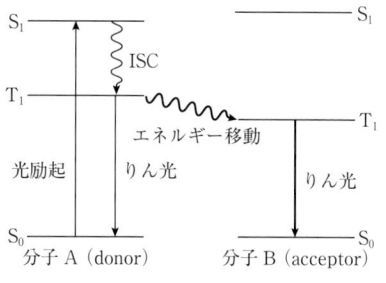

図 3.3.34　分子 A から分子 B への三重項状態間エネルギー移動

ギー移動が主であると説明されている．三重項状態間のエネルギー移動が効率よく起きるためには，donor-acceptor 間の距離が小さいことが重要である．また，T_1 状態は振動準位が高くなると寿命が短くなり，常温では発光強度が弱くなる．したがって，多くの研究が低温凍結溶液で行われている．また，donor-acceptor 間の距離を小さくするためにシクロデキストリンなどの包接化合物中に分子を取り込んでエネルギー移動の効率を上げる研究も報告されている[2]．

b. 増感りん光分光法

増感りん光分光法は，増感剤分子 A (donor) の S_1-S_0 電子スペクトルを，三重項状態間のエネルギー移動で得られる分子 B (acceptor) のりん光を観測しながら観測する分光法である．一般に，ベンゾフェノンやベンズアルデヒドなどの分子 (donor) は励起一重項状態 (S_1, $^1n\pi^*$) が速い ISC で励起三重項状態 (T_1, $^3n\pi^*$) に失活するため，蛍光の量子収率が著しく小さい．そこで，donor 分子よりもエネルギーが低い T_1 状態をもつナフタレンやバイアセチル (acceptor) を混ぜると，donor (T_1) →acceptor (T_1) 間のエネルギー移動が効率よく起き，acceptor のりん光が観測される．したがって，acceptor のりん光を観測しながら donor 分子の S_1-S_0 電子スペクトルを観測できる．

c. 超音速ジェット増感りん光分光法

超音速ジェットは，極低温に冷却した気相孤立分子を生成することができ，室温気体条件に比べ著しく単純な電子・振動スペクトルの観測が可能である．しかしながら，寿命の短い S_1 状態からの蛍光観測には適しているが，りん光を観測しようとする場合，超音速ジェット中の分子は〜500 m/s の速さで一定方向に進む一方，りん光寿命はミリ秒と非常に長いために観測は難しい．この問題を解決するために提案されたのが超音速ジェット増感りん光分光である[3]．図 3.3.35 に分光装置の概略を示す．超音速ジェットノズル下流に，液体窒素で冷却されたコールドトラップを据え付け，チップに強いりん光を発するバイアセチルを付着させておく．

この条件下でジェット冷却されたベンゾフェノンやベンズアルデヒドなどの分子をパルスレーザーで S_1 電子状態

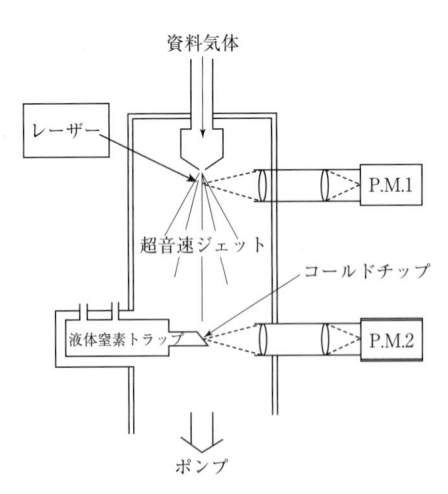

図 3.3.35 超音速ジェット増感りん光法分光装置の模式図

ベンゾフェノン

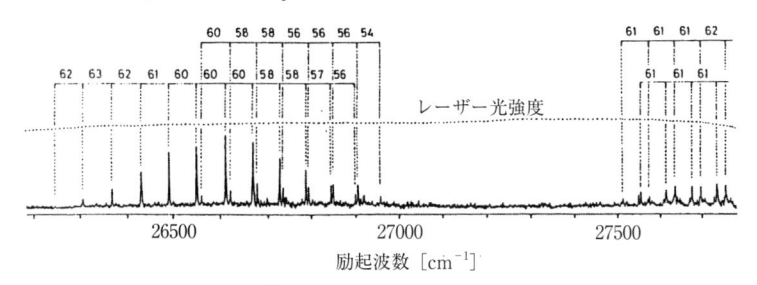

図 3.3.36 超音速ジェット増感りん光法分光で測定されたベンゾフェノンの S_1-S_0 電子スペクトル

に光励起すると，S_1 電子状態分子は速い ISC により T_1 状態に失活するためほとんど蛍光を発しないが，ジェット下流に据え付けた液体窒素で冷却されたコールドチップに衝突する際に T_1 状態の分子からチップ上のバイアセチルの T_1 状態へエネルギー移動が起き，バイアセチルがりん光を発する．したがって，バイアセチルのりん光を検出しながらレーザーの波長を掃引することで，ジェット冷却されたベンゾフェノンやベンズアルデヒドの $S_0 \to S_1$ 電子スペクトルが観測できる．図 3.3.36 に，このようにして観測された超音速ジェット中のベンゾフェノンの S_1-S_0 電子スペクトルを示す[3]．スペクトルには，約 60 cm^{-1} の低い振動数のフェニル環のねじれ振動が明瞭に現れている．

〔江幡孝之〕

文献・注

1) J. G. Calvert and J. N. Pitts: Photochemistry, John Wiley, New York, London, Sydney, 1966.
2) J. C. Love, et al.: *Anal. Chim. Acta*, **170** (1985), 3-12.
3) H. Abe, et al.: *Chem. Phys. Lett.*, **109** (1984), 217-220.

3.3.9 量子ビート分光

a. 原　理

　量子ビート分光とは，パルス光によって対象とする系を励起した際に，引き続いて起こる発光などの強度が時間とともに周期的に変動する現象を観測する分光法である．周期変動成分（ビート信号）の解析から，観測対象のエネルギー準位に関する情報を得ることができる．原理を以下に簡潔に記す[1-4]．

　短パルス光はパルス幅の逆数に対応した周波数幅をもつので，このような光を用いると始状態を共通とする複数の遷移を同時に励起することが可能である．簡単のために図 3.3.37 のように励起状態として 2 準位 $|1\rangle$, $|2\rangle$ のみが存在するとする．また，励

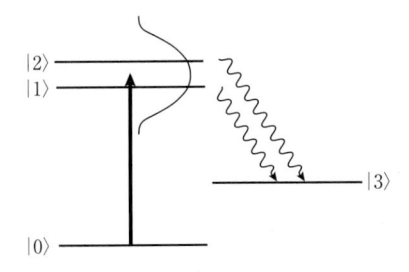

図 3.3.37 量子ビート分光に関するエネルギーダイアグラム
短パルス光の励起によって，始状態 $|0\rangle$ から $|1\rangle$, $|2\rangle$ へコヒーレントに遷移させ，両者から終状態 $|3\rangle$ への発光をモニターする．

起光のパルス幅は十分に短く，始状態から $|1\rangle$, $|2\rangle$ への遷移は「瞬間的」に起こるとする．言い換えれば，二つの遷移周波数の差に比較して，光の周波数幅が十分に大きいケースを考える．光励起直後（$t=0$ とする）の系の状態は

$$\Psi(0) = c_1\Psi_1^{(0)}(0) + c_2\Psi_2^{(0)}(0)$$
$$= c_1\psi_1^{(0)} + c_2\psi_2^{(0)} \qquad (1)$$

のように，二つの固有状態 $|1\rangle$, $|2\rangle$ のコヒーレントな重ね合せ（線形結合）として表すことができる．ここで，

$$\Psi_i^{(0)}(t) = \psi_i^{(0)} \exp(-i\omega_i t)$$

は固有状態 $|i\rangle$ ($i=1, 2$) に対する時間依存の波動関数であり，$\psi_i^{(0)}$ は時間非依存の波動関数である．また，状態 $|i\rangle$ の固有エネルギーを $E_i^{(0)}$ として $\omega_i = E_i^{(0)}/\hbar$ である．c_i は展開係数であり，定数となる．$t>0$ においては，自然放出などによって各状態の分布が減衰するので，励起状態の波動関数は

$$\Psi(t) = c_1\psi_1^{(0)} \exp\left(-i\omega_1 t - \frac{\gamma_1 t}{2}\right) + c_2\psi_2^{(0)} \exp\left(-i\omega_2 t - \frac{\gamma_2 t}{2}\right) \qquad (2)$$

と示される．ここで，γ_i は状態 $|i\rangle$ の減衰定数である．

次に，光パルス励起後に系が発する光（＝自然放出）を考える．励起状態の 2 準位 $|1\rangle$, $|2\rangle$ から電子基底状態への遷移が起こるが，ここでは共通の準位 $|3\rangle$ へ遷移するとする．蛍光の遷移強度は，始状態である $\Psi(t)$ と終状態 $|3\rangle$ 間の遷移双極子モーメントの二乗に比例する．

$$I(t) \propto |\langle\Psi(t)|\mu|3\rangle|^2 = |\langle c_1^*\psi_1^{(0)} \exp\left(i\omega_1 t - \frac{\gamma t}{2}\right) + c_2^*\psi_2^{(0)} \exp\left(i\omega_2 t - \frac{\gamma t}{2}\right)|\mu|3\rangle|^2$$
$$= \exp(-\gamma t)\{|c_1|^2|\langle 1|\mu|3\rangle|^2 + |c_2|^2|\langle 2|\mu|3\rangle|^2$$
$$+ 2|c_1 c_2^*\langle 3|\mu|1\rangle\langle 2|\mu|3\rangle|\cos(\omega_{12} t + \phi)\} \qquad (3)$$

ここで，μ は双極子モーメント演算子，ϕ は c_i や μ の行列要素に依存する位相項である．なお，$\gamma = \gamma_1 = \gamma_2$ とした．式 (3) は，$|1\rangle$, $|2\rangle$ 間のエネルギー差に相当する振動数 ω_{12}（$= \omega_1 - \omega_2$）のビートが観測されることを意味する．これが量子ビートである．量子ビートが観測されるためには，単一の始状態から二つの中間状態へコヒーレントに励起が行われる必要がある．異なる始状態からの遷移では，式 (1) のように二つの固有状態間の位相が明確に定まった線形結合の生成は不可能である．さらに，二つの中間状態には終状態を共有する遷移が存在することも必要となる．量子ビートは，観測対象の量子性に由来する干渉効果そのものであるが，

$$|0\rangle \begin{matrix} \nearrow |1\rangle \searrow \\ \searrow |2\rangle \nearrow \end{matrix} |3\rangle$$

のように二つの異なる経路を進行する「波」の干渉と考えれば，光におけるヤングの二重スリットやマイケルソン干渉計とまったく同型と見なすことができる．

光パルスの周波数幅のなかに多数の遷移が存在する場合は，観測される発光は式(3)と同様に

$$I(t) \propto \left| \left\langle \sum_j c_j^* \psi_j^{(0)} \exp(i\omega_j t) \middle| \mu \middle| f \right\rangle \right|^2$$

$$= \left\{ \sum_j |c_j|^2 |\langle j|\mu|f\rangle|^2 + 2\sum_{j<k} |c_j c_k^* \langle f|\mu|j\rangle \langle k|\mu|f\rangle| \cos(\omega_{jk}t + \phi_{jk}) \right\} \quad (4)$$

となる．ここで，$|f\rangle$ は蛍光の終状態である．また，簡単のために減衰項は除いた．コヒーレントに励起された状態の数が n とすると，式(4)には $_nC_2 = n(n-1)/2$ 個のビート成分が含まれる．その振幅は，コヒーレント励起された固有状態 $|j\rangle$, $|k\rangle$ の各振幅 $|c_j|$, $|c_k|$ と，終状態への遷移のしやすさ $|\langle j|\mu|f\rangle|$, $|\langle k|\mu|f\rangle|$ に依存する．また，固有状態間のエネルギー差に対応するビートの振動数は，式(4)をフーリエ変換することなどにより直接求めることができる．

b. 観測の実際

前項では，デルタ関数的にパルス幅が短い極限的なケースを考えた．実際のパルス光は有限の時間幅をもつので，対応した周波数幅がカバーする領域に存在する遷移のみが励起に関与できる．つまり，何に由来するビート信号が観測されるかは，光のパルス幅 Δt（周波数幅 $\Delta \omega$）に依存する．$\Delta t \cdot \Delta \omega \sim 2\pi$ なる関係を考慮すると，$\Delta t \sim$ 10 ns，$\sim$10 ps，$\sim$10 fs は，おのおの $\Delta \omega \sim 10^{-3}$, 10^0, 10^3 cm^{-1} に対応する．詳しくは次項で述べるが，分子・原子系で考えると，このエネルギー領域は，それぞれ，超微細分裂ならびに外場による分裂，回転準位間隔，振動準位間隔などに相当する．つまり，ナノ秒，ピコ秒，フェムト秒パルスを利用することにより，その時間スケールに適応した分子・原子内コヒーレンスの生成と観測が可能となる．

量子ビートの観測には，パルス光のコヒーレンスも重要である．一般にパルス光電場は，$E(t) \propto \varepsilon(t) \exp(i\omega t + \varphi)$ のように表される．ここで，$\varepsilon(t)$ はパルスの包絡線を示すなめらかに変化する関数である．光の位相 φ が一定である場合，光のコヒーレンスがよい（もしくは高い）と呼ぶ．φ が時間とともに不規則に変動する場合は，有限のパルス幅内で励起が行われる際に，各時刻（t' とする）で生成した波動関数（式(1)）はそれぞれ異なる位相関係をもつ．結果として，式(3)の $I(t')$ 中の ϕ は t' の関数となり，ランダムに変動する．最終的に観測される発光は $I(t')$ とパルス包絡線を畳み込み積算したもの $\int |\varepsilon(t-t')|^2 I(t') dt'$ であるので，$\cos(\omega_{12}t + \phi)$ 項は 0 となる．つまり，量子ビートは観測されない．ピコ秒，フェムト秒パルスレーザーは，原理的に高いコヒーレンスを有するが，通常のナノ秒パルスレーザー（とくに波長可変のもの）のコヒーレンスはそれより劣る．S/N よくビート信号を観測するためには，コヒーレンスの改善が必要となる[4]．

量子ビートが観測されるためには，光パルスにより生成したコヒーレントな重ね合せ状態が，ビート周期の時間スケールで持続する必要がある．分子内もしくは周辺環境との相互作用によって，それより早く位相緩和が引き起こされれば，ビート信号は観測できない．周辺環境の影響が最も小さいのは気体状態である．圧力を低く設定することによって分子間の衝突頻度を低下させることができ，たとえば 1 Pa ではマイクロ秒程度の間は無衝突条件と見なせる．このような場合では，励起状態の寿命 ($1/\gamma$) が，観測可能な最長ビート周期を決定づける．液体や固体のような凝縮系では周辺環境の影響は格段に大きく，通常，位相緩和はピコ秒の時間スケールで進行する．よって，それより速い周期の量子ビートのみが研究対象となる．

量子ビート分光の特徴として，不均一幅をこえた周波数分解能が実現できることがあげられる．たとえば，気体で不均一幅として主に寄与するのは，原子・分子の並進速度が分布をもつことによるドップラー効果であり，室温の条件下では，可視領域の遷移で 10^{-2} cm^{-1} 程度である．これより高い周波数分解能を実現するには，ドップラー効果の影響を取り除く特別な工夫が必要である[5]．一方，励起状態の準位間のエネルギー差は，並進速度が異なる分子でもほとんど同一である．よって，量子ビート分光では，全分子が単一のビート信号を与えることになり，電子遷移のスペクトルにおいてドップラー幅に埋もれてしまう情報が引き出せることになる[1,3]．固体や液体においても，ビートを与える準位間のエネルギー差が分子の環境に大きく依存しないならば，不均一幅に埋もれた情報を得ることができる[6]．

c. 各種の量子ビート分光

量子ビート分光においては，励起パルスの波長やパルス幅（周波数幅）を適切に選択することによって，原子・分子内におけるさまざまな相互作用に由来するエネルギー準位構造を特定することができる．以下にその例を示す．

1) シュタルク，ゼーマン量子ビート

等方的な空間中に存在する原子・分子においては，全角運動量 J の値に対して，($2J+1$) 個の異なる磁気量子数 M を有する副準位がエネルギー的に縮重している．静電場や静磁場を印加すると，電気もしくは磁気双極子モーメントとの相互作用によって，これらの副準位は分裂する．実験的に比較的容易に実現できる電場（〜kV/cm）・磁場（〜10 G〜mT）に対しては，この分裂は 10^{-3} cm^{-1}（〜MHz）のオーダーとなり，ナノ秒光パルスによるコヒーレント励起で量子ビートが観測される．分裂幅の外場依存性を解析することによって，双極子モーメントの値を決定することができる[7-11]．ゼーマン量子ビートの観測に利用された実験装置の模式図ならびに観測結果の一例を図 3.3.38 および図 3.3.39 に示す[8,9]．シュタルクおよびゼーマン量子ビートは，空間的に異方的な効果である．よって，たとえば直線偏光のパルス光で励起した後に，特定の偏光成分の発光を検出した場合のみビート信号が観測されることに留意が必要である．

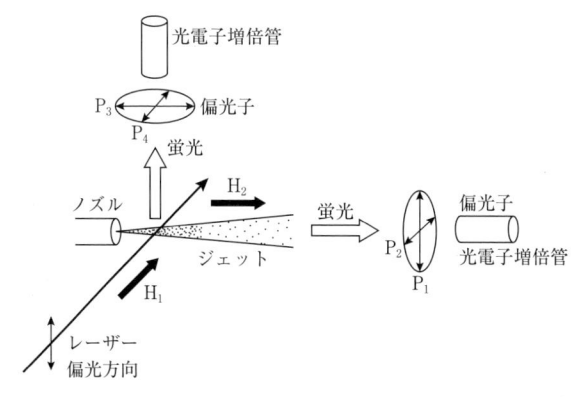

図 3.3.38 ゼーマン量子ビートの観測に利用された装置の模式図[8] この場合,超音速ジェット法(2.3.6 参照)によって,対象分子の内部温度を極低温に冷却した条件下で計測が行われている.静磁場を H_1 もしくは H_2 方向に加え,分子からの蛍光を光電子増倍管で検出する.光電子増倍管の前には偏光子をおき,特定の偏光成分(P_1 または P_2,P_3 または P_4)のみを選択する.

2) 超微細分裂量子ビート

気相中の開殻系原子・分子において有限のスピンをもつ原子核が存在する場合,電子軌道・電子スピンと核スピンの角運動量間での結合が起こり,エネルギー準位の分裂が起こる.この分裂も一般には MHz のオーダーであり,ナノ秒光パルスにより量子ビートが観測される.分裂幅から超微細相互作用定数を決定することができ,不対電子の密度分布について情報を得ることができる[12].また,ビート信号の減衰寿命から,解離などのダイナミクスについて知見を得ることもできる[13].この場合も,ビートの観測には異方的な検出が必要である.

3) 電子状態間結合による量子ビート

多原子分子の電子励起状態における各振動回転エネルギー準位の近傍には,より低エネルギーの電子状態に由来する多数の準位が存在している.これらの電子状態に非断熱相互作用もしくはスピン-軌道相互作用が存在すると,二つの電子状態の準位は相互に混じりあい固有状態を形成する.この状態間結合による分裂(固有状態間のエネルギー差)は相互作用の大きさに依存するが,

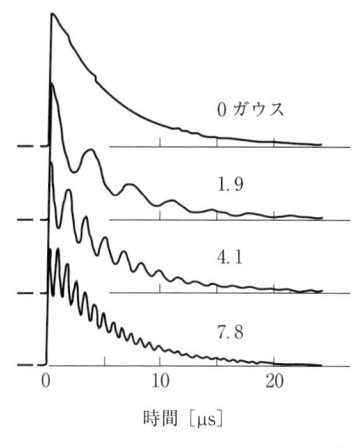

図 3.3.39 ゼーマン量子ビートの一例[9] SO_2 分子の 294 nm 付近の振電バンドにおける一つの回転線を励起して観測したもの.ゼロ磁場では蛍光は指数関数的な減衰を示すが,外部磁場を加えると周期的変調を伴うようになる.このビートの振動数は外部磁場の大きさに比例している.

しばしばMHzのオーダーとなることがあり，ナノ秒パルス光の励起によってビート信号が観測される．一例を図 3.3.40 に示す[14]．このような状態間混合を分子内緩和ととらえたものが内部転換や項間交差であり（5.3.1項参照），量子ビートの観測は状態選択的に分子内ダイナミクスを実時間追跡したことにほかならない．通常，初期励起状態は基底状態から光学遷移が許容であるのに対し，緩和後は無発光状態となるので，全発光をモニターすることで量子ビートの観測が可能である．また，等方的な検出でよい．

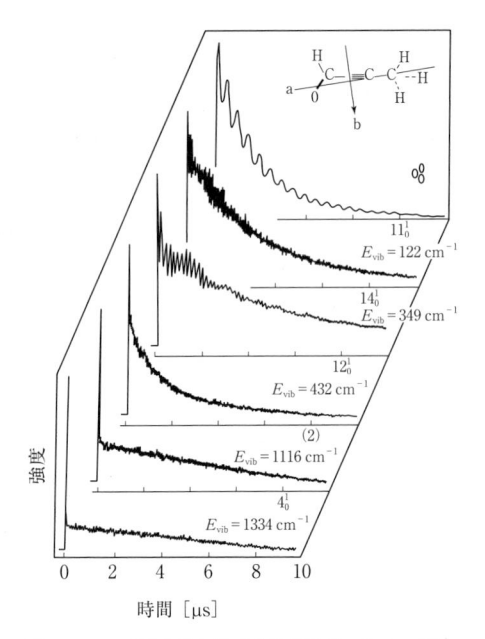

図 3.3.40 項間交差に対応する量子ビートの一例[14] $CH_3C \equiv CCHO$ 分子の第1電子励起状態（S_1）への遷移では，低エネルギーに存在する三重項状態（T_1）との相互作用により量子ビートが観測される．S_1 への励起エネルギーを増加させるとビートの成分が増え，最終的には二重指数関数型の減衰になる．

4) 分子内振動エネルギー緩和による量子ビート

多原子分子の単一の電子状態における分子内振動エネルギー緩和（5.3.1項参照）に関しても，前項と類似の機構によって量子ビートが観測される．この場合，無摂動の準位間を結びつけるのは非調和結合相互作用であり，10^{-1}cm^{-1} のオーダーの大きさをもつので，量子ビートの周期はピコ秒の時間スケールとなる．緩和前後の状態は同一の電子状態内での異なる振動準位であるので，全発光をモニターした場合では両者からの寄与を含むこととなりビート成分は観測されない．緩和前もしくは後からの状態のみの発光を選択的に検出するように観測波長を選別する必要がある[15]．偏光特性という点では等方的である．量子ビートの観測には，ピコ秒レーザーを光源とした時間相関単一光子計数法（3.2.2項参照）[15]や時間分解ポンプ・プローブ法が利用される[16,17]．

5) 回転量子ビート（回転コヒーレンス分光）

比較的大きな分子の回転準位間のエネルギー差も 10^{-1}cm^{-1} のオーダーとなるので，ピコ秒レーザーによるコヒーレント励起によって量子ビートを観測することが可能である．ただし，異方的な観測が必要である．また，通常は始状態として多数の回転準位に熱分布しているので，それらの寄与の和として信号が観測される．回転エネルギー準位間隔は一定の相関関係があるので，ビートを重ね合わせるとスパイク状の信号となる（図 3.3.41）[18]．スパイクの間隔から分子の回転定数を決定することがで

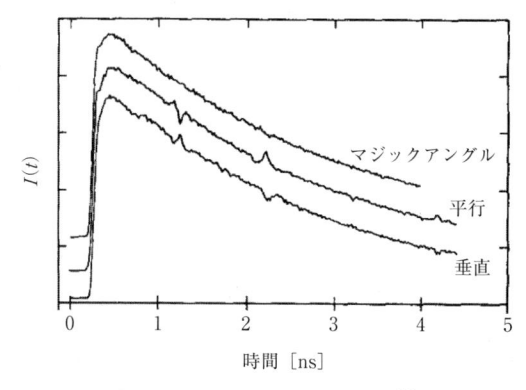

図 3.3.41 回転量子ビートの一例[18]
トランススチルベン分子の第1電子励起状態への遷移で観測されたもの．指数関数的な減衰を示す蛍光に，スパイク状の回転コヒーレンス信号が現れている．レーザーと蛍光の偏光方向が互いに平行もしくは垂直かによって信号の上下が反転する．相対角度 54.7° のマジックアングルの場合は，スパイクは観測されない．

きる．つまり，実時間領域の測定から分子構造を反映するパラメータが得られる．この手法を回転コヒーレンス分光と呼び，さまざまな分子および気相分子クラスターの構造決定に応用されている[19]．

6) 振動量子波束

分子の振動準位間隔は $10 \sim 1000 \, \text{cm}^{-1}$ のオーダーとなるので，フェムト秒光パルス励起によって，複数の振動固有状態のコヒーレントな重ね合せ（振動量子波束）を生成することができる．たとえば，電子遷移による励起の場合，光励起直後の状態は，電子基底状態の波動関数を電子励起状態に射影したものとなる．この状態は電子励起状態の固有関数ではないので，時間とともに変化する．フェムト秒レーザーを光源とした時間分解ポンプ・プローブ法を用いると，この波束の時間発展に対応した振動量子ビート信号を観測することができる[20]．ビート信号の観測には，プローブ波長を適切に選択することが肝要である．

〔大島康裕〕

文献・注

1) K. Shimoda : High-Resolution Laser Spectroscopy, Springer, 1976.
2) 片山幹郎：レーザー化学 II，裳華房，1985，[200-202]．
3) H. Bitto and J. R. Huber : *Acc. Chem. Res.*, **25**-2 (1992), 65-71.
4) M. Ivanco, *et al.* : *J. Chem. Phys.*, **78**-11 (1983), 6531-6540.
5) 田原太平編：実験化学講座 9，第 5 版，丸善，2005, [214-222]．
6) H. Stolz, *et al.* : *Phys. Rev. Lett.*, **67**-6 (1991), 679-682.
7) P. Schmidt, *et al.* : *J. Chem. Phys.*, **88**-2 (1988), 696-704.

8) H. Watanabe, et al.: *J. Phys. Chem.*, **87**-6 (1983), 906-908.
9) H. Watanabe, et al.: *J. Chem. Phys.*, **82**-12 (1985), 5310-5317.
10) N. Ohta, et al.: *J. Phys. Chem.*, **96**-15 (1992), 6124-6126.
11) N. Ohta and T. Tanaka: *J. Chem. Phys.*, **99**-5 (1993), 3312-3319.
12) H. Bitto, et al.: *J. Chem. Phys.*, **92**-1 (1990), 187-195.
13) C.-L. Huang, et al.: *J. Chem. Phys.*, **112**-4 (2000), 1797-1803.
14) J. Mühlbach and J. R. Huber: *J. Chem. Phys.*, **85**-8 (1986), 4411-4421.
15) P. M. Felker and A. H. Zewail: *J. Chem. Phys.*, **82**-7 (1985), 2961-2974, 2975-2993.
16) J. F. Kauffman, et al.: *J. Chem. Phys.*, **90**-6 (1989), 2874-2891.
17) Y. Yamada, et al.: *Phys. Chem. Chem. Phys.*, **9** (2007), 1170-1185.
18) J. S. Baskin, et al.: *J. Chem. Phys.*, **86**-5 (1987), 2483-2499.
19) P. M. Felker: *J. Phys. Chem.*, **96**-20 (1992), 7844-7857.
20) A. H. Zewail: *J. Phys. Chem. A.*, **104**-24 (2000), 5660-5694.

4

発 光 の 物 理

4.1 原子分子発光

4.1.1 原子や分子のエネルギー準位

a. 原子のエネルギー準位

ここでは水素原子のエネルギー準位についての説明から始める．最も単純な原子である水素原子は宇宙の元素組成の圧倒的な割合を占めていて，発光・吸収のスペクトルもあらゆる原子・分子のなかで最も単純である．このために，水素原子のスペクトルの研究は分光学の最も基礎的なものであり，初期の量子力学成立の重要なきっかけになった．

1) 水素原子

束縛されている電子の数が 1 個であれば水素原子に限らず，He の 1 価イオン He$^+$，Li の 2 価イオン Li^{2+} などの水素様イオン（hydrogen-like ions）も同様の理論で扱える．ここでは核の電荷を Ze（Z は正の整数）とすると，原子核と電子からなる系に対するシュレーディンガー（Schrödinger）方程式は Ψ を波動関数として次のように表される．

$$\left(-\frac{\hbar^2}{2M}\nabla_\mathrm{M}^2 - \frac{\hbar^2}{2m_\mathrm{e}}\nabla_\mathrm{e}^2 - \frac{Ze^2}{4\pi\varepsilon_0 r}\right)\Psi = E\Psi \tag{1}$$

ここで E はエネルギー，ε_0 は真空の誘電率，r は核から電子までの距離，∇_M と ∇_e はそれぞれ核と電子の位置ベクトルに関する微分演算子である．原子核は電子に比べて水素原子の場合でも約 2000 倍の質量をもっているので静止していると近似してもよいが，ここでは核の質量を M とし，電子の質量と電荷をそれぞれ m_e と $-e$ とした．

極座標 (r, θ, ϕ) を使って式 (1) を解くやりかたは多くの文献で扱われている[1]のでここではその結果だけを示す．量子数 n, l, m を使って波動関数は

$$\Psi_{nlm}(r, \theta, \phi) = R_{nl}(r)Y_{lm}(\theta, \phi) \tag{2}$$

と表される．$R_{nl}(r)$ は動径関数，$Y_{lm}(\theta, \phi)$ は球面調和関数である．$\mu = m_e M/(m_e + M)$ を電子と核の換算質量とすると，エネルギー E の固有値は，

$$E_n = -\frac{\mu}{2\hbar^2}\left(\frac{Ze^2}{4\pi\varepsilon_0}\right)^2 \frac{1}{n^2}, \quad n = 1, 2, 3, \cdots \tag{3}$$

となる．ここで，エネルギーを決めている量子数 n は主量子数（principal quantum number）と呼ばれる．また，エネルギーを波数単位で表したものを，$\bar{E}_n = E_n/hc$ とすると，

$$\bar{E}_n = -R_M \frac{Z^2}{n^2} \tag{4}$$

である．核が無限大の質量をもつとしたときの R_M を R_∞ とすると，R_∞ はリュードベリ（Rydberg）定数と呼ばれ，

$$R_\infty = \frac{m_e}{2\hbar^2}\frac{e^4}{(4\pi\varepsilon_0)^2}\frac{1}{hc} = 109737.316 \text{ cm}^{-1} \tag{5}$$

である．式 (4) より電子の束縛エネルギーは，水素様原子の原子番号が大きくなるとともに核電荷数 Z の二乗で大きくなることがわかる．

n と l が与えられると動径関数が決まる．l は方位量子数（azimuthal quantum number），m は磁気量子数（magnetic quantum number）と呼ばれ，次の値をとる．

$$l = 0, 1, 2, \cdots$$
$$m = -l, -l+1, \cdots, 0, \cdots, l-1, l$$

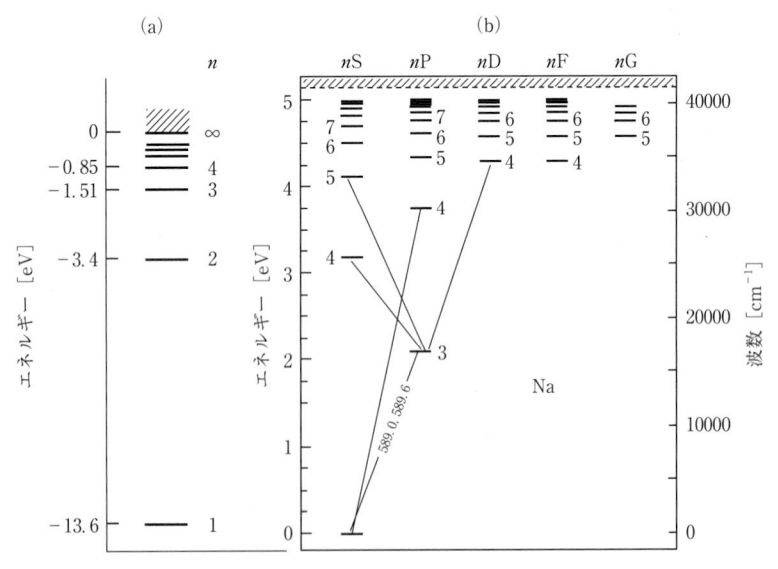

図 4.1.1 (a) 水素原子のエネルギー準位と (b) Na 原子のエネルギー準位 準位の横に書かれた数字は主量子数 n を表す．

式 (2) で表される波動関数が古典力学に対応した軌道運動を表すことからこれを軌道関数 (orbital function) または単に軌道 (orbital) と呼ぶ．nl 軌道は $l=0, 1, 2, 3, \cdots$ に対応して s, p, d, f, $\cdots$ の記号が割り当てられ，たとえば主量子数 $n=2$ で，$l=0, 1$ の軌道はそれぞれ 2s, 2p と表される．これらの命名は歴史的なもので，s は sharp, p は principal, d は diffuse, f は fundamental の頭文字をとっている．

水素原子のエネルギー準位を図 4.1.1(a) に示す．

2) パウリの排他律

電子は軌道角運動量のほかにスピン角運動量をもつ．スピン角運動量の大きさを s, その z 成分を m_s で表すことにすると，2 個以上の電子を含む系では二つの電子が同じ量子数の組 (n, l, m, m_s) をもつことはない，というのがパウリの排他律 (Pauli exclusion principle) である．

与えられた主量子数 n をもつ状態の全体を殻 (shell) といい，ある n と l をもつ状態の全体を副殻 (sub-shell) という．与えられた n をもつすべての状態に電子が入っていれば殻は閉じているといい，電子は閉殻 (closed shell) をつくるという．ただし，副殻のなかのすべての状態に電子が入っている場合にも電子は閉殻をつくるという．閉殻からなる電子配置 (electron configuration) の全角運動量はゼロであり，球対称な電荷分布をつくる．このため，角運動量の性質は外殻電子によって決まることになる．

3) アルカリ原子

水素原子の次に単純なエネルギー構造を示す原子はアルカリ原子である．アルカリ原子にはいわゆる価電子 (valence electron) と呼ばれる弱く結合した電子が 1 個だけ外殻にあり，残りの $(Z-1)$ 個の電子は閉殻にある．

水素原子と比較したナトリウム原子のエネルギー準位を図 4.1.1(b) に示す．同じ主量子数 n で異なる軌道角運動量の量子数 l の状態は水素原子では縮退しているがアルカリ金属原子ではこの縮退が解けている．水素原子のエネルギーに比べてアルカリ原子のエネルギーは l が小さいほど低い，つまり束縛エネルギーが大きい．このことは，次のように考えると理解できる．

原子のなかの一つの電子に対するポテンシャルエネルギーは，核から遠い位置では他の電子が核の電荷を遮へいするため中心に $+e$ の電荷があるとしてよく，$-e^2/4\pi\varepsilon_0 r$ と表されるので水素原子のエネルギーでよく近似できる．ところが，核に近づくにしたがって遮へい効果は少なくなり，$-Ze^2/4\pi\varepsilon_0 r$ に近づく．ある決まった n のなかでは l が小さいほど原点の近くで波動関数が大きくなるので水素原子のエネルギー準位からのずれが大きい．つまり s 状態，p 状態，d 状態と l が増えるにしたがってずれは小さくなる．

主量子数 n と l で決まるエネルギー $E_{n,l}$ に対して有効主量子数 (effective principal quantum number) n_eff が定義されて，

$$E_{nl} = -R_M hc \frac{1}{n_{\text{eff}}^2} = -R_M hc \frac{1}{\{n-\Delta(n,l)\}^2} \qquad (6)$$

と表したとき，$\Delta(n,l) = n - n_{\text{eff}}$ は量子欠損（quantum defect）と呼ばれる．このときの最も低い n は，Li で 2，Na で 3，K で 4，Rb で 5，Cs で 6 である．

小文字の s, p, d, … が個々の電子の軌道角運動量量子数に割り当てられるのに対して原子の全軌道角運動量には大文字の S, P, D, … が割り当てられる．単一の価電子しかもたないアルカリ原子の場合，同じ文字の小文字と大文字でそれぞれ価電子と全電子の軌道角運動量状態を表すことになる．

さらに，スピンの磁気モーメントと軌道角運動量による磁場とが相互作用してエネルギーは分裂する．スピンは軌道角運動量に付随する磁気モーメントの方向に平行と反平行の 2 成分をとるため，全角運動量 $\boldsymbol{J} = \boldsymbol{L} + \boldsymbol{S}$ は，$J = L - 1/2$ と $L + 1/2$ のように二つの配置をとることができる．これらの配置で束縛エネルギーはわずかに異なるためエネルギー準位は二つに分裂して微細構造（fine structure）が生じる．原子のエネルギー準位は，$n^{2S+1}L_J$ のように表されるので，たとえば，$n = 3, L = 1, S = 1/2$ の準位は，$J = 1 - 1/2 = 1/2$ と $J = 1 + 1/2 = 3/2$ に対応して $3^2P_{1/2}$ と $3^2P_{3/2}$ の二つに分裂する．このため，図 4.1.1(b) にあるように，ナトリウムの D 線（3P→3S 遷移）は 589.0 nm と 589.6 nm の波長に分裂する．

b. 分子のエネルギー準位

原子に比べて分子を記述することはかなり複雑になる[3]．一つの分子全体のシュレーディンガー方程式は次のように表される．

$$\left[-\sum_k \frac{\hbar^2}{2M_k} \nabla_k^2 - \sum_i \frac{\hbar^2}{2m_e} \nabla_i^2 - V(\boldsymbol{R}_k, \boldsymbol{r}_i) \right] \Psi = E\Psi \qquad (7)$$

ここで，電子（質量 m_e）の位置を $\boldsymbol{r}_i$ で，質量 M_k の核の位置を $\boldsymbol{R}_k$ で代表させている．V には核どうしの斥力ポテンシャルも含まれている．電子の質量は核の質量に比べて非常に小さいので，電子は核の動きにほとんど瞬時に反応するとみてよい．したがって，すべての粒子に対するシュレーディンガー方程式を同時に解くことをやめて，核は固定された位置にいてその静的なポテンシャルのなかにいる電子に対してシュレーディンガー方程式を解けばよい．この近似をボルン-オッペンハイマー近似（Born-Oppenheimer approximation）という．次に核の配置を変えてこの計算を繰り返して得られる解から分子に対するポテンシャルエネルギー曲線が得られ，多原子分子の場合はポテンシャルエネルギー面が得られる．図 4.1.2 の曲線は，横軸に原子間距離をとって表した二原子分子のポテンシャルエネルギーである．分子の電子状態は数多く存在し，それぞれの電子状態に対応してこのような曲線が存在するが，図 4.1.2 では一つの電子状態に対応するものを描いている．曲線（または面）の最低位置 R_e が分子の平衡位置に対応する．

ここでは分子のなかでも最も単純な二原子分子に重点をおいて説明する．二原子分

子のエネルギーは，並進運動のエネルギーを除けば電子のエネルギー，原子核間の距離が変化する振動，分子の重心を通り分子軸に垂直な軸の周りの回転の三つに分けて考えることができる．それぞれのエネルギーを E_e, E_v, E_r とすれば，分子全体のエネルギー E は

$$E = E_e + E_v + E_r \tag{8}$$

である．

以下，振動と回転については直観的なイメージがつかみやすい古典的な扱いで説明する．

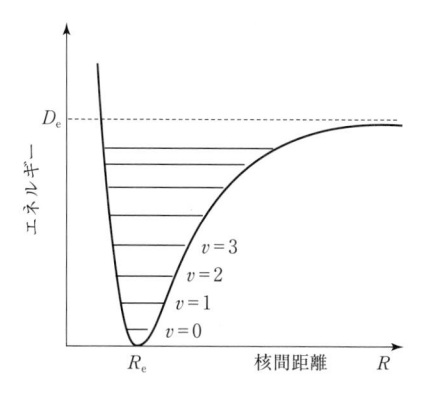

図 4.1.2 モースポテンシャル
v は振動量子数．振動準位は解離エネルギー (D_e) に近づくにつれて間隔が狭まる．R_e は平衡核間距離．

1） 振 動

最も単純な近似では原子が単振動をすると仮定する．電子が大きさ F の力で分子に束縛されているとすると，核も大きさが同じオーダーの力で束縛されているであろう．この力が調和力（力の定数を k とする）であれば，電子の角振動数は $\omega_e = \sqrt{k/m_e}$ であり，核運動の角振動数は $\omega_N = \sqrt{k/M}$ となる．したがって，振動エネルギーと電子エネルギーの比は $\omega_N/\omega_e = \sqrt{m_e/M}$ となり，振動のエネルギーはオーダーとして $E_v = \sqrt{m_e/M} E_e$ である．

m_e/M は $10^{-3} \sim 10^{-5}$ であるので E_v は E_e に比べて $1/100$ のオーダーになる．このため典型的な電子遷移は紫外領域にあるのに対して振動遷移は赤外領域になる．

質量 M_1 と M_2 の原子からなる二原子分子が力の定数 k のばねで結ばれて振動数 ω_0 の単振動をするというモデルを適用すると，古典的な振動数は $\omega_0 = \sqrt{k/\mu}$ になる．ここで，$\mu = M_1 M_2/(M_1 + M_2)$ は分子の換算質量である．

一方，量子力学でも二原子分子の振動は質量 μ の単一粒子の振動に置き換えることができ，この粒子の平衡位置からのずれを x とすれば調和振動子の波動方程式は次のように書ける．

$$\left(-\frac{\hbar^2}{2\mu}\frac{d^2}{dt^2} + \frac{1}{2}kx^2\right)\psi = E\psi \tag{9}$$

この方程式の解が連続で有限であるためには，E として次の値だけが許される．

$$E_v = \hbar\sqrt{\frac{k}{\mu}}\left(v + \frac{1}{2}\right) = \hbar\omega_0\left(v + \frac{1}{2}\right) \tag{10}$$

ここで，整数値 $v(=0, 1, 2, \cdots)$ は振動量子数 (vibrational quantum number) と呼ばれる．

調和振動子では復元力が原子間距離に比例して大きくなるが，現実の分子では原子間距離を非常に大きくすると引力はゼロになりポテンシャルエネルギーは一定にな

る．このような実際の分子のポテンシャル曲線をさらによく表すものとしてモース (Morse) が提唱したモースポテンシャル

$$V(r) = D_e[1-\exp\{-\beta(R-R_e)\}]^2 \tag{11}$$

がよく使われる．ここで D_e は解離エネルギー，R は原子間距離，β は定数である．図4.1.2のポテンシャル曲線はこの関数を描いたものであり，ポテンシャルは平衡核間距離 R_e で 0，無限遠で D_e になる．一方，R_e で深さ D_e の谷をもち，無限遠で 0 となるポテンシャル，

$$V(r) = D_e[\exp\{-2\beta(R-R_e)\} - 2\exp\{-\beta(R-R_e)\}] \tag{12}$$

を採用することもある．いずれの V を使っても波動方程式は厳密に解くことができて，振動エネルギーは，

$$E(v) = \hbar\omega_e\left[\left(v+\frac{1}{2}\right) - x_e\left(v+\frac{1}{2}\right)^2\right] \tag{13}$$

となる．ただし，$\omega_e = \beta\sqrt{2D_e/\mu}$ であり，$\omega_e x_e = \hbar\omega_e^2/4D_e$ は非調和定数（anharmonicity constant）と呼ばれ $\omega_e x_e \ll \omega_e$ である．

調和振動子の場合の振動準位は等間隔であったが，実際の分子のような非調和振動子では式 (13) から v が大きくなるとともに振動準位の間隔は小さくなる（図4.1.2）．振動を調和振動で近似できるのは平衡位置 $R=R_e$ の近傍だけである．

2) 回 転

質量が M_1 と M_2 の 2 個の原子が距離 R だけ離れて質量の無視できる棒で結ばれていると近似する．このような回転子は剛体回転子（rigid rotor）とよばれ，回転のエネルギー E_r は

$$E_r = \frac{1}{2}I\omega^2 \tag{14}$$

である．ここで ω は回転の角速度で，I は回転軸の周りの慣性モーメントである．角運動量 $P = I\omega$ であるから，

$$E_r = \frac{P^2}{2I} \tag{15}$$

となる．一方，重心からそれぞれの原子までの距離を R_1 と R_2 とすると，慣性モーメントは，

$$I = M_1R_1^2 + M_2R_2^2 = \frac{M_1M_2}{M_1+M_2}R^2 = \mu R^2 \tag{16}$$

となる．したがって質量 μ の 1 個の質点が回転軸から距離 R だけ離れて回転すると考えてよいことになる．量子力学でこのような剛体回転子のエネルギー状態を決定するためのシュレーディンガー方程式は，

$$-\frac{\hbar^2}{2\mu}\nabla^2\Psi = E\Psi \tag{17}$$

となり，この方程式の固有値として，

$$E_r = \frac{\hbar^2}{2I}J(J+1) \tag{18}$$

が得られる．ここで回転量子数 J は整数値 0, 1, 2, 3, … をとり，式（15）との比較から $\sqrt{J(J+1)}\hbar$ が角運動量の大きさに対応することがわかる．振動が加わった回転エネルギー準位を図 4.1.3 に表す．

3）二原子分子の電子エネルギー

原子の場合は球対称なポテンシャルを考えればよかったが二原子分子の場合のポテンシャルは分子軸周りに対称となる．そのため電子の角運動量ベクトル L は分子軸の周りに歳差運動をすることになって，軸に垂直な成分は平均すれば消えて軸方向成分 L_z だけが保存される．L_z の絶対値を Λ（L に対応するギリシャ文字）と書く．さらに，電子系のスピン S が 0 でない場合は，S の軸方向成分を Σ，これらを合成したものを Ω と書くと，

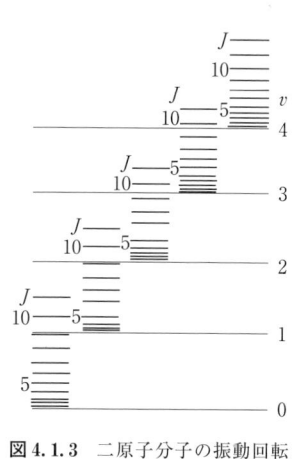

$$\Omega = \Lambda + \Sigma \tag{19}$$

図 4.1.3 二原子分子の振動回転エネルギー準位
振動準位を量子数 v で，回転準位を量子数 J で表す．

原子では電子状態を $^{2S+1}L_J$ という記号で表していたのに対応して，二原子分子および直線分子では $^{2S+1}\Lambda_\Omega$ という記号で電子状態を表す．$\Lambda = 1, 2, 3, \cdots$ の状態を $\Sigma, \Pi, \Delta,$ … と書く．このときの Σ とスピン角運動量の軸方向成分 Σ は同じ記号を使うのに注意しなければならない．たとえば，$\Lambda = 1, S = 1/2$ の場合は，$\Omega = \Lambda \pm \Sigma = 3/2, 1/2$ に対応して，$^2\Pi_{3/2}, ^2\Pi_{1/2}$ の二つの状態が現れることになる．

4）多原子分子

多くの原子からなる分子のエネルギー状態は二原子分子のそれに比較してより複雑になるが，個々の回転・振動モードのエネルギー準位は二原子分子の場合と同じように考えることができる．ただし，二原子分子の振動は伸縮運動だけであるのに対して，3 個以上の原子からなる分子では振動の自由度が増す．N 個の原子からなる分子の場合，振動の自由度は直線分子で $(3N-5)$ 個，それ以外の分子では $(3N-6)$ 個だけある．回転自由度は直線分子で 2，それ以外の分子では 3 である．また，モード間の結合も考慮しなければならない．これに電子エネルギーが加わって分子のエネルギー準位を形成する．

〔木村正廣〕

文献・注

1) 原子・分子物理に関する文献は数多くあり，ここでは一部をあげておく．
 ・高柳和夫：原子分子物理学，朝倉物理学大系 11，朝倉書店，2000．
 ・G. Herzberg 著，堀 建夫訳：原子スペクトルと原子構造，丸善，1964．
 ・H. Haken and H.C. Wolf：The Physics of Atoms and Quanta, 7th ed., Springer, 2004．

- G. W. F. Drake, ed.: Handbook of Atomic, Molecular, and Optical Physics, Springer, 2006.
2) 原子のエネルギー準位や分光データに関しては次の web サイトが有用である．NIST Atomic Spectroscopy Databases, http://www.nist.gov/pml/data/atomspec.cfm/.
3) とくに分子に関する文献として以下のものをあげておく．
    - G. Herzberg: Spectra of Diatomic Molecules, Molecular Spectra and Molecular Structure 1, van Nostrand, 1950.
    - G. Herzberg: Infrared and Raman Spectra of Polyatomic Molecules, Molecular Spectra and Molecular Structure 2, van Nostrand, 1988.
    - G. Herzberg: Electronic Spectra and Electronic Structure of Polyatomic Molecules, Molecular Spectra and Molecular Structure 3, van Nostrand, 1966.
    - K. P. Huber and G. Herzberg: Constants of Diatomic Molecules, Molecular Spectra and Molecular Structure 4, van Nostrand, 1979.
    - H. Haken and H. C. Wolf: Molecular Physics and Elements of Quantum Chemistry, Springer, 1995.
    - P. Atkins and R. Friedman: Molecular Quantum Mechanics, Oxford University Press, 2005.
4) 分子に関する分光データは，3) の Herzberg による文献のほかに，次の web サイトが有用である．NIST Molecular Spectroscopic Data, http://www.nist.gov/pml/data/molspecdata.cfm/.

4.1.2 原子と光の相互作用

原子による光の吸収および放出過程を取り扱うためには量子論的に考察することが必要である．ここでは輻射場と原子の相互作用を摂動であるとして光吸収，放出の確率を求める．輻射場がない場合の系のハミルトニアンを H_0 とし，その固有関数を $\phi_n(\boldsymbol{r})$，固有値を E_n とすると，シュレーディンガー方程式は

$$H_0\phi_n(\boldsymbol{r}) = E_n\phi_n(\boldsymbol{r}) \tag{1}$$

で表される．ここで H_0 は時間に依存しないとする．この系に外部から輻射場による摂動 $H'(t)$ が加わると，シュレーディンガー方程式は

$$i\hbar\frac{\partial}{\partial t}\Phi(\boldsymbol{r},t) = (H_0 + H'(t))\Phi(\boldsymbol{r},t) \tag{2}$$

となる．この系の固有関数は $\phi_n(\boldsymbol{r})e^{-iE_nt/\hbar}$ で展開して

$$\Phi(\boldsymbol{r},t) = \sum_n a_n(t)\phi_n(\boldsymbol{r})e^{-iE_nt/\hbar} \tag{3}$$

と書ける．式 (3) をシュレーディンガー方程式 (2) に代入すると

$$i\hbar\sum_n \frac{da_n(t)}{dt}\phi_n(\boldsymbol{r})e^{-iE_nt/\hbar} = \sum_n a_n(t)H'\phi_n(\boldsymbol{r})e^{-iE_nt/\hbar} \tag{4}$$

となる．この式の左側から $\phi_m(\boldsymbol{r})^* e^{iE_mt/\hbar}$ をかけて空間について積分し，$\phi_n(\boldsymbol{r})$ の規格化と直交性を利用すると，次式が得られる．

$$i\hbar \frac{\mathrm{d}a_m(t)}{\mathrm{d}t} = \sum_n a_n(t) H'_{mn} e^{i(E_m - E_n)t/\hbar} \tag{5}$$

ここで，マトリックス要素 H'_{mn} は

$$H'_{mn} = \int \phi_m^* H' \phi_n \mathrm{d}r \tag{6}$$

である．$t<0$ では系はエネルギー E_n をもつ状態にあり，$t=0$ から輻射場による摂動が加わるとする．したがって，初期条件は $t=0$ で $a_m = \delta_{mn}$ である．ここでは輻射場と原子，分子の相互作用は電気双極子相互作用であるとする．すなわち

$$H'(t) = -\boldsymbol{p} \cdot \boldsymbol{E}(t) \tag{7}$$

とする．ただし，$\boldsymbol{p}$ は電気双極子演算子 $\boldsymbol{p} = e\boldsymbol{r}$ であり，$\boldsymbol{E}(t)$ は光の電場である．

a. 吸収，誘導放出

発展方程式 (5) は，非常に簡単な場合，たとえば準位数 N が極端に少ない場合以外は厳密に解くことはできない．一般には輻射場と物質の相互作用 $H'(t)$ を摂動と見なして，時間に依存する摂動論を用いて光吸収，放出の強さを求める．一次の摂動論の近似では式 (5) は

$$i\hbar \frac{\mathrm{d}a_m(t)}{\mathrm{d}t} = H'_{mn} e^{i(E_m - E_n)t/\hbar} = H'_{mn} e^{i\omega_{mn}t} \tag{8}$$

と書ける．ここで，$m \neq n$ であり，$\omega_{mn} = (E_m - E_n)/\hbar$ とする．上の式を積分すると

$$i\hbar a_m(t) = \int_0^t H'_{mn} e^{i\omega_{mn}t} \mathrm{d}t \tag{9}$$

が得られる．原子，分子を励起する輻射場が単色であり，

$$H'(t) = -\boldsymbol{p} \cdot \boldsymbol{E}_0 \cos \omega t \tag{10}$$

で表されるとすると

$$a_m(t) = -\frac{\boldsymbol{p}_{mn} \cdot \boldsymbol{E}_0}{2\hbar} \left(\frac{1 - e^{i(\omega_{mn} + \omega)t}}{\omega_{mn} + \omega} + \frac{1 - e^{i(\omega_{mn} - \omega)t}}{\omega_{mn} - \omega} \right) \tag{11}$$

となる．ただし，$\boldsymbol{p}_{mn}$ は電気双極子モーメントの行列要素

$$\boldsymbol{p}_{mn} = \int \phi_m^* \boldsymbol{p} \phi_n \mathrm{d}r \tag{12}$$

である．

状態 n から状態 m へ光を吸収して遷移する ($\omega_{mn}>0$) 場合をここでは考えるとすると，$\omega_{mn} \cong \omega$ である．したがって，$\omega_{mn}+\omega$ を分母にもつ項は $\omega_{mn}-\omega$ を分母にもつ項に比べて十分小さいと見なせ（回転波近似），状態 m の存在確率は

$$|a_m(t)|^2 = \frac{|\boldsymbol{p}_{mn} \cdot \boldsymbol{E}_0|^2 \sin^2\{(\omega_{mn} - \omega)t/2\}}{\hbar^2 (\omega_{mn} - \omega)^2} \tag{13}$$

と書くことができる．右辺の関数 $\sin^2\{(\omega_{mn}-\omega)t/2\}/(\omega_{mn}-\omega)^2$ は ω の関数としてみたときに，図 4.1.4 に示すような関数であり，t が大きい場合には ω_{mn} 付近のみに値をもち，$t \to \infty$ の極限で

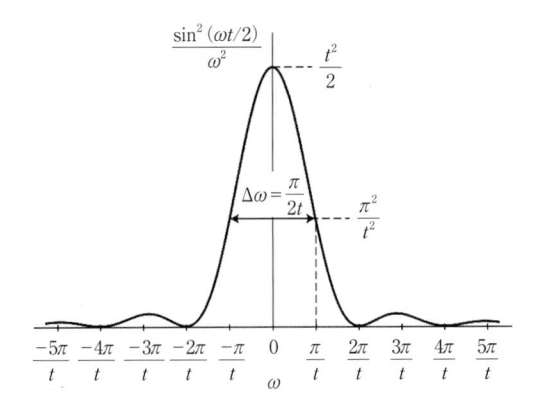

図 4.1.4 関数 $\sin^2(\omega t/2)\omega^2$ の ω 依存性

$$\frac{\sin^2\{(\omega_{mn}-\omega)t/2\}}{(\omega_{mn}-\omega)^2} \to \frac{\pi t}{2}\delta(\omega_{mn}-\omega) \tag{14}$$

と δ 関数を用いて表されることが知られている．したがって，状態 m にある確率 $|a_m|^2$ は

$$|a_m|^2 \approx \frac{\pi t}{2\hbar^2}|\boldsymbol{p}_{mn}\cdot\boldsymbol{E}_0|^2\delta(\omega_{mn}-\omega) = \frac{\pi t}{2\hbar}|\boldsymbol{p}_{mn}\cdot\boldsymbol{E}_0|^2\delta(E_m-E_n-\hbar\omega) \tag{15}$$

で与えられる．単位時間あたりの状態 m に遷移する確率 W_{mn} は $|a_m|^2/t$ で与えられ

$$W_{mn}=\frac{\pi}{2\hbar}|\boldsymbol{p}_{mn}\cdot\boldsymbol{E}_0|^2\delta(E_m-E_n-\hbar\omega) \tag{16}$$

となる．この式はいわゆるフェルミの黄金律の一例である．遷移の確率は光の強度に比例しており，この過程を誘導吸収，または単に吸収と呼ぶ．

状態 n から状態 m へ光を放出して遷移する（$\omega_{mn}<0$）場合は，式 (11) 中の $\omega_{mn}+\omega$ を分母にもつ項の寄与が大きいとして，単位時間あたりの状態 m に遷移する確率 W_{mn} を計算すると

$$W_{mn}=\frac{\pi}{2\hbar}|\boldsymbol{p}_{mn}\cdot\boldsymbol{E}_0|^2\delta(E_m-E_n+\hbar\omega) \tag{17}$$

が得られる．遷移確率は吸収の場合と同じであり，入射光の強度に比例して起こる放出であるので誘導放出と呼ばれている．

b．ラビ振動

式 (5) は一般的には複雑すぎて解けないので，前節では摂動法を用いて近似的な解を導き，遷移確率を導出した．複雑で解けないのは準位数 N が非常に多いからであり，数が少ない場合はこの式は厳密に解くことができる．ここでは $N=2$（2 準位系）の場合の厳密解を求めてみる（図 4.1.5）．二つの準位にほぼ共鳴する光が入射する場合に，その 2 準位のみを考える仮定はしばしば準単色共鳴励起下の実際のシステム

のよい近似となっていて，光の電場が強くて摂動法が使えない場合の系のふるまいを教えてくれる．

$N=2$ では式 (3), (5) は

$$\Phi(\boldsymbol{r}, t) = a_1(t)\phi_1(\boldsymbol{r})e^{-iE_1t/\hbar} + a_2(t)\phi_2(\boldsymbol{r})e^{-iE_2t/\hbar} \tag{18}$$

および

$$\left. \begin{aligned} i\hbar\frac{\mathrm{d}a_1(t)}{\mathrm{d}t} &= -\frac{\boldsymbol{p}_{12}\cdot\boldsymbol{E}_0}{2}e^{-i(E_2-E_1)t/\hbar}(e^{i\omega t}+e^{-i\omega t})a_2(t) \\ i\hbar\frac{\mathrm{d}a_2(t)}{\mathrm{d}t} &= -\frac{\boldsymbol{p}_{21}\cdot\boldsymbol{E}_0}{2}e^{-i(E_1-E_2)t/\hbar}(e^{i\omega t}+e^{-i\omega t})a_1(t) \end{aligned} \right\} \tag{19}$$

と書くことができる．$\omega_{21}\cong\omega$ の場合は $\omega_{21}-\omega$ の形の指数が大きな寄与をするという回転波近似をここでも用いることにより，式 (19) は

$$\left. \begin{aligned} i\hbar\frac{\mathrm{d}a_1(t)}{\mathrm{d}t} &= -\frac{\boldsymbol{p}_{12}\cdot\boldsymbol{E}_0}{2}e^{-i(\omega_{21}+\omega)t}a_2(t) \\ i\hbar\frac{\mathrm{d}a_2(t)}{\mathrm{d}t} &= -\frac{\boldsymbol{p}_{21}\cdot\boldsymbol{E}_0}{2}e^{-i(\omega_{21}-\omega)t}a_1(t) \end{aligned} \right\} \tag{20}$$

となる．これが解くべき発展方程式である．

式 (20) を解くには，たとえば，上の式の両辺を時間で微分して，$a_2(t)$ を消去して，定数係数の二階の微分方程式

$$\frac{\mathrm{d}^2 a_1(t)}{\mathrm{d}t^2} + i\Delta\omega\frac{\mathrm{d}a_1(t)}{\mathrm{d}t} + \left|\frac{\boldsymbol{p}_{12}\cdot\boldsymbol{E}_0}{2\hbar}\right|^2 a_1(t) = 0 \tag{21}$$

を導き，初期条件を $t=0$ で $a_1=1, a_2=0$，すなわち $a_1=1, \mathrm{d}a_1/\mathrm{d}t=0$ として解けばよい．ここで，$\Delta\omega=\omega_{21}-\omega$ とおいた．解は

$$\left. \begin{aligned} a_1(t) &= e^{-i\Delta\omega t/2}\left(\cos\frac{\Omega t}{2} + i\frac{\Delta\omega}{\Omega}\sin\frac{\Omega t}{2}\right) \\ a_2(t) &= ie^{i\Delta\omega t/2}\frac{\boldsymbol{p}_{21}\cdot\boldsymbol{E}_0}{\hbar\Omega}\sin\frac{\Omega t}{2} \end{aligned} \right\} \tag{22}$$

となる．ただし，

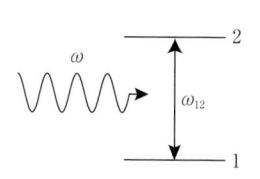

図 4.1.5　単色光により励起される 2 準位系

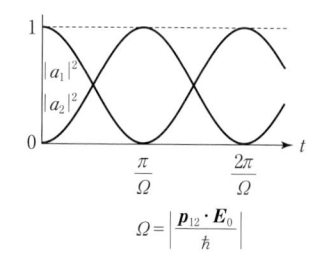

図 4.1.6　共鳴 ($\Delta\omega=0$) 条件下における 2 準位系における占有確率 $|a_1|^2, |a_2|^2$ の時間変化

$$\Omega = \left|\frac{\boldsymbol{p}_{12}\cdot\boldsymbol{E}_0}{\hbar}\right|$$

$$\Omega = \sqrt{(\Delta\omega)^2 + \left|\frac{\boldsymbol{p}_{21}\cdot\boldsymbol{E}_0}{\hbar}\right|^2} \tag{23}$$

である.状態1および2の占有確率 $|a_1|^2$, $|a_2|^2$ は振動数 Ω で周期的に変化することがわかる.このような振動現象はラビ振動と呼ばれ,振動数 Ω はラビ振動数と呼ばれている.

$\Delta\omega=0$(共鳴している)場合の占有確率 $|a_1|^2$, $|a_2|^2$ の時間依存性を図(4.1.6)に示す.図より,$t=0\sim\pi/\Omega$ では原子は光を吸収し,$t=\pi/\Omega\sim 2\pi/\Omega$ では光を放出し,その後も吸収,放出を繰り返すことがわかる.実際には,原子系には数々の緩和過程が存在し,$t\ll\pi/\Omega$ の時間内にこの緩和過程により電子は散乱されてしまうため,ラビ振動現象を観測するのは一般には難しい.

c. 自然放出

上に述べたように,吸収,誘導放出過程は入射光の強度に比例して起こる.これに対して,上の準位にある原子からの光の放出は入射光がない場合でも起こり,これを自然放出という.自然放出は上の準位から下の準位への輻射寿命を決める過程なので発光現象においては重要な過程である.

自然放出を考察する際には,輻射場を量子化して,光を粒子であるフォトンとして取り扱う必要がある.波数ベクトル $\boldsymbol{k}$,エネルギー $\hbar\omega_k$ のフォトンが遷移に関与するとし,遷移の確率 (16), (17) のフォトンに関する部分のみを考える.ここでは,簡単のために図4.1.5のような2準位系での遷移を考えることにする.

フォトンの吸収の場合,系から一つのフォトンを消滅させる確率を考える.はじめの状態は n_k 個のフォトンを含んでいて $|n_k\rangle$ によって表されるとすると,終状態はフォトンが一つ少ない $|n_k-1\rangle$ によって与えられる.遷移の演算子はフォトンの消滅演算子 a_k を含み,遷移の強度のフォトンに関する部分は次のように計算できる(式(1)).

$$W_{21}=A|\langle n_k-1|a_k|n_k\rangle|^2=A|\langle n_k-1|\sqrt{n_k}|n_k-1\rangle|^2=An_k \tag{24}$$

ここで,公式 $a_k|n_k\rangle=\sqrt{n_k}|n_k-1\rangle$ を用い,フォトン数 n_k 以外の寄与はすべて A に含めた.遷移の確率はフォトンの数 n_k,すなわち光の強度に比例することがわかる(誘導吸収).

フォトンの放出の場合,終状態 $|n_k+1\rangle$ は一つの余計なフォトンを含み,遷移演算子はフォトン生成演算子 a_k^+ を含む.遷移行列要素は次のようになる.

$$W_{12}=A|\langle n_k+1|a_k^+|n_k\rangle|^2=A(n_k+1) \tag{25}$$

ここで,公式 $a_k^+|n_k\rangle=\sqrt{n_k+1}|n_k+1\rangle$ を用いた.右辺の第1項は式(24)と同じ式であり,誘導放出の確率を与える.フォトン数 n_k に比例しない第2項が自然放出に寄与する項である.詳しい計算によると A は

$$A=\frac{\pi\omega_k}{\varepsilon_0\hbar V}|\boldsymbol{e}\cdot\boldsymbol{p}_{12}|^2\delta(\omega_{21}-\omega_k) \tag{26}$$

と与えられる(式(1)).ただし,V は輻射場が閉じ込められている空洞の体積,$\boldsymbol{e}$

は光の偏光ベクトルである．いろいろな k をもつフォトンが寄与できることを考慮すると，自然放出の確率 W_{12}^R は

$$W_{12}^R = \frac{1}{\tau^R} = \sum_k \frac{\pi \omega_k}{\varepsilon_0 \hbar V} |\boldsymbol{e} \cdot \boldsymbol{p}_{12}|^2 \delta(\omega_{21} - \omega_k) \tag{27}$$

と求められる．τ^R は上の準位から下の準位への輻射寿命である．k に関する和 $\sum_k$ を積分 $(V/4\pi^3)\int d^3\boldsymbol{k}$ に置き換え，$\omega_k = c|\boldsymbol{k}|$ (c：光速) を考慮すると，輻射寿命は

$$\frac{1}{\tau^R} = \frac{\omega_{21}^3 |\boldsymbol{p}_{12}|^2}{3\pi \varepsilon_0 \hbar c^3} \tag{28}$$

と計算できる．ただし，$\boldsymbol{p}_{12}$ の向きに対する平均をとり，$|\boldsymbol{e} \cdot \boldsymbol{p}_{12}|^2 = |\boldsymbol{p}_{12}|^2/3$ とした．

〔南　不二雄〕

文献・注

1) R. Loudon：The Quantum Theory of Light, Oxford Science Publications, 2000. 小島忠宣，小島和子訳：光の量子論，内田老鶴圃，1998.
2) 霜田幸一：レーザー物理入門，岩波書店，1983.
3) P. L. Knight and L. Allen：Concepts of Quantum Optics, Pergamon Press, 1983. 氏原紀公雄訳：量子光学の考え方，内田老鶴圃，1991.

4.1.3　原子・分子の発光

原子や分子は，エネルギー準位 E_b から E_a への遷移によって，振動数 $\nu = (E_b - E_a)/h$ の光を放出する．h はプランクの定数である．c を光の速さとしてこの光を波長で表せば

$$\lambda = \frac{c}{\nu} = \frac{ch}{E_b - E_a} \tag{1}$$

となる．

a.　原子の発光[1,2]
1)　水素原子

最も単純な原子である水素原子のエネルギーは，主量子数を n ($=1, 2, 3, \cdots$) として，次のように表される[1] (4.1.1項の式 (3) を参照)．

$$E_n = -\frac{\mu}{2\hbar^2}\left(\frac{Ze^2}{4\pi\varepsilon_0}\right)^2 \frac{1}{n^2} \tag{2}$$

ここで，$-e$ は電子の電荷，Ze は核の電荷，$\mu = m_e M/(m_e + M)$ は電子の質量 m_e と核の質量 M の換算質量，ε_0 は真空の誘電率である．また，プランクの定数 h を 2π で割った $h/2\pi$ を $\hbar$ で表してある．

主量子数が n_b ($=2, 3, \cdots$) の準位から n_a ($=1, 2, \cdots$) の準位に原子が遷移を起こすことにより発する光の波長を λ，波数を $\bar{\nu}$ で表すと，

$$\bar{\nu} = \frac{1}{\lambda} = R_\mathrm{H} Z^2 \left(-\frac{1}{n_\mathrm{b}^2} + \frac{1}{n_\mathrm{a}^2} \right) \tag{3}$$

となる.ここで,R_H は水素原子のリュードベリ(Rydberg)定数といわれ,

$$R_\mathrm{H} = \frac{\mu}{2\hbar^2} \frac{e^4}{(4\pi\varepsilon_0)^2} = 109677.58 \text{ cm}^{-1} \tag{4}$$

である.

2) 選択則 (selection rule)

エネルギー準位間のすべての遷移が許されるわけではない.遷移波長に比べて原子の大きさが非常に小さい場合の遷移確率には電気双極子近似が適用できる.状態 $|a\rangle$ と $|b\rangle$ の間の遷移に対する遷移双極子モーメントは,

$$\boldsymbol{\mu}_{ab} = \langle a | \boldsymbol{\mu} | b \rangle \tag{5}$$

のように表されて,遷移確率 A(自然放出係数または A 係数とも呼ぶ)はこの双極子モーメントの絶対値の二乗に比例する.ここで,$\boldsymbol{\mu} = -e\boldsymbol{r}$($\boldsymbol{r}$ は電子の位置ベクトル)は電気双極子演算子である.二つの状態間の遷移に対する双極子モーメントの式 (5) が 0 でなければ許容遷移 (allowed transition) となり,0 であれば禁制遷移 (forbidden transition) となる.許容遷移であるためには,状態 a と b の間にある関係が成り立たなければならない.厳密には両状態の波動関数を調べなくてはならないが,簡単な考察から得られる選択則が以下いくつか知られている.

【水素原子に対する選択則】

水素原子内の電子の軌道角運動量子数を l とし,遷移の前後での l の変化は Δl とする.$\boldsymbol{r} \rightarrow -\boldsymbol{r}$ の反転操作をしたとき,式 (5) の積分は被積分関数が対称(パリティが偶)でなければ 0 になる.原子の軌道関数に現れる球面調和関数の性質から,量子数 l の原子軌道は $(-1)^l$ のパリティをもつので,反転によって偶数 l の軌道(たとえば s, d 軌道)は符号が変わらず,奇数 l の軌道(たとえば p, f 軌道)と $\boldsymbol{r}$ とは符号を変える.したがって,二つの軌道が逆のパリティ(一つは偶,もう一つは奇)であれば式 (5) の被積分関数のパリティが偶となり式 (5) の積分は 0 でない.このことと,光子のスピン角運動量が 1 であることを考えると,許されるのは $\Delta l = \pm 1$ のみである.また磁気量子数 m は遷移の前後で,$\Delta m = 0, \pm 1$ の条件を満たさなければならない.

水素原子の $n_\mathrm{a} = 1$ へのスペクトル系列はライマン (Lyman) 系列と呼ばれ,紫外領域にある.波長の短いほうに向かって $\alpha, \beta, \gamma, \cdots$ と名づけられる.ライマン α ($n_\mathrm{b} = 2$) の波長は 121.6 nm である.一方,バルマー (Balmer) 系列 ($n_\mathrm{a} = 2$) は可視領域にあり,$\mathrm{H}_\alpha, \mathrm{H}_\beta, \mathrm{H}_\gamma, \cdots$ と表される(図 4.1.7).

もちろん電気双極子遷移だけが起きるのではなく,磁気双極子遷移や他の電気多重極子遷移も起きる.しかし,これらは電気双極子遷移に比べて遷移確率は何桁も小さい.そのため,電気双極子遷移が起きない状態を準安定状態 (metastable state) という.

【多電子原子に対する選択則】

全電子の軌道角運動量および全スピン角運動量を合成した全角運動量に対応する量

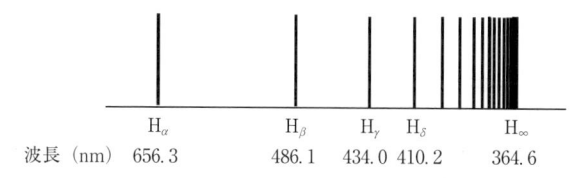

図 4.1.7 水素原子バルマー系列の発光スペクトル

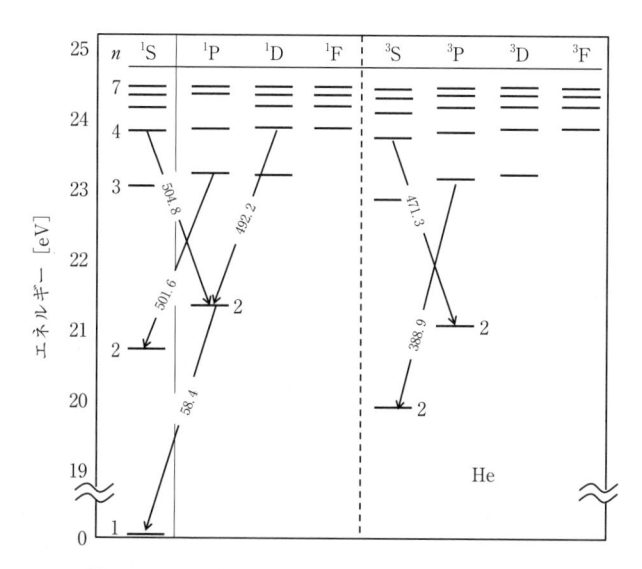

図 4.1.8 He 原子のグロトリアン図（Grotrian diagram）
図中の数字は nm 単位で表した遷移波長．図の上部に項記号 ^{2S+1}L を示す．矢印の線は許容遷移の一部を示す．一重項状態（$S=0$）と三重項状態（$S=1$）間の遷移は禁制である．

子数を J とし，その z 成分を M_J とする．電子の全角運動量と放出される光子の角運動量を合成したもの，およびそれらの z 成分を合成したものとは保存する．そこで許容遷移は次のようになる．

$$\Delta J = 0, \pm 1 \quad (0 \longleftrightarrow 0 \text{ は除く})$$
$$\Delta M_J = 0, \pm 1$$
$$\text{パリティ 偶} \longleftrightarrow \text{奇}$$

軽い元素ではスピン-軌道相互作用が小さく，全軌道角運動量（量子数 L）と放出される光子との合成角運動量と全スピン角運動量（S）のそれぞれが近似的に保存する．そこで上記に加えて

$$\Delta S = 0$$
$$\Delta L = 0, \pm 1 \quad (0 \longleftrightarrow 0 \text{ は除く})$$

が近似的に成り立つ．

　許容遷移の例をみるために図4.1.8にHe原子のグロトリアン図（Grotrian diagram）を示す．グロトリアン図とは，原子のエネルギー準位を基底状態からのエネルギーを縦に目盛って並べたもので，さらに準位間の斜線で許容遷移を示したものである．He原子の一つの電子は1s軌道にあり他の電子がnl軌道にある場合，原子の電子状態は$n^{2S+1}L$と表される．

　$\Delta S=0$ということから三重項状態（$S=1$）から一重項状態（$S=0$）への遷移は禁止されている．また，1snp状態はパリティが奇，1snsや1snd状態は偶である．したがって，たとえば1s2p-1s3p遷移などは$\Delta L=0$ではあるが$\Delta l=0$でパリティが変わらないため禁制遷移である．

b. 分子の発光[3,4]

　分子は回転，振動，それに電子状態の遷移にともない光を吸収・発光する．一般に，分子の回転スペクトルはマイクロ波領域，振動スペクトルは赤外領域にある．したがって本書で対象とする可視領域から紫外領域の発光は，電子状態の遷移をともなったものとなる．

　分子のエネルギーEは電子エネルギー，振動と回転のエネルギーの和で表される（4.1.1の式(8)）が，これらを波数単位で表したものをそれぞれT, G, Fとすれば，

$$\bar{E}=\frac{E}{hc}=T+G+F \tag{6}$$

である．

　ここでは，分子のなかでも最も単純な二原子分子に重点をおいて説明する．

1) 二原子分子の回転スペクトル

　剛体回転子（rigid rotor）の回転エネルギーE_rを波数単位で表したもの$F(J)$は回転項（rotational term）とも呼ばれ（4.1.1項の式(18)），

$$F(J)=\frac{E_r}{hc}=BJ(J+1) \quad [\mathrm{cm}^{-1}] \tag{7}$$

となる．ここで，Bは回転定数（rotational constant）と呼ばれ[3]，回転軸の周りの慣性モーメントをIとすれば次のように表される．

$$B=\frac{\hbar}{4\pi cI} \quad [\mathrm{cm}^{-1}] \tag{8}$$

剛体回転子の回転遷移の選択則は$\Delta J=\pm 1$であることから，量子数Jと量子数$J+1$の準位間の遷移に対応する回転スペクトル線のエネルギーは，波数単位で表すと，

$$\begin{aligned}\bar{\nu}_{J+1\to J}&=F(J+1)-F(J)\\&=2B(J+1) \quad [\mathrm{cm}^{-1}]\end{aligned} \tag{9}$$

したがって，回転スペクトルは間隔が$2B$の等間隔の線からなる．

　以上は，分子を質量の無視できるかたい棒で原子どうしが結ばれた剛体回転子と見

なしたが，実際の分子は伸び縮みのできるばねで結ばれているとするほうがよい近似である．その場合，回転数の増加とともに遠心力も増加して平衡原子間距離が伸びると考えられる．原子間距離が増えると慣性モーメントも増加し，(8) より，回転定数 B は減少することになるので，その効果を入れて回転項は，D を正の定数として，

$$F(J) = \frac{E_r}{hc} = BJ(J+1) - DJ^2(J+1)^2 \quad [\text{cm}^{-1}] \tag{10}$$

と表される．また，回転と同時に振動もしている場合を考えると，分子のポテンシャルは R が小さいところでは急であるのに対して R が大きいところではゆるやかである（図 4.1.2 を参照のこと）．このために振動する分子での平均核間距離は R_e より大きいことになる．この効果により，回転定数 B は振動量子数 v に依存することになり，B_e を平衡核間距離での回転定数として，

$$B(v) = B_e - \alpha_e \left(v + \frac{1}{2} \right) \tag{11}$$

のように補正される．α_e は B_e に比べて小さい定数である．

2) 二原子分子の振動スペクトル

振動のエネルギー E_v は，ω_0 を固有角振動数とした調和振動子モデルでは

$$E_v = \hbar \omega_0 \left(v + \frac{1}{2} \right) \tag{12}$$

となる．ここで $v\ (= 0, 1, 2, \cdots)$ は振動量子数（vibrational quantum number）である．波数（cm^{-1}）単位で表した振動エネルギーの項値は，

$$G(v) = \omega_e \left(v + \frac{1}{2} \right) \quad [\text{cm}^{-1}] \tag{13}$$

と表される．ω_e は cm^{-1} 単位で表した振動定数で，

$$\omega_e = \frac{\hbar \omega_0}{hc} \quad [\text{cm}^{-1}] \tag{14}$$

である．量子力学によれば調和振動子に対する選択則は $\Delta v = \pm 1$ であり，量子数 $v+1$ と量子数 v の準位間の遷移に対応する振動スペクトル線のエネルギーは v に依存せず，

$$\bar{\nu}_{v+1 \to v} = \omega_e \quad [\text{cm}^{-1}]$$

となる．一方，モースポテンシャル（4.1.1 項 b を参照のこと）で表されるような非調和振動子に対する項値は，

$$G(v) = \omega_e \left(v + \frac{1}{2} \right) - \omega_e x_e \left(v + \frac{1}{2} \right)^2 \quad [\text{cm}^{-1}] \tag{15}$$

の形で表されるため，振動量子数 v の増加とともに遷移エネルギーは減少する．

3) 二原子分子の振動・回転スペクトル

振動遷移には回転遷移を伴うのがふつうである．調和振動子で剛体回転子という単純なモデルを適用すれば，振動量子数 v，回転量子数 J の状態のエネルギーは，

のように表される．一方，非調和振動子が非剛体回転子として，回転と同時に振動もしている分子のエネルギーは，波数単位で，

$$G(v) + F(J) = \omega_e\left(v+\frac{1}{2}\right) - \omega_e x_e\left(v+\frac{1}{2}\right)^2 + BJ(J+1) - DJ^2(J+1)^2 \tag{17}$$

$$E(v, J) = E_v(v) + E_r(J)$$
$$= \hbar\omega_0\left(v+\frac{1}{2}\right) + BhcJ(J+1) \tag{16}$$

となる．このエネルギー準位と準位間遷移を図4.1.9に示す．v, Jが同時に変化するときに観測されるスペクトルは振動回転スペクトルと呼ばれ，赤外領域に現れる．

4) 二原子分子の電子スペクトル

分子の電子遷移では同時に振動回転状態の変化 $(v', J' \to v'', J'')$ をも伴うことから，発光スペクトルには間隔の狭い回転遷移の線が帯状に現れるためバンドスペクトルとよばれる．上の電子状態と下の電子状態の振動回転準位をそれぞれ (v', J') と (v'', J'') とすれば，v' と v'' が指定されると，一つのバンドが決まる．$\Delta J = J' - J'' = -1, 0, 1$ に対応する遷移をそれぞれP枝 (branch)，Q枝，R枝と呼ぶ．

図4.1.10は，電子基底状態と一つの電子励起状態を表している．電子の運動は核の運動に比べて速いので，電子遷移に伴って核の位置や速度はほとんど変化しないと考えてよい．核は振動の折り返し点付近にいる確率が高いので，振動準位とポテンシャル曲線とが交差する点から交差する点へ垂直に遷移する確率が最大になる（ただし，振動の基底状態 ($v=0$) では準位の中心で存在確率が最大になる）．これをフランク-

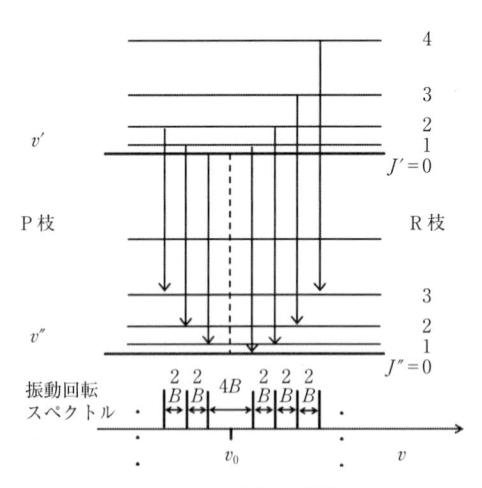

図4.1.9 振動回転遷移
上の振動準位 v' から下の振動準位 v'' への遷移と同時に，回転準位は $\Delta J = -1$ (P枝)，0 (Q枝)，1 (R枝) の遷移を起こす．ただし，直線分子の Σ 電子状態ではQ枝は禁制遷移である．

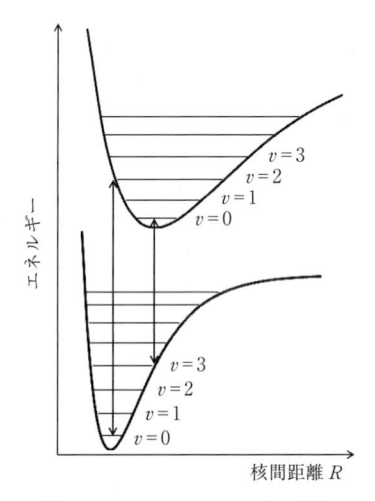

図4.1.10 フランク-コンドン原理
電子状態の変化を伴う遷移では遷移後の振動状態は遷移前の原子核の位置と速度をほとんど変えない．

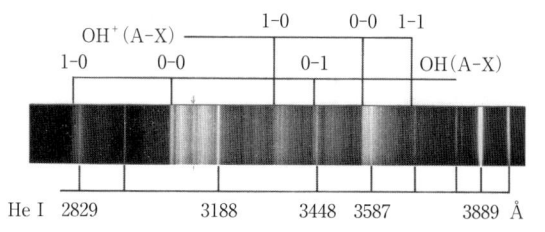

図 4.1.11 He$^+$ イオンを水分子に照射したときに,H$_2$O から解離してできる OH と OH$^+$ からの発光スペクトル[5] 1-0 などの記号は分子の電子励起状態 (A) と基底電子状態 (X) の振動量子数 v のそれぞれ 1 から 0 への遷移を表す.He I は中性 He からの発光である.波長単位は 1 Å = 0.1 nm.

コンドン原理 (Franck-Condon principle) という.

図 4.1.11 には二原子分子からの発光の例として,低速の He$^+$ イオンを水分子に照射したときに H$_2$O から解離してできる OH 分子と OH$^+$ 分子からの発光スペクトルを示す[5].回転状態の変化に伴うスペクトル線が密集して帯状に見える.

〔木村正廣〕

文献・注

1) 原子物理に関する文献は数多くあり,ここでは一部をあげておく.
   - 高柳和夫:原子分子物理学,朝倉物理学大系 11,朝倉書店,2000.
   - G. Herzberg 著,堀 建夫訳:原子スペクトルと原子構造,丸善,1964.
   - H. Haken and H. C. Wolf: The Physics of Atoms and Quanta, Springer, 2004.
   - G. W. F. Drake, ed.: Handbook of Atomic, Molecular, and Optical Physics, Springer, 2006.
2) 原子のエネルギー準位や分光データに関しては次の web サイトが有用である.NIST Atomic Spectroscopy Databases, http://www.nist.gov/pml/data/atomspec.cfm.
3) とくに分子に関する文献として,次のものをあげておく.
   - G. Herzberg: Spectra of Diatomic Molecules, Molecular Spectra and Molecular Structure 1, van Nostrand, 1950.
   - G. Herzberg: Infrared and Raman Spectra of Polyatomic Molecules, Molecular Spectra and Molecular Structure 2, van Nostrand, 1988.
   - G. Herzberg: Electronic Spectra and Electronic Structure of Polyatomic Molecules, Molecular Spectra and Molecular Structure 3, van Nostrand, 1966.
   - K. P. Huber and G. Herzberg: Constants of Diatomic Molecules, Molecular Spectra and Molecular Structure 4, van Nostrand, 1979.
   - H. Haken and H. C. Wolf: Molecular Physics and Elements of Quantum Chemistry, Springer, 1995.
4) 分子に関する分光データは,3) の Herzberg による文献のほかに,次の web サイトが有用である.NIST Molecular Spectroscopic Data, http://www.nist.gov/pml/data/molspecdata.cfm/.
5) M. Kimura and T. Nishitani: *J. Phys. Soc. Jpn.*, **39** (1975), 551.

4.1.4 プラズマ発光

a. プラズマとは

プラズマとは気体を構成する原子・分子が電離し，イオンと電子に別れて自由に運動している状態である．完全に電離している場合も，部分的に電離している場合もあるが，マクロにみれば電気的にほぼ中性である．

プラズマは，身近に存在する蛍光灯ランプ，ネオンランプ，プラズマディスプレーなどから，地球を取り巻く電離層，オーロラ，稲妻，太陽風，核融合プラズマなどにあり，ほとんどの場合，発光を伴う．したがって，プラズマを調べる手段として，発光のスペクトル分析（分光法）がきわめて有用である[1-3]．

プラズマの温度は比較的低温のものから，地上で核融合を実現するために1億℃の温度に加熱される超高温プラズマまで広い範囲に分布する．また，電離度に応じたプラズマの分類もある．中性分子が大部分を占めるプラズマを弱電離プラズマまたは低温プラズマといい，それに対して，ほとんどの粒子が電離しているプラズマを高電離プラズマという．弱電離プラズマではイオンと電子とが別々の温度をもつのがふつうで，イオン温度は室温に近く，電子温度は数千℃であることが多い．

低温プラズマではイオンとしては原子から電子が1個だけはぎ取られた1価イオンが多数を占めるが，高温プラズマになると電子が逐次電離され，多種類の価数をもつイオンが存在する．たとえば，図4.1.12に示すように，高温プラズマである太陽コロナでは極端紫外線領域に鉄の高電離イオン（Li様イオンであるFe^{23+}イオン

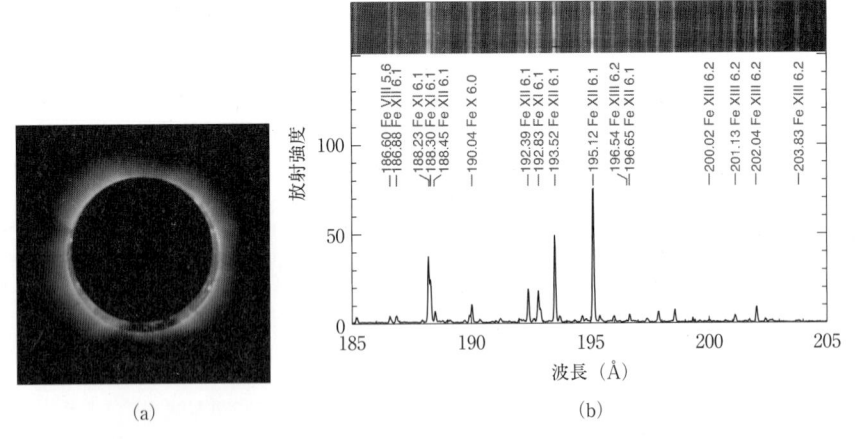

図4.1.12 太陽観測衛星「ひので」が観測した太陽コロナとその発光スペクトル
(a) この金環日食は2011年に観測されたもの（国立天文台：hinode.nao.ac.jp/news/110104 AnnularEclipse/より）．(b)「ひので」に搭載された極端紫外線撮像分光装置（EIS）で観測された太陽コロナの発光スペクトル[4]．鉄の多価イオンからの発光が多数観測されている．たとえば，「Fe XIII」は中性の鉄原子から12個の電子がはぎ取られた鉄イオンを意味する．

まで）の発光が観測されている[4]．薄膜堆積やエッチングなど半導体産業に広く応用されているプラズマCVD（plasma-enhanced chemical vapor deposition）法に用いられるプラズマはプロセスプラズマとも呼ばれ弱電離プラズマである[5]．このようなプラズマからの発光例を図4.1.13に示す[6]．

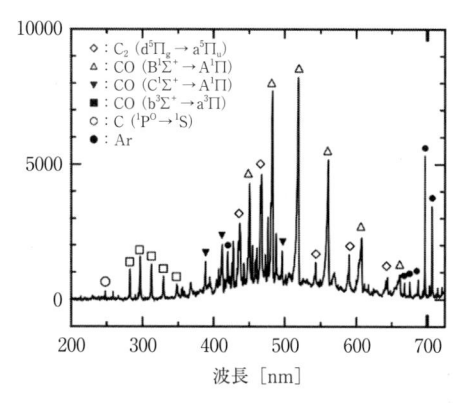

図4.1.13 CO/Arの混合ガスを直流放電させてできる低電離プラズマからの発光スペクトル 中性粒子からの発光が圧倒的に強い[6]．

b. プラズマ中での衝突反応

プラズマ中には原子（中性原子・分子とそれらが電離したイオンも含む）や自由電子（e）が飛び回っていて，互いに衝突をすることにより，電離や再結合を繰り返している．また，原子は他粒子との衝突や光子の吸収に伴って状態間遷移も繰り返しており，このときに光を放出する．

プラズマ中の衝突反応には次のものがある．以下の表記では，Aは原子種，$i+$でイオンの価数を表すが，中性原子も，$i=0$ としてイオン（A^{i+}）のなかに含めることとする．

(1) 電子衝突励起　$e + A^{i+} \rightarrow e + A^{i+*}$

イオンの基底状態だけでなく励起状態，とくに寿命の長い準安定励起状態からの励起過程も重要である[7]．

(2) 電子衝突電離　$e + A^{i+} \rightarrow A^{(i+1)+} + 2e$

(3) 再結合　$e + A^{i+} \rightarrow A^{(i-1)+}$

(4) 電荷移行　$A^{i+} + B \rightarrow A^{(i-1)+} + B^+$

(1)だけではなく，(2)〜(4)の反応においてもイオンは励起状態につくられる場合が多く，励起状態から下の準位へ遷移する際に固有の光を放出する．プロセスプラズマなど分子を多く含むプラズマでは，電子衝突による分子の回転励起，振動励起，解離などの過程も加わる．

c. プラズマの発光メカニズム

プラズマの発光メカニズムには以下のものがある．

1) 離散準位（discrete level）間の遷移

励起準位bの占有密度（population）を N_b とすると，励起準位bから準位aへの遷移に伴う放出光子数は単位時間あたり，

$$N_b A_{ba} \tag{1}$$

である．これを自然放射（spontaneous emission）という．A_{ba} はbからaへの遷移

に固有な定数で，アインシュタインの自然放射係数 (Einstein coefficient for spontaneous emission)，またはA係数ともよばれる．

励起状態の生成消滅を，図4.1.14のように主に電子衝突過程と放射（輻射）過程によって記述し，プラズマパラメータ（電子温度，電子密度，中性粒子密度）の関数として，スペクトル線強度を求めるようなモデルを，「衝突放射モデル」と呼ぶ[7]．電子衝突過程の反応速度は電子温度に依存するので，いくつかのスペクトル線の強度比を使うと電子温度や電子密度を決定することができる．このモデルでは平衡を仮定せずに，幅広い電子温度・密度領域で励起状態の占有密度を導くことができ，励起状態の占有密度から発光スペクトル線の強度を $I_{ba} = N_b A_{ba}$ と求めることができる．

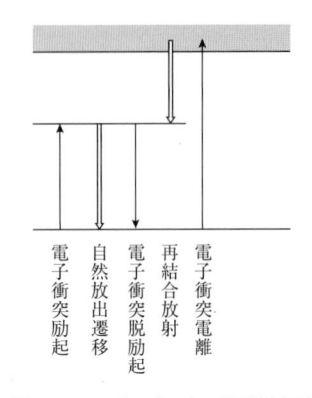

図4.1.14 プラズマ中の電子衝突反応と放射過程（白抜き矢印は放射過程を表す）

しかし，このモデルは水素原子のような1電子系の場合にはうまく適用できるが，多電子原子の場合は関与する準位が複雑であり，よく体系化されているとはいえない．図4.1.14の準位だけでなく，寿命の長い準安定励起状態を介した遷移を考慮することも重要であることが指摘されている[7]．

2) 再結合 (recombination) 放射

自由電子がイオンの束縛準位に捕獲される過程であり，電子の自由状態でのエネルギーと束縛状態のエネルギーの差が光子として放射される．この場合，放射される光のエネルギーは自由電子のエネルギー分布で決まる広がりをもつ．

3) 制動放射 (bremsstrahlung)

自由電子がイオンのクーロン力により軌道を曲げられる（電子は加速度を受ける）ことに伴う電磁波の放射である．放射は連続スペクトルとなる．星間プラズマなどの発光はしばしば制動放射によるものである．

4) シンクロトロン放射 (synchrotron radiation)

磁界中で自由電子は磁力線の周りを巻きつく形のサイクロトロン運動をするが，このような加速度運動をするときに放射される電磁波であり，サイクロトロン振動数とその高調波振動数にピークをもった連続スペクトルを放射する．

1)〜4) のうち，原子・分子が直接関与するものは1) と 2) である．

d. 分光計測
1) スペクトル線の波長と強度の計測

プラズマの発光を分光分析することによりプラズマ構成粒子のさまざまな情報を得ることができる．そのなかで，スペクトル線の波長分析からは原子・分子およびそれ

らが電離したイオンの種類を特定することができる[1]．A 係数がわかっていれば，式(1) によって，発光の絶対強度の測定により，b 準位の占有密度 N_b を決定することもできる．

2) スペクトルの強度比計測

エネルギー準位の占有密度にボルツマン分布を仮定すれば，温度 T における状態 a と b の占有密度の比は以下の式で表される．

$$\frac{N_b/g_b}{N_a/g_a} = e^{-(E_b-E_a)/kT} \tag{2}$$

ここで，E_a と E_b はそれぞれ a と b のエネルギー，k はボルツマン定数，g_a と g_b はそれぞれエネルギー準位 a と b の g 因子である．発光の強度比から N_b/N_a を決定できるので，式 (2) から粒子温度 T を求めることができる．一般に，低温プラズマでは電子温度に比べた粒子温度はかなり低いのに対して，高温プラズマでは粒子温度と電子温度のかい離は小さいのがふつうである．

3) スペクトル線のプロファイル（形状）

原子の発光スペクトル線はさまざまな原因で広がりをもつことになる．

低圧力プラズマのスペクトル線プロファイルでは，粒子の熱運動によるドップラー効果（Doppler effect）が支配的である．その場合，スペクトル形状が速度分布を反映しているので，スペクトル形状から温度を知ることができる．一方，高密度プラズマでは荷電粒子の形成する微視的電界によるシュタルク効果（Stark effect）が支配的となる．

【自然広がり】

自然放射遷移に伴うスペクトル線の広がりを寿命広がり（lifetime broadening）または自然広がりという．τ を原子の励起状態の寿命とすると，エネルギーの幅（不確定さ）$h\Delta\nu$ は不確定性関係，

$$h\Delta\nu \cdot \tau = \hbar \tag{3}$$

を使って，

$$\Delta\nu = (2\pi\tau)^{-1} \tag{4}$$

だけの幅をもつことになる．この場合のスペクトル線の形はローレンツ（Lorentz）型である．たとえば，典型的な原子の励起状態の寿命である $\tau \sim 10$ ns の場合，$\Delta\nu \sim 10$ MHz となる．

【ドップラー広がり】

静止時に振動数 ν_0 の光を出す発光粒子が観測方向に速度 v で飛んでいるとすれば，ドップラー効果によって振動数が

$$\Delta\nu = -\nu_0 \frac{v}{c} \tag{5}$$

だけずれて観測される．プラズマ構成粒子の速度分布が，絶対温度 T のマクスウェル分布にしたがうとすれば，観測方向の速度成分が v と $v+dv$ の間にある粒子数 dN

は，次式で表される．

$$dN = N\sqrt{\frac{M}{2\pi kT}} \exp\left(-\frac{Mv^2}{2kT}\right)dv \qquad (6)$$

ここで N は単位体積中の発光粒子の数，M は発光粒子の質量である．v を，式 (5) を用いて ν に変換すれば，ドップラー効果によるスペクトル線の広がりを表す関数 $\alpha(\nu)$ を得ることができる．

$$\alpha(\nu) \propto \exp\left(-\frac{Mc^2(\nu-\nu_0)^2}{2kT\nu_0^2}\right) \qquad (7)$$

極大値の半分の高さでの幅を求めれば

$$\Delta\nu = \nu_0 \sqrt{\frac{8kT}{Mc^2}\ln 2} \qquad (8)$$

これを波長で表すと，

$$\Delta\lambda = \lambda_0 \sqrt{\frac{8kT}{Mc^2}\ln 2} \qquad (9)$$

となり，ドップラー幅 (Doppler width) と呼ばれる．$\Delta\nu$ または $\Delta\lambda$ の測定から温度 T を決定できる．

【圧力広がり】

ドップラー広がりのほかに，圧力が増えるにしたがって周りの粒子の影響が大きくなってきてスペクトル線の広がりが生じる．このような広がりを圧力広がり (pressure broadening) または衝突広がり (collision broadening) と呼ぶ．この広がりの形状はローレンツ関数で表される．

【シュタルク広がり (Stark broadening)】

プラズマ中では周りにある電子などの荷電粒子がつくり出す局所電場があり，これによるシュタルク効果のためにスペクトル線がずれたり分裂したりする．この局所電場は絶えず変化するものであるから，スペクトル線は全体として広がりを生じることになる．これがシュタルク広がりである．シュタルク広がりは電子密度の計測に利用される．水素原子の Hβ 線の温度 1000 K におけるドップラー幅は $\Delta\lambda = 12$ pm であるのに対して，電子密度 $n_e = 10^{20}$ m^{-3} でのシュタルク広がりは，$\Delta\lambda = 42$ pm と見積もられる．

4) 偏光

励起を引き起こす原因となる電子の速度方向が等方的でない，励起光源が偏光している，プラズマ内の電場・磁場が特定の方向を向いているなど，さまざまな原因でプラズマ粒子は非等方的な励起にさらされる．そのような場合，原子の励起準位のなかの磁気量子数 m への分布が一様でなくなるので，励起準位からの放射は偏光することになり，放射方向も非等方的になる．逆に，この偏光を解析することにより，プラズマ中の磁場，電場分布，さらには電流についての情報を得ようとする試みがある[8]．

〔木村正廣〕

文献・注

1) プラズマ中の原子・分子過程については以下のものをあげておく．
   - 市川行和，大谷俊介編：原子分子物理学ハンドブック，朝倉書店，2012，第5章．
   - 浜口智志ほか：プラズマ原子分子過程ハンドブック，大阪大学出版会，2011．
   - Y. Itikawa : Molecular Processes in Plasmas, Springer, 2007.
   - プラズマ・核融合学会編：プラズマ診断の基礎と応用，コロナ社，2006．
   - H. R. Griem : Principles of Plasma Spectroscopy, Cambridge University Press, 1997.
   - 山本　学，村山精一：プラズマの分光計測，日本分光学会測定法シリーズ29，学会出版センター，1995．
   - プラズマ・核融合学会編：プラズマ診断の基礎，名古屋大学出版会，1990．
   - J. S. Chang ほか：電離気体の原子・分子過程，東京電機大学出版局，1982．

2)
   - NIST の web サイト，http://www.nist.gov/pml/data/atomspec.cfm/ には，原子のエネルギー準位，遷移波長，A 係数などのデータがある．また，分子に関しては，http://www.nist.gov/pml/data/molspecdata.cfm/ が有用である．
   - 原子分子衝突断面積の数値データベースは，核融合科学研究所（NIFS）の web サイト（http://dbshino.nifs.ac.jp/）で公開されている．

3) プラズマ分光法については，以下の講座「プラズマと分光分析」で，プラズマの基礎および各手法の原理・装置・技術が解説されている．
   - 岡本幸雄：分光研究，**56** (2007), 21-33；藤森英治，原口紘炁：同，74-85；義家　亮：同，128-136；我妻和明：同，188-196；佐々木浩一：同，224-236．

4) 勝川行雄：国立天文台ニュース，No. 207 (2010)．

5) 誘導結合プラズマ原子発光分光法（ICP-AES, Inductively Coupled Plasma Atomic Emission Spectroscopy）で用いられるプラズマも弱電離プラズマである．これは，液体試料を加えたアルゴンガスを高周波電磁場によってプラズマ化し，微量に含まれる原子が発する光を捕まえて分析する手法である．多元素の同時分析と高感度(10 ppb 以下)分析が可能であり，無電極放電であるために電極物質が不純物としてプラズマ中に混入しないという特徴がある（3)を参照)．

6) S. Mori and M. Suzuki : Nanotechnology and Nanomaterials "Nanofibers" (A. Kumar, ed.), 2010, Ch. 15.

7) 後藤基志ほか：プラズマ・核融合学会誌，**79** (2003), 1287-1296；**80** (2004), 45-52；**80** (2004), 139-146．

8) 藤本　孝ほか：プラズマ・核融合学会誌，**78** (2002), 731-766．

4.1.5 自然放出とその制御

物質固有の性質と考えられていた光の自然放出（spontaneous emission）が，実はその物質を取り囲む環境で制御できることの発見は，現代光学の大きな成果の一つである．実際，近年発展の著しい微細加工技術を利用して各種の微小共振器が作製されて，自然放出の促進効果（パーセル効果，Purcell effect）が実証されてきた．とくに，フォトニック結晶（photonic crystal）共振器ではたいへん小さなモード体積（modal volume）が実現できることから，大きな促進効果が達成された．ここでは，このよ

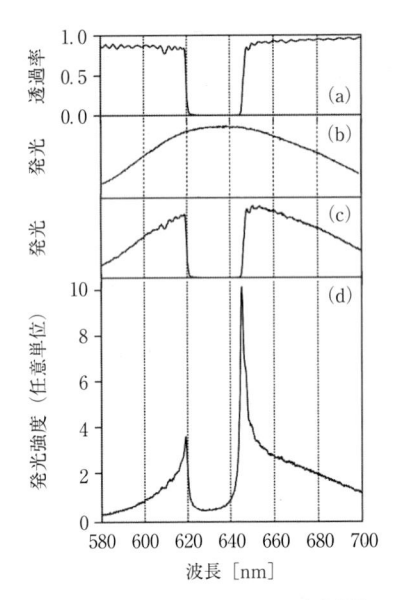

図 4.1.15 ノッチフィルターの発光特性 (a) 透過スペクトル, (b) 酸素欠損の発光スペクトル, (c) (a) と (b) の積, (d) 膜面に垂直な方向から観測した発光スペクトル.

うな光の自然放出の制御の原理と実例について解説する.

その手始めとして次のような例をみてみよう. 図 4.1.15(a) は, ラマン散乱測定などに用いるレーザー光遮蔽フィルター(ノッチフィルター)の光透過スペクトルの一例である. ノッチフィルターは透明な基板上に2種類の誘電体薄膜を交互に積み重ねた構造をしていて, 光の多重干渉によって一定の波長成分をほぼ100%反射する. 図 4.1.15(a) の例では, 633 nm (ヘリウム-ネオンレーザーの発振線) 付近の波長帯 (620〜644 nm) で反射率がほぼ100% (透過率が0%) である.

このノッチフィルターの誘電体はある種の金属酸化物で, 薄膜作製の過程で不可避的にわずかではあるが酸素原子の欠損が生じる. 酸素原子 (薄膜中ではマイナス2価イオン) が抜けた部分は正に帯電するので, 電荷を中和するために電子が捕捉される. このような電子は光を吸収して高いエネルギー準位に励起されたり, 逆に励起状態から光を放って基底状態に戻ったりする. 図 4.1.15(b) に示すように, 酸素欠損の発光スペクトルは 633 nm を含む広い波長範囲にわたっている.

さて, ノッチフィルターを光励起して膜面に垂直な方向から発光を測定すると, どのようなスペクトルが観測されるだろうか. 素朴に考えると, 酸素欠損の元来の発光スペクトルとノッチフィルターの透過スペクトルの積として, 図 4.1.15(c) のようなスペクトルが観測されるように思われるが, 実際には図 4.1.15(d) のスペクトルが観測された[1]. 633 nm 付近の発光スペクトルのくぼみに加えて, 620 nm と 644 nm に二つの明瞭なピークがみられる. ここで注意すべきことは, 蛍光測定が弱励起の条件で行われていて, これらのピークが誘導放出によるものではないことである. それでは, なぜ, このような発光ピークが観測されるのであろうか.

その原因は, 誘電体薄膜の多層構造による光の状態密度 (density of states) の変化にある. 誘電体薄膜の繰返しの周期を a と記すと, 膜面に垂直な方向の光の分散関係は図 4.1.16(a) のようである. 周期構造による多重干渉の結果, 分散曲線が波数 π/a 付近で分裂してモードの存在しない周波数帯が生じるとともに, バンド端で分散曲線が水平になる[2]. したがって, 単位周波数あたりのモードの数で定義される光の状態密度は, バンド端で発散する. 本節の後半で示すように, 自然放出レートが光の状

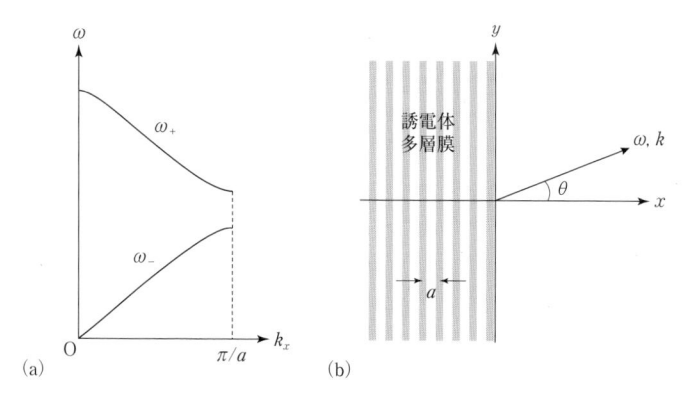

図 4.1.16 (a)ノッチフィルター（誘電体多層膜）の光の分散関係と(b)法線から角度 θ 傾いた方向への放射（ω は光の角振動数，k_x は膜面に垂直な方向の波数成分）

態密度に比例するので，状態密度が大きい周波数では発光強度が増大する．図 4.1.15 (d)にみられる二つの発光ピークはちょうどバンド端の周波数に一致しており，状態密度の発散的増大に伴って生じたものである．

ノッチフィルターの発光について法線方向以外の観測角（θ）も考察することにして，図 4.1.16(b)のように座標をとる．θ を固定した条件のもとで，誘電体多層膜中の状態密度と真空中の状態密度の比（自然放出の増強度，f_E と記す）が

$$f_E = \sqrt{\left(\frac{\partial \omega}{\partial k_x}\right)^{-2}\left(c - \frac{\partial \omega}{\partial k_y}\sin\theta\right)^2 + \sin^2\theta} \qquad (1)$$

となることを証明できる[1]．この式で c は光速である．前述のようにバンド端では分散曲線が水平で $\partial\omega/\partial k_x$ が 0 なので，増強度 f_E が発散する．

光の状態密度と自然放出の関係をさらに詳しくみてみよう．系の体積を V，これに含まれる光の固有モードの角振動数と V で規格化した電場の固有関数を $\{\omega_j, \boldsymbol{E}_j(\boldsymbol{r})\}$（$j = 1, 2, \cdots$）と記す．量子力学による取扱いも当然可能であるが，振動双極子からの放射を計算することで，電磁気学による古典的な取扱いでも自然放出レートは正しく求めることができる[3]．実際，$\{\boldsymbol{E}_j(\boldsymbol{r})\}$ を用いて電場の波動方程式のグリーン関数が得られるので，任意の振動分極からの光の放射が計算できる．特別の場合として，位置 $\boldsymbol{r}_0$ におかれた振動双極子，$\boldsymbol{d}e^{-i\omega t}$ からの単位時間あたりの放射エネルギーは

$$\begin{aligned}U &= \frac{\pi\omega^2}{\varepsilon_0 V}\sum_j |\boldsymbol{d}\cdot\boldsymbol{E}_j^*(\boldsymbol{r}_0)|^2 \delta(\omega-\omega_j) \\ &= \frac{\pi\omega^2}{\varepsilon_0 V}\overline{|\boldsymbol{d}\cdot\boldsymbol{E}_j^*(\boldsymbol{r}_0)|^2}D(\omega)\end{aligned} \qquad (2)$$

で与えられる[3]．この式で，ε_0 は真空の誘電率，δ はディラックのデルタ関数である．2 行目では j に関する和を状態密度，$D(\omega)$ に関する積分で書き換え，電場と双極子

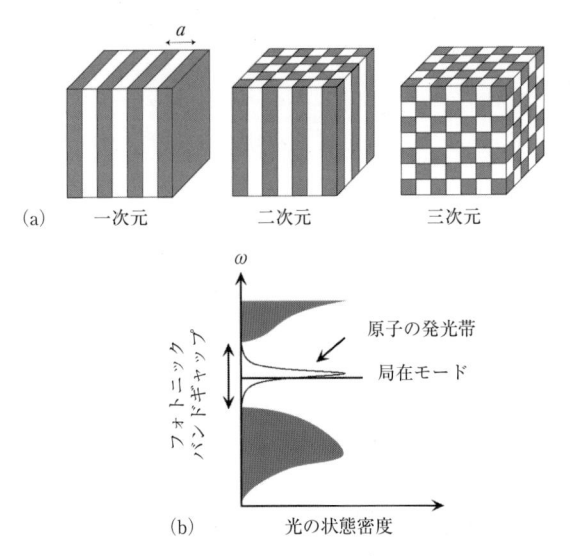

図 4.1.17 (a) フォトニック結晶の模式図と (b) フォトニック結晶の状態密度

モーメントの内積は多数のモードにわたる平均値で置き換えた．式 (2) から状態密度の大小，あるいは，発光体のおかれた位置における電場の大小によって，自然放出の強度を制御できることがわかる．とくに，$\hbar$ を 2π で除したプランク定数として，$U/\hbar\omega$ で与えられる自然放出レートが状態密度 D に比例する．極端な場合として，状態密度が 0 であれば自然放出は起こらない．

真空中や一様な誘電体中では状態密度は振動数の二乗に比例する[3]．それで，状態密度を 0 にすることは不可能と思われるかもしれないが，実際はフォトニック結晶 (photonic crystal) を用いることで可能である．図 4.1.17(a) に示すようにフォトニック結晶は複数の誘電体の周期的な積層構造で，前述のノッチフィルターは一次元フォトニック結晶と見なすことができる．三次元フォトニック結晶では，構造の対称性，誘電体の誘電率や占有率などを調節することで，図 4.1.16(a) に現れたモードの存在しない周波数帯をすべての方位にわたって実現することができる[2,3]．したがって，図 4.1.17(b) に示すように，光の状態密度が 0 となる周波数帯が実現でき，これをフォトニックバンドギャップ (photonic band gap) と呼ぶ．フォトニックバンドギャップの周波数帯に原子や分子の発光周波数が含まれる場合には，光の状態密度が 0 であり，周波数の一致する電磁モードが存在しないので自然放出は起こらない．

これとは反対に，原子や分子のおかれた位置 r_0 に電磁モードが大きな電場をもち，しかも，原子や分子の発光周波数と電磁モードの固有周波数が一致すると，自然放出が促進される．このような自然放出の促進はパーセル効果と呼ばれ，微小な光共振器

を利用することなどで実現できる．屈折率がnの一様な誘電体中と比較したときの自然放出レートの相対値をパーセル因子（Purcell factor）と呼び，f_pと記す．式（2）の1行目で，一つのモードの固有周波数だけが発光周波数と一致する場合には，パーセル因子は

$$f_\mathrm{p} = \frac{3\lambda^3 Q}{4\pi^2 n^3 V_\mathrm{m}} \tag{3}$$

で与えられる．ただし，λは真空中の波長，Qは共振器のQ値，V_mはモード体積である[4]．式（2）から式（3）を導く際には，共振モードの寿命を考慮してデルタ関数を半値全幅がω/Qのローレンツ関数で置き換えた．また，発光体は最も電場の大きな位置におかれていると仮定した．

式（3）から大きなパーセル因子を実現するにはQ値が大きく，モード体積が小さな共振器が必要である．これまでに，マイクロディスク共振器，誘電体微小球，プラズモン共振器などが利用されてきたが，近年の研究からフォトニック結晶共振器がこの目的のためにたいへん有用であることがわかった．フォトニック結晶共振器は，フォトニック結晶の周期的な構造中に意図的に構造乱れを導入したもので，図4.1.17(b)に示すように，フォトニックバンドギャップ中に局在電磁モードを実現することができる．この局在モードが共振モードとして働く．フォトニック結晶は誘電体だけで構成されていて金属を含まないので，光波領域でも吸収によるQ値の減少が少ない．また，フォトニックバンドギャップのために局在モードは強く局在していて，モード体積が小さい．実際，Q値が10^6程度，モード体積が$1\times(\lambda/n)^3$程度のフォトニック結晶共振器が報告されている[5]．

〔迫田和彰〕

文献・注

1) K. Kuroda, *et al.*: *Opt. Express*, **17**-15 (2009), 13168-13177.
2) 迫田和彰：フォトニック結晶入門，森北出版，2004．
3) K. Sakoda: Optical Properties of Photonic Crystals, 2nd ed., Springer, 2004.
4) J. M. Gérard, *et al.*: *Phys. Rev. Lett.*, **81**-5 (1998), 1110-1113.
5) E. Kuramochi, *et al.*: *Appl. Phys. Lett.*, **88**-4 (2006), 041112.

4.2 固体の発光現象

4.2.1 半導体と発光現象

4.2.1.1 半導体の発光現象：結晶のバンド構造，半導体，バンド間遷移，間接遷移，直接遷移

半導体の物性を理解するには，電子構造の理解が必須である．結晶中の電子は，規則正しく周期的に配列した原子核のつくるポテンシャルのなかを運動する．最も考えやすいのは，電子が周期的な一体ポテンシャルのなかを独立に運動するというモデルである．現実の結晶では，多数の電子が互いにクーロン相互作用を及ぼしあって複雑であるが，その影響を適当な一体ポテンシャルに押し込めるという近似を用いるモデル（バンドモデル）である．このモデルでは，電子は一体ポテンシャル $V(\boldsymbol{r})$ のなかをハミルトニアン

$$H = \frac{p^2}{2m} + V(\boldsymbol{r}) \tag{1}$$

にしたがって運動する．ポテンシャル $V(\boldsymbol{r})$ は結晶格子の周期性をもつ．したがって，式 (1) のハミルトニアンも結晶格子の並進対称性をもつので，電子の波動関数は，いわゆるブロッホ関数

$$\phi_k(\boldsymbol{r}) = e^{i\boldsymbol{k}\cdot\boldsymbol{r}} u_k(\boldsymbol{r}) \tag{2}$$

の形をとる．$u_k(\boldsymbol{r})$ は結晶格子と同じ周期をもつ関数である．電子のエネルギー固有値 $E(\boldsymbol{k})$ は

$$H\phi_k(\boldsymbol{r}) = E(\boldsymbol{k})\phi_k(\boldsymbol{r}) \tag{3}$$

の解であり，波数ベクトル $\boldsymbol{k}$ の関数となっている．ここでは，$\boldsymbol{k}$ のとりうる範囲を第 1 ブリルアンゾーン内だけに限る還元ゾーン方式で Ge や GaAs などの半導体を念頭において結晶中の電子（バンド）状態について考えてみる．この方式では，式 (3) の解は一つの $\boldsymbol{k}$ に対して複数あるので，それらを区別する量子数 j を導入して，エネルギー固有値と波動関数を $E_j(\boldsymbol{k})$, $\phi_{jk}(\boldsymbol{r})$ と書くことにする．j はバンド指数と呼ばれている．

代表的な半導体である GaAs, Ge の E_j の $\boldsymbol{k}$ 依存性，すなわちエネルギーバンドは，図 4.2.1 のような構造をもっている．電子が充満している価電子バンドの頂点は Ge, GaAs ともに $\boldsymbol{k}=0$ (Γ 点) にあり，それぞれ Γ_8^+, Γ_8 の記号がついた状態である．一方，伝導バンドの底は Ge では (1, 1, 1) 方向のブリルアンゾーンの端である L 点の L_6^+ という状態であり，GaAs では価電子バンドの頂点と同じ Γ 点にある (Γ_6 状態)．荷電子バンドの頂点と伝導バンドの底が同一の波数ベクトル ($\boldsymbol{k}$) の点に存在する半導

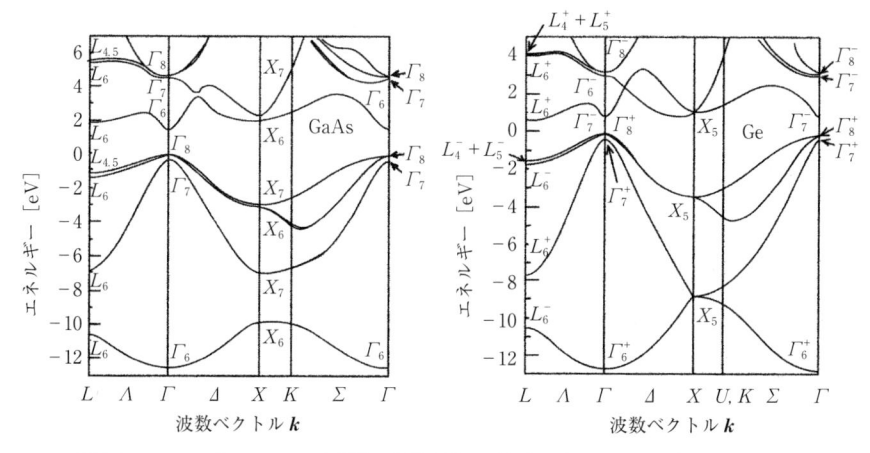

図4.2.1 GaAsとGeのバンド構造（価電子帯の頂点をエネルギーの原点にとってある）

体は直接遷移型半導体，異なる場合を間接遷移型半導体と呼ばれている．したがって，GaAsは直接遷移型半導体，Geは間接遷移型半導体である．

光のエネルギーが十分であれば，価電子バンドの電子1個を伝導バンドに上げることは光によって可能である（光吸収）．この遷移過程をバンド間遷移という．ここでは，バンド間遷移による光の吸収が始まるエネルギーの付近である吸収端近傍で，半導体中のバンド構造と光吸収および発光がどのような関係にあるのかを述べる．

a. 直接バンド間遷移

電子が光を吸収して価電子帯から伝導帯へ遷移する確率は，電気双極子相互作用を摂動とし，摂動がない場合の固有関数としてブロッホ波動関数を用いて，フェルミの黄金則により計算する．光の波数ベクトルと角振動数を q, ω として，行列要素を計算すると次のことが導かれる．すなわち，還元ゾーン方式では

$$k_v + q = k_c \quad \text{（波数（運動量）保存則）} \tag{4}$$

$$E_v + \hbar\omega = E_c \quad \text{（エネルギー保存則）} \tag{5}$$

である．ただし，$k_v(k_c)$, $E_v(E_c)$ は遷移に関与する価電子（伝導）バンドの電子の波数とエネルギーである．

光の波数ベクトル q の大きさは電子の波数ベクトル k_v, k_c の大きさに比べて十分小さいので，式(4)は

$$k_v = k_c, \quad q = 0 \tag{6}$$

と見なすことができる．この結果は，価電子帯から伝導帯への光遷移に際して電子の波数ベクトルは変化しない，あるいはブリルアンゾーン中で垂直に遷移することを示している．このような遷移は直接遷移と呼ばれている．

実際の結晶では，エネルギー保存則を満たすすべての状態間の遷移が寄与するので，

許容される k の寄与をすべて足して，最終的に価電子帯から伝導帯への遷移確率 $W_{cv}(\omega)$ は

$$W_{cv}(\omega) \propto J_{cv}(\omega) = \int \frac{dk}{(2\pi)^3} \delta(E_c(k) - E_v(k) - \hbar\omega) \tag{7}$$

となる．ただし，遷移の行列要素の k 依存性はほとんどないとして積分の外に出した．$J_{cv}(\omega)$ は結合状態密度と呼ばれている関数であり，波数ベクトル k が同じでエネルギー差が $\hbar\omega$ の価電子帯と伝導帯の状態のペアーがブリルアンゾーン内にいくつあるのかを示す関数である．簡単のため，伝導帯の底および価電子帯の頂点がともに Γ 点にあり，Γ 点付近における伝導帯のエネルギーが $E_c = \hbar^2 k^2/(2m_e) + E_g$，価電子帯のエネルギーが $E_v = -\hbar^2 k^2/(2m_h)$ で与えられる場合を考えてみる．ここで E_g はバンドギャップエネルギー，m_e, m_h はそれぞれ電子および正孔の有効質量である．$E_c(k) - E_v(k) = \hbar^2 k^2/(2\mu) + E_g$, $\mu^{-1} = m_e^{-1} + m_h^{-1}$ であるので，式 (7) は

$$W_{cv}(\omega) \propto (\hbar\omega - E_g)^{1/2}, \quad \hbar\omega > E_g \tag{8}$$

となる．したがって，吸収係数 $\alpha(\omega)$ も吸収端近傍では

$$\alpha(\omega) \propto (\hbar\omega - E_g)^{1/2}, \quad \hbar\omega > E_g \tag{9}$$

となる．

b. 直接バンド間遷移発光

発光は吸収の逆過程であり，吸収の場合と同じように式 (6) の波数保存則を満たす遷移のみが許される．したがって，光励起などで伝導帯のあるエネルギー準位まで電子が詰まった場合，そこからの発光は同じ k をもった電子と正孔が再結合して光を出す．温度が高ければ高いほど電子はバンドの高いエネルギーまで存在することができ，高エネルギーからの発光が観測されるようになる．伝導帯の電子および価電子帯の正孔の占有数分布はマクスウェル-ボルツマン分布になっていると仮定すると，発光スペクトルは

$$I(\omega) \propto J_{cv}(\omega) e^{-(E_c - E_g)/(kT)} e^{-(-E_v)/(kT)} \propto \sqrt{\hbar\omega - E_g}\, e^{-(\hbar\omega - E_g)/(kT)} \tag{10}$$

の形になることが期待できる．したがって，バンド発光の特徴は，高エネルギー側は温度に依存したテールを引き，低エネルギー側は $\hbar\omega = E_g$ で鋭いカットオフが観測されることである．図 4.2.2 にその様子が示されている．低エネルギー側で理論曲線とずれているのはフォノンや不純物が関与する発光が重なっているためである．

c. 間接バンド間遷移

Ge のようなブリルアンゾーン中で伝導帯の底と，価電子帯の頂上の位置が異なる半導体中の遷移においては，始状態と終状態の波数ベクトルの差は大きすぎて，光子のみが関与する光学吸収過程だけでは運動量の保存則を満たすことはできない．バンド間遷移が起こるには，フォノンの付加的な吸収，放出が必要であり，図 4.2.3 にその様子が模式的に示してある．このような遷移は間接遷移と呼ばれている．間接遷移

図 4.2.2 InSb の直接バンド間遷移発光

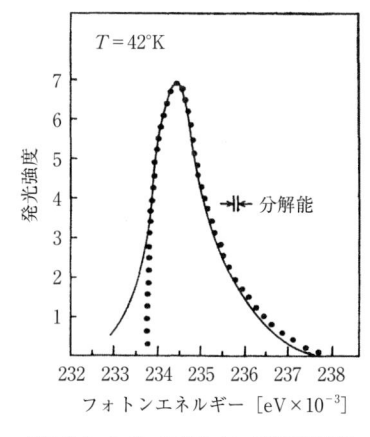

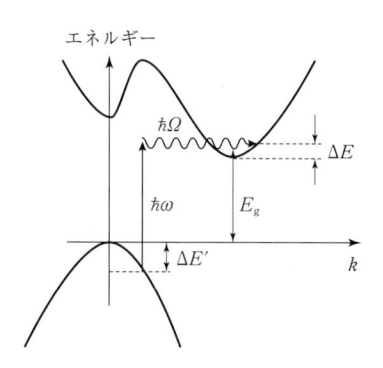

図 4.2.3 間接バンド間遷移の概略図

では光子とフォノンという二つの量子が関与するため，遷移は明らかに二次のもので，少なくとも二次の摂動論を遷移確率の計算に用いなければならない．それゆえ，対応する遷移の確率は直接遷移の場合よりも一般に数桁低くなる．

関与するフォノンのエネルギーと波数ベクトルを $\hbar\Omega, \bm{k}_\Omega$ とすると，エネルギーと波数ベクトルの保存則は $E_c(\bm{k}_c) = E_v(\bm{k}_v) + \hbar\omega \pm \hbar\Omega$, $\bm{k}_c = \bm{k}_v + \bm{q} \pm \bm{k}_\Omega$ と表される．+ はフォノンの吸収を，− はフォノンの放出に対応している．吸収端近傍の吸収係数は二次の摂動論より

$$\alpha(\omega) \propto \iint \frac{d\bm{k}_c}{(2\pi)^3} \frac{d\bm{k}_v}{(2\pi)^3} \delta(E_c(\bm{k}_c) - E_v(\bm{k}_v) - \hbar\omega \pm \hbar\Omega) \tag{11}$$

となる．ここでも行列要素の $\bm{k}$ 依存性はほとんどないとして積分の外に出している．伝導帯の底 $(\bm{k} = \bm{k}_L)$ 付近における伝導帯のエネルギーが $E_c = \hbar^2(\bm{k}_c - \bm{k}_L)^2/(2m_e) + E_g$, 価電子帯の頂点付近の価電子帯のエネルギーが $E_v = -\hbar^2 \bm{k}_v^2/(2m_h)$ で与えられると仮定すると，吸収係数は

$$\alpha(\hbar\omega) \propto \int_0^{E_m'} dE' \sqrt{E_m' - E'} \sqrt{E'} = \frac{\pi}{8} E_m'^2, \quad (E_m' > 0) \tag{12}$$

と計算できる．ただし，$E_m' = \hbar\omega - E_g \pm \hbar\Omega$ である．したがって

$$\alpha(\hbar\omega) \propto (\hbar\omega - E_g \pm \hbar\Omega)^2, \quad (\hbar\omega - E_g \pm \hbar\Omega > 0) \tag{13}$$

であることがわかる．ここで，+の符号はフォノンの吸収，−の符号はフォノンの放出を表す．

式 (13) から，間接過程に関する吸収係数がフォトンエネルギー $\hbar\omega$ に対して二次関数的に変わることがわかる．よって，$\sqrt{\alpha}$ のプロットは図 4.2.4 に示されているように，$\hbar\omega$ に対して線形になる．間接バンドギャップの値 E_g とフォノンエネルギーの値 $\hbar\Omega$ は図に示してあるように図形から求められる．間接遷移の吸収におけるこの

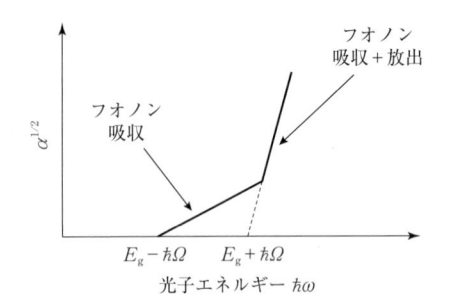

図 4.2.4 間接バンド間遷移における $\alpha^{1/2}$ のエネルギー依存性

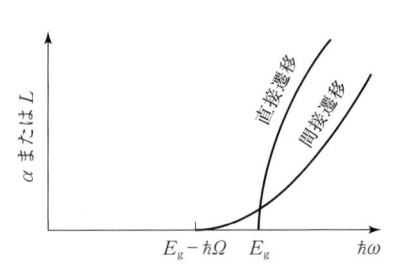

図 4.2.5 直接遷移と間接遷移の吸収係数 α と発光強度 L のエネルギー依存性の比較

ω に関する二乗則は，たとえば Si, Ge において，実際に実験的に観測されている[2,4]．

d. 間接遷移発光

間接型半導体の発光は弱いが直接型半導体とは異なった性質を示す．直接遷移との大きな違いは運動量保存のためにフォノンを介した中間状態を経由して遷移することである．直接遷移の場合と同様に伝導帯の電子および価電子帯の正孔の占有数分布はマクスウェル-ボルツマン分布になっていると仮定すると，発光スペクトル $L(\omega)$ は吸収の場合と同様に

$$L(\hbar\omega) \propto e^{-\{\hbar\omega-(E_g\pm\hbar\Omega)\}/(kT)} \int_0^{\hbar\omega-(E_g\pm\hbar\Omega)} dE' \sqrt{\hbar\omega-(E_g\pm\hbar\Omega)-E'}\sqrt{E'}$$

$$\propto \{\hbar\omega-(E_g\pm\hbar\Omega)\}^2 e^{-\{\hbar\omega-(E_g\pm\hbar\Omega)\}/(kT)}, \quad (\hbar\omega-(E_g\pm\hbar\Omega)>0) \quad (14)$$

と計算できる．ここで，+の符号はフォノンの吸収，-の符号はフォノンの放出を表す．フォノンを放出する過程は容易であるが，フォノンを吸収して遷移する過程はとくに低温になると起こりにくくなる．フォノンを吸収して遷移する際に放出される光のエネルギーは $\hbar\omega=E_g+\hbar\Omega$ となり，フォノンを放出して遷移する場合 $\hbar\omega=E_g-\hbar\Omega$ と明確に区別はできるが，この光は半導体に容易に再吸収されて通常は観測できない．図 4.2.5 に示すように間接型遷移の場合その発光強度は吸収端近傍ではほぼ波長の二乗に比例して強くなるが，もともとその発光強度は弱い． 〔南　不二雄〕

文献・注

1) F. Wooten：Optical Properties of Solids, Academic Press, New York, 1972.
2) P. Y. Yu and M. Cardona：Fundamentals of Semiconductors, Springer, Berlin, 2003. 末元　徹ほか訳：半導体の基礎，シュプリンガー・フェアラーク東京，1999.
3) 塩谷繁雄ほか編：光物性ハンドブック，朝倉書店，1991.
4) I. Pelant and J. Valenta：Luminescence Spectroscopy of Semiconductors, Oxford University Press, New York, 2011.

■ 4.2.1.2　励起子：励起子からの発光，励起子-励起子相互作用

4.2.1 では，電子と正孔の相互作用を考えずに，半導体中の光吸収について議論した．電子・正孔相互作用がある場合には，励起子（エキシトン）と呼ばれるクーロン相互作用によって結びついた電子-正孔対を考える必要がある．励起子は，自由空間中の原子のように，結晶中を自由に動ける．励起子はバンドギャップよりも低いエネルギーで強い吸収が起こる原因となる．終状態の電子-正孔対の結合により，励起子遷移に必要な光子のエネルギーは，バンドギャップ遷移に必要なエネルギーよりも小さくなる．

ここではワニア励起子と呼ばれるものをより詳しく考える．ワニア励起子では，ボーア半径（電子と正孔の間の距離）は単位格子の長さと比べて大きい．この状況はほとんどの II-VI, III-V, IV 族の半導体で成り立っている．他方，フレンケル励起子と呼ばれる励起子の場合は，励起子のボーア半径は原子の単位格子と同じか，小さい．フレンケル励起子はワイドギャップ半導体や，絶縁体，いくつかの有機物質で存在する．

a.　励起子遷移

光によって価電子帯の電子が伝導帯に励起されると価電子帯には正孔が，伝導帯には電子ができる．その電子と正孔が誘電率で遮蔽されたクーロン力で引きつけられ，バンドギャップエネルギーよりも低いところに電子-正孔の束縛状態がつくられる．これを励起子（エキシトン）と呼んでいる．

励起子のエネルギー準位は，水素原子の場合の類推から

$$E_{n\mathbf{K}} = E_{\mathrm{g}} + \frac{\hbar^2 \mathbf{K}^2}{2(m_{\mathrm{e}} + m_{\mathrm{h}})} - \frac{R}{n^2} \tag{1}$$

と表される．ここで，m_{e} は電子の有効質量，m_{h} は正孔の有効質量，n は整数，$\mathbf{K}$ は重心の並進運動の波数ベクトルである．また，

$$R = \frac{\mu e^4}{2\hbar^2 \varepsilon^2} \tag{2}$$

は励起子リュードベリエネルギーである．ただし，μ は有効質量 m_{e} の電子と有効質量 m_{h} の正孔の換算質量，ε は結晶の誘電率である．最もエネルギーの低い励起子準位は

$$E_{1\mathrm{S}} = E_{\mathrm{g}} - R \tag{3}$$

その波動関数は

$$\Phi_{1\mathrm{S}}(r) = \frac{1}{\sqrt{\pi a_{\mathrm{B}}^3}} \exp\left(-\frac{r}{a_{\mathrm{B}}}\right) \tag{4}$$

となる．ここで

$$a_{\mathrm{B}} = \frac{\hbar^2 \varepsilon}{\mu e^2} \tag{5}$$

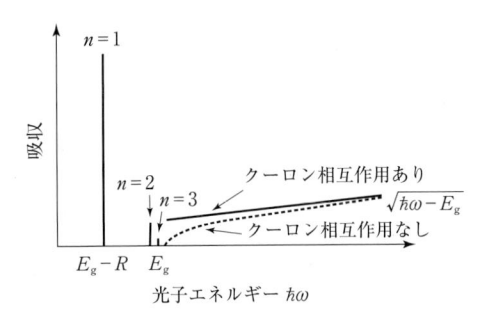

図 4.2.6 励起子吸収スペクトルの概略図（点線は励起子を考えない場合）

は電子-正孔対の平均距離を表し，励起子ボーア半径と呼ばれる．

波数ベクトル q と振動数 ω の光を吸収して生成される励起子の波数ベクトルとエネルギーは

$$K = q \cong 0 \quad \text{（波数（運動量）保存則）} \tag{6}$$

および

$$E_{nK} = \hbar\omega \quad \text{（エネルギー保存則）} \tag{7}$$

となる．したがって，吸収係数は

$$\hbar\omega = E_g - \frac{R}{n^2} \tag{8}$$

のエネルギー位置に離散スペクトルを示す．詳しい計算によると，異なる n に対する吸収の相対強度は

$$F_n = \frac{1}{\pi a_B^3 n^3} \tag{9}$$

となる[2]．

クーロン相互作用を無視している自由電子に対する吸収と比べると，励起子吸収は大きな違いを示す．主な違いを以下に示しておく．

(1) バンド端付近で $\hbar\omega \to E_g$ としたときに，自由電子理論では吸収が $\alpha \to 0$ となるのに対し，励起子吸収では $\hbar\omega \to E_g$ のときに 0 でない値に近づく．連続吸収はバンド端で定数になっており，自由キャリヤー吸収の平方根則とは異なる．

(2) バンドギャップよりも小さい光子エネルギーに対し，自由電子吸収は 0 であるが，励起子効果を考慮すると，バンドギャップの下にも離散的な吸収の線が存在する．式 (8) により，異なる n の値に対して，$\hbar\omega = E_g - E_{1S}$, $\hbar\omega = E_g - E_{1S}/4$, $\hbar\omega = E_g - E_{1S}/9$，などの離散的な吸収が現れることがわかる（図 4.2.6 参照）．この値はそれぞれ，励起子の基底状態 1S, 励起状態 2S, …, に対応している．励起子吸収の強度は n が大きくなると，式 (9) にしたがって $1/n^3$ で減少する．よって，$n=2$ の 2s 励起子の吸収ピークは 1s 励起子の 1/8 である．しかし，実際にはフォノンによる電子-正孔対の散乱などの準位の広がりにより，ほんのいくつかの励起子状態しか観測できないことが多い．

b. 励起子発光

自由電子・正孔対への分離や，電子と価電子帯の正孔との輻射再結合により，励起子は有限の寿命で消滅する．輻射再結合過程は光子の放出を伴うので励起子発光過程と呼ばれる．

励起子発光は吸収の逆過程であるため（励起子の生成でなく消滅），同様のエネルギー，運動量保存則が適用される．すなわち，$\hbar\omega = E_{nK}$, $\hbar q = \hbar K$ である．ここで，$\hbar\omega$ と $\hbar q$ は，それぞれ放射された光子のエネルギーと運動量である．K は消滅した励起子の波数ベクトルである．

自由励起子発光は，光学フォノンが関与した間接過程でも起こる．この場合エネルギーおよび運動量保存則は $\hbar\omega = E_{nK} \pm \hbar\Omega$ および $\hbar q = \hbar K \pm \hbar k_\Omega$ となる．ここで，+ はフォノンの吸収を，− は放出を表している．低温では ($k_B T < \hbar\Omega$) 光学フォノンの数は無視できるほど小さいので，フォノンを放出する励起子発光のみを考慮すればよい．

光学フォノンはほとんど分散をもたないので，消滅する励起子全体について，エネルギーおよび運動量保存則は，同時に成り立つ．ゆえに，一般にフォノンの関与した励起子発光は，たとえ高次の遷移確率の低い過程であっても，直接遷移型の励起子発光よりも強い場合も多々ある．

励起子系のエネルギー分布は次の形になっていると期待される．

$$n(E) = f(E)\rho(E) \tag{10}$$

ここで，状態密度 $\rho(E)$ および，占有数分布関数 $f(E)$ である．$\rho(E)$ の関数形は

$$\rho(E) \propto \sqrt{E} \tag{11}$$

であり，分布関数 $f(E)$ は粒子の密度が低い場合，古典気体の速度分布を表すマクスウェル-ボルツマン分布

$$f(E) \propto e^{-E/(k_B T)} \tag{12}$$

で近似できる．式 (11) と式 (12) を式 (10) に代入すると次の式が得られる．

$$n(E) \propto \sqrt{E}\, e^{-E/(k_B T)} \tag{13}$$

フォノンが発光過程に関与していても，発光の遷移確率がフォノンの波数ベクトル k_Ω によらないとすると，発光スペクトルの形は直接 $n(E)$ に比例すると期待できる．フォノンが関与する励起子発光の例として，Cu_2O の場合が，図 4.2.7 に示してある．異なる運動エネルギーをもつ励起子が発光過程に関与するため，励起子発光線のピークの幅は広い．マクスウェル-ボルツマン分布を反映していることより，発光線の幅は温度の上昇とともに広くなる．図の上の丸は式 (13) で発光をフィットしたものである．実験とのよい一致は，消滅する励起子の運動エネルギーが実際にマクスウェル-ボルツマン分布にしたがっていることを示している．

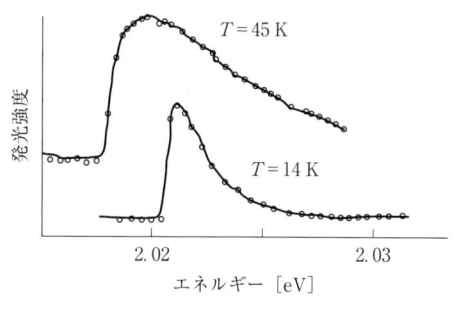

図 4.2.7 Cu_2O のフォノンが関与する励起子発光 丸はマクスウェル-ボルツマン分布を仮定した曲線を表す．

c. 励起子ポラリトン

光学活性な励起子を正しく記述するためには，ポラリトンの概念を導入しなければならない．励起子と光子の分散が交差するような周波数領域では，励起子と光子は強く交じりあい，励起子ポラリトンになる．この場合，相互作用の過程で，励起子場は光子の電磁場と結びつく古典的な場の役割を果たす．励起子-光子系の固有状態は励起子と光子の混合状態であり，結晶中の伝達モードはポラリトンである．伝達の速さはポラリトンの分散曲線が決める群速度である．1S励起子の場合を考えると，有効質量近似による励起子ポラリトンの分散を表す式は，次の式で与えられる[4]．

$$\frac{c^2 K^2}{\omega^2} = \varepsilon(\omega, \boldsymbol{K}) = \varepsilon' + \frac{\chi(\boldsymbol{K})\omega_{1S}(\boldsymbol{K})^2}{\omega_X(\boldsymbol{K})^2 - \omega^2} \quad (14)$$

ここで

$$\hbar\omega_{1S}(\boldsymbol{K}) = E_g - R + \frac{\hbar^2 K^2}{2(m_e + m_h)} \quad (15)$$

であり，R は励起子のリュードベリエネルギー，m_e, m_h は電子，正孔の有効質量である．$\chi(\boldsymbol{K})$ は電気感受率，ε' は励起子以外の寄与による誘電率である．式 (15) を式 (14) に代入して，GaAs のパラメータを用いて解いた励起子ポラリトンの分散曲線を図 4.2.8 に示した．光子-励起子結合の場合，波数ベクトルに垂直な双極子モーメントをもつ横励起子のみが光子と相互作用する．励起子ポラリトン効果が重要となる領域で，波数 k は $10^5 \sim 10^6 \mathrm{cm}^{-1}$ と逆格子ベクトル（$10^8 \mathrm{cm}^{-1}$ 程度）よりもはるかに小さいので，励起子の分散はほとんど無視してもよい．上と下の分枝につくられたポラリトンはそれぞれの群速度で結晶内を伝搬し，結晶表面に達すると有限の確率で光子に変換され外部に出ていく．結晶内を伝搬中にポラリトンはその励起子成分を通してフォノン系と相互作用をして，各分枝内および分子間で散乱され，下分枝の変曲

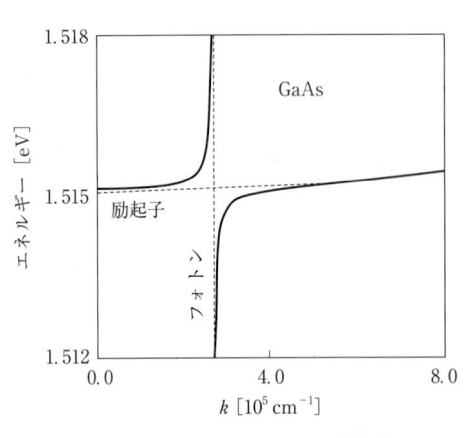

図 4.2.8 励起子ポラリトン分散曲線

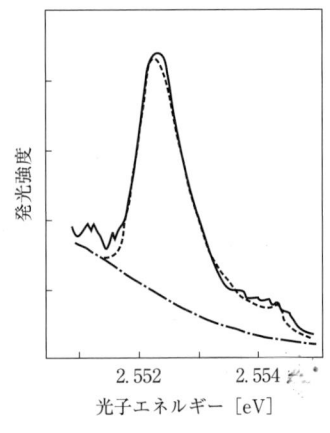

図 4.2.9 CdS の励起子ポラリトンの発光（点線は理論曲線）

点近傍（ボトルネックと呼ばれる）にとどまる．これは，フォトン的な領域では，フォノンとの相互作用が弱いが，励起子的領域では，フォノンとの相互作用が強く，速く緩和が起こるためである．このため，励起子の発光は図4.2.9に示すように励起子エネルギー近傍にピークと肩をもった構造を示す．

d. 励起子分子

半導体を強く励起して励起子の密度を高くすると，2個の励起子が結合して，水素分子のように励起子分子がつくられる．励起子分子は，有効質量が m_e, m_h の二つの伝導帯電子と二つの価電子帯正孔がクーロンポテンシャルを介して結びついた複合粒子であり，水素分子の場合と同様に，異なったスピンをもった二つの電子とやはり異なったスピンの二つの正孔が励起子分子の最低エネルギー状態を構成している．1S励起子が二つ結合して励起子分子をつくる場合を考える．並進ベクトル $\bm{K}$ をもつ励起子分子のエネルギーは

$$E_{XX}(\bm{K}) = 2(E_g - R) - E_{BXX} + \frac{\hbar^2 K^2}{4(m_e + m_h)} \tag{16}$$

で与えられる．ただし R は励起子のリュードベリエネルギー，E_{BXX} は分子の結合エネルギーである．

励起子分子は光子を放出して励起子に転換する．放出される光子のエネルギーは

$$\hbar\omega = E_{XX}(\bm{K}) - E_X(\bm{K}) = E_g - R - E_{BXX} - \frac{\hbar^2 K^2}{4(m_e + m_h)} \tag{17}$$

で与えられる[3]．励起子分子の運動エネルギー $\hbar^2 K^2/4(m_e + m_h)$ がマクスウェル-ボルツマン分布にしたがって分布しているとすると，放出光のスペクトルは

$$\sqrt{E}e^{-E/k_B T}, \quad E = E_g - R - E_{BXX} - \hbar\omega \tag{18}$$

となり，低エネルギー側に裾を引いた形である逆マクスウェル-ボルツマン分布の形状をもつ（図4.2.10）．

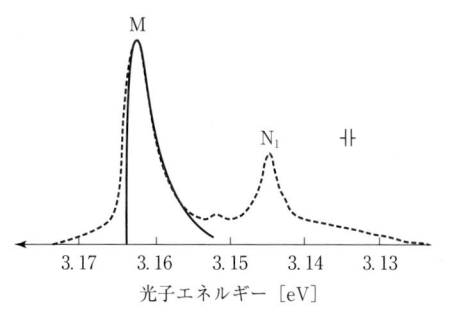

〔南　不二雄〕

図 4.2.10　CuCl 中の励起子分子からの発光（実線は理論曲線）

文献・注

1) P. Y. Yu and M. Cardona: Fundamentals of Semiconductors, Springer, Berlin, 2003.
2) R. S. Knox: Theory of Excitons, Solid State Physics, Suppl. 5, Academic Press, New York, 1963. 末元　徹ほか訳：半導体の基礎，シュプリンガー・フェアラーク東京，1999.
3) 塩谷繁雄ほか編：光物性ハンドブック，朝倉書店，1991.

4) Y. Toyozawa：Optical Processes in Solids, Cambridge University Press, 2003. 中嶋貞雄ほか：物性II——素励起の物理, 新装版 現代物理学の基礎 7, 岩波書店, 2012.
5) I. Pelant and J. Valenta：Luminescence Spectroscopy of Semiconductors, Oxford University Press, New York, 2011.

■ 4.2.1.3 ナノ構造と量子閉じ込め効果

　一方向に数 nm の長さのナノ構造半導体は，工業的には異なる半導体のなかに超薄膜として作成され，超薄膜内の電子・正孔に対するポテンシャルがおおむね井戸型ポテンシャルで表されることから量子井戸と呼ばれる[1]．閉じ込めを受ける方向と異なる二つの方向には電子・正孔は自由な運動を行うことから，二次元系となる．同様な低次元系として二次元系（2D）以外に，一次元系（1D）および 0 次元系（0D）がある．二次元系としてはグラフェンに代表される層状物質や量子井戸，一次元系としては鎖状物質，ナノワイヤー，カーボンナノチューブや量子細線，そして 0 次元系としてはナノ結晶，小さな微結晶や量子ドット[2] が作成される．低次元系の光学的性質は三次元系（3D）の光学的性質とは異なっている．最も顕著な変化は，電子や正孔の空間閉じ込めに起因する異なったエネルギーレベルや状態密度のエネルギースペクトルの違いである．

　半導体を一方向（z 方向とする）に a の長さのナノ構造にするとナノ構造中に閉じ込められた電子（有効質量 m_e^*）や正孔（有効質量 m_h^*）は，位置が長さ a の領域に確定されるので位置の不確定性が小さくなり，位置の不確定性 $\Delta z = a$ と運動量の不確定性 $\Delta p_z = \hbar \Delta k_z$ の積がプランク定数 $h = 2\pi\hbar$ の 1/2 になる不確定性原理により，運動量の不確定性 $\Delta p_z = h/2\Delta z = h/2a$ が大きくなるので，電子と正孔の運動エネルギーはそれぞれ，$(\Delta p_z)^2/2m_e^* = h^2/8m_e^*a^2 = \hbar^2\pi^2/2m_e^*a^2$, $(\Delta p_z)^2/2m_h^* = h^2/8m_h^*a^2 = \hbar^2\pi^2/2m_h^*a^2$ と有限のエネルギーになって量子閉じ込め効果が働く．一方向に a の長さのナノ構造半導体の簡単なモデルは，開区間（$-a/2, a/2$）でポテンシャルエネルギーが 0 で区間の端で無限に高いポテンシャル障壁をもつ井戸型ポテンシャル中の質量 m^* の粒子のモデルである．井戸のなかの粒子の波動関数とエネルギーレベルは，基礎的な量子力学から主量子数 n を用いて以下のように記述される．

$$\Psi_n(z) = \left(\frac{2}{a}\right)^{1/2} \cos\left(\frac{n\pi z}{a}\right) \qquad E_n = \frac{\hbar^2}{2m^*}\left(\frac{\pi n}{a}\right)^2, \quad n = 1, 2, 3, \cdots$$

電子と正孔両方が同じ位置のポテンシャル井戸に閉じ込められているタイプ I 型の半導体量子井戸では，閉じ込められる一つの方向（z 方向）と異なる二つの方向（x, y 方向）には電子と正孔が自由に運動するとすると電子と正孔のエネルギー準位は次式で示される．

$$E_e = E_g + \frac{\hbar^2}{2m_e^*}\left(\frac{\pi n_e}{a}\right)^2 + \frac{\hbar^2}{2m_e^*}(k_x^2 + k_y^2) \qquad E_h = \frac{\hbar^2}{2m_h^*}\left(\frac{\pi n_h}{a}\right)^2 + \frac{\hbar^2}{2m_h^*}(k_x^2 + k_y^2)$$

ここで，E_g はバンドギャップエネルギーである．価電子帯から伝導帯への電気双極子遷移が許容な場合には，電子の量子数 n_e と正孔の量子数 n_h が異なる波動関数は互いに直交系をなしているのと，吸収される光子の波数が電子の波数に比べて無視できるほど小さいので運動量保存則から，n_h, k_x, k_y で記述される正孔状態から，$n_e = n_h$, k_x, k_y で記述される電子状態への光学遷移が起こる．このとき，$n_e = n_h = n$ とおくと光学遷移は以下の式で与えられるエネルギーで起こる．

$$E = E_e + E_h = E_g + \frac{\hbar^2}{2\mu}\left(\frac{\pi n}{a}\right)^2 + \frac{\hbar^2}{2\mu}(k_x^2 + k_y^2)$$

ここで，μ は換算質量で $1/\mu = 1/m_e^* + 1/m_h^*$ で与えられる．三次元系（3D）の直接許容遷移の半導体では，結合状態密度 ρ_{3D} は次式で表される．

$$\rho_{3D}(E) = \frac{1}{2\pi^2}\left(\frac{2\mu}{\hbar^2}\right)^{3/2}(E - E_g)^{1/2}$$

同様に二次元系（2D），一次元系（1D），0次元系（0D）の結合状態密度は，次式で与えられる．

$$\rho_{2D}(E) = \frac{\mu}{\pi \hbar^2} \sum_n \theta(E - E_n - E_g)$$

$$\rho_{1D}(E) = \frac{(2\mu)^{1/2}}{\pi \hbar} \sum_{m,n} \frac{1}{(E - E_m - E_n - E_g)^{1/2}}$$

$$\rho_{0D}(E) = 2 \sum_{l,m,n} \delta(E - E_l - E_m - E_n - E_g)$$

ここで，θ は階段関数，δ はデルタ関数である．電子と正孔の量子閉じ込めエネルギーの和は，E_n, E_m, E_l で表される．ここで E_n, E_m, E_l は空間閉じ込めの三つの方向についての値である．図 4.2.11 は三次元系（3D），二次元系（2D），一次元系（1D），0次元系（0D）の結合状態密度を模式的に示す．光学遷移の行列要素のエネルギー依存性が無視できるならば，光学吸収スペクトル $\alpha(E)$ は結合状態密度に比例する．その結果，3D, 2D, 1D, 0D の吸収スペクトルは，図 4.2.11 の結合状態密度でよく表される．

ここまでの議論では，励起子効果が無視されてきたが，バンドギャップエネルギー近傍の吸収スペクトルは励起子効果によって支配される．励起子とは，電子と正孔が

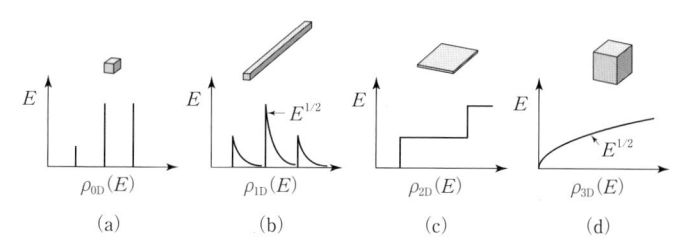

図 4.2.11 (a) 0 次元系（0D），(b) 一次元系（1D），(c) 二次元系（2D），(d) 三次元系（3D）の状態密度

クーロン引力で結合したものである．水素原子と同様に，クーロン引力は励起子の束縛エネルギーを形成する．励起子の最も低いエネルギーの結合状態は有効リュードベリエネルギー Ry^* と有効ボーア半径 a_B によって特徴づけられる．すなわち最も低い励起子状態は，電子と正孔が互いに結合していない連続状態より Ry^* だけエネルギーが低く，最も低いエネルギーの励起子の半径は a_B で与えられる．三次元系では，有効リュードベリエネルギーと有効ボーア半径は，次式で与えられる．

$$Ry^* = \frac{\mu}{\varepsilon^2 m_0} Ry \qquad a_B = \frac{\varepsilon m_0}{\mu} a_0$$

ここで，ε は誘電率，m_0 は真空中の電子の質量，$Ry = 13.6\,\mathrm{eV}$ と $a_0 = 52.9\,\mathrm{pm}$ はそれぞれ水素原子のリュードベリエネルギーとボーア半径である．三次元励起子のエネルギーレベルは，n_{ex} を電子と正孔の間の相対的な運動の量子数として次式で与えられ，

$$E_{n_{ex}} = E_g - \frac{Ry^*}{n_{ex}^2}, \qquad n_{ex} = 1, 2, 3, \cdots$$

吸収スペクトルは図 4.2.12 中の三次元励起子効果に示されるように変更を受ける．

二次元系では，最も低いエネルギーの励起子の束縛エネルギーは 4 倍の有効リュードベリエネルギーまで大きくなり，励起子のエネルギーレベルは次式で記述される．

$$E_{n, n_{ex}} = E_g + E_n - \frac{Ry^*}{(n_{ex} + 1/2)^2}, \qquad n_{ex} = 0, 1, 2, \cdots$$

ここで，n は一方向に閉じ込められた電子と正孔の量子数，n_{ex} は電子と正孔の間の二次元面内の相対的な運動の量子数である．二次元励起子の波動関数は，二次元面内

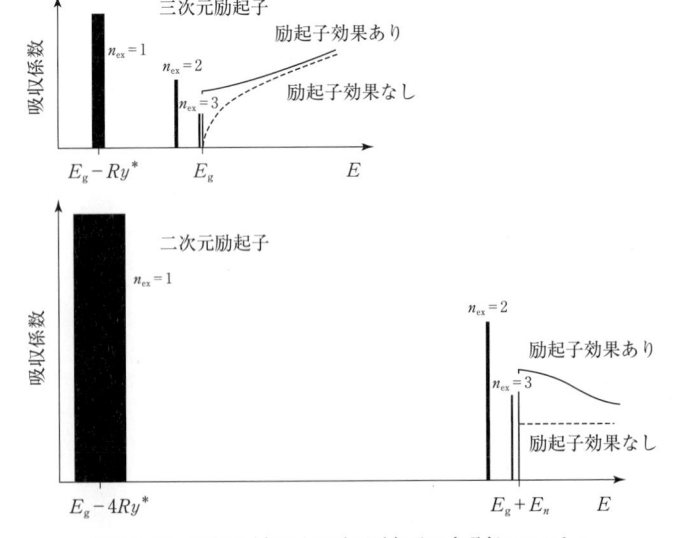

図 4.2.12 三次元励起子と二次元励起子の光吸収スペクトル

で縮み，半径は $(\sqrt{3/4})a_B$ になる．このことは，電子と正孔の間の重なりが三次元の場合と比較して大きくなることを意味し，その結果，二次元励起子の振動子強度は三次元励起子の振動子強度よりも大きくなる．n_{ex} 番目の二次元励起子の単位層あたりの振動子強度 $f_{n_{ex}}^{2D}$ は次式で与えられる．

$$f_{n_{ex}}^{2D} = \frac{n_{ex}^3}{(n_{ex}+1/2)^3} a_B f_{n_{ex}}^{3D}$$

ここで，$f_{n_{ex}}^{3D}$ は $1/n_{ex}^3$ に比例する n_{ex} 番目の三次元励起子の振動子強度である．光吸収に見られる二次元励起子効果と三次元励起子効果の違いを図 4.2.12 に示す．励起子の束縛エネルギーと振動子強度の増加は室温において二次元励起子の安定性につながり，室温でも光吸収スペクトル中に二次元励起子は観測されることが多い．

励起子の束縛エネルギーと振動子強度は，三次元から二次元，一次元，0 次元へと次元の減少によってもナノ構造のサイズの減少によっても増加する．サイズが小さい極限，すなわち 0 では二次元，一次元，0 次元の励起子の束縛エネルギーは無限に高いポテンシャル障壁をもつ井戸型ポテンシャルの場合には発散するが，実際にはサイズが小さくなっていくと，このモデルが破綻し，発散は起こらない．輻射寿命は振動子強度に逆比例しているので，次元とサイズの減少とともに減少する．サイズの減少による励起子の発光寿命の減少は，GaAs 量子井戸において最も明瞭に観測されている．

量子井戸などの二次元系に加えて，実用上重要な低次元系はナノ結晶，小さな半導体微結晶や量子ドットなどの 0 次元系である．多様な手法で作成される多種類のナノメーターサイズの微結晶は，量子ドットとしてふるまう．たとえば，III-V 族や II-VI 族の化合物微結晶は，基板結晶との格子不整合を利用して成長できるほか，II-VI 族や I-VII 族の化合物微結晶は化学的に溶液やポリマー，ガラス，結晶のなかに成長される．質量 m^* の粒子を閉じ込める量子ドットが一辺 a の立方体でドットの周りが無限に高いポテンシャルで囲まれているときには，量子井戸の場合を拡張して全エネルギーは x, y, z 方向の三つの独立な一次元シュレーディンガー方程式の固有エネルギーの和

$$E = E_n + E_m + E_l = \frac{\pi^2 \hbar^2}{2m^* a^2}(n^2 + m^2 + l^2), \quad n, m, l = 1, 2, 3, \cdots$$

となる．ここで，n, m, l はそれぞれ x, y, z 方向の一次元シュレーディンガー方程式の固有関数を規定する量子数である．量子ドットが半径 R の球状の場合には，量子力学の中心対称場中のポテンシャル問題に帰着し，ドット中に閉じ込められた質量 m^* の粒子の波動関数は球対称性から，$Y_{l,m}(\theta, \varphi)$ を球面調和関数として

$$\Psi_{n,l,m}(r, \theta, \phi) = \frac{u_{n,l}(r)}{r} Y_{l,m}(\theta, \varphi)$$

と動径成分と角度成分に分けた変数分離形で書ける．ポテンシャルエネルギーを $U(r)$ で表すと，$u_{n,l}(r)$ は次の動径部分のシュレーディンガー方程式を満足する．

$$-\frac{\hbar^2}{2m^*}\frac{d^2 u_{n,l}(r)}{dr^2} + \left[U(r) + \frac{\hbar^2}{2m^* r^2}l(l+1)\right]u_{n,l}(r) = Eu_{n,l}(r)$$

したがって,量子ドットが球状の場合,ドット中に閉じ込められた粒子を記述するシュレーディンガー方程式を解くことは,結局,動径部分の一次元シュレーディンガー方程式を解くことに帰着する.このことから固有関数,固有値は主量子数 n,軌道角運動量量子数 l,磁気角運動量量子数 m の三つの量子数で規定されることになる.軌道角運動量 L は

$$L^2 = \hbar^2 l(l+1), \quad l = 0, 1, 2, 3, \cdots$$

で与えられる.また磁気角運動量は軌道角運動量の z 成分 L_z で与えられる.

$$L_z = \hbar m, \quad m = 0, \pm 1, \pm 2, \cdots, \pm l$$

軌道角運動量量子数 l をもつ量子状態は磁気角運動量量子数がもつ値の自由度の数 $2l+1$ だけの縮重度をもつ.軌道角運動量量子数 l の値により,s 状態 ($l=0$),p 状態 ($l=1$),d 状態 ($l=2$),f 状態 ($l=3$),g 状態 ($l=4$) と呼ばれる.ドットの周りは無限に高いポテンシャルで囲まれ,ドットの内部ではポテンシャルは一定でゼロとおいて,動径部分の一次元シュレーディンガー方程式を解くと,

$$E_{n,l} = \frac{\hbar^2 \xi_{n,l}^2}{2m^* R^2}$$

がエネルギー固有値として得られる.ここで,$\xi_{n,l}$ は l 次の球ベッセル関数の n 番目の根である.とくに $l=0$ のときには $\xi_{n,0} = n\pi$ となり,固有関数,エネルギー固有値とも一次元のポテンシャル井戸の場合と一致する.

現実の半導体量子ドットの場合を考えてみると,半導体中の電子・正孔はそれぞれ真空中の裸の質量とは異なる有効質量をもち,また電子と正孔の間に働くクーロン相互作用のため,励起子を構成する.さらに,閉じ込めにより電子と正孔の間に働くクーロン相互作用も強く影響を受ける.電子と正孔が無限に深い閉じ込めポテンシャル中に存在するときのハミルトニアンは,有効質量近似により,

$$H = -\frac{\hbar^2}{2m_e^*}\nabla_e^2 - \frac{\hbar^2}{2m_h^*}\nabla_h^2 - \frac{e^2}{\varepsilon|\boldsymbol{r}_e - \boldsymbol{r}_h|} + V(\boldsymbol{r}_e) + V(\boldsymbol{r}_h)$$

と表される.ここで,$\boldsymbol{r}_e(\boldsymbol{r}_h)$ は電子(正孔)の原点からの位置ベクトル,ε は半導体ナノ結晶の誘電率を表す.上式の右辺の第1,2項はそれぞれ電子,正孔の運動エネルギーを表し,第3項は電子と正孔の間に働くクーロンエネルギーを表す.三次元の閉じ込めは,ナノ結晶の半径 R と励起子のボーア半径 a_B との大小関係により,次のような二つの極限を用いて考えることができる.実際,これらの分類は実際の実験で観測されるエネルギーシフトをよく説明する(図4.2.13)[3].

(1) $R \gg a_B$(弱い閉じ込め)

この領域では励起子が狭い空間に閉じ込められ,励起子の並進運動が量子化されるので励起子閉じ込めともいわれる.この場合の励起子の最低エネルギー状態は,

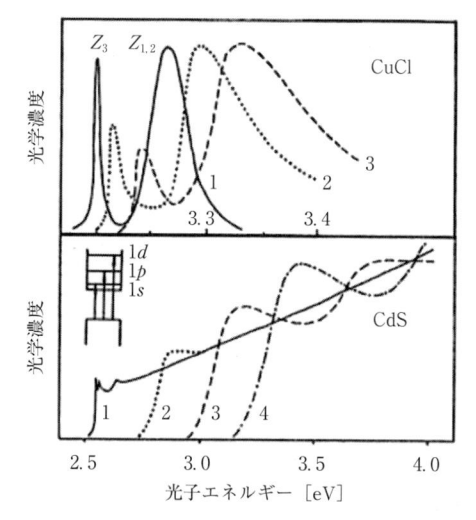

図 4.2.13 CuCl, CdS 量子ドットの吸収スペクトル (4.2 K) 量子サイズ効果により,サイズの減少とともに吸収スペクトルが高エネルギーシフトする.CuCl 量子ドットでは,1,2,3 の吸収スペクトルはそれぞれ $R = 31, 2.9, 2.0$ nm, CdS 量子ドットでは,1,2,3,4 の吸収スペクトルはそれぞれ $R = 33, 2.3, 1.5, 1.2$ nm の試料に対応している (A. I. Ekimov による.参考文献 3, p.218 Fig.2 を一部変更の後,転載).

$$E = E_g + \frac{\hbar^2 \pi^2}{2M(R - \eta a_B)^2} - Ry^*$$

と表される.ここで,E_g はバルク結晶のバンドギャップエネルギー,Ry^* は励起子のリュードベリエネルギーを表す.右辺の第 2 項中の分母の $M = m_e^* + m_h^*$ は励起子の並進運動の質量を表し,第 2 項は,励起子の重心が $R - \eta a_B$ の半径中に閉じ込められることによる励起子の有限サイズの補正をしたもので,$\eta = 0.5$ がよく用いられる.このモデルの典型例としては励起子のボーア半径が 0.68 nm の CuCl ナノ結晶があげられる(図 4.2.13).実際,図 4.2.13 の上の欄に示される弱い閉じ込めの代表である CuCl 量子ドットでは,a_B が小さく励起子の束縛エネルギーが大きくなるために R の全領域で励起子による吸収が大きな構造として現れ,$M = 2.1 m_0$ と大きいので R が 31 nm から 2.0 nm と小さくなっても高エネルギーシフトは 0.04 eV と小さい.

(2) $R \ll a_B$(強い閉じ込め)

この領域では,電子と正孔がナノ結晶中に別々に閉じ込められ量子化されるので電子・正孔個別閉じ込めともいわれる.この場合,電子・正孔間のクーロンエネルギーに比べて電子と正孔の運動エネルギーが支配的になる.このときの励起子の最低エネルギー状態は,

$$E = E_\text{g} + \frac{\hbar^2 \pi^2}{2\mu R^2} - \frac{1.786 e^2}{\varepsilon R} - 0.248 Ry^*$$

と表される．ここで，上式の右辺の第3項は閉じ込めにより電子・正孔間の距離が近づくことによって生じるクーロンエネルギーであり，第4項は相関エネルギーである．R が小さくなると他に比べて第2項が大きく変化するので，バルク結晶のバンドギャップからのエネルギーシフトは R^2 にほぼ逆比例することが予想される．このモデルの典型例として，励起子のボーア半径が 4.6 nm の CdSe ナノ結晶やボーア半径が 3.0 nm の CdS ナノ結晶があげられる（図 4.2.13）．実際，図 4.2.13 の下の欄に示される強い閉じ込めの代表である CdSe ドットでは，a_B が大きく励起子の束縛エネルギーが小さいためにほとんど量子効果のきかない $R = 33$ nm のドットにしか励起子による小さな吸収構造が見えず，$\mu = 0.18 m_0$ と小さくなるために R が 33 nm から 2.3 nm と小さくなると高エネルギーシフトは 0.33 eV にも達する． 〔舛本泰章〕

文献・注

1) 量子井戸の光学的性質についての多くの参考図書がある．(a) 舛本泰章：3章 光学的性質，超格子ヘテロ構造デバイス（江崎玲於奈監修，榊 裕之編），工業調査会, 1988. (b) C. Weisbuch and B. Vinter：Quantum Semiconductor Structures, Fundamentals and Applications, Academic Press, 1991.
2) 量子ドットの光学的性質についての多くの参考図書や文献がある．(a) 舛本泰章：人工原子，量子ドットとは何か（大槻義彦編），現代物理学最前線6，共立出版，2002. (b) A. D. Yoffe：*Adv. Phys.*, **51** (2002), 799-890. (c) U. Woggon：Optical Properties of Semiconductor Quantum Dots, Springer, 1997. (d) S. V. Gaponenko：Optical Properties of Semiconductor Nanocrystals, Cambridge University Press, 1998. (e) D. Bimberg, *et al.*：Quantum Dot Heterostructers, John Wiley, 1999. (f) Y. Masumoto and T. Takagahara, eds.：Semiconductor Quantum Dots-Physics, Spectroscopy and Applications, Springer, 2002. (g) L. Bányai and S. W. Koch：Semiconductor Quantum Dots, World Scientific, 1993. (h) V. I. Klimov, ed.：Semiconductor and Metal Nanocrystals, Marcel Dekker, 2004. (i) A. Tartakovskii, ed.：Quantum Dots-Optics, Electron Transport and Future Applications, Cambridge University Press, 2012.
3) A. I. Ekimov：*Physica Scripta*, **T39** (1991), 217-222.

4.2.2 不純物中心や微粒子の発光現象

4.2.2.1 半導体の不純物が関与する発光現象

現実の結晶は完全ではない．結晶にはイオン欠陥や，格子間原子や置換異種原子（自然や人工的に導入されたもの）がさまざまな濃度で存在する．このような欠陥は電子や正孔あるいは励起子を引き付け，局在化させる捕獲中心になる．このような捕獲中心は，とくに発光において，その濃度は低いにもかかわらず，重要な役割を果た

す．局在化の程度によって観測される現象が著しく変化する．局在性が弱く，そのエネルギーや波動関数が水素原子状になる不純物はドナーやアクセプターと呼ばれる．ここでは主としてドナーやアクセプターが関与する発光現象に関して述べる．

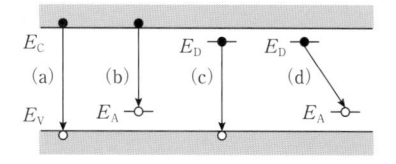

図 4.2.14 半導体の種々の発光過程

a. 半導体の種々の発光過程

図 4.2.14 に示すように半導体の場合種々の発光過程が存在する．(a)は 4.2.1 項で述べたバンド間発光であり，(b)は伝導帯-アクセプター(A)発光，(c)はドナー(D)-価電子帯発光，(d)は D-A ペアー発光といわれるものである．またこれ以外に励起子発光がある．半導体での発光は電子とホールの再結合によって起こるが，この電子とホールの再結合は直接，発光に寄与するものと寄与しないものがある．前者を輻射再結合，後者を非輻射再結合と呼んでおり，効率よい発光にはこの非輻射再結合をいかに少なくするかが重要となる．励起されたキャリヤーの輻射再結合の寿命を τ_R，非輻射再結合寿命を τ_N とすると発光効率 η は

$$\eta = \frac{1/\tau_R}{1/\tau_R + 1/\tau_N} = \frac{1}{1+(\tau_R/\tau_N)} \tag{1}$$

で与えられる．

b. 伝導帯-アクセプター(A)発光とドナー(D)-価電子帯発光

ホスト原子と比べて価電子の数が多い置換原子はドナー，価電子の数が少ない置換原子はアクセプターと呼ばれている．ドナーは過多の電子を結晶に与えるのに対し，アクセプターは電子を捕まえる，もしくは正孔を与える．ドナーもしくはアクセプターは電気的に帯電しているか中性である．ここでは中性ドナー(D^0)-価電子帯発光(h-D^0発光）および伝導帯-中性アクセプター(A^0)発光（e-A^0発光）について述べる．

図 4.2.14 の(b)の発光である e-A^0 発光をまず考える．伝導帯の電子の占有数分布はマクスウェル-ボルツマン分布になっていると仮定して，バンド間発光の場合と同様の計算をすることにより，発光スペクトルは

$$I(\omega) \propto \sqrt{\hbar\omega - (E_g - E_A)}\, e^{-\{\hbar\omega - (E_g - E_A)\}/kT} \tag{2}$$

と求められる．ただし，E_A は正孔に対するアクセプターの束縛エネルギーである．一例として GaAs の e-A^0 発光のスペクトルを図 4.2.15 に示す．実験は式（2）で表される理論式（白丸）とよく一致している．低エネルギー側のピークは後で述べるD-A ペアー発光によるものである．

図 4.2.14 の(c)の h-D^0 発光に対しても，価電子帯の正孔の占有数分布はマクスウェル-ボルツマン分布になっていると仮定すると，発光スペクトルは同様に

$$I(\omega) \propto \sqrt{\hbar\omega - (E_g - E_D)}\, e^{-\{\hbar\omega - (E_g - E_D)\}/(kT)} \tag{3}$$

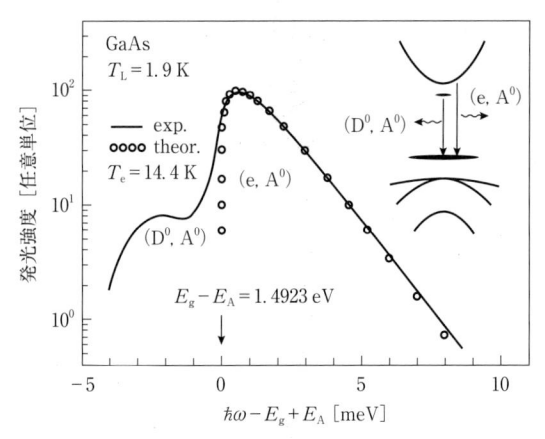

図 4.2.15 GaAs の 1.9 K における e-A⁰ 発光スペクトル

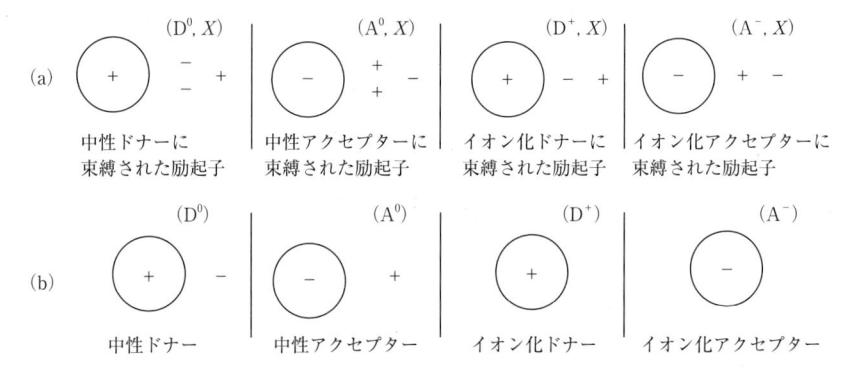

図 4.2.16 束縛励起子状態の概略図
+（−）は電子（正孔）を表し，⊕（⊖）はドナー（アクセプター）原子を表している．(a) は束縛励起子，(b) は励起子を束縛していない状態を表している．

と計算できる．ここで，E_D は電子に対するドナーの束縛エネルギーである．

c. 束縛励起子

励起子はドナーやアクセプターに束縛される．ドナーもしくはアクセプターは電気的に帯電しているか中性である．ドナー原子が最初の余分な電子を放出したら，ドナーは正に帯電しイオン化ドナーと呼ばれる．同様にアクセプター原子が電子を捕まえたら（または正孔を放したら），アクセプターは負に帯電しイオン化アクセプターと呼ばれる．対照的に中性ドナーやアクセプターは，本来の数の価電子をもっているので，全体で電荷をもっていない．図 4.2.16 に図式的に示したように励起子はイオン化ドナー，アクセプター，中性ドナー，アクセプターのいずれにも束縛される．多

くの結晶では，中性ドナーまたはアクセプターに対する励起子の束縛エネルギーは，一般に数 meV 程度である．ゆえに束縛励起子は低温でのみ観測される．

束縛励起子のエネルギーは，不純物に対する束縛エネルギーの分だけ，$n=1$ の自由励起子のエネルギーよりも小さくなる．よって，束縛励起子のエネルギーは次のようになる．

$$E_{\mathrm{b}x} = E_\mathrm{g} - R - E_\mathrm{BE} \tag{4}$$

ここで R は励起子のリュードベリエネルギー，E_BE は不純物に対する励起子の束縛エネルギーである．自由励起子エネルギーと比べると，束縛励起子エネルギーには，質量中心の運動エネルギーの項がない．

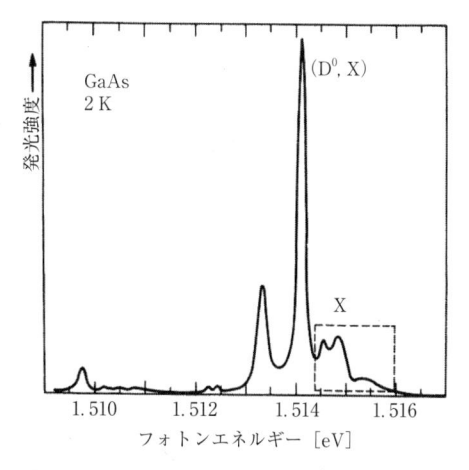

図 4.2.17　GaAs の束縛励起子 $(\mathrm{D}^0, \mathrm{X})$ と自由励起子 (X) の発光線

自由励起子のうち発光できる励起子は，運動量保存則より，光子の波数ベクトルと同じ波数ベクトルをもつ励起子のみである．したがって，大多数の自由励起子は運動量保存則のため，（フォノンの関与なしに）直接過程では発光できない．このために，励起子は発光消滅する前に結晶中を動き回って，欠陥に捕まる可能性が高くなる．一度欠陥に捕まると，電子-正孔対の実空間での局在により，波動関数は $\boldsymbol{k}$ 空間では広がるため，もはや運動量保存則による制限はなくなり，束縛励起子は直接放出過程で発光的に再結合することができるようになる．したがって，フォノンの助けを借りない束縛励起子による直接発光が，シリコンのような間接ギャップ物質でも観測される．

束縛励起子は不純物の周りに局在しているので，自由励起子のようにエネルギー分布を反映したスペクトル線の熱広がりはない．したがって，束縛励起子発光線は，自由励起子線の下に位置する細い線として観測される（図 4.2.17 参照）．不純物への励起子の束縛エネルギーが励起子結合エネルギーよりも小さい限り，温度が上がると束縛励起子線は自由励起子線よりも先に消滅する．なぜなら，熱エネルギーにより束縛励起子が先に解離するからである．不純物中心の性質（中性かイオン性か，ドナーかアクセプターか）は，磁場による各励起子中心に対するゼーマン分裂で決定できる．

d. D-A ペアー発光

中性ドナーに捕獲されている電子と中性アクセプターに捕獲されている正孔の間の再結合に起因する発光を D-A ペアー発光と呼ぶ．発光のエネルギーは，再結合後に残されるイオン化ドナーとイオン化アクセプター間のクーロンエネルギーに依存するため，

$$\hbar\omega = E_g - E_A - E_D + \frac{e^2}{4\pi\varepsilon R_{DA}} \tag{5}$$

と表される．$E_A(E_D)$ は正孔（電子）に対するアクセプター（ドナー）の束縛エネルギー，R_{DA} はドナー-アクセプター間の距離で以下に示すように離散的になる．

閃亜鉛鉱（ZnS）型構造を有する化合物半導体（格子定数 a_0）では，ドナーとアクセプターが同一の副格子上に（たとえば両方が Zn サイトに）存在する場合（タイプ I）と異なる副格子に（たとえば一方が Zn サイト，他方が S サイトに）存在する場合（タイプ II）がある．

一つの格子サイトを原点とするとき，閃亜鉛鉱構造の各格子点 $\bm{R}_n$ は，n_1, n_2, n_3 を自然数として

$$\bm{R}_n = \frac{a_0}{2}(n_1, n_2, n_3) \quad \text{あるいは} \quad \frac{a_0}{2}\left(n_1 - \frac{1}{2}, n_2 - \frac{1}{2}, n_3 - \frac{1}{2}\right)$$

$$n_1 + n_2 + n_3 = 偶数 \tag{6}$$

の条件で表すことができる．この式を用いて，ドナーとアクセプターの距離 R_{DA} を計算すると，R_{DA} は $2m = n_1^2 + n_2^2 + n_3^2$ で定義されるシェル数 m を用いて，

$$R_{DA} = \begin{cases} \sqrt{\dfrac{m}{2}}\, a_0 & (\text{タイプ I}) \\ \sqrt{\dfrac{m}{2} - \dfrac{5}{16}}\, a_0 & (\text{タイプ II}) \end{cases} \tag{7}$$

と表される[3]．このため，D-A ペアー発光スペクトルは図 4.2.18 に示すように，離散的となる．各ピーク上の数字は式（7）より R を計算する際に用いた整数 m の値であり，タイプ I, II の構造それぞれに対して期待されるエネルギー位置にピークが現れていることがわかる．

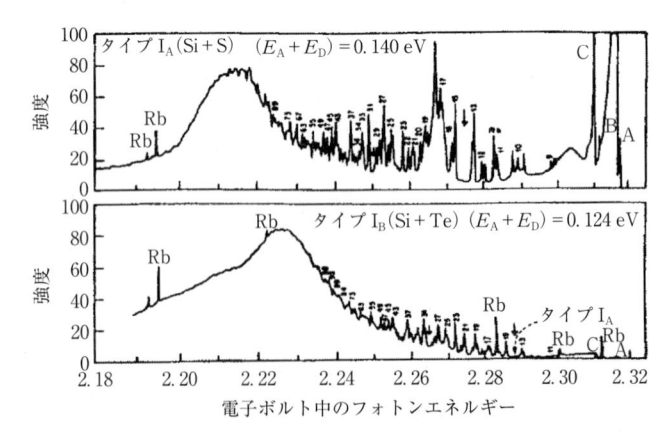

図 4.2.18 GaP の DA ペアー発光

図 4.2.19 GaP:N のバンド構造と不純物準位の広がりの模式図

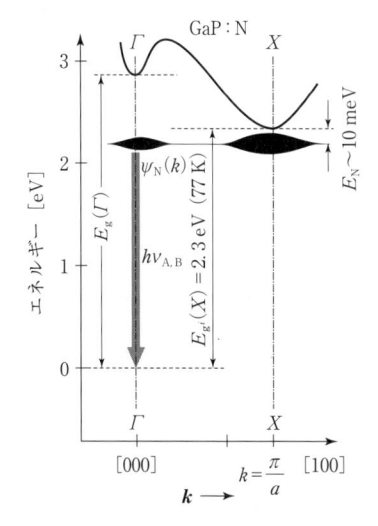

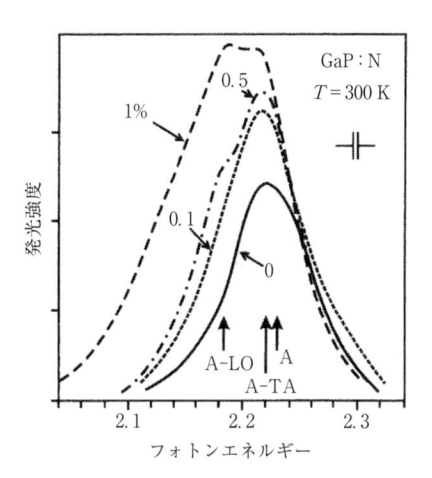

図 4.2.20 GaP:N の発光スペクトル（N の濃度は図中に示してある）

e. 等電子中心

GaP において窒素 (N) の不純物原子を多く入れると N は P 原子と同じ V 属なので P の位置に入ることができるが，P と同じ属であるのでドナーにもアクセプターにもならない．しかし N は電気陰性度が高いので電子をとらえやすく電子捕獲準位を形成する．このような欠陥は，等電子中心と呼ばれている．浅い不純物の波動関数は 50Å 程度広がっているが，N の電子トラップは局在性が強く，その波動関数の広がりはたかだか 2Å 程度と考えられており，図 4.2.19 に示すようにこの電子の波動関数は k 空間で大きく広がっている．したがって，GaP は間接型半導体であるが，Γ 点の荷電子帯の正孔とトラップ準位の電子は容易に再結合できる．そのため GaP:N 間接型半導体は非常に強い発光を示し，緑色の可視発光ダイオードとして利用されている．図 4.2.20 に 300 K で観測された GaP:N の発光スペクトルを示す．低エネルギー側にフォノンが関与する発光（フォノンサイドバンド）も重畳しているが，N の不純物レベルからの発光が強く観測されている．

〔南　不二雄〕

文献・注

1) P. Y. Yu and M. Cardona：Fundamentals of Semiconductors, Springer, Berlin, 2003. 末元　徹ほか訳：半導体の基礎，シュプリンガー・フェアラーク東京，1999.
2) R. S. Knox：Theory of Excitons, Solid State Physics, Suppl. 5, Academic Press, New York, 1963.
3) 塩谷繁雄ほか編：光物性ハンドブック，朝倉書店，1991.
4) N. Peyghambarian, *et al.*：Introduction to Semiconductor Optics, Prentice Hall, New

Jersey, 1993.
5) T. S. Moss, *et al.*:Semiconductor Opto-Electronics, Butterworths, London, 1973.
6) I. Pelant and J. Valenta:Luminescence Spectroscopy of Semiconductors, Oxford University Press, New York, 2011.

■ 4.2.2.2 不純物中心

　ゲストとなる原子・分子・イオンなどの不純物を，ホストとなる結晶や非晶質へ，挿入，置換により導入することで，不純物中心が構成される．ゲストとホストの組合せにより多彩な発光現象が観測される．ホスト結晶へ不純物を導入すると，不純物準位内遷移，束縛励起子，ドナー-アクセプター対発光などの不純物間遷移，バンド-不純物間遷移などが生じ，光学的な性質を決めるうえで，主要な役割を果たす．さらに，不純物中心への複数の励起子が束縛される束縛多励起子からの発光や，空格子点が関係する複合中心の発光などがあり，多彩な現象が観測される．

　超格子，量子ドット，量子細線など，ホスト結晶の低次元化により，量子閉じこめが生じ，新しい光物性が展開される．また，結晶のみならず，非晶質や多結晶体など，微視的なホスト環境に着目して，自在に光物性を制御し，所望する発光体を得るという，能動的な物質設計が重要になっている．不純物中心へ，いかに効率的にエネルギーを流し込み，無輻射遷移を抑制するかなど，蛍光体に関する詳細な研究を進め，物理的にも応用的にも興味深い系が引き続き発見されていくであろう．

　ここでは，不純物中心の代表例として，希土類イオンの発光に関する話題を取り上げる．また，不純物中心の蛍光スペクトルを，微視的な周辺環境の分布のなかから抜き出す，選択蛍光法についてふれる．

a. 希土類イオン

　理論的取扱いの進んだ典型的な不純物中心のイオン種としては，遷移金属イオン，Tl^+型金属イオン，および希土類イオンがあげられる．そのなかで，とりわけ，希土類イオンは5s電子，5p電子が閉殻をつくり，光学遷移に関与する不完全4f電子殻を遮蔽しているので，自由イオンに基づく考察によって，光学スペクトルを理解することができる．希土類イオン発光は，4f電子が関与する遷移であり，ホストとの電子格子相互作用（電子基底状態と励起状態における格子平衡位置の差をもたらす電子と核の相互作用）が弱く，ゼロフォノン線（フォノンの遷移を伴わない，純電子遷移）が顕著である．とくに4f電子殻内遷移の場合，禁制遷移であるため，先鋭な線スペクトルを呈するとともに，ミリ秒域の発光寿命を示す．希土類イオンを取り巻く結晶場が光学スペクトルに与える影響や，無輻射遷移の評価などが物性研究の初期の段階から詳細に検討されてきた[1-4]．また，ホスト結晶のエネルギーバンド構造に対する，希土類イオンのエネルギー準位の相対関係に関する研究も，近年，進展している．

希土類蛍光体開発の主要な目標の一つは、いかに効率よく、エネルギー変換するかということである。そこで、希土類イオン発光にまつわる話題として、紫外1光子をよりエネルギーの低い可視、もしくは、赤外2光子に高効率に変換して、量子収量1以上を目指す研究を取り上げる[5]。紫外励起により、可視発光が起こる場合、無輻射過程により失われるエネルギーは損失となる。もし、紫外励起に対し、可視2光子発光が起これば、この損失を回避することができ、量子収量において1をこえることが期待され、プラズマディスプレーや水銀フリー蛍光灯に

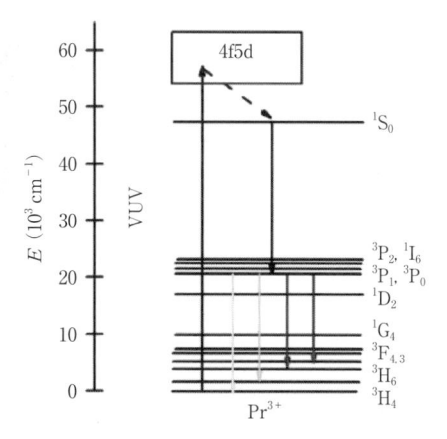

図 4.2.21 Pr^{3+} のエネルギーレベルダイヤグラムと QC 過程[5]

おける蛍光体の開発において、注目を集めている。後述する紫外-赤外の場合も含め、光子がより低い多数の光子に変換されるダウンコンバージョン過程は、QC (quantum cutting)、QS (quantum splitting) と呼ばれ、精力的な研究がなされている。初期の研究としては、フッ化物結晶における Pr^{3+} 中心を紫外励起したときに、1 フォトンカスケード放出 (photon cascade emission) が起こることを見いだしている。図 4.2.21 に対応するエネルギーレベルダイヤグラムを示す。

ここで、電子準位の表記に言及する。希土類イオンの 4f 多電子状態は、軌道角運動量 L、スピン角運動量 S と全角運動量 J により指定されるラッセル-サンダース状態で表され、最も寄与の大きいものを用いて、$^{2S+1}L_J$ と表記して区別される。スピン軌道相互作用のために、L と S はよい量子数ではなく、結晶場中におかれることで、さらに J もよい量子数でなくなり、2J+1 に縮退していた状態の分裂、すなわち、シュタルク準位（電場により縮退が解けた準位）への結晶場分裂が起こる。

Pr^{3+} 中心を紫外光励起すると 4f5d 準位を経由し、$^1S_0 \rightarrow {}^1I_6$, ^3P_J 遷移による 400 nm 近傍の発光に引き続いて、$^3P_0 \rightarrow {}^3F_J$, ^3H_J 遷移による 480〜700 nm の発光が生じる。照明やディスプレーに向けた実用化のために、400 nm の近紫外発光をさらに変換する研究が進んでいる。

一方、複数種の希土類イオン中心の存在下で、共鳴エネルギー伝達や、協同ルミネセンスが知られていた。これを QC に適用し、190% の量子収量を達成し、QC に関する研究の起点になった観測結果を図 4.2.22 に示す[6]。$LiGdF_4:Eu^{3+}$ に対して 202 nm で励起した際に、273 nm に比較して、Eu^{3+} の $^5D_0 \rightarrow {}^7F_J$ 遷移において、およそ 2 倍の発光強度が得られることを示している（$^5D_1 \rightarrow {}^7F_J$ 発光により強度を規格化）。Gd^{3+} イオンは、結晶を構成しているが、$^8S_{7/2}$ 基底状態より、低い励起状態 ^6I_J に遷移させた場合には、Eu^{3+} イオンへエネルギー移動し、$^5D_1 \rightarrow {}^7F_J$ 発光が引き起こされる。

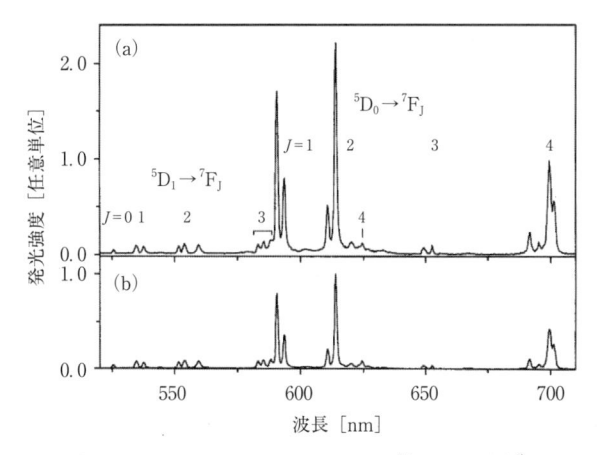

図 4.2.22 300 K における LiGdF$_4$:Eu^{3+} 0.5% の発光[6]
(a) 202 nm 励起. (b) 273 nm 励起.

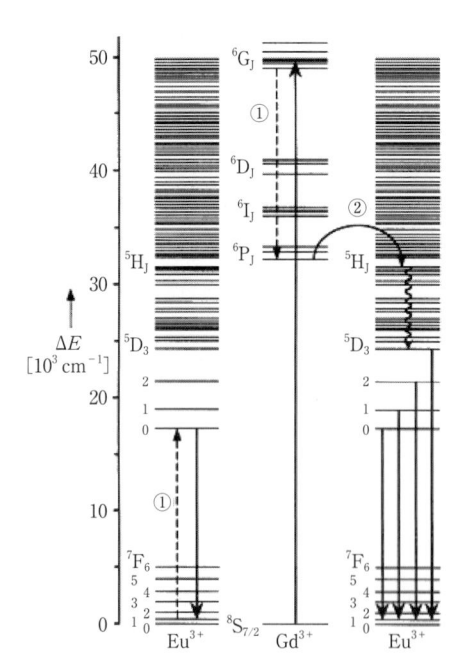

図 4.2.23 Eu^{3+}-Gd^{3+} システムにおけるエネルギーレベルダイヤグラム[6]
^{6}G$_J$ に励起された後,共鳴エネルギー伝達①と励起移動②によって,励起エネルギーは,2光子に変換される.すなわち QC が生じる.

一方,高い励起状態 ^{6}G$_J$ へ励起された場合,同様のエネルギー移動に加えて,より低い励起状態への遷移 (^{6}G$_J$ → ^{6}P$_J$) と Eu^{3+} における励起遷移 (^{7}F$_J$ → ^{5}D$_0$) が同時に引き起こされる.これは,両遷移エネルギーが等しく,共鳴エネルギー伝達が起こるためである(図4.2.23).

QC を生じる蛍光体の研究は,さらに,Si 太陽電池の効率の低い短波長領域の光を赤外光に変換して積層型で変換効率を上げるための研究へ展開している.発電効率への寄与の低い光を変換して,付加的な効率を得ることができるだけでなく,無輻射緩和により生じていた熱を抑制し,太陽電池の効率を原理的に大幅に引き上げることが期待されている.

b. 選択蛍光

不純物中心の応用上重要な物理過程として QC にふれたが,一方で,不純

物中心をプローブとすることで，導入されたホストの微視的環境を定量的に評価する話題として，選択蛍光について記述する．

サイト選択蛍光法，すなわち，単色光共鳴励起による蛍光線の先鋭化（fluorescence line narrowing）と呼ばれる方法によって，遷移エネルギーや遷移強度やスペクトル形状など，光学スペクトルの定量解析を通して，不純物中心のおかれた結晶場，電子格子相互作用の強度や相互作用する振動モードの状態密度に関する情報を得ることができる．

個々の不純物中心がおかれた環境は異なっているため，電子遷移のエネルギーは分布し，全体としてスペクトルは広がる．これを不均一広がりと呼ぶ．おかれた環境をサイトと呼び，サイトより異なる電子遷移エネルギーに対する分布，すなわち，サイトエネルギー分布関数（サイト分布関数）によって，不均一分布を表現する．一方，不均一広がりの影響を除き，単一サイトのスペクトルが得られたならば，これを均一なスペクトルと呼ぶ．スペクトル形状は，電子遷移のみに対応する先鋭なゼロフォノン線と，相互作用する振動モードを反映したフォノンサイドバンドから構成される．

線幅の狭いレーザーを用いた単色光励起により，サイト選択蛍光が可能になるためには，光学スペクトルにおいて，先鋭なスペクトル線を有している必要がある．これは，電子格子相互作用が弱く，ゼロフォノン線が顕著である場合，あるいは，結合する振動モードが少数であって，それらの振電準位の関与するスペクトル線幅が狭い場合である．

遷移金属イオンにおける基底状態と励起状態エネルギーの配位子場依存性が似通っている場合，また，希土類イオンにおける光学遷移が，よい対象となる．バルク結晶における束縛励起子やナノ結晶中に閉じ込められた励起子も適用対象となる．さらに，色素分子のπ-π^*遷移に関与する電子状態は，分子全体に広がっており，剛直な分子の場合，振動との相互作用は弱くなり，そのゼロフォノン線スペクトルが顕著になる．したがって，分子性結晶や非晶質における色素分子の場合もサイト選択蛍光法が適用できる．色素を含むタンパク質も適用対象であり，光合成中心をはじめ，光機能性タンパク質に関する研究がなされている[7,8]．

希土類イオンなどの不純物中心場合，関与する結晶場や輻射効率などを議論することが，サイト選択蛍光法の中心的な課題である．この場合，単色励起の波長を変化させて，サイト選択された蛍光スペクトルを取得し，スペクトルに寄与する不純物中心を分類同定することも可能である．一方で，色素分子などの最低励起状態を対象にして，抽出した単一サイトの蛍光スペクトルから，ゼロフォノン線とフォノンサイドバンドを定量解析することで，相互作用する振動の状態密度関数を求めることができる．ここでは，後者の具体的な例について，記述する[9]．

通常，ゼロフォノン線蛍光は，励起光と重なるため，正確に強度を測定することができない．この困難を克服するために時間分解蛍光法を導入する．励起光からの散乱は，即時的な応答であるのに対し，蛍光は，寿命に応じて減衰する．したがって，時

間分解測定によって，両者を分離することが可能である．

実験的には，散乱の影響がなくなるところに時間ゲートを設定し，ゼロフォノン線蛍光スペクトルを含むスペクトルを一挙に取得する方法が効果的である．色素分子の場合，蛍光寿命は数ns程度であり，時間相関単一光子計数法を用いて，時間ゲート内の光子数をカウントすることで，蛍光スペクトルを定量的に得ることができる．ただし，散乱光がきわめて少ない試料を用意し，励起光の偏光に対し直交する偏光成分を取り出すことで，散乱光の影響を取り除くための注意が必要である．こうして極低温で得られたサイト選択蛍光スペクトルの例を図4.2.24に示す[10]．

低エネルギー側で観測されたサイト選択蛍光スペクトルは，均一なスペクトルのように見えるが，そのままでは，不均一分布の影響を除去した均一なスペクトル，すなわち単一サイトの蛍光スペクトルではない．なぜならば，励起光よりもさらに低エネルギー側のサイトにある分子も，そのフォノンサイドバンドを通じて励起されてサイト選択蛍光スペクトルに寄与するからである．ゼロフォノン線がフォノンサイドバンドと比較して，その吸収断面積が桁違いで飽和特性に差がある場合，これに着目し，励起光強度を変化させたときの変化分から単一サイトの蛍光スペクトルを得ることが可能である．また，色素分子の多くは，吸収スペクトルと発光スペクトルに鏡映対称性をもつと

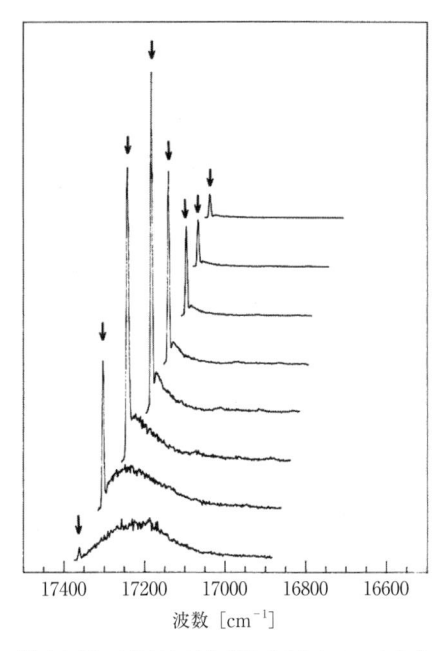

図4.2.24 4Kにおけるポリスチレンフィルム中のMgオクタエチルポルフィリンのゼロフォノン線を含むサイト選択蛍光スペクトル（矢印は，励起レーザー光の位置を示す）[10]

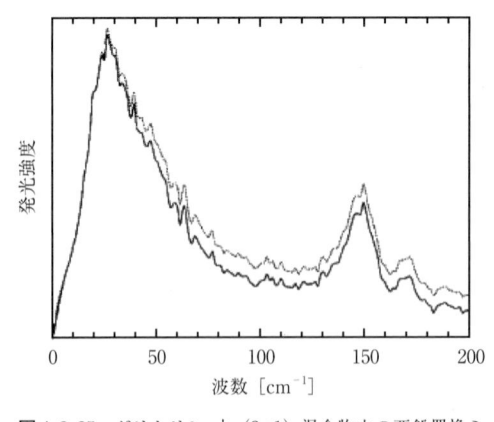

図4.2.25 グリセリン-水（3:1）混合物中の亜鉛置換ミオグロビンの4Kにおける単一サイト蛍光スペクトルのフォノンサイドバンド（破線）とWDOS（実線）[12]

近似してよく，この場合，観測されたサイト選択蛍光スペクトルとサイト分布関数から，数値的解析により，単一サイトの蛍光スペクトルを得ることができる．サイト分布関数は，励起光波長を変化させ，その関数としてゼロフォノン線蛍光強度をプロットすることで得られる．

こうして得られた単一サイトの蛍光スペクトルを数値解析することによって，電子格子相互作用で重みづけられた振動状態密度（weighted density of states：WDOS）を得ることができる[11]．WDOSは，不純物中心がどのような振動モードと相互作用しているか，定量的な情報を与える．図4.2.25に，単一サイトのフォノンサイドバンドスペクトルとWDOSの例を示す[12]．極低温で決定されたWDOSに基づいて，振動モードの調和性が保たれると仮定して，サイト選択蛍光スペクトルの温度変化を推定することができる．

〔兼松泰男〕

文献・注

1) 塩谷繁雄編：光物性ハンドブック，朝倉書店，1993，[299-309]．
2) 櫛田孝司：光物性物理学，朝倉書店，1991，[116-124, 176-182]．
3) 小林洋志：発光の物理，現代人の物理7，朝倉書店，2000，[55-66]．
4) 足立吟也編著：希土類の科学，化学同人，1999，[775-811]．
5) Q. Y. Zhang and X. Y. Huang：*Progr. Mater. Sci.*, **55**-5 (2010), 353-427.
6) R. T. Wegh, *et al.*：*J. Luminescence*, **82**-2 (1999), 93-104.
7) R. Jankowiak, *et al.*：*Chem. Rev.*, **111**-8 (2011), 4546-4598.
8) J. Fidy, *et al.*：*Biochim. Biophys. Acta-Protein Struct. Mol. Enzymol.*, **1386**-2 (1998), 331-351.
9) T. Ogawa and Y. Kanemitsu：Optical Properties of Low-dimensional Materials, vol. 2, World Scientific, 1997, [95-128].
10) J. S. Ahn, *et al.*：*Phys. Rev. B*, **48**-12 (1993), 9058-9065.
11) Y. Kanematsu, *et al.*：*Phys. Rev. B*, **48**-12 (1993), 9066-9070.
12) J. S. Ahn, *et al.*：*Chem. Phys. Lett.*, **215**-4 (1993), 336-340.

■ 4.2.2.3 色　中　心

可視光に対して透明であるアルカリハライドなどの絶縁体結晶にX線，紫外線や電子線を照射すると，黄色や青色に着色することは古くから知られている．これは結晶中に生成された欠陥にとらえられた電子や正孔によって可視・紫外光が吸収されることに基づき，このような局在中心を色中心と呼ぶ．色中心には，電子が局在した電子捕獲中心と正孔が局在した正孔捕獲中心がある．イオン結晶では電子-格子相互作用が強いので，電子や正孔は格子を局所的にひずませて電子-格子系の全体として安定化する[1-6]．

a. アルカリハライドの電子捕獲中心

1) 電子捕獲中心の構造と電子状態

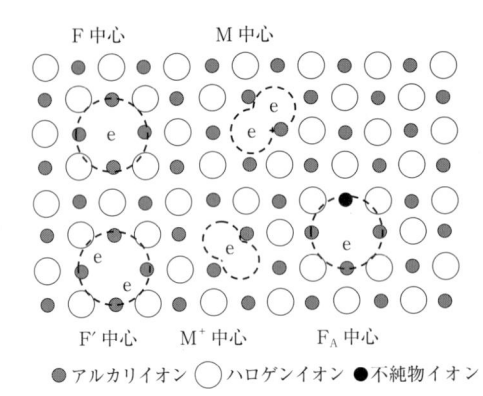

アルカリハライド結晶における主な電子捕獲中心の模式図を図4.2.26に示す．負の電荷をもつハロゲンイオン（X^-）が抜けた空格子点に1個の電子が捕獲された局在中心をF中心，2個の電子が捕獲されたそれをF′中心と呼ぶ．不純物で置換されたアルカリ格子点を含む局在中心はF_A中心と呼ばれる．2個の隣りあった空格子点に2個の電子がとらえられた局在中心がM中心であり，電子が1個の場合をM^+中心と呼ぶ．結晶をアルカリ金属の蒸気中で加熱し，急冷することによって高い濃度のF中心をつくることができる．ハロゲンイオンの空格子点では$-e$の電荷が欠けているので，その中心に$+e$の電荷があるように見える．その結果，電子はクーロン引力によって束縛され，水素原子類似の電子状態を形成する．

F中心の吸収波長の光を照射するとF′中心が生成される．F′中心の電子状態は$-e$の電荷をもつ水素イオンと類似である．M中心は，F中心を含む結晶に対してF中心の吸収光または放射線を室温で照射すると生ずる．水素原子類似のF中心が2個隣接したM中心は水素分子，そこから1個の電子が抜けたM^+中心は水素分子イオンの電子構造をもつ．

2) F中心の光学遷移とスペクトル

F中心の電子配置は水素原子に類似であるので，水素原子の場合と同様に1s→npの光学遷移が許容遷移となり，1s→2p遷移に対応するFバンド吸収が最も強く観測される．代表的なアルカリハライドのFバンド吸収のエネルギーを表4.2.1に示す．原子番号の大きい元素からなる結晶のFバンドエネルギーE_Fは低くなる傾向がある．これは，原子番号の大きい元素の結晶は格子定数dが大きくなることに対応し，dとE_Fの間には，Cを定数としてIvey-Mollwoの関係式，

$$E_F = Cd^{-n} \tag{1}$$

が成り立つ[1]．nの値は，2または1.84である．

図4.2.27に示されるように，KBrにおけるFバンドの吸収と発光スペクトルは，水素原子のスペクトルのふるまいとは大きく異なる[7]．20Kにおける吸収スペクトルの半値半幅は約0.2eVと広く，吸収と発光のエネルギーは約1eVもずれている．これは，固体中の水素原子類似電子状態は格子との相互作用を強く受けていることによる．強く局在した電子の基底状態と励起状態は異なる安定な格子配置をもつ．格子変

4.2 固体の発光現象

表 4.2.1 アルカリハライドにおける F 中心,M 中心,V_K 中心,H 中心の光学遷移エネルギー

物質	電子捕獲中心				正孔捕獲中心			
	F 中心 [eV]		M 中心 [eV]		V_K 中心 [eV]		H 中心 [eV]	
	吸収	発光	吸収	発光	吸収	発光	吸収	吸収
	$1s \to 2p$	$2p(2s) \to 1s$	$^1\Sigma_g^+ \to {}^1\Sigma_u^+$	$^1\Sigma_u^+ \to {}^1\Sigma_g^+$	$\sigma_u \to \sigma_g$	$\sigma_u \to \pi_g$	$\sigma_u \to \sigma_g$	$\sigma_u \to \pi_g$
NaCl	2.770a	0.900a	1.74b*	1.155c	3.27h		3.89h	2.38h
KF	2.831d	1.653d	1.93d	1.579d	2.99f*	0.79f*		
KCl	2.313a	1.180a	1.55e	1.15e	3.39i	1.73, 1.59i	3.69h	2.38h
KBr	2.064a	0.886a	1.40e	1.04e	3.25h	1.65, 1.38i	3.24h	2.31h
KI	1.875a	0.804a	1.23b**	0.818c	3.10i	1.55, 1.08i	2.76h	2.22h
RbCl	2.050a	1.065a	1.43b		3.40h		3.69h	
RbI	1.706f*	0.81f**			3.06j	1.56, 1.11j	2.78h	2.16h
CsBr	1.93g	0.910f**	1.20g		3.22f*	1.65f*	2.84f***	1.17f***

a:0 K, 文献 9. b:*77 K, **~5 K, 文献 2. c:10 K, 文献 10. d:77 K, 文献 11. e:13 K, 文献 12. f:*5 K, **0 K, ***13 K, 文献 13. g:7 K, 文献 14. h:5 K, 文献 22. i:77 K, 文献 23. j:~5 K, 文献 24.

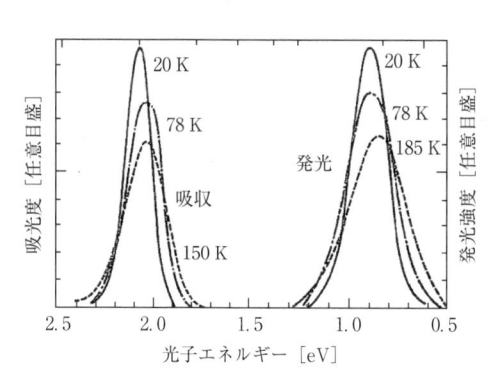

図 4.2.27 KBr の F 中心による吸収と発光スペクトルとその温度依存度[7]

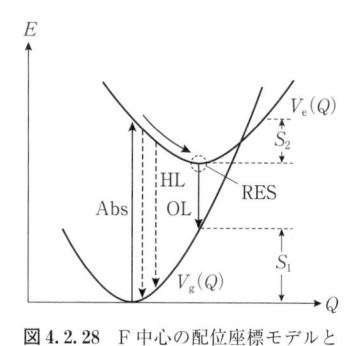

図 4.2.28 F 中心の配位座標モデルと光学遷移の模式図
Abs:吸収,RES:緩和励起状態,HL:ホットルミネセンス,OL:ルミネセンス.

形にかかわる原子間距離や結合角など原子核の変位に対応する座標を Q とし,基底状態と励起状態の断熱ポテンシャルをそれぞれ $V_g(Q)$, $V_e(Q)$ とすると,断熱ポテンシャル曲線は図 4.2.28 で表される(配位座標モデル).一般に,横軸 Q は局在電子との相互作用定数を係数とした基準振動座標の一次結合で定義され,相互作用モードと呼ばれる[3,6].基底状態または励起状態における電子と相互作用する振動モードのエネルギーをそれぞれ,$\hbar\omega_g$, $\hbar\omega_e$ とする.電子の遷移エネルギーは数 eV であるのに対し,振動のエネルギーはその 1/10~1/100 であるので,電子が基底状態と励起状態間を遷移する間に格子はほとんど動かないと見なすことができる.すなわち,フランク-コンドン(Franck-Condon)の原理により,図 4.2.28 の配位座標モデルでは光

学遷移は Q の値を変えずに垂直方向に起こる．吸収は $V_g(Q)$ の最低状態から励起状態への遷移であるのに対して，発光は $V_e(Q)$ の底（緩和励起状態：RES）から垂直方向下向きに起こる遷移であるために，そのエネルギーは S_1+S_2 だけ吸収エネルギーよりも低くなる．これが図 4.2.27 に観測された吸収と発光スペクトルのストークスシフトに相当する．格子緩和エネルギー S_1, S_2 は電子-格子相互作用の強さに依存する．F 中心における局在電子の軌道半径は格子定数と同程度であるので，電子-格子相互作用は非常に強くなり，強結合系と呼ばれている[3]．このとき，吸収や発光のスペクトルは図 4.2.27 に示されるようにガウス型の形状になる．スペクトル幅は温度によって変化し，半値半幅 W は次式で与えられる．

$$W = A\left(\coth\frac{\hbar\omega}{2kT}\right)^{1/2} \tag{2}$$

$\hbar\omega$ は相互作用に関係する振動モードの平均のエネルギー，A は定数である．高温では半値半幅は $T^{1/2}$ にしたがって増加する．$\hbar\omega$ の値は物質によって異なる値であり，KBr では 11 meV，KI では 15 meV，NaCl では 18 meV である[8]．

M 中心の吸収と発光の遷移エネルギーを表 4.2.1 に示す．M 中心は水素分子類似の電子状態であるので，基底状態と第 1 励起状態間の遷移は，$^1\Sigma_g^+ \to {}^1\Sigma_u^+$ 遷移になる．F 中心の場合と同様に強い電子-格子相互作用のために，発光スペクトルはストークスシフトを示す．

3) F 中心の共鳴二次光学過程

吸収やルミネセンスは，二つのエネルギー準位間の遷移によって 1 個の光子が吸収または放出される一次過程であるのに対して，光散乱は入射光と放出光の 2 個の光子が関与する二次光学過程である．一次過程が 2 段階で起こる吸収-ルミネセンス過程と共鳴条件における光散乱とは厳密に区別できない，一つながりの量子過程，すなわち，共鳴二次光学過程として理解されている[15,16]．F 中心の 1s-2p 遷移を励起した場合，ラマン散乱光（RS）と緩和励起状態からのルミネセンス（ordinary luminescence：OL）に加えて，電子が励起状態の断熱ポテンシャル面上を緩和しながら放出するホットルミネセンス（hot luminescence：HL）が観測される．ラマン散乱光，ホットルミネセンス，ルミネセンスの総称を二次放出光と呼ぶ．図 4.2.29 は，波長 514.5 nm（19436 cm^{-1}）のレーザー光で励起された KCl 結晶における F 中心の二次放出光スペクトルである[17]．入射光から約 250 cm^{-1} 離れたエネルギーの近傍においてラマン散乱光が観測され，それに連続して微弱なホットルミネセンスが観測される．約 14500 cm^{-1}（1.80 eV）のエネルギーからルミネセンスが立ち上がり，~9450 cm^{-1}（~1.17 eV）でピークを示す．KCl の場合，励起状態の断熱ポテンシャル面上において 2p と 2s 状態の準位交差があるため，ルミネセンスの始状態となる緩和励起状態（RES）は 2p 状態が混ざった 2s 的な状態となり，その寿命は 577 ns である[18]．

フェムト秒からピコ秒領域における二次放出光のダイナミクスを図 4.2.30 に示す[18]．発光スペクトルの両端のエネルギー（~1.55 eV，~0.65 eV：HL）では，発光

4.2 固体の発光現象

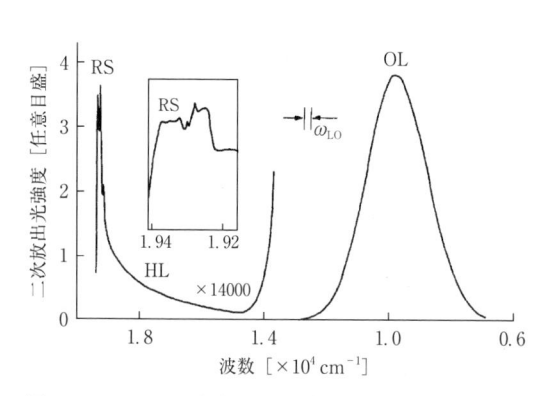

図 4.2.29 KCl の F 中心による二次放出光スペクトル(77 K)
挿入図:共鳴ラマンスペクトルの拡大図.入射光エネルギー:19436 cm^{-1} (2.408 eV)[17].

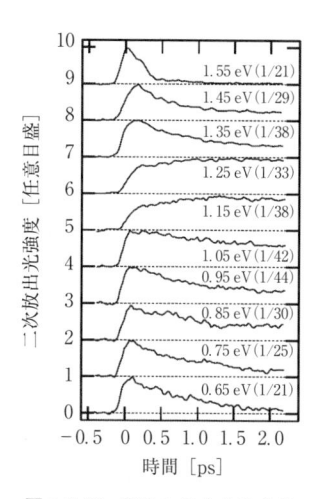

図 4.2.30 KCl の F 中心による二次放出光の時間変化 (5 K)
励起光エネルギー:2.30 eV[18].

は 0.5〜2 ps の時間で減衰するのに対し,ピークエネルギー近傍(〜1.15 eV:OL)ではこの減衰時間にほぼ対応した立ち上がり挙動が観測される.さらに,〜170 fs の周期をもつ振動構造が発光ダイナミクス上に観測され,その周期は縦波光学(LO)フォノンの周期に対応する.これらの結果は,励起状態の断熱ポテンシャル($V_e(Q)$)上において電子の一部は光子を放出しながら振動を繰り返して,$V_e(Q)$ の底(緩和励起状態)に緩和することを示している.発光ピーク近傍でみられる立ち上がり挙動とその両端における速い減衰は,この緩和励起状態への緩和に対応している.また,緩和励起状態近傍では 2s と 2p 軌道が混成し,それぞれの軌道と結合する振動モードが異なる効果もこの発光ダイナミクスに反映されている.

b. アルカリハライドの正孔捕獲中心

1) 正孔捕獲中心の構造

アルカリハライド結晶における正孔捕獲中心の模式図を図 4.2.31 に示す.ハロゲン格子点を 2 個のハロゲンイオンが占有し,正孔がとらえられている局在中心を H 中心と呼ぶ.紫外線や X 線の照射によってハロゲ

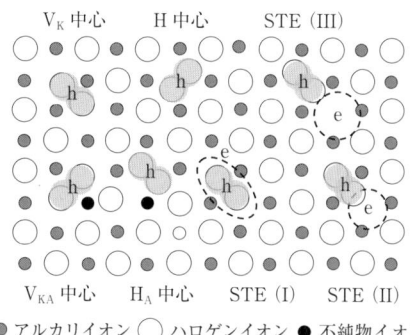

図 4.2.31 正孔捕獲中心と自己束縛励起子の模式図

ンイオンが隣のハロゲン格子点に移動して、F中心とH中心が対になって生成する。このような空格子点と格子間原子はフレンケル欠陥対と呼ばれている。電子-格子相互作用の強いアルカリハライド結晶では、隣接した2個のハロゲンイオン上に正孔は自己束縛され、ハロゲン分子イオン（X_2^-）を形成する。このような2個の格子点を占有したX_2^-分子イオンをV_K中心と呼ぶ。アルカリ原子が不純物として結晶に含まれる場合、不純物で置換されたアルカリ格子点と隣接してX_2^-分子イオンが形成され、H中心、V_K中心に対応して、それぞれH_A中心、V_{KA}中心と呼ばれる。また、Ag^+、Tl^+などの不純物をドープした結晶にX線を照射すると、V_K中心が多量に生成される。H中心やV_K中心の正孔は〈110〉方向に沿ったX_2^-分子イオンであることが、電子スピン共鳴の超微細構造（電子スピンと核スピンの相互作用に基づくエネルギー準位の微細な構造）の実験などによって確かめられている[20~22]。

2) H中心，V_K中心の電子構造と光学遷移

H中心，V_K中心はX_2^-分子イオンとほぼ類似の電子構造をもつ。アルカリハライドの価電子帯はハロゲン原子のp軌道から構成されるので、X_2^-分子イオンの最外殻の軌道は、σ_g, π_u, π_gおよびσ_u軌道になる。代表的なアルカリハライドの吸収エネルギーを表4.2.1に示す。V_K中心の許容遷移はσ_u-σ_g遷移、σ_u-π_g遷移であり、$\sigma_u \to \sigma_g$遷移吸収は~3 eV、$\sigma_u \to \pi_g$遷移吸収は$0.8 \sim 1.7$ eVに現れる。V_K中心を含む結晶を弱いX線で励起すると、V_K中心の正孔と電子の再結合発光が観測される[25]。また、F中心を含む結晶にX線を照射してV_K中心をつくり、F中心に捕獲されていた電子を可視光で再励起すると、同様の発光が観測される。このスペクトルはX_2^-分子に平行（σ発光）または垂直（π発光）に偏光し、自己束縛励起子（STE）の発光スペクトルによく似ていることが知られている[25]。STEとは、格子との強い結合のために格子をひずませて局在した励起子である[3]。V_K中心に伴った再結合発光とSTE発光のスペクトルの類似性から、「V_K中心＋電子」の配置とSTEのイオン・電子-正孔配置の関係がさかんに研究された。図4.2.31中に示されるようなSTEの3種類の形態（type I, type II, type III）と発光スペクトルの関係は文献26に詳しく述べられている。

c. 色中心生成の初期過程

STEの断熱ポテンシャル面上の動的な緩和からF-H対がつくられることが、フェムト秒領域の緩和ダイナミクスの研究によって明らかにされている[27]。図4.2.32(a)にSTEの断熱ポテンシャルの模式図を示す。まずエキシマレーザーによるバンド間励起によってNaCl結晶中にSTEをつくる。次に、フェムト秒のポンプ光で1s状態から2p状態に励起し、2p STEの緩和に伴って生じる吸収スペクトルの変化をプローブ光によって観測する。図4.2.33に示されるように、ポンプ光から0.3 ps後の時間において~2.5 eV付近に幅の広い吸収帯が現れ、時間の経過とともに幅が狭くなって3.0 ps後には~2.3 eVにピークをもつX吸収帯となる[27]。また、3 ps以降では、~2.7 eVにピークをもつF中心の吸収帯が現れる。

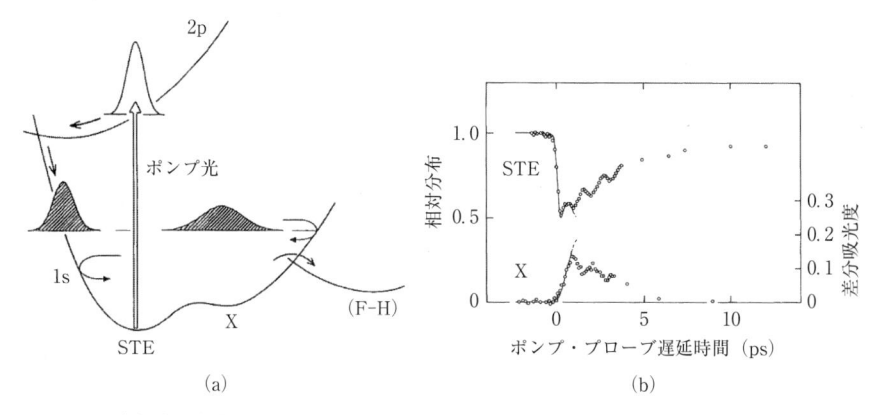

図 4.2.32 (a) 自己束縛励起子の断熱ポテンシャルの模式図と (b) NaCl の自己束縛励起子吸収と X 吸収の時間変化 (5 K)
(a) STE：自己束縛励起子，X：中間体，F-H：F-H 対状態．(b) 左側の縦軸は，自己束縛励起子と中間体 X の相対分布を示す[27]．

図 4.2.32(b) は，ポンプ光によって引き起こされた STE の 1s→2p 吸収変化の時間発展を示す[27]．縦軸は STE と X 吸収帯を与える中間体 X の相対的な分布に相当する．1s→2p 励起によって 1s 状態の STE の分布が減少するが，〜1.1 ps の周期で振動しながらおよそ 3 ps の時定数で大部分は回復する．一方，中間体 X の分布は〜0.9 ps で最大となるが，STE の振動とは逆位相で振動しながら減少する．この運動の過程で，ポテンシャル障壁を乗り越えた STE は F-H 対を形成する．X 中間体は，STE を構成する Cl_2^- 分子イオンと電子の配置に比べて，分子軸方向に位置が少しずれた自己束縛状態である．NaCl の場合，STE は type II であることを考慮すると，X 中間体は type III-STE に相当する[28]．このような中間体を経由して，X^- イオンが抜けて電子を捕獲した F 中心と X_2^- 分子イオンがハロゲン格子点を占有する H 中心が生成される．

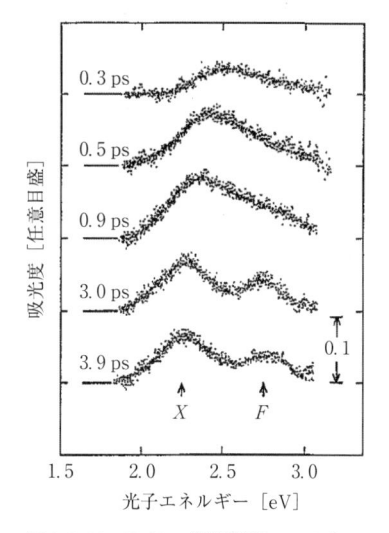

図 4.2.33 NaCl の過渡吸収スペクトル (5 K)[27]

〔中村新男〕

文献・注

1) J. H. Schulman and W. D. Compton: Color Centers in Solids, Pergamon, 1962.
2) W. B. Fowler: The Physics of Color Centers, Academic Press, 1968.
3) 豊沢 豊: (a) 物性 II, 岩波講座現代物理学の基礎, 1972, [289]; (b) Y. Toyozawa: Optical Processes in Solids, Cambridge University Press, 2003.
4) 神前 熈: 固体物理, **5**-11 (1970), 640.
5) 伊藤憲昭: 光物性ハンドブック, 朝倉書店, 1984, [398].
6) 萱沼洋輔: レーザー光学物性, 丸善, 1993, [47].
7) W. Gebhardt and H. Kühnert: *Phys. Lett.*, **11** (1964), 15-16.
8) G. A. Russell and C. C. Klick: *Phys. Rev.*, **101** (1956), 1473-1479.
9) W. Gebhardt and H. Kühnnert: *Phys. Stat. Sol.*, **14** (1966), 157-167.
10) R. W. Dreyfus: *Phys. Rev.*, **B4** (1971), 562-566.
11) W. C. Collins and I. Schneider: *J. Phys. Chem. Solids*, **37** (1976), 917-924.
12) M. Hirai and K. Hashizume: *J. Phys. Soc. Jpn.*, **24** (1968), 1059-1074.
13) S. Radhakrishna and B. V. R. Chowdari: *Fortschritte der Physik*, **25** (1977), 511-578.
14) D. W. Lynch: *Phys. Rev.*, **127** (1962), 1537-1542.
15) Y. Toyozawa, *et al.*: *J. Phys. Soc. Jpn.*, **42** (1977), 1495-1505.
16) 櫛田孝司ほか: 共鳴二次光学過程, 月刊フィジクス, 海洋出版, 1987.
17) Y. Mori and H. Ohkura: *J. Phys. Chem. Solids*, **51** (1990), 663-678.
18) T. Koyama and T. Suemoto: *Rep. Prog. Phys.*, **74** (2011), 076502.
19) T. G. Castner and W. Känzig: *J. Phys. Chem. Solids*, **3** (1957), 178-195.
20) W. Känzig and T. O. Woodruff: *J. Phys. Chem. Solids*, **9** (1958), 70-92.
21) D. Schoemaker: *Phys. Rev.*, **B7** (1973), 786-801.
22) A. L. Shluger, *et al.*: *Phys. Rev.*, **B52** (1995), 4017-4028.
23) C. J. Delbecq, *et al.*: *Phys. Rev.*, **111** (1958), 1235-1240.; *ibid.*, **121** (1961), 1043-1050.
24) R. B. Murray and F. J. Keller: *Phys. Rev.*, **153** (1967), 993-1000.
25) M. N. Kabler: *Phys. Rev.*, **136** (1964), A1296-A1302.
26) K. Kan'no, *et al.*: *Rev. Solid State Sci.*, **4** (1990), 253.
27) T. Tokizaki, *et al.*: *Phys. Rev. Lett.*, **67** (1991), 2701-2704.
28) T. Makimura, *et al.*: *J. Phys. Condens. Matter*, **6** (1994), 4581-4600.

■ 4.2.2.4 金属微粒子の発光

　ステンドグラスやガラス容器の色は，ガラス中に散在する金属微粒子が原因となっており，微粒子の材質やサイズおよび形状によって色を変えることができる．球状の金微粒子が散在したガラスに白色光を入射して透過光をみると赤色に見え，反射光をみると緑色に見える．これは金微粒子が緑色の光を吸収し，さらにその緑色の光を反射光として散乱する働きをしているからである[1]．この光吸収と光散乱には金微粒子の表面に励起される局在表面プラズモン（localized surface plasmon：LSP）が関与している．

双極子モード　　四重極子モード　　六重極子モード

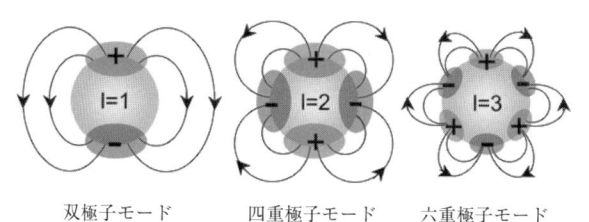

図 4.2.34 金属の球状微粒子における多重極モードの模式図

　金属微粒子に励起されるLSPは，表面に局在した電磁場を伴う表面電荷の量子化された振動モードで，入射する光の電場を表面近傍で増強し，その共鳴エネルギーは表面周囲の媒質の誘電的性質に敏感であることから，センサ[2]や表面増強ラマン分光[3]などに応用されている．金属微粒子のLSPは光だけでなく高速の電子を入射して励起できることから，これまで透過型電子顕微鏡を用いた電子エネルギー損失分光法（EELS）により調べた研究が数多く報告されている[4]．LSPは金属内の誘電損失によってエネルギーを失うが，銀のように光学領域で誘電率の虚数部が小さい金属では電磁波の放射によるエネルギー散逸過程が優勢になる．このことは入射電子で金属微粒子のLSPを励起すると光放射が起こることを意味している．筆者らは透過型電子顕微鏡の高い加速電圧で加速された電子を微粒子に入射し，放射される光を検出する測定システムを製作し，LSPによる放射の測定を行った[5]．この手法はカソードルミネセンス法として知られている．

　球状の微粒子による光散乱をマクスウェル（Maxwell）方程式に基づいて最初に厳密に扱ったのはミー（Mie）の理論[6]である．この理論で，球の周囲を周回する電磁波モードが存在することが示された．図4.2.34にその多重極モードの模式図を示す．金属球における表面プラズモンの多重極モードは，遅延効果[7]を無視すればポアソン（Poisson）方程式を球面の境界条件のもとに解くことで求められる．金属球の直径が光の波長より十分小さい場合，光によって励起される双極子モードが支配的となる．入射電場 E_0 に対して金属球に励起される双極子モーメントは

$$p = 4\pi\varepsilon_0\varepsilon_d a^3 \frac{\varepsilon - \varepsilon_d}{\varepsilon + 2\varepsilon_d} E_0 \tag{1}$$

となる．ここで，a は微粒子の半径，ε_0 は真空の誘電率，ε_d, ε はそれぞれ微粒子周囲の誘電体と金属の比誘電率である．入射電場に対する双極子モーメントの共鳴条件は

$$\varepsilon + 2\varepsilon_d = 0 \tag{2}$$

となる．l 次の多重極モードに対する共鳴振動数は，金属の比誘電率を角振動数 ω の関数として表すと

$$\varepsilon(\omega) = -\frac{l+1}{l}\varepsilon_d \tag{3}$$

の条件から決まる[8]．金属の誘電率は一般に複素数であり，その実数部は光学領域の

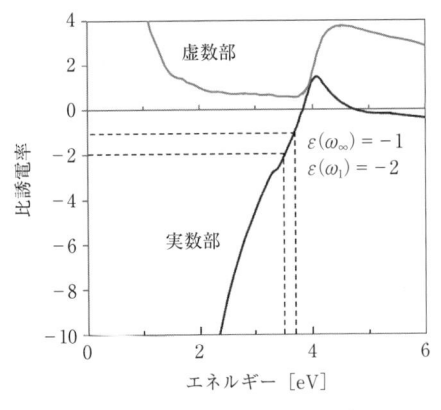

図 4.2.35 銀の誘電関数（Palik）

周波数では負の値をとる．図4.2.35に，銀の誘電関数を示す．銀は，金属のなかでは光学領域にプラズマ周波数（3.78 eV）がある希少な物質である．銀の球状微粒子の双極子モードの共鳴エネルギーは式（2）から真空中では3.50 eVである．

以上の議論では，金属微粒子におけるLSPの共鳴エネルギーは微粒子のサイズに依存しない．しかし，微粒子のサイズが大きくなると遅延効果が働き，共鳴エネルギーは低エネルギー側にシフトすることが報告されている[5]．

金属微粒子と高速電子との相互作用によるEELSおよび発光については，Abajoらにより相対論効果を取り入れた理論が出された[9]．図4.2.36(a)のように微粒子の中心から距離 b だけ離れたところを高速電子が通過するときの放射損失確率は

$$\Gamma^{\mathrm{rad}}(\omega) = \frac{1}{c\omega}\sum_{l=1}^{\infty}\sum_{m=-l}^{l} K_m^2\left(\frac{\omega b}{v\gamma}\right)\left[C_{lm}^M |t_l^M|^2 + C_{lm}^E |t_l^E|^2\right] \quad (4)$$

により与えられる．この式は光のエネルギー（$\hbar\omega$）に対する発光強度スペクトルを表す．ここで，c は真空中での光速度，v は電子の速度，γ はローレンツ因子，K_m は

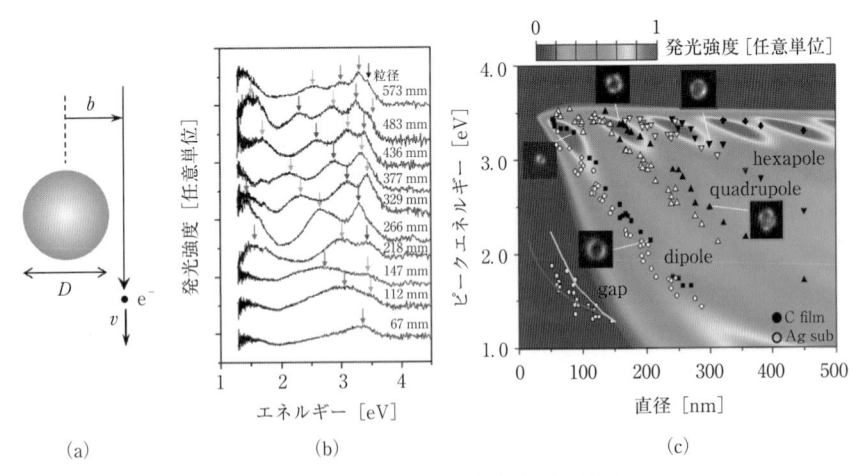

図 4.2.36 銀微粒子からの発光（口絵 5 参照）
(a) 電子ビーム配置，(b) 異なるサイズの微粒子からの発光スペクトル，(c) 発光ピークのサイズ依存．黒丸はカーボン支持膜，白丸は銀基板上の銀微粒子の発光ピークエネルギーをプロットしたもの（文献9より引用）．

m 次の変形ベッセル関数，C_{lm}^M と C_{lm}^E はサイズに依存しない係数，t_l^M, t_l^E はミー理論における散乱行列要素を表す．発光ピークは l 次の多重極モードの共鳴エネルギーに対応し，散乱行列要素 t_l^E を極大にする次の条件式から決まる．

$$h_l^{(+)}(\rho_0)\frac{\mathrm{d}[\rho_1 j_l(\rho_1)]}{\mathrm{d}\rho_1} = \varepsilon \frac{\mathrm{d}[\rho_0 h_l^{(+)}(\rho_0)]}{\mathrm{d}\rho_0} j_l(\rho_1) \tag{5}$$

ここで，$h_l^{(+)}$ は球面ハンケル関数，j_l は球面ベッセル関数，$\rho_0 = \omega D/2c$, $\rho_1 = \rho_0 \sqrt{\varepsilon}$ である．ただし，D は金属球の直径である．この式から共鳴エネルギーの金属誘電率とサイズへの依存性が導かれる．

銀微粒子の直径を変えたときの発光スペクトルの変化を図 4.2.36(b) に示す．電子ビームを微粒子の縁付近を通過するような配置におき，広い角度範囲にわたる放射を放物面ミラーで集光して特定の偏光成分を選んで測定を行った[10]．スペクトルには多重極モードに対応した複数のピークが現れ，粒径の増加に対しピークが低エネルギー側にシフトするのがみられる．ピークエネルギー変化を理論に基づく計算結果と比較したものが図 4.2.36(c) である．背景のコントラスト分布が式 (4) に基づいて計算した理論値を表し，プロットは実験値を表す．挿入図はそれぞれのピークで測定した放射強度を用いた電子ビーム走査像である．この放射強度分布から，丸いプロットは双極子（dipole）モード，三角のプロットは四重極子（quadrupole）モード，逆三角のモードは六重極子（hexapole）モードに対応することがわかる．黒丸はカーボン支持膜，白丸は銀基板上の銀微粒子の発光ピークエネルギーをプロットしたものである．黒丸のプロットは理論とよく一致していることがわかる．銀基板上に銀微粒子をおいた場合ピーク位置（白丸）は黒丸より 0.1〜0.3 eV ほど低エネルギー側にシフトしている．これは銀基板内に微粒子の表面電荷の鏡像が形成され，電荷振動の復元力をわずかに弱めるためと考えられる．

銀微粒子が集まると接近した微粒子間の間隙に別のタイプの LSP モード（ギャップモード）が生じ，ミーモードとは異なる共鳴エネルギーで発光する．銀基板上におかれた銀微粒子の場合では，発光スペクトルにはそのようなギャップモードの LSP による発光ピークが低エネルギー側に現れる．この発光は出射面に平行に偏光し，電子ビームを微粒子の中心に入射したときに強度が最大となる．図 4.2.36(c) で直径 100 nm 以下の粒子にみられるように，この発光ピークは粒径が小さくなるとともに高エネルギー側にシフトする．図 4.2.37 は，微粒子の中心位置に電子ビームを照射したときの発光スペクトルの放射角変化を示す．図 4.2.37(a) は実験配置を表し，(b) は発光スペクトルの放射角依存性を示す像である．矢印で示した発光は，1 がギャップモード，2 が双極子モード，3 が四重極子モードである．図 4.2.37(c) に示すように，ミーモードが銀基板表面に垂直方向に強い強度分布をもつのに対し，ギャップモードによる発光は高角度方向に強い強度分布をもつ．これはギャップモードの LSP が表面に垂直な電気双極子の振動モードであることを示している[10]．

ギャップモードの粒径依存性を図 4.2.38 に示す．試料は図 4.2.37(a) と同じであ

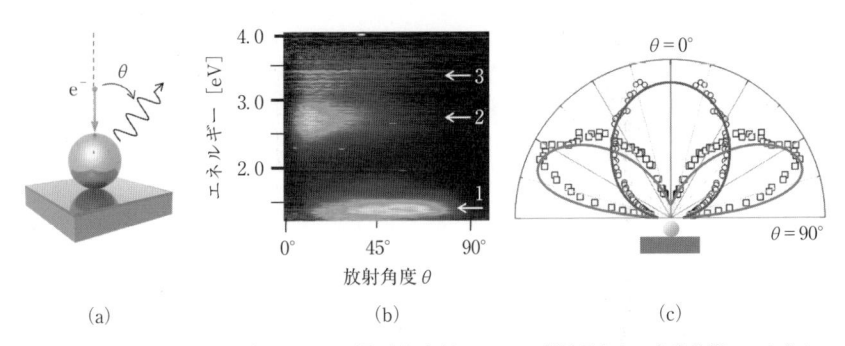

図 4.2.37 (a) 角度分解測定のビーム配置, (b) 直径 140 nm の微粒子からの角度分解スペクトル, (c) 発光強度の角度分布 (口絵 6 参照). 四角い点がギャップモード (1), 丸い点がミーモード (2, 3) の放射強度の測定値で, 暗線と明線がそれぞれに対する理論計算結果である (文献 9 より引用).

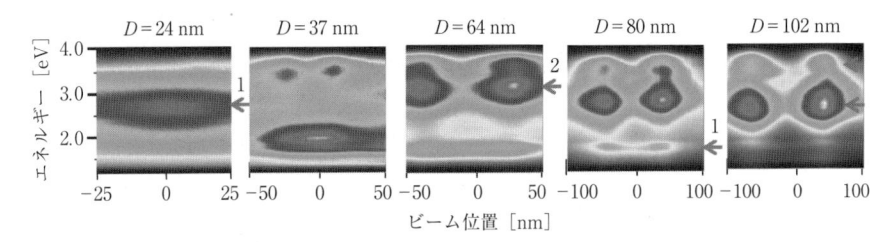

図 4.2.38 いろいろなサイズの銀微粒子を横切るようにビーム走査しながら測定して得たビーム走査スペクトル像 (横軸は電子ビーム位置, 縦軸は発光エネルギー. 口絵 7 参照).

るが銀基板表面に厚さ 1 nm の SiO_2 スパッター膜をスペーサー層として用いている. 図 4.2.38 は, 銀微粒子の中心を横切るように電子ビームを走査しながら発光スペクトルを測定して得たビーム走査スペクトル像である. 1 の矢印で示した発光がギャップモードによる発光であり, 電子ビームが微粒子の中心を照射するとき強度が最大になっている. 一方, 2 の矢印で示す発光は双極子モードによる発光で, 微粒子の縁付近で強度が最大になる. ギャップモードによる発光のエネルギーは, 微粒子の直径の減少とともに高エネルギー側にシフトするのがみられる. 金属表面から間隔 d だけ離れた直径 D の金属球との間の空隙に形成されるプラズモンの最低次の共鳴エネルギーは, 理論[11] から

$$\varepsilon(\omega) = -\varepsilon_d \sqrt{1 + \frac{D}{d}} \quad (6)$$

と導かれる. 図 4.2.36(c) 左下の明るい線 (左側) がこの理論式を示しており, 実験結果における粒径依存性をよく表している. 〔山本直紀〕

文献・注

1) S. A. Maier: Plasmonics: Fundamentals and Applications, Springer, 2007.
2) J. Homola: *Chem. Rev.*, **108** (2008), 462-493.
3) K. Kneipp, *et al.*, eds.: Surface-Enhanced Raman Scattering, Springer, 2010.
4) H. Raether: Surface Plasmons on Smooth and Rough Surfaces and on Gratings, Springer Tracks in Modern Physics, vol. 111, Springer, Berlin, 1988.
5) N. Yamamoto, *et al.*: *Phys. Rev. B*, **64** (2001), 205419.
6) G. Mie: *Ann. Phys.* (Leipzig), **330** (1908), 377-445.
7) 遅延効果:電磁作用が光速で伝わるため,電磁場の影響が及ぶのに有限の時間がかかることをいう.この効果により,金属微粒子の表面プラズモン振動において粒子サイズが大きくなると自己誘導電場に対する表面電荷の応答に遅れが生じ共鳴振動数が低周波数則にシフトする.
8) F. Fujimoto and K. Komaki: *J. Phys. Soc. Jpn.*, **25** (1968), 1679-1687.
9) F. J. García de Abajo and A. Howie: *Phys. Rev. B*, **65** (2002), 115418.
10) N. Yamamoto, *et al.*: *Nano Lett.*, **11** (2011), 91-95.
11) R. W. Rendell and D. J. Scalapino: *Phys. Rev. B*, **24** (1981), 3276-3294.

4.2.2.5 金属と表面プラズモン共鳴

表面プラズモン (surface plasmon : SP) は金属中の電子波(プラズマ波)の表面モードである.光の波長に比べて十分小さい微粒子中では,SP が生じることが知られている.その結果,光電場により微粒子内に分極が生じ,双極子や多重極子が現れる.金属の誘電率は照射する光の波長により大きく依存するため,微粒子の分極率が最大となる波長が存在する.これが微粒子の局在表面プラズモン (localized surface plasmon : LSP) 共鳴である.このとき,微粒子の表面や近傍の媒質中には増強された光電場が発生する.これを利用して,発光や放射を増強することができる.本節では,金属微小球を例にとり,LSP による入射光電場の増強効果とそれにより生じた発光や放射の増強効果について考え方を紹介する.蛍光発光では一般に金属表面近傍で消光が起こるため LSP を活用するには工夫が必要であるが,ラマン散乱や非線形光学効果では LSP による増強効果は効果的である.

図 4.2.39 に示すように,誘電率 $\varepsilon_1(\lambda)$ で半径 R の金属微小球が誘電率 ε_2 の周辺媒質中におかれている場合を考える.球の中心を原点 O とする.ここで λ は計算で考慮する光の波長である.R が波長 λ より十分小さい場合には,準静電近似(長波長近似)が成り立ち微小球内やその近傍における光の伝搬による遅延(位相遅れ)を無視できる.そのため,微小球の双極子分極率 $\alpha(\lambda)$ は以下のような形に表すことができる.

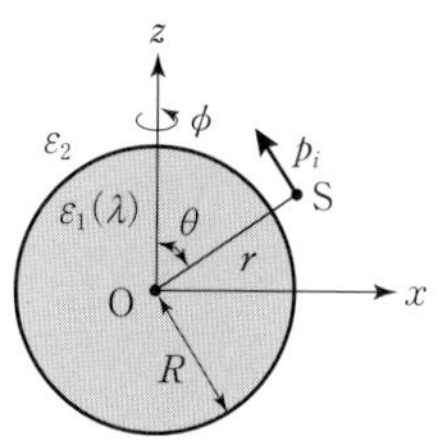

図 4.2.39 微小球の光学応答を計算するための光学配置

$$\alpha(\lambda) = 4\pi\varepsilon_2 R^3 A(\lambda) \tag{1}$$

ここで $A(\lambda)$ は増強因子であり，微小球の場合には

$$A(\lambda) = \frac{\varepsilon_1(\lambda) - \varepsilon_2}{\varepsilon_1(\lambda) + 2\varepsilon_2} \tag{2}$$

である．

分母の絶対値 $|\varepsilon_1(\lambda) + 2\varepsilon_2|$ が最小となる波長 λ で分極率 $\alpha(\lambda)$ は最大となる．この状態が LSP である．金の微小球の場合には波長 510 nm 付近，銀の場合には 350～380 nm 付近で LSP 共鳴が生じる．散乱断面積 C_s，吸収断面積 C_a は分極率 $\alpha(\lambda)$ を用いて

$$C_s = \frac{k^4}{6\pi} |\alpha(\lambda)|^2 \tag{3}$$

$$C_a = k \, \mathrm{Im}\{\alpha(\lambda)\} \tag{4}$$

と表される．ここで，k は波数であり $k = 2\pi/\lambda$ である．また，消光断面積 C_e は C_a と C_s の和である．準静電近似が適用できる半径が小さい微小球では散乱が弱く，$C_e = C_a$ と近似することができる．水中（屈折率 1.33）での金と銀の微小球（半径 25 nm）の消光効率 Q_e を波長の関数として計算した結果を図 4.2.40(a) および 4.2.40(b) に示す．散乱や吸収，そして消光効率とは，それらの断面積を幾何学的な断面積（球では πR^2）で割ったものであり，表面プラズモン共鳴が起こる場合には 1 をこえることもある．LSP 共鳴に対応する消光効率のピークが現れているが，このとき，吸収や散乱効率も大きくなり金の微小球は赤，銀の微小球は黄色を呈する．

準静電近似が成り立たない大きい微小球の場合には遅延が無視できなくなる．すなわち，双極子だけでなく多重極子の寄与が現れる．そのため吸収のピークはわずかに長波長シフトし，長波長側で散乱が増し，金の微小球が分散した溶液は濁ったオレンジ色となる．これが観測されるのは，微小球の半径が 50 nm を越した場合である．このような微小球の光学応答の計算では，遅延を取り入れなければならない．この理論的な取り扱いは 100 年以上前にミー（Mie）により行われた[1]．この扱いは複雑な

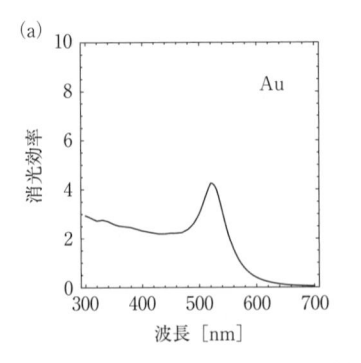

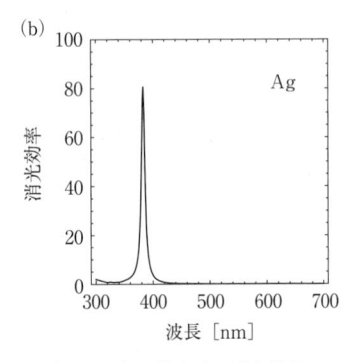

図 4.2.40　静電近似を利用して計算された金および銀の微小球の消光効率

のでここでは示さないが，参考文献 2～5 に詳しく記されている．ここでは，さまざまな半径の金微小球の水中での消光効率 Q_e の波長依存性の計算結果を図 4.2.41 に示す．上述のように微小球の消光スペクトルは，微小球のサイズが大きくなると広がることがわかる．

次に，準静電近似のもとで増強された光電場を求める．入射光の光電場 E_0 を微小球に印加した際に生じる位置 $S(r, \theta, \phi)$ における光電場ベクトル $\boldsymbol{E}_{\mathrm{loc}}(r, \theta, \phi)$ は，局所場因子テンソル $\boldsymbol{L}(\lambda)$ を用いて以下のように書くことができる．

$$\boldsymbol{E}_{\mathrm{loc}}(r, \theta, \phi) = \boldsymbol{L}(\lambda)\boldsymbol{E}_0 \qquad (5)$$

ここで $\boldsymbol{L}(\lambda)$ は

$\boldsymbol{L}(\lambda) =$

$$\begin{pmatrix} 3A'(\lambda)\sin^2\theta\cos^2\phi - A'(\lambda) + 1 & 3A'(\lambda)\sin^2\theta\sin\phi\cos\phi & 3A'(\lambda)\sin\theta\cos\theta\cos\phi \\ 3A'(\lambda)\sin^2\theta\sin\phi\cos\phi & 3A'(\lambda)\sin^2\theta\cos^2\phi - A'(\lambda) + 1 & 3A'(\lambda)\sin\theta\cos\theta\sin\phi \\ 3A'(\lambda)\sin\theta\cos\theta\cos\phi & 3A'(\lambda)\sin\theta\cos\theta\sin\phi & 1 - A'(\lambda) + 3A'(\lambda)\cos^2\theta \end{pmatrix}$$

$$(6)$$

である．また，

$$A'(\lambda) = \left(\frac{R}{r}\right)^3 A(\lambda) \qquad (7)$$

である．金の微小球に対して z 軸方向に偏光した光を入射した際に生じる周辺の電場の絶対値をグレースケールで表したものを図 4.2.42 に示す．$\theta = 0°$ および $180°$ において電場が最大となり $\theta = 90°$ で局所電場の大きさは最小となることがわかる．

図 4.2.41 ミー理論を使って計算された微小球の消光効率
半径 $R = 20, 30, 50, 75, 100$ nm の場合の計算結果を示した．

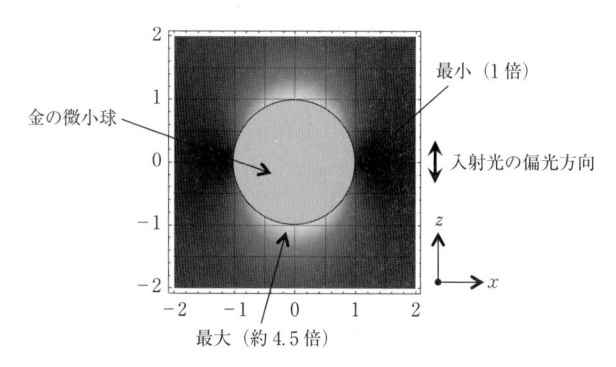

図 4.2.42 LSP 共鳴時（$\lambda = 510$ nm）の金の微小球周辺の電場分布
明るい色が強い電場強度を表している．白い部分で約 4.5 倍，暗い部分で 1.0 倍の強度となっている．計算では半径を 1 とした．

このようにLSPによって励起光の電場が強くなることにより蛍光や散乱，高調波発生などの各種の光学効果の増強が起こることがわかる．次は，発光や放射過程でのLSPによる増強効果を求める．図4.2.39に示すように中心を原点Oにもつ微小球の表面上の点S(R, θ, ϕ)に配置した双極子$\bm{p}_i$がつくる電場がLSPにより増強される過程を考える．双極子近似のもとでは，金属球は中心におかれた一つの双極子と見なすことができるため，$\bm{r}_i$を位置Sの位置ベクトルとすれば，$\bm{p}_i$が原点Oにつくる電場$\bm{E}_i$は

$$\bm{E}_i = \frac{1}{4\pi\varepsilon_0} \frac{3\bm{r}_i(\bm{r}_i \cdot \bm{p}_i) - |\bm{r}_i|^2 \bm{p}_i}{|\bm{r}_i|^5} \tag{8}$$

となる．$\bm{E}_i$により原点に誘起される双極子$\bm{p}_\mathrm{O}$は

$$\bm{p}_\mathrm{O} = 4\pi\varepsilon_0 \alpha(\lambda') \bm{E}_i \tag{9}$$

である．λ'は発光や放射される光の波長である．微小球から離れた点で観測される光電場は，双極子$\bm{p}_i$がつくる電場と微小球中の双極子$\bm{p}_\mathrm{O}$がつくる電場の重ね合せなので，

$$\bm{E}_2(r, \theta, \phi) \sin\theta \mathrm{d}\theta \mathrm{d}\phi = C_1(\bm{e}_\mathrm{A} \cdot \bm{L}(\lambda')\bm{E}_i) \sin\theta \mathrm{d}\theta \mathrm{d}\phi \tag{10}$$

となる．ここで$\bm{e}_\mathrm{A}$は検光子の方向の単位ベクトルであり，C_1は光学配置や光の波長などで決まる比例定数である．$\bm{L}(\lambda)$は増強因子$A(\lambda)$の関数となっているため，双極子からの光放射に関しても入射光と同様の増強効果を得ることができる．微小球上の双極子（色素分子など）の被覆状態（微小球上のどの部分が被覆されているか）を反映するように，式(10)を色素分子などの双極子が存在する範囲を積分すれば，双極子から放射される光電場の強度や位相を求めることができる．ただし，放射される光がコヒーレンスに有無により，計算の方法が異なるので注意が必要である．

放射される光が光第二高調波発生などのコヒーレントな過程により生じる場合には，微小球上の各部分からの光が互いに干渉するので，観測される光強度Iは

$$I = C_2 \left| \int \sin\theta \mathrm{d}\theta \int \mathrm{d}\phi \cdot \bm{E}_2(r, \theta, \phi) \right|^2 \tag{11}$$

となる．一方，蛍光やラマン散乱などのインコヒーレントな過程により生じる光を観測する場合には，観測する光の強度は，各場所から放出される光強度の和として表されるから，観測される光強度Iは

$$I = C_3 \int \sin\theta \mathrm{d}\theta \int \mathrm{d}\phi \cdot |\bm{E}_2(r, \theta, \phi)|^2 \tag{12}$$

となる．実際の観測では，偏光依存性や入射角依存性を測定してそれらの比をとることによりCをキャンセルすることができる．

LSPによる増強効果を示す金属微小球やその集合体は多数ある．それらをすべて紹介することはできないが，同様の考え方で増強効果を理解することができる．詳細については文献3を参照されたい． 〔梶川浩太郎〕

文献・注

1) G. Mie：*Ann. de Phys.*, **25** (1908), 377.
2) C. F. Bohren and D. R. Huffman：Absorption and Scattering of Light by Small Particles, John Wiley, New York, 1983.
3) 岡本隆之，梶川浩太郎：プラズモニクス，講談社サイエンティフィク，2010.
4) H. C. van de Hulst：Light Scattering by Small Particles, Dover, New York, 1957.
5) J. A. Stratton：Electromagnetic Theory, McGraw-Hill, New York, 1941.

■ 4.2.2.6 半導体ナノ粒子の発光明滅現象

ナノ粒子やカーボンナノチューブに代表される新しい半導体ナノ物質は，それらの光学的・電気的特性などがサイズや形によって著しく変化し，小さな分子や大きなバルク結晶にはない新奇な特性を示すため，革新的な機能を生み出す新しい材料としてさまざまな分野で期待されている．半導体の発光特性は，バンド端近傍（伝導帯の底と価電子帯の頂上）のエネルギー構造に大きく依存する．バンドギャップエネルギーは，発光の色と直接関係し，バンド端近傍の状態密度は発光特性（スペクトル幅，温度特性，レーザー利得など）を支配する．これら応用上重要なバンドギャップエネルギーと状態密度をサイズと形状で制御できるナノ粒子は，優れた新しい発光材料となる．

高効率で発光するサイズのそろったCdSeナノ粒子の開発以来[1]，近年の化学合成技術の改良・進歩により，サイズの不均一性が小さい半導体ナノ粒子が得られるようになった．しかし，良質のナノ粒子試料においても，そのサイズのゆらぎは数％から10％程度あり，基礎光学特性を理解するうえで，このサイズ不均一性が無視できない場合が多い．すなわち，発光スペクトルや吸収スペクトルは，サイズ不均一性に起因した広がりをもつ．この不均一広がりをもつ発光スペクトルからナノ粒子固有の発光特性を抽出する方法の一つに，サイズ選択励起分光をベースとした共鳴励起発光と発光ホールバーニングがある．この方法は，レーザー光のエネルギーに共鳴した吸収準位をもつ粒子を選択的に励起するものである．最低励起エネルギーはサイズにより決まるので，励起レーザー光のエネルギーを変えることにより，励起するナノ粒子のサイズを選択することができる[2]．エネルギー選択をベースとしたこの手法により，ナノ粒子のブライト励起子とダーク励起子のエネルギー差（励起子交換相互作用の大きさ）のサイズ依存性が明らかとなった[3,4]．この方法では，サイズの不均一性を小さくした発光スペクトルが得られるが，単一のナノ粒子からの発光ではない．

空間分解して直接一つひとつのナノ粒子を観測することにより単一ナノ粒子の特性が正確に評価できる．孤立した試料を化学的に合成できるナノ粒子やカーボンナノチューブでは，十分に希薄に分散させた薄膜を作製でき，通常の共焦点光学顕微鏡を用いることにより，一つひとつの光学特性の計測ができる．試料の作製を工夫するこ

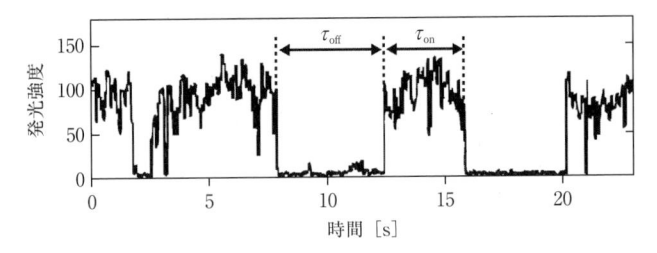

図 4.2.43 ガラス基板上におかれた単一の CdSe/ZnS コア/シェル型ナノ粒子の発光強度の時間変化

一定強度の連続レーザー光照射にもかかわらず発光の明滅（オン，オフ）が観測される．τ_{on} は発光する明状態の時間，τ_{off} は発光しない暗状態の時間を示す．

とにより，単一のナノ構造の精密分光計測が可能となる．コロイド法で溶液中に作製したナノ粒子は，簡単に濃度を変えることができる利点がある．顕微光学分光により一つひとつのナノ粒子の発光測定を行うことにより，アンサンブル平均としては観測できない新しい発光現象の観測と詳細な発光機構の解析が可能となった．

単一のナノ粒子が示すユニークな現象の一つに発光の明滅現象（ブリンキング）がある．1996年に発見されて以来[5]，メカニズム解明に向けて非常に活発に研究されてきた．発光の明滅現象は，図 4.2.43 に示すように一定強度の連続光を照射しているにもかかわらず単一ナノ粒子の発光は，時間とともに明滅（発光のオン，オフ）を繰り返すものである．ガラス基板上のナノ粒子では，発光強度はランダムなノイズのようなふるまいを示す．光照射中に，ナノ粒子は発光できる明状態（オン状態）と発光できない暗状態（オフ状態）を繰り返している．CdSe ナノ粒子，CdSe/ZnS コア/シェル型構造のナノ粒子で明滅現象の研究が進んだ．とくに，コア/シェル型構造の開発は，明滅現象の研究に重要な役割を果たした．コア/シェル構造は，効率の高い安定な発光を得るために，バンドギャップの小さな半導体ナノ粒子（コア）をバンドギャップの大きな半導体薄膜（シェル）で覆う構造である．図 4.2.44 に示すように，電子と正孔の両者をコアに閉じ込めるタイプ I 型のコア/シェル構造，正孔をコアに電子をシェルに閉じ込めるタイプ II 型構造など，さまざまな構造が開発された．コアとシェルに異なる半導体を組み合わせることにより，電子と正孔の空間的な閉じ込め位置を操作し，それらの間の相互作用の大きさを制御させることができる．コア/シェル構造により，単一半導体のナノ粒子（コアのみのナノ粒子）にはない新しい光機能開発を行うことができる．また，シェルの厚みを変えることにより，発光特性も変化する．これらコア/シェル型ナノ粒子のシェル表面は，分散・孤立のために有機物で覆われている．単一ナノ粒子からの室温発光は，光子相関法によるフォトンアンチバンチングの観測により，単一光子源として動作することが示された[6,7]．

明滅現象には，ナノ粒子内でのマルチエキシトンのオージェ再結合が重要な役割を

する[8]。ここでは，オージェ再結合によるナノ粒子のイオン化が発光明滅をスタートさせるとする広く知られたモデルについて紹介する[9]．ナノ粒子内に電子や正孔などが残留していない電気的に中性なナノ粒子を考える．このナノ粒子に光照射を行い電子正孔ペアを生成させた場合，その輻射再結合により非常に高い量子効率で発光が生じる．連続光により，ナノ粒子内に 1 個の電子正孔ペア生成とその輻射再結合が続けば，発光が連続して起こる．このときナノ粒子は，明状態 (オン状態) にある (図 4.2.45(a))．しかし，電子と正孔が 2 個ずつナノ粒子内に存在した場合，輻射再結合速度よりも大き

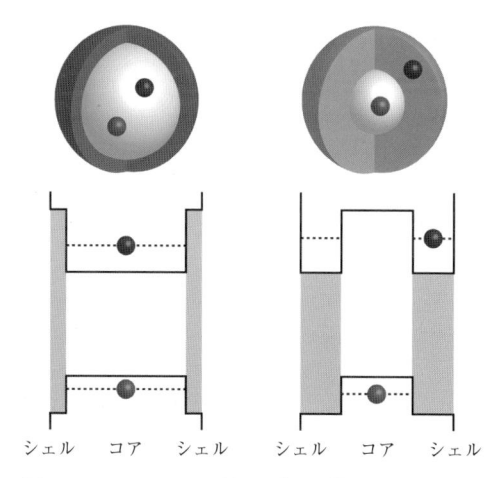

図 4.2.44 コア/シェル型ナノ粒子の構造とエネルギー構造の例
(a) タイプ I 型 (電子と正孔が同一空間領域に閉じ込められる)，(b) タイプ II 型 (電子と正孔が異なる領域に閉じ込められる．図では正孔がコアに電子が表面のシェル層内に閉じ込められている)．

な速度で電子-正孔-電子の 3 体衝突である無輻射オージェ再結合が起こる (図 4.2.45(b))．この過程で，電子または正孔のいずれかがナノ粒子の外へ放出される．ここでは電子がナノ粒子の外へ放出される場合を示した．ナノ粒子内には正孔が残り，イオン化したナノ粒子は正に帯電している (図 4.2.45(c))．電子に比べ正孔に対する閉じ込めポテンシャルが深い場合，イオン化したナノ粒子に光を照射し新たに電子正孔ペアを生成しても，正孔-電子-正孔の無輻射オージェ再結合が輻射再結合よりも高

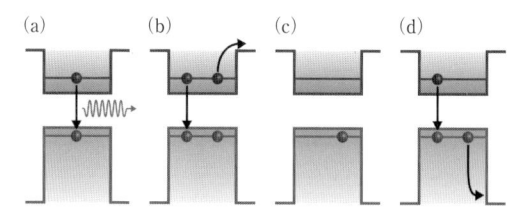

図 4.2.45 ナノ粒子の中性-イオン化の変化と発光の明滅現象
(a) 光照射により生成された電子正孔ペアの輻射再結合発光 (中性なナノ粒子：明状態)，(b) 2 個のペアが生成されたときの無輻射オージェ再結合による電子の放出 (オージェイオン化)，(c) 正にイオン化したナノ粒子，(d) イオン化した状態のナノ粒子における光励起ペアと正孔による無輻射オージェ再結合 (暗状態)．

い効率で起こる．ここで，正孔がバンドギャップに対応するエネルギーを得てもナノ粒子の外に放出されない（図4.2.45(d)）．すなわち，オージェ再結合により発光は起こらなくなるが，正孔はナノ粒子内に残り，プラスに帯電した状態が続く．この状態に光を照射しても光生成された電子正孔ペアと正孔が無輻射オージェ再結合を繰り返すので，光らない状態である暗状態（オフ状態）が続く．しかし，電子の注入あるいは正孔の放出によりナノ粒子が再び中性状態に戻れば，励起子が輻射再結合を起こすことができ，明状態に戻る．オージェ過程によるイオン化すなわちオージェイオン化により暗状態がスタートし，イオン化したナノ粒子でのオージェ再結合により暗状態が持続する．中性状態へ戻ることにより，再び発光できるようになる．3〜4個のキャリヤーが関与した散乱過程が，ナノ粒子では非常に重要となることを示している．

しかし，このモデルは明状態と暗状態をうまく説明できるが，オン時間やオフ時間の分布を説明することができない．明滅における発光時間（オン時間：図4.2.43のτ_{on}）および非発光時間（オフ時間：図4.2.43のτ_{off}）の持続時間分布は，べき関数で表すことができる[10]．このべき関数の起源をめぐって活発な議論が行われ，ナノ粒子表面のトラップ準位のブロードなエネルギー分布，トラップ準位間でのキャリヤーホッピング，ナノ粒子周辺でのキャリヤー拡散，ナノ粒子とトラップ準位間のトンネル障壁の分布などが提案されているが，明確な結論には至っていない．いまだにそのメカニズムの全容は解明されておらず，現在でも活発な議論が行われている[11]．

明滅現象は，ナノ粒子がいつ発光・消光するか制御できないことを示しており，ナノ粒子の応用を考える場合非常に深刻な問題となる．そのため，その抑制が重要な課題となり，新しい構造のナノ粒子や周りの環境も含めたナノ粒子複合体などが作製され研究に用いられてきた．構造の制御されたナノ粒子の作製と精密分光により，明滅現象のメカニズムの理解が大きく進展し，新しい現象も観測された．明滅現象の抑制は，簡単にはナノ粒子の周りの環境を変えることにより可能となる．その一例を図4.2.46に示す[12]．異なる基板上においたときの単一のCdSe/ZnSコア/シェル型ナノ粒子の発光の時間変化を示した．ガラス基板上では明滅が現れるが（図4.2.46(a)），金属基板表面上（ここでは金）では，オフ状態が消失する（図4.2.46(b), (c)）．さらに発光強度は金の表面構造に大きく依存し，凹凸の表面を有する粗い金基板上（図4.2.46(b)）とナノスケールでフラットな金基板上（図4.2.46(b)）とでは，発光強度が異なる．凹凸の金属表面での発光強度増強は，プラズモンによる電界強度の増大による．金属からの高速の電子注入によりナノ粒子がイオン化している時間が短くなり暗状態が観測できなくなる．このようにナノ粒子を保持する基板によっても発光特性は大きく変化する．また光学特性は，分散させる溶液を変えることでも変化する．すなわち，溶液を変えただけでナノ粒子の明滅現象の抑制が可能である[13]．これらは，コア/シェル型ナノ粒子のシェル表面の欠陥等が発光明滅に関与していることを示している．

周りの環境を変化させることにより明滅が抑制できても，その応用範囲は限られ本

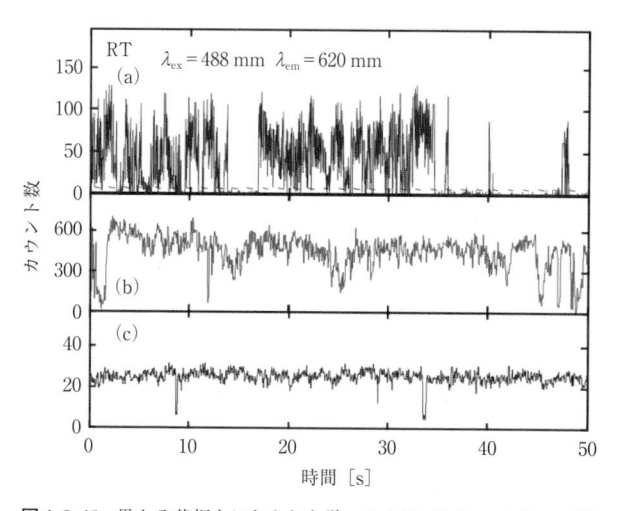

図4.2.46 異なる基板上におかれた単一のCdSe/ZnSコア/シェル型ナノ粒子の発光強度の時間変化
(a) ガラス基板, (b) ナノメールの凹凸がある金基板, (c) フラットな金基板 (文献12より転載).

質的な解決にはならない．ナノ粒子自身の構造やエネルギー準位を制御することにより，明滅を抑制する試みが行われている．その設計において重要な点は，イオン化した状態あるいはマルチエキシトン状態（バイエキシトン，トリエキシトンなど）において輻射再結合と競合する無輻射オージェ再結合速度を抑制し，発光効率を向上させることにある[14]．イオン化した状態でも，トリオン（荷電励起子）の発光速度が，非発光過程であるオージェ再結合と同程度となれば，発光を得ることができる．シェル層の表面の欠陥が電子のトラップとして働くが，電子の移動とトラップを防ぐ非常に厚いシェルをもつコア/シェル型ナノ粒子の作製により，暗状態を消失させることができる[15,16]．電子と正孔に対する閉じ込めポテンシャルが非対称であるコア/シェル型ナノ粒子による波動関数の重なりの制御[16]，「ゆるやか」な界面の変化を有するコア/シェル型ナノ粒子によるオージェ再結合速度の低減[17]により，暗状態の抑制が行われている．コア/シェル構造やその界面のデザインが重要である．以下にその研究例を紹介する．

特色あるナノ粒子の一つとして，CdSe/CdSコア/シェル型ナノ粒子がある．図4.2.47に示すように，この構造では正孔の波動関数はコアに閉じ込められるが，電子の波動関数はシェルを含めたナノ粒子全体に広がっている．電子が広がっていることによりイオン化した状態における無輻射オージェ再結合速度が小さくなる．図4.2.47に示すように，正にイオン化したナノ粒子において，荷電励起子（電子-正孔-正孔のトリオン）の発光を観測することができる．CdSe/CdSやCdSe/CdZnSコア/

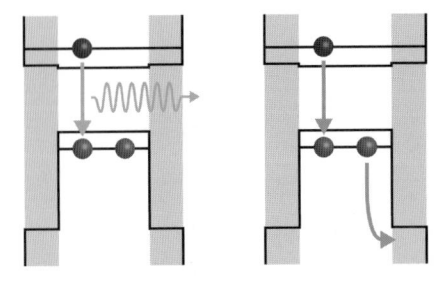

図 4.2.47 非対称に電子と正孔を閉じ込めるコア/シェル型ナノ粒子のイオン化状態と再結合過程

正孔はコア領域に閉じ込められているが,電子はシェル層を含めたナノ粒子全体に広がっている.荷電励起子による発光過程(左)とオージェ再結合過程による非発光過程(右)との競合により,弱い発光が観測される(グレイ状態).

シェル構造のナノ粒子において,荷電励起子の発光やバイエキシトンの発光が観測され,オージェ再結合以外の再結合過程の重要性が実験的に示された[18-20]. 荷電励起子が発光できることにより暗状態がほぼ消失し,荷電励起子発光(図4.2.47(左))と無輻射オージェ再結合(図4.2.47(右))が競合し,オン状態よりも発光強度の低いグレイ(灰色)状態が出現する[18]. さらに,CdZnSe/ZnSe コア/シェル型ナノ粒子では,混晶を用いることによりその組成をナノ粒子中心から表面まで連続的に変化させ,なだらかな界面ポテンシャルを得ることができる.これにより,無輻射オージェ再結合速度を小さくし,荷電励起子の輻射再結合を得ることができる[17].

これまでの議論では,ナノ粒子内のトラップ準位を考えずに発光明滅のメカニズムを議論してきた.正に帯電したナノ粒子コアの状態をどのように考えるかにより,さまざまなモデルが提案できる.図4.2.45(c)とは異なり,正孔がシェル層あるいはナノ粒子表面にトラップされた場合に,正孔と次に光励起された励起子との相互作用は弱く,オージェ非輻射再結合は起きず励起子は発光できる.シェル層や表面に欠陥がない良質の結晶の場合,ナノ粒子のイオン化は起こりにくいであろう.実際,厚いシェル層により表面のトラップ準位へのキャリヤー移動を抑制することにより,暗時間を非常に少なくすることあるいは消失させることもできる.当然,単純なオージェ再結合モデルでは説明できない現象も存在し,粒子内の欠陥などへのキャリヤートラップが重要である[21,22]. これまでの実験からも,少なくとも発光明滅のメカニズムは複数あることが明らかになりつつある.その例を最後に述べることにする.

CdSe/CdS コア/シェル型ナノ粒子と電気化学セルを組み合わせ,時間変化する発光強度と発光寿命の電圧依存性の測定により,印加電圧制御による粒子の帯電が発光明滅に与える影響が明らかとなった[23]. その結果,ナノ粒子の明滅現象が二つに分類できることがわかった.一つは発光寿命と発光強度の変化が相関をもち,オージェ再結合を考慮した従来のイオン化モデルで説明できる.もう一つは発光寿命が変化せずに発光強度のみが変化するもので,励起されたキャリヤーが欠陥にトラップされることで生じる発光明滅である.また,発光明滅がほとんど生じない非常に厚い CdS シェルをもつ試料において,時間的に発光強度がほとんど変化せずに発光寿命のみが変化する,新しい発光寿命ブリンキング(ゆらぎ)の存在が指摘されている[24]. 明滅現象の理解と抑制には,ナノ粒子のトラップ準位の精密な制御とオージェ再結合過程をは

じめとした多粒子励起状態の微視的理解が鍵となる. 〔金光義彦〕

文献・注

1) C. B Murray, et al.：*J. Am. Chem. Soc.*, **115** (1993), 8706.
2) 発光のホールバーニングは，特定の発光エネルギーをもつナノ粒子を同定するのに有用な方法である．ナノ粒子のサイズ分布に起因したブロードな発光スペクトルのうちの特定のエネルギー位置に高強度レーザーで照射後，高フォトンエネルギーの非常に弱いレーザー光を照射することにより発光スペクトルを観測する．その場合に，事前に光照射した励起エネルギーの位置に発光スペクトルのホール（穴）が観測でき，強いレーザー光照射前後で発光スペクトルの差をとることで微細構造が観測できる．吸収スペクトルでも同様のホールが観測される．発光ホールバーニングスペクトルは共鳴励起発光スペクトルと相補的な関係にあるが，ゼロフォノン発光近傍の微細構造の研究にはホールバーニング分光が有用である．金光義彦：応用物理，**73** (2004), 917.
3) M. Nirmal, et al.：*Phys. Rev. Lett.*, **75** (1995), 3728.
4) 励起子のなかで，1光子吸収による光学遷移が可能で大きな振動子強度を有するものをブライト励起子と呼ぶ．光学的に活性で，強い吸収と発光を示す．一方，光学的に不活性で1光子吸収などの単純な光学的手法では観測できず，発光に寄与しないものをダーク励起子と呼ぶ．ナノ粒子やカーボンナノチューブなどのナノ構造半導体ではブライト励起子とダーク励起子のエネルギー差は大きく，その詳細を理解することがナノ構造半導体の光学的特性の理解に重要である．
5) M. Nirmal, et al.：*Nature*, **383** (1996), 802.
6) P. Michler, et al.：*Nature*, **406** (2000), 968.
7) 光のアンチバンチング現象は，光を粒子として考えることにより理解しい．光源からの光をビームスプリッターにより二つに分け，それぞれを光検出器により信号を観測し光強度の相関をとることにより，同時に2個以上の光が放出されていないアンチバンチング現象の有無を観測することができる．単一のフォトンを放出する光源（単一光子源）の場合，一つの検出器でフォトンが検出されればもう一つの検出器では検出されない．
8) バルク結晶においてキャリヤー密度の高い場合やナノ粒子において複数の電子正孔ペアが存在する場合，その密度や数に依存した無輻射再結合がオージェ再結合である．最も単純なオージェ再結合過程は，電子-正孔-電子あるいは電子-正孔-正孔の3体衝突である．電子と正孔の再結合エネルギーすなわちほぼバンドギャップに相当するエネルギーを残りの電子あるいは正孔に与える無輻射再結合過程である．キャリヤーの数は減少するが同時にホットな電子あるいは正孔を生成する過程でもある．高密度キャリヤーが存在する半導体発光デバイスでは，発光強度の飽和や発光効率の低下などデバイス特性の変化が観測されるが，それらを決定する重要な過程の一つがオージェ再結合である．
9) Al. L. Efros and M. Rosen：*Phys. Rev. Lett.*, **78** (1997), 1110.
10) M. Kuno, et al.：*J. Chem. Phys.*, **112** (2000), 3117.
11) P. Frantsuzov, et al.：*Nature Phys.*, **4** (2008), 519.
12) Y. Ito, et al.：*Phys. Rev. B*, **75** (2007), 033309.
13) S. Hohng and T. Ha：*J. Am. Chem. Soc.*, **126** (2004), 1324.
14) 電子や正孔からなる励起状態としてさまざまな束縛状態が考えられる．最も簡単なのが，負の電荷をもつ電子と正の電荷をもつ正孔が水素原子のような束縛状態を形成する

励起子である．電子と正孔の和を N とした場合，励起子は $N=2$ である．2個の電子と1個の正孔あるいは1電子と2個の正孔が束縛したものは，荷電励起子あるいはトリオンと呼ばれ，$N=3$ の束縛状態である．2個の励起子が束縛された状態（水素原子から水素分子の形成に対応）すなわち $N=4$ がバイエキシトンに対応する．多数の電子と正孔からなる束縛状態も存在できる．非常に多くの電子正孔が凝縮したものとしては，電子正孔液体がある．バイエキシトンを含めて多数の電子と正孔からなる束縛された状態をマルチエキシトン（$N≥4$）と呼ぶ．

15) B. Mahler, et al.: Nature Materials, **7** (2008), 659.
16) Y. Chen, et al.: J. Am. Chem. Soc., **130** (2008), 5026.
17) X. Wang, et al.: Nature, **459** (2009), 686.
18) P. Spinicelli, et al.: Phys. Rev. Lett., **102** (2009), 136801.
19) D. E. Gomez, et al.: ACS Nano, **3** (2009), 2281.
20) Y.-S. Park, et al.: Phys. Rev. Lett., **106** (2011), 187401.
21) J. Zhao, et al.: Phys. Rev. Lett., **104** (2010), 157403.
22) S. Rosen, et al.: Phys. Rev. Lett., **104** (2010), 157404.
23) C. Galland, et al.: Nature, **479** (2011), 203.
24) C. Galland, et al.: Nature Commun., **3** (2012), 908.

4.3　天文・気象・鉱物の発光

4.3.1　大気の発光現象（オーロラ）

a.　オーロラとは

太陽からは太陽風と呼ばれるガスが放出されている．このガスはプラズマと呼ばれ，電子や陽子（水素イオン）などの荷電粒子からなる．太陽風が地球に到達し，地球の磁場の影響を受けて地球内に取り込まれ，極地へと運ばれてゆく．極地に運ばれ加速を受けた電子（オーロラ粒子）は，地球の磁力線に沿って大気中に飛び込んでくる．飛び込んできたオーロラ粒子は厚い大気に衝突・遮られ，ある高さで止められる．このとき，もっていたエネルギーを周囲の大気に与える．これにより，大気中の酸素原子や窒素分子はよりエネルギーの高い不安定な状態になり，再び安定なよりエネルギーの低い状態に戻るとき，その差分のエネルギーを光として放出する．それがオーロラである．図4.3.1にその模式図を示した．

b.　オーロラの高さ

オーロラは上空100 km付近から500 kmの領域に現れる．緑のオーロラの最も明るい部分は110 km付近，赤いオーロラの最も明るい部分は250 km付近である．この領域は地球の大気が太陽からの紫外線を受けて電離している場所（電離圏）でもあ

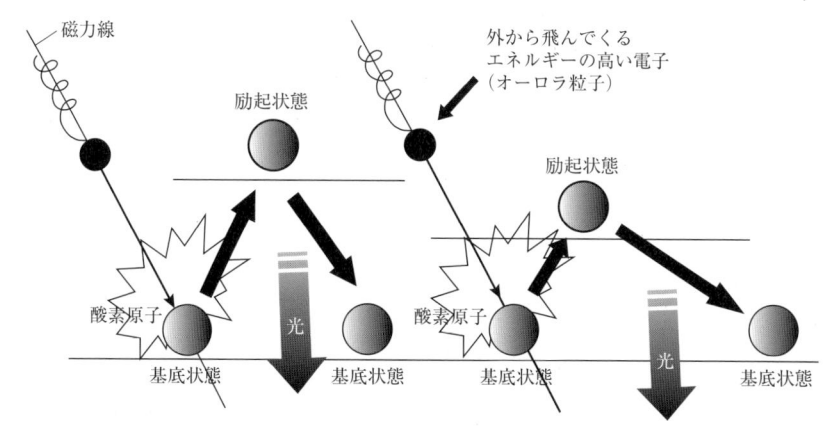

図 4.3.1 オーロラの発光

磁力線に沿って降り込んできた高エネルギーの電子が大気中の酸素原子や窒素分子に衝突する．その際に電子のもっていたエネルギーが大気に与えられる．これにより，大気中の酸素原子や窒素分子は安定した基底状態から，よりエネルギーの高い励起状態に移る．励起状態は不安定であることから再び安定なよりエネルギーの低い基底状態に戻る．そのときに，差分のエネルギーを光として放出する．その光がオーロラである．

る．高度280〜460 km 付近を飛翔する国際スペースステーションはオーロラと同じ高さを飛んでいる．

c. オーロラの発光色と発光機構

上空100 km から 500 km の地球大気の主成分は，窒素分子，酸素分子，そして酸素分子が太陽紫外線を浴びてつくられた酸素原子からなる．上空にいけばいくほど，重さの軽い酸素原子と窒素分子の割合が大きくなる．オーロラはこの高さにある酸素原子や窒素分子が光る発光現象である．オーロラの光のスペクトルを測定すると，紫や青は窒素分子イオン（N_2^+）から，ピンク色は窒素分子（N_2）から，明るい緑や赤の光は酸素原子（O）からのものである．また人間の目では見えない紫外線や赤外線の領域の光や，地球大気の主成分にはない水素原子（H）からの光も観測されている．このようにオーロラ光のスペクトルは太陽光のような連続スペクトルではなく，それぞれの原子や分子からの輝線スペクトルが組み合わさったものとなっている．

d. オーロラの形

オーロラがカーテンのように線状に見えるのは，オーロラ粒子が磁力線に沿って動き，その途中で大気と衝突し少しずつエネルギーを失い大気を光らせるためである．オーロラのカーテンは夜空に浮び出た地球の磁力線といえる．

見る角度によってオーロラの形が異なる

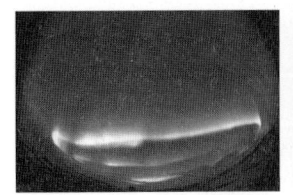

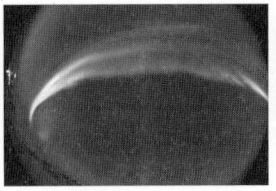

遠くからみるとバンド状　　近くからみるとアーク状　　真下からみるとコロナ状
（帯状）オーロラ　　　　　（弧状）オーロラ　　　　　（冠状）オーロラ

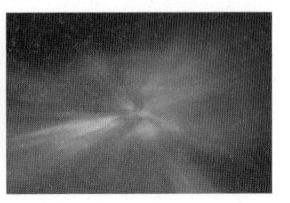

図4.3.2　オーロラの形状

オーロラの形状は同じオーロラであっても仰ぎ見る角度により異なった形として見える．遠くにあるときは東西にわたるバンド状（帯状），近づいてくるとアーク状（弧状）のように見え，頭上近くにくると一点から放射状に広がるコロナ状（冠状）に見える．

表4.3.1　International Auroral Atlasによるオーロラの分類

分類区分	主分類名	副分類名	略号	注釈
形状	band-like	アーク arc	A	東西方向の弧状
		バンド band	B	ひだのように曲がりくねった形
	diffuse	パッチ patch	P	複雑な形のかたまり
		ベール veil	V	空の広い部分が一様に光る様子
	ray	レイ ray	R	磁力線方向に沿った光の線条構造
	分類		略号	注釈
空間的広がり	多重 multiple		m	アーク，バンド，パッチなど二つ以上
	切れ切れ fragmentary		f	アークやバンドが切れ切れの状態
	放射状 coronal		c	レイが磁気天頂を中心に扇状または放射状
内部構造	均質 homogeneous		H	内部構造がなく，明るさが一様
	筋がある striated		S	縞模様が見える
	線条がある rayed		R	磁力線に沿って線条構造がある

　オーロラのカーテンは，東西方向には地平線から地平線まで1000km以上にわたって長く延びているのに対し，南北方向には非常に薄い形をしており，仰ぎみる角度により，遠くにあるときは東西にわたる帯（バンド）か弧（アーク）のように見え，頭上近くにくると一点から放射状に広がる形（コロナ状）に見える（図4.3.2）．オーロラの分類を表4.3.1に示す．

　オーロラには，カーテンや弧のように見えるはっきりした（ディスクリート）オーロラのほかに，空にぼんやりと広がる拡散型（ディフューズ）オーロラがあり，それはしばしば複雑な斑点のようにきれぎれに分布し，10s程度の周期で光の明滅を繰り返す．そのようなオーロラは脈動（パルセーティング）オーロラと呼ばれている．拡散型オーロラや脈動オーロラは，オーロラ嵐の発達の後半に，とくに朝方に現れやすい．電子のほかに陽子（プロトン）もオーロラ粒子として降り込んできているが，陽子によるオーロラは電子によるものとは異なり，空に薄くぼんやりと広がって見え，

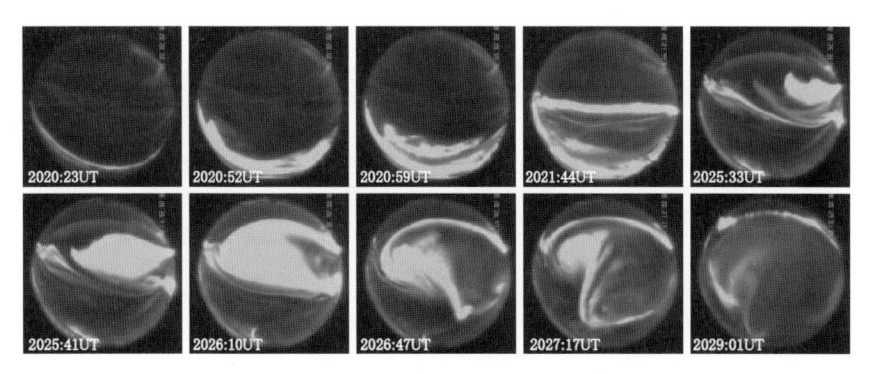

図 4.3.3　オーロラ爆発
2003 年 3 月 28 日に南極昭和基地の全天カメラで観測されたオーロラ爆発のスナップショット写真. 各写真の上向き方向が磁気的南の極方向, 右方向が磁気的東方向. 時刻は左上図から右方向に進む. 1 枚目から 4 枚目の写真は約 1 分 20 秒の間に極方向へ爆発的に発達して動く極方向爆発的拡大オーロラをとらえている. 5 枚目から 10 枚目の図は約 3 分 30 秒間に西方向に発達して動く西向き伝搬サージをとらえている.

「プロトンオーロラ」と呼ばれている. 降り込んできた陽子は, 大気との衝突により中性の水素原子となり, その励起された水素原子自身から放出される光がプロトンオーロラとして観測される.

e. オーロラの動きとオーロラ嵐

オーロラのカーテンはいつもゆらめいていて, 明るさが増すとその動きも速くなる. またカーテン全体がゆっくりと遠くの空から真上へと移動することもある. オーロラ嵐（爆発）が起こると, カーテンは散り散りに壊れ, ものすごい速さで空全体に広がり, 大きな渦がカーテンを巻き込んで現れ, 10 分間もしないあっという間に遠くへ走り去っていく. 残された空にはあちこちで複雑に明滅を繰り返す脈動オーロラが現れ, その領域全体が西や東にゆっくりと移動していく. 図 4.3.3 には昭和基地の全天カメラで観測されたオーロラ爆発の例を示した.

こうしたオーロラの動きは, 光っている上空の酸素原子や窒素分子などが実際動いているわけではなく, 降り込んでくるオーロラ粒子の場所がつぎつぎに変わっているためである. オーロラ粒子を生み出している地球周辺の状態がつぎつぎに変化していることを反映している.

f. 地球磁気圏とプラズマシート

地球は磁石のようになっていて, 地球の周りはその大きな磁石のつくる磁場（磁力線）でおおわれている. 地球の周りの磁場は, 太陽から吹くプラズマの風（太陽風）の圧力を受けて, 太陽に向いた昼方向は押しつぶされ, 逆の夜側方向には引き伸ばされたような形をしている. そうした磁場が押し込められた領域は「磁気圏」と呼ばれ

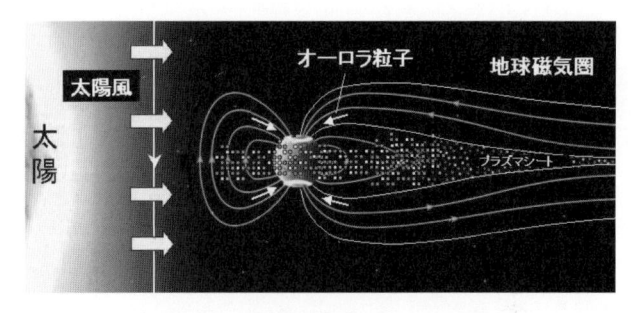

図 4.3.4　地球磁気圏・プラズマシート
地球の磁場で構成される地球磁気圏は太陽風により彗星のように引き延ばされている．太陽風で運ばれてきたプラズマが磁気圏に取り込まれプラズマシートに蓄積される．オーロラを光らせる電子はプラズマシートから磁力線に沿って地球に向かって動きながら南極域と北極域に同時に降り込んでくる．プラズマシートは地球をぐるりと取り囲んでおり，その磁力線の根元は南極や北極上空を取り巻く輪のような形になっておりこれがオーロラオーバルである．

ている．

　磁気圏のなかに侵入した太陽風プラズマは，南極と北極を結ぶ「閉じた」磁力線の間にたまりこんでいて，そうしたプラズマ密度の高い場所を「プラズマシート」と呼ぶ．図4.3.4に模式図を示したが，このプラズマシートがオーロラ粒子の源である．
　オーロラを光らせる電子や陽子は，プラズマシートから磁力線に沿って地球に向かって動きながら南極域と北極域に同時に降り込んでくる．プラズマシートは地球をぐるりと取り囲んでいて，その磁力線の根元は南極や北極上空を取り巻く輪のような形になる．これがオーロラオーバルである．

g.　オーロラ帯とオーロラオーバル

　地球の磁石の軸は地球の自転軸とは少しずれている．地球の磁石の南極，北極の位置をそれぞれ地磁気の南緯90°，北緯90°とし，それぞれの磁石の極と自転軸の極を通る大円の経度を，磁気経度0°とした座標系を地磁気座標系という．
　オーロラ粒子は地球の磁力線に沿って極域に降り込んでくるので，オーロラの出現領域は，地理座標系よりも，地球の磁場で決まる地磁気座標系により深く関係している．磁気緯度65°〜70°の領域は，とくにオーロラ出現頻度が高いため，「オーロラ帯」と呼ばれている．図4.3.5に示されているように南極の昭和基地はちょうどオーロラ帯の真下に位置している．
　「オーロラ帯」とは，上述のように，"オーロラが出現しやすい磁気緯度帯"，を意味する．一方，「オーロラオーバル」とは，宇宙から地球を眺めたとき，"その瞬間瞬間にオーロラが現れている場所"，を意味し，「オーロラオーバル」と「オーロラ帯」は異なるものである．「オーロラ帯」の形は，同じ磁気緯度線にそった円に近い形で

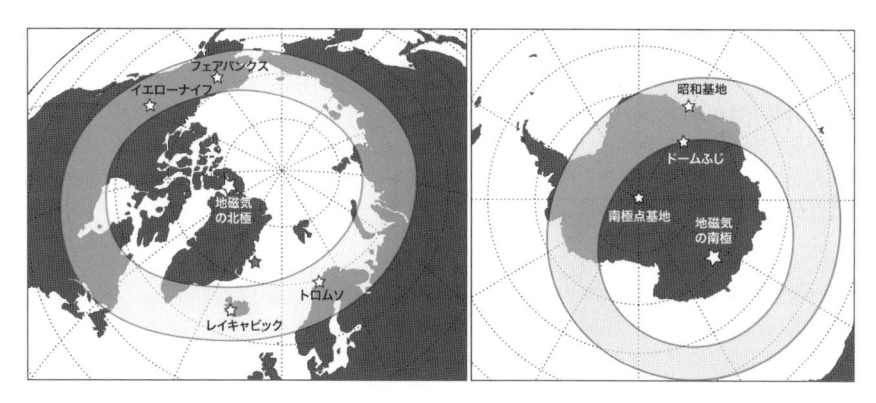

図 4.3.5 オーロラ帯
北半球と南半球のオーロラ帯の位置を地図上にプロットした図．地磁気の極の位置と主なオーロラ観測点スポットも記入した．

あるが，「オーロラオーバル」の形は，昼間側では「オーロラ帯」よりも高緯度側にシフトした卵型（オーバル）をしている．

h. オーロラと太陽風・太陽活動

地球磁気圏の形は，太陽風の圧力や太陽風のなかの磁場の向きによって常に変動している．太陽風磁場が南を向くと，地球磁気圏の昼間側では，北向きの地球磁場との間で「磁場のつなぎ換え」が起こり，太陽風磁場が地球磁場と結合し，太陽風プラズマやエネルギーが磁気圏のなかに侵入しやすくなる．その結果，プラズマシートの密度は増加し，オーロラオーバルの明るさも増す．このようにオーロラ活動は太陽風が運んでくる磁場やプラズマと深い関係がある．

太陽は地球からみて約 27 日周期の自転をしており，太陽表面に太陽風速度の速い領域や磁場が南を向いた領域があると，それらは 27 日毎に地球磁気圏に影響を与え，オーロラ活動にも 27 日周期の変動が現れる．また地球の公転による季節変動も現れる．太陽の活動は約 11 年周期の変動をしているが，オーロラ活動にもそれに対応した 11 年周期の変動があることも知られている．

i. オーロラ関連現象

オーロラ粒子が上空の大気と衝突すると，中性の大気が電離され，プラスのイオンや電子が生成される．つまりオーロラが光っている場所は電子密度が増加し電離度が高く電流の流れやすい場所でもある．実際，激しくオーロラが光ると強い電流が高度 120 km 付近を流れ，その電流により地上の磁場が大きく変動する．逆にその磁場の変化からどれくらいの電流がどちらの方向に流れているかを知ることができる．大きなオーロラ嵐のときは，西向きに「オーロラジェット電流」と呼ばれる強い電流が流

れ，全電流量は数千万 A（アンペア）にも達することがある．

j. 他の惑星のオーロラ

オーロラが起きる条件は，光る大気があり，光らせるオーロラ粒子があり，オーロラ粒子を貯める磁場がある，である．この条件をもつ惑星であれば，地球以外の星でもオーロラを見ることができる．実際，木星や土星でも南北両極に光るオーロラオーバルがハッブル宇宙望遠鏡により観測されている．

k. 大気光とオーロラの違い

大気光（airglow）は中間圏から熱圏付近の大気が太陽紫外線や宇宙線などからエネルギーを得て，化学反応により発光したもの．大気光は極域に限らず中低緯度でも観測される．

〔佐藤夏雄・門倉　昭〕

文献・注

一般向け解説書
・赤祖父俊一：オーロラへの招待，中央公論社，1995．
・赤祖父俊一：オーロラ：その謎と魅力，岩波書店，2002．
・小口　高：神秘の光オーロラ，日本放送出版協会，1978．
・上出洋介：オーロラと磁気嵐，東京大学出版会，1982．
・上出洋介：オーロラ―太陽からのメッセージ，山と渓谷社，1999．
・國分勝也：高度一万メートルから見たオーロラ，東海大学出版会，2012．

教科書，専門書
・大林辰蔵：宇宙空間物理学，裳華房，1970．
・恩藤忠典，丸橋克英：宇宙環境科学，オーム社，2000．
・国立極地研究所：オーロラと超高層大気，南極の科学 2，古今書院，1983．
・國分　征：太陽地球系物理学，名古屋大学出版会，2010．
・地球電磁気・地球惑星圏学会学校教育ワーキンググループ編：太陽地球系科学，京都大学出版会，2010．
・永田　武，等松隆夫：超高層大気の物理学，裳華房，1973．

4.3.2 星の発光

発光する巨大なガスの塊が恒星である．ガスを外側から見通し，不透明になった部分からの発光成分が見えている．透かし見えている外側の層を大気という．恒星内部の核融合反応によって生成されたエネルギーは，長い時間をかけて外側に伝達されて大気を加熱し，その温度構造を決定する．核反応の推移に伴う構造の変化が恒星の進化であり，その影響は大気にも現れる．大きく膨れた低温度の巨星になるなど，進化によって発光体としての外見にも著しい変化が生じる．

星を形づくるガスは重力によってまとまっているため，おおむね球対称の形状をし

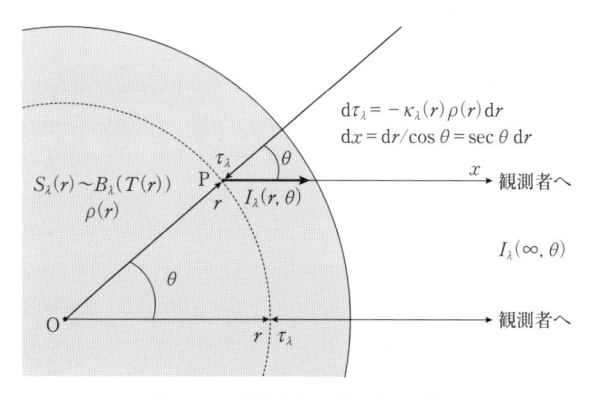

図4.3.6 恒星大気内部の光の伝達

ている．そこで，図4.3.6のような球状のガスを検討することによって，恒星からの発光の様子を考察することが有効である．中心 O から r の距離にある大気中の地点 P において，恒星の中心と観測者を結んだ直線と OP を結んだ線分がなす角を θ とおくと，P の位置は r と θ の二つの値で規定される．

中心からの距離 r で示される動径方向と，P から観測者へ向かう視線とのなす角度は θ であり，この視線上で dx の空間距離を進むうちに観測者に向かって伝搬する波長 λ での光の強度 $I_\lambda(r,\theta)$ が変化する量は，

$$dI_\lambda = -\kappa_\lambda(r)\rho(r)I_\lambda(r,\theta)dx + \rho(r)j_\lambda(r)dx$$

である．これが恒星大気内部での輻射伝達をつかさどる基本的な方程式で，第1項が吸収を，第2項が発光成分を示す．$\kappa_\lambda(r)$ は単位質量あたりの吸収断面積であり，密度 $\rho(r)$ を乗ずることによって単位空間距離あたりの減光の程度を示す．$j_\lambda(r)$ は地点 P における単位質量あたりの大気自体からの放射で，$S_\lambda(r) = j_\lambda(r)/\kappa_\lambda(r)$ は源泉関数と呼ばれる．恒星大気内部の多くの部分では，局所的に熱力学的平衡状態（local thermodynamical equilibrium：LTE）が成り立つか，それに近い状態にあり，そこでは $S_\lambda(r) = B_\lambda(T(r))$ の関係が成立する．すなわち，プランク関数

$$B_\lambda(T) = \frac{2hc^2}{\lambda^5}\frac{1}{\exp(hc/\lambda kT)-1}$$

を介して，その場所での温度 $T(r)$ が輻射場に寄与することになる．ここで，h はプランク定数（$h = 6.62607 \times 10^{-34}$ J·s），c は真空中の光速度（$c = 2.99792458 \times 10^8$ m·s^{-1}），k はボルツマン定数（$k = 1.38065 \times 10^{-23}$ J·K^{-1}）である．

球形をした恒星は，観測者からみれば太陽のような円盤状の発光体に見える．円盤の正面をみて中心に向かう視線では $\theta = 0$ であり，外周部に向かうにつれて θ の値は大きくなる．大気の外側から P を通って中心 O に向かう方向は，球対称ゆえに $\theta = 0$ となる観測者からの視線と同等であり，この方向に対して恒星の外部（$r = \infty$）からみた半径 r までの光学的厚みは，観測者からみた $\theta = 0$ の視線での半径 r の地点に達

する光学的厚みと等しく，

$$\tau_\lambda(r) = \int_r^\infty \kappa_\lambda(r)\rho(r)\,dr, \quad d\tau_\lambda = -\kappa_\lambda(r)\rho(r)\,dr$$

と定義される．恒星の外側はほとんど真空であるので，大気のすぐ外側まで $\tau_\lambda = 0$ であり，大気のなかを中心に向かって奥に進む ($r \to 0$) と $\tau_\lambda \gg 1$ となる．特定の波長を対象とすれば，$\tau_\lambda(r)$ は r と一対一に対応するので，r の代わりに τ_λ を用いることによって大気内部の位置 $r = r(\tau_\lambda)$ を議論することができる．

角度 θ で示される視線では，この角度の傾きによって，視線方向の空間的長さ dx が対応する動径方向の奥行き dr との間で $dx = dr/\cos\theta = \sec\theta\,dr$ の関係がある（図4.3.6）ので，上で定義した τ_λ を用いると，任意の θ に対する輻射伝達の方程式は，

$$\cos\theta \frac{dI_\lambda}{d\tau_\lambda} = I_\lambda(r(\tau_\lambda), \theta) - S_\lambda(r(\tau_\lambda))$$

と書き換えることができる．これを解くと，外側の $\tau_\lambda = 0$ ($r \to \infty$) から観測される強度は，

$$I_\lambda(\infty, \theta) = \int_0^\infty S_\lambda(r(\tau_\lambda))\exp(-\tau_\lambda\sec\theta)\sec\theta\,d\tau_\lambda$$

となる．さまざまな τ_λ の値で示される大気内部の各地点から $S_\lambda(r(\tau_\lambda))$ として発せられた光が $\exp(-\tau_\lambda\sec\theta)$ の減光を受けて外部に到達し，それらの光が視線方向のすべてで重ね合わせられたものが最終的に観測されることを意味している．$\theta = 0$ 以外の視線では，動径方向に対して斜めに光路が進むため，その視線に対する実効的な光学的厚みは幾何学的に $\sec\theta$ だけ大きく，$\tau_\lambda\sec\theta$ として反映されている．$\tau_\lambda\sec\theta \gg 1$ となる奥深い部分からの光は $\exp(-\tau_\lambda\sec\theta) \to 0$ となるきわめて強い減光のために外部に放出されることはない．したがって，それぞれの視線においては，その視線にそった光学的厚みがおおむね $\tau_\lambda\sec\theta \sim 1$ となる部分までの表層からの発光だけが見えていることになる．

このような光学的厚みを獲得するために必要な幾何学的な距離は，太陽の場合で数百 km であり，およそ70万 km の半径に比べて著しく小さい．一般に，外から見える恒星の発光部分は恒星全体からみるときわめて薄く，外部からはほぼ球面の発光体と見なすことができる．このような発光面を形成する部分を光球（photosphere）という．大気は曲率をもっており（図4.3.6），厳密にはそれを考慮する必要がある．しかし，幾何学的に非常に薄い面状の構造であるため，多くの場合は曲率を無視しても高精度の近似が成立する．

円盤像では，$\theta = 0$ が中心の，$\theta = \pi/2$ が外縁部の視線を示している．各視線での実効的な光学的厚みは $\tau_\lambda\sec\theta$ であり，ここに含まれる $\sec\theta$ の値は円盤中心から外周に向かって大きくなる．したがって，$\tau_\lambda\sec\theta \sim 1$ となる位置での τ_λ の値は，中心から離れるにつれて小さくなり，円盤の外周部ほど大気のより上層部からの発光のみをみていることになる．一般的な恒星大気では，外側の上層部になるほど温度が低く，源泉関数 S_λ の強度もそれに応じて弱くなる．その結果，このような星の円盤像

では外周部ほど暗く見えることになる．これを周辺減光（limb darkening）といい，θの値が$\pi/2$に近づく周辺部ではとくに暗くなる．図4.3.7に示すように，周辺減光は太陽像でも顕著にみられ，この観測事実は太陽の大気では内部ほど温度が高いことを示している．

太陽以外の恒星はきわめて遠距離にあるため，望遠鏡を通してもその形状は分解できないことが普通である．点像として観測される星からの光は，分解されていない円盤状の像からの光を集めたものとなる．周辺減光のある円盤像から発せられる光をすべて足し合わせると，大気の垂直方向に測った光学的厚み$\tau_\lambda(r)$がおよそ2/3程度となる位置からの光が全体の平均的な特性を代表することが知られている．そのような光学的厚みを得る位置がその波長でみた光球，すなわち星の半径R_λを，またS_λに反映されるその半径位置での温度$T(R_\lambda)$が恒星の表面温度を代表する．したがって，厳密には観測する波長によって恒星の半径は異なることになり，その半径位置での温度も異なってくる．ただし，大気の幾何学的厚みは半径に対して非常に小さく，波長による半径の違いが問題になる機会はそれほど多くない．一方で，そこに現れる温度の違いについては取扱いに注意を要する場合が一般的である．

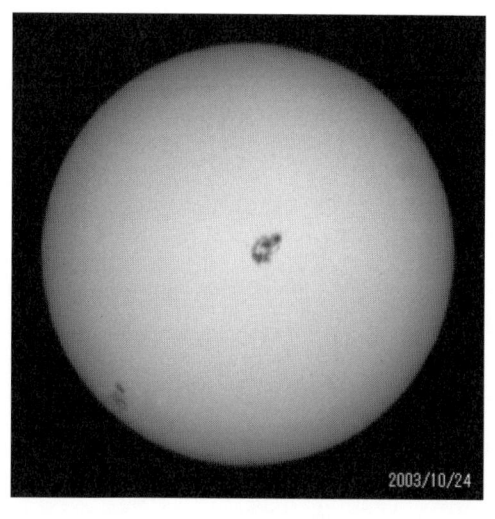

図4.3.7 太陽にみられる周辺減光（ぐんま天文台提供）

星から放射される単位時間あたりの総エネルギー量Lを光度（luminosity）という．星の明るさを直接示す量である．どの波長でもほぼ一定の値となる半径Rを用いて$L=4\pi R^2 \sigma T_{\mathrm{eff}}^4$で定義される$T_{\mathrm{eff}}$は有効温度（effective temperature）と呼ばれ，星の温度を代表する指標の一つである．ここで，σはステファン-ボルツマン定数（$\sigma=2\pi^5 k^4/15h^3c^2=5.6704\times10^{-8}\,\mathrm{W\cdot m^{-2}\cdot K^{-4}}$）である．円盤像を代表する$\tau_\lambda\sim2/3$での表面温度と有効温度とは，さまざまな波長で比較的近接した値となる場合が多いが，かならずしも一致するものではない．

恒星表面の見え方を決定する大気の吸収は，大気を構成する物質に依存する．太陽のような6000 K程度までの温度の大気では，大量に存在する中性水素原子とその周囲を自由に飛び回る電子との相互作用として現れる．したがって，陽子と二つの電子からなる水素負イオン（negative hydrogen）の構造が大局的な吸収特性を決定する．これによる吸収は比較的なだらかな波長依存をしており，観測される光球からの光の

こいめ座α星の高分散スペクトル

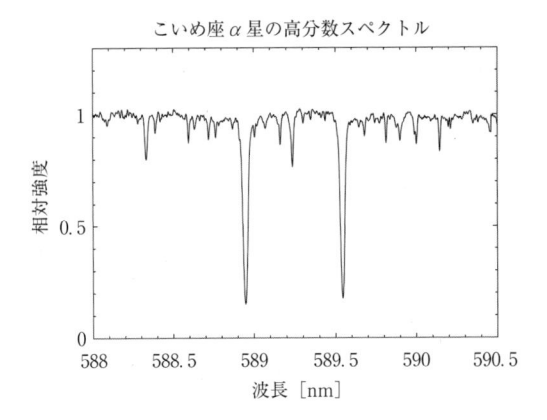

図4.3.8 こいぬ座α星の高分散スペクトルにみられるナトリウム（Na）による強い吸収線
Naのほかにもさまざまな物質による細かい吸収線が多くみられる（ぐんま天文台提供）．

波長に対する強度分布（spectral energy distribution：SED）も大局的にはなだらかな形状を示す．一方，温度が7000K程度より高くなってくると，大気中の水素は電離し，電離した水素（陽子）とその周囲に存在する自由な電子との関係，すなわち中性水素の構造が吸収特性を支配するようになる．その結果，SEDも太陽などとは異なった形状を示すようになる．

特定の物質の存在により，特定の波長だけで吸収が大きくなるような場合もある．たとえば，ナトリウム（Na）には波長590 nm付近の2ヵ所で吸収が強くなる部分がある．恒星の大気にNaが存在すると，その波長だけで周囲の波長に比べて吸収断面積が大きくなるため，幾何学的により浅い部分，すなわち大気のより上層部で光学的厚みτ_λが十分に大きくなる．その結果，奥が見通せず，より上層部の大気だけが見えることになる．上層ほど温度の低い一般的な恒星大気では，そこからの発光はより奥深くを見通せる周辺の波長の光より弱くなり，分光観測をすると，その波長の光のみが周囲より弱い吸収線として観測される．図4.3.8はこいぬ座α星のスペクトルにみられるNaの吸収線の例である．吸収線からは，その吸収を生み出す特定の物質の存在が同定されるだけでなく，その物質の存在量のほか，吸収線の形状に反映される大気の温度構造や運動などといったさまざまな物理状態を計測することが可能になる．何らかの理由によって，大気上層部の温度が内側よりも高い通常とは逆の温度構造となっている場合には，吸収が強い波長ほど上層の高温部分が反映されるために，特定の波長の光だけが周囲の波長より強くなり，吸収線とは上下が逆転した輝線形状のスペクトルが観測される．

星によっては，彩層（chromosphere）と呼ばれる光球よりも高温度の層が光球の外側に存在し，紫外線域などでそこからの発光が観測されることがある．磁場の活動によって加熱されたものと考えられているが，磁場の強い星では，磁場のもつエネルギーが短時間に解放され一時的に明るく輝くフレアと呼ばれる現象が観測されることもある．これも星でみられる発光現象の一つである．

彩層のさらに外側に，コロナと呼ばれる100万Kにも達する大きく広がった高温のガスが存在する星もある．やはり磁場の活動で加熱されていると考えられているが，きわめて希薄なガスであり，光学的厚みも小さい．光球に比べてはるかに暗く，普段

はみることが困難である．しかし，太陽では，月によって光球が隠される皆既日食のときにコロナからの発光が観測されることがよく知られている．

コロナ以外でも，光球から離れて大きく広がった成分があると，広い放射面積のために，そこからの発光成分は観測されやすくなる．周囲からの降着物質や，みずからが放出した物質が星の周囲に分布していると，そのような星周構造からの放射が発光として観測される．みずから発光することのないブラックホールも，そこに降着する周辺の物質からの光を観測することによって，その存在が確認されている．

星周構造からの発光は，高エネルギーの現象であれば，X 線や γ 線を放出する場合がある一方で，低温の物質が天体の周囲に分布する場合は赤外線を発する．母体となった星間物質が周囲に残る若い星や，徐々に物質を放出しつつある進化最末期の巨星などでは，星周に低温の固体微粒子（ダスト）が現れ，そこからの赤外線放射が顕著になることが多い． 〔橋本　修〕

文献・注

1) 小暮智一：輝線星概論，宇宙物理学講座 4，ごとう書房，2002.
2) 野本憲一ほか編：恒星，シリーズ現代の天文学 7，日本評論社，2009.
3) 桜井　隆ほか編：太陽，シリーズ現代の天文学 10，日本評論社，2009.
4) E. Böhm-Vitense：Stellar Atmospheres, Introduction to Stellar Astrophysics, vol. 2, Cambrige University Press, 1989.
5) D. F. Gray：The Observation and Analysis of Stellar Photosphers, 3rd ed., Cambrige University Press, 2005.

4.3.3 地質鉱物学における発光の利用

地質鉱物学の分野においては，熱ルミネセンス（thermoluminescence：TL）[1,2]，光刺激ルミネセンス（optically stimulated luminescence：OSL）[3]，カソードルミネセンス（cathodoluminescence：CL）[4] が研究に利用されている．発光する鉱物として，石英，長石，カルサイト，ジルコン，コランダム，蛍石，ダイヤモンド，りん灰石，フォルステライト，エンスタタイトなどが知られている．

これらの鉱物の発光は鉱物中の不純物や内在する格子欠陥に起因している．発光中心となっている不純物には遷移金属元素（Ti, Cr, Mn, Fe），希土類元素（La～Lu）が知られている．格子欠陥としては，通常二つの Si と結合している O（酸素）の一つの結合が切れ正孔を捕獲している状態である NBOHC（non-bridging oxygen hole center），2 個電子のある酸素空格子に正孔が捕えられ 1 個の電子となった E'_1 中心，Al が Si と置換した Al 中心などが知られている．また，自己束縛励起子（self-trapped exciton：STE）も発光に関与していると考えられている．たとえば，石英は，705, 620～650, 450, 400 nm で発光し，それぞれ Fe^{3+} [5], NBOHC[6], STE[7], [AlO_4/M^+] (center：$M^+ = Li^+$, Na^+, H^+)[8] などが担っていると考えられている．しかし，他の

不純物,格子欠陥も発光を担っているとの論文も多数あり,発光波長の明確な発光中心への帰属はなされていない[9-11].また,歴史的には天然石英の発光は青の発光しか知られていなかったが,1986年,橋本などは日本の海岸の砂から,赤色で発光する石英を発見し,火山起源の石英は主として赤色発光(〜620 nm)を,花崗岩起源の石英は主として青色発光(〜480 nm)を示すこと明らかにした[12].このように同じ石英でも発光色は起源,続成作用(堆積物が固まって堆積岩になる作用),産地などによって異なっており,ルミネセンスによって後背地推定や変成作用の解明が試みられている.

a. 熱ルミネセンス,光刺激ルミネセンス

熱ルミネセンス(TL)と光刺激ルミネセンス(OSL)は,年代測定を中心に深く関連しながら発展してきた.TLでは試料を室温から450℃程度まで加熱したときに観測される光を,OSLは励起光を試料に照射したときに,励起光より短い波長領域で出てくる光を測定している.発光量は,放射線により励起されて鉱物中の準安定な格子欠陥に蓄積された電子(正孔)の量によるため,過去に鉱物が受けた放射線の量を測定することができる.年代は,

$$年代 (y) = \frac{等価線量(または蓄積線量)(Gy)}{年間線量率 (Gy/y)} \quad (1)$$

から推定される.ここで等価線量は,鉱物が形成されてから,または加熱・光励起を受けてゼロにリセットされてからの放射線線量である.Gyは吸収線量の単位で,放射線の照射によって1 kgの物質が1 Jのエネルギーを吸収した場合を1グレイ(Gy)という.試料として,長石,カルサイトも用いられるが,主に石英が用いられている.

等価線量は,付加線量法(未知線量に既知線量を加えてその成長からゼロクロスするところの線量)で推定される.図4.3.9は石英のTLグローカーブ(試料温度を上げていったとき,発光量を温度に対してプロットしたもの)と放射線を人工的に付加したときの発光量の成長曲線である[13].試料はプレヒート(50℃,1週間恒温槽で保管)した後TL測定し,プラトーチェック(図4.3.9(b))後,横軸と交わる等価線量を求めた例である.また,低線量照射領域でのリニアでない成長曲線の補正(スープラリニアリティ補正[1])をして,式(1)の分子である蓄積線量を求めたりする.

図4.3.9ではTL検出波長を380〜580 nmの波長領域で測定しているが,赤色TL(RTL)を測定したほうがより古い年代まで測れ[14],信頼性のある年代が得られるとの報告もある[15].

OSLは主に堆積物中の石英を対象にして[16],400 nm以下の短波長の発光を検出しているが,図4.3.10は長石を試料として励起光波長890±20 nm,検出波長350〜600 nmで測定したIRSL(infrared stimulated luminescence)の例である[13].TLと同様に人工的に放射線を付加したときの発光量の成長曲線から等価線量を求めている.また,測定により試料の感度が変化する場合が多数あり,低線量のテストドーズ

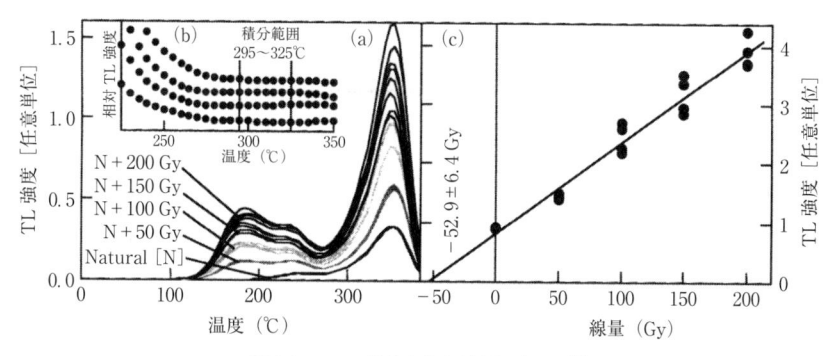

図 4.3.9 TL 測定と等価線量推定の例[13]
(a) 安達 Ac-Md の TL グローカーブ．(b) プラトーチェック（各温度で（Natural＋付加線量）/Natural の比をとり，どの温度領域が一定した値になっているかを示し，年代測定に使える温度領域を調べている．

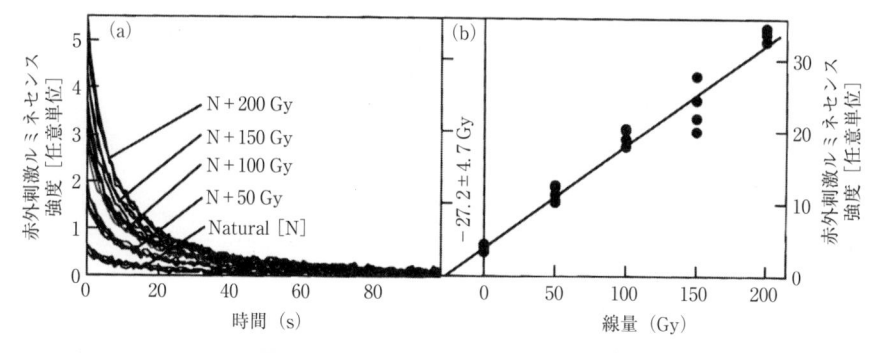

図 4.3.10 IRSL 測定と等価線量推定の例[13]
(a) 山田上ノ台第 10 層 Za-Kw の長石の IRSL．試料温度 60℃で 100 秒間測定．(b) (a) の 0~10 秒間を積算したものを OSL 強度として成長曲線を作成した図．

を照射し，感度を補正して等価線量を推定する SAR 法（single aliquot regenerative dose method）[14,17] が開発され，数十年から十数万年までの年代測定が行われている．最近は TL でも OSL でも SAR 法で等価線量を推定するのが普通となっている．放射線応答曲線は約 200 Gy 程度で飽和することが多いので，年代測定の上限は 20×10^4 ~5×10^4 年程度になるといわれている[14]．

TL は年代測定のほかに隕石の非平衡普通コンドライトのサブタイプの分類にも用いられている[18-20]．これは普通コンドライト中のガラスが熱変成作用によって斜長石化していく過程をとらえたものである．普通コンドライト中の TL を担っている鉱物は斜長石なので，斜長石の含有量が多くなると，TL 強度（感度）が高くなる．このため，タイプ 3 普通コンドライトを 3.0~3.9 のサブタイプに分類する際に TL が使

われている．また面白いことに，普通コンドライトは同じ斜長石からの発光にもかかわらず，100～300℃の低温度領域では450 nmで，300～450℃の高温度領域では400 nmで発光している[21]．

b. カソードルミネセンス

カソードルミネセンス（CL）とは物質に電子線を照射した際に生じる発光現象である．そのため，電子顕微鏡と組み合わせることによりマイクロメートルオーダーの高い空間分解能で鉱物の同定，不純物元素，構造欠陥の検出および分布の測定を可能にしている．たとえば，隕石中に含まれる微小なコランダム粒子をみつける手段としてCLが利用されている[22]．ジルコンは希土類元素，遷移金属元素，構造欠陥に起因する強いCL発光を示すため[23]，ジルコンを用いたウラン-鉛年代測定法では前処理として，成長ドメインの識別に使われている[24]．また10 mm程度の幅広い電子線を照射して広い領域でのCL画像も得られることから，ミリメートルオーダーのCL累帯構造を認識するとともに，発光中心となっているMn含有量の変化などが調べられている[25]．

近年では，CL発光スペクトルを波長（nm）からエネルギー（eV）に変換して，ピーク分解する波形分離解析により，CL発光スペクトルの詳細な研究がなされてきている[26,27]．図4.3.11はHe照射を受けた長石（albite）のCL発光スペクトルで，波形分離解析により450～800 nmの波長領域では四つピークから成立していることを示している[28]．1.861 eVのピークは放射線誘起欠陥中心に起因し，α線量の評価に使うことができる[28]．また，衝撃を受けた長石（sanidine）の実験から，2.948 eVのピークは衝撃誘起欠陥中心に起因し，衝撃圧力の推定に使うことができることが示されるなど[29]，発光スペクトルの波形分離解析は，地質鉱物学において定量的な応用が期待されている．

〔蜷川清隆〕

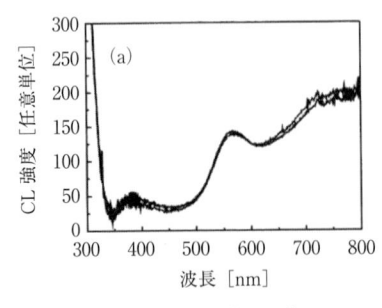

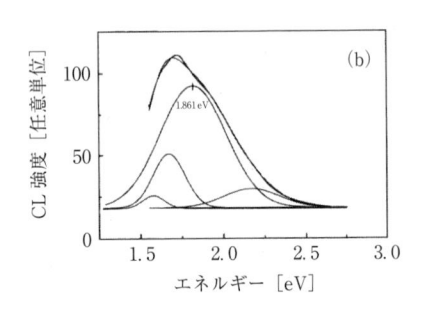

図 4.3.11 (a) 6.33×10^{-4} C/cm² の He 照射を受けた長石（albite）の CL 発光スペクトルと (b) 同一スペクトルを 1.55（800 nm）～2.75（450 nm）eV 領域で四つのガウス関数でピーク分解したスペクトル[28]

文献・注

1) M. J. Aitken: Thermoluminesence Dating, Academic Press, 1985, [359].
2) A. S. Marfunin: Spectroscopy, Luminescence and Radiation Centers in Minerals, Springer, 1979, [352].
3) M. J. Aitken: An Introduction to Optical Dating, Oxford University Press, Oxford, 1998, [267].
4) M. Page, et al., eds.: Cathodoluminescence in Geosciences, Springer, 2000, [514].
5) U. Kempe, et al.: *Mineral Mag.*, **63** (1999), 165-167.
6) G. H. Siegel and M. J. Marrone: *J. Noncrystalline Solids*, **45** (1981), 235-247.
7) M. A. Stevens-Kalceff and M. R. Phillips: *Phys. Revi. B*, **52** (1995), 3122-3134.
8) P. J. Alonso, et al.: *J. Appl. Phys.*, **54** (1983), 5369-5375.
9) M. A. Stevens-Kalceff, et al.: Cathodoluminescence in Geosciences (M. Pagel, et al., eds.), Springer, 2000, [193-224].
10) J. Götze, et al.: *Mineral. Petlogy*, **71** (2001), 225-250.
11) F. Preusser, et al.: *Earth-Sci. Rev.*, **97** (2009), 184-214.
12) T. Hashimoto, et al.: *Nuclear Tracks and Radiation Measurements*, **11** (1986), 229-235.
13) 下岡順直, 長友恒人: 考古学と自然科学, **62** (2011), 73-84.
14) 塚本すみ子, 岩田修二: 地質学雑誌, **111** (2005), 643-653.
15) 橋本哲夫: 考古学と自然科学, **55** (2007), 31-44.
16) 高田将志: 奈良女子大学文学部研究年報, **39** (1995), 53-68.
17) A. S. Murray and A. G. Wintle: *Radiation Measurements*, **32** (2000), 57-73.
18) D. W. G. Sears, et al.: *Nature*, **287** (1980), 791-795.
19) D. W. G. Sears, et al.: *Proc. Lunar Planet. Sci.*, **21** (1991), 493-512.
20) K. Ninagawa, et al.: *Antarct. Meteorite Res.*, **11** (1998), 1-17.
21) K. Ninagawa: Micro-Raman Spectroscopy and Luminescence Studies in the Earth and Planetary Sciences (A. Gucsik, ed.), Proceedings of the International Conference, American Institute of Physics, Melville, New York, 1163 (2009), [250].
22) A. Takigawa, et al.: *Lunar Planet. Sci.*, **XXXXII** (2011), abstract #2599.
23) 鹿山雅裕: 岡山理科大学自然科学研究所研究報告, **32** (2006), 51-69.
24) U. Kempe, et al.: Cathodoluminescence in Geosciences (M. Pagel, et al., eds.), Springer, 2000, [415-455].
25) S. Matsunami, et al.: *Cosmochim. Acta*, **57** (1993), 2101-2110.
26) M. A. Stevens-Kalceff: *Mineralog. Mag.*, **73** (2009), 585-605.
27) M. Kayama, et al.: *American Mineralogist*, **95**, 1783-1795.
28) M. Kayama, et al.: *American Mineralogist*, **96** (2011), 1238-1247.
29) M. Kayama, et al.: *J. Geophys. Res.-Planets*, **117** (2013), 1-13.

4.3.4 鉱物のルミネセンス

鉱物は天然に産する無機結晶物質であり,そのなかには蛍光を発現するものも珍しくなく,古くから科学者の研究対象となっていた.イタリア,ボローニャのカスカリ

表 4.3.2　鉱物のルミネセンスの種類と地球科学分野への応用

ルミネセンスのタイプ	励起源	地球科学への応用
熱ルミネセンス thermoluminescence（TL）	熱エネルギー	年代測定，放射線量計測
光刺激ルミネセンス optical stimulated luminescence（OSL）	可視光，赤外線	年代測定，放射線量計測
フォトルミネセンス photoluminescence（PL）	紫外線，可視光	鉱床探査，放射線損傷の検出
カソードルミネセンス cathodoluminescence（CL）	電子	鉱物生成環境，熱履歴の解析
X線ルミネセンス roentgenoluminescence（RL）	X線	放射線量計測
イオンルミネセンス ionoluminescence	イオン	年代測定試料の評価
化学ルミネセンス chemiluminescence	化学反応	水循環システムの解析
バイオルミネセンス bioluminescence	生化学反応	バイオマット発光体の検出
摩擦ルミネセンス triboluminescence	岩盤応力	地震予知，防災

オーロ（Vincenzo Cascariolo）は，焼成した粉末の重晶石（barite：$BaSO_4$）が発光することを見いだし，1603年に「蛍光物質（phosphor）」と記述した[1]．また1852年英国のストークス（Sir George Stokes，ストークスシフトの発見者）は，太陽光線に被曝させた蛍石（flourite：CaF_2）が暗室で青緑色に発光する現象を観察し，蛍石にちなみフルオレセンス（蛍光，fluorescence）の用語をはじめて使い報告した．その後1888年にウィードマン（Eilhard Wiedemann）は蛍光にりん光も含めルミネセンス（luminescence）と呼んだ[1]．1930年代には実用的なUVランプが開発されW, Mo, Uなどの原料鉱物の探査やダイヤモンドの真贋や評価に蛍光が用いられるようになった．いまでは鉱物の各種ルミネセンスを用いた地球科学分野への応用が広く図られ（表4.3.2），ルミネセンスを発現する代表的な鉱物については発光中心や各種スペクトルの詳細がテキストや総説にまとめられている[2〜7]．また，鉱物のフォトルミネセンスをまとめたビジュアルな解説書も出版されている[8,9]．

鉱物のルミネセンスに及ぼす主な要因は，含有する遷移金属元素や希土類元素などの不純物元素（不純物中心），結晶に内在する構造欠陥（欠陥中心）および試料温度である．不純物中心は，そのもの自身が発光中心として働くアクチベータ（activator），吸収したエネルギーをアクチベータへ伝達し増感効果を示すセンシタイザー（sensitizer）そしてアクチベータの発光エネルギーを吸収し消光効果を現すクエンチャー（quencher）がある（図4.3.12）．実際の発光強度は，これらの濃度や量比により決まる．欠陥中心には，あるべき元素がなかったり（欠損）あるいは格子間に入り込んでいたり（過剰）した非化学量論組成ならびに放射線損傷や結晶成長に伴

4.3 天文・気象・鉱物の発光

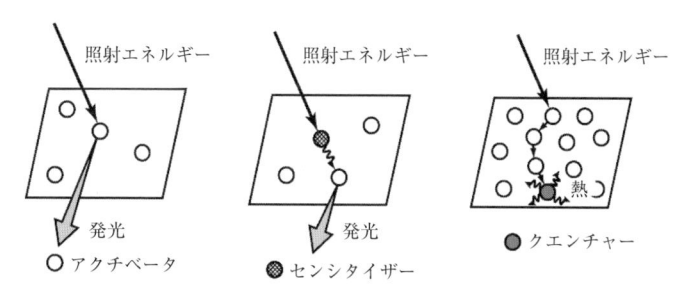

図 4.3.12 ルミネセンス発光に関与する不純物中心（アクチベータ，センシタイザー，クエンチャー）の働き

う転位などによる構造欠陥が関与し，青色領域に発光を示すことが多い．また，ルミネセンスに及ぼす試料温度効果は無視できず，一般に試料温度の上昇とともに発光効率は低下する（温度消光）．

ルミネセンスを示す代表的な鉱物について以下に解説する．

a. ダイヤモンド

天然ダイヤモンドはマントル起源，超高圧変成作用起源，太陽系始原物質（presolar materials）起源および隕石衝突による衝撃変成作用起源が知られており，いずれも超高圧環境（静水圧力>8〜10 GPa，衝撃圧力>30〜40 GPa）が必須な高圧鉱物として認識されている．含まれる不純物や赤外線の吸収の特性から I 型と II 型に分類される．I 型は C を置換した N 不純物を含有し紫外線の吸収が大きく，天然に産するダイヤモンドのほとんどが I 型に属し比較的強い青色の蛍光を示す[10]．II 型は B か極微量の N を含み紫外線を透過しやすく半導体的性質（P 型）を示すものがあり，主に金属触媒を用いた合成ダイヤモンドが II 型に属し，わずかに赤く発光するものがある[10]．マントルを起源とする鉱物試料中のダイヤモンドは微小であることから，高い空間分解能を有する CL（カソードルミネセンス，電子線照射による発光）が主な分析手段となる．CL によれば青色領域（415 nm）に特徴的な N3 センター（3 個の N が一つの空孔を囲む）や赤色領域（500 nm 付近）に発現する H3, H4, S2, S3 センター（2 個またはそれ以上の N が一つまたは二つの空孔を囲む）を識別可能なため，精度のよいスペクトル解析がなされている[6,10]．また CL はナノメータサイズのダイヤモンドを検出できることから炭素質隕石や宇宙塵に含まれるダイヤモンドの検索ならびに生成環境や起源の推定など宇宙鉱物学への応用も図られている[11-13]．

b. 方解石

多くの方解石（$CaCO_3$）はルミネセンスを発現することから，発光中心の帰属や発光メカニズムの詳細が明らかになっている．Mn^{2+} がアクチベータとして赤色に発光（620 nm）する．Pb^{2+} は青色発光（480 nm）にアクチベータとして，また Ce^{3+} はセン

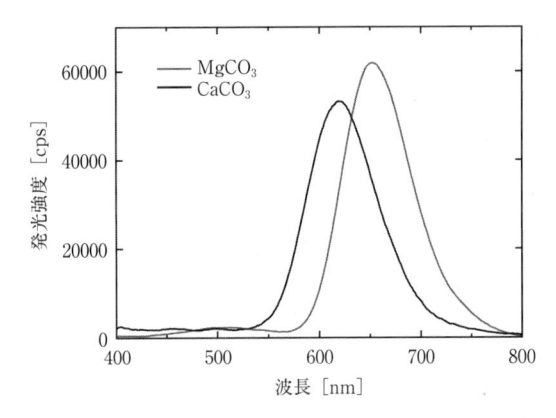

図 4.3.13 代表的な炭酸塩鉱物（カルサイト：$CaCO_3$ とマグネサイト：$MgCO_3$）のカソードルミネセンススペクトル

シタイザーとして作用する場合があり，Fe^{2+} は明らかなクエンチャー効果を示す[14]．希土類元素は不純物中心として発光に寄与することはまれである．通常方解石の発光強度はアクチベータの Mn^{2+} 濃度とクエンチャーの Fe^{2+} 濃度の両者により決定される．また，Mn^{2+} の濃度が増すと（数万 ppm 以上）顕著な消光を示す．これは濃度の上昇とともにアクチベータどうしが近接するようになり母体結晶中でのエネルギー伝達が可能となり非輻射遷移（発光に寄与しないエネルギーの移動）確率が増加し減光することによる（濃度消光）．したがって，方解石の Mn^{2+} による発光強度は多くの要因に支配されていて正確に評価するのは難しい[15,16]．Mn^{2+} 濃度の低い方解石から構造欠陥に起因する微弱な青色発光が認められる．よく共生するマグネサイト（$MgCO_3$）とは Mn^{2+} のピーク波長から容易に区別できる（図 4.3.13）．これは発光中心原子の結晶学的配位関係（結晶場）の違いを鋭敏に反映しているからで，配位子間距離の長い（Ca-O 距離）方解石は短い（Mg-O 距離）マグネサイトより低波長側に Mn^{2+} の発光ピークが位置する[15]．

c. 蛍 石

蛍石は Ca のフッ化物であり F 中心をもつが蛍光にはほとんど寄与しない[16]．Ca を置き換えて入る希土類元素（Ce, Sm, Eu, Gd, Tb, Dy, Ho, Er, Tm, Yb）および遷移金属元素（Mn, Fe）がアクチベータとしてルミネセンス発光する[6,17]．希土類元素は 3 価のイオンとして入るものが多く，励起エネルギーによる Fe の酸化などのため 2 価に変わり発光に関与する場合がある（たとえば $REE^{3+}+Fe^{2+} \rightarrow REE^{2+}+Fe^{3+}$)[17]．$Ho^{2+}$ による発光強度は Ho 含有量と相関せず，Ho^{3+} が F 中心にトラップされ正孔を介して Ho^{2+} として安定化する度合いに依存する[11]．遷移金属元素によるルミネセンス発現の報告は少なく Mn^{2+} の緑色（～500 nm）および Fe^{3+} の赤色（650～

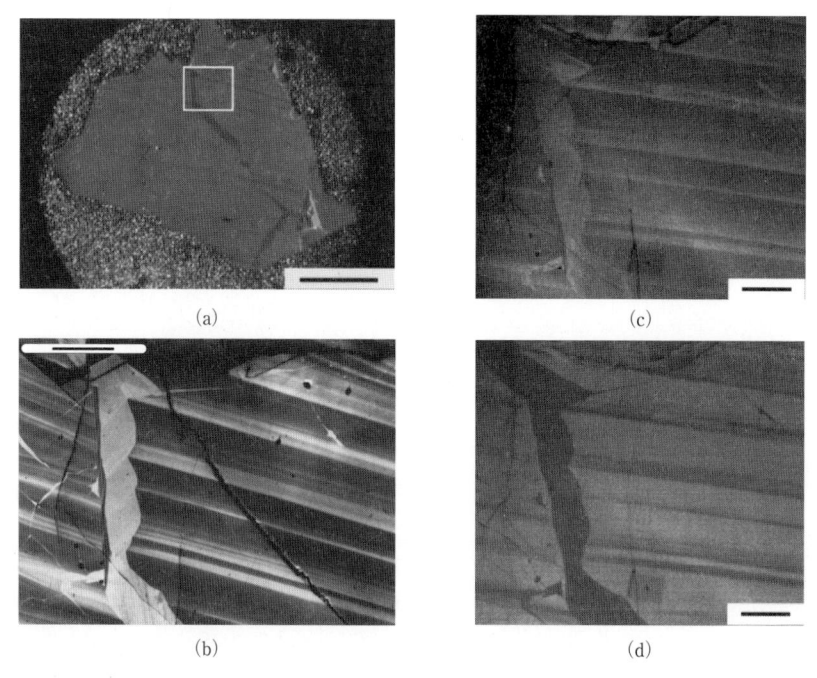

図 4.3.14 蛍石のカソードルミネセンス画像
(a) CL画像(口絵 8 参照),(b) パンクロマチック高分解能画像,(c) モノクロマチック (425 nm:Eu^{2+}) 高分解能画像,(d) モノクロマチック(580 nm:Dy^{3+}) 高分解能画像.スケールバーは (a) 0.5 mm, (b)〜(d) が 50 μm.

700 nm) が知られている.CL スペクトルにおいて発光中心の帰属は比較的容易で,発光ピークの分離がよい場合は高分解能のモノクロマチック画像解析も可能である[18] (図 4.3.14).したがって,ごく微量の希土類元素の分布や濃度を二次元情報として得ることができ,他の分析手法にはないルミネセンスの活用といえる.

d. 長 石

長石は地殻の主要構成鉱物であるばかりか火星や小惑星にも広く存在し,その多くはルミネセンスを発現する.しかし長石は広い固溶領域をもち生成条件の違いを反映したさまざまな結晶構造(多形)をとることから,ルミネセンスにおける発光中心の帰属や発光メカニズムは複雑である.PL(フォトルミネセンス:UV 照射による発光)を用いた研究はほとんどなく[19],CL または IL(イオノルミネセンス:イオン照射による発光)により解析されている.斜長石(Na-Ca 系列)およびアルカリ長石(Na-K 系列)に共通して認められる発光中心は,欠陥中心として二つの Al と酸素欠損からなる Al-O^--Al 構造欠陥ならびに不純物中心として Ti^{4+},Mn^{2+},Fe^{3+} がある[20〜22](図

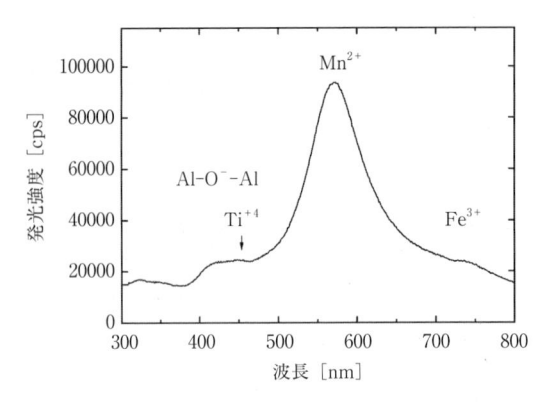

図 4.3.15 斜長石のカソードルミネセンススペクトル

4.3.15）. Al-O$^-$-Al 欠陥中心は青色領域（400〜480 nm）にブロードなバンドスペクトルを示し，熱水交代作用（〜250℃）により解消することが知られている[23]．Ti^{4+}中心も青色領域（450〜460 nm）にピーク波長を有するため Al-O$^-$-Al 欠陥中心との区別は波形分離を必要とする[24]．Ti は斜長石よりアルカリ長石に多く含まれる傾向があり，このことが一般にアルカリ長石の青色発光が強い原因とされる[21]．Mn^{2+}中心は黄色〜オレンジ色の発光（540〜580 nm）を示し，Ca 席（6 配位）を置き換えるため斜長石には広くみられるがアルカリ長石にはほとんど認められない[20]．Fe^{3+}は赤色領域（700〜780 nm）にバンドスペクトルを示し，アルカリ長石によく出現する．Fe^{3+}は Al 四面体中の T 席に存在し，その濃度は Al-O$^-$-Al 欠陥中心と負の相関を示し 1.5% 以上で濃度消光を起こす[22,24]．また放射線（α 線）損傷に伴う構造欠陥に起因する赤色領域（665 nm）の発光中心が明らかとなり，これを用いた精度の高い地質線量計への応用が期待される[25]．

e. 石 英

室温での石英の蛍光は弱く一般にルミネセンスの観察には CL を用いる．CL 発光は主に青色領域（460 nm 付近）と赤色領域（650nm 付近）のバンドスペクトルからなり，両者の相対的な強度の違いにより青〜紫〜赤の色調を示す．多くの場合に構造欠陥が発光中心として作用する．主要なものには，青色発光を示す正孔と電子が対をつくる構造欠陥（自己束縛励起子）および赤色領域に発光をもつ種々の O$_3$≡Si-O・先駆体がつくる構造欠陥（非架橋酸素正孔中心）がある[26]．これら発光中心の帰属は照射条件を変えてのスペクトル測定とバンドスペクトルの波形分離を必要とするが，その詳細はすでに明らかにされている[26]．不純物中心として Si を置換した Ti^{4+} は青色発光（440〜480nm）を発現する[27]．石英への Ti の固溶は生成温度とよい相関を示すことから CL の地質温度計（TitaniQ）への応用が図られている[27,28]．石英の CL 強度は低温度下（−80℃以下）では室温と比べ 1000 倍以上に増加する（図 4.3.16）[29,30]．

この増光効果は他の鉱物にはみられないほど大きく石英に特異な性質である．またCLによれば放射線損傷によるハロ（ルミネセンスで視認できる変色域）を容易に検出できることから，放射線性ハロの発光中心の特定とその定量評価がなされた[31]．これはネットワーク構造のSi-O結合が破断し新たに放射線損傷由来の構造欠陥が生成しとによる青色領域の発光で，発光強度の線量応答性は非常によく地質線量計への応用が期待できる[32]．

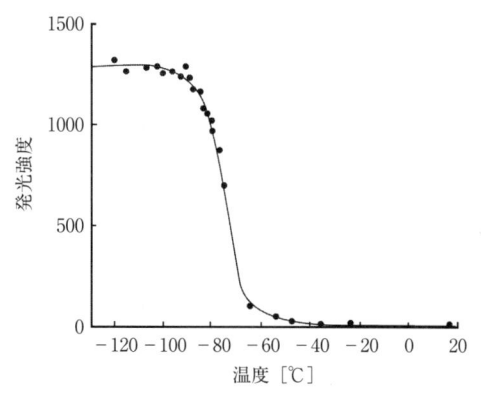

図4.3.16 石英の試料温度に対するカソードルミネセンス強度変化（文献29を改作）

f. ジルコン

ジルコン（$ZrSiO_4$）は火成岩，堆積岩および変成岩などさまざまな岩石の副成分鉱物として広く産し，風化や変質に強くUやThなどの放射性元素を含有することから年代測定や変成過程の解明に使われる[33]．多くのジルコンはルミネセンスを発現し，とくにCLは成長分域や累帯構造の視認化やメタミクト（放射線による非晶質化）の評価にはルミネセンスを用いた分析が必要不可欠となっている（図4.3.17）．多くの希土類元素はイオン半径が近いZrを置換するため不純物中心として発光に関与しDy^{3+}，Gd^{3+}，Sm^{3+}，Eu^{3+}がアクチベータとして知られている．種々の元素をドープした合成試料のスペクトル解析結果から希土類元素の発光中心を容易に帰属できる（図4.3.18）[33-36]．Cr^{3+}やMn^{2+}などの遷移金属元素はアクチベータとして作用することは少ない．一方，構造欠陥が関与する発光中心は次の三つが知られている[33-36]．UV領

図4.3.17 ジルコンのカソードルミネセンス画像（累帯構造）（長径100 μm）

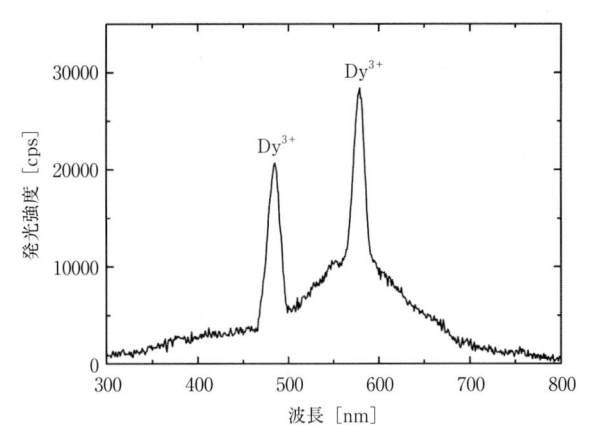

図4.3.18 ジルコンのカソードルミネセンススペクトル

域（250～350 nm）の発光は U や Th からの放射線によりメタミクト化が進むと減衰し，アニーリングにより回復することから本来結晶に内在する構造欠陥に帰属される．青色領域（380～430 nm）の発光強度は結晶方位により大きく影響（偏光因子）を受け，骨格構造をつくる Si-O 結合に関係した欠陥中心に起因すると考えられている．黄色領域（500 nm 付近）の発光はほとんどの天然ジルコンに認められ，含有する U や Th からの放射線により生成した欠陥中心に起因しメタミクト化と密接な関係がある[37]．したがって，黄色領域の CL を指標として用いることにより，地質線量計や年代測定への応用が期待できる．

〔西戸裕嗣〕

文献・注

1) H. W. Leverenz : An Introduction to Luminescence of Solids, Dover Publications, 1950, [596].
2) A. S. Marfunin : Spectroscopy, Luminescence and Radiation Centers in Minerals, Springer, 1979, [352].
3) D. J. Marshall : Cathdoluminescence of Geological Materials, Unwin Hyman, 1988, [146].
4) M. Pagel, et al. : Cathodoluminescence in Geoscience, Springer, 2000, [514].
5) B. S. Rorobets and A. A. Rogojine : Luminescent Spectra of Minerals, All-Russia Institute of Mineral Resources, 2002, [300].
6) M. Gaft, et al. : Luminescence Spectroscopy of Minerals and Materials, Springer, 2005, [356].
7) C. M. MacRae and N. C. Wilson : *Microscopy and Microanal.*, **14** (2008), 184-204.
8) 山川倫央：光る石 ガイドブック―蛍光鉱物の不思議な世界, 誠文堂新光社, 2008, [143].
9) 山川倫央：蛍光鉱物＆光る宝石 ビジュアルガイド, 誠文堂新光社, 2009, [143].
10) A. M. Zaitsew : Optical Properties of Diamond, Springer, 2001, [502].

11) M. A. Stevens-Kalceff, et al.：*J. Appl. Phys.*, **104** (2008), 113514-1-9.
12) A. T. Karzemska：*J. Achievements Mat. Manufact. Engin.*, **43** (2010), 94-107.
13) A. Gucsik, et al.：*Microscopy & Microanal.*, **18** (2012), 1-7.
14) H. G. Machel, et al.：*Luminescence Microscopy and Spectroscopy*, **25** (1991), 9-25.
15) H. G. Machel：Cathodoluminescence in Geosciences (M. Pagel, et al., eds.), Springer, 2000, [11-301].
16) G. Blasse：*J. Solid State Chem.*, **30** (1979), 385-386.
17) U. Kempe, et al.：*Mineralogy and Petrology*, **76** (2002), 213-234.
18) 西戸裕嗣, 蜷川清隆：岡山理科大学自然科学研究所研究報告, **27** (2001), 29-35.
19) 河野俊夫ほか：岩石鉱物科学, **40** (2011), 195-198.
20) 鹿山雅裕：岡山理科大学自然科学研究所研究報告, **33** (2007), 65-74.
21) 鹿山雅裕, 西戸裕嗣：岡山理科大学自然科学研究所研究報告, **34** (2008), 27-38.
22) A. Finch and J. Klein：*Contributi. Mineral. Petrology*, **135** (1999), 234-243.
23) M. Kayama, et al.：*Am. Mineralog.*, **95** (2010), 1783-1795.
24) D. J. Telfer and G. Walker：*Modern Geology*, **6** (1978), 199-210.
25) M. Kayama, et al.：*Am. Mineralog.*, **96** (2011), 1238-1247.
26) M. A. Stevens-Kalceff：*Mineralogical Mag.*, **73** (2009), 585-605.
27) A. Müller, et al.：*Miner Deposita*, **45** (2010), 707-772.
28) D. A. Wark and E. B. Watson：*Contribut. Mineral. Petrology*, **152** (2006), 743-754.
29) W. M. Hanusiak and E. W. White：Proceeding 8th Scanning Electron Microscopy Symposium, Chicago (USA) (1975), 125-132.
30) B. J. Luff and P. D. Townsend：*J. Physics*：*Condensed Matter*, **2** (1990), 8089-8097.
31) K. Komuro, et al.：*Mineral. Petrology*, **76** (2002), 261-266.
32) T. Okumura, et al.：*Quaternary Geochronology*, **3** (2008), 342-345.
33) J. M. Hanchar and W. O. Hoskin：*Zircon, Rev. Mineral. Geochem.* (*Mineralogical Society of America*), **53** (2003), 500.
34) F. Cesbron, et al.：*Scann. Microscopy Suppl.*, **9** (1995), 35-56.
35) L. Nasdala, et al.：*Chem. Geology*, **191** (2002), 121-140.
36) 鹿山雅裕：岡山理科大学自然科学研究所研究報告, **32** (2006), 51-69.
37) U. Kempe, et al.：*Am. Mineralogist*, **95** (2010), 335-347.

4.3.5 地震に伴う発光現象

　地震発光（earthquake lights：EQL）とは，地震発生の可能性のある地域において，まれに観察されることがある未解明の発光現象の総称である．主に夜間，空中あるいは地表近くにおいてさまざまな形態，色，継続時間を有する発光現象が目撃される．多くは地震発生数秒程度の直前か，もしくは同時（coseismic）の目撃報告であるが，それ以上の時間単位で地震前（preseismic），あるいは地震後（post/after-seismic）の観察例もある．地殻応力の高い震源域や断層帯周辺で観察されやすいが，震央から離れた地域でもみられることがある．また津波発生時に陸岸近くの海上にみられる未知の発光現象もこれに含める場合がある．

Coseismicな発光現象の場合は，その地震との関連性を理解しやすい反面，地震動のために発生する電力線の短絡スパークや構造物崩壊などによる発光と見間違う場合がありえる．また地震前，地震後の場合は，火災や空電など他の現象とのタイミングが，偶然一致した可能性を排除する必要があるが，場所，方向，高度，発光色や輝度，計測時間などに関する綿密な観察記録がない場合が多い．まれな現象でありながら多くの形態があり，ある個人の目撃した発光現象が，他者に認識されている現象とは異なる場合もあるので注意が必要である．地震学的には，現在，発光現象を本質的な地震現象と見なしておらず，地殻変動の副次的な効果が，ある条件のもとでまれに観察されたものという認識が一般的であり，一方で物理学，地球化学や地球電磁気学分野などの一部の研究者の関心を引いている．

a. 歴史的記述

 地震と発光を関連づけた文書は数多くあり，最古のものはエジプト第5王朝のPyramid Texts (ca. 2300 BC)[1]であろう．武者によれば，地震発光らしき現象として記録されているものは，古代ギリシャの歴史家であったCallisthenes (ca. 360-328 BC) による373 BCの事象に遡及する[2]．日本では，『日本書紀』29巻の682年（天武11年8月11日）の記載に同12日，17日の地震に先じて「八月壬申（十一）有物，形如灌頂幡，而火色．浮空流北（大きな火色の虹が北に流れる）」などの記述がみられる（ただし，天武13年10月の巨大地震（南海・東海・西海大地震）の際には，天変地異的な前兆現象の記述はない）．また，『日本三代実録』(901年) には，869年7月9日（貞観11年5月26日）の貞観三陸地震（M>8.3）の際に，「流光如晝隱映」（流光昼の如く隠映す）との表記がある．古文書にはそれらしき記載は散見するものの，具体的記述に欠け，伝聞の誤りや誇張，あるいは通常の雷光や火災，蜃気楼，流星火球といった事象と地震現象の偶然の時期的一致による錯誤なども少なからずあると思われる．欧州では，1755年リスボンの大地震における前兆現象として，カントが空に激しい稲光があったことを記述しており，同じ頃，英国などでも関心が広まった．やがて20世紀半ば頃から，地震発光に関する科学的研究が始まり，1910年にイタリアのGalliが，西洋における地震発光現象の148例について収集と調査を行い，その形態や継続時間，地震現象との時間的前後関係などを分類した[3]．日本では1918年大町地震 (M6.1, M6.5)，1923年関東大震災 (M7.9)，1930年北伊豆地震 (M7.3)，1931年南日向地震 (M7.1)，1933年昭和三陸地震 (M8.1)，などで地震発光の報告があり，1930年代には，寺田寅彦，武者金吉らによる地震発光現象の研究調査が行われている[4,5]．

 以降，1943年鳥取地震 (M6.2, M7.0)，1944年東南海地震 (M7.9)，1945年三河地震 (M6.8) などで発光現象は報告されたものの[6]研究は進展しないままであった．
 1965年8月以降，5年半にわたって，計6万回余りの有感地震が，長野県松代町一帯で発生した．この松代群発地震（累積M6.4）では，1965年10月1日～1967年1

4.3 天文・気象・鉱物の発光

(a)

(b)

図 4.3.19 松代群発地震における地震発光の写真（松代地震センター提供．口絵 9 参照）
(a) 1966 年 2 月 12 日 04 時 17 分妻女山付近：松代町西方妻女山付近が仰角 5°くらいまで広い範囲（数 km 幅）で夕焼のような色を示し，夕焼のなかでも最も複雑な，どすぐろい色に見えた．継続時間は 35 秒．地震発生は 4 時 05 分 56 秒に M4.2 が発生しており，そのほか震源やマグニチュードが決められていない地震が断続的に起こっている[11]．
(b) 1966 年 9 月 26 日 03 時 25 分奇妙山一帯撮影：一帯が 96 秒間白色蛍光灯のごとく山にそって光った．光帯の仰角は 5～15°．最輝時の 40 秒間は満月の明るさの 3 倍程度で腕時計の秒針がはっきりと読めた．この現象と最も近接する地震は観測所の記録としては前 3:20 と後ろに 3:45[11] で安井の文献 9 では，11 分および 37 分となっている．

月 12 日まで，地元東条の歯科医であった栗林亨氏によって世界ではじめて地震発光の写真（8 例のカラー写真を含む）記録が得られ（図 4.3.19），瞬間的な発光，持続的な赤色の帯状の発光や青白色の半球状などの発光現象が実在することが，地震学者に広く認知される契機となった[7]．なお，気象庁地磁気観測所では，安井がその他の記録も含め，33 例を整理している[8-10]．1966 年の 1 月 22 日午前 2～3 時の間には，96

秒程度の長い継続時間の発光が目撃され，手元の時計の針が読める，山襞が見える，などの証言が残っている[7]．ただ，発光の発生原因やメカニズムは不明のままで，地震現象との関連性を証明するに至っていない．実際，松代群発地震における地震発光は，post-seismic あるいは inter-seismic 的な様相が強いものであり，規模の大きい地震に対応してかならず発光が発生したわけでもない[11]．ただ，流星群や雷放電，電気スパークといった事象とは区別して未知の現象を記録写真としてとらえたことで，地震発光現象を科学的な対象として考えることが可能となったといえる[12]．その後，西洋では，Tributsch による報告[13]，また Papadopulos による5世紀から現在に至るまでの中東における報告[14]がある．力武によるデータ集[15,16]にも記載がある．

b. 地震発光の特徴：形態，持続時間

およそ M3〜4 前後の中規模以上の地震に関連してみられることがあるが，かならずしも coseismic とは限らない．閃光状のものや，数秒以上継続して肉眼視できるものがある．また球電状のものは日中観測されたケースもある[17]．震源付近の局所的な目撃例が多いが，震央から 100 km 以上離れた場所から観測されたケースも報告されている[18]．

2000 年の St-Laurent の分類[19]をもとに以下に示す．

(1) 白から青みがかった閃光（seismic lightning）で，通常の稲光に類似するが，継続時間は長くなることがある．地上付近下方から低空に向かって落雷音のない強い発光がみられ，半球状，盾状にもなる．ときには空の大きな領域を照らしたり，場所を変えながら発光したりすることがある．遠方の空電などと間違う場合もありえる．なお，大きな地震に際して，地震に関連する電磁気現象として，通常の雷が誘発されるとの説がある．

(2) 下方から空中への帯状・柱状の発光体（luminous band），水平の場合や垂直に伸びる場合もある．

(3) 球状の白〜青の発光体（globular incandescences）静止状態や運動している場合がある．小さなものは球電（ball lightning）のような様相で，2,3分ほどの間地表にそって移動したり，合体したりするものもある．

(4) 地表面を動き回る小さな火炎状のもの（fire tongue）．津波発光では，海上を漂うものが観察されている．

(5) 地中などから噴出した可燃性ガスが燃焼したような発光（seismic flames）．

(6) コロナ放電もしくは点状の放電光（coronal and point discharge light）．

このほか，発光する雲状，虹状のもの，あるいは，地表からの赤外線放射現象といったものも今後加えられる可能性がある．

c. 最近の地震発光現象の記録

兵庫県南部地震は 1995 年 1 月 17 日（M7.3）に発生した（図 4.3.20）．ほぼ

4.3 天文・気象・鉱物の発光

図 4.3.20 兵庫県南部地震の地震発光（文献 20 より転載）徳山和夫氏による地震発生直前の発光．1 月 17 日午前 5 時 40 分頃，神戸市内から淡路島方面に向けて撮影（1995 年 2 月 3 日か 4 日の東京新聞，産経新聞にカラー印刷で掲載）．

coseismic な発光現象が認められた．青白い閃光と継続する赤い発光現象のほか，黄色っぽい白，青，緑，黄色，オレンジ，ピンクなどの報告もある[20]．稲妻のような閃光，中央が盛り上がった山形，地上から空中へ広がるような扇形，アーク状および水平に広がった光体などの形状がみられている．はじめは阪神間からみて西方に発光が現れ，宝塚や豊中の大学教員の証言では，地震動の直前に南の方向が赤く発光した[21]．あるいは，湾上にいた漁業従事者によれば，明石海峡の震源付近から大阪湾上空に向けて発光が移動したとの報告があり，断層破壊の進展とともに，大阪湾上空において発光現象があったことが推定されている[22]．これらの証言は，放電現象とそれによる大気のプラズマ発光を強く示唆するものである．このほか，2009 年の Aquila (M6.3)[17]，2007 年のペルー (M8.0)，2010 年のチリ (M8.8) などの地震においても地震発光の報告があり，議論されている[18]．

d. 地震発光現象のメカニズム

発光現象を説明する一つの機構としてまず可燃性ガスの燃焼があげられる[23,24]．確認に至っていないが，地中のメタンガスや海底のメタンハイドレートなどが上昇し，引火すれば，地表面から吹き出す燃焼体や地（海）表面を漂う火球として説明できる．次に，強い閃光や青，赤といった発光スペクトルは空気中分子の放電励起を思わせる現象である．しばしば地震発光はオーロラ的にみられる場合があるが，超高層で存在する原子状酸素は地表付近では考えにくく，分子状態の窒素，酸素のプラズマ発光によるものと考えるのが適当である．しかし分子を励起するための電子も 1 気圧下の平均自由行程の関係で高速にすることは難しい．ただ，仮説ではあるが，地殻の応力の変動によって，固体内の応力分布が変わり，それが局所的な高電圧を発生するならば，

ごく短距離で電子を加速し，プラズマ発光に至る可能性はある．ちなみに窒素分子を例にすると，

$$B^3\Pi_g \rightarrow A^3\Sigma_u^+ \quad (第一正帯，500 \sim 800\,\mathrm{nm}，緑，黄，赤)$$

および分子イオンでは

$$B^2\Sigma_u^+ \rightarrow X^2\Sigma_g^+ \,(v', v'') = (0, 1) \quad (第一負帯，428\,\mathrm{nm}，青，紫)$$

の発光バンドがある．乾燥空気の絶縁破壊電圧は $3\,\mathrm{MV/m}$ であるが，池谷によれば，実際のフィールドは，宇宙線や放射線核種（ラドン）などの電離があり，実験的には微小な領域で $60 \sim 150\,\mathrm{kV/m}$ の電場があれば，薄いプラズマ発光体が形成されうる[25]．そして全体として光学的厚みがあれば，さらに外部からみた場合，発光体が観測できると思われる．

以下では，発光できるまでに分子を励起するに必要な電子エネルギー（平均 $2 \sim 3\,\mathrm{eV}$）を局所的に発生させる高電圧発電機構について考えられたものを列挙する．いずれも，電気的中性の状態から，電荷を分離する分極の過程とその効果の蓄積が必要である．

1) 圧電補償電荷（piezo-compensating charges）[25, 26]

大陸地殻は石英を含み，圧電性を有する．圧電現象（効果）とは，強誘電体結晶に機械的な圧力を印加したとき，その強さに比例した電気分極を生じて結晶表面に電位差を生じる現象である．地殻応力のもとで，石英含有岩石は圧電分極するが，定常状態では，自然に存在する反対符号の外部電荷がこれを見かけ上キャンセルしており，圧電補償（束縛）電荷として存在している．この固体内の圧電分極は，圧力のある限り周囲の大地の導電性にかかわらず存在する．ここで，地殻応力の変動（かならずしも地震波を伴うような断層変位ではなく，あるブロック内の圧力分布のゆらぎでよい）があると，変動した圧電分極に対応して，過不足分の自然電荷が自由電荷として離合集散するモデルが考えられる．石英の圧電効果は大きく，粒子数に応じて圧力変化とともに，局所電荷密度を見かけ上増大させることができ，瞬間的には $\mathrm{MV/m}$ オーダーの表面電場を達成することが可能であって，放電現象などに寄与することが考えられる．しかし海洋地殻など石英を含まない場合では説明に困難をきたす．

2) 界面電気現象（streaming potential, electrokinetic effects）[27]

液相（水）に接する岩石の界面などでは，鉱物表面上のイオンの荷電に対する溶液側の対イオンにより，電気二重層が形成され，電位差（イオンによる濃度勾配）を生じる．地殻内の応力差により流体が流れるとき，移動した界面層とそこから十分離れた溶液のバルク部分は電気的に分極し，流動電位（ゼータ電位，界面動電電位）が発生する．地電流への影響はありうるが，この機構のみでは，大気放電・発光を生じるような高電圧発生は期待できない．

3) 接触帯電（contact electrification）[28]

異種物質の接触が起こった場合，双方の電気化学ポテンシャルが異なるため，導電性がある場合は，これを等しくしようと荷電粒子が移動し，界面を挟んで電気二重層

を形成し,平衡に達する.次に両者が分離されると,一部はもとに戻るなど消失するが,残余は物体上に保留されて帯電として観測される.絶縁体では,まず表面付近の欠陥や吸着層に局在する電子のエネルギー準位に応じて電子の授受が起こり,あるいはイオンの移動があるものと考えられる.しかしながら,接触帯電や摩擦帯電では,セーターなどにみられるように乾燥した固体表面に小規模の放電を発生させる可能性はあるが,導電性の高い地殻では,その帯電を長時間保持することは難しい.

4) 帯電エアロゾル説[13]

地殻内部から供給される放射性の Rn (ラドン) ガスなどが壊変するとき,周辺空気をイオン化し,帯電エアロゾル(空気中に存在する微粒子群)を生成する.これらの励起,イオン化,再結合過程を考えても多数の周辺分子にエネルギーが分散して供与されるので,視認されるほどの発光には至らないことと予想される.ただし,イオン化された層は電波の散乱体となり,地震前の電磁波伝搬異常現象の原因とも考えられ,またイオン化粒子の水和過程により潜熱分が赤外線として放射,観測されるという仮説[29]があげられている.

5) ホール伝導説[30]

最近の実験から提案された説であるが,鉱物結晶を構成する原子の配列において,その種類や価数が異なったもの,あるいは配置が異なった結晶欠陥を考える.たとえば,ケイ酸鉱物では,本来 Si-O-Si と並ぶべきところ,しばしば Si-O-O と酸素過剰な欠陥(peroxy センター)が形成される.これを酸素分子的な分子軌道として考えると,$1\pi_g^*$ 軌道まで電子を満たした構造である.ところが,応力印加状態では,被占有の $3\sigma_u^*$ 軌道と準位が逆転し,電子配置を変換することになり,結果的にホール(正孔)が応力負荷の少ないほうに移動し,電流が流れるという説.電荷保存の関係から,電流が流れるためには閉回路がなければならない.結晶欠陥の研究では,応力印加時に局所的に欠陥の配向が変わることは知られているが,実験結果には界面電気現象の混在が疑われる.また電荷密度を地表に集中させて高電圧を発生させることは困難であろうと思われる.

e. その他 類似の発光現象と津波発光

地崩れなどにおける岩石摩擦や破壊に伴う発光現象は,摩擦発光(triboluminescence),あるいは破壊発光(fractoluminescence)と呼ばれる.このような現象は,氷砂糖の破壊や岩石破壊実験で観察することができ,たとえば暗室で手にもった花崗岩同士を衝突させることにより,赤橙色の発光(窒素分子起源)を観察することができる.また放射線照射などにより,準安定状態に電子励起した欠陥をもつイオン性固体では,加熱や赤外線照射などにより,電子が再結合して可視域で発光する熱螢光(thermoluminescence)や光刺激発光(optical-stimulated-luminescence)が見られることがある.また,破面から表面付近の過剰電子が少量放出するエキソ電子(exo-electron)の現象やそれに伴う放電がみられることがある.このほか,電池のような

自然界の酸化還元反応説も唱えられたが，高電圧の発生は期待できない．津波発光では，可燃性ガスの関与が考えられるが，衝撃波や音波の集中による音響発光（sonoluminescence）などの考えもある．

現在のところ，地震発光は現象の存在は認められているものの，いまだ研究者間において一致した概念やメカニズムといったものが得られていない．まれに発生・観測される現象であるので，信頼できるデータの蓄積が少ないことが大きな原因であるが，地震に本質的なものではないとの見方から，研究がなされてこなかったことも事実である．しかし，地震現象に関連した現象であることは正しいと考えられる．最近になって，映像データなどが蓄積されつつあり，常時観測カメラやスペクトル解析，宇宙からの観測といった手法を組み合わせることにより現象の解明が待たれる．

〔山中千博〕

文献・注

1) R. O. Faulkner：The Ancient Egyptian Pyramid Texts 1910, Kessinger Pub., 2004, [184]. (Pyramid Text, Utterance 509 "The sky thunders, the earth quakes, …")
2) 武者金吉：日本地震史料，毎日新聞社，1951, [1019].
3) I. Galli：*Bollettino della Società Sismologica Italiana*, **14** (1910), 221-448.
4) T. Terada：地震研究所彙報，**9-3** (1931), 225-255.
5) 武者金吉編著：地震に伴う発光現象の研究及び資料，岩波書店，1932, [416].
6) 榎本祐嗣：歴史地震，**14** (1998), 45-55.
7) 竹花峰夫ほか：日本歯科医師会雑誌，**19-12** (1966), 774-783.
8) 気象庁：気象庁技術報告，**62** (1968), 160-166.
9) 安井 豊：地磁気観測所要報，**13** (1968), 25-61.
10) 安井 豊：地磁気観測所要報，**14** (1971), 67-78.
11) 石川有三：日本地球惑星科学連合2009年大会要旨集，J239-001.
12) J. S. Derr：*Bull. Seismol. Soc. Am.*, **53-2** (1973), 2177-2187.
13) H. Tributsch：Wenn Die Schlangen Erwachen, Mysteriose Erdbeben-vorzeichen, Deutsche Verlags, Anstalt, 1978, [272].
14) G. A. Papadopoulos：Atmospheric and Ionosphere Electromagnetic Phenomena Associated with Earthquakes (M. Hayakawa, ed.), Terrapub, Tokyo, 1999, [559-575].
15) 力武常次：地震前兆現象予知のためのデーターベース，東京大学出版会，1986, [233].
16) 力武常次：予知と前兆，近未来社，1998, [245].
17) C. Fidani：*Nat. Hazards Earth Syst. Sci.*, **10** (2010), 967-978.
18) 鴨川 仁ほか：日本地球惑星科学連合2009年大会要旨集，J239-004.
19) F. St.-Laurent：*Seismolog. Res. Lett.*, **71** (2000), 160-174.
20) T. Tsukuda：*J. Phys. Earth*, **45** (1997), 73-82.
21) 安藤正孝編：地震発光現象ワークショップ，2007, 名古屋大学．
22) M. Kamogawa, *et al.*：*Atmos. Res.*, **76** (2005), 438-444.
23) J. D. Barry：*J. Atmos. Terr. Phys.*, **30** (1968), 313-317.
24) 榎本祐嗣：地学雑誌，**108** (1999), 433-439.

25) M. Ikeya : Earthquake and Animals, from Folk Legends to Science, World Scientific, 2004, [295].
26) S. Takaki and M. Ikeya : *Jpn. J. Appl. Phys.*, **37** (1998), 5016-5020.
27) H. Mizutani, *et al.* : *GRL*, **3-7** (1976), 365-368.
28) T. Ogawa, *et al.* : *JGR*, **90** (1985), 6245-6249.
29) D. Ouzounov, *et al.* : *Earthq. Sci.*, **24** (2011), 557-564.
30) F. St.-Laurent, *et al.* : *Phys. Chem. Earth*, **31** (2006), 305-312.

5

発 光 の 化 学

5.1 光と分子の相互作用

5.1.1 分子のエネルギー準位

a. ボルン-オッペンハイマー近似（BO近似）

分子の吸収スペクトルや発光スペクトルを理解するためには，まず分子のエネルギー準位を知る必要がある．そこで最初に分子の各エネルギー準位がどのように記述されるかをみることにする[1-5]．

N 個の原子および n 個の電子からなる多原子分子を考えた場合，すべての核および電子の運動エネルギーおよびポテンシャルエネルギーを含むハミルトニアン演算子 $H(r,R)$ は，

$$H(r,R) = \sum_{A}^{N}\left(-\frac{\hbar^2}{2M_A}\nabla_A^2\right) + \sum_{i}^{n}\left(-\frac{\hbar^2}{2m}\nabla_i^2\right) + \sum_{i>j}^{n}\frac{e^2}{|r_i-r_j|} + \sum_{A>B}^{N}\frac{Z_A Z_B e^2}{|R_A-R_B|} - \sum_{i}^{n}\sum_{A}^{N}\frac{Z_A e^2}{|r_i-R_A|} \tag{1}$$

となる（図5.1.1）．ここで，r と R は電子および核の位置ベクトルを表し，m と e は電子の質量と電気素量，M と Z は核の質量と電荷の大きさを表す．i, j は電子を，A，B は核を表す番号である．また，$\hbar = h/2\pi$ で，h はプランク定数である．直交座標 (X, Y, Z) を用いると $\nabla^2 \equiv (\partial^2/\partial X^2) + (\partial^2/\partial Y^2) + (\partial^2/\partial Z^2)$ である．

分子の各エネルギーは，次のシュレーディンガー方程式を解いて得られる．

$$H(r,R)|\Psi(r,R)\rangle = E|\Psi(r,R)\rangle \tag{2}$$

ここで，全系の波動関数を $|\Psi(r,R)\rangle$ としている．しかし多体系では，この方程式を解いて固有関数および固有値を解析的に求めることは一般にできない．そこで，電子のハミルトニアンとして H_{el} を以下のように定義する．

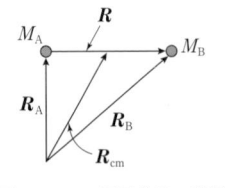

図 5.1.1 二原子分子の座標

5.1 光と分子の相互作用

$$H_{\text{el}}(\bm{r},\bm{R}) \equiv H(\bm{r},\bm{R}) - \sum_{\text{A}}\left(-\frac{\hbar^2}{2M_{\text{A}}}\nabla_{\text{A}}^2\right) \quad (\equiv H(\bm{r},\bm{R}) - T_{\text{N}}) \tag{3}$$

このハミルトニアンに対して核座標を固定し，$\bm{R}$ を定数と考えるならば

$$H_{\text{el}}(\bm{r},\bm{R})|\psi_k(\bm{r},\bm{R})\rangle = \varepsilon_k(\bm{R})|\psi_k(\bm{r},\bm{R})\rangle \tag{4}$$

と書ける．ここで，$|\psi_k(\bm{r},\bm{R})\rangle$ は k 番目の電子波動関数に対応し，完全系をつくる正規直交関数である．真の波動関数は電子波動関数の線形結合として次式で表すことができる．

$$|\Psi(\bm{r},\bm{R})\rangle = \sum_k a_k |\psi_k(\bm{r},\bm{R})\rangle |x_k(\bm{R})\rangle \tag{5}$$

$|x_k(\bm{R})\rangle$ は，k 番目の電子状態における核の（並進，振動および回転）波動関数であり，a_k は展開係数である．ここで式 (2)，(3) より

$$(H_{\text{el}} + T_{\text{N}})|\Psi(\bm{r},\bm{R})\rangle = E|\Psi(\bm{r},\bm{R})\rangle \tag{6}$$

なので，式 (5) を代入すると次式が得られる．

$$\sum_k a_k (H_{\text{el}} + T_{\text{N}})|\psi_k(\bm{r},\bm{R})\rangle|x_k(\bm{R})\rangle = \sum_k E a_k |\psi_k(\bm{r},\bm{R})\rangle|x_k(\bm{R})\rangle \tag{7}$$

ここで，$\langle\psi_{k'}(\bm{r},\bm{R})|\psi_k(\bm{r},\bm{R})\rangle = \delta_{kk'}$，$\langle\psi_{k'}(\bm{r},\bm{R})|H_{\text{el}}|\psi_k(\bm{r},\bm{R})\rangle = \varepsilon_{k'}(\bm{R})\delta_{kk'}$ より次式が得られる．

$$a_{k'}(E - \varepsilon_{k'}(\bm{R}))|x_{k'}(\bm{R})\rangle = \sum_k a_k \langle\psi_{k'}(\bm{r},\bm{R})|T_{\text{N}}|\psi_k(\bm{r},\bm{R})\rangle|x_k(\bm{R})\rangle \tag{8}$$

T_{N} は核の運動エネルギーであり

$$\begin{aligned}
T_{\text{N}}|\psi_k(\bm{r},\bm{R})\rangle|x_k(\bm{R})\rangle &= -\sum_{\text{A}}\frac{\hbar^2}{2M_{\text{A}}}\nabla_{\text{A}}^2|\psi_k(\bm{r},\bm{R})\rangle|x_k(\bm{R})\rangle \\
&= -\sum_{\text{A}}\frac{\hbar^2}{2M_{\text{A}}}\{|\nabla_{\text{A}}^2\psi_k(\bm{r},\bm{R})\rangle|x_k(\bm{R})\rangle + 2|\nabla_{\text{A}}\psi_k(\bm{r},\bm{R})\rangle|\nabla_{\text{A}}x_k(\bm{R})\rangle \\
&\quad + |\psi_k(\bm{r},\bm{R})\rangle|\nabla_{\text{A}}^2 x_k(\bm{R})\rangle\}
\end{aligned} \tag{9}$$

となる．したがって，

$$\begin{aligned}
a_{k'}(E - \varepsilon_{k'}(\bm{R}))|x_{k'}(\bm{R})\rangle &= \sum_k a_k \{\langle\psi_{k'}(\bm{r},\bm{R})|T_{\text{N}}\psi_k(\bm{r},\bm{R})\rangle|x_k(\bm{R})\rangle \\
&\quad -\sum_{\text{A}}\frac{\hbar^2}{M_{\text{A}}}\langle\psi_{k'}(\bm{r},\bm{R})|\nabla_{\text{A}}\psi_k(\bm{r},\bm{R})\rangle|\nabla_{\text{A}}\chi_k(\bm{R})\rangle \\
&\quad + \langle\psi_{k'}(\bm{r},\bm{R})|\psi_k(\bm{r},\bm{R})\rangle|T_{\text{N}}x_k(\bm{R})\rangle\}
\end{aligned} \tag{10}$$

となる．核の質量は電子の質量の約 2000 倍あることから第 1 項と第 2 項は無視しうる．これは，電子の波動関数の広がりは核間距離 (R) の程度であるのに対し，核の波動関数は核の振動の変位 (ΔR) 程度の狭い範囲に局在化するため，核の位置変化に伴う電子波動関数の変化が核の波動関数の変化に比べて小さいことによる．結局，分子の振動と回転に関して

$$T_{\text{N}}|x_k(\bm{R})\rangle = (E - \varepsilon_k(\bm{R}))|x_k(\bm{R})\rangle \tag{11}$$

となり，全ハミルトニアンに対する固有関数が 1 個の電子波動関数 $|\psi_k(\bm{r},\bm{R})\rangle$ と 1 個の核の波動関数 $|x_k(\bm{R})\rangle$ の積として書き表すことができる．そこで，その固有関数を $|\Psi_k(\bm{r},\bm{R})\rangle$ と書けば，

$$|\Psi_k(r, R)\rangle = |\psi_k(r, R)\rangle |x_k(R)\rangle \tag{12}$$

となる．このように分子の波動関数を電子波動関数と核の波動関数（並進，振動，回転の波動関数）に分離できることをボルン–オッペンハイマー近似，通称 BO 近似と呼ぶ．

b. 分子の回転波動関数

分子の各状態は電子状態と核の運動状態に分けて考えることができる（BO 近似）と上で述べたが，振動回転状態はどのように書けるかを二原子分子を例に考える．A と B の二つの原子からなる二原子分子の核の運動エネルギー（T_N）は次式で与えられる．

$$T_N = \frac{1}{2} M_A \dot{R}_A^2 + \frac{1}{2} M_B \dot{R}_B^2 \left(\equiv -\frac{\hbar^2}{2M_A} \nabla_A^2 - \frac{\hbar^2}{2M_B} \nabla_B^2 \right) \tag{13}$$

ここで，M_A と M_B は A と B の質量，それぞれの座標を R_A と R_B としている．図 5.1.1 に示すように質量中心を R_{cm} とすると

$$R_{cm} = \frac{M_A R_A + M_B R_B}{M_A + M_B}$$

$$R_A = R_{cm} - \left(\frac{M_B}{M}\right) R, \quad R_B = R_{cm} + \left(\frac{M_A}{M}\right) R$$

と書くことができる．ここで，$M = M_A + M_B$, $R = R_B - R_A$ である．これらの表示を用いると

$$T_N = \frac{1}{2} M_A \dot{R}_{cm}^2 + \frac{1}{2} M_B \dot{R}_{cm}^2 + \frac{1}{2} M_A \left(\frac{M_B}{M}\right)^2 \dot{R}^2 + \frac{1}{2} M_B \left(\frac{M_A}{M}\right)^2 \dot{R}^2$$

$$= \frac{1}{2} M \dot{R}_{cm}^2 + \frac{M_A M_B}{2(M_A + M_B)} \dot{R}^2 \tag{14}$$

となり，$M_A M_B / (M_A + M_B)$ すなわち換算質量を μ で表すと演算子表示では次のようになる．

$$T_N = -\frac{\hbar^2}{2M} \nabla_{cm}^2 - \frac{\hbar^2}{2\mu} \nabla_R^2 \tag{15}$$

ここで，∇_{cm} と ∇_R は R_{cm} と R についての微分演算子である．第 1 項は並進運動に関する項であり，第 2 項は振動，回転に関する項である．

直交座標系では $R = (X, Y, Z)$ として，

$$T_N = -\frac{\hbar^2}{2\mu} \left(\frac{\partial^2}{\partial X^2} + \frac{\partial^2}{\partial Y^2} + \frac{\partial^2}{\partial Z^2} \right) \tag{16}$$

となり，図 5.1.2 に示すような極座標系では次のように書ける．

$$T_N = -\frac{\hbar^2}{2\mu} \left\{ \frac{1}{R^2} \frac{\partial}{\partial R} \left(R^2 \frac{\partial}{\partial R} \right) + \frac{1}{R^2 \sin\theta} \frac{\partial}{\partial \theta} \left(\sin\theta \frac{\partial}{\partial \theta} \right) + \frac{1}{R^2 \sin^2\theta} \frac{\partial^2}{\partial \phi^2} \right\} \tag{17}$$

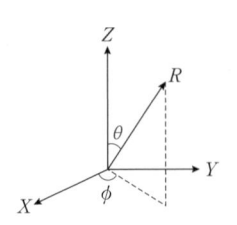

図 5.1.2 直交座標と極座標

ここで $R=R_0$ で固定すれば分子の運動は回転のみとなる．すなわち回転運動に対する運動エネルギーは

$$T_\mathrm{N}(R=R_0) = -\frac{\hbar^2}{2\mu}\frac{1}{R_0^2}\left\{\frac{1}{\sin\theta}\frac{\partial}{\partial\theta}\left(\sin\theta\frac{\partial}{\partial\theta}\right)+\frac{1}{\sin^2\theta}\frac{\partial^2}{\partial\phi^2}\right\} \tag{18}$$

となる．この式は水素原子のハミルトニアンに出てくるものと同様のものである．結局，回転運動に関するハミルトニアン（H_rot）は慣性モーメント I（$\equiv \mu R_0^2$）を用いて以下の式で表すことができる．

$$H_\mathrm{rot} = T_\mathrm{N}(R=R_0) = -\frac{\hat{J}^2}{2\mu R_0^2} = -\frac{\hat{J}^2}{2I},$$

$$\hat{J}^2 = -\hbar^2\left\{\frac{1}{\sin\theta}\frac{\partial}{\partial\theta}\left(\sin\theta\frac{\partial}{\partial\theta}\right)+\frac{1}{\sin^2\theta}\frac{\partial^2}{\partial\phi^2}\right\} \tag{19}$$

H_rot に対する固有関数は，角運動量の量子数 J, M を用いて表される球面調和関数（$\Phi_{JM}(\theta,\phi)$）で与えられ，固有値（E_rot）は次のようになる．

$$\begin{aligned}E_\mathrm{rot} &= \frac{J(J+1)\hbar^2}{2I} \quad (J=0,1,2,\cdots)\\ &= BJ(J+1)\end{aligned} \tag{20}$$

ここで $B=\hbar^2/2I$ は回転定数と呼ばれる．

c. 分子の振動波動関数

核の振動運動を考えるために，式 (17) を用いて原子間距離 R の関数で式 (11) を表すと以下のようになる．

$$\left[-\frac{\hbar^2}{2\mu}\left\{\frac{1}{R^2}\frac{\partial}{\partial R}\left(R^2\frac{\partial}{\partial R}\right)-\frac{\hat{J}^2}{\hbar^2 R^2}\right\}\right]|x_k(R)\rangle = (E-\varepsilon_k(R))|x_k(R)\rangle \tag{21}$$

変数分離のために $|x_k(R)\rangle = |X_k(R)\rangle|\Phi_{JM}(\theta,\phi)\rangle/R$ とおくと，$\hat{J}^2|\Phi_{JM}(\theta,\phi)\rangle = J(J+1)|\Phi_{JM}(\theta,\phi)\rangle$ より

$$\frac{\mathrm{d}^2|X_k(R)\rangle}{\mathrm{d}R^2} + \frac{2\mu}{\hbar^2}\left[E-\varepsilon_k(R)-\frac{J(J+1)\hbar^2}{2\mu R^2}\right]|X_k(R)\rangle = 0 \tag{22}$$

となる．$\varepsilon_\mathrm{vib}(R) = \varepsilon_k(R) + J(J+1)\hbar^2/2\mu R^2$ において，$\varepsilon_k(R)$ が $R=R_0$ の周りで変化するとしてテーラー展開すると

$$\varepsilon_k(R) = \varepsilon_k(R_0) + \left(\frac{\partial\varepsilon_k}{\partial R}\right)_{R=R_0}(R-R_0) + \frac{1}{2}\left(\frac{\partial^2\varepsilon_k}{\partial R^2}\right)(R-R_0)^2 + \cdots \tag{23}$$

となる．ポテンシャル極小の位置では

$$\left(\frac{\partial\varepsilon_k}{\partial R}\right)_{R=R_0} = 0$$

であり，この位置でのエネルギーを 0（すなわち $\varepsilon_k(R_0)=0$）とすると次のように表すことができる．

$$\varepsilon_k(R) \cong \frac{1}{2}\left(\frac{\partial^2\varepsilon_k}{\partial R^2}\right)(R-R_0)^2 \left(\equiv \frac{1}{2}K(R-R_0)^2\right) \tag{24}$$

ここで K は力の定数である.

$J=0$ の場合は式(20)からわかるように回転エネルギーは0となり，純粋に振動だけとなる．その場合は以下のように書ける.

$$\left[-\frac{\hbar^2}{2\mu}\frac{d^2}{dR^2}+\frac{1}{2}K(R-R_0)^2\right]|X_k^n(R)\rangle$$
$$=E_n|X_k^n(R)\rangle \qquad (25)$$

この式は一次元の調和振動子に対するものであり，固有値は整数 n を用いて次のように表すことができ，波動関数には上付き n をつけてある.

$$E_n = \hbar\omega\left(n+\frac{1}{2}\right) \qquad (26)$$

$E_n = \left(n+\frac{1}{2}\right)\hbar\omega$

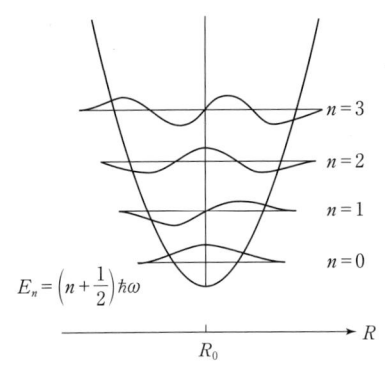

図 5.1.3 調和振動子の波動関数とエネルギー準位

ω は固有角振動数で $\omega=\sqrt{K/\mu}$ である．調和振動子の波動関数（$|X_k^n(R)\rangle$）および固有値を図 5.1.3 に示してある．結局，分子の波動関数（$|\Psi_{knJM}\rangle$）は BO 近似においては，電子波動関数（$|\psi_k(r,R)\rangle$），振動波動関数（$|X_k^n(R)\rangle$）および回転波動関数（$|\Phi_{JM}^k(\theta,\phi)\rangle$）の積として次のように表すことができる.

$$|\Psi_{knJM}\rangle = |\psi_k(r,R)\rangle|x_k(R)\rangle \cong |\psi_k(r,R)\rangle|X_k^n(R)\rangle|\Phi_{JM}^k(\theta,\phi)\rangle \qquad (27)$$

したがって BO 近似においては，電子状態のエネルギー（E_{el}），振動状態のエネルギー（E_{vib}），および回転状態のエネルギー（E_{rot}）とおのおの分けることができて，全体のエネルギー（E_{tot}）はそれらの和で表すことができる.

$$E_{tot} = E_{el} + E_{vib} + E_{rot} \qquad (28)$$

d. 多原子分子の振動回転状態

二原子分子の場合を上で述べたが，多原子分子の場合は，振動の自由度は3以上となり，回転の自由度も通常は3であるから，二原子分子よりもはるかに複雑な振動回転状態を有する．ただし，振動に関しては各原子の動きは基準振動と呼ばれる基本的な振動形（基準振動モード）を用いて統一的に表すことができる．すなわち N 個の原子からなる分子では，$3N-6$ 個（直線分子では $3N-5$ 個）の振動モードがあり，各固有状態の振動波動関数はおのおののモード（Q_i）に対応する振動波動関数の直積として次のように表す.

$$|X(\boldsymbol{Q})\rangle = \prod_{i}^{3N-6}|X_i(Q_i)\rangle \qquad (29)$$

多原子分子の回転波動関数は，対称こま分子（回転対称性を有し，慣性主軸の周りの三つの慣性モーメントのうち，二つが等しい分子）に関しては，次式で表すことができる.

$$\Phi_{JKM}(\theta,\chi,\phi) = \Theta_{JKM}(\theta)e^{iK\chi}e^{iM\phi} \qquad (30)$$

θ, ϕ, χ は重心固定の空間固定座標 X, Y, Z に対する分子固定座標 x, y, z の回転をオイラー角を用いて，図 5.1.4 のように定義される．$\Theta_{JKM}(\theta)$ は次の二階の微分方程式の解として得られるものである．

$$\Theta''_{JKM}(\theta) + \cot\theta \cdot \Theta'_{JKM}(\theta) - \{(M-K\cos\theta)^2/\sin^2\theta\}\Theta_{JKM}(\theta)$$
$$+ \{J(J+1) - K^2\}\Theta_{JKM}(\theta) = 0 \qquad (31)$$

J, K, M はおのおの，全角運動量，全角運量の分子固定の z 軸方向の成分，全角運動量の空間固定座標系の Z 軸方向の成分を決定する量子数である．非対称こま分子の場合は，対称こま分子の回転波動関数がそのまま固有関数にならないので一次結合として関数を表し，回転のハミルトニアンを対角化できる波動関数を

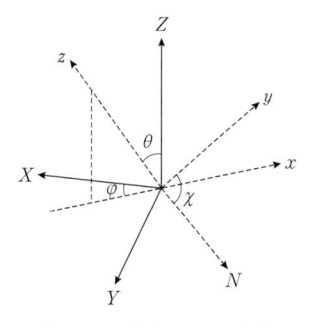

図 5.1.4 オイラー角の定義
大文字は空間固定座標，小文字は分子固定座標．

見いだすことにより回転運動の固有値および固有関数を求める．

e. スピン波動関数

分子の波動関数を記述する際に，これまでに述べた電子波動関数，振動波動関数，回転波動関数に加えて，スピン座標 σ を導入してスピン波動関数（$|\gamma^i(\sigma)\rangle$）を考慮する必要がある．電子は次の性質を有する二つのスピン状態をとることができる[6]．

$$S^2|\alpha\rangle = \frac{1}{2}\left(\frac{1}{2}+1\right)\hbar^2|\alpha\rangle, \quad S^2|\beta\rangle = \frac{1}{2}\left(\frac{1}{2}+1\right)\hbar^2|\beta\rangle,$$
$$S_z|\alpha\rangle = \frac{1}{2}\hbar|\alpha\rangle, \quad S_z|\beta\rangle = -\frac{1}{2}\hbar|\beta\rangle \qquad (32)$$

S は電子スピン角運動量演算子で S_z はその z 成分である．したがって二電子系を考えた際の一重項スピン波動関数は α と β を用いて次のように表される．

$$|\gamma^S(\sigma)\rangle = \frac{1}{\sqrt{2}}\{|\alpha(1)\rangle|\beta(2)\rangle - |\beta(1)\rangle|\alpha(2)\rangle\} \qquad (33)$$

また三重項スピン波動関数は以下のように表される．

$$|\gamma^{T_1}(\sigma)\rangle = \frac{1}{\sqrt{2}}\{|\alpha(1)\rangle|\beta(2)\rangle + |\beta(1)\rangle|\alpha(2)\rangle\},$$
$$|\gamma^{T_2}(\sigma)\rangle = |\alpha(1)\rangle|\alpha(2)\rangle,$$
$$|\gamma^{T_3}(\sigma)\rangle = |\beta(1)\rangle|\beta(2)\rangle \qquad (34)$$

結局，分子の波動関数は BO 近似では電子波動関数，振動波動関数，回転波動関数，スピン波動関数のおのおのの積として，次のように表すことができる．

$$|\Psi(\boldsymbol{r},\boldsymbol{R})\rangle \approx |\psi(\boldsymbol{r},\boldsymbol{Q})\rangle|X(\boldsymbol{Q})\rangle|\Phi(\theta,\chi,\phi)\rangle|\gamma(\sigma)\rangle \qquad (35)$$

$\boldsymbol{r}, \boldsymbol{Q}, \sigma$ は電子座標，核の基準座標，および電子のスピン座標であり，θ, χ, ϕ はオイラー角である．

〔太 田 信 廣〕

文献・注

1) 伊藤光男:光と分子（上）（長倉三郎編）, 岩波講座現代化学 12, 岩波書店, 1979, 第 2, 3 章.
2) 中川　徹, 朽津耕三:化学と量子論（長倉三郎, 中島　威編）, 岩波講座現代化学 1, 岩波書店, 1979, 第 5 章.
3) P. ウイルソン著, 桂井富之助ほか訳:量子力学序論, 白水社, 1965.
4) H. Eyring, et al.: Quantum Chemistry, John Wiley, New York, 1944.
5) W. S. Struve: Fundamentals of Molecular Spectroscopy, John Wiley, New York, 1989.
6) 原田義也:量子化学, 基礎化学選書, 裳華房, 1978.

5.1.2 吸収, 発光と遷移双極子モーメント

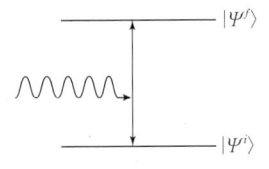

図 5.1.5 光の物質の相互作用による 2 準位間の遷移

吸収スペクトルおよび発光スペクトルは遷移モーメントの大きさを見積もることにより議論できるとともに, 両スペクトルから発光寿命（自然寿命）を見積もることができる[1-4].

分子が光を吸収する, あるいは分子が光を発するというプロセスは, 分子と輻射場との相互作用として, 摂動論を用いて説明することができる. ここで図 5.1.5 に示すような 2 準位（$|\Psi^i\rangle$, $|\Psi^f\rangle$）を考え, お互いの状態間の遷移を考える[1,2]. 時間 t における系全体の波動関数を $|\Psi(t)\rangle$ とすると, 各状態の重み $a(t)$, $b(t)$ を用いて次式で書き表すことができる.

$$|\Psi(t)\rangle = a(t)|\Psi^i\rangle + b(t)|\Psi^f\rangle \tag{1}$$

最初, すなわち $t=0$ において系が $|\Psi^i\rangle$ とすると, $a(0)=1$, $b(0)=0$ である. 外部からの電磁波（光）を分子系のハミルトニアンに対する摂動と考えて時間を含むシュレーディンガー方程式を解くことにより, 係数 $b(t)$ に関して次式が得られる.

$$|b(t)|^2 = \frac{2\pi}{3\hbar^2}|\langle\Psi^i|er|\Psi^f\rangle|^2\rho(\nu_{if})t \left(\equiv \frac{2\pi}{3\hbar^2}|\langle\Psi^i|m|\Psi^f\rangle|^2\rho(\nu_{if})t\right) \tag{2}$$

ここで, m ($=er$) は分子の電気双極子モーメント, $\rho(\nu_{if})$ は 2 準位間のエネルギー差に対応した振動数を有する光のエネルギー密度である. ただし, この式は対象とする分子（物質）が入射する光の波長に比べて非常に小さいという仮定のもとで得られていることは心しておく必要がある（双極子近似と呼ばれる）.

光照射により単位時間に $|\Psi^i\rangle \rightarrow |\Psi^f\rangle$ の遷移が起こる確率は, 単位エネルギー密度あたりの確率を $B_{i\rightarrow f}$ とすると $B_{i\rightarrow f}\rho(\nu_{if})$ で表される. この確率は上の式でいうと $|b(t)|^2/t$ に相当する. したがってこの $B_{i\rightarrow f}$ は以下のように表すことができる.

$$B_{i\rightarrow f} = \frac{2\pi}{3\hbar^2}|M_{if}|^2 \quad (M_{if} = \langle\Psi^i|m|\Psi^f\rangle) \tag{3}$$

M_{if} は遷移双極子モーメントもしくは遷移モーメントとよばれる. $B_{i\rightarrow f} = B_{f\rightarrow i}$ であり,

この係数はあくまでも光照射に伴う遷移に関係する. 光の吸収および誘導発光に対応するこの係数はアインシュタインの B 係数と呼ばれる.

a. 吸収強度と B 係数の関係

実際に測定される吸収スペクトルとアインシュタインの B 係数がどのように関係するかをみることにする[3]. 図 5.1.6 に示すような試料セルを考え, x 方向から光を照射することを考える. 入射面での x 座標を 0 として, 入射面から x の位置での透過光の輻射密度（単位体積あたりのエネルギーで表す）を $\rho(\nu, x)$ とする. ν は光の振動数であり, この振動数における物質の分子吸光係数（モル吸光係数）を $\varepsilon(\nu)$ （Lmol^{-1}cm^{-1}）とする. その場合, 入射光強度に対する透過光強度は, 試料の濃度を C （molL^{-1}）とすると次式で与えられる.

$$\frac{\rho(\nu, x)}{\rho(\nu, 0)} = 10^{-\varepsilon(\nu)Cx} = e^{-(\ln 10)\varepsilon(\nu)Cx} \tag{4}$$

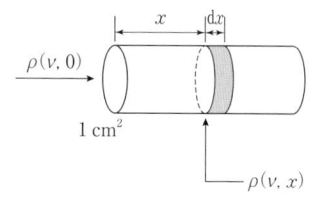

図 5.1.6　試料セル表面からの照射光強度と試料中の透過光強度

x の位置から微小な dx だけを考えると,

$$-d\rho(\nu, x) = (\ln 10)\varepsilon(\nu)Cdx\rho(\nu, x) \tag{5}$$

であり, $x=0$ から dx までの距離に対して透過光強度の変化量（$d\rho(\nu)$）は次式で与えられる.

$$d\rho(\nu) = -(\ln 10)\varepsilon(\nu)Cdx\rho(\nu, 0) \tag{6}$$

断面が単位面積で厚さ dx （cm^3）あたりの分子数は, 分子がすべて基底状態にあるとすると, アボガドロ数 （N）, 基底状態 （$|\Psi^i\rangle$）にある単位体積あたりの分子数 （N_g）を用いて次式で与えられる.

$$Cdx = 1000 N_g N^{-1} dx \tag{7}$$

単位時間あたりに光を吸収する分子の数 （$dN_g(\nu)$）は, 溶媒の屈折率を n, 光速を c として次式で与えられる.

$$dN_g(\nu) = \frac{-(c/n)d\rho(\nu)}{h\nu} \tag{8}$$

したがって,

$$\frac{dN_g(\nu)}{N_g} = \frac{1000(\ln 10)c\varepsilon(\nu)}{h\nu nN}\rho(\nu, 0)dx \tag{9}$$

となる. この式は, 基底状態にある分子がエネルギー $h\nu$ の光を吸収して励起状態になる確率を示している. 多原子分子では同一電子状態への吸収であっても振動構造を有するため, 吸収波長 (振動数) に広がりがあるが, その波長領域では $\rho(\nu, 0)$ （$\equiv \rho(\nu)$）は一定とすると次式が得られる.

$$\frac{dN_g(\nu)}{N_g} = \frac{1000(\ln 10)c}{hnN}\rho(\nu)dx\sum_\nu\left\{\frac{\varepsilon(\nu)}{\nu}\right\} \tag{10}$$

連続した吸収帯を考えるならば以下の式で書ける．

$$\frac{\mathrm{d}N_\mathrm{g}(\nu)}{N_\mathrm{g}} = \frac{1000(\ln 10)c}{hnN}\rho(\nu)\mathrm{d}x\int_\nu \{\varepsilon(\nu)\mathrm{d}\ln\nu\} \tag{11}$$

次に述べる式（13）との比較から，

$$B_{i\to f} = \frac{1000(\ln 10)c}{hnN}\int_\nu \{\varepsilon(\nu)\mathrm{d}\ln\nu\} \tag{12}$$

と書ける．積分の領域としては，同一電子状態に属するすべての振動準位への遷移が対象となる．

b. 自然発光とアインシュタインの A 係数

　基底状態にある分子が光を吸収すると励起状態になるが，絶えず光を照射していても励起状態の分子のほうが基底状態にある分子よりも多くなるということは一般的ではない．これは励起状態にある分子が光に誘導されてのみ基底状態に戻るのではなく，自然に安定な基底状態に戻るプロセスがあるということを意味する．すなわち，励起状態から基底状態に光を発して戻る際に二つの機構がある．一つは光照射によって誘導される発光過程であり，これは誘導放出（あるいは誘導発光）と呼ばれる．一方，光照射とは無関係に，より安定な状態に発光を伴って遷移する場合を自然放出（自然発光）と呼ぶ．アインシュタインの B 係数は光吸収の確率および誘導放出の確率を示している．以下では，図 5.1.7 に示すように，誘導放出だけではなく，自然放出も含めた発光過程が光吸収とどのように関係するかをみることにする．g 電子状態（$|\Psi_\mathrm{g}\rangle$）と e 電子状態（$|\Psi_e\rangle$）の間の遷移を考える．どちらの状態も振動構造を有することから ga 状態および eb 状態とする．ここでは回転準位は無視し，a, b は各振動状態を表す．

　単位面積，厚さ $\mathrm{d}x$ の空間を考え，照射する光の輻射密度を $\rho(\nu)$ とすると ga→eb の吸収量，および eb→ga の発光量は係数 A および B を用いておのおの，

$$N_\mathrm{ga}B_{\mathrm{ga}\to\mathrm{eb}}\rho(\nu_\mathrm{gaeb})\mathrm{d}x \tag{13}$$

$$N_\mathrm{eb}[A_{\mathrm{eb}\to\mathrm{ga}} + B_{\mathrm{eb}\to\mathrm{ga}}\rho(\nu_\mathrm{ebga})]\mathrm{d}x \tag{14}$$

と書ける．ここで ga, eb 状態の分子数を N_ga, N_eb で表している．ν_gaeb は ga 状態と eb 状態間のエネルギー差に対応する振動数である．発光に関する式（14）の第 1 項は自然放出，第 2 項は誘導放出の項であり，$B_{\mathrm{ga}\to\mathrm{eb}} = B_{\mathrm{eb}\to\mathrm{ga}}$ である．自然放出に関係する A はアインシュタインの A 係数と呼ばれる．熱平衡状態では発光と吸収の量は等しい（式 (13) = 式 (14)）．すなわち，

$$\frac{A_{\mathrm{eb}\to\mathrm{ga}}}{B_{\mathrm{eb}\to\mathrm{ga}}} = \left(\frac{N_\mathrm{ga}}{N_\mathrm{eb}} - 1\right)\rho(\nu_\mathrm{ebga}) \tag{15}$$

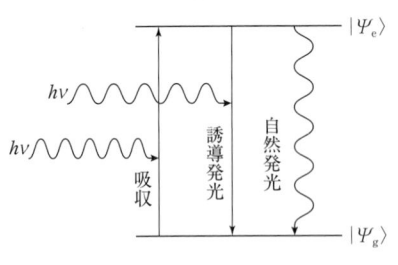

図 5.1.7　物質の 2 準位間の光吸収と発光

となる．二準位系でボルツマン分布が成り立っているとすると，

$$\frac{N_{eb}}{N_{ga}} = e^{-h\nu_{ebga}/(kT)} \tag{16}$$

となる．ここで，k はボルツマン定数，T は絶対温度である．輻射密度にはプランクの黒体輻射理論より得られる次の値を用いると，

$$\rho(\nu) = \frac{8\pi h \nu^3 n^3}{c^3}(e^{h\nu/(kT)} - 1)^{-1} \tag{17}$$

式 (15)〜(17) より A 係数と B 係数に関する次の関係式が得られる．

$$A_{eb\to ga} = \frac{8\pi h \nu_{ebga}^3 n^3}{c^3} B_{eb\to ga} \tag{18}$$

ここで n は媒質の屈折率である．

c. 発光寿命と吸収との関係

吸収は基底状態の零振動状態から励起状態のすべての振動状態へ，また発光は励起状態の零振動状態から基底状態のすべての振動状態へ起こると想定して

$$B_{g0\to e} = \sum_b B_{g0\to eb}, \quad A_{e0\to g} = \sum_a A_{e0\to ga} \tag{19}$$

とおく．各振電状態の波動関数 Ψ は電子座標 r と核座標（通常は基準座標 Q を用いる）の関数である．ただし，並進と回転は除く．BO 近似を仮定すると電子波動関数 $|\psi(r, Q)\rangle$ と振動波動関数 $|X(Q)\rangle$ の積で以下のように表すことができる．

$$\begin{aligned}|\Psi_g\rangle &= |\psi_g(r, Q)\rangle|X_{ga}(Q)\rangle, \\ |\Psi_e\rangle &= |\psi_e(r, Q)\rangle|X_{eb}(Q)\rangle\end{aligned} \tag{20}$$

$|\Psi_g\rangle$，$|\Psi_e\rangle$ は振電状態と呼ばれる．この波動関数を用いて，式 (3) より B 係数は次式で与えられる．

$$B_{ga\to eb} = B_{eb\to ga} = \frac{2\pi}{3\hbar^2}|\boldsymbol{M}_{gaeb}|^2 \tag{21}$$

ただし，

$$\begin{aligned}\boldsymbol{M}_{gaeb} &= \langle X_{eb}(Q)|\langle \psi_e(r,Q)|\boldsymbol{m}|\psi_g(r,Q)\rangle|X_{ga}(Q)\rangle \\ &= \langle X_{eb}(Q)|\boldsymbol{M}_{ge}|X_{ga}(Q)\rangle\end{aligned} \tag{22}$$

であり，$\boldsymbol{M}_{ge}(Q) = \langle \psi_g(r,Q)|\boldsymbol{m}|\psi_e(r,Q)\rangle$ は電子遷移双極子モーメントと呼ばれる．ここで，電子波動関数が核の変位に依存しないとすると，すなわち $|\psi_g(r,Q)\rangle \approx |\psi_g(r, 0)\rangle$ とすると，$\boldsymbol{M}_{ge}(Q) \approx \boldsymbol{M}_{ge}(0)$ となる．強い吸収の場合は（遷移モーメントが大きい場合），十分な近似であり，B 係数は以下となる．

$$B_{ga\to eb} = B_{eb\to ga} = K|\boldsymbol{M}_{ge}(0)|^2 |\langle X_{eb}(Q)|X_{ga}(Q)\rangle|^2 \quad \left(K = \frac{2\pi}{3\hbar^2}\right) \tag{23}$$

ここで $|X_{eb}(Q)\rangle$ は完全正規直交系を構成するため以下のように書ける．

$$B_{ga\to e} = \sum_b B_{ga\to eb} = K|\boldsymbol{M}_{ge}(0)|^2 \sum_b |\langle X_{eb}(Q)|X_{ga}(Q)\rangle|^2 = K|\boldsymbol{M}_{ge}(0)|^2 \tag{24}$$

発光寿命に関係するのは自然放出に伴う発光の遷移確率であり，アインシュタインの

A 係数である．零振動状態からの発光とすると式 (18) より以下となる．

$$A_{e0 \to g} = \sum_a A_{e0 \to ga} = \frac{8\pi h n^3}{c^3} K |\boldsymbol{M}_{ge}(0)|^2 \sum_a v_{e0ga}^3 |\langle X_{e0}(\boldsymbol{Q})|X_{ga}(\boldsymbol{Q})\rangle|^2 \quad (25)$$

式 (25) を考える際に，分母が 1 である次の量 Ω を考える．

$$\Omega \equiv \frac{\sum_a v_{e0ga}^3 |\langle X_{e0}(\boldsymbol{Q})|X_{ga}(\boldsymbol{Q})\rangle|^2}{\sum_a |\langle X_{e0}(\boldsymbol{Q})|X_{ga}(\boldsymbol{Q})\rangle|^2} \quad (26)$$

Ω における分子の各項は発光の各振動バンドの強度に相当する．また分母の各項は各発光バンドの強度の ν^{-3} に比例する．したがって Ω は次に示す発光強度の積分で置き換えることができる．

$$\Omega = \frac{\int I(\nu) \mathrm{d}\nu}{\int \nu^{-3} I(\nu) \mathrm{d}\nu} = \langle \nu_f^{-3} \rangle_{\mathrm{av}}^{-1} \quad (27)$$

ν_f は発光の周波数である．$I(\nu)$ は光子数で測定すべき量であり Ω は実験的に求めることができる．式 (12) および式 (24)〜(27) を用いて以下と書ける．

$$A_{e0 \to g} = \sum_a A_{e0 \to ga} = \frac{8\pi h n^3}{c^3} (1000 (\ln 10) c)(hnN)^{-1} \int \varepsilon(\nu) \mathrm{d}\ln\nu \langle \nu_f^{-3} \rangle_{\mathrm{av}}^{-1} \quad (28)$$

積分は対象とする電子状態へのすべての吸収帯に関して行う．吸収，発光スペクトルを周波数ではなく波数 $\bar{\nu}$ ($\equiv \nu/c$) で表すと，$\varepsilon(\nu)$ は $\bar{\varepsilon}(\bar{\nu})$ となるが，これを改めて，$\varepsilon(\bar{\nu})$ と書くことにすると，

$$A_{e0 \to g} = 8 \times 1000 (\ln 10) \pi n^2 c N^{-1} \langle \bar{\nu}_f^{-3} \rangle_{\mathrm{av}}^{-1} \int \varepsilon(\bar{\nu}) \mathrm{d}\ln\bar{\nu} \quad (29)$$

となる．単位時間あたりの遷移確率は輻射遷移速度 k_0 に対応する．k_0 の逆数は自然寿命 τ_0 である（輻射寿命ともいう）．ここで状態の縮退度も考慮すると k_0 は以下で与えられる．

$$k_0 = \frac{1}{\tau_0} = A_{e0 \to g} = 2.880 \times 10^{-9} n^2 \langle \bar{\nu}_f^{-3} \rangle_{\mathrm{av}}^{-1} \frac{g_g}{g_e} \int \varepsilon(\bar{\nu}) \mathrm{d}\ln\bar{\nu} \quad (30)$$

ここで，g_g, g_e は g 状態および e 状態の縮退度である．たとえばスピン一重項状態からの発光であれば $g_e = 1$ であり，スピン三重項状態からの発光であれば $g_e = 3$ となる．波数の cm^{-1} の関数としてスペクトルを表示する場合が多いので，ここでは，$\bar{\nu}_f$ は cm^{-1} の単位を，$\varepsilon(\bar{\nu})$ は $\mathrm{Lmol}^{-1}\mathrm{cm}^{-1}$ の単位をとることにする．この式を用いて吸収スペクトルおよび発光スペクトルから自然寿命を見積もることができる．ただし，この式が成り立つためには強い吸収帯であること，対象とする特定の電子状態への吸収スペクトルが他の吸収帯から分離できることが条件である．

d. 振動子強度からの自然寿命の見積もり

吸収強度の大きさを示す量として，次式で定義される振動子強度，f がよく用いられる．基底電子状態の零振動状態からの吸収に対して SI 単位では以下で表す．

$$f_{g0\to e} = \frac{4\varepsilon_0 mh\nu}{e^2}\sum_b B_{g0\to eb} = \frac{4\varepsilon_0 mh\nu}{e^2}B_{g0\to e} \tag{31}$$

ε_0 は真空の誘電率,m, e は電子の質量と電荷,ν は吸収の周波数である.総和を積分に変えると

$$f_{g0\to e} = \int \frac{df_{g0\to e}}{d\nu}d\nu = \int \frac{4\varepsilon_0 mh\nu}{e^2}\frac{dB_{g0\to e}}{d\nu}d\nu \tag{32}$$

となる.単位体積(L)あたりの分子数を考えると,式(12)からわかるように $dB_{g0\to e}/d\nu = ((\ln 10)c/hnN)\varepsilon(\nu)/\nu$ なので

$$f_{g0\to e} = \frac{4\varepsilon_0(\ln 10)mc}{e^2 nN}\int \varepsilon(\nu)d\nu \tag{33}$$

となる.ここで,$\bar{\nu}=\nu/c$ を用いて波数表示にすると(cm^{-1}単位),

$$f_{g0\to e} = \frac{1000(\ln 10)mc^2}{\pi e^2 nN}\int \varepsilon(\bar{\nu})d\bar{\nu} = 4.320\times 10^{-9}n^{-1}\int \varepsilon(\bar{\nu})d\bar{\nu} \tag{34}$$

となる.このように吸収スペクトルから求めた振動子強度が報告されている場合が多い.

蛍光の広がりを中心周波数($\langle\nu_e\rangle$)で置き換えるとすれば式(25)より

$$A_{e0\to g} = \frac{8\pi hn^3}{c^3}\langle\nu_e\rangle^3 K|\boldsymbol{M}_{ge}(0)|^2 \tag{35}$$

吸収の平均の周波数を $\langle\nu_a\rangle$ とすると,式(24),(31)より

$$A_{e0\to g} = 8\pi hn^3 c^{-3}\langle\nu_e\rangle^3 B_{ga\to e} = 8\pi^2 e^2 n^3 m^{-1}c^{-3}\langle\nu_a\rangle^{-1}\langle\nu_e\rangle^3 f_{g0\to e} \tag{36}$$

となる.よって自然寿命 τ_0 は蛍光,吸収の平均の波数を用いて次式で与えられる.

$$\tau_0 = \frac{1}{A_{e0\to g}} = mc(8\pi^2 e^2 n^3)^{-1}\langle\bar{\nu}_a\rangle\langle\bar{\nu}_e\rangle^{-3}(f_{g0\to e})^{-1} \tag{37}$$

仮に吸収と発光の周波数が同じと仮定すると次式が得られる.

$$\tau_0 = 1.5\times n^{-3}\langle\bar{\nu}_e\rangle^{-2}(f_{g0\to e})^{-1} \tag{38}$$

この式を用いて粗い近似ではあるが輻射寿命を求めることができる.非常に大雑把ではあるが,$S_0\to S_1$ 吸収における分子吸光係数の最大値が ~10^2, ~10^3, ~10^4 (Lmol^{-1} cm^{-1})とすると振動子強度はおおよそ 10^{-3}, 10^{-2}, 10^{-1} であり,輻射寿命 τ_0 は 2 μs, 200 ns, 20 ns 程度と覚えておくとよい. 〔太田信廣〕

文献・注

1) 伊藤光男:光と分子(上)(長倉三郎編),岩波講座現代化学 12,岩波書店,1979,第 2, 3 章.
2) H. Eyring, *et al.*:Quantum Chemistry, John Wiley, New York, 1944.
3) 馬場宏明,竹村 健:蛍光測定の原理と生体系への応用,蛋白質核酸酵素別冊,共立出版,1974, [5].
4) S. J. Strickler and R. A. Berg:*J. Chem. Phys.*, **37** (1962), 814.

5.1.3 分子の吸収,発光と選択則

　光の吸収,発光の大きさを決める遷移確率は1光子遷移を考えるとすれば遷移モーメントの二乗に比例する.すなわち,i 状態（$|\Psi^i(\boldsymbol{r},\boldsymbol{R},\sigma)\rangle$）と f 状態（$\Psi^f(\boldsymbol{r},\boldsymbol{R},\sigma)$）の間の遷移に対しては,電気双極子モーメントを $\boldsymbol{M}$ とすると $|\langle\Psi^i(\boldsymbol{r},\boldsymbol{R},\sigma)|\boldsymbol{M}|\Psi^f(\boldsymbol{r},\boldsymbol{R},\sigma)\rangle|^2$ に比例する（電子座標（$\boldsymbol{r}$）と核の座標（$\boldsymbol{R}$）だけではなくスピン座標（σ）も考慮する）.したがって,吸収,発光の強度やスペクトル形状に関しては遷移モーメントを詳細に吟味する必要がある[1-4].

　5.1.1項にみられるように,BO近似に基づいて,始状態（$|\Psi^i(\boldsymbol{r},\boldsymbol{R},\sigma)\rangle$）および終状態（$|\Psi^f(\boldsymbol{r},\boldsymbol{R},\sigma)\rangle$）を電子波動関数（$|\psi(\boldsymbol{r},\boldsymbol{Q})\rangle$）,振動波動関数（$|X(\boldsymbol{Q})\rangle$）,回転波動関数（$|\Phi_{JKM}(\theta,\chi,\phi)\rangle$）,スピン波動関数（$|\gamma(\sigma)\rangle$）の積として,次式で表すことができ（核座標 $\boldsymbol{R}$ に代わって基準座標 $\boldsymbol{Q}$ を用いている）,

$$|\Psi^i(\boldsymbol{r},\boldsymbol{R},\sigma)\rangle \approx |\psi^i(\boldsymbol{r},\boldsymbol{Q})\rangle|X^i(\boldsymbol{Q})\rangle|\Phi^i_{J'K'M'}(\theta,\chi,\phi)\rangle|\gamma^i(\sigma)\rangle$$

$$|\Psi^f(\boldsymbol{r},\boldsymbol{R},\sigma)\rangle \approx |\psi^f(\boldsymbol{r},\boldsymbol{Q})\rangle|X^f(\boldsymbol{Q})\rangle|\Phi^f_{J'K'M'}(\theta,\chi,\phi)\rangle|\gamma^f(\sigma)\rangle$$

遷移モーメントは以下のように表される.

$$\langle\gamma^f(\sigma)|\langle\Phi^f_{J'K'M'}(\theta,\chi,\phi)|\langle X^f(\boldsymbol{Q})|\langle\psi^f(\boldsymbol{r},\boldsymbol{Q})|\boldsymbol{M}|\psi^i(\boldsymbol{r},\boldsymbol{Q})\rangle|X^i(\boldsymbol{Q})\rangle|\Phi^i_{J'K'M'}(\theta,\chi,\phi)\rangle|\gamma^i(\sigma)\rangle \tag{1}$$

ここで $\boldsymbol{M}$ は空間固定座標系（X,Y,Z）で定義される電気双極子モーメントであり,分子固定座標系（x,y,z）で表される電気双極子モーメント $\boldsymbol{m}$ と方向余弦 D_{kj}（$=\cos(\theta_{kj})$）を用いて次のように書ける.D_{kj} は空間固定座標軸 k と分子固定座標軸 j のなす角度（θ_{kj}）の方向余弦である.

$$M_k = \sum_{j=x,y,z} m_j D_{kj} \tag{2}$$

D_{kj} は回転座標の関数であり,$\boldsymbol{m}$ は電子座標の関数であり,遷移モーメントは以下のように書ける.

$\langle\Psi^f(\boldsymbol{r},\boldsymbol{R},\sigma)|M_k|\Psi^i(\boldsymbol{r},\boldsymbol{R},\sigma)\rangle$
$\equiv \langle\gamma^f(\sigma)|\langle\Phi^f_{J'K'M'}(\theta,\chi,\phi)|\langle X^f(\boldsymbol{Q})|\langle\psi^f(\boldsymbol{r},\boldsymbol{Q})|M_k|\psi^i(\boldsymbol{r},\boldsymbol{Q})\rangle|X^i(\boldsymbol{Q})\rangle|\Phi^i_{J'K'M'}(\theta,\chi,\phi)\rangle|\gamma^i(\sigma)\rangle$
$= \sum_{j=x,y,z}\langle\Phi^f_{J'K'M'}(\theta,\chi,\phi)|D_{kj}|\Phi^i_{J'K'M'}(\theta,\chi,\phi)\rangle\langle X^f(\boldsymbol{Q})|\langle\psi^f(\boldsymbol{r},\boldsymbol{Q})|m_j|\psi^i(\boldsymbol{r},\boldsymbol{Q})\rangle|X^i(\boldsymbol{Q})\rangle\langle\gamma^f(\sigma)|\gamma^i(\sigma)\rangle$
$\tag{3}$

　吸収や発光の遷移が起こる（遷移が許容という）ためには,遷移モーメントが0とならないことが必要である.どういう条件でそうなるかを選択則と呼ぶ.吸収同様に発光の場合も,電子遷移による発光（電子状態間の遷移に基づく発光で一般には紫外可視領域に観測される）,振動状態間の遷移に基づく赤外発光,そして回転状態間の遷移に基づくマイクロ波発光が考えられる.各電子状態に振動および回転状態が付属するために電子状態間の吸収,発光に対しても振動構造,気相分子の場合はさらに回転構造を有する.電子遷移による吸収スペクトルおよび発光スペクトル中の回転構造は,式（3）より $\langle\Phi^f_{J'K'M'}(\theta,\chi,\phi)|D_{kj}|\Phi^i_{J'K'M'}(\theta,\chi,\phi)\rangle$ が0とならない場合に回転状態間の

遷移が許容となり，回転状態間の遷移に対する選択則が得られる[4]．

a. 電子遷移強度と分子の対称性

電子に比べて核は非常に重いので，電子波動関数における核振動の寄与は一般には小さい．核を固定した場合（すなわち $Q=0$）の電子波動関数（$|\psi(r,0)\rangle$）を用いて，核振動の寄与を摂動論により考慮することで，電子波動関数は次のように表すことができる．

$$|\psi^f(r, Q)\rangle = |\psi^f(r, 0)\rangle + \sum_a \sum_m \frac{\langle \psi^f(r, 0) | (\partial \bar{H}/\partial Q_a) | \psi^m(r, 0)\rangle}{E_f^0 - E_m^0} |\psi^m(r, 0)\rangle Q_a \quad (4)$$

$\bar{H}$ は分子系の全ハミルトニアンであり，E_f^0, E_m^0 はおのおの，状態 $|\psi^f(r, 0)\rangle$, $|\psi^m(r, 0)\rangle$ の固有値である．電子遷移，すなわち吸収および発光が許容であるためには，式 (3) 中の $\langle X^f(Q) | \langle \psi^f(r, Q) | m_j | \psi^i(r, Q)\rangle | X^i(Q)\rangle$ が 0 であってはならない．この式は式 (4) を用いて，次式のように表すことができる．

$$\langle X^f(Q) | \langle \psi^f(r, Q) | m_j | \psi^i(r, Q)\rangle | X^i(Q)\rangle = \langle \psi^f(r, 0) | m_j | \psi^i(r, 0)\rangle \langle X^f(Q) | X^i(Q)\rangle$$
$$+ \sum_a \sum_m \frac{\langle \psi^f(r, 0) | (\partial \bar{H}/\partial Q_a) | \psi^m(r, 0)\rangle}{E_f^0 - E_m^0} \langle \psi^m(r, 0) | m_j | \psi^i(r, 0)\rangle \langle X^f(Q) | Q_a | X^i(Q)\rangle$$
$$(5)$$

振動を介しての電子状態間の相互作用（振電相互作用という）は，式 (4) の右辺第 2 項からわかるようにお互いの電子状態間のエネルギー差が小さいほど大きい．式 (5) では電子励起状態間での振電相互作用だけを考慮した．これは，基底状態と電子励起状態間のエネルギー差は大きいので，基底状態が関与する振電相互作用は一般には小さいためである．ただし，基底状態が関与する振電相互作用も存在することは知っておく必要がある[5]．

電子波動関数が核の変位に依存しないとすると，式 (4) の右辺の第 2 項は無視できるので，式 (5) の右辺は第 1 項のみとなる（コンドン近似と呼ばれる）．第 1 項の値が 0 もしくは非常に小さい場合は，核の振動によって誘起される遷移モーメントである第 2 項が重要となる．吸収および発光の大きさは $\langle \psi^f(r, 0) | m_j | \psi^i(r, 0)\rangle$ （電子遷移モーメント）に基づいて議論されるが，その際に，対象とする分子の電子波動関数の対称性が重要となる．

分子のもつ幾何学的な形はその分子のもつ対称要素の種類と数に規定される．対称要素には，回転軸，対称面，対称心，回映軸の四つがある．その記号は n を整数として，おのおの C_n（その軸回りの $2\pi/n$ の角度の回転），σ（その平面に対する鏡映），i（その点に関する反転），S_n（その軸回りの $2\pi/n$ の角度の回転，続いてその軸に直交する平面での鏡映）で表す．括弧のなかは対称操作（線，面，点といった分子の対称要素に関して，もとと同じ分子になるような操作）である．たとえばある軸回りに $2\pi/n$ の角度だけ回転すると等価な形に移る場合，この分子は n 回回転軸 C_n を有するという．群論によれば，それぞれの対称操作は点群と呼ばれる一つの群をつくり，同じ

対称性であれば対称操作の数は一義的に決まる[6,7]。おのおのの対称性は、既約表現と呼ばれるもので記述できる。分子の各波動関数はその分子の対称群の既約表現のいずれかに属する。そして、遷移モーメント（m）は分子固定の x, y, z 軸のいずれかと同じ既約表現に属する。i 電子状態および f 電子状態の既約表現をおのおの $\Gamma(i), \Gamma(f)$ とすると、上記遷移モーメントが 0 とならないためには $\Gamma(i) \times \Gamma(f)$ は $\Gamma(x, y, z)$ の対称性を含んでいる必要があり、これを以下のように記述する。

$$\Gamma(i) \times \Gamma(f) \supset \Gamma(x, y, z) \quad \text{あるいは} \quad \Gamma(i) \times \Gamma(f) \times \Gamma(x, y, z) \supset \Gamma(T)$$

$\Gamma(T)$ は全対称種の既約表現である。すなわち、i 電子状態および f 電子状態の既約表現の直積が x, y あるいは z 軸の既約表現のどれかに一致すればその遷移は許容となるが、一致しなければ禁制となって吸収、発光は起こらない。双極子モーメント m は、x, y あるいは z 軸の方向であり、対称中心を有する分子では、対称心（i）についての反転操作に対して反対称となる（ungerade, 略して u と呼ぶ）。よって、中心対称を有する分子の吸収や発光を伴う基底電子状態と電子励起状態間の 1 光子遷移は u⇔g 状態間でのみ許容となる。ここで g 状態とは反転換作に対して対称な状態（gerade）をさす。ちなみに閉殻系分子の基底電子状態は g 状態である。したがって、発光状態は u 状態となる。

ナフタレンおよびアントラセン分子を例にとって、このことをみてみよう[8,9]。図 5.1.8 に示すように、面内の長軸、短軸を x, y 軸、そして面外垂直方向を z 軸とする。両分子とも、x, y, z 軸はおのおの C_2 対称軸であり、xy, yz, xz 面は鏡映面 σ である。分子の中心が対称心 i となる。それに恒等操作（まったく同じ形に移す操作であり E で表す）を加えたものがすべての対称操作である。このような対称性を有するものは点群 D_{2h} に属するという（D_{2h} の点群の指標が表 5.1.1 に示してある）[6,7]。この場合、x, y, z 軸方向の対称性はおのおの B_{3u}, B_{2u}, B_{1u} となる。ナ

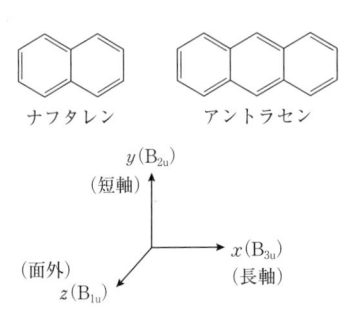

図 5.1.8 ナフタレン，アントラセンの軸方向と対称性

表 5.1.1 点群 D_{2h} の指標

D_{2h}	E	$C_2(z)$	$C_2(y)$	$C_2(x)$	i	$\sigma(xy)$	$\sigma(xz)$	$\sigma(yz)$	
A_g	1	1	1	1	1	1	1	1	$\alpha_{xx}, \alpha_{yy}, \alpha_{zz}$
B_{1g}	1	1	-1	-1	1	1	-1	-1	R_z, α_{xy}
B_{2g}	1	-1	1	-1	1	-1	1	-1	R_y, α_{xz}
B_{3g}	1	-1	-1	1	1	-1	-1	1	R_x, α_{yz}
A_u	1	1	1	1	-1	-1	-1	-1	
B_{1u}	1	1	-1	-1	-1	-1	1	1	T_z
B_{2u}	1	-1	1	-1	-1	1	-1	1	T_y
B_{3u}	1	-1	-1	1	-1	1	1	-1	T_x

フタレンの最低電子励起一重項状態（S_1）および 2 番目の電子励起一重項状態（S_2）の対称性はおのおの B_{3u} および B_{2u} である．したがって基底電子状態（S_0, A_g 対称性）と S_1 および S_0 と S_2 状態間の遷移モーメントはおのおの，長軸方向および短軸方向となる．遷移モーメントの方向は吸収や発光の偏光特性と密接に関係する．すなわち，ナフタレンの S_0 と S_1 状態間の吸収および蛍光は長軸方向の偏光特性を，S_0 と S_2 状態間の吸収および発光は短軸方向の偏光特性を有することになる．ナフタレンやアントラセンのようなポリアセンではベンゼン環の数が増すにつれて，短軸方向への遷移モーメントを有する吸収帯（^1L_a 状態への遷移[10]）が長波長側に大きくシフトし，$S_0 \to S_1$ 吸収の遷移モーメントの方向はナフタレンとアントラセンで逆転する．したがって，アントラセンの場合はナフタレンの場合とは異なり，S_0 から S_1 への遷移モーメントは短軸方向（B_{2u}），S_0 から S_2 への遷移モーメントは長軸方向（B_{3u}）となる．

電子遷移モーメントが電子運動ではなく，核振動によって誘起される場合は式 (5) 右辺の第 2 項を考慮する．すなわち $\langle \psi^i(\boldsymbol{r},0)|m_j|\psi^i(\boldsymbol{r},0)\rangle = 0$ であっても，$\langle \psi^m(\boldsymbol{r},0)|m_j|\psi^i(\boldsymbol{r},0)\rangle \neq 0$ であれば，振動 Q_a を介して m 状態（中間状態）と f 状態が相互作用することにより i 状態と f 状態間の遷移は許容となる．ちなみに式 (5) 第 2 項の $\langle \psi^f(\boldsymbol{r},0)|(\partial \bar{\boldsymbol{H}}/\partial Q_a)|\psi^m(\boldsymbol{r},0)\rangle$ が値をもつためには，この行列要素全体が全対称でなければならない．ハミルトニアンは全対称なので，f 状態の対称性，m 状態の対称性，および Q_a 振動モードの対称性の直積が以下のように全対称となることが重要である．

$$\Gamma(|\psi^f(\boldsymbol{r},0)\rangle) \times \Gamma(|\psi^m(\boldsymbol{r},0)\rangle) \times \Gamma(Q_a) \supset \Gamma(\mathrm{T})$$

振動誘起の電気双極子モーメントを対称性が点群 D_{6h} に分類されるベンゼンを例に考えてみよう．ベンゼンの S_1 状態は B_{2u} 対称性であり，同一平面内の x, y 軸は E_{1u} 対称性（縮退している），面外方向の z 軸は A_{2u} 対称性である．

$$B_{2u} \times E_{1u} = E_{2g}, \quad B_{2u} \times A_{2u} = B_{1g}$$

これらはいずれも基底電子状態の対称性（A_{1g} 対称性）とは異なっており，$S_0 \Leftrightarrow S_1$ 遷移は対称禁制である．しかし実際は S_1 状態への吸収が〜260 nm 付近に観測され，S_1 状態からの発光も観測される．これは，式 (5) の第 2 項の寄与による．すなわち，核の振動により，$S_0 \Leftrightarrow S_3$ 遷移の強度を借りて $S_0 \Leftrightarrow S_1$ 遷移が許容となる（intensity borrowing という）．ちなみに $S_0 \Leftrightarrow S_2$ 遷移も対称禁制である．S_3 の対称性と S_1 の対称性の積，すなわち e_{2g} 対称性の振動を介して $S_0 \Leftrightarrow S_1$ 間の吸収，発光が観測される（電子状態の対称性は大文字で，振動モードの対称性に関しては小文字を用いるのが通常である）．すなわちベンゼンの第 1 吸収帯への遷移は対称禁制ではあるが，基底状態から E_{1u} 対称性を有する S_3 状態への許容遷移が強い吸収をもって〜180 nm に観測され，S_3 状態と S_1 状態間の振電相互作用を介して強度を借用した結果，$S_0 \to S_1$ の吸収および $S_1 \to S_0$ の発光が観測される．ただしここで指摘しておく必要があるのは，ベンゼンの $S_0 \Leftrightarrow S_1$ 遷移が完全に禁制であり 0-0 バンドが観測されないのは気相中のベンゼンの場合であり，溶液中では非常に弱いが 0-0 バンドが観測される．溶液中では分子がひずみ，対称性が D_{6h} とは異なることを示している．

振動誘起の吸収および発光は，式 (5) の第 1 項の値が小さい場合も重要となる．実はナフタレンの $S_0 \Leftrightarrow S_1$ 遷移における式 (5) の第 1 項の値は小さい（$S_0 \rightarrow S_1$ 吸収全体の振動子強度は約 0.02）．このような場合は，電子状態間の遷移が対称許容であっても，振電相互作用による遷移強度が顕著となる．ナフタレンの $S_0 \Leftrightarrow S_1$ 遷移は分子面の長軸方向に，$S_0 \Leftrightarrow S_2$ 遷移は短軸方向に遷移モーメントを有することはすでに述べた．そして $S_0 \rightarrow S_2$ 遷移は振動子強度が約 0.11 であり，$S_0 \rightarrow S_1$ 遷移よりもはるかに強い吸収強度を有するために，S_1 状態と S_2 状態間の振電相互作用による寄与が顕著となる．関係する振動は S_1, S_2 状態の対称性の直積から求まる b_{1g} 対称性を有するものである．すなわち，ナフタレン S_0-S_1 状態間の吸収，発光に対しては，もともと対称許容な長軸方向に遷移モーメントを有するものと，S_0-S_2 遷移から強度を借りてきた短軸方向に遷移モーメントの方向を有するものの 2 種類が存在する．お互いは偏光方向が分子の長軸方向および短軸方向と異なっており，観測される振動バンドによって偏光特性が異なることになる．

b. フランク-コンドン因子と振動構造

電子遷移モーメントが核座標に依存しない場合は，遷移モーメントは振動波動関数の重なり積分 $\langle X^f(\boldsymbol{Q}) | X^i(\boldsymbol{Q}) \rangle$ に比例する（式 (5) の第 1 項）．フランク-コンドン原理によれば，すべての電子遷移は核の位置が変化しないで起こる．核間距離が一定の状態で起こる遷移ということで垂直遷移と呼ぶ．この重なり積分はフランク-コンドン因子と呼ばれ，吸収，発光スペクトルの振動構造を決定する要因である．N 個の原子からなる非直線分子では $3N-6$ 個の振動モードからなるので，

$$\langle \Psi^f(\boldsymbol{r}, \boldsymbol{R}, \sigma) | \boldsymbol{M} | \Psi^i(\boldsymbol{r}, \boldsymbol{R}, \sigma) \rangle \propto \prod_a^{3N-6} \langle X^f(Q_a) | X^i(Q_a) \rangle \tag{6}$$

であり，1 光子過程の吸収，発光の強度はいずれもこのフランク-コンドン因子の二乗に比例する．式 (5) における振動波動関数の重なり積分はすべての振動モードを考慮する必要がある．振動波動関数が調和振動子の波動関数で表されるとすると，i 状態と f 状態の各モードの振動波動関数が同じであれば重なり積分は 1 であり，それ以外は 0 となる．したがってもしも基底状態と電子励起状態における分子構造がまったく同じでかつ振動ポテンシャルの形状が同じであれば，零振動状態からの吸収および発光スペクトルは，零振動状態への遷移に基づく一つの振動バンド（0-0 バンドとよぶ）が見えるだけとなる．しかし一般には，電子基底状態と電子励起状態では分子の幾何学的構造が異なり，図 5.1.9 に示すように全対称基準振動モードのポテンシャル極小点がずれていたり，あるいはポテンシャル形状が異なるのが一般的である．その結果として，構造変化（ポテンシャル極小のずれ）を反映した振動構造が観測される．強い強度を示すのは振動波動関数の重なりの大きな遷移であり，垂直遷移によりポテンシャル面と交わる振動準位への遷移が最大となる．したがって，ポテンシャルの極小点のずれが大きければ大きいほど（お互いの状態で構造の違いが大きいほど），

最大の強度を与える振動バンドは0-0バンドからは離れることになる．凝集系ではボルツマン分布により零振動状態にほとんどの分子があるので，基底電子状態および電子励起状態の振動量子数をおのおのn'', n'とすると吸収は$n''=0 \to n'=0, 1, 2, 3, \cdots$，発光では$n'=0 \to n''=0, 1, 2, 3, \cdots$に基づく振動構造が観測され，吸収スペクトルと発光スペクトルは0-0バンドを中心に鏡像関係を示すことになる（アントラセンの吸収発光スペクトルが図5.1.9に示してある）．これを全対称振動モードによるプログレッション（progression）と呼ぶ．

遷移モーメントが核座標Qに依存する場合の吸収，発光の振動構造に関しては，$\langle X^f(Q_a)|Q_a|X^i(Q_a)\rangle$が重要となる（式(5)の右辺第2項参照）．振動波動関数が調和振動子の関数

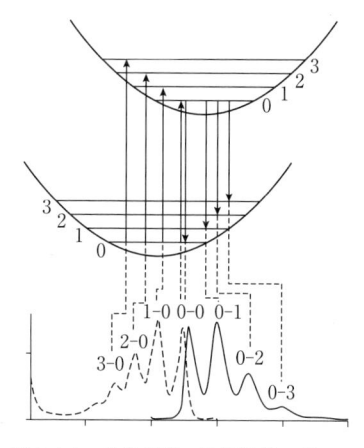

図5.1.9 基底状態，励起状態のポテンシャル形状とアントラセン溶液の吸収，発光スペクトルの鏡像関係を示す振動構造

で表すことができ，仮に両電子状態の振動波動関数が同じとすると，$\langle X^f(Q_a)|Q_a|X^i(Q_a)\rangle \ne 0$であるためには，振動量子数が1だけずれた状態間での遷移を考える必要がある．すなわち零振動状態からの吸収，発光において，振電相互作用に関与するQ_a振動モードに関して$n''=0 \to n'=1$および$n'=0 \to n''=1$の振電バンドが観測される．0-0バンドではないにもかかわらず，そのバンドを起点としてフランク-コンドン因子に基づく全対称振動モードによるプログレッションが観測されることになるので，このバンドは擬似原点（false origin）と呼ばれる．遷移に伴って分子が大きく変形する場合は，非全対称振動モードによる振動バンドが顕著となる．このように，吸収，発光スペクトルの振動構造から分子の幾何学的構造の情報を得ることができる．

c. 吸収，発光スペクトルの鏡像関係と破れ

フランク-コンドン因子により，仮に$n''=0$と$n'=n$番目の振動準位間の遷移確率が吸収で最大であれば，逆の遷移，すなわち$n'=0$と$n''=n$の振動準位間の発光の確率が最大となる場合が多い．すなわち吸収スペクトルと発光スペクトルの鏡像関係がみられる（図5.1.9参照）．ただ，この鏡像関係則の厳密なテストは，吸収と発光スペクトルが適切な単位で表示される必要がある．5.1.2項に述べられている吸収強度と発光強度の関係を考えた場合，最も望ましいのは$\varepsilon(\bar{\nu})/\bar{\nu}$と$F(\bar{\nu})/\bar{\nu}^3$間で比較することである[11]．ここで$\varepsilon(\bar{\nu})$, $F(\bar{\nu})$は波数$\bar{\nu}$における分子吸光係数および発光強度（発光収率のスペクトル分布に対応）である．

吸収および発光スペクトルの鏡像関係を議論する場合には，共通の状態間での遷移を取り上げる必要がある．たとえば，発光が最低励起状態S_1から発するのに対し，

吸収スペクトルが S_1, S_2 の二つの状態への遷移に基づくものを含む場合にはお互いを比較することは無意味である．ただし，複数の電子状態への吸収が重なっている場合でも吸収スペクトルを分離して，S_1 状態への吸収スペクトルだけを取り出して，それを発光スペクトルと比較することは可能である．また励起状態において反応が起こり，その生成物から発光する場合，たとえば，エキサイプレックス蛍光やエキシマー蛍光に対しては，発光スペクトルと吸収スペクトルの鏡像関係を期待することはできない．

d. 異なるスピン状態間の遷移

スピン波動関数に関しては，同じスピン状態間の重なり積分は1となり，遷移は許容となるが，異なるスピン状態間では重なり積分は0となるので遷移は禁制となる．したがって，吸収や発光が強く現れるのは同じスピン状態間の遷移においてである．ただし，スピン状態が純粋なスピン状態ではない場合がある．スピン-軌道相互作用 (H_{so}) により，純粋なスピン一重項状態 (S) とスピン三重項状態 (T) が混じりあう場合には，Tとみられる状態でも多少はSが混じった状態とある．また重原子を含む分子では H_{so} が大きいのでやはり混合の程度が大きくなる．これがスピン三重項状態 (T) から基底状態 (S) へのりん光，および基底状態からスピン三重項状態への $S \to T$ 吸収が観測される原因である． 〔太田信廣〕

文献・注

1) 伊藤光男：光と分子（上）（長倉三郎編），岩波講座現代化学 12, 岩波書店, 1979, 第4章.
2) 馬場宏明：光と分子（下）（長倉三郎編），岩波講座現代化学 12, 岩波書店, 1979, 第6, 7章.
3) 中島　威：化学と量子論（長倉三郎, 中島　威編），岩波講座現代化学 1, 岩波書店, 1979, 第2章.
4) 中川　徹, 朽津耕三：化学と量子論（長倉三郎, 中島威編），岩波講座現代化学 1, 岩波書店, 1979, 第5章.
5) N. Mikami and M. Ito：*J. Chem. Phys.*, **64** (1976), 3077.
6) F. A. Cotton：Chemical Application of Group Theory, John Wiley, New York, 1963. 中原勝儼訳：群論の化学への応用, 丸善, 1980.
7) E. B. Wilson, Jr., *et al.*：Molecular Vibrations, McGraw-Hill, New York, 1955.
8) H. B. Klevens and J. R. Platt：*J. Chem. Phys.*, **17** (1949), 470.
9) J. Birks：Organic Molecular Photophysics (J. Birks ed.), John Wiley, London, 1973, [1].
10) J. R. Platt：*J. Chem. Phys.*, **17** (1949), 484.
11) J. Birks：Photophysics of Aromatic Molecules, Wiley-Interscience, London, 1970.

5.2 発光と溶媒効果

5.2.1 発光分子の溶媒効果

蛍光かりん光かを問わず，発光特性を特徴づけるスペクトルの形状や極大波長（ここでは発光強度が最も強い波長），発光量子収率，発光寿命に溶媒効果が観測されることがある．発光特性に対する溶媒効果は主として溶媒の比誘電率，屈折率，あるいは粘度効果として説明することができる[1,2]．ただし，アルコールやホルムアミドのような水素結合性の溶媒では励起分子と溶媒分子が直接的な水素結合性の相互作用を介して発光特性に溶媒効果が現れることがあるとともに，水や N,N-ジメチルホルムアミドのような配位性の溶媒中において発光特性が特異的な溶媒効果を示すこともある[2]．発光特性に対する溶媒の粘度効果については 5.2.2 項，その他の溶媒による環境効果については 5.2.3 項において述べることにし，本項では発光特性に対する溶媒の極性効果として最も一般的な比誘電率（D_s）の効果を中心に解説する．

a. 溶媒極性効果

無置換のナフタレンやアントラセンのように最低励起一重項状態として $\pi\pi^*$ 励起状態をもつ芳香族炭化水素の蛍光特性に大きな溶媒極性効果（D_s 効果）は現れないが，ベンゾフェノンやビアセチルのようなカルボニル化合物の最低励起三重項 $n\pi^*$ 状態からのりん光挙動には D_s 効果が現れる．カルボニル基の酸素原子上の非結合性 n 軌道は溶媒の D_s の増加とともにエネルギー的に安定化するが，π^* 軌道の D_s によるエネルギー安定化は n 軌道より小さい．そのため，D_s の増加とともに $n\pi^*$ 遷移は高エネルギーシフトする．したがって，カルボニル化合物や，同じく $n\pi^*$ 励起三重項状態をもつヘテロ環化合物の $n\pi^*$ りん光は D_s の増加とともに短波長シフトする．一方，電子供与基あるいは電子受容基を有する化合物，とくに，分子内に電子供与基と電子受容基をともに有する電荷移動型（charge transfer：CT）の励起状態をもつ化合物の発光スペクトル，発光量子収率，発光寿命には大きな D_s 効果が観測される．一例として図 5.2.1 に構造を示した 1-アニリノナフタレン-8-スルホン酸（ANS）は分子内 CT 励起一重項状態をもつために溶媒極性プローブとして用いられており，D_s の増加により蛍光スペクトルは長波長シフトするとともに，蛍光量子収率（Φ_f）と蛍光寿命（τ_f）も低下する．実際に，ANS のアセトン（$D_s=20.7$）中の蛍光極大波長（λ_f），Φ_f，τ_f はそれぞれ 462 nm，0.3，10.4 ns であるのに対し，水（$D_s=80.2$）中では 515 nm，0.004，0.25 ns となり，大きな D_s 効果が観測される[3]．同じように，5-ジメチルアミノナフタレン-1-スルホンアミド（DANS，図 5.2.1）およびその誘導体も蛍光性の溶媒極性プローブとして知られており，発光特性に大きな D_s 効果が現れ

図 5.2.1 ANS（左），DANS（中）と TAB（右）の分子構造

る．

b. 溶媒極性効果とストークスシフト

溶媒極性効果のより詳しい解説のため，以下にトリ-9-アントリルボラン（TAB，図 5.2.1）の蛍光特性の溶媒効果の例を取り上げる．TAB はアントリル基の π 軌道からホウ素上の空の p 軌道へ電荷移動した分子内 CT 励起一重項状態をもつため，図 5.2.2 に示すように蛍光スペクトルに大きな溶媒極性効果が観測される[4]．実際に，シクロヘキサン（D_s = 2.02）および CH_3CN（D_s = 37.5）中における TAB の λ_f はそれぞれ 513, 538 nm であり，D_s の増加とともに蛍光スペクトルは長波長シフトする．このような発光スペクトルに対する D_s 効果は，分子内 CT 化合物のように励起状態において比較的大きな電気的双極子モーメントをもつ化合物に一般的に観測される．

図 5.2.2 の蛍光スペクトルの溶媒極性効果の解析には式（1）の Lippert-Mataga 式が用いられる[2,4,5]．

$$(\nu_a - \nu_f) \cong \frac{2\Delta\mu^2}{hca^3} f(X) + A \tag{1}$$

$$f(X) = \frac{D_s - 1}{2D_s + 1} - \frac{n^2 - 1}{2n^2 + 1} \tag{2}$$

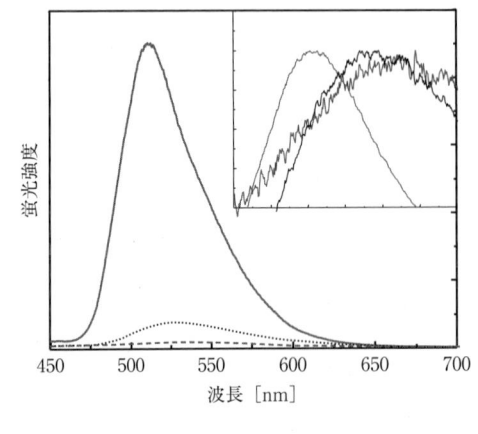

図 5.2.2 シクロヘキサン（実線），テトラヒドロフラン（点線），アセトニトリル（破線）中における TAB の蛍光スペクトル

右上の挿入図は蛍光スペクトルの極大波長近傍における蛍光強度を規格化したもの．

5.2 発光と溶媒効果

式 (1) の ν_a および ν_f はそれぞれ波数単位における吸収および蛍光極大エネルギーであり，そのエネルギー差，$(\nu_a - \nu_f)$ はストークス (Stokes) シフトと呼ばれる．$\Delta\mu$ は基底状態 (μ_g) と励起一重項状態の双極子モーメント (μ_e) の差 ($\Delta\mu = \mu_e - \mu_g$) であり，$a$ は後に詳しく述べる溶質分子のオンサーガー半径 (Onsager radius) である．h および c はそれぞれプランク定数，光速，A は溶媒極性パラメータ $f(X)$ に対してストークスシフトをプロットしたときの切片である．$f(X)$ は溶媒の D_s および屈折率 (n) を用いて式 (2) で与えられる．溶媒極性を表す式は式 (2) 以外にもいくつか報告されているが[2,5]，ここでは式 (2) に基づいて蛍光分子の溶媒極性効果を説明する．

式 (1), (2) はともにオンサーガーの反応場 (reaction field) モデルから導かれるもので，その考え方を図 5.2.3 に基づいて以下に説明する．オンサーガーの反応場モデルでは，極性分子である溶質分子（ここでは TAB の励起一重項状態）を真空中から連続誘電体 (dielectric continuum) としての溶媒中に投入することを考える．仮想的に励起分子が溶媒中の空孔 (Onsager cavity, 半径 a) に取り込まれると，励起分子の電気的分極（光励起により発生する TAB の誘起双極子モーメント）に応答して溶媒分子が配向することによって励起状態をエネルギー的に安定化させる．この溶媒分子の配向効果は D_s により見積もられる．一方，溶媒分子自身は動かないが，溶媒分子の電気的分極を介して励起分子をエネルギー的に安定化させることができ，この寄与は溶媒分子の n で見積もられる．このような理由により，溶媒による溶質分子 (TAB) のエネルギー安定化として，$f(X)$ は溶媒の D_s と n の関数として与えられる．種々の溶媒極性 ($f(X)$) をもつ溶媒中において吸収・蛍光（発光）極大エネルギーを測定することにより，式 (1), (2) に基づいて発光スペクトルに対する溶媒極性効果を定量的に解析することができるとともに，溶質分子の光励起に伴う双極子モーメント変化 ($\Delta\mu$) を見積もることができる．

TAB のストークスシフト $(\nu_a - \nu_f)$ の $f(X)$ 依存性 (Lippert-Mataga プロット) を図

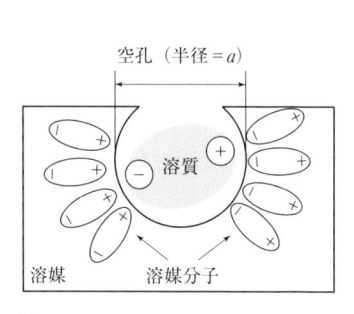

図 5.2.3 オンサーガーの反応場モデル

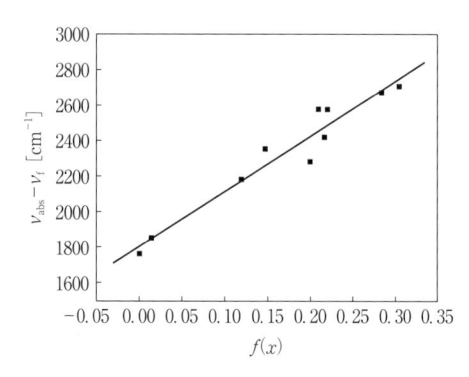

図 5.2.4 TAB の Lippert-Mataga プロット

5.2.4に示す.図からわかるように,溶媒ごとの粘度が異なるにもかかわらず($\nu_a - \nu_f$)値と$f(X)$の間には良好な直線関係が得られ,TABのストークスシフトは溶媒極性効果に起因することがわかる.溶質分子のオンサーガー半径を決定することは困難であるため,一般的にはX線結晶構造解析あるいは分子モデリングや量子力学計算(汎密度関数計算など)から見積もった溶質の分子半径をa値とする.TABの場合,X線結晶構造解析から$a = 6$ Åであり,吸収極大エネルギーはほとんど$f(X)$に依存せず一定であるため,図5.2.4の直線の傾きとa値から励起一重項状態の双極子モーメントは$\mu_e = 7.8D$と求めることができる[4].このように吸収と発光極大エネルギーの$f(X)$依存性のLippert-Mataga解析から,発光状態の双極子モーメントを容易に決定することができる.

c. 溶媒極性効果と無放射失活速度定数

分子内CT励起状態をもつ化合物の発光量子収率と発光寿命も溶媒極性に大きく依存し,$f(X)$の増加とともに両発光パラメータともに減少するのが一般的である.TABの場合,シクロヘキサンからアセトニトリルまで$f(X)$が増加するとΦ_fは0.41から0.02へ,τ_fは11.8 nsから1.1 nsへ大きく減少する.$f(X)$の増大とともに電気的双極子モーメントをもつ励起状態に対する溶媒和が強くなり,基底状態への無放射失活が起こりやすくなるためにΦ_fやτ_fが減少する.実際に,溶媒をシクロヘキサンからアセトニトリルへ変えてもTABの蛍光速度定数は$(1.8\sim3.5)\times10^8\,\mathrm{s}^{-1}$の範囲で大きく変わらないが,無放射失活速度定数($k_{nr}$)は$0.5\times10^8\,\mathrm{s}^{-1}$から$8.7\times10^8\,\mathrm{s}^{-1}$へと増加し,TABの$\Phi_f$および$\tau_f$値に対する$f(X)$効果は$k_{nr}$値に起因することがわかる[4].図5.2.4に示したように,$f(X)$の増加とともに励起状態への溶媒和が強くなる結果,ν_fは低エネルギーシフトし,励起状態と基底状態のエネルギー差(エネルギーギャップ)が減少する.このような場合,図5.2.5に示すようにk_{nr}の自然対数値($\ln k_{nr}$)は基底状態と励起状態のエネルギーギャップを反映するν_f値と直線関係を示すことがある.これはエネルギーギャップが減少することにより励起状態と基底状態間の無放射失活に関係する振動の重なり(フランク-コンドン因子)が大きくなるためであり,振動の重なりが大きいほど,すなわちエネルギーギャップが小さいほどk_{nr}は大きくなる[6].図5.2.5の$\ln k_{nr} \propto \nu_f$の関係はエネルギーギャップ則(energy gap law)として知られており,有機化合物のみならず遷移金属錯体のk_{nr}に対する溶媒極性

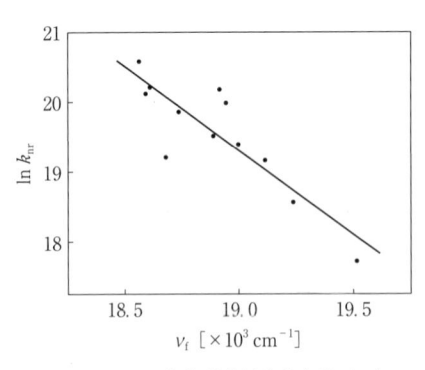

図5.2.5 TABの無放射失活速度定数(k_{nr})のエネルギーギャップ(ν_f)依存性(データは図5.2.4に同じ)

効果にも適応されている．また，励起状態において大きな電気的双極子モーメントをもつ分子内 CT 化合物では，フランク-コンドン（Franck-Condon）励起状態への溶媒分子の配向をとおして励起エネルギーが安定化するため，発光スペクトルが励起直後から時間とともに長波長シフトするダイナミックストークスシフト（dynamic Stokes shift）が観測される．

d. その他の溶媒極性効果

上では分子内 CT 型の発光状態をもつ化合物の例を述べたが，ピレン（Py）と N,N-ジメチルアニリン（DMA）のように電子受容体（Py）と電子供与体（DMA）の分子間で形成される励起 CT 錯体（エキサイプレックス）においても，蛍光特性に大きな溶媒極性効果（D_s あるいは $f(X)$）が観測される．シクロヘキサンのような低極性溶媒では Py からの単量体蛍光とその長波長側に（$Py^{\delta-}$-$DMA^{\delta+}$）エキサイプレックス蛍光が観測される．エキサイプレックス蛍光の極大波長は ANS や TAB の蛍光スペクトルと同様に D_s あるいは $f(X)$ の増大とともに長波長シフトする．しかしながら，分子間 CT 錯体の特徴として，D_s あるいは $f(X)$ が増加すると（$Py^{\delta-}$-$DMA^{\delta+}$）に対して強い溶媒和が起こり，Py^- と DMA^+ への電荷分離を経て結果的に Py と DMA の間で光誘起電子移動反応が起こる．したがって，中～高極性溶媒中においてエキサイプレックス蛍光は観測されず，分子内 CT 型化合物の発光の溶媒極性効果とは大きく異なる．

〔喜多村 曻〕

文献・注

1) 木下一彦，御橋廣眞編：蛍光測定—生物科学への応用，日本分光学会測定法シリーズ 3，学会出版センター，1983．
2) P. Suppan and N. Ghoneim：Solvatochromism, The Royal Society of Chemistry, Cambridge, 1997.
3) N. Kitamura, et al.：Anal. Sci., **15**（1999），413．
4) N. Kitamura and E. Sakuda：J. Phys. Chem. A, **109**（2005），7429．
5) N. Mataga and T. Kubota：Molecular Interaction and Electronic Spectra, Marcel Dekker, New York, 1970.
6) 佐々木陽一，石谷 治編著：金属錯体の光化学，三共出版，2007．

5.2.2　発光分子の温度・粘度効果

分子の発光（蛍光・りん光）特性としてのスペクトル形状，極大波長（発光強度が最も強い波長），発光量子収率，発光寿命などが溶媒極性（比誘電率，D_s）に依存することは 5.2.1 項で述べたとおりである．分子の発光特性は溶媒極性以外に，媒体（液相・固相・気相）の温度（T）や溶媒粘度（η）にも依存する．溶液の場合，温度変化は D_s と η 変化を同時に伴うため，発光特性の温度効果を議論する場合には注意を

要する.たとえば,スペクトル溶媒として用いられるアセトニトリルの場合,温度を 0, 25, 50℃へ上げると D_s 値は 43.67, 40.05, 32.80 に,η 値は 0.446, 0.345, 0.262 cP に減少する[1]. したがって,溶液中の発光特性の温度依存性については,温度自身(k_BT, k_B = ボルツマン定数)の効果か,温度変化に伴う溶媒の D_s や η の変化によるものかを慎重に考える必要がある.以下,そのような例をいくつかあげ,発光特性に対する温度効果と粘度効果を解説する.

a. 分子ローター効果

蛍光色素として知られるローダミン B(RhB,図 5.2.6)は室温の溶液中において 570 nm 付近に蛍光極大波長をもつが,図 5.2.7 に示すように溶媒(メタノール)の温度が 10℃ から 60℃ に上昇すると,蛍光スペクトルの形状や極大波長はほとんど変化せずに,蛍光寿命(τ_f)が 2.1 ns から 0.6 ns へ減少する.RhB の場合,τ_f 値の逆数(蛍光速度定数)の常用対数値と温度の逆数の関係を示すアレニウスプロットは直線となり,RhB の励起状態から基底状態への失活は活性化エネルギーを伴うことがわかる.また,メタノールに限らず水中の RhB の蛍光寿命も図 5.2.7 と同様な温度依存性を示す.RhB の蛍光寿命は励起一重項状態から基底状態への無放射失活速度定数(k_{nr})により決まるが,k_{nr} 値は RhB のジエチルアミノ基の回転運動により支配される[2]. すなわち,温度上昇とともに RhB のジエチルアミノ基の回転運動が速くなるため,励起エネルギーが分子内のジエチルアミノ基の回転運動に分配されることにより k_{nr} 値が大きくなり,結果的に RhB の蛍光寿命は温度上昇とともに短くなる.また,これを反映して RhB の蛍光量子収率(Φ_f)も温度上昇とともに減少する.実際には,RhB の τ_f および Φ_f 値の温度依存性が k_BT 変化による熱活性化的なジエチルアミノ基の回転運動により決まるのか,温度上昇による溶媒粘度の低下による結果なのかを厳密に判断することは難しいが,RhB では k_BT 自身が τ_f および Φ_f 変化の原因であると報告されている.発光特性に対する温度効果と粘度効果を分離して議論す

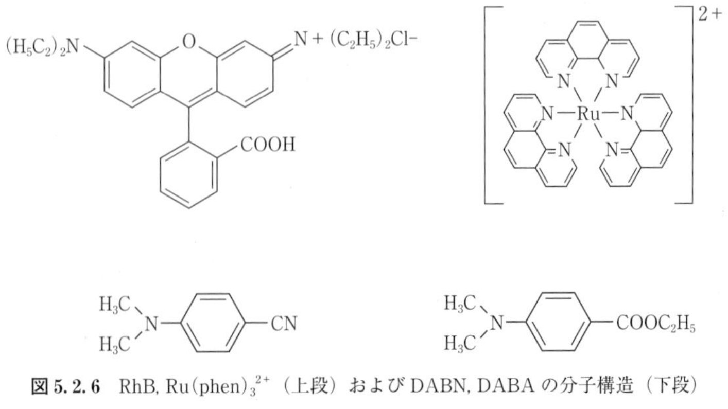

図 5.2.6 RhB, Ru(phen)$_3^{2+}$(上段)および DABN, DABA の分子構造(下段)

るには，低粘度溶媒と高粘度溶媒の混合比を変えて発光特性の温度依存性を詳細に検討する必要がある．RhB の例から推測できるように，剛直な分子骨格と回転運動を起こしやすいアミノ基，ジメチル/ジエチルアミノ基，メチル/エチル/イソプロピル基，フェニル基などの置換基をもつ化合物は溶媒の温度上昇や粘度低下に伴う置換基の回転運動の促進をとおして発光量子収率や発光寿命が低下することが知られている．これらの発光特性に対する置換基の効果は「分子ローター効果」と呼ばれることがある[3]．

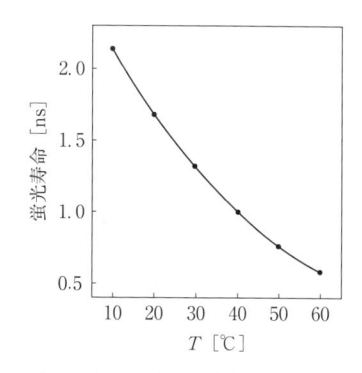

図 5.2.7 メタノール中における RhB の蛍光寿命の温度依存性

b. 分子内ねじれ型電荷移動蛍光の温度・溶媒粘度効果

異なる電子状態をもつ励起状態間の分子内平衡過程を反映して発光特性に温度依存性が現れることがある．その典型的な例が分子内ねじれ型電荷移動（twisted intramolecular charge transfer：TICT）と呼ばれる分子内 CT 励起状態をもつ N,N-ジメチルアミノベンゾニトリル（DABN）や N,N-ジメチルアミノ安息香酸エチルエステル（DABA，図 5.2.6 参照）の発光特性に対する温度依存性である．DABN および DABA は分子内に電子供与基（D）である N,N-ジメチルアミノ基と電子受容部（A）としてベンゾニトリルあるいは安息香酸エチルエステル部位をそれぞれもつ．TICT 型化合物の最も特徴的な発光特性は二重蛍光（dual fluorescence）を示すことである[4]．TICT 型化合物の基底状態では D と A 部位は互いに平面構造をとっているが，光励起とともに平面構造を保持した局在励起一重項状態（locally excited state，LE 励起状態）と N,N-ジメチルアミノ基が A 部位に対して 90°ねじれて（twisted）電荷移動した TICT 励起一重項状態の二つの励起状態をとる．LE および TICT 励起一重項状態は互いに化学平衡にあり，LE および TICT 励起状態ともに蛍光を示すために二重蛍光となる．例として酢酸エチル中における DABA の蛍光スペクトルの温度依存性を図 5.2.8 に示す．DADB は 350 nm 付近に極大波長をもつ LE 蛍光帯とともに 400 nm より長波長側に TICT 蛍光帯を示す[4]．図からわかるように LE 蛍光の極大波長はほとんど温度に依存しないが，TICT 蛍光の極大波長は 0℃から 66℃に上昇するにしたがって短波長シフト

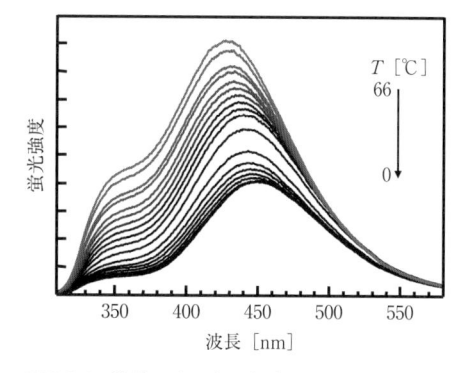

図 5.2.8 酢酸エチル中における DABA の蛍光スペクトルの温度依存性

する．TICT 蛍光の短波長シフトは温度上昇に伴う溶媒の比誘電率の低下に起因しており，5.2.1 項で述べた CT 蛍光の一般的な溶媒極性効果として説明できる．TICT 蛍光と LE 蛍光の蛍光量子収率比（$\Phi_{\text{TICT}}/\Phi_{\text{LE}}$）も溶媒極性，粘度，温度に依存する．図 5.2.9 に DADB の $\Phi_{\text{TICT}}/\Phi_{\text{LE}}$ 値の温度依存性を示すように，$\Phi_{\text{TICT}}/\Phi_{\text{LE}}$ 値は温度上昇とともに小さくなる．DABA の LE 励起状態から TICT 励起状態へ遷移する過程とその逆過程は N,N-ジメチルアミノ基の回転を必要とするため，両過程ともに活性化エネルギーを伴う．そのため温度上昇にしたがって正逆過程ともに熱的に有利になるが，先にも述べたように温度上昇は比誘電率と溶媒粘度の低下を伴う．結果的に，温度上昇とともに N,N-ジメチルアミノ基の回転運動が促進されるものの，溶媒の比誘電率の低下に起因して TICT 励起状態が低温条件に比べてエネルギー的に不安定になるため，励起 TICT 状態から LE 励起状態への過程が促進されて $\Phi_{\text{TICT}}/\Phi_{\text{LE}}$ 比が低下する．このように温度効果は励起分子の振動・回転運動の他に溶媒の比誘電率や粘度にも影響を与えるため，発光特性に対する温度効果の本質を見きわめることが必要である．また，分子の発光特性を厳密に考察する場合には，測定系の温度制御が必要不可欠であることもわかる．

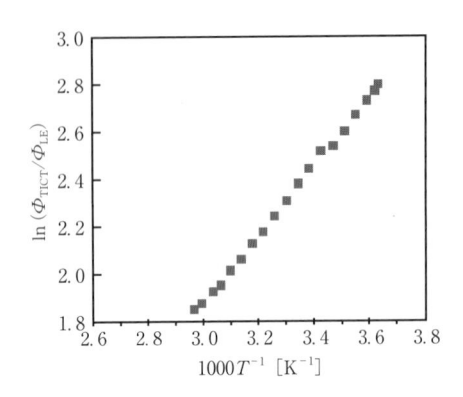

図 5.2.9 DABA の $\Phi_{\text{TICT}}/\Phi_{\text{LE}}$ 値に対する温度依存性（酢酸エチル中）

c．ルテニウム（II）錯体りん光の温度依存性

溶媒や媒体（固相・気相）の環境変化とは関係なく，温度自身（$k_{\text{B}}T$）が本質的に発光特性を支配する場合がある．代表的な例は 2,2'-ビピリジン（bpy）や 1,10-フェナントロリン（phen）などのパイ電子系配位子を有するりん光性の遷移金属錯体である．実際に，室温近傍の溶液中における Ru(bpy)_3^{2+} や Ru(phen)_3^{2+} 錯体のりん光スペクトル形状と極大波長，りん光量子収率（Φ_{p}），りん光寿命（τ_{p}）は大きな温度依存性を示す．一例としてアセトニトリル中における Ru(phen)_3^{2+} 錯体（図 5.2.6 参照）の τ_{p} および Φ_{p} の温度依存性を図 5.2.10 に示す．図からわかるように 280 K から 330 K に温度上昇させると Ru(phen)_3^{2+} 錯体の τ_{p} は $\sim$1.2 μs から $\sim$0.1 μs へ，また Φ_{p} も $\sim$0.06 から $\sim$0.01 へと大きく減少する．Ru(phen)_3^{2+} 錯体の発光状態はルテニウム（II）イオンから phen 配位子へ電荷移動した励起三重項 metal-to-ligand charge transfer（MLCT）状態であることが知られているが，MLCT 励起三重項状態の近傍にエネルギー的に近接した無発光性の dd 遷移に基づく励起状態（dd 励起三重項状態）が存在する．そのため，温度上昇とともに発光性の MLCT 励起状態から無発光性の

5.2 発光と溶媒効果

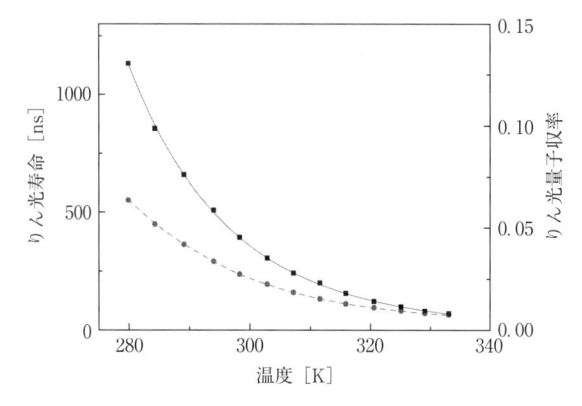

図 5.2.10 アセトニトリル中における Ru(phen)$_3^{2+}$ 錯体のりん光寿命（実線）およびりん光量子収率（破線）の温度依存性

dd 励起状態への熱的遷移が起こりやすくなり，MLCT 励起状態は無発光性 dd 励起状態を経由して基底状態へ失活する[5]．MLCT 励起三重項状態から基底状態へのりん光速度定数，無放射（項間交差）速度定数をそれぞれ k_r, k_{nr}, MLCT 励起状態から dd 励起状態への熱的遷移の活性化エネルギーを ΔE，その頻度因子を k' とすると，Ru(phen)$_3^{2+}$ の τ_p の温度依存性は次の式 (1) で解析することができる[5]．

$$\tau_p = \left\{ k_r + k_{nr} + k' \exp\left(\frac{-\Delta E}{k_B T}\right) \right\}^{-1} \tag{1}$$

実際に，Ru(phen)$_3^{2+}$ の τ_p の温度依存性を式(1)でフィッティングした結果を図 5.2.10 中の実線で示している．Φ_p の温度依存性も式 (1) と同等の式で解析することが可能であり，図 5.2.10 中に破線で示している．このように，Ru(phen)$_3^{2+}$ 錯体の τ_p と Φ_p の大きな温度依存性は発光性 MLCT 励起状態から無発光性 dd 励起状態への熱的活性化（$k_B T$）モデルで説明することができ，上で述べた RhB や TICT 化合物の発光特性に対する温度依存性の機構とはまったく異なる．

より本質的な温度（$k_B T$）効果が観測されることもある．たとえば，Ru(phen)$_3^{2+}$ 錯体を 280 K から 77 K 付近まで冷却すると，発光スペクトルが短波長シフトしながら Φ_p と τ_p は徐々に増加し，50 K 以下で Φ_p と τ_p が急激に増加する．Ru のように重い元素を含む遷移金属錯体では強いスピン・軌道カップリングが起こるため，励起三重項状態の三つのスピン副準位はエネルギー的に分裂する．それぞれのスピン副準位は固有の発光エネルギー，Φ_p, τ_p をもつため，極低温領域では三つのスピン副準位のボルツマン分布を反映した発光特性（スペクトル形状，Φ_p, τ_p）を示すことになる．このような励起三重項状態のスピン副準位のエネルギー分裂はゼロ磁場分裂（zero-magnetic field splitting : zfs）と呼ばれる．重原子を含まない一般的な有機化合物の励起三重項状態のゼロ磁場分裂エネルギー（ΔE_{zfs}）はきわめて小さい（<1 cm^{-1}）ため，

発光特性に温度依存性は観測されない．しかしながら，Ru(phen)$_3^{2+}$のΔE_{zfs}は〜60 cm^{-1}と大きく，低温領域では発光特性に対する励起三重項状態の三つのスピン副準位の発光特性の寄与が温度により異なるため，発光スペクトル形状，Φ_p，τ_pに本質的な温度依存性が現れる[6]．また，有機化合物のりん光は室温の溶液中において観測されることはまれであるが，77 Kの剛体マトリックス中では観測されることが多い．

〔喜多村　昇〕

文献・注

1) N. Kitamura, *et al.*：*J. Phys. Chem.*, **93**（1989），5750.
2) S. Ishizaka and N. Kitamura：*Bull. Chem. Soc. Jpn.*, **74**（2001），1983.
3) N. J. Turro：Modern Molecular Photochemistry, Benjamin/Cunnings Publishing, Menlo Park, 1978.
4) Z. R. Grabowski, *et al.*：*Chem. Rev.*, **103**（2003），3899.
5) J. Van Houten and R. J. Watts：*J. Am. Chem. Soc.*, **98**（1976），4853.
6) G. D. Hager, *et al.*：*J. Am. Chem. Soc.*, **97**（1975），7037.

5.2.3　発光分子の環境効果

5.2.1および5.2.2項で述べたように，分子の発光特性は媒体の極性（比誘電率）や粘度，温度などに依存することが多い．このことは分子の発光特性が周囲の微視的環境に鋭敏であると言い換えることができるとともに，発光特性を調べる際の実験的な注意事項にもなる．本項では発光分子に対する酸素消光効果や溶媒分子との特異的な相互作用，さらにさまざまな微環境を高感度に探ることのできる発光センサーの例について解説する．

a.　発光の酸素消光反応

分子の発光強度や寿命は酸素にきわめて鋭敏であり，酸素存在下では多くの化合物の蛍光やりん光が消光される．シクロヘキサンおよび水中の溶存酸素濃度（[O_2]）はそれぞれ2.3×10^{-3}，2.7×10^{-4} M（＝mol/dm^3）程度であり[1]，かならずしも酸素が高濃度に溶解しているわけではない．それにもかかわらず，酸素は基底三重項状態（$^3\Sigma^-$）をもつため[2]，励起三重項状態からのりん光を効率よく消光する．さらに，励起三重項状態の寿命は一般的に長いため，これも酸素による効率のよいりん光消光の原因となる．ここで$I_0(\tau_0)$，$I(\tau)$をそれぞれ酸素がないとき，あるときの発光強度（発光寿命），k_qを発光分子の酸素による消光速度定数とすると，酸素消光は次の式（1）のStern-Volmer式で表すことができる．

$$\frac{I_0}{I} = \frac{\tau_0}{\tau} = 1 + k_q \tau_0 [O_2] \tag{1}$$

[O_2]〜10^{-3} M，励起三重項状態の寿命の典型的な値としてτ_0〜1 μsを仮定すると，

$\tau_0[O_2]$ の値は 10^{-9} Ms のオーダーとなり,k_q が $10^9 \sim 10^{10}$ M^{-1} s^{-1} であれば $I_0/I>1$ となり,りん光消光が起こる可能性がある.実際に,りん光性化合物として知られる $Ru(phen)_3^{2+}$(5.2.2項の図5.2.6参照)の場合には,水中において $k_q=4.7\times10^9$ M^{-1} s^{-1} で消光される[3].りん光消光は励起三重項状態から酸素への励起エネルギー移動による一重項酸素($^1\Sigma$ あるいは $^1\Delta$)生成,あるいは酸素への電子移動によるスーパーオキシドイオン(O_2^-)生成により起こる.励起エネルギー移動消光が起こるか電子移動消光が起こるかは,励起三重項状態のエネルギーと酸化電位に依存する.一方,上で述べた $\tau_0[O_2]$ 値から予想すると,寿命の短い励起一重項状態は酸素により消光されにくいと考えられる.しかしながら,シクロヘキサン中のアントラセン(τ_0 ~5 ns)やピレン(τ_0 ~450 ns)の蛍光は酸素により k_q ~2.5×10^{10} M^{-1} s^{-1} で消光され,むしろ酸素による蛍光消光の k_q はりん光消光の値より大きい[4].酸素による蛍光消光は上で述べたりん光消光機構とは異なり,酸素($^3\Sigma^-$)が励起一重項状態から励起三重項状態への項間交差を促進するために効率的な蛍光の消光が起こるとされている[4].以上のことから蛍光・りん光の量子収率や寿命の値を精密に測定する際には,試料溶液の脱酸素が必要不可欠であることがわかる.

b. 特異な発光の溶媒・環境効果

発光測定の媒体として配位性の溶媒を用いた場合には,溶媒分子との直接的な相互作用を介した特異的な溶媒・環境効果が現れることがある.一例として,室温におけるシスジシアノビス(1,10-フェナントロリン)ルテニウム(II)錯体($Ru(phen)_2(CN)_2$)のりん光極大波長(λ_p,波数=ν_p)は溶媒に依存して 630 nm(15.9×10^3 cm^{-1})から 700 nm(14.3×10^3 cm^{-1})に大きく変化し,いわゆる発光ソルバトクロミズムを示す[5].5.2.1項で述べたように,発光特性に対する溶媒効果としては溶媒の比誘電率(D_s)の増加に伴うスペクトルの長波長シフトが一般的である.しかしながら,$Ru(phen)_2(CN)_2$ の場合,塩化メチレン(D_s=8.93,以下同),エタノール(24.6),アセトニトリル(37.5),水(80.2)中における λ_p($\nu_p\times10^{-3}$ cm^{-1})はそれぞれ 671(14.99),632(15.82),687(14.56),626 nm(15.97)となり,λ_p や ν_p の値は D_s の序列とまったく一致しない.$Ru(phen)_2(CN)_2$ 錯体ではシアン化物イオンの炭素原子がルテニウムイオンに配位しており,CN 配位子の窒素原子は溶媒分子と直接的に相互作用する.溶媒分子と CN 配位子の間の相互作用によって CN 配位子のルテニウムイオンに対する配位能が低下し,ルテニウムイオンの有効核電荷が増加する.有効核電荷の増加は錯体の配位子場分裂エネルギーの増大を招くため,発光スペクトルは高エネルギーシフトする.実際に図 5.2.11 に示すように $Ru(phen)_2(CN)_2$ の ν_p は溶媒の酸性度あるいは電子受容性を表す尺度としての Gutmann のアクセプター数(AN,値が大きいほど CN 配位子との相互作用が大きい)[6]とよい相関を示し,AN が大きいほど ν_p は高エネルギーシフトする.ここでは示さないが,$Ru(phen)_2(CN)_2$ 錯体と溶媒分子の相互作用は基底状態で起こるため,錯体の吸収スペクトルも大きな溶媒依

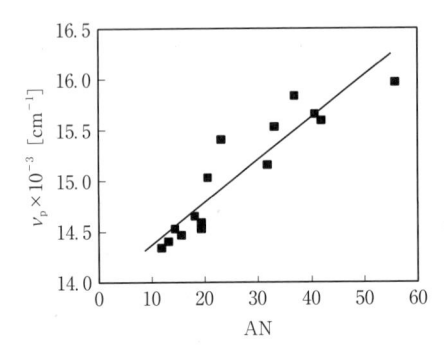

図 5.2.11 Ru(phen)$_2$(CN)$_2$ 錯体の発光極大エネルギーに対する溶媒のアクセプター数依存性

存性を示し，その吸収極大エネルギーも図 5.2.11 と同様に AN とよい相関が得られる[5]．分子の発光特性は溶媒のさまざまな性質に依存するため，発光性分子の構造や電子的特性を考慮しつつ，発光特性に対する環境因子の効果を慎重に考察する必要がある．

c. 水との励起プロトン移動反応

2-ナフトールに代表されるフェノール性-OH 基をもつ芳香族化合物の励起一重項状態は水分子とプロトン移動反応を起こすため，その蛍光特性は pH 依存性や水濃度依存性を示すことがある．一例として図 5.2.12 に構造を示した 1-ヒドロキシピレン-8-スルホン酸（PS-OH）の水中の蛍光スペクトルの pH 依存性を図 5.2.13 に示す．図 5.2.13 からわかるように，pH の上昇とともに～460 nm に等発光点を示しながら PS-OH の 420 nm 付近の蛍光強度が減少するとともに 480 nm 付近の蛍光強度が増大する．このスペクトル変化は PS-OH の励起一重項状態（PS-OH*）とプロトン解離型の励起一重項状態（PS-O$^-$*）との間の酸解離平衡を反映するものであり，図 5.2.13 の蛍光スペクトルの pH 依存性の解析から PS-OH* の酸解離定数を pK_a* =1.5 と見積もることができる．PS-OH の基底状態における pK_a は 8.3 であり，PS-OH は光励起により大きく酸性度が上昇する．励起状態において酸性度が強くなるのは PS-OH だけの特徴ではなく，2-ナフトールを含め，フェノール性の -OH 基を有する芳香族炭化水素に一般的に観測される挙動である．pK_a ≫ pK_a* であるこ

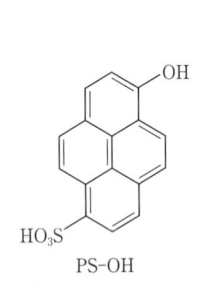

図 5.2.12 プロトン応答型蛍光分子 PS-OH の分子構造

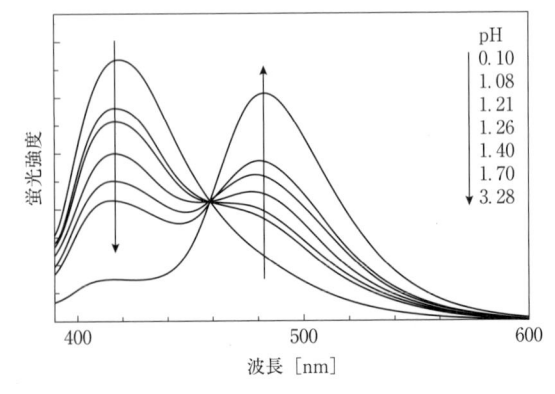

図 5.2.13 PS-OH の蛍光スペクトルの水中における pH 依存性

とは光励起とともに瞬時に -OH 基のプロトンを放出して PS-O^{-*} が生成することを意味する．このような場合，PS-OH* および PS-O^{-*} の蛍光波長において発光強度の時間依存性を測定すると，PS-OH* からの蛍光強度の減衰とその減衰の時定数に対応する PS-O^{-*} の蛍光の立ち上がりが観測される．この蛍光ダイナミクスを解析することにより PS-OH* の水分子へのプロトン移動速度定数

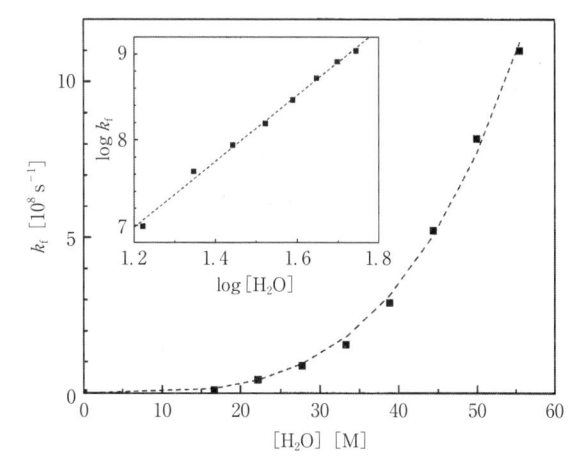

図 5.2.14 PS-OH のプロトン移動速度定数 (k_f) に対する水濃度依存性（エタノール-水混合溶媒中）

k_f を決定することができ，濃塩酸水溶液中における k_f 値は $9.8×10^8 \mathrm{s}^{-1}$ と求められている[7]．一方，水中において水分子は単独では存在せず，水クラスター（($H_2O)_n$）として存在していることが知られている．図 5.2.14 に示すように，C_2H_5OH 中における PS-OH の k_f 値は水濃度の増加とともに非線形的に増大する（$\log k_f \sim [H_2O]^n$）．図中の挿入図から明らかなように $\log k_f$ と $\log[H_2O]$ の間には直線関係が得られ，その傾きから $n=3.8$ と見積もることができる[7]．すなわち，PS-OH の励起一重項状態は 3.8 分子からなる水クラスターへプロトン移動することがわかる．このようにフェノール性 -OH 基をもつ芳香族炭化水素は非常に興味深い発光特性を示すとともに，化合物の構造により n の値が変わることも知られている．

d. 発光センサー

上で述べたように分子の発光特性は周囲の微環境に鋭敏であるが，これを利用することにより多くの発光センサーが開発・報告されている[8]．図 5.2.15 に示したフルオレセイン（Fl）およびその誘導体であるカルボキシ SNARF 1 は中央のフラン環に環状エステル構造（ラクトン）を有し，環状エステル構造とカルボキシレート構造との間の酸塩基平衡を介して蛍光特性が変化する．これを利用して Fl および SNARF 1 は蛍光性 pH センサーとして利用されている．とくに SNARF 1 は高感度 pH 蛍光センサーであり，細胞内の pH 蛍光イメージングに広く用いられている．細胞内においては Ca^{2+} もきわめて重要な役割を果たすため，Ca^{2+} を高感度に検出することのできる蛍光センサーも多数知られている．代表的な例として，図 5.2.15 に示した Quin 2 や Indo 1 は Ca^{2+} のキレート試薬としてよく知られているエチレンジアミン四酢酸と同様に -N(CH_2COO^-)$_2$ 基を有しており，Ca^{2+} イオンと選択的にキレート形成すること

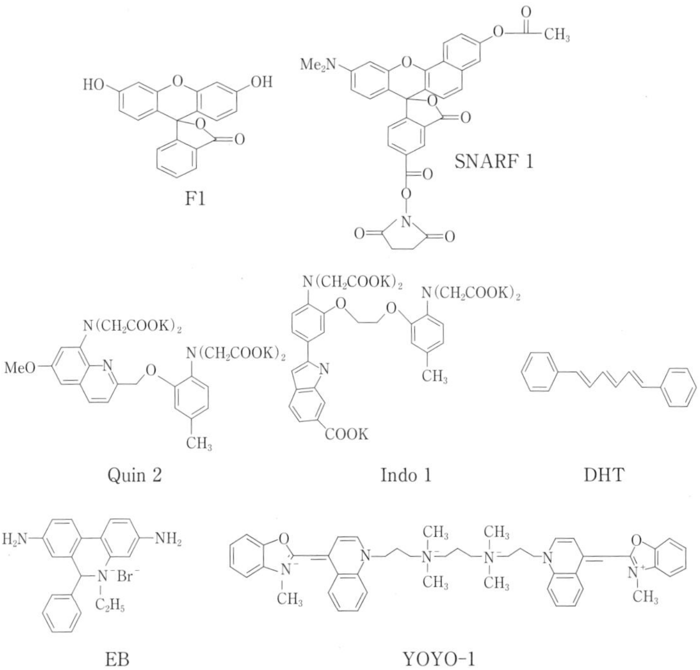

図 5.2.15 pH センサー（F1, SNARF 1），Ca^{2+} センサー（Quin 2, Indo 1），DNA 蛍光標識プローブ（EB, YOYO-1），および膜流動性プローブ（DHT）の分子構造

により蛍光を示す．Quin 2 の Ca^{2+} との結合定数は $\log K = 7.1$ にもなり，Ca^{2+} と結合することにより～490 nm に強い蛍光（蛍光量子収率～0.14）を示す．また，Ca^{2+} と結合していない Indo 1 は～485 nm に蛍光を示すが，Ca^{2+} とキレート形成することにより～410 nm に新たな蛍光を示すようになる．Indo 1 やその類似体は細胞内 Ca^{2+} 濃度の蛍光イメージング剤として広く使われている．図 5.2.15 のエチジウムブロマイド（EB）や YOYO-1 は水中では無蛍光性であるが，疎水的環境に取り込まれると蛍光を示すようになる．とくに，これらの化合物は二重鎖デオキシリボ核酸（double strand DNA : dsDNA）にインターカレートすることにより強く蛍光を発するため，dsDNA の蛍光標識剤として広く利用されている．また，1,6-ジフェニルヘキサトリエン（DHT, 図 5.2.15）は細胞膜や二分子膜の熱変性や流動性プローブとして働く．蛍光性の DHT は直線的構造をもつとともに疎水性の高い化合物であり，細胞膜や二分子膜に添加すると膜面に対してほぼ垂直（膜の内外方向と平行）に入る．温度を上げて細胞膜や二分子膜の流動性が上昇するか，あるいは膜の熱変性が起こると直線的構造をもつ DHT が膜中において首ふり運動を始める．直線偏光によって膜中の DHT を励起した場合，膜中で垂直的に位置する場合に比べ，首ふり運動が始まるこ

とにより DHT からの偏光度が変化するため，これを測定・解析することにより膜の流動性や変性を評価することができる．このほか，それぞれの特徴をもつ多くの蛍光性センサーが化学，バイオ系，材料（高分子系）科学分野などで広く利用されている．

〔喜多村　昇〕

文献・注

1) S. L Murov：Handbook of Photochemistry, Marcel Dekker, New York, 1973.
2) 林　太郎ほか：酸素の化学，共立化学ライブラリー4，共立出版，1973.
3) M. Montalti, *et al.*：Handbook of Photochemistry, 3rd ed., Taylor & Francis, Boca Raton, 2006.
4) J. B. Birks：Photophysics of Aromatic Molecules, John Wiley, New York, 1970.
5) N. Kitamura, *et al.*：*Inorg. Chem.*, **27** (1988), 651.
6) V. グートマン著，大瀧仁志，岡田　勲訳：ドナーとアクセプター―溶液反応の分子間相互作用，学会出版センター，1983.
7) 石坂昌司ほか：分析化学，**54** (2005), 473.
8) 木下一彦，御橋廣眞編：蛍光測定―生物科学への応用，日本分光学会測定法シリーズ3，学会出版センター，1983.

5.2.4　発光の偏光

　発光の偏光は発光物質の方向の偏りを反映する．単結晶ではすべてが特定方向に偏って配向しているのでその吸収，発光の偏光特性の測定結果の解釈はあいまいさがなく，理論の進歩を実験面から支えてきた．逆に配向方向が完全にランダムな分子集団でも偏光を使って特定の方向に配向した分子を選んで励起し，そこからの発光の偏光のくずれ方をみれば分子運動の速さがわかる．あるいは偏光を自由につくれたら？すぐに思いつくのは現在の薄型テレビの主流である液晶テレビへの応用である．偏光発光体があれば偏光板を使う必要がなくなってサイズ，重量，電力消費量が減って輝度・コントラストが上がるであろう．偏光度が高い効率のよい発光体を目指していろいろな研究が行われている．

　この項では分子の配向という観点から発光の偏光の例をいくつかあげてみることにする．液体色素レーザーや気体レーザーからの放出光は偏光しているが，レーザー媒体が配向しているわけではないのでこの項では取り上げない．

a.　単結晶中のゲストからの偏光蛍光スペクトル

　単結晶では原子団，あるいは分子が配向しているため，吸収も発光も偏光特性を示す．偏光スペクトルの詳細な解析から遷移モーメントの方向を決定して電子状態理論の予測の裏づけをした古典的な例として1,2,4,5-テトラメチルベンゼン（デュレン，C_8H_{14}）単結晶中の微量のナフタレン（$C_{10}H_8$）の蛍光スペクトルの例をあげよう[1]．

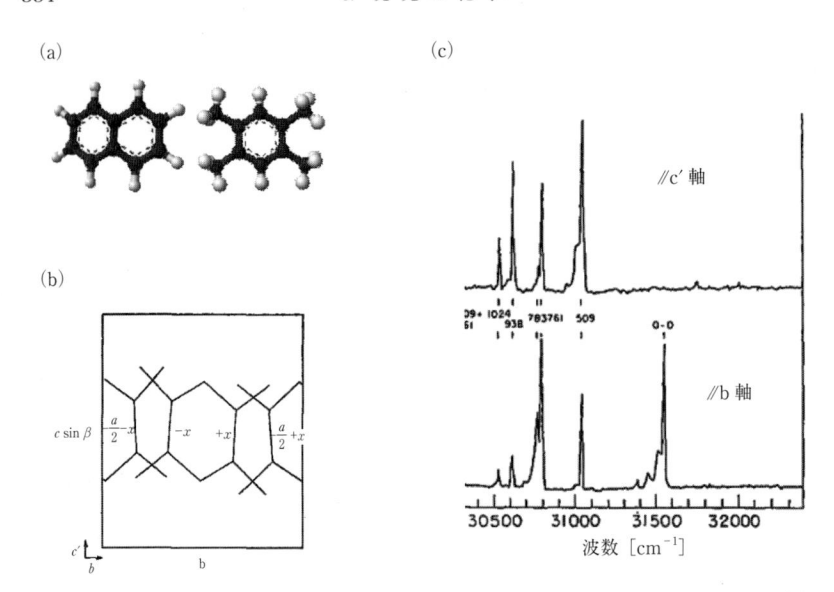

図 5.2.16 (a) ナフタレンとデュレン,(b) 単結晶中のデュレン分子の bc′ 面への投影と (c) デュレン中のナフタリンからの 20 K での偏光蛍光スペクトル

ナフタレンはデュレンとほぼ同じ大きさ(図 5.2.16)で混晶をつくり,そのなかではナフタレンは分子の長短軸をデュレンと一致させて置換している.分子間の相互作用は小さいのでこの系ではナフタレンは自由分子が方向をそろえて相互作用なく並んでいるという「配向気体モデル」で取り扱うことができる.

単斜晶系に属するデュレンの結晶の劈開面は ab 面であり,それに垂直な軸を c′ 軸と名づけると ab 面,ac′ 面,bc′ 面は容易に切り出すことができる.bc′ 面への分子の投影は図 5.2.16(b) のようになり,デュレンの分子長軸はほぼ完全に b 方向,短軸は c′ 方向を向く.ナフタレンも同様に配向する.

鋭いスペクトルを得るために試料を 20 K に冷却し,高圧水銀灯を励起光として得られた bc′ 面から a 軸方向に発する偏光蛍光スペクトルの一部を図 5.2.16(c) に示す.低温なのですべての発光は最低電子励起状態の最低振動状態(振動量子数 $v'=0$)からの発光である.その状態から基底電子状態での最低振動状態($v''=0$)への遷移,いわゆる 0-0 バンドは図からわかるようにほぼ完全に b 方向に偏光している.このことから遷移モーメントが b 軸方向すなわち分子の長軸方向を向いていることがわかり,最低励起状態の対称性は $^1B_{3u}$ であると断定できる.c′ 軸偏光スペクトルにみられる多数の構造は基底電子状態の非全対称振動(b_{1g})を含むいろいろな振動準位への遷移である.こうした偏光スペクトルの測定はアントラセン中のペンタセンなどいろいろな系について行われ,1960 年代に勃興しつつあった分子軌道論による計算の正しさを裏づけた.

5.2 発光と溶媒効果

このようにゲスト分子がホスト分子と同じ方向に配向することは c. に述べる液晶などさまざまな系で偏光発光に利用されている．

b. 蛍光の偏光解消度

緑色蛍光タンパク質の発見がノーベル賞の対象になったことからも明らかなように，ライフサイエンスの研究では蛍光の強度，スペクトル，寿命，そして偏光が重要な情報をもたらす．細胞だけではなく，高分子，ゲルその他の配向していない物質では，偏光で励起した後の二次的な発光がどれだけ偏光しているか，すなわち偏光解消度が分子運動の解析に使われる．偏光解消の原理および測定の詳細は5.3.4項で述べられるように，ナノ秒，ピコ秒のパルスレーザーを励起源としたプローブからの蛍光の異方性の測定によってラングミュアブロジェット膜やゲル，りん脂質二重層などのダイナミクスの研究がさかんに行われている[2]．

c. 液晶とポリマー

単結晶の項で述べたように配向した分子からの発光は偏光しているから，何らかの方法で蛍光性分子を配向させることができれば偏光発光体を得ることができる．とくに有機EL体（有機発光ダイオード，organic light emitting diode：OLED）を配向させることができれば応用範囲は広い．そうした最初の偏光発光の報告は1995年のDyreklevらによるポリエチレン中のポリチオフェンからのものとされているが，配向はポリエチレンの延伸によったのでその偏光比（polarization ratio, $I_{//}/I_{\perp}$）は2.4と低かった[3]．その後 a. で述べた混晶系のように，液晶を利用して発光体を配向させてより高い偏光比を得ようとする試みが数多くなされてきた．

液晶分子を配向させるのに最も普通の方法はラビング処理（布で表面をこする）をしたポリイミドフィルムなどの基板に塗布することである．このラビング処理によって配向させたF8BTと呼ばれる液晶ポリマーからの偏光有機EL発光の例を図5.2.17に示す[4]．偏光比は5程度であった．図中に示すのはEL測定に使われたセルの模式図である．

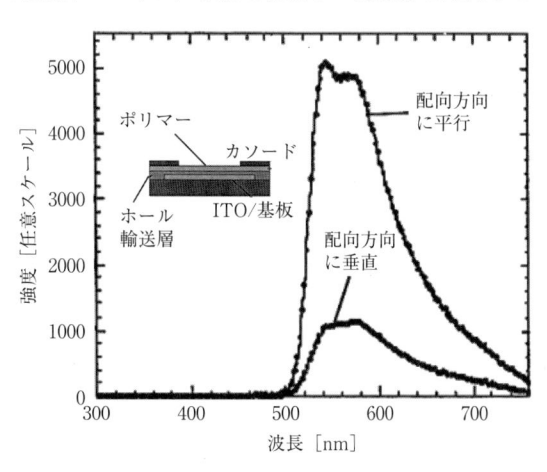

図 5.2.17 ラビング法によって配向させた液晶ポリマー F8BT の発光の偏光比
挿入図は使用されたセルの模式図．ITO（インジウム酸化スズ）：透明電導ガラス．

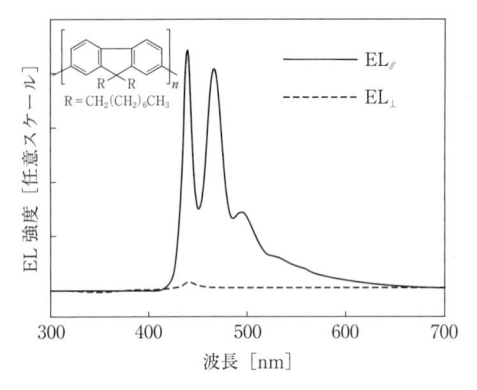

図5.2.18 摩擦転写したPFOからの偏光EL発光

図5.2.19 (a) Azo-PAAと (b) Azo-PI

類似の研究は多数あるが，ラビング法による表面は粗く不均一で，さらに静電気や微細な粉塵の発生などの不都合がある．この困難を避ける方法の一つが摩擦転写法による配向の制御である．これは高分子固体を滑らかな基板にこすりつけると分子がその方向に配向するという現象を利用する．図5.2.18はPFO（ポリフルオレン，挿入図はその分子構造）をITO表面に摩擦転写し，窒素ガス中190℃でアニールして配向させたもののエレクトロルミネセンススペクトルで，偏光比として最大53が得られている[5]．

摩擦転写法もまた表面は不均一で粗く，表面の組成・構造に敏感な有機デバイスに利用するには問題がある．こうした問題を完全に避けることができるのが非接触光配向のテクニックである[6]．これは直線偏光紫外線を高分子膜に照射することによって特定方向を向いた基を選択的に異性化あるいは分解反応させることによって異方性を発生させて液晶配向能を付与するというものである．

たとえばアゾベンゼンを骨格に含むポリアミック酸（Azo-PAA, 図5.2.19(a)）に偏光紫外光を照射すると，アゾベンゼンの光異性化によって分子鎖は偏光方向に垂直に配向する．そののち250℃でイミド化することによって熱的，化学的に安定な配向Azo-PI（図5.2.19(b)）を得ることができる．文献7ではこの上にスピンコーティングにより30 nm厚のPFOを塗布した．図5.2.20(a)に示す基板のポリイミドの偏光吸収スペクトルで吸収の二色比（dichroic ratio）は2.1にすぎないのに図5.2.20(b)に示すPFOの発光スペクトルは偏光比として30という高い偏光度を得た．

そのほか液晶を利用した偏光発光の研究は多数あり，たとえば文献8では50〜100 nm間隔で20〜50 nm幅の溝を切った鋳型を電子ビームリソグラフィーでつくり，基板上にスピンコートした液晶分子に押し付けて配向させ，PL（光励起発光）を測定してそのピークである540 nmでの偏光比12を得た．

一方，ネマティック液晶の外電場の印加によって方向をそろえる性質を使い，液晶

に蛍光色素を溶かしたものを電気化学発光セルの溶媒として使って偏光を発生させる試みもある[9]．まだ偏光比も低く，寿命も短いが，スイッチングが可能で多種多様な色素が利用可能という将来性をもつ．

d．円偏光

ポリフルオレンのような発光団にカイラルな置換基をつけること

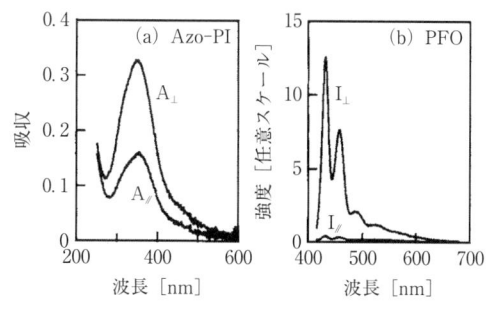

図 5.2.20 (a) 基板の Azo-PI の偏光吸収スペクトルと (b) PFO からの偏光光誘起蛍光スペクトル

によって円偏光を発生させることができるが，その偏光度はあまり高くなかった[10]．その原因の一つは OLED から得られる光の相当部分は直接の発光でなく金属電極からの反射光であり，反射によって円偏光の向きは逆になってしまうことである．Grell らはこの現象を逆に利用した「フォトンリサイクル（photon recycling）」によって偏光性の高い円偏光発光を得ることに成功した．

その原理を図 5.2.21 に示す．発光体には非偏光の OLED を使う．非偏光の光は左右の円偏光が等しい強度で含まれているものと見なせる．カイラルなネマチック液晶（chiral nematic liquid crystal：CNLC）は一方の円偏光だけを通し，他方は反射する．反射された光は CNLC に対面する金属ミラーで反射されるときカイラリティーが変わり，今度は CNLC を通過できる．彼らはこの方法で円偏光についてよく使われる g 値（$2\times(r-1)/(r+1)$, $r=I_l/I_r$, I_l, I_r は左右円偏光強度）として最大 1.6 を得た．この原理はその後 CNLC を多層にしてバンド幅を広げる，レーザー発振をさせるなどさまざまに発展している．

液晶テレビは偏光を利用しており，3D テレビも偏光を使うものが多い．そうした事情で有機 EL（OLED）による偏光発光は近年急速に発展している技術であり，この小論ではとてもカバーできないので，解説（文献 12〜14）を参照されたい．

〔宇田川康夫〕

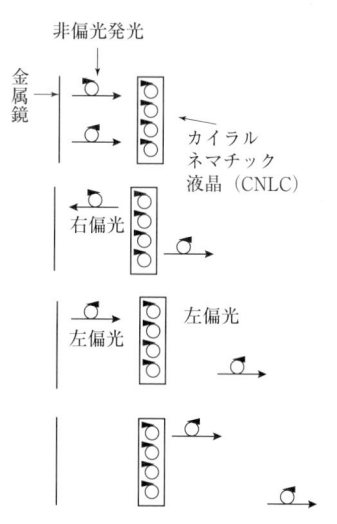

図 5.2.21 フォトンリサイクルの原理 円につけた矢印の方向が円偏光の向きを示す．カイラルなネマチック液晶は片方の円偏光だけを通す．他方の円偏光は反射され，対向する金属鏡で反射される際にカイラリティーが逆になる[11]．

文献・注

1) D. S. McClure : *J. Chem. Phys.*, **22** (1954), 1668-1675.
2) J. R. Lakowicz : Principles of Fluorescence Spectroscopy, 3rd ed., Springer, New York, 2006.
3) P. Dyreklev, *et al.* : *Adv. Mater.*, **7** (1995), 43-45.
4) K. S. Whitehead, *et al.* : *Synthetic Metals*, **111**-112 (2000), 181-185.
5) M. Misaki, *et al.* : *Appl. Phys. Lett.*, **93** (2008), 023304.
6) K. Ichimura : *Chem. Rev.*, **100** (2000), 1847-1873.
7) K. Sakamoto, *et al.* : *APL*, **87** (2005), 211910.
8) Z. Zheng, *et al.* : *Nano Lett.*, **7** (2007), 987-992.
9) M. Honma, *et al.* : *J. Appl. Phys.*, **106** (2009), 014507.
10) M. Oda, *et al.* : *Adv. Mater.*, **5** (2000), 362.
11) M. Grell, *et al.* : *Adv. Mater.*, **13** (2001), 577.
12) M. Grell and D. D. C. Bradley : *Adv. Mater.*, **11** (1999), 895-905.
13) M. O'Neill and S. M. Kelly : *Adv. Mater.*, **15** (2003), 1135-1146.
14) M. O'Neill and S. M. Kelly : *Adv. Mater.*, **23** (2011), 566-584.

5.3 発光のダイナミクスと緩和

5.3.1 分子内緩和と発光（理論的取扱い）

　孤立分子状態における分子の発光スペクトル，発光収率，発光減衰（寿命）が励起される電子状態，振動状態，回転状態に依存することが実験的に確かめられ，それらを説明するために理論的な考察が進められてきた．現在では分子内エネルギー移動（分子内緩和）に関する理解が大きく進み，重水素置換効果，エネルギーギャップ則，Kasha則といった現象が，分子内ダイナミクスに起因することが明らかになってきた．また，発光特性は，励起光の特性（スペクトル幅や波形）に大きく依存することも明らかになっている．たとえば，非常に波長幅の狭いパルス光で励起した場合には，単一指数関数で比較的遅い発光減衰が観測されるのに対し，非常に波長幅の広い（不確定性により時間幅は非常に狭い）パルス光で励起した場合は，速い発光減衰曲線や非指数関数的な発光減衰曲線を示す現象が本質的なものであることが明らかになってきた．したがって，光励起に基づく発光（フォトルミネセンス）を論じる場合には，どのような励起光であるかも考慮しなければならない．これらを念頭におきながら，以下では，同一分子内の異なる状態間の分子内緩和（分子内エネルギー移動）の機構を考える[1-6]．

a. 分子の固有状態とスペクトルの形

ボルン-オッペンハイマー近似（BO近似）が成り立つと仮定すると，各状態は特定の電子状態，特定の振動状態，特定の回転状態の積として表すことができる（おのおのを振電状態と呼ぶ）．この近似のもとで異なる状態A, Bに属する準位に着目し，光励起されるAの特定の振電状態からBの振電状態へのエネルギー移動を考える（A, Bとも純粋なスピン状態を考えている）．孤立分子状態での実験を想定しており，エネルギー保存よりBはAと等エネルギー的に位置すると想定する．すなわち，図5.3.1に示すように励起光のスペクトル幅が図の点線のようであればすべての準位はそのなかに含まれ，分子と光の全体のエネルギーを考慮するならばすべては等エネルギー的となる．そこで，A, Bお互いの重ね合せの状態で表される固有状態を考えることにする．Aの振電状態を $|\varphi_S\rangle$，その近傍に密集して存在するBの振電状態の集合を $\{|\varphi_i\rangle\}$ とすると，実際の固有状態は両者の線形結合で表すことになる．両状態間の混合はBO相互作用およびスピン-軌道相互作用によりもたらされる．前者はBO近似を仮定するために無視された核の運動エネルギーに起因する相互作用であり，後者は項間交差のようにスピン状態の異なる状態間で重要な相互作用である．光学遷移は $|\varphi_S\rangle$ のみが関係し，基底状態からの吸収は $|\varphi_S\rangle$ への遷移により起こり，発光は $|\varphi_S\rangle$ から基底状態への遷移により起こるものとする．したがって $\{|\varphi_i\rangle\}$ は吸収や発光には直接関係しない．2番目の電子励起一重項状態（S_2）から最低励起一重項状態（S_1）への内部転換を考える場合は，$|\varphi_S\rangle$ は光励起される S_2 の各振動状態，$\{|\varphi_i\rangle\}$ はその近傍に位置する S_1 の高い振動状態となる．また S_1 から最低励起三重項状態（T_1）への項間交差を考える場合は，$|\varphi_S\rangle$ は光励起される S_1 の特定の振動状態，$\{|\varphi_i\rangle\}$ はその近傍に位置する T_1 の高い振動状態となる．分子内無輻射遷移は，発光状態 $|\varphi_S\rangle$ から，発光しない状態 $\{|\varphi_i\rangle\}$ への分子内エネルギー移動（分子内緩和）と考えることができる．その場合，分子の固有状態（$|\psi_n\rangle$）（n は量子数を表す）は $|\varphi_S\rangle$ と $\{|\varphi_i\rangle\}$ からなる重ね合せ状態として以下のように表すことができる．

$$|\psi_n\rangle = a_n|\varphi_S\rangle + \sum_i b_i^n|\varphi_i\rangle \tag{1}$$

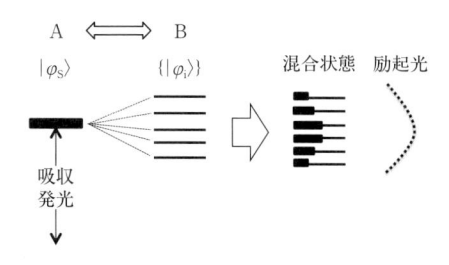

図5.3.1 状態間相互作用により生成する混合状態
太い点線は励起光のエネルギー幅を示す．

ここで「有効ハミルトニアン」（$\bar{H}_{\text{eff}}$）を用いた形式を考える．$\bar{H}_{\text{eff}}$ は，分子のハミルトニアン（$\bar{H}_0$），および $\bar{H}_0$ の各固有状態からの不可逆的な過程（輻射減衰を含む）に対応する項である $\mathit{\Gamma}$（各準位の線幅に対応）を用いて $\bar{H}_{\text{eff}} = \bar{H}_0 - i\mathit{\Gamma}/2$ で表す[4]．$|\varphi_S\rangle$，$\{|\varphi_i\rangle\}$ は $\bar{H}_{\text{eff}}$ から互いの状態間の相互作用（BO相互作用およびスピン-軌道相互作用）を除いた演算子の固有関数とし，固有値をおのおの E_S, $\{E_i\}$ とする．$\bar{H}_0$ お

よび Γ はエルミート演算子であり固有値は実数であるが，$\bar{H}_\text{eff}$ はエルミート演算子ではないので固有値は実数ではない．ただし，$\bar{H}_\text{eff}$ の固有関数であり擬定常状態ともいうべき $|\psi_n\rangle$ を基底として，$\bar{H}_0$ および Γ の行列要素は実数を与えるものとする．そこで，$|\varphi_\text{S}\rangle$, $|\varphi_\text{i}\rangle$ 各状態のエネルギーをおのおの

$$E_\text{S} = \varepsilon_\text{S} - \frac{i\gamma_\text{S}}{2}, \quad E_\text{i} = \varepsilon_\text{i} - \frac{i\gamma_\text{i}}{2} \tag{2}$$

とすると，$|\psi_n\rangle$ 状態のエネルギーは次式で表すことができる．

$$E_n = \varepsilon_n - \frac{i\gamma_n}{2} \tag{3}$$

ここで $\gamma_\text{S}, \gamma_\text{i}$ は $|\varphi_\text{S}\rangle$, $|\varphi_\text{i}\rangle$ 状態の寿命に相当するバンド幅である．状態間のエネルギー差に比べて，バンド幅は狭いことを想定している．γ_n は重ね合せ状態（$|\psi_n\rangle$）の寿命を決めるバンド幅に相当し，次式で与えられる．

$$\gamma_n = |a_n|^2 \gamma_\text{S} + \sum_i |b_i^n|^2 \gamma_\text{i} \tag{4}$$

$|\varphi_\text{S}\rangle$ と $\{|\varphi_\text{i}\rangle\}$ との状態間相互作用の大きさはどれも等しく v であり，$\{|\varphi_\text{i}\rangle\}$ は等エネルギー間隔（ε）で分布し（状態密度を ρ として，$\varepsilon = \rho^{-1}$ で与えられるとする），バンド幅の寄与を無視すると a_n は次式で与えられる[6]．

$$a_n^2 = \frac{v^2}{\{(E_n - E_\text{S})^2 + v^2 + (\pi v^2/\varepsilon)^2\}} \tag{5}$$

この式は混合状態のなかに零次の状態 $|\varphi_\text{S}\rangle$ を見いだす確率をエネルギーの関数として示したものである．もしエネルギー間隔が相互作用エネルギーに比較して非常に小さい場合には，ローレンツ形状を与えることになり，その半値幅（ΔE）は $\Delta E = 2\{v^2 + (\pi v^2/\varepsilon)^2\}^{1/2}$ で与えられ，$v \gg \varepsilon$ の条件下では以下のようになる．

$$\Delta E = \frac{2\pi v^2}{\varepsilon} = 2\pi \rho v^2 \tag{6}$$

b. 緩和過程とエネルギー準位密度

分子系の全ハミルトニアンを $\bar{H}$ とすると，時間を含むシュレーディンガー方程式は

$$\bar{H}|\Psi(\boldsymbol{r}, t)\rangle = -\frac{\hbar}{i}\frac{\partial |\Psi(\boldsymbol{r}, t)\rangle}{\partial t} \tag{7}$$

と書ける．ここで $\boldsymbol{r}$ は関係する全粒子の座標を代表する．$\bar{H}$ は時間を含まないのでこの式より次の時間を含まないシュレーディンガー方程式が導かれる．

$$\bar{H}|\psi(\boldsymbol{r})\rangle = E|\psi(\boldsymbol{r})\rangle \tag{8}$$

この方程式の固有関数はいくつもあるので各組を n で区別すると，時間を含む次の波動関数は式（7）の特殊解である．

$$|\Psi_n(\boldsymbol{r}, t)\rangle = |\psi_n(\boldsymbol{r})\rangle \exp\left(-\frac{iE_n t}{\hbar}\right) \tag{9}$$

式 (7) の一般解はこれら特殊解の重ね合せで次のように表すことができる.

$$|\Psi(\boldsymbol{r},t)\rangle = \sum_n c_n |\Psi_n(\boldsymbol{r},t)\rangle = \sum_n c_n |\psi_n(\boldsymbol{r})\rangle \exp\left(-\frac{iE_n t}{\hbar}\right) \tag{10}$$

c_n は時間によらない定数である.

ここで前節で述べた $|\varphi_S\rangle$ と $\{|\varphi_i\rangle\}$ からなる重ね合せ状態を考える. $|\varphi_S\rangle$ 状態は1個であり, $\{|\varphi_i\rangle\}$ は N_{eff} 個からなるとすると, 形成される重ね合せ状態は $N_{\text{eff}}+1$ 個となる (近傍にあるすべての準位と相互作用するわけではなく, 特定の準位が有効に相互作用する). 励起光のエネルギー幅が十分大きいとすると, 時間を含むシュレーディンガー方程式の一般解より, 非定常状態 $|\Psi(\boldsymbol{r},t)\rangle$ の時間展開は式 (10) で表される. $N_{\text{eff}}+1$ 個の混合状態すべてを光励起するが $|\varphi_S\rangle$ への遷移のみが許容とすると光照射直後の時間 $t=0$ では $|\varphi_S\rangle$ のみが生じることになる. 発光は $|\varphi_S\rangle$ から発し, その強度 I_S は, $|\varphi_S\rangle$ における輻射幅 γ_S を用いて次式で表すことができる.

$$I_S = \gamma_S |\langle \varphi_S | \Psi(\boldsymbol{r},t) \rangle|^2 \tag{11}$$

この式はさらに以下のように展開できる.

$$I_S = \gamma_S \left\{ \sum_n |a_n|^4 \exp\left(-\frac{\gamma_n t}{\hbar}\right) \right.$$
$$\left. + 2\sum_{n \neq m}\sum |a_n|^2 |a_m|^2 \exp\left\{-\frac{(\gamma_n+\gamma_m)t}{2\hbar}\right\} \cos\left(\frac{(\varepsilon_n-\varepsilon_m)t}{\hbar}\right)\right\} \tag{12}$$

$|\langle \varphi_S | \psi_n(\boldsymbol{r}) \rangle|^2 = |a_n|^2$ の関係があるので, 吸収強度の分布より $|a_n|^2$ を知ることができる. この分布は $\{|\varphi_i\rangle\}$ が $|\varphi_S\rangle$ の近傍に非常に密に存在する場合にはすでに述べたようにローレンツ形状となる (式 (5) 参照). 発光特性は式 (12) より知ることができ, 図 5.3.2 に示すように相互作用する状態の数 N_{eff} に依存する. N_{eff} が非常に小さい場合を小分子極限 (small molecule limit), 非常に多い場合を統計的極限 (statistical limit), 中間的な大きさの場合を中間ケース (intermediate case) と呼ぶ. 図 5.3.1 に示すような, 重ね合せ状態すべてを励起できるエネルギー幅の広い光 (非常に短い時間幅を有するパルス光) で励起した場合に期待できる発光特性を以下で考える.

1) 小分子極限における発光特性

(a) $N_{\text{eff}}=0$ では発光は単一指数関数からなる減衰 $\exp(-\gamma_S t/\hbar)$ を示す. $|\varphi_S\rangle$ から $\{|\varphi_i\rangle\}$ への緩和以外は考えないとすれば, 輻射場との相互作用による減衰のみであり, その速度はいわゆる自然寿命に対応する. 発光収率は1である.

(b) $N_{\text{eff}}=1$ の場合の発光強度の時間依存性は, 式 (12) で係数 a_n がすべて等しいと仮定した場合

$$\frac{I_S}{\gamma_S} = \exp\left(-\frac{(\gamma_1+\gamma_2)t}{2\hbar}\right)\left\{1 + \cos\left(\frac{(\varepsilon_1-\varepsilon_2)t}{\hbar}\right)\right\}/2 \tag{13}$$

で表され, 指数関数的減衰に周期的に振動した部分が乗った形を示す.

(c) $N_{\text{eff}} \geq 2$ についても, N_{eff} が比較的小さい場合には, 指数関数的減衰の上に周期的に振動した, いわゆる量子ビートを含んだ発光減衰が期待される.

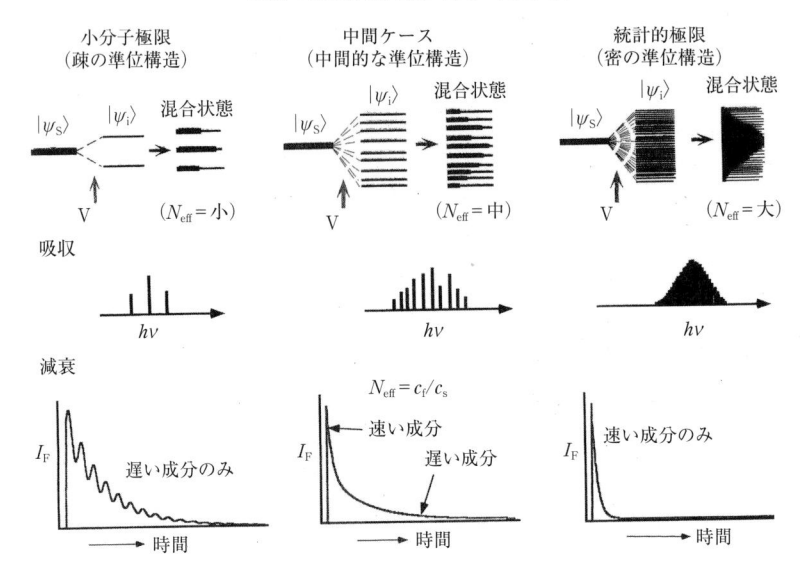

図 5.3.2 状態間相互作用と準位密度に依存した吸収スペクトル形状および発光減衰

2) 中間ケースにおける発光特性

式 (4) において a_n および b_i^n はそれぞれ n によらず一定と仮定すると，規格化条件から $|a_n|^2 = 1/(N_{eff}+1)$，$\sum_i |b_i^n|^2 = N_{eff}/(N_{eff}+1)$ となる．さらに，すべての γ_i が等しいとすると，発光強度は次式で表される．

$$\frac{I_S}{\gamma_S} = \sum_n |a_n|^4 \exp\left\{-\left(\frac{\gamma_S}{N_{eff}+1} + \frac{N_{eff}\gamma_i}{(N_{eff}+1)}\right)\frac{t}{\hbar}\right\}$$

$$+ 2\sum_{n \neq m}\sum_m |a_n|^2 |a_m|^2 \exp\left\{-\left(\frac{\gamma_S}{N_{eff}+1} + \frac{N_{eff}\gamma_i}{(N_{eff}+1)}\right)\frac{t}{\hbar}\right\} \cos\left(\frac{(\varepsilon_n - \varepsilon_m)t}{\hbar}\right)\right\} \quad (14)$$

この式の第1項目は個々の重ね合せ状態のスペクトル幅を反映した遅い発光減衰に相当する (population decay と呼ぶ)．第2項目は N_{eff} が増加するにつれて，指数関数に示される各重ね合せ状態の減衰ではなく余弦因子どうしの干渉によって生じる速い発光減衰によって支配される (dephasing decay と呼ぶ)[4]．また a_n はお互いがすべて等しいとすると $\sum_n a_n^4 = 1/(N_{eff}+1)$，$2\sum_{n \neq m}\sum_m a_n^2 a_m^2 = N_{eff}/(N_{eff}+1)$ となり，N_{eff} の増加とともに第1項 (遅い減衰の発光成分) は減少し，第2項 (速い減衰の発光成分) の大きさは相対的に増加する．結局，発光は近似的に二つの指数関数の和で表される．

$$I_S \approx C_s e^{-t/\tau_s} + C_f e^{-t/\tau_f} \quad (15)$$

C_s，τ_s および C_f，τ_f は遅い成分および速い成分の前置指数関数因子と寿命であり，C_s，C_f は近似的に次式で表すことができる．

$$C_s = \frac{1}{N_{eff}+1}, \qquad C_f = \frac{N_{eff}}{N_{eff}+1} \tag{16}$$

したがって，前置指数関数因子の比（C_f/C_s）から，N_{eff} を見積もることができる．また遅い発光成分の寿命は N_{eff} がある程度大きいと仮定した場合は $N_{eff}+1 \approx N_{eff}$ なので以下のように書ける．

$$\tau_s = \frac{\hbar}{\gamma_S/N_{eff}+\gamma_i} \tag{17}$$

したがって，遅い発光成分の寿命は γ_S と γ_i の関係に依存して，N_{eff} が大きくなれば寿命は長くなるか，あるいはほとんど変化しないことになる．

励起に用いる光のスペクトル幅が十分大きい場合について上では述べた．励起する光のスペクトル幅が小さく，仮に単一の混合状態のみを励起するような場合は，その状態の線幅を反映した寿命を有する遅い成分だけが観測されることになる．このように発光特性は励起に用いる光の特性と密接に関係する．

3) 統計的極限における発光特性

N_{eff} が非常に大きい場合には発光強度の時間変化は，式（11）より次式を導くことができる[6]．

$$I_S = \gamma_S \exp\left(-\frac{2\pi\rho v^2 t}{\hbar}\right) \equiv \gamma_S \exp\left(-\frac{t}{\tau}\right) \tag{18}$$

ここで τ は以下で与えられる．

$$\tau = \frac{\hbar}{2\pi\rho v^2} \qquad \left(\equiv \frac{1}{k}\right) \tag{19}$$

$1/\tau$ は無輻射遷移速度定数（k）に対応するが，式（6）からわかるように，吸収強度分布を示すローレンツ形状の半値幅（ΔE）に相当する．

N_{eff} の違いにより，吸収形状がどのようになるか，また発光の時間変化がどのようになるかも図5.3.2に示してある．小分子極限では，各固有状態のスペクトル幅を反映した蛍光減衰曲線上に，同時に（コヒーレントに）励起された固有状態間のエネルギー差を反映した周波数の量子ビートが観測される．中間ケースでは，速い減衰と，遅い減衰からなる発光減衰が観測される．エネルギー移動先の準位密度が多くないので緩和は可逆過程となる．統計的極限の場合は，緩和は不可逆的に起こり，単一指数的減衰を示し，その速度は吸収形状の半値幅に対応する．分子間衝突が起こる凝集系では，まず等エネルギー的に緩和が起こり，その後に衝突によって相手にエネルギーを渡しながら，その分子自身は安定な状態に移行することになる．参考までに $S_2 \rightarrow S_1$ の内部転換の原因となる S_2-S_1 間の相互作用によって $S_0 \rightarrow S_2$ 吸収の0-0バンドの形状がどうなるかを蛍光励起スペクトルにより調べた結果を図5.3.3に示している[7]．ナフタレンの場合は中間ケースに分類される準位構造を示し，フェナントレンは統計的極限に属するローレンツ形状の構造を示し，ピレンはその中間となる．

小分子極限，中間ケースに分類される蛍光減衰曲線の観測例を図5.3.4に示す[8]．

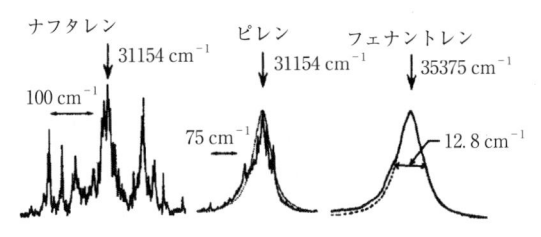

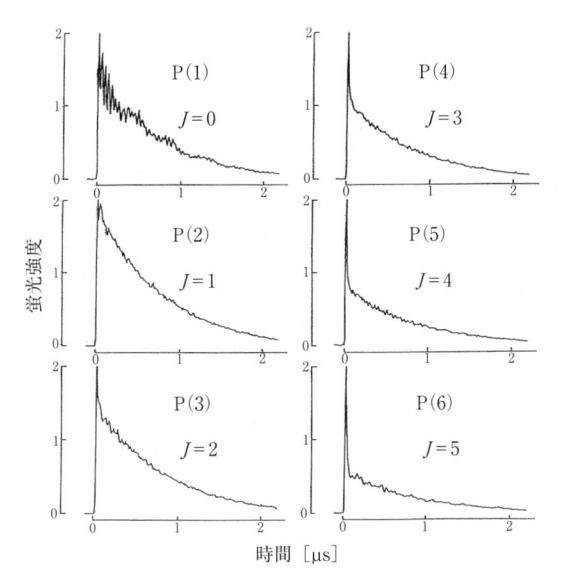

図 5.3.3 ナフタレン，ピレン，フェナントレン $S_0 \to S_2$ 吸収の 0-0 バンドの吸収スペクトル（蛍光励起スペクトル）の形状[7]

図 5.3.4 重ピラジンの $S_0 \to S_1$ 吸収の 0-0 バンドの各回転線を励起して得られた蛍光減衰曲線[8]
 励起された回転線および励起回転準位の全角運動量 J の値が図中に示してある．

ピラジン重水素置換体の S_1 の零振動状態において，励起される準位の回転量子数 J の値が大きくなるにつれて小分子極限から中間ケースに分類される減衰に変化する．これは回転準位の J が大きくなるにつれて S_1 準位と相互作用する T_1 準位の密度が増加することを示している．

c. 無輻射遷移速度と状態間相互作用

状態間相互作用の大きさ v によって無輻射遷移速度定数は決まる（式(19)参照）．内部転換は核の運動による BO 近似の破れが原因であり，お互いの状態を効率よく

相互作用させるある特定の振動が必要である．それを促進モード（promoting mode）と呼ぶ．また，無輻射遷移が起こる際にエネルギーを受け取る役目を果たす振動があり，それを受容モード（accepting mode）と呼ぶ．両状態間の振動波動関数の重なりが大きいほうが無輻射遷移速度は大きいことから，できるだけ振動数の大きい振動が受容モードとなる．たとえば芳香族炭化水素の場合は，約 3000 cm^{-1} の振動数を有する C-H 伸縮振動がそれに対応する．

項間交差の場合はスピン-軌道相互作用が重要である．孤立電子対を有する含窒素芳香族化合物やカルボニル化合物では蛍光が弱い．その理由はスピン三重項状態への項間交差が速いためであり，$S_1(n, \pi^*)$ 状態と $T_1(\pi, \pi^*)$ もしくは $T_2(\pi, \pi^*)$ 状態間のスピン-軌道相互作用が大きいことによる．直接的なスピン-軌道相互作用のほかに，振動によって誘起されるスピン-軌道相互作用も考えられ，芳香族炭化水素の (π, π^*) 励起状態からスピン三重項状態への項間交差の主な機構と考えられている．項間交差の機構を明らかにするのは容易ではないが，項間交差速度の重水素置換効果，スピン三重項状態の対称性の異なる三つの副準位へのおのおのの緩和速度の測定などにより推測することができる[9]．

項間交差の場合も内部転換の場合と同様，その速度はお互いの状態間の振動波動関数の重なりが重要であり，促進モードを介しての状態間相互作用，お互いの状態間の振動波動関数の重なりが大きく，エネルギーの有効な受け皿となる受容モードの存在は必要である．重水素置換体のほうがりん光寿命が長いということはすでに述べたが，その原因は受容モードである C-H 伸縮振動と C-D 伸縮振動で，後者の振動数がはるかに小さいことによる．たとえば緩和が起こる二つの電子状態間のエネルギー差が仮に 6000 cm^{-1} とした場合，3000 cm^{-1} の振動では振動量子数は 2 だけ違えばいいが，2000 cm^{-1} の振動の場合は振動量子数が 3 違わなければならない．振動量子数の差が大きい状態間の重なり積分（フランク-コンドン因子）は小さいので，重水素化物のほうが項間交差速度は遅くなり，結果としてりん光寿命は長くなるということになる．

〔太田信廣〕

文献・注

1) G. W. Robinson : Excited States (E. C. Lim, ed.), vol. 1, Academic Press, New York, 1974, [1], および引用文献.
2) J. Jortner, et al. : Advances in Photochemistry (J. N. Pitts, Jr., et al., eds.), vol. 7, Interscience Publishers, New York, 1969, [149], および引用文献.
3) A. Tramer and R. Voltz : Excited States (E. C. Lim, ed.), Academic Press, vol. 4, New York, 1979, [281], および引用文献.
4) F. Lahmani, et al. : J. Chem. Phys., **60** (1974), 4431.
5) 馬場宏明 : 光と分子（下），岩波講座現代化学 12，岩波書店，1979, 第 6, 7 章.
6) M. Bixon and J. Jortner : J. Chem. Phys., **48** (1968), 715.
7) 太田信廣 : 分光研究, **41** (1992), 147.

8) N. Ohta and T. Takemura : *J. Chem. Phys.*, **95** (1991), 7133.
9) 田中郁三, 小尾欣一：非平衡状態と緩和過程, 化学総説 No.5（日本化学会編）, 学会出版センター, 1974, 第4章.

5.3.2 分子内緩和と発光（実験結果）

5.3.1項で述べた分子内緩和（分子内エネルギー移動）と発光特性の関係に関する理論的な考察は，原子および分子の発光測定に関する実験結果を説明するものとして進められてきた面があり，本来であればむしろ先行した実験のほうを先に述べるべきかもしれない．しかし，これらの機構がよく理解されるようになってきた現時点では，先に述べた理論考察を前提に個々の実験結果を説明することも読者の理解を助ける一つのやり方であるように思われる．そこでまず原子および分子の発光の観測を実験の立場から概観することにする．

発光として最も単純かつよく知られたものは水素原子からのものであろう．水素分子を封じこめた状態で放電させると水素原子からの線スペクトルが観測される．各発光線の波長がある規則性をもっていることは経験的に見いだされており，最初に可視領域に観測されたバルマー（Balmer）系列，それよりも短波長側に観測されるライマン（Lyman）系列，長波長側の赤外領域に観測されるパッセン（Paschen）系列，ブラケット（Brackett）系列など，観測者にちなんだ系列で呼ばれてきた．これらの系列がなぜ現れるのかを明らかにすることが近代科学の基礎となる量子力学の発展につながったことはよく知られている．今日では，水素原子のエネルギー準位は主量子数で決まり，これらの各発光系列は主量子数の大きいさまざまな準位から，主量子数の小さな準位への遷移に基づく発光であることはよく知られている（図5.3.5）．たとえば，バルマー系列の場合は主量子数が3以上の各準位から主量子数2の準位への遷移に基づく発光ということである．一方，多原子分子の場合は，事情が異なってくる[1-3]．

多原子分子の発光特性を考えるに当たって，励起状態の寿命の間に分子間衝突がない場合と，高圧気体や溶媒中の分子（凝集系）のように分子間衝突が頻繁に起こる場合に分けて考える必要がある．前者は孤立分子系と呼ばれる．定常気体では，発光する励起状態の寿命の間に分子間衝突が起こらないような平均自由行程の長い低圧条件で実験を行う必要がある．あるいは超音速分子ビームを用いることにより，孤立分子系をつくりだすことができる[4]．

a. 凝集系における緩和と発光特性

凝集系における多原子分子の発光特性は，原子の発光と異なり，発光スペクトルは一般にはどの励起波長でも同じように観測される．多原子分子の緩和および発光過程は図5.3.6に示すようなヤブロンスキーダイヤグラムを用いて一般に説明される．こ

5.3 発光のダイナミクスと緩和

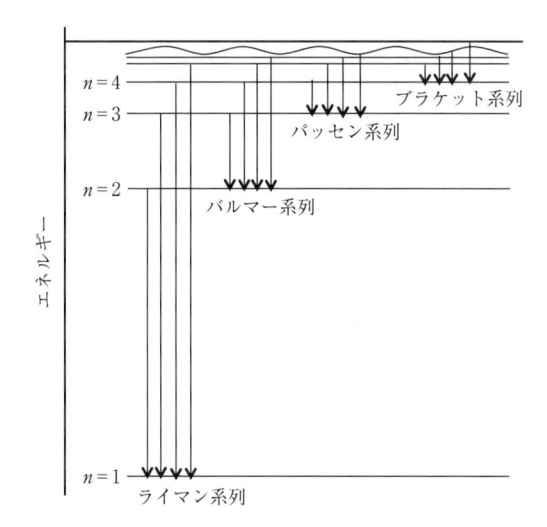

図 5.3.5 水素原子のエネルギー準位と発光系列

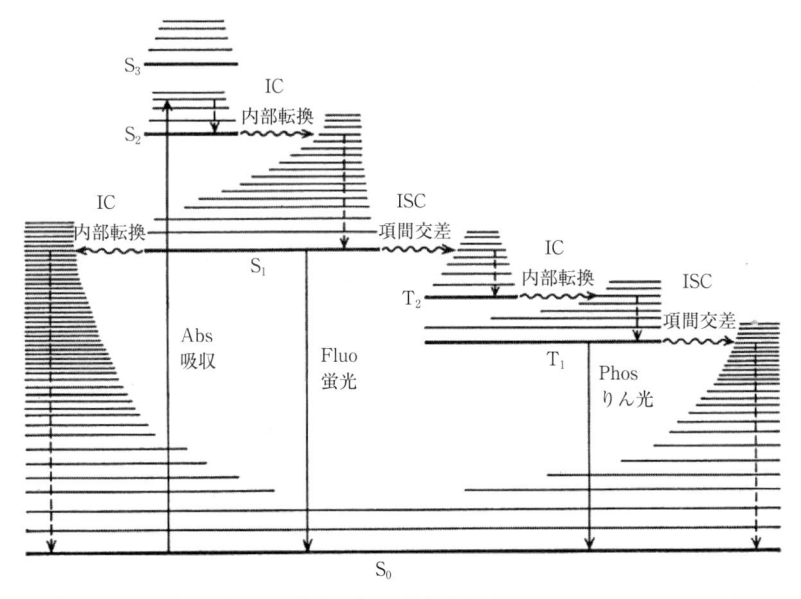

図 5.3.6 分子のエネルギー準位と種々の緩和過程（ヤブロンスキーダイヤグラム）

の図は，光の吸収と発光を記述する際の出発点として分子発光を含む電子励起状態で起こるさまざまな分子プロセスを示すために用いられる場合が多い．多原子分子の準位は，電子状態（基底状態が S_0，電子励起一重項状態がエネルギーの低い状態から順に S_1, S_2, S_3, …，対応する電子状態でスピン状態が異なる電子励起三重項状態をエ

ネルギーの低い順に $T_1, T_2, T_3, \cdots$)と各電子状態に属する振動準位として記述される(気相分子の場合はさらに回転状態を考慮する).光励起により特定の電子状態,特定の振動準位(凝集系では通常は回転状態は含めない)を励起して得られる発光スペクトルはほとんど同じであり,発光スペクトルは励起波長に依存しない(Kasha 則).これは,高い電子励起状態に励起しても,一番低い電子励起状態に分子内緩和(分子内エネルギー移動)が起こり,最低電子励起状態から発光することを示している.すなわち,蛍光は最低励起一重項状態から,またりん光は最低励起三重項状態から発する.発光前には,S_1 状態および T_1 状態の各振動状態間で熱平衡が起こり,ボルツマン分布にしたがった各振動状態から基底電子状態の各振動状態への遷移に基づいて発光することが発光の振動分布からわかる.したがって常温では,S_1 あるいは T_1 の零振動状態から基底状態の各振動状態への遷移に基づく発光が観測されると考えればよい.励起された電子状態から別の電子状態である発光状態に変わることでこの過程は電子緩和と呼ばれ,その速度はピコ秒からサブピコ秒の時間スケールで起こる場合が多い.異なる電子状態間の遷移ではあるが,スピン状態は変わらない緩和過程を内部転換(internal conversion:IC),異なる電子状態間でかつスピン状態も変わる緩和過程を項間交差(intersystem crossing:ISC)と呼んでいる.

ただし,凝集系の多原子分子は高い電子状態から発光を示さないということではない.発光と吸収は密接な関係にあり,吸収強度の大きさから発光の遷移速度を見積もることができることはすでに述べたとおりである(5.1.2 項参照).たとえば S_2 状態からの発光に関しては,$S_0 \to S_2$ 吸収に基づいて,輻射遷移速度を見積もることができる.正確には $S_2 \to S_0$ 遷移に基づく発光スペクトルが必要であるが,吸収スペクトルと発光スペクトルとの鏡像関係を想定して見積もることは可能である.この吸収の大きさがたとえば振動子強度が 0.1 程度の大きさのものであれば,輻射寿命は 20 ns 程度ということになる.仮に,S_2 から S_1 への電子緩和の速度が数百 fs ということであれば S_2 からは S_0 への発光と S_1 への緩和が競争過程となり,それ以外のプロセスを無視できるのであれば,S_2 状態からの蛍光量子収率は 10^{-5} 程度となる.もしも,散乱光や不純物の発光を十分除くことができて,この低い量子収率を有する発光を観測できる場合は,高い状態からの発光も観測できることになる.高い電子状態からの発光を観測するために,散乱光による障害を除くために,多光子吸収により高い電子励起状態を励起して高い電子状態から発する微弱発光を観測することも考えられる.

高い電子状態から発する非常に弱い発光を無視するならば,多原子分子の発光スペクトルはどの電子励起状態を励起してもほとんど同じなので,発光励起スペクトルを吸収スペクトルの代わりに考えることができる(3.1.1 項および 3.1.2 項参照).ただし,仮に高い電子状態から分子が効率よく解離する場合は,励起された準位から発光状態への緩和過程と解離反応過程が競合するため,光励起後に生成する発光状態の収率は 1 よりも小さくなる.その結果として,発光励起スペクトルは吸収スペクトルとは一致せずに,吸収スペクトルと比較して発光励起スペクトルの短波長側の強度が小

さい，ということが起こる．何が何でも多原子分子では発光励起スペクトルは吸収スペクトルと一致するわけではないということは認識しておく必要がある．

発光スペクトルは，吸収スペクトルの長波長側に通常は観測される．吸収が基底電子状態の零振動状態から電子励起状態の各振動状態への遷移によるのに対し，発光は電子励起状態の零振動状態から基底電子状態の各振動状態への遷移によるものであり，0-0 遷移を中心に吸収スペクトルは短波長側に，発光スペクトルは長波長側に強度分布を示すことになる（5.1.3 項参照）．また通常は，0-0 遷移も励起状態における分子の電子分布が基底状態とは異なるために，凝集系では励起状態を取り巻く媒体が再配向を起こすために，発光状態の零振動状態は安定化し，発光スペクトルの 0-0 遷移は吸収の 0-0 遷移よりも長波長にシフトする（5.1.3 項の図 5.1.9 を例にとると，励起状態の零振動状態が光励起後に低エネルギー側にシフトする）．これら二つの要因で，吸収されるエネルギーよりも発光のエネルギーは小さくなる．結果として，発光スペクトルは吸収スペクトルより長波長に観測され，これをストークスシフトと呼ぶ．

Kasha 則が，どんな場合でも適用されるとは限らないことも述べておく必要がある．その典型的な分子がアズレンである．この分子は S_1 状態からは発光はほとんど示さず，S_2 状態からは比較的強い発光を示す[5]．Kasha 則が適用できない分子に特徴的なことは，S_1 と基底状態（S_0）のエネルギー差が比較的小さく，また S_2 と S_1 のエネルギー差が比較的大きいことである．分子内電子緩和速度は，お互いの電子状態間のエネルギー差に大きく依存する．両状態間のエネルギー差が比較的大きい場合は，その差が大きいほど，分子内電子緩和の速度は小さくなる．すなわち高い電子状態から最低電子励起状態への緩和が速いのは，電子励起状態が近接して存在することに起因する．そこで気がつくのは，S_3 や S_2 から S_1 への電子緩和の速度が非常に速いのに，同じ電子状態間の緩和である S_1 から S_0 への緩和が発光過程と競合できる程度に遅いという事実である．実はこれも S_1 と S_0 間のエネルギー差が大きいためである．分子内緩和過程が異なる電子状態間のエネルギー差に依存することは，エネルギーギャップ則として知られている[6]．この速度は時間分解発光測定以外に，励起状態におけるスペクトル幅の広がりからも求めることができる．また種々の分子で T_1 状態から基底状態への無輻射速度をりん光寿命の速度から見積もった値からも S_0 と T_1 状態間のエネルギー差が大きくなるほど，緩和速度が減少することがわかる[7]．また，同じ分子であっても水素を重水素に置換した場合は，緩和速度が遅くなるという重水素置換効果が観測される．たとえば，極低温で観測されるナフタレンおよびピレンのりん光の寿命は水素化物では 2.1 s および 0.5 s，重水素化物では 16.9 s および 3.2 s である[8,9]．同様のことは他の芳香族炭化水素でもみられ，T_1 状態から基底状態への項間交差速度が重水素置換体では極端に遅くなる．このような重水素置換効果およびエネルギーギャップ則は 5.3.1 項に述べられているようにフランク-コンドン因子に起因する．またスピン状態の異なる状態間のエネルギー移動に関しては，両状態間のスピン-軌

道相互作用の大きさがその速度を決める重要な因子となる．その結果として，含窒素芳香族化合物やカルボニル化合物のように孤立電子対を有する分子のほうが三重項状態の収率は大きく，蛍光寿命は非常に短いのが一般的である．また重原子を含む分子においても項間交差速度が大きく，三重項状態の生成効率が大きい，いわゆる重原子効果がみられる．たとえば，ナフタレン，およびそれらの1-位でのフッ素，塩素，臭素，ヨウ素置換体を比較した際の S_1 状態からの項間交差速度定数がおのおの毎秒 1.6×10^6，5.7×10^5，4.9×10^7，1.9×10^9，$>6 \times 10^9$ となっており重原子に置換されるにつれて速度が大きくなる[10]．またこれらの分子のりん光寿命は，順に 2.6，1.5，0.3，0.018，0.0025 s となっており，やはり重原子に置換されるにつれて T_1 状態からの項間交差速度は大きくなる[11]．これはスピン-軌道相互作用の大きさが重い原子ほど大きくなるためである[12]．また凝集系における発光は指数関数的減衰を示し，発光状態からの一次反応として表すことができ，速度定数は輻射速度定数と無輻射速度定数の和として表すことができる場合が多い（これは緩和過程が5.3.1項で述べられている「統計的極限」に属する場合に相当する）．

b. 孤立分子系における緩和と発光

多原子分子における Kasha 則は孤立分子系においても成り立っている．「統計的極限」では，励起された準位の近傍に相互作用する他の状態の準位が密に存在し，凝集系と同様のふるまいをする．孤立分子の場合は，励起エネルギーは分子内に保存されるが，そうであっても，高い電子状態から低い電子状態への内部転換および項間交差が起こり，蛍光は S_1 から発する．S_2 を励起すれば S_2 からの発光が観測される，というのであれば，S_2 励起のほうがより短波長部に発光を示すことが期待される．しかし実際は，S_2 状態を励起したときのほうが S_1 状態を励起した場合よりも長波長領域にしかもブロードな発光スペクトルが観測され[13]，内部転換や項間交差は周囲に溶媒といった熱浴がない場合でも起こることが確かめられている．もちろん，分子間衝突がないので，S_2 から S_1 に内部転換が起こっても励起した状態と等エネルギーにある S_1 の高い振動状態に移ることになる．5.1.3項で述べたように発光スペクトルの強度分布はフランク-コンドン因子によって決まる．したがって，S_2 励起に伴う発光はこの S_1 の高い振動状態から，振動状態間の重なり積分の大きい S_0 の高い振動状態への輻射遷移により起こる．S_1 の高い振動状態は，振動準位が密に存在すること，同じ振動モードに関しては電子励起状態のほうが基底状態よりも一般に振動数が小さいことから（反結合性軌道への電子遷移に伴って結合性が弱まるため），高い電子状態を励起した場合のほうが S_1 の低い振動状態を励起するよりもブロードで長波長部に位置する発光スペクトルが観測される．たとえば，基底状態で 1500 cm^{-1} の振動数が，励起状態では 1000 cm^{-1} とすると，この振動の n 番目の振動準位から基底状態の n 番目の振動準位への遷移エネルギーは，励起状態の零振動状態から基底状態の零振動状態への遷移エネルギーに比べて $500 \times n$ cm^{-1} だけ小さい．高い振動状態からの発光

5.3 発光のダイナミクスと緩和

スペクトルはこの分だけ長波長側にシフトすることになる．もしも励起状態の寿命の間に分子間衝突が起こるような高圧の条件下では，衝突により他の分子にエネルギーを移すことにより，S_1 の高い振動状態から低い振動状態へと振動緩和が起こり，十分な衝突が起こる場合には，S_1 の振動状態内で熱平衡状態（ボルツマン分布）となり，凝集系の場合と同様に S_1 の低い振動状態から発光を示すことになる．分子間衝突のない状況下で生成する基底状態の高い振動状態からは，赤外発光などの輻射過程を伴って基底状態の熱平衡状態へと導かれることになる．

内部転換や項間交差といった無輻射遷移は分子内で起こることが確かめられ，その後，孤立分子系において，S_1 の異なる振動回転状態を励起した場合の発光量子収率および発光寿命を測定することにより，輻射遷移速度および無輻射遷移速度の励起振動準位依存性が明らかにされた[14]．ちなみに各振動準位を励起して得られる発光は，単一振電準位（single vibronic level）励起による発光ということで，頭文字を取ってSVL発光と呼ばれる．また，電子状態および振動状態だけではなく，励起される回転準位にも緩和速度は依存する．励起準位からの緩和が非可逆的な過程として一方的に起こる統計的極限の場合には，励起回転準位には依存しないが[15]，いわゆる励起準位からの緩和が可逆的に起こるような場合は（小分子極限あるいは中間ケースに属する発光特性を示す場合），励起される状態の回転量子数に依存する[16]．すなわち，分子内の無輻射過程は，励起される電子状態，振動状態および回転状態に依存する，と考えておいたほうがよい．例としてs-トリアジンの蛍光量子収率および蛍光寿命が励起回転準位に依存する結果を図5.3.7に示してある[17]．励起回転準位の回転量子数 J が大きくなるにつれて蛍光量子収率は減少し，寿命は長くなる．s-トリアジンは S_1 と T_1 状態間の相互作用を反映して，中間ケースに属する発光特性を示し，図5.3.7は遅い蛍光成分に関するものである．かかる蛍光収率および蛍光寿命の J 依存性は5.3.1項の式(16)から，J が増加するにつれて相互作用する T_1 状態の数 (N_{eff})，

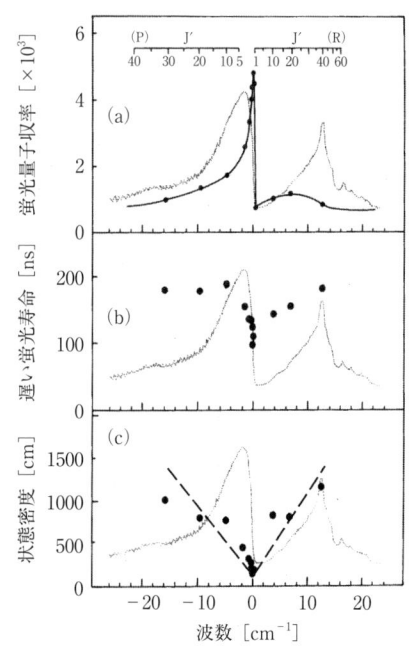

図5.3.7 s-トリアジンの $S_0 \to S_1$ 吸収の 6^1_0 振動バンドの回転輪郭に沿った吸収スペクトル（点線），蛍光励起スペクトル（(a)の実線），遅い蛍光成分の寿命（(b)の黒丸），および両者から得られた励起 S_1 準位と相互作用するスピン三重項状態の密度（(c)の黒丸．(c)中の破線はガイドライン）

すなわち T_1 の準位密度 (ρ_T) が増加することを示している.

　最後に，気相中で S_1 状態の各振動準位を励起した場合にいつもその励起振動準位からの発光スペクトルが得られるというわけではないことを指摘しておきたい．N 個の原子から構成される分子は，$3N-6$ 個の振動モードがあり（直線分子の場合は $3N-5$），これらの振動の倍音や結合音が考えられるために，光学遷移が許容である S_1 の特定の高振動状態への吸収を考えた場合，この振動準位と等エネルギーに位置する多くの振動状態が存在する．そして，励起される振動準位と他の振動準位との非調和相互作用や振動回転相互作用のために，分子内振動エネルギーの再分配過程が起こる．その結果，励起された振動準位だけではなく，再分配により生成した多くの振動準位から発光が生じるために観測される発光は非常にブロードになる．この過程は分子内振動エネルギー再分配 (intramolecular vibrational energy redistribution) の頭文字より IVR と呼ばれ，得られる発光を IVR 発光と呼ぶ．内部回転運動を示すメチル基を有する分子では，この振動数は比較的小さいために振動密度が大きくなり，S_1 の零振動状態からの過剰振動エネルギーがそれほど大きくない場合でも，ブロードな IVR 発光がよく観測される[18]．励起エネルギーの増加とともに，すなわち S_1 発光状態の振動エネルギーの増加とともに IVR 発光が増加するのは特殊な分子ということではなく一般的な傾向である． 〔太田信廣〕

文献・注

1) J. B. Birks: Photophysics of Aromatic Molecules, John Wiley, London, 1969, および引用文献.
2) J. B. Birsk: Organic Molecular Photophysics, John Wiley, London, 1970, および引用文献.
3) J. Jortner, et al.: Advances in Photochemistry (J. N. Pitts, Jr., et al., eds.), vol. 7, Interscience Publishers, New Yok, 1969, [149], および引用文献.
4) M. Ito, et al.: *Ann. Rev. Phys. Chem.*, **39** (1988), 123, および引用文献.
5) M. Beer and H. C. Longuet-Higgins: *J. Chem. Phys.*, **23** (1955), 1390.
6) R. Englman and J. Jortner: *Mol. Phys.*, **18** (1970), 145.
7) B. R. Henry and W. Siebrand: Organic Molecular Photophysics (J. B. Birks, ed.), John Wiley, London, 1973, chap. 4, [153].
8) C. A. Hutchinson, Jr. and B. W. Mangum: *J. Chem. Phys.*, **32** (1960), 26.
9) R. Kellogg and R. Schwenker: *J. Chem. Phys.*, **41** (1964), 2860.
10) E. L. Wehry: Practical Fluorescence (G. G. Guilbault, ed.), Marcel Dekker, New York, 1990, [75].
11) D. S. McClure: *J. Chem. Phys.*, **17** (1949), 905.
12) S. P. McGlynn, et al.: Molecular Spectroscopy of the Triplet State, Prentice-Hall, Engelwood Cliffs, New Jersey, 1968.
13) R. J. Watts and S. J. Strickler: *J. Chem. Phys.*, **44** (1966), 2423.
14) (a) B. K. Selinger and W. R. Ware: *J. Chem. Phys.*, **53** (1970), 3160; (b) K. G. Spears and S. A. Rice: *J. Chem. Phys.*, **55** (1971), 5561.

15) N. Ohta and H. Baba：*J. Chem. Phys.*, **76** (1982), 1654.
16) H. Baba, *et al.*：*J. Phys. Chem.*, **87** (1984), 943.
17) N. Ohta and H. Baba：*Chem. Phys.*, **82** (1983), 41.
18) (a) C. S. Parmenter：*J. Phys. Chem.*, **86** (1982), 1735 ; (b) S. E. Smalley：*J. Phys. Chem.*, **86** (1982), 3504 ; (c) V. E. Bondybey：*Ann. Rev. Phy. Chem.*, **35** (1984), 591.

5.3.3 励起状態ダイナミクスと緩和

a. 溶媒和ダイナミクス

光を吸収して電子励起状態に励起された分子は、蛍光または熱を放出してエネルギーを失い電子基底状態に戻るか、化学反応を起こして生成物になる。この励起状態ダイナミクスは、励起される分子によって異なるだけではなく、同じ分子でも周囲の環境によって変化する。とくに溶液中の励起状態ダイナミクスにおいては、用いる溶媒によってさまざまな変化を示し、またフェムト秒からピコ秒の非常に速い時間領域において、溶液中の励起状態ダイナミクスを支配する緩和過程が存在する。ここでは、発光を通して観測される溶液中の励起状態ダイナミクスと緩和過程について、とくに非常に速い時間領域での現象について概説する。

溶液中と気相中の重要な相違点の一つは、溶液中では溶質分子と周囲を取り囲む溶媒分子が相互作用を行い、エネルギーが安定化されることである。この溶質分子と溶媒分子との相互作用による溶質と溶媒の全系が安定化された状態を溶媒和と呼ぶ[1]。溶媒和は水素結合や静電的相互作用などによって生じ、溶媒が水のときには水和と呼ばれている。とくに極性溶媒において溶媒和の効果は顕著であり、溶質分子の双極子モーメントと溶媒分子が誘起する静電場との静電的な相互作用によって、大きく安定化される。溶質分子の双極子モーメントが電子状態によって異なる場合は、電子状態に応じて溶媒和も変化することになる。

光の吸収および発光過程においては、フランク-コンドン（Franck-Condon）原理によって核の配置を変えることなく起こる。このフランク-コンドン原理は相互作用をしている溶媒を含めた全系に適用され、遷移の間には相互作用をしている溶媒分子の配置は変わらない。そのために、電子基底状態と電子励起状態において双極子モーメントが異なる場合は、光励起によって溶質分子の双極子モーメントが変化し、その変化に応じて溶媒分子が再配向をして電子励起状態にある分子のエネルギーが安定化される。この溶媒分子の再配向過程によるエネルギーの緩和現象を溶媒和ダイナミクスと呼ぶ[1]。最低電子励起状態でのエネルギーの安定化によって、蛍光のエネルギーが長波長側に移動する。吸収と蛍光のピーク位置の差をストークスシフトと呼ぶが、溶媒和による最低電子励起状態のエネルギーの安定化が大きな場合には、溶媒和によるストークスシフトの変化が明瞭に観測される。

溶媒和が進行する過程は、フェムト秒からピコ秒の領域となり、実時間で観測さ

れている．溶媒和ダイナミクスを測定する有力な手法の一つに，以下に示すフェムト秒パルスレーザーを用いた時間分解蛍光分光法による動的ストークスシフトの実験がある[2]．図5.3.8に動的ストークスシフトの概念図を示す．横軸は溶媒分子の再配向を一次元の座標として表したものであり，溶媒和座標と呼ばれる．図5.3.8からわかるように，溶媒和の進行に応じて蛍光スペクトルのピーク位置が変化する．このピーク位置の時間変化を観測することによって，溶媒和ダイナミクスの時間を測定することができる．極性溶媒であるプロピレンカーボネイト中における蛍光色素クマリン153の動的ストークスシフトの結果を図5.3.9に示す[3]．フェムト秒パルスレーザーによって励起されたクマリンの蛍光スペクトルのピーク位置は，時間とともにエネルギーの低い低周波数（低波数）側に移動している．動的ストークスシフトの結果は，次の溶媒和エネルギーの応答関数 $C(t)$ にて表される．

$$C(t) = \frac{\nu(t) - \nu(\infty)}{\nu(0) - \nu(\infty)} \quad (1)$$

ここで $\nu(0)$, $\nu(t)$, $\nu(\infty)$ は，励起直後 ($t=0$)，励起からの時間 t，熱平衡状態での蛍光スペクトルのピーク位置での波数または蛍光スペクトルの一次のモーメントである．$C(t)$ は単一または複数の指数関数を用いて再現することができ，溶媒和時間を求めることができる．動的ストークスシフトから得られた代表的な溶媒の溶媒和時間は，アセトニトリルで0.1～0.9 ps，酢酸メチルで1.5～1.8 ps，プロピレンカーボネイトで2.4～3.4 psである[2]．

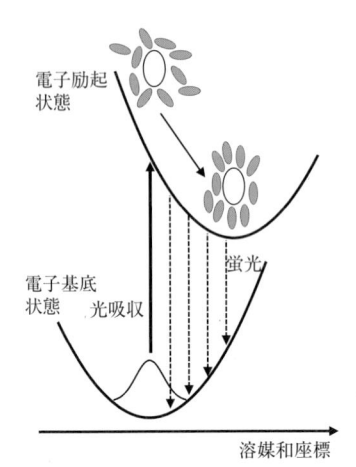

図5.3.8 動的ストークスシフトの概念図
電子励起状態での溶媒和にしたがい，蛍光波長が長波長シフトする．

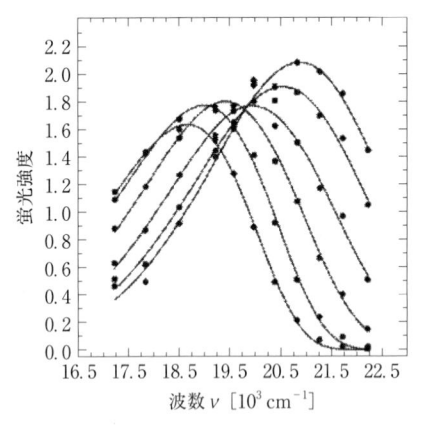

図5.3.9 プロピレンカーボネート中におけるクマリン153の時間分解蛍光スペクトル（文献3より許可を得て転載．ⓒ 1999, American Chemical Society）
実測値を●で，計算値を実線にて示してある．時間は，0, 0.05, 0.2, 1, 5, 200 ps.

動的ストークスシフトの実験では，溶質の電荷分布の変化に対する溶媒の誘電場の緩和現象を観測しており，溶媒のパラメーターを求めることになる．しかし実際は，溶媒と特異的に結合をしない蛍光色素を選んだとしても，用いる蛍光分子によって溶媒和時間に若干の差異が観測されてお

り，溶媒和時間の不確定要素の一つとなっている．色素分子の構造変化や後述の振動緩和過程が蛍光の時間分解曲線に観測されることもあり，詳細な解析には注意が必要である．

b. 極性溶媒中における電子移動過程

双極子モーメントが大きな電子励起状態は，極性溶媒中ではエネルギーが大きく安定化される．この溶媒和効果によってエネルギー準位が変化し，無極性溶媒中ではエネルギーの高い励起状態であっても，極性溶媒中では双極子モーメントが大きな電子励起状態が最低電子励起状態に変化することもある．この無極性溶媒中と極性溶媒中の最低電子励起状態の変化は，極性溶媒中での顕著なストークスシフトまたは蛍光収率の変化，新たな蛍光バンドの出現などの形で観測され，フランク-コンドン励起によって生成した電子励起状態から最低電子励起状態である分子内 CT（charge transfer）状態への分子内電子移動過程として見なされることがある．ジメチルアミノベンゾニトリル（DMABN，図5.3.10）は，極性溶媒中での分子内電子移動過程として非常に多くの研究が行われている．DMABN は二重蛍光を示す代表的な化合物であり，極性溶媒中においては，ベンゼン環の $\pi\pi^*$ 励起に由来する LE（locally excited）状態から CT 状態への分子内電子移動が生じ，LE 状態と CT 状態の両状態からの蛍光が観測される．DMABN の CT 状態については，ジメチルアミノ基がねじれることでベンゼン環との共鳴が失われ，ジメチルアミノ基からベンゾニトリル側へ電荷が移動する TICT（twisted intramolecular charge transfer）モデルが提案されている．しかし，CT 状態の分子構造の詳細については現在でも議論が行われている．

分子内 CT 状態が溶媒和によるエネルギーの安定化によって生成するのならば，どんなに速い分子内電子移動であっても，動的ストークスシフトから求めた溶媒和時間よりも速くならないことが予想される．ビアントリル（図5.3.10）は，極性溶媒中において，一方のアントリル環のみが励起された LE 状態から二つの環で電荷が分離した分子内 CT 状態への分子内電子移動を生じる．この分子内電子移動は，溶媒和ダイナミクスによって決まる溶媒和律速過程であることが報告された[4]．しかし，ベタイン（図5.3.10）などの複数の系において，溶媒和ダイナミクスよりも速い分子内電子移動が報告されている．たとえば，時間分解吸収の結果であるが，グリセロールトリアセテート（GTA）の

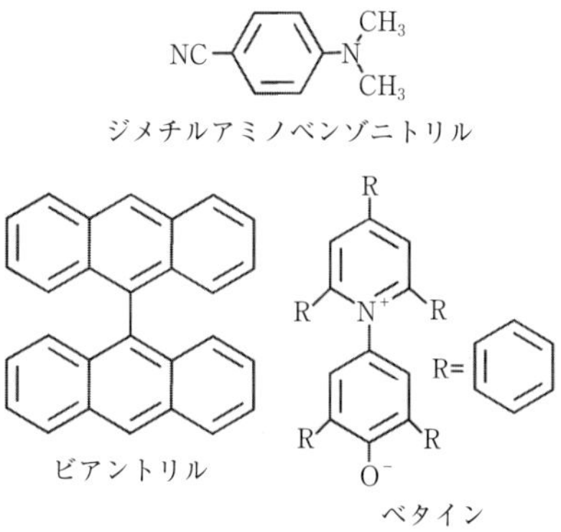

図 5.3.10 分子内電子移動を示す代表的な化合物

溶媒和時間が 125 ps であるのに対し，GTA 中のベタインの分子内電子移動時間は約 3.4 ps であることが報告されている[5]．分子間電子移動についても，電子移動のドナーとなるジメチルアニリン（DMA）などの溶媒分子と光励起された色素分子との間の分子間電子移動が，溶媒和時間よりも速いことが示されている．DMA の溶媒和時間の速い成分が 7.9 ps であるのに対し，色素分子であるオキサジン 1 と DMA との間の分子間電子移動は 1 ps 以下で進行する（図 5.3.11）[6]．これらの溶媒和時間よりも速い電子移動については，反応座標を溶質分子の核座標と溶媒和座標に分け，溶質分子の高振動励起状態を介して電子移動が生じるモデルが提案されている．

c. 溶液中の振動緩和過程

溶液中の振動緩和過程とは，振動励起状態にある溶質分子が，余剰振動エネルギーを散逸して振動基底状態へと緩和する過程であり，溶液中の超高速ダイナミクスにおいて一般的に観測される現象である．フランク-コンドン励起によって電子励起状態の振動励起状態に励起しても，また高電子励起状態からの内部転換（光を出さずに同一スピン多重度の電子状態へ緩和する過程）によって最低電子励起状態の高振動励起状態が生成しても，溶液中の蛍光は，その大部分が振動基底状態から観測される．これは溶液中の振動緩和過程が非常に速く進行するからである．時間分解吸収やラマン分光法などによって溶液中の振動緩和過程は精力的に調べられているが，蛍光の時間分解曲線においても，振動緩和による時間変化成分が観測されることがある．比較的大きな多原子分子の場合，溶液中の振動緩和過程は，フェムト秒から数十 ps の時定数で進行する．フェムト秒時間分解アップコンバージョン法[7]による溶液中の蛍光の時間分解曲線において，約 10 ps の振動緩和による成分が観測されている[8]．

溶液中の多原子分子の振動緩和過程については，分子内と分子間の振動緩和に分けて議論されることが多い．ここで分子内振動緩和とは，溶質分子内における振動励起

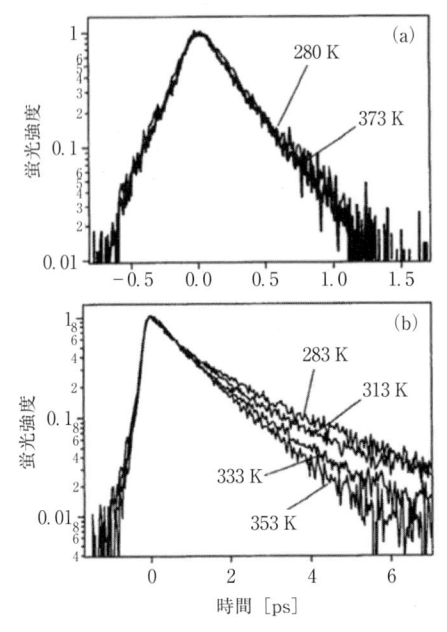

図 5.3.11 DMA（a）とアニリン（b）中におけるオキサジン 1 の蛍光のフェムト秒時間分解曲線（文献 6 の許可を得て転載．©1994 AIP Publishing LLC）
オキサジン 1 の電子励起状態と溶媒分子との間の分子間電子移動によって，サブピコ秒から数ピコ秒で蛍光が減衰している．

された振動モードと他の分子内振動モードとの間のエネルギー移動であり，分子間振動緩和は，振動励起された溶質分子から周囲の溶媒への余剰振動エネルギーの散逸過程に対応する．従来の考えでは，分子内振動緩和は分子間よりも非常に速く1 ps以内で進行し，余剰振動エネルギーが分子内で統計的に分配された分子内平衡状態に達する．その後，1～10 ps程度の時定数で分子間振動緩和によって余剰振動エネルギーが溶媒に散逸するとされていた．しかし，非常に速いとされていた分子内振動緩和がかならずしも数ps以内では終了しないことなどが示唆されており，溶質を観測している限りでは，分子内と分子間の振動緩和を明瞭に区別することは難しいと考えられる[9]．

超高速時間分解蛍光分光法を用いて，光によって励起された振動モードの振動を実時間で観測することもできる．多数の溶質分子の振動状態について，フェムト秒パルスレーザーを用いて位相をそろえて同時に（コヒーレントに）励起させると，コヒーレント状態が乱れるまでの間，励起された核運動が蛍光の時間分解曲線にビート信号の形で測定される（図5.3.12）[10]．時間分解吸収分光法と比較して観測例は少ないものの，時間分解蛍光分光法を用いても核が位相をそろえて運動している様子（振動コヒーレンス）を実時間で観測することができ，光励起ダイナミクスと核運動との関係についての詳細な議論を行うことができる．ダンピング定数となるコヒーレント状態が乱れるまでの時間は，位相緩和時間と呼ばれ，凝縮系では1 ps以下と非常に速い[11]．

〔中林孝和〕

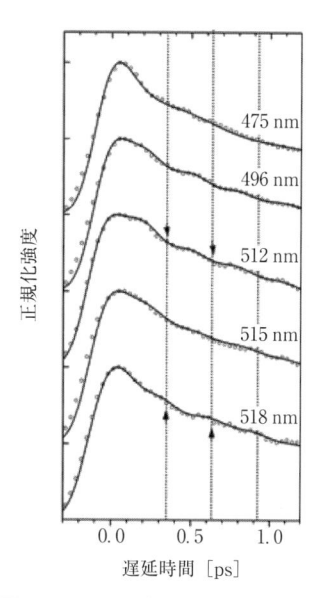

図5.3.12 PYP（photoactive yellow protein）の蛍光のフェムト秒時間分解曲線（文献10の許可を得て転載．©2007 AIP Publishing LLC）
○が実測値，実線が計算値になる．蛍光の時間分解曲線に，振動コヒーレンスによるビート信号が，重畳されて観測されている．また図内の波長は観測している蛍光波長であり，観測蛍光波長によってビート信号の位相が変化していることがわかる．

文献・注

1) 富永圭介：分子科学夏の学校論文予稿集（1993），233-266．
2) M. Maroncelli：*J. Mol. Liq.*, **57** (1993), 1-37.
3) J. A. Gardecki and M. Maroncelli：*J. Phys. Chem. A*, **103** (1999), 1187-1197.
4) T. J. Kang, *et al.*：*Chem. Phys.*, **149** (1990), 81-95.
5) G. C. Walker, *et al.*：*J. Phys. Chem.*, **96** (1992), 3728-3736.
6) Y. Nagasawa, *et al.*：*J. Chem. Phys.*, **101** (1994), 5717-5726.

7) 励起レーザーパルス光によって生じた試料からの蛍光とゲート光と呼ばれるもう一つのレーザーパルス光を混合させ，発生する非線形信号を観測する時間分解分光法．時間分解能は，レーザーパルスのパルス幅で決まる．
8) N. Sarkar, et al.: *J. Phys. Chem. A*, **103** (1999), 4808-4814.
9) T. Nakabayashi, et al.: *J. Phys. Chem. A*, **102** (1998), 9686-9695.
10) R. Nakamura, et al.: *J. Chem. Phys.*, **127** (2007), 215102 (7 pages).
11) N. Mataga, et al.: *Phys. Chem. Chem. Phys.*, **5** (2003), 2454-2460.

5.3.4 蛍光偏光解消

蛍光分子を直線偏光によって励起した場合，その電場ベクトルに平行な遷移モーメントを有する蛍光分子が選択的に励起されるため，蛍光発光も励起偏光の方向に偏光している．しかし蛍光の偏光度は蛍光分子の回転運動や分子間のエネルギー移動によって減少する．これを蛍光偏光解消と呼ぶ．偏光解消を測定することで，蛍光分子の運動状態やエネルギー移動の頻度を評価することができる．

a. 蛍光偏光解消の原理

蛍光の偏光性を表す尺度として，蛍光の異方性比 r が用いられる．これは図5.3.13の座標系に示すように，z 軸方向の直線偏光を x 軸方向から入射し，y 軸方向から蛍光を検出した際の z 軸方向の偏光成分の強度を I_z，垂直（x 軸方向）成分の強度を I_x とすると，次のように定義される．

$$r = \frac{I_z - I_x}{I_z + 2I_x} \tag{1}$$

また

$$p = \frac{I_z - I_x}{I_z + I_x} \tag{2}$$

で定義される偏光度 p も偏光性を表す指標としてしばしば用いられるが，これは異方性比と次式の関係にある．

$$r = \frac{2p}{3-p} \tag{3}$$

z 軸方向の励起直線偏光の電場ベクトルを $\boldsymbol{P}$，蛍光分子の吸収遷移モーメントを $\boldsymbol{A}$ とし，それらのなす角を θ とする．このとき蛍光分子が励起される確率は $\cos^2\theta$ に比例する．すなわち蛍光分子のうち，励起偏光 $\boldsymbol{P}$ に平行な配向をもつ蛍光分子が選択的に励起される．一方，分子からの蛍光は発光遷移モーメント $\boldsymbol{E}$ の方向の電場ベクトルを有した偏

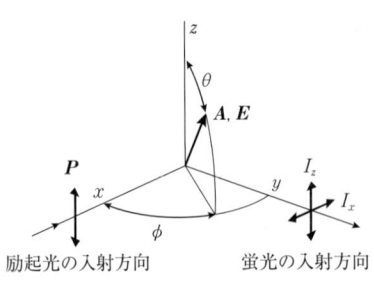

図5.3.13 蛍光偏光解消測定の座標系

光となる．A と E が一致している場合，蛍光発光は強く偏光しているが，A と E が異なる場合には蛍光分子固有の性質として偏光性が減少する．

ここで蛍光の異方性比と遷移モーメントとの関係を考える．まず分子の吸収および発光の遷移モーメント，A と E が一致している場合の r について考える．図 5.3.13 に示すようにモーメント E の位置を原点とする座標系を考える．この蛍光分子 1 個からの蛍光に対して，励起偏光 P と平行および垂直な偏光成分 i_z, i_x は

$$i_z = i_0 \cos^2\theta \tag{4}$$
$$i_x = i_0 \sin^2\theta \cos^2\phi \tag{5}$$

で与えられる．ここで i_0 は分子からの全蛍光強度である．試料中に多数の蛍光分子がランダムに分散している場合，励起偏光 P によって励起される確率が $\cos^2\theta$ であることを考慮すると，分子全体からの蛍光強度 I_z, I_x は

$$I_z = \int_0^{2\pi}\int_0^\pi i_z \cos^2\theta \sin\theta d\theta d\phi \Big/ \int_0^{2\pi}\int_0^\pi \cos^2\theta \sin\theta d\theta d\phi = \frac{3}{5}I_0 \tag{6}$$

$$I_x = \int_0^{2\pi}\int_0^\pi i_x \cos^2\theta \sin\theta d\theta d\phi \Big/ \int_0^{2\pi}\int_0^\pi \cos^2\theta \sin\theta d\theta d\phi = \frac{1}{5}I_0 \tag{7}$$

で与えられる．ここで I_0 は全蛍光強度である．これを式(1)に代入することで，$r = 0.4$ が得られる．

次に図 5.3.14 に示すように，A と E が角度 ω だけ異なる場合を考える．ここで A と z 軸のなす角を α，A-z 軸面と A-E 面がなす角を ξ とすると，

$$\cos\theta = \cos\alpha\cos\omega + \sin\alpha\sin\omega\cos\xi \tag{8}$$

である．A が P によって励起される確率が $\cos^2\alpha$ で与えられることを考慮して蛍光の異方性比 r を求めると，

$$r = 0.4\frac{3\cos^2\omega - 1}{2} \tag{9}$$

となる．ω の範囲は $0 \leq \omega \leq \pi/2$ であるため，r は

$$-0.2 \leq r \leq 0.4 \tag{10}$$

となる．このように吸収と発光の遷移モーメントの違いによって偏光解消が起こることがわかる．

蛍光分子の回転運動は偏光解消の重要な要因である．通常の蛍光分子はナノ秒程度の蛍光寿命を示すため，光子を吸収して励起されたときから蛍光を発するまでにはある一定の時間を要する．そのため，A と E が一致している分子であっても，蛍光分子がナノ秒程度のオーダーで回転運動をしていると，吸収時と発光時で遷移モーメントの向きが異なることになる．ここで分子運

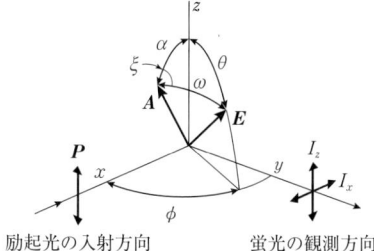

図 5.3.14 吸収と発光の遷移モーメント A と E が一致していない場合の座標系

動によって回転する角度を δ とすると，上述の議論から

$$r = 0.4 \frac{3\langle\cos^2\delta\rangle - 1}{2} \tag{11}$$

で与えられることがわかる．ここで $\cos^2\delta$ の平均値 $\langle\cos^2\delta\rangle$ は蛍光分子の運動の様子に応じて計算することが必要となる．ここでは蛍光分子を溶液中で回転ブラウン運動している剛体球と見なしたときの r を考える．このとき

$$\langle\cos^2\delta\rangle = \frac{1}{3} + \frac{2}{3}\exp\left(-\frac{3t}{\rho}\right) \tag{12}$$

である．ここで剛体球の ρ は回転の緩和時間である．$\tau_R = \rho/3$ とおくと，分子運動がないときの異方性比 $r_0 = 0.4$ を用いて次のように表される．

$$r(t) = r_0 \exp\left(-\frac{t}{\tau_R}\right) \tag{13}$$

このように蛍光の異方性比は時間とともに減衰する．減衰の時定数である τ_R は分子の回転緩和時間と直接相関しており，蛍光分子の運動性が高くなると $r(t)$ は速く減衰することがわかる．

偏光解消は分子運動だけでなく，蛍光分子間のエネルギー移動によっても起こる．励起された蛍光分子（エネルギードナー）の発光波長と同じ吸収波長を示す第2の分子（エネルギーアクセプター）が数 nm 程度まで近接して存在すると，エネルギードナーの励起エネルギーはアクセプターへ移動し，アクセプターが発光する（エネルギー移動については 5.4.1 項を参照）．エネルギードナーによる光吸収時の A とアクセプターが発光する際の E は異なるため，エネルギー移動によって偏光解消が起こる．

b. 蛍光偏光解消の測定

蛍光の異方性比 r は，図 5.3.15 に示すように偏光子 P を透過した直線偏光によって試料を励起し，蛍光をもう一つの偏光子 A を通して検出することで計測することが可能である．ここで xy 平面に対して垂直な偏光成分を V，水平な偏光成分を H と表記し，偏光子 P および A の向きをそれぞれ α，β としたときの蛍光強度を $I_{\alpha\beta}$（α，β = V, H）と表すと，r は次のように与えられる．

$$r = \frac{I_{VV} - gI_{VH}}{I_{VV} + 2gI_{VH}} \tag{14}$$

ここで g は検出器感度の偏光依存性を補正する因子である．偏光子 P を H 方向としたとき，検出される蛍光強度に偏光依存性はないため，$I_{HH} = I_{HV}$ である．そのため補正因子は，$g = I_{HH}/I_{HV}$ で与えられ，測定のたびに求める必要がある．

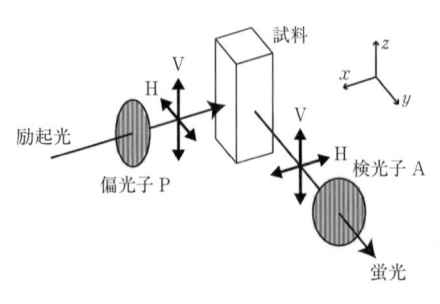

図 5.3.15 蛍光の異方性比の測定

上述のように偏光解消は蛍光分子の運動性を評価するのに適した手法である．式 (13) から明らかなように，異方性の時間変化 $r(t)$ を計測することで直接的に分子運動の回転緩和時間を求めることができる．蛍光の時間分解測定は時間相関単一光子計数法 (3.2.2 項を参照) によって行うことが可能であり，$I_{VV}(t)$ および $I_{VH}(t)$ をそれぞれ測定することで $r(t)$ を求める．図 5.3.16 は蛍光の異方性比を時間分解測定した例である．$r(t)$ は励起直後では高い値を示しているが，時間とともに減衰していく．この減衰速度から分子運動の相関時間 τ_R を見積もることができる．

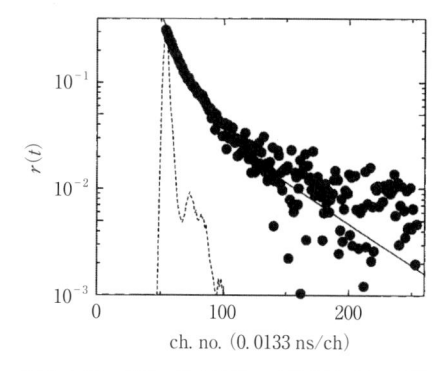

図 5.3.16 蛍光の異方性比の時間分解測定の例[3] 減衰時間 τ_R は 0.29 ns．破線はパルス励起光のプロファイル．

一方，通常の分光光度計を用いた定常光測定においても分子運動性を評価することが可能である．定常光励起における蛍光の異方性 $\bar{r}$ は

$$\bar{r} = \int_0^\infty I(t) r(t) \, dt \bigg/ \int_0^\infty I(t) \, dt \tag{15}$$

で与えられる．ここで $I(t)$ は蛍光強度の時間変化であり，$r(t)$ が式 (13) のように表され，また $I(t)$ が蛍光寿命 τ の単一指数関数 $I(t) = I_0 \exp(-t/\tau)$ で与えられると仮定すると，次式が導かれる．

$$\frac{1}{\bar{r}} = \frac{1}{r_0}\left(1 + \frac{\tau}{\tau_R}\right) \tag{16}$$

τ_R の減少すなわち分子運動性が高いほど $\bar{r}$ は減少する．このように定常光測定によって得られる $\bar{r}$ は分子運動性を計る尺度として用いることができる．剛体球近似において τ_R は粒子の体積 V，絶対温度 T，溶媒の粘度 η，ボルツマン定数 k_B と次式のような関係にある．

$$\frac{1}{\tau_R} = \frac{k_B T}{V \eta} \tag{17}$$

これを式 (16) に代入することで次の関係式を得ることができる．

$$\frac{1}{\bar{r}} = \frac{1}{r_0}\left(1 + \frac{\tau k_B T}{V \eta}\right) \tag{18}$$

この式から，$1/\bar{r}$ を T/η に対してプロットすると直線関係が得られることがわかる．これは Perrin-Weber プロットと呼ばれる．その切片から $1/r_0$，傾きから τ/V を見積もることができる．蛍光寿命 τ が既知であれば粒子の体積 V を見積もることができ，さらに式 (17) から分子運動の相関時間 τ_R を求めることが可能である．しかし定常

光による偏光解消測定によって分子運動性を評価する際には，分子の運動状態について何らかのモデルを仮定しなくてはならない．一方，時間分解測定によって得られる蛍光異方性の時間変化 $r(t)$ は蛍光分子の運動の様子を直接的に表しており，分子の運動機構に関して何ら仮定を導入することなく分子運動の評価を行うことができる．このように蛍光偏光解消法では蛍光分子の回転運動について評価することができるが，評価可能な分子運動の時間スケールに制限が存在することに留意しなくてはならない．上述のとおり，偏光解消の原因となるのは，励起光の吸収時と発光時の遷移モーメントの向きの違いである．そのため運動性が低く，励起寿命内に分子がほとんど回転できない場合は測定することができない．また分子運動が速く，励起寿命よりも著しく速くランダム配向に緩和する場合にも運動性の評価を行うことはできない．そのため偏光解消法では蛍光寿命と同程度の時間スケールの運動すなわち 0.1 ns～1 μs 程度の範囲の蛍光分子の分子運動を評価することができる．

〔青木裕之・伊藤紳三郎〕

文献・注

1) 木下一彦，御橋廣眞編：蛍光測定 生物化学への応用，学術出版センター，1983.
2) D. V. O'Conner and D. Phillips：Time-correlated Single-photon Counting, Academic Press, London, 1985. 平山 鋭，原 清明訳：ナノ・ピコ秒の蛍光測定度解析法，学会出版センター，1988.
3) J. Horinaka, *et al.*：*Macromolecules*, **31** (1998), 1197-1201.

5.3.5 遅延蛍光

発光スペクトルが蛍光と同一で，かつその発光寿命が蛍光よりも長いものをとくに遅延蛍光（delayed fluorescence）と呼ぶ．蛍光は有機化合物では励起一重項状態からの発光であるが，励起一重項状態の寿命は数 ns 程度，長いものでも 100 ns をこえるものはほとんどない．この蛍光に加えてさらに，同じスペクトルをもちながら，マイクロ秒からミリ秒という長い寿命をもつ発光が重なって観測されることがある．これを遅延蛍光という．遅延という言葉から，フラッシュなどのパルス光で物質を励起したとき，すぐには発光せず，励起後ある時間がたってから発光が始まるのかと誤解されることがあるが，そうではなく，普通の蛍光よりも長い寿命で，ゆっくり減衰する蛍光という意味である．

a. 遅延蛍光のメカニズム

遅延蛍光の発光スペクトルが蛍光のそれと同じであることはこの発光が一重項励起状態からの発光であることを示しているが，寿命が長いことは励起後にも一重項励起状態が引き続いてつくられる過程があることを示している．これにはいくつかのメカニズムが知られている．最も代表的なものは三重項状態を経て励起一重項状態がつく

られる機構で，Eタイプ（エオシン型），Pタイプ（ピレン型）の二つが知られている．

1) エオシン型遅延蛍光

三重項状態（T）から熱励起によって一重項励起状態（S*）がつくられ，そこからの発光が蛍光と同じスペクトルをもって起こる．

$$T \xrightarrow{\text{熱励起}} S^* \rightarrow 蛍光$$

発光強度は三重項状態の寿命と同じ寿命で減衰する．このメカニズムでの発光は歴史的には有機色素であるエオシンの溶液ではじめて確立され，E-type（エオシン型）遅延蛍光と呼ばれる[1,2]．

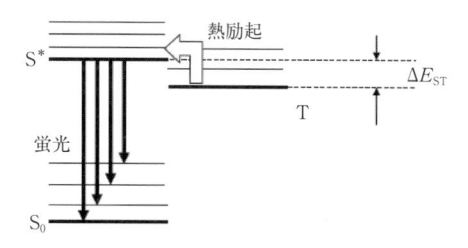

図 5.3.17 エオシン型（E-type）遅延蛍光
三重項状態 T_1 から熱励起によって励起一重項状態 S^* がつくられると，そこからの発光は通常の蛍光と同じスペクトルをもち，寿命は三重項状態の寿命をもつ遅延蛍光として観測される．三重項状態 T から基底状態 S_0 への放射失活はスピン禁制であるため，三重項状態は一般に長寿命である．

エオシンのグリセリン溶液では低温では 1.8 eV にりん光（phosphorescence）が観測されるが，温度上昇とともに短波長側の 2.2 eV に遅延蛍光が現れ，その相対強度がしだいに大きくなる．これは三重項状態から励起一重項状態へ熱励起が起こることによるもので，三重項状態と励起一重項状態のエネルギー差（ΔE_{ST}）が小さい物質でこのタイプの遅延発光が観測されやすい（図 5.3.17）．色素以外のいろいろの物質でも観測されており，分子間錯体の一種であるエキシプレックス（exciplex）からも遅延蛍光が観測されている．多環芳香族炭化水素は一般に ΔE_{ST} が大きく，このタイプの遅延蛍光はほとんど観測されない．

2) ピレン型遅延蛍光

三重項状態にある二つの分子（T）が溶液中で衝突するとき，そこには三重項励起状態のエネルギーの 2 倍のエネルギーがあることになり，これを使って高いエネルギーの一重項状態（S**）がある確率で生成する．この状態が緩和して最低励起一重項状態（S*）が生成し，そこから蛍光が発せられると，これは遅延蛍光として観測される[1-3]．

$$T + T \rightarrow S^{**} \rightarrow S^* \rightarrow 蛍光$$

このメカニズムによる発光は芳香族炭化水素であるピレンの溶液で詳細に調べられ，P-type（ピレン型）遅延蛍光と呼ばれる．ピレンの溶液を紫外線で励起すると分子の蛍光と，それに加えて励起分子と基底状態の分子が衝突して生成するエキシマの蛍光とが観測されるが，遅延蛍光においてはエキシマの蛍光が相対的に非常に強く現れる．遅延蛍光の強度は励起光強度の二乗に比例し，これは光励起によってつくられた三重項状態の分子どうしの衝突が関与していることを示している．S** から S* への緩和，そして蛍光の放出までの過程はナノ秒の時間スケールで起こるので，遅延蛍

光の時間スケールはTの寿命で支配される．発光励起分子の濃度が1/2, 1/3になると衝突の確率はそれぞれ1/4, 1/9になることを考えればわかるように，このタイプの遅延蛍光の強度は三重項状態の減衰の2倍の速さで減衰する．いいかえると発光寿命は三重項状態の寿命の1/2になる．

b. 固体における遅延蛍光

1) 熱励起遅延蛍光（固体におけるEタイプ遅延蛍光）

Adachiらは励起状態で電子とホールが空間的に離れた場所に分布するエキシプレックスでは ΔE_{ST} が小さいことに注目し，分子内エキシプレックスの性質をもつ化合物を探索して固体状態で強い遅延蛍光（熱励起遅延蛍光（thermally activated delayed fluorescence：TADF））を示す化合物を見いだした．このような物質を使えば，白金，イリジウムなどの貴金属を使わずに，軽元素のみを使って明るい有機発光材料を実現することが可能になると期待されている[4,5]．

2) 三重項三重項消滅による遅延蛍光（固体におけるPタイプ遅延蛍光）

固体においては，分子は移動しないが，高濃度の溶質を含む低温の有機ガラスなどを強く光励起すると溶質からの遅延蛍光が観測される．これは三重項状態のエネルギーが近接する分子間では移動することが可能なため，溶液におけるPタイプ遅延蛍光と類似したメカニズムで励起一重項分子がつくられることによる．

これとは別に，結晶では励起エネルギーが励起子（exciton）として分子間を移動することが化合物によっては可能である．二つの三重項励起子の衝突が固体内で起こると，ある確率で一重項励起子が生成する．この現象は三重項三重項消滅（triplet-triplet annihilation）と呼ばれ，結晶におけるこのメカニズムによる遅延蛍光は結晶中の三重項励起子を研究する有力な手段となる[6]．アントラセン結晶にヘリウムネオンレーザー（波長632.8 nm）を照射すると微弱な蛍光が観測できる．この赤い励起光は吸収されると三重項励起子をつくる．発せられる微弱な紫色の蛍光の強度はレーザーの強度の二乗に比例しており，寿命は数 msから10 ms程度である．図5.3.18はp-ターフェニル結晶の例を示したものである[7]．高純度のp-ターフェニル結晶を紫

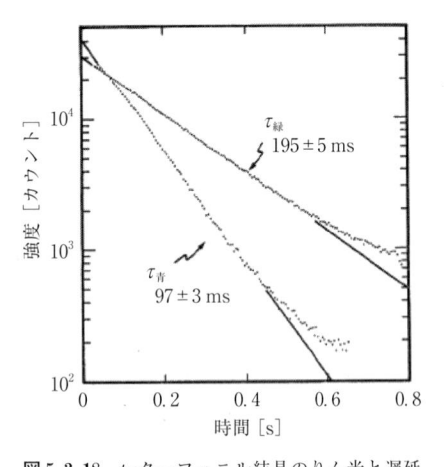

図 5.3.18 p-ターフェニル結晶のりん光と遅延蛍光（固体におけるP-type遅延蛍光）緑色の発光はりん光で，減衰の寿命 195 ms は三重項励起子の寿命である．結晶中で2個の三重項励起子が消滅して1個の一重項励起子ができると，そこから青色の蛍光が発せられる．この遅延蛍光（固体における P-type 遅延蛍光）は三重項状態の寿命の1/2の寿命（97 ms）で減衰する．

外線で励起すると，数 ns の寿命をもつ蛍光のほかに，ゆっくりと減衰する青い発光と緑の発光が観測される．緑の発光は三重項状態から直接発せられるりん光で，寿命 195 ms で減衰する．2 倍の速さ（寿命 97 ms）で減衰する青い発光は三重項三重項消滅による遅延蛍光である（図 5.3.18）．

三重項励起子の数密度 n_T の時間変化は方程式

$$\frac{dn_T}{dt} = \alpha I - \beta n_T - \gamma_{TT} n_T^2 \tag{1}$$

によって記述できる．ここで α はレーザー光に対する吸収係数，I はレーザー光の強度，β は三重項励起子の 1 分子的減衰定数（β^{-1} は三重項励起子の寿命），γ_{TT} は二つの三重項励起子から励起一重項がつくられる過程（三重項三重項消滅 T-T annihilation, exciton fusion とも呼ばれる）の速度定数である．遅延蛍光の発光強度は n_T の 2 乗に比例するので，励起終了後の減衰を解析することによって β，γ_{TT} などの定数を決めることができる．

このような三重項三重項消滅による遅延蛍光は多くの芳香族化合物の結晶でみられる．高純度のアントラセン結晶では γ_{TT} の値は 5×10^{-11} cm^3 s^{-1} 程度である[8]．γ_{TT} の値は物質によって大きく異なり，たとえばピレン結晶では 7×10^{-12} cm^3 s^{-1} 程度，ナフタセン結晶では 2×10^{-9} cm^3 s^{-1} 程度である．

三重項三重項消滅は二つの励起子が反応して消滅する過程である．これを二つの励起子の拡散律速反応としてモデル化すると

$$\gamma_{TT} = 4\pi DR \tag{2}$$

と表すことができる[9]．ここで D は三重項励起子の拡散定数，R は反応半径（この距離に近づくと確率 1 で反応が起きる）である．R を分子の大きさ程度と仮定するとアントラセンで実測された γ_{TT} の値は励起子の拡散係数 D として 10^{-4} cm^2 s^{-1} 程度の値を意味する．また，空間的に不均一な励起をして遅延蛍光を観測する実験からも三重項励起子の拡散定数を決めることができる[10,11]．この方法によってアントラセンについては $D = 2\times 10^{-4}$ cm^2 s^{-1} の値が得られており，この二つの独立な方法から得られた値はほぼ一致している．

アントラセンなどの結晶の遅延蛍光の強度は外部磁場を加えると変化する．また単結晶では，はっきりした磁場異方性が認められる．この現象は γ_{TT} に対する磁場の効果であって，二つの三重項励起子が融合する際に発光性の一重項状態が生成する確率が外部磁場によって影響されることによる．Merrifield らは，三重項励起子の融合反応においてスピンが保存されることを考えれば磁場の効果が理解できることを示した[12-14]．三重項状態は三つのスピンサブレベルをもっているから，ある一対の三重項励起子は 3×3 = 9 通りのスピンサブレベルのどれかに存在することになる．二つの三重項状態からなる系は一重項，三重項（三つのスピンサブレベルをもつ），5 重項（五つのスピンサブレベルをもつ）のいずれかであり，蛍光を発するのはそのうちの一重項状態のみである．9 通りのスピンサブレベルのおのおのが一重項状態の性格をどの

程度もっているかによって発光の確率が決まるが，スピンサブレベルの性格は三重項励起子のゼロ磁場分裂と外部磁場によるゼーマン分裂との競合によって敏感に変化する．その結果，遅延蛍光の強度は外部磁場の大きさと方向に依存することになるのである．

同じスピン保存則はまた，この反応の逆反応である一重項励起子から二つの三重項励起子への分裂（exciton fission）をも支配している．

c. イオン化と再結合発光

遅延蛍光が発生するメカニズムとしては以上述べた三重項状態を経るメカニズムのほかにもいくつかの可能性がある．たとえば溶液に電子線パルスや紫外線パルスの照射を行うと溶質のイオン化が起こり，それにひき続いて起こる電子と分子陽イオンの再結合，あるいは分子陽イオンと分子陰イオンとの再結合によって一重項励起状態が生成し，遅延蛍光が発せられる．液体シンチレータの発光などはこの例である．この場合，発光スペクトルは蛍光と同じであるが，発光の減衰は時間の単純な指数関数にはならず，また媒質の粘性によって減衰の様子，減衰の速さは大きく影響される．また，固体ではイオン化によって生じた電子の拡散速度が残光現象を大きく左右する．イオン化によって生じた電子が固体内のトラップに捕獲されるような場合には，十分時間がたった後であっても昇温によって電子をトラップから解放すれば再結合発光を起こすことができる．これは熱刺激発光（thermally stimulated luminescence）として知られている．

〔小谷正博〕

文献・注

1) C. A. Parker: Advances in Photochemistry, vol. 2, Interscience, 1964, [305-383].
2) J. B. Birks: Photophysics of Aromatic Molecules, Wiley-Interscience, 1970, [372-402].
3) C. A. Parker and C. G. Hatchard: *Trans. Faraday Soc.*, **59** (1963), 284-295.
4) A. Endo, *et al.*: *Appl. Phys. Lett.*, **98** (2011), 083302.
5) H. Uoyama, *et al.*: *Nature*, **492** (2012), 234-238.
6) M. Pope and C. Swenberg: Electronic Processes in Organic Crystals and Polymers, Oxford University Press, 1999, [135-182].
7) E. Morikawa and M. Kotani: *Z. Naturforsch.*, **35a** (1980), 823-827.
8) J. L. Hall, *et al.*: *Phys. Rev. Lett.*, **11** (1963), 364-366.
9) 溶液中の拡散律速反応で使われる式である．たとえば：幸田清一郎ほか編：大学院講義物理化学，第二版，II．反応速度論とダイナミックス，東京化学同人 (2011), [148-150] を参照．
10) P. Avakian and R. E. Merrifield: *Phys. Rev. Lett.*, **13** (1964), 591.
11) V. Ern, *et al.*: *Phys. Rev.*, **148** (1966), 862-867.
12) R. C. Johnson and R. E. Merrifield: *Phys. Rev. Lett.*, **19** (1967), 285-287.
13) R. E. Merrifield: *J. Chem. Phys.*, **48** (1968), 4318-4319.
14) R. C. Johnson and R. E. Merrifield: *Phys. Rev.*, **B1** (1970), 896-902.

5.3.6 発光への磁場効果

発光特性に対する磁場効果は古くから知られており,気相,液相,固相いずれの系でも観測される.反応ダイナミクスへの磁場効果の機構解明に関連した基礎研究だけではなく,有機電界発光(EL)素子などが関係する有機半導体材料における発光特性への磁場効果といった応用とも深く関係する研究も行われている[1-5].

a. 気相分子発光への磁場効果

ヨウ素分子 I_2 の蛍光が磁場を印加すると強度が減少する(消光)ことが1913年に報告され,その後 NO_2,SO_2,CS_2,ホルムアルデヒド,グリオキザール,含窒素芳香族化合物(ピラジン,ピリミジン,s-トリアジン)などにおいても,気相分子蛍光の磁場による消光が観測された.磁場強度の増加に伴って蛍光消光が増加する I_2 の場合は,光励起された離散的な固有状態から連続状態に有限寿命で解離が起こる反応,いわゆる前期解離過程が磁場により促進されるために磁場消光が起こると考えられる.NO_2 の場合は I_2 と異なり,磁場消光は圧力依存性を示すことから,分子間過程への磁場効果と考えられる.NO_2 の光励起状態の近傍には電子基底状態の高い振動状態が密に存在する.磁場がない場合でも両状態間の相互作用により中間状態が形成される.磁場の作用下で圧力を高くすると蛍光消光が起こるのは,分子間衝突によりこの中間状態を介して無発光性状態(光励起状態と相互作用のない基底電子状態の高い振動状態)に緩和するためと考えられる.化学反応により生じた CN や NO といった二原子分子からの化学発光に対する磁場効果も知られている[3].I_2,NO_2,CN,NO では常磁性状態からの発光に対する磁場効果であるのに対し,SO_2,CS_2,含窒素芳香族化合物では,磁性をもたない励起一重項状態から発する蛍光の磁場消光であり,発光状態から無発光性状態への緩和過程に対する磁場効果を考える必要がある.

磁場による相互作用は磁束密度を $\boldsymbol{B}$ とすると以下のように書ける.

$$H_Z = -\mu_B(\boldsymbol{L} + g\boldsymbol{S}) \cdot \boldsymbol{B} \tag{1}$$

μ_B はボーア磁子と呼ばれる定数であり,$\boldsymbol{L}$ と $\boldsymbol{S}$ はおのおの電子の軌道角運動量およびスピン角運動量である.g はランデの g 因子と呼ばれる量である.この式の第1項は同じスピン状態間の相互作用に関与し,たとえば励起一重項状態から無発光性の励起一重項状態への内部転換を促進する.SO_2 や CS_2 の蛍光の磁場消光の起源であり,直接機構による磁場効果とよばれる[6,7].ただし,CS_2 は分子内での内部転換への磁場効果であり,SO_2 の場合は圧力を高くしたときに生じる衝突誘起の内部転換に対する磁場効果である.発光状態から緩和が起こる相手先の状態の準位密度が十分に大きければ分子間衝突を必要としないが,準位密度が小さく等エネルギー準位が存在しない場合は衝突によって準位間のエネルギー差が補填されることにより衝突誘起の磁場効果が観測される.

式(1)の第2項は,スピン状態の異なる状態間の相互作用を誘起する.ここで発

光を示す励起一重項状態（$|S\rangle$）と発光を示さない励起三重項状態（$|T\rangle$）間の相互作用に基づいて蛍光特性への磁場効果を考える．もしも $|S\rangle$ と $|T\rangle$ の間に相互作用が存在するとすれば，実際の固有状態は，次のような重ね合せ状態となる（5.3.1 項参照）．

$$|\Psi_n\rangle = a_n|S\rangle + \sum_i b_n^i |T_i\rangle \tag{2}$$

a_n および b_n^i は係数であり，その値は $|S\rangle$ と $|T_i\rangle$ 状態間の相互作用の大きさおよび両状態間のエネルギー差などに依存する．式（2）は，二つの状態が混合することで分子の固有状態になることを意味する．$|S\rangle$ と相互作用する $|T\rangle$ の準位密度が比較的小さいときは小分子極限と呼ばれる．磁場により $|T\rangle$ のスピン副準位が分裂して $|S\rangle$ と準位交差（level crossing）が起こるときは，光励起されるスピン一重項状態からスピン三重項状態へのエネルギー移動過程である項間交差の効率が変化する．かかる磁場効果による蛍光寿命および蛍光量子収率の変化を観測することができる[8]．

$|S\rangle$ と相互作用する $|T\rangle$ の数（N_{eff}）が中間的な大きさの場合を中間ケースと呼ぶ[9, 10]．ここで各準位を特徴づける量子数として，分子の全角運動量を J，その空間軸への射影成分を M_J，スピンを除いた回転角運動量を N，その分子軸方向への射影成分を K（対称コマ分子を仮定），スピン角運動量 S とする．回転量子数が N である準位に対しては，$|S\rangle$ では $S=0$ なので $J=N$，$|T\rangle$ では $J=N, N+1, N-1$ となる．図 5.3.19 では電子スピンと核スピンの相互作用や電子スピンと分子回転の相互作用などによりゼロ磁場でもスピン副準位が三つに分裂した様子を示している．また $|S\rangle$ および $|T\rangle$ に属する J を J_S および J_T で表している．$|S\rangle$-$|T\rangle$ 間相互作用は磁場がないときの選択則は $\Delta J=0$, $\Delta M_J=0$ であり，光励起される $|S\rangle$ と相互作用するのは $|T\rangle$ の三つのスピン副準位のうちの一つだけとなる．磁場が存在すると，$|S\rangle$-$|T\rangle$ 間相互作用の選択則は $\Delta J=0, \pm 1$, $\Delta M_J=0$ となり，図 5.3.19 上に示すように $|T\rangle$ の三つの副準位すべてが $|S\rangle$ と相互作用するようになる（磁場により N_{eff} が 1 から 3 になる）．すなわち，磁場により N_{eff} が増加し，それに伴って発光量子収率が低下することになる（5.3.1 項を参照）．この場合は，間接機構による蛍光の磁場消光と称され，磁場を増加するにつれて消光の大きさは飽和する．

磁場消光の効率は，$|T\rangle$ のスピン副準位間の磁場による混合のしやすさで決まる．図 5.3.19 の上は $|T\rangle$ の 1 個の振動回転準位だけが $|S\rangle$ と相互作用する場合，下は 3 個の振動回転準位が相互作用する場合を示している．磁場は，$|T\rangle$ の各振動回転準位に属する 3 個のスピン副準位間だけではなく，ある $|S\rangle$ と相互作用する $|T\rangle$ のすべての振動回転準位の副準位間の混合を引き起こすことになる（図 5.3.19 下）．その結果，実質的な副準位間のエネルギー分裂幅は，ゼロ磁場で $|S\rangle$ と相互作用する $|T\rangle$ の振動回転準位の数で 1 個の振動回転準位の分裂幅を割ったものと見なすことができる．したがって N_{eff} が大きいほど，すなわち発光を示す $|S\rangle$ と相互作用する $|T\rangle$ の準位密度（ρ_T）が大きいほど磁場効果の効率は大きいことになる．例として，超音速

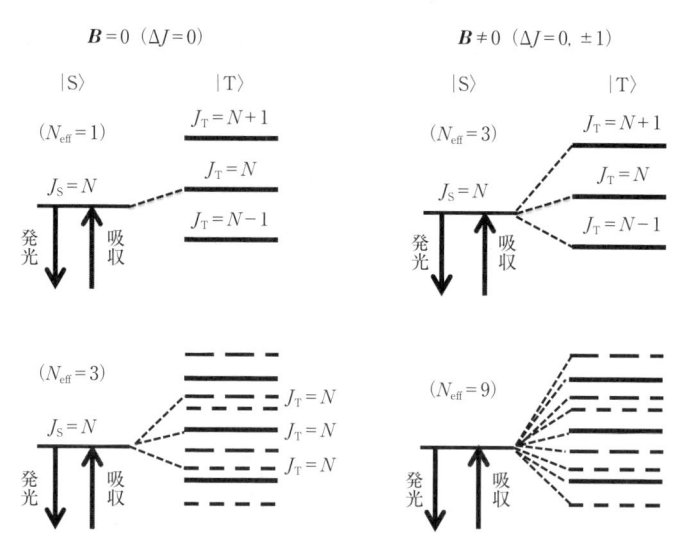

図 5.3.19 ゼロ磁場（左）および磁場下（右）における S–T 相互作用
S と相互作用する T の振動回転準位は 1 個（上），3 個（下）．

分子線を用いた衝突のない条件下でピリミジンの $S_0 \to S_1$ 吸収により S_1 の異なる振動回転準位を選択的に励起して得られた蛍光強度の磁場依存性の結果を図 5.3.20 に示す．振動エネルギーがおのおの 0, 613, 1291, 2025 cm^{-1} である 0, $6a^1$, $6a^2$, 12^2 振動準位の異なる回転準位から発する蛍光の強度を示したものである．

中間ケース特有の発光特性を示す含窒素複素環化合物の磁場消光は次のような特徴を有する．

①振動準位に依存する（回転量子数 J が同じ回転線励起で比較した場合，励起される準位の過剰振動エネルギーが大きいほど磁場消光は大きい），②回転準位に依存する（励起準位の回転量子数 J が大きいほど，磁場消光は大きい），③重水素置換体のほうが磁場消光の効率は大きい，④メチル基を導入すると，磁場消光の効率が大きくなる，⑤蛍光強度の時間変化が，磁場印加により量子ビートを含む単一指数関数的な減衰から，二つの指数関数の和として表される発光減衰へと変化する．

励起振動回転準位依存性①，②は図 5.3.20 にみられるとおりである．上記の①〜⑤はいずれも，蛍光の磁場消光の効率は ρ_T すなわち N_{eff} で決まると考えると説明できる．三重項状態の振動準位密度は，励起される $|S\rangle$ の過剰振動エネルギー（ΔE_{vib}）の増加とともに大きくなるので N_{eff} も ΔE_{vib} の増加とともに大きくなる．ところで，対称コマ分子では，$|S\rangle$–$|T\rangle$ 間相互作用における K の選択則は $\Delta K = 0, \pm 1$ であり，回転量子数が J, K で特定される $|S\rangle$ の準位はある特定の K の値をもつ $|T\rangle$ の準位だけと相互作用する．しかし実際の分子では剛体近似で表すことは実際的ではなかったり，あるいは対称コマ分子と見なすことができない，などの理由により，K は実

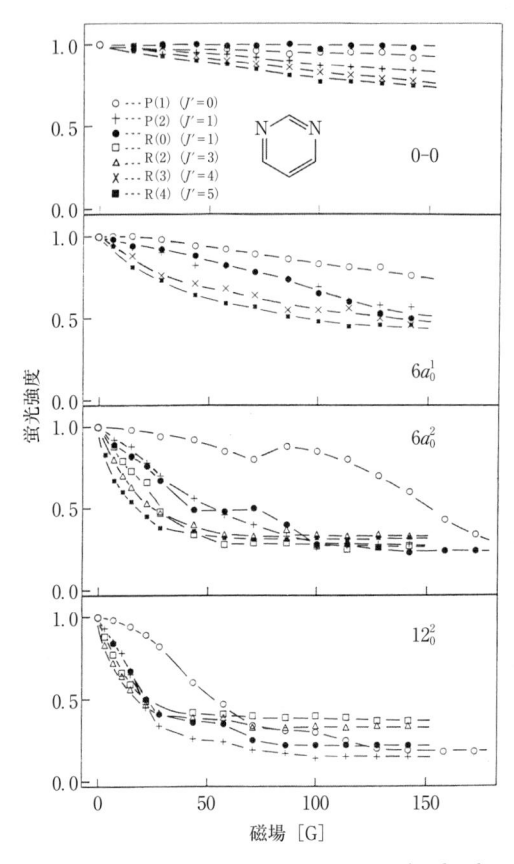

図 5.3.20 ピリミジンの $S_0 \to S_1$ 吸収の 0-0, $6a_0^1$, $6a_0^2$, 12_0^2 振動バンドの各回転線励起で得られた蛍光強度の磁場依存性[10]

質的な量子数たりえない場合が多い．その場合は，ΔK に関する選択則が破れ，K の値が異なる $2J+1$ 個のいずれの回転準位とも相互作用することになるので，N_eff は J に比例したものとなる[11]．すなわち，励起回転準位の J が大きいほど磁場消光の効率が大きいのは，磁場による N_eff の増加によると考えられる．

$|S\rangle$-$|T\rangle$ 相互作用を有する分子で小分子極限，中間ケースに分類される場合には発光特性に磁場効果が期待できることは上で述べたが，統計的極限に分類される発光特性を示す場合は発光への磁場効果は期待できない．統計的極限における蛍光の寿命は 5.3.1 項の式 (18) で与えられる．磁場により $|T\rangle$ の三つの副準位間の混合が起これば，N_eff は 3 倍，すなわち，$\rho_\mathrm{T}(B) = 3\rho_\mathrm{T}(B=0)$ である．一方，相互作用の大きさを v とすると $v^2(B) = v^2(B=0)/3$ となる．したがって，$\rho_\mathrm{T} v^2$ に比例する項間交差の速度定数は磁場効果を示さないことになる[12]．

b. 溶液中における発光特性への磁場効果

電子移動反応によって生成するラジカルイオン対の電子スピン多重度は，励起一重項状態の前駆体から生成する場合は一重項となり，前駆体が励起三重項状態の場合は三重項となる．しかし，このようなラジカル対においては，スピン-軌道相互作用や電子スピンと核スピンとの超微細相互作用 (HFC) などが原因で，異なったスピン多重度の状態間に相互作用が生じ，項間交差が起こる．この項間交差が磁場に依存するために，ラジカル対を中間体とする反応では発光特性への磁場効果が観測される．

光誘起電子移動反応に伴ってエキサイプレックス (exciplex) と呼ばれる発光性の

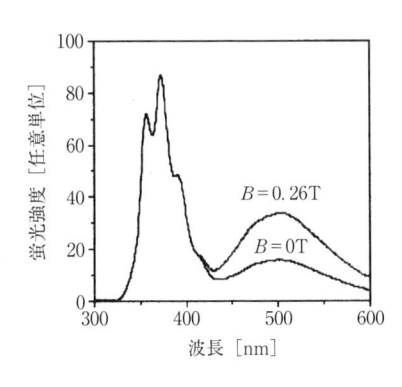

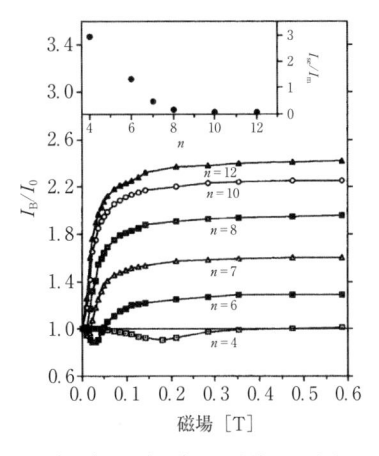

図 5.3.21 フェナントレンとジメチルアニリンを $-(CH_2)_n-O-(CH_2)_2-$ で連結した分子の発光スペクトルへの磁場効果（左）とエキサイプレックス蛍光への磁場効果の連結鎖長依存性[16]

錯体が形成される場合がある．たとえば，ピレン（Py）とジメチルアニリン（DMA）の系やフェナントレン（Phen）と DMA の系がそうである．これらの系では，Py あるいは Phen を光励起すると Py あるいは Phen の局在励起状態からの振動構造を有する蛍光（LE 蛍光）に加えて，LE 蛍光よりも長波長部に振動構造のないブロードなエキサイプレックス蛍光（EX 蛍光）が観測される[13-15]．この EX 蛍光は光励起された Py や Phen に DMA から電子移動が起こることにより生成する．これらの系において磁場を印加すると，LE 蛍光は変化せず，EX 蛍光の強度が増加する現象がみられる．とくに電子供与体（D）の DMA と電子受容体（A）の Py や Phen を連結させた分子では，溶媒の極性にも依存する大きな磁場効果が観測される[16]．図 5.3.21 に Phen と DMA の連結分子の蛍光スペクトルへの磁場効果，EX 蛍光への連結鎖長依存性を示す．分子鎖が短い場合は磁場効果は小さく（あるいは観測されず），分子鎖が長いと非常に大きな磁場効果が観測される．

EX 蛍光への磁場効果および D-A 連結分子鎖長依存性は以下のように説明される．まず光誘起電子移動が起こり，図 5.3.22 に示すようにエキサイプレックス（D^+A^-）およびスピン一重項状態のラジカルイオン対（$^1(D^+\cdots A^-)$）が生成する．生成したラジカルイオン対が項間交差を起こすとスピン三重項状態のラジカルイオン対（$^3(D^+\cdots A^-)$）が生成する．蛍光を発するエキサイプレックスと一重項ラジカルイオン対は平衡が成り立っており，後者から前者への反応過程が存在する．そして，核スピンを有するラジカルは，HFC により三重項状態の三つの副準位すべてが励起一重項状態と相互作用する．そこに外部磁場を印加すると，三重項状態の副準位は分裂を起こす．磁場を増加させて各副準位間のエネルギー差が HFC よりも大きくなると，励起一重項状態が相互作用するのは三つの副準位のうちの一つだけとなり項間交差が起こ

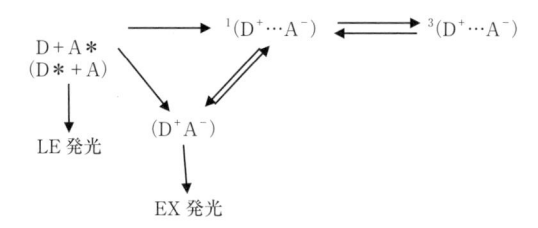

```
                    ┌──────→ ¹(D⁺⋯A⁻) ⇌ ³(D⁺⋯A⁻)
    D + A*          │           ⇅
    (D* + A)        │
        │          (D⁺A⁻)
        ↓           │
     LE 発光         ↓
                  EX 発光
```

図 5.3.22 エキサイプレックス蛍光が磁場効果を示す光誘起電子移動反応系における反応ダイナミクス（*印は励起状態を示す）

りにくくなり，一重項ラジカルイオン対の濃度は増加する．その結果，一重項ラジカルイオン対から生成するエキサイプレックスの蛍光強度は磁場印加により増加する．

ラジカルイオン対のスピン一重項状態と三重項状態間の項間交差の起こりやすさは両状態間のエネルギー差に依存する．非常に大きなエネルギー差がある場合は磁場を印加しても項間交差は起こらないが，両者のエネルギー差が小さければ，小さな磁場であっても項間交差は影響を受ける．異なるスピン状態間のエネルギー差は交換相互作用の大きさに依存し，DとAの距離が長いほど交換相互作用は小さく，両状態間のエネルギー差は小さい．その結果，図 5.3.21 に示すように，DとAの距離が長いほど，ラジカルイオン対の項間交差への磁場効果が大きく，磁場による蛍光の増加が顕著になる．逆にDとAの距離が小さい場合は交換相互作用が大きく，ラジカルイオン対の異なるスピン状態間のエネルギー差が大きくなるために項間交差は磁場効果を受けにくくなり，EX 蛍光への磁場効果も小さくなる．

EX 蛍光への磁場効果を主に述べたが，エキサイプレックスあるいは一重項ラジカルイオン対からDあるいはAの励起状態への逆反応が考えられる場合は局在励起状態からの発光（LE 発光）にも磁場効果が観測される[17]．なお，ラジカル対の項間交差に対する磁場効果，ラジカルイオン対のダイナミクスへの磁場効果の詳細については，文献を参照されたい[3]．

c. 固相中の発光特性への磁場効果

有機 EL 発光は，有機薄膜を電極で挟み電場を印加し，陰極側から陰イオン（電子）を，陽極側から陽イオン（正孔）のキャリヤーを注入して，お互いが再結合することにより電子励起状態が生成し，そこから発光が生じると考えられている．発光状態が生成する直前にはスピン一重項状態もしくはスピン三重項状態をとりうる電子-正孔対が生成すると予想され，発光強度に対する磁場効果が期待される．実際，ポリ（パラ-フェニレンビニレン）（PPV）およびトリス（8-ヒドロキシキノリン）アルミニウム（AlQ_3）を発光体とする有機発光ダイオードからの EL 発光強度が磁場を印加すると増加することが報告されている[18,19]．かかる磁場効果は作製した発光素子の新たな

評価法となるとともに，発光機構を明らかにすることで，新たな発光素子の開発，設計にフィードバックすることができる．

最後に，磁場と電場の相乗効果についてふれておきたい．固体膜中の光誘起電子移動反応系において，電子移動反応前後でのエネルギー差が大きく，発光への磁場効果が観測されない場合でも，電場を作用させると磁場効果が現れる場合がある．電場を印加することによりラジカルイオン対の正負のイオン間距離が変化し，状態間エネルギー差が変化するためと考えられる[20]．

〔太田信廣・飯森俊文〕

文献・注

1) U. L. Steiner and T. Ulrich : *Chem. Rev.*, **89** (1989), 51.
2) S. H. Lin and Y. Fujimura : Excited States (E. C. Lim, ed.), vol. 4, Academic Press, New York, 1979, [237].
3) S. Nagakura, *et al.*, eds. : Dynamic Spin Chemistry, Kodansha, Tokyo, 1998.
4) 伊藤公一編：分子磁性―新しい磁性体と反応制御，学会出版センター，1996.
5) B. Hu, *et al.* : *Adv. Mater.*, **21** (2009), 1500.
6) A. Matsuzaki and S. Nagakura : *Chem. Phys. Lett.*, **37** (1976), 204.
7) V. I. Makarov, *et al.* : *Chem. Phys.*, **72** (1982), 213.
8) M. Lombardi : Excited States (E. C. Lim and K. K. Innes, eds.), vol. 7, Academic Press, SanDiego, 1988, [163].
9) 太田信廣：分光研究，**41** (1992), 147.
10) N. Ohta : *J. Phys. Chem.*, **100** (1996), 7298.
11) H. Baba, *et al.* : *J. Phys. Chem.*, **97** (1983), 81.
12) N. Ohta and T. Takemura : *J. Chem. Phys.*, **91** (1989), 4477.
13) N. Kh. Petrov, *et al.* : *Chem. Phys. Lett.*, **82** (1981), 339.
14) H. Staerk, *et al.* : *Chem. Phys. Lett.*, **118** (1985), 19.
15) Y. Tanimoto, *et al.* : *J. Chem. Phys.*, **93** (1989), 3586.
16) H. Cao, *et al.* : *Bull. Chem. Soc. Jpn.*, **69** (1996), 2801.
17) D. R. Kattnig, *et al.* : *Angew. Chem. Int. Ed.*, **47** (2008), 960.
18) J. Kalinowski, *et al.* : *Chem. Phys. Lett.*, **380** (2003), 710.
19) Y. Iwasaki, *et al.* : *Phys. Rev.*, B **74** (2006), 195209.
20) K. Awasthi and N. Ohta : *J. Photochem. Photobiol.*, A **221** (2011), 1.

5.3.7 発光への電場効果

分子および分子集合体の電子構造を特徴づけ，しかも電場に鋭敏に反応する物理量として電気双極子モーメント（electric dipole moment）および分子分極率（molecular polarizability）がある．前者は電子分布の偏り（極性）を，後者は電子分布の広がりの程度を示す量であり，通常は μ および α で表される[1]．基底電子状態における μ や α の値は気相分子の誘電率測定により一般に決定される．そこで電子励起状態におけるこれらの値を知るためには，光励起されたときにそれらの値がどれだけ変化し

たかを知ればよいということで吸収スペクトルへの電場効果（シュタルク効果）を調べる研究が一般に行われている．吸収スペクトルへの電場効果同様に発光スペクトルへのシュタルク効果の研究も行われている[2,3]．電場を印加したときに得られる吸収スペクトルや発光スペクトルから電場を印加しないときに得られるスペクトルを差し引くことで得られるスペクトルを，おのおの電場吸収スペクトルおよび電場発光スペクトルと呼ぶ．電場吸収および電場発光測定には，測定対象となる物質に交流電場を印加し，その周波数と同期した透過光強度や発光強度の変化量を，ロックインアンプを用いて検出するいわゆる電場変調分光法を用いる場合が多い．変調分光法の詳しい解説については，本書 3.3.5 項を参照するとよい．

発光は一般に弱いので，電場発光スペクトル測定は電場吸収スペクトル測定よりも困難なことが多い．ただし，電場発光スペクトルは，エキシマーやエキサイプレックスといった励起状態でのみ生成する発光種に対しても測定できること，吸収強度が非常に弱いために電場吸収が測定できないときに発光をモニターして得られる電場発光励起スペクトルを代用できる，という利点がある[2]．また最低電子励起状態（S_1）への吸収が別の電子状態への強い吸収により判然としない場合は，電場吸収スペクトルの代わりに電場発光スペクトルを解析することにより，S_1 と基底状態（S_0）間の電気的特性の違いを議論できる．さらに，電場発光スペクトル測定により，電子励起状態から起こるいろいろな反応過程が，電場を印加するとどのように変化するかという，励起ダイナミクスへの電場効果を調べることも可能となる[4]．

a. 凝集系における電場吸収

最初に固体膜や溶液中における実験，いわゆる凝集系での実験を考えることにする．外部電場を印加することにより各状態がシフトするが，μ および α は各電子状態で異なることを反映して，光吸収および発光における遷移エネルギーは外部電場を印加するとシフトする．基底状態における電気双極子モーメントと分子分極率を，それぞれ μ_g および α_g とし，励起状態におけるそれらの値を μ_e および α_e とおくと，電場（F）による遷移エネルギーのシフト量（ΔE）は，次の式で与えられる．

$$\Delta E = -\Delta \mu F - \frac{1}{2}\Delta \alpha F^2 \tag{1}$$

ここで $\Delta \mu$ および $\Delta \alpha$ は，両状態間における双極子モーメントと分子分極率の差であり，$\Delta \mu = \mu_e - \mu_g$ と $\Delta \alpha = \alpha_e - \alpha_g$ により定義される．右辺の第1項は電場の大きさに比例した一次のシュタルク効果，第2項は電場の二乗に比例した二次のシュタルク効果によるものである．さらに，周囲の粘性などにもよるが，電気双極子モーメントあるいは分子分極率の異方性による電場印加時の分子の再配向も考慮する必要がある．これらの要因により，仮に均一分散系（分子や分子集合体の空間配向分布が等方的）とすると波数表示（$\bar{\nu}$）で表される吸収強度（$A(\bar{\nu})$）の電場による変化（電場吸収スペクトル）は，吸収スペクトルの零次微分，一次微分，二次微分の線形結合として次

5.3 発光のダイナミクスと緩和

式で表すことができる[5,6].

$$\Delta A(\bar{\nu}) = (fF)^2 \left[A_\chi A(\bar{\nu}) + B_\chi \bar{\nu} \frac{d\{A(\bar{\nu})/\bar{\nu}\}}{d\bar{\nu}} + C_\chi \bar{\nu} \frac{d^2\{A(\bar{\nu})/\bar{\nu}\}}{d\bar{\nu}^2} \right] \quad (2)$$

ここで$\Delta A(\bar{\nu})$は，電場が存在しているときとしていないときの吸収スペクトルの差であり，$\Delta A(\bar{\nu}) = A(\bar{\nu}; F \neq 0) - A(\bar{\nu}; F = 0)$となる．$f$は内部電場因子と呼ばれ，実際に加える電場$F$に対して，媒体中では$fF$に対応する電場が作用する．均一分散系では，反対方向を向いた分子からの寄与は相殺するので電場強度の一次に比例する項は無視できる．図5.3.23に示すように零次微分は強度の変化，一次微分はスペクトルのシフト，二次微分はスペクトルの広がりを反映している．入射する光の偏光方向と電場

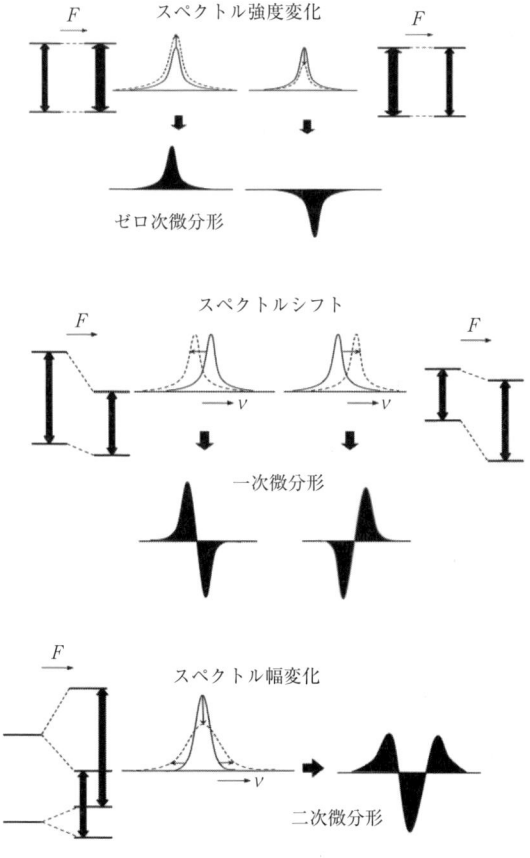

図 5.3.23 均一分散系における吸収, 発光スペクトルの電場効果 スペクトルの強度変化（上），スペクトルのシフト（中），スペクトルの広がり（下）の場合に得られる電場スペクトル．

方向のなす角,χに依存する各微分係数A_χ,B_χ,C_χは文献に詳細に与えられている[5,6].分子が動けない状況であれば,A_χは遷移モーメントへの電場効果,B_χは二次のシュタルク効果による分子分極率の変化量($\Delta\alpha$),C_χは一次のシュタルク効果による電気双極子モーメントの変化量($\Delta\mu$)が主に反映される.なお,電場による再配向による寄与は,零次微分(吸収強度の増減)や一次微分(スペクトルシフト)に反映されるが,これらの寄与は偏光実験,すなわちχを変えた実験で確かめることができる.

均一分散系ではなく配向,配列した分子系の場合は,電場強度の一次に比例した項も非常に重要であり,一次微分の項には光励起に伴う電気双極子モーメントの変化による一次のシュタルク効果が主に寄与する[7].電場変調分光法を用いた場合,電場強度に比例する項,および二乗に比例する項は,印加する交流電場の変調周波数および2倍の周波数に同期した成分をおのおの測定することにより得ることができる.

b. 凝集系における電場発光

電場発光スペクトルの場合も,発光種の空間的な配向分布がランダムで等方的である場合は,電場吸収スペクトルの場合と同様の取扱いができ,電場発光スペクトルは,次式で表される[4].

$$\Delta I_{\text{PL}}(\bar{\nu}) = (fF)^2 \left[A'_\chi I_{\text{PL}}(\bar{\nu}) + B'_\chi \bar{\nu}^3 \frac{\mathrm{d}\{I_{\text{PL}}(\bar{\nu})/\bar{\nu}^3\}}{\mathrm{d}\bar{\nu}} + C'_\chi \bar{\nu}^3 \frac{\mathrm{d}^2\{I_{\text{PL}}(\bar{\nu})/\bar{\nu}^3\}}{\mathrm{d}\bar{\nu}^2} \right] \quad (3)$$

ここで$\Delta I_{\text{PL}}(\bar{\nu})$は,電場による発光強度の変化量である.一次微分,二次微分の係数であるB'_χ,C'_χについては,発光状態から基底状態への遷移過程に関係している点以外は,基本的には,電場吸収スペクトルにおける場合と同様である.ただし,零次微分の係数A'_χは,発光収率が電場の影響によって変化する効果を含んでいる.たとえば,光誘起電子移動反応などの無輻射過程は,発光過程(輻射過程)と競合する.もし,無輻射過程の速度が外部電場によって変化すれば発光収率は変化する.したがって,発光収率の電場効果を調べることにより,すなわち電場発光スペクトルを測定することにより,電子励起状態からの反応ダイナミクスへの電場効果を明らかにすることができる.実験の際に重要なことは,電場により吸収強度が変化すれば,それに応じて発光強度が変化するので,吸収強度の変化を補正するか,もしくは電場による吸収強度の変化のない波長で励起して電場発光スペクトルを測定することである.いずれにしても電場発光スペクトルを測定する際には,電場吸収スペクトルも測定しておくことが必要不可欠である.

電場発光スペクトル測定により,電子励起状態ダイナミクスへの電場効果を調べることができると述べたが,図5.3.24はその一例である.エチルカルバゾール(ECZ)とテレフタル酸ジメチル(DMTP)を高分子に分散させ,ECZを励起するとECZからDMTPへ光誘起電子移動反応が生じることによりECZからの蛍光(350 nm付近にみられるバンド)に加えて,450 nmにピークをもつブロードなエキサイプレックス蛍光(EX蛍光)が観測される[8].図5.3.24左は,電子供与体であるECZの濃度

5.3 発光のダイナミクスと緩和

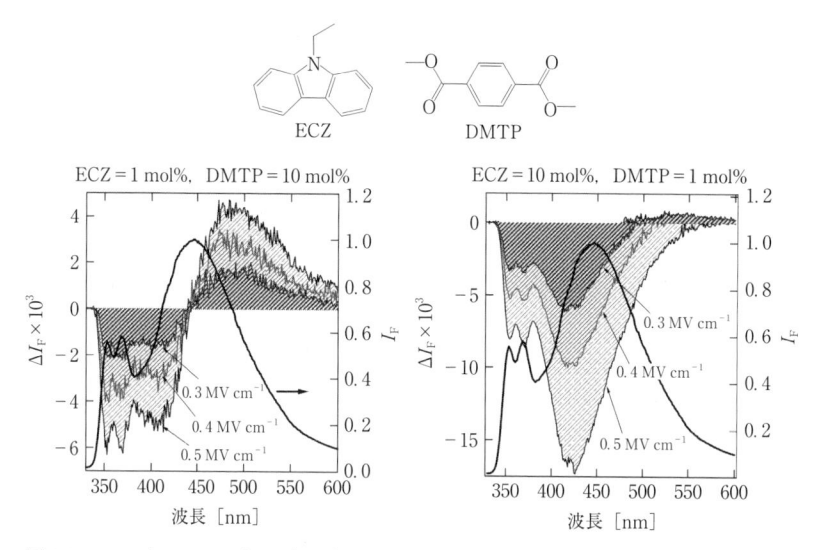

図 5.3.24 エチルカルバゾール (ECZ) とテレフタル酸ジメチル (DMTP) をポリマー中にドープした試料の発光スペクトル（実線）と異なる電場強度で得られた電場発光スペクトル
ECZ と DMTP の濃度が左は 1 mol% と 10 mol%，右は 10 mol% と 1 mol%．

が 1 mol% と低く，電子受容体である DMTP が 10 mol% と高い濃度の結果である．図 5.3.24 右は，互いの濃度を逆にした場合の結果である．どちらの場合も，光励起された ECZ の局在励起状態からの蛍光（LE 蛍光）と EX 蛍光の相対強度比はほぼ同じであり，電子移動効率は同程度である．電場発光スペクトルより，ECZ の LE 蛍光は電場を印加することによりどちらも減少することがわかる．LE 蛍光の発光過程は DMTP への光誘起電子移動反応と競合していることから，電子移動反応が電場により促進することがわかる．励起ダイナミクスへの電場効果を議論するためには発光減衰曲線（発光寿命）への電場効果を直接測定することも重要である．超短パルスレーザーと変調電場と単一光子計数型蛍光寿命測定計を組み合わせた装置によりかかる実験が可能であり[9]，ECZ と DMTP の系では，ECZ の LE 蛍光の寿命が電場印加により短くなることが観測され，電子移動が電場により促進されることが確認できる[10]．一方，EX 蛍光に対する電場効果は，LE 蛍光とは異なり，ECZ と DMTP の濃度に依存する．ECZ の濃度が小さい場合（図 5.3.24 左）には，EX 蛍光の電場発光スペクトルは蛍光スペクトルの一次微分に近い形状となり，EX 状態のシュタルク効果が観測される．一方，ECZ の濃度が大きい場合には（図 5.3.24 右），EX 蛍光は電場による顕著な消光を示す．光誘起電子移動反応により生成する EX は電荷移動状態の性質を有しており，電場が存在すると正孔あるいは電子が移動して EX が解離するために蛍光が消光すると考えられる．ただし，ECZ の濃度が比較的高い場合にのみ消光が

起きるのは，ECZ分子間での正孔の移動が電場によって促進され，EXが効率よく解離するためである．一方DMTPの濃度が増えてもEX発光の消光が起こらないのは，DMTPのアニオンから中性分子への電子移動が効率よく起こらないためである．実際，光電流が観測されるのはECZの濃度が高い場合のみであった[8]．このように電場発光スペクトルは，電荷キャリヤーの運動を調べるための有用な手段となる[11-13]．

上で述べたように，凝集系における発光特性への外部電場効果の研究は，各状態のμやαに関する情報を得ることができるだけではなく，半導体ナノ粒子やπ共役ポリマーなどの光機能材料を利用した素子の開発・設計指針をも与える．たとえば，エレクトロルミネセンス（EL）発光を利用した発光素子の開発においては，発光効率の低下など素子の劣化の原因の解明や安定性の向上が課題の一つとなっている．ここでEL発光を取り出す際には，発光色素分子は非常に強い電場の存在下において発光していることに着目すると，発光状態における反応ダイナミクス（無輻射過程）が電場によって影響をうけるのであれば，それはEL発光の効率および安定性と密接に関係する問題である．また発光への電場効果は色素増感太陽電池の効率とも密接に関係する[14]．

c. 気相分子の吸収，発光への電場効果

気相中における分子の各準位の電場印加によるシフトの大きさ（ΔE）はその準位の回転量子数J, K, Mで特定できる[15]．たとえば，対称こま分子の場合，電場強度に比例するシフト量は一次の摂動論により以下のようになる．

$$\Delta E = -\mu F \frac{MK}{J(J+1)} \quad (4)$$

また非対称こま分子の場合は，電気双極子モーメントと電場の相互作用によるエネルギー準位のシフトの大きさは全角運動量の回転量子数J_{KaKc}と磁気副準位M_Jの関数として次のように書くことができる[15, 16]．

$$\Delta E = [A(J_{KaKc}) + B(J_{KaKc})M_J^2]\mu^2 F^2 \quad (5)$$

電場を印加すると$2J+1$個の縮退していたM_J準位の縮退は解けて全体で$J+1$個の準位への分裂およびシフトが生じる．ここで，A, Bは回転準位に依存した定数である．この分裂の大きさとシフトを見積もることにより，各状態におけるμを求めることができる．そのためには電場印加による吸収スペクトルの回転構造の変化を観測すればよいが，気体分子の可視，紫外領域の吸収スペクトルを高分解で測定することは容易ではない．そこで，吸収スペクトルに相当する蛍光励起スペクトルを測定するために，たとえばレーザー誘起蛍光を観測しながら励起光の波長を掃引する実験が行われる[17]．また，異なるM_J副準位を同位相で励起して得られる蛍光減衰曲線上での振動パターン（シュタルク量子ビート）を解析することにより，各準位間の分離の大きさを求めることができる[18]．

シュタルクシフトを利用して，光励起状態のエネルギー準位の位置を相対的に変化させ，状態間のエネルギー差を制御し，光化学反応の速度変化を生じさせること

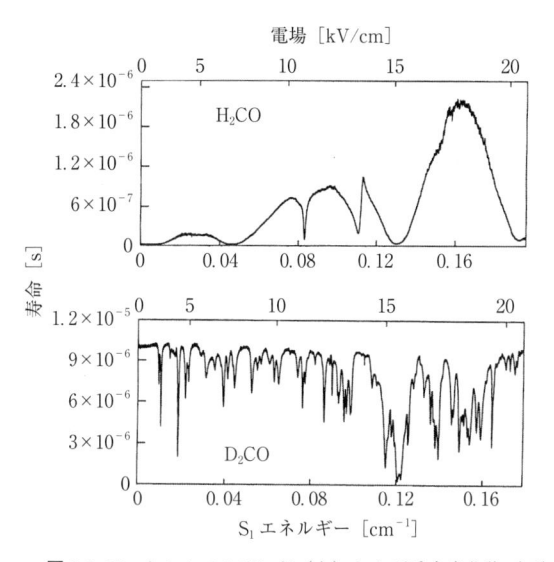

図 5.3.25 ホルムアルデヒド（上）および重水素化物（下）の $S_0 \rightarrow S_1$ 遷移の特定の振動回転線を励起して得られた蛍光寿命の電場強度依存性[19)]
電場強度をシュタルクシフト量に変換したものが下の横軸となっている．

が可能になる．かかる電場効果をシュタルク準位交差分光法（Stark level-crossing spectroscopy）と呼ばれる発光測定により調べることができる．以下はホルムアルデヒドの例である[19)]．この分子は，S_0 の高い振動状態からいわゆる遷移状態を経て解離反応が起こる．ただし，S_0 の高い振動状態への光吸収による直接励起は確率が小さく困難である．また，この分子の S_1 から S_0 への内部転換が起こることは知られている．S_1 と S_0 は異なる電気双極子モーメントをもちシュタルクシフトの電場強度依存性は異なるために，電場印加により S_1 のエネルギー準位を S_0 の準位に対して相対的にシフトさせることができ，電場を印加することで光励起した S_1 準位を動かして S_0 の特定の高い振動準位を生成することに成功している．電場を加えることで S_1 のエネルギー準位が S_0 のある高振動励起状態と等エネルギーとなると，内部転換の速度が増大し，S_1 状態からの蛍光寿命は短くなる．したがって，蛍光寿命は，S_0 状態のエネルギー準位構造を反映した電場強度依存性を示す．図 5.3.25 は，ホルムアルデヒドおよび重水素化物の S_1 状態の単一回転振電状態に光励起したときに観測される蛍光寿命と電場強度の関係を示しており，電場強度に加えて，それを S_1 状態のシュタルクシフトの大きさに変換した値も併せて横軸に示されている．S_1 状態から発する気相分子の蛍光寿命が，電場印加により解離反応を起こす遷移状態と励起状態が交差するごとに蛍光寿命が短くなる様子が観測される．

電場印加により，光励起する準位と相互作用する準位の密度が変化することによっても発光特性は変化する．図5.3.26に示すピリミジンの蛍光減衰に対する電場効果はこの機構によるものである[20]．超音速分子線中で，$S_0 \to S_1$ 吸収の 0-0 バンドの R(0) 回転線を励起して得られる蛍光の寿命は電場により長くなり，強度（収率）は減少する．中間ケースに分類される発光特性を示すピリミジンでは，光励起されるスピン一重項状態と等エネルギー的に存在するスピン三重項状態間の相互作用が電場により影響を受ける．観測されるピリミジン蛍光特性への電場効果は，相互作用する三重項状態の準位密度が電場印加により大きくなったことによると考えられる．〔太田信廣・飯森俊文〕

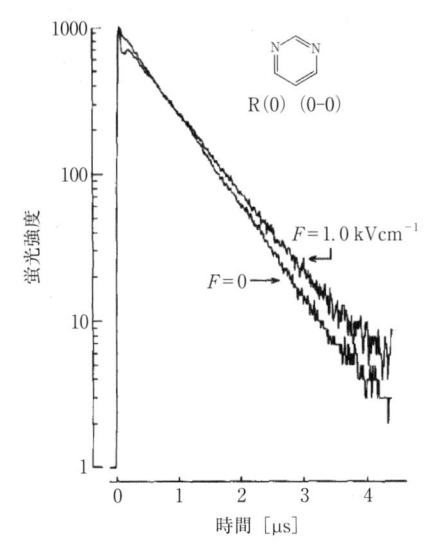

図 5.3.26 超音速ビーム中でピリミジンの $S_0 \to S_1$ 遷移の 0-0 バンドの R(0) 回転線を励起して得られた蛍光減衰曲線の電場効果[20]

文献・注

1) P. Atkins and J. de Paula 著，千原秀昭，中村亘男訳：アトキンス物理化学（下），東京化学同人，2009，[662]．
2) S. Umeuchi, et al.: *Thin Solid Films*, **311** (1997), 239.
3) 太田信廣：*Jasco Report*, **52** (2010), 1.
4) N. Ohta: *Bull. Chem. Soc. Jpn.*, **75** (2002), 1637.
5) W. Liptay: Excited States (E. C. Lim, ed.), vol. 1, Academic Press, 1974.
6) E. Jalviste and N. Ohta: *J. Photochem. Photobiol. C, Photochem. Rev.*, **8** (2007), 30.
7) N. Ohta, et al.: *Chem. Phys. Lett.*, **229** (1994), 394.
8) N. Ohta, et al.: *J. Phys. Chem. B*, **102** (1998), 3784.
9) M. Tsushima, et al.: *Rev. Sci. Instrum.*, **75** (2004), 479.
10) T. Iimori, et al.: *Chem. Phys.*, **319** (2005), 101.
11) M. S. Mehata and N. Ohta: *App. Phys. Lett.*, **98** (2011), 181910.
12) M. S. Mehata, et al.: *J. Phys. Chem. B*, **114** (2010), 9070.
13) R. Ohshima, et al.: *J. Phys. Chem. C*, **115** (2011), 15274.
14) H.-Y. Hsu, et al.: *J. Phys. Chem. C*, **117** (2013), 24761.
15) C. H. Towns and A. L. Schawlow: Microwave Spectroscopy, Dover Publications, New York, 1975.
16) S. Golden and E. B. Wilson, Jr.: *J. Chem. Phys.*, **16** (1948), 669.
17) S. Heitz, et al.: *J. Chem. Phys.*, **96** (1992), 976.

18) N. Ohta and T. Tanaka : *J. Chem. Phys.*, **99** (1993), 3312.
19) W. F. Polik, *et al.* : *J. Chem. Phys.*, **92** (1990), 3453.
20) N. Ohta and T. Takemura : *Chem. Phys. Lett.*, **169** (1990), 611.

5.3.8 金属表面での radiative decay engineering

a. 局在表面プラズモン共鳴による電場増強効果

　局在表面プラズモン共鳴（localized surface plasmon resonance：LSPR）による増強電磁場を用いた光化学・光物理過程の制御は，近年飛躍的に発展している光科学分野の一つである．表面プラズモンは，金属表面の自由電子の集団振動である．金属ナノ粒子などのナノ構造をもつ金属構造体にある特定の波長の光を照射すると，ナノ構造の表面近傍に局在化している表面プラズモンが励起され，増強電磁場が発現する．この現象を LSPR と呼ぶ．LSPR によって，特定の波長域の光が顕著な吸収や散乱を示す．ナノメートルサイズの金属ナノ粒子は，その鮮やか色によってステンドグラスやガラス工芸品の着色などに古くから用いられている．

　LSPR による増強電磁場の光物理過程への応用例として，表面増強ラマン散乱（surface enhanced Raman scattering：SERS）がある．SERS は，ナノ構造をもつ金属構造体に分子が吸着すると，LSPR による電場増強効果によって，その吸着分子のラマン散乱強度が著しく増加する現象である．増強効果は 10^{14} にまで達することが指摘されており，単一分子のラマン散乱の検出も可能にしている．この LSPR による電場増強効果は，ラマン散乱だけではなくさまざまな光学過程においても生じ，発光についても電場増強効果が観測される．電場増強効果による発光過程の変化は，発光強度を決めるパラメータである輻射遷移速度定数（radiative decay constant）を変化させることになる．そのために，発光過程の電場増強効果は，radiative decay engineering とも呼ばれている[1]．

b. 発光過程の電場増強効果

　発光過程の電場増強効果の応用例は SERS に比べて少ない．これは，ナノ構造をもつ金属表面に分子を吸着させても，光励起された分子から金属への励起エネルギー移動が生じるために，かならずしも発光強度は増加しないからである．電子励起状態の分布を生じないラマン散乱においては，電場増強効果による散乱強度の増加のみが生じるのに対し，電子励起状態の分布を生じる発光過程については，電子励起状態からの緩和過程を考慮しなければならない．図 5.3.27 の分子のエネルギー状態図を用いて説明する．電子基底状態にある分子が光励起によってフランク-コンドン（Franck-Condon：FC）励起状態に遷移し，緩和過程の後，最低電子励起状態から発光を示すモデルを考える．金属のない場合は，発光収率（Φ_F）と発光寿命（τ_F）は，輻射遷移速度定数（k_r）と内部転換などを表す無輻射遷移速度定数（k_{nr}）を用いて式 (1)

で表される．

$$\Phi_F = \frac{k_r}{k_r + k_{nr}} \qquad \tau_F = \frac{1}{k_r + k_{nr}} \quad (1)$$

ナノ構造をもつ金属表面に分子を吸着させた場合は，吸収された光強度の増強電場による増加分（E_m）と増強電場による輻射遷移速度定数の増加分（k_{mr}）を追加することによって，増強電場による発光強度の増加を記述することができる．しかし，励起分子から金属へのエネルギー移動による無輻射遷移速度定数（k_{mnr}）も加えなければならない．ナノ構造をもつ金属基板上の分子の発光収率（Φ_{mF}）と発光寿命（τ_{mF}）は，以下のようになる．

$$\Phi_{mF} = \frac{k_r + k_{mr}}{k_r + k_{nr} + k_{mr} + k_{mnr}},$$

$$\tau_{mF} = \frac{1}{k_r + k_{nr} + k_{mr} + k_{mnr}} \quad (2)$$

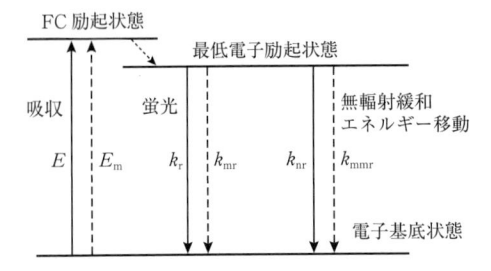

図 5.3.27 分子のエネルギー状態図と金属効果を含んだ光緩和過程
金属によって生じた効果は点線にて示してある．

式（1）および（2）からわかるように，ナノ構造をもつ金属表面に分子を吸着させると，増強電場の効果の大きさに関係なく，発光寿命は短くなる方向に変化する．一方，発光収率は，k_{mr} と k_{mnr} の大きさによって，増加または減少に変化し，k_{mnr} が k_{mr} よりもかなり大きい場合には，発光強度は逆に減少することになる．また，E_m によって電子励起状態の生成量が増加するために，発光収率が減少する場合でも，発光強度は増加することがある．

LSPR による増強電場によって発光強度を増加させるには，発光分子から金属へのエネルギー移動速度である k_{mnr} をいかに小さくするかが重要である．k_{mnr} は金属と発光分子との間の距離に依存する．金属基板の場合は，距離の三乗から四乗に反比例する[1-3]．一方，発光の電場増強効果については，ある程度離れた距離でもその効果は持続することが知られており，発光分子を金属から数 nm だけ離れた位置にすることによって，エネルギー移動による消光を抑え，発光強度の増加を観測することができる．SERS の場合は，金属に直接吸着したときに強度が最大になり，SERS とは挙動が異なることがわかる．通常のラマン散乱の場合，蛍光色素の発光強度がラマン散乱の強度よりもはるかに大きく，蛍光色素分子のラマンスペクトルを測定することが難しいのに対し，SERS では蛍光色素分子のラマン散乱の強度が大きく，発光はバックグラウンドのような形で観測されることがある．これは LSPR によるラマン散乱の強度増加とともに，金属への励起エネルギー移動によって発光が消光されていることにもよる．また通常の光学過程では，発光寿命が短くなると発光収率は小さくなるが，LSPR による効果では，発光寿命が短くなっても，発光強度が増加することがあり，

LSPRに特有の現象である.

c. 発光過程の電場増強効果の応用

LSPRによって発光強度を増加させ,物質センサー,光学デバイス,そしてイメージングなどの幅広い分野での応用が期待される.LSPRの効果は金属の性質とナノ構造に依存するために,ナノ構造の最適化に関する研究が中心となる.図5.3.28に発光過程の電場増強効果に用いられる試料の概念図の例を示す.金属としては,金または銀が主に用いられており,化学的な手法で合成された金属ナノ粒子が分散された基板または電子線リソグラフィーなどのナノ微細加工技術を用いて作成された金属ナノ構造基板を用いる.これらのナノ基板上に色素分子を吸着させ,色素の発光強度の変化を測定する.図5.3.28(a)に示すように,色素から金属へのエネルギー移動を抑えるために,金属と色素分子との間に数nmの高分子などの薄膜を挟むこともある[4].また,抗体などを用いて色素と金属を数nm離して連結することも行われている(図5.3.28(b))[5].抗体を用いることによって,イムノアッセイの高感度化に展開することができる.用いる光は,LSPRが効率よく生じる波長でなければならない.金属ナノ構造の光学スペクトル(吸収,散乱スペクトルなど)を測定することによって,増強電場を生じる光の波長を知ることができる.

銀ナノ粒子を用いた発光強

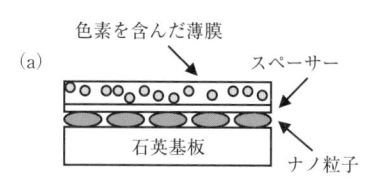

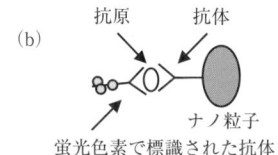

図5.3.28 発光の電場増強効果に用いられる試料の概念図

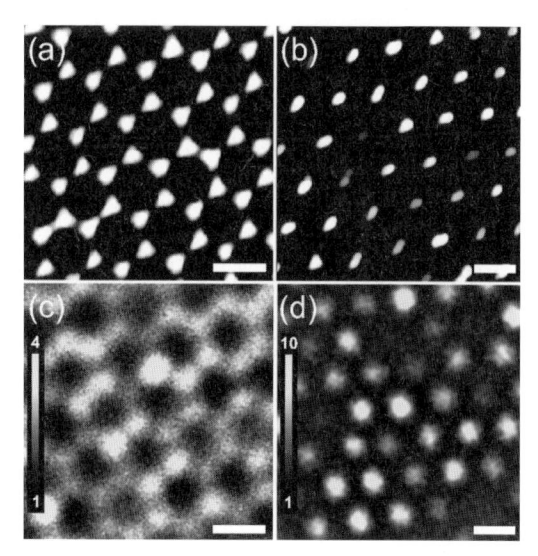

図5.3.29 銀ナノ粒子が配列された基板を用いた発光の電場増強効果(文献6の許可を得て転載. ©2007 AIP Publishing LLC)
(a), (b) AFMを用いた基板の画像. 輝点が銀ナノ粒子に対応する. (c), (d) 基板上に塗布した色素の発光強度画像. (a)の基板が(c)に,(b)の基板が(d)に対応する. 銀ナノ粒子の位置において発光の輝点(発光強度の増加)が観測される.

度の増加の例を図5.3.29に示す[6]．図5.3.29(a)および(b)は原子間力顕微鏡(AFM)で測定したガラス基板上に作成した銀ナノ粒子構造体の像であり，輝点が銀ナノ粒子に対応する．図5.3.29(c)および(d)は，それぞれの基板上に色素であるローダミン6Gが均一に蒸着された膜を作成し，その色素の発光を画像化したものである．銀ナノ粒子上の位置で発光の輝点が観測されており，ナノ粒子上で発光強度が増加していることがわかる．発光寿命も短くなっており，ナノ粒子以外の領域では約3.6 nsであるのに対し，ナノ粒子上では約0.5 nsであった．このように発光寿命が短くなって発光強度が増加することが，LSPRによる効果の特徴である．

図5.3.30は電場増強効果を用いて細胞の高感度計測を行った結果である[7]．図5.3.30(a)に示すように，培養細胞（T-lymphocytic cell）の細胞膜を蛍光色素で染色し，アイランド状のナノ構造を有する銀薄膜（silver island films：SIFs）がある基板とない基板上での発光強度を比較している．図5.3.30(b)に銀ナノ構造上およびガラス基板上における細胞膜が染色された細胞の発光画像を示す．銀ナノ構造の基板上にて培養細胞が明瞭に観測され，約8倍の発光強度が増加している．発光強度が増加しているにもかかわらず，図5.3.30(c)の発光寿命ヒストグラム（細胞画像領域における発光寿命の値の分布）では，ピーク位置の発光寿命が銀ナノ構造上で短くなっており，確かに発光寿命は減少していることがわかる．発光寿命が短くなり，電子励起状態にとどまる時間が短くなることから，銀ナノ構造上で色素の光に対する安定性も向上することが報告されている[7]．一方，細胞の

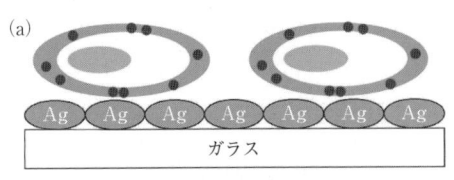

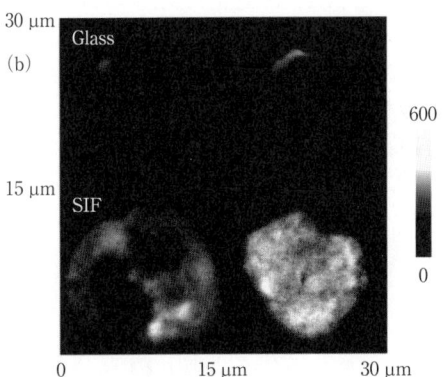

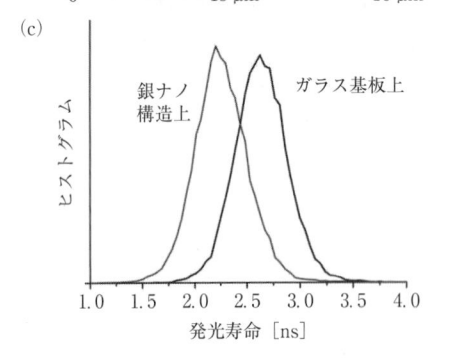

図5.3.30 銀ナノ粒子が配列された基板上での細胞の発光画像（文献7より許可を得て転載．Ⓒ 2008, American Chemical Society）
(a) 試料の配置図．細胞の細胞膜が色素染色されている．(b) 染色された細胞の発光画像．上図がガラス基板（Glass）上，下図が銀ナノ構造（SIF）上の発光画像である．(c) ガラス基板およびSIF上での発光寿命のヒストグラム．

核を染色すると発光強度も発光寿命にも大きな変化はなかった.細胞膜と比べて核はナノ構造との間の距離が長くなることから(図5.3.30(a)),核染色ではLSPRによる電場増強が観測されなかったと考えられる.

金や銀のナノ構造では,可視または近赤外域の光が用いられるのに対し,アルミニウムのナノ構造を用いることによって,紫外から紫色の光で発光の増強効果を観測することもできる.真空蒸着法によってナノ構造をもつアルミニウム薄膜を作成し,図5.3.28(a)の配置で色素の発光を測定すると,約9倍の発光強度の増加が観測された[4].有機化合物の多くは紫外域や紫色の領域に吸収をもつために,さまざまな応用が期待される.

LSPRを用いた発光の増強効果は,センシングのみではなく,無機および有機電界発光素子(LED)などへも応用されている.表面プラズモンを利用したInGaN/GaN系の青色発光効率の向上[8],有機電界発光素子については,金ナノ粒子層と発光体層間の距離の制御によって,約20倍の増強度が報告されている[9].

LSPRによる増強電場は,金属ナノ構造の形状などに大きく依存する.そのために,金属ナノ構造製作技術のさらなる発展が,今後の応用開発において重要である.

〔中林孝和〕

文献・注

1) J. R. Lakowicz : *Anal. Biochem.*, **298** (2001), 1-24.
2) J. R. Lakowicz : *Anal. Biochem.*, **337** (2005), 171-194.
3) E. Fort and S. Grésillon : *J. Phys. D*, **41** (2008), 013001 (31 pages).
4) K. Ray, *et al.* : *Anal. Chem.*, **79** (2007), 6480-6487.
5) K. Aslan and C. D. Geddes : *Plasmonics*, **1** (2006), 53-59.
6) T. Ritman-Meer, *et al.* : *Appl. Phys. Lett.*, **91** (2007), 123122.
7) J. Zhang, *et al.* : *Langmuir*, **24** (2008), 12452-12457.
8) K. Okamoto, *et al.* : *Nature Mater.*, **3** (2004), 601-605.
9) A. Fujiki, *et al.* : *Appl. Phys. Lett.*, **96** (2010), 043307.

5.4 反応と蛍光

5.4.1 エネルギー移動

エネルギー移動は,光励起されたドナー分子から近くにいるアクセプター分子(同種ないし異種,基底状態ないし励起状態)に,量子力学的な効果によって励起エネルギーが無輻射的に移動する現象である.ドナーとアクセプターの分子間相互作用によって,スペクトル変化がほとんどみられない非常に弱い相互作用の領域でフェルス

ター (Förster) 機構とデクスター (Dexter) 機構があり，強い相互作用の領域で励起子カップリング機構がある．

エネルギー移動に先鞭をつけたのは，J. Perrin である[1,2]．彼は，溶液中の分子濃度が濃くなると偏光特性が急激に減少することをみつけ，この現象を分子間の空間を介した相互作用，すなわち距離 R 離れた二つの双極子間のエネルギーのやりとりに起因すると考えた．J. Perrin は二つの分子が同じ振動数 ν（波長 λ）のみで共鳴すると考え，スペクトル広がりを考慮しなかったので臨界移動距離を $\lambda/2\pi$ と見積もり，100 nm 以上の距離にわたってエネルギーが移動するとした．この距離は，よく知られたフェルスターの臨界移動距離よりも 2 桁近く大きく，実験データを再現できなかった．息子の F. Perrin もエネルギー移動の量子力学的取扱いを行い，同じ周波数をもった二つの振動子間のコヒーレントな相互作用によるエネルギー移動速度が $1/R^3$ に比例すると考えた[3]．原爆の父として知られる理論物理学者オッペンハイマー (Oppenheimer) は，藻類の光合成におけるエネルギー移動を，原子核物理における無輻射遷移の問題に類似していると考え，理論的に取り扱った[2,4]．しかし，最初の報告が論文ではなく学会の短い要約[4]であったことや，エネルギー移動で放出する量子と蛍光を放出する量子の比を求めたことなどから使い勝手が悪く，後述するフェルスターの式が一般に使われるようになった．

a. フェルスター機構

Perrin が仮定した単一周波数の共鳴条件というのは実際上起こりえない．時間とエネルギーの不確定性のため厳密な共鳴条件にはなりえないし，溶液中では熱運動や溶媒との相互作用でスペクトル幅が広がる．フェルスターは Perrin の考えを発展させ，1946 年にドナーとアクセプターの蛍光と吸収が広い波長範囲にわたって広がっている場合の双極子–双極子相互作用によるエネルギー移動の式を導出した[5-7]．フェルスター理論では，励起ドナーの遷移に伴う双極子モーメントの電場を近くのアクセプターが感じ，光を吸収することなく等エネルギー的に別の状態に遷移する．まず最初に真空中で原点 O 近傍（ドナー）の電荷分布が R 離れた点 P（アクセプター）に及ぼす電位 V を考える（図 5.4.1）．$r_i \ll R$ を考えているので

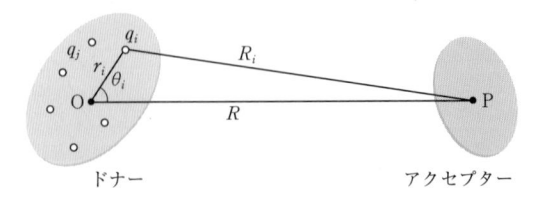

図 5.4.1 アクセプター分子が感じるドナー分子の電荷分布による電場

5.4 反応と蛍光

$$V = \frac{1}{4\pi\varepsilon_0}\sum_i \frac{q_i}{R_i} = \frac{1}{4\pi\varepsilon_0}\sum_i \frac{q_i}{\sqrt{R^2 + r_i^2 - 2Rr_i\cos\theta_i}}$$
$$= \frac{1}{4\pi\varepsilon_0 R}\sum_i q_i\left(1 - \frac{1}{2}\frac{r_i^2 - 2Rr_i\cos\theta_i}{R^2} + \frac{1\cdot 3}{2\cdot 4}\frac{(r_i^2 - 2Rr_i\cos\theta_i)^2}{R^4} - \cdots\right) \quad (1)$$

$V = V^{(0)} + V^{(1)} + V^{(2)} + \cdots$ とすると，第 1 項はクーロンポテンシャル ($V^{(0)} = \sum q_i/4\pi\varepsilon_0 R$)，第 2 項は双極子ポテンシャル $V^{(1)}$，第 3 項は四極子ポテンシャル $V^{(2)}$ であり次式で与えられる．

$$V^{(1)} = \frac{1}{4\pi\varepsilon_0 R}\sum_i q_i\left(\frac{Rr_i\cos\theta_i}{R^2}\right) = \frac{1}{4\pi\varepsilon_0 R^2}\sum_i q_i\boldsymbol{r}_i\cdot\frac{\boldsymbol{R}}{R} = \frac{1}{4\pi\varepsilon_0 R^3}\boldsymbol{m}_\mathrm{D}\cdot\boldsymbol{R} \quad (2)$$

$$V^{(2)} = \frac{1}{4\pi\varepsilon_0 R}\sum_i q_i\left(-\frac{1}{2}\frac{r_i^2}{R^2} + \frac{1\cdot 3}{2\cdot 4}\frac{(2Rr_i\cos\theta_i)^2}{R^4}\right) = \frac{1}{4\pi\varepsilon_0 R^3}\frac{1}{2}\sum_i q_i r_i^2(3\cos^2\theta_i - 1)$$
$$= \frac{1}{4\pi\varepsilon_0 R^3}\frac{Q}{2} \quad (3)$$

$\boldsymbol{m}_\mathrm{D}$ はドナーの双極子モーメント，Q は四極子モーメント ($Q = \sum_i q_i r_i^2(3\cos^2\theta_i - 1)$) である．アクセプターが感じる双極子ポテンシャルによる電場は，$\boldsymbol{E}_\mathrm{dipole} = -\mathrm{grad}\,V^{(1)}$ なので次式となる．また，四極子モーメントによる電場は $\boldsymbol{E}_\mathrm{quadrupole} = -\mathrm{grad}\,V^{(2)}$ で求まる．

$$\boldsymbol{E}_\mathrm{dipole} = \frac{1}{4\pi\varepsilon_0 R^3}\left(-\boldsymbol{m}_\mathrm{D} + \frac{3(\boldsymbol{m}_\mathrm{D}\cdot\boldsymbol{R})\boldsymbol{R}}{R^2}\right), \quad \boldsymbol{E}_\mathrm{quadrupole} = -\frac{3}{4\pi\varepsilon_0}\frac{Q}{2}\frac{\boldsymbol{R}}{R^5} \quad (4)$$

$q = \sum q_i = 0$ の場合，アクセプターが感じる電場は $\boldsymbol{E}_\mathrm{dipole} + \boldsymbol{E}_\mathrm{quadrupole} + \cdots$ となりアクセプターの双極子モーメントを $\boldsymbol{m}_\mathrm{A}$ とすると，相互作用エネルギー E は $E = -\boldsymbol{m}_\mathrm{A}\cdot(\boldsymbol{E}_\mathrm{dipole} + \boldsymbol{E}_\mathrm{quadrupole} + \cdots)$ で求まる．第 1 項の双極子-双極子相互作用エネルギーは比誘電率 ε_r の媒質中で次式となる．

$$E_\mathrm{dipole} = \frac{1}{4\pi\varepsilon_0\varepsilon_\mathrm{r}R^3}\left(\boldsymbol{m}_\mathrm{D}\cdot\boldsymbol{m}_\mathrm{A} - \frac{3(\boldsymbol{m}_\mathrm{D}\cdot\boldsymbol{R})(\boldsymbol{m}_\mathrm{A}\cdot\boldsymbol{R})}{R^2}\right) \quad (5)$$

この相互作用エネルギーが摂動ハミルトニアンとなり，ドナーからアクセプターに励起エネルギーが移動する．フェルミの黄金則を用いると，エネルギー移動 ($\mathrm{D}^* + \mathrm{A} \to \mathrm{D} + \mathrm{A}^*$) において単位時間あたり終状態が生成する遷移確率，すなわち速度定数 $k_{\mathrm{ET(d\text{-}d)}}$ は次式で表される．

$$k_{\mathrm{ET(d\text{-}d)}} = \frac{2\pi}{\hbar}|\langle\Psi_\mathrm{F}|H'|\Psi_\mathrm{I}\rangle|^2\rho, \quad \Psi_\mathrm{I} = \phi_{\mathrm{D}^*}\chi_{\mathrm{D}^*}\phi_\mathrm{A}\chi_\mathrm{A}, \quad \Psi_\mathrm{F} = \phi_\mathrm{D}\chi_\mathrm{D}\phi_{\mathrm{A}^*}\chi_{\mathrm{A}^*}$$

下付きの ET(d-d) は dipole-dipole 相互作用によるエネルギー移動を示す．Ψ_I，Ψ_F は始状態と終状態の波動関数で電子波動関数 ϕ と振動波動関数 χ の積で表し，H' は式 (5) を演算子で表した摂動ハミルトニアン，ρ は終状態の状態密度で，エネルギーが離散的な場合は ρ の代わりに $\delta(\Delta E)$ と書ける ($\Delta E = E_\mathrm{F} - E_\mathrm{I} = E_{\mathrm{A}^*} + E_\mathrm{D} - (E_{\mathrm{D}^*} + E_\mathrm{A}) = E_{\mathrm{A}^*} - E_\mathrm{A} - (E_{\mathrm{D}^*} - E_\mathrm{D}) = \Delta E_\mathrm{A} - \Delta E_\mathrm{D}$)．ドナーとアクセプターの遷移双極子モーメントを $\boldsymbol{\mu}_\mathrm{D}, \boldsymbol{\mu}_\mathrm{A}$ とすると k_ET は以下のようになる．

$\boldsymbol{\mu}_\mathrm{D} = \langle\phi_\mathrm{D}|\boldsymbol{m}_\mathrm{D}|\phi_{\mathrm{D}^*}\rangle = \langle\phi_{\mathrm{D}^*}|\boldsymbol{m}_\mathrm{D}|\phi_\mathrm{D}\rangle, \quad \boldsymbol{\mu}_\mathrm{A} = \langle\phi_\mathrm{A}|\boldsymbol{m}_\mathrm{A}|\phi_{\mathrm{A}^*}\rangle = \langle\phi_{\mathrm{A}^*}|\boldsymbol{m}_\mathrm{A}|\phi_\mathrm{A}\rangle$

$$k_{\mathrm{ET(d\text{-}d)}} = \frac{2\pi}{\hbar} \left| \frac{1}{4\pi\varepsilon_0\varepsilon_r R^3} \left(\boldsymbol{\mu}_\mathrm{D} \cdot \boldsymbol{\mu}_\mathrm{A} - \frac{3(\boldsymbol{\mu}_\mathrm{D} \cdot \boldsymbol{R})(\boldsymbol{\mu}_\mathrm{A} \cdot \boldsymbol{R})}{R^2} \right) \right|^2 |\langle \chi_\mathrm{D} | \chi_{\mathrm{D}^*} \rangle|^2 |\langle \chi_{\mathrm{A}^*} | \chi_\mathrm{A} \rangle|^2 \delta(\Delta E) \tag{6}$$

ここで，ドナーとアクセプターの遷移双極子モーメントの相対配置(図5.4.2)を考慮すると，遷移双極子モーメントの各成分は，

$$\mu_{\mathrm{D},x} = |\mu_\mathrm{D}| \sin\theta_\mathrm{D} \cos\varphi_\mathrm{D},$$
$$\mu_{\mathrm{D},y} = |\mu_\mathrm{D}| \sin\theta_\mathrm{D} \sin\varphi_\mathrm{D},$$
$$\mu_{\mathrm{D},z} = |\mu_\mathrm{D}| \cos\theta_\mathrm{D}$$

したがって，式(6)右辺の絶対値は以下のようになる．

$$\frac{|\mu_\mathrm{D}||\mu_\mathrm{A}|}{4\pi\varepsilon_0\varepsilon_r R^3}(\sin\theta_\mathrm{D}\sin\theta_\mathrm{A}\cos\varphi - 2\cos\theta_\mathrm{D}\cos\theta_\mathrm{A}),$$
$$\varphi = \varphi_\mathrm{D} - \varphi_\mathrm{A}$$

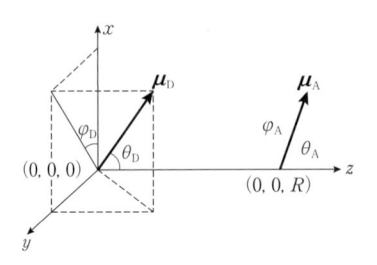

図5.4.2 ドナーとアクセプターの遷移双極子モーメントの相対配置

$k_{\mathrm{ET(d\text{-}d)}}$ はドナーとアクセプターの遷移双極子モーメントの相対配置に強く依存するので，角度の項を配向因子 κ^2 と呼ぶ．

$$\kappa^2 = (\sin\theta_\mathrm{D}\sin\theta_\mathrm{A}\cos\varphi - 2\cos\theta_\mathrm{D}\cos\theta_\mathrm{A})^2$$

また δ 関数の性質，$\delta(\Delta E_\mathrm{A} - \Delta E_\mathrm{D}) = \int dE \delta(E - \Delta E_\mathrm{A})\delta(E - \Delta E_\mathrm{D})$，$\varepsilon_r = n^2$ を用いると

$$k_{\mathrm{ET(d\text{-}d)}} = \frac{2\pi}{\hbar}\frac{\kappa^2}{16\pi^2\varepsilon_0^2 n^4 R^6}\int dE [|\mu_\mathrm{D}|^2|\langle\chi_\mathrm{D}|\chi_{\mathrm{D}^*}\rangle|^2\delta(E-\Delta E_\mathrm{D})][|\mu_\mathrm{A}|^2|\langle\chi_{\mathrm{A}^*}|\chi_\mathrm{A}\rangle|^2\delta(E-\Delta E_\mathrm{A})] \tag{7}$$

$|\mu_\mathrm{D}|^2|\langle\chi_\mathrm{D}|\chi_{\mathrm{D}^*}\rangle|^2\delta(E-\Delta E_\mathrm{D})$ の項はドナーの蛍光スペクトルに対応し，$|\mu_\mathrm{A}|^2|\langle\chi_{\mathrm{A}^*}|\chi_\mathrm{A}\rangle|^2\delta(E-\Delta E_\mathrm{A})$ の項はアクセプターの吸収スペクトルに対応する．アインシュタインのA係数，B係数（ω 表示と ν 表示で表現が少し異なるので注意）と蛍光スペクトル $f_\mathrm{D}(\nu)$，吸収スペクトル $\varepsilon_\mathrm{A}(\nu)$ の関係式[8] を用いると，

$$f_\mathrm{D}(\nu) = \frac{1}{4\pi\varepsilon_0}\frac{32\pi^3 n\tau_\mathrm{D}^0}{3c^3\hbar}\nu^3|\mu_\mathrm{D}|^2|\langle\chi_\mathrm{D}|\chi_{\mathrm{D}^*}\rangle|^2\delta(E-\Delta E_\mathrm{D})$$

$$\varepsilon_\mathrm{A}(\nu) = \frac{1}{4\pi\varepsilon_0}\frac{10^{-3}}{\ln 10}\frac{8\pi^3 N_\mathrm{A}}{3nc}\nu|\mu_\mathrm{A}|^2|\langle\chi_{\mathrm{A}^*}|\chi_\mathrm{A}\rangle|^2\delta(E-\Delta E_\mathrm{A})\tau_\mathrm{D}^0$$

はドナーの自然輻射寿命で，ドナーの蛍光寿命 $\tau_\mathrm{D} (\tau_\mathrm{D} = \Phi_\mathrm{D}\tau_\mathrm{D}^0$，$\Phi_\mathrm{D}$ はドナーの蛍光量子収率）を用い，振動数 ν [s^{-1}] で示した $f_\mathrm{D}(\nu)$，$\varepsilon_\mathrm{A}(\nu)$，ないし波長 λ [nm] で示した $\hat{f}_\mathrm{D}(\lambda)$，$\hat{\varepsilon}_\mathrm{A}(\lambda)$ で式(7)を表現するとフェルスターの式(8)が得られる．

$$k_\mathrm{ET} = \frac{9000 c^4 \ln 10 \Phi_\mathrm{D}\kappa^2}{128\pi^5 N_\mathrm{A} n^4 \tau_\mathrm{D} R^6}\int f_\mathrm{D}(\nu)\varepsilon_\mathrm{A}(\nu)\frac{d\nu}{\nu^4} \quad \text{または} \quad k_\mathrm{ET} = \frac{9000 \ln 10 \Phi_\mathrm{D}\kappa^2}{128\pi^5 N_\mathrm{A} n^4 \tau_\mathrm{D} R^6}\int \hat{f}_\mathrm{D}(\lambda)\hat{\varepsilon}_\mathrm{A}(\lambda)\lambda^4 d\lambda \tag{8}$$

波数 $\bar{\nu}$ [cm^{-1}] を用いた表現もよく使われる．積分項は ν^{-4} ないし λ^4 の重みをつけたドナーの蛍光とアクセプターの吸収スペクトルの重なり積分で，J で表すことが多

い. $f_D(\nu)$ を1に規格化していない場合，重なり積分は

$$J = \int f_D(\nu)\varepsilon_A(\nu)\frac{d\nu}{\nu^4} \Big/ \int f_D(\nu)d\nu \quad \text{ないし} \quad \int \hat{f}_D(\lambda)\hat{\varepsilon}_A(\lambda)\lambda^4 d\lambda \Big/ \int \hat{f}_D(\lambda)d\lambda$$

となる．エネルギー移動の臨界移動距離 R_0 を以下のように定義すれば，$k_{\text{ET(d-d)}}$ は次式となる．

$$R_0^6 = \frac{9000c^4 \ln 10 \Phi_D \kappa^2}{128\pi^5 N_A n^4} \int f_D(\nu)\varepsilon_A(\nu)\frac{d\nu}{\nu^4} = \frac{9000 \ln 10 \Phi_D \kappa^2}{128\pi^5 N_A n^4} \int \hat{f}_D(\lambda)\hat{\varepsilon}_A(\lambda)\lambda^4 d\lambda,$$

$$k_{\text{ET}} = \frac{1}{\tau_D}\left(\frac{R_0}{R}\right)^6 \tag{9}$$

R_0 は，エネルギー移動の速度定数が寿命の逆数に等しくなる距離であり，2～8 nm 程度の値をとることが多い．FRET (Förster resonance energy transfer)[9] は，ドナーとアクセプターの距離変化に敏感なので，分子サイズの距離変化をとらえる分光学的物差し (spectroscopic ruler) として使うことができる．J を λ で求めその単位を $M^{-1} cm^3$ でとると，J は 10^{-15}～10^{-11} 程度であり，

$$R_0^6 = 8.785 \times 10^{-25} \frac{\Phi_D}{n^4}\kappa^2 J \quad [cm^6]$$

(J [$M^{-1} cm^{-1} nm^4$] とすれば，$R_0^6 = 8.785 \times 10^{-11} \frac{\Phi_D}{n^4}\kappa^2 J$ [nm^6])

となる．

非常に弱い相互作用のフェルスター機構は，相互作用エネルギー $\beta = \langle \Psi_F | H' | \Psi_I \rangle$ が電子遷移のバンド幅 Δ や振動準位の幅 δ より非常に小さい場合 ($\Delta \gg \delta \gg \beta$) の双極子-双極子相互作用に対応しており，エネルギー移動の速度定数が R^{-6} に比例する．中間および強い ($\beta \gg \Delta \gg \delta$) 相互作用領域の双極子-双極子相互作用は，励起がある程度非局在化するのであいまいさが残るが，速度が R^{-3} に依存しその速度もフェムト秒領域に入る（図5.4.3）[10]．

b. 配向因子 κ^2

ドナーとアクセプターが 1:1 の場合は，二つの遷移双極子モーメ

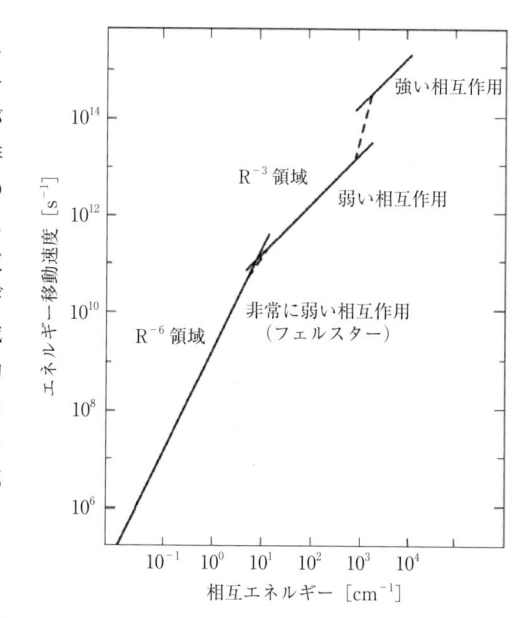

図 5.4.3 相互作用エネルギーとエネルギー移動速度の関係[10]

ントの配向で値が決まり，head-to-tail 型の場合 $\kappa^2=4$，parallel 型の場合 $\kappa^2=1$，直交している場合は $\kappa^2=0$ となる．溶液中や剛体媒質中などの三次元系では，ドナーとアクセプターの分布の平均値をとる必要がある．励起エネルギー移動の前に早い回転緩和により分子配向が平均化された場合（動的平均）は，

$$\langle \kappa^2 \rangle_{AV} = \langle |\sin\theta_D \sin\theta_A \cos\varphi - 2\cos\theta_D \cos\theta_A|^2 \rangle_{AV} = \frac{2}{3}$$

となる．一方，剛体媒質中で配向が統計的にランダム分布し，エネルギー移動の間に分子が動かない場合（静的平均）は，$\langle \kappa^2 \rangle = 0.476$ となる[10]．

アクセプターが膜や固体などの表面に分布している二次元系では以下のように配向因子が求まっている[11]．

① アクセプターがランダムに配置，ドナーの遷移双極子モーメントが面に垂直：$\langle \kappa^2 \rangle = 1/3$
② アクセプターがランダムに配置，ドナーの遷移双極子モーメントが面に平行：$\langle \kappa^2 \rangle = 5/6$
③ アクセプターとドナーが二次元平面上でランダムに配置：$\langle \kappa^2 \rangle = 5/4$

LB 膜などにおける層間エネルギー移動と配向因子に関しては，Kuhn らが詳しく解析している[12]．Osuka らは，亜鉛ポルフィリン（ZnP）とフリーベースポルフィリン（H_2P）を剛直分子で連結したジポルフィリンを合成し，エネルギー移動に及ぼす ZnP と H_2P の遷移双極子モーメントのなす角度，2分子間の距離の関係を解析した（図 5.4.4）[13]．傾きは $8.785 \times 10^{-25} \Phi_D J/n^4 \tau_D \text{ cm}^6 \text{ s}^{-1}$ から求めた値に近く，主に双極子-双極子相互作用によるエネルギー移動が支配しているが，距離が短くなったジポルフィリンでは

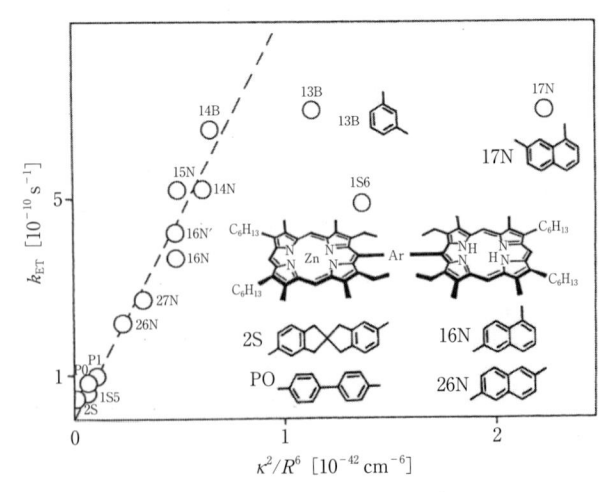

図 5.4.4　ZnP-H2P ジポルフィリンの配向因子 κ^2，分子間距離 R と励起エネルギー移動の関係[13]

直線関係からのずれがみられ，高次の多重極相互作用ないしデクスター型機構によるエネルギー移動が寄与している可能性を指摘している．

c. 双極子-四極子相互作用

ドナーないしアクセプターのどちらかの遷移双極子モーメントが0に近い場合，あるいはドナーとアクセプター距離が非常に近い場合などに多重極子間相互作用が働くことがある．とくに遷移金属やランタノイドおよびそのイオンなどは禁制のd-d遷移ないしf-f遷移があり，遷移双極子と遷移四極子モーメントの差が小さく多重極子間相互作用が働きやすい．双極子-四極子相互作用はそのなかでも最も起こりやすい相互作用である．デクスターは，ドナーとアクセプターの双極子-四極子相互作用エネルギーを摂動ハミルトニアンとしてエネルギー移動の速度定数 $k_{ET(d-q)}$ を求めた[14]．

$$k_{ET(d-q)} = \frac{135\pi\alpha\hbar^9 c^8}{4n^6 \tau_D^0 \tau_A^{(q)} R^8} \int \frac{f_D(E) F_A(E)}{E^8} dE \tag{10}$$

下付きの d-q は dipole-quadrupole 相互作用を示し，$f_D(E)$, $F_A(E)$ はエネルギー E で表記した規格化したドナーの発光スペクトルとアクセプターの吸収スペクトルである．α は定数（$\alpha = 1.266$），τ_D^0 はドナーの（遷移双極子モーメントに対する）自然輻射寿命，$\tau_A^{(q)}$ はアクセプターの遷移四極子モーメントに対する自然輻射寿命である．一般的には遷移双極子に比べて遷移四極子の振動子強度は $\sim 10^{-7}$ 程度であり，$\tau_A^{(q)} \sim 0.1$ s のオーダーである．一方，$k_{ET(d-d)}$ と $k_{ET(d-q)}$ の式の類似性から，エネルギー移動の速度定数の比は，

$$\frac{k_{ET(d-q)}}{k_{ET(d-d)}} \approx \frac{45\alpha}{4\pi^2} \left(\frac{n\lambda}{R}\right)^2 \frac{\tau_A^0}{\tau_A^{(q)}} \quad (\tau_A^0 \text{ はアクセプターの遷移双極子の自然輻射寿命})$$

と求まっている[14]．これと式（8）の関係を用いて，式（10）と形式が少し異なる次式が得られている[15]．

$$k_{ET(d-q)} = 3.0 \times 10^{12} \frac{f_{Aq} \lambda_D^2}{\tau_D^0 R^8} \int \frac{f_D(E) F_A(E)}{E^4} dE \tag{11}$$

ここで，f_{Aq} はアクセプターの遷移四極子の振動子強度，λ_D はドナーの発光波長（Å），E は eV 単位にとってある．臨界移動距離 $R_{0(d-q)}$ を定義すると，$k_{ET(d-q)}$ は R^{-8} に比例する．

$$R_{0(d-q)}^8 = 3.0 \times 10^{12} f_{Aq} \lambda_D^2 \int \frac{f_D(E) F_A(E)}{E^4} dE, \quad k_{ET(d-q)} = \frac{1}{\tau_D^0} \left(\frac{R_{0(d-q)}}{R}\right)^8 \tag{12}$$

無機材料にドープしたランタノイドの Eu^{2+} から Mn^{2+} の d-d 遷移へのエネルギー移動は，双極子-四極子相互作用によるエネルギー移動であり，Mn^{2+} の遷移双極子の振動子強度 $f_{Ad} \sim 10^{-7}$，遷移四極子の振動子強度 $f_{Aq} \sim 10^{-10}$ などから，$R_{0(d-q)} \sim 1.1$ nm と求まっている[15]．四極子-四極子相互作用によるエネルギー移動では $k_{ET(q-q)}$ が R^{-10} に比例する．

d. デクスター機構[14]

エネルギー移動（$D^* + A \rightarrow D + A^*$）において，始状態 Ψ_I と終状態 Ψ_F をスピンの波動関数 S も含めて電子の交換に対して反対称な関数にすると，

$$\Psi_I = \frac{1}{\sqrt{2}}[\phi_{D^*}(1)\chi_D S_{D^*}(1)\phi_A(2)\chi_A S_A(2) - \phi_{D^*}(2)\chi_D S_{D^*}(2)\phi_A(1)\chi_A S_A(1)]$$

$$\Psi_F = \frac{1}{\sqrt{2}}[\phi_D(1)\chi_D S_D(1)\phi_{A^*}(2)\chi_{A^*} S_{A^*}(2) - \phi_D(2)\chi_D S_D(2)\phi_{A^*}(1)\chi_{A^*} S_{A^*}(1)]$$

したがってフェルミの黄金則の積分項 $\langle H' \rangle = \langle \Psi_F | H' | \Psi_I \rangle$ は，以下のように求まる．

$$\langle H' \rangle = \langle \phi_D(1)\phi_{A^*}(2)|H'|\phi_{D^*}(1)\phi_A(2)\rangle \langle \chi_D|\chi_{D^*}\rangle \langle \chi_{A^*}|\chi_A\rangle \langle S_D(1)|S_{D^*}(1)\rangle \langle S_{A^*}(2)|S_A(2)\rangle$$
$$-\langle \phi_D(1)\phi_{A^*}(2)|H'|\phi_{D^*}(2)\phi_A(1)\rangle \langle \chi_D|\chi_{D^*}\rangle \langle \chi_{A^*}|\chi_A\rangle \langle S_D(1)|S_A(1)\rangle \langle S_{A^*}(2)|S_{D^*}(2)\rangle$$

最初の項はクーロン項で，$S_D = S_{D^*}$，$S_A = S_{A^*}$ でない限り 0 となる．スピンが遷移の前後で変化しない場合のみ励起エネルギー移動が起こり，フェルスター機構に対応する．第 2 項は交換積分であり，$S_D = S_A$, $S_{D^*} = S_{A^*}$ のときにのみ値をもつ．すなわち，D と A のスピン状態は同時に変わってもよい．また交換積分は D と A の距離が近いときにのみ値をもつ．第 2 項がデクスター機構に対応する．またすべてのクーロン積分が 0 の場合でも交換相互作用によってエネルギー移動が起こる．デクスターは，交換積分が D-A 間の距離 R に対し指数関数的に減衰するものとし，交換相互作用によるエネルギー移動の速度定数 $k_{ET(ex)}$ が次式で表されるものと考えた[14]．

$$k_{ET(ex)} = \frac{2\pi}{\hbar} Z^2 \int f_D(E) F_A(E) dE, \quad Z^2 \approx K \exp\left(-\frac{2R}{L}\right) \tag{13}$$

L は，D と A の励起状態と基底状態の有効ボーア半径，K は分光学的データからは求まらない定数である．デクスター機構が作用しているかどうか実験的に確認するためには，速度定数が分子間距離に対し指数関数的なふるまいをするのか，L の値は妥当か（ポルフィリンでは $L = 0.48$ nm）[16] などによって判断する．またドナーおよびアクセプターのスピン状態がともに保存されるエネルギー移動（$S_1 \rightarrow S_0$ と $S_1 \leftarrow S_0$ ないし $S_n \leftarrow S_1$, $S_1 \rightarrow S_0$ と $T_n \leftarrow T_1$ など）では，フェルスター機構とデクスター機構の両方が作用する可能性があるが，S-T 遷移に由来する三重項エネルギー移動はデクスター機構しか起こらない．Harvey らは，亜鉛ポルフィリン（ZnP）とフリーベースポルフィリン（H_2P）が face-to-face で重なったジポルフィリンを合成し，励起一重項のエネルギー移動において距離の長い領域ではフェルスター機構が支配的であるが，0.5 nm 以下ぐらいの距離からデクスター型の距離依存性 $\exp(-2R/0.48)$ にしたがうことを示した[17]．

e. エネルギー移動ダイナミクス―次元性とフラクタル―

ドナーと相互作用するアクセプターが一つだけで配向が固定されているとしよう．エネルギー移動の速度定数 k_{ET} は分子間距離や配向によってユニークに決まり，ドナーの蛍光減衰曲線は単一指数関数で表されエネルギー移動のぶんだけ寿命が短くな

る（$\tau^{-1} = \tau_D^{-1} + k_{ET}$）．しかしドナーの周りにアクセプターが複数存在する系の集団測定では，ドナーやアクセプターの空間分布を考慮した平均値としての取扱いが必要となる．フェルスターは，固体中でドナー周りをアクセプターが三次元的に均一ランダムに取り囲んだ場合の双極子-双極子相互作用によるドナーの蛍光減衰曲線 $n_{3D}(t)$ の式を導出し，低いアクセプター濃度で非指数関数的なふるまいをすることを示した[6,18]．

$$n_{3D}(t) = n_0 \exp\left[-\frac{t}{\tau_D} - \gamma_A\left(\frac{t}{\tau_D}\right)^{1/2}\right], \quad \gamma_A = n_A \frac{4}{3}\pi^{3/2}R_0^3 \qquad (14)$$

$n_A(4/3)\pi R_0^3$ は，半径 R_0 の球体積中に含まれるアクセプターの数である．高密度励起をした場合，励起状態分子がアクセプターになる場合がある．その場合はアクセプター濃度が時間変化するので，ドナーの減衰曲線は非線形方程式の解で表される．剛体溶媒中ピレンの高密度励起による蛍光減衰曲線解析から，$S_1 \to S_0$ 蛍光と $S_n \leftarrow S_1$ 吸収の重なり積分が大きい場合はフェルスター型双極子-双極子相互作用によるエネルギー移動が S_1-S_1 消滅のメカニズムになることが示されている[19]．Δ 次元の多重極相互作用（速度定数 $k_{ET}(R) = \tau_D^{-1}(R_0/R)^s$，$s = 6$ for dipole-dipole，$s = 8$ for dipole-quadrupole，$s = 10$ for quadrupole-quadrupole）によるドナーの蛍光減衰曲線も解析されている[20,21]．アクセプター蛍光の時間発展に関しては，Dawson 積分を含んだ式で記述できる[21]．

エネルギー移動がデクスター型で起こる場合，三次元系におけるドナーの減衰曲線は Inokuti-Hirayama の式[22] で与えられる．

$$n_{3D(ex)}(t) = n_0 \exp\left[-\frac{t}{\tau_D} - \frac{4\pi}{3}R_0^3 n_A \left(\frac{2}{L}\right)^{-3} g_3\left(\frac{t}{\tau_D}e^{\gamma R_0}\right)\right], \qquad (15)$$

$$g_3(u) \approx (\ln u)^3 + 1.73165(\ln u)^2 + 5.93434 \ln u + 5.44487$$

γ は式 (13) の $k_{ET(ex)}$ を交換相互作用の臨界移動距離 R_0 を用いて次のように書き換えたときの定数である．

$$k_{ET(ex)} = \frac{1}{\tau_D}\exp[\gamma(R_0 - R)], \quad \gamma = \frac{2}{L}, \quad \frac{e^{\gamma R_0}}{\tau_D} = \frac{2\pi}{\hbar}K\int f_D(E)F_A(E)\,dE$$

式 (15) は，三重項エネルギー移動におけるドナーのりん光ダイナミクスを解析するのに用いられている[23,24] が，短い時間領域では実験値が理論より遅い減衰を示す．交換相互作用によるエネルギー移動は R_0 が小さい（benzophenone-naphthalene 系で $R_0 \sim 1$ nm）ので分子間の最近接距離を考慮する必要があり，それを考慮した式により実験データをよく再現できることが報告されている[24,25]．

ドナーの減衰曲線や消光比はアクセプターの存在している領域の次元性によって大きく異なる．これまでの議論ではドナーやアクセプターが空間の均一な格子点にランダムに分布すると考えたが，吸着などにより不均一分布になる場合もある．不均一分布の代表例はフラクタル構造であり，DLA（diffusion limited aggregate）などがそれに当たる．フラクタル構造は自己相似性をもっており，それを特徴づける変数はフ

ラクタル次元 $\bar{d}$ で, 距離 R の範囲に存在している格子点の数 $M(R)$ はスケール変換 mR によって $M(mR) \propto R^{\bar{d}} m^{\bar{d}}$ となる. フラクタル構造上のドナーからアクセプターへの直接的なエネルギー移動が Klafter, Blumen らによって理論解析された[26,27]. s を次数とする多重極相互作用の場合, ドナーの減衰曲線は次式で与えられる[26].

$$n(t) = n_0 \exp\left[-\frac{t}{\tau_D} - \gamma_A\left(\frac{t}{\tau_D}\right)^\beta\right] \quad (16)$$

ここで $\beta = \bar{d}/s$, $\gamma_A = x_A(d/\bar{d})V_d R_0^{\bar{d}} \Gamma(1-\beta)$, x_A はフラクタルサイトをアクセプターが占める割合, d はユークリッド次元, V_d は d 次元の単位球体積 ($d=3: V_d = 4\pi/3$, $d=2: V_d = \pi$) である. アニオン性ベシクル上にカチオン性色素を吸着させた系はフラクタル型エネルギー移動の式(16)でよく解析でき, ドナー分子の種類によらず $\bar{d} = 1.3$ が求まっている (図 5.4.5)[28]. ポーラスシリカに吸着した色素分子間のエネルギー移動ダイナミクスもフラクタル解析されている[29].

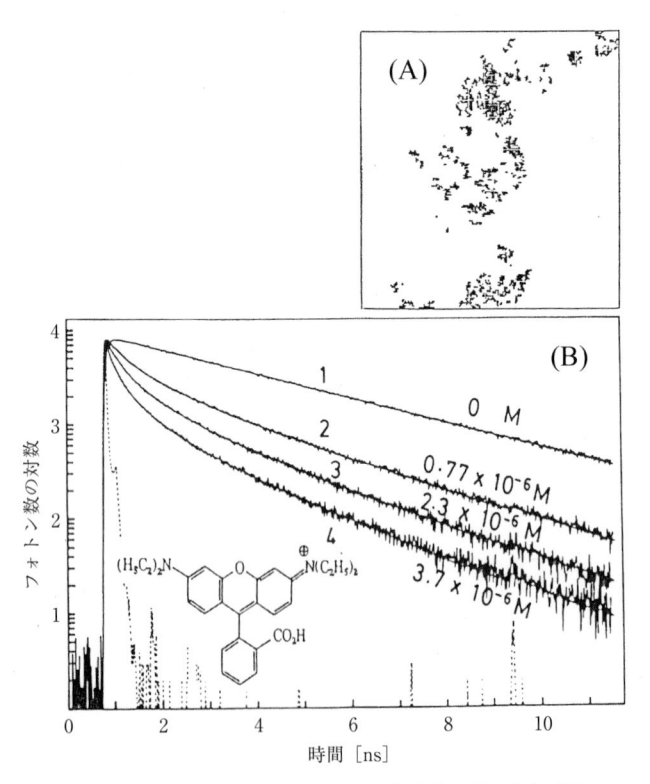

図 5.4.5 (A) Levy flight によるフラクタル次元 $\bar{d}=1.3$ の分布, (B) ローダミン (rhodamine) B の蛍光減衰曲線のマラカイトグリーン (malachite green) 濃度依存性 ($0 \sim 3.7 \times 10^{-6}$ M) と励起エネルギー移動のフラクタル解析 ($\bar{d} = 1.32 \pm 0.05$)[28]

f. エネルギー移動の拡散効果

固体や吸着系と異なり，溶液中ではドナーやアクセプターの平均距離が拡散によって変化するので，エネルギー移動が大きな影響を受ける．三次元系でドナーの蛍光寿命 τ_D の間に拡散する距離は，D を拡散係数とすると $(6D\tau_D)^{1/2}$ で与えられる．この拡散距離とドナー-アクセプター間の平均距離 R の大小関係により次の二つのケースに分類できる．

A. $6D\tau_D \gg R^2$ の場合

溶液中で拡散がエネルギー移動の速度に比べて非常に速い場合，拡散限界と呼ばれエネルギー移動が律速となる．ドナーは $\tau^{-1} = \tau_D^{-1} + k_T[A]$ の寿命をもった単一指数関数で減衰し，次の Stern-Volmer の式が成立する[10]．$I_D(0)$, $I_D(A)$ はアクセプターがないときとあるときのドナーの蛍光強度である．

$$\frac{I_D(0)}{I_D(A)} = 1 + k_T \tau_D [A], \quad k_T = 4\pi N_a \int_{R_c}^{\infty} k_{ET}(R) R^2 dR \tag{17}$$

双極子-双極子相互作用の場合，式（9）を用いると，$k_T = (4\pi/3) N_a R_0^3 \tau_D^{-1} (R_0/R_c)^3$ が得られる．ここで，N_a はアボガドロ定数（濃度 [A] を個数単位にするため），R_c は最近接距離である．交換相互作用の場合，式 (13) に R_c の寄与，$Z^2 \approx K \exp[-2(R-R_c)/L]$，を取り入れて $k_{ET(ex)} = k_0 \exp[-2(R-R_c)/L]$ とすれば，$k_T = \pi N_a k_0 L [2R_c^2 + 2R_c L + L^2]$ が得られる．

また，エネルギー移動が律速でアクセプターが速い拡散によってドナー周りをさまよい歩くことは，固体中でアクセプター濃度が高い場合のふるまいとほぼ同等であると見なすことができる．したがって固体中でドナー周りにアクセプターが高濃度で存在している場合，式 (14) と異なりドナーは単一指数関数で減衰する[20]．

一般に溶液中の小さな分子の拡散係数は $D < 10^{-8}$ m^2 s^{-1} (H_2O: $D = 2.3 \times 10^{-9}$ m^2 s^{-1} at 25℃) なので，ドナーの発光寿命が数十 μs〜ms ぐらいにならないと速い拡散限界の条件にならない[10]．したがって，長い寿命をもつ遷移金属やランタノイドなどのイオンを除いて，溶液中におけるほとんどの有機分子のエネルギー移動は拡散の効果を考慮した理論式を用いる必要がある．

B. $6D\tau_D \sim R^2$ の場合

エネルギー移動に拡散の効果をあらわに取り入れた式として，フェルスターのアプローチを併用して拡散方程式を解析した Yokota-Tanimoto 理論[30]，確率論的アプローチにより一般化した Yokota-Tanimoto 式を導いた Allinger-Blumen 理論[32]，pair probability density の方法を用いて解析した Gösele-Hauser-Klein 理論[33]などがある．Gösele らは $k_{ET}(R)$ がフェルスター型の双極子-双極子相互作用で表される場合，ドナーの減衰曲線 $n_D(t)$ を次のように求めた．

$$n_D(t) = n_0 \exp\left[-\frac{t}{\tau_D} - 4\pi D R_F n_A t - \gamma_A \left(\frac{t}{\tau_D}\right)^{1/2}\right], \text{ for } \frac{R_F}{R_c} > 1, \gamma_A = n_A \frac{4}{3} \pi^{3/2} R_0^3 \tag{18}$$

R_c は最近接距離，R_F は有効トラッピング半径 $R_F \approx 0.676 (R_0^6/\tau_D D)^{1/4}$，$D$ は拡散係数

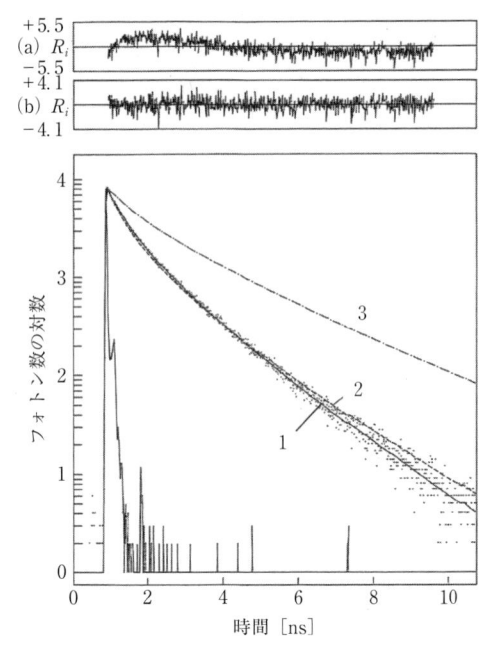

図 5.4.6 ローダミン 6G-マラカイトグリーン (3.1×10^{-3} M)/H_2O 系の励起エネルギー移動ダイナミクス[35] (…) 実験値, (1) 式 (18) による解析 ($R_0=59.0\pm0.5$ Å, $D=(8.4\pm1.2)\times10^{-10}$ m^2 s^{-1}) と残差 b, (2) 拡散を考慮しない式 (14) ($R_0=62.7$ Å) と残差 a, (3) 拡散を考慮しない (14) と式 (9) による R_0 の計算値 ($R_0=60.2$ Å) を使用.

($D=D_D+D_A$) である.式 (18) はエネルギー移動に比べて拡散の寄与が小さい場合に対応するが,他の理論より式の形が単純であり,非線形最小二乗法を用いて実験データを解析する場合に有効である.この理論の有効性が,水やアルコール中における色素分子間のエネルギー移動に対して確かめられている[34,35] (図 5.4.6).これまで D を物質の拡散係数として考えてきたが,同種分子間のエネルギー移動(エネルギー輸送,エネルギーマイグレーション)がある場合には,その速度をエネルギーの拡散係数として取り扱うこともできる.この取扱いは遅い時間領域で有効であるが,ピコ秒領域では式 (18) からのずれが観測されており,時間の短い領域ではエネルギーマイグレーションが非拡散的であると考えられている[34].エネルギーマイグレーションの理論的取扱いはいくつか報告されており,代表的なものとして Green 関数の方法を用いて解析した Anderson, Fayer らの GAF 理論や LAF 理論[36]がある.マイグレーションによる偏光解消やトラッピングのダイナミクスがこれらの理論で解析されている.

g. 光合成系のコヒーレントエネルギー移動

　光合成系では，励起エネルギーが100％近い効率で反応中心まで運ばれており，室温というゆらぎの多い環境のなかでの高効率性やメカニズムに多くの興味が集まっている．Fleming らは，緑色硫黄細菌中の Fenna-Matthews-Olson（FMO）バクテリオクロロフィル複合体を用い低温77 K におけるエネルギー移動をコヒーレント二次元電子分光で解析した[37]．その結果，励起エネルギーが色素分子のわずかなエネルギー勾配にそってインコヒーレントにホッピングするのではなく，励起色素分子間に量子コヒーレンスが存在しコヒーレントなエネルギー移動が起こっていることが明らかになった．同様な実験が真核生物藻類の Cryptophyte アンテナタンパク質（PC645）を用いて行われ，量子コヒーレンスは室温でも存在していること[38]，高等植物のアンテナである LHC II においてもエネルギー移動にコヒーレンスが保たれており，光合成系における一般的な現象であることが示された[39]．光合成系のエネルギー移動では励起エネルギーが複数の色素にほぼ同時に存在しており，励起エネルギーの局在場所を特定できない代わりに常に最短ルートを見つけだしているといえる．コヒーレントなエネルギー移動は，エネルギー的に不均一なゆらぎのある系に最も相応しいロバストなメカニズムと考えられる．

　光合成系ではタンパク質環境中の色素が周りのローカルなフォノンとカップリングしており，エネルギー移動は非平衡なフォノン状態を経由して起こると考えられる．非平衡フォノンを考慮することにより従来の理論よりもはるかに長いコヒーレンスが予測されている[40]．しかし，観測されたコヒーレントビートがアンサンブル効果（fake decoherence）によるものかもしれないという指摘もあり[41,42]，今後，単一分子分光による量子コヒーレンス測定などの実験や理論の双方の発展が期待される．

〔玉井尚登〕

文献・注

1) J. Perrin : *C. R. Hebd. Séances Acad. Sci.*, **184** (1927), 1097.
2) R. M. Clegg : Reviews in Fluorescence 2006, vol. 3 (C. D. Geddes and J. R. Lakowicz, eds.), Springer, 2006, [1-45].
3) F. Perrin : *Ann. Chim. Physique.*, **17** (1932), 283 ; *Ann. Institut Poincare*, **3** (1933), 279.
4) (a) J. R. Oppenheimer : *Phys. Rev.*, **60** (1941), 158 ; (b) W. Arnold and J. R. Oppenheimer : *J. Gen. Physiol.*, **33** (1950), 423.
5) Th. Förster : *Naturwissenschaften*, **6** (1946), 166-175 ; *Ann. Phys.*, **2** (1948), 55.
6) Th. Förster : Fluoreszenz Organischer Verbindungen, Vandenhoeck and Ruprecht, 1951, Göttingen.
7) Th. Förster : Modem Quantum Chemistry, Part III (O. Sunanoglu, ed.), Academic Press, New York, 1965, [93-137].
8) 垣谷俊昭：光・物質・生命・反応（上・下），丸善，1998.
9) FRET は，fluorescence resonance energy transfer の略としても用いられている．
10) B. Valeur : Molecular Fluorescence, Wiley-VCH, 2002.

11) H. Kellerer and A. Blumen : *Biophys. J.*, **46** (1984), 1.
12) (a) K. Drexhage, et al. : *Ber. Bunsenges Phys. Chem.*, **67** (1963), 62 ; (b) H. Kuhn : *J. Chem. Phys.*, **53** (1970), 101 ; (c) H. Kuhn, et al. : Phys. Methods of Chem. vol. 1 (A. Weissberger and B. Rossiter, eds.), Wiley, New York, 1972, [577-702].
13) A. Osuka, et al. : *Chem. Phys. Lett.*, **165** (1990), 392.
14) D. L. Dexter : *J. Chem. Phys.*, **21** (1953), 836.
15) W-J. Yang, et al. : *Chem. Mat.*, **17** (2005), 3883.
16) J. P. Fillers, et al. : *J. Am. Chem. Soc.*, **108** (1986), 417.
17) S. Faure, et al. : *J. Am. Chem. Soc.*, **126** (2004), 1253.
18) Th. Förster : *Z. Naturforsch. Teil A*, **4** (1949), 321.
19) N. Nakashima, et al. : *J. Phys. Chem.*, **79** (1975), 1788.
20) A. Blumen and J. Manz : *J. Chem. Phys.*, **71** (1979), 4694.
21) M. Hauser, et al. : *Z. Phys. Chem. Neue Folge*, **101** (1976), 255.
22) M. Inokuti and F. Hirayama : *J. Chem. Phys.*, **43** (1965), 1978.
23) H. Kobashi, et al. : *Chem. Phys. Lett.*, **20** (1973), 376.
24) A. Hara and Y. Gondo : *J. Chem. Phys.*, **85** (1986), 1894.
25) S. Taen : *J. Chem. Phys.*, **108** (1998), 6857.
26) J. Klafter and A. Blumen : *J. Chem. Phys.*, **80** (1984), 875.
27) P. Levitz, et al. : *J. Chem. Phys.*, **89** (1988), 5224.
28) I. Yamazaki, et al. : *J. Phys. Chem.*, **94** (1990), 516.
29) D. Pines, et al. : *J. Chem. Phys.*, **89** (1988), 1177.
30) M. Yokota and O. Tanimoto : *J. Phys. Soc. Jpn.*, **22** (1967), 779.
31) I. R. Martín, et al. : *J. Chem. Phys.*, **111** (1999), 1191.
32) K. Allinger and A. Blumen : *J. Chem. Phys.*, **72** (1980), 4608.
33) (a) U. Gösele, et al. : *Z. Phys. Chem. Neue Folge*, **99** (1976), 81 ; (b) U. Gösele, et al. : *Chem. Phys. Lett.*, **34** (1975), 519 ; (c) U. K. A. Klein, et al. : *Chem. Phys. Lett.*, **41** (1976), 139.
34) D. P. Millar, et al. : *J. Chem. Phys.*, **75** (1981), 4649.
35) N. Tamai, et al. : *Chem. Phys. Lett.*, **120** (1985), 24.
36) (a) C. R. Gochanour, et al. : *J. Chem. Phys.*, **70** (1979), 4254 ; (b) R. F. Loring, et al. : *J. Chem. Phys.*, **76** (1982), 2015.
37) G. S. Engel, et al. : *Nature*, **446** (2007), 782.
38) E. Collini, et al. : *Nature*, **463** (2010), 644.
39) T. R. Calhoun, et al. : *J. Phys. Chem. B*, **113** (2009), 16291.
40) A. Ishizaki and G. R. Fleming : *J. Chem. Phys.*, **130** (2009), 234111 ; *PNAS*, **106** (2009), 17255.
41) K. M. Pelzer, et al. : *J. Chem. Phys.*, **136** (2012), 164508.
42) A. Ishizaki and G. R. Fleming : *J. Phys. Chem. B*, **115** (2011), 6227.

5.4.2 励起状態反応

電子励起状態の分子は，基底状態の分子に比べて高いエネルギーを有し，分子内の

電荷分布が大きく変化しているため,結合解離,転位反応,異性化反応,電子移動反応,プロトン移動反応など,さまざまな反応を起こす.以下に凝縮相における分子間および分子内プロトン移動反応を例として,励起状態反応について解説する.

a. 分子間プロトン移動反応

励起状態プロトン移動反応に関する先駆的研究としては,Weller による 1- および 2-ナフトール(ROH)に関する研究が知られている[1].ROH を水溶液中で光励起すると,発光波長の異なる2種類の化学種からの発光(二重蛍光)が観測される.Weller は短波長側の発光が中性型の励起状態 ROH* に由来し,長波長側の発光は ROH* が励起状態でプロトン解離して生じたアニオン体の励起状態 RO⁻* によることを報告している.分子間プロトン移動反応には,この例のような励起分子から溶媒へのプロトン移動反応に加えて,励起分子から塩基へのプロトン移動反応,分子間水素結合二量体内における光誘起プロトン移動反応などが含まれる.励起分子から溶媒へのプロトン移動反応は,最も一般的な励起状態分子間プロトン移動反応で,芳香族ヒドロキシ化合物,プロトン付加した芳香族アミン類などにおいてみられる[2].

図5.4.7 に芳香族アミン類 RNH_2 の基底状態および励起状態における酸塩基平衡反応を示す.ここで,k_0,k_0' はそれぞれプロトン付加体,解離体の緩和過程(蛍光,内部変換,項間交差)の速度定数の和,k_{dis} は励起状態におけるプロトン解離反応速度定数,k_{rec} はプロトン付加反応速度定数,k_q' はプロトンとの衝突により誘起される消光反応の速度定数を示す.k_{dis},k_{rec} の値はパルス光励起による時間分解蛍光測定により,次のような動力学的解析で求めることができる.アニリン水溶液($pK_a = 4.6$)を例として考える.アニリン(RNH_2)は,pH が 4.6 より小さい水溶液中では,主にプロトン付加したアニリニウムイオン(RNH_3^+)として存在する.図5.4.8 に pH の

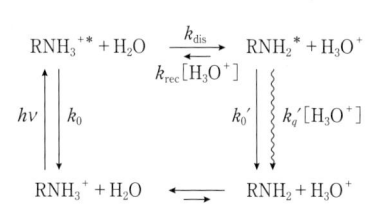

図5.4.7 芳香族アミン類 RNH_2 の基底状態および励起状態における酸塩基反応

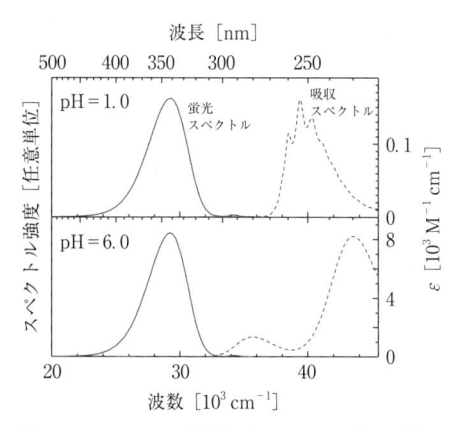

図5.4.8 アニリン水溶液(pH = 1.0, 6.0)の吸収・蛍光スペクトル

値が1.0, 6.0のアニリン水溶液の吸収スペクトル（Abs.）と蛍光スペクトル（Fluo.）を示す．図の横軸はエネルギー差がわかるように，波長を波数に変換して表示されている．pHの値がアニリニウムイオンのpK_a（=4.6）よりも小さい1.0の溶液の吸収スペクトルは，アニリニウムイオンの吸収に対応し，pHの値がpKaよりも大きい6.0の水溶液の吸収スペクトルはアニリンの吸収に対応している．pH=1.0の溶液の蛍光スペクトルは，アニリニウムイオンを励起しているにもかかわらず，pH=6.0の溶液と同様にアニリンの蛍光スペクトルを与えている．これは，プロトン付加体RNH_3^+を励起すると，励起一重項（S_1）状態でプロトン解離反応（溶媒へのプロトン放出）が起こり，蛍光は主にプロトン解離体の励起状態（RNH_2^*）から観測されることを示している．ここで十分時間幅の短いパルス光を使ってプロトン付加体RNH_3^+を瞬間的に光励起すると，RNH_3^+，RNH_2のS_1状態の濃度$[RNH_3^{+*}]$，$[RNH_2^*]$は，速度式（1），（2）にしたがう．

$$\frac{d[RNH_3^{+*}]}{dt} = -(k_0+k_{dis})[RNH_3^{+*}] + k_{rec}[H_3O^+][RNH_2^*] \quad (1)$$

$$\frac{d[RNH_2^*]}{dt} = -\{k_0' + (k_{rec}+k_q')[H_3O^+]\}[RNH_2^*] + k_{dis}[RNH_3^{+*}] \quad (2)$$

RNH_3^+のS_1状態の初濃度を$[RNH_3^{+*}]_0$，$k_0+k_{dis}=X$，$k_0'+(k_{rec}+k_q')[H_3O^+]=Y$として，これらの連立微分方程式を解くと，$[RNH_3^{+*}]$，$[RNH_2^*]$の時間変化は式（3），（4）で与えられる．

$$[RNH_3^{+*}] = \frac{[RNH_3^{+*}]_0}{\lambda_2-\lambda_1}\{(\lambda_2-X)\exp(-\lambda_1 t) + (X-\lambda_1)\exp(-\lambda_2 t)\} \quad (3)$$

$$[RNH_2^*] = \frac{k_{dis}[RNH_3^{+*}]_0}{\lambda_2-\lambda_1}\{\exp(-\lambda_1 t) - \exp(-\lambda_2 t)\} \quad (4)$$

ここで

$$\lambda_{1,2} = \frac{1}{2}[(X+Y) \mp \{(X-Y)^2 + 4k_{dis}k_{rec}[H_3O^+]\}^{1/2}] \quad (5)$$

$$\lambda_1 + \lambda_2 = (k_0+k_0'+k_{dis}) + (k_{rec}+k_q')[H_3O^+] \quad (6)$$

である．図5.4.9はpH=1.0の水溶液中のアニリニウムイオンを266 nmのフェムト秒レーザー光（パルス幅約250 fs；1 fs=10^{-15} s）で励起して得られたアニリンの蛍光（340 nm）の立ち上がり減衰曲線を示す．この発光の時間変化を式（4）のRNH_2^*の濃度変化に当てはめることにより，λ_1，λ_2の値を決定することができる．

さらにpHの異なる溶液について，式（6）にしたがって$[H_3O^+]$に対

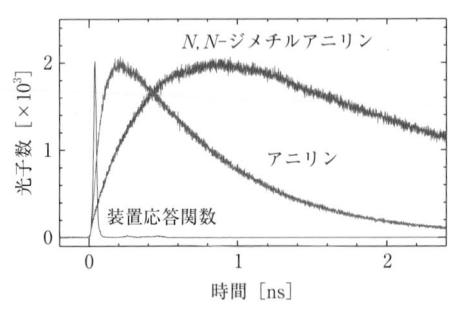

図5.4.9 アニリン，N,N-ジメチルアニリンのプロトン付加体を励起して得られたプロトン解離体の蛍光の立ち上がり減衰曲線

して $\lambda_1+\lambda_2$ をプロットすることにより,直線の切片と傾きから $(k_0+k_0'+k_{dis})$, $(k_{rec}+k_q')$ の値が求められる.アニリンの場合,$(k_0+k_0'+k_{dis})$,$(k_{rec}+k_q')$ の値はそれぞれ $1.6\times10^{10}\,\mathrm{s}^{-1}$,$<10^8\,\mathrm{M}^{-1}\,\mathrm{s}^{-1}$ となり,k_0 と k_0' の値を別の実験で見積もることにより,励起状態におけるプロトン解離速度定数は $1.4\times10^{10}\,\mathrm{s}^{-1}$ と求められている[3].図5.4.9からわかるように N,N-ジメチルアニリンのプロトン付加体の励起状態でのプロトン解離速度は,アニリンに比べてかなり遅い.

アニリンの S_1 状態は,アミノ基の構造が sp^3 的ピラミッド型構造から sp^2 的平面構造に変化し,アミノ基からフェニル環側へ分子内電荷移動した構造を有する.その結果,プロトン付加体(アニリニウムイオン)からの解離速度が促進され,逆にアミノ基へのプロトン付加速度は低下する.アニリニウムイオンの S_1 状態におけるプロトン解離速度は,芳香環に置換基を導入すると大きく変化し,アミノ基のメタ位に電子吸引性基が置換すると著しく増加し,電子供与性基が置換すると大きく減少する.一方,置換基をパラ位に導入した場合は,プロトン解離速度にわずかな変化しかみられない[4].同様の置換基効果がフェノール類の励起状態プロトン移動反応でも見いだされている[5].これまで報告されている溶媒へのプロトン移動反応のなかで最も速い反応として,Huppert らはフェノール骨格を含むシアニン系化合物 QCy9 の水中での励起状態プロトン解離速度について,$1\times10^{13}\,\mathrm{s}^{-1}$ という速度定数を報告している[6].

ナフトールのような芳香族ヒドロキシ化合物 ROH では,プロトン解離体 RO^- と放出されたプロトンの間にクーロン引力が働くため,励起状態プロトン解離に続いて RO^{-*} と H^+ の間で再結合反応が起こり,ROH^* の蛍光は非指数関数的な減衰を示すことがある[7].

b. 分子内プロトン移動反応

励起状態分子内プロトン移動反応を示す例として,サリチル酸およびサリチル酸メチル溶液が古くから知られている.これらの溶液に紫外光を照射すると,紫外領域と青色領域に二重蛍光を示す.Weller は紫外領域の蛍光は親分子による蛍光,長波長側の青色蛍光は,光誘起互変異性化反応すなわちヒドロキシプロトンのカルボニル酸素への分子内移動反応によって生じた互変異性体によるとして,励起状態における分子内プロトン移動反応の存在をはじめて示した[8].その後,さまざまな系で励起状態分子内プロトン移動反応が報告されている[9].

紫外線吸収剤として使われている2-ヒドロキシフェニルベンゾトリアゾール誘導体,2-ヒドロキシベンゾフェノン誘導体,サリチル酸誘導体は,どれも分子内に水素結合(OH−O もしくは OH−N)をもつ系である.これらの化合物はいずれもほとんど蛍光を示さず,励起状態から速やかに無輻射失活する.その失活機構は,光励起によって起こる分子内プロトン移動サイクルによって説明できる.Elsaesser らは 2-(2′-hydroxy-5′-methylphenyl) benzotriazole(Tinuvin P)について,フェムト秒レーザーパルスを使った過渡吸収測定を行い,図5.4.10のような緩和機構を明らかにし

ている[10]．図 5.4.10 の横軸は OH プロトンの移動に対応する座標である．エノール型（二重結合炭素に OH 基が直接結合している構造）の S_1 状態からの分子内プロトン移動反応は，有機溶媒中では 100 fs で起こりケト型の励起状態 S_1' が生成する．S_1' は 150 fs という非常に短い時間内に S_0' へ無輻射失活し，約 500 fs でもとの S_0（基底状態）へ逆プロトン移動する．ここで 1 fs（1 フェムト秒）は 10^{-15} 秒，1 ps（1 ピコ秒）は 10^{-12} 秒である．すなわち，Tinuvin P の分子内プロトン移動サイクルは，1 ps（10^{-12} 秒）というきわめて短い時間内に完結するため，励起三重項状態へ項間交差する前に素早く失活する．このプロトン移動サイクルは，吸収した光エネルギーを素早く熱エネルギーに変換していることに相当しており，Tinuvin P が紫外線吸収剤として利用されている理由が理解できる．

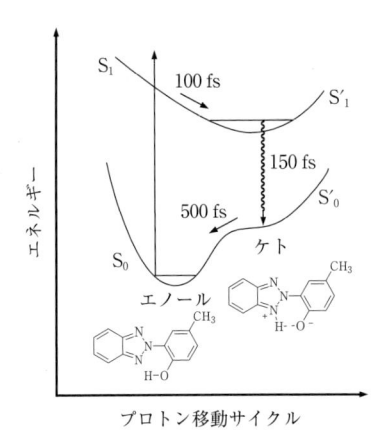

図 5.4.10　Tinuvin P の分子内プロトン移動サイクル

〔飛田成史〕

文献・注

1) A. Weller : *Z. Elektrochem.*, **56** (1952), 662.
2) L. G. Alnaut and S. J. Formosinho : *J. Photochem. Photobiol. A : Chem.*, **75** (1993), 1.
3) S. Tajima, *et al.* : *Phys. Chem. Chem. Phys.*, **4** (2002), 3376.
4) S. Shiobara, *et al.* : *Chem. Phys. Lett.*, **380** (2003), 673.
5) S. Kaneko, *et al.* : *J. Phys. Chem. A*, **113** (2009), 3021.
6) R. Simkovitch, *et al.* : *J. Phys. Chem. B*, in press.
7) N. Agmon : *J. Phys. Chem. A*, **109** (2005), 13.
8) A. Weller : *Z. Elektrochem. Ber. Bunsenges. Phys. Chem.*, **60** (1956), 1144.
9) S. J. Formosinho and L. G. Alnaut : *J. Photochem. Photobiol. A : Chem.*, **75** (1993), 21.
10) C. Chudoba, *et al.* : *Chem. Phys. Lett.*, **263** (1996), 622.

5.4.3　光誘起電子移動

基底状態分子と比較すると電子励起状態分子は，近似的には HOMO（最高被占軌道）～LUMO（最低空軌道）のギャップの分だけイオン化エネルギーが減少し電子親和力は増大するので，他分子との間で電子移動反応を行いやすくなる．そのため電子移動反応は蛍光やりん光の消光機構として重要な役割を果たす場合が多い．また電子移動によって生成した電荷分離状態は，光化学反応，光合成初期過程や光電導過程，光エネルギー変換などにも密接に関連しており，光誘起電子移動とその関連諸過程に

a. 光誘起電荷分離とその後の挙動

一般に電子移動反応は，電荷分離（CS），電荷再結合（CR），電荷シフト（CSh）の3種の過程に大別できる（図5.4.11(a)）．図5.4.11(b)に示すように，電荷分離状態のエネルギーレベルが励起状態と基底状態との間に存在する場合には，基底状態では進行しない電荷分離反応が光誘起によって進行できる．図5.4.11(c)に示すように，電荷分離状態（イオン対状態）は，対内の化学反応などを行わない場合には再結合により失活し基底状態にもどる．しかし，アセトニトリルのような極性溶媒中では，イオン対を構成するそれぞれのイオンがクーロン引力に逆らって熱振動によりフリーイオンとして解離する（イオン解離）過程も進行する．室温のアセトニトリル中のイオン解離速度定数は，$0.5 \sim 2.0 \times 10^9 \, \mathrm{s}^{-1}$ 程度の値[6,7]であり，再結合の速度定数が小さい場合にはイオン解離が主過程となる．一方，無極性溶媒中では熱振動とクーロン引力のつりあうオンサーガー（Onsager）距離が長くなり，光誘起反応により生成した電荷分離状態からは実質的にはイオン解離は起こらない．図5.4.11(a)の3，4番目に示した電荷シフト反応は，固体中のように分子や生成したイオンそれ自体の並進拡散ができない場合における電荷輸送に重要な役割を果たしている．これらのイオン解離や電荷シフトによって初期再結合を逃れたイオンは，とくに他の過程を行わなければ，再び並進や電荷シフト反応による拡散過程を経て再結合を行う．この再結合に伴い，A^*，D^* や電荷分離状態からの発光が観測される場合もある．これらは遅延蛍光の一つの主要な過程である（5.3.5項参照）．

電荷分離状態のエネルギーレベル E_{CS} は，実験的には式(1)で見積もることができる[8]．

$$E_{CS} = E_0(D^+/D) - E_0(A/A^-) - \frac{e^2}{\varepsilon r} \tag{1}$$

ここで $E_0(D^+/D)$ は電子供与体（D）の標準酸化電位，$E_0(A/A^-)$ は電子受容体（A）の標準還元電位，e は電荷素量，ε は媒体の誘電率である．r は生成したイオン間の対間距離であり，通常 7Å 程度の値が用いられることが多い．S_1 状態と電荷分離状

態の標準自由エネルギーの差 ΔG^0_{CS} は,

$$\Delta G^0_{CS} = E_{CS} - E_{00} \qquad (2)$$

と表される. E_{00} は電子移動反応の始状態のエネルギーを示す. 一般に凝縮相における分子系では, 光励起により生成した高い電子励起状態からの最低電子励起状態 (S_1 状態) への緩和や振動緩和過程は蛍光寿命と比べると非常に迅速に進行する. したがって蛍光状態からの光誘起電子移動反応における E_{00} はこれらの緩和の終了した S_1 状態のエネルギーレベルに対応する. 実験的には吸収の長波長端あるいは蛍光の短波長端などが用いられる. 図 5.4.11(b) に示すように再結合反応の場合には基底状態が終状態となるので, $\Delta G^0_{CR} = -E_{CS}$ である. D や A が電荷をもつ場合, また生成したイオン対が D^+ や A^- とは異なる場合 (たとえば $D + A^{2+} \rightarrow D^+ + A^+$ のような場合) には, 反応に関与する二つの分子が接近した出会い錯体を形成するための仕事, また, クーロンエネルギーの補正を含めることが必要である[1]. また標準酸化還元電位は溶媒 (媒体) に依存するので, 用いる溶媒中の測定値を用いるか, あるいは Born の式[3] を用いて補正を行う.

b. 電子移動反応速度に対する理論

電子移動反応の速度定数は多くの因子によって律せられているが, 現在までの理論や実験的な多くの研究結果を参考にして, その速度を見積もることも可能になっている. 以下には, まず代表的な Marcus の電子移動理論[1] を概説する.

Marcus の理論では, 電子移動反応を分子間の出会い錯体の生成 ($D + A \rightarrow D \cdot A$) と電子移動 ($D \cdot A \rightarrow D^+ \cdot A^-$) の二つの過程として考え, 電荷分離や電荷再結合等を単分子反応として扱う. 凝縮系では $D \cdot A$ や $D^+ \cdot A^-$ 状態のエネルギーは分子やイオンの核座標や溶媒の配向などの多くの座標系に依存するが, これらの多くの座標系を一次元にまとめ反応座標として代表させ, この座標に対するギブスの自由エネルギーを図 5.4.12(a) に示すように同じ曲率をもつ二次曲線で示す. 図 5.4.12(b) に示すように, 両エネルギー曲線の交点は電子移動反応の始・終状態間のエネルギー差 ΔG^0 に依存して変化する. 交点に対応する反応の活性化エネルギー ΔG^* は, 以下の式で表される.

$$\Delta G^* = \frac{(\Delta G^0 + \lambda)^2}{4\lambda} \qquad (3)$$

ここで λ は再配向エネルギー (reorganization energy) と呼ばれる. 極性溶媒中の電荷分離反応のように, 溶質周囲の溶媒のゆらぎがポテンシャル曲面上の運動に対して重要な役割を示す場合には, 図 5.4.12(a) の横軸は主に媒体の配向の座標を示す. $D^+ \cdot A^-$ に対しては極性溶媒が配向し溶媒和したほうが安定であるが, 逆に $D \cdot A$ 状態では強く溶媒和したほうが不安定であろう. したがってこの場合の λ は, $D \cdot A$ の中性状態のまま媒体の配向を変化させ $D^+ \cdot A^-$ として最も安定な溶媒和の状態を達成するまでに必要なエネルギーに対応する. 実際の分子では, $D \cdot A$ と $D^+ \cdot A^-$ 状態で

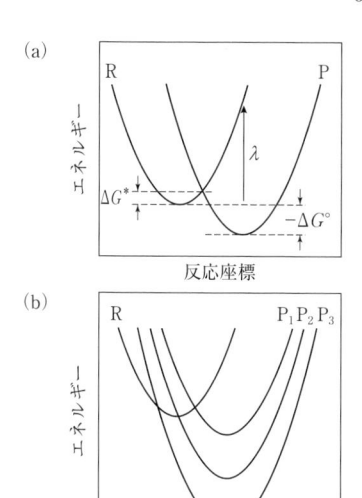

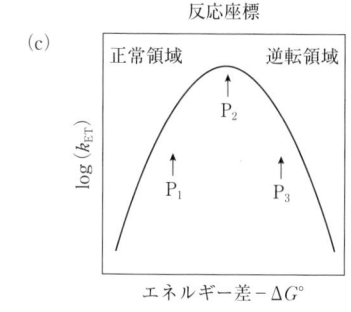

図 5.4.12 (a) 電子移動反応のポテンシャル図，(b) 電子移動反応における始状態 (R) と終状態 (P) のエネルギー差と二つのポテンシャル曲線の関係 (P_1, P_2, P_3 の順に終状態が安定になる)，(c) 電子移動反応速度の始・終状態間のエネルギー差に対する依存性

はそれぞれの電子構造が異なるため平衡核配置もそれぞれに異なる．その結果，図 5.4.12(a), (b) の横軸は媒体の配向だけではなく分子中の核の位置に関する座標系も含み，再配向エネルギーは溶媒和による λ_S と分子内の振動数の変化に由来する λ_i の和となる．Marcus は溶媒を連続誘電体として λ_s を以下のように表した．

$$\lambda_S = (\Delta e^2)\left(\frac{1}{2a_D} + \frac{1}{2a_A} - \frac{1}{r_{AD}}\right)\left(\frac{1}{\varepsilon_\infty} - \frac{1}{\varepsilon_S}\right) \tag{4}$$

ここで，Δ は移動する電荷量であり，1 電子移動の場合には $\Delta = 1$ である．a_D, a_A は，D および A をそれぞれ球として考えた場合の半径，r_{AD} はカチオン-アニオン中心間距離，ε_∞ は光学的誘電率，ε_S は静的誘電率である．式 (4) が示すように λ_s は溶媒和に対する媒体の配向分極の項に対応する．具体的な計算では $a_D = a_A = 3.5$ Å 程度，また $r_{AD} = 7$ Å 程度の値を用いることが多く，極性溶媒中では λ_S は 1.0〜1.5 eV 程度の値になる．一方，無極性溶媒のように ε_∞ と ε_S がほぼ等しいような場合には非常に小さな値となる．λ_i は中性分子-イオンの電子状態の変化に伴う分子内振動数の変化に対応した項であり，反応の始状態および終状態の平衡核配置における結合距離などか

ら得られる．具体的には多くの π 電子系化合物の場合 0.1〜0.3 eV 程度の値と見積もられており，極性媒体中の λ_S と比べると小さな値である．

古典的な遷移状態理論と式 (3) を用いると電子移動速度定数は，

$$k_\mathrm{ET} = \kappa_\mathrm{EL} \cdot Z \cdot \exp\left(-\frac{\Delta G^*}{k_\mathrm{B} T}\right) = \kappa_\mathrm{EL} \cdot Z \cdot \exp\left[-\frac{(\Delta G^0 + \lambda)^2}{4\lambda k_\mathrm{B} T}\right] \tag{5}$$

と与えられる．ここで k_B はボルツマン定数，Z は頻度因子である．透過係数で κ_EL は両エネルギー曲線の交点で一方の状態から他方の状態に乗り換えを起こす確率であり，この値がほぼ 1 の場合には断熱的（adiabatic）な極限となる．図 5.4.12(c) には k_ET と ΔG^0 の関係を示した．式 (5) からも明らかなように，比較的 $|\Delta G^0|$ の小さい場合には ΔG^* は大きく k_ET は小さいが，だんだんと終状態が安定になり $|\Delta G^0|$ が増大すると ΔG^* が小さくなり k_ET が増大する．このように $|\Delta G^0|$ が大きくなるにつれて，k_ET が大きくなる箇所は正常領域（normal region）と呼ばれる．$\lambda = -\Delta G^0$ のときに活性化エネルギーは 0 となり最大の k_ET を示すが，さらに $|\Delta G^0|$ が増大すると再び ΔG^* が大きくなり k_ET が小さくなる．この $|\Delta G^0|$ の増大とともに k_ET が小さくなる領域を逆転領域（inverted region）という．このように，k_ET（の対数）は ΔG^0 対し，$-\Delta G^0 = \lambda$ で極大をもつベル型の依存性を示す．

Marcus の電子移動理論は，ポテンシャル曲面上の運動として溶質周囲の媒体配向のゆらぎと分子振動を考え，始・終状態間のエネルギー差に対する反応速度の依存性を示したものであり概念的にも非常に有用なものであるが，エネルギー曲面上での運動は古典的に取り扱われており，とくに低温での電子移動の速度の評価などにはすぐには応用ができないところもある．このような場合には，エネルギー曲線の交点付近での電子トンネリングや核トンネリングを含めた量子力学的な理論を用いる必要がある[9]．これらの量子力学的な理論においても，Marcus の古典的な取扱い同様に電子移動速度定数は $|\Delta G^0|$ に対してベル型の依存性を示す．ただし逆転領域では，ポテンシャル障壁が薄くなるので交点より低い位置でのトンネル効果によって反応が可能になり，古典的な理論と比較して $|\Delta G^0|$ の増大による速度定数の減少の程度が小さくなる．したがって速度定数の温度効果も正常領域では大きく，逆転領域では小さくなる．一般には ΔG^0 に対するエントロピーの寄与はあらわには考慮されておらず，始・終状態に対して同じ曲率をもつポテンシャル曲面が用いられるが，これらの曲率の変化を取り入れた理論も提出されている[10,11]．

c. 電子移動に関する実験的研究

電子移動に関しては多くの実験的な研究結果が報告されているが，ここでは分子間の電子移動反応に対する結果を示す．電荷分離反応に対しては，電子移動消光反応を対象とした定常蛍光測定から電荷分離速度定数 k_CS の $|\Delta G^0|$ に対する依存性を求めた結果（図 5.4.13(a) の ○）が報告されている[8]．この結果では，$-\Delta G^0_\mathrm{CS} > 0.4$ eV の領域では k_CS は拡散律速（溶液中において 2 分子が拡散により衝突する過程が反応の律

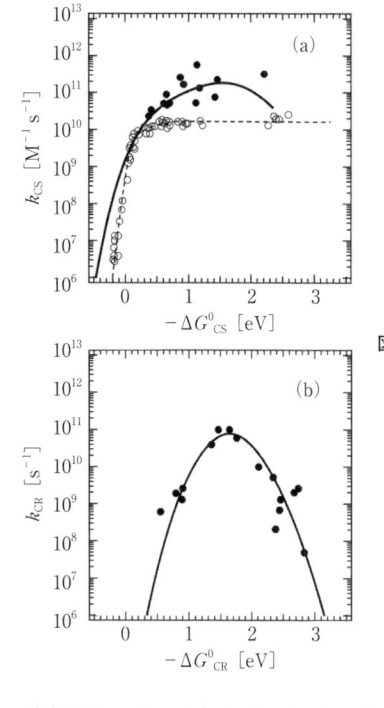

図 5.4.13 (a) アセトニトリル溶液中における蛍光状態分子の消光反応から求められた電荷分離速度定数のエネルギー差 (ΔG^0_{CS}) 依存性. 定常状態の蛍光消光過程から求めた実験結果[8] (○), および蛍光減衰曲線の過渡効果の解析から求められた実験結果[12] (●). 実験値 (○) における $-\Delta G^0_{CS} > 0.2$ eV の領域の一定値は拡散律速による. 実験値 (●) に対する実線は, 理論計算[4,10] による解析結果. (b) アセトニトリル溶液中で蛍光分子と基底状態分子が出会い衝突を経て生成したイオン対の電荷再結合速度 (k_{CR}) のエネルギー差 (G^0_{CR}) 依存性[4,6,7]. 実線は理論による計算値[4,10].

速段階となること）となっており真の k_{CS} を求めることはできない. しかし, 大きな $|\Delta G^0_{CS}|$ に対応するグラフの右側においても k_{CS} の減少はみられず, 逆転領域は観測されていない. これに対して, 単一光子計数法により蛍光減衰曲線を精密に測定し過渡効果を解析することにより, 拡散律速の速度定数をもつ領域での真の電子移動速度を見積もった結果 (図 5.4.13(a) の ●) も報告された[12]. 図 5.4.13(a) から明らかなように拡散律速より大きな速度定数が得られているが, この実験結果においても, 2分子間の電荷分離反応では Marcus の理論から予測されるような逆転領域, すなわち $|\Delta G^0|$ の非常に大きいところでの電子移動速度定数の減少は観測されなかった. この Marcus 理論との不一致に関しては, エネルギー曲面の曲率の変化と電荷分離の際の距離依存性を取り入れた電子移動理論も提出されており[4,10], 極性溶媒中の電荷分離反応では逆転領域が現れにくい可能性が指摘されている.

一方, 電荷再結合の場合は, 図 5.4.13(b) に示したように, 同じアセトニトリル溶液中でも蛍光消光過程によって生成したイオン対の再結合反応速度定数が $|\Delta G^0|$ に対してベル型の依存性を示すことが実験的に示されている. 一般的にいえば, Marcus の電子移動理論で予測されるようにベル型の依存性が観測された実験結果も存在するが, そうならない場合も多い. ここに示したアセトニトリル中の電荷分離反応もその一例といえるが, より本質的な違いも観測されている[4,6]. ただし Marcus

理論を含め多くの電子移動理論の対象は，本質的に D・A 間の相互作用が非常に弱い場合であり，非断熱的（nonadiabatic）なケースに対応する．D・A 間の相互作用の強いときには通常の電子移動理論が適応できず，むしろ一般の無輻射遷移のエネルギーギャップ則と同様な取扱いが妥当な場合も存在する[4,6]．

d. エキサイプレックス

単純に式 (1) から見積もられた ΔG^0 からは，励起状態における電荷分離反応が進行しないと考えられる DA 系でも，図 5.4.14 に示すように光励起によって電荷移動状態が生成し D^* や A^* の蛍光よりは長波長部にブロードな蛍光を示す場合も存在する．このような電荷移動状態は，エキサイプレックスと呼ばれる．エキサイプレックスはエキシマーと同様に励起状態でのみ生成する分子錯体を意味し，その電子状態は，

$$\Psi = a\psi(D^* \cdot A) + b\psi(D \cdot A^*) + c\psi(D^+ \cdot A^-) + d\psi(D^- \cdot A^+) + \cdots \quad (6)$$

のように種々の電子状態の波動関数の重ね合せで表現される[13]．ここで係数 a, b, c, d はそれぞれの状態の寄与を示す．完全なイオン対状態であれば $c=1$ となり他の係数は 0 である．しかしエキサイプレックス状態では，D・A 間の相互作用が比較的に大きいために $\psi(D^+ \cdot A^-)$ 以外の励起状態の寄与も含まれることになり（$c<1$），その結果としてエキサイプレックス状態が安定化されるとともに蛍光が観測される．

e. 光誘起電子移動に与えるその他の諸因子

π 電子系である D と A が直接水素結合で結ばれた場合には，式 (1) や式 (2) で

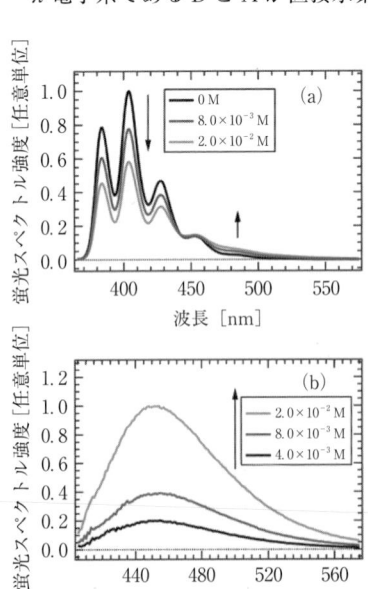

図 5.4.14　(a) トルエン溶液中におけるアントラセン（An）の蛍光スペクトルに対する p-ジシアノベンゼン（DCNB）の効果．図中に示す DCNB 濃度の増大とともに 380～450 nm の An の蛍光が消光され，460 nm より長波長部にエキサイプレックス（$An^{\delta+} \cdot DCNB^{\delta-}$）の蛍光が現れる．(b) エキサイプレックスの蛍光スペクトル（An 蛍光の寄与を除いている）

見積もられる電荷分離状態が励起状態より十分に高い場合にも,高速に電荷分離反応が進行する例も存在する[4,13].これは水素結合によってDとAの酸化還元電位が変化し,電荷分離状態の安定化に寄与するためである.さらに,途中の陽子の座標系にも依存して電子移動反応が進行しやすくなることも示されている.また,高速の電子移動反応に対する溶媒和の速度の役割,電子移動反応に対するDとAの間の距離依存性などいくつかの電子移動を支配する重要な因子も存在するが,ここでは紙面の都合上詳細については述べなかった.これらについては参考文献1～4を参照していただきたい.

〔宮坂 博・片山哲郎〕

文献・注

1) R. A. Marcus and N. Sutin : *Biochim. Biophys. Acta*, **811** (1985), 265.
2) J. R. Bolton, *et al.*, eds. : Electron Transfer in Inorganic, Organic, and Biological Systems (Advances in Chemistry Series 228), American Chemical Society, 1991.
3) 日本化学会編:有機電子移動プロセス,学会出版センター,1988.
4) N. Mataga and H. Miyasaka : *Adv. Chem. Phys.*, **107** (1999), 431.
5) 日本化学会編:人工光合成と有機系太陽電池,学会出版センター,2010.
6) T. Asahi and N. Mataga : *J. Phys. Chem.*, **93** (1989), 6575;**95** (1991), 1956.
7) H. Miyasaka, *et al.* : *J. Phys. Chem.*, **96** (1992), 8060.
8) D. Rehm and A. Weller : *Israel J. Chem.*, **8** (1970), 259.
9) 量子力学的な電子移動理論については,古典的なものを含めて,文献2の第2章にBoltonらの解説がある.
10) T. Kakitani, *et al.* : *J. Phys. Chem.*, **96** (1992), 5385.
11) G. Weitraub and M. Bixon : *J. Phys. Chem.*, **98** (1994), 3407.
12) S. Nishikawa, *et al.* : *Chem. Phys. Lett.*, **185** (1991), 237.
13) N. Mataga, *et al.* : *J. Photochem. Photobiol. C*, **6** (2005), 37.

5.4.4 会 合 体

色素などが会合反応によって会合体を形成した場合,可視領域の光の範囲で色素本来の色とは異なった色調を示すことが知られており,古くから研究の対象とされてきた.たとえば,細胞組織などの生体高分子,高分子電解質を色素で染色した場合の色調の変化は,メタクロマジー現象として知られており,小泉,又賀らの合成高分子電解質を用いた系統的な研究によって,静電的相互作用による色素の会合状態の変化が一つの原因であることがわかっている.また,シアニン色素の会合体は,古くから半導体の光電導効果や,フィルム写真で用いられるハロゲン化銀の光分解反応などの色素増感剤として用いられている.

シアニン色素のJ-会合体は,1936年にJelley[1]とScheibe[2]によってはじめて見いだされて以来,多くの研究者によってさまざまな観点から研究されている.生体系においても色素の会合体は重要な役割を担っている.光合成(細菌)の反応中心にはス

ペシャルペア (special pair) と呼ばれる (バクテリオ) クロロフィル a の二量体が存在し，光合成初期過程の電荷分離において鍵となる分子 (key molecule) になっている．また，緑色光合成細菌のクロロゾームと呼ばれる光捕集器官には，バクテリオクロロフィルが円柱状に並んでおり，J-会合体を形成している．

会合体形成によるスペクトルシフトや強度，バンド幅の変化などの問題は，量子力学的に分子間相互作用を取り扱うことによって考察することができる．強い相互作用，弱い相互作用の概念が Simpson と Peterson により量子力学の観点からはじめて提案され[3]，後に Förster により一般的な方法で取り扱われた[4]．さらに，Kasha は強い相互作用である励起子モデルを使い，分子系の空間配置と吸収体の分裂や強度に関するスペクトル効果の問題を取り扱った[5,6]．

a. 会合体の励起子モデルによる取扱い

分子間相互作用により分子は二量体から三量体を形成し，さらに並進対称性を保ったまま分子集合体を形成することにより励起子帯 (exciton band) を形成する．二量体は mini-exciton と考えられ，色素の高次会合体である H-会合体や J-会合体はこの拡張としてとらえることができる．モノマー 1, 2 が距離 R だけ離れて二量体を形成しているとする．二量体の基底状態における零次の波動関数を Ψ_0 とすると，モノマーの基底状態の電子波動関数 $\phi_i (i=1,2)$，分子内および分子間の振動波動関数 χ_i と $\chi(R)$ を用いて次式で与えられる．R は分子間の座標である．

$$\Psi_0 = \phi_1 \phi_2 \chi_1 \chi_2 \chi(R) \tag{1}$$

二量体の励起状態は，分子1が励起状態で分子2が基底状態にある場合と，分子2が励起状態で分子1が基底状態にある場合の重ね合せ (モノマーの励起状態の配置間相互作用)，すなわち励起エネルギーが二つの分子に非局在化した励起子状態として次式で与えられる．

$$\Psi_\pm = \frac{1}{\sqrt{2}} [\phi_1^* \phi_2 \chi_1 \chi_2 \chi(R) \pm \phi_1 \phi_2^* \chi_1 \chi_2 \chi(R)] \tag{2}$$

ϕ_i^* は分子 i の励起状態の電子波動関数である．

$\Psi_\pm$ に対応する励起子状態のエネルギー $E_\pm$ は，二量体のハミルトニアン $H=H_1+H_2+H'$ を用いて，シュレーディンガー方程式を解くことにより求まる．H_i は孤立した分子 i のハミルトニアン，H' は二つの分子間の相互作用ハミルトニアンであり，分子 i の双極子による電場を別の分子が感じる，静電的相互作用としての双極子-双極子相互作用ハミルトニアンで近似できる[4]．

$$H' = \frac{e^2}{4\pi\varepsilon_0 \varepsilon_r R^3} \left[\bm{r}_1 \cdot \bm{r}_2 - \frac{3(\bm{r}_1 \cdot \bm{R})(\bm{r}_2 \cdot \bm{R})}{R^2} \right] \tag{3}$$

$-e\bm{r}_i$ は双極子モーメント演算子であり，$\bm{R}$ は 2 分子間の距離ベクトルに対応する位置演算子である．シュレーディンガー方程式 $H\Psi_0 = E_g \Psi_0$ から基底状態のエネルギー E_g を求めると，$E_g = E_1 + E_2 + W$ となる．E_i は分子 i の基底状態エネルギー，W は

$W = \langle \phi_1\phi_2\chi_1\chi_2\chi(R) | H' | \phi_1\phi_2\chi_1\chi_2\chi(R) \rangle$ であり，基底状態における静電的相互作用エネルギーに対応する．

$H\Psi_{\pm} = E_{\pm}\Psi_{\pm}$ から励起子の二つの固有エネルギー $E_{\pm} = \langle \Psi_{\pm} | H | \Psi_{\pm} \rangle$ を求めると，分子 1 と 2 が同じ種の場合，

$$E_+ = E_1 + E_e + D + J, \quad E_- = E_1 + E_e + D - J \quad (4)$$

となる．ここで E_1 はモノマーの基底状態エネルギー，$E_e = \langle \phi_1^*\chi_1 | H_1 | \phi_1^*\chi_1 \rangle = \langle \phi_2^*\chi_2 | H_2 | \phi_2^*\chi_2 \rangle$ はモノマーの励起状態エネルギーであり，D, J は次式で定義される．

$$D = \langle \phi_1^*\phi_2\chi_1\chi_2\chi(R) | H' | \phi_1^*\phi_2\chi_1\chi_2\chi(R) \rangle,$$
$$J = \langle \phi_1^*\phi_2\chi_1\chi_2\chi(R) | H' | \phi_1\phi_2^*\chi_1\chi_2\chi(R) \rangle \quad (5)$$

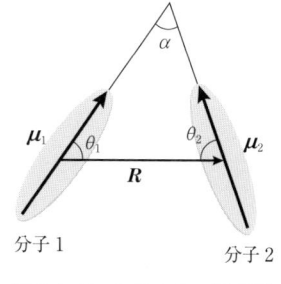

図 5.4.15 分子 1, 2 の遷移双極子モーメント μ_i の相対配置

D は分子 1 の励起状態と分子 2 の基底状態の静電的相互作用エネルギー，J は励起子カップリングパラメータであり，励起子分裂エネルギーの半分のエネルギーに相当する．3 式を代入して J を計算すると，

$$J = \frac{1}{4\pi\varepsilon_0\varepsilon_r R^3}\left[\boldsymbol{\mu}_1 \cdot \boldsymbol{\mu}_2 - \frac{3(\boldsymbol{\mu}_1 \cdot \boldsymbol{R})(\boldsymbol{\mu}_2 \cdot \boldsymbol{R})}{R^2}\right] = \frac{1}{4\pi\varepsilon_0\varepsilon_r R^3}[\mu_1\mu_2 \cos\alpha + 3\mu_1\mu_2 \cos\theta_1 \cos\theta_2] \quad (6)$$

$\boldsymbol{\mu}_i = \langle \phi_i^*\chi_i | -e\boldsymbol{r}_i | \phi_i\chi_i \rangle$ はモノマーの遷移双極子モーメントであり，$\alpha, \theta_1, \theta_2$ は遷移双極子モーメントの相対配置によって決まる角度である（図 5.4.15）．したがって相対配置に依存するが，遷移双極子モーメント，すなわち分子 i のモル吸光係数が大きいほど J の値が大きくなり，相互作用によるスペクトルシフトが大きくなる．二量体の二つの励起子準位への遷移双極子モーメントは，次式で与えられる．

$$\boldsymbol{M}_+ = \langle \Psi_+ | -e\boldsymbol{r}_1 - e\boldsymbol{r}_2 | \Psi_0 \rangle = \frac{1}{\sqrt{2}}(\boldsymbol{\mu}_1 + \boldsymbol{\mu}_2),$$
$$\boldsymbol{M}_- = \frac{1}{\sqrt{2}}(\boldsymbol{\mu}_1 - \boldsymbol{\mu}_2) \quad (7)$$

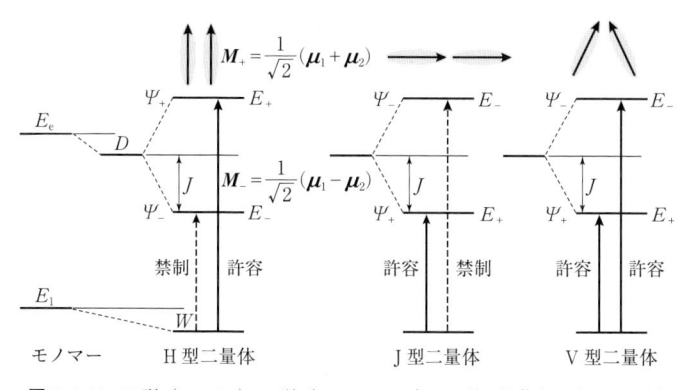

図 5.4.16 H 型 (parallel)，J 型 (head-to-tail)，V 型二量体とエネルギー図

表 5.4.1 二量体の零次波動関数における相互作用および励起子分裂と配向因子

	H 型ダイマー		J 型ダイマー
	$\alpha=0,\ \theta_1=\theta_2(\equiv\theta)=\pi/2$		$\alpha=\pi,\ \theta_1=\theta_2(\equiv\theta)=0$
	$\boldsymbol{\mu}_1=\boldsymbol{\mu}_2$	$\boldsymbol{\mu}_1=-\boldsymbol{\mu}_2$	$\boldsymbol{\mu}_1=\boldsymbol{\mu}_2$
M_+	$2\boldsymbol{\mu}_1$	0	$2\boldsymbol{\mu}_1$
M_-	0	$2\boldsymbol{\mu}_1$	0
J	$\dfrac{\mu_1\mu_2}{4\pi\varepsilon_0\varepsilon_r R^3}>0$	$\dfrac{-\mu_1\mu_2}{4\pi\varepsilon_0\varepsilon_r R^3}<0$	$\dfrac{-2\mu_1\mu_2}{4\pi\varepsilon_0\varepsilon_r R^3}<0$
E	$E_+>E_-$	$E_+<E_-$	$E_+<E_-$
禁制	$\Psi_-\leftrightarrow\Psi_0$	$\Psi_+\leftrightarrow\Psi_0$	$\Psi_-\leftrightarrow\Psi_0$

二つの遷移双極子モーメントが同方向(parallel ないし head-to-tail, 図 5.4.16 参照)の場合, M_- は零となり, Ψ_- への遷移は禁制遷移となる. このとき, J 値の正負によって, 相互作用により生じた第 1 吸収バンドの禁制・許容が決まる. $\alpha=0,\ \theta_1=\theta_2\equiv\theta=\pi/2$ の parallel 配向の場合, $J>0$ となり第 1 吸収バンドは E_- のエネルギーをもった状態への $\Psi_-\leftarrow\Psi_0$ 遷移で禁制遷移となる. $\alpha=\pi,\ \theta=0$ の head-to-tail 配向の場合, $J<0$ となり第 1 吸収バンドは E_+ のエネルギーをもった $\Psi_+\leftarrow\Psi_0$ 遷移で許容遷移となる. 二つのモノマーの遷移双極子モーメントが反平行ならば M_+ は零となり, Ψ_+ への遷移が禁制となるが, 下の準位が禁制となるのは平行配置と同じである. 遷移双極子モーメントはベクトル量であるが, それが平行か反平行かというのは相互作用としてあまり意味をもたない. また図 5.4.16 で示したような傾斜配置では, 二つの励起子準位への遷移はどちらも許容となる. この様子を表 5.4.1 にまとめた.

H-会合体は, parallel 配向の H 型二量体が積み重なったものと考えられ, 吸収スペクトルは浅色効果(hypsochromic shift, 吸収が短波長側にシフトする効果)を示す. J-会合体の J-は人の名前からきているが, H-会合体の H はこの浅色効果に由来する. また J-会合体は head-to-tail 配向に近い二量体が煉瓦状に積み重なったものと考えられ, 吸収スペクトルは深色効果(bathochromic shift, 吸収が長波長側にシフトする効果)を示す(図 5.4.17). J-会合体は, ①吸収スペクトルの線幅が狭く, モノマーに比べ長波長シフトする, ②振動子強度がモノマーに比べて 2 桁近く強くなる, などの特徴をもつ. スペクトルが短波長シフトした二量体を H 型二量体, 長波長シフトした二量体を J 型二量体という. N 個のモノマーが会合して H-会合体や J-会合体が生成した場合, 最近接相互作用のみを考えると J は次式で与えられる[7].

$$J=\frac{2\mu^2}{4\pi\varepsilon_0\varepsilon_r R^3}\cos\left(\frac{\pi}{N+1}\right)(1-3\cos^2\theta) \tag{8}$$

R は最近接の分子間距離, θ は図 5.4.17 で示した角度である.

J-会合体の吸収スペクトルの線幅 σ は, フレンケル(Frenkel)励起子(励起子が分子に強く束縛されており, 会合体を構成している分子間を励起子が素早くホッピングする描像)の考え方で解析されている. 励起子が素早いホッピング運動をすると, 観測者は同じ共鳴周波数を測定する割合が多くなり, スペクトルに及ぼす不均一拡が

5.4 反応と蛍光

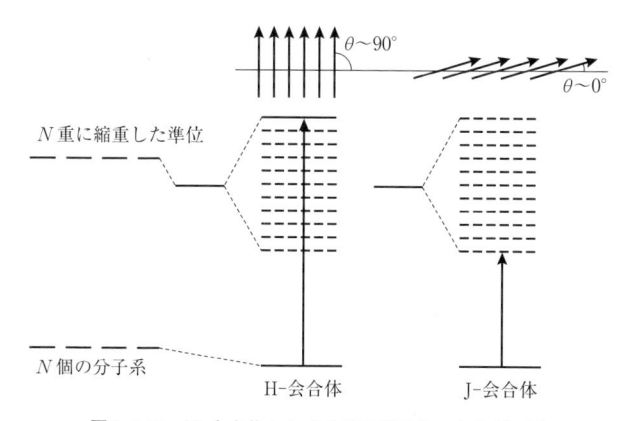

図 5.4.17 H-会合体とJ-会合体の配置とエネルギー図

りの効果が小さくなる．これは運動による先鋭化 (motional narrowing) と呼ばれており，J-会合体のスペクトル線幅 σ がモノマーに比べて狭くなるのはこの効果による[8,9]．一方，会合体を取り巻く環境はかならずしも均一ではなく，ランダムな環境のなかでは会合体を構成している各分子（サイト）のエネルギーやサイト間のホッピングに無秩序 (disorder) が生じ，スペクトルに影響を及ぼす．N 個の分子からなる一次元 J-会合体の各サイトエネルギーの無秩序の相関がスペクトル線幅に及ぼす効果が解析されており，相関がない場合は $\sigma = a_0 [2(N+1)/3]^{-1/2}$ (a_0 はモノマーのスペクトル線幅，円形の J-会合体[8]では $\sigma = a_0 N^{-1/2}$)，相関がある場合は線幅が広がる[9]．また J-会合体の遷移双極子モーメントの大きさを M，モノマーを μ とすると，$N \gg 1$ の場合，振動子強度 $f \propto M^2 = 8(N+1)\mu^2/\pi^2$ となる[9]．

J-会合体の会合数は，1,1′-diethyl-2,2′-cyanine (pseudo isocyanine：PIC) の場合，7〜25個と報告されている[10]．Knapp は，PIC のスペクトル線幅の解析から約50個と見積もった[8]．AgBr に吸着したシアニン色素の場合5〜50個と報告されているが[11]，PIC J-会合体のポンプ-プローブ分光による励起子-励起子消滅の実験からは，会合数が数万個と推定されており，大きな開きがある[12]．励起子消滅の実験では，隣接している会合体も含めて測定している可能性があり，最低の会合数としては無秩序の問題が残るがスペクトル線幅等から求めた会合数を用いるのがよい．

b. 会合体の例

Osuka と Maruyama は，ナフタレンにブリッジした亜鉛ポルフィリン二量体を合成し，二つのポルフィリンの相対配置と励起子分裂の関係を求めた[13]．ポルフィリンの Q 帯は，遷移双極子モーメントの値が小さいので二量体によるスペクトルシフトはほとんど観測されないが，ソーレ (Soret) 帯はモル吸光係数が大きく遷移双極子モーメントが大きな値をもつので励起子分裂が観測される．式 (6) の配向因子と分

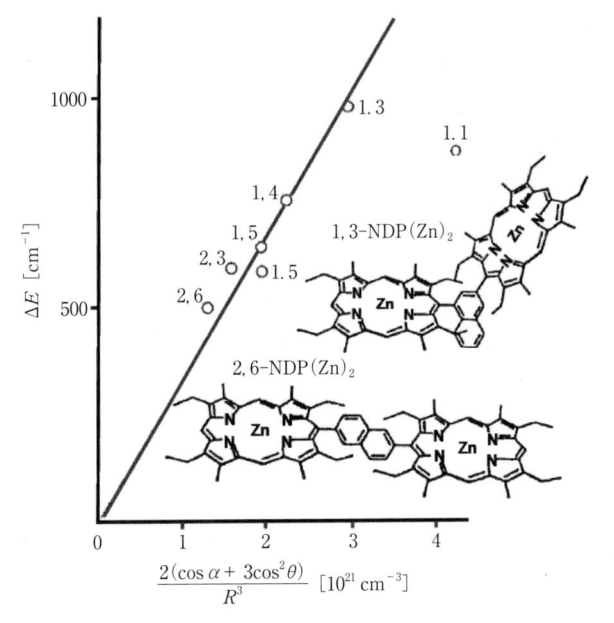

図 5.4.18 亜鉛ポルフィリン二量体の相対配置と励起子分裂エネルギー[13]

子間距離 R の項，$(\cos \alpha + 3\cos^2\theta)/R^3$，$\theta \equiv \theta_1 = \theta_2$ を横軸に，励起子分裂エネルギー（$\Delta E2J$）を縦軸にとると直線関係が得られ，それからモノマーのソーレ帯における遷移双極子モーメントの値を見積もると 7.9 D であった（図 5.4.18）．吸収から求めた値（9.7 D）とほぼ対応しており，単純な励起子モデルによる取扱いが有効なことを示している．多くの亜鉛ポルフィリンがメソ-メソ結合した鎖状ポルフィリン分子[14]，ないしメソ-メソ，β-β，β-β で連結したポルフィリンテープ[15] も合成されており，これらのソーレ帯はポルフィリンの数とともに大きく長波長シフトし，J-会合体として取り扱うことができる．スペクトルシフトを式 (8) の $\cos\{\pi/(N+1)\}$ に対してプロットするとよい直線関係が得られており，励起子モデルの有効性が示されている．

典型的なシアニン色素 PIC の分子間相互作用によって生成したバンド幅の狭い J-会合体の吸収と発光スペクトルを図 5.4.19 に示す．分子間水素結合やクロモフォアの特定の原子間にお

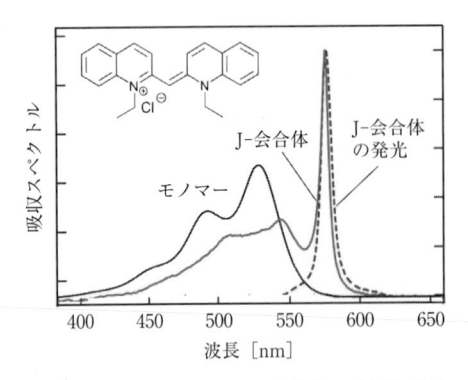

図 5.4.19 PIC モノマー，J-会合体の吸収と発光スペクトル

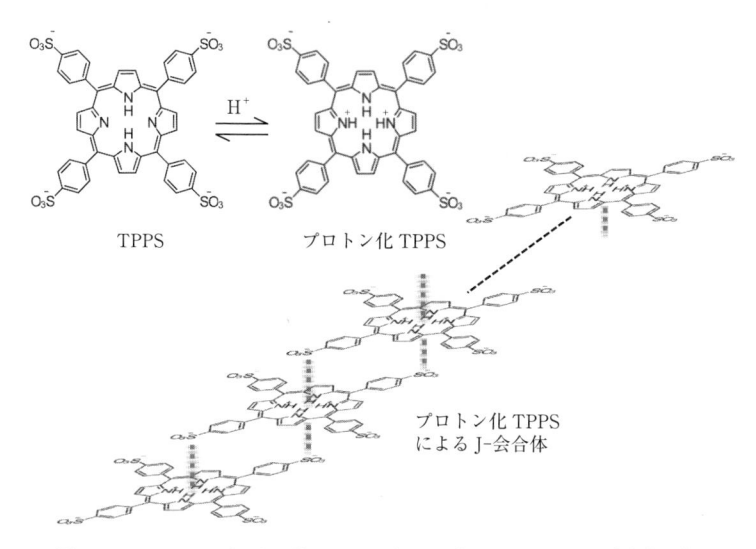

図 5.4.20 TPPS, プロトン化 TPPS, プロトン化 TPPS による J-会合体の構造

ける静電的相互作用が会合体形成に重要な役割を果たす。たとえばテトラフェニルポルフィンテトラスルホニック酸 (tetraphenylporphinetetrasulfonic acid : TPPS) はプロトン化によりポルフィリン中心の正電荷とメソ位置換基の負電荷のクーロン相互作用により head-to-tail 型の J-会合体を形成する[16] (図 5.4.20)。ラングミュア-ブロジェット (Langmuir-Blodgett) 膜 (水面上に両親媒性分子を展開し、表面圧をかけて凝縮膜にして、それをガラス基板などの上に累積したもの) でも数多くの会合体が観測されている。また、J-会合体や H-会合体は固体状態で数十 nm から数十 μm のロッド状やファイバー状構造体をつくることがある[17-19]。

金や銀などの貴金属ナノ微粒子のプラズモンカップリングに関しても、H-会合体や J-会合体の概念を適用することが可能である[20]。金ナノロッドでは長軸方向と短軸方向の局在表面プラズモン共鳴 (localized surface plasmon resonance : LSPR) バンドが直交しているので、たとえば head-to-tail 型の会合体を形成した場合には長軸方向の LSPR バンドは長波長シフトするが、短軸方向の LSPR バンドは遷移双極子モーメントがお互いに parallel となり短波長シフトする。

c. 会合体と無輻射遷移

ローダミン 6G やローダミン B などのキサンテン系色素、チオニン、メチレンブルーなどの色素は濃度が高くなるとランベルト-ベール (Lambert-Beer) 則にしたがわず、H 型二量体を形成して主吸収帯の分子吸光係数が減少するとともに短波長側に新しい吸収帯が現れる。それと同時に著しい蛍光消光が起こる。ローダミン 6G の場合、メタノール中で濃度増加とともに 3 桁以上蛍光量子収率が減少し蛍光寿命も 2 ps 程度

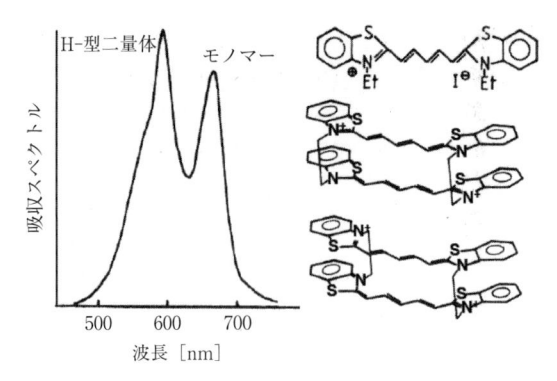

図 5.4.21 DTDCI, bis-DTDCI の構造とモノマー, H 型二量体の吸収スペクトル[22]

まで短くなる[21]. この寿命成分は二量体によるものと考えられ, 励起エネルギーのトラップサイトとして作用する. チオニンやメチレンブルーでもモノマーは数 ns の寿命をもつが, 二量体の寿命は 10〜20 ps と報告されている[21].

Sundström らは, ポンプ-プローブ分光法を用いてシアニン色素の一種である DTDCI (diethylthiadicarbocyanine iodide) を二つのメチレン鎖で連結した bis-DTDCI と分子間 DTDCI 二量体を比較した (図 5.4.21)[22]. H 型二量体はモノマーの 1.5 ns に比べ 19 ps と寿命が短く, 温度や粘度の影響をあまり受けないが溶媒の誘電率の影響を受ける. bis-DTDCI は約 40 ps で緩和し, 分子間二量体より少し長い. H-型二量体の寿命に関しては, ①二量体形成による三重項状態への項間交差の速度定数が大きくなる[23], ②励起直後に二量体が解離する[24], などの考えもあったが, 基底状態への無輻射遷移として説明できることが多い. H-型二量体の第一吸収バンドは禁制遷移で, 自然輻射寿命は 100 ns〜1 μs 程度である. 蛍光寿命が数十 ps になるには, 蛍光量子収率が 10^{-4}〜10^{-5} となるので, 大部分を基底状態への無輻射遷移によるものと考えなければならない. 二量体の励起状態と基底状態の相互作用による無輻射遷移の速度定数 k_{nr} は, フェルミ (Fermi) の黄金則

$$k_{nr} = \frac{2\pi}{\hbar} |\langle \Psi_0 | H' | \Psi_{\pm} \rangle|^2 \rho$$

を用いて求められる. H' は双極子-双極子相互作用の摂動ハミルトニアン, ρ は状態密度である. bis-DTDCI の配置 ($\theta = \pi/2, \alpha = 0$, または π) でこの行列要素を計算し, フランク-コンドン (Franck-Condon) 因子について近似を行うと次式が得られる[22].

$$\langle \Psi_0 | H' | \Psi_+ \rangle \sim \frac{\sqrt{2}}{2\pi\varepsilon_0 \varepsilon_r R^3} \mu\mu_0 \langle \chi_1'' | \chi_1 \rangle \tag{9}$$

ここで μ, μ_0 はモノマーの遷移双極子モーメントと永久双極子モーメント, n は基底状態の振動励起状態である. μ_0 が値をもたない場合は k_{nr} が 0 になる. 芳香族分子などがそのようなケースに対応するが, 芳香族分子では二量体の励起状態がエキシマー

に対応するので,励起状態は基底状態と H' を介した相互作用をしない.また k_{nr} は分子間距離 R に強く依存することがわかる.蛍光寿命の誘電率依存性も,誘電媒体中における各分子の電荷の遮蔽効果による分子間距離の変化として説明される.多くの H 型二量体(H-会合体)の励起状態の性格は,このような無輻射遷移の考え方で一般的に整理できると思われるが,ある種のシアニン色素では H 型二量体の蛍光寿命がモノマーに比べて例外的に長くなっており,このような考え方だけでは解釈できない場合もある[25].

〔玉井尚登〕

文献・注

1) E. E. Jelley : *Nature*, **138** (1936), 1009.
2) G. Scheibe : *Angew. Chem.*, **49** (1936), 563 ; **50** (1937), 212.
3) W. T. Simpson and D. L. Peterson : *J. Chem. Phys.*, **26** (1957), 588.
4) Th. Förster : Modern Quantum Chemistry, Part III (O. Sinanoglu, ed.), Academic Press, New York, 1965, [93].
5) M. Kasha : *Radiation Research*, **20** (1963), 55.
6) M. Kasha, et al. : *Pure Appl. Chem.*, **11** (1965), 371.
7) E. S. Emerson, et al. : *J. Phys. Chem.*, **71** (1967), 2396.
8) E. W. Knapp : *Chem. Phys.*, **85** (1984), 73.
9) J. Knoester : *J. Chem. Phys.*, **99** (1993), 8466.
10) E. Daltrozzo, et al. : *Photogr. Sci. Eng.*, **18** (1974), 441.
11) K. Kemnitz, et al. : *J. Phys. Chem.*, **94** (1990), 3099.
12) V. Sundström, et al. : *J. Chem. Phys.*, **89** (1988), 2754.
13) A. Osuka and K. Maruyama : *J. Am. Chem. Soc.*, **110** (1988), 4454.
14) Y. H. Kim, et al. : *J. Am. Chem. Soc.*, **123** (2001), 76.
15) H. S. Cho, et al. : *J. Am. Chem. Soc.*, **124** (2002), 14642.
16) E. B. Fleisher, et al. : *J. Am. Chem. Soc.*, **93** (1971), 3162.
17) A. Miura, et al. : *J. Photochem. Photobiol. A : Chem.*, **178** (2006), 192.
18) (a) S. Okada and H. Segawa : *J. Am. Chem. Soc.*, **125** (2003), 2792 ; (b) Y. Arai and H. Segawa : *J. Phys. Chem. B*, **115** (2011), 7773.
19) H. Yao, et al. : *Langmuir*, **21** (2005), 1067.
20) P. K. Jain, et al. : *J. Phys. Chem. B*, **110** (2006), 18243.
21) A. Penzkofer and Y. Lu : *Chem. Phys.*, **103** (1986), 399.
22) V. Sundström and T. Gillbro : *J. Chem. Phys.*, **83** (1985), 2733.
23) G. McRae and M. Kasha : *J. Chem. Phys.*, **28** (1958), 721.
24) B. Kopainsky and W. Kaiser : *Chem. Phys. Lett.*, **88** (1982), 357.
25) M. Van der Auweraer, et al. : *Chem. Phys.*, **119** (1988), 355.

5.4.5 エキシマーとエキサイプレックス

a. 二量体分子の励起状態相互作用による蛍光

二つの芳香族分子が接近するとファンデルワールス力が働く.室温におけるピレン

やアントラセンを溶質とする高濃度の溶液において，溶質が基底状態にある場合には，分子間の結合エネルギーが小さいために，安定な二量体が生成しない．ところが，紫外光を照射すると二量体が生成し，励起光から長波長にシフトした可視光領域の蛍光が観測される．ピレンとトリメチルアミンなど電子供与体と電子受容体からなる二量体の励起状態からも同様に長波長にシフトした蛍光が観測される．エキシマーは励起分子 A^* と基底状態にある分子 A の同じ分子種により形成される分子間励起錯体であり，エキサイプレックスは A と B 間の光誘起電子移動反応に伴って生成する分子間励起錯体である．エキシマー（excimer）およびエキサイプレックス（exciplex）は，それぞれ excited dimer および excited-state complex の名称に由来している[1,2]．エキシマーとエキサイプレックスの生成は，励起状態における 2 分子間の相互作用による．これらの分子から観測される蛍光スペクトルは，単量体の蛍光スペクトルとは形状や波長領域が著しく異なっており，その生成機構に興味がもたれてきた．また，励起光から著しく長波長にシフトした特徴的な発光を利用した応用研究が行われている．ここでは，芳香族分子の二量体間に働く分子間相互作用とエキシマーとエキサイプレックス生成原理について述べる．

b. 分子間相互作用

分子や分子イオンの間の分子間力により分子は凝集する．分子が電荷をもつ場合には，分子間には静電相互作用（クーロン力）または斥力が働く．静電相互作用のエネルギーは，距離に反比例し，電荷の積に比例する．そのため，かなり離れたイオンどうしでも静電相互作用が存在する．無極性の分子間に働く引力は分散力と呼ばれ，その大きさは分子間距離の六乗に逆比例する．ファンデルワールス（van der Waals：vdW）力は，配向力，誘起力，分散力の三つの力の総称である．

交換斥力は電子の交換に伴う斥力である．交換斥力は，粒子間の距離が比較的近いところで大きく作用し，距離が遠くなるにつれて急激に減少する．分子間には遠距離ではファンデルワールス力が働き，ごく近距離では交換斥力が働く．分子間のポテンシャルエネルギーは，引力と斥力の二つの項からなり，これらのエネルギーの和からポテンシャル曲線が得られる（図 5.4.22）．ポテンシャル曲線の極小値を与える R_e は平衡核間距離と呼ばれる．図 5.4.22 のポテンシャル曲線は，次式のポテンシャルエネルギーから求められる[2,3]．

$$U = -\lambda R^{-n} + \mu R^{-m} \quad (1)$$

または

$$U = -\lambda R^{-n} + A e^{-bR} \quad (2)$$

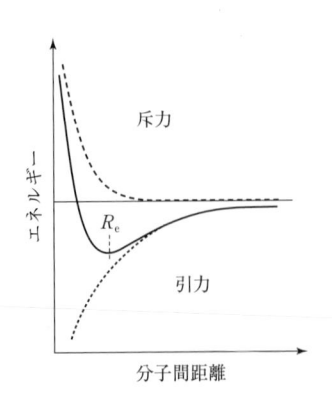

図 5.4.22　分子間ポテンシャル曲線

右辺第 1 項が引力，第 2 項が斥力に対応するエネ

5.4 反応と蛍光

ルギーである．式 (1) において $n=6$, $m=12$ の場合は Lennard-Jones (6-12) ポテンシャルと呼ばれている．

ファンデルワールス相互作用とともに水素結合相互作用，電荷移動相互作用は重要な分子間相互作用である．ここにおいて電荷移動相互作用，5.4.7 項において水素結合作用についてふれる．

c. エキシマー

溶液中のベンゼン，ナフタレン，アントラセン，ピレンなどの芳香族分子を紫外光で励起して蛍光スペクトルを観測すると，単量体の蛍光スペクトルより長波長側にシフトした蛍光スペクトルが観測される．図 5.4.23 はエタノール溶液中のピレンの蛍光スペクトルである[4]．ピレン濃度が低い場合には，360〜440 nm 領域に観測されている短波長側の蛍光が強いが，ピレン濃度を増加させるとしだいに 480 nm にピークをもつ長波長側の蛍光が強くなっている．この結果は，光照射によってピレンの会合体が形成されることによる．

ピレンなど芳香族分子の会合体による発光のしくみについて，理論的な研究が行われている．二つの分子を A, B とし，基底状態と励起状態の波動関数をそれぞれ ϕ と ϕ^* とする．A, B が同じ分子種であり，同じ環境に存在する場合には，2 分子の一つが励起された二つの状態 $\phi_A^*\phi_B$ と $\phi_A\phi_B^*$ はまったく等価であり，そのエネルギーは縮重している．ここで，$\phi_A^*\phi_B$ は分子 A が励起されており，分子 B が基底状態にあることを表している．二つの状態のエネルギーが縮重していない場合においてもエキシマーの生成は可能であるが，ここでは，縮重している場合について考える．$\phi_A^*\phi_B$ と $\phi_A\phi_B^*$ から波動関数 Ψ_+, Ψ_- に対応する二重に分裂した状態が形成される．基底状態の波動関数 Ψ_G と励起状態の波動関数 $\Psi_\pm$ は次式で表される[5]．

$$\Psi_G = \phi_A\phi_B \tag{3}$$

$$\Psi_\pm = \frac{1}{\sqrt{2}}[\phi_A^*\phi_B \pm \phi_A\phi_B^*] \tag{4}$$

Ψ_+ と Ψ_- はエキシトン共鳴 (excion resonance : ER) 状態である．エキシトン (励起子) は，クーロン引力の相互作用により結びついている電子・正孔対のことである (励起子について，詳しくは 4.2.1.2 を参照のこと)．分子を光励起すると，基底電子状態には正孔が生成し，励起された電子と結合している．エキシトン相互作用により励起状態は二つの状態に分裂する．この二重分裂のエネルギーの大きさは，電子遷移モーメントの大きさの二乗に比例する[2]．電子遷移モーメントの大きさ

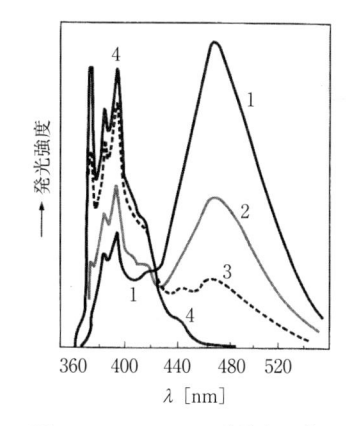

図 5.4.23 エタノール溶液中のピレンの蛍光スペクトル (文献 4 を改変)
1 : 3×10^{-3}, 2 : 1×10^{-3}, 3 : 3×10^{-4}, 4 : 2×10^{-6} mol dm^{-3}.

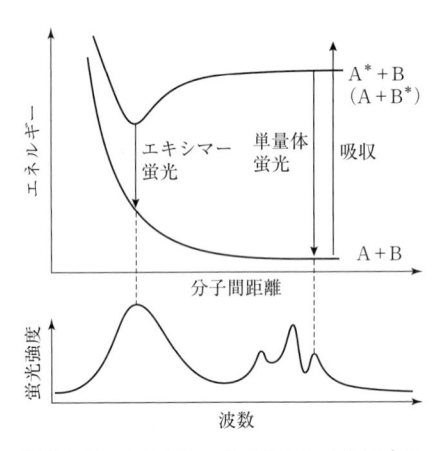

図5.4.24 エキシマーのポテンシャルエネルギー曲線

の二乗は，二つの電子状態間の光吸収と発光の起こりやすさを表す量である．したがって，分子が光吸収しやすい状態に励起されると二重分裂幅が大きくなる．芳香族分子の基底状態，最低励起状態，第2励起状態は，それぞれS_0, S_1, S_2の記号で表される．記号Sは一重項状態（singlet）に由来する．アントラセンのS_1-S_0遷移の電子遷移モーメントが大きいので，この遷移を光励起するとエキシマーが生成する．しかしながら，ピレンの場合，S_1-S_0遷移の電子遷移モーメントは小さいので，$S_1 \leftarrow S_0$遷移を励起してもエキシマーが生成しない．一方，ピレンの$S_2 \leftarrow S_0$遷移の電子遷移モーメントが大きいので，S_2状態に光励起するとエキシマーが生成する．図5.4.23のエキシマー発光は$S_2 \leftarrow S_0$遷移を光励起することによって観測された．

図5.4.24は溶液中の分子AとBからエキシマー蛍光が生じる過程を示している．単量体の励起状態（A*またはB*）と基底状態（AまたはB）が接近すると式(4)で示される二つの状態ができる．励起状態においては，二量体間の電荷の偏りによって生じるクーロン相互作用による引力と交換斥力（図5.4.22）によってポテンシャル極小が生じる．一方，基底状態においては，分子Aと分子B間のファンデルワールス力が弱いために，基底状態のポテンシャル曲線の形状は反発型となる．反発型のポテンシャル曲線で表される電子状態においては，振動状態が連続的となる．エキシマー蛍光は，励起状態から反発型のポテンシャル曲線をもつ基底状態への遷移である．そのため蛍光スペクトルには振動構造が現れず，エキシマー蛍光に特徴的なブロードな形状が観測される．

分子内エキシマーは分子内に二つの発色団をもつ．2個のピレン分子をメチレン鎖でつないだ分子（図5.4.25）では基底状態においては，ピレン分子面の重なりがない．ところが，片側のピレンが紫外光で励起されると分子構造の変化が起こり，芳香環の間に重なりが生じることによりエキシマー蛍光が観測される[1,6]．分子内エキシマーの場合，低濃度でも近距離に芳香環が存在するので，分子内エキシマーは低濃度においても生成する．

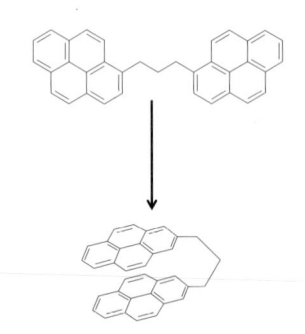

図5.4.25 分子内エキシマーの形成（文献6をもとに作成）

5.4 反応と蛍光

超音速ジェット中で冷却された分子線を用いるとベンゼン,ナフタレンなどの芳香族分子の二量体を基底電子状態に生成させることができる[1]．超音速ジェット分光法（3.3.6項参照）は,ヘリウムなどのキャリヤーガスと試料を混合し,真空中に噴出させて分子を極低温に冷却させる方法である．図5.4.26にエキシマーのポテンシャル曲線を示す．芳香族分子の二量体を光励起すると,励起二量体間の相互作用により分裂したエキシトン共鳴状態 $\Psi_-(ER)$ が生成し, $\Psi_-(ER)$ は電荷共鳴 (charge resonance) 状態 $\Psi_-(CR)$ と混ざる．電荷共鳴状態は,非結合状態と

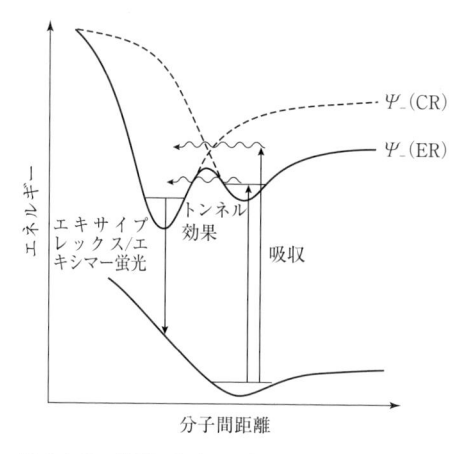

図5.4.26 気相におけるエキシマーのポテンシャル曲線（文献7をもとに作成）

二つの分子の間で電荷が偏った状態が共鳴している状態である．最近の研究から,エキシトン状態の安定化に電荷共鳴が重要であることが示されている．図5.4.26では,二つの電荷共鳴状態のうち,エネルギーの低い状態のみを示してある．光励起後に2分子間の距離が接近するにつれて二量体間の電荷の偏りによって生じるクーロン相互作用によりエネルギーが安定化する．この状態から基底状態への電子遷移によりエキシマー蛍光が生じる．一般に,電荷共鳴状態からエキシマー状態への緩和過程にはエネルギー障壁があり,励起エネルギーが小さい場合にはトンネル効果によるエネルギー移動が起こる．ポテンシャル障壁がある場合においても,分子の内部エネルギーを大きくするとエネルギー障壁をこえたエネルギー移動によりエキシマーが生成する．

溶液と異なり,超音速ジェット中では,基底状態で二量体を生成させることができることを利用して,エキシマー生成機構について詳細に調査されている．超音速ジェット中において観測された最初のエキシマーは,フルオレンの二量体である[8]．その後,ベンゼン,ナフタレン,アントラセンなどさまざまな芳香族分子のエキシマー蛍光が観測されている．ベンゼン二量体の基底状態の最安定構造は,ベンゼン環が互いに直行したT字形構造であることが示されている．ベンゼンの二量体は,紫外光で励起した直後にはT字形構造であるが,T字形構造から2分子が平行に並んだサンドイッチ構造への変化が起こり,エキシマーが生成すると考えられている[9]．

ピレン二量体からのエキシマー蛍光は,核酸のハイブリッド法による特定の配列の研究や分子環境のプローブに用いられている．図5.4.27はオリゴヌクレオチドの両端にピレンを結合させたビスピレンで修飾したモレキュラービーコン（ヘアピン型分子）プローブと標的のオリゴヌクレオチド（1-t）がハイブリッドを形成して三重結合鎖が生じ,ピレンのエキシマー蛍光が観測されるスキームを示している[10]．このよ

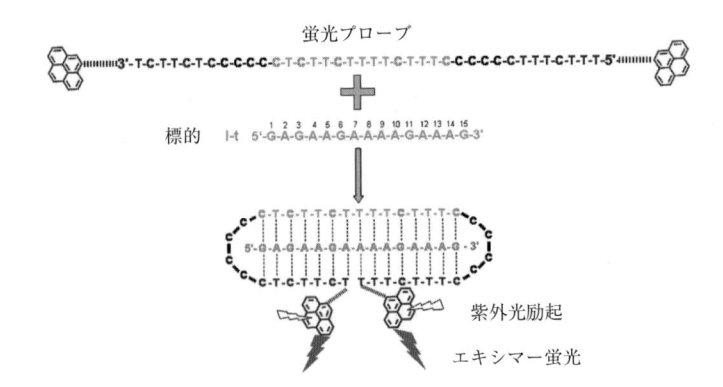

図 5.4.27 蛍光プローブオリゴヌクレオチドと標的のハイブリッド形成による三重結合鎖の生成によるエキシマー蛍光検出のスキーム (X. Li, *et al.*: *Chem. Bio. Chem.*, **12**(2011), 2863, Scheme 1 を改変)

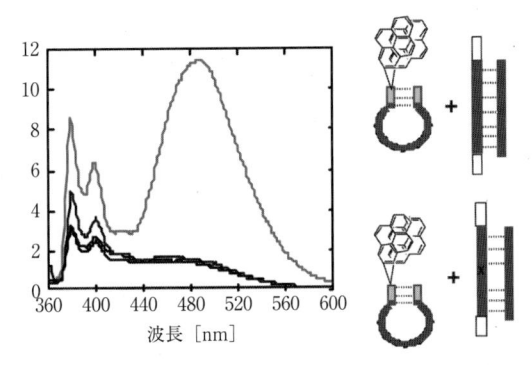

図 5.4.28 BP-MB プローブによる蛍光スペクトル[10] 右上のように DNA 鎖がマッチするとエキシマー蛍光が強く現れるが,右下図のように DNA 鎖がミスマッチするとエキシマー蛍光が弱くなる.

うな方法により,標的と蛍光プローブのオリゴヌクレオチドのマッチとミスマッチについて調査された.図5.4.28 にビスピレン(BP)でラベルされたオリゴヌクレオチドの蛍光スペクトルを示した.オリゴヌクレオチド分子がループを形成したときに,DNA 鎖がマッチしている場合は,480 nm にピークをもつエキシマー蛍光強度が強く観測されるが,DNA 鎖がミスマッチしている場合は,エキシマー蛍光の強度が著しく減少する[10].励起された分子の構造変化とエキシマー蛍光の波長シフトが大きいことを利用してエキシマー蛍光を医療分析に応用した研究[6]も行われている.

d. エキサイプレックス

エキサイプレックスは異なる 2 分子からなる励起錯合体である.エキサイプレック

5.4 反応と蛍光

スにおいては，電子状態が縮重していないので，エキシトン相互作用が起こらない．溶液中のエキサイプレックス蛍光は，ヨウ素（A）-トリメチルアミン（D），ヨウ素（A）-ベンゼン（D），ヘキサン中のピレン（A）-ジメチルアニリン（D）などさまざまな分子から観測されている[1,2]．

超音速ジェット冷却された（D$\cdots$A）錯体の電子スペクトルの測定から，励起状態ダイナミクスについて詳細な情報が得られている．電子受容体Aと電子供与体Dからエキサイプレックスが生成する過程は，図5.4.29のポテンシャル曲線で表される[1,2]．超音速ジェット中では基底状態（S_0）において，（D$\cdots$A）錯体を生成させることができる．（D$\cdots$A）錯体の光励起によりS_1状態（D$^*\cdots$A）が生成する．（D$\cdots$A）錯体のS_1状態と電荷移動状態（D$^+$, A$^-$）*の間にはポテンシャル障壁が存在する．S_1状態の余剰エネルギーがポテンシャル障壁をこえるとS_1状態から電荷移動状態へのエネルギー移動が起こり，ポテンシャルの底に緩和した後にエキサイプレックス蛍光が発せられる．

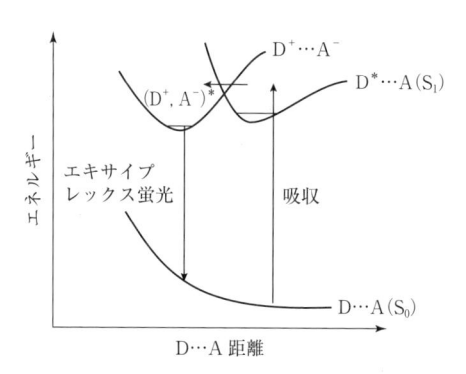

図5.4.29 気相におけるエキサイプレックスのポテンシャル曲線（M. Kurono, et al.: J. Phys. Chem. A, **101**(1997), 3102の原図を改変．文献1を参考に記号を作成）

1-シアノナフタレン（CNN）を電子受容体とし，トリエチルアミン（TEA）を電子供与体とする錯体について，ファンデルワールス錯体の構造とエキサイプレックス蛍光の励起エネルギー依存性が調べられている[12]．図5.4.30(a)はUV蛍光$\lambda = 340$ nmと$\lambda > 440$ nmのエキサイプレックス蛍光を検出しながら得られた蛍光励起スペクトルである．図5.4.30(b)ではCNNモノマーの0-0バンドから12 cm^{-1}短波長側にシフトした位置にCNN/TEA錯体の0-0バンドが観測されている．CNN/TEA錯体のほとんどの振電バンドの振動数は，対応するCNNの振電バンドの振動数からわずかにシフトしている．図5.4.31に蛍光スペクトルの励起波長依存性を示す．

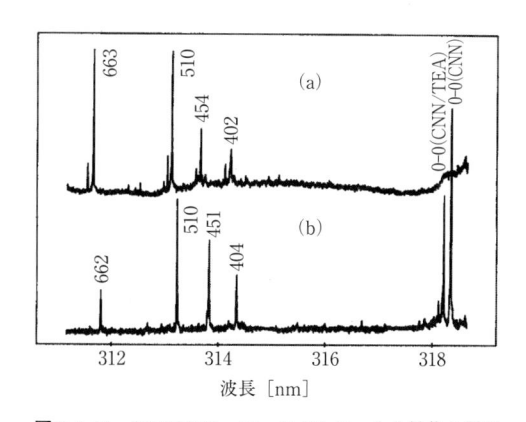

図5.4.30 CNN/TEA ファンデルワールス錯体の蛍光励起スペクトル（文献12のFig 1を改変）
(a) 440 nmより長波長の蛍光検出を検出した場合，(b) 340 nmの蛍光を検出した場合．

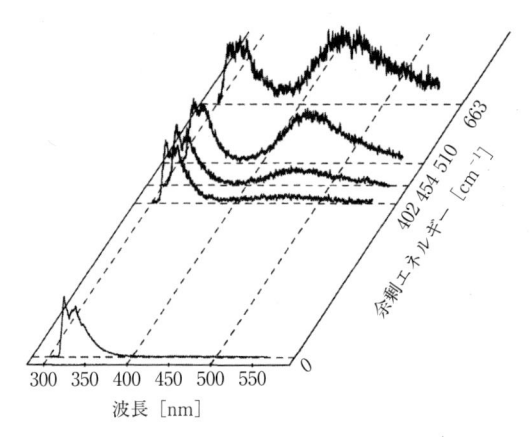

図 5.4.31 超音速ジェット中における CNN/TEA 錯体からのエキサイプレックス蛍光スペクトルの余剰エネルギー依存性（文献 12 の Fig 3 を改変）

CNN/TEA 錯体の S_1 状態の零点準位を励起してもエキサイプレックス蛍光は観測されないが，零点準位から $402\,\mathrm{cm}^{-1}$ より高い振電状態を励起するとエキサイプレックス蛍光が観測される．さらに振動エネルギーが増加するとしだいにエキサイプレックス蛍光が強くなる．マイクロ波分光から基底状態の CNN/TEA 錯体は，T 字形構造であることが示された[13]．　　　　　　　　　　　　　　　　〔関谷　博〕

文献・注

1) 伊藤道也：レーザー光化学－基礎から生命科学まで，裳華房，2002.
2) 坪村宏：新物理化学（下），化学同人，1994.
3) 米沢貞次郎：量子化学入門（下），化学同人，1983.
4) C. A. Parker and C. G. Hatchard：*Trans. Faraday Soc.*, **59** (1963), 284.
5) T. Förster：Delocalization excitation and excitation transfer. Modern Quantum Chemistry (O. Sinanoglu, ed.), vol. III, Academic Press, New York, 1965.
6) 山口正俊ほか：*Chemical Times*, No. 1（通巻 211 号）(2009), 3-11.
7) W. T. Yip and D. H. Levy：*J. Phys. Chem.*, **100** (1996), 11539.
8) H. Saigusa and M. Itoh：*J. Phys. Chem.*, **89** (1985), 5436.
9) T. Hirata, *et al.*：*J. Phys. Chem. A*, **103** (1999), 1014.
10) K. Yamana, *et al.*：*Bioorg. Med. Chem.*, **16** (2008), 78.
11) R. S. Mulliken：*J. Am. Chem. Soc.*, **2** (1950), 600.
12) H. Saigusa, *et al.*：*J. Chem. Phys.*, **86** (1987), 2588.
13) G. Berden and W. L. Meerts：*Chem. Phys. Lett.*, **224** (1994), 405.

5.4.6 光異性化反応

a. 光異性化反応が観測される分子

光励起された分子の構造変化により異性体が生成する反応は光異性化反応と呼ばれる．光異性化反応によって分子構造が変化する有機化合物は数多く知られている．アゾベンゼン類，スチルベン類，スピロピラン類，ジアリールエテン類，フルギド類は光異性化反応が起こる代表的な分子である[1,2]．電子・振動スペクトルの観測，分子の構造変化を実時間で観測できる超高速時間分解分光，量子化学計算によって光異性化の機構の詳細が明らかにされている（レーザーパルスを用いた時間分解分光法の原理については3.2節を参照のこと）．アゾベンゼンとスチルベンのシス-トランス異性化反応は，最も基礎的で多くの研究者に興味がもたれた光異性化反応である．レチナールおよびその誘導体においてもシス-トランス光異性化反応が起こる．レチナールのシス-トランス光異性化反応は，視覚，プロトンポンピングなどの光生物学過程で光センサー/光スイッチの役割を果たすことが知られている[1]．

スピロピラン類，フルギド類およびジアリールエテン類は光照射によって色が変わるフォトクロミズムを示すことで知られている．これらの分子の光異性化反応は，アゾベンゼンやスチルベンのようなシス-トランス光異性化反応とは機構が異なり，光エネルギーによる化学結合の切断と新たな結合の形成過程を経て異性化が起こる[2]．フォトクロミック分子の光メモリーへの応用を視野に入れた研究も行われている．光誘起励起状態プロトン移動も代表的な光異性化反応である．プロトン移動については5.4.7項に記載した．ここではアゾベンゼン，スチルベンのシス-トランスに焦点を当て，光異性化反応機構について記述する．

b. アゾベンゼン

アゾベンゼンとその誘導体においては，可逆的な光異性化反応が起こる（図5.4.32）．アゾベンゼン類の光異性化は，光スイッチ，高密度データ記憶など多方面で応用されている[3,4]．アゾベンゼンにはトランス体とシス体の配座異性体が存在し，トランス体のほうがシス体より 50 kJ mol^{-1} 程度安定である．励起状態においてはトランス体とシス体の間で光異性化反応が起こる．図5.4.33においてCNNCねじれ角が 90° のときに S_0 状態と S_1 状態のポテンシャル曲線が交差する（精密に記述するとポテンシャル曲面となる）[5]．上下のポテンシャル曲面が円錐に交わり，漏斗の形状をつくったときに最も内部転換の効率が高いことが知られており，一般的に円錐交差（conical intersection：CI）と呼ばれている[2]．アゾベンゼンの速い光異性化反応は CI を通るためと考えられている．アゾベンゼンの最低励起一重項状態は，孤立電子対をもつ n 軌道から π* 軌道に電子が遷移した $S_1(n\pi^*)$ 状態である．その上に $S_2(\pi\pi^*)$ 励起状態がある[5]．図5.4.34に定常光を用いて測定されたヘキサン中のトランス-アゾベンゼンの吸収スペクトルと蛍光スペクトルを示す[6]．吸収スペクトルにおける～315 nm

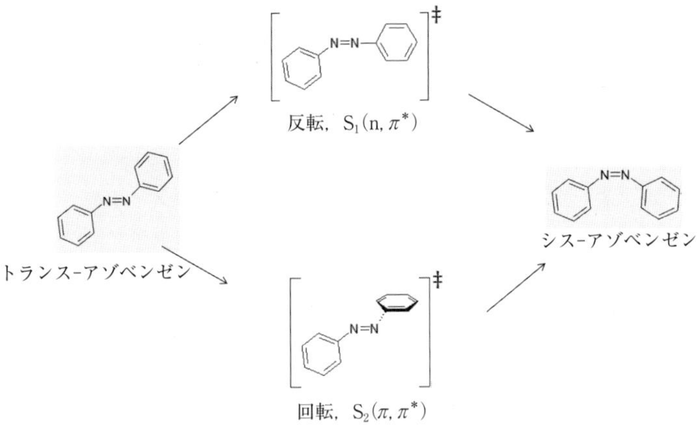

図 5.4.32 トランス-アゾベンゼンの反転機構と回転機構による異性化

のピークは $S_2(\pi\pi^*) \leftarrow S_0$ 遷移, ～450 nm のピークは $S_1(n\pi^*) \leftarrow S_0$ 遷移に帰属されている. 蛍光スペクトルの～390 nm と～665 nm のピークは, それぞれ $S_2(\pi\pi^*) \rightarrow S_0$ 遷移と $S_1(n\pi^*) \rightarrow S_0$ 遷移に帰属されている. フェムト秒時間分解分光から S_2 状態と S_1 状態の蛍光寿命は～110 fs, 500 fs と測定された. $S_1 \leftarrow S_0$ 遷移を励起した場合の異性化反応の量子収率は～0.2 であり, $S_2 \leftarrow S_0$ 遷移を励起した場合の量子収率～0.1 の約2倍大きい.

トランス-アゾベンゼンの光異性化機構は励起電子状態に依存し, S_2 状態では回転機構による異性化, S_1 状態では反転機構による異性化が起こると考えられていた[7] (図 5.4.32). しかしながら, フェムト秒時間分解分光や高精度量子化学計算からは, この提案と矛盾する結果が報告されている. ピコ秒ラマン分光によると, S_2 状態に励起すると基底状態に近い振動数の S_1 状態の振動モードが観測され, S_2 状態から S_1 状態へは平面構造を維持したまま内部転換が起こることが示され, S_2 状態から回転機構による異性化機構は否定された[8].

フェムト秒時間分解分光と量子化学計算を用いてアゾベンゼンを S_1 状態に励起後の光異性化機構の溶媒の粘度効果について調査された[9]. 非粘性溶媒中では, トランス-アゾベンゼンを S_1 状態に励起すると, 面外 CNNC ねじれ運動に起因する S_0 状態と S_1 状態のポテンシャル曲面 (図 5.4.33) の CI を経由する回転機構が開かれる. しかしながら, 粘性溶媒中では CNNC ねじれ振動が妨げられるために, 協奏的反転経路にそった面内 CCN 変角振動により S_0 状態と S_1 状態の円錐交差が生じることが報告されている.

c. スチルベン

トランス-スチルベンとシス-スチルベンは, 炭素-炭素二重結合に2個のベンゼン

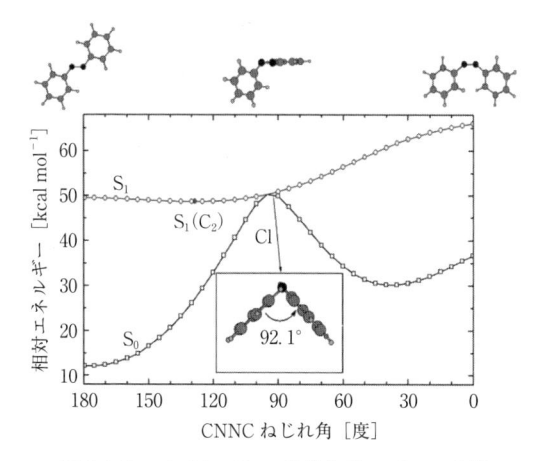

図 5.4.33 アゾベンゼンの異性化ポテンシャル曲線
挿入図は S_1 状態と S_0 状態のポテンシャル曲線の交差点の構造を示す．

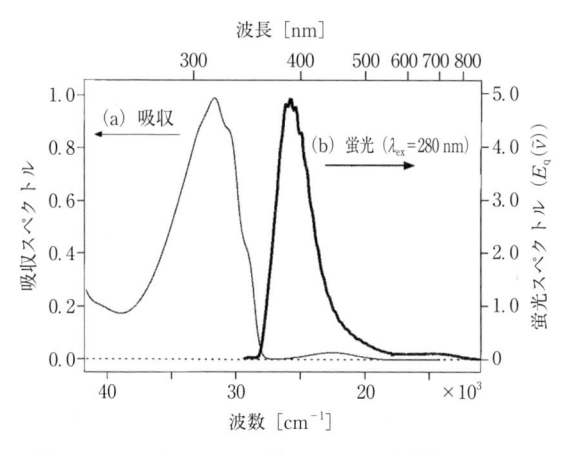

図 5.4.34 アゾベンゼンの吸収スペクトルと蛍光スペクトル

環が結合した構造をした幾何異性体であり，互いに分離可能な独立した分子である．トランス-スチルベンとシス-スチルベンは，融点や沸点，吸収波長が異なる．トランス-スチルベンとシス-スチルベンの間の異性化反応機構については多数の報告がある．

　図 5.4.35 にスチルベンの C=C ねじれ角にそった光異性化ポテンシャル曲線を示す．スチルベンでは，シスからトランスへとトランスからシスへの両方向の光異性化が可能であり，異性化の中間においては，ねじれ運動により C=C 結合につながっている二つの芳香環が垂直となる "phantom state" p^* が存在する[10,11]．"phantom

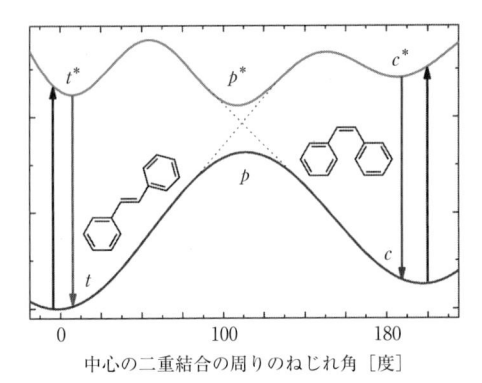

図 5.4.35 スチルベンのポテンシャル曲線
t, p, c は *trans, phantom, cis* の基底状態, t^*, p^*, c^* は対応する励起状態を示す.

state（まぼろし状態）"とよばれる理由は，この状態の寿命が短く発光が観測されないことによる．S_1 状態のねじれ運動にそったポテンシャル曲線の極小の近くにおいては円錐交差が存在し，内部転換によって基底状態が生成する．円錐交差を経た後，基底状態のポテンシャルエネルギー曲面においては，ねじれ運動により一部の分子は異性化し，一部の分子はもとの状態に戻る．光異性化によりシス体とトランス体はほとんど同程度の量が生成する．しかしながら，シス体からトランス体への異性化の時間（〜2 ps）はトランス体からシス体への異性化の時間（10〜200 ps）よりはるかに短い．その理由は，トランス体からシス体への異性化には障壁（〜1200 cm^{-1}）があるのに対して，シス体からトランス体への異性化の障壁が小さい（<500 cm^{-1}）ためと考えられている[11]．

フェムト秒誘導ラマン分光によってシス-スチルベンからトランス-スチルベンへの異性化がどのような機構で起こるかについてさらに詳細な描像が得られている[12]．光励起後に C=C 二重結合が延び，さらに二つの C-H 結合の H 原子が逆方向に移動する面外振動によりねじれ振動が開始され，シス-スチルベンがトランス-スチルベンに変わることが示されている．

d. レチナール

人間の眼は角膜と水晶体と硝子体で構成される光学系である．この光学系は，物体を網膜上に結像し，網膜上で起こる感光物質の変化を視神経が知覚し，その情報を視覚して整理する機構をもっている．網膜の桿体細胞にはタンパク質であるオプシンとビタミン A であるレチナールの複合体であるロドプシンが含まれている．オプシンと結合しているレチナールはシス構造（11-*cis*-retinal）をしている[1]．可視光を照射するとシス-レチナールはトランス構造（all-*trans*-retinal）に異性化する（図 5.4.36）．この異性化反応に伴うタンパク質の構造も変化する．レチナールのオプシンの結合が切断され，レチナールが細胞中に出る．暗所ではトランス-レチナールはシス-レチナールに戻り，再びオプシンと結合する．

ロドプシン中のレチナールシッフ塩基の光異性化反応は，溶液中に比べ非常に高速で高い選択性をもつ．溶液中の光異性化が 2〜3 ps で起こり，複数の光生成物が生成する．これに対してロドプシン中では 11-*cis*-retinal から all-*trans*-retinal への光

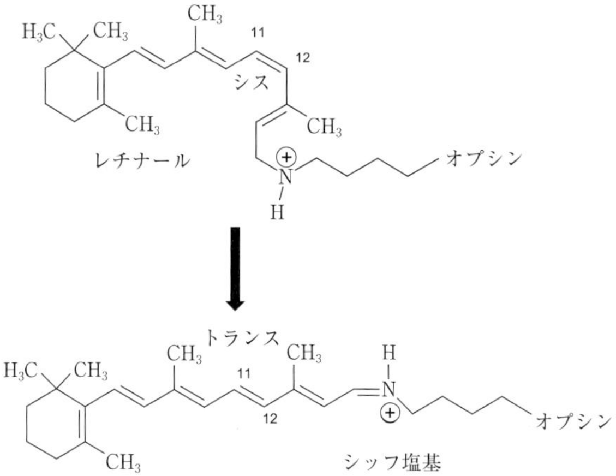

図 5.4.36　ロドプシンのシス-トランス光異性化

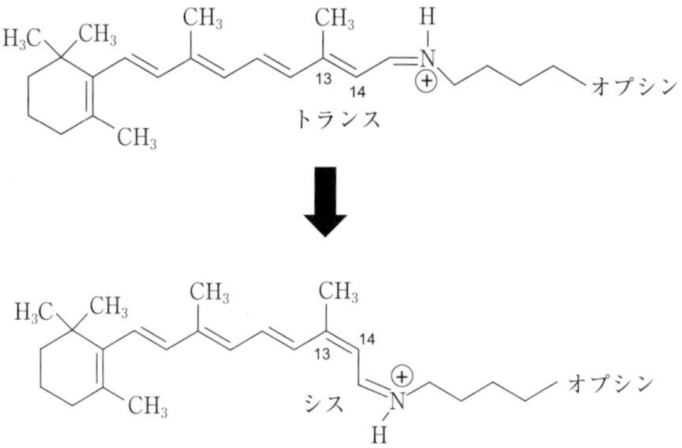

図 5.4.37　バクテリオロドプシンのトランス-シス光異性化

異性化が 200 fs で選択的に起こることが高速時間分解分光からわかっている[13]．レチナールの高効率（0.67）の光異性化反応においては反応障壁がなく，$C_{11}=C_{12}$ 結合の周りのねじれ振動によって異性化が起こると考えられている．

　バクテリオロドプシンは，光駆動プロトンポンプとしてエネルギー変換を行う膜タンパク質であり，レチナールが含まれており，トランスからシスへの光異性化反応が起こる（図 5.4.37）．最近，超短パルス（3.9 fs）を用いた高速時間分解分光によりバクテリオロドプシン中のレチナールシッフ塩基の光異性化の初期過程について詳細に研究されている[14]．トランス-レチナールの励起状態から最終生成物であるシス-レチナールに至るまでには，三つの遷移状態があることがわかった．超短パルスレーザーで試料を瞬間的に光照射し，準連続的に光吸収を測定し，吸収ピークのエネルギー・

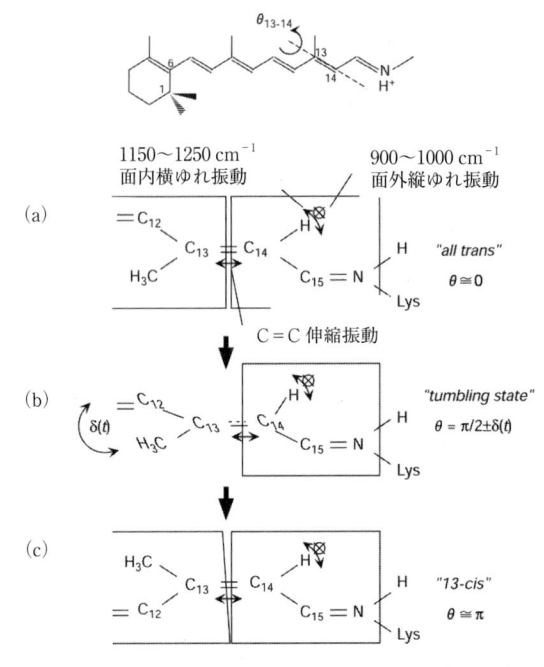

図 5.4.38 バクテリオロドプシンのレチナール発色団の光異性化機構

強度変化から分子の構造が時々刻々と変化している様子が観測された.分子振動周波数の解析から,C=N結合に特徴的な $1600~\mathrm{cm^{-1}}$ の信号が観測されることから,光励起直後には従来提案されていたC=C結合距離の変化ではなくC=N結合距離が伸びることが明らかとなった.図 5.4.38(a)〜(c)は,それぞれ光励起後のトランス構造から C_{12}-C_{13}-CH_3 を含む面と H-C_{14}-C_{15}=N を含む面が $90°$ 近くねじれた"tumbling state"を経由してシス構造に至るまでの幾何構造の変化を示している.(a)は光励起後 50〜100 fs に C=N 結合距離が長くなった後の〜200 fs において観測された主な振動を示している.C_{13}=C_{14} 伸縮振動のほかに H 原子の面内横ゆれ振動や面外縦ゆれ振動が現れる.(b)は 200〜600 fs の tumbling state における構造である.この領域においては C=C ねじれ角に敏感な H 原子の面外振動の強度の減少が観測された.(c)は,700 fs 以後の構造を示している.C=C ねじれ角の減少に伴い,C=C 伸縮振動と C=C-H 面内横ゆれ振動の強度の回復が観測されたことから,シス構造が形成されたことがわかった.

〔関 谷   博〕

文献・注

1) 伊藤道也:レーザー光化学—基礎から生命科学まで,裳華房,2002.
2) 日本化学会編:化学総説.有機フォトクロミズムの化学,学会出版センター,1995.

3) T. Ikeda and O. Tatsumi : *Science*, **268** (1995), 1873.
4) F. Z. Liu, *et al.* : *Nature*, **347** (1990), 658.
5) E.-W. G. Diau : *J. Phys. Chem.*, **108** (2004), 950.
6) T. Fujino, *et al.* : *J. Phys. Chem. A*, **105** (2001), 8123.
7) H. Rau : Photochemistry and Photophysics, vol. 2 (J. Rebek, ed.), CRC Press, Boca Raton, FL, 1990, [119-141].
8) T. Fujino and T. Tahara : *J. Phys. Chem. A*, **104** (2000), 4203.
9) T. Cusati, *et al.* : *J. Am. Chem. Soc.*, **133** (2011), 5109.
10) S. A. Kovalenko, *et al.* : *Chem. Phys. Lett.*, **493** (2010), 255.
11) A. Weigel and N. P. Ernsting : *J. Phys. Chem. B*, **114** (2010), 7879 と文献.
12) S. Takeuchi, *et al.* : *Science*, **322** (2008), 1073.
13) G. R. Loppnow and R. A. Matheis : *Biophys. J.*, **54** (1988), 35.
14) T. Kobayashi, *et al.* : *Nature*, **414** (2001), 531.

5.4.7 プロトン移動

a. 水素結合とプロトン移動

水素結合は，自然界においてきわめて重要な化学結合である．水素結合は，氷やタンパク質などの構造や物理化学的性質に大きな影響を及ぼす．水素結合には分子や分子集合体の構造を決める静的な側面と，水素結合している水素またはプロトンが反応する動的な側面をもっている．水素原子が移動する場合を水素移動（hydrogen transfer），プロトンが移動する場合はプロトン移動（proton transfer）と呼ばれる[1-4]．後述するマロンアルデヒドやトロポロンの場合には，水素またはプロトン移動の前後で分子構造が変化しないので，単にプロトン移動と呼ばれることが多い．水素結合しているプロトンは，質量が小さいので波としての性質をもつ．そのため，プロトンの移動にポテンシャルの壁がある場合においても，壁を透過する性質がある．プロトン移動は，水やアルコールなどの極性溶媒中や酵素などの生体分子において観測される現象であり，最も基礎的な反応素過程の一つである．

水素結合強度とプロトン移動には密接な関係がある[1,2]．H_2O の二量体分子に 1 個のプロトンが付加した（$H_2O\cdots H\cdots OH_2$）$^+$ における分子間水素結合の $O\cdots O$ 距離 R と R の 1/2 の位置からプロトンまでの距離 d の変化に伴い，ポテンシャルエネルギーがどのように変化するかについて量子化学計算によって調べられている（図 5.4.39）．水素結合が弱く，R が長いときは，ポテンシャル曲線の中央に高い障壁が存在し，プロトンは左側または右側の井戸に存在する．水素結合が強くなり，R が短くなるにつれて障壁が低くなり，プロトンが井戸の中央付近に存在する確率が増加する．計算から得られた（$H_2O\cdots H\cdots OH_2$）$^+$ の最安定構造における R の値は 2.4 Å であり，この距離における障壁はかなり低い．図 5.4.39 は可逆的なプロトン移動が対称的なポテンシャル曲線で表される場合である．不可逆的なプロトン移動の場合には非対称的なポテンシャル曲線で表される[1,4]．これらの二つの場合の具体例について，以下に記載

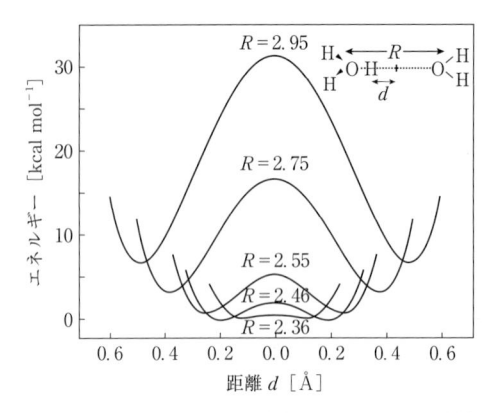

図 5.4.39 酸素原子間距離 (R) とポテンシャル曲線の形状 (関谷らの計算結果)

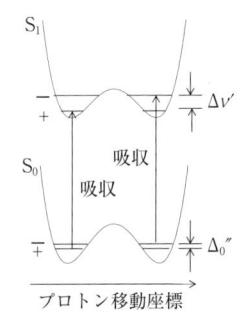

図 5.4.40 トロポロンのプロトントンネリングを表す対称二極小型ポテンシャル曲線

b. プロトントンネリング

分子内で起こるプロトン移動を分子内プロトン移動，分子間で起こるプロトン移動は分子間プロトン移動と呼ばれている．マロンアルデヒドやトロポロンは，基底電子状態と励起電子状態の両方において可逆的な分子内プロトン移動が観測される分子である．これらの分子の基底状態と励起状態のプロトン移動は，プロトン移動座標にそって二つの極小値をもつ対称的なポテンシャル曲線を用いて表される（図 5.4.40）[1-4]．質量の小さいプロトンは，ポテンシャル障壁をトンネル効果によって透過する．トンネル障壁をプロトンが透過する現象は，プロトントンネリングと呼ばれ，波動関数 $\Psi^{\pm}$ によって記述される[4]．

$$\Psi^{\pm} = \frac{1}{\sqrt{2}}(\phi_1 \pm \phi_2) \tag{1}$$

ここで，ϕ_1 と ϕ_2 は局在化しているプロトンの波動関数である．波動関数が非局在化すると，基底状態（S_0）と最低励起一重項状態（S_1）の振動準位が二重に分裂する．図 5.4.40 において（＋）と（－）の記号はトンネリング二重分裂した準位の波動関数の同位相と逆位相の成分を示している．Δ_0'' は基底電子状態の零点準位のトンネリング二重分裂幅，$\Delta_{v'}$ を励起電子状態の振動準位 v' のトンネリング二重分裂幅とすると，電子スペクトルの測定により，$|\Delta_{v'} - \Delta_0''|$ の絶対値を測定することができる．トンネリング二重分裂幅は，エネルギーに比例する量である．トロポロン（図 5.4.40）の Δ_0'' の値は，$\sim 1 \text{ cm}^{-1}$ である．トンネリング二重分裂幅とプロトン移動時間 τ の間には $\tau = h/2\Delta$ の関係があり，1 cm^{-1} の分裂幅は 17 ps のプロトン移動時間に対応する．

図 5.4.41 は超音速ジェット冷却されたトロポロンの蛍光励起スペクトルである（3.3.6 項を参照）．S_0 状態の振動の零点準位から S_1 状態の零点準位への遷移である 0-0 遷移だけでなく，それぞれの振電バンドが二重に分裂していることがわかる．図

5.4 反応と蛍光

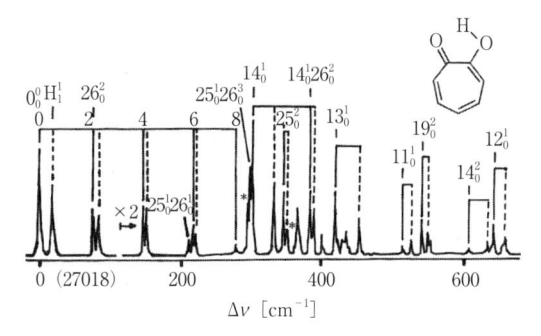

図 5.4.41 超音速ジェット中で冷却されたトロポロンの蛍光励起スペクトル

5.4.42(a) と (b) に面内変角振動モード (ν_{14}) の S_1 状態のトンネリング二重分裂成分である 14_0^1 遷移と $14_0^1 H_1^1$ 遷移を励起したときの蛍光スペクトルを示した．H は高波数 (higher wavenumber) に由来する記号であり，式 (1) の波動関数の逆位相 (−) の成分に対応する．H_1^1 はトンネリング二重分裂成分の高波数成分間の遷移，すなわち (−) 準位から (−) 準位への遷移を示す．14_0^1 遷移と $14_0^1 H_1^1$ 遷移を励起して得られた蛍光スペクトルには S_0 状態の振動が観測さ

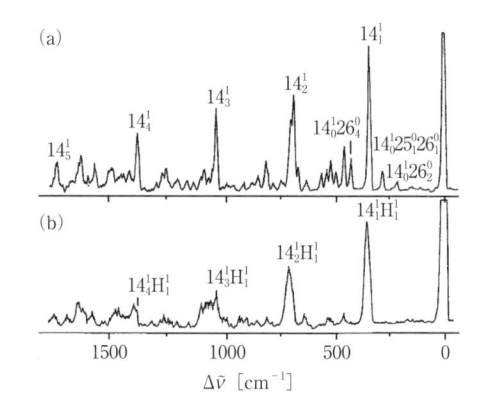

図 5.4.42 トロポロンの S_1 状態の ν_{14} 振動のトンネリング分裂した低波数成分 (a) と高波数成分 (b) を励起して得られた蛍光スペクトル

れている．二つのスペクトルの振動パターンはよく類似しており，S_1 状態において ν_{14} 振動の 1 量子が励起された準位がトンネリング分裂していることが確認された．

蛍光励起スペクトルに観測されている二重分裂した振電バンドの間隔から $|\Delta_{v'} - \Delta_0''|$ 値が得られた．零点振動準位の Δ_0'' 値との比較から $\Delta_{v'}$ 値が振動状態選択的であることがわかった[2-4]．すなわち，二つの酸素原子間の平均距離が短くなる面内振動はプロトン移動を促進させる ($\Delta_{v'} = 30 \sim 32 \, \text{cm}^{-1}$)．ところが，面外振動が励起されると二つの酸素原子間の平均距離が長くなるために，$\Delta_{v'}$ 値が $1 \, \text{cm}^{-1}$ より小さくなり，プロトン移動が妨げられることが示された．

c. 分子内励起状態プロトン移動

N-サリチリデンアニリンにおいて観測された不可逆的プロトン移動は非対称な

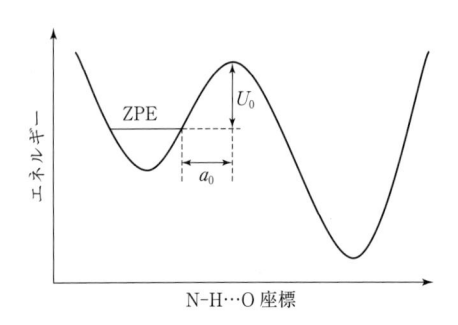

図 5.4.43 不可逆的なプロトン移動を表すポテンシャル曲線

ポテンシャル曲線で表される[5]. 励起状態において，分子内水素結合にそったプロトン移動を分子内励起状態プロトン移動（excited-state intramolecular proton transfer：ESIPT），分子間水素結合を介したプロトン移動は分子間励起状態プロトン移動（excited-state intermolecular proton transfer，分子内励起状態プロトン移動と区別するために ESPT と略す）と呼ばれている[2].

ESIPT にポテンシャル障壁がある場合のモデル系として，O-H⋯N 水素結合をもち，ポテンシャル曲線が図 5.4.43 で表される分子のプロトン移動について考える．プロトン移動は，O-H 伸縮振動によって起こる．プロトンまたは重陽子の移動速度 $k_{H,D}$ は，一次元モデルを用いると次式で表される[2].

$$k_{H,D} = \nu_{H,D} \exp\left[-\frac{2\pi a_0}{h}(2m_{H,D}U_0)^{1/2}\right] \quad (2)$$

ここで，$\nu_{H,D}$ は OH または OD 伸縮振動数，a_0, U_0 は，それぞれポテンシャル障壁の幅と高さである．h はプランク定数，$m_{H,D}$ はプロトンまたは重陽子の質量を表す．図 5.4.44 において ZPE は，零点振動エネルギーを示す．式 (2) から $k_{H,D}$ は a_0 と U_0 が減少するにつれて大きな値をとることがわかる．プロトン移動速度の同位体比 k_H/k_D は，$\nu_H > \nu_D$，$m_H/m_D = 1/2$ の関係がある．この比は大きな値をとりうるので，同位体比 k_H/k_D の測定から，トンネル効果の寄与について調査できる．ESIPT 速度 k とプロトン移動時間 τ の間には $\tau = 1/k$ の関係があるので，τ を測定すると k の値が得られる．これまで，3-ヒドロキシフラボン，N-サリチリデンアニリンなどさまざまな分子において ESIPT が観測されている．これらの分子の ESIPT は，数百 fs 以下の短時間で起こる．

分子の発光スペクトルから ESIPT が起こることが示された例として N-サリチリデンアニリン（SA）の電子スペクトルについて紹介する．図 5.4.44 に n-ヘキサン溶液中の SA の吸収スペクトルと蛍光スペクトルを示す[6]. 吸収波長に近い 400〜480 nm の波長領域では SA 蛍光が観測されていないが，500 nm より長波長側に蛍光スペクトルが観測されている．

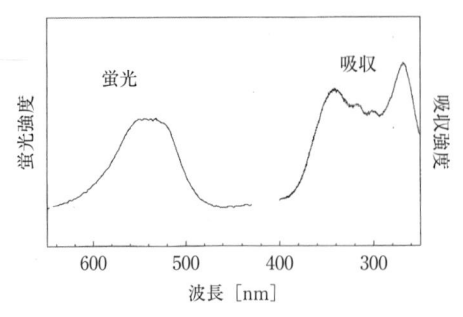

図 5.4.44 SA の吸収スペクトルと 345 nm の光励起により観測された蛍光スペクトル

SAのESIPTは，図5.4.45のポテンシャル曲線で表される．紫外光でS_0状態のエノール型のSAを励起するとS_1状態からESIPTが起こり，エノール型よりもエネルギーが安定化したケト型がS_1状態に生成する．S_1状態のケト型は，蛍光過程または無放射過程を経てS_0状態に緩和し，S_0状態のケト型は逆プロトン移動によってもとのエノール型に戻る．SAの蛍光スペクトルにおいてはエノール型からの蛍光が観測されていない．また，SAのESIPT速度にH/D同位体効果が観測されないことから，ESIPTのポテンシャル障壁はほとんどないことがわかった．

d. 分子間励起状態プロトン移動

塩基対やプロトン供与基と受容基をもつ溶質分子と水，アルコールなどの溶媒分子には分子間水素結合が存在する．このような分子を光励起することにより，分子間において複数のプロトンが移動する励起状態多重プロトン移動が観測されている．7-アザインドール二量体（7AI$_2$）の励起状態二重プロトン移動（excited-state double proton transfer：ESDPT）は，核酸塩基対のモデル分子として最も詳細に研究されている．7AI$_2$のESDPTでは，図5.4.46に示すように，基底状態で安定な塩基対を光励起すると1個のプロトンが移動し，反応中間状態が生成された後に第2のプロトンが移動することにより互変異性体が生成する「段階的機構」[7]と，2個のプロトンが中間状態を経由することなく移動する「協奏的機構」が提案され，どちらの機構が正しいかについて長い間論争が行われた[7]．超音速ジェット冷却された7AI$_2$の蛍光スペクトルを観測すると可視領域に蛍光スペクトルが観測され，ESDPTによって互変異性体が生成することがわかった．7AI$_2$をピコ秒パルスレーザーでS_1状態の零点振動準位を励起したとこ

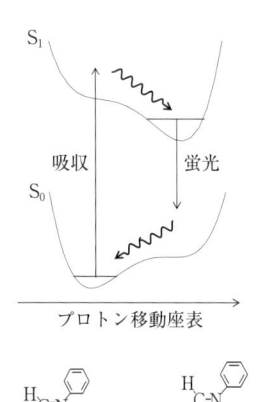

図5.4.45 *N*-サリチリデンアニリンの励起状態プロトン移動を表すポテンシャル曲線

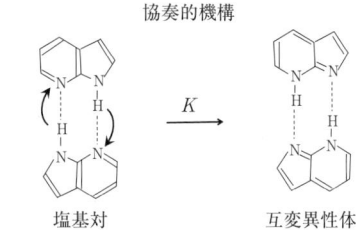

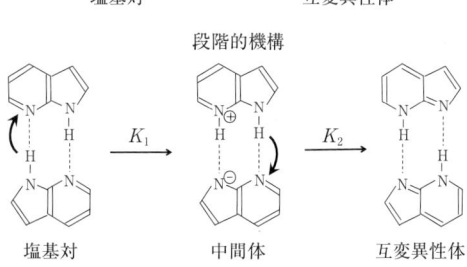

図5.4.46 7-アザインドール二量体の励起状態二重プロトン移動機構

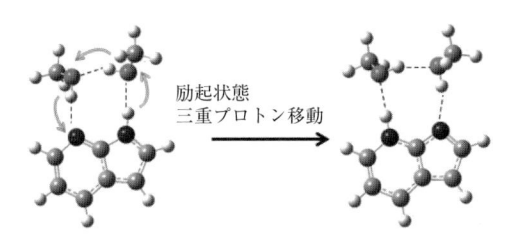

図 5.4.47 7AI-$(CH_3OH)_2$クラスター内励起状態三重プロトン移動

ろ，減衰曲線が単一指数関数で表され，ESDPT 時間は 1.9 ps であった．ピコ秒時間分解分光と ESDPT の同位体効果の測定から 7AI$_2$ の ESDPT は協奏的機構で起こると結論された[8]．段階的機構の根拠となっていた二重指数関数でフィットされた減衰[7]は，寿命の異なる複数の状態が同時に励起されているためと解釈された．

7AI に 2 個の水分子またはメタノール分子が溶媒和したクラスター [7AI-$(H_2O)_2$/$(CH_3OH)_2$][9,10] や 7-ヒドロキシキノリンにアンモニア分子が 3 個溶媒和したクラスター[11] においては，複数のプロトンの移動（多重プロトン移動）が観測されている．このような反応において，溶媒分子は反応障壁を低下させる触媒的な役割を果たしている．溶質に溶媒分子が結合することによってプロトン移動が起こる現象は，溶媒支援プロトン移動（solvent assisted proton transfer）と呼ばれている．溶媒支援プロトン移動は，酵素反応など生体分子において観測されている[1]．図 5.4.47 に励起状態三重プロトン移動による 7AI-$(CH_3OH)_2$ の互変異性化を示した[9]．このクラスターにおいては水素結合ネットワークを形成している三つの分子間水素結合が同位相で伸縮する分子間振動がプロトン移動を選択的に促進させることが明らかとなった．

オワンクラゲの生体内ではイクオリンと緑色蛍光タンパク質（green fluorescent protein：GFP）は複合体を形成している．細胞内カルシウムを感知して発光するイクオリンは，単体では最大蛍光波長 460 nm の青色であるが，オワンクラゲの発光細胞内では，GFP がイクオリンから励起エネルギーを受け，緑色の蛍光を発する．GFP 単体だけでも光励起すると蛍光が観測される（GFP については 6.1.4 項を参照のこと）．GFP の光励起から発光に至るまでの機構に興味がもたれており，多数の研究が行われた．光励起後に GFP からは複数のプロトンの移動が起こることがわかった．中性のワイルド型の GFP 発色団を 397 nm で励起すると Tyr66 から Glu222 へのプロトン移動が起こる（図 5.4.48）[12]．このプロトン移動の機構についてフェムト秒誘導ラマン分光を用いて研究された．中性分子を 397 nm で光励起すると，発色団の互いの反対の位置にあるフェノール環の C-O 伸縮振動モードとイミダゾリン環の C=N 伸縮振動モードが逆位相で 280 fs で振動し，これらの振動が低振動モードを励起することにより ESPT が起こりやすい構造となることが示唆された．7AI-$(CH_3OH)_2$ と GFP の結果の比較から，光励起後に ESPT に有利な構造をとる振動モードが存在す

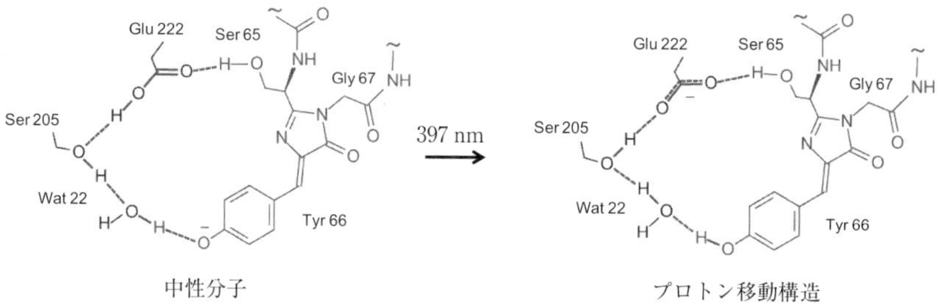

図 5.4.48 GFP の光誘起プロトン移動

る共通点がみられる。　　　　　　　　　　　　　　　　　　　　　　　〔関谷　博〕

文献・注

1) T. Buntis, ed.：Proton Transfer in Hydrogen-Bonded Systems, Plenum Press, New York and London, 1992.
2) 関谷　博，迫田憲治：プロトン移動はどのように起こるか．現代化学，2月号，2006.
3) 関谷　博，西村幸雄：超音速ジェット冷却された有機分子の多次元プロトントンネリング．分光研究，**2** (1995).
4) H. Sekiya：Atom Tunneling Phenomenain Physics, Chemistry and Biology (T. Miyazaki, ed.), Springer, Berlin, 2004, [201-228].
5) A. Douhal, et al.：*Chem. Phys.*, **207** (1996), 477.
6) N. Otsubo, et al.：*J. Photochem. Photobiol. A—Chemistry*, **154** (2002), 33.
7) A. Douhal, et al.：*Nature*, **378** (1995), 260.
8) H. Sekiya and K. Sakota：*J. Photochem. Photobiol. C-Photochem. Rev.*, **9** (2008), 81.
9) K. Sakota, et al.：*J. Phys. Chem. A*, **111** (2007), 4596-4603.
10) K. Sakota, et al.：*J. Phys. Chem. A*, **114** (2010), 11161.
11) C. Tanner, et al.：*Science*, **302** (2003), 1736.
12) C. Fang, et al.：*Nature*, **462** (2009), 200.

5.5　発光物質のいろいろ

5.5.1　有機蛍光分子の発色団と発光特性

　ここでは，蛍光物質の光学的性質を化学的に理解することを目指す．図 5.5.1 に主な蛍光性化学物質の構造と特性をまとめたが，いずれも 1～2 nm 程度のサイズの小さな構造体である．一方で緑色蛍光タンパク質（green fluorescent protein：GFP）に代表される蛍光タンパク質は 10 nm 程度のサイズを有するため，一見するとまったく異なる蛍光性物質に思われる．しかし GFP のすべての部分が光っているわけで

紫外〜青色
(350-450 nm)

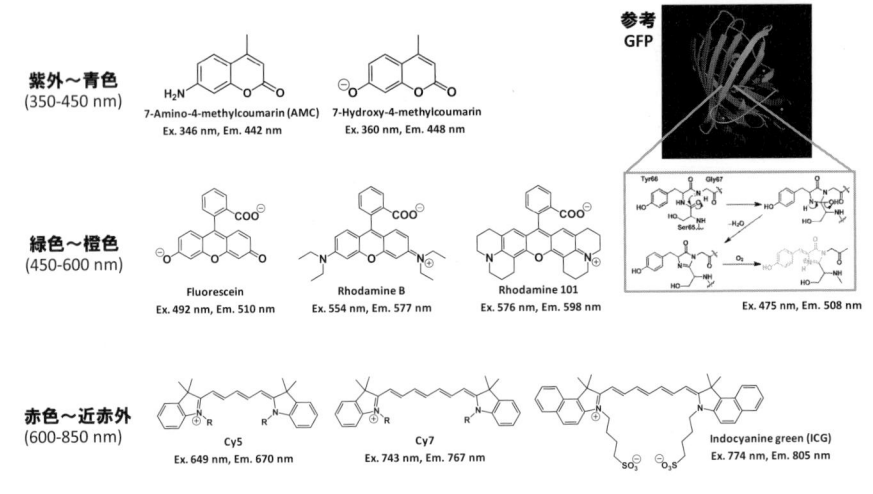

7-Amino-4-methylcoumarin (AMC)
Ex. 346 nm, Em. 442 nm

7-Hydroxy-4-methylcoumarin
Ex. 360 nm, Em. 448 nm

参考
GFP

緑色〜橙色
(450-600 nm)

Fluorescein
Ex. 492 nm, Em. 510 nm

Rhodamine B
Ex. 554 nm, Em. 577 nm

Rhodamine 101
Ex. 576 nm, Em. 598 nm

Ex. 475 nm, Em. 508 nm

赤色〜近赤外
(600-850 nm)

Cy5
Ex. 649 nm, Em. 670 nm

Cy7
Ex. 743 nm, Em. 767 nm

Indocyanine green (ICG)
Ex. 774 nm, Em. 805 nm

図 5.5.1　代表的な蛍光物質

はなく，GFP 内で蛍光を発する部位は，分子内のわずか 3 アミノ酸（Gly, Tyr, Ser）が化学変化を起こして形成されたやはり 1 nm 程度の部位のみであり，化学蛍光物質とまったく同じ議論で理解できる．以下，GFP を含む蛍光性物質の特性（吸収波長，発光波長，蛍光量子収率）について，化学的側面から詳しく考えていく．

a. 蛍光物質の色（吸収波長）を決める要因

蛍光性分子の性質を語る場合，「分子が光を発する」面に注目が集まりがちであるが，これは蛍光現象の半分だけの側面をみているだけにすぎない．ある波長の光を分子が発するということは，その光のもつエネルギー（あるいはそれ以上のエネルギー）をどこからか調達しなければならない．「蛍光発光[1)]」の場合，そのエネルギーは「励起光の吸収」によってまかなわれている．つまり蛍光現象とは，「普通に存在する分子（基底状態 S_0 にある分子）が光を吸収する」→「高いエネルギー状態の分子（一重項励起状態 S_1 にある分子）となる」→「蛍光を発して，もとの基底状態 S_0 にある分子に戻る」という一連の過程からなる現象である（「5.3.2　分子内緩和と発光」の図 5.3.6 参照）．

上述の考え方にそって，GFP や化学蛍光物質の蛍光特性のうち，まず蛍光色（吸収波長と蛍光発光波長）がどのように決まっているのかを以下解説する．蛍光発光の初発過程である「光を吸収する」過程は，蛍光色素に限らず，蛍光を発しない吸光色素でもまったく同じであり，各物質の HOMO（highest occupied molecular orbital，最高占有軌道）と LUMO（lowest unoccupied molecular orbital，最低非占有軌道）のエネルギーギャップに相当する光を分子に照射すると，基底状態 S_0 の分子はこの

エチレン　　　　　　　　ブタジエン

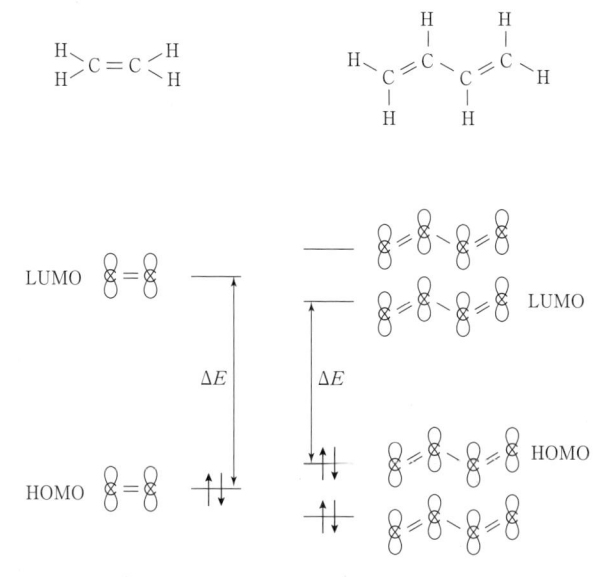

図 5.5.2 吸収スペクトルは，化合物の HOMO-LUMO ギャップによって決定され，それは共役二重結合の長さに大きく依存する

エネルギーを吸収し，HOMO の一つの電子が LUMO に昇位した不安定な分子である励起状態 S_1 にある分子へと変化する（図 5.5.2）．原理的には，分子を励起させるためにはこのエネルギー差とまったく同じエネルギーの光を照射する必要があり，それよりも小さなエネルギーの光（より長波長の光）を照射しても，基底状態の分子は励起されない．ただし「原理的」と書いたのは，HOMO と LUMO はそれぞれ微妙にエネルギーの高さの異なる振動状態をもっているため，中心波長の光を最も効率よく吸収するが，その前後の波長の光もある程度吸収し，吸収スペクトルはある程度の幅をもつことになる．たとえば最も単純な芳香族化合物であるベンゼンの HOMO と LUMO のエネルギー差は，254 nm の光のエネルギーに相当するため，この波長の光を最も効率よく吸収するが（図 5.5.3），その前後の波長の光も図 5.5.3 に示すとおりある程度吸収するため，吸収スペクトルは幅をもっている．それでもこの吸収スペクトルよりも長い波長の光はまったく吸収せず，基本的には HOMO-LUMO ギャップに相当する光を吸収すると考えて問題はない[2]．

以上の原理を理解したうえで，各蛍光物質の HOMO-LUMO ギャップについて考えてみる．一般に C-H（炭素-水素）などの単結合から構成される分子の HOMO-LUMO ギャップはきわめて大きく，そのエネルギー差は 200 nm 以下の短波長光に相当するため，紫外～可視光でこれを励起することは不可能である．これに対して π 電子からなる二重結合，三重結合の HOMO-LUMO ギャップは小さく，200 nm 以上の

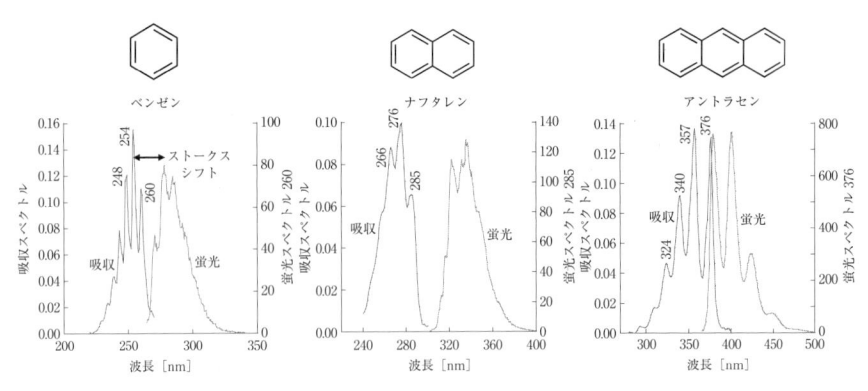

図 5.5.3 ベンゼン，ナフタレン，アントラセンの吸収，蛍光スペクトル

光子でも十分にこれを励起することが可能である．さらにこのπ結合が二つ以上連続すると（化学構造式的には一重結合と二重結合が交互に現れる構造となり，これを共役構造と呼ぶ），その HOMO は徐々に高く LUMO は徐々に低くなるため，そのギャップは小さくなってくる．たとえば二重結合が一つのエチレンに比べ，共役構造が一つ伸びたブタジエンの HOMO-LUMO ギャップは小さく，よってこれを励起可能な光子の波長（＝吸収スペクトル）は長波側に移動する（図 5.5.2）．前述したベンゼンは三つの共役二重結合をもっており，ブタジエンよりもさらに長波長の 254 nm の吸収スペクトルを示し，さらにナフタレン，アントラセンなどの縮合芳香環は長い共役二重結合をもつため，吸収スペクトルはこの順に長くなっていく（図 5.5.3）．この考え方を当てはめれば，可視光領域に吸収スペクトルをもつ化学物質は，さらに長い共役二重結合が必要となるはずであり，実際図 5.5.1 に示した代表的な蛍光性物質の構造をみると，この構造と吸収波長特性の相関が理解できるはずである．たとえばクマリンなどの紫外〜400 nm 程度の青色光で励起される物質に比べ，500〜600 nm 程度の光で励起されるフルオレセイン，ローダミンはより長い共役二重結合をもち，650 nm 以上の赤色〜近赤外光で励起されるシアニン類はさらに長い共役二重結合を有している．このようにより長い波長で機能する蛍光物質は，その分子サイズは原理的に大きくなる．もちろん蛍光タンパク質でも同様の議論が成立し，通常のアミノ酸で構成される β-バレル構造（β-シートで構成された樽状の構造．図 5.5.1 参照）が可視光に吸収をもつことはありえず，バレル中心に存在する 3 アミノ酸が化学変化を起こして生成する共役二重結合を有する蛍光団部分のみが光を吸収して蛍光を発している．その吸収波長は，共役二重結合の長さから予想がつくように 400〜500 nm 程度である．赤色蛍光タンパク質（red fluorescent protein：RFP）類は GFP に比べてより長い共役二重結合を有しているため，より長い波長の光を吸収し，蛍光を発する．

b. 蛍光物質の発光波長を決める要因

ここでは，励起状態分子からの蛍光発光現象について考察する．まず蛍光物質の発光波長であるが，HOMO-LUMOギャップに相当するエネルギーの光子を吸収して生成した励起状態分子がもとの基底状態分子に戻るため，吸収した光子とまったく同じ波長の発光がみられるように思われるかもしれない．ところが，実際は生成した励起状態分子は励起状態を保ったまま，少し分子構造を変化させてより安定な励起状態分子へと変化し，そこから基底状態に戻るため，吸収した光子よりも少しエネルギーの少ない光子，すなわちより長波長の光子が放出される．このように発光スペクトルは吸収スペクトルに比べて長波長側にシフトし，さらに一般にこれらの二つのスペクトルはほぼ鏡像の形を有する．この吸収スペクトルのトップと蛍光発光スペクトルのトップの波長差をストークスシフトと呼び（図5.5.3），蛍光顕微鏡での観察を考える場合，ストークスシフトの大きな蛍光物質のほうが，励起光と蛍光発光のフィルターによる選別が容易なため使いやすい蛍光色素となる．

c. 蛍光物質の蛍光発光強度を決める因子その1：モル吸光係数（ε）

次に蛍光発光の強さについて解説する．これまでの議論から，蛍光物質の明るさは，基底状態分子がどのくらいの効率で光を吸収して励起状態分子を生成するかという因子と，生成した励起状態分子がどのくらいの効率で光を発して基底状態分子に戻るかという因子の，二つの因子に比例することは理解できるはずである．つまり蛍光物質の蛍光強度は，二つの因子のかけ算で表される．まず前者の因子，すなわちHOMO-LUMOギャップに相当する光子をどの程度効果的に各物質が吸収するかであるが，これは吸収波長の長さに大きく依存して変化する．たとえば250, 400, 500 nmに$S_0 \rightarrow S_1$励起の吸収極大をもつ3種の色素の，それぞれ同一濃度の溶液に，250, 400, 500 nmの同じ光子数の光を照射すると，一番多くの光子が吸収されるのは500 nmの色素である．すなわち250 nmの色素は，周りに飛んできた250 nmの光子は比較的多く通り抜けてしまうのに対し，500 nmの色素はより多くの500 nmの光子を吸収する．この光子の吸収効率を表すパラメータをモル吸光係数（ε）と呼び，この値は長波長蛍光団であるほど大きくなる傾向がある（もちろん細かな点においては例外も存在するが，大きな目でみればこの法則は正しい）．たとえば，ベンゼン（254 nm），7-ヒドロキシクマリン（380 nm），フルオレセイン（490 nm）のモル吸光係数はそれぞれ約3000, 25000, 85000 cm^{-1} M^{-1}であり，一定の光子数の光照射でより多くの励起状態分子を生成するのは，このなかでは最も長波長で励起されるフルオレセインである．詳細な解説は割愛するが，これはHOMOからLUMOへと電子が移動する確率を決定する要因の一つに，HOMOとLUMOのエネルギー的な近さがあげられるためである．また詳しくは蛍光発光過程の項に譲るが，この逆，すなわち励起された電子が蛍光を発して基底状態に戻る速さもHOMO-LUMOギャップに依存して変化し，一般的に長波長蛍光団のほうがより早く蛍光を発して，基底状態に戻ることが知

られている.

d. 蛍光物質の蛍光発光強度を決める因子その2:蛍光量子収率（Φ）

次に二つめの因子である,励起状態からの蛍光発光確率について考えていく.有機蛍光色素分子の一重項励起状態（S_1）は一般に非常に不安定であり,その寿命は長くても 10 ns 程度である.この短い時間の間に,励起状態分子は基底状態へと戻っていくが,このとき何らかの形でエネルギーを放出しなければならない.この方法として,光を発する,熱を発する,化学変化を起こす,三重項励起状態へと移行する,他の分子にエネルギーをわたす,などがあげられる.ではこれらのなかで強い蛍光を示す分子は,どのような理由で蛍光を発して基底状態へと戻る確率が高いのであろうか？強蛍光性物質は,弱蛍光性物質（一般的な色素）に比べてずば抜けて速い発蛍光速度（以下 k_f と略す）をもつのであろうか？ 実は答えは No であり,同じ程度の吸収極大波長をもつ分子の k_f は,分子の蛍光性,弱蛍光性を問わずだいたい同じである（k_f [s^{-1}] はモル吸光係数 ε (cm^{-1} M^{-1}) とほぼ比例関係にあることが半経験的に明らかとなっており,単位を上のようにとったときに $k_f \sim \varepsilon \times 10^4$ という式が大雑把に成立する.不思議な関係式であるが,知っておくと何かと便利な式である）.では何が異なるかといえば,発蛍光以外の失活過程（前述した熱,化学変化,三重項励起状態への移行などであるが,ここではこれらをまとめての無輻射過程 (non-radiative pathway:nr) と呼ぶ）の速さが大きく異なる.図 5.5.4(a) に示した強蛍光性分子は,励起された分子の多くが光を発して基底状態に戻ってくる.また図 5.5.4(b) に示した弱蛍光性分子は,励起された分子の多くは熱を放出することで基底状態に戻ってくる.このとき,両者の分子で決定的に異なるのは発蛍光速度（k_f）ではなく,熱放出などの無輻射失活速度（k_{nr}）である.図 5.5.4(b) に示した弱蛍光性分子は k_{nr} がきわめて速く,ほぼ全励起分子が熱を放出して基底状態に戻ってくるが,図 5.5.4(a) に示した強蛍光性分子は k_{nr} が k_f に比べて相対的に小さいため,大部分の分子が蛍光を放出して基底状態へと戻ってくる.多くの分子はほぼ無蛍光性であることから,蛍光性分子とは例外的に無輻射過程が遅い分子であるともいえる.

分子の蛍光特性をより定量的に議論するとき便利なパラメータが,励起された分子のうち,蛍光発光を示す分子の割合である蛍光量子収率 Φ であり,図 5.5.4(a), (b) をみれば明らかなように $\Phi = k_f/(k_f + k_{nr})$ という関係式で表される.たとえばフルオレセインならば,$\Phi = 0.85$ であり,$k_f : k_{nr} = 0.85 : 0.15$

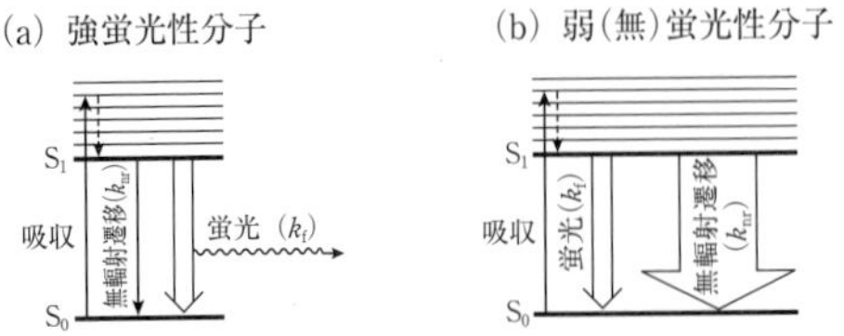

図 5.5.4 蛍光性化合物と無蛍光化合物の違い
強蛍光性分子:蛍光発光過程と競争する無輻射過程が,例外的に遅い分子.主な無輻射遷移過程:熱失活,項間交差,電子移動,エネルギー移動.

量子収率 (Φ_f) = $\dfrac{\text{生成分子数（発光子数）}}{\text{吸収された光子数}}$ = $\dfrac{k_f}{k_f + k_{nr}}$

であり，また k_f は先の ε との関係式どおり，約 $2.5\times10^8\,\mathrm{s}^{-1}$ であるため，$k_{nr}=4.4\times10^7\,\mathrm{s}^{-1}$ 程度となる．　　　　　　　　　　　　　　　　　　　　　〔浦野泰照〕

文献・注

1) 本章で用いる蛍光発光とは，光励起に基づくフォトルミネセンスのことである．
2) HOMO-LUMO ギャップよりも大きなエネルギーをもつ短波長光の照射では，より高いエネルギーをもつ励起状態（S_2, S_3 など）への遷移が可能となるため，光吸収による励起状態分子の生成は起きる．
3) J. R. Lakowicz : Principles of Fluorescence Spectroscopy, 3rd ed., Springer, 2006.
4) 井上晴夫ほか：光化学 I，基礎化学コース，丸善，1999.
5) 杉森　彰，時田澄男：光化学―光反応から光機能性まで，裳華房，2012.

5.5.2 有機蛍光分子の一般的使用法

a. 蛍光物質の蛍光特性と生物応用

生きている細胞系などでの実験を考える場合，水系環境で機能する蛍光性物質が重要であるが，一般に蛍光色素は脂溶性が高く，有機溶媒によく溶け，低極性環境では大きな蛍光量子収率（Φ）をもつが，水溶性が高く，水中などの高極性環境でも大きな Φ をもつものは少ない．また，紫外～650 nm で機能する Φ がほぼ 1 に近い明るい蛍光性物質はある程度は存在するが，700 nm 以上の近赤外領域で機能する蛍光性物質の Φ は，波長が長くなればなるほど小さくなってしまう．5.5.1 項で既述したとおり，蛍光強度は $\varepsilon\times\Phi$ に比例するので，波長，蛍光強度の観点から実験目的に応じて最適な蛍光物質を選択することが重要である[1]．

b. 有機小分子蛍光物質の活用その 1：*in vitro* ラベル化

有機蛍光物質を生物実験で活用する場合，最も汎用される手法は *in vitro* でラベル化する手法である．たとえばある抗体の細胞への取り込みや，体内動態を可視化したい場合，その抗体に有機蛍光物質を，アミド結合などを介して導入したラベル化抗体を試験管内で作成すればよい．タンパク質のラベル化には，リジン残基と反応してアミド結合を形成する *N*-ヒドロキシスクシンイミジル（NHS）エステル（図 5.5.5）やイソチアシアネートなど，あるいはシステイン残基と反応して C-S 結合を形成するクロロアセチル体やマレイミド体が汎用されている．なかでも最もよく用いられている，NHS エステルを活用したアミド結合の形成による抗体蛍光ラベル化の特徴は以下の通りである．①ラベル化サイト：抗体の Lys 残基がランダムにラベル化される．②反応条件：弱塩基性バッファー（pH 8～9），室温，10 分～1 時間程度の穏和な条件で反応終了．③ラベル化率：抗体 1 分子あたりのラベル化色素数は，加える色素量，反応時間によって容易に制御可能．④精製：ラベル化抗体と未反応色素はゲルろ過カラムで容易に分離可能．

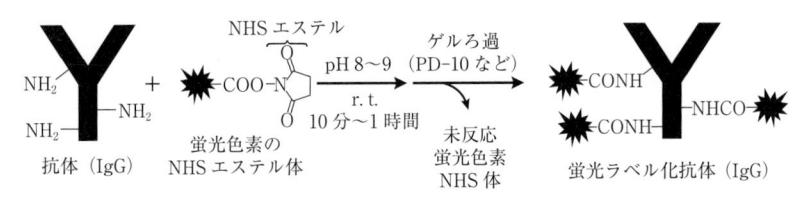

図 5.5.5 NHSエステル体を用いたタンパク質（例：抗体）の蛍光ラベル化

　このほか，脂質へのラベル化やオリゴ糖へのラベル化など，さまざまなラベル化手法が開発されており，目的に応じたラベル化部位を有する蛍光性物質を選択すれば，*in vitro* で比較的手軽な操作でラベル化サンプルを作成可能である．さらに，生細胞の蛍光ラベル化も汎用されている技術である．これは主にシステインと反応する部位を有する蛍光性物質を細胞に導入することで，非特異的に細胞内タンパク質のシステイン残基のラベル化を起こす手法であり，ラベル化細胞を実験動物に投与することで，その体内動態や局在を追うことが可能となる．同様の目的で，後述する核染色色素を用いる場合もあるが，いずれの手法でラベル化された細胞でも，近年発展著しい *in vivo* 蛍光観測手法と組み合わせることで，1細胞レベルの動態を動物個体内で追うことが現在では十分に可能である．

c. 有機小分子蛍光物質の活用その2：細胞内オルガネラ染色

　次に多く活用されている手法として，生細胞内オルガネラの可視化があげられる．これは，各種小分子蛍光物質の細胞内局在性を利用した手法で，たとえばローダミン類はそのカチオン性によって，生きている細胞のミトコンドリアに多く集積するため，ミトコンドリアの可視化に汎用されている．同様の原理で，さまざまな蛍光波長でのミトコンドリアの可視化を実現する MitoTracker などの蛍光色素が数多く市販されている（図5.5.6）．他のオルガネラ染色色素としては，まずアルキルアミン骨格を有する物質が酸性オルガネラに集積する性質を利用して，リソソーム染色色素が LysoTracker などの名称で市販されている（図5.5.6）．さらに，小胞体染色色素やゴルジ体染色色素，細胞膜染色色素，さらには後述する核染色色素など，さまざまな蛍光性物質が現在では市販されており，蛍光タンパク質の発現が難しい細胞やヒトサンプルの観察などに活用されている．しかしながら，これらの蛍光色素を活用する実験においては，染色プロトコルが適切であるかを常に吟味する必要がある．それは，たとえば MitoTracker を過剰に細胞に導入すれば，ミトコンドリアだけでなく細胞質や他の膜組織へも分布するようになるため，正しいミトコンドリア画像とはならない．このように，有機蛍光性物質を生細胞や実験動物に適用する実験では，導入・投与した蛍光性物質が，狙いどおりの正しい局在を示す条件で実験を行うことがきわめて重要であり，プロトコルが正しいかどうかを常に意識しながら実験する必要がある．蛍光として見えているものはあくまで色素であり，オルガネラ自体が光っているわけ

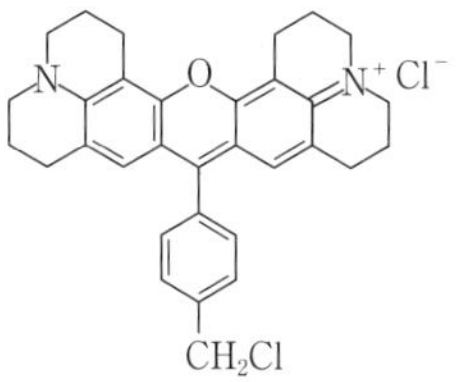

5.5 発光物質のいろいろ

図 5.5.6 オルガネラ染色色素

MitoTracker Red / LysoTracker Red

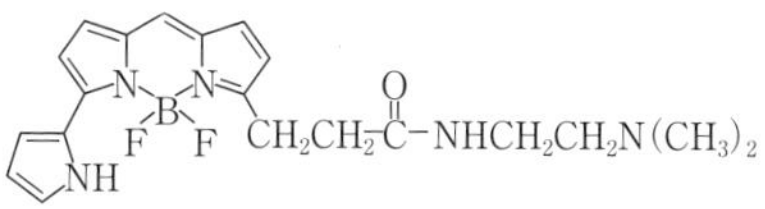

ではないこと，導入した蛍光性色素はそれがどこに存在しようが蛍光を発することを常に意識すべきである．

d. 有機小分子蛍光物質の活用その3：タンパク質可視化

さらに，細胞内での目的タンパク質の *in situ* 可視化実験は一般に非常に難しい．繰り返しになるが，注意しなければならないことは光っているものは有機蛍光物質そのものであるという点である．つまり，観測対象タンパク質の細胞内可視化を考える場合，そのタンパク質にきわめて特異的かつ強固に結合する有機蛍光物質を細胞内に導入しても，得られる蛍光像は観測目的のタンパク質の局在と一致するとは限らない．それは，結合した蛍光物質だけでなく，結合できずに細胞内に分布してしまった蛍光物質も光ってしまうからである．この意味では，蛍光タンパク質を目的タンパク質に融合させたものを発現させる手法が可能ならば，この手法をとるべきである．それは，光っているもの＝目的タンパク質という保証があるからであり，有機小分子蛍光物質を *in situ* で使用する場合，この保証がない点をいかに克服するかが大きな課題となってくる．

〔浦 野 泰 照〕

文献・注

1) The Molecular Probes® Handbook—A Guide to Fluorescent Probes and Labeling Technologies, 11th ed., Life Technologies-Invitrogen, 2010.
2) 木下一彦，御橋廣眞編：蛍光測定—生物科学への応用，日本分光学会測定法シリーズ 3，学会出版センター，1991.
3) 西川泰治，平木敬三：蛍光・りん光分析法，機器分析実技シリーズ，共立出版，1984.
4) 三輪佳宏編：実験がうまくいく蛍光・発光試薬の選び方と使い方，羊土社，2007.

5.5.3 遷移金属錯体の発光

遷移金属錯体の発光は，19世紀半ばにすでにテトラシアニド白金（II）錯体において報告されていたが，その後の発光性金属錯体の研究は比較的限定的で，ポリピリジンルテニウム（II）錯体や金属ポルフィリンが主要な研究対象であった．1990年代の終わりにイリジウム（III）錯体が有機EL素子の発光材料として非常に有用である

ことが見いだされると，新しい発光性金属錯体の探索が世界中でさかんになり，発光性金属錯体の種類とその化学は急速に拡大した．d-ブロック金属（3族～12族元素のうち，ランタノイドとアクチノイド（f-ブロック）元素以外）を含む発光性金属錯体の特徴は，以下の2点に集約されよう．①りん光を発する，②多様な発光状態をもつ，である．発光性d金属錯体の多くは，第5，第6周期の反磁性貴金属錯体である．光励起により生成した一重項励起状態は，重金属イオンの強いスピン-軌道相互作用により項間交差を起こして三重項励起状態まで容易に緩和するため，多くのd金属錯体では「りん光」を示すことになる．発光状態である最低励起三重項状態の由来はさまざまである．金属と配位子の組合せにより，金属から配位子への電荷移動（metal-to-ligand charge transfer：MLCT），配位子から金属への電荷移動（ligand-to-metal charge transfer：LMCT），配位子から別の配位子への電荷移動（ligand-to-ligand charge transfer：LLCT）などに基づく励起状態が生じる．もちろん配位子内（intraligand：IL）励起状態（多くは$\pi\pi^*$状態）が発光状態となる場合もある．さらに，近年では貴金属より安価な3d金属の錯体にも発光材料として可能性を求めて関心が払われるようになっている．発光状態の多様性はさらに広がり，配位子場（ligand field：LF）励起状態（いわゆるdd励起状態）やその他の金属内（metal centered：MC）励起状態，クラスター形成に基づいて生じるクラスター内（cluster centered：CC）励起状態などからの発光が知られ，「りん光」でなく，「遅延蛍光」（いわゆるE-type，詳細は5.3.5項参照）と帰属される系もあり興味は尽きない．以下，発光性d金属錯体をd電子配置別に分類して概観する．

a. d^6電子配置をもつ発光性金属錯体

トリス(2,2′-ビピリジン)ルテニウム（II），$[Ru(bpy)_3]^{2+}$（図5.5.8(a)）は，金属→配位子電荷移動三重項状態（^{3}MLCT）を発光状態にもつ金属錯体の代表格として長年詳細な研究がなされてきた[1]．$[Ru(bpy)_3]^{2+}$は，室温水溶液でも比較的長い寿命の赤色発光（発光極大波長：$\lambda_{max}=610$ nm，発光寿命：$\tau\approx600$ ns，発光量子収率：$\phi\approx0.06$（脱気下））を示す．このような性質をもつ^{3}MLCT励起状態は光反応に好都合であり，かつ，光エネルギーを得た$[Ru(bpy)_3]^{2+}$の励起状態は強い還元力（$E°(M^+/M^*)=-0.86$ V）と酸化力（$E°(M^*/M^-)=+0.84$ V）をもつことから，光増感剤や光触媒として幅広く用いられてきた．関連してさまざまなポリピリジンルテニウム（II）錯体が合成され発光特性が調べられている．$[Ru(i\text{-}biq)_3]^{2+}$（$i$-biq＝3,3′-biisoquinoline）（図5.5.8(b)）は，bpyと同程度の配位子場強度（配位により金属イオンのd軌道分裂を引き起こす強さ）をもちながらπ共役系が拡張された配位子i-biqを含む錯体として，bpy錯体と異なる興味深い特性を示す[2]．すなわち，この錯体の最低励起一重項状態は，対応するbpy錯体と同様，ルテニウムイオンから配位子（i-biq）への^{1}MLCT遷移状態であるが，その吸収帯はbpy錯体（$\lambda_{max}=450$ nm）より短波長に現れる（$\lambda_{max}=392$ nm）（図5.5.7）．一方で，$^1\pi\pi^*$吸収帯は逆にbpy錯

体より約 5000 cm^{-1} も低エネルギーに位置するため，i-biq 錯体は MLCT 状態と $\pi\pi^*$ 状態が近接した系となる．結果として，三重項状態ではエネルギー準位の逆転が起こり，発光スペクトルは明瞭な振動構造をもった $^3\pi\pi^*$ 状態由来のスペクトルを示す（84 K で $\lambda_{max}=540$ nm，$\tau=96$ μs，アセトニトリル溶液）．また，^{3}MLCT 発光は輻射速度の異なる三つの副準位からの熱平衡発光であり，ゼロ磁場分裂（磁場下にないときの副準位の分裂の大きさ）は，ルテニウム錯体では非常に大きい（10～100 cm^{-1} 程度）ため，77 K から極低温領域において発光寿命の著しい温度依存性が観測される（[Ru(bpy)$_3$]$^{2+}$ の場合，77 K で

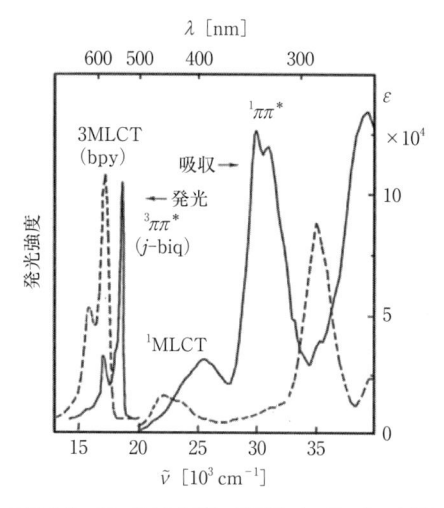

図 5.5.7 [Ru(i-biq)$_3$]$^{2+}$（実線）と [Ru(bpy)$_3$]$^{2+}$（破線）の吸収（室温）および発光（77 K）スペクトル（エタノール/メタノール溶液）

約 4 μs，4.2 K で約 100 μs）[1]．ゼロ磁場分裂（0.1 cm^{-1} 程度）の小さい $^3\pi\pi^*$ 発光ではこの間の温度依存性はあまりないのでその差は明瞭である．

類似の描像は発光材料として重要な地位を確立したトリス（フェニルピリジナト）イリジウム（III），[Ir(ppy)$_3$]（ppy＝2-phenylpyridinate）（図 5.5.8(c)）の ^{3}MLCT 発光についても詳しく調べられている．2-フェニルピリジンはシクロメタレート型配位子の代表格で，フェニル基の2位のプロトンが脱離したCとピリジン環のNで安定なキレート配位を形成する．この錯体には，三つのNが八面体形配位構造の同一面上に配置した *facial* 体（図 5.5.8(c)(*fac*)）と，子午線上に配置した *meridional* 体（図 5.5.8(c)(*mer*)）の幾何異性体が存在し，それぞれ熱力学的および速度論的生成物として生成する．*fac* 体は常温で緑色の強いりん光を発するが，*mer* 体の発光は *fac* 体に比べて非常に弱い．当初，発光量子収率は 0.40（*fac* 体）および 0.036（*mer* 体）が報告された[3]．その後より正確な量子収率が測定され，*fac*-[Ir(ppy)$_3$] は1に近い高発光量子収率を示すことが明らかとなった（室温，CH$_2$Cl$_2$ 溶液 0.89，2MeTHF 溶液 0.97）[4]．これらの錯体は中性であることから蒸着法による薄膜作製が可能であり，数多くの EL デバイスが報告されている．これらの強いりん光特性は，シクロメタレート型配位子の強い σ 供与性に基づく大きな配位子場分裂により dd 励起状態のエネルギーレベルが上昇し，この状態経由の無輻射失活が抑制されるためと考えられている．

d^6 電子配置の錯体では，ほかに発光性を示すものとして，レニウム（I）錯体，オスミウム（II）錯体，ロジウム（III）錯体などがあり，0.1 以上の高発光量子収率の例も報告されている[5]．

b. d^8 電子配置をもつ発光性金属錯体

発光性を示す白金錯体は，2価の酸化数の白金イオンを含む錯体が圧倒的多数を占める．白金(II)錯体は，荷電子として 5d 電子 8 個をもつので，その電子配置（d^8）に基づいて平面四角形の配位構造をとる．近年，前述の ppy のようなシクロメタレート型配位子やアセチリド（$RC \equiv C^-$）配位子などの炭素アニオンを配位原子にもつ配位子を用いて，強発光性の白金(II)単核錯体が種々合成された[6]．[Ir(ppy)$_3$] 錯体同様，平面四配位形の白金(II)錯体においても，強い σ 供与性をもつ配位子の導入は発光性向上に非常に効果的である．一方，励起電子の非局在化を促すとともに，安定構造を形成する配位子を導入することにより，高発光性の錯体が生成することも示された．たとえば，[Pt(1-iqdz)$_2$]（1-iqdz = 1-isoquinolinyl indazolate）（図 5.5.8(d)）では，^{3}MLCT/$^3\pi\pi^*$ 混合状態からの赤色発光（$\lambda_{max} = 624$ nm）を示し，量子収率 0.8（室温，ジクロロメタン溶液）が報告されている[7]．

白金(II)錯体のもう一つの特徴は，単核錯体の状態で発光しない錯体でも，積層して白金間に電子的な相互作用が生じると発光性を発現しうることである．発光は白金間の電子的な相互作用により生じた新しい状態に由来する．ビピリジンのような π 共役系配位子を含む白金(II)錯体の場合，集積体では白金間相互作用で生じた $d\sigma^*$ 軌道から配位子 π^* 軌道への電荷移動遷移（metal-metal-to-ligand charge transfer：MMLCT）が可視部に現れ，単量体にはみられなかった特有の色をもつことになる（図 5.5.9）．対応して，^{3}MMLCT 状態からの発光もしばしば観測されるわけである．このような自己集積により発現する発光の最大の特徴は，温度，圧力，気体分子（vapor）などの外部刺激により積層構造がわずかに変化するだけで，著しい発光変化を引き起こしうるということにある．言い換えると，集積発光性白金錯体は鋭敏な発光センサーとして機能することを意味する．近年，外部刺激応答型発光性クロミック白金錯体が種々報告されている．なかでも，蒸気に対する応答性（ベイポクロミズム，vapochromism）に関しては，白金錯体が主要な物質群であり，揮発性有機物質（volatile organic compounds：VOCs）を検知する環境センサーとしても大いに注目されている[8]．

白金(II)錯体は，溶液中でもしばしば分子間相互作用の効果に基づく特異な発光特性を示す．すなわち，ピレンなどの π 共役系有機化合物でもよく知られている励起二量体からの発光であるエキシマー発光（5.4.6項参照）である．π 共役系配位子を含む平面四角形型の白金(II)錯体はエキシマーが生成しやすく，この場合，励起三重項状態のエキシマー（トリプレットエキシマー）となり，長波長側に比較的幅広い発光スペクトルを生じる．エキシマー生成は濃度や環境に鋭敏に依存するので，たとえば，長鎖アルキル基を有する白金錯体 [Pt(CN)$_2$(dnbpy)]（dnbpy = 4,4'-dinonyl-2,2'-bipyridine）（図 5.5.8(e)）では，溶媒の組成を変えることによってモノマー由来の青色からエキシマー由来の橙色へと発光色を鋭敏に変化させることができる[9]．また，エキシマー発光を利用して，一つの化合物で幅広い波長領域をカバー

5.5 発光物質のいろいろ

(a)

(b)

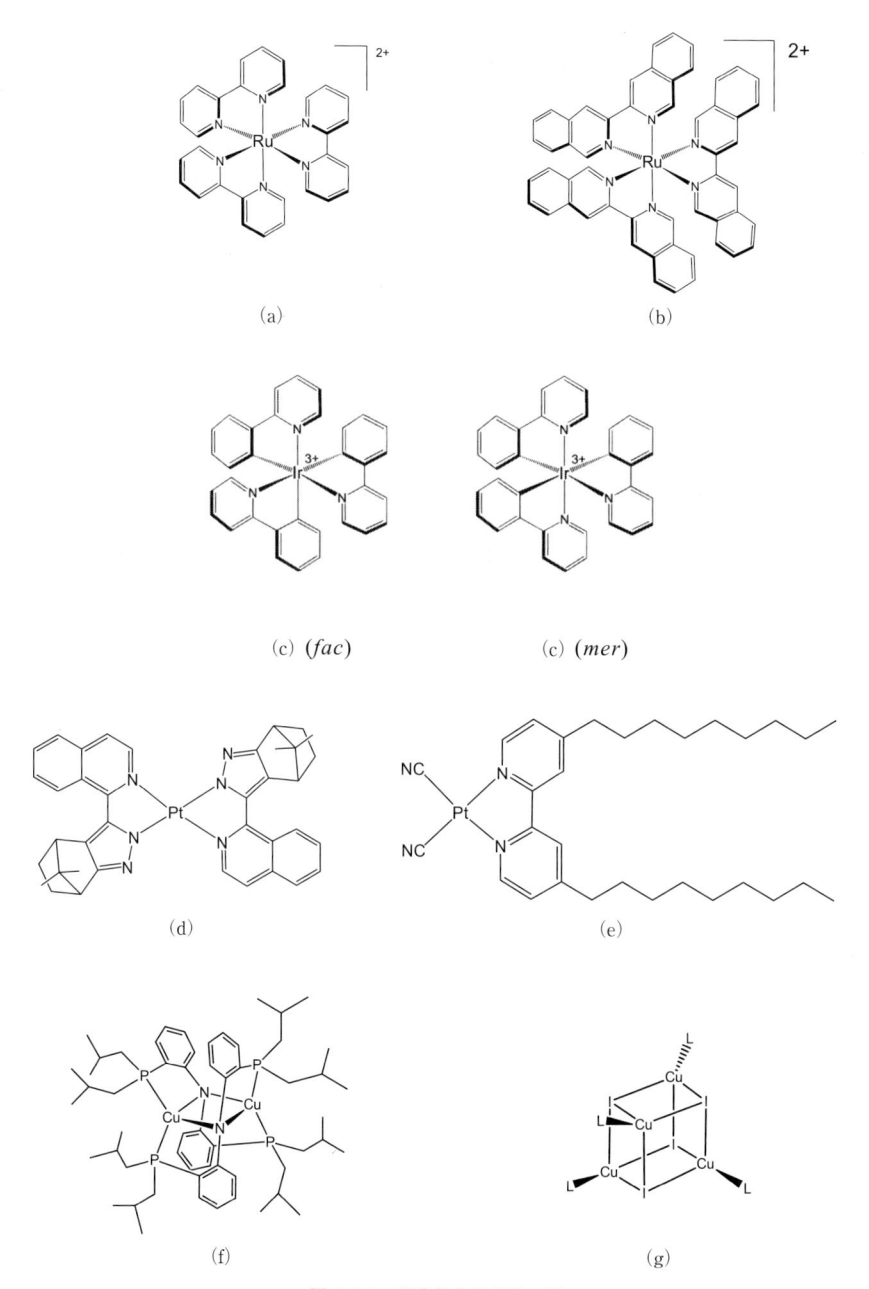

(c) (*fac*)

(c) (*mer*)

(d)

(e)

(f)

(g)

図 5.5.8 発光性金属錯体の例

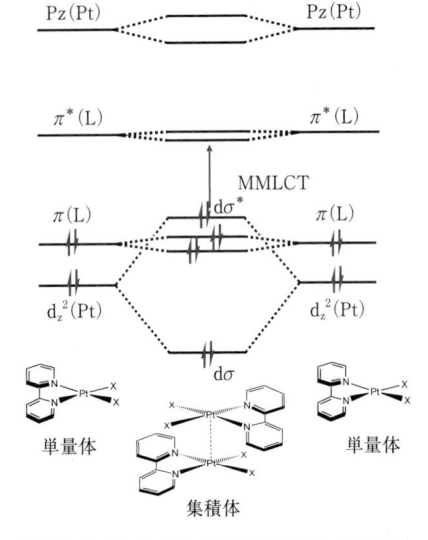

図5.5.9 白金(II)錯体の模式的な分子軌道エネルギー準位図（Lは2,2′-ビピリジン(bpy)などの配位子）．

する白色発光素子（white organic light emitting diode：WOLED）への適用の試みも行われている[10]．

c. d^{10} 電子配置をもつ発光性金属錯体

近年，金(I)，銀(I)，銅(I)錯体に強発光性を示すものが多く見いだされ注目されている．これらのd^{10}系錯体は，主として四面体四配位構造や直線形二配位構造をとるので，八面体六配位構造のd^6電子配置をもつ金属錯体とは異なる分子設計が可能である．さらに，さまざまなクラスター構造を形成することも興味深い点である．金属間相互作用に依存して発光状態や発光エネルギーが鋭敏に変化しうる点は，d^8電子構造の集積発光性白金(II)錯体と類似しており，その結果，発光のクロミック挙動などの興味深い性質が発現する．なかでも，銅(I)錯体は，安価な非貴金属発光材料として，今後ますますの物質開発が期待されている．発光性の向上のために，励起状態のひずみを抑えられるような剛直な構造設計が種々試みられている．嵩高い配位子を用いた剛直な構造で成功した例として，複核錯体[$Cu_2(PNP)_2$]（[PNP]＝bis(2-(diisobutylphosphino)-phenyl)amide)（図5.5.8(f)）があげられる．この錯体は室温溶液（THF）中でも高い発光性を示すことが報告された（量子収率0.67)[11]．またヨウ素架橋銅(I)四核錯体[$Cu_4I_4L_4$]（図5.5.8(g)）（L＝pyridine, triphenylphosphineなど）は，発光色が温度により著しく変化するサーモクロミズム（thermochromoism）を示す[12]．この要因は，4核クラスターコア由来の^{3}CC (cluster centered)と，クラスター内のI^-から周辺配位子への電荷移動状態，^{3}XLCT (halide-to-ligand charge transfer)の二つの励起状態からの二重発光の割合が温度に依存して変化することに基づき，発光の多様性を示す例として興味深い．

〔加藤昌子〕

文献・注

1) A. Juris, et al.：Coord. Chem.Rev., **84** (1988), 85-277.
2) P. Belser, et al.：Chem.Phys. Lett., **89** (1982), 101-104.
3) A.B. Tamayo, et al.：J. Am. Chem. Soc., **125** (2003), 7377-7387.
4) (a) A. Endo, et al.：Chem. Phys. Lett., **460** (2008), 155-157；(b) T. Sajoto, et al.：J. Am. Chem. Soc., **131** (2009), 9813-9822.

5) (a) L. A. Sacksteder, et al.：*J. Am. Chem. Soc.*, **115** (1993), 8230-8238；(b) E. M. Kober, et al.：*J. Am. Chem. Soc.*, **102** (1980), 7383-7385.
6) 徳丸克己：現代化学, 2月号 (2007), 61-67.
7) S. Y. Chang, et al.：*Inorg. Chem.*, **46** (2007), 7064-7074.
8) (a) 加藤昌子：現代化学, 6月号 (2005), 25-30；(b) M. Kato：*Bull. Chem. Soc. Jpn.*, **80** (2007), 287-294；(c) O. S. Wenger *Chem. Rev.*, **113** (2013), 3686-3733.
9) M. Kato, et al.：*Chem. Lett.*, **37** (2008), 16-17.
10) (a) M. Cocchia, et al.：*Appl. Phys. Lett.*, **90** (2007), 163508-1-3；(b) G. Zhou, et al.：*Chem. Commun.*, (2009), 3574-3576.
11) S. B. Harkins and J. C. Peters：*J. Am. Chem. Soc.*, **127** (2005), 2030-2031.
12) P. C. Ford, et al.：*Chem. Rev.*, **99** (1999), 3625-3647.

5.5.4 希土類物質の発光

　ここでは発光性物質のなかでもとくに近年注目されている希土類錯体について説明する．希土類錯体を構成する希土類元素は原子番号58番から71番 (Ce, Pr, Nd, Pm, Sm, Eu, Gd, Tb, Dy, Ho, Er, Tm, Yb, Lu) のランタニド元素 (lanthanide)，ランタン (La)，スカンジウム (Sc)，イットリウム (Y) が含まれる (図5.5.10)．アクチノイド元素は希土類には含まれない．これらの元素群のなかでも，3価のランタニドイオンの多くは特徴的な発光を示す．希土類を用いた発光体は，蛍光灯，テレビなどの発光体，レーザー，光通信素子など現代の技術産業のさまざまな分野のみならず，医療関連分野，郵便物のバーコード，セキュリティー関連分野へ展開している重要な物質である．

　希土類イオンの発光はf軌道間の電子遷移に起因する．f軌道の空間的な位置は電子が先に配置される5s, 5p軌道の内側に存在するため，電子構造変化の影響が有機化合物や遷移金属イオンに比べて少なくなる (内部遮蔽効果)．よって，有機配位子を変えることによる発光色 (発光波長) 変化はほとんど起こらない．また，この内部遮蔽効果により基底状態と励起状態とのストークスシフトがほとんど起こらないため，希土類イオンは色純度の高い (発光スペクトルの半値幅が狭い) 発光を示す (small-offset系)．色純度の高い発光特性はテレビなどのディスプレーに現在利用されている．

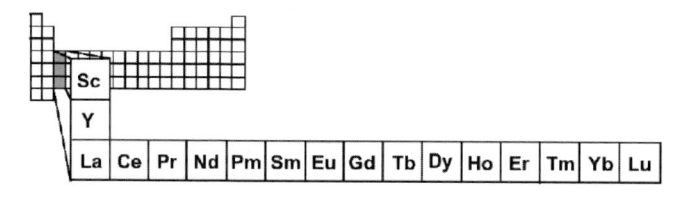

図5.5.10　周期表における希土類元素の位置と種類

また，強い光でこの希土類イオンを励起すると，理想的な強発光状態（逆転分布）をつくることができる．この理想的な強発光状態を工夫することによって，レーザー材料や光情報通信材料など現代のさまざまな科学技術分野への応用が実現可能となる．

この特徴的な発光を示す希土類イオンと有機配位子を組み合わせた「希土類錯体」は，①有機媒体に均一溶解可能（発光性インクやプラスチック材料への展開が容易），②吸光係数の高い配位子を光励起可能（希土類含有無機結晶では達成不可能な強発光を実現）といった特徴を有し，次世代の発光物質として高いポテンシャルを発揮する[1]．ここでは，希土類錯体を強発光させるための三つの因子，①無放射失活過程の抑制，②配位子からの光増感作用，③非対称構造形成による電子遷移許容化について説明する．

a. 無放射失活過程の抑制

強発光性の希土類錯体を構築するためには，まず励起状態からの無放射失活（熱失活）を抑制する必要がある．一般に，希土類イオンの発光準位からの無放射失活は基底状態と励起状態とのエネルギーギャップに依存する．希土類錯体のエネルギーギャップは一般の有機色素や金属錯体に比べてきわめて小さいため，この無放射失活が起こりやすい．よって，希土類錯体において無放射失活過程の抑制はきわめて重要である．

ここでは，希土類錯体の一つであるネオジム錯体（Nd(III) 錯体）の無放射失活制御について説明する．このNd(III) イオンは近赤外領域（1.06 μm）に発光準位をもち，高出力レーザーの発振源となる重要な希土類イオンである（図5.5.11）．Nd(III) は有機媒体中では一般に発光しにくい．その理由はNd(III)発光が近赤外領域にあり，振動準位へのエネルギー移動によって無放射失活しやすくなるためである．有機分子が介在するととくに炭素-水素結合伸縮振動の倍音の吸収と重なり，有機分子の振動励起を引き起こし，励起状態は無放射失活する（振動失活）．この振動失活過程はフランク-コンドン（Franck-Condon）因子 F の値が大きいものほど起こりやすくなる．この F を数式展開すると，以下の関係式が与えられる[2]．

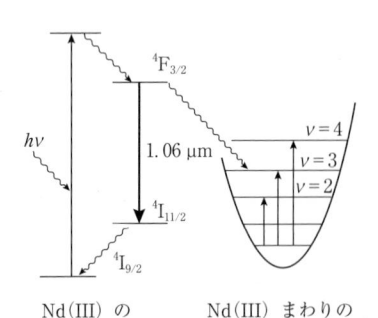

$$F = \frac{\exp(-\gamma)\gamma^\nu}{\nu!}$$

ここで，γ および ν は，エルミート多項式の振動子近似で用いる定数および化学結合の振動量子数である．上式から F と ν の相関が導かれ，$\gamma=1$ の場合，配位子のC-H結合（$\nu=2, F=0.18$）をC-D結合（重水素化：$\nu=3, F=0.061$）およびC-F結合（$\nu=5, F=0.0031$）にすることで熱失活過程の主因子となる F を抑制できる．

図5.5.11 Nd(III) の振動失活過程

この熱失活抑制の設計指針に基づき，低振動数を有するC-FおよびC-D結合で構成される配位子を含むNd(III)錯体が報告されている（図5.5.12）．このNd(III)錯体はこれまで不可能とされていた有機媒体中でのNd(III)の発光をはじめて可能にし，熱失活過程の抑制が重要であることを明らかにしている[2]．

このほか，希土類発光体に特有の交差失活（フェルスター型の濃度消光）を立体的にかさ高い有機配位子で抑制する設計指針も報告されている[3]．

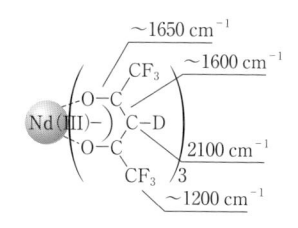

図5.5.12 低振動配位子を有するNd(III)錯体

b. 配位子からの光増感作用

芳香族系配位子を有する希土類錯体は，400 nm以下の紫外光領域に配位子のπ-π^*遷移に起因する大きな吸収バンドを有する．この光吸収過程は通常の発光性色素と同様にラポルテ許容遷移（基底状態と励起状態でパリティー（軌道の対称性：奇関数あるいは偶関数）が変化する遷移，基底状態関数と励起状態関数の直積（かけ算）が奇関数となれば許容遷移となる）であり，その吸光係数（1 Mの溶液で光が1 cm透過するときの吸光度）は10000以上となる．一方，Eu(III)やNd(III)をはじめとする希土類錯体のf軌道内の電子遷移に由来する吸収はラポルテ禁制（パリティーが変化しない遷移）であり，吸光係数は10以下である．つまり，芳香族系配位子は希土類イオンに比べて光を吸収する能力が1000倍以上高い．

ここで芳香族系配位子を光励起することによる光増感エネルギー移動について，Eu(III)錯体を使って説明する（図5.5.13）．Eu錯体に，配位子のπ-π^*遷移に相当する光（紫外光）を照射すると，まず配位子の励起状態が形成される（過程1）．Eu(III)イオンは重原子であるため，スピン軌道相互作用が大きくなり，配位子の励起状態は三重項へと変化する（過程2）．次に，励起三重項状態の励起電子が存在する軌道とEu(III)イオンのf軌道の間でエネルギー移動が起こり，Eu(III)イオンは励起状態を形成する（過程3）．この後，励起電子はEu(III)イオンの発光準位まで緩和し，この発光準位から赤色発光（f軌道内の禁制遷移（五重項から七重項への電子遷移）．りん光）が起こる（過程4）．

この配位子励起によって効率よくEu(III)イオン励起状態を形成させる過程を「光増感エネルギー移動」

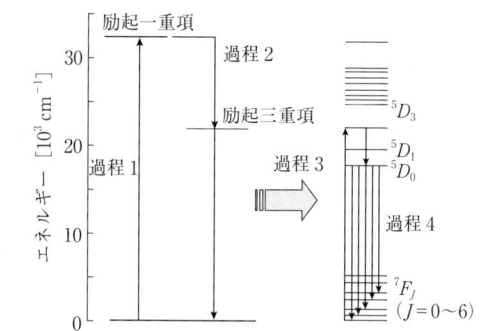

図5.5.13 Nd(III)錯体の光増感エネルギー移動発光

と呼ぶ．この光増感エネルギー移動による発光は，通常のEu(III)イオンを直接励起したときに比べ，100倍から1000倍の発光強度を示す[1]．先ほど紹介した低振動型の有機配位子は400 nm以下の紫外光領域にπ-π^*遷移に基づく大きな吸収バンドを有するため，この吸収バンドに光を照射すると希土類無機化合物では得られなかった強い発光を示す．このπ-π^*遷移からの光増感エネルギー移動は希土類錯体に特有であり，希土類錯体の光増感エネルギー移動過程の詳細は現在学術的な研究対象となっている．

c. 非対称構造形成による電子遷移許容化

希土類イオンの4f軌道の形は反転中心iに対して反対称，つまり*ungerade*となる．したがって，f-f遷移の遷移状態を表す直積は，

$$u\ (\text{f 軌道}) \times u\ (\text{f 軌道}) = g$$

となるため，希土類イオンの4f-4f遷移はラポルテ禁制遷移である．このラポルテ禁制遷移は，希土類イオンの周りの環境（配位子場）を非対称構造にすることにより許容となる．この配位子場の非対称化による電気双極子遷移の許容化を説明したものがJudd-Ofelt理論である[3]．

この理論によると，Rassell-Saunders状態$(4f^N\alpha, S, L, J)$から$(4f^N\alpha', S', L', J')$への遷移双極子モーメントの二乗は，

$$F(LSJM \to L'S'J'M') \propto |\langle L'S'J'M'| - eD_q^{(1)}|LSJM\rangle|^2$$

$$= (-1)^{S+L+J'+\lambda} \times \{(2J'+1)(2J+1)\}^{1/2} \begin{Bmatrix} L' & \lambda & L \\ J & S & J' \end{Bmatrix} \delta_{SS'} \times \langle 4f^N\alpha'S'L' \| U^{(\lambda)} \| 4f^N\alpha SL \rangle$$

と表される．ここで，$4f^N\alpha$：反動関数，L：全軌道角運動量，S：全スピン角運動量，J：全角運動量．$-eD_q^{(1)}$と$U^{(\lambda k)}$は電子遷移の奇関数成分およびJudd-Ofelt解析（希土類イオンの配位子場解析）に用いられる単位テンソル演算子である．この式において，電子遷移が振動子強度をもつためには，全角運動量Jが構成因子となっている6j記号

$$\begin{Bmatrix} L' & \lambda & L \\ J & S & J' \end{Bmatrix}$$

において，0にならないことが必要である．この6j記号がゼロにならない条件から，基底状態と励起状態の全角運動量の差，$\Delta J'$が2, 4および6のときのみ電気双極子遷移が許容となる．（$\Delta J' = 0, 1, 3, 5$では6j記号が0となるので，電気双極子遷移は禁制）．さらに，$\Delta J = 1$は磁気双極子遷移であり，この強度は配位子場によっては変化しない．

Eu(III)錯体の場合，その発光スペクトルにおいて590 nmの磁気双極子遷移（$^5D_0 \to {}^7F_1 : \Delta J = 1$）と615 nmの電気双極子遷移（$^5D_0 \to {}^7F_2 : \Delta J = 2$）が観測される．この電気双極子遷移は非対称性が高い配位構造ほど大きくなる．

図5.5.14に2種類のEu(III)錯体の発光スペクトルを示す．錯体（A）は非対称な八配位スクウェア・アンチプリズム構造，錯体（B）は対称型構造（擬オクタ

ヘドロン構造）を溶液中で形成していることがX線構造解析およびEXAFS（extended X-ray absorption spectra）測定により明らかになっている[5]．非対称な配位構造を有する錯体（A）は電子遷移の許容化が起こり，電気双極子遷移（615 nm）の強度が高くなる．Judd-Ofelt理論を用いた解析では，錯体（A）の非対称パラメータが錯体（B）に比べて2倍大きいことも明らかにされている[4]．

希土類錯体の非対称構造に関して，新しいトリゴナルドデカヘドロン構造形成による電子遷移許容化が最近報告されている[6]．希土類錯体のラポルテ禁制遷移が許容化されると，放射速度定数の増大とともに，発光量子効率も大きくなる．今後，希土類錯体の構造構築および電子遷移許容化の研究が進展することが望まれる．

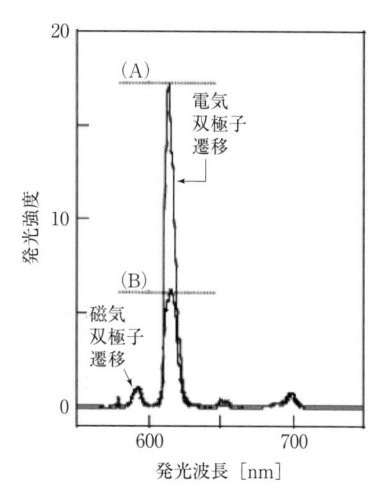

図 5.5.14 (A) Eu(hfa)$_3$(TPPO)$_2$ および (B) Eu(hfa)$_3$(DMSO)$_6$ の発光スペクトル
配位子の略号：hfa：hexafluoro-acetylacetonate, TPPO：triphenyl-phosphine oxide, DMSO：dimethyl-surfoxide.

〔長谷川靖哉〕

文献・注

1) 長谷川靖哉ほか：光ナノ科学への招待，化学同人，KDネオブック，2010.
2) Y. Hasegawa, *et al.*：*J. Phys. Chem.*, **100** (1996), 10201-10205.
3) 山内清語，野﨑浩一編著：配位化合物の電子状態と光物理，三共出版，2010.
4) Y. Hasegawa, *et al.*：*J. Phys. Chem. A*, **107** (2003), 1697-1702.
5) Y. Hasegawa, *et al.*：*Bull. Chem. Soc. Jpn.*, **71** (1998), 2573-2581.
6) K. Miyata and Y. Hasegawa, *et al.*：*Chem. Eur. J.*, **17** (2011), 521-528.

5.5.5 孤立電子対を有する分子からの発光

分子には有機と無機分子があるが，このうち孤立電子対を有し発光を示す有機分子には特徴的な発光を示すものが多数存在する．孤立電子対は一般にはn軌道（non-bonding molecular orbital）として取り扱われることが多い．このn軌道から非占有π^*軌道への電子遷移により生ずる励起電子状態が（n, π^*）状態とされるが，これはあくまで近似である．これら分子の発光特性は主に励起状態の電子構造や電子緩和過程との関連で調べられてきた．有機分子では一重項と三重項の（π, π^*）と（n, π^*）の励起状態が低準位に存在し，これらの状態の配置により発光特性が左右される．

a. 無機分子

孤立電子対を有する無機分子のうち, NO_2, SO_2, CS_2 などの比較的小さな分子では気相中で吸収強度から見積もられる自然寿命 (intrinsic radiative lifetime) よりも長い寿命の蛍光が観測される. これらの長寿命蛍光は励起状態と基底状態との間の何らかの相互作用により生ずると考えられている[1,2]. CO や CO_2 分子も放電励起などにより気相中で赤外領域に発光を示すが, これは振動回転準位からの発光である. また, チオケトン ($R_1R_2C=S$) の一種であるチオホスゲン ($Cl_2C=S$) は $S_2(\pi, \pi^*)$ 状態からの S_2 蛍光を示す[3].

b. 有機分子

孤立電子対を有する基には $=N-$, $=NH$, $-NH_2$, $-CHO$, $=C=O$, $C=S$, $-NO_2$ などがあり, これらの基を含む有機分子には芳香族アザ化合物, 芳香族カルボニル化合物, キノン類, チオケトン類などがある. $-NO_2$, $-NH_2$, $-OH$ などの基をもつ有機分子の励起電子状態や発光特性の解釈は, これらの基をベンゼン環などについた置換基として扱われる場合が多い. 孤立電子対を有する有機分子の発光特性に関してはすでに1960～70年代に複数の総説が書かれている[4,5]. これらの有機分子では一重項と三重項のそれぞれ (π, π^*) と (n, π^*) 状態の四つの励起状態の配置準位により発光特性が左右され, 発光特性は無輻射遷移に関するEl-Sayedによる項間交差の選択則 (励起一重項状態から励起三重項状態への項間交差の効率に関する選択則) により説明できる場合が多い. これらの分子の発光量子収率は一般にはあまり高くなくたかだか0.5程度で, 多くは0.1以下である. また, 発光特性は溶媒の種類により著しく変化する場合がある. たとえば, プロトン供与性溶媒である酢酸中などでは (n, π^*) 状態が水素結合により高準位にシフトし, S_1 状態が (π, π^*) 型になり, S_1 からの蛍光が観測されることがある. これらの分子の発光は主に近紫外から可視領域に出現する.

エネルギー順として $S_2(\pi, \pi^*) > T_2(\pi, \pi^*) > S_1(n, \pi^*) > T_1(n, \pi^*)$ の励起状態配置を示す分子は通常 $S_1(n, \pi^*)$ 状態からの蛍光が観測されることが多い. エネルギー順として $S_2(\pi, \pi^*) > S_1(n, \pi^*) > T_2(\pi, \pi^*) > T_1(n, \pi^*)$ の励起状態配置を示す分子は通常 $T_1(n, \pi^*)$ 状態からのりん光が観測され, 条件により熱的励起による $S_1(n, \pi^*)$ からの弱い遅延蛍光が観測される. $S_2(\pi, \pi^*) > S_1(n, \pi^*) > T_2(n, \pi^*) > T_1(\pi, \pi^*)$ の励起状態配置を示す分子は通常 $T_1(\pi, \pi^*)$ 状態からりん光が観測され, この型の分子では $S_1(n, \pi^*)$ 状態からの蛍光を示す場合がある. $S_2(n, \pi^*) > S_1(\pi, \pi^*) > T_2(n, \pi^*) > T_1(\pi, \pi^*)$ の励起状態配置を示す分子では通常 $T_1(\pi, \pi^*)$ 状態からのりん光が観測されることが多い. なお, (π, π^*) の一重項状態と (π, π^*) の三重項状態のエネルギー差は (n, π^*) の一重項状態と (n, π^*) の三重項状態のそれよりも一般に大きいため, エネルギー順として $S_2(n, \pi^*) > S_1(\pi, \pi^*) > T_2(\pi, \pi^*) > T_1(n, \pi^*)$ の励起状態配置を示す有機分子は存在しない. また, 一般に一重項 (n, π^*) 状態の発光の自然寿命は約1～10 μs程度であり, 三重項 (n, π^*) と (π, π^*) 状態のそれは, それぞれ約

1 ms と 10～1 s 程度である．したがって観測寿命はこれらの自然寿命よりは短くなる．

孤立電子対を有する有機分子の発光の観測は主に気相，溶液，低温マトリックス中および単結晶などで光励起や放電励起により行われてきたが，気相や流動性溶媒中でのりん光の観測には脱気による酸素分子の除去，水やその他の不純物の除去，適切な溶媒の選択などの多少の経験が必要であり，測定された発光が目的の分子自身からのものであるのを確認するには少なくとも励起スペクトルが吸収スペクトルと一致していることを調べる必要がある．

1) 芳香族アザ化合物

単環の芳香族アザ化合物（含窒素芳香族化合物）は，無極性溶媒中や気相ではほとんどの場合 S_1 状態は (n, π^*) 型である．最も簡単なアザ化合物であるピリジンは一般には無発光性とされているが，気相中で非常に微弱な $S_1(n, \pi^*)$ 状態からの蛍光（300～400 nm）と $T_1(\pi, \pi^*)$ 状態からのりん光（両者とも量子収率 10^{-5} 程度）が報告されている[6]．また，ピリジンのフッ素やメチル基付加体も気相中で非常に微弱な $S_1(n, \pi^*)$ または $S_1(\pi, \pi^*)$ 状態からの蛍光を 270～400 nm 領域に示す[7,8]．これらの微弱な蛍光を市販の分光光度計で測定するのは一般に困難である（図 5.5.15）．

ベンゼン環に窒素を二つ有するアザ化合物にはピラジン，ピリミジン，ピリダジンがあるが，これらの分子の S_1 状態は無極性溶媒中では (n, π^*) 型である．このうちピリダジンは室温溶液中で $S_1(n, \pi^*)$ 蛍光を，低温マトリックス（分子を溶媒に分散して低温でかためた剛性体）中で S_1 蛍光（370～500 nm）と T_1 りん光を示す[9]．ピラジンは低温マトリックス中と気相中では $S_1(n, \pi^*)$ 蛍光と T_1 りん光を示すが[10,11]，

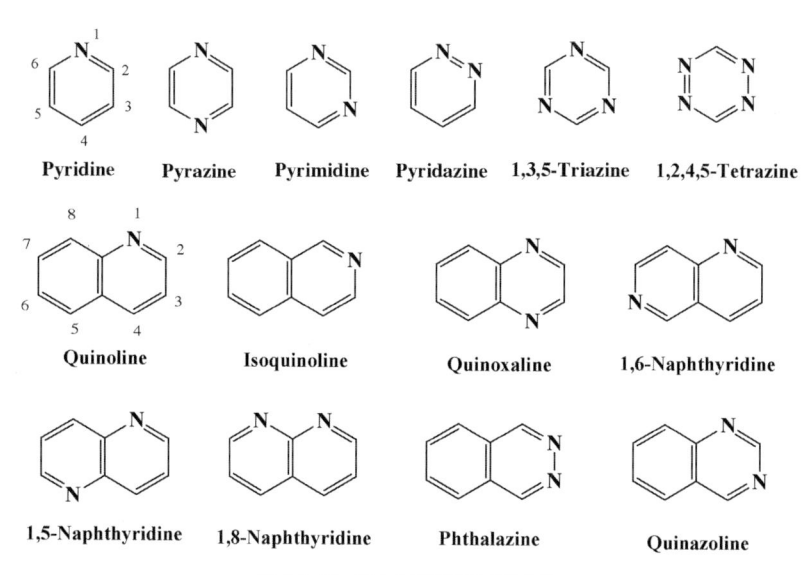

Pyridine　　Pyrazine　　Pyrimidine　　Pyridazine　　1,3,5-Triazine　　1,2,4,5-Tetrazine

Quinoline　　Isoquinoline　　Quinoxaline　　1,6-Naphthyridine

1,5-Naphthyridine　　1,8-Naphthyridine　　Phthalazine　　Quinazoline

図 5.5.15 種々の芳香族アザ化合物

表 5.5.1 主な芳香族アザ化合物の気相中の最低励起状態と発光特性（文献14中の表を一部改変）

分子	S_1 状態	T_1 状態	蛍光量子収率	りん光量子収率
ピリジン	$^1B_g(n,\pi^*)$	$^3A_g(\pi,\pi^*)$	$\sim 10^{-5}$	$\sim 10^{-5}$
ピラジン	$^1B_{3u}(n,\pi^*)$	$^3B_{3u}(n,\pi^*)$	3×10^{-3}	1.5×10^{-3}
ピリミジン	$^1B_1(n,\pi^*)$	$^3B_1(n,\pi^*)$	0.3	$\sim 10^{-5}$
ピリダジン	$^1B_1(n,\pi^*)$		1×10^{-3}	−
トリアジン	$^1E''(n,\pi^*)$	$^3E''(n,\pi^*)$	7×10^{-3}	−
テトラジン	$^1B_{3u}(n,\pi^*)$	$^3B_{3u}(n,\pi^*)$	2×10^{-3}	−

低圧の気相中ではS_1蛍光のみが観測される．ピリミジンは気相中では$S_1(n,\pi^*)$蛍光（330～440 nm）と微弱なT_1りん光を示す．トリアジンは$S_1(n,\pi^*)$蛍光を示すが，非常に微弱な$T_1(n,\pi^*)$りん光も気相中で時間分解法により観測されている[12]．テトラジンは室温溶液と低温マトリックス中で$S_1(n,\pi^*)$蛍光を示すが単結晶は$S_1(n,\pi^*)$蛍光と$T_1(n,\pi^*)$りん光を示す[13]．表5.5.1に主な芳香族アザ化合物の気相中での発光特性を示した[14]．

ナフタレン環に窒素一つを有するアザ化合物としてキノリンとイソキノリンが知られている．キノリンは室温溶液中で弱いS_1蛍光を示し，気相中で$S_1(n,\pi^*)$蛍光と$T_1(\pi,\pi^*)$りん光を示す．イソキノリンのS_1は(n,π^*)であるが，低温マトリックス中ではS_1蛍光と$T_1(\pi,\pi^*)$りん光を，気相中で$S_2(\pi,\pi^*)$蛍光を示す[15]．イソキノリンのS_2蛍光の出現はS_1-S_2間隔が非常に小さいことによる．

ナフタレン環に窒素二つを有するアザ化合物としてはキノキサリン，ナフチリジン，フタラジン，キナゾリンが知られている．キノキサリンは室温溶液中で$S_1(n,\pi^*)$状態からの蛍光を，低温マトリックス中で$S_1(n,\pi^*)$蛍光と$T_1(\pi,\pi^*)$りん光を，気相中では$S_1(n,\pi^*)$蛍光と$T_1(\pi,\pi^*)$りん光を示す．気相中で$T_1(\pi,\pi^*)$りん光を示す有機分子はまれである．キナゾリンの発光特性はキノキサリンに似ている．フタラジンは室温溶液中で弱い蛍光を[16]，低温マトリックス中で$T_1(\pi,\pi^*)$りん光を示す[17]．1,5-ナフチリジンと1,8-ナフチリジンは低温マトリックス中で$T_1(\pi,\pi^*)$りん光を示す[18,19]．

2) 芳香族カルボニル化合物とキノン類

典型的な芳香族カルボニル化合物にはベンズアルデヒド，アセトフェノン，ベンゾフェノンなどがある．これらの分子の励起状態配置は$S_2(\pi,\pi^*)>S_1(n,\pi^*)>T_2(\pi,\pi^*)>T_1(n,\pi^*)$のエネルギー順であるが，置換基の導入により$S_2(\pi,\pi^*)>S_1(n,\pi^*)>T_2(n,\pi^*)>T_1(\pi,\pi^*)$の順になる場合がある．一般にベンゼン環についたCHO基に対しパラ位に-OH，-OCH$_3$，-CNなどの電子供与性基がついた芳香族カルボニル化合物では後者の配置になる場合が多い．前者の励起状態配置をとる分子では気相，脱気した溶液，低温マトリックス中で$T_1(n,\pi^*)$からのりん光を400～500 nmの領域に，後者の配置をとる分子では低温マトリックス中で$T_1(\pi,\pi^*)$からのりん光を示す．さ

5.5 発光物質のいろいろ

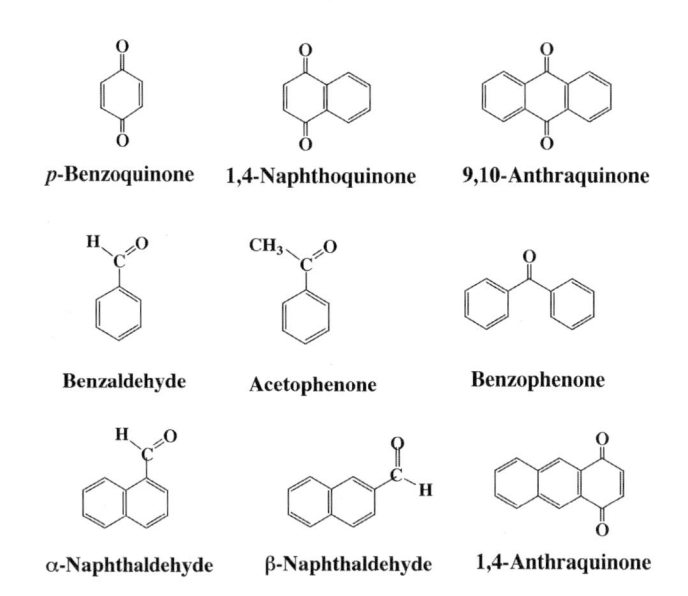

図 5.5.16 種々の芳香族カルボニル化合物とキノン類

らにナフタレン環を基にしたカルボニル化合物であるナフトアルデヒドなどでは低温マトリックス中で $T_1(\pi, \pi^*)$ からのりん光を示す（図 5.5.16）.

キノン類には C=O 基が分子内に二つ存在することから，低準位の励起一重項と三重項状態にはおのおの二つの (n, π^*) 状態（(n_+, π^*) と (n_-, π^*) 状態）が存在する. キノン類にはパラキノンとオルトキノンがあるが，両者の発光特性は著しく異なり，一般にはパラキノンのほうが化学的に安定である. 最も小さなパラキノンであるパラベンゾキノンは気相中でやや弱いりん光（540〜750 nm）と非常に弱い $S_1(n, \pi^*)$ 蛍光を示し，りん光は $T_2(n, \pi^*)$ 状態からの発光であると考えられている[20]. この分子の単結晶は低温で $T_1(n, \pi^*)$ 状態からのりん光を示す. 1,4-ナフトキノンは気相中と脱気した非プロトン供与性溶媒中で $T_1(n, \pi^*)$ と $T_2(n, \pi^*)$ 状態からの二重りん光（490〜650 nm）と $S_1(n, \pi^*)$ からの弱い遅延蛍光（460 nm〜）を示し，低温マトリックス中では $T_1(n, \pi^*)$ 状態からのりん光を 500〜650 nm に示す[21]. 9,10-アントラキノンは低温マトリックス中では $T_1(n, \pi^*)$ 状態からのりん光を 450〜650 nm に，気相と流動性溶媒中で $T_1(n, \pi^*)$ 状態からのりん光と $S_1(n, \pi^*)$ からの弱い遅延蛍光を示す[22,23]. 9,10-アントラキノンの $T_1(n, \pi^*)$ りん光はラポルテ禁制（Laporte forbiddeness, 軌道の対称性に関する選択則）により，零点振動帯が出現しないが，置換基をつけて分子の対称性を低くすると零点振動帯が出現するようになる. さらにベンゼン環の数が増えると，$T_1(\pi, \pi^*)$ 状態からのりん光が観測できるようになる. たとえば，1,4-アントラキノンやテトラセンキノンのりん光は $T_1(\pi, \pi^*)$ 状態からの

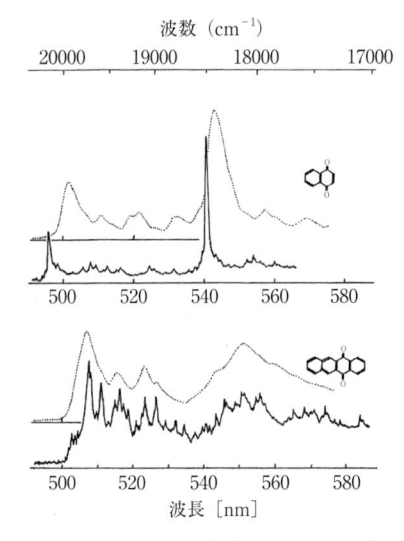

図 5.5.17 1,4-ナフトキノン（上）と 5,12-テトラセンキノン（下）のりん光スペクトル（文献22から抜粋）
破線はイソペンタン-メチルシクロヘキサン中77 K，実線はn-ペンタン（1,4-ナフトキノン）とn-ヘキサン（5,12-テトラセンキノン）中13 Kで測定．1,4-ナフトキノンのT_1状態は(n, π^*)であるが，5,12-テトラセンキノンのT_1状態は(π, π^*)状態．

発光を 500〜650 nm に示し，さらにベンゼン環の数が増えたヘプタセンキノンなどではS_1状態がπ, π^*型となり$S_1(\pi, \pi^*)$蛍光を可視領域に示すようになる[22]．

一般に，芳香族カルボニル化合物やキノンのようなC=O基を有する有機分子の$T_1(n, \pi^*)$状態からのりん光では約 1700 cm^{-1} の特徴的なC=O伸縮振動バンドが出現し，$T_1(\pi, \pi^*)$からのりん光では芳香環が関与する振動バンドが出現する（図5.5.17）．

3) チオケトン類

キサンチオンやチオキサンチオンなどに代表されるS=C基を有する一群の分子には，低温マトリックス中，室温溶液中，気相中などで$S_2(\pi, \pi^*)$と$S_1(n, \pi^*)$状態からのやや弱い蛍光と$T_1(n, \pi^*)$状態からのりん光を示す分子が少なからず存在する[3]．このうちS_1蛍光はT_1状態の熱的励起による遅延蛍光である．

4) その他の分子

生体関連物質には孤立電子対を有する有機分子が多数存在する．たとえば，DNA中で塩基対を形成するアデニンやグアニンなどは孤立電子対を有する有機分子で，低温マトリックス中で弱い蛍光やりん光を示す[24]．

ホルムアルデヒド（$H_2C=O$）は最も単純なカルボニル化合物であるが，この分子は気相中で弱い$S_1(n, \pi^*)$蛍光を示す．C=O基を二つ有するビアセチル

($CH_3COCOCH_3$), メチルグリオキザール (CH_3COCHO), グリオキザール (CHO-CHO), プロピナール (H-C≡C-CHO) などは気相中で $S_1(n, \pi^*)$ からの蛍光と $T_1(n, \pi^*)$ 状態からのりん光を示す. これら比較的小型の分子の発光特性は無輻射遷移理論の検証に用いられてきた. クマリン自体はほとんど発光を示さないが, クマリンの誘導体には強い蛍光を示す分子が多く, 色素レーザーの色素として利用されている.

〔伊 藤 隆 夫〕

文献・注

1) M. Bixon and J. Jortner : *J. Chem. Phys.*, **50** (1969), 3284-3290.
2) L. E. Brus and J. R. MacDonald : *J. Chem. Phys.*, **61** (1974), 97-105.
3) A. Maciejewski and R. P. Steer : *Chem. Rev.*, **93** (1993), 67-96.
4) S. K. Lower and M. A. El-Sayed : *Chem. Rev.*, **66** (1966), 199-241.
5) P. Avouris, *et al.* : *Chem. Rev.*, **77** (1977), 793-833.
6) I. Yamazaki and H. Baba : *J. Chem. Phys.*, **66** (1977), 5826-5827.
7) I. Yamazaki, *et al.* : *J. Chem. Phys.*, **71** (1979), 381-387.
8) T. Itoh : *Chem Phys. Lett.*, **491** (2010), 29-32.
9) H. Baba, *et al.* : *J. Am. Chem. Soc.*, **88** (1966), 5410-5415.
10) V. G. Krishna and L. Goodman : *J. Chem. Phys.*, **33** (1960), 381-386.
11) L. M. Longan and I. G. Ross : *J. Chem. Phys.*, **43** (1965), 2903-2904.
12) N. Ohta, *et al.* : *Chem. Phys. Lett.*, **97** (1983), 81-84.
13) R. M. Hochstrasser and D. S. King : *Chem. Phys.*, **5** (1974), 439-447.
14) A. E. W. Knight and C. S. Parmenter : *Chem. Phys.*, **15** (1976), 85-102.
15) S. Okajima and E. C. Lim : *J. Chem. Phys.*, **69** (1978), 1929-1933.
16) R. W. Anderson and W. Knox : *J. Lumin.*, **24/25** (1981), 647-650.
17) H. Baba, *et al.* : *Spectrochim. Acta*, **A27** (1971), 1271-1278.
18) G. Fisher : *Chem. Phys. Lett.*, **21** (1973), 305-308.
19) A. M. Nishimura and J. S. Vincent : *Chem. Phys. Lett.*, **11** (1971), 609-612.
20) L. E. Brus and J. R. MacDonald : *J. Chem. Phys.*, **58** (1973), 4223-4235.
21) T. Itoh : *J. Chem. Phys.*, **87** (1987), 4361-4367.
22) T. Itoh : *Chem. Rev.*, **95** (1995), 2351-2368.
23) T. Itoh : *Chem. Rev.*, **112** (2012), 4541-4568.
24) J. W. Longworth, *et al.* : *J. Chem. Phys.*, **45** (1966), 2930-2939.

6

発光の生物

6.1 生物発光現象

6.1.1 化学発光概説

a. 化学発光の歴史

化学発光（ケミルミネセンス，chemiluminescence）とは，化学反応により生じたエネルギーを，基底状態にある分子が吸収して励起状態に遷移し，そこからもとの基底状態に戻る際に光を放つ現象である．化学発光における化学反応は，ほとんどが酸化反応である．酸化反応により励起状態となった分子が直接発光する場合，観察される化学発光スペクトルは反応分子や生成する分子の蛍光（もしくはりん光）スペクトルに一致する．また，反応系に共存する蛍光物質にエネルギーが受けわたされることで発光する場合もある．発光生物が酵素反応により基質を酸化させた結果として発せられる可視光（生物発光，bioluminescence）もその発光機構から化学発光の一つであるが，ここでは扱わない．詳細は 6.1.3，6.1.4，6.1.5 項を参照されたい．

古くから知られている化学発光現象の一つに，白リンが大気中の湿気と結合して白煙（リン酸の細滴）を生じ，かすかな青緑色の光を放つ無機化学発光がある．化学発光を呈する有機化合物として最初に見いだされたのは，ロフィン（2,4,5-トリフェニルイミダゾール）である．1877 年に Radziszewski は，水酸化カリウム-エタノール溶液中での酸素によるロフィンの黄色発光を報告している．その後，ルミノール（5-アミノ-2,3-ジヒドロ-1,4-フタラジンジオン，Albrecht，1928 年），ルシゲニン（N,N'-ジメチル-9,9'-ビアクリジニウム硝酸塩，Glue と Petsch，1935 年）などの化学発光が報告されている．

b. 化学発光の反応機構

化学発光の反応過程は，①化学反応による活性中間体の産生，②活性中間体から遷

6.1 生物発光現象

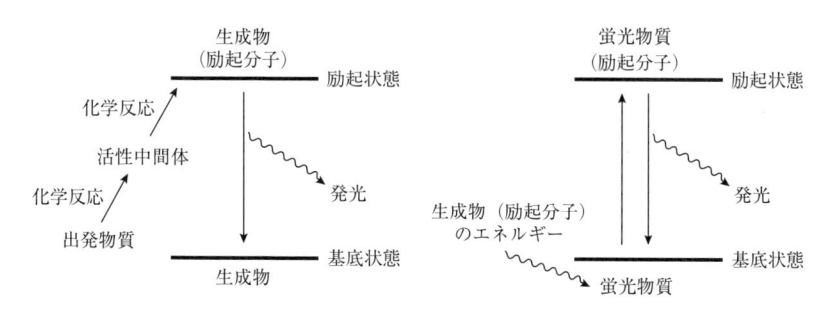

図 6.1.1 化学発光の反応過程の模式図

移状態を経由した励起分子の生成，③励起分子からの光の放出，もしくは共存蛍光物質へのエネルギー移動とその蛍光物質からの光の放出，から成り立つと考えられる（図6.1.1）．今日まで化学発光を呈する化合物に関する研究成果が多数報告されているが，化学発光の反応機構に関しては未解明の部分が多い．その理由は，活性中間体の単離・検出が困難なためである．以下で，液相および気相における化学発光の例と，これまでに提案されている反応機構について述べる．

c. 液相における化学発光

ここで紹介する有機化合物の化学発光については，いくつか反応機構が提案されている．それらの反応機構の多くにおいて，ひずんだ環状構造を有する過酸化物（ペルオキシド，peroxide）が活性中間体であるとされている．この環状ペルオキシドが「活性中間体」であるとする理由は，概念的に以下のように説明できる．

σ結合からなる分子であるエチレングリコール（1,2-エタンジオール）および1,2-ジオキセタンを例として考える．原子を球で，結合を棒で表現するような分子模型（球棒モデル，ball-and-stick model）をお手元にお持ちの方は，図6.1.2にならってエチレングリコールと1,2-ジオキセタン骨格をつくられるとよい．エチレングリコールの模型の場合，原子どうしの連結に用いた棒にたわみはない．一方，1,2-ジオキセタン骨格の模型の場合，環状部分の棒に無理な力がかかっていることがおわかりであろう．この1,2-ジオキセタンの四員環構造が開裂する際，前述の無理な力，すなわち環ひずみのエネルギーが解放され，分子の励起に充てられると考えられている．

ジオキセタン環内の酸素-酸素単結合は，炭素-炭素単結合と比べると容

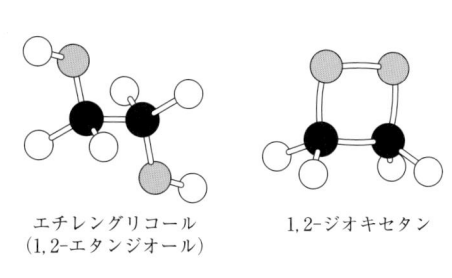

図 6.1.2 エチレングリコールと1,2-ジオキセタンの球棒モデル

○：水素原子　●：炭素原子　◯：酸素原子

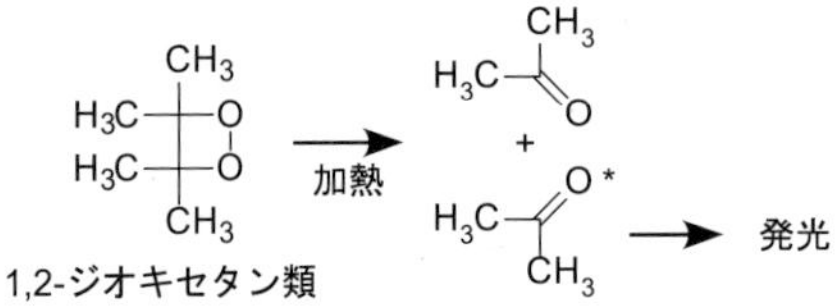

図 6.1.3 1,2-ジオキセタン類の化学発光機構

易に開裂して二つの酸素ラジカルに変化する。これらのラジカルはきわめて反応性が高いため、隣接する炭素-炭素単結合を切断して二つの炭素-酸素二重結合を形成すると考えられている（図 6.1.3）。この際、ジオキセタン環が有する環ひずみのエネルギーが放出される。

液相化学発光反応に利用される有機化合物の例として、ルミノール、ルシゲニン、1,2-ジオキセタン類があげられる。シュウ酸誘導体やジフェノイルペルオキシドなどは、それ自体は酸化反応により発光しないが、共存蛍光物質を励起して化学発光を起こす系に用いられている。

1) ルミノール

ルミノールは、塩基性条件下で酸素と反応しジアザキノン中間体から六員環ペルオキシド中間体を経て3-アミノフタル酸ジアニオンの励起状態となり、そこから青色光を発すると考えられている（図6.1.4）。ルミノールの化学発光は、オゾン、ハロゲン、鉄錯体、ヘミン、ヘモグロビン、過硫酸塩、酸化遷移金属などにより触媒されるため、これらの定量・定性分析に利用される。多くのルミノール誘導体が合成されており、化学発光酵素イムノアッセイに利用されている。

2) ルシゲニン

ルシゲニンは、塩基性下でかすかな発光を呈するが、過酸化水素 H_2O_2 や還元性物質が共存すると強い青緑色の発光を生じる。図6.1.5に、塩基と H_2O_2 の共存下でのルシゲニンの反応過程を示す。塩基と H_2O_2 の作用で形成したジオキセタン骨格が開裂し、励起状態の N-メチルアクリドンが産生され、そこから発光すると考えられている。ルシゲニンは還元性物質と化学発光反応を生じることから、アスコルビン酸などの還元性の生体物質の定量にも利用されている。

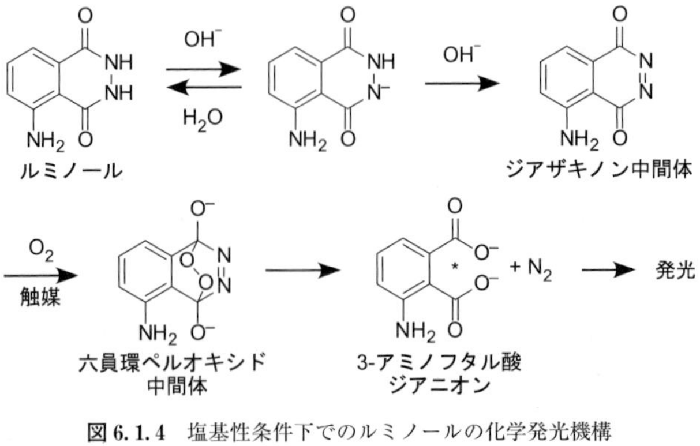

図 6.1.4 塩基性条件下でのルミノールの化学発光機構

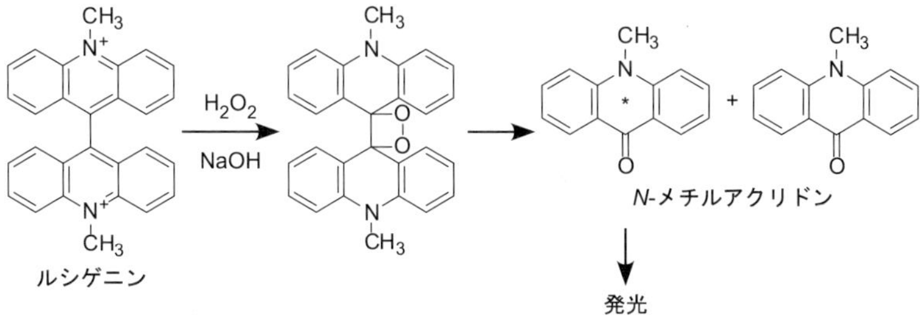

図 6.1.5 ルシゲニンの化学発光機構

3) 1,2-ジオキセタン類

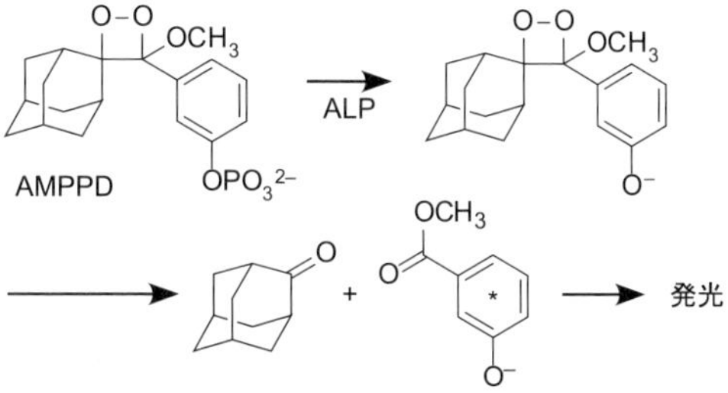

四員環ペルオキシド構造を有する 1,2-ジオキセタン類は熱分解により容易に二つのカルボニル化合物に分解する．これらのカルボニル化合物の一方が一重項励起状態となり発光すると考えられている（図 6.1.3）．アダマンタンのジオキセタン誘導体である AMPPD は，そのリン酸基がアルカリホスファターゼ（ALP）により脱リン酸化されると不安定なアニオンが遊離し，ジオキセタンが開裂して発光する（図 6.1.6）．AMPPD は化学発光酵素イムノアッセイ法に利用される．アクリジニウム塩やアクリジニウムエステルは，塩基性条件下で酸素もしくは過酸化水素 H_2O_2 と反応して発光する．この化学発光の反応機構はジオキセタンを経由すると考えられている．

図 6.1.6 AMPPD の化学発光機構

4) ジフェノイルペルオキシド

ジフェノイルペルオキシドは加熱するとペルオキシドの重合体と主生成物のベンゾクマリンを生じるが，ベンゾクマリンは蛍光物質ではないため，化学発光は観察されない．ここに酸化還元電位の低い電子供与性の芳香族炭化水素（9,10-ジフェニルアントラセンやルブレンなど）が共存すると，chemically initiated electron exchange luminescence（CIEEL）機構にしたがって化学発光が起こると考えられている．すなわち，図 6.1.7 に示すように，ジフェノイルペルオキシドへ芳香族炭化水素から電子が供与されて電荷移動錯体を形成する．ここから励起状態の芳香族炭化水素が生成して発光する，と説明される．

5) シュウ酸誘導体

シュウ酸誘導体（クロリド，エステル類，オキサミド類）は，過酸化水素と反応して活性中間体である 1,2-ジオキセタンジオンを生じる（図 6.1.8）．ここに蛍光物質が共存すると，シュウ酸誘導体のみの場合と比べて単位時間あたりの発光強度が

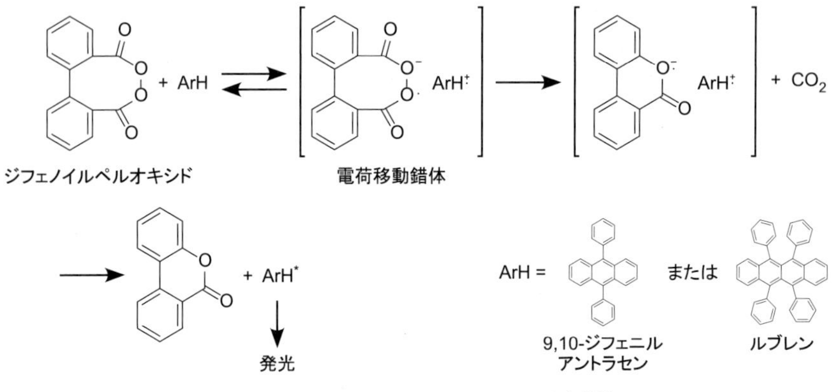

図 6.1.7 ジフェノイルペルオキシドの発光機構

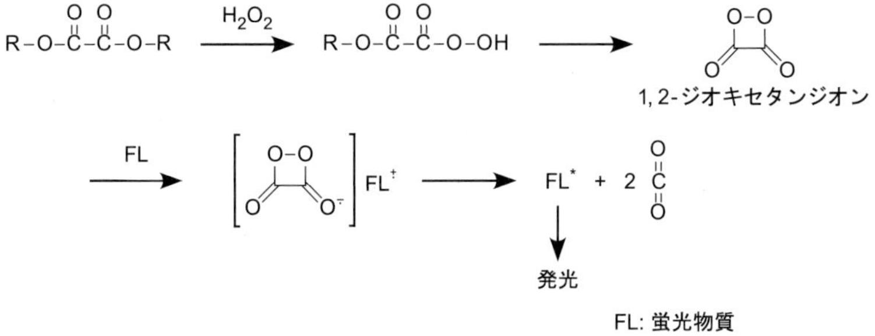

図 6.1.8 シュウ酸誘導体による化学発光の機構

劇的に増大する．その反応は CIEEL 機構にしたがって起こると考えられている．1,2-ジオキセタンジオンと蛍光物質との間で電荷移動錯体を形成し，励起状態の蛍光物質と二酸化炭素に分解して，その蛍光物質が発光するとされる．このようなシュウ酸誘導体と過酸化水素の反応により生じる発光は，過シュウ酸エステル化学発光（peroxyoxalate chemiluminescence：PO-CL）といわれる．シュウ酸誘導体として，シュウ酸ビス(2,4,6-トリクロロフェニル)（TCPO）が広く利用されている．蛍光物質として，近紫外から近赤外領域の光で励起できる蛍光物質が利用可能である．図 6.1.9 に，蛍光物質存在下・非存在下でのシュウ酸誘導体の化学発光スペクトル（最大発光強度を 1 として規格化）の例を示す．

d. 気相における化学発光

気相における化学発光は，大気中の汚染物質などの分析に利用されることが多い．オゾン O_3 と一酸化窒素 NO との化学反応に基づく化学発光は，よく知られた気相の化学発光の一つである（化学反応式 (1) および (2)）．

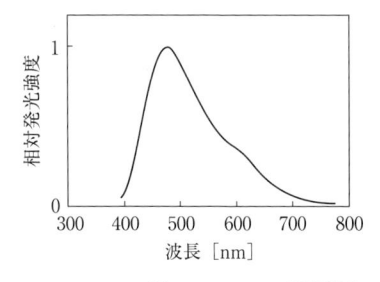

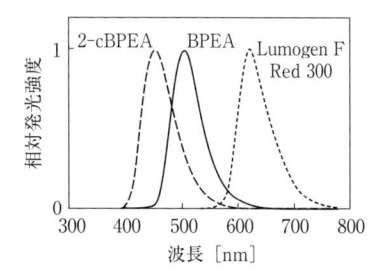

図 6.1.9 シュウ酸誘導体による化学発光スペクトルの例
左：CPPO の化学発光スペクトル．右：いろいろな蛍光物質共存下での発光スペクトル．
CPPO：シュウ酸ビス(2,4,5-トリクロロ-6-カルボペントキシフェニル)，BPEA：9,10-ビス(フェニルエチニル)アントラセン，2-cBPEA：2-クロロ 9,10-ビス(4-エトキシフェニル)アントラセン．

$$NO + O_3 \rightarrow NO_2^* + O_2 \tag{1}$$
$$NO_2^* \rightarrow NO_2 + 発光 (600 \sim 2800 \text{ nm}) \tag{2}$$

また，酸素原子 $O\cdot$（化学反応式 (3)）や水素原子 $H\cdot$（化学反応式 (4)〜(6)）との反応でも発光を生じる．

$$NO + O\cdot \rightarrow NO_2^* \rightarrow NO_2 + 発光 (450 \sim 1800 \text{ nm}) \tag{3}$$
$$NO_2 + H\cdot \rightarrow NO + OH\cdot \tag{4}$$
$$H\cdot + NO + M \rightarrow HNO^* + M \quad (M は反応槽中のガス) \tag{5}$$
$$HNO^* \rightarrow HNO + 発光 (650 \sim 760 \text{ nm}) \tag{6}$$

二酸化硫黄 SO_2 の化学発光は，硫黄化学発光検出器に利用されている．硫黄化合物は，約 1000 K に加熱された水素雰囲気下で SO を生じる．この SO とオゾン発生器で発生させた O_3 との化学発光を光電子増倍管で検出することで，高感度に硫黄を定量できる（化学反応式 (7)〜(9)）．

$$硫黄化合物 + H_2 + O_2 \rightarrow SO + H_2O + その他生成物 \tag{7}$$
$$SO + O_3 \rightarrow SO_2^* + O_2 \tag{8}$$
$$SO_2^* \rightarrow SO_2 + 発光 (260 \sim 480 \text{ nm}) \tag{9}$$

O_3 はエチレン C_2H_4 存在下で，O_3 濃度に比例した化学発光を呈することから，O_3 の定量に利用される（化学反応式 (10)）．

$$C_2H_4 + O_3 \rightarrow HCHO + HCOOH + 発光 (300 \sim 600 \text{ nm}) \tag{10}$$

揮発性の硫黄化合物やリン化合物を還元炎で燃焼させると，特有の発光が観察される．この現象を利用した炎光光度検出器では，硫黄およびリンを約 10^{-12} g/s および約 10^{-14} g/s の感度で検出できる．

e. 気相-液相における化学発光

常温・常圧で液体のテトラキス（ジメチルアミノ）エチレン（TDE）は，図 6.1.10 に示すように大気中の酸素分子 O_2 により容易に酸化され，結果，化学発光を呈す

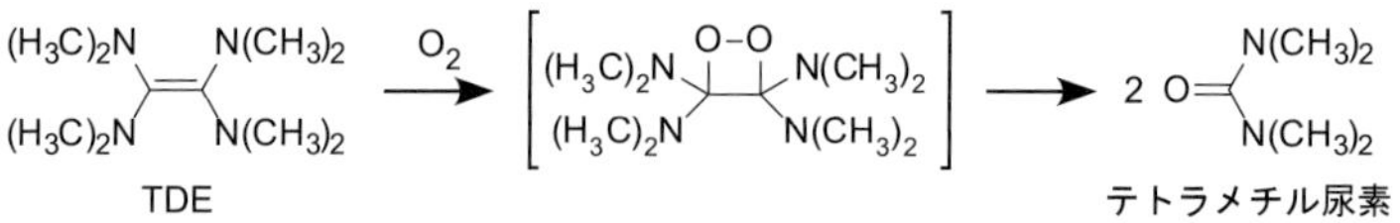

図 6.1.10 TDE の酸化反応

る．この化学発光スペクトルは TDE の蛍光スペクトルとほぼ一致する．一方，TDE と O_2 との反応で生成するテトラメチル尿素は非蛍光性である．これらの事実から，TDE の化学発光は以下のように生じると考えられている．TDE の酸化反応により生じたエネルギーが何らかの活性中間体を介して他の TDE 分子に移動し，励起状態の TDE（TDE*）が生じる．この TDE* が基底状態に戻るときに光が放出される．

〔菅野　憲・小澤岳昌〕

文献・注

1) 光と化学の事典編集委員会：光と化学の事典，丸善，2002．
2) 日本分析化学会編：分析化学便覧，改訂六版，丸善，2011．
3) 今井一洋，近江谷克裕編：バイオ・ケミルミネセンス ハンドブック，丸善，2006．

6.1.2　液相化学発光反応

化学発光反応は，さまざまな触媒の存在下で起こるため，その触媒の検出，もしくは触媒を利用した生体分子や環境汚染物質などの高感度定量分析に広く用いられている．蛍光分析の場合を考えると，蛍光物質を励起するための光源が必要であるが，光源に由来する迷光や溶媒に由来するラマン散乱光が原因となり，バックグラウンドシグナルが発生する．また，励起光と蛍光の波長の重なりも考慮したうえで測定系を組み立てる必要がある．一方，化学発光では，発光分子の励起は化学反応に基づくため外部光源が必要ない．したがって，暗箱のなかで化学発光を検出すれば，化学発光反応を担う分子の数に比例した発光を高感度で検出可能である．このように，化学発光自体は高感度に検出できるが，化学発光を利用した定量分析法はかならずしも高感度ではない．というのも，前述のように化学発光反応はさまざまな触媒存在下で起こるため，選択性が低いという側面を持ち合わせるからである．この化学発光の選択性の低さを克服して感度および精度の高い検出を達成するため，抗原抗体反応や酵素反応，高速液体クロマトグラフィー（HPLC）などと化学発光とを組み合わせた分析手法が考案されている．

化学発光の「明るさ」は発光量子収率 $\mathit{\Phi}_{CL}$ で表される．$\mathit{\Phi}_{CL}$ は化学発光反応に基づく定量分析法において感度および精度と密接に関連する．$\mathit{\Phi}_{CL}$ は式（1）のように表される．

$$\mathit{\Phi}_{CL} = \mathit{\Phi}_C \times \mathit{\Phi}_E \times \mathit{\Phi}_F \qquad (1)$$

ここで，Φ_C は化学反応による活性中間体の収率，Φ_E は活性中間体から蛍光性分子へのエネルギー移動の結果生じる励起状態の蛍光性分子の収率，Φ_F は励起される蛍光性分子の蛍光量子収率である．絶対発光量子収率を決定する手段として，放出された総光量子数と化学発光反応で消費された分子数の比を求める手法（絶対発光量子収率測定法）がある．また，絶対発光量子収率が既知の物質（たとえばルミノール）を基準とした相対発光量子収率を求める手法もある．Φ_{CL} を向上させるためには，式（1）の右辺の各収率の値 Φ_C，Φ_E および Φ_F を大きくすればよい．

以下，とくに液相の化学発光を利用した定量分析を中心に，化学発光を生じる化学物質の応用例を紹介する．

a. ルミノール

ルミノールは，塩基性条件下で過酸化水素 H_2O_2 などの過酸化物や酸素原子 O・と反応し，波長 425 nm に極大をもつ青色の発光を呈する．ルミノール-H_2O_2 系の化学発光において，遷移金属原子（Mn, Fe, Cu, Co, Cr など）のイオンおよびその錯体は触媒として働くことから，それらのイオンや錯体を標的とした定性もしくは定量分析に用いられる．ヘモグロビンやヘミンもまたルミノールの化学発光反応を触媒するため，血痕の鑑識に古くから利用されている．これらの分析手法は，ルミノール-H_2O_2 系化学発光の触媒そのものを分析対象としている．

ルミノールの化学発光における酸化剤を検出対象とした分析法の例として，大気汚染の原因物質の一つであるオゾン O_3 の定量がある．また，酵素反応により生成する H_2O_2 をルミノールの化学発光により検出することで，酵素の基質もしくは酵素を間接定量する手法がある．例として，グルコースの定量法がある．この手法において，式（2）に示すように，酵素であるグルコースオキシダーゼをその基質のグルコースに作用させると H_2O_2 が生じる．この H_2O_2 とルミノールとの化学発光を指標にグルコースを定量する．

$$グルコース + O_2 + H_2O \rightarrow グルコン酸 + H_2O_2 \qquad (2)$$

以上の手法の検出対象は，特定の触媒や過酸化物，酵素，基質に限られるが，ルミノールの化学発光と酵素イムノアッセイとを組み合わせることで，幅広い物質を検出対象とすることが可能となる．すなわち，検出対象となる抗原に対する抗体が用意できれば，原理的に検出対象の制限はなくなる．具体的には，グルコースオキシダーゼもしくはセイヨウワサビペルオキシダーゼ（horseradish peroxidase：HRP）を共有結合でラベルした抗体を用い，抗原抗体反応を行う．これらの酵素活性の測定にルミノールの化学発光を用いて，抗原もしくは抗体を間接定量するのが化学発光酵素イムノアッセイである．さまざまなアッセイ系が考案されているが，最も単純な系の一例を図 6.1.11 に示す．まず，標的分子（抗原）を薄膜フィルターや基板，ビーズなどの固相表面に吸着させる．次に HRP でラベルした抗体を加えて抗原に結合させる．ここに化学発光反応に必要な試薬を添加し，発光を測定することで抗原の量を決定で

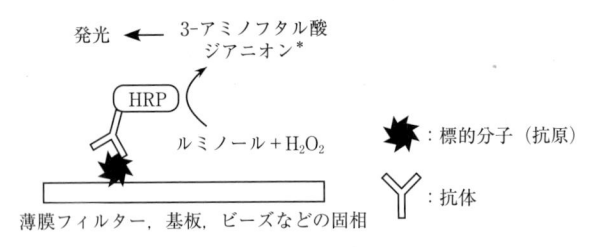

図 6.1.11 化学発光酵素イムノアッセイの例

きる．化学発光を利用したDNAおよびRNAの検出法も考案されている．プローブDNAもしくはRNAをグルタルアルデヒドによりHRPでラベル化してハイブリダイゼーションを行うことで，標的核酸をルミノールの化学発光として検出できる．

ルミノールの化学発光を利用した分析手法の感度および精度を向上させるため，さまざまな試みがなされている．発光効率を増加させる増感剤（エンハンサー）の開発もその一つである．Krickaらは，ルミノールの化学発光が4-ヨードフェノールなどのフェノール化合物や芳香族化合物，フェニルボロン酸類などの添加により劇的に増強されることを見いだした．これらのエンハンサーはグルコースオキシダーゼを用いた化学発光反応系（式 (2)）にも適用可能である．HRPを用いた場合の増感機構として，図 6.1.12 に示す反応が考えられている．HRPとH_2O_2との反応によりHRP-Iが生じる．HRP-IがL-H$^-$から水素を引き抜き，L・$^-$を生じる．一方，E-Hは，L-H$^-$からL・$^-$の生成を促進する．生成したL・$^-$はジアザキノン中間体を経て，H_2O_2との反応により励起状態の3-アミノフタル酸ジアニオンが生成し，ここから発光を生じる．ルミノールの化学発光反応機構の詳細については，6.1.1項を参照されたい．

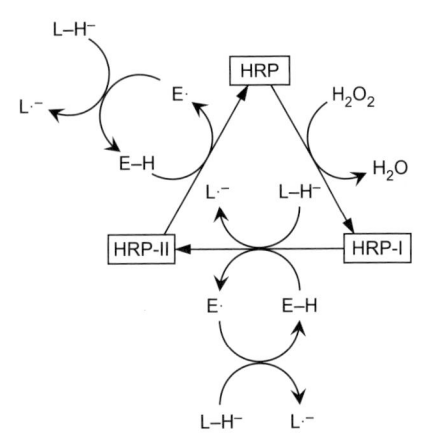

図 6.1.12 HRPによる化学発光増感機構
HRP-IおよびHRP-II：中間体HRP，L-H$^-$：ルミノールアニオン，L・$^-$：ルミノールアニオンラジカル，E-H：エンハンサー，E・：エンハンサーラジカル．

b. シュウ酸エステル

シュウ酸エステルと過酸化水素H_2O_2との化学反応の結果生じる発光は，過シュウ酸エステル化学発光（peroxyoxalate chemiluminescence：PO-CL）と呼ばれる．PO-CLでは，式 (3) から (5) に示すように活性中間体（中間体*）から蛍光物質へ

のエネルギー移動を伴う．

$$\text{シュウ酸エステル} + H_2O_2 \rightarrow \text{中間体}^* \tag{3}$$
$$\text{中間体}^* + \text{蛍光物質} \rightarrow \text{中間体} + \text{蛍光物質}^* \tag{4}$$
$$\text{蛍光物質}^* \rightarrow \text{蛍光物質} + \text{発光} \tag{5}$$

式 (3) において，時間とともにシュウ酸エステルと H_2O_2 は消費され，活性中間体の生成速度は低下する．Rauhut らは，長時間にわたり高効率で発光を生じる反応系の開発を行った結果，電子吸引性の強い置換基（F，Cl，NO_2 など）を有するシュウ酸ジアリールエステル類が高い発光量子収率を与えることを見いだした．また，電子吸引性の弱い置換基や電子供与性の置換基を有するシュウ酸ジアリールエステル類は，発光を生じても弱いか発光を生じないことが明らかになった．以上のことから，置換基の電子吸引性が強ければ，アリール基側に電子分布が偏り，カルボニル基炭素が電子不足の状態となるため，カルボニル基炭素への H_2O_2 の求核的攻撃が起こりやすくなると考えられる．最も発光効率のよいシュウ酸ジアリールエステルはシュウ酸ビス (2,4-ジニトロフェニル) (DNPO) である．一方，シュウ酸ビス (2,4,6-トリクロロフェニル) (TCPO) は，DNPO に発光効率では劣るものの有機溶媒への溶解性や合成の簡便さから，PO-CL 反応に広く利用されている．蛍光物質として，近紫外から近赤外領域の光で励起できる幅広い蛍光物質が利用可能であるが，酸化電位が低く蛍光量子収率が大きい化合物（たとえば，ペリレンやルブレンなどの多環芳香族炭化水素）が望ましい．PO-CL は，非常用照明や「サイリューム」の名で知られるケミカルライトのほか，種々の化学物質の定量に用いられる．

分析化学において，PO-CL は高速液体クロマトグラフィー（HPLC）と組み合わせて利用されることがある．HPLC で分離した化合物が蛍光性であれば，化学発光反応を行うことで発光検出器を用いて高感度に標的化合物を検出できる．HPLC で分離した化合物に蛍光性がない場合は，蛍光物質に誘導化した後に検出できる．誘導体化の方法として，直接，蛍光物質でラベル化する方法と，非蛍光性の物質と反応させて蛍光物質に導く方法の二つがある．標的化合物をカラムで分離する前もしくは後に誘導体化する場合，前者をプレカラムラベル化，後者をポストカラムラベル化，と呼ぶ．蛍光物質は，原理的には，何度でも励起-発光を繰り返すことができる．したがって，大過剰のシュウ酸エステルと H_2O_2 を用いて大過剰の活性中間体を生成させておけば，1 分子の蛍光性の標的化合物から何個もの光子が放出されるため，発光シグナル増幅，すなわち感度の向上が達成できる．アミン類，カルボニル化合物，カルボン酸を蛍光誘導化する種々の試薬が利用可能である．

c. アクリジン誘導体

ルシゲニンは，古くから知られているアクリジン誘導体の一つであり，種々の分析法に利用されてきた．アクリジン誘導体の化学発光反応における化学発光強度（単位時間あたりに放出される光子数）は，ルミノールの 100 倍近くにもなることが知られ

図 6.1.13 化学発光酵素イムノアッセイに用いられる化合物の例

ている．したがって，アクリジン誘導体の化学発光を分析のエンドポイントとして利用できれば，標的物質の高感度検出が可能となる．近年では，Lumigen PS-3 および Lumigen TMA-6 などのアクリジニウムエステル（図 6.1.13）が開発され，高感度な化学発光酵素イムノアッセイに広く利用されている．とくに Lumigen TMA-6 は室温で安定に存在することができるため扱いやすく，過酸化物存在下で 10^{-18}〜10^{-17} mol 程度の HRP を検出可能である．

d. 1,2-ジオキセタン類

アダマンタンのジオキセタン誘導体リン酸モノエステルの一つ AMPPD（図 6.1.13）は水溶液中で安定である．ひとたび，アルカリホスファターゼ（ALP）の作用で脱リン酸化すると，不安定なジオキセタン誘導体のアニオンを生じ，ジオキセタンが開裂して発光する（6.1.1 項の図 6.1.6）．HRP によるルミノールの化学発光と同様に，ALP による化学発光酵素イムノアッセイを行うことで，抗原抗体反応に基づくタンパク質やハプテンの検出が可能である．また，ALP でラベル化したプローブ DNA や RNA を用いた，化学発光による核酸の検出も広く行われている．現在，AMPPD より発光効率のよい AMPPD 塩化物誘導体がいくつか開発され，数社から販売されている．

e. ルテニウム錯体

ルテニウム錯体も化学発光を呈することが知られているが，これまで述べてきた化学発光反応とは機構が異なる．ルテニウム錯体の化学発光反応は触媒的にサイクルするため，高感度検出に応用可能である．ルテニウム（II）のビピリジン錯体（トリス-(2,2′-ビピリジン) ルテニウム (II)，$Ru(bpy)_3^{2+}$）は安定であるが，電極表

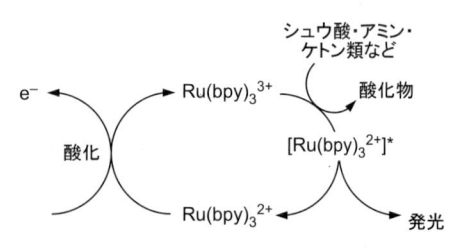

図 6.1.14 ルテニウム錯体による電気化学発光の反応機構

面での酸化により酸化電位が高く不安定な Ru(bpy)$_3^{3+}$ になる（図6.1.14）．溶液中にシュウ酸，アミン，ケトンが共存すると励起状態の [Ru(bpy)$_3^{2+}$]* が生じ，基底状態に戻るときに発光が生じると考えられている．測定対象物質がルミノールなどのように限られていないことから，HPLC の検出系や化学発光イムノアッセイへの応用が広がっている．

まとめ

　はじめに述べたように，化学発光反応は外部光源を必要としないため，暗箱内で高感度に化学発光を検出することが可能である．一方で，化学発光反応はさまざまな物質により触媒される．言い換えれば，化学発光反応の触媒の選択性は低い，もしくはさまざまな物質が化学発光の妨害物質となりうる．したがって，化学発光強度を指標に，化学発光反応を触媒する物質もしくは生成物を直接定量することは困難であるといえる．今日まで，この弱点を克服し，高選択的に標的物質を定量する手法が開発されてきた．化学発光酵素アッセイや化学発光酵素イムノアッセイがその代表例である．すなわち，酵素反応や抗原抗体反応の選択性の高さを化学発光反応に巧みに取り込むことにより，標的物質を選択的に検出することが可能となった．また，選択性の向上ばかりでなく，化学発光強度の大きい化合物の開発や反応系の確立も多くの研究者により取り組まれている．以上の成果は，化学発光を利用した分析手法の高選択性および高感度化に大きく貢献している．近年では化学発光を利用した分析手法の簡便化も進んでおり，生命科学や環境科学の基礎研究，臨床検査への応用展開も期待される．

〔菅野　憲・小澤岳昌〕

文献・注

1) 光と化学の事典編集委員会：光と化学の事典，丸善，2002.
2) 日本分析化学会編：分析化学便覧，改訂六版，丸善，2011.
3) 今井一洋，近江谷克裕編：バイオ・ケミルミネセンスハンドブック，丸善，2006.
4) 中嶋賢一郎：分析化学，49-3 (2000)，135-159.

6.1.3　発光生物概論

a.　発光生物の分類

　発生物は自力で発光する仕組み，主にルシフェリン（基質）-ルシフェラーゼ（酵素）反応により光（生物発光）を生み出す生物のことである．よって，「光る生物」といってもサンゴやヒカリゴケのように蛍光物質が存在し外部光によって発光しているように見える生物のことではない．また後述する「生物フォトン」のように極微弱光を発する生物のことでもない．

　発光生物は原核生物，真核生物ともにいるが，真核生物ではキノコ類を含む菌界と

藻類を含む原生動物界および動物界にのみ発光する種がいる．よって，植物界には発光するものはない．動物界でも無脊椎動物は多くの発光種が知られているが，両生類，は虫類，鳥類そして哺乳類に光るものはいない．また，発光生物には共生発光種と自家発光種があるが，たとえば光る魚類をみると，マツカサウオのように発光バクテリアが共生することで光るもの（共生発光種）と，発光サメのように自前の発光システムをもつ生物（自家発光種）に分類できる．発光バクテリアはイカなどの軟体動物やエビなどの節足動物にも共生する場合もある．これら発光生物の分類を表 6.1.1 にまとめてみる．なお，海綿動物のツボカイメンの一種が光ると言う古い記述があるが，現在は再確認されていない[1-3]．以下に代表的な発光生物について記述する．

地上で最も個体数が多い発光生物は発光バクテリアである．世界中の海や湖の水をすくい上げ，培養すれば発光バクテリアを見つけることができるが，水の中で単独に生活することもあれば，魚，イカやエビなど特殊な組織において集団で生活すること

表 6.1.1　発光生物の分類

生物	界	類	発光生物の有無		代表的な生物
原核生物	モネラ界	細菌類	○		*Photobacterium* 属，*Vibrio* 属
真核生物	菌界	キノコ類	○		ヤコウタケ，ツキヨダケ
	植物界	シダ植物	×		
		種子植物	×		
	原生生物界	原生動物	植物性	○	ウズオビムシ
			動物性	○	ヤコウチュウ
	動物界	海綿動物	△		ツボカイメン
		刺胞動物	○		オワンクラゲ，ウミシイタケ
		有櫛動物	○		アミガサクラゲ
		紐形動物	○		ヒカリヒモムシ
		環形動物	○		オヨギゴカイ，ヒカリミミズ
		軟体動物	○		ハナデンシャ，ホタルイカ
		節足動物	水生	○	ウミホタル，ヒオドシエビ
			陸生	○	ホタル，ヒカリコメツキムシ
		棘皮動物	○		クモヒトデ
		原索動物	○		ユウレイボヤ
		脊椎動物	魚類	○	自家発光：ハダカイワシ，発光サメ 共生発光：マツカサウオ，チョウチンアンコウ
			両生類	×	
			は虫類	×	
			鳥類	×	
			哺乳類	×	

もある．しかし，一部の発光バクテリアは魚などと共生しないと生活できないものがある．体長 100 μm ほどの単細胞生物であり，主に海洋表層では *Vivrio* 属が，水深 250 m 以下では *Photobactrium* 属が生息する．多くの種は青色で発光するが，一部の種には細胞内に蛍光タンパク質があり，黄色や赤色に発光することがある．

　陸生の発光生物の一つである発光キノコ類は世界中の温暖な地域で生育しており，世界中に広く分布している．日本ではツキヨダケ，ヤコウダケ，アミヒカリダケやシイノトモシビダケなどの光るキノコを見つけることができる．数 mm 程度の小さいものから，ツキヨダケのように日本列島の温暖な地域のブナ林の朽木などに生息，かさの長径が 150 mm，幅が 80 mm にもなる大型のものもある．多くの発光キノコは青緑色の弱い光を発し，湿度の上昇とともに発光強度が増加する．

　原生動物に分類される渦鞭毛藻は発光プランクトンとも呼ばれ，進化の過程で原生動物と単細胞藻が融合したハイブリット生物である．全体からみれば少数の種だが植物性，動物性発光プランクトンが生息する．とくに日本でみられる夜光虫（ヤコウチュウ）は代表的な動物性発光プランクトンである．一方，すでに実験室で単独飼育できる植物性プランクトンとしてリングドリウム属：*Lingulodinium polyedrum*（旧名ゴニオラックス）がある．直径 40～50 μm（0.04～0.05 mm）の大きさで，鎧に固められているように見えるが 2 本の鞭毛で器用に泳ぐことができ，明暗環境のフラスコ内で生育可能である．発光は体内時計に制御され，夜間に自発発光を繰り返すことが知られている[4]．発光生物は多種多様に存在するが，ホタル，ウミホタル，発光クラゲについて，発光機構を含めて 6.1.4 項で詳細に説明する．

b. 発光する生物学的な役割

　発光する生物学的な役割であるが，「求愛（交信）」「威嚇」「雲隠れ（カウンターシェーディング）」「照明」そして「擬似餌」などが考えられる．これは発光色との関係で考えるとわかりやすい．陸生のホタルやヒカリコメツキムシ（図 6.1.15 a）は緑から黄色の発光色であり，夜間の陸上では視覚的に見えやすい光の色である．よってこの光は「求愛（交信）」に用いられることが多い．多くのホタルが生息する環境では自分の種の保存のため，種特有の発光色（緑から黄色），点滅速度や飛翔軌道などを含め

図 6.1.15　各種発光生物（口絵 10 参照）
a：ブラジル産ヒカリコメツキムシ，b：発光サメ，c：クモヒトデ．

た発光パターンをもっている[5]．一方，海洋性発光生物は青色で光るものが多い．水深数百mの中層に生息する小型の発光サメ（図6.1.15b）は腹部が青色で自家発光させることで，自分の影を消し，下から襲ってくる大型の海洋生物から身を守る．これを「カウンターシェーディング」という．自家発光種のホタルイカも深海から産卵のため表層に上がってくる間に外敵から身を守るために体全体が光り，身を隠すと考えられている．また，ウミホタルは敵に襲われたとき，青色の発光液を噴射，威嚇と同時に光のなかに身を隠す．次に浅い海岸部に生息するクモヒトデ（図6.1.15c）は敵に襲われたとき，フラッシュ光や光のウエーブを発し，敵を「威嚇」することがある．とくにユニークなのは足の一部を自ら切断し，光った足の一部を残したまま，光を消し逃げ去る点である．さらに深海に生息するチョウチンアンコウの提灯の先端には発光バクテリアが共生し光を発するが，これを「疑似餌」として活用，集まってきた生物を捕食する．また，ヒカリキンメ類は目の下の部分に発光バクテリアが共生，共生組織を開け閉めして光を照らすが，これは近くを「照明」するために用いているようである．

c. 発光する仕組みと起源

発光する仕組みは基本的にはケミカルライトなどの物質の化学反応によって光が放出される化学発光と大きな違いはない．化学発光では物質の化学変化により生まれた励起分子が基底状態に戻るとき，蛍光が放出される．この化学発光反応は一般に酸化反応であり，反応性の高い酸素分子は基質の酸化反応によって基質の過酸化物として取り込まれ，エネルギーレベルの高い不安定な過酸化構造（ジオキセタン構造）ができる．次にジオキセタン構造は分解し，励起状態の基質酸化物（オキシルシフェリン）が生まれ，これが基底状態に戻るとき，きわめて高いエネルギーを光として放出する．そのとき，多くの場合は酵素が関与することで量子収率（エネルギーを生み出す効率）が高くなり目でも観察できる．生物発光はルシフェリン-ルシフェラーゼ反応によって光が生み出されるが，例外として発光クラゲのフォトプロテインがあるので詳しくは6.1.4項で説明する．ところで，多くの生物のもつ機能，たとえば光合成であるなら，クロロフィルやそれに関連する酵素群はシアノバクテリアから高等植物まで大きな違いはなく，その生体機能には進化的なつながりがある．しかし，発光生物はそれら自体に進化的つながりがなく発光種であるルシフェリンは発光生物によって異なり，それを触媒する酵素も多種多様である．多くの発光生物の光る機能は一緒だが，多種多様なシステムが混在する．よって，同じ海洋性の節足動物であってもウミホタルとヒオドシエビは異なるルシフェリンであり，一方，種は異なるがウミシイタケとヒオドシエビは同じルシフェリンである．ただし，同じルシフェリンであってもルシフェラーゼの構造に相同性はみられない場合が多い．

このような進化的なつながりのない生物発光機能の起源として，最も有力な説が生物発光スカベンジャー説である．体内で反応性の高い酸素分子（活性酸素）はいろい

ろな化学反応の起点となり体内で思わぬ副産物をつくることから，活性酸素を捕捉して無毒化するスカベンジャーが必要になる．生物発光の祖先系では，それぞれの生体内にあった酸素と反応しやすい適当な化合物を基質として酸化反応によって活性酸素を無毒化したのであろう．酵素を用いることで，効率よく酸素を捕捉でき可視光という最も生体に安全な光に転換できることから，生物発光はスカベンジャーとして定着，ある種の生物の進化に優位に働き，独自の進化を遂げたのであろう．〔近江谷克裕〕

文献・注

1) 羽根田弥太：発光生物，恒星社厚生閣，1985（発光生物をとくに生物学的な視点で紹介）．
2) 今井一洋，近江谷克裕編：バイオ・ケミルミネセンスハンドブック，2006 [1-30]（生物発光の概論と基本原理を解説）．
3) 近江谷克裕：発光生物のふしぎ，ソフトバンクアイ，2009（高校生，大学生を対象とした生物発光の一般的な入門書）．
4) 近江谷克裕：生物発光物質，藻類ハンドブック（渡邉信監修），エヌ・ティー・エス，2012（発光性渦鞭毛藻の発光物質や体内時計による発光パターンの制御する機構を解説）．
5) 大場信義：ホタルの不思議，どうぶつ社，2009（国内外のホタル研究を網羅）．

6.1.4 発光生物各論

a. ルシフェリン-ルシフェラーゼ反応

生物発光は主にルシフェリン（基質）・ルシフェラーゼ（酵素）反応により，ルシフェリンの酸化をルシフェラーゼが触媒する酵素反応である．19世紀Duboiが発光生物より冷水抽出されるタンパク質のうち，ルシフェリンと反応して光を生み出す酵素をルシフェラーゼ，一方，熱水抽出される有機化合物のうち，ルシフェラーゼと反応して光を生み出す化合物をルシフェリンと名づけた．ルシフェリン，ルシフェラーゼは発光生物によって多種多様である．図6.1.16に六つのルシフェリンの化学構造を示す．たとえばホタルルシフェリンは他の光る生物のルシフェリンの構造とは異なり，また発光クラゲやウミホタルなどのルシフェラーゼでは反応しない特異性の高いものである．よって，ホタルルシフェリンやウミホタルルシフェラーゼのように［生物名称＋ルシフェリンあるいはルシフェラーゼ］で呼ぶのが適切である．生物発光の特色をまとめると，①冷光といわれるほど，高い効率で生み出される光である．発光基質1分子あたり1光子を放出する確率である発光量子収率は，高いものでブラジル産ヒカリコメツキムシの0.6程度である．②発光色は青（およそ460 nm）から黄色（およそ560 nm）が多い．ただし，発光甲虫では最大発光波長630 nmの赤色光もある．③ルシフェラーゼのなかには細胞内にとどまるものと分泌するものがある．④分子量は2万～6万程度であるが，発光性渦鞭毛藻では13万になるものもある．⑤酵素反応で必要とする補因子も多種多様で，ホタルはATP（生物のエネルギーでもあるアデノシン3リン酸），発光クラゲはカルシウムが必要である，など生物発光のシステ

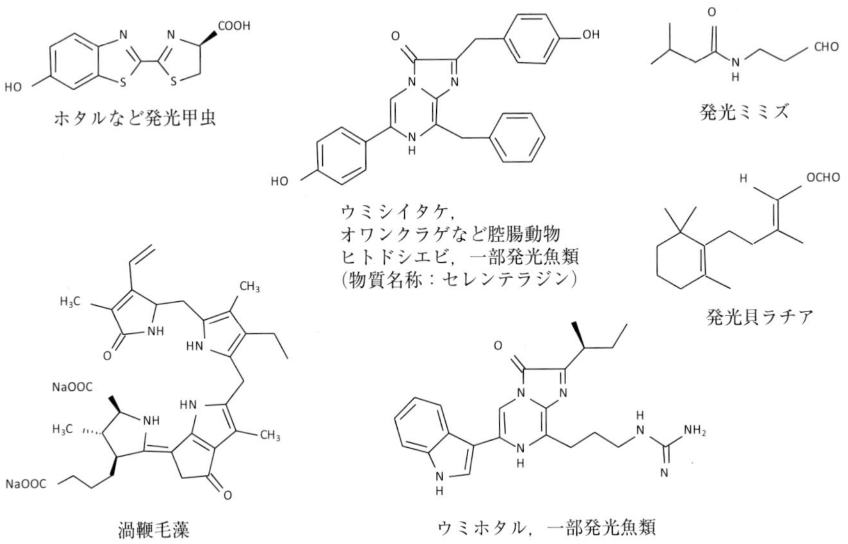

図 6.1.16 発光生物とそのルシフェリンの構造

ムは驚くほど多様である[1]．代表的な三つの発光機構について解説する．

b. 発光甲虫の発光

発光甲虫はホタル科，ホタルモドキ科，イリオモテボタル科，ヒカリコメツキ科に属する節足動物であり，世界各地に生息，多くは黄緑色の発光であるが，ヒカリコメツキムシには橙色の，あるいはホタルモドキ科鉄道虫では赤色に発光するものもいる．発光色は多彩であるが，ルシフェリンは共通であり，ルシフェラーゼの活性中心が発光色を制御していると考えられる．まずはじめに，ホタルルシフェリン（立体異性体としてD体が活性型，L体が不活性型）は Mg^{2+} の存在下，発光甲虫ルシフェラーゼの作用でATPと反応してアデニル化され，ルシフェリル-AMPが生じ，次にルシフェラーゼの作用で酸素と反応，酵素内で不安定なジオキセタン構造が生まれる．このジオキセタン構造は酵素内で開裂，CO_2 と励起状態のオキシルシフェリンを生成する（ジオキセタンの詳細は5.1.6項で説明する）．この後，ルシフェリンの酸化物であるオキシルシフェリンの励起状態が効率よく生成，次にオキシルシフェリンの基底状態に戻るとき，光を発する（図6.1.17(a)）．発光色は励起状態のオキシルシフェリンのエネルギーの高さによると考えられている．しかしながら，オキシルシフェリンの中間状態の解析は十分ではなく，発光色が決定される分子機構は十分に説明できない．一方，発光甲虫ルシフェラーゼはアミノ酸545～550個から構成される分子量約6万のタンパク質である．北米産ホタル *Photinus pyralis* ルシフェラーゼを中心に一次構造上の相同性を考えると，ホタル科内のものと60～90％，ホタルモドキ科，

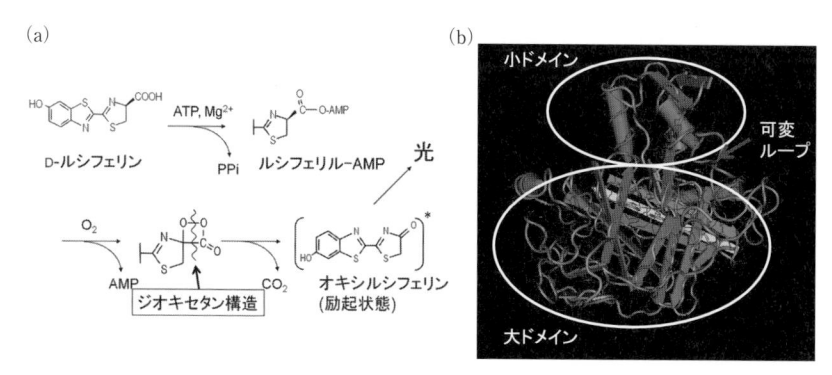

図 6.1.17 (a)：ホタルルシフェリンの発光化学反応，(b)：ホタルルシフェラーゼの立体構造

イリオモテボタル科ルシフェラーゼと50〜60%，ヒカリコメツキ科ルシフェラーゼと50%程度となっている（これは遺伝的な近縁関係とよく一致する）．Contiらはホタルルシフェラーゼの X 線結晶構造を解析，大きく二つのドメインから構成され，C末端側の小ドメイン（440〜550残基）が大ドメイン（1〜436残基）に重なり，その間を可変ループがつないでいることを明らかにした（図6.1.17(b)）[2]．小ドメインと大ドメインの中央部分に相同性の高い領域があり，酵素反応を支えている．発光甲虫ルシフェラーゼの代表的な応用は遺伝子発現解析や ATP の定量などである．

c. ウミホタルの発光

ウミホタルは甲殻類介形虫に属する発光生物であり，日本では北は青森から南は西表島まで生息が確認されている．ただし，東北，北海道地方の太平洋沿岸では生息が確認されていない．世界的にはカリブ海やミクロネシアの沿岸などで生息が確認されている．刺激された際にルシフェリン，ルシフェラーゼを噴出して青色の発光の煙幕をつくる．ルシフェリンは三つのアミノ酸（アルギニン，トリプトファン，イソロイシン）からなるトリペプチドから生合成されると予想されている．ウミホタルルシフェリンはホタルルシフェリンと同様に酸化されエネルギー状態の高いジオキセタン構造の中間体を経て光を発する（図6.1.18(a)）．図6.1.18(b)にウミシイタケの発光反応を記すが，ウミシイタケルシフェリン（セレンテラジンともいう）にもウミホタルルシフェリンと同様なイミダゾピラジノン骨格（図中に示す）をもち，生物発光では同様にエネルギー状態の高いジオキセタン構造の中間体を経て発光する．ウミホタルの発光はホタルと異なり ATP などの補因子を必要としない単純な酵素反応であり，ホタルの次に高い発光量子収率（約0.3）である．この反応を触媒するルシフェラーゼは分子量約6万の糖タンパク質であり，最大の特徴は細胞外への分泌を可能とする分泌シグナルペプチド配列を有する点である．これまでに日本沿岸に生息するベントス性（低生生物）の *Vargula hilgendorfii* と浮遊性の *Cypridina noctiluca* の2種のルシフェ

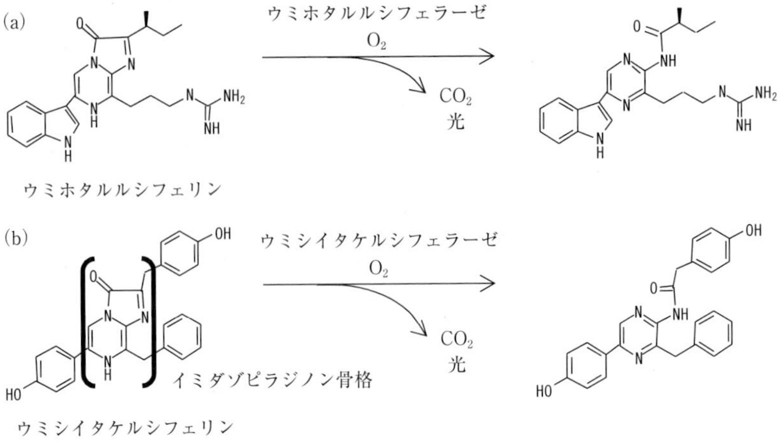

(a) ウミホタルシフェリン + ウミホタルルシフェラーゼ, O_2 → CO_2 + 光

(b) ウミシイタケルシフェリン (イミダゾピラジノン骨格) + ウミシイタケルシフェラーゼ, O_2 → CO_2 + 光

図 6.1.18 ウミホタルルシフェリン (a) およびウミシイタケルシフェリン (b) の発光化学反応

ラーゼ遺伝子がクローン化されている．分泌性ルシフェラーゼであることから哺乳類細胞や酵母細胞（ただし，糖鎖の付加機構をもたない大腸菌では活性型は発現しない）にウミホタルルシフェラーゼ遺伝子を導入すれば，細胞内で合成されたウミホタルルシフェラーゼは細胞外に分泌される．また，体内に長期間にわたり個体内に貯蔵されることから酵素としての安定性が高く，室温状態での酵素活性の半減期（酵素活性が半分になる時間）は 72 時間以上である．この安定性はタンパク質内に Cys 残基が 34 個存在，その S-S 結合に由来する[3]．ウミホタルルシフェラーゼの応用例として遺伝子発現解析やイムノアッセイがある[4]．

d． 発光クラゲの反応

下村脩博士は米国ワシントン州フライデーハーバーにて発光クラゲを採取，発光体を単離する過程で緑色蛍光タンパク質 GFP (green fluorescent protein) を発見，その功績により 2008 年ノーベル化学賞を受賞した．発光クラゲには GFP とフォトプロテイン"イクオリン"が存在，イクオリンから発した光が GFP を励起して緑色の光を発する．発光クラゲの発光はルシフェリン-ルシフェラーゼの定義で単離できない発光系であり，下村博士らは，これをフォトプロテインと定義，発光クラゲ *Aequorea* 属から単離されたフォトプロテインをイクオリン (Aequorin) と命名した[5]．イクオリンはカルシウム結合タンパク質ファミリーに属するタンパク質であり，ウミシイタケルシフェリンでもある基質セレンテラジン，アポイクオリンおよび分子状酸素の複合体である（図 6.1.19）．カルシウムイオンが EF ハンド構造（タンパク質中でカルシウムイオンと結合できる 12 個のアミノ酸残基からなる構造モチーフのこと）に結合するとアポタンパク質はオキシゲナーゼ（酸素添加酵素の総称）として活性化

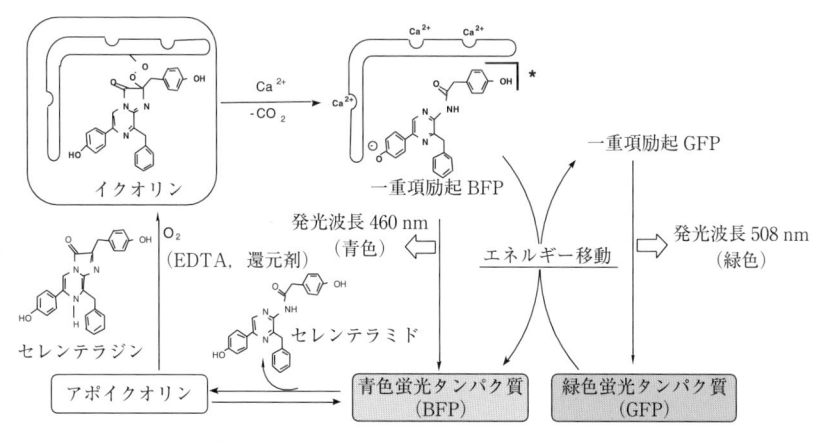

図 6.1.19 発光クラゲ体内で起きているフォトプロテインの発光化学反応と蛍光タンパクへのエネルギー移動

され,分子内基質セレンテラジンのセレンテラミドへの酸化を触媒する.ゆえに,フォトプロテイン"イクオリン"は「ルシフェリンが蓄えられた状態のルシフェラーゼ」と考えることもできる.反応が開始されると,二酸化炭素と励起状態にある青色蛍光タンパク質(BFP:アポタンパク質とセレンテラミド(セレンテラジンの酸化物)の複合体)を生成,同時にこの励起分子は青白色の光を瞬時に発し,基底状態に戻る.この際,$10〜100$ Å の範囲に GFP が存在すればイクオリンから発したエネルギーは GFP を励起し緑色を発する.発光クラゲの緑色発光はイクオリンから GFP へとエネルギー移動することで発する光である.さらに発光後のアポタンパク質はセレンテラジン,EDTA,還元剤存在下で発光可能なイクオリンに再生される.本システムの応用としてイクオリンは細胞内カルシウムイオンの定量や遺伝子発現定量に,一方,GFP は細胞内マーカーとして活用される.

〔近江谷克裕〕

文献・注

1) 今井一洋,近江谷克裕編:バイオ・ケミルミネセンスハンドブック,2006, [16-30](生物発光の発光反応の基本原理を解説).
2) E. Conti, *et al.*: *Structure*, **4**-3 (1996), 287-298(最初にホタルルシフェラーゼの立体構造を明らかにした論文).
3) Y. Nakajima, *et al.*: *Biosci. Biotechnol. Biochem.*, **68** (2004), 565-570(二つのウミホタルルシフェラーゼの構造の特徴,酵素の特性を記載した論文).
4) 近江谷克裕:臨床化学,**39** (2010), 44-51(ウミホタルルシフェラーゼの応用例を解説).
5) O. Shimomura, *et al.*: *J. Cell Comp. Physiol.*, **59** (1962), 223-239(GFP を発見したことを報告した歴史的な論文).

6.1.5 生物発光分析

a. 生物発光パラメータの計測：発光量，発光スペクトル，発光量子収率

生物発光を評価する物理的パラメータとして発光量，発光スペクトル，そして発光量子収率がある．一般に発光量（光の強度）を測定する装置をルミノメーターといい，光の検出には光電子増倍管が用いられる．いかなる光検出デバイスでも波長感度特性（受ける光の波長によって感度が異なること）があるので，発光色が異なるサンプル間の明るさを数値で比較することはできない．とくに光電子増倍管は長波長の感度特性が著しく低いものが多いので，赤色に発光するサンプルの測定には注意を要する．また，発光量は相対発光値（relative light units：RLU）として表示される．よって異なるメーカーの装置あるいは同じメーカーの同じタイプの装置であっても，その測定値を直接比較することはできない．異なる装置で正確に比較するためには標準サンプルなどによる校正が必須である．

生物発光の発光色は青色から赤色の可視光である．最大発光波長では460〜630 nm程度であり，その発光スペクトルは半値幅が50〜80 nmとなるブロードなピークをもつスペクトルである．スペクトル測定には光検出器と分光器があれば計測可能であり，これまで蛍光光度計の励起光を遮断し測定することが多かった．しかし，前述したように光検出器として光電子増倍管を用いた場合，赤色の高波長側では著しく感度が悪くなるので，正確なスペクトルを得ることはできない．とくに赤色領域の発光スペクトルは最大発光波長を含めて注意を要する．一方，冷却CCD（電荷結合素子）を用いたマルチチャネル分光計は可視域を中心に幅広い波長範囲で高感度なスペクトル測定が可能である[1]．図6.1.20(a)は，より正確に絶対値で校正された発光スペクトルを得るために，標準発光ランプで校正可能な積分球を用いたスペクトル測定装置の概略図である．積分球内の光は一定量分光器に到達，ここで分光されCCD上にそのスペクトルが投影され，それぞれの波長の光子数が計測される．はじめに分光放射照度標準電球から発せられた光を計測し装置を校正すれば，積分球内におかれたサン

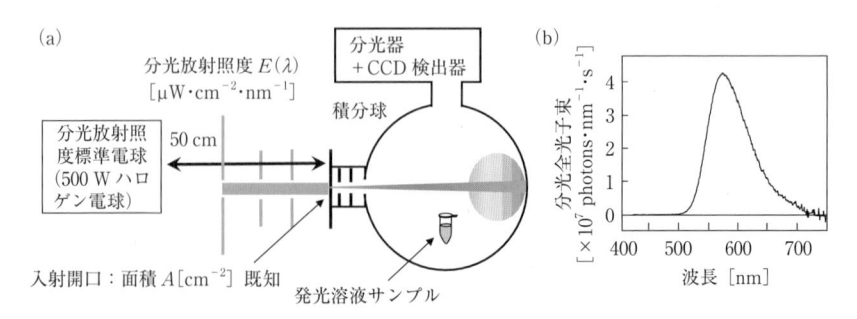

図6.1.20 校正可能な積分球型発光スペクトル装置の概略図（a）と絶対発光値発光スペクトルの例（b）

プルのスペクトルが得られる．図 6.1.20(b) は本測定装置で測定されたアメリカ産ホタルルシフェラーゼの生物発光スペクトルであり，このスペクトルの光子束を積算すれば絶対発光量に換算できる[2]．

発光量子収率は生物発光反応の効率をはかる指標であり，1 個のルシフェリンから放出される光子数の発生確率である．測定するためには発光反応溶液から放出される光子数の絶対量を測定しなくてはならない．そこで，上述した標準光源で正確に校正されたスペクトル測定装置により発光スペクトルを計測すると，絶対光量として光のフォトン数を計測することができる．この際，反応に関与したルシフェリン数を正確に計測すれば，1 個のルシフェリンあたりから生まれる光の発生確率，つまり発光量子収率が決定できる．このような手法で測定した結果，1960 年に Seliger らによって決定されたアメリカ産のホタルの発光反応の量子収率 0.88 ± 0.25 は 2008 年に 0.41 ± 0.07 と訂正された[3]．

b. レポータアッセイ

ルシフェリン-ルシフェラーゼ反応で生み出される光の量は，ルシフェラーゼ量が大過剰であればルシフェリン量に，あるいはルシフェリンが大過剰であればルシフェラーゼ量に依存する．後者を利用したのが遺伝子発現検出系，いわゆるレポータアッセイである[4,5]．通常，ルシフェラーゼ遺伝子が組み込まれたレポータベクター（外来性遺伝子の運び屋）に評価対象となる遺伝子のプロモータ領域（特定の遺伝子の発現を On/Off するスイッチとなる遺伝子配列）を挿入したプラスミド（ベクターの一つである複製可能な環状 DNA）を作製，培養細胞に導入（レポータベクターは物理的，化学的に細胞に導入できる）する．これに何らかの刺激を加え，一定時間経過後，細胞破砕し細胞内のルシフェラーゼ活性を測定すれば対象となる遺伝子の刺激に対する転写活性の変化を評価できる（図 6.1.21）．レポータアッセイではルシフェリンが大過剰で測定することから，対象の遺伝子の転写産物であるルシフェラーゼ量と発光量が相関する．よって容易に測定できる発光量によってプロモータ領域の On/Off を定量的に評価することが可能である．これまでに発光甲虫（ホタルを含む），ウミシイタケ，ウミホタル，発光コペポーダ由来のルシフェラーゼ群が市販のレポータアッセイ用ルシフェラーゼ遺伝子として販売されている．

実際のレポータアッセイとして，一つの遺伝子発現を検出するだけでは対象の遺伝子の発現の変化なのか，あるいは細胞自体の変化なのか，十分に評価できない．そのため，恒常的に発現する遺伝子を内部標準（コントロール遺伝子）として設定し，相対的な変化として遺伝子発現を評価することが一般的である．内部標準としてはウイルス由来の SV40 や CMV プロモータ，あるいはハウスキーピング遺伝子（細胞内の代謝・分裂などに連動して恒常的に発現する遺伝子）といわれるグルコース 3 リン酸脱水素酵素や細胞構築タンパク質のアクチン遺伝子のプロモータ領域が用いられる．二つ以上の遺伝子発現を解析する方法として，基質特異性の異なるホタルルシフェ

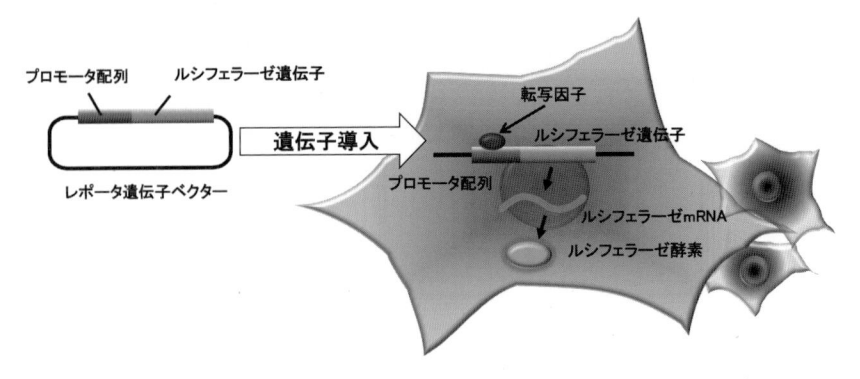

図 6.1.21 ルシフェラーゼ遺伝子導入レポータアッセイの原理（口絵 11 参照）

ラーゼとウミシイタケルシフェラーゼ，あるいはガウシアルシフェラーゼ（ガウシアは海洋性プランクトンの一種）とウミホタルルシフェラーゼ由来のルシフェラーゼベクターの組合せを用いることが多い．前者は非分泌型ルシフェラーゼの組合せ，後者は分泌型ルシフェラーゼの組合せである．分泌型ルシフェラーゼを用いれば，生きた細胞を維持したまま，培養液中の二つのルシフェラーゼの活性から二つの遺伝子の転写活性が測定可能である．一方，発光色の異なる甲虫ルシフェラーゼ3種（赤，橙，緑色）によって同時に三つの遺伝子転写活性を測定する方法もある[4,5]．

c. 発光イメージング

生物発光は細胞内のオルガネラ（小器官）やタンパク質の，あるいは動物個体内でのがん細胞などの動的な解析に用いられている．同様な解析に蛍光タンパク質なども用いられるが，蛍光と生物発光の違いは，前者は光で励起するのに対し，後者はルシフェリンを用いた化学反応でイメージングする点である．蛍光は励起光を当てさえすれば1分子レベルでも光を検出できるが，光を当てる必要があるので光が届かない場所の解析はできない．また，細胞などは光損傷が問題となるため長時間のイメージングには向かない．一方，生物発光は化学反応であるのでルシフェリンとルシフェラーゼが出合えば光を検出できるが，1反応から生み出される光は1光子以下であり，弱光である．ただし，真っ暗ななかで計測するので，光損傷などは問題とならず，長時間にわたってイメージング可能である．

細胞イメージングした例では，ルシフェラーゼ遺伝子を細胞に導入，高感度のカメラ，たとえば冷却 CCD カメラで観察すれば，細胞から発する微弱な光もイメージングできる．とくに，ホタルルシフェリンは酸化的な攻撃を受けにくく，1週間以上培養液中でも活性を保持する．よって，ルシフェリンを含む培養液中でホタルルシフェラーゼ遺伝子を導入した細胞あるいは組織を培養すれば，ターゲットとする生体分子の時間的・空間的機能動態を長期間連続して観察することができる[4,5]．また，発光甲

虫ルシフェラーゼに局在シグナル化配列を付けることで細胞質,核,ペルオキシゾームにルシフェラーゼは移行し,その動態を長時間にわたってイメージングできる（図6.1.22）.

生物発光による個体イメージングの多くはルシフェラーゼ遺伝子を導入した細胞株（悪性腫瘍など）を作製しヌードマウスの生体表層部（皮下や脳など）へ移植,あるいは静脈から注入した後,腫瘍化あるいは集積する細胞を追跡する際に使われている.静脈投与に関しては,生体表層部に集積するタイプの細胞株が理想的であるが,肺や骨に集積するような細胞株であってもその発光を観察することができる.また,ホタルルシフェラーゼ遺伝子を発現するトランスジェニックマウス（レポータベクターを受精卵に直接注入,染色体上にルシフェラーゼ遺伝子が導入されたマウス）も作成可能である.たとえば,発光トランスジェニックマウスから取り出した骨髄細胞を野生型のマウスに移植,その後,脳内に薬剤を投入,炎症を人為的に起こし,炎症から細胞が再生する過程を追跡した例もある[6].図6.1.23は可視化した例であり,頭蓋骨の

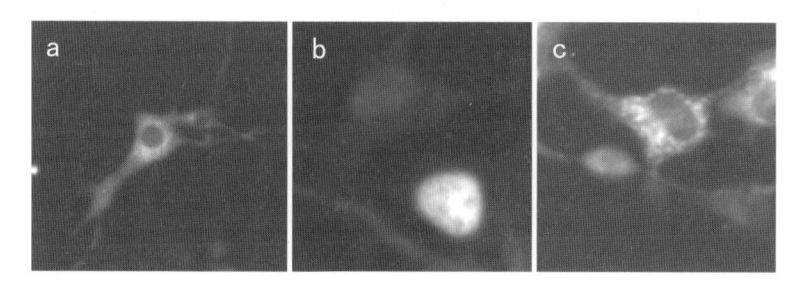

図 6.1.22　発光甲虫ルシフェラーゼによる細胞内イメージング（a：細胞質,b：核,c：ペルオキシゾーム）

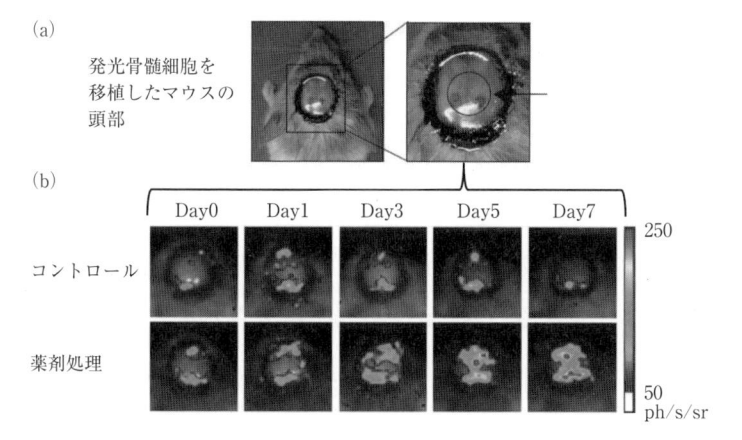

図 6.1.23　発光 TG マウス由来発光骨髄細胞を移植したマウスの頭部（a）と骨髄細胞の脳内浸潤過程の光イメージング（b）（口絵 12 参照）

一部を切開したマウスにホタルルシフェリンを注入後,その頭部を冷却CCDカメラで撮影したものである.薬剤投与後,発光する骨髄細胞が脳内に浸潤し再生する過程を時間の経過とともに光シグナルが増大することで可視化できる.このように発光を使った個体イメージングによって,腫瘍形成過程や骨髄細胞が浸潤し脳内細胞が再生過程を定量的かつ簡便に解析できる.　　　　　　　　　　　　〔近江谷克裕〕

文献・注

1) 今井一洋,近江谷克裕編:バイオ・ケミルミネセンスハンドブック,2006,[101-127]（発光計測の基本原理を解説）.
2) K. Niwa, et al.: *Photobiol. Photochem.*, **86** (2010), 1046-1049（発光計測の校正法と活用例を示した論文）.
3) Y. Ando, et al.: *Nature Photonics*, **2** (2008), 44-47（量子収率 0.88 ± 0.25 は1960年代より生物発光が高効率の仕組みであるとの根拠であったが,日本人研究者の手で0.41と書き換えられた）.
4) Y. Nakajima and Y. Ohmiya: *Expert Opinion Drag Discovery*, **5** (2010), 835-849（生物発光の応用技術を英語で解説）.
5) 今井一洋,近江谷克裕編:バイオ・ケミルミネセンスハンドブック,2006,[31-58]（生物発光の応用を解説）.
6) H. Akimoto, et al.: *Biochem. Biophys. Res. Commun.*, **380** (2009), 844-849（発光するマウス由来の骨髄細胞を利用し炎症からの再生過程を可視化した論文）.

6.1.6 酵素反応に伴う微弱発光

a. 生物フォトンとは

生物発光は発光生物が生み出す光であり,目に見える強度をもつ光であるが,生物フォトンはあらゆる生物が生み出す可能性のある目に見えない程度の極微弱な発光である.発光量子収率で表現すれば,前者は1反応あたり高いもので0.6程度であるのに対し,後者は高くても1反応あたり10^{-10}程度のきわめて微弱な光である.ただし,生物発光と極微弱発光の共通する点は,基本的には化学発光の一つであり,前者は酵素反応によって直接的に効率よく光が生み出されるが,後者は間接的な副反応として光が生み出される点である.生物フォトンは生体を構成する分子群の生体内部での代謝過程や脂質などの自然酸化反応によって生み出された高いエネルギーをもつ励起状態の化合物が基底状態に戻るときに生み出される光である.未解明な部分も多いが体内の生理的な作用や変化と結びつけられる光である.また,研究の歴史的な背景として有機化合物の反応性や病態を含めた生命活動の評価と関連づけられて研究が進展してきた光でもある[1].たとえば,健常人と病人の血漿の発光スペクトルや発光量の変化を比較した例もある[2].一方,生物フォトンは物理現象の一つであるプランクが発見した熱放射（黒体放射）とは明確に区別される.ヒトの体温程度で発する熱放射に伴う光は生物フォトンの,さらに1/1000程度と考えられる.

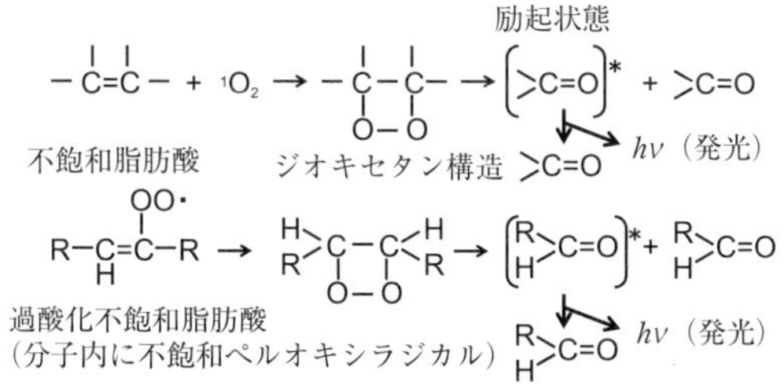

$$-\overset{|}{C}=\overset{|}{C}- + {}^1O_2 \rightarrow -\overset{|}{\underset{O-O}{C}}-\overset{|}{C}- \rightarrow \left[\underset{}{>}C=O\right]^* + >C=O$$

不飽和脂肪酸　　　　ジオキセタン構造　　　　　励起状態
$>C=O \searrow h\nu$（発光）

$$R-\overset{OO\cdot}{\underset{}{C}}-R \rightarrow \overset{H}{R}>\underset{O-O}{C-C}<\overset{H}{R} \rightarrow \left[\overset{H}{R}>C=O\right]^* + \overset{H}{R}>C=O$$

過酸化不飽和脂肪酸
（分子内に不飽和ペルオキシラジカル）
$\overset{R}{H}>C=O \searrow h\nu$（発光）

図 6.1.24 脂肪酸の酸化反応過程における生物フォトンの発光機構

生物フォトンの代表的な例として脂質の酸化反応がある．脂質の酸化反応による発光でも生物発光の原理の一つであるジオキセタン中間体を経て光が生み出されると考えられる．図 6.1.24 の化学反応では不飽和脂肪酸の二重結合を酸素分子が攻撃して一次的にエネルギー状態の高いジオキセタン構造（四員環過酸化物 1,2-ジオキセタンは立体的にひずんでいることから高いエネルギーが蓄えられている）が生まれ，その解裂に伴いエネルギーの高い中間体（$RC=O^*$）の励起状態が生成し，基底状態に戻るとき発光する．反応自体を生み出す酸素分子としては反応性の高い活性酸素（たとえば $^1O_2$，一重項酸素）が想定される．また，酸素分子がない状態でも過酸化不飽和脂肪酸では不飽和ペルオキシラジカルが分子内で攻撃して一次的にエネルギーの高いジオキセタン構造が生まれ，発光する．生体内に含まれるリノール酸，リノレン酸やアラキドン酸などは高度不飽和脂肪酸であり，生体内から生物フォトンが生み出される一つの要因と考えられる．

b. 生物フォトンの発光原理

生物フォトンの発光スペクトルを計測したところ，発光波長 400～600 nm の間にいくつかの山を含み，そのピークの高さも均一でない[2]．これらのことは，生物フォトンが単一な発光反応から生まれるのではなく，種々の反応が混在して生じていると考えられる．生物フォトンを生み出す代表的な化学反応として，①活性酸素を起点とした化学反応，②分子内ジオキセタン中間体を含む化学反応，③分子内ヒドロペルオキシド形成，④ラジカル衝突反応などがある．

はじめに，①の活性酸素として一重項酸素 $^1O_2$，スーパーオキシド $O_2^-\cdot$，過酸化水素 H_2O_2，ヒドロキシラジカル $HO\cdot$ は反応性の高い酸化剤として生体内で発生，これが不飽和脂肪酸を攻撃，化学発光を引き起こすことができる．また，活性酸素の一つである一重項酸素 $^1O_2$ は蛍光性があり，この分子自体が発光種の一つとなりうる．ただし一重項酸素 $^1O_2$ は水溶液中では寿命が短く，また，他の蛍光性化合物を励起するため，明確な発光スペクトルとして確認するのは難しい．たとえば，好中球の貪食中に生物フォトンが発生するが，これは好中球内の NPDPH（ニコチンアミドアデニンジヌクレオチドリン酸）酸化を NPDPH オキシダーゼが触媒，その結果として，スー

$$\text{NADPH} + 2\text{O}_2 \xrightarrow{\text{オキシダーゼ}} \text{NADP}^+ + \text{H}^+ + 2\text{O}_2^-\cdot$$
$$2\text{O}_2^-\cdot + 2\text{H}^+ \longrightarrow \text{H}_2\text{O}_2 + \text{O}_2$$

図 6.1.25 生物フォトンを発光するための NPDPH による活性酸素の発生機構

パーオキシド O_2^- を始めとした一連の活性酸素が生まれ，それが引き金となって光が生み出される（図 6.1.25）．②分子内ジオキセタン中間体は脂質の酸化反応において一部ジオキセタン中間体を生じて光を生み出すことできる．同様な反応として，生体物質を構成するアミノ酸の一つであるトリプトファンに一重項酸素 $^1\text{O}_2$ が攻撃を加えれば，図 6.1.26 のように反応が進み，ジオキセタン中間体を経て分解時に励起カルボニルが形成され，アミノ酸残基の蛍光性の置換基を励起し生物フォトンを生み出す．本説明にしたがえばヒスチジンやシステインも発光することができる．③分子内ヒドロペルオキシド形成ではバクテリアの生物発光と近い反応様式が想定される．図 6.1.27(a) で発光バクテリアの発光反応を示す．はじめにバクテリアルシフェラーゼが還元型フラビン FMNH_2 と結合，さらに分子状酸素との反応でペルオキシド中間体を生成する．次に直鎖アルデヒドがペルオキシド中間体と反応しペルオキシヘミアセタールとなり，これが分解し励起状態となる．さらに基底状態に戻るときに光を発し酸化型フラビンとなり，続いて還元されればもとの還元型フラビンに戻る[3]．同様なことはバクテリア以外の生体内に含まれるフラビン化合物 F などにも起き，蛍光性の物質は酸素と反応して，ヒドロペルオキシド中間体（FHOOH）を形成し，さらにアセトアルデヒド（RCHO）と反応し酸素を一つ除くと分極したヒドロオキシド（$^+$FHOH$^-$）となり，さらに電荷の消滅とともに光を発する（図 6.1.27(b)）．ただし，このような反応はバクテリア内ほどスムーズに行われないので，極微弱光となる．最後に，④ラジカル衝突反応は分子間どうしの反応であり，形成されたカチオンあるいはアニオンラジカルの消滅に伴って励起された発光分子種が形成され，生物フォトンを発する．たとえばアミノ酸の一つチロシンは過酸化水素 H_2O_2 と反応して酸化されカチオンラジカルが形成され，このカチオンラジカル化された化合物どうしが衝突し励起状態となり基底状態に戻ると

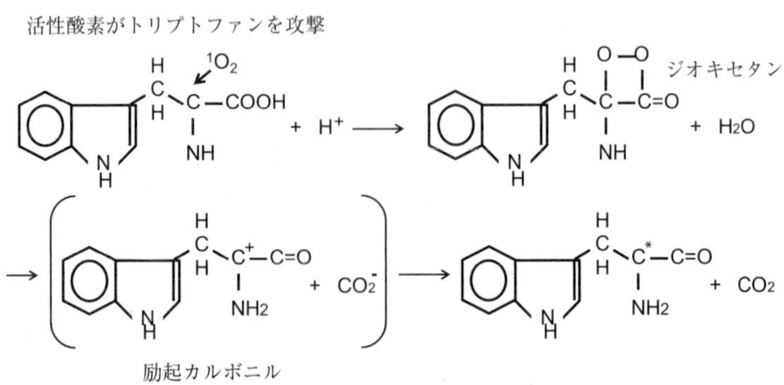

図 6.1.26 トリプトファンの酸化・励起過程の想定反応機構

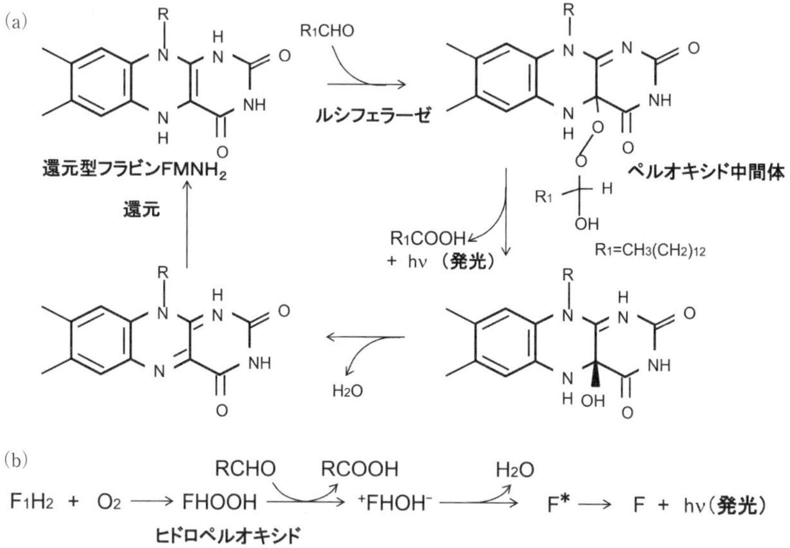

図 6.1.27 発光バクテリアの生物発光反応 (a) とフラビン化合物 F を介した生物フォトンの発光機構 (b)

きに光を発する.いずれにしても,これらの反応は主反応として進行することはなく,副反応として進行し,生み出される発光量もわずかである.

c. 生物フォトンの利用

生物フォトンはしばしば生体情報と関連づけられて議論されてきた.これは代謝機能障害や発がんのプロモータとして活性酸素種やフリーラジカルの関与が注目され,これらの変異性元が生物フォトンの原因因子と考えられることからである.また,これまでに健常人と病態人との血液や皮膚からの生物フォトンの計測がなされてきた[1].しかしながら,現時点で明確に生物フォトンの計測が臨床検査や診断に活用された例はない.今後,生物フォトンの光量やスペクトルの変化から病態などを評価するには,生物フォトンと病態の関係をさらに検討する必要がある.　〔近江谷克裕〕

文献・注

1) 稲葉文男,清水慶昭:生物フォトンによる生体情報の探求,東北大学出版,2011,[5-106](生物フォトン研究の第一人者による生物フォトン全般に関する入門書).
2) 小林正樹ほか:腎不全,**2**-1 (1990), 73-80 (病気と生物フォトンの関係を調べた文献の一つ).
3) 今井一洋,近江谷克裕編:バイオ・ケミルミネセンスハンドブック,2006,[26-30](バクテリア生物発光を解説).

6.2 色素と生物

6.2.1 生物における色素の役割

ここでは,色素を「特定波長の可視光を吸収しその補色光を散乱するあるいは蛍光を発することで色を呈する物質」と定義し,色素が生物体内でかかわっている役割について,色を呈する性質自体が生体内で役割を果たす場合(a)と,生体内で役割を果たしている物質が色を呈する性質を備える場合(b)に分けて解説する.

a. 可視光を吸収することで実現される機能

1) エネルギー生産

地球上で進化した生命は,太陽からもたらされる「光」と本質的なかかわりあいをもつ.色素を用いて光を吸収し,そのエネルギーを生命活動に利用する光合成はその代表といえる.種によって若干の違いはあるが,光合成生物はクロロフィル(chlorophyll)やフィコビリン(phycobilin)などのテトラピロール系の色素およびカロテノイド類(carotenoid)の色素を配置することで光エネルギーを捕集し,それを利用して糖やデンプンを生産する.また,ある種の古細菌(生物はその仕組みから真核生物,真正細菌,古細菌の3種類に大きく分類される)は,レチナール(retinal)を結合する光駆動性プロトンポンプを利用してATPを合成する.光合成反応については6.2.2項で,光駆動性プロトンポンプについては6.2.3項で,クロロフィルやカロテノイドなどの光合成色素については6.2.4項でさらに解説する.

2) 情報取得

生物は,周囲の情報を取得しそれに適切に応答することによって,さまざまな環境で生命活動を営む.光は最も有効な情報源であり,色素はその情報を受け取る重要なツールとして用いられる.

i) 視覚 脊椎動物の網膜にある桿体細胞の視物質であるロドプシン(rhodopsin)は,発色団としてレチナールが結合した色素タンパク質複合体である.多くの動物はロドプシンやロドプシンと似た視物質によって可視光を受容し,そのシグナルをもとに物の形や色,動きなどの情報を脳で組み立てる.これらの視物質は,すべて7本の膜貫通部位(脂溶性の性質をもつアミノ酸配列で生体膜を貫通する構造をとる)を有する色素タンパク質複合体である.ロドプシンについては6.2.3項でさらに解説する.

ii) 光センサー 多くの生物は生物時計と呼ばれる「時計」を体内に備えており,時を認識する.生物時計のうちおおむね1日周期の生物時計を概日リズムと呼ぶ.概日リズム自体の周期はそれほど厳密なものではないが,光を利用した時刻合わ

せ（同調）を毎日行うことで厳密な 24 時間のリズムにしている．時刻合わせの際の光受容体としては，動物では哺乳類網膜神経節細胞のメラノプシン（melanopsin），鳥類松果体のピノプシン（pinopsin），ショウジョウバエやサンゴなどの無脊椎動物ではクリプトクロム（cryptochrome），植物ではフィトクロム（phytochrome）とクリプトクロムなどが知られている[1]．植物は概日リズムのほかにも屈性，徒長，気孔開口などさまざまな生理現象に光のシグナルを利用しており，そのための光受容体として，前述のフィトクロムやクリプトクロムのほか，青色光を受容するフォトトロピン（phototropin）がある[2]．

3) 外観・保護

i) 植物の外観[3]　　植物の外観には花弁や果実の色，その他の部分の緑色などがみられる．今日の園芸品種にみられる鮮やかな花弁の色も，もともと生殖器官である花に花粉の媒介者である昆虫を惹きつけるために必要だったものである．このため花弁の色は動物の色覚に対応して進化したものと考えることもできる．花弁の主要色素は，水溶性のアントシアン類（anthocyan, 紫，青，赤色）やフラボノイド類（flavonoid, 橙，黄色），脂溶性のカロテノイド類（赤，橙，黄色）で，その組合せで最終的な色が決まる．これらの色素は植物の保護においても重要である場合が多い．アントシアンが抗酸化作用を示し細胞内活性酸素の除去を行うほか，カロテノイド類のなかにも細胞内活性酸素の除去や光化学系における過剰励起エネルギーの消去に役立つものがある．

ii) 動物の外観　　昆虫や鳥類，魚類，サンゴなどの無脊椎動物には鮮やかな体色を示すものが多い．それらの色は生活している環境の光条件と密接に関係しており，光の届かない洞窟や地中深くに生きるものは体色が透明化したり白色化したりする一方，光の下に生きるものは体表にさまざまな色彩パターンを表現する．それらの色素は植物と比べて圧倒的に種類が多く未解明のものも多いが，動物自身が合成する色素と食物である微生物や植物に由来する色素に分けることができる．前者の代表はメラニン（melanin）とプテリン類（pterin），後者の代表はカロテノイド類である．甲殻類の甲殻に存在する青色の色素タンパク質であるクラスタシアニン（crustacyanin）には，カロテノイドの一種アスタキサンチン（astaxanthin）が結合している．刺胞動物のサンゴやイソギンチャクでは β-カロテン（β-carotene）などのカロテノイド類が体色を決定する一方，環境によっては，GFP（green fluorescence protein）などの蛍光タンパク質が鮮やかな蛍光を発する．アゲハチョウやテントウムシなどの昆虫，ベニザケ，コイなどの魚類，ニワトリ，フラミンゴなどの鳥類でも体表や羽毛のカロテノイドが鮮やかな体色をもたらしている．一方哺乳類は体表にカロテノイドがないため，比較的地味な体色を示すものが多い（哺乳類の皮膚の赤い部分は，血液中のヘモグロビン（hemoglobin）の色が透けて見えている）．こうした体色色素の働きとして他の動物・個体による識別があげられるが，ほかにも爬虫類カメレオンなどでみられるように保護色への変色によって外敵から身を守る働き，魚類サケ，マスの赤色，

あるいはムクドリなどのくちばしの色のように生殖活動を助ける働きなどがある．メラニンによる体表色の黒化のように，その下の層の細胞への太陽光の浸透を遮断するばかりでなく，体温調節に役立つものもある．メラニンやカロテノイドのなかには活性酸素の消去機能をもつものもあり，これらの色素は紫外線によるDNA損傷から生物を保護することに役だっている[4]．その他，動物の外観にかかわる色素全般については専門書を参照されたい[5]．

b. 可視光吸収とは関係のない機能
1) 酸素の運搬・保持

ヘム（heme）はポルフィリン環をもつテトラピロール系の色素であり，酸素や二酸化炭素，一酸化炭素，一酸化窒素などと結合することができる．脊椎動物体内の血中にみられるヘム結合タンパク質ヘモグロビンは肺から末端組織へ酸素を運搬する機能をもち，筋肉中のヘム結合タンパク質であるミオグロビンは酸素を貯蔵することができる．いずれもヘムの生理機能であるが，その機能とヘムが示す赤色には直接の関係はない．軟体動物，節足動物，甲殻類などの体内には一対の銅原子からなる活性中心を複数配置したヘモシアニン（hemocyanin）があり，この青緑色のタンパク質もヘモグロビンのように酸素運搬を行う．

2) 電子伝達

電子伝達は細胞内エネルギー生産の根幹をなす反応であり，呼吸鎖電子伝達反応においてはNADH，コハク酸などを，光合成電子伝達反応においては水，硫化水素などを酸化することにより電子を取り出したのち，多段階の酸化還元反応による電子の伝達が行われる．一連の酸化還元反応の場となるのは複数の色素タンパク質複合体であり，それらは細菌においては細胞膜に，動植物細胞のミトコンドリアにおいてはミトコンドリア内膜に，そして植物細胞の葉緑体においては葉緑体内膜に存在する．代表的な色素タンパク質複合体としては，ヘムを結合する赤いタンパク質シトクロム，補酵素として働く黄色の芳香族分子キノン，電子伝達を仲介する青色の銅結合タンパク質プラストシアニン（plastocyanin），黄色のフラビン（flavin）を発色団とするNAD(P)Hデヒドロゲナーゼやコハク酸脱水素酵素，緑色のクロロフィルや褐色のフェオフィチン（pheophytin）を結合し光合成電子伝達を行う光化学系タンパク質などがある．

〔皆川　純〕

文献・注

1) 津田基之編：生物の光環境センサー，共立出版，1999．
2) 佐藤公行，和田正三編：生命を支える光，共立出版，2000．
3) 植物色素研究会編：植物色素研究法，大阪公立大学共同出版会，2004．
4) 市橋正光，佐々木政子編：生物の光傷害とその防御機構，共立出版，2000．
5) 梅鉢幸重：動物の色素―多様な色彩の世界―，内田老鶴圃，東京，2000．

6.2.2 光合成系

a. 光合成とは

　光合成とは，①光エネルギーを集め（集光反応），②そのエネルギーにより電荷分離を起こし（光化学反応），③電子伝達により還元物質を蓄積し（電子伝達反応），④電子伝達と共役して形成された生体膜内外のH^+イオン濃度勾配を利用してATPを合成し，⑤得られた還元物質とATPを用いて細胞外から取り込んだ二酸化炭素を固定して糖やデンプンを生産する，一連の反応をいう．この一連の反応のうち「集光反応」「光化学反応」そして「電子伝達反応」に色素が用いられる．

b. 光合成反応に使われる色素

　光合成反応のなかでも，光のエネルギーを電気化学エネルギーに変換する光化学反応は特徴的な反応であり，光化学系と呼ばれる色素タンパク質複合体がこの機能を担う．緑色植物（陸上植物や水生の緑藻など）には光化学系Ⅰおよび光化学系Ⅱ（図6.2.1）と呼ばれる二つの光化学系があり，それぞれがクロロフィルa, プラストキノン，β-カロテンなどの色素を結合し，電荷分離反応やその後の電子伝達反応などが行われる．また，各光化学系は集光アンテナ（図6.2.1）と呼ばれる色素タンパク質複合体に取り囲まれて存在しているが，その集光アンテナにはクロロフィルa, クロロフィ

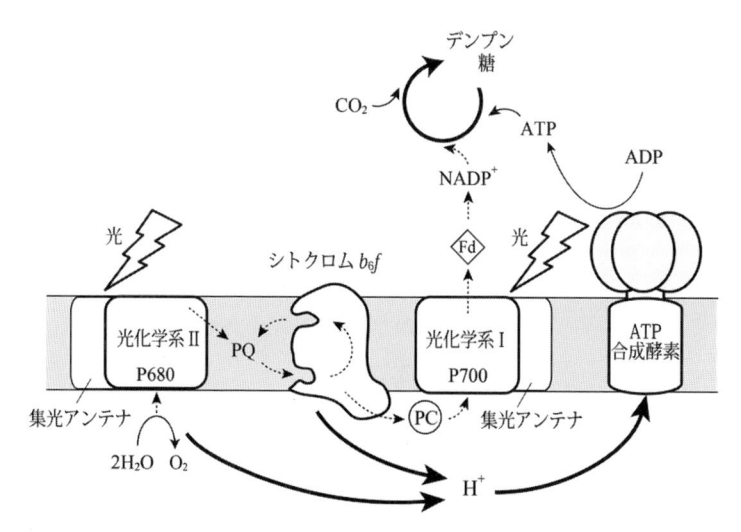

図 6.2.1 光を受けたのち，デンプン，糖を合成するまでの一連の反応を模式的に表した
電子を破線で，プロトンを太線で示す．PQ：プラストキノン，PC：プラストシアニン，Fd：フェレドキシン，$NADP^+$：酸化型ニコチンアデニンジヌクレオチドリン酸，H^+：プロトン．

ル b, ルテイン, ネオキサンチン, ビオラキサンチンなどの色素が結合しており, いずれも集光反応にかかわっている. その他, 光との相互作用にかかわる色素ではないものの, 電子伝達反応にかかわるシトクロム b_6f, フェレドキシン (Fd) などもヘムや鉄硫黄クラスターなどの色素を結合しており, 光合成において重要な役割をもっている. 光合成反応の詳細は文献1, 2などを参照されたい.

c. クロロフィル蛍光

蛍光顕微鏡で植物細胞をのぞくと誰もがすぐに気づくのは, 植物細胞が「真っ赤」に見えることである. その赤色が光合成装置に結合した多数のクロロフィル a の蛍光によるものであることはよく知られる. このクロロフィル蛍光は, GFPなど人為的に導入した蛍光色素と区別し自家蛍光と呼ばれる. 光エネルギーによって励起されたクロロフィルは, 受けたエネルギーを「他の分子へ伝達する」「蛍光として放出する」「熱として放出する」あるいは「電荷分離に用いる」ことで基底状態へと緩和される. 励起状態のクロロフィルが放出する蛍光は特徴的なスペクトルを示すため(たとえば, 光化学系IIに結合したクロロフィルからは常温において680 nm付近をピークとする蛍光がみられるが, 光化学系Iに結合したクロロフィルからは常温ではほとんど蛍光発光がなく, 液体窒素温度以下において715〜735 nmをピークとする蛍光がみられる), そのスペクトルを解析することで, どのクロロフィルに光エネルギーがわたり, どのクロロフィルで蛍光が放出されているかなどの情報を得ることができる. さらに, 蛍光放出の過程は他の緩和過程と競合するため, 蛍光の寿命や量子収率を測定することで, 他の分子へのエネルギー伝達過程や電荷分離過程, 励起エネルギーの熱散逸過程などについての情報を得ることができる. 光合成反応の解析に広く用いられる代表的な技術として, 低温蛍光スペクトル解析法とパルス変調蛍光解析法があるが, 前者は光化学系Iと光化学系IIの蛍光スペクトルを液体窒素温度で比較することにより, 両者の存在比や両者の集光アンテナの機能サイズの解析などに用いられる. 後者は電荷分離を起こすことのできる光化学系IIとできない光化学系IIの蛍光収率の違いや, 励起エネルギー熱散逸過程の有無による蛍光収率の違いを利用して, どのような光合成が行われているかを調べることができる. 詳細は文献3, 4などを参照されたい.

〔皆川 純〕

文献・注

1) 佐藤公行, 和田正三編:生命を支える光, 共立出版, 2000.
2) 日本光合成研究会編:光合成事典, 学会出版センター, 2003.
3) 園池公毅:低温科学, **67** (2008), 507-524.
4) H. Wada and M. Mimuro, eds.:Bio/Chemiluminescence and its Applications to Photosynthesis, Research Signpost, 2006, [149-174].

6.2.3 光受容体

地球上で活動する生物は，太陽からもたらされる光の多面的な情報を有効に取り入れさまざまな生命活動を営んでいる．生物は，おかれた環境の空間情報を「視覚」によって認識し，自身を取り巻く環境光の波長情報や強度情報，さらには地球の自転や公転の周期によるその変動を「光受容体」によって認識する．その結果，動物なら行動や体色の変化，植物なら発芽，形態形成，屈性など，微生物なら走性などの応答が引き起こされる．

a. 動物の光受容体
1) ロドプシン類

脊椎動物の網膜に存在し明暗や色を感受する視物質であるロドプシンやロドプシン類のタンパク質，また鳥類松果体にあって概日リズムの光同調を行うピノプシンは，同じタンパク質ファミリーに属する色素タンパク質である．結合したレチナールが光活性化されることでタンパク質の構造変化が起こり，これが視覚情報伝達の起点となる．ヒトの場合，吸収極大波長が 500 nm であるロドプシンが明暗情報を担当し，吸収波長が 420 nm（青），520 nm（緑），560 nm（赤）である 3 種類のロドプシン類のタンパク質が色情報を担当している．一方，軟体動物や節足動物など多くの無脊椎動物の感桿型視細胞では，脊椎動物とは別のシグナル伝達様式をもつロドプシン類が視覚を担っている．動物の視物質については文献 1 に詳しく書かれている．

2) クリプトクロム

クリプトクロム（cryptochrome：crypto（隠された）-chrome（色素））は植物において最初に発見された青色光受容体であるが，現在では生物界に広く存在することがわかっている．発色団としてフラビンアデニンジヌクレオチド（FAD）とプテリンを一つずつ有する．青色光を集光することでプテリンに電荷分離が起き，活性中心部位の FAD が還元されアポタンパク質のリン酸化が招かれると考えられている．ショウジョウバエでは概日リズム同調の光受容体として報告されたが[2]，哺乳類のクリプトクロムは光受容機能をもたず，概日リズム遺伝子の転写制御を行っている[3]．

b. 植物の光受容体

植物は光合成能力を有する点で動物と決定的に異なる．光は重要な資源であるため，植物はおかれた光環境を認識しその変化に的確に応答する能力を備えている．また，植物は動物と異なりみずからの体を移動させて好みの環境，嫌いな環境へ移動する手段をもたないため，こうした環境の変化に対する応答機構は動物と大きく異なっている．

1) フィトクロム（phyA〜phyE）

フィトクロム（phytochrome）は，動物には存在しないため「植物の色素」という

意味で名づけられた[4].開環テトラピロールのフィトクロモビリン(phytochromobilin)を結合したタンパク質である.不活性型のPr型フィトクロムは666 nm付近の赤色光を吸収すると活性型のPfr型に変化する.逆に,Pfr型は730 nm付近の赤外光を吸収するとPr型に戻る.フィトクロムは,黄化植物体での光屈性と茎の伸長抑制,葉柄の伸長抑制,子葉展開抑制,花芽形成,概日リズムなどさまざまな光応答反応において中心的な役割を果たしている[5].

2) クリプトクロム (cry1, cry2)

クリプトクロムは,伸長抑制が効かないシロイヌナズナの突然変異株を手がかりに見つかった青色光受容体である[6].発色団としてプテリンとフラビンアデニンジヌクレオチド(FAD)を含んでおり,青色光を吸収したプテリンによりFADの構造変化が起こり,それがさらにシグナル伝達を引き起こすと考えられている.クリプトクロムは,植物では青色光受容体として,胚軸伸長抑制,子葉展開,花芽形成,概日リズムなどに関与する[7].

3) フォトトロピン (phot1, photo2)

フォトトロピン(phototropin)は,光屈性を示さないシロイヌナズナの突然変異体の解析から発見された,クリプトクロムにつぐ第2の青色光受容体である[8].N末端側に発色団FMNを2分子結合し,C末端側にはセリン・スレオニンキナーゼドメインをもつ.光屈性のほか,葉緑体光定位運動,気孔開口,葉の平坦化,葉の光定位運動などに関与する[9].これらはすべて,植物が光を効率よく集め,二酸化炭素をできるだけ多く取り込み,光合成の生産性を上げる役割をもつ[10].

c. 微生物における光受容体

太陽光から光合成などを用いて化学エネルギーを獲得する微生物にとって,エネルギー産生に適した光環境を選ぶことは生存に直結する.多くの微生物が,可視光を見分け,危険な波長域の光から逃避し,生存に有利な光環境に接近するしくみを備えている.

1) バクテリオロドプシン

好塩性古細菌のハロバクテリア(*Halobacterium salinarum*)では,光駆動性プロトンポンプであるバクテリオロドプシン(bacteriorhodopsin)によって,光エネルギーを利用した細胞膜を隔てたH^+イオンの輸送が行われている.H^+イオンの濃度勾配によってATPが合成されるため,エネルギー変換機構は異なるものの植物の光合成系と似た役割をもつ.発色団としてオールトランス型のレチナールを結合しており,そのレチナールが光を受容することで数msで完結する反応サイクルが開始される.

2) バクテリオクロム

植物にみられるフィトクロムと相同性を示すフィトクロム様タンパク質(バクテリオクロム(bacteriochrome))の遺伝子が原核生物から次々と見つかった[11].シアノバクテリア *Fremyella diplosiphon* で最初に同定されたバクテリオクロム RcaE は

赤色光を吸収することで活性化され，光化学系IIのアンテナタンパク質である赤色光集光タンパク質フィコシアニン（phycocyanin）の発現量を上げる[12]．一方，シアノバクテリアのSynechocystis sp. PCC6803で見つかったバクテリオクロムCcaSは，RcaEと似た構造をもつものの緑色光受容体であり，光化学系Iのアンテナタンパク質を安定化させることが知られている[13]．

3）チャネルロドプシン，ハロロドプシン

チャネルロドプシン2（channelrhodopsin 2：ChR2）は，単細胞緑藻クラミドモナスから見つかった光駆動型のカチオンチャネルタンパク質である[14]．クラミドモナスは光走性をもっており，この色素タンパク質がその光センサーとなっている．チャネルロドプシン2はロドプシンファミリーのタンパク質の一つで，オールトランスレチナールを発色団として結合し460 nmの青色光を吸収することで構造変化を起こして，膜を介したNa^+などのカチオン輸送を行う．この色素タンパク質を哺乳類の神経細胞で発現させることで，脳のなかを光で照らし神経回路網の興奮の空間パターンをデザインする，いわゆる光遺伝学の道が開かれた．その後，古細菌からクローニングされた光駆動型のアニオンチャネルタンパク質であるハロロドプシン（halorhodopsin：NpHR/Halo）を用いることで，580 nmの赤色光でCl^-を取り込み神経細胞の興奮を抑える技術も確立されている．

〔皆川　純〕

文献・注

1) 寺北明久，蟻川謙太郎編：見える光，見えない光―動物と光のかかわり―，共立出版，2009．
2) P. Emery, *et al.*：*Cell*, **95**（1998），669-679．
3) S. M. Reppert and D. R. Weaver：*Nature*, **418**（2002），935-941．
4) W. L. Butler, *et al.*：*Proc. Natl. Acad. Sci. USA*, **45**（1959），1703-1708．
5) H. Smith：*Nature*, **407**（2000），585-591．
6) M. Ahmad and A. R. Cashmore：*Nature*, **366**（1993），162-166．
7) D. E. Somers, *et al.*：*Science*, **282**（1998），1488-1490．
8) J. M. Christie, *et al.*：*Science*, **282**（1998），1698-1701．
9) J. M. Christie：*Annu. Rev. Plant Biol.*, **58**（2007），21-45．
10) A. Takemiya, *et al.*：*Plant Cell*, **17**（2005），1120-1127．
11) D. M. Kehoe and A. R. Grossman：*Science*, **273**（1996），1409-1412．
12) Y. Hirose, *et al.*：*Proc. Natl. Acad. Sci. USA*, **105**（2008），9528-9533．
13) G. Nagel, *et al.*：*Proc. Natl. Acad. Sci. USA*, **100**（2003），13940-13945．

6.2.4　生物機能をもつ代表的な色素

a．テトラピロール

テトラピロール（tetrapyroll）は，芳香族五員環化合物であるピロール（pyrole）あるいはその還元体ピロリン（pyroline）を炭素原子を介して四つ連結した化合物で

ある(図6.2.2).環状のテトラピロールには,四つのピロール環によるポルフィリン環(porphyrin),三つのピロール環と一つのピロリン環によるクロリン環(chlorin),ピロール環とピロリン環二つずつによるバクテリオクロリン環(bacteriochlorin)がある.直鎖状のテトラピロールにはさまざまな種類があり,それらはヘムの分解物として胆汁に多くみられることからビリン(bilin,胆汁)と呼ばれる.光合成色素であるフィコビリン(phycobilin)や光受容体色素であるフィトクロモビリン(phytochromobilin)などが知られる.テトラピロールは多数のπ電子系が共役しているため可視部に強い吸収をもち,多くの重要な生体反応に用いられている.また,環状のテトラピロールは四つの窒素原子が鉄,マグネシウムなどを配位する性質をもつため,その特徴を生かした生理的機能を担っている.

1) ヘ ム

ヘム(heme)は,ポルフィリン環の中央に鉄が配位したテトラピロール系色素である.ポルフィリン環は4環ともピロール環のテトラピロールであるため,π電子共役系の対称性が高く,大きな青色光吸収帯(ソーレ帯)と小さな赤色光吸収帯(α帯)をもち,通常赤色を呈する.最も一般的なb型ヘム(あるいはプロトヘムIX(protoheme IX),図6.2.2),C3にファルネシル基(farnesyl)が結合したa型ヘム,アポタンパク質(色素タンパク質複合体においては色素以外のタンパク質部分のこと)と共有結合するc型ヘムなどが知られる.遷移金属である鉄は酸素分子との親和性が高いため,

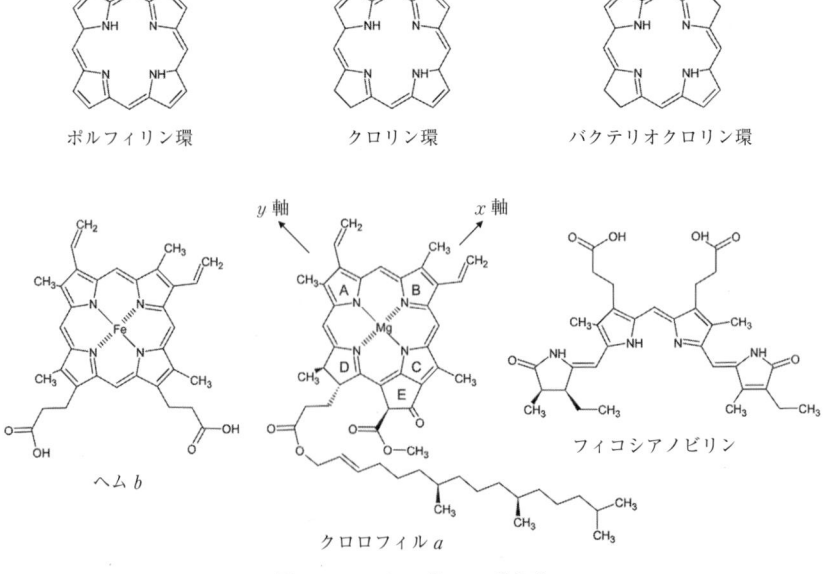

図6.2.2 テトラピロール系色素

酸素や活性酸素を結合する多くの酵素に結合することで機能している．ヘモグロビンやミオグロビンでは酸素の運搬保持に，カタラーゼやペルオキシダーゼでは活性酸素の消去にb型ヘムが使われている．ほかに重要なヘムタンパク質として，電子伝達を行うシトクロムや薬物代謝酵素シトクロムP450，プロスタグランジン合成酵素，一酸化窒素合成酵素などがある．これらの機能とヘムタンパク質特有の赤色との間に直接的な関係はない．

2) クロロフィル

クロロフィル（chlorophyll：chloro（緑）+phyll（葉））は，クロリン環を骨格[1]とし，四つの環の中央にマグネシウムを配位，D環にフィチル基（phytyl）を結合，C環にE環を縮環した構造をもつ（図6.2.2）．a, b, c, d, fの五つの型のクロロフィルが報告されている．クロロフィルaはシアノバクテリアを含むすべての酸素発生型光合成生物に，クロロフィルbは緑色植物に，クロロフィルcは珪藻や褐藻などにみられる．赤色光吸収帯（Q_y帯）の吸収極大を赤外域（>700 nm）にもつクロロフィルdはシアノバクテリア $Acaryochloris\ marina$ から[2]，クロロフィルfは古代シアノバクテリアの死骸が含まれた岩石であるストロマトライト（stromatolite）から見つかった[3]．クロロフィルは，ポルフィリン化合物特有の青色吸収帯（ソーレ帯）に加え，クロリン環のπ電子系がy軸方向（図6.2.2）に偏在しているため顕著な赤色吸収帯（Q_y帯）を示し，結果として緑色を呈する色素である．

基底状態（S_0）のクロロフィルを赤色光吸収帯（Q_x帯もしくはQ_y帯）を用いて励起すると，最低一重項励起状態（S_1）となる．青色光吸収帯（ソーレ帯）を用い，エネルギーの高い青色光で励起すると，より電子準位の高いS_2状態に励起されるがすぐに熱緩和によってS_1状態に落ち着く．クロロフィルのS_1状態は，蛍光を発してS_0状態に戻るか，熱を放出してS_0状態に戻るか，あるいは最低励起三重項状態（T_1）に遷移するかのいずれかである．クロロフィルのT_1状態は三重項酸素へのエネルギー移動を引き起こし有害な一重項酸素を生成するが，生体内では適当なエネルギー準位をもつカロテノイドが近傍に配置されこれを防いでいる．光励起されたクロロフィルの近傍に適当なS_1状態をもつ化合物が存在すると，その分子との間で励起エネルギーの移動が起こる．また，近傍に還元されやすい分子が存在すると，S_1準位の電子はその化合物に移動する（電荷分離）．クロロフィルのもう一つの重要な性質が，多量体を形成することでπ電子系の双極子相互作用を生じさせ，より長波長の光を吸収することである．典型的な例は光化学系反応中心のクロロフィル二量体（光化学系IIのP680，光化学系IのP700，図6.2.1）である．ここでは，集光アンテナ系で集めた光エネルギーが長波長側にシフトしたエネルギーの低いQ_y帯に集まるしくみになっている．その他，クロロフィルの反応，物性，機能の詳細は成書を参考にされたい[4]．

3) フィコビリン

フィコビリン（phycobilin：phyco（藻）+bilin（胆汁））は開環型のテトラピロー

ル系色素である.フィコビリンを発色団として結合するフィコビリタンパク質は,クロロフィルの二つの大きな吸収帯(ソーレ帯,Q_y帯)の間を補う吸光特性をもつ.π電子系の共役が長いほど長波長の光が吸収される.4種のフィコビリン(フィコシアノビリン(phycocyanobilin,図6.2.2),フィコエリスロビリン(phycoerythrobilin),フィコビオロビリン(phycobiolobilin),フィコウロビリン(phycourobilin))が知られている.

b. カロテノイド

黄色の炭化水素であるカロテン類(carotene:carrot,ニンジンの根)と,黄色で酸素を含む炭化水素であるキサントフィル類(xanthophyll:xantho(黄)+phyll(葉))を総称しカロテノイド(carotenoid)と呼ぶ.カロテノイドの基本骨格は,8個のイソプレン(isoprene)が5個重合したC_4O化合物である(図6.2.3).多くは350〜500 nmの波長域にS_0基底状態→S_2励起状態の遷移による吸収極大をもつ.この吸収極大は分子の中央の共役二重結合が長い分子であるほど長波長側に位置する.植物の光化学系反応中心に多数含まれるβ-カロテン,緑色植物の光合成集光アンテナの主要色素である3種のキサントフィル,ルテイン,ビオラキサンチン,9-cis-ネオキ

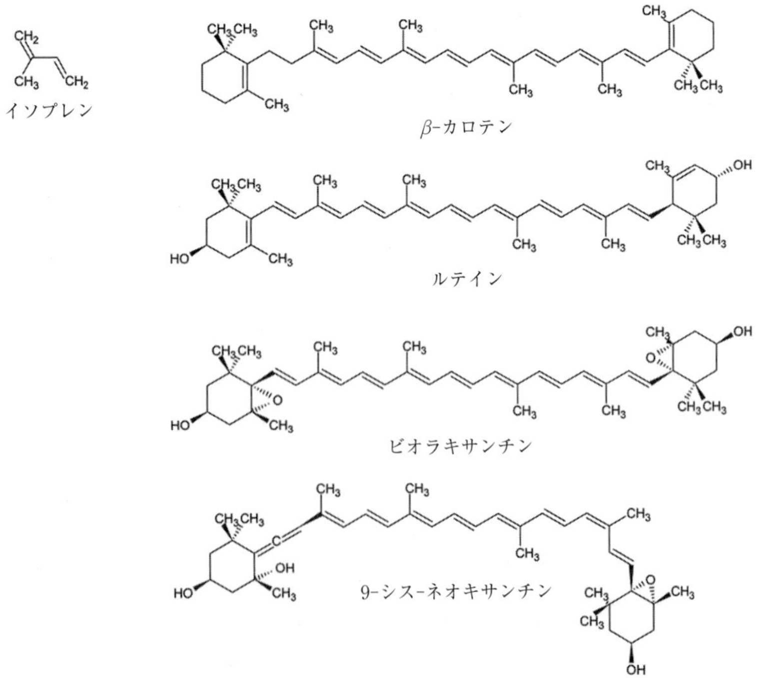

図6.2.3 カロテノイド

サンチンの構造を図6.2.3に示す．藻類は種によってさまざまなキサントフィルを有している．これはそれぞれの生育環境に適応した結果であるが，このキサントフィル組成の違いは真核藻類を分類するうえで重要な手がかりとなる．褐藻，珪藻，ハプト藻のフコキサンチン，珪藻，ハプト藻，渦鞭毛藻のジアジノキサンチン，渦鞭毛藻のペリジニン，クリプト藻のアロキサンチン，緑藻のロロキサンチンなどがそれぞれで特徴的なキサントフィルとして知られる．カロテノイドの耐用性と生理活性については文献5に詳しく書かれている．

c．フラボノイド

　フラボノイド（flavonoid）は，2-フェニルベンゾピロン（2-phenylbenzopyrone）核をもつポリフェノール（polyphenol）の一種でフラバン（flavan，図6.2.4）を基礎骨格とする化合物の総称である．植物においては，フラボン（flavone，図6.2.4）やアントシアニン（anthocyanin，図6.2.4）などがよくみられるが，動物においてはチョウの一部でみられるにすぎない．アントシアニジンとその配糖体であるアントシアニンは，合わせてアントシアン（anthocyan）と呼ばれる．植物の葉においては，気温の低下に伴いアントシアニジン（紫〜青）に糖が結合しアントシアニン（赤）となる．このアントシアニンの色がクロロフィルの分解によって目立ってくる現象を紅葉という．

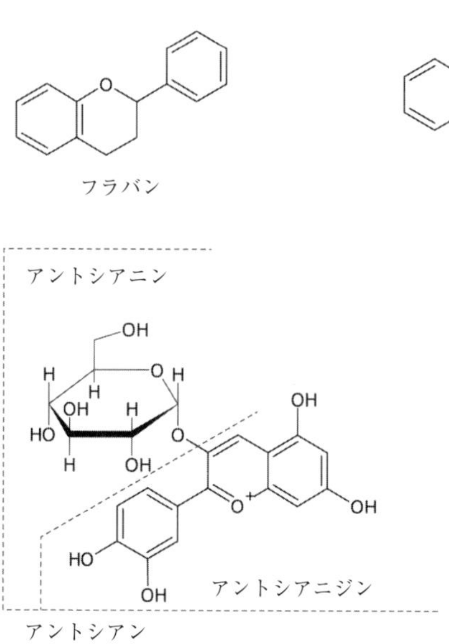

図6.2.4　フラボノイド

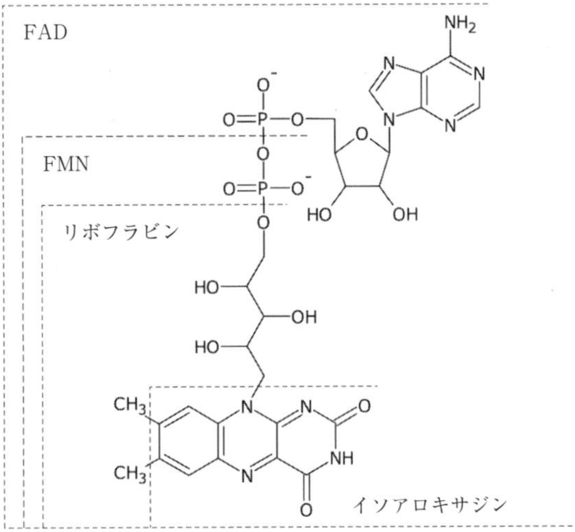

図 6.2.5　フラビン

d. フラビン

フラビン（flavin）は，イソアロキサジン（isoaroxazine，図 6.2.5）骨格をもった化合物の総称である．1電子または2電子還元（酸化）反応を行うため電子伝達タンパク質の重要な補欠分子族である．フラビンの補酵素型であるフラビンモノヌクレオチド（flavin mononucleotide：FMN）が NADH デヒドロゲナーゼ，FNR（Fd-NADP$^+$ reductase），フォトトロピンなどに，フラビンアデニンジヌクレオチド（flavin adenine dinucleotide：FAD）がコハク酸デヒドロゲナーゼ，クリプトクロムなどに用いられる．フラビンは三つのベンゼン環のπ電子共役系による青色吸収特性をもつが，その特徴を生かしたクリプトクロムとフォトトロピンは青色光受容体として機能している．

e. プテリジン

プテリジン（pteridin）は，ピラジン（piradin）環とピリミジン（pyrimidine）環から構成されるプテリジン環（図 6.2.6）をもつ物質の総称である．2-アミノ-4-ヒドロキシプテリジン（2-amino-4-hydroxypteridin）はとくにプテリン（pterin，図 6.2.6）と呼ばれる．チョウの羽の色素から発見されたため，ギリシャ語で「羽」を意味する pteron にちなんで名づけられた．チョウの羽やハチの腹にみられる黄色の物質キサントプテリン（xanthopterin）がその代表で，昆虫を含む節足動物，魚類，両生類などで広く体色に関係している．魚類，両生類などの高等動物ではプテリジン合成に必要な葉酸が合成されないためプテリジンも合成されず，その体色のプテリジンは植物や微生物からの摂取に依存している．

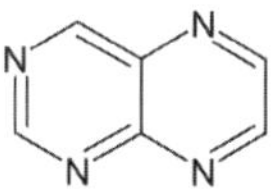

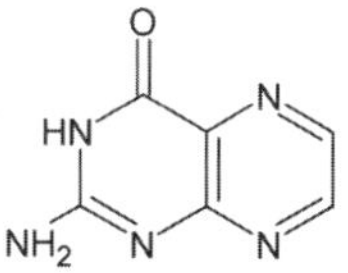

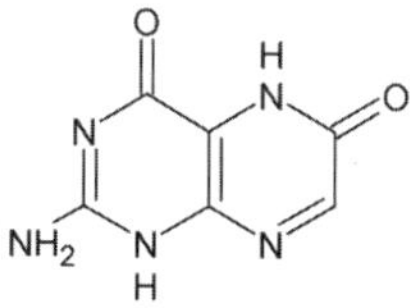

6.2 色素と生物

プテリジン環　　　プテリン　　　キサントプテリン

図 6.2.6　プテリジン

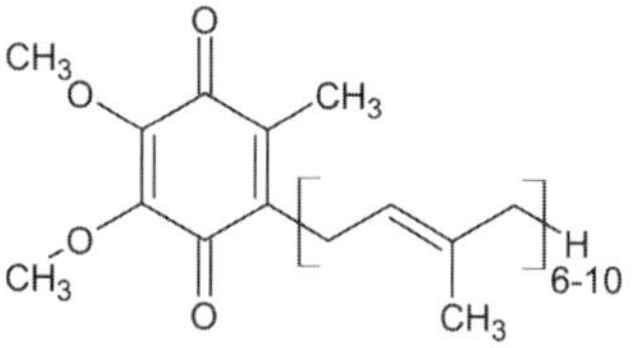

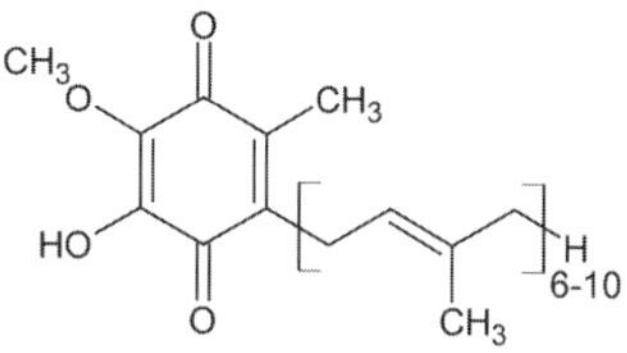

ユビキノン　　　　　　　　　ロドキノン

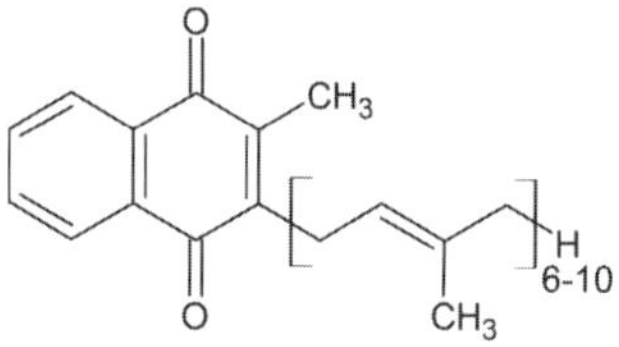

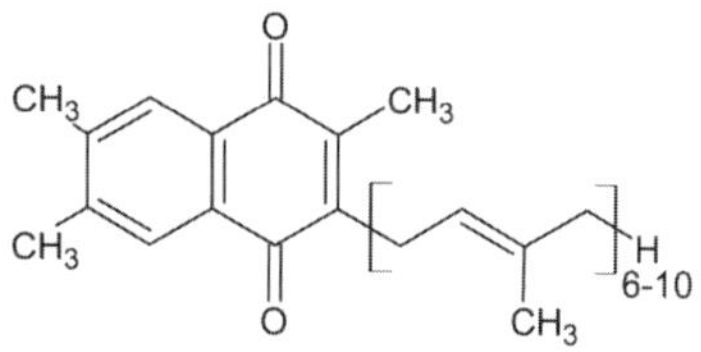

メナキノン　　　　　　　　　プラストキノン

図 6.2.7　キノン

f. キノン

　ベンゼン環上に二つのケトン基をもつ化合物を総称してキノン (quinone) と呼ぶ. 脂溶性で2電子還元を受けるため, 生体膜中では電子伝達系の補酵素 Q の役割を担う例が知られている. 補酵素 Q としては, 動物や好気性細菌のユビキノン (ubiquinone), 回虫など嫌気環境で生活する動物のロドキノン (rhodoquione), 嫌気性細菌のメナキノン (menaquinone), 植物や藻類葉緑体のプラストキノン (plastoquinone)(図6.2.7)などが知られている. このような補酵素 Q においては, 電子運搬機能とともに, 膜の片側で H^+ イオン化を受け, 膜の逆側へ移動しそこで H^+ イオンを脱離することによる H^+ イオン濃度勾配形成機能が重要である. また, 光化学系 II の一次電子受容体であるプラストキノン Q_A や光化学系 I の一次電子受容体であるフィロキノン A_1 のように, タンパク質複合体のなかに非共有結合にて保持され電子伝達を仲介するものもある.

g. メラニン

メラニン (melanin) は，決まった分子量や構造があるわけではなく，フェノール系やキノン系物質の重合体で黒から褐色を呈し難溶性の色素の総称である．非常に分解されにくい．イカの墨汁，哺乳類の皮膚，毛などにみられる黒色はメラニンによるものである．メラニンに紫外線が当たると不安定な遊離基が生じるが，これが活性酸素（スーパーオキサイド）除去効果をもつため，結果として紫外線によるDNA損傷を防止する．

h. オモクロム

もともとオモクロム (ommochrome) とは，昆虫の複眼を構成している個眼 (ommatidium) の色素という意味であったが，現在では広く節足動物などの眼，皮膚，卵その他に存在していることが知られている．3-ヒドロキシキヌレニン (3-hydroxykynurenine) の派生体の総称であり，トリプトファンの代謝物として合成される．イカやタコ類の赤褐色の体色はオモクロムによるものである．

i. GFP

近年，レポーター（遺伝子やタンパク質の発現レベルを調べるために外から導入するタンパク質のこと．蛍光タンパク質などがよく使われる）として，生命科学研究においてさかんに利用されるようになったGFP (green fluorescent protein) は，もともとオワンクラゲ (*Aequorea victoria*) のイクオリン (aequorin) タンパク質が発する青色発光を緑色へシフトさせるタンパク質として発見されたものである．その後サンゴや甲殻類などから類似の蛍光タンパク質が多数見つかった．これらのGFPは，深海の暗闇で生息するために生物が進化の過程で発達させた蛍光色素タンパク質である．65～67番のアミノ酸（セリン，チロシン，グリシン）が，環状化，脱水，酸化を経て，発色団であるp-ヒドロキシベンジリデンイミダゾリノン (p-hydroxybenzylideneimidazolinone) を形成する．特別な基質や補欠分子族を必要とせず，395 nm に吸収極大をもち 510 nm の蛍光を発する． 〔皆川　純〕

文献・注

1) c型クロロフィルはポルフィリン環をもつ．
2) H. Miyashita, *et al.*: *Nature*, **383** (1996), 402.
3) M. Chen, *et al.*: *Science*, **329** (2010), 1318-1319.
4) 三室　守編：クロロフィル―構造・反応・機能―，裳華房，2011.
5) 高市真一編：カロテノイド―その多様性と生理活性―，裳華房，2006.

7

蛍光イメージング

7.1 蛍光イメージングの基礎

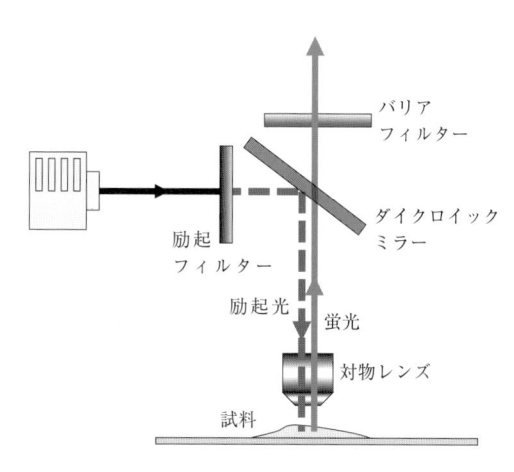

7.1.1 蛍光顕微鏡概説

a. 蛍光顕微鏡の仕組み[1]

　蛍光分子は特定の波長の光を吸収することによって励起され，基底状態に戻る過程で蛍光を発する．一般的に，出てくる蛍光の波長は，吸収した励起光の波長より長くなる．蛍光顕微鏡の光学系は，この波長の違いを利用して設計されている．蛍光顕微鏡の光学系は，励起光が視野全体を照射する全視野蛍光顕微鏡とレーザーでピンポイントを励起してピンホールに結像させる共焦点蛍光顕微鏡に大別できるが，両者に共通する基本的な光路を図7.1.1に示す．

　蛍光顕微鏡では，励起波長と蛍光波長の違いを利用して蛍光と励起光を分ける．そのための光学素子として，励起フィルター，ダイクロイックミラー，バリアフィルターの3枚の光学フィルターを組み合わせて用いる．励起フィルターは，光源から出るさまざまな波長を含む光から必要な波長の励起光を選び出す．励起フィルターを透過した励起光は，45°に傾けて配置したダイクロイックミラーに到達する．ダイクロイックミラーは，励起光は反射

図7.1.1　蛍光顕微鏡の仕組み

し蛍光は透過するような透過率の波長特性をもち，反射された励起光は，対物レンズを通して試料を照射する．一方，励起された蛍光分子が発した蛍光は，対物レンズを通ってダイクロイックミラーに到達すると，これを透過してバリアフィルターに向かう．バリアフィルターは，蛍光波長を選択的に透過し，蛍光像がカメラ上に形成される．蛍光とともに対物レンズを通ってきた励起光の散乱はダイクロイックミラーでほとんど反射され，バリアフィルターでさらに排除される．

蛍光顕微鏡イメージングに当たっては，用いる蛍光色素の励起スペクトルと蛍光スペクトルに合わせて，適切な励起フィルター，ダイクロイックミラー，バリアフィルターを選択することが重要である．市販の顕微鏡で十分な性能が発揮できないとき，考えるべきことの一つは，光学フィルターの最適化である．蛍光色素に最適の光学フィルターを用いることで，顕微鏡像の明るさは格段に改善する．また，多重染色の場合は，蛍光像が互いに混ざりあわないことが重要であり，明るさを犠牲にしても他の蛍光色を排除する光学フィルターの組合せを選択する．

全視野蛍光顕微鏡の場合，励起光源として水銀ランプやキセノンランプを用いることが多いが，最近ではLEDも用いられる．受光器としては，二次元の検出器であるCCD（charged-coupled device）がよく用いられる．

b. 顕微鏡像の形成と点像分布関数[2]

顕微鏡によってつくられる像は，試料物体の忠実な拡大ではなく，光学特性によって決まる光学的な「ボケ」を含んでいる．この光学的「ボケ」が生じるのは，1点から出た光が顕微鏡を通ったときに，1点に結像するわけではなく，三次元的に広がるためである．これが光学顕微鏡の分解能に大きく影響を及ぼす．この広がりを記述する三次元関数を点像分布関数（point-spread function：PSF）と呼ぶ．

図7.1.2に理論的に作成した点像分布関数を示す．収差のない理想的な円開口をもつ光学系に対して数学的に算出したものである．これをみると，焦点面から離れるにつれて，点像が同心円を描いて広がっていくのがわかる．これを光軸にそった断面図でみると（図7.1.2左下），焦点面の上下で円錐状に広がるのがわかる．厚みのある三次元試料の顕微鏡像を撮ったときに，光が

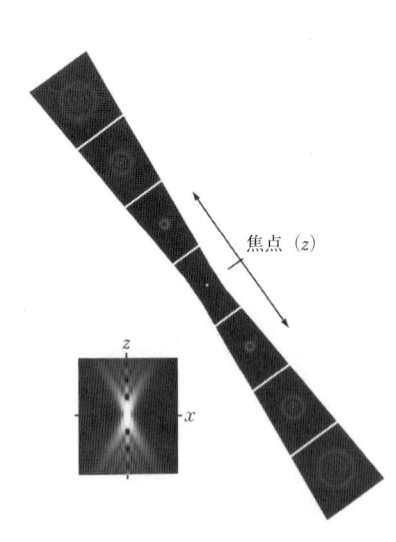

図7.1.2 点像分布関数
焦点位置（中央）では点状に見えるが，焦点を変えると同心円を描いて広がる．左下は光軸にそった断面図．焦点面の上下に円錐状に広がる．

焦点面だけにとどまらず，隣接する領域に混入する様子がよくわかる．三次元の点像分布関数の焦点面で切った断面が，エアリーディスク（Airy disk）として知られるものであり，これがレーリー（Rayleigh）の分解能を定義する．現実の対物レンズの点像分布関数は，点光源を光学顕微鏡で観察することによって実験的に計測できる．点光源としては，直径 $0.1 \sim 0.2\,\mu m$ の微小な蛍光ビーズを用いる．蛍光顕微鏡で焦点を段階的に変えながら，この蛍光ビーズの三次元像を撮ると，点像分布関数が得られる．

このように，1点から出た光が顕微鏡を通って，点像分布関数にしたがって三次元的に広がる結果，三次元の試料物体の各点から出た光はそれぞれに広がり，互いに重なりあって三次元像を形成する．これを模式的に表したのが図7.1.3

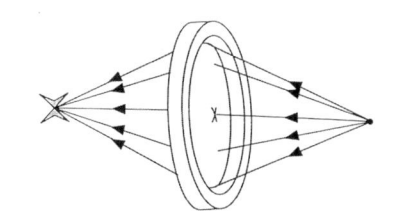

顕微鏡像←［光学顕微鏡］←試料物体

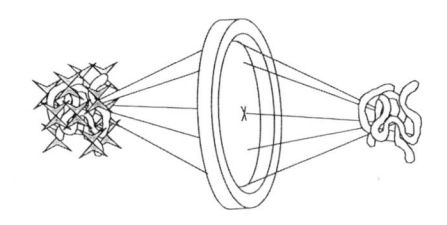

図 7.1.3 点像の広がりと三次元像の形成
1枚のレンズは顕微鏡を表す．光が右から左へ顕微鏡を通過する．点光源から出た光が点像分布関数を描いて広がる（上）．三次元物体の各点から出た光は，それぞれが点像分布関数を描いて広がり，重なりあって三次元像を形成する（下）．

である．この「ボケ」が顕微鏡の分解能を著しく低下させる．このため，高分解能の三次元顕微鏡像を得るためには，「ボケ」を除去して，もとの試料物体の輝度分布にできるだけ近づけることが必要となる．この方法として，コンピュータ演算による画像処理や種々の顕微鏡光学系の設計開発がなされてきた[2]．

c. 共焦点蛍光顕微鏡

通常の全視野顕微鏡では，光源は試料の焦点面を一様に照明し，非焦点面からの像も検出器に結像されるため，全体としてぼけた像となる（図7.1.4左）．これに対し，共焦点顕微鏡は，焦点面に位置するピンホールを通ってくる光だけをとらえることにより，非焦点面からくる光（光学的な「ボケ」）を除くことができる光学系である[3]．光源前にピンホールをおくことによって試料を点状に照明し，さらに試料の背面（受光器前）にピンホールをおくことによって，試料の1点からの光のみを受光器で計測するようにしている（図7.1.4右）．このとき，照明光学系において点光源と試料面の点光源像が光学的に共役な位置にあり，かつ観察光学系において試料面の点光源像とピンホールが光学的に共役な位置にあることが重要である．この3点が光学的に共役な関係にあるとき，共焦点効果が現れる．これにより，共焦点顕微鏡では，試料の1点を照明し，この1点からの光の強度を観測することになる．このため，共焦点顕微鏡の点像分布関数は，対物レンズの点像分布関数の二乗として得られる．つまり，

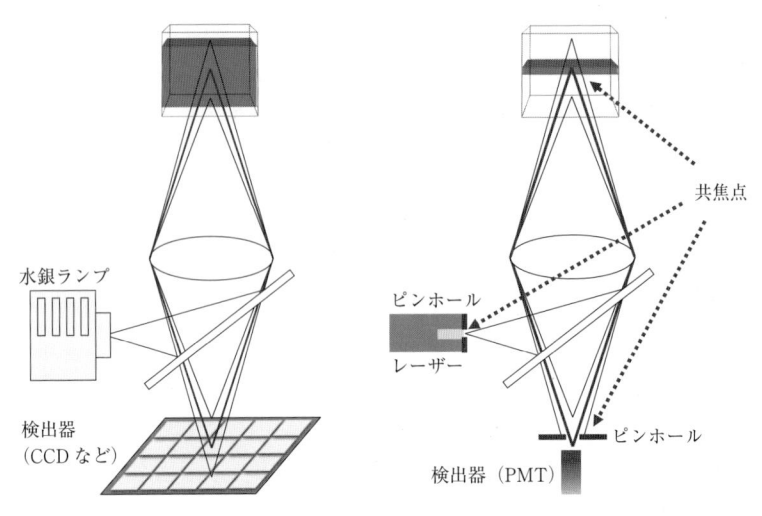

図 7.1.4　全視野顕微鏡と共焦点顕微鏡
全視野顕微鏡（左）では，光源（水銀ランプ）で試料の焦点面を一様に照明する．試料の像は CCD などの二次元検出器の上に結像されるが，非焦点面からの像も検出器に結像されるため，全体としてぼけた像となる．
共焦点顕微鏡（右）では光源として点光源を使用し，この点光源の像を試料面に投影することで試料の1点を照明する．試料中の照明された部分の像は検出器前のピンホール上に結像される．非焦点面からの光はピンホールを通過できず，焦点位置からの光だけが検出器に入射する．この操作を二次元の試料面でスキャンすることにより，像を構築する．

この光学系を使うことにより，点像の広がりが小さくなり，全視野顕微鏡より高い空間分解能が得られる．

　現在，普及している共焦点蛍光顕微鏡は，レーザースキャン型のものとニポーディスク型のものがある．それぞれ特徴があり，目的によって使い分けられている．レーザースキャン型共焦点顕微鏡は，光源としてはレーザーを用い，受光器としては光電子増倍管 (photo multiplier tube：PMT) を用い，ピンホールを通過した光を検出する．試料像を得るためには，ガルバノミラーの角度を動かすことによって，二つのピンホールを同期してスキャンする．ニポーディスク型の共焦点顕微鏡の仕組みは，多数のピンホールをもつディスクを試料面と共役な位置におく（図7.1.5）．レーザー集光点をスキャンする代わりに，このディスクを回転させることによって，共焦点二次元像をリアルタイムでつくることができる[4]．そのため，全視野顕微鏡と同様に，面の受光器として冷却 CCD が用いられる．レーザー照射量が少なくてすむため，細胞への影響がレーザースキャン型に比べて少ない．

　レーザースキャン型共焦点顕微鏡をベースにした2光子励起顕微鏡もある[5]．2光子励起顕微鏡では，蛍光色素の励起波長の2倍の波長（エネルギーが半分）の光を励起光として用い，2個の光子が同時に蛍光色素を照射したときに励起が起こる．2光

子励起が起こる頻度は，光子の密度の二乗に比例する．光子密度は対物レンズの点像分布関数なので，2光子励起顕微鏡の点像分布関数は，通常の顕微鏡の点像分布関数の二乗になり，励起は集光点に集中する．これが，2光子励起顕微鏡の原理で，ピンホールがなくても共焦点顕微鏡と同じ効果が得られる．通常の1光子の共焦点顕微鏡との大きな違いは，励起が集光点にだけ集中し，それ以外の領域を励起しないことである．そのため，焦点面以外の細胞領域に対する損傷や蛍光の退色を少なくできる．また，赤外線レーザーを用いるため散乱が少なく，試料の深いところまで減衰せずに励起光が到達できることから，厚い生物試料に用いられることが多い．一方で，2光子励起の効率は低いので，もともと蛍光の暗い試料には適さない．

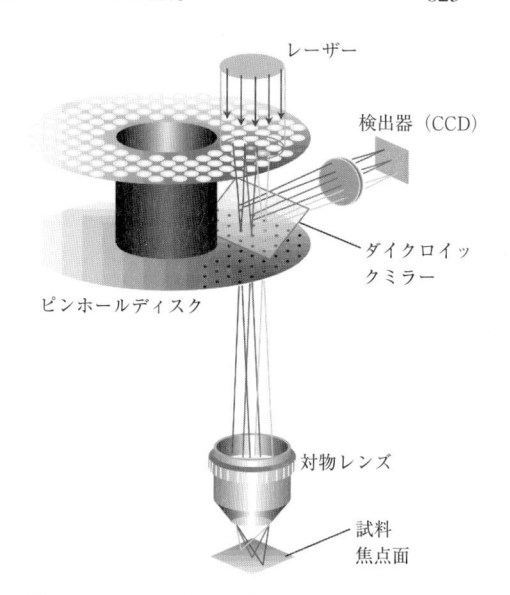

図7.1.5 ニポー (Nipkow) ディスク型共焦点顕微鏡 マイクロレンズを通してレーザー光を照射する．照明光はピンホールを通して試料面に結像し（図で下方向），蛍光はピンホールを通ってダイクロイックミラーに到達し（図で上方向），蛍光が選択されて検出器に結像する（図で右方向）．ディスクが回転することによって試料面を走査する．

全視野顕微鏡を選ぶか，共焦点顕微鏡を選ぶかは，観察したい対象や実験の内容による．1枚の画像を取得するためにかかる時間は，全視野顕微鏡とニポーディスク共焦点顕微鏡が，即時に二次元画像が得られるのに対し，レーザースキャン共焦点顕微鏡はレーザー光をスキャンして二次元像をつくるので，スキャン速度に依存する．生細胞イメージングを行うには，励起による細胞毒性を抑えるために，弱い励起で十分な明るさの画像を得られることが重要である．同じ強度の励起光を照射したときに得られる蛍光強度が高い（明るい）のは，明るい順に全視野顕微鏡，ニポーディスク共焦点顕微鏡，レーザースキャン共焦点顕微鏡である．全視野顕微鏡は非焦点情報を含むので，高い分解能を得たいときには，三次元画像を撮ってデコンボリューション演算で非焦点情報を除去する．共焦点顕微鏡は，演算処理をしなくても同程度の分解能が得られるので，三次元画像をかならずしも撮らなくてもよい．組織切片や卵細胞など試料が厚く，蛍光が十分に明るい場合は，共焦点顕微鏡が適する．

d. 顕微鏡カメラ

　顕微鏡画像を取得するためには，蛍光の検出器としてカメラが必要であり，用いる顕微鏡光学系に適した特性のカメラを選択する[6]．全視野顕微鏡やニポーディスク型共焦点顕微鏡には，二次元の検出器である冷却CCDがよく用いられる（冷却することによって熱雑音を抑える）．レーザースキャン共焦点顕微鏡では，PMTを用いて一点で計測する．考慮する特性としては，感度およびその波長特性，ピクセル解像度，雑音レベル，画像取得速度などである．蛍光イメージングにおいては，カメラの感度は重視すべきである．感度が高ければ高いほど，微弱な蛍光を検出することができ，より少ない励起光で画像を得ることができる．励起光を抑えることは，蛍光退色や細胞毒性を抑えるうえで重要である．また，感度が高ければ，画像の取得速度を上げることができる．　　　　　　　　　　　　　　　　　　　　　　　　〔平岡　泰〕

文献・注

1) 平岡　泰：講義と実習：生細胞蛍光イメージング（原口徳子ほか編），共立出版，2007，[1-9]．
2) 平岡　泰：講義と実習：生細胞蛍光イメージング（原口徳子ほか編），共立出版，2007，[29-36]．
3) 長谷川　茂：講義と実習：生細胞蛍光イメージング（原口徳子ほか編），共立出版，2007，[10-20]．
4) 寺川　進：講義と実習：生細胞蛍光イメージング（原口徳子ほか編），共立出版，2007，[21-28]．
5) 岡部繁男：講義と実習：生細胞蛍光イメージング（原口徳子ほか編），共立出版，2007，[168-176]．
6) 丸野　正：講義と実習：生細胞蛍光イメージング（原口徳子ほか編），共立出版，2007，[140-152]．

7.1.2　有機小分子蛍光プローブの活用によるライブイメージング

a. 有機小分子蛍光プローブとは

　5.5.1項，5.5.2項で概観したとおり，有機小分子蛍光物質の活用によるライブイメージングは，in vitroでラベル化・精製したタンパク質などを活用したin vivoや細胞内動態の可視化などに限られ，とくにin situ可視化は局在性が優れた色素によるオルガネラ染色にほぼ限られている．一方で蛍光タンパク質を活用する手法では，観測対象タンパク質と融合したタンパク質の発現により，その生成，動態のin situ可視化は日常的に行われている．このように，蛍光タンパク質に比べて有機小分子蛍光物質は汎用性に乏しい印象を受けるが，それは常に一定の強い蛍光を発する蛍光物質であるからであり，蛍光特性が観測対象分子との結合・反応によって大きく変化する分子を開発することで，他の手法では実現困難な非常に有用なイメージングが可能となる．具体的には，蛍光タンパク質技術の適用が困難な各種小分子生理活性物質の細胞

7.1 蛍光イメージングの基礎

(a)

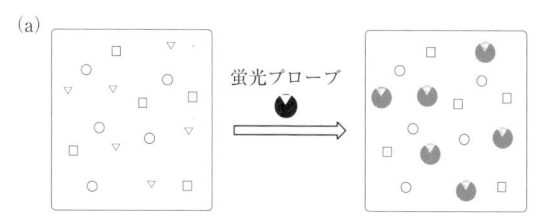

蛍光プローブとは，観測対象分子と「特異的に」反応・結合し，その前後で蛍光特性が大きく変化する機能性分子である．
（上図は細胞を模式的に表したもの．▽の分子のみを特異的に検出する．）

(b)

Hoechst 33258 (R = H)
Hoechst 33242 (R = CH$_2$CH$_3$)

ほぼ無蛍光　　　　　　　　　　　　　　強い蛍光を発する

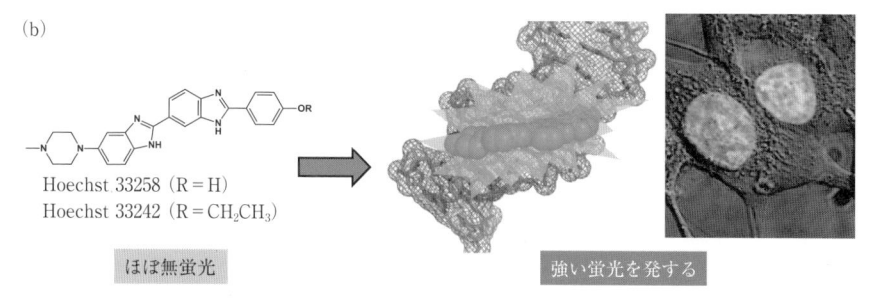

図 7.1.6 蛍光プローブの機能と核染色プローブ（口絵 13 参照）

内可視化などを，蛍光性物質の蛍光特性を大きく変化させる原理で実現する手法が，近年では生細胞観察から動物個体まで幅広く汎用されている．本手法は，観測対象分子との反応や結合によって，蛍光色が変化する，あるいは蛍光強度が増大するなどのトリックを仕組んだ分子（これを蛍光プローブと呼ぶ）の開発によってはじめて成立するものである（図 7.1.6(a)）．以下，蛍光プローブの具体例をあげながら解説していく．

b. 有機小分子蛍光物質の活用：核染色蛍光プローブ

蛍光プローブの代表例として，まずきわめて広範な実験系で活用されている，細胞核染色蛍光色素を紹介する．これは生細胞に細胞外から導入することで，核酸のマイナーグルーブなどに強固に結合するため，核を蛍光検出することを可能とする手法である．5.5.2 項で紹介したミトコンドリア染色色素と異なり，多くの核染色色素は，核酸に結合するまでは非蛍光性であり，これが核酸と結合することで強い蛍光を発するように変化する性質をもっている．これは多くの蛍光色素は非極性環境で強い蛍光を発するという性質を利用したものであり，たとえば代表的な核染色色素である Hoechst33342 は，水溶液中では蛍光量子収率 $\varPhi = 0.03$ 程度であり，ほぼ無蛍光であるのに対して，核酸に結合することで $\varPhi = 0.38$ と強い蛍光を発するように変化するため，核の選択的な染色が可能となる（図 7.1.6(b)）．さらに，分子の極性をうまく

制御した核酸染色蛍光プローブである Hoechst33258 や propidium iodide の生細胞膜透過性は低く，膜構造が破綻した死細胞には容易に導入可能であるため，死細胞の選択的な染色が可能である．一方で多くの核染色色素は，細胞質に存在する mRNA などにも比較的強く結合し，蛍光を発するようになるため，DNA の選択的な検出を目的とする場合は，選択性の高い色素を目的に応じて正しく選択するなどの注意が必要である．

c. 光誘起電子移動に基づく有機小分子蛍光プローブの開発[1,2)]

上述したように，観測対象分子の存在下でその蛍光特性が大きく変化する蛍光プローブを開発することで，観察者は生細胞内でのターゲット分子の生成，移動，消去などをダイナミックかつリアルタイムに知ることが可能になる．また有機小分子蛍光プローブは，細胞外液に添加するだけですべての細胞に，速やかにかつ濃度を制御して導入可能であり，生細胞ライブイメージングだけでなく，*in vivo* での生体応答観測や疾患イメージングツールとして優れた性質を有している．

しかしながら，新たなターゲット分子を可視化するプローブの開発は容易ではなく，前述した核染色蛍光プローブなどのプローブは，多くの試行錯誤を経て開発されてきた．開発が困難な大きな理由は，5.5.1 項でも議論したように，現在でも有機小分子蛍光物質の励起状態からの緩和過程速度，とくに無輻射失括速度 (k_{nr}) を予想することがほぼ不可能であるためである．すなわち，新規物質の蛍光特性，とくに蛍光量子収率を正確に事前に予想することはできず，実際に物質を合成して，その蛍光特性を計測してみるまで確実なことはわからない．

一般にプローブの動作原理として，波長（励起，蛍光発光）と蛍光強度の変化があげられるが，前者の変化すなわち蛍光色の変化に基づくプローブに比べて，後者の蛍光強度変化に基づく化学プローブが圧倒的に多く開発されている．また近年，蛍光強度増大型プローブの論理的設計法が確立され，蛍光プローブ開発に一つの道が開かれた．そこで以下ここでは，後者のプローブに絞って議論を進めていく．

蛍光強度増大型のプローブとは，もともとそれ自身は無蛍光であるが，観測対象分子と反応，結合することで強い蛍光を発するようになる分子である．この蛍光プローブの論理的設計を可能にする，光誘起電子移動（photoinduced electron transfer：PeT）に基づく蛍光特性の精密制御法が最近までに確立された．たとえば代表的な蛍光分子であるフルオレセインは，分子をベンゼン環部位と蛍光団であるキサンテン環部位の 2 部位に分けて考えることが可能であり，分子内 PeT によりその蛍光特性を精密に制御可能であることが明らかとなった（図 7.1.7(a)）．具体的には，ベンゼン環部位の最高占有電子軌道（highest occupied molecular orbital：HOMO）エネルギーレベルがある境界値[3,4)] よりも高いフルオレセイン誘導体に青色光を照射して，蛍光を発する部位であるキサンテン環部位を励起させると，蛍光を発して基底状態に戻るよりも速く電子移動が起こる（これを PeT と呼ぶ）ため蛍光はほぼ観察されないが，

ベンゼン環部位の HOMO エネルギーレベルが上述した境界値よりも低い誘導体では PeT 速度（k_{et}）[5] は遅いため，通常どおりの強い蛍光が観察されることが明らかとなった．すなわち，フルオレセイン類のベンゼン環部位の HOMO エネルギーレベルを精密に変化させることで，その蛍光特性を自在に制御することが可能となり，ここから蛍光強度増大型プローブの論理的設計が可能となった．

その概略を図 7.1.7(b) に示した．観測対象分子（▽）と特異的に反応・結合し，かつもともとは高い HOMO エネルギーをもつが，反応の結果その HOMO エネルギーが上述した境界値よりも下がる基質分子さえあれば，それを蛍光団のすぐ近傍のベンゼン環部位として配置することで発蛍光型のプローブの開発が可能となる．これを 5.5.1 項で議論したジャブロンスキーダイヤグラムを用いて解説すると，図 7.1.7(b)

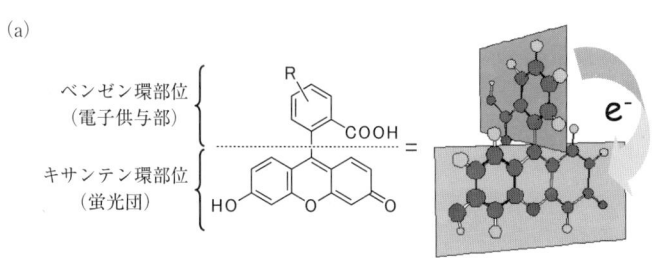

(a)

ベンゼン環部位（電子供与部）
キサンテン環部位（蛍光団）

R＝強い電子供与性
ベンゼン環部位の HOMO エネルギーレベル高
→ 光誘起電子移動による消光が起きる
→ ほぼ無蛍光

R＝弱い電子供与性～弱い電子吸引性
ベンゼン環部位の HOMO エネルギーレベル中～低
→ 光誘起電子移動による消光が起きない
→ 強い蛍光を発する

(b) 蛍光プローブの論理的精密設計法
（HOMO エネルギーレベルの低下する反応の可視化プローブ設計法）

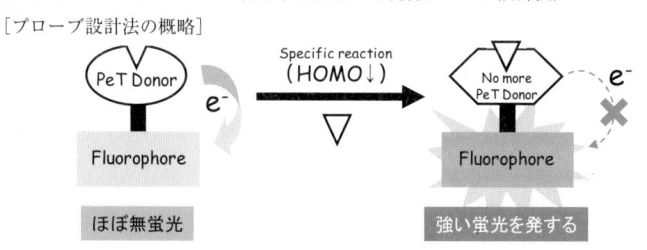

［プローブ設計法の概略］

ほぼ無蛍光 / 強い蛍光を発する

［蛍光プローブ機能のジャブロンスキーダイヤグラムによる説明］

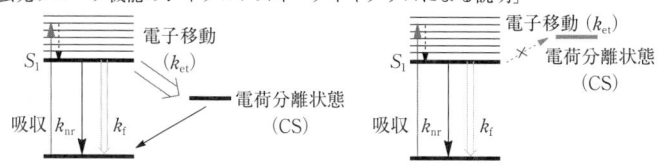

図 7.1.7 光誘起電子移動（PeT）に基づく蛍光プローブの論理的設計法

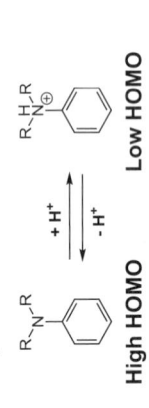

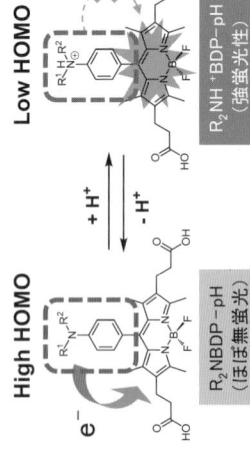

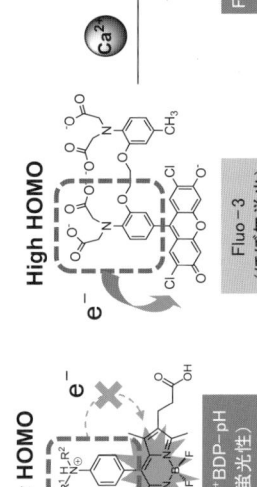

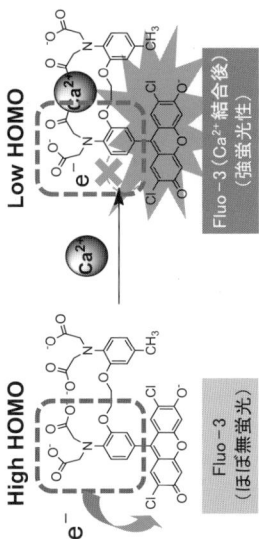

図 7.1.8 光誘起電子移動（PeT）を動作原理とする蛍光プローブ例

左下段にあるように，発蛍光速度 $k_\mathrm{f} \gg k_\mathrm{nr}$ という性質をもつ蛍光団の近傍に，上述した境界値よりも高い HOMO エネルギーをもつ基質部位が存在することできわめて速い分子内 PeT が起こり（$k_\mathrm{et} \gg k_\mathrm{f}$），その結果プローブ自身の蛍光量子収率はほぼ 0 となる．これが，観測対象分子が存在する環境では，特異的な反応・結合によって基質部位の構造が変化し，その HOMO エネルギーが境界値より低くなるため PeT 速度はきわめて遅くなり（$k_\mathrm{f} \gg k_\mathrm{et}$），相対的に k_f が優位になることでもともと蛍光団のもつ特性である高い蛍光量子収率が回復する．本設計手法は，予測不可能な k_nr ではなく，予測可能な k_et による蛍光量子収率の制御を原理とするものであり，幅広い観測対象分子に対する蛍光プローブの論理的設計がはじめて可能となったばかりでなく，ローダミンや BODIPY（boron-dipyrromethene），シアニンといった他の蛍光団にも適用可能であることも明らかとなり，観測対象分子と反応・結合することで強い蛍光を発する性質をもつ各種有機小分子蛍光プローブが次々と開発されている．以下，その事例を二つ紹介する．

d. 有機小分子蛍光物質の活用：pH 感受性蛍光プローブ[6]

リソソーム染色色素には，5.5.2 項に既述したオルガネラへの局在を原理とするものだけでなく，リソソームの性質である酸性 pH 環境ではじめて蛍光を発する性質をもつ蛍光プローブも汎用されている（図 7.1.8(a)）．これらの酸性環境検出蛍光プローブの原理を簡単に述べるならば，中性 pH 環境では分子内に存在するアニリン部分が脱プロトン化状態にあり，その HOMO エネルギーは十分に高いため PeT 速度はきわめて速くほぼ無蛍光であるが，酸性 pH 環境ではアニリン部位がプロトン化されて，HOMO エネルギーレベルが十分に低いアニリニウムへと構造が変化するため PeT 速度は遅くなり，相対的に k_f が優位になるため，強い蛍光を発するようになる．これらの蛍光プローブを活用して，生細胞内外の pH 変化の可視化や，さらには抗体や糖タンパク質へのラベル化によるエンドサイトーシス過程の可視化や *in vivo* がん細胞可視化など，さまざまな新イメージング技術が現在までに確立されている．

e. 有機小分子蛍光物質の活用：Ca^{2+} 検出蛍光プローブ[7]

基礎生物学研究で最も汎用されている蛍光プローブの一つが Ca^{2+} 検出蛍光プローブである．Ca^{2+} 蛍光プローブには，fluo-3 に代表される Ca^{2+} との結合によってその蛍光強度が増大するものと，fura-2 に代表される蛍光色が変化するものが存在する．前者は，近赤外までのさまざまな蛍光波長のプローブが存在し，最近ではその蛍光強度増大率が数百〜数千倍程度ときわめて高感度のプローブも存在する点，後者のプローブは，プローブの局在や濃度に依存しない Ca^{2+} 検出が可能である点が大きな特徴である．図 7.1.8(b)に，代表的な蛍光強度増大型 Ca^{2+} 蛍光プローブである fluo-3 の構造とその動作原理をまとめた．これらのプローブを目的に応じて選択することで，生細胞内の微小領域から，実験動物を用いた *in vivo* まで，幅広い生物試料での Ca^{2+}

イメージングが現在も活発に行われている．　　　　　　　　　　　　　　〔浦 野 泰 照〕

文献・注

1) A. P. de Silva, et al.: *Chem. Rev.*, **97** (1997), 1515-1566.
2) T. Miura, et al.: *J. Am. Chem. Soc.*, **125** (2003), 8666-8671.
3) フルオレセイン誘導体の場合，蛍光性/無(弱)蛍光性のHOMOエネルギーの境界値は-0.21 hartrees (B3LYP/6-31G (d))．この境界値は，蛍光団ごとに異なる値となる．
4) Y. Urano, et al.: *J. Am. Chem. Soc.*, **127** (2005), 4888-4894.
5) PeT速度とは，電子が移動する速度のことではないことに注意．化学において速度とは，着目する分子の濃度の時間微分を表す．すなわちPeT速度とは，光照射によって生成した一重項励起状態の蛍光団が電子移動によって減少していく速さのことである．同じ議論は，発蛍光速度 (k_f)，無輻射失括速度 (k_{nr}) にも当てはまる．
6) Y. Urano, et al.: *Nat. Med.*, **15** (2009), 104-109.
7) A. Minta, et al.: *J. Biol. Chem.*, **264** (1989), 8171-8178.

7.1.3 蛍光タンパク質

　蛍光タンパク質とは広義には蛍光を発するタンパク質のことであるが，狭義には1本のポリペプチド鎖のみで構成され，蛍光団が自己触媒的に形成されるタンパク質をさす．現在200種類をこえる蛍光タンパク質が知られているが，そのなかで最初に報告されたものはオワンクラゲ（学名 *Aequorea Victoria*）由来の緑色蛍光タンパク質（GFP）である．GFPは1962年にShimomuraによって27 kDaの大きさをもつタンパク質として報告された[1]．30年後の1992年にPrasherらのグループがGFP遺伝子のクローニングに成功[2]すると，わずかその2年後にはCharfieのグループによりGFP遺伝子を導入するだけで，異種細胞に蛍光性を付与することができる，つまりGFPの発色団の形成には酵素や補因子を必要としないことが示された[3]．翌1995年にはTsienのグループが蛍光強度を大幅に増強させたEGFP[4]（enhanced GFP）や，発色団を構成するアミノ酸を他のアミノ酸に置換することで緑色以外の蛍光を発する波長変異体を開発した[5]．以後，現在に至るまで細胞生物学・発生生物学・神経細胞生物学を含む多くの研究分野で広く利用されている．

a.　蛍光タンパク質の構造とスペクトル[6]

　オワンクラゲ由来のGFPは238個のアミノ酸から構成されている．この238個のアミノ酸が折り畳まれることで，蛍光タンパク質に特徴的な11本のβシートで構成される外殻構造，いわゆるβバレル（樽）とそのなかを上下に貫く1本のαヘリックス構造が形成される（図7.1.9(a)）[7]．その後，αヘリックス内にある65番目から67番目の三つのアミノ酸（それぞれセリン，チロシン，グリシン）が環化，脱水，酸化の化学反応過程を経て，発色団 *p*-hydroxybenzylideneimidazolinone が形成

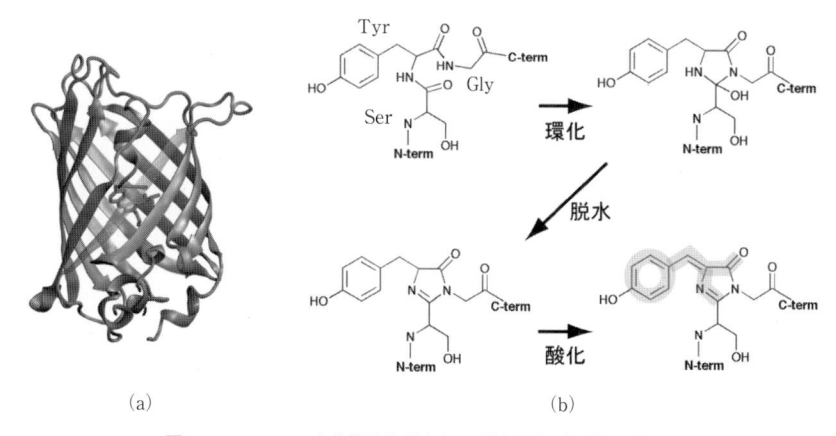

図7.1.9 GFPの立体構造と発色団の形成過程（口絵14参照）
(a) Protein Data Base のデータ（1EMB）をもとに VMD（フリーソフトウエア）を用いてリボン表示したもの．発色団をスティック表示した．(b) セリン（Ser），チロシン（Tyr），グリシン（Gly）の三つのアミノ酸から発色団が形成される過程を示す．成熟発色団の共役π電子系を網かけで表した．

される（図7.1.9(b)）[8]．GFPは，中性条件下で395 nmに大きな吸収極大と470 nmに小さな吸収極大をもつ（図7.1.10(b)）．この2峰性の吸収極大は酸性条件下では395 nmに，逆に塩基性条件下では470 nmに単一極大をもつように変化する[9]．一方，発色団自身を構成している65番目のセリンをスレオニンに置換した変異体（GFP-S65T）は490 nmに単一の吸収極大を示す[4]．GFPとGFP-S65TのX線結晶構造を比較すると，GFPの発色団はチロシン由来のフェノール性水酸基にプロトンがついた状態（非イオン化状態）であるのに対し，GFP-S65Tの発色団はプロトンが外れたイオン化状態になっている（図7.1.10(a)）[10]．このことから，395 nm，480 nm付近の吸収はそれぞれ非イオン化発色団とイオン化発色団由来であることが明らかとなった．

一方，GFP，GFP-S65Tのいずれもが510 nmに単一の蛍光極大をもつ．この現象は，発色団を形成するチロシン残基内に存在するフェノールの化学的性質によって理解できる．フェノールは，光励起によって10万倍以上酸性度が増大し，その結果，平衡がイオン化側に偏る．GFPの発色団内のフェノールも同じ挙動を示し，非イオン化発色団を395 nmの光で励起するやいなや"ESPT（excited-state proton transfer，励起状態プロトン転移）"によりイオン化が起こる．この励起状態はイオン化発色団を470 nmの光で励起したときと同じ状態であり，結果として非イオン化状態の蛍光スペクトルがイオン化状態のそれと同じものとなる．

GFP-S65Tとは逆にT203I（203番目のスレオニンがイソロイシンに置換）やF99W（99番目のフェニルアラニンがトリプトファンに置換）変異では基底状態における発色団のイオン化が抑制される．これらの変異体はそれぞれ，Sapphire，GFP-uv

と呼ばれている．これらはいずれも 400 nm 付近に極大励起ピークをもつが，この場合も 400 nm の光励起によって発色団がイオン化される結果，蛍光ピークは 510 nm となる．

203 番目のスレオニンの代わりにチロシンを導入すると，発色団チロシンの六員環と重なり，π 電子を介した相互作用（π-π スタッキング）が起こる．その結果，π 電子がより広範囲に分布し，長波長側へ蛍光ピーク（530 nm）がシフトする．現在 YFP（yellow fluorescent protein，吸収極大：515 nm，蛍光極大：530 nm）として利用されている変異体がそれである（図 7.1.10(c), (d)）．

以上のほかに，66 番目のチロシンをトリプトファンに置換することにより，発色団にインドール環を導入した CFP（cyan fluorescent protein，吸収極大：435 nm，蛍光極大：475 nm）（図 7.1.10(c), (d)）や，同じく 66 番目をヒスチジンに置換することによりイミダゾール環を導入した BFP（blue fluorescent protein，吸収極大：383 nm，蛍光極大：447 nm）（図 7.1.10(c), (d)），また 66 番目をフェニルアラニンに置換することでベンゼン環を導入した sirius（吸収極大：355 nm，蛍光極大：

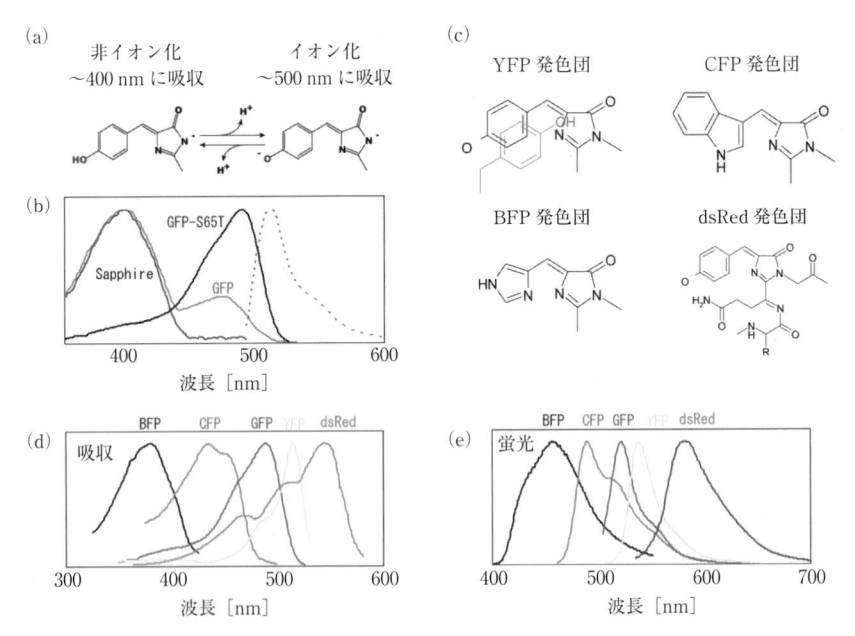

図 7.1.10 GFP 変異体の発色団構造とスペクトル
(a) GFP 発色団の電荷状態と吸収波長の関係．(b) GFP, GFP-S65T, Sapphire の励起スペクトル（実線）と蛍光スペクトル（破線）．GFP, GFP-S65T, Sapphire いずれも同じ蛍光スペクトルを示す．(c) YFP, CFP, BFP, dsRed の発色団の化学構造．YFP の発色団は 203 番目のチロシンのベンゼン環と π-π スタッキング（垂直方向に電子分布が重なる）している．(d) 主な蛍光タンパク質の吸収スペクトル．(e) 主な蛍光タンパク質の発光スペクトル．

表 7.1.1 代表的な蛍光タンパク質とその特性

蛍光色	タンパク質名	励起極大 [nm]	蛍光極大 [nm]	モル吸光係数 [$M^{-1}cm^{-1}$]	蛍光量子収率	重合状態 [量体]
群青	Sirius	355	424	15000	0.24	単
青	EBFP	377	446	31000	0.15	単
	SBFP2	383	448	34000	0.47	単
	EBFP2	383	448	32000	0.56	単
	Azurite	384	450	22000	0.59	単
	mBlueberry	402	467	52000	0.48	単
青緑	ECFP	433	475	32500	0.4	単
	cerulean	433	475	43000	0.62	単
	CyPet	435	477	35000	0.51	単
	TagCFP	458	480	37000	0.57	単
	AmCyan1	458	489	44000	0.24	四
	mTFP1	462	492	64000	0.85	単
	Midoriishi Cyan	472	495	27300	0.9	二
緑	TurboGFP	482	502	70000	0.53	二
	TagGFP	482	505	58000	0.59	単
	Azami Green	492	505	55000	0.74	四
	mAG1	492	505	42000	0.81	単
	AcGFP1	475	505	50000	0.55	単
	ZsGreen1	493	505	43000	0.91	四
	EGFP	484	507	56000	0.6	単
	sfGFP	485	510	83000	0.65	単
	mWasabi	493	509	70000	0.8	単
	T-Sapphire	399	511	44000	0.6	単
黄緑/黄	mNeonGreen	506	517	116000	0.8	単
	Clover	505	515	111000	0.76	単
	EYFP	513	527	83400	0.61	単
	Venus	515	528	92200	0.57	単
	Citrine	516	529	77000	0.76	単
	Ypet	517	530	104000	0.77	単
	PhiYFP	525	537	124000	0.39	二
	TurboYFP	525	538	105000	0.53	二
	ZsYellow1	529	539	20200	0.42	四
	mBanana	540	553	6000	0.7	単
橙/赤	mKO1	548	559	110000	0.45	単
	Kusabira-Orange1	548	561	51600	0.6	二
	mOrange	548	562	71000	0.69	単
	TurboRFP	553	574	920000	0.67	二
	TdTomato	554	581	138000	0.69	二
	dsRed2	563	582	75000	0.79	四
	mTangerine	568	585	38000	0.3	単
	dsRed monomer	556	586	35000	0.1	単
	AsRed2	576	592	56200	0.05	四
	mStrawberry	574	596	90000	0.29	単
	mRFP1	584	607	50000	0.25	単
	mCherry	587	610	72000	0.22	単
	eqFP611	559	611	780000	0.45	四
	dKeima-Red	440	616	25000	0.31	二
	HcRed1	588	618	20000	0.015	二
	mKeima-Red	440	620	14000	0.24	単
	mRaspberry	598	625	86000	0.15	単
	mPlum	590	649	41000	0.1	単
	AQ143	595	655	90000	0.04	四

424 nm) がオワンクラゲ由来 GFP の波長変異体として知られている[11]．

　花虫類（Anthozoa）の六放サンゴ類に属するスナギンチャク（Zoanthus）から単離された dsRed は最初に報告された赤色蛍光タンパク質である[12]．dsRed の発色団（Gln66-Tyr67-Gly68）は Gln66 の Cα-N 間のさらなる酸化により形成されたアシルイミン（C=N-C=O）によって π 電子共役系が拡張されて，励起・蛍光スペクトルが赤方化されている（極大励起ピーク：558 nm，極大蛍光ピーク：583 nm）（図 7.1.10(c), (d)）[13]．dsRed の発色団形成機構については諸説あり，従来は GFP 様の発色団形成に引き続きこの酸化反応が起こると考えられていたが[14]，現在ではαエノレートをもつ青色中間体あるいは環状イミンの形成の後に形成される青色中間体を経て，最終的に GFP 様の発色団部分の形成により発色団形成が完了するモデルが支持されている[15,16]．dsRed は生理条件下で強固な四量体を形成し，融合したタンパク質の動態に影響を与えるとともに，細胞内の凝集や局在の異常を引き起こす可能性があるため，進化工学的な改良により単量体の mRFP1[17] が開発された．その後，さらなる改変により 550 nm から 610 nm までのさまざまな蛍光特性を示す変異体，いわゆるフルーツシリーズ（mHoneydew, mBanana, mOrange, tdTomato, mTangerine, mStrawberry, mCherry）が開発された[18]．表 7.1.1 に，これまでに開発された代表的な蛍光タンパク質とその特性を示す．

b. 光スイッチング蛍光タンパク質[19]

　上述した蛍光タンパク質はいずれも常時蛍光性を有するが，蛍光特性を光で制御できるいわゆる光スイッチング蛍光タンパク質も開発されている．光スイッチング蛍光タンパク質はその特性から蛍光強度が増加する光活性化型と蛍光波長が変化する光変換型に分類することができる（図 7.1.11）．PA-GFP（photo-activatable GFP）は最初に報告された光活性化型蛍光タンパク質であり，GFP に T203H 変異（203 番目のスレオニンをヒスチジンに置換）を導入することで作成された[20]．PA-GFP は通常 395 nm の単一吸収極大しかもたないが，紫外線照射によって 470 nm の吸収極大が出現する．もともと 470 nm の吸収極大が存在しないため，紫外線照射前後で 470 nm 励起による蛍光強度が 100 倍も変化する．表 7.1.2 にこれまでに単離または開発された主な光活性化蛍光タンパク質とその特性を示す．

　PA-GFP の光スイッチングは不可逆であるが，Dronpa は紫色（405 nm）と青色（488 nm）の光を照射することで，518 nm の緑色蛍光の On と Off を何度も行なえるという特徴をもつ[21]．Dronpa は細胞内で On 状態で発現するが，Dronpa を改良することにより Off 状態で発現する Padron も開発された[22]．Dronpa も Padron もそれを励起する波長そのものによって光スイッチングされる，つまり青色光の照射により緑色の蛍光を発すると同時に，蛍光状態が Off（Dronpa）あるいは On（Padron）になる特徴を有する．また，EGFP を改変することで Dronpa よりも光スイッチング速度が速く，光安定性の高い rsEGFP（reversibly switchable EGFP）が開発された．一方，

7.1 蛍光イメージングの基礎

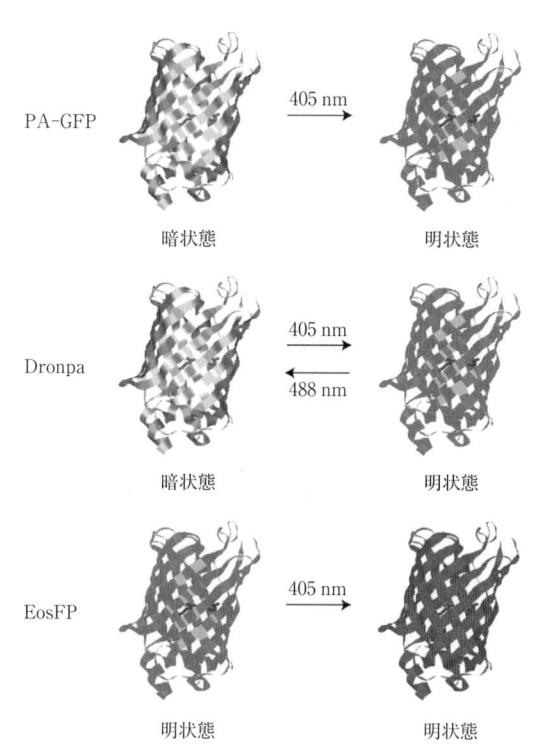

図 7.1.11 光スイッチング蛍光タンパク質の特性（口絵 15 参照）
PA-GFP は不可逆的，Dronpa は可逆的に明暗状態間を変化する．
EosFP は不可逆的に蛍光色が変化する．

表 7.1.2 光活性化蛍光タンパク質

	PAmCherry1	PAmCherry2	PAmCherry3	PA-GFP	KFP1	PAmRFP1
励起極大 [nm]	564	570	570	504	580	578
蛍光極大 [nm]	595	596	596	517	600	605
モル吸光係数 [$M^{-1} cm^{-1}$]	6500 18000	1900 24000	6500 21000	ND	59000	10000
重合状態 [量体]	単	単	単	単	四	単
蛍光量子収率	0.46	0.53	0.24	ND	0.07	0.08
刺激波長 [nm]	405	405	405	405	532	405

オワンクラゲ GFP 由来の YFP 変異体 Citrine を改変して開発された Dreiklang は励起波長と異なる波長の光によって蛍光性を On/Off することができる（365 nm の光でOn, 405 nm の光で Off, 蛍光の Ex/Em は 515/529 nm）[23]．表 7.1.3 にこれまでに単離

表 7.1.3 光変換蛍光タンパク質

	PSm Orange	PSm Orange2	Phamret	PSCFP-2	Kaede	KikGR
励起極大 [nm]	548 636	546 619	458	400 490	508, 572	507 583
蛍光極大 [nm]	565 662	561 651	475 517	468 511	518 582	517 593
モル吸光係数 [M^{-1} cm^{-1}]	113300 32700	51000 18900	ND	43000 47000	98800 60400	53700 35100
蛍光量子収率	0.51 0.28	0.61 0.38	ND	0.2 0.23	0.80 0.33	0.7 0.65
重合状態 [量体]	単	単	単	単	四	四
刺激波長 [nm]	488	488	405	405	405	405

	mKikGR	Dendra2	EosFP	mEos2	mEos3
励起極大 [nm]	505 580	490 553	506 571	506 573	503 570
蛍光極大 [nm]	515 591	507 573	516 581	519 584	513 580
モル吸光係数 [M^{-1} cm^{-1}]	49000 28000	45000 35000	67200 37000	56000 46000	88400 33500
蛍光量子収率	0.69 0.63	0.5 0.55	0.64 0.62	0.84 0.66	0.83 0.62
重合状態 [量体]	単	単	四	単	単
刺激波長 [nm]	405	405	405	405	405

または開発された主な可逆的光活性化蛍光タンパク質とその特性を示す．

Kaede は紫外線照射によりその蛍光が緑色から赤色に変化する光変換蛍光タンパク質として最初に報告されたものである．Kaede はホモ四量体を形成するため任意のタンパク質と融合して細胞内での動態を解析することには適さないが，mEosFP[24]，Dendra2[25] など単量体型の光変換蛍光タンパク質が開発されている．表 7.1.4 にこれまでに単離または開発された主な光変換蛍光タンパク質とその特性を示す．

c. 光スイッチング蛍光タンパク質を利用した超解像法[19]

回折限界をこえる蛍光イメージングを行うための代表的な技術の一つ，STED（stimulated emission depletion）顕微鏡では，励起用のレーザーを取り囲むドーナツ型の誘導放出用レーザー（STED 光）を照射し，励起状態の蛍光分子を強制的に基底状態に戻すことによって，自然放出により発光する分子をより局所に絞り込み，空間分解能を向上させている（図 7.1.12）[26,27]．この方法では，誘導放出のために GW cm^{-2} の強力な STED 光の照射を必要とするため，蛍光分子と生体試料の双方に対する光損傷が懸念される．そこで，誘導放出の代わりに光照射により可逆的に蛍光状態

表7.1.4 可逆的光活性化蛍光タンパク質

	mGeos-X	rsEGFP	Dreiklang	Padron	bsDronpa	rsFastLime
励起極大 [nm]	501～506	493	515	503	460	496
蛍光極大 [nm]	512～519	510	529	522	504	518
モル吸光係数 [M^{-1} cm^{-1}]	51609～69630	47000	83000	43000	45000	46000
蛍光量子収率	0.72～0.85	0.36	0.41	0.64	0.5	0.6
重合状態 [量体]	単	単	単	単	単	単
スイッチング特性（注）	N	N	P	P	N	N
スイッチオン波長 [nm]	405	405	365	488	405	405
スイッチオフ波長 [nm]	488	491	405	405	488	488

	Dronpa	Dronpa-2	Dronpa-3	rsCherry	rsCherry Rev
励起極大 [nm]	503	486	487	572	572
蛍光極大 [nm]	518	487	514	610	608
モル吸光係数 [M^{-1} cm^{-1}]	125000	56000	58000	80000	84000
蛍光量子収率	0.68	0.28	0.33	0.02	0.005
重合状態 [量体]	単	単	単	単	単
スイッチング特性（注）	N	N	N	P	P
スイッチオン波長 [nm]	405	405	405	550	450
スイッチオフ波長 [nm]	488	488	488	450	550

（注）Nはネガティブスイッチング（観察するための波長でスイッチオフ），Pはポジティブスイッチング（観察するための波長以外の光でスイッチオフ）を表す．

を変化させることのできる蛍光タンパク質の特性を生かして，10^{-8} 程度の照射エネルギーの光刺激により蛍光を Off 状態にすることにより照射エネルギーを低減させた RESOLFT が開発された[28]．これまでに，asFP595[28] や Dronpa[29]，rsEGFP[30] を用いたイメージングが行われてきたが，STED の誘導放出が蛍光寿命よりも短いピコ秒レベルで起こるのに対し，最も改良された rsEGFP でも Dronpa に比べて Off 状態の変化が10倍以上速くなったものの On/Off のサイクルに数十 ms を要するためさらなる改良が望まれている．

　PALM（photoactivated localization microscopy）法は，光スイッチング蛍光タンパク質を用いた全反射顕微鏡による1分子観察によって行われる超解像法である（図

7.1.13)[31,32] 通常の観察で回折限界中に存在する複数の蛍光タンパク質が同時に見えてしまうが,弱い刺激光照射により光活性化/変換蛍光タンパク質の1分子を活性化してイメージ取得し,その後,その分子を退色させるか,可逆的な光活性化蛍光タンパク質の場合は光刺激によりOff状態に変化させ,再度,少数の分子のみを活性化して観察を繰り返す.取得した画像の各輝点の点像に二次元ガウス関数をフィッティングさせその重心位置を分子の位置として記録するとその空間分解能は10 nmに達する.一般的に1画像を取得するのに数時間を要するため生細胞観察に応用するのは難しいが,光変換蛍光タンパク質tdEOSを用いて生細胞での接着複合体のイメージを60 nm程度の空間分解能で25 s/フレームのフレームレートで観察した例も報告されており[33],さらなる発展が期待される.

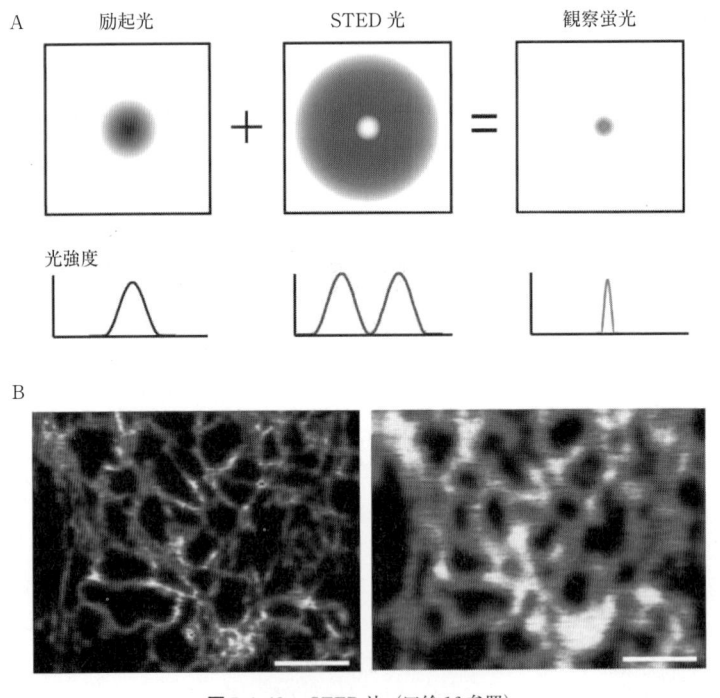

図7.1.12 STED法（口絵16参照）
A：STEDの原理.回折限界まで絞り込んだ励起レーザー光とドーナツ形に成形されたSTEDビームが蛍光分子に照射されると,STEDビームが照射されている部分の蛍光分子は誘導放出によって強制的に基底状態へと遷移させられ,ドーナツの中心部分のみ蛍光が観察される.この領域は回折限界よりも小さく,数十nmの半値全幅をもつ鋭いピーク形状の蛍光スポットとなる.
B：STED法による黄色蛍光タンパク質Citrineで標識した小胞体の超解像観察.右パネルは同視野の共焦点顕微鏡観察像を示す.文献27よりそれぞれ*PNAS*の許可を得て掲載.スケールバーは5 μm.

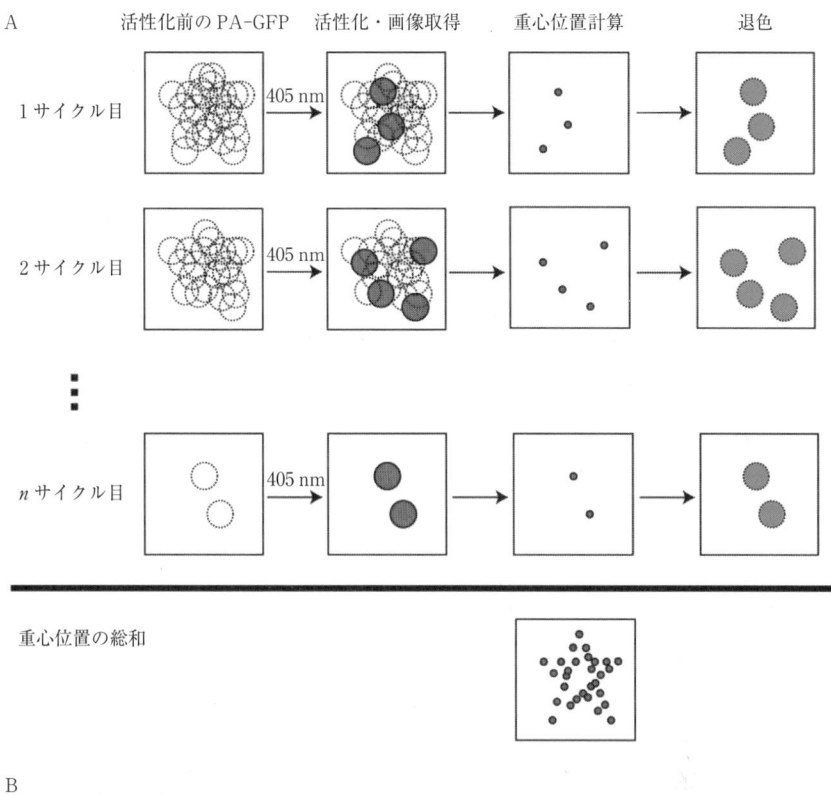

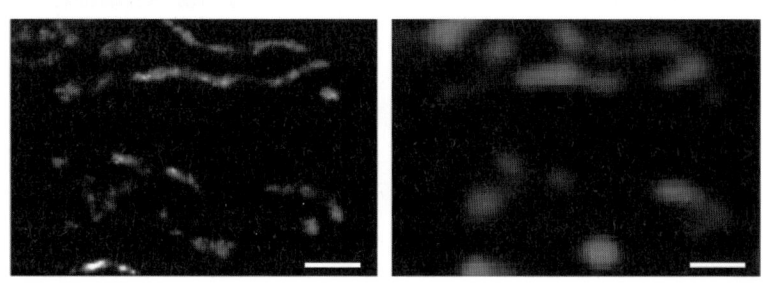

図 7.1.13 PALM 法

A：PALM の原理．PALM は光活性化→画像取得→重心位置計算→退色の過程を 1 サイクルとして，視野中の蛍光分子がすべて退色されるまで繰り返し，得られたすべての輝度重心輝点を重ね合わせることで最終画像を得る．
B：PALM による dEosFP で標識したミトコンドリアの超解像観察．右パネルは同視野の全反射顕微鏡像を示す．文献 31 より Science の許可を得て掲載．スケールバーは 1 μm（口絵 17 参照）．

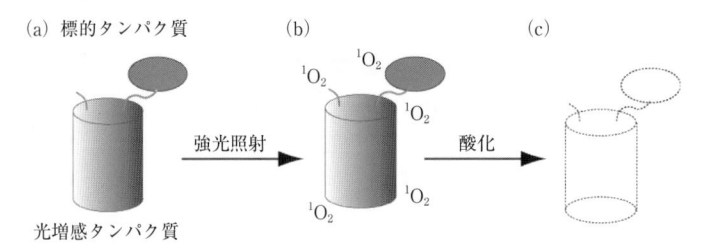

図 7.1.14 蛍光タンパク質を光増感分子として利用し，標的タンパク質を光照射依存的に不活性化する CALI 法

(a) 不活性化したいタンパク質あるいはその結合タンパク質を光増感タンパク質 KillerRed と融合して細胞に発現させる．(b) 細胞内の任意の場所に強い緑色光（たとえば 532 nm のレーザーなど）を照射し，KillerRed から活性酸素（一重項酸素）を産生させる．(c) 活性酸素は近傍の分子を酸化し不活性化させる．

d. 蛍光タンパク質による標的分子破壊

　蛍光タンパク質は，光照射依存的に微小領域に存在する分子を破壊する CALI (chromophore-assisted light inactivation) 法での光増感分子として利用可能である．CALI 法とは，蛍光分子に強い励起光を与えることで産生される活性酸素によって周囲の分子を不可逆的に酸化することを原理とする．標的タンパク質と蛍光タンパク質を融合すれば強い光の照射により標的タンパク質を不活性化し，そのときの生理機能の変化を解析することで標的タンパク質の機能を調べることが可能となる（図 7.1.14）．一般に蛍光タンパク質は発色団が完全にタンパク質のなかに埋没しているため，産生された活性酸素はタンパク質内部で反応する結果，タンパク質外に放出されないため CALI 活性が低い．丸裸の低分子蛍光化合物ほど蛍光タンパク質が光毒性を示さないのはそのためである．ところが，2 光子励起をした場合には効果的に活性酸素が蛍光タンパク質外に拡散し，近傍のタンパク質を破壊できる[34]．一方，通常の水銀光源でも CALI 活性を示す蛍光タンパク質として KillerRed が開発されている[35]．本方法は遺伝子破壊法や RNA 干渉法ではなしえない，細胞内の局所領域に存在するタンパク質を任意の時間に破壊できる方法として有用な技術であるものの，KillerRed は二量体を形成するため，応用できる対象は限られていた．近年，単量体型 KillerRed である SuperNova が開発され応用範囲が広がった[36]．　〔永井健治〕

文献・注

1) O. Shimomura, et al.: *J. Cell. Comp. Physiol.*, **59** (1962), 223-229.
2) D. C. Prasher, et al.: *Gene*, **111** (1992), 229-233.
3) M. Chalfie, et al.: *Science*, **263** (1994), 802-805.
4) R. Heim, et al.: *Nature*, **373** (1995), 663-664.
5) R. Heim, et al.: *Proc. Natl. Acad. Sci. USA*, **91** (1994), 12501-12504.
6) R. Y. Tsien: *Annu. Rev. Biochem.*, **67** (1998), 509-544.

7) M. Ormo, *et al.*：*Science*, **273** (1996), 1392-1395.
8) B. G. Reid and G. C. Flynn：*Biochemistry*, **36** (1997), 6786-6791.
9) E. E. Ward and S. H. Bockman：*Biochemistry*, **21** (1982), 4535-4540.
10) K. Brejc, *et al.*：*Proc. Natl. Acad. Sci. USA*, **94** (1997), 2306-2311.
11) W. Tomosugi, *et al.*：*Nature Methods*, **6** (2009), 351-353.
12) M.V. Matz, *et al.*：*Nat. Biotechnol.*, **17** (1999), 969-973.
13) D. M. Chudakov, *et al.*：*Nature Protocols*, **2** (2007), 2024-2032.
14) L. A. Gross, *et al.*：*Proc. Natl. Acad. Sci. USA*, **97** (2000), 11990-11995.
15) S. Pletnev, *et al.*：*J. Am. Chem. Soc.*, **132** (2010), 2243-2253.
16) R. L. Strack, *et al.*：*J. Am. Chem. Soc.*, **132** (2010), 8496-8505.
17) R. E. Campbell, *et al.*：*Proc. Natl. Acad. Sci. USA*, **99** (2002), 7877-7882.
18) N. C. Shaner, *et al.*：*Nat. Biotechnol.*, **22** (2004), 1567-1572.
19) D. K. Tiwari and T. Nagai：*Dev. Growth Different.*, **55** (2013), 491-507.
20) G. H. Patterson and J. Lippincott-Schwartz：*Science*, **297** (2002), 1873-1877.
21) R. Ando, *et al.*：*Science*, **306** (2004), 1370-1373.
22) M. Andresen, *et al.*：*Nat. Biotechnol.*, **26** (2222), 1035-1040.
23) T. Brakemann, *et al.*：*Nat. Biotechnol.*, **29** (2011), 942-947.
24) S. A. McKinney, *et al.*：*Nat. Methods*, **6** (2009), 131-133.
25) D. M. Chudakov, *et al.*：*Nat. Protocols*, **2** (2007), 2024-2032.
26) S. W. Hell and J. Wichmann：*Opt. Lett.*, **19** (1994), 780-782.
27) B. Hein, *et al.*：*Proc. Natl Acad. Sci. USA*, **105** (2008), 14271.
28) M. Hofmann, *et al.*：*Proc. Natl Acad. Sci. USA*, **102** (2005), 17565-17569.
29) P. Dedecker, *et al.*：*J. Am. Chem. Soc.*, **129** (2007), 16132-16141.
30) T. Grotjohann, *et al.*：*Nature*, **478** (2011), 204-208.
31) E. Betzig, *et al.*：*Science*, **313** (2006), 1642-1645.
32) M. J. Rust, *et al.*：*Nat. Methods*, **3** (2006), 793-795.
33) H. Shroff, *et al.*：*Nat. Methods*, **5** (2008), 417-423.
34) T. Tanabe, *et al.*：*Nat. Methods*, **2** (2005), 503-505.
35) M. E. Bulina, *et al.*：*Nat. Biotechnol.*, **24** (2006), 95-99.
36) K. Takemoto, *et al.*：*Sci. Rep.*, **3** (2013), 2629.

7.1.4 量子ドット蛍光プローブ

　微粒子蛍光プローブには金属，半導体，シリカ，ダイヤモンドなどのナノ粒子があげられるが，最も実用化が進んでいるのは半導体の量子ドットである．量子ドットとは直径が1〜10 nm程度の量子井戸構造（電子の移動方向が三次元空間で束縛された状態）を有する半導体のナノ結晶である．現在蛍光プローブとして利用されている代表的な量子ドットはII-V属の半導体のCdSe（480〜700 nm），CdSeTe（700〜900 nm），PbS（900〜1600 nm）などで，これらの量子ドットは，従来の有機蛍光色素や蛍光タンパク質に比べるとはるかに明るく光退色しにくいため，細胞あるいは生体でのイメージング用蛍光プローブとして非常に優れている．

量子ドットが蛍光イメージング用プローブとして利用できるようになったのは，1996年以降で化学合成に基づく高輝度量子ドットの大量合成が可能になったことによる．1993年，MITのBawendiらにより，配位性有機化合物を溶媒として有機金属化合物を熱分解させることにより高輝度発光のCdS，CdSe，CdTe量子ドットを得る化学合成法が開発された[1]．しかしながら，この方法で得られる量子ドットは高輝度であるが，量子ドット表面の疎水性が非常に高く水には溶解しない．また，コア構造のみの量子ドットでは表面化学修飾により水溶化した場合，蛍光が消失してしまう欠点があった．1990年後半になってGuyot-Sionnest[2]およびBawendi[3]らによりコア/シェル型のCdSe/ZnS量子ドットの合成法が開発され，水溶液中でも高輝度発光する量子ドットの作製が可能になった．翌年には，Alivisatos[4]およびNie[5]らの研究グループがそれぞれ独立に細胞イメージング用蛍光プローブとしての量子ドットの有用性をScience誌上に報告した．これ以降，量子ドットプローブの合成，バイオイメージングへの応用に関する研究が急速に進展してきている．ここでは，量子ドットの光学特性，合成法，表面修飾法，およびバイオイメージング用蛍光プローブとしての応用について概説する．

a. 量子ドットの光学特性

量子ドットは従来の有機蛍光色素や蛍光タンパク質ではみられない非常にユニークな光学特性（ブロードな吸収とスペクトル幅の狭い蛍光発光）を有している．量子ドットを蛍光プローブとして応用するうえでとくに優れているのが，発光波長のサイズ依存性と抗光退色性である．発光波長が量子ドットの粒径に依存するため，多色蛍光の量子ドットプローブの作製が可能である．また，有機蛍光色素などに比べて光励起による退色が起こりにくいため，1分子蛍光測定や長時間測定に有効である．量子ドットは$10^2 \sim 10^4$個の原子から構成されるナノ結晶であり，その電子状態は価電子帯および伝導帯からなるバンド構造を形成している（図7.1.15）．価電子帯および伝導帯のエネルギー差はバンドギャップと呼ばれ，基底状態では電子はすべて価電子帯を満たしているが，バンドギャップより大きいエネルギーの光子を吸収すると価電子帯から伝導帯への電子遷移が起こる．量子ドットではバンドギャップより大きなエネルギーの光ならどんな波長の光でも吸収する．そのため，量子ドットの吸収スペクトルは，非常にブロードになる．価電子帯には正の電荷をもった正孔がまた伝導帯には励起電子が存在し，電子と正孔とが再結合するときに光子を放出する．これが半導体量子ドットの蛍光である．

半導体量子ドットのバンドギャップは，ナノ結晶のサイズが大きくなるとともに減少する（量子サイズ効果）．そのため，量子ドットの発光波長は著しいサイズ依存性を示す．図7.1.16には量子ドットの蛍光スペクトルを示した．CdSe量子ドットでは，粒径を約3 nmから5 nmにまで変えることによって青緑から赤まで（500～650 nm）発光させることができる．一般に量子ドットの粒径は，合成に用いる有機金属化合

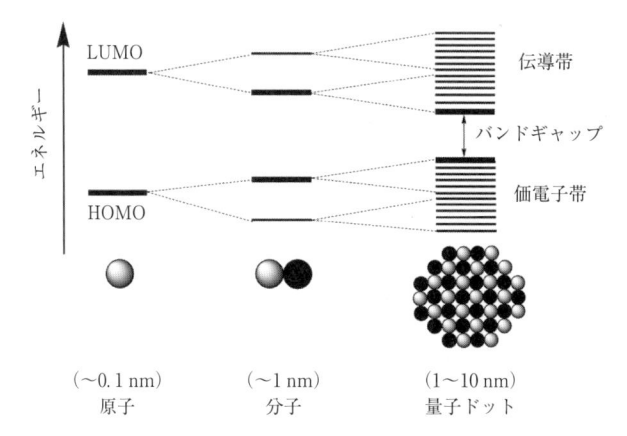

図7.1.15 原子，分子，量子ドットのエネルギー準位の相関を示した模式図
量子ドットでは，電子状態は価電子帯および伝導帯からなるバンド構造を形成する（HOMO：最高占有分子軌道，LUMO：最低未占有分子軌道）．

物の熱分解反応の温度あるいは反応時間により制御することができる．また，量子ドットのバンドギャップは半導体の種類にも依存する．現在では，ZnSe, CdS, CdSe, CdSeTe, PbS, PbSe などの半導体により可視から近赤外（400～2000 nm）まで発光する量子ドットの作製が可能である[6]．

量子ドットは，有機蛍光色素や蛍光タンパク質に比べ輝度が高く光退色に強い優れた発光特性を有しているが，欠点としては発光の点滅現象（ブリンキング）があげられる．量子ドットの発光を1粒子レベルで観測すると，ランダムな蛍光のOn-Offが観測される（図7.1.17）（4.2.2.6項を参照）．その時間スケールはミリ秒から数秒のオーダーである．ブリンキングは，

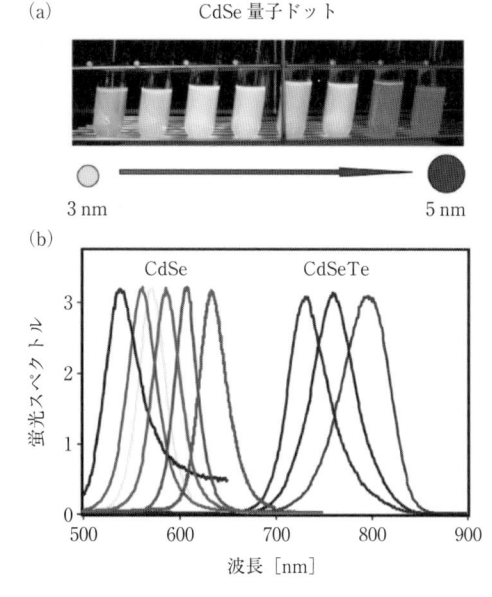

図7.1.16 (a) CdSe量子ドットのクロロホルム溶液での蛍光写真（365 nm励起）と (b) CdSeおよびCdSeTe量子ドットの蛍光スペクトル（480 nm励起）（口絵18参照）

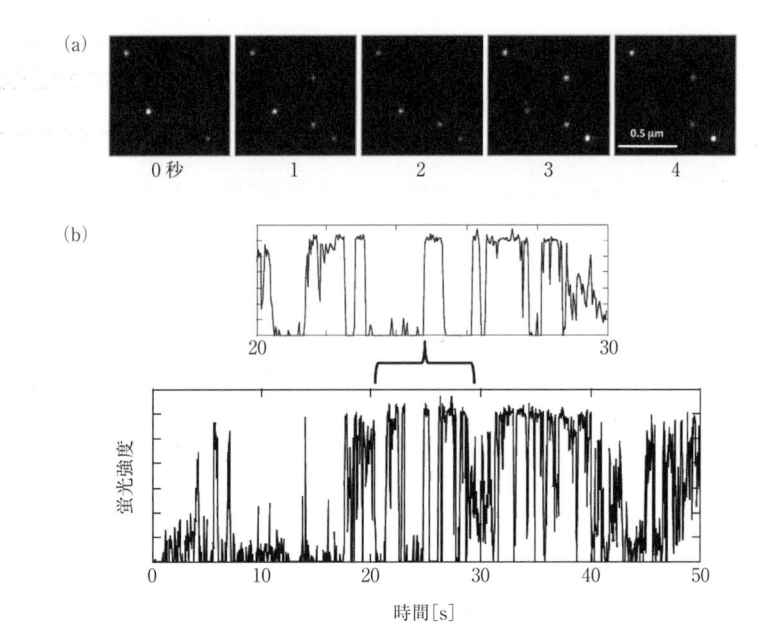

図 7.1.17 (a) ガラス基板にキャストした CdSe/ZnS 量子ドットの蛍光のブリンキング（488 nm 励起）および (b) CdSe/ZnS 量子ドット 1 粒子のブリンキングによる蛍光強度の時間変化

量子ドットを 1 分子追跡や 1 分子 FRET 計測に使う場合，障害となる．現在のところ，量子ドットのブリンキングの原因としては，オージェ再結合による量子ドットのイオン化（A-機構）とドット表面の欠陥への励起電子のトラップ（B-機構）があげられている[7]．ブリンキングを抑える方法として，高濃度のメルカプトエタノールや没食子酸プロピルなどの電子供与性化合物をブリンキング防止剤として量子ドットに添加する，あるいはバンドギャップの大きな半導体でマルチシェル構造を形成するなどの方法が報告されている[8]．しかし現在のところ，ブリンキングを完全に抑制した量子ドットの合成法は確立されていない．

b. 蛍光プローブ用量子ドットの合成法

蛍光プローブ用の高輝度な量子ドットを得るための最も一般的な合成法は，配位性有機溶媒中で有機金属化合物を熱分解する方法である．この方法は 1993 年 Bawendi らによって CdE（E = S, Se, Te）の量子ドットの合成法としてはじめて報告された[1]．この合成法では，配位性有機化合物である TOP（trioctylphosphine）や TOPO（trioctylphosphine oxide）を溶媒として，ジメチルカドミウムおよび S, Se, Te の TOP 錯体あるいは有機金属化合物 300℃ の高温で熱分解し量子ドットを作製する．

しかし，このようなコアのみの量子ドットでは，表面修飾により水溶化すると蛍光は消失してしまう．そのため水溶液中での蛍光プローブとしては応用できない．この問題を解決したのがコア/シェル型の量子ドット（図7.1.18）である[2,3]．コア/シェル型の量子ドットでは，バンドギャップの大きい半導体でコア部分を被覆するため，光励起により生成した電子-正孔対（励起子）はコア内に閉じ込められる．その結果，量子ドットの表面で起こると考えられる励起子の無輻射緩和が減少し，発光の量子収率は増大する．CdSe/ZnSのコア/シェル量子ドットでは現在50%以上の量子収率が実現できている[9]．量子ドットの発光効率を高めるためには，光吸収により生成した電子-正孔対が効率よく再結合できるよう，格子欠陥の少ないナノ結晶をつくることが必要である．そのため，格子定数を徐々に変化させて作製したCdSe/CdZnS/ZnS，CdSe/CdS/ZnS，CdSe/ZnSe/ZnSなどのマルチシェル構造をもつ量子ドットでは，CdSe/ZnSよりもさらに高い量子収率の値が報告されている[9]．量子ドットの合成では，発光の量子収率とともに重要なのが粒子サイズを均一にすることである．ナノ粒子の結晶の成長速度には，反応前駆体の種類，濃度比，反応溶媒の種類，反応温度などさまざまな反応条件が影響するので，粒子サイズをそろえるためには，目的とする量子ドットの大きさ，種類によって反応条件を最適化する必要がある．一般的にCdE（E=S, Se, Te）の量子ドットの合成においては，粒子サイズの分散は10%以下に抑えることができる．これらの量子ドットでは，精製段階での再結晶法によりさらにサイズを均一にすることができる．

　量子ドットは球形の半導体ナノ結晶であるが，反応溶媒として用いる配位性化合物にリン酸化アルキルなどを用いることによって，棒状の量子ドット（量子ロッド）も合成することができる．CdSe量子ロッドの合成では，配位性化合物としてTOPOとHPA（hexylphosphonic acid）あるいはODPA（octadecylphosphonic acid）の混合物を用いる．量子ロッドの形成は，これらリン酸化アルキル化合物のウルツ型CdSeナノ結晶への異方的な結合による結晶成長で説明されている[10]．CdSe量子ドットをコアにして，CdSによるシェルをロッド状に結晶成長させることにより，コア/シェル型の量子ロッドの合成も可能である．このような量子ロッドでは，偏光励起により蛍光発光の異方性が観測されるため，モータータンパク質などの1分子蛍光イメージングにおける蛍光異方性プローブとして有用である[11]（図7.1.19）．

c. 表面修飾による量子ドットの水溶化法

　配位性有機溶媒中で合成された高輝度量子ドットは，その表面がTOPOやHDA

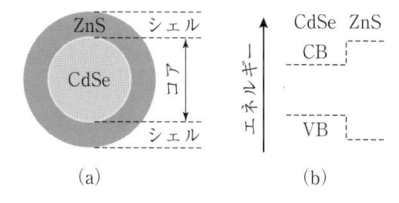

図7.1.18　(a) 蛍光プローブ用半導体量子ドットとして最も一般的なCdSe/ZnSのコア/シェル構造と (b) エネルギーダイヤグラムの模式図（CB：伝導帯，VB：価電子帯）

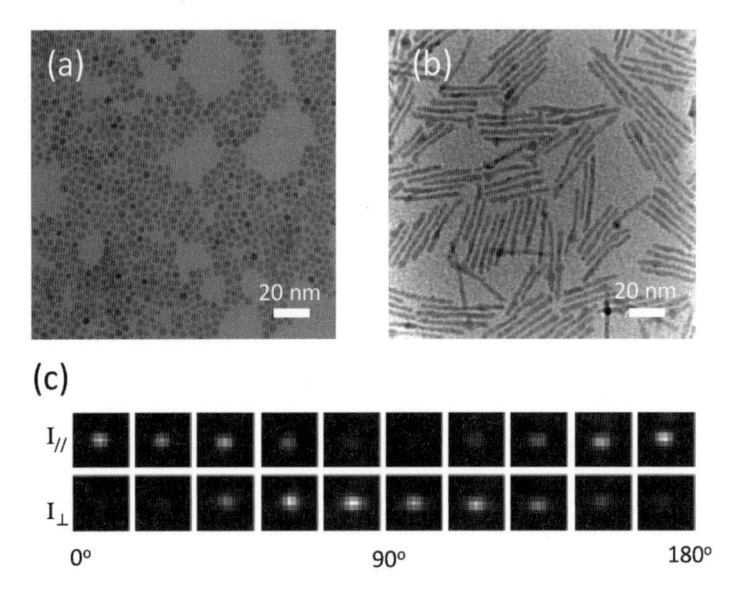

図 7.1.19 (a) CdSe/ZnS のコア/シェル構造をもつ量子ドット, (b) 量子ロッドの透過型電子顕微鏡像と (c) CdSe/ZnS 量子ロッド 1 粒子からの蛍光(偏光励起)を 90°位相の異なる偏光フィルターで観測したときの蛍光強度変化

(hexadecylamine)などで被覆されているため,非常に疎水性が高く水へは溶解しない.そのため,量子ドットを水溶化するには,表面修飾をして親水性にする必要がある.その方法には,表面の有機層を両親媒性のチオール化合物などで置換する方法(配位子置換法)と表面の有機層を残したまま両親媒性ポリマーで被覆する方法(カプセル化法)の 2 種類がある[12].

チオール系化合物などを利用する配位子置換法による表面修飾は,操作が簡便であり比較的粒径の小さな水溶性量子ドットを作製するのに適している.チオール系化合物は疎水性表面をもつ(TOPO 被覆)量子ドットとテトラヒドロフランなどの有機溶媒中で混合するだけで容易に配位子置換を起こす(図 7.1.20(a)).この方法の欠点は,表面修飾による発光の量子収率の低下である.この原因としては,チオール系化合物の配位子交換に伴う量子ドットでの格子欠陥の生成が考えられる.たとえば,TOPO 被覆 CdSe 量子ドットをメルカプト酢酸などで配位子交換し水溶化すると量子ドットの蛍光は完全に消失する.またコア/シェル CdSe/ZnS 量子ドットの場合でも,シェル構造の厚さが十分でないとチオール系化合物で置換した場合著しい蛍光輝度の低下をもたらす.

一方,両親媒性ポリマーによるカプセル化では,配位子置換法と違い TOPO などの疎水性有機層を残したまま水溶化するため,蛍光輝度の著しい低下は起こらない.しかし,分子量の大きい両親媒性ポリマーで表面修飾するため生成した水溶性量子

7.1 蛍光イメージングの基礎

(a) 配位子置換

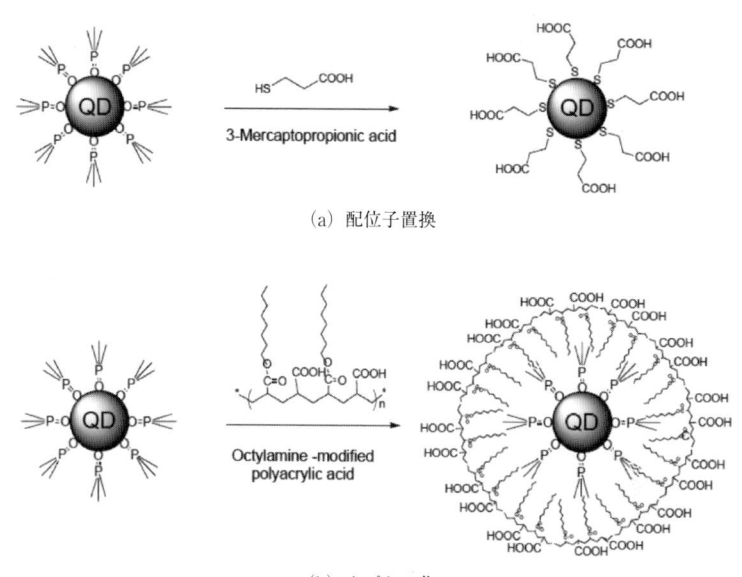

(b) カプセル化

図 7.1.20 表面修飾による量子ドットの親水化法
(a) 配位子置換法（疎水性の TOPO を 3-メルカプトプロピオン酸などで置換し表面を親水性にする方法），(b) カプセル化法（疎水性の量子ドットを両親媒性ポリマーで被覆し表面を親水性にする方法）．

ドットの粒径が大きくなる傾向がある．Invitrogen 社から市販されている CdSe/ZnS 量子ドットの場合，ポリアクリルアミン系の両親媒性ポリマーで被覆されており非常に高輝度ではあるが，粒径は 15 nm 程度の大きさになっている．図 7.1.20(b) には，ポリアクリルアミン系の両親媒性ポリマーを使った量子ドットの水溶化法を示した．この方法では，まずクロロホルムなどの有機溶媒に疎水性の量子ドットと両親媒性ポリマーを溶解させる．次に減圧下で溶媒を蒸発させた後，水あるいは緩衝液を加え，両親媒性ポリマーにより被覆された水溶性の量子ドットを得る．配位子交換反応と異なり，両親媒性ポリマーによる表面被覆では得られる水溶性量子ドットの粒子径分布が広くなるため，ゲルろ過や超遠心などで精製する必要がある．これまでさまざまな配位子置換法，カプセル化法が量子ドットの水溶化に用いられているが，被覆剤の調整法，水溶化の簡便さ，得られる水溶性量子ドットの輝度や安定性，粒子径をそろえるための精製法においてそれぞれに長所短所がある．配位子交換あるいはカプセル化法によって量子ドットを水溶化するための表面修飾剤には，市販品として入手容易なものから合成が必要なものまで数十種類が報告されている．そのなかには合成化合物であるチオール化合物やポリエチレンイミン，天然物由来のペプチド，糖鎖，リン脂質などさまざまなタイプのものがある．量子ドットを蛍光イメージング用プローブと

して応用するうえでは，当然ながら毒性のない表面修飾剤が望ましい．

d. 生体分子の修飾法と細胞イメージングへの応用

表面被覆により量子ドットを親水化し，その表面に導入されるアミノ基やカルボキシル基に抗体やペプチド，リガンドなどの生体分子を修飾することにより，細胞イメージング用量子ドットプローブとして利用できる[13]．図 7.1.21 には，例としてグルタチオン被覆量子ドットへのモノクローナル HER2 抗体（IgG）の修飾法について 3 種類の反応スキームを示した．HER2 とは，ヒト上皮細胞増殖因子の受容体と類似の構造をもつがん遺伝子の一つである human epidermal growth factor receptor type 2（ヒト上皮細胞増殖因子受容体 2 型）の略であり，転移性乳がん細胞の 20〜30% に HER2 受容体が過剰発現していることが知られている．量子ドット表面にはカルボキシル基およびアミノ基が露出しているため，さまざまなカップリング反応が利用でき，① EDC（N-(3-(dimethylamino)-propyl)-N'-ethylcarbodiimide）/sulfo-NHS，② iminothiolane/sulfo-SMCC，③ sulfo-SMCC のカップリング試薬を使用した抗体の修飾法を示している．最初の EDC/sulfo-NHS カップリングは，最も一般的に用いられる方法で，量子ドット表面のカルボキシル基を活性化し抗体のアミノ基と結合させる．2 番目の iminothiolane/sulfo-SMCC では，まず抗体のアミノ基に iminothiolane を反応させ，抗体-iminothiolane 誘導体の SH 基と sulfo-SMCC で活性化された量子ドット表面のアミノ基を結合させる．これら二つの抗体修飾法は，量子ドットと抗体のアミノ基との非特異的な結合である．3 番目は，還元した抗体の SH 基と sulfo-SMCC

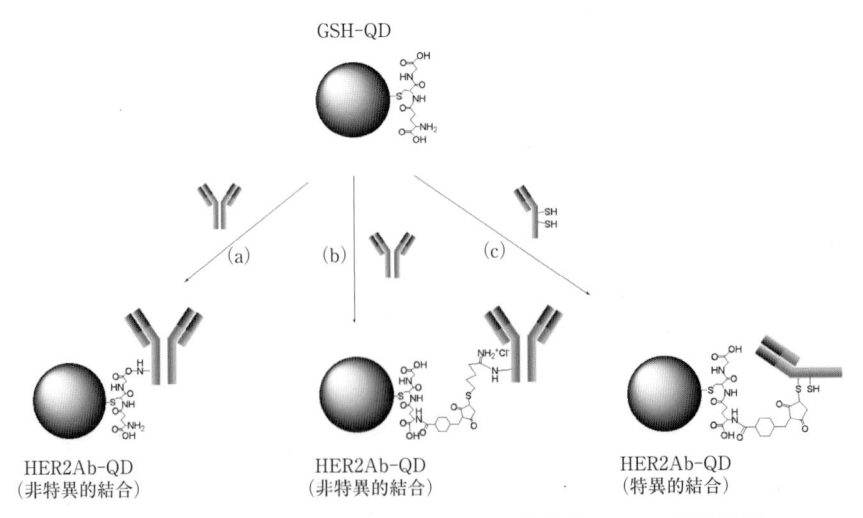

図 7.1.21 グルタチオン被覆量子ドット（GSH-QD）表面への HER2 抗体修飾法
(a) EDC/sulfo-NHS，(b) iminothiolane/sulfo-SMCC，(c) sulfo-SMCC カップリング．

7.1 蛍光イメージングの基礎

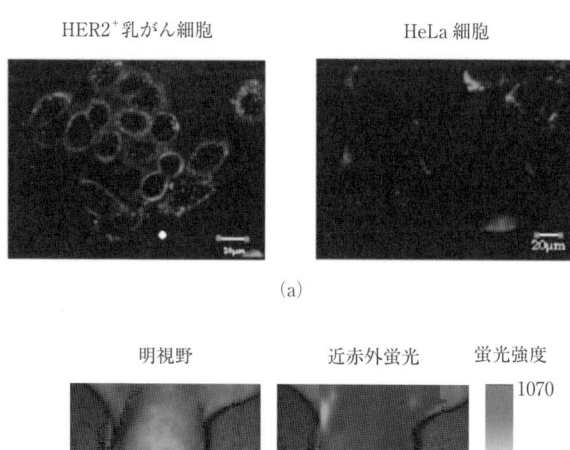

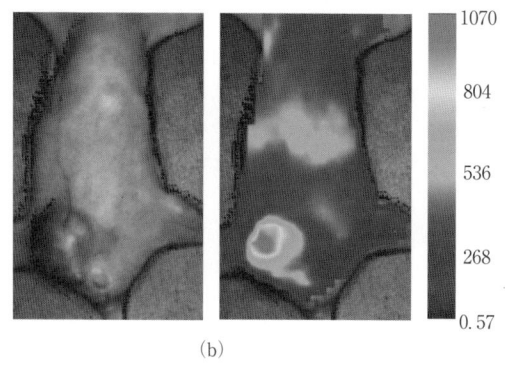

図 7.1.22 (a) HER2抗体修飾 CdSe/ZnS 量子ドット（650 nm 蛍光）による HER2$^+$ ヒト乳がん細胞と HeLa 細胞（コントロール）の蛍光イメージングと（b）HER2抗体修飾近赤外 CdSeTe/CdS 量子ドットによる HER2$^+$ 乳がん腫瘍のイメージング（800 nm 蛍光．口絵19参照）

で活性化されたアミノ基を結合させる方法である．この方法では，前者二つの方法に比べ抗体の抗原認識部位がカップリング反応によりブロックされないため抗体活性が維持されると考えられる．図7.1.22(a)には，この方法で作製したHER2抗体修飾量子ドットによるヒト乳がん細胞の蛍光イメージングを示した[14]．この細胞株では細胞膜上にHER2受容体が過剰発現しており，10 nM程度の抗体修飾量子ドットによってがん細胞が検出できる．

EDCに代表されるようなクロスカップリング試薬を使用して，タンパク質や抗体などの生体分子を量子ドット表面に修飾する方法は非常に簡便であるが，生体分子は非特異的に結合するため抗体などの場合活性が低下することがある．そのため，特異的に生体分子を量子ドット表面に結合させるためには，ビオチン-アビジン結合，His-Tag，Halo-Tag，GST-Tag，SNAP-Tag技術を利用した修飾法が用いられている．量子ドット表面への生体分子修飾法は，実験目的に応じて使い分けることが肝要

であるが，しばしば問題となるのが生体分子修飾後の量子ドットの分散性低下（アグリゲーション）である．これを避けるためには，用いるカップリング試薬の濃度，量子ドット1個あたり結合するTagリガンドの数や生体分子の個数など，カップリング条件を慎重に検討する必要がある．

e. 生体蛍光イメージングへの応用

量子ドットを従来の有機系蛍光色素と比べたときの最も優位な点は近赤外領域での高輝度発光である．波長で800 nm以上になると，高輝度に近赤外蛍光を発する水溶性有機蛍光色素はほとんどない．最も代表的な近赤外蛍光色素であるICG (indocyanine green) では水中での量子収率はわずか1～2%程度である．シアニン系の近赤外有機蛍光系色素は共役系が長いため，一般に水での溶解性・安定性は高くない．一方，近赤外量子ドットは有機蛍光色素に比べて格段に輝度が高く，水溶化した場合の溶解性も十分高い．グルタチオン被覆の水溶性CdSeTe/CdS量子ドット（発光波長800～900 nm）では，20～40%の量子収率が達成できている[14]．このような高輝度発光近赤外量子ドットは，生体レベルでの蛍光イメージングの光造影剤として優れた特性を示す[15]．量子ドットを用いた生体イメージングの例としてヌードマウスにおける乳がん腫瘍の近赤外蛍光検出を示す．乳がんのモデルマウスは，ヒト乳がん細胞の10^7個を5週齢のヌードマウスの第2乳房に移植して作製した．大きさが5 mm程度の腫瘍ができるまでには1～2週間を要する．近赤外量子ドット（CdSeTe/CdS）をヒト乳がん細胞に集積させるため，量子ドット表面にはHER2抗体を結合させている．図7.1.22(b)には抗HER2抗体修飾近赤外量子ドットをマウス尾静脈から注入して24時間後の明視野像と近赤外蛍光像を示している．乳がん腫瘍部分の蛍光輝度は，その周辺部位に比べ高くなっており，明視野像と比較すると腫瘍部分に量子ドットが集積していることがわかる．生体透過性のよい近赤外光といえども生体深部でのがんの検出となると組織による散乱や吸収があるため表面に出てくる光の量は著しく減少する．そのため近赤外量子ドットを用いた蛍光イメージングは生体の比較的表層にある乳がんなどの検出には非常に有効である．

f. 今後の課題

ここ十年で蛍光プローブ用量子ドットの合成研究にはめざましい進展があった．CdSe/ZnSに代表される量子ドットの合成技術の開発はほぼ完了し，現在では発光波長400 nmから1500 nmでの量子ドットはすべて手に入れることができる．しかし，量子ドットを生命科学分野で応用するうえではいまだいくつかの課題が残されている．最も大きな課題は，量子ドットの細胞内への導入技術である．量子ドットにTATペプチドやポリエチレンイミンなどを被覆して細胞内導入が行われてきたが，いまだ満足のいく細胞内導入技術は確立されていない．量子ドットをエンドサイトーシスを介さず量子ドットを細胞内へ簡単に導入できれば，蛍光プローブとしての実用

性は格段に高まることは間違いない．次に重要な課題は，高輝度でブリンキングのない量子ドットの開発である．量子ドットは，高輝度で光退色に強いため1分子レベルでの蛍光イメージングにおいては従来の色素に比べ長時間計測が可能である．これまでにブリンキングを抑制した量子ドットの合成法がいくつか報告されているが，現状では満足できるレベルまでは達していない．もう一つの重要な課題は，「第2の生体の光学窓」と呼ばれる波長領域1000～1500 nm での量子ドットの合成研究である．波長領域1000～1500 nm では組織による蛍光の吸収，散乱が低いため，高輝度な近赤外量子ドット蛍光プローブが開発されれば，生体の非侵襲蛍光イメージングは飛躍的に進展すると期待される．これらの近赤外量子ドットを用いたセンチネルリンパ節[16]やがん腫瘍組織の非侵襲蛍光イメージング用プローブの需要が高まるのは確実である．最後は，量子ドットの生体毒性に関する問題である．従来，合成されてきた量子ドットの多くは，カドミウムなどの毒性の強い重金属を含んでいる．量子ドットを蛍光プローブとして使用する場合，使用する濃度，表面被覆の工夫によって細胞毒性はかなり低減できる．しかし，長期的な時間スケールでは，量子ドットの毒性を完全に回避することは難しい．量子ドットの細胞毒性を根本的に解決するには，非カドミニウム系や貴金属系の新しいタイプの生体適合性量子ドットを開発することが必要である． 〔神　　隆〕

文献・注

1) C. B. Murray, et al.: *J. Am. Chem. Soc.*, **115** (1993), 8706-8715.
2) M. A. Hines and P. Guyot-Sionnest: *J. Phys. Chem.*, **100** (1996), 468-471.
3) B. O. Dabbousi, et al.: *J. Phys. Chem., B*, **101** (1997), 9463-9475.
4) M. Bruchez, Jr., et al.: *Science*, **281** (1998), 2013-2016.
5) W. C. W. Chan and S. Nie: *Science*, **281** (1998), 2016-2018.
6) I. L. Medintz, et al.: *Nat. Mater.*, **4** (2005), 435-446.
7) C. Galland, et al.: *Nature*, **479** (2011), 203-207.
8) Y. Chen, et al.: *J. Am. Chem. Soc.*, **130** (2008), 5026-5027.
9) D. V. Talapin, et al.: *J. Phys. Chem. B*, **108** (2004), 18826-18831.
10) E. C. Scher, et al.: *Phil. Trans. R. Soc. Lond. A*, **361** (2003), 241-257.
11) M. Ohmachi, et al.: *Proc. Natl. Acad. Sci. USA*, **109** (2012), 5294-5298.
12) X. Michalet, et al.: *Science*, **307** (2005), 538-544.
13) Y. Xing, et al.: *Nat. Prot.*, **2** (2007), 1152-1165.
14) D. K. Tiwari, et al.: *Sensors*, **9** (2009), 9332-9354.
15) M. Hasegawa, et al.: *Chem. Commun.*, **49** (2013), 228-230.
16) センチネルリンパ節：悪性腫瘍などから流れ出たリンパ液が最初に入り込むリンパ節をいう．見張りリンパ節とも呼ばれる．

7.1.5 ダイヤモンドナノ粒子

ダイヤモンドは結晶内に含まれる不純物の種類（窒素やホウ素）やその含有形態などの違いによって Ia, Ib, IIa, IIb の四つのタイプに分類される．このうち，窒素を含むダイヤモンドはタイプ Ia と Ib に分類される．天然に産出されるダイヤモンドの 98% は凝集した窒素を数百 ppm 含む，タイプ Ia である．一方，人工的に合成されるダイヤモンドは均一に分散した窒素を数十〜数百 ppm 含み，タイプ Ib に分類される．いまでは，5 GPa, 1300℃ 以上という超高圧，高温下の一定合成条件を維持する高度な制御技術が開発され，高品質な大型単結晶ダイヤモンドが合成されている．最近，この単結晶人工ダイヤモンドを物理的に破砕して作製したナノダイヤモンド粒子を，蛍光色素や量子ドットに代わる新しい蛍光プローブとする手法の開発が行われている．

ダイヤモンド内の窒素-格子空隙が蛍光を発することは，20 年ほど前から知られていた．これは炭素原子の結晶格子中に，不純物として含まれる窒素原子とダイヤモンド内にまれに存在する格子空隙（vacancy）が隣接するときにできる窒素-格子空隙中心（nitrogen-vacancy center）（図 7.1.23）が特殊な電子状態を形成することに由来している．とりわけ注目されているのは，タイプ Ib ダイヤモンド内の負の電荷をもった窒素-格子空隙中心，NV$^-$ である．NV$^-$ は 560 nm 付近の光で励起され，600〜800 nm の範囲の蛍光を発する[1]．NV$^-$ の蛍光は非常に安定しており，退色やブリンキング（量子ドットなどでよく起こる光の明滅）が起きないことが示されている[1,2]．量子収率は 0.7〜0.8 と非常に高く，直径 35 nm のダイヤモンド粒子の蛍光が，同じ

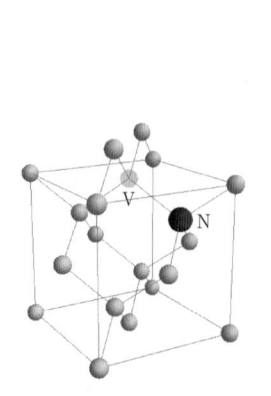

図 7.1.23 ダイヤモンド内の窒素-格子空隙中心の構造

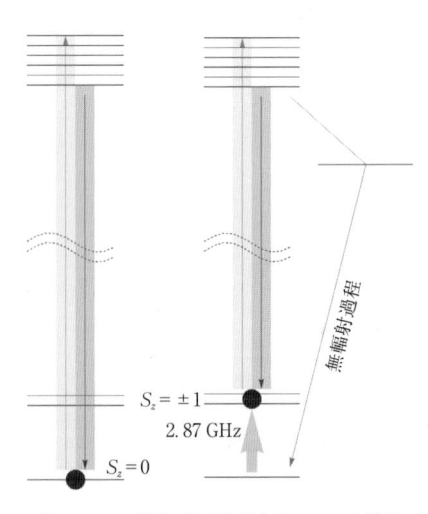

図 7.1.24 窒素-格子空隙中心のレベル構造

条件で励起した1分子の Alexa Fluor 546 の蛍光よりも明るいという報告がある[1,2]. 蛍光寿命は室温で 13 ns と比較的長い[3]. また，量子ドットのように毒性のある物質を含んでおらず，細胞毒性はほとんどないことが確認されている[1]. これまでに細胞内や線虫の体内に取り込ませたダイヤモンド粒子の蛍光観察例の報告がされている[2,4].

さらに，NV$^-$ には蛍光色素や量子ドットなど，他の蛍光プローブにはないユニークな性質がある．まず，NV$^-$ からの蛍光強度を磁気共鳴技術を使って制御できることである．NV$^-$ には，光励起前のスピン状態に依存して，二つの緩和過程が存在する．スピン三重項基底状態のうち，$S_z=0$ 状態から励起された電子は，高い確率で蛍光を発してもとの $S_z=0$ 状態に緩和する．一方，$S_z=\pm 1$ から励起された電子は，蛍光を発してもとの $S_z=\pm 1$ 状態へ緩和する過程と，蛍光を発せずに $S_z=0$ 状態へ緩和する過程がほぼ半々の確率で起こる．したがって，$S_z=\pm 1$ から励起された場合は，蛍光強度が弱くなる（図 7.1.24）．通常励起光を照射し続けると基底状態の電子の多くは $S_z=0$ 状態にある．しかし，共鳴周波数（2.87 GHz）の高周波を照射すると電子スピン共鳴（ESR）によって，$S_z=\pm 1$ 状態への遷移が起き，人為的に蛍光強度の減少を引き起こすことができる[5]. 逆の見方をすれば，蛍光強度の変化から，磁気共鳴を検出することが可能となる．これを光検出磁気共鳴（optically detected magnetic resonance : ODMR）という．この性質を利用すると，ダイヤモンド以外の蛍光物質や光学系に由来する雑音信号があっても，高周波照射で変調されるダイヤモンドからの蛍光信号のみを抽出し，選択的に観察することが可能になる[6]. 自家蛍光などの背景光によって蛍光観察が困難な生体試料の場合，この手法は非常に有用である．また，NV$^-$ に外部から静磁場を印加すると，その磁場強度[5] や N-V 結合方向と静磁場とのなす角度に依存して[7] 光検出磁気共鳴（ODMR）スペクトルに変化が現れる（図 7.1.25）．つまり，ODMR スペクトルを解析することで，ダイヤモンド粒子の角度を計測することができる．スペクトルパターンの変化は角度に鋭敏であるため，角度計測精度 1°程度で定量が可能である．さらに，磁性粒子とダイヤモンドナノ粒子が共存する場合，その距離や角度に依存して磁性粒子が NV$^-$ 位置につくる双極子磁場強度が増減し，ODMR スペクトルが変化する．強磁性を示すナノ粒子を使えば，数十 nm の空間範囲に数 G 以上の双極子磁場を発生させることができるので，従来の蛍光共鳴エネルギー移動（FRET）

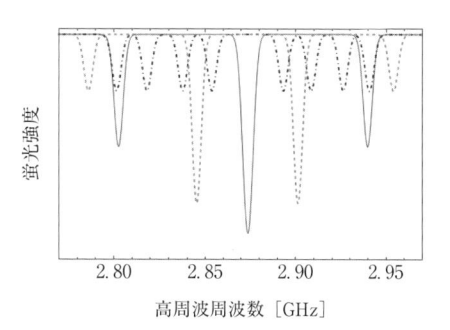

図 7.1.25　光検出磁気共鳴（ODMR）スペクトル　外部静磁場の強度や N-V 結合方向と静磁場とのなす角度に依存して ESR が起こる周波数が変化する．その結果，ODMR スペクトルのパターンが変化する．図はシミュレーション結果の例．

法と比べ，数倍の長距離（数十 nm）におよぶ粒子間の距離情報の取得が期待される．以上のようにダイヤモンドに含まれる NV$^-$ は，蛍光色素や，量子ドットなど，現在一般的に使われている蛍光プローブと比べていくつかの優れた性質をもつこと，従来のプローブでは計測できない角度や距離を計測することができることから，たとえば，タンパク質が機能するときのわずかな回転方向の動きの検出，リガンドが受容体にアプローチしていく過程の観察など生体分子の機能を調べるための新しい蛍光プローブとして期待されている（図 7.1.26）．

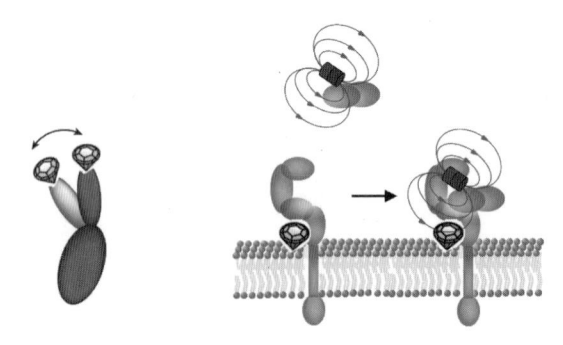

　生体分子の蛍光プローブとして使用する場合，できるだけ小さなダイヤモンドナノ粒子が望ましい．平均直径 100 nm のダイヤモンドパウダー（Micron＋MDA, Element Six 社）が市販されている．このパウダーから 10 nm 程度の，より小さい直径の粒子を選別することができる．しかし，ダイヤモンド中の NV$^-$ はたかだか 0.3 ppm 程度，すなわち一辺が 26 nm の立方体に平均 1 個程度である．したがって直径 10 nm のダイヤモンド粒子に NV$^-$ が存在する確率は非常に低い．そのような場合，人為的に NV$^-$ を作製することができる．よく行われるのは，加速した H$^+$ イオンや He$^+$ イオンを照射して Vacancy を作製後，熱によるアニーリング（annealing）と大気中での熱処理や強酸処理による酸化によって NV$^-$ を作製する方法である[1,2,8]．また，ダイヤモンド粒子を生体分子に特異的に結合させるためには，ダイヤモンド粒子の表面を化学修飾する必要がある．硫酸と硝酸の混液で処理し，表面をカルボキシル化することで，さまざまな分子を結合させることが可能になる[9]．最近米国の Adamas nanotechnologies 社から，NV$^-$ を含有し，表面にカルボキシル基を持つ直径 100 nm と 40 nm のダイヤモンドナノ粒子の販売が開始された．Adamas nanotechnologies

図 7.1.26　ダイヤモンドナノ粒子を使った生体分子のイメージングの可能性
ダイヤモンドの角度変化をモニターすることで，タンパク質分子のサブユニットの動きを（左），リガンドに磁性粒子を，受容体にダイヤモンド粒子を結合させる（その逆でもよい）ことで，二つの粒子間の距離が決定できるので，両者の相互作用を観察することが（右）できるかもしれない．

社のダイヤモンドナノ粒子を使うことで，イオン注入，アニーリング，焼成，カルボキシル基化までの操作が不要となり，実験を効率よく進めることができる．

〔原田慶恵〕

文献・注

1) S.-J. Yu, et al.: *J. Am. Chem. Soc.*, **127** (2005), 17604-17605.
2) C.-C. Fu, et al.: *Proc. Natl. Acad. Sci. USA*, **104** (2007), 727-732.
3) A. T. Collins, et al.: *J. Phys. C : Solid State Phys*, **16** (1983), 2177-2181.
4) N. Mohan, et al.: *Nano Letters*, **10** (2010), 3692-3699.
5) G. Balasubramanian, et al.: *Nature*, **455** (2008), 648-651.
6) R. Igarashi, et al.: *Nano Letters*, **12** (2012), 5726-5732.
7) L. P. McGuinness, et al.: *Nature Nanotechnology*, **6** (2011), 358-363.
8) N. Mohan, et al.: *Adv. Mater.*, **22** (2010), 843-847.
9) L.-C. L. Huang and H.-C. Chang : *Langmuir*, **20** (2004), 5879-5884.

7.1.6 化学発光

　生きた細胞や動物個体内の標的分子を蛍光分子や蛍光タンパク質でラベル化し，動態を可視化する蛍光イメージングは，現在までに得られている生命科学研究の知見に大きく貢献している．蛍光分子がイメージングに利用されるのは，蛍光分子が単位時間あたりに放出する光子の数の大きさゆえである（蛍光と化学発光とで比較すればおよそ10^6倍程度の差）．そして，単位時間あたりに放出される光子数が大きいほど，高い時空間解像度を実現するうえで有利である．以後，本項で述べる発光（luminescence）は，化学発光（chemiluminescence）もしくは生物発光（bioluminescence）を意味するものとする．

　それでもなお，化学発光もしくは生物発光をイメージングに利用するのは，蛍光イメージングにはない利点が発光イメージングに存在するからである．発光タンパク質ルシフェラーゼを用いたイメージングを例として考える．ルシフェラーゼによる生物発光は光源を必要としないため暗箱内で生物発光を測定すれば，きわめて低いバックグラウンドシグナルのもとで高感度に生物発光を検出できる．光源が不要なため，照射光による細胞への毒性や光感受性の細胞・個体への影響も考慮しなくともよい．また，発光測定系のダイナミックレンジが広いことから，十分な量の発光基質ルシフェリンを添加すれば，ルシフェラーゼ分子数に応じた発光強度を定量的に測定できる．さらに，生体組織を透過しやすい近赤外光を含むルシフェラーゼによる発光は，マウスなどの実験小動物個体内の生命現象を可視化するうえで強力なツールの一つである．

　化学発光を指標とした発光イメージングでは主に，発光タンパク質が利用される．本項では，発光イメージングに利用されている主な発光タンパク質や発光基質および発光の検出系について説明する．

a. 発光タンパク質

発光タンパク質 (bioluminescent protein) とは，発光生物から単離されたタンパク質のうち，生物化学発光反応を担うタンパク質の総称である．なかでも，発光基質の生物化学発光反応を触媒する酵素はルシフェラーゼ (luciferase) と呼ばれる．また，その発光基質はルシフェリン (luciferin) と呼ばれる．現在までさまざまな発光生物からルシフェラーゼおよびルシフェリンが単離・同定されており，発光イメージングに利用されている（表 7.1.5）．

一方，イクオリンのように，カルシウムイオン Ca^{2+} を加えるだけで化学発光を呈する発光タンパク質もある．この化学発光反応自体に酵素が関与しないため，ルシフェラーゼと区別して，イクオリンやその類似タンパク質を "photoprotein" と呼ぶことがある．

b. 発光タンパク質を利用したイメージング
1) ルシフェラーゼの利用

最も簡明なルシフェラーゼの利用法の一つは，株化がん細胞の *in vivo* イメージングである．ルシフェラーゼを恒常的に発現するがん細胞由来株化培養細胞をマウスなどの実験小動物に移植する．移植された細胞を高感度冷却 CCD カメラなどで可視化することで，株化がん細胞の転移能や抗がん剤などがんの増殖や転移を抑制する物質の薬効評価などに利用される．

また，ルシフェラーゼをコードする DNA 配列は，レポーター遺伝子アッセイにおけるレポーター遺伝子として利用される場合も多い．レポーター遺伝子アッセイは遺伝子発現解析の手法の一つであり，特定の DNA 配列が転写活性に与える影響を調べるために行われる．レポーター遺伝子は転写活性の指標として利用される「目印」となる遺伝子である（図 7.1.27）．標的 DNA 配列およびルシフェラーゼ遺伝子を組み込んだ「ベクター」と呼ばれる組換え DNA を細胞に導入する．さらに，ベクター内の DNA 配列の影響を低減するためと，ルシフェラーゼ遺伝子の転写終結のために polyA シグナルも組み込まれている．標的 DNA が転写を活性化するような配列である場合，その DNA 配列に転写因子が結合し，転写酵素 RNA ポリメラーゼによるルシフェラーゼ遺伝子のメッセンジャー RNA (messenger RNA：mRNA) への転写が開始される．mRNA はタンパク質へ翻訳され，ルシフェラーゼが産生される（図 7.1.27）．ここにルシフェラーゼの発光基質ルシフェリンを添加して観察される発光強度を指標に，標的 DNA 配列の転写活性を評価する．ここでルシフェラーゼの物質量に応じた発光強度が観察される．ルシフェラーゼによる生物化学発光の測定は簡便であり，かつ高い定量性を示すため，遺伝子発現解析に広く用いられている．

ルシフェラーゼ遺伝子の上流に組み込まれる標的配列の例として，ホルモンなどの生理活性物質により転写を活性化/不活化させる配列（女性ホルモンであるエストロゲンに応答する estrogen response element (ERE) や低酸素環境に応答する hypoxia

7.1 蛍光イメージングの基礎

[図: ベクター構造とレポーター遺伝子アッセイの原理を示す模式図。上段にpolyA—標的転写調節配列—ルシフェラーゼ—polyAの環状ベクター。下段に転写因子とRNAポリメラーゼが結合し、mRNAへの転写、タンパク質への翻訳を経てルシフェラーゼがルシフェリンと反応して発光する過程を示す。]

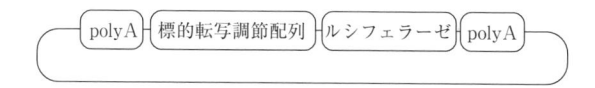

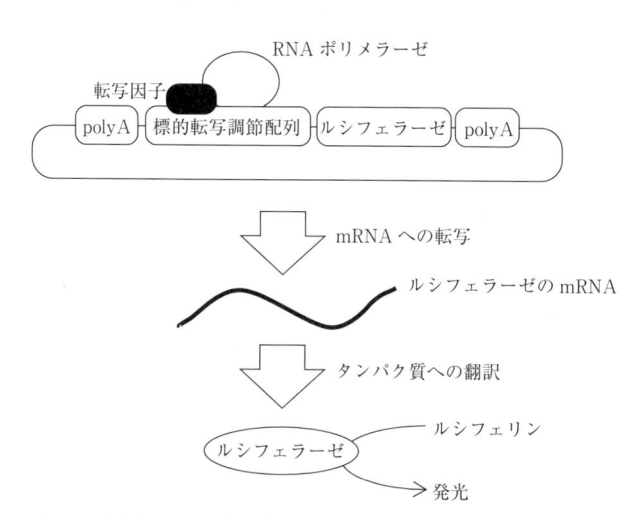

図 7.1.27 レポーター遺伝子アッセイに用いられるベクターの構造（上段）とその原理（下段）

response element（HRE）など），概日時計や成長ホルモンにかかわる遺伝子の mRNA への転写を調節する配列（プロモーター）などがあげられる．

　ルシフェラーゼ遺伝子としては，D-ルシフェリンを発光基質とする甲虫由来ルシフェラーゼを用いることが多い．また，Gluc，CLuc，MetLuc，分泌型に改変した NanoLuc などの分泌性ルシフェラーゼ（表 7.1.5）の遺伝子がレポーター遺伝子として用いられることもある．この場合，培養細胞の培地中にルシフェラーゼが分泌されるため，培地上清の一部を採取して生物発光活性を測定すればよいので，細胞が生きたままレポーター遺伝子アッセイを数日にわたって行うことが可能である．また，レポーター遺伝子産物であるルシフェラーゼ分子数の変化量を精度よく検出するための工夫がなされている場合もある．具体的には，ルシフェラーゼ遺伝子にタンパク質の分解を促進する配列（PEST 配列や CL1 配列）や，mRNA の分解を促進する配列（ARE 配列）を連結したレポーター遺伝子が用いられている．

2）発光タンパク質の利用

　発光タンパク質（photoprotein）の一つイクオリンは，Ca^{2+} の可視化検出に利用される．1978 年に報告された筋繊維収縮に伴う Ca^{2+} 濃度変化のイメージングを皮切りに，受精卵の「Ca^{2+} ウェーブ」や，肝細胞への刺激強度が一定でも細胞内 Ca^{2+} 濃度の増減が繰り返される「Ca^{2+} オシレーション」の発見にイクオリンは大きく寄与し

表 7.1.5 発光イメージングに利用されるルシフェラーゼの例

供給元による略称 (おもな供給元)	由来生物名（学名）	ルシフェリン	極大発光波長 [nm]	分子量 [kDa]	分泌性
luc+, luc2 (Promega)	北米産ホタル (*Photinus pyralis*)	D-ルシフェリン	562 (25℃, pH 7.8)	61	非分泌型
CBG68luc, CBG99luc (Promega)	ジャマイカ産ヒカリコメツキムシ (*Pyrophorus plagiophthalamus*)	D-ルシフェリン	537	60	非分泌型
CBRluc (Promega)	ジャマイカ産ヒカリコメツキムシ (*Pyrophorus plagiophthalamus*)	D-ルシフェリン	613	60	非分泌型
SLG（東洋紡）	イリオモテボタル (*Rhagophthalmus ohbai*)	D-ルシフェリン	550	60	非分泌型
SLO（東洋紡）	イリオモテボタル (*Rhagophthalmus ohbai*)	D-ルシフェリン	580	60	非分泌型
SLR（東洋紡）	鉄道虫 (*Phrixothrix hirtus*)	D-ルシフェリン	630	61	非分泌型
ELuc（東洋紡）	ブラジル産ヒカリコメツキムシ (*Pyrearinus termitilluminans*)	D-ルシフェリン	540	60	非分泌型
Rluc（Promega）	ウミシイタケ (*Renilla reniformis*)	セレンテラジン	480	36	非分泌型
Gluc (NEB, NanoLight)	カイアシ類，コペポーダ (*Gaussia princeps*)	セレンテラジン	480	20	分泌型
MetLuc（Clontech）	カイアシ類，コペポーダ (*Metridia longa*)	セレンテラジン	480	23	分泌型
NanoLuc, Nluc (Promega)	トゲオキヒオドシエビ (*Oplophorus gracilirostris*)	セレンテラジン フリマジジン	465	19	非分泌型
CLuc (アトー，NEB)	ウミホタル (*Cypridina noctiluca*)	ウミホタル ルシフェリン	460	61	分泌型

た[1-3]．イクオリン類似タンパク質であるオベリンが発光クラゲ *Obelia geniculate* から単離されており，イクオリン同様，Ca^{2+} を認識して発光（$\lambda_{max} = 495$ nm）を呈する．ヒカリカモメガイ *Pholas dactylus* から単離された発光タンパク質であるフォラシン（pholasin）は，活性酸素種（ヒドロキシラジカル，一重項酸素，ペルオキシ亜硝酸イオンや次亜塩素酸イオンなど）により発光（$\lambda_{max} = 490$ nm）するため，活性酸素種のイメージングに利用されている．

3) ルシフェリン誘導体の利用

発光イメージングのための発光基質の誘導体もいくつか開発されているので，ここで併せて紹介する．発光スペクトルが長波長側もしくは短波長側に遷移する D-ルシフェリン誘導体（アカルミネなど）が開発されている．とくに，長波長側に発光スペクトルがシフトする D-ルシフェリン誘導体は *in vivo* イメージングにおいて強力なツールとなりうるため，より大きい発光量子収率を示す D-ルシフェリン誘導体の開発が期待される．また，特定のプロテアーゼが認識・切断するオリゴペプチドを連結した D-ルシフェリン誘導体も開発されている（図 7.1.28）．プロテアーゼが活性化するとオリゴペプチドを切断し，ルシフェラーゼにより発光反応を触媒されるアミノルシフェリンが産生する．したがって，ルシフェラーゼ存在下で生物発光活性を測定す

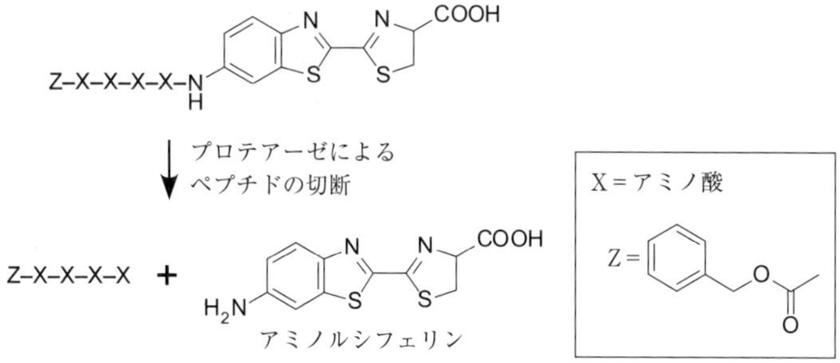

図 7.1.28 オリゴペプチド修飾 D-ルシフェリン誘導体のプロテアーゼによる切断

ることで，標的プロテアーゼの活性を評価できる．

発光イメージングのためのセレンテラジン誘導体もいくつか開発されている．セレンテラジン誘導体であるセレンテラジン h とイクオリンとの複合体を用いれば，イクオリン-セレンテラジン複合体と比べて 10 倍以上の発光強度が Ca^{2+} 存在下で得られる．一方，イクオリン-セレンテラジン n 複合体は，イクオリン-セレンテラジン複合体に比べて発光強度が弱く，Ca^{2+} に対する反応時間も遅い．セレンテラジン 400A は "Deep Blue C" とも呼ばれ，ウミシイタケルシフェラーゼによる発光反応で短波長側へ遷移した光 ($\lambda_{max} = 390 \sim 400$ nm) を発するため，GFP をアクセプターとする生物発光共鳴エネルギー移動 (bioluminescence resonance energy transfer：BRET) において，GFP の蛍光 ($\lambda_{ex} = 508$ nm) を妨害しない発光基質の一つとして利用されている．酸化を受ける部位をエステル基により保護したセレンテラジン (EnduRen および ViviRen) が Promega 社から販売されている．生細胞内のエステル加水分解酵素の作用でエステル基が除かれてはじめて発光可能なセレンテラジン誘導体となるため，生細胞の発光イメージングに利用されている．新規セレンテラジン類縁体 furimazine (Promega 社) は，高い発光強度を長時間維持できるとされている．

c. 代表的な発光測定装置

ここで，発光イメージングに利用されることが多い検出系の概要を説明する．以降，検出された発光は検出器固有の尺度で数値化されるため相対発光値と呼び，発光強度と区別して扱う．

1) ルミノメーター

発光測定装置（ルミノメーター）は，試料溶液の相対発光値を測定する場合に広く使用されている装置で，検出器として光電子増倍管が内蔵されている．生物発光の反応系によっては，①発光反応を誘起する試薬を添加した直後は強い発光を呈するが，数秒から数分で急激に発光強度が減衰する場合（フラッシュ発光）と，②フラッシュ発光と比較して発光強度の半減期が長い（数十分から数時間）場合（グロー発光）がある．フラッシュ発光を計測する場合，発光反応を誘起する試薬を添加してからすぐ

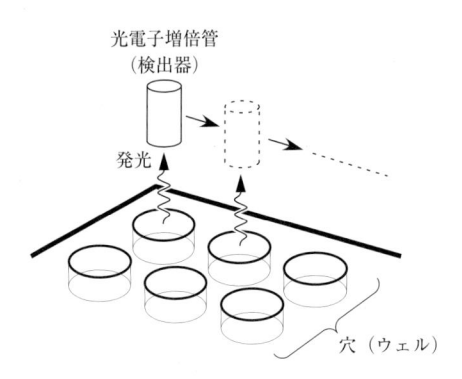

図 7.1.29 マイクロプレート型ルミノメーターの模式図

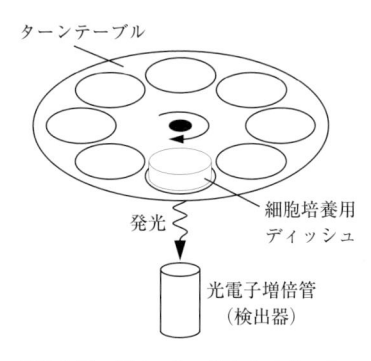

図 7.1.30 ディッシュ型ルミノメーターの模式図

さま発光を測定する必要があるため，ルミノメーターの多くには，試薬分注用のポンプ（インジェクター）が搭載されている．

　試料の体積，検体数，用途に応じてさまざまなモデルのルミノメーターが考案されているが，大きく以下の3タイプに分類できる．①試験管のようなチューブを利用するシングルチューブ型．サンプル間の計測値に影響を与える漏れ光などを考慮する必要がないが，1検体ずつ測定するため，数の少ない試料の発光測定に向いている．3タイプのルミノメーターのなかでは，比較的安価である．②くぼみ（穴もしくはウェル）が多数ある平板の実験器具（マイクロタイタープレートもしくはマイクロプレート）に対応したマイクロプレート型．マイクロプレートの各ウェルにサンプルを入れて発光測定する．ウェルの数が6から384のマイクロプレートに適合した機種が主流であり，多検体の発光測定に有用である．発光測定の際，各ウェルの直上に検出器が位置するよう機械制御によりマイクロプレートが移動する（図7.1.29）．ウェルの側面からの漏れ光があるため，大きい発光強度を呈するウェルが近傍に位置すると，計測される光量に影響を与えることがある．したがって，漏れ光の度合を事前に評価しておく必要がある．③ターンテーブルが内蔵されており，複数個の細胞培養用ディッシュに対応したディッシュ型（図7.1.30）．生きた細胞の相対発光値の経時変化を観察できる．現在市販されているほとんどの機種において，ディッシュを設置する暗箱内の温度，酸素濃度，二酸化炭素濃度の制御が可能である．また，試料が生きた植物の場合に対応したシステムも開発されており，測定時以外は自然光に近い光を植物に照射しつつ，発光測定時にだけ測定対象を暗箱モジュールへ移動して発光測定することができる．これらの計測システムにおける技術的進歩により，普段の培養と同じ条件のもとで動植物細胞からの相対発光値を数日から1週間程度にわたって連続測定することが可能となっている．

2） 発光スペクトル測定装置

　蛍光分子の蛍光スペクトルを得る場合，光電子増倍管を搭載した蛍光分光光度計が

用いられる.光電子増倍管では,その出力シグナル自体に入射光波長の情報が含まれないため,光電子増倍管への入射光の波長を連続的に制御しながら相対蛍光強度を測定し,蛍光スペクトルを得る.化学発光反応の場合,絶対発光強度が蛍光分子に比べてきわめて低いうえ短時間で発光強度が減衰するため,光電子増倍管を利用した発光スペクトルの取得は難しい.現在,検出器に高感度冷却CCDカメラを採用した分光光度計が市販されている.この分光光度計では,回折格子などにより分光した化学発光もしくは蛍光をCCD面上に結像して検出部の電荷を積算することで,おのおのの波長成分を高感度に同時計測できる.先に述べた「フラッシュ発光」の場合でも,精度よく発光スペクトルを得ることができる.

3) 二次元発光イメージングシステム

発光を相対発光値の二次元平面画像としてとらえるシステムでは,高感度なCCD(冷却CCD,EM-CCD,EB-CCD,ICCDなど)を内蔵したカメラが検出器として用いられる.これらのカメラを組み込んだ暗箱内で,20 cm×20 cm程度の大きさの試料(たとえば,マウスなどの小動物,植物個体,マイクロプレートなど)からの発光を計測する.検出限界は,CCDの量子効率,宇宙線ノイズやデバイスの電気ノイズ,集光効率とレンズの分解能によって決定される.とくに,開口数の大きいレンズは微弱な発光を検出するうえで有用である.

最近では,高感度冷却CCDカメラを搭載した発光顕微鏡も普及しており,1細胞レベルでの生物発光を高感度に検出することも可能である.生物発光とともに蛍光分子の観察も可能であるが,発光基質の代謝物(もしくは発光基質自体)が蛍光性であることから,標的蛍光分子および発光基質の励起および蛍光スペクトルの重畳を考慮した光学系の設定が必須である.

d. 相対発光値の解析

発光イメージングでは,相対発光値を何らかの手段によって規格化して解析する必要がある.発光タンパク質を安定発現する細胞の単一クローンを計測に用いるのであれば,あらかじめ既知数の細胞を播種するか,発光測定後に細胞のタンパク質総量を求めることで相対発光値の規格化が可能である.一過的な遺伝子導入の実験系では次の点に注意しなければならない.相対発光値は,発光基質の物質量および発光タンパク質の発現量のみならず,細胞の数,発光タンパク質の遺伝子導入効率などの要因に支配される.また,一般的にこれらの要因は同条件で調製した検体間でもばらつく.発光シグナルを内部標準によって規格化することで,前述のばらつきを相殺する手法が考案されている.ここでは,一過的な遺伝子発現系において発光シグナルを規格化する手法を紹介する.

1) デュアルアッセイ

デュアルアッセイでは,異なる特性を有する2種類のレポーター遺伝子を利用して発光シグナルを規格化する.標的レポーター遺伝子を組み込んだベクターに加え,先

表 7.1.6 デュアルアッセイに利用される内部標準レポータータンパク質の例

レポータータンパク質名 （略称）	検出の方法	得られるシグナル	分泌性
β-ガラクトシダーゼ（β-Gal）	X-gal*を添加	青色不溶物を産生	非分泌型
分泌性アルカリホスファターゼ （SEAP）	アルカリホスファターゼの 各種蛍光/発光基質を添加	各種基質に対応した 蛍光/発光	分泌型
ウミシイタケルシフェラーゼ （Rluc）	セレンテラジンを添加	極大発光波長 480 nm の発光	非分泌型
ウミホタルルシフェラーゼ （CLuc）	ウミホタルルシフェリンを 添加	極大発光波長 460 nm の発光	分泌型
緑色蛍光タンパク質（GFP）	488 nm の光で励起	極大蛍光波長 508 nm の蛍光	非分泌型

* 5-ブロモ-4-クロロ-3-インドリル-β-D-ガラクトピラノシド

のベクターに組み込んだものとは異なるレポーター遺伝子と恒常的プロモーターを連結して組み込んだベクターも内部標準として細胞に導入する．標的レポーター遺伝子としてホタルルシフェラーゼを，内部標準のレポーター遺伝子としてウミシイタケルシフェラーゼを利用する例を考える．これらのルシフェラーゼの基質特異性および発光反応機構の違いを利用し，それぞれの発光値を測定する．ウミシイタケルシフェラーゼ由来の相対発光値に対するホタルルシフェラーゼ由来の相対発光値の比を算出し，評価に用いる．この操作により，細胞数，遺伝子導入効率，発光測定のための試料調製の効率などの種々のばらつきを相殺できる．表 7.1.6 に内部標準として利用されるレポータータンパク質の例を示す．

2) マルチカラーアッセイ

マルチカラーアッセイでは，発光スペクトルは異なるが発光基質が同じ複数種のルシフェラーゼを利用する．2種類の異なる発光色を呈するルシフェラーゼを用いる場合は，一方のルシフェラーゼ由来の相対発光値を内部標準とすることで，他方のルシフェラーゼ由来の相対発光値を規格化する．相対発光値の測定では，一方の成分の影響をまったく受けないバンドパスフィルター（特定範囲の波長の光のみを透過する干渉フィルター）をそれぞれ用意し，それらのフィルターを透過する光量を測定することで，2色の同時測定が可能である．しかしながら，生物発光の発光スペクトルの半値幅は広いため，互いに影響を受けないバンドパスフィルターを利用すると観測される相対発光値が著しく低下するため，感度よく各成分を検出することは困難である．そこで，特定波長よりも長い波長の光を透過するロングパスフィルターを用いる測定系が考案された[4]．図 7.1.31 に示すような透過特性を有するロングパスフィルターを用い，2色の発光成分 G および R を分離する系を考える．2色を分離するためには，長波長側の発光成分（ここでは R）をより多く透過するロングパスフィルターが必要である．ここであらかじめ，ロングパスフィルターを用いた場合と用いない場合の相

対発光値から，発光成分 G および R のロングパスフィルターの透過率 t_G および t_R を求める．このとき $t_G \neq t_R$ となるようなロングパスフィルターを用いなければいけない．実際の試料測定では，ロングパスフィルターを用いた場合の相対発光値 F_1 と用いない場合の相対発光値 F_0 を測定する．F_1 と F_0 には透過率に応じた G および R の成分が含まれることから，次の二元一次連立方程式（1）が成り立つ．

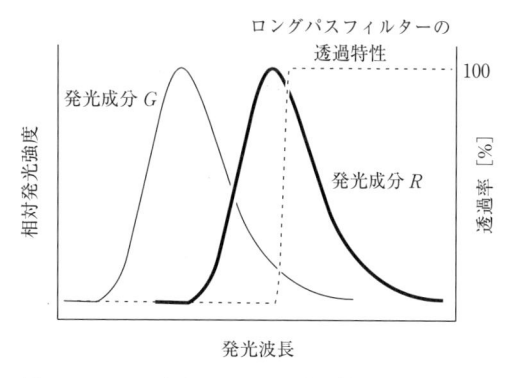

図 7.1.31 マルチカラーアッセイに用いるロングパスフィルターの透過特性

$$F_0 = 1 \times G + 1 \times R \qquad F_1 = t_G \times G + t_R \times R \tag{1}$$

この二元一次連立方程式を解けば，G および R が得られる．しかしながら式（1）から明らかなように，$G \gg R$ のように各発光色の相対発光値に著しい差があると，弱い相対発光値の成分（ここでは R）を精度よく分離することは困難である．ここでは2色の発光成分の分離を考えたが，原理的には n 色分離が可能である．すなわち，$(n-1)$ 種類の適切なロングパスフィルターを用いて相対発光値を計測し，n 色の発光成分に関する n 元一次連立方程式を解けばよい．現実的には，n の値が大きくなるにつれて，互いに非常に似通った透過率を示すルシフェラーゼが現れるので，やはり発光成分の分離は困難になる．実際の発光成分の分離において n の値はたかだか4程度であり，バンドパスフィルターを利用可能かつ励起光波長を制御可能な蛍光イメージングでの色分離（linear unmixing 法[5]）とは大きく異なる．

まとめ

最初で述べたように，蛍光イメージングと発光イメージングとは，お互い補いあう関係にある．蛍光タンパク質や蛍光指示薬を用いた蛍光イメージングは，高い時空間分解能を有するイメージングに適している．ルシフェラーゼを用いた発光イメージングは，長期間にわたり幅広いダイナミックレンジで定量的にルシフェラーゼの発現量を検出するうえで適している．

蛍光と生物発光とでは光子の放出の過程および発光強度が異なることから，蛍光と発光を組み合わせ，それぞれの長所を生かしたイメージングも可能である．しかしながら先に述べたように，発光基質もしくはその代謝物自体が蛍光性であるので，蛍光イメージングと組み合わせる場合は測定系を吟味する必要がある．具体的には，D-ルシフェリンを用いたイメージングの場合，GFP やフルオレセイン類のイメージングは困難である．D-ルシフェリンの励起スペクトルと重畳しない波長の光源で励起でき

る蛍光物質を使用する，もしくは，D-ルシフェリンの蛍光スペクトルと重畳しない蛍光スペクトルを有する蛍光物質を使用する，などの工夫が必要である．

〔菅野　憲・小澤岳昌〕

文献・注

1) J. R. Blinks, et al.: *J. Physiol.*, **277** (1978), 291-323.
2) J. C. Gilkey, et al.: *J. Cell Biol.*, **76** (1978), 448-466.
3) N. M. Woods, et al.: *Nature*, **319** (1986), 600-602.
4) Y. Nakajima, et al.: *BioTechniques*, **38** (2005), 891-894.
5) T. Zimmermann, et al.: *FEBS Lett.*, **546** (2003), 87-92.

7.1.7 自家蛍光

a. 自家蛍光とは

蛍光測定により細胞や生体組織を観察する場合には，細胞内に発光種が存在することが不可欠である．そのための手法として次の三つが考えられる．

①蛍光プローブ分子を外部から細胞内に導入する（蛍光分子で染色する）．
②発光分子を細胞内に発現させる（たとえば緑色蛍光タンパク質の発現）．
③生体組織内にもともと存在する蛍光物質を利用する．

③の場合に観測される蛍光を「自家蛍光」(autofluorescence) と呼んでいる．細胞は色素染色を行わなくとも，条件にあった光照射を行えば弱いながらも発光を示すのである．①の場合には，目的に応じた発光種をある程度自在に選択できるという利点がある．たとえば，細胞内の特定のイオンの濃度，温度，あるいは粘性を知りたいということであれば，それらの物理量に感受性の強い発光種を細胞に導入することが考えられるし，発光強度の大きい分子種の設計も比較的考えやすい．②に関しては，大きな発光効率を示す発光種を含むタンパク質を，調べたい細胞内の特定の場所に違和感なくかつ容易に発現させることが考えられる．ただし，①，②では高感度な計測ができる反面，細胞内にもともとはなかった物質を導入したり，あるいは分子量の大きなタンパク質を発現させることで，生理的な環境を変えてしまう危険性がある．また染色色素の毒性に関しても考慮する必要が生じる．しかも，これらの方法による発光種の導入には多くの時間，労力を要することになる．一方，③による自家蛍光測定の場合には試料に対する染色の必要がなく，生体本来の生理的環境を保ったままでの測定が可能となる．また発光種を生体内に取り込む時間をまったく必要としないために，自家蛍光を用いた実験，手術では迅速な対応が可能となる．

b. 自家蛍光の発光種

自家蛍光を示す分子種として，ニコチンアミドアデニンジヌクレオチド（NADH），フラビンアデニンジヌクレオチド（FAD），トリプトファン，コラーゲンなどが知ら

7.1 蛍光イメージングの基礎

れている[1]．代表的な発光種の分子構造が図 7.1.32 に示してある．図 7.1.33 に示すように，吸収・蛍光スペクトルはお互いに異なっており，発光種周囲の環境によっても蛍光スペクトルのピークの位置や蛍光寿命が異なる．そこでたとえば，異なる励起波長，異なる蛍光波長を選択することにより異なる自家蛍光成分を分離して観測することで，細胞および生体内の環境，ダイナミクス，機能を議論することが可能となる．そのためには，発光種の種類，および発光種おのおのの光学特性をあらかじめ知っておく必要がある．そこで，個々の発光種の光学特性および生理機能との関係について以下に概観する．寿命測定に着目した自家蛍光の研究の詳細は文献を参照されたい[2]．

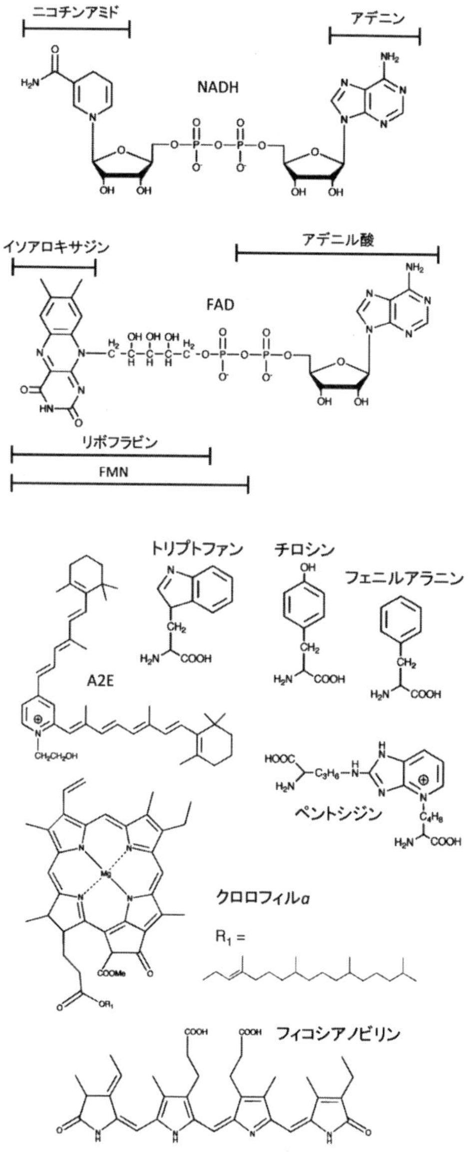

1) NADH

さまざまな酸化還元酵素の補酵素である NADH は，細胞観測において最も用いられる自家蛍光分子の一つである．図 7.1.32 に示すようにニコチンアミドモノヌクレオチドとアデニル酸が結合している構造を有する．酸化型（NAD^+）と還元型（NADH）の二つの状態にて存在するが，観測できる蛍光を示すのは 340 nm 付近に吸収帯を有し，460 nm 付近に蛍光極大を有する還元型の NADH である．

図 7.1.32　自家蛍光の主なる発光種と分子構造

260 nm 付近に吸収極大を有する NAD^+ からの蛍光は，無視できるほどに弱い．
　細胞内ではタンパク質と結合した NADH（結合 NADH）と結合していない NADH（非結合 NADH）が存在することが指摘されている．結合性 NADH の蛍光スペクト

ルは，非結合性 NADH に比べ，約 10 nm ほど短波長にシフトしている[3]．蛍光寿命も，緩衝溶液中（非結合性 NADH）では 0.3～0.4 ns であるのに対し，結合性 NADH では，2～3 ns と長い[4]．同じ細胞内においても，核，ミトコンドリアそして細胞質ゾルにおいて，結合性と非結合性の比が異なることが報告されており，細胞内生理現象との関連から，NADH-タンパク質の相互作用の画像化の研究や結合性 NADH と非結合性 NADH の存在比を見積もる研究がなされている[5]．図 7.1.34 に示すように，NADH の蛍光寿命から，細胞内の pH を調べることも可能である[6]．

NADH のアデノシンにヒドロキシ基ではなくリン酸基がついたニコチンアミドアデニンジヌクレオチドリン酸（NADPH）は，NADH とほぼ同じ吸収・蛍光スペクトルを示す．そのために，光学的に NADPH を分離することは難しく，NADH と NADPH の両者を観測しているとして

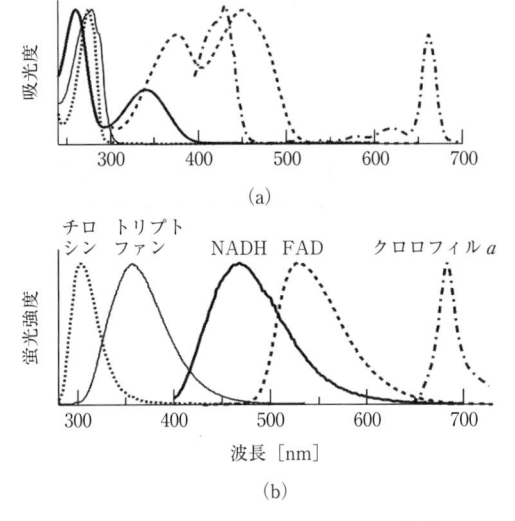

図 7.1.33　代表的な自家蛍光発光種の中性の水溶液中における吸収スペクトル（a）と蛍光スペクトル（b）[1(b)]

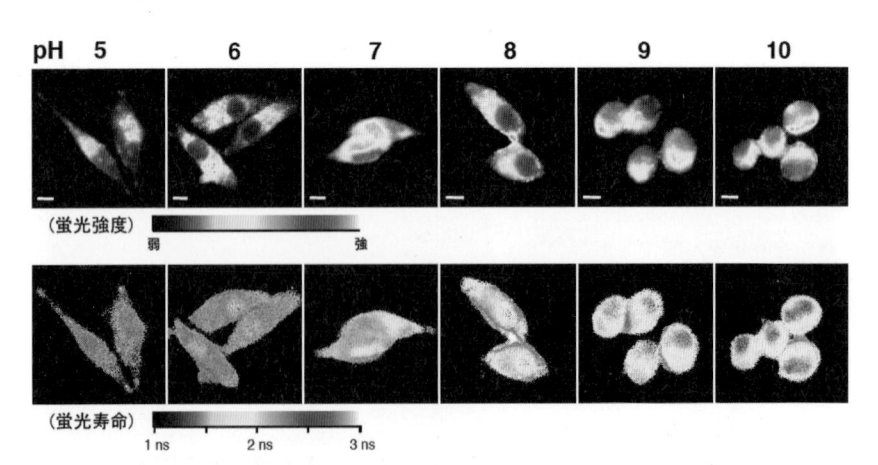

図 7.1.34　ヒーラ細胞内の NADH の蛍光強度画像（上）および蛍光寿命画像（下）の細胞内水素イオン濃度（pH）依存性（文献 6 より許可を得て転載ⓒ 2011，American Chemical Society）
pH の増加とともに細胞内の NADH の蛍光寿命が減少する．スケールバーは 10 μm（口絵 20 参照）．

NAD(P)Hと表記されることがある.

2) フラビン類

自家蛍光観測において重要なフラビン類として,リボフラビン,酸化還元酵素の補因子であるFADおよびフラビンモノヌクレオチド(FMN)がある.フラビン類とは,7,8-ジメチルイソアロキサジンの10位に置換基をもつ化合物の総称である.イソアロキサジン環が可視域に吸収をもち,その多くは蛍光性である.イソアロキサジン環にリビトールが結合した化合物がリボフラビン(ビタミンB_2)である.図7.1.32に示すように,FMNは,リボフラビンにリン酸基が付加した構造をもち(ただし,末端の構造は$-CH_2OPO(OH)_2$),FADはFMNにアデニル酸が付加した構造をもっている.FADなどのリボフラビン誘導体と結合したタンパク質は,フラビンタンパク質と呼ばれている.

発色団はすべてイソアロキサジン環であるために,リボフラビン,FMN,FADの吸収および蛍光スペクトルには大きな違いはなく,400〜500 nmの可視域にブロードな吸収バンドをもち,蛍光の極大波長は520〜530 nmにある(図7.1.33).ただし,蛍光寿命はFMN,FAD,およびタンパク質との結合体では大きく異なる.緩衝溶液中では,FMNの蛍光寿命は約4.7 nsであり[7],FADはおのおのがピコ秒とナノ秒の寿命で減衰する2成分の蛍光減衰を示す[8].FADは基底状態において,アデニンとイソアロキサジンの二つの芳香環が離れた開環型と,これらが近接した閉環型の二つの分子構造の平衡状態として存在し,ピコ秒およびナノ秒の蛍光寿命成分はおのおの閉環型および開環型によるものである.

FADなどのフラビン化合物は,NADHの場合とは逆に,タンパク質と結合すると蛍光消光が起こり,蛍光寿命がサブピコ秒〜数ピコ秒領域と極端に短くなる[9].これはタンパク質内での,励起されたイソアロキサジンと周囲の芳香族アミノ酸残基との間の電荷移動によると考えられている.フラビン類の種類および周囲の環境によって蛍光収率や蛍光寿命が異なるために,フラビン類を用いた医療への応用の可能性が考えられる.

3) トリプトファン類

10%以上の蛍光収率を示すことから,細胞観測の自家蛍光発光種として有望であるトリプトファンは,図7.1.32に示すように側鎖にインドール環をもつ芳香族アミノ酸であり,280 nm,350 nmにおのおの吸収極大および蛍光極大を有する[1].インドール環部位より蛍光が観測される.ただし,極性に応じて発光する電子状態が変化することが示唆される[10].蛍光寿命は中性の緩衝溶液中にて約2.8 nsであり,顕著なpH依存性を示す[11].トリプトファンより産生される神経伝達物質であるセロトニンもインドール環をもち,トリプトファンと類似した吸収・蛍光スペクトルをもつ.蛍光波長のストークスシフトからインドール環周囲の極性環境に関する知見が得られ,蛍光減衰曲線の偏光異方性から,タンパク質内のインドール環の運動自由度に関する情報が得られる.自家蛍光の医学などへの応用としては,トリプトファンの蛍光を用いた

皮膚がん細胞の検出[12]，ドラッグスクリーニングへの応用などが提案されている[13]．励起および蛍光波長がともに紫外域になるために，レーザー走査顕微鏡を用いてトリプトファンの自家蛍光イメージングを行うには，紫外用の光源と専用の光学系が必要になる．

4) チロシン，フェニルアラニン

チロシンとフェニルアラニンは，側鎖にベンゼン環をもつ芳香族アミノ酸である（図7.1.32）．吸収極大および蛍光極大はチロシンではおのおの 275 nm と 300 nm，フェニルアラニンでは 260 nm と 280 nm である．チロシンの自家蛍光については，インスリンのフィブリル化過程をチロシンの自家蛍光を用いて観測した例が報告されている[14]．また，チロシンは後述のようにタンパク質であるコラーゲンの発光種としても用いられている．水溶液中におけるチロシンとフェニルアラニンの蛍光寿命は，それぞれ 3.3 ns と 7.5 ns と報告されている[15,16]．ただし，どちらも吸収および蛍光波長が非常に短波長側にあるために，自家蛍光としての報告例は上記の場合に比べれば少ない．

5) コラーゲン，エラスチン，ケラチン

コラーゲンは多細胞生物に存在するタンパク質の一つであり，細胞外マトリックスとして骨，靱帯，腱，皮膚などに主に存在する．コラーゲンは，構成するポリペプチド鎖の種類などに応じて数十種類に分けられるが，コラーゲンタンパク質の特徴として，3本のポリペプチド鎖によるコラーゲン三重らせん構造をもつ．ヒトの体にはⅠ型コラーゲンが最も多く存在し，長さが約 300 nm の繊維性タンパク質である．エラスチンは，血管や皮膚などに存在するタンパク質である．コラーゲン繊維を支える役割をもつために，エラスチンはコラーゲンと混在する場合が多い．

コラーゲンの蛍光スペクトルはブロードであり，また複数の発光種がコラーゲン中に存在し，励起波長に応じて異なる発光種が観測される[17]．発光種は大きく4種類に分けることができ，270 nm にて励起し，300 nm の領域に観測される蛍光はコラーゲン内のチロシン残基に帰属される．同一の励起波長にて 360 nm の領域に観測される蛍光は，チロシン残基のエキシマーによると考えられている．325 nm にて励起し，400 nm の領域に観測される蛍光は，光反応などによって生じたチロシン二量体に帰属される．このほかに 370 nm を励起光として 450 nm の領域に蛍光が観測されるが，これはタンパク質の糖化反応によって生じた終末糖化産物（advanced glycation end products：AGEs）による発光と考えられている[17]．AGEs に帰属されている構造にはさまざまな種類があり，コラーゲン由来の蛍光性の AGEs としては，図 7.1.32 に示したペントシジンがある．エラスチンもブロードな蛍光スペクトルを示す[18,19]．皮膚やつめなどに存在するタンパク質であるケラチンも自家蛍光物質として用いることができ，コラーゲンと類似の蛍光スペクトルを示すことが報告されている[20]．

コラーゲンやエラスチンは，蛍光波長によって蛍光寿命が異なることが報告されている[18,19]．たとえば，コラーゲン粉末の場合，390 nm と 450 nm の蛍光波長における

蛍光寿命は，それぞれ 3.26 ns と 2.66 ns と報告されている[18,19]．試料によっても蛍光寿命の値は変化している．そのために，いままで述べてきた自家蛍光成分とは異なり，標準的な値を紹介することは難しい．光生成物や加齢などによる発光も観測されることから，実験条件などについては注意をする必要がある．

6) メラニン，リポフスチン

メラニンとリポフスチンは，体内にて生成される色素であり，可視域に吸収・蛍光波長を有する．どちらもさまざまな構造をもつ色素の複合体であり，構成するすべての色素の構造はまだ明らかにされていない．メラニンは褐色または黒色を示し，皮膚や髪などに存在する．紫外から近赤外域までの非常に広い波長範囲での吸収を示し，太陽光による細胞の損傷を防ぐ働きをする．メラニンの蛍光寿命は複雑であり，数十 ps から約 7 ns までの成分が存在するとされている[21]．

リポフスチンは，リソソーム内では処理しきれなかった細胞内の異物であり，加齢などによって生じた皮膚にできるしみの原因の一つである．図 7.1.32 に示した A2E と呼ばれる構造が発色団の主成分であるとされている．リポフスチンの蛍光スペクトルの極大波長は 600 nm 以上と自家蛍光としては長波長側に位置し，他の成分と分離することができる．

7) ポルフィリン誘導体およびその類似化合物

植物および光合成細菌に含まれるクロロフィル (Chl) およびバクテリオクロロフィル (BChl) といったポルフィリン誘導体も重要な自家蛍光物質である[22]．高等植物や緑藻では光合成の主要色素である Chl a 以外に Chl b，カロテノイドなどが含まれ，Chl a が吸収できない光を吸収し，そのエネルギーを Chl a にわたす働きをする．光合成膜から抽出した光合成色素はカロテノイド以外は極性有機溶媒中で大きな発光収率を示すが，タンパク質に結合した色素は，溶液中とは異なる発光収率を示す．たとえば，葉緑体のチラコイド膜中に存在する光集光複合体では，Chl b から Chl a へのエネルギー移動が効率よく起こるために，発光は Chl a からのみで，Chl b からは観測されない．

葉緑体内では，水を酸化するための強力な酸化剤をつくる光化学系 II (PSII)，NADP 還元のための強力な還元剤をつくる光化学系 I (PSI) の二つが存在し，どちらも Chl a とタンパク質が結合した集光複合体と反応中心 (RC) を形成する．RC には一対の Chl a (スペシャルペア) があり，吸収された光が RC に到達し，電荷分離が始まる．したがって，Chl a の自家蛍光の測定から，植物内におけるエネルギー伝達と電子伝達の機構を調べることができる．光合成を行う生物，たとえば紅色光合成細菌の場合も，BChl a を含む RC と光エネルギー捕集のための周辺アンテナ (LH2)，中心アンテナ (LH1) の 2 種類のアンテナ系色素タンパク質複合体が関与し，BChl a はエネルギー伝達と電子伝達の役割を担っている．

生物内の励起エネルギー移動の機構を解明する手段として，時間分解発光測定は非常に有効である．たとえば，紅藻では，チラコイド膜の表面にあるフィコビリゾームは，

アンテナ色素とみなせる3種類の色素タンパク質(フィコビリタンパク質),すなわち,フィコエリスリン(PE),フィコシアニン(PC),アロフィコシアニン(APC)より構成されている.開環テトラピロールを有し,ポルフィリンの一族であるフィコビリンが発色団として結合している.その一つのフィコシアノビリンの構造が図7.1.32に示してある.これらのフィコビリタンパク質は,表面層で吸収された光エネルギーを効率よく内部のRCに運ぶ役割を果たしており,PEからPC, APC,そしてChl a へとエネルギー移動が効率よく起こる様子をピコ秒時間分解蛍光スペクトルにより観測することができる[23].

動物細胞内には,蛍光を示すポルフィリン誘導体としてプロトポルフィリンIX (PP-IX) がある.5-アミノレブリン酸より合成され,600 nmより長波長と他の色素分子の発光と比べて長波長側に現れるために,選択的に観測することが可能である.がん細胞にPP-IXが蓄積されることから,PP-IXの蛍光の強度および寿命を測定することにより細胞の前がん診断を行う手法が提案されている[24].

哺乳動物の血液中のヘムもポルフィリン誘導体ではあるが,蛍光は配位した鉄により消光され,検出するには弱すぎるので通常は自家蛍光種とは見なさない.

c. 今後の展望

自家蛍光はそれほど強くないことから,蛍光イメージングの測定にこれまでに積極的に採用されてきたとはいいがたい.しかし,昨今の検出感度の向上,細胞内環境に優しい実験手法,蛍光強度イメージングと蛍光寿命イメージングの組合せによる,より正確で定量的な情報収集が可能,細胞内生理現象と発光特性との間の強い相関の存在,といった点から,今後は医療とも関連してその重要性は増していくものと思われる.ただし,自家蛍光測定がより多くの系に適用されるためには,発光種の光学過程のさらなる理解が必要であり,細胞内外でのより系統的な測定により,細胞内生理現象と関係も含めてより明らかにしていくことが必要不可欠である.

〔太田信廣・中林孝和〕

文献・注

1) (a) R. Richards-Kortum and E. Sevick-Muraca:*Annu. Rev. Phys. Chem.*, **47** (1996), 555; (b) N. Ohta and T. Nakabayashi:Natural Biomarkers for Cellular Metabolism: Biology, Techniques, and Applications (V. V. Ghukasyan and A. A. Heikal, eds.), CRC Press, Boca Raton, 2014, chap. 2, [41].
2) 中林孝和,太田信廣:光化学,**42** (2011), 52.
3) K. Blinova, *et al.*:*Biochemistry*, **44** (2005), 2585.
4) M. Y. Berezin and S. Achilefu:*Chem. Rev.*, **110** (2010), 2641.
5) R. Niesner, *et al.*:*ChemPhysChem*, **5** (2004), 1141.
6) S. Ogikubo, *et al.*:*J. Phys. Chem., B*, **115** (2011), 10385.
7) H. Grajek, *et al.*:*Chem. Phys. Lett.*, **439** (2007), 151.

8) T. Nakabayashi, et al.: *J. Phys. Chem. B*, **114** (2010), 15254.
9) N. Mataga, et al.: *J. Phys. Chem. B*, **104** (2000), 10667.
10) E. Jalviste and N. Ohta: *J. Chem. Phys.*, **121** (2004), 4730.
11) R. J. Robbins, et al.: *J. Am. Chem. Soc.*, **102** (1980), 6271.
12) L. Brancaleon, et al.: *Photochem. Photobiol.*, **73** (2001), 178.
13) M. Fritzsche, et al.: *Anal. Biochem.*, **387** (2009), 271.
14) I. B. Bekard and D. E. Dunstan: *Biophys. J.*, **97** (2009), 2521.
15) K. Guzow, et al.: *Chem. Phys. Lett.*, **362** (2002), 519.
16) C. D. McGuinness, et al.: *Appl. Phys. Lett.*, **89** (2006), 063901.
17) J. M. Menter: *Photochem. Photobiol. Sci.*, **5** (2006), 403.
18) D. S. Elson et al.: *New J. Phys.*, **9** (2007), 127.
19) P. Thomas, et al.: *Photochem. Photobiol.*, **86** (2010), 727.
20) Y. Wu, et al.: *Opt. Express*, **12** (2004), 3218.
21) S. E. Forest, et al.: *J. Phys. Chem. B*, **104** (2000), 811.
22) J. A. Govindjee and D. C. Fork, eds.: Light Emission by Plants and Bacteria, Academic Press, London, 1986.
23) I. Yamazaki, et al.: *J. Phys. Chem.*, **92** (1988), 5035.
24) H.-M. Chen, et al.: *Lasers Surg. Med.*, **37** (2005), 37.

7.1.8 タグ法

　細胞内において蛍光観察する際，とくにライブセルイメージングにおいては蛍光タンパク質を目的タンパク質と融合させる方法が一般的である．一方，蛍光色素と特異的に結合するタンパク質を蛍光タンパク質の代わりに用いて，目的タンパク質を蛍光標識する「タグ法」と呼ばれる技術（図7.1.35）が開発されてきた．なお，タグとは付箋の意味で，タンパク質にタグ（付箋）をつけることで，細胞中のどこにいるのかが見やすくなる．ここではタンパク質タグによる蛍光標識法について解説する．

a. HaloTag
1) HaloTagの原理

　プロメガ社から販売されているHaloTag™ Interchangeable Labeling Technology（以下HaloTagテクノロジー）はHaloTag™タンパク質（以下，HaloTag）とHaloTagリガンドの結合を利用したタンパク質の蛍光標識技術のことである[1]．HaloTagはバクテリア由来のハロアルカン脱ハロゲン化酵素の酵素活性を利用している．本酵素は分子量33 kDaの単量体として機能し，ハロアルカンからハロゲンを解離させる反応を触媒する．この酵素反応は三つのステップ，つまり，①リガンド（ハロアルカン）の酵素活性中心への結合，②酵素活性中心とリガンドの共有結合形成（中間体形成），③加水分解反応によるハロゲンの解離，からなる（図7.1.36(a)）．この酵素の触媒活性中心に近接するN末端から272番目のヒスチジンをフェニルアラニンに置換したものがHaloTagであり，このアミノ酸置換により酵素反応は②の中間

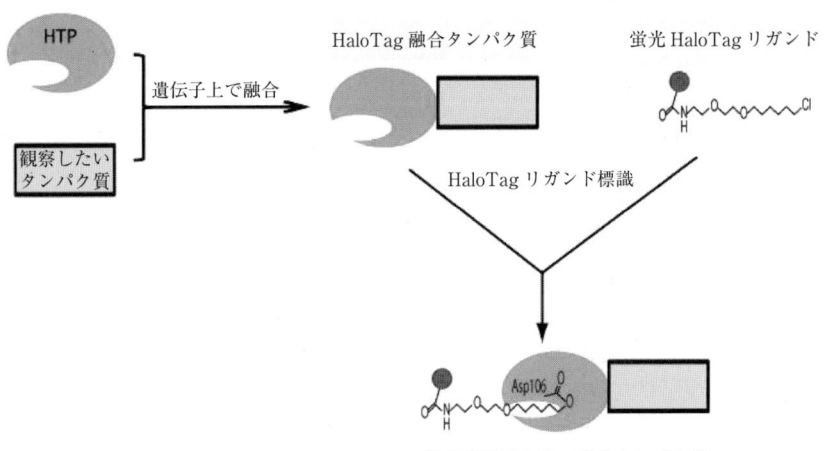

図7.1.35 HaloTag テクノロジーによる観察したいタンパク質と蛍光分子の連結
HTP：HaloTag タンパク質，●：小分子蛍光化合物.

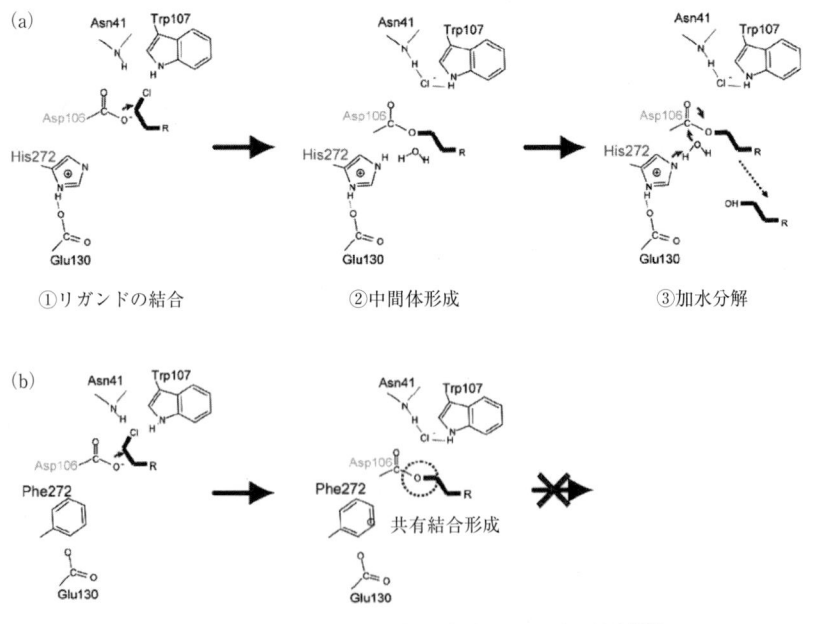

図7.1.36 HaloTag テクノロジーにおけるリガンドの反応機構
(a) 脱ハロゲン化酵素の反応機構．ハロゲン化物（R-Cl）は酵素の活性中心（Asp106）で中間体を形成した後，His272 によって活性化された水分子による加水分解反応でアルコール（R-OH）となり放出される．(b) HaloTag では H272F 変異により，加水分解反応が起きず，HaloTag とリガンドとの間に共有結合が形成されたままになる．

体形成で停止するため，リガンドが共有結合により酵素と連結することになる（図7.1.36(b)）．したがって，リガンドに適当な蛍光色素をつなげておけば，HaloTag をみずからの酵素反応により蛍光標識することができるだけでなく，蛍光色素以外の化合物も標識することが可能になる．2013年現在，プロメガ社からは8種類の蛍光リガンドと2種類の捕捉・固定用リガンド，それに任意の化合物をリガンドに結合させるための7種類の未標識リガンドが販売されている（図7.1.37）．これらリガンドを使い分けることで，生細胞・固定試料の蛍光イメージングや，タンパク質およびタンパク質複合体を生細胞もしくは細胞抽出物から精製・分析することが可能である．

2) HaloTag による蛍光イメージング

目的タンパク質を HaloTag で蛍光標識するためには以下の4ステップを要する．①目的タンパク質と HaloTag を融合した人工遺伝子を作成する．②その遺伝子を細胞に導入（トランスフェクション）して融合タンパク質を発現させる．③トランスフェクション後蛍光 HaloTag リガンドを培地に加えて細胞に取り込ませ，HaloTag と HaloTag リガンドを共有結合させる．④未反応の蛍光 HaloTag リガンドを，培地交換により取り除く．図7.1.38はこのようにして染色した例である．未反応のリガンドはほとんどすべて取り除かれ，きわめてコントラストの高い蛍光画像を得ることができる[2]．蛍光タンパク質を発現させる方法との大きな違いの一つに，HaloTag リガンド濃度・反応時間を調整することにより，標識効率を任意に調整することが可

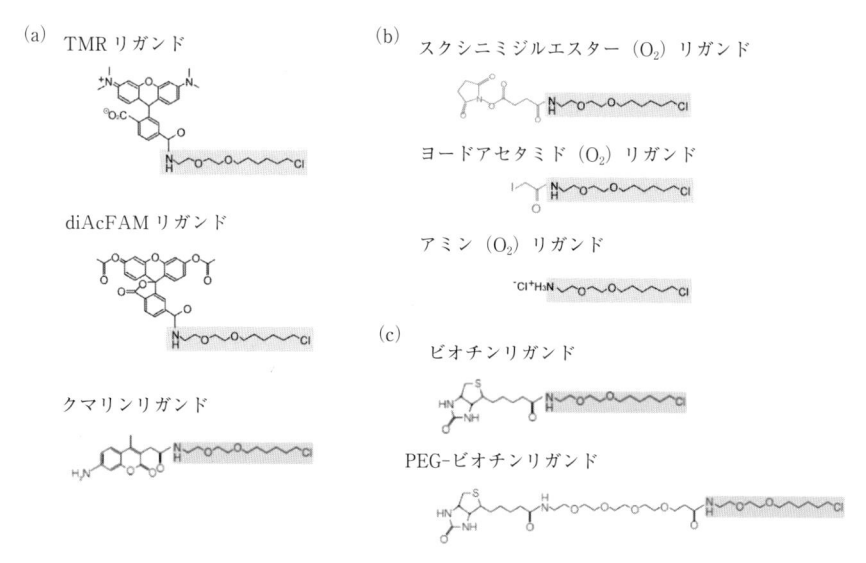

図 7.1.37 HaloTag リガンド
(a) 蛍光標識リガンド．TMR, diAcFAM, Coumarin それぞれの極大励起波長，極大蛍光波長は 555/585, 494/526, 353/434 (nm) である．(b) 未標識リガンド．(c) タンパク質精製用リガンド．

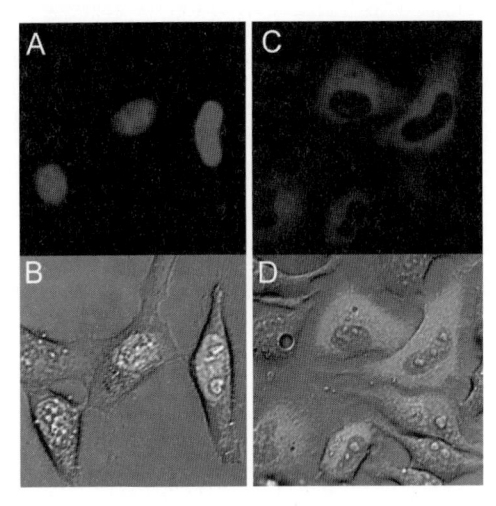

図 7.1.38 HaloTag テクノロジーによる生細胞の蛍光染色（口絵 21 参照）
A：核に発現させた HaloTag を diAcFAM リガンドで染色した蛍光像．B：A とその微分干渉画像を重ね合わせたもの．C：細胞質に発現させた HaloTag を TMR リガンドで染色した蛍光像．D：C とその微分干渉画像を重ね合わせたもの．

能である点があげられる．たとえば蛍光相関分光法（fluorescence correlation spectroscopy）（図 7.1.39(a)，7.3.5 項参照）や蛍光 1 分子観察では蛍光分子の濃度を nM 以下にする必要がある（7.3.1 項参照）．このような蛍光量の調節は蛍光タンパク質を利用した場合，トランスフェクションする遺伝子の量を減らしたり，発現した蛍光タンパク質をあえて光退色させて達成可能となるが調整が困難である．しかし，HaloTag テクノロジーを利用することで任意の個数の分子を蛍光標識することができる．

3) HaloTag による多色同時観察

細胞による蛍光観察では，緑色蛍光タンパク質 EGFP（enhanced green fluorescent protein）やその波長変異体がよく用いられる．細胞内機能解析においては，複数の目的タンパク質を同時に観察するといったことがよく行われるが，たとえば蛍光色素である TMR（テトラメチルローダミン）を HaloTag リガンドとして用いれば，EGFP との同時観察が可能になる．たとえば，細胞性粘菌細胞の PH（pleckstrin homology）ドメインと PTEN（phosphatase and tensin homolog deleted from chromosome 10）が，それぞれ EGFP と HaloTag TMR リガンドで標識され，両タンパク質による自己組織化ダイナミクスの観察が行われている[3]．

4) HaloTag による長時間 1 分子蛍光観察

蛍光タンパク質による 1 分子蛍光観察では，数秒間で光退色が起きることから長時間観察は難しい．そこで，一般には小分子蛍光色素が用いられるが，とくに TMR はその高い蛍光安定性や蛍光強度により，蛍光 1 分子観察によく利用されている．HaloTag リガンドである TMR を利用すれば，細胞内においても数十秒間の 1 分子蛍光観察が可能である（図 7.1.39(b)）．実際，細胞質ダイニンの分子挙動が TMR を用いた HaloTag テクノロジーで数十秒にわたって観察され，いくつかの新知見が見いだされている[4]．TMR は膜透過性リガンドであるため細胞内標識に用いることができる．一方，同じく光退色に強く明るい Alexa488 は緑色蛍光色素として蛍光 1 分子計測によく用いられているが，膜透過性が無い為注意が必要である．さらに，biotin

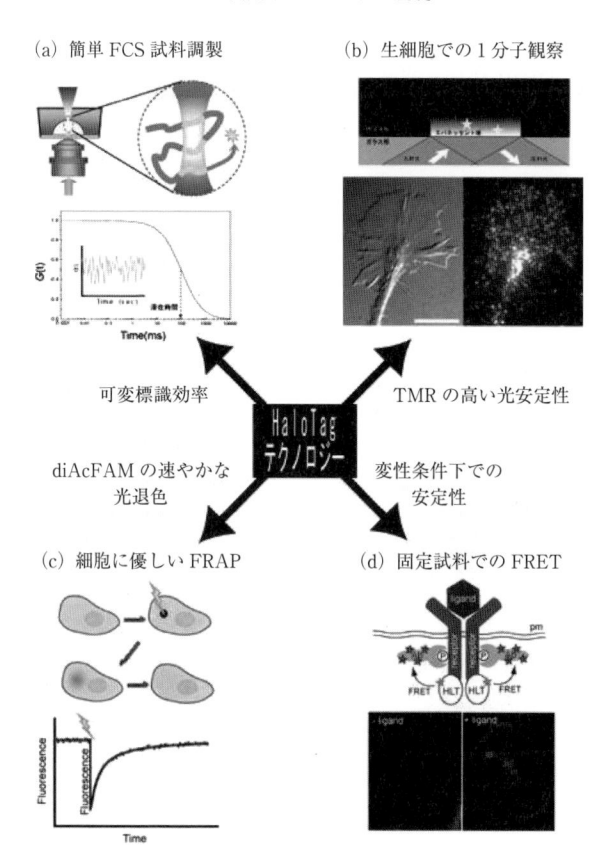

図 7.1.39 HaloTag テクノロジーのさまざまな蛍光イメージング法への応用

標識されたリガンドを用いてアビジン/ビオチン反応により量子ドット (quantum-dot) を標識することで，より長時間目的タンパク質の動態観察が可能である[5]．

5) HaloTag による FRAP

蛍光 HaloTag リガンドの一つである diAcFAM (diacetyl-fluorescein-acetoxymethylester) は，TMR に比べると光安定性が低く，速やかに退色する．この特性は長期間観察には不向きであるが，タンパク質の動態を測定する FRAP (fluorescence recovery after photobleaching) 法（図 7.1.39(c)，7.3.6 項参照）を行ううえではむしろ好ましい．FRAP ではきわめて短時間に，ある領域内の蛍光分子を光退色させる必要があり，そのためにかなり強い励起光（>10 W/cm^2）を照射するが，ときにはその光による光毒性 (phototoxicity) により細胞内の生理機能が狂うこともありうる．したがって，極力弱い励起光で光退色し，かつ通常の観察に用い

る励起光強度では退色しない程度の光安定性をもつ蛍光色素を使う必要がある．この観点においては diAcFAM は FRAP においてきわめて望ましい蛍光色素であると考えられる．

6) HaloTag による CALI

diAcFAM が強い励起光で退色する原因は，自らが産生した活性酸素によって酸化され不可逆的に発色団の構造が変化するためである．この現象を利用することで，光照射依存的に微小領域に存在する分子を任意の時間に破壊することが可能となる．CALI（chromophore-assisted light inactivation）法と呼ばれるこの技術はもっぱらフルオレセインなどの低分子蛍光化合物を用いて行われてきた[6]．しかしながらフルオレセイン標識した抗体や標的タンパク質をマイクロインジェクションなどで細胞に導入する問題があった．一方で蛍光タンパク質性の CALI 色素 KillerRed が開発されているが[7]，KillerRed は二量体を形成するため，いかなるタンパク質にも応用できるわけではない．単量体型の蛍光タンパク質性 CALI 色素 SuperNova が開発されているものの[8]，活性酸素の産生量はフルオレセインよりも圧倒的に少ないなどの問題点を有している．光退色の早い diAcFAM は CALI として期待されたが，実際にはそれほど高い CALI 活性は示さない．そこで CALI 用の HaloTag リガンドとして diAc-eosin が開発され，細胞内局所における PKCg や auroraB の選択的破壊がなされている[9]．光による細胞内機能操作法として，今後 HaloTag テクノロジーがますます重要になると考えられる．

7) HaloTag による固定試料でのタンパク質間相互作用検出

蛍光タンパク質と異なり，HaloTag の蛍光リガンドは変性条件下でも安定であるため，固定試料での蛍光検出も可能となる．FRET（Förster resonance energy transfer）法（7.2.2.2.1 項参照）はライブイメージングよりも蛍光免疫染色した固定試料のほうが検出しやすい場合が多い（図 7.1.39(d)）．蛍光免疫染色の場合，ドナーとアクセプターの量比が一対一ではなく，一対多，または多対多になりエネルギー移動の確率が増えるためである．したがって，HaloTag テクノロジーと蛍光免疫染色を組み合わせることでタンパク質相互作用を解析できる．たとえば，目的タンパク質を HaloTag と融合して発現させ，クマリンリガンドで標識して細胞を固定する．相互作用を調べたいタンパク質は Alexa488 などの青色光を吸収する蛍光色素で標識した抗体で染色する．両者が相互作用していれば FRET が起こり，クマリンを励起することで Alexa488 からの蛍光が観察される．

b. その他の蛍光タグ化技術（SNAP/CLIP タグ）

HaloTag テクノロジーは非常に強力な手法であるが，複数の蛍光色素を複数の目的タンパク質に標識することはできない．一方，HaloTag テクノロジーと同様の手法で目的タンパク質を蛍光色素で特異的に標識することのできる SNAP/CLIP タグテクノロジーが開発された[10]．現在，New England Biolabs 社から遺伝子導入用のベ

クターおよび蛍光リガンドを入手することができる．SNAP タグは DNA 修復酵素である O^6-アルキルグアニン-DNA アルキル転移酵素であり，さまざまに蛍光標識されたベンジルグアニン（BG）誘導体と特異的に結合することができる．同様に，CLIPタグはベンジルシトシン（BC）誘導体と特異的に反応する．SNAP タグにも多くの蛍光リガンドが用意されており，2013 年現在では，細胞内標識用に 5 種類，細胞表面標識用（非細胞膜透過性）では実に 16 種類もの蛍光リガンドが用意されている．一方の CLIP タグには細胞内標識用として 5 種類，細胞表面標識用として 4 種類用意されている．SNAP/CLIP タグともにビオチン標識されたリガンドが用意されており，アビジン/ビオチン反応を介した任意のプローブの標識も可能である．また，論文としてシアニン系の色素を蛍光リガンドとして利用できることも報告されており，レパートリーは非常に広い[11]．これら SNAP/CLIP タグを利用して細胞内の目的タンパク質 2 種類を蛍光色素で標識することが可能であるし，上述の HaloTag テクノロジーを組み合わせればさらに 3 種類の標識が可能である． 〔永井健治〕

文献・注

1) G. V Los, et al.: ACS Chem. Biol., **3** (2008), 373.
2) C. Lang, et al.: J. Exper. Botany, **57** (2006), 2985.
3) Y. Arai, et al.: Proc. Natl. Acad. Sci. USA, **107** (2010), 12399.
4) S. L. Reck-Peterson: Cell, **126** (2006), 335.
5) M. So, et al.: Biochem. Biophys. Res. Commun., **374** (2008), 419.
6) K. Jacobson, et al.: Trend. Cell Biol., **18** (2008), 443.
7) M. E. Bulina, et al.: Nat. Biotechnol., **24** (2006), 95.
8) K. Takemoto, et al.: Sci. Rep., **3** (2013), 2629.
9) K. Takemoto, et al.: ACS Chem. Biol., **6** (2011), 401.
10) N. Johnsson and K. Johnsson: ACS Chem. Biol., **2** (2007), 31.
11) C. Campos, et al.: Offi. Publi. Am. Assoc. Anatom., **240** (2011), 820.

7.2 蛍光イメージングの実際

7.2.1 蛍光イメージング技術

7.2.1.1 励起法：全反射蛍光法，ゼロモードガイドイルミネーション，共焦点

蛍光イメージングを行い，解像度が高くクリアな画像を得ようとする場合，フォーカス面の外からのバックグラウンド（背景光）を減らすことが重要になってくる．こ

こでは背景光を大幅に減らす照明法として全反射法，ゼロモードウェーブガイド法，共焦点法を紹介する．

全反射蛍光（total internal reflection fluorescence：TIRF）法はサンプルとガラス面の境界で励起光を全反射させ，このとき発生する染み出し光（エバネッセント場）を蛍光色素の励起に利用する方法である．励起光の入射角 θ_{in} がある角度（臨界角 θ_c）に達すると全反射が起こる（図7.2.1(a)）．臨界角とこのときに染み出す光の強度 $I(z)$ は次式で表される[1,2]．

$$\sin\theta_c = \frac{n_2}{n_1}, \quad n_1 > n_2$$

$$I(z) = I_0 e^{-z/d}, \quad d = \frac{\lambda}{4\pi(n_1^2 \cdot \sin^2\theta_1 - n_2^2)^{1/2}}$$

ここで z は全反射面（ガラス面）からの距離で，d はエバネッセント場の強度が $1/e$（約37％）になる距離である（図7.2.1(b)）．たとえばカバーガラスの屈折率は1.52，水の屈折率は1.33であるので，入射角を62°とすると $d=0.44\times\lambda$ となり，488 nm のレーザーを励起光としたときは $d=216$ nm となる．同じ条件で入射角のみ68°としたときは $d=83$ nm となる．このように，ガラス表面からおおむね50〜200 nm の領域で急速に減衰する励起光の場が形成されることがわかる．全反射照明法には代表的なものとしてプリズム型と対物型があり（図7.2.2），二つの型にはそれぞれメリット，デメリットがある．プリズム型全反射法は照射領域を広くとれ，かつ，SN 比の高い1分子画像が得られるという利点がある一方，対物レンズの反対側の空間がふさがれるため，観察できるサンプルの厚みに制限があることが欠点である（図7.2.2(a)）．対物型全反射照明法はサンプルの屈折率の値よりも大きい開口数の対物レンズが必要となり，対物レンズ内での励起光反射などがあるためプリズム型に比べると背

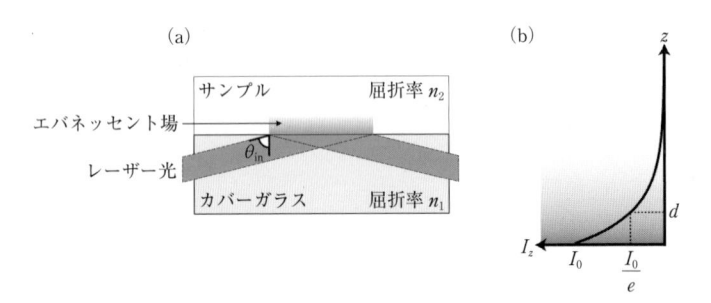

図7.2.1 全反射とエバネッセント場

(a) 全反射の模式図．屈折率の高い物質から低い物質へ光が進む場合，入射角 θ_{in} がある角度に達すると全反射が起こる．サンプル内では光の場は完全にゼロになることはなく，エバネッセント場としてわずかに染み出す．(b) エバネッセント場における光の強度．全反射面からの距離 z に対して指数関数的に強度は弱くなる．全反射面における強度の $1/e$ になる距離が d である．

7.2 蛍光イメージングの実際

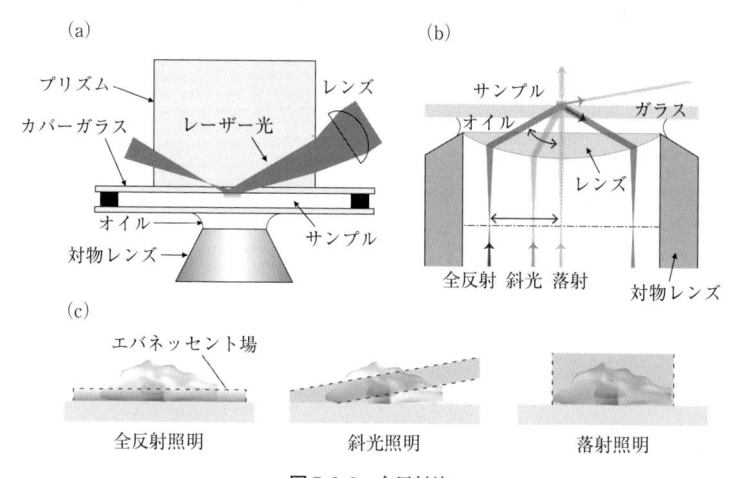

図 7.2.2 全反射法
(a) プリズム式．(b) 対物式．対物式ではレーザーの入射位置を変えることで全反射から，通常の蛍光顕微鏡で用いられている落射照明へと簡単に切り替えることができる．(c) カバーガラスに撒いた細胞をサンプルとして用いた場合の各種照明法による励起領域の違い．

景光が高いデメリットがある．しかしながら，倒立顕微鏡を利用することで厚いサンプルの観察やサンプル操作を容易に行える利点があるうえに，入射レーザー光の位置調節により斜光照明や落射照明への切替えが簡単にできる（図7.2.2(b), (c)）．この全反射照明法をプリズム型で最初に細胞イメージングに利用したのはAxelrodらで，細胞がガラス表面に接着する際に形成する接着斑の観察に利用した[1]．船津らは1995年にプリズム型を用い，液中におけるタンパク質のATP加水分解反応を1分子レベルで可視化することに成功した[3]．その後，より簡便な対物型全反射照明法[4]が開発され，広く利用されている．

ゼロモードウェーブガイド（zero-mode waveguide：ZMW）法は，励起波長よりも直径が小さい円柱状の穴では，光が伝搬しない性質を利用したものである（図7.2.3）．カバーガラスに金属を蒸着させ，その金属中に小さな穴を作成する．金属側をサンプルで満たし励起光をカバーガラス側から照射すると，穴の入口にエバネッセント場が生じる．図7.2.3(b)は，ZMWで使用する穴の直径とエバネッセント場が浸み出している領域の体積（V_{eff}）との関係を示したものである[5]．この図から，直径60 nmの穴ではV_{eff}は約40 zL（ゼプトリットル，$zL = 10^{-21}$ L）となることがわかる．この条件で40 μMの蛍光色素を含むサンプルを観察したとき，V_{eff}内にある蛍光分子の平均個数は1個である．比較のため全反射蛍光法の場合どれぐらいの蛍光分子が励起されているかを考えてみる．カバーガラスから100 nmの領域が励起されていると40 μMの蛍光色素は，照射領域 1 μm² あたり（10^5 zL）2400個存在する．1 μm² あた

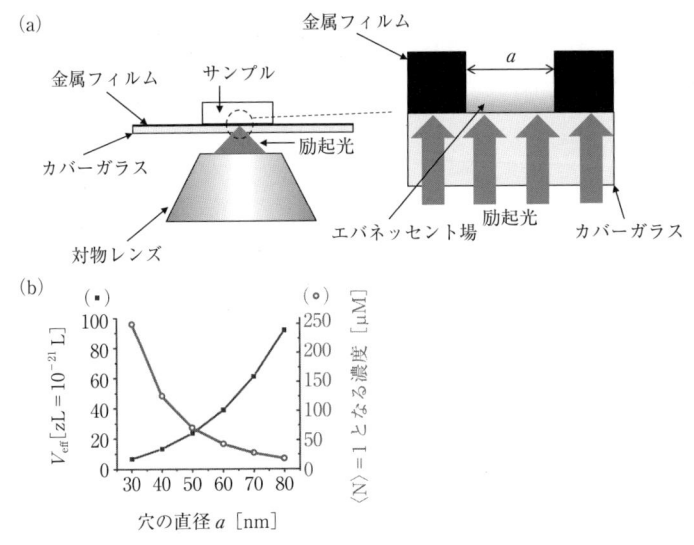

図 7.2.3 ゼロモードウェーブガイド法（文献5から作図）
(a) ZMW の装置図．光はその波長より小さな穴を通過することができず，穴の入口付近にはエバネッセント場が生じる．(b) ZMW で使用する穴の直径を横軸にとり，エバネッセント場が浸み出している領域の体積 V_{eff}（■），もしくは V_{eff} 内の平均分子数 $\langle N \rangle$ が1個になるときの蛍光色素濃度（○）を縦軸にプロットしたもの．

りの分子が数個以下という条件でないと1分子イメージングは難しいため，全反射蛍光法では観察できる濃度が数十 nM 程度以下である．一方，ZMW 法では μM という濃度であっても1分子蛍光観察することができる．この ZMW 法の優れた特性を利用して高速 DNA シーケンス[6]や，RNA 翻訳機構の1分子計測[7]が行われた．

共焦点（confocal）法は光を回折限界まで絞りこみ，これを励起光として利用する方法である．この集光されている領域の大きさは，近似的に直径が 0.5 μm，高さが 0.5～2 μm の円柱状であり，0.1～0.4 fL（フェムトリットル，$\mathrm{fL} = 10^{-15}\,\mathrm{L}$）の体積である[8]．この領域外では蛍光分子の励起が抑えられるので，背景光を抑えたイメージングが可能になる．実際には集光されていない領域でも，光軸に平行でレーザー光が通過する領域では励起が起こってしまうため，共焦点顕微鏡では検出器の前にピンホールをおくことで集光領域以外からの蛍光シグナルを減らすことにより高解像を実現している（7.1.1項参照）．共焦点法のコンセプトが生まれたのは1950年代であり，1961年には Minsky によって共焦点法に関する最初の特許権が取得されている．これを Magde らが，微小な集光領域に出入りする分子の拡散や流出入を測定する FCS（fluorescence correlation spectroscopy, 7.3.5項参照）として反応キネティクス解析に最初に利用したのは1972年のことである[9]．1976年には Axelrod

らが膜輸送のキネティクス測定に FRAP (fluorescence recovery after photobleaching, 7.3.6項参照) として利用した[10]. レーザースキャン(図7.2.4(b))と組み合わせ細胞生物学でイメージングに用いられたのは1987年のことである[11,12]. 長波長のレーザーを光源として2光子励起を用いれば, 脳などの組織をより深部まで観測可能になり, フォーカス領域のみ励起されるので蛍光の退色も抑えることができる(7.3.2項参照). 2光子励起は1930年代初頭にはアイデアが出されていたが, 100 fs (fs $=10^{-15}$ s) という非常に短いパルス幅をもった衝突パルスモード同期レーザー (colliding-pulse modelocked laser) が利用できるまで実用化は困難であった. 超短パルスをレンズで集光することにより, 2光子励起が可能な非常に高い光子密度をつくりだすことができる. Denkらがこのモード同期レーザーを使って細胞イメージングに最初に利用したのは1990年のことである[13]. それからまもなくして脳内神経細胞のイメージングに利用されることとなった[14,15]. 現在ではより高出力のチタンサファイアレーザーが2光子励起の光源として広く使われている.

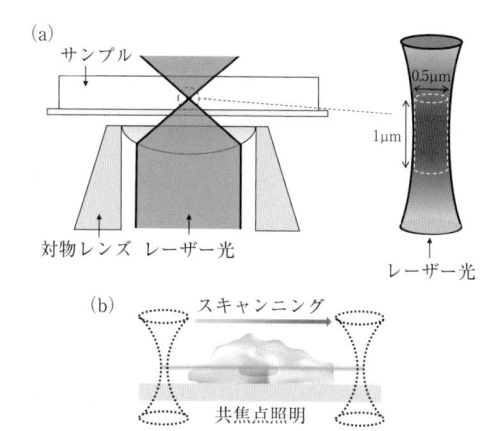

図7.2.4　共焦点法
(a) 共焦点法における集光領域. (b) 細胞を例としたレーザースキャン. 集光領域をカバーガラスと並行な方向へ移動することにより, 細胞の光学切片イメージングが可能になる.

　TIRFやZMWは1分子検出能に優れており, とくにTIRFはPALM (photoactivated localization microscopy)[16] やSTORM (stochastic optical reconstruction microscopy)[17] といったローカライゼーション法を利用することにより, 回折限界をこえる超解像を生み出すことができる (7.3.4項参照). しかし, この二つの方法はガラス表面付近の蛍光分子のみを励起する方法であるため, 観測できる対象が限定されてしまうことが欠点の一つとなっている. 共焦点法にはこうした制限がなく, 対物レンズを上下させることで励起領域をカバーガラスと垂直な方向へ移動することができるため, 生細胞や生体組織の高解像イメージング法として広く利用されている.

〔石橋宗典・上田昌宏〕

文献・注

1) D. Axelrod : *J. Cell Biol.*, **89** (1981), 141-145.
2) J. R. Lakowicz : Principle of Fluorescence Microscopy, 3rd ed, Springer, 2006.
3) T. Funatsu, *et al.* : *Nature*, **374** (1995), 555-559.

4) M. Tokunaga, et al.: *Biochem. Biophys. Res. Commun.*, **235** (1997), 47-53.
5) M. J. Levene, et al.: *Science*, **299** (2003), 682-686.
6) J. Eid, et al.: *Science*, **323** (2009), 133-138.
7) S. Uemura, et al.: *Nature*, **464** (2010), 1012-1017.
8) 原口德子ほか編：生細胞蛍光イメージング，共立出版，2007.
9) D. Magde, et al.: *Phys. Rev. Lett.*, **29** (1972), 705-708.
10) D. Axelrod, et al.: *Biophys. J.*, **16** (1976), 1055-1069.
11) J. G. White, et al.: *J. Cell Biol.*, **105** (1987), 41-48.
12) G. Van Meer, et al.: *J. Cell. Biol.*, **105** (1987), 1623-1635.
13) W. Denk, et al.: *Science*, **248** (1990), 73-76.
14) W. Denk, et al.: *J. Neurosci. Methods*, **54** (1994), 151-162.
15) K. Svoboda, et al.: *Nature*, **385** (1997), 161-165.
16) E. Betzig, et al.: *Science*, **313** (2006), 1642-1645.
17) M. J. Rust, et al.: *Nat. Methods*, **3** (2006), 793-795.

7.2.1.2 観察法

　蛍光イメージングは，見たい分子を蛍光色素で染めた試料に励起光を照射し，蛍光色素から出てくる蛍光を観察するイメージング方法である．生きた細胞を生きたままの状態で観察するためには，弱い励起光（せいぜい $10\,\mathrm{mW/cm^2}$ 程度）で励起して観察していく必要がある．一般的に，細胞内には，励起光照射によって化学反応を起こす内在性因子が存在する場合があるので，励起光は蛍光励起に必要な最小量にとどめるべきである．たとえば，FMN（flavin mononucleotide）などのフラビン化合物や，NADPH（nicotinamide adenine dinucleotide phosphate）などは，光を吸収すると光増感作用により活性酸素を発生させることがあり，細胞が生きていくうえで問題となる．蛍光に用いられなかった余分な励起光は，細胞内で，余計な反応に使われる可能性がある．光照射あるいは蛍光励起による細胞毒性を軽減させるために，さまざまな注意が必要である．ここでは，生きた細胞を蛍光イメージングする必要な装置，蛍光染色方法，画像取得する際に注意すべき点について解説する．

a. 蛍光顕微鏡装置

　生細胞でタイムラプスイメージングを成功させるためには，蛍光観察が原因となる細胞毒性をできるだけ抑える必要がある．そのため，励起光強度を最小に抑えるための装置の工夫が重要である．照射光に対して比較的明るい蛍光が得られる点で，共焦点顕微鏡より全視野蛍光顕微鏡のほうが適している．複数の蛍光色素で多重染色された試料を観察するのに適した装置と，それを使った観察法を紹介する．

1) マルチカラーイメージング

　一般的に生細胞のマルチカラーイメージングに使われる装置は，全視野蛍光顕微鏡にシャッターや，光学フィルター交換装置，高感度カメラがつけられており，シャッ

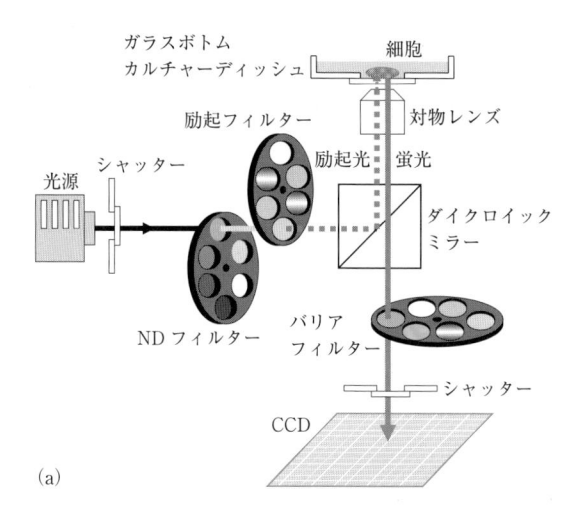

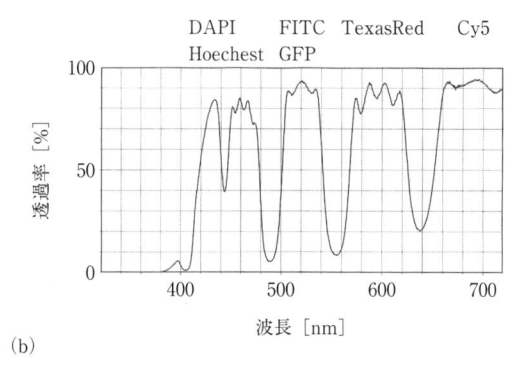

図 7.2.5 (a) フィルター式のマルチカラーイメージング装置と
(b) 4色ダイクロイックミラーの透過率の波長特性
DAPI (358/461)/Hoechst33342 (352/461), FITC (494/518)/
GFP (484/507), TexasRed (595/615), Cy5 (649/670) の4種類の蛍光色素に適する．括弧内は，それぞれの蛍光色素の励起極大波長と蛍光極大波長（単位 nm）．

ターの開閉や光学フィルターの交換，焦点移動，画像の取り込みなどの動作が自動化されている（図7.2.5）[1]．このうち，多重染色されたサンプルを観察するための波長切替えの仕組みとカメラについて概説する．

【多波長の蛍光色素の観察】
一般的な蛍光顕微鏡では，単色用のフィルターセットは励起フィルター，ダイクロイックミラー，バリアフィルターが3枚一組でキューブにセットされている．2色以上で蛍光染色した場合，それぞれの蛍光色素の波長に適合するフィルターセットが必

要になる．フィルターセットの波長切替えを自動化するためによく用いられているのは，ひとそろいの励起フィルターとバリアフィルターを，それぞれ回転する円盤に組み込んで，コンピュータの制御下でフィルター交換を行う方法である（図7.2.5(a)）．この方法では，ダイクロイックミラーは交換することができないので，交換の必要のない多色用のものを用いる．青・緑・赤・赤外の4色の蛍光に対応できるダイクロイックミラーを使うと（図7.2.5(b)），4色をミラー交換なく画像化できる．図7.2.5(b)では，DAPI/FITC/TexasRed/Cy5の4色に適応するダイクロイックミラーを示す．それぞれの色素の励起波長（358 nm, 494 nm, 595 nm, 649 nm）では透過性が低く，これらの励起光を反射するが，蛍光波長（461 nm, 518 nm, 615 nm, 670 nm）では透過性が高く，蛍光は透過する．つまり，光源から出た励起光はNDフィルターや励起フィルターを通過しダイクロイックミラーで反射してサンプルを励起するのに使われ，サンプルから出た蛍光はダイクロイックミラーを透過してバリアフィルターを通ってCCDに結像する．観察する色素に適する波長特性をもったダイクロイックミラーを選択する必要がある．

【カメラ】

全視野顕微鏡の受光器として，よく使われるのはCCD（charge-coupled devise）である[2]．CCDは，ダイナミックレンジが大きく，暗いものから明るいもので1000倍以上明るさが違う試料でも一つの設定で観察できるという特長をもっている．共焦点顕微鏡には，PMT（photomultiplier tube，光電子増倍管）が用いられる．PMTはゲインを変えることによって大きなダイナミックレンジが得られるが，顕微鏡観察の途中ではゲインを変更することができないため，ダイナミックレンジは小さくなる．とくに，生物学に使われているような暗い試料を観察する場合には，ダイナミックレンジが50～100倍にしかならないことが多い．細胞が分裂する場合には，分裂期の染色体やスピンドルは集合し，間期での明るさと比べて数十倍ちかく蛍光強度が大きくなる(明るくなる)．このように，観察中に蛍光強度が大きく変化する試料の観察には，PMTは不向きであり，固定のゲイン設定でダイナミックレンジが大きいCCDカメラを使うほうが有利である．

2) スペクトルイメージング

共焦点顕微鏡を基本としたスペクトルイメージング法は，試料の蛍光波長のスペクトルを測定し，そのスペクトル情報から，特定の蛍光色素のスペクトルだけを抽出する方法である[3]．その結果，蛍光色素間のクロストークのない画像を得ることができる．蛍光スペクトルの変化を観察することによって，FRETの有無や細胞内環境の変化を検出することも可能である．自家蛍光の除去にも有効である．スペクトルイメージング装置，蛍光のクロストークを除くための方法について概説する．

【スペクトル蛍光顕微鏡装置】[3]

共焦点顕微鏡の光路の焦点位置に回折格子やプリズムをおき，試料の1点から出た蛍光を分光した後，その波長スペクトル（約380～720 nmの波長幅）をPMTで検出

する.点をスキャンしながら,画素ごとにスペクトル測定を繰り返して二次元のスペクトル画像を構成する.各社から,さまざまな仕様のスペクトル蛍光顕微鏡が市販されている.これらは,分光素子や画像取得の仕組みが異なるため,実際にスペクトル画像(ある波長からある波長までの連続画像)を撮るのに必要な時間や,波長分解能,スキャン回数などが異なる.したがって,装置の選択に当たっては,使用目的に合うものを選ぶのがよい.

【蛍光クロストークの除去】

実測される蛍光強度は,それぞれの色素の蛍光強度スペクトルの和である.個々の蛍光成分に由来する値を得るために,個々の蛍光色素がどのくらいの比率で混合されるかを計算する.FITCとGFPを例とすると,次の式で表すことができる.

$$I_{\text{total}} = aI_{\text{FITC}} + bI_{\text{GFP}}$$

I_{total}は実測された全蛍光強度スペクトル,I_{FITC}とI_{GFP}はFITCとGFPのおのおのの蛍光強度スペクトルである.よって,二つ以上の波長におけるI_{total}とI_{FITC}とI_{GFP}の値がわかれば,FITCとGFPの混合比率aとbの値を求めることができ,それぞれの成分に分解することができる.3成分以上の場合も同様に成分に分解できる[3].

この方法を使うと,完全にクロストークのない画像を作成することが可能となる.この方法は,非常に近接したスペクトルをもつ蛍光色素に対しても有効であり,GFPとYFPのように,光学フィルターを使っただけでは分離できない,波長の重なりの大きい二つの蛍光色素でも明確に区別することができる.

【自家蛍光の除去】

細胞内には,蛍光を発する内在的な物質が存在する.FMNのようなフラビン化合物や葉緑素などがそれである.このような蛍光性物質には,細胞が栄養として取り込んだものや,細胞がつくりだすものがある.細胞が栄養として取り込んだものは,培養液からフラビンを除くなど,培養液の組成を変えると少なくなることがある.しかし,細胞がつくりだすものは取り除くのが困難である.自家蛍光は,さまざまな種類の蛍光性の分子が原因となっているため,幅広いスペクトル分布をもっている場合が多い.このような自家蛍光を除くのに,上述したクロストーク除去法が有効である.

b. 生細胞の蛍光染色

1) 細胞の用意[4]

蛍光染色をするためには,健康な細胞が必要である.所定の培養条件で培養した細胞を用意する.植継ぎや培地交換などのメンテナンスが悪かった場合は,生理状態が変わったり弱ったりしている可能性が高いので,そのような細胞は使うべきではない.

2) 培養容器[4]

蛍光観察のための培養器として,底にカバーガラスを貼りつけてあるガラスボトムディッシュを使う(図7.2.5).多くの対物レンズが,カバーガラスを通して物体を観察するように設計されているからである.カバーガラスには,サイズと厚みが異な

るものが市販されている．レンズによって，使用すべきカバーガラス厚が異なるので，対物レンズに表記（刻印）されている厚みのものを使う．一般的に，高倍率の油浸対物レンズの多くは，カバーガラス厚 0.17 mm が推奨されている．ガラス部分で細胞の生育状態が悪い場合は，コラーゲンやポリリジンでコートすることによって改善できる場合がある．

3) 蛍光染色
【染色方法】[4]

生きた細胞内にある細胞構造や分子を蛍光色素で染め分ける方法として，主に，以下の四つがある．①結合特異性と膜透過性の高い低分子蛍光色素（Hoechst33342, Fluo-4, $DiOC_6$ など）の利用．これらの試薬は培養液に添加するだけで，それぞれ DNA，ミトコンドリア膜などの脂質膜，カルシウムを染色できる．とくに，Hoechst33342 は生きた細胞での膜透過性が高く，DNA に結合したものだけが蛍光を発するため高いコントラストの画像が得られる[4]．②低分子蛍光色素（Fluorescein, Rhodamine, Alexa dye など）の利用．これらの蛍光試薬を目的タンパク質に化学結合させ，その蛍光標識タンパク質を細胞内に微小注入する．③分子タグ（HALO タグ，SNAP タグなど）の利用．分子タグとなる特殊なアミノ酸配列を目的タンパク質と融合させたタンパク質を細胞内で発現させ，そのタグと結合すると蛍光性になる試薬を添加する．④蛍光タンパク質の利用．蛍光タンパク質（GFP, CFP, YFP, DsRed など）と目的タンパク質を融合させたタンパク質を細胞内で発現させる．これらの方法は，それぞれ一長一短あるので，場合によって使い分けが必要である．

【遺伝子の細胞内導入法】[4]

観察したいタンパク質と蛍光タンパク質との融合タンパク質を細胞で発現させるときには，その遺伝子をコードする DNA を何らかの方法で細胞（核）に入れる必要がある（この核酸導入の過程をトランスフェクションと呼ぶ）．これは案外難しい．絶対によいという方法はない．それぞれのケースで条件を検討し，最適な条件を使うのがよい．細い針を使って細胞（核）に直接微量注入する方法などもあるが，一般的には，トランスフェクション試薬と DNA を混ぜたものを細胞に振りかけ，細胞が本来もつ取り込み能力を使って細胞内に取り込ませる方法がよく使われる[5]．これらの方法に共通して重要なことは，できるだけ不純物のない DNA を使うことである．タンパク質などの不純物が残留している精製度の低い DNA は適しない．市販されているトランスフェクション試薬は，カチオン性脂質を使ったものやリン酸カルシウムを使ったものなどさまざまなものがある．入れる DNA や細胞種によって細胞毒性や効果に違いがあることが多いので，できるだけ細胞毒性の少ない試薬を選ぶべきである．血清を抜いている時間は必要最小限にする．プロトコールが推奨している時間を鵜呑みにせず，自分の使う細胞と DNA を使って，最小限の時間を検討することが重要である．

【蛍光タンパク質利用上の注意点】[4,6]

どの蛍光染色法の場合も，蛍光標識した生体分子が，本来のものと同じ性質をもっ

ているかどうかを慎重に検討しなければならない．とくに，蛍光タンパク質との融合タンパク質を発現する場合には，局在や機能が内在性のものと同じかどうか，生化学的方法や遺伝学的方法などを使って検討しなくてはならない．余分なタンパク質を過剰に発現させることやトランスフェクション処理によって，細胞の生理状態が変わっていないかにも注意を払わないといけない．データ解析の際には，これらの点を考慮して評価する必要がある．

c. 画像取得時の問題点
1) 装置の確認
観察するものの大きさ，深さ，単色か多色か，明るさなど，見たいものに応じて，対物レンズやフィルターセットを選択する．深い位置にあるサンプルは，水浸対物レンズを使うとよい．多色で染色されたサンプルの場合は，色収差が少ない対物レンズを使用する．対物レンズに補正環（カバーガラスの厚みの違いを補正する）がついている場合は，ディッシュごとに補正を行う．

2) サンプルの用意
カバーガラスは，レンズの一部と考えたほうがよい．サンプルの移動時に指で触ったりして汚してはならない．万が一，汚した場合は，ステージに装着する前にレンズペーパーで拭いてきれいにする．培養液のpHに気をつける．炭酸ガスで緩衝している培地を使用している場合は，蓋をしている場合でも30分以上経つとpHがアルカリ側にシフトするので，培地にHEPESバッファー（pH 7.3，終濃度20〜25 mM）を加える．培地の乾燥とpH変化を防ぐためにミネラルオイルを重層する．

3) 撮像の注意点
蛍光染色や蛍光観察は細胞毒性があるので，観察に当たっては最小限の染色，最小限の励起を心がける．蛍光観察による毒性は，染めている対象，蛍光色素の種類，染まり具合，融合タンパク質の種類，発現量など，多くのパラメータで異なるが，励起光の照射をできるだけ抑えるのがよい．暗めの画像，長めの間隔，三次元画像の枚数を少なく，画像を撮っていく．観察対象として強く染色された明るい細胞を選びがちであるが，そのような細胞は状態が悪くなっている可能性が高いので避けたほうが無難である．装置の限界性能や画質のことだけに目を向けて撮像すると，細胞が弱る（死ぬ）可能性がある．観察条件が細胞に影響を与えていないか，蛍光観察後に，形態や細胞分裂が正常か確認する．　　　　　　　　　　　　　　　　　　〔原口德子〕

文献・注
1) 原口德子，平岡　泰：生細胞蛍光イメージング（原口德子ほか編著），共立出版，2007, [37-46].
2) 丸野　正：生細胞蛍光イメージング（原口德子ほか編著），共立出版，2007, [140-152].
3) 原口德子，平岡　泰：生細胞蛍光イメージング（原口德子ほか編著），共立出版，2007, [47-53].

4) 原口德子：生細胞蛍光イメージング（原口德子ほか編著），共立出版，2007，[79-84].
5) リポフェクション法は，DNAと人工的な脂質が混ざりあって形成された複合体（リポプレックス）を用いる方法である．このリポプレックスは，主に，細胞の物を取り込む能力の一つであるマクロピノサイトーシスによって酸性エンドソームに運ばれる．酸性エンドソーム内では，リポプレックスの作成に使った脂質によってエンドソーム膜が破られ，遊離したDNAは細胞質内に入る．そして，核に運ばれると考えられている．
6) 木村　宏ほか：生細胞蛍光イメージング（原口德子ほか編著），共立出版，2007，[54-66].

■ 7.2.1.3　画像処理

a.　画像処理

　画像処理（image processing）とは，今日では画像データをコンピュータ上でさまざまな処理を施し，目的とする情報を抽出することをさす．現在，商用・フリーを問わず，多くの画像処理ソフトウェアが存在しており，メニューから項目を選ぶことで，さまざまな画像処理を施すことが可能である．しかしながら，画像処理はいわばもとの生データに人工的に追加処理を施す事であり，処理の中身を理解していないと誤った解釈をする可能性がある．ここではまず，画像データがどのようにしてコンピュータうえに格納されているかといった，画像処理を行ううえで最低限知っておくべき知識を述べる．次に，実験データを解析するうえで，よく用いられる画像処理法について説明を行う．

コンピュータ上での画像データの取扱いについて
【量子化】
　CCDカメラ等の検出器で検出された光子は，電子に変換・増倍され，A/Dコンバータ（analog to digital converter）によってアナログ信号からディジタル信号に変換される．アナログ信号は連続値だが，コンピュータが解釈することのできる信号は，ディジタル信号である離散値なので，A/Dコンバータの分解能（ビット数）によって量子化（quantization）される．一般的な検出器では，12ビット（$2^{12}=4096$階調）や16ビット（$2^{16}=65536$階調）の分解能をもっていることが多い．コンピュータ上で表示される画素値（countで表されることが多い）は量子化された後の値であり，同じ画素値でもビット数が異なれば実際に検出器によって検出された強度（intensity）も異なって表現されることに注意する必要がある．
【標本化】
　画素値が量子化されるように，空間情報も検出器の画素サイズで区切られる．連続信号からの離散化を標本化（sampling）と呼ぶ．ある信号をもつ成分を標本化した際，その信号を再現するために最低限必要な分解能はナイキスト周波数（Nyquist frequency）と呼ばれ，測定対象の周波数の2倍である．カメラを検出器として用いる顕微鏡の場合，標本化の大きさは倍率とカメラの画素サイズによって決まる．たとえば100倍の対物レンズと画素サイズの1片がが16 μmのカメラを用いる場合，標

本化のサイズは 16 μm/100 で 160 nm となる（正確には対物マイクロメーターなどを用いて実測する）．一方で，光の回折限界（diffraction limit）のため，高い開口数（numerical aperture）をもつ対物レンズを利用しても，空間分解能はおよそ 200 nm 程度である．したがって，レンズによりいくら拡大をしても，光学限界より小さな像は，ボケた像が拡大されるのみである．回折限界より小さな画像を取得するためには，後述する超解像技術を用いる必要がある．

【データ保存形式】

A/D コンバーターによりディジタル信号に変換されたデータは，コンピュータ内の記憶領域に保存される．コンピュータ内でのデータ保存形式（フォーマット，format）は 8 ビット（byte 型，$2^8 = 256$ 階調），16 ビット（integer 型）といった整数型や，32 ビット（float 型，レシオ画像のような実数値に使われる）といったように，8 ビット単位で増えていく．したがって 12 ビットのデータ形式は存在せず，16 ビットデータとして取り扱われることがほとんどである．画像データを保存するフォーマットにはいくつか種類がある．顕微鏡画像を取得する際に利用したソフトウェア専用の画像フォーマットは，メタデータ（meta data）として，画像取得時のさまざまな情報が画像ファイルの中に埋め込まれていることが多いため，取得した画像はできるだけ生データとして保存・管理するべきである．しかし，生データは専用ソフトでしか開けないことが多く，普段使い慣れた画像処理ソフトで開くことができないことがある．その場合，汎用性に優れているのは TIFF（tagged image file format）形式である．8 ビット・16 ビットそれぞれの形式が利用可能であり，multiple tiff 形式を用いれば動画のようなシーケンス画像も取り扱うことができる（ただし 4 GB 以下）．JPEG（joint photographic experts group）形式は，画像圧縮により，保存する際のデータ量を節約できるが不可逆圧縮方式であるため，元データの情報は失われてしまう．また，動画形式でよく用いられる AVI（audio video interleave）形式は 8 ビットであるため，16 ビットの動画データを AVI にすると，ソフトウェアによって 16 ビットから 8 ビットへダウンスケールされてしまう．輝度値が重要ではないデータや，プレゼンテーション用以外の利用は避けるべきである．画像処理を行う際にはできるだけ生データを利用することが望ましいが，そのぶん必要な処理用・保存用メモリが増えることに留意する必要がある．たとえば，512×512 ピクセル（pixels）で 1000 フレーム（frame）のデータを各画素値 16 ビット形式で保存した場合，512×512×1000×16 = 500 MB（1 バイトは 8 ビット）の領域が必要となる．なお，単色のグレイスケール（gray scale）画像に比べカラー画像はレッド，グリーン，ブルー（RGB）の三源色が必要なため，記憶領域も 3 倍必要になる．

【画像処理ソフト】

コンピュータ上で画像処理を行う場合，画像処理ソフトを用いると便利である．生物系の画像データの処理では，ImageJ や MetaMorph などがよく用いられる[1,2]．ImageJ は Java 言語で動作するソフトウェアであり，プラットフォームを選ばな

い．自由にダウンロードして実行することが可能であることから人気が高い．オープンソースコミュニティによる開発が活発であり，Fiji や MicroManager といった ImageJ を拡張したソフトも公開されている[3,4]．MetaMorph は商用ソフトであるが，顕微鏡やカメラなどの周辺機器制御と相性がよい．有償であることからサポートがしっかりしているため，トラブルに強い．一方，画像処理専門ではないが，画像処理も行うことができるソフトとして MatLab や LabView がある[5,6]．MatLab は強力な行列演算機能をもつプログラミング言語である．画像処理はもともと行列演算と相性がよいことから，MatLab が得意とする領域の一つである．自分でプログラミングをしてもよいが，Image Processing Toolbox を追加することで，さまざまな機能を利用することができる．LabView もプログラミング言語の一種であるが，テキストベースではなくアイコンを並べて連結することでプログラミングを行う独特な言語である．アナログやデジタル信号の入出力制御に強く，機器制御をかなり容易にプログラミングすることが可能である．LabView にも Vision と呼ばれる画像処理用のパッケージが容易されており，LabView が標準に持つ機能と併せてさまざまな画像処理を行うことが可能である．テキストベースではないため，プログラミングがそれほど得意ではない人にとっても取っつきやすく，高度な処理を行うことが可能である．ImageJ 以外は高価なソフトウェアであるので，評価版を試す等して自分に合ったソフトを利用することをおすすめする．

b． 簡単な画像処理

画像処理を行う目的はさまざまであるが，ノイズの多い画像を綺麗にしたい，という理由や，画像から何らかの特徴的な情報を抽出したい，といった理由が多いのではなかろうか．画像を綺麗にする操作として最も頻繁に用いられる手法としてフィルターによる処理があげられる．特徴を抽出する場合でも，いわゆる前処理として，さまざまなフィルターを施し画像からノイズ成分などの不要な要素を取り除く必要があることが多い．

1) 空間フィルタリング

空間フィルタリング（spatial filtering）では，対象とする画素値を中心とした $n \times n$ サイズ（3×3 や 5×5 などの奇数）の周辺画素値に対し，カーネル（Kernel）と呼ばれる行列パターンにしたがった畳み込み（convolution）を施すことで種々の空間フィルタリングを施すことが可能である．図7.2.6に平滑化フィルタリングの例を示す．平均化フィルター（averaging filter）は画素値を周辺画素値で平均化している．カーネルサイズが大きくなると，平均化の度合いが増す．ガウシアンフィルター（Gaussian filter）は，重みづけ平均化フィルターであり，平均化フィルターに比べ，より自然な平滑化処理を行う．これら平滑化フィルターでは，画素値が急激に変化する箇所では平均化の効果により鈍ってしまうため，輪郭などの高次の情報が失われてしまう（low pass filter と同様の効果を及ぼす）．一方，メディアンフィルター（median

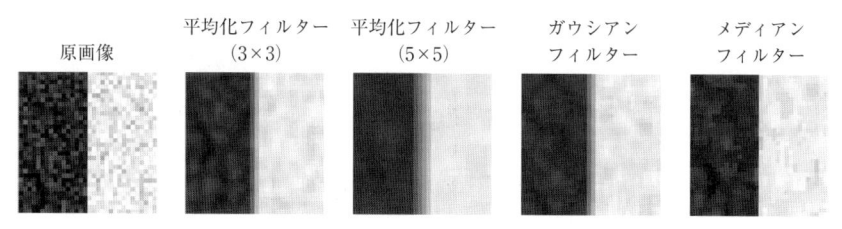

7.2 蛍光イメージングの実際　　597

原画像　　平均化フィルター　平均化フィルター　ガウシアン　　メディアン
　　　　　　（3×3）　　　　　（5×5）　　　　フィルター　　　フィルター

図 7.2.6 種々の平滑化フィルターによる画像処理例

原画像（original）は，白黒の帯画像にノイズを加えて作成した．フィルタリング処理は ImageJ の畳み込み機能（process-filters-convolve…）を用いた．

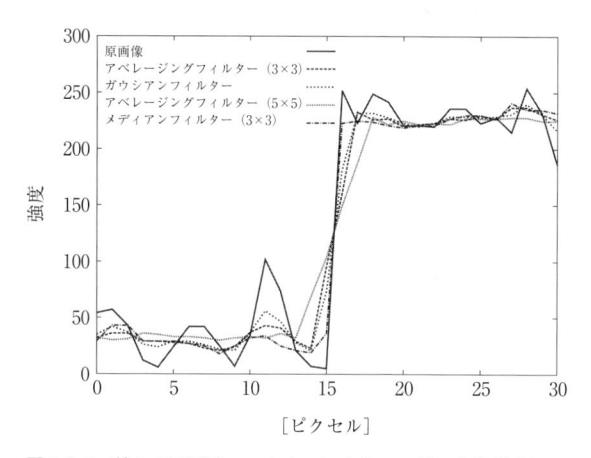

図 7.2.7 種々の平滑化フィルターによるエッジの劣化度合いについて

図 7.2.6 で得られた各画像の白・黒のエッジ部における輝度プロファイルを求め，重ねあわせたグラフである．平均化フィルターやガウシアンフィルターではエッジが鈍ってしまっている．一方，メディアンフィルターではエッジがよく保存されている．

filter）は，画素値内の中央値（median）を採用する方法であり，輪郭情報が失われにくい．図 7.2.7 にそれぞれの平滑化フィルターによるエッジへの影響を示す．空間フィルターには，平滑化フィルター以外にも，エッジを強調するフィルターや鮮鋭化フィルターなどさまざまなフィルターがある[7]．これらフィルターを効果的に用いることで，ノイズなどに埋もれてしまった情報を取り出すことが期待される．

2）二値化処理

取得した画像から，細胞や粒子などの個数を数えたり，その形状から特徴を抽出したり，といった定量解析はごく自然な要求として起こる．しかしながら，人間の目では，細胞の輪郭や構造を認識することができるが，コンピュータにとっては単なる数値の羅列であるため，そのままでは特徴を抽出することができない．細胞などの形状を抽

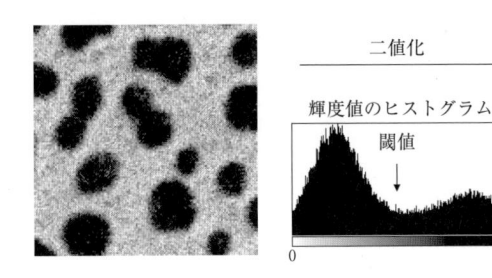

図 7.2.8　画像の二値化
ImageJ のサンプル画像である blobs.gif にノイズを加え，ヒストグラムを用いて閾値を決定し二値化を行った．

出する際によく用いられる手法として画像の二値化および数理形態学（mathematical morphology）的手法がある．

　グレースケール画像は前項でも述べたように，そのビット数に応じた階調をもっている．図 7.2.8 は 8 ビット（256 階調）のグレースケール画像である．この画像の各階調の個数を数え，棒グラフにしたものをヒストグラム（histogram）と呼ぶ．このとき，階調をある閾値（threshold）で区切り，一方の輝度値を 0（黒画素），もう一方の輝度値を 1（白画素）にしたものを二値化画像（binarized image）と呼ぶ．二値化画像では輝度の濃淡情報は失われているが，画像の形状を抽出する場合に扱いやすい．輝度値が 1 の値でつながっている領域を探索することで，画像から物体を認識することができる．二値化画像に対し，さらに次に述べる数理形態学的処理を施すことで，より特徴を抽出しやすくすることができる．

　二値化したそのままの画像は，よほど画像のコントラスト（contrast）がよくない限り，不要な情報も白画素として含まれている．たとえば，本来ならばつながっているべきである物体情報が，たまたま輝度値が低いことにより，閾値処理により不連続となることがある．またその逆に，ノイズなどの影響により，本来つながっているべきではない部位が，つながっていたりすることがある．これら不要な成分を除くことで，特徴の大まかな成分を取り出しやすくすることができる．

　二値化画像の白画素に対し，数理形態学では，構造要素（structuring element）と呼ばれる基本構造を用いて，画像の収縮や膨張といった処理を施す．ImageJ や MetaMorph では，構造要素を指定することはできないが，簡易的な数理形態学処理を行うことが可能である．白画素を指定ピクセル数だけ剥ぎ取る処理を収縮（erosion）と呼ぶ．収縮を繰り返すと白画素の領域は小さくなっていき，最終的に消える．一方，白画素を指定ピクセルだけ膨らませる処理を膨張（dilation）と呼ぶ．同じ回数だけ膨張して収縮する処理をクロージング（closing）と呼び，画像にある小さな穴を取り除くことができる．逆に，同じ回数だけ収縮して膨張させる処理をオープニング（opening）と呼び，画像の小さな点や連結部分を取り除くことができ

7.2 蛍光イメージングの実際　　　　　　　　　　　　　　　　　　　　　　599

　　　　膨張　　　　　　収縮　　　　　オープニング　　　　分水嶺

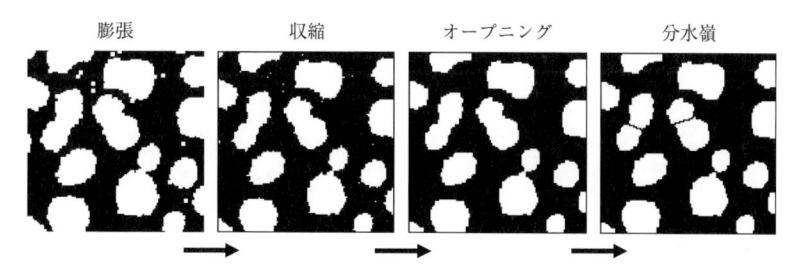

図 7.2.9　収縮・膨張・オープニング・分水嶺処理例
処理を進めるにつれ，原画像（図7.2.8）からノイズ成分がとれ，物体表面が滑らかになり，最終的には分割されていく様子に着目．

る．さらに，細胞同士がくっついている領域など，二値化画像上ではつながっていても，画像にくびれがある場合は分水嶺（watershed）処理を施すことで，分割できることがある．図7.2.9に一連の操作例を示す．このように作成した二値化画像をマスク画像とすることで，元画像からさまざまな特徴を抽出することが可能である．

〔新井由之〕

文献・注

1) http://rsbweb.nih.gov/ij/
2) http://www.nihonmdc.com/pages/UIC/MetaImaging_MetaMorph.html
3) http://fiji.sc/Fiji
4) https://www.micro-manager.org/
5) http://jp.mathworks.com/products/matlab/
6) http://www.ni.com/labview/ja/
7) 奥富正敏編著：ディジタル画像処理，第2版，CG-ARTS協会，2011．

■ 7.2.1.4　応用例

a.　さまざまな特徴抽出

前項では，画像処理の基本から簡単な画像処理について述べた．本項では，前項で作成したマスク画像を利用して画像から特徴の抽出を行う．

1）形状特徴パラメータの抽出

膨張・収縮処理を施した二値化画像を用いることで，閉じた形状の細胞などのオブジェクトを簡単に抽出することができる．ImageJ や Adobe Photoshop には，ワンドツール（wand tool）と呼ばれる連結した領域を ROI（region of interest）として選択することができるツールがある．ROIからさまざまな形状特徴パラメータ（geometric feature parameter）を取得することができる．以下に一例を述べる．面積（area），周囲長（perimeter），外接長方形（bounding rectangle），真円度（circularity，$4\pi^*$面積$/$(周囲長)^{2}で特徴づけられる量で，真円は1.0となる），アスペクト比（aspect

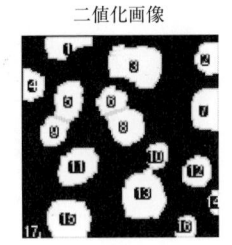

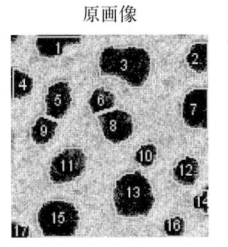

二値化画像　　　　　　　　　　　原画像

	面積	平均輝度値	セントロイド座標		濃度重心座標		真円度	アスペクト比
	Area	Mean	X	Y	XM	YM	Circ.	AR
1	283	198.017667845	27.524734982	6.408127208	27.418449651	6.146424811	0.583906931	2.323957980
2	243	190.362139918	120.557613169	14.689300412	120.672618790	14.527108824	0.830764646	1.357260471
3	707	193.659123055	73.908769448	18.658415842	74.062844643	18.609526209	0.759110651	1.486458388
4	207	196.782608696	6.741545894	31.108695652	6.611012913	31.128467619	0.794671576	1.393174889
5	350	186.671428571	30.037142857	40.897142857	30.037644448	41.035440422	0.774550702	1.435572890
6	236	177.622881356	57.872881356	41.161016949	57.824101243	41.416290942	0.772971857	1.257807844
7	395	208.630379747	119.127848101	46.922784810	119.327870742	46.640142460	0.807873780	1.481599069
8	406	194.539408867	67.625615764	57.150246305	67.790328298	57.300627983	0.800365005	1.099685492
9	241	192.775933610	20.313278008	60.176348548	20.426817194	60.078488560	0.866693097	1.201856747
10	170	181.911764706	87.552941176	75.676470588	87.512805174	75.738512530	0.903433900	1.236760474

図 7.2.10　二値化画像をマスクとした，原画像からの特徴抽出
ImageJ の analyze partilcles（粒子解析）を利用した．下表は測定した特徴の一覧を示す．

ratio，オブジェクトの長軸/短軸比)，フェレ径（Feret's diameter, 長軸の長さ）などがある．また，濃度重心座標（center of mass, 輝度中心）やセントロイド（centroid, オブジェクトの形から推定された中心）は座標の位置を計測するうえで重要なパラメータである．図 7.2.10 に，ROI の抽出とその抽出したデータの一例を示す．

　2)　特徴ベクトル

　細胞などのオブジェクト（object）から種々の形状特徴パラメータを取得後，細胞状態の違いなどにより区別したいときがある．そのとき，個々のオブジェクトを特徴ベクトル（feature vector）で記述すると便利である．特徴ベクトルは，オブジェクトにもたせたい特徴(面積，円形度など)の数だけ次元をもった n 次元ベクトルである．x-y 座標（2 次元平面）上に位置ベクトル $r = (x, y)$ が一意に決まるように，n 次元座標上（特徴空間，feature space）に特徴ベクトル $x = (x_1, x_2, x_3 \cdots x_n)$ を一意に決定（視覚的にプロットするのは難しいが）することができる．似通った特徴をもつオブジェクトは特徴空間上の似通った位置にまとまった塊としてプロットすることができ，このときこの塊をクラスタ（cluster）と呼ぶ．クラスタを用いることでオブジェクトの分類を行うことができる．

　3)　最近傍法

　測定したオブジェクトがどれくらい似通っているかを調べるためには特徴ベクトル間の距離を求めてやればよい．特徴ベクトル $x_1 = (x_{11}, x_{12}, x_{13} \cdots x_{1n})$，$x_2 = (x_{21}, x_{22},$

7.2 蛍光イメージングの実際

$x_{23}\cdots x_{2n}$) があるとき，二つのベクトル間の距離の 2 乗は $\|x_1-x_2\|^2 = (x_{11}-x_{21})^2 + (x_{12}-x_{22})^2 + (x_{13}-x_{23})^2 \cdots (x_{1n}-x_{2n})^2$ と求めることができる．たとえばフレーム間で認識した細胞の距離を測り，最も近い細胞を同一細胞と見なすことで，細胞の追跡を行うことが可能である．

4) ソフトマッチング

これまで述べてきた画像認識法は，基本的にある一定の輝度以上のオブジェクトを閾値で区切ることで検出を行っている．コントラスト比の高いオブジェクトの場合は問題ないが，位相差顕微鏡像のように，細胞内外での輝度値が近いものや，ノイズが多い画像の場合，閾値のみによるオブジェクトの認識が困難な場合がある．そこで，ソフトマッチング (soft matching) と呼ばれる方法により，コンピュータに抽出したい画像を「教育」することで，高精度に目標とするオブジェクトを認識することが可能となる．図 7.2.11 に例を示す．このような画像解析を行うことができるソフトウェアとして，SVCell (DRVision Technology LLC) があり，ソフトマッチングにより抽出したデータを用いての追跡も行うことが可能である[2]．Image にも同様の処理を行うことが可能なプラグインが用意されている[3]．

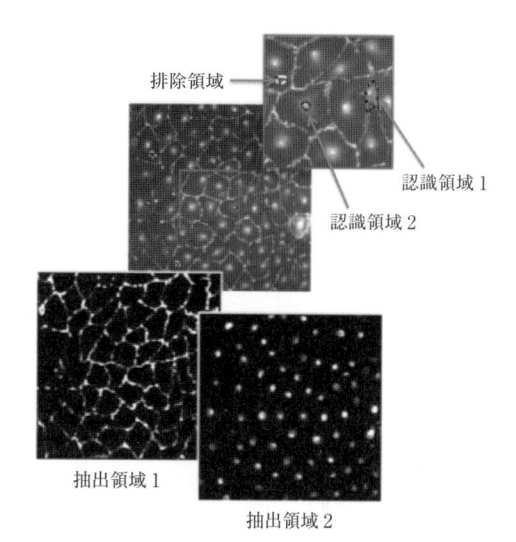

図 7.2.11 SVCell を用いた画像認識例
認識したい領域の ROI を設定（領域 1, 領域 2）し，排除した背景画像を排除領域として ROI を設定することで，それぞれの特徴にマッチする領域のみを抽出することができる．

b. スペクトル解析

フーリエ変換

ある画像を取得した際，画像に何らかの規則性を見いだすことができることがある．周期信号に対する解析方法としてフーリエ変換 (Fourier transform) を行うことによりフーリエスペクトル (Fourier spectrum)，もしくはその 2 乗のパワースペクトル (power spectrum) を求めることができる．ある離散信号 $f(x)$ のフーリエ変換 $F(u)$ は $F(u) = \sum_x f(x) \cdot \exp(-2\pi iux)$ で求めることができる．同様にして，2 次元画像 $f(u, v)$ に対する 2 次元フーリエ変換 $F(u, v)$ は

$$F(u, v) = \sum_y \sum_x f(x, y) \cdot \exp(-2\pi iux) \exp(-2\pi ivy)$$

と求めることができる．2 次元フーリエスペクトル像に対して種々のマスキングを行い逆フーリエ変換により原画像に戻すと，ローパスフィルター (low pass filter)，ハ

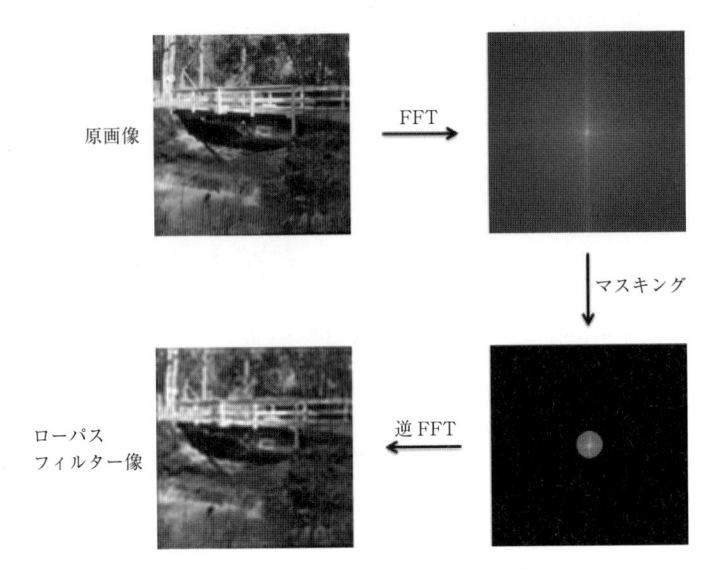

図 7.2.12 画像のフーリエ変換例
原画像に対して高速フーリエ変換（fast Fourier transform：FFT）を施し，空間領域（spatial domain）像から周波数領域（frequency domain）像を得た（上図）．周波数領域像に対し，円形のマスクを施し，逆高速フーリエ変換（inverse FFT）を施すことで，低周波数領域成分のみを用いて（ローパスフィルター）像を復元した．

イパスフィルター（high pass filter），バンドパスフィルター（band pass filter）の効果を及ぼすことができる（図7.2.12）．さらに，画像上の周期的なパターンはフーリエ空間に顕著に現れるため，フーリエ空間上でマスクすることで周期パターンを取り除いたり，逆に周期パターンのみを取り出したり，といった操作も可能である．

c. デコンボリューション

蛍光標識した細胞などの像を3次元構築する場合，対物レンズの焦点以外からの蛍光が像の「ボケ」の原因となる．光学的には共焦点顕微鏡を用いて焦点以外からの蛍光を，ピンホールを用いて除去する．一方，得られた蛍光像から，数値計算により「ボケ」を除去する方法としてデコンボリューション（deconvolution）法がある[4]．デコンボリューション法を理解するためには，光学系によってどのように像が再構成されるかを理解する必要がある．以下にその詳細を述べる．

1) 点像分布関数

試料（物面）上の一点からの光は，レンズ上のさまざまな点を通り像面に結像する．レンズの開口が有限であることと，光は波としての性質をもつため，結像面での強度は点像分布関数（point spread function）と呼ばれる有限の広がりをもった強度分布

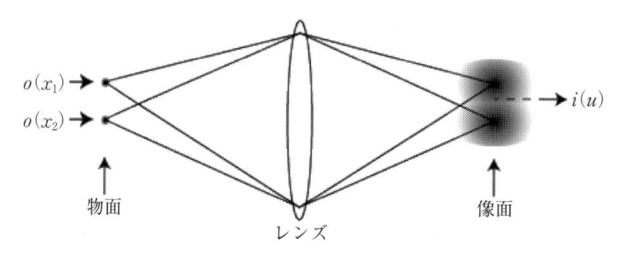

図 7.2.13 物面・レンズ・像面の模式図
物面の輝点はレンズによって像面に結像される．輝点は点像分布関数により，像面では広がりをもつ．

になる．物面の像面における像は点像分布関数との畳み込み（convolution）となる．物面上 x_1, x_2 の位置にある輝度 $o(x_1)$, $o(x_2)$ を考える．点像分布関数を $s(x)$ とすると，像面上での点 u における輝度 $i(u)$ は，$o(x_1)$，$o(x_2)$ による輝度からの寄与の和であるから，$i(u) = o(x_1)s(u-x_1) + o(x_2)s(u-x_2)$ と表せる．物面上の N 個の点からの寄与は，$i(u) = \sum_{i=1}^{N} o(x_1)s(u-x_i)$ であり，連続関数で表すと

$$i(u) = \int o(x)s(u-x)dx$$

となる（図 7.2.13）．3 次元座標 (x, y, z) に拡張すると，

$$i(u, v, w) = \iiint o(x, y, z)s(u-x, v-y, w-z)dxdydz$$

となる．フーリエ変換をすれば，Image (X, Y, Z) = Object $(X, Y, Z)\cdot$ OTF (X, Y, Z) となる（畳み込み積分のフーリエ変換は，それぞれの関数のフーリエ変換の積になることを利用した）．ここで，OTF (X, Y, Z) は点像分布関数のフーリエ変換であり，光学的伝達関数（optical transfer function）と呼ばれる．像面 $i(u, v, w)$ のフーリエ変換である Image (X, Y, Z) は，物体 $o(x, y, z)$ のフーリエ変換 Object (X, Y, Z) と光学的伝達関数 OTF (X, Y, Z) の積で表される．

2) デコンボリューション法

点像分布関数は，いわば物体の像が光学系によって劣化する度合いを示したものである．そこで，あらかじめ点像分布関数から光学的伝達関数を求めておき，Image (X, Y, Z) を光学的伝達関数で割ってその逆フーリエ変換を求めれば，劣化する前の画像 $o(x, y, z)$ を求めることができる．これをデコンボリューション法と呼ぶ．実際の顕微鏡下においては，回折限界以下の大きさの蛍光ビーズなどを用いることで点像分布関数を求めてやればよい．図 7.2.14 は 3 次元画像に対するデコンボリューションの例である．デコンボリューション処理後の画像では，ミトコンドリアの詳細な構造が明瞭に浮かび上がっている様子がわかる．また，線上での強度(line profile) をとると，デコンボリューション処理後では各ピークの S/N 比が著しく向上しており，背景光に埋もれてしまっていたピークの検出にも成功していることがわかる（図 7.2.15）．

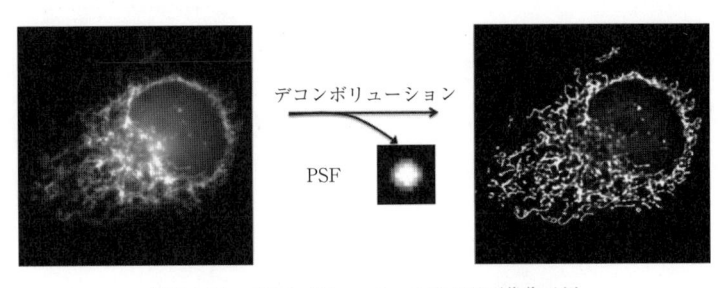

図 7.2.14 デコンボリューションによる画像復元例
MitoTracker (Life Technologies) でミトコンドリアを蛍光標識した COS7 細胞を，落射蛍光顕微鏡 (Ti-E, Nikon) により観察した．Huygens Essential を用いることでデコンボリューション処理を行った．

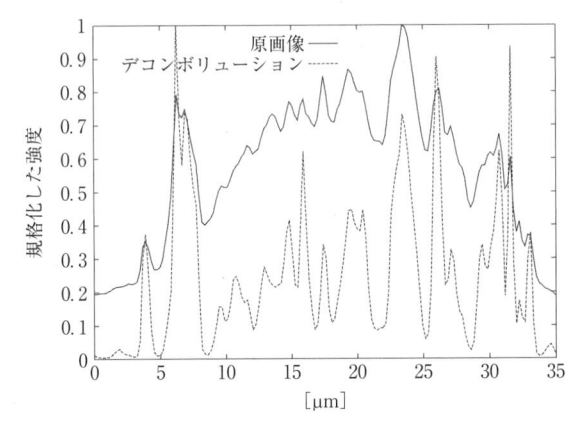

図 7.2.15 デコンボリューション処理前後における線上での蛍光強度比較したグラフ
比較のため，それぞれのグラフは最大蛍光輝度で規格化をした．

デコンボリューションは強力な原画像再現法であるが，ノイズの大きな画像に対してはアーチファクトを生み出しやすい傾向があるため注意が必要である．デコンボリューションを行えるソフトウェアとしては Huygens[5] や ImageJ のプラグイン[6] がある．膨大な計算量を必要とするため，高速な CPU や多くのメモリを搭載した高性能 PC を要求する．

d. 輝点解析
1) 2次元ガウス分布フィッティング

1分子計測 (single molecule detection) のように，回折限界 (diffraction limit) の蛍光輝点を観察した際，それぞれの輝点は点像分布関数そのものである．一般に，空間分解能 (spatial resolution) は二つの物体を分解できる距離で決定される．落射照

明顕微鏡 (epi fluorescence microscopy) の場合，対物レンズがコンデンサレンズの役割を果たすため，蛍光波長 λ，対物レンズの開口数(N.A.)をパラメータとして $0.61\cdot\lambda/N.A.$ で示され，光学顕微鏡においてはおよそ 200 nm 程度が限界である．しかし，輝点の輝度分布を 2 次元ガウス関数

$$f(x, y) = \frac{1}{\sqrt{2\pi}\sigma_x\sigma_y} \cdot \exp\left(\frac{-(x-\mu_x)^2}{2\sigma_x^2} - \frac{(y-\mu_y)^2}{2\sigma_y^2}\right)$$

(ここで，$\mu_{x,y}$, $\sigma_{x,y}$ はそれぞれ x, y の平均，標準偏差を示す) により非線形フィッティングを行うことで，回折限界以下の位置精度で検出を行うことが可能である[7]．さらに，検出したオブジェクトの特徴をベクトル化し，最近傍法と組み合わせることで，輝点追跡 (particle tracking) を行うことが出来る．

2) 超解像法

近年，光学顕微鏡の回折限界を超えた画像観察法として超解像 (superresolution) 法がいくつか開発されている (2014 年度ノーベル化学賞受賞)[8,9]．2 次元ガウス分布フィッティングにより，ナノメートルの精度で位置を検出できることを利用した方法として，PALM (photo-activatable localization microscopy)[10] や STORM (stochastic optical reconstruction microscopy)[11] が開発された．どちらの方法も蛍光分子の確率的な明滅現象 (blinking) を利用し，各フレームごとに検出した輝点の位置を再構築することで微細な構造の描画を行うことができる．再構築に必要となる画像枚数は数千～数万であるため，時間分解能は劣るが，nm オーダーでの画像取得が可能である．輝点検出と再構築には高性能 PC が必要であり，多くのメモリが必要である．

〔新井由之〕

文献・注

1) 石井健一郎ほか：わかりやすいパターン認識，第 2 版，オーム社，2009.
2) http://www.svcell.com/
3) http://fiji.sc/Trainable_Weka_Segmentation
4) D. Agard, et al.：*Meth. Cell Biology*, **30** (1989), 353-377.
5) http://www.svi.nl/HuygensJapanese
6) http://www.optinav.com/Iterative-Deconvolution.htm
7) A. Yildiz, et al.：*Science*, **300** (2003), 2061-2065.
8) http://www.nobelprize.org/nobel_prizes/chemistry/laureates/2014/
9) S. W. Hell：*Science*, **316** (2007), 1153-1158.
10) E. Betzig, et al.：*Science*, **313** (2006), 1642-1645.
11) M. J. M. J. Rust, et al.：*Nat. Meth.*, **3** (2006), 793-796.

7.2.2 イメージングの対象

7.2.2.1 構造イメージング

　細胞中で特定の構造を観察したいとき，あるいは組織のなかで特定の細胞を観察したいとき，対象とする構造や細胞に特異的に含まれる生体高分子（タンパク質や核酸，脂質など）をマーカーとして染色することがよく行われる．たとえば，細胞のなかで染色体を観察する場合ならDNAやヒストンタンパク質をマーカーとして染色する．あるいは，組織のなかで特定の細胞種を染色する場合ならその細胞種が特異的に発現する生体高分子をマーカーとして用いる．タンパク質・核酸・脂質・糖などをマーカーとして構造をイメージングする手法を以下にまとめる．これらの生体高分子を染色する方法として，大きく分けて三つの方法（特異的な低分子蛍光色素，タンパク質の蛍光標識，蛍光タンパク質遺伝子の融合）が用いられる[1-4]．さまざまな構造の染色に用いられる蛍光色素を表7.1.1（7.1.3項に掲載）にまとめてある．これらの方法で染色した固定細胞および生細胞の例を図7.2.16と図7.2.17に示す．

a. タンパク質

　特定のタンパク質を染色する場合，古典的でかつ一般的な方法は，特異的抗体を用

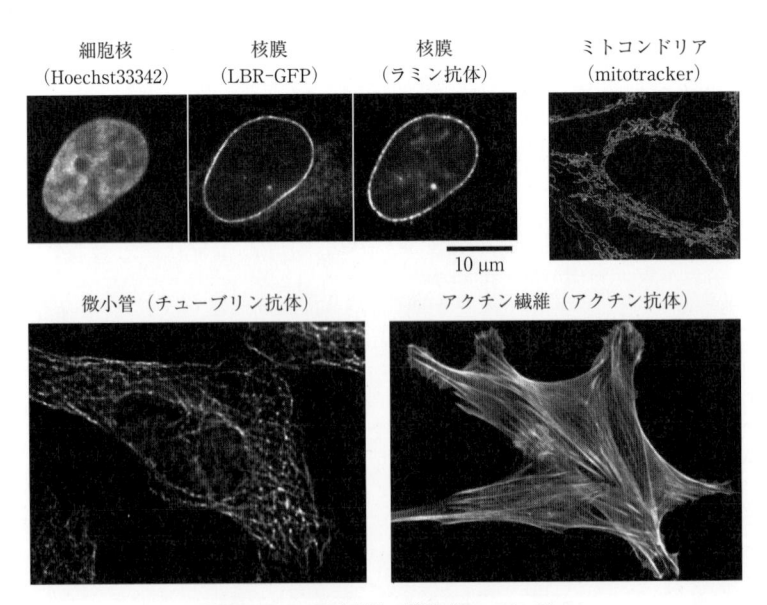

図7.2.16　固定細胞の構造イメージング
ヒト固定細胞のDNA染色とさまざまな抗体染色.

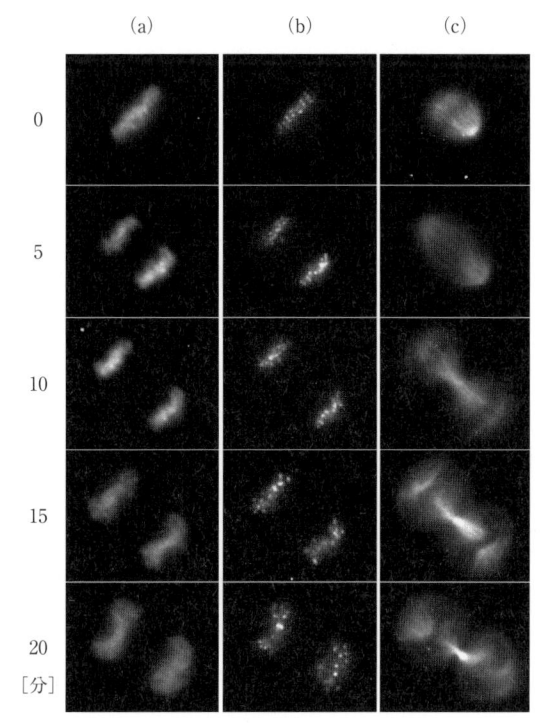

図 7.2.17 生細胞の構造イメージング
ヒト生細胞の三重染色．染色体が微小管に引かれて分離していくところ．左の数字は時間経過（分）．(a) Hoechst33342 で染色体 DNA を染色した．(b) セントロメアタンパク質の一つに GFP を融合させ，染色体上のセントロメア（微小管が結合する領域）をイメージングした．(c) 微小管の構成タンパク質であるチューブリンを蛍光色素（ローダミン）で標識し，細胞に注入した．

いる蛍光抗体法である．この方法は，染色する前に試料の化学固定や抗体を試料に浸透させるための透過処理などが必要である．蛍光染色のうちで間接蛍光抗体法と呼ばれる方法は，まず目的とするタンパク質を特異的に認識する一次抗体を結合させた後に，蛍光標識された二次抗体を一次抗体に結合させることによって，蛍光染色するものである．一次抗体を直接，蛍光標識するものを直接蛍光抗体法と呼ぶ．多くの場合，間接蛍光抗体法が用いられる．その利点は，汎用的な蛍光二次抗体を用意しておけば，一次抗体として特異的抗体をつくるだけで，さまざまな特異的抗体に対してただちに蛍光染色ができることにある．直接蛍光抗体法を使うケースとしては，たとえば，二次抗体の交差反応（二次抗体が複数の一次抗体に結合するケース）などのために，直接標識しなければ一次抗体を分別できないときなどがある．

いくつかの抗体染色について，図7.2.16に例を示す．さまざまな細胞構造に対する抗体が多く作成されており，ここでそのすべてを紹介できないが，このような抗体の染色像を掲載しているウェブサイトがあるので紹介したい[5,6]．

　生細胞で特定のタンパク質を染色する最もよく使われる手法は，オワンクラゲの緑色蛍光タンパク質（green fluorescent protein：GFP）をはじめとする各種の蛍光タンパク質の利用である（以後GFPを例とする）．この方法は，蛍光タンパク質遺伝子と目的のタンパク質をコードする遺伝子をDNAのレベルで融合し，この融合遺伝子を細胞に導入・発現させて，蛍光タンパク質を細胞に生合成させる（図7.2.17(b)）．GFPが普及する以前は，生細胞でタンパク質を染色するためには，精製したタンパク質に蛍光色素を化学反応で付加して蛍光標識タンパク質を再精製し，細胞にマイクロインジェクションする方法が用いられた（図7.2.17(c)）．この方法は目的のタンパク質が精製できる場合に限られるため，対象が限定される．目的のタンパク質が精製できないが，抗体が得られている場合は，抗体IgGのFab断片に蛍光標識して注入して染色する手法もある．このような制約に対し，GFP融合の出現は，タンパク質の生細胞蛍光イメージングの応用範囲を劇的に広げた．さまざまなタンパク質遺伝子にGFPを融合させたGFP融合タンパク質のライブラリーがいくつかの生物種で作成されている．各種の細胞構造をイメージングできる蛍光タンパク質遺伝子も市販されている[7]．これは，マーカータンパク質のcDNAにGFPなどの蛍光タンパク質遺伝子を融合させたもので，細胞に導入するとGFP融合タンパク質を発現する．

　一方で，GFP融合タンパク質の機能性について留意が必要である[2,3]．単に構造のマーカーとしてGFP融合タンパク質を用いる場合は，融合タンパク質が機能的である必要はなく，局在が特異的でさえあればよい．しかし，GFP融合タンパク質をタンパク質の機能解析のために用いる場合は，融合タンパク質の機能性を検証しておかなければならない．融合タンパク質が内在性タンパク質と同様に機能することを示すためには，以下のようないくつかの方法が考えられる．①遺伝的相補能．理想的な融合タンパク質の発現は，内在性の遺伝子と融合遺伝子を完全に置き換えることである．それにより，内在性のタンパク質と同様の発現制御を受けることが期待される．また，その遺伝子の欠失が何らかの表現型を示すときに，融合遺伝子との置き換えでその表現系が相補できれば，機能の確認もできる．しかし，このような方法は，酵母などでは一般的な手法であるが，高等真核生物では相同組換え効率の高い一部の細胞にしか適用できない．②生化学的機能性．また，融合タンパク質の生化学的な特性を調べることも有効である．目的のタンパク質の機能がある程度明らかな場合には，その性質を利用して融合タンパク質が機能的であることを示すことができる．たとえば，酵素の場合は酵素活性などである．また，内在性タンパク質が他のタンパク質やDNAと複合体を形成していることが明らかな場合は，免疫沈降などにより，同様の複合体を形成するかどうかを解析できる．③局在・発現量．抗体が利用できる場合は，免疫染色による内在性タンパク質の局在と蛍光タンパク質の局在を比較することができる．

また，免疫染色により発現量も見積もることができる．蛍光タンパク質融合タンパク質の局在・動態解析には，発現量が適切であることが重要である．生理的な濃度よりはるかに高い濃度で存在した場合，細胞にどんな影響を及ぼすのか想定できない．内在性タンパク質の発現量と同程度かそれ以下の蛍光強度をもつ細胞を生細胞観察に用いるべきである．

b. 核　酸

染色体や細胞核のイメージングにはDNAを染色する．核酸の染色にはもっぱら低分子化合物が用いられる．多くの核酸特異的蛍光色素は，親和性に差はあっても，DNAとRNAの双方に結合する．仮にDNAに対する親和性がRNAに対する親和性の10倍あったとしても，細胞はDNAの数十倍の量のRNAを含むため，このような核酸特異的蛍光色素では，ほとんどRNAを染色することになりDNAを特異的に染色することは難しい．このような場合でも，固定細胞の場合は，RNaseを作用させてRNAを完全に除去すれば，DNAだけを染色することができる．これに対して，生細胞の場合はRNAを除去できないので，DNA特異性が重要である．DNAにのみ特異的な蛍光色素でよく用いられるものとしてDAPI, Hoechst33258, Hoechst33342がある．これらは，RNAに結合せずDNAにのみ結合し，DNAに結合したときのみ蛍光を発する．固定細胞に対しては，退色が少ないDAPIが用いられることが多い．生細胞に対しては，DAPIとHoechst 33258の生細胞への透過性が低いため，透過性の高いHoechst33342が用いられる（図7.2.17(a)）．

染色体中の特定の塩基配列を選択的に染色する方法としては，FISH (fluorescence in situ hybiridization) がある（図7.2.18(a))．この方法は，まず目的の染色体領域の塩基配列と相補的な配列をもつ一本鎖DNAを蛍光標識して，蛍光プローブを作成する．アルカリ溶液や熱で変成させた染色体サンプルを用意し，蛍光プローブを混和した後，中性溶液中で温度を下げて，蛍光プローブを染色体中の相補配列に再会合させる．

生細胞で染色体中の特定の領域を染色する方法としては，lacO/lacI-GFP法と呼ばれる手法がある（図7.2.18(b))．この方法は，外来のDNA配列（lacO配列）を染色体にあらかじめ挿入しておき，このDNA配列に特異的に結合するタンパク質(lacI)のGFP融合を発現させると，染色体上の挿入領域が蛍光ラベルされる．同様に，tetO配列とtetIタンパク質の組合せも可能であり，用いる蛍光色素を色違いにすれば多重染色が可能である．

c. 脂質・糖

脂質の染色には，脂質に取り込まれる低分子の蛍光色素や蛍光標識スフィンゴ脂質・リン脂質が用いられる．$DiOC_6$ (3,3'-dihexyloxacarbocyanine iodide) と呼ばれる低分子の蛍光色素は，生細胞に透過し，小胞体膜やミトコンドリア膜を染める．

7. 蛍光イメージング

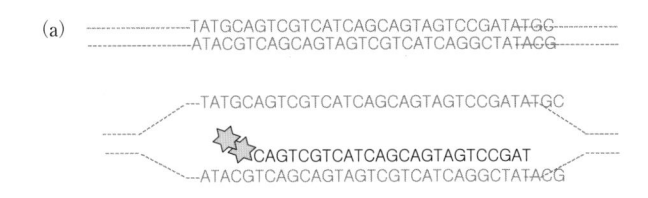

(a)
```
----------TATGCAGTCGTCATCAGCAGTAGTCCGATATGG----------
----------ATACGTCAGCAGTAGTCGTCATCAGGCTATACG----------

        ----TATGCAGTCGTCATCAGCAGTAGTCCGATATGC
    CAGTCGTCATCAGCAGTAGTCCGAT
        ----ATACGTCAGCAGTAGTCGTCATCAGGCTATACG
```

(b) 挿入したDNA配列に特異的に結合する蛍光標識タンパク質

染色体DNA

人為的に挿入したDNA配列のリピート

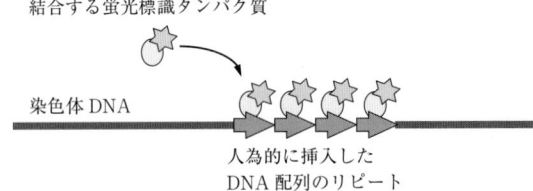

図7.2.18　塩基配列に特異的な蛍光染色
(a) 固定細胞で染色体の特定領域を蛍光標識するFISH法．目的の塩基配列と相補的なDNA断片を蛍光標識しておく．変性条件（高温やアルカリ）で染色体中の二本鎖DNAを解離させ，変性条件を解除して蛍光標識DNAを会合させる．
(b) 生細胞で染色体の特定領域を蛍光標識する方法．染色体にあらかじめ特殊な配列を挿入しておく．その配列に特異的に結合する蛍光標識タンパク質を生細胞で発現させる．

糖に対する蛍光染色には，蛍光標識した小麦胚芽レクチン（wheat germ agglutinin：WGA）がよく用いられる．WGAは，分子量約36000のタンパク質で，N-アセチルグルコサミンまたはN-アセチルノイラミン酸/シアル酸に結合し，糖タンパクや糖脂質を染色する．糖修飾のほかにも，目的の生体高分子が特異的な修飾を受けることがわかっている場合，そのような修飾を検出する手法が用いられる．

〔平岡　泰〕

文献・注

1) 三輪佳宏：実験がうまくいく蛍光・発光試薬の選び方と使い方，羊土社，2007．
2) 宮脇敦史：GFPとバイオイメージング―蛍光タンパク質の発現と検出の基本から生体機能の可視化まで（ポストゲノム時代の実験講座），羊土社，2000．
3) 木村　宏ほか：講義と実習：生細胞蛍光イメージング（原口徳子ほか編），共立出版，2007，[54-66]．
4) http://ja.invitrogen.com/site/jp/ja/home/brands/Molecular-Probes.html
5) http://www.cosmobio.co.jp/support/technology/atlas_antibodies/atlas_4.asp
6) http://www.cellsignal.com/catalog/organelle.html, http：//www.cstj.co.jp/catalog/

organelle.php
7) http://www.origene.com/cdna/Organelle_marker.aspx

■ 7.2.2.2　機能イメージング

■ 7.2.2.2.1　蛍光タンパク質を利用した機能イメージング

　生きた細胞内におけるイオン濃度や生理活性物質の濃度変化，あるいは酵素の活性化やタンパク質間相互作用など，細胞機能に関与する現象を蛍光タンパク質を利用して観察することが可能である．その方法として大きく分けて以下の三つが用いられる．
　(1) 蛍光タンパク質の吸収スペクトル変化
　(2) 蛍光タンパク質間 FRET（Förster resonance energy transfer）
　(3) スプリット蛍光タンパク質の再構成
ここでは，(1) と (2) について概説する．

a.　蛍光タンパク質の吸収スペクトル変化を利用した機能指示薬

　7.1.3 項で述べたように，GFP（green fluorescent protein）の発色団（p-hydroxy-benzyliden imidazolinone）はフェノール環をもち，その水酸基の電荷状態に応じて異なる波長の光を吸収する．つまり，非イオン化状態では 395 nm に，イオン化状態では 470 nm に吸収ピークが現れ，両状態間の平衡がどちらにずれるかによって，吸収スペクトルが変化する．タンパク質の構造変化やタンパク質間相互作用を，この発色団の荷電状態の変化に結びつけることで機能指示薬を作製することができ，設計法として三つの方法が報告されている．

　一つ目は GFP の内部に刺激に応じて立体構造が変化するタンパク質を挿入する方法である[1]．Ca^{2+} 指示薬 camgaroo は GFP の 144 番目と 145 番目のアミノ酸の間に Ca^{2+} 結合タンパク質であるカルモジュリン（CaM）を挿入したキメラタンパク質で，カルモジュリンの Ca^{2+} 結合に伴う立体構造変化により発色団近傍の電荷相互作用が変化し，その結果 Ca^{2+} 有無での蛍光強度が 7 倍変化する（図 7.2.19）．

　二つ目は GFP の円順列変異体（cincularly permuted GFP : cpGFP）を用いる方法である[2,3]．円順列変異とはおおもとのタンパク質の内部に新たな N 末端と C 末端を設定し，もとの C 末端と N 末端を適当なアミノ酸配列で連結する変異である（図 7.2.19）．GFP はいくつかの部位が円順列変異を許容するが，そのなかで 145 番目のアミノ酸を新たな N 末端とする cpGFP が機能指示薬作成に最も利用されている．たとえば，N 末端と C 末端に，M13 ペプチドと CaM を連結した Ca^{2+} 指示薬として G-CaMP や Pericam，GECO が報告されている．これらはいずれもカルモジュリンと M13 ペプチド（ミオシン軽鎖キナーゼ由来の Ca^{2+} 結合カルモジュリン標的配列）の Ca^{2+} 依存的な相互作用に伴う立体構造変化を利用して，発色団の電荷状態を変化させるを原理とする．発色団周囲のアミノ酸を置換することで，蛍光強度が Ca^{2+}

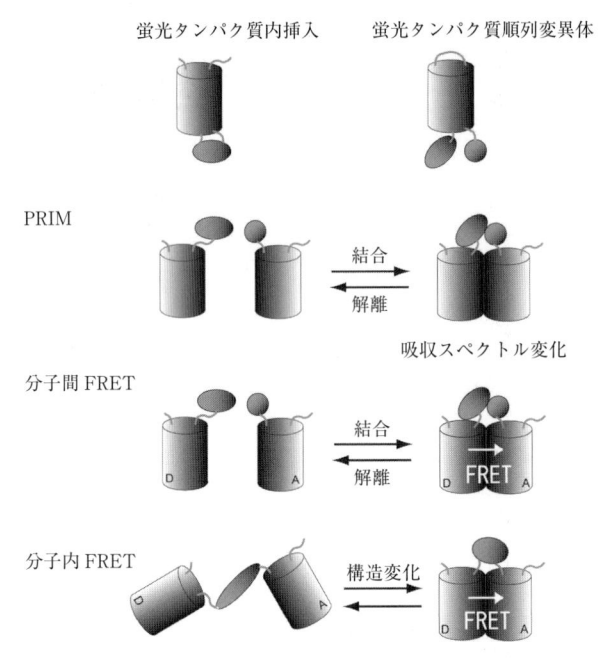

図 7.2.19 蛍光タンパク質を利用した機能指示薬のデザイン

結合により増加するものや，逆に減少するもの，励起・蛍光スペクトルが変化するものなどさまざまな蛍光変化特性を有する Ca^{2+} 指示薬が開発されている[3,4]．Ca^{2+} 指示薬以外にもタンパク質リン酸化や活性酸素の指示薬などさまざまな機能指示薬が開発されている[5,6]．

三つ目は GFP 発色団の電荷状態が GFP どうしの二量体化によって影響を受ける結果，395 nm と 475 nm の吸収強度比が変化することを利用した PRIM（proximity imaging）法である[7]（図 7.2.19）．この方法を用いて，免疫抑制剤である FK506 に依存した FKBP（FK506 binding protein）のホモダイマー化が生きた細胞内で観察されている．

b. 蛍光タンパク質間 FRET を利用した機能イメージング[8,9]

FRET とは励起状態にある蛍光分子（ドナー）の励起エネルギーが，近傍に存在する別の分子（アクセプター）に「無輻射的」に移動する現象をいう（5.4.1 項参照）．FRET が生じるとドナーの蛍光強度は減少し，アクセプターが蛍光分子であれば，アクセプターからの蛍光が観測される．通常，FRET はドナーとアクセプター間の距離が 10 nm よりも近接しているときに起こる．FRET の効率は距離のほかに，

ドナーの発光スペクトルとアクセプターの吸収スペクトルの重なりの大きさとドナーとアクセプターの相対的な角度にも影響を受ける．50%のFRET効率を与えるドナー－アクセプター間の距離をフェルスター(Förster)距離（r_0）と呼び，以下の式で表される．

$$r_0^6 = \frac{9000(\ln 10)\kappa^2 Q_D}{128\pi^5 N n^4} J(\lambda) \quad (1)$$

ここでκ^2は角度因子と呼ばれ，ドナーの発光遷移双極子モーメントとアクセプターの吸収遷移双極子モーメントの間の相対的角度を表すパラメータである．Q_Dはドナーの蛍光量子収率，Nはアボガドロ数，nは媒質の屈折率，そして$J(\lambda)$は重なり積分と呼ばれ，規格化したドナーの発光スペクトルとアクセプターの吸収スペクトルの重なりに関する値である．FRET効率Eはドナーとアクセプター間の距離の距離rとFörster距離r_0を用いて以下の式で表される．

$$E = \frac{r_0^6}{r^6 + r_0^6} \quad (2)$$

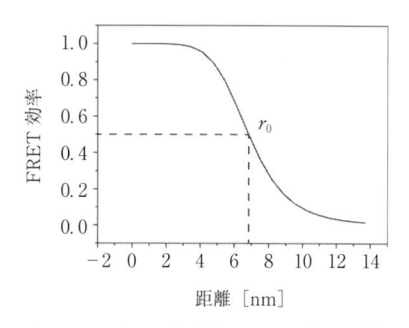

図7.2.20 蛍光団間距離とFRET効率の関係

この式に示されるように，FRET効率は距離の大きなところではドナーとアクセプター間の距離の六乗に反比例する．式(2)をグラフ化すると図7.2.20のようになり，ドナーとアクセプター間の距離がr_0の近傍にあるときにFRET効率が大きく変化することがわかる．これまでに多くの蛍光タンパク質波長変異体が開発され，比較的大きな$J(\lambda)$を有している蛍光タンパク質のペアがFRETのドナー－アクセプターとして使用されている．表7.2.1に蛍光タンパク質の代表的なFRETペアを示した．

生細胞内ではさまざまなタンパク質が生理環境の変化に応じて相互作用をする．相互作用するタンパク質のそれぞれをFRETペアで標識しておけば，相互作用の有無をFRETの変化でとらえることが可能である（図7.2.19）．また，多くのタンパク質はイオンや小分子の結合，あるいはリン酸化などの修飾により，その立体構造を大なり小なり変化させる．r_0の近傍でFRET効率が大きく変化することから，わずかな立体構造変化しか起こさないタンパク質でも，デザインしだいでFRETシグナルが十分変化する機能指示薬を作製することが可能とある（図7.2.19）．最も代表的なFRET型指示薬の例としてCa^{2+}指示薬のカメレオンが知られている[10-12]．カメレオンはCa^{2+}結合タンパク質カルモジュリン（CaM）とミオシン軽鎖キナーゼ由来のCa^{2+}-CaM結合ペプチドであるM13の融合ペプチド鎖をシアン色蛍光タンパク質（CFP）と黄色蛍光タンパク質（YFP）でサンドイッチした構造を有する（図7.2.21）．Ca^{2+}がない状態ではCaM-M13は弛緩して伸びた構造をとっているため，CFPとYFPの距離は離れており効率のよいFRETが生じない．したがってCFPを励起するとシア

表 7.2.1 蛍光タンパク質の FRET ペア

ドナー	アクセプター	励起極大 [nm]	ドナーの蛍光極大 [nm]	アクセプターの蛍光極大 [nm]	r_0 [nm]	応用例	参考文献
Sirius	mseCFP	370	435	479	3.7	SCAT3 指示薬	10
BFP	GFP (C-S65T)	380	460	540	4.1	タンパク質動態 cAMP 指示薬	11, 12
T-Sapphire	mOrange	399	450〜590	540〜660	n/d	分子間相互作用	13
mAmetrine	tdTomato	406	526	581	n/d	カスパーゼ3指示薬	14
T-Sapphire	PSmOrange2	415	480	575	n/d	光スイッチングプローブ	15
mCellurian	mCitrine	420	470	535	n/d	cAMP 指示薬	16
mTurquoise	eYFP (cpVenus)	420	470	535	5.7	Gタンパク質指示薬	17〜19
eCFP	tdTomato	433	470〜530	570〜670	n/d	cAMP 指示薬	20
eCFP	mDsRed	433	475	580	4.17	タンデム利用	21
eCFP	YPet	433	475	530	n/d	Src, PKA, ERK 指示薬	22〜24
CyPet	YPet	435	477	530	n/d	タンパク質動態	25, 26
LSSmOrange	LSSmKate2	437	572	605	n/d	FCCS, 多色 FRET	27
CFP	YFP, cpVenus	457	480	520	4.7〜4.90	Ca^{2+} 指示薬, Gタンパク質指示薬	28〜30
mseCFP	PA-GFP	458	465〜510	510〜600	4.1	光活性化型プローブ	31, 32
mTFP1	mCitrine	462	488	529	5.7	カスパーゼ3指示薬, H3K27-トリメチル化指示薬	33, 34
eGFP	mRFP	488	510	600	4.7	蛍光寿命 FRET 計測	35
sYFP2	mRFP	488	505〜550	585 long pass	5.6	蛍光寿命 FRET 計測	36
TagGFP	TagRFP	488	500〜530	560〜600	5.74	蛍光寿命 FRET 計測	37
Clover	mRuby2	505	515	600	6.3	CaMKIIa 指示薬	38
mKO	mCherry	515	505〜550	585 long pass	6.4	FLIM	39
tagRFP	mPlum	542	593	649	n/a	活性化型 ras 指示薬	39, 40
mOrange2	mKate2	549	573	644	n/a	単糖指示薬	41
mOrange	mCherry	561	565〜600	610〜650	6.3	ORNEX4（アネキシンA4 指示薬）	42
mTFP1	eYFP	770 (2-photon)	480	520	n/d	蛍光寿命 FRET 計測	43
eGFP	mStrawberry	960 (2-photon)	535	596	n/d	FLIM	43, 44

ン色の蛍光が観測される．一方，Ca^{2+}存在下ではCa^{2+}-CaMとM13がコンパクトな複合体を形成するため，CFPとYFPが近接する結果，CFPからYFPへのFRETが生じ，黄色の蛍光が観測される．Ca^{2+}の濃度に応じて，黄色とシアン色の蛍光強度比が変化するため，Ca^{2+}の濃度を定量することが可能となる．FRET型指示薬はカメレオン以外にも，cAMP，cGMP，IP_3，ATP，レチノイン酸などの生理活性小分子からタンパク質リン酸化酵素やプロテアーゼなど酵素活性指示薬に至るまで数多くの指示薬開発が報告されている． 〔永井健治〕

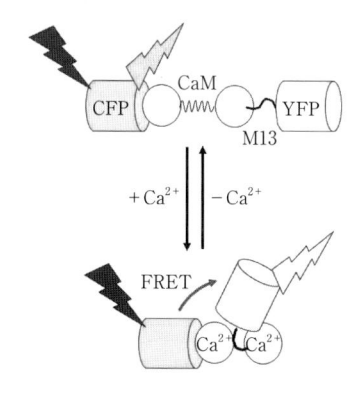

図7.2.21 蛍光タンパク質間FRETを利用したCa^{2+}指示薬カメレオンの構造模式図

文献・注

1) G. S. Baird, et al.: *Proc. Natl. Acad. Sci. USA*, **96** (1999), 11241-11246.
2) J. Nakai, et al.: *Nat. Biotechnol*, **19** (2001), 137-141.
3) T. Nagai, et al.: *Proc. Natl. Acad. Sci. USA*, **98** (2001), 3197-3202.
4) Y. Zhao, et al.: *Science*, **333** (2011), 1888-1891.
5) Y. Kawai, et al.: *Anal. Chem.*, **76** (2004), 6144-6149.
6) V. V. Belousov, et al.: *Nat. Methods*, **3** (2006), 281-286.
7) D. A. DeAngelis, et al.: *Proc. Natl. Acad. Sci. USA*, **95** (1998), 12312-12316.
8) Y, Rai and T. Nagai: *Microscopy*, in press.
9) D. W. Piston and G. J. Kremers: *TRENS Biochem. Sci.*, **32** (2007), 407-414.
10) W. Tomosugi, et al.: *Nat. Methods*, **6**-5 (2009), 351-353.
11) B. Philipps, et al.: *J. Molecul. Biol.*, **327**-1 (2003), 239-249.
12) M. Zaccolo, et al.: *Nat. Cell Biol.*, **2**-1 (2000), 25-29.
13) V. Bayle, et al.: *Plant. Physiol.*, **148**-1 (2008), 51-60.
14) H. Ai, et al.: *Nat. Methods*, **5**-5 (2008), 401-403.
15) O. M. Subach, et al.: *J. Am. Chem. Soc.*, **134**-36 (2012), 14789-14799.
16) P. S. Salonikidis, et al.: *J. Biol. Chem.*, **286**-26 (2011), 23419-23431.
17) M. L. Markwardt, et al.: *PLoS ONE*, **6**-3 (2011), e17896.
18) M. J. W. Adjobo-Hermans, et al.: *BMC Biol.*, **9**-1 (2011), 32.
19) J. B. Klarenbeek, et al.: *PLoS ONE*, **6**-4 (2011), e19170.
20) G. N. M. Van Der Krogt, et al.: *PloS one*, **3**-4 (2008), e1916.
21) M. G. Erickson, et al.: *Biophys. J.*, **85**-1 (2003), 599-611.
22) A. W. Nguyen and P. S. Daugherty: *Nat. Biotechnol.*, **23**-3 (2005), 355-360.
23) M. Ouyang, et al.: *Proc. Natl. Acad. Sci. USA*, **105**-38 (2008), 14353-14358.
24) N. Komatsu, et al.: *Molecul. Biol. Cell*, **22**-23 (2011), 4647-4656.
25) T. Ohashi, et al.: *Protein Sci.*, **16** (2007), 1429-1438.
26) A. W. Nguyen and P. S. Daugherty: *Nat. Biotechnol.*, **23**-3 (2005), 355-360.
27) D. M. Shcherbakova, et al.: *J. Am. Chem. Soc.*, **134**-18 (2012), 7913-7923.

28) A. Miyawaki, *et al.*: *Nature*, **388** (1997), 882-887.
29) T. Nagai, *et al.*: *Proc. Natl. Acad. Sci. USA*, **101** (2004), 10554-10559.
30) K. Horikawa, *et al.*: *Nat. Methods*, **7** (2010), 729-732.
31) I. Demarco, *et al.*: *Nat. Methods*, **3**-7 (2006), 519-524.
32) T. Matsuda, *et al.*: *Nat. Methods*, **5**-4 (2008), 339-345.
33) A. Ibraheem, *et al.*: *BMC Biotechnol.*, **11**-1 (2011), 105.
34) H. Ai, *et al.*: *Biochem. J.*, **400**-3 (2006), 531-540.
35) M. Peter, *et al.*: *Biophys. J.*, **88**-2 (2005), 1224-1237.
36) J. Goedhart, *et al.*: *PLoS ONE*, **2**-10 (2007), e1011.
37) D. Shcherbo, *et al.*: *BMC Biotechnol.*, **9** (2009), 24.
38) A. J. Lam, *et al.*: *Nat. Methods*, No. August, Sep. (2012).
39) D. M. Grant, *et al.*: *Biophys. J.*, **95**-10 (2008), L69-71.
40) L. Wang, *et al.*: *Proc. Natl. Acad. Sci. USA*, **101**-48 (2004), 16745-16749.
41) A. Bourdès, *et al.*: *PLoS ONE*, **7**-9 (2012), e43578.
42) A. Piljic and C. Schultz: *ACS Chem. Biol.*, **3**-3 (2008), 156-160.
43) S. Padilla-Parra, *et al.*: *Biophys. J.*, **97**-8 (2009), 2368-2376.
44) X. Shu, *et al.*: *Biochemistry*, **45**-32 (2006), 9639-9647.

7.2.2.2.2 再構成法
a. レポータータンパク質の再構成

　生きた細胞や動植物個体内の生体分子が，いつ・どこで・何が・どの程度，機能発現しているかを可視化検出するうえで，レポータータンパク質は強力なツールである．レポータータンパク質とは，細胞内のタンパク質発現や局在変化を可視化するために用いられる機能的タンパク質である．代表的な例として，緑色蛍光タンパク質（green fluorescent protein：GFP）などの蛍光タンパク質やルシフェラーゼなどの発光タンパク質があげられる．GFPを遺伝子工学的に連結した標的タンパク質を細胞に発現させ，蛍光顕微鏡下で観察すれば，高い時空間分解能でGFP連結タンパク質の局在を可視化検出できる．遺伝子発現を調節するDNA配列であるプロモーターやシスエレメントなどにルシフェラーゼ遺伝子を連結した組換えDNAを細胞に導入し，ルシフェラーゼの生物発光活性を測定すれば，標的プロモーターやシスエレメントなどのDNA配列が下流の遺伝子発現に及ぼす影響を定量的に解析できる．このように，レポータータンパク質が本来有している機能をそのまま用いる「タグ」としての利用法が一般的である．

　ここでは，前述の利用法とは異なるレポータータンパク質の利用法の一つである「レポータータンパク質の再構成法」について述べる．レポータータンパク質の再構成は，本来の機能を失う（失活する）ように特定のアミノ酸残基で分割したレポータータンパク質断片が，再びもとの機能を回復（再構成）する現象である．このとき，一方の分割レポータータンパク質断片のみで本来の機能を有してはならない．レポータータンパク質の再構成は原理面から，①プロテインスプライシング反応による再構成，

②近接による再構成，③立体構造のひずみの解消による再構成，の三つに分類できる（図7.2.22）．次に，おのおのの原理およびイメージングへの利用例について述べる．

b． 再構成の分類と利用例
1） プロテインスプライシング反応による再構成

プロテインスプライシング反応では，まず，mRNAから1本のポリペプチド鎖（前駆体タンパク質）が翻訳される．次に，介在ペプチド配列（インテイン）に隣接するペプチド鎖（エクス

図7.2.22 レポータータンパク質の再構成の分類

テイン）どうしがペプチド結合で連結した後にインテインが抜け落ちる．この一連の組み継ぎ（スプライシング，splicing）反応の概要を図7.2.23に示す．プロテインスプライシング反応は，以下のような特徴を有する．①補酵素やATPなどのエネル

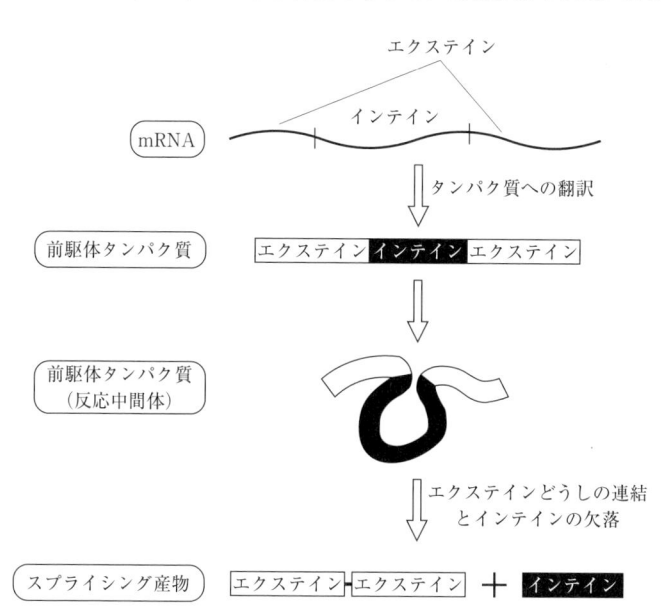

図7.2.23 プロテインスプライシング反応の概要

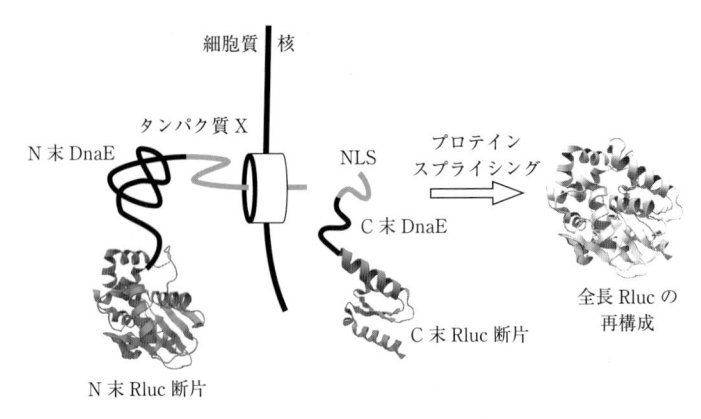

図 7.2.24 タンパク質核内移行可視化検出の原理

ギー源を必要としない．②エクステイン部位を他のタンパク質に置き換えても反応が進行する．言い換えれば，必要とされる分子がインテインのみの自己触媒的な組み継ぎ反応，である．Ozawa らはこれらの特徴に着目し，分割して非蛍光性となったGFP 断片をプロテインスプライシング反応で組み継ぐと，GFP が再構成されて蛍光が回復することを見いだした[1]．GFP の再構成を利用し，タンパク質間相互作用の検出法や細胞内小器官に局在するタンパク質の同定法などが開発されている[2,3]．ここで，プロテインスプライシング反応による再構成を利用し，タンパク質の核内移行を可視化検出する手法を紹介する（図 7.2.24）．ウミシイタケルシフェラーゼ（Renilla luciferase：Rluc）のアミノ末端から数えて 229 残基と 230 残基の間で分割し，インテイン DnaE を連結する．一方には核内局在配列（NLS）を，他方には核内移行の検出対象となるタンパク質 X を，遺伝子組換え技術により連結したキメラタンパク質（以下，前者を「C 末プローブ」，後者を「N 末プローブ」と呼ぶ）を細胞内に共発現させる．N 末プローブが核内移行すると，核内に局在する C 末プローブに近接する結果，プロテインスプライシング反応が起こる．このとき分割 Rluc 断片が組み継がれ，生物発光活性を回復した完全長 Rluc が再構成される．したがって，再構成した完全長Rluc からの生物発光を指標に，タンパク質 X の核内移行を可視化検出できる．この手法を利用した核内移行検出の検出対象例として，アンドロゲン受容体（AR），グルココルチコイド受容体（GR），シグナル伝達性転写因子 3（STAT3），核内因子 κB（NF-κB）などの核内移行がある[4-7]．

2) 近接による再構成

適切なアミノ酸残基で分割したレポータータンパク質断片どうしが近接すると，本来の機能を回復することがある．分割したホタルルシフェラーゼ（firefly luciferase：Fluc）断片を例として，近接による再構成を説明する．アミノ末端（N 末端）から数えて 416 番目と 417 番目残基の間で分割した Fluc に，標的タンパク質 X および Y を

7.2 蛍光イメージングの実際

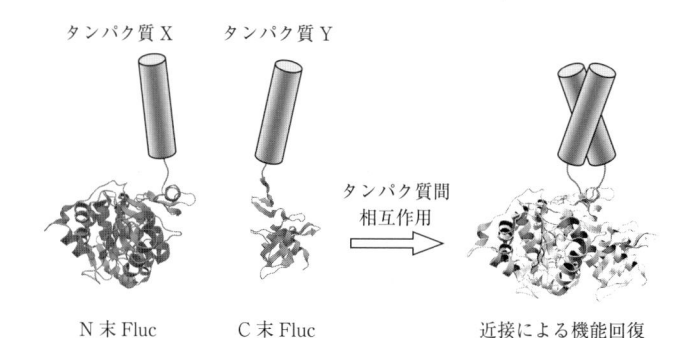

図 7.2.25 タンパク質間相互作用に基づく近接による機能回復

連結して細胞内に発現させる．XとYが近接すると，Fluc断片どうしが近接して機能回復する（図7.2.25）．したがって，機能回復したFluc断片の生物発光活性を指標に，タンパク質X-Y間相互作用を可視化検出できる．また，他のルシフェラーゼに関してもRluc，ブラジル産ヒカリコメツキムシルシフェラーゼ（Emerald Luc：ELuc），ガウシアルシフェラーゼ（Gluc）などの近接による再構成がいくつか開発されている[8-11]．ルシフェラーゼ以外では，ジヒドロ葉酸還元酵素（DHFR），β-ガラクトシダーゼ（β-gal），β-ラクタマーゼ，単純ヘルペスウイルス1型チミジンキナーゼ（HSV1-*tk*）の断片どうしの近接による再構成が報告されており，いずれもタンパク質間相互作用検出に利用されている[12-15]．

GFPをはじめとする種々の蛍光タンパク質についても，近接による再構成のための分割蛍光タンパク質断片が開発されている．分割蛍光タンパク質断片どうしの近接による再構成はBiFC（bimolecular fluorescence complementation）とも呼ばれ，タンパク質間相互作用検出に広く用いられている．分割GFP断片どうしの近接による再構成を利用した他の例として，mRNAの可視化検出がある．標的RNAの塩基配列を認識するタンパク質としてPumilioタンパク質ドメイン（Pumilio homology domain：PUM）を用いる．ドメインとは，タンパク質分子内において構造上もしくは機能上，一つのまとまりを形成する領域のことである．PUMは8回反復構造を有するRNA結合タンパク質で，野生型PUMはRNAの塩基配列UGUANAUA（Nは任意の塩基）を認識して結合する．反復構造1単位につき1塩基を認識するので，反復構造のアミノ酸配列を変異させると，標的RNAに応じた改変型PUMの設計が可能である．分割GFP断片に改変型PUMを連結して培養細胞に発現させる．標的RNAが存在すると改変型PUMを介してRNAに結合し，RNAを足場に分割GFP断片が近接すると蛍光団が形成されて蛍光を回復する．本手法を用い，ミトコンドリアDNAにコードされているNADHデヒドロゲナーゼサブユニット6（ND6）のmRNAやβ-アクチンのmRNAの可視化検出が報告されている[16,17]．

一般的に分割ルシフェラーゼ断片どうしの会合/解離は可逆的であるが，分割GFP

断片の場合は不可逆的である．実際，分割 GFP 断片どうしの近接により再構成して蛍光団が形成されると，分割 GFP 断片は解離できない．そこで，可逆的に蛍光が回復/消失するようなタンパク質対 ddRFP（dimerization-dependent red fluorescent protein）が開発された[18]．解離状態では非蛍光性であるが，ヘテロ二量体を形成すると蛍光が回復する．ddRFP の A_1 断片にカルモジュリンを，B_1 断片に M13（カルシウムイオン（Ca^{2+}）結合型カルモジュリンに結合するペプチド）を連結したキメラタンパク質対を用い，ヒスタミン刺激後に細胞質中の Ca^{2+} 濃度が上昇と下降を繰り返す「Ca^{2+} 振動（Ca^{2+} オシレーション，calcium oscillation）」と呼ばれる既知の現象を可視化検出することで，ddRFP の蛍光回復/消失の可逆性が実証されている．初段で，レポータータンパク質の再構成を「特定のアミノ酸残基で分割したレポータータンパク質断片が，再びもとの機能を回復する」と定義した．この定義によれば ddRFP の場合は「再構成」といいがたいが，分割 GFP 断片にはない可逆的な蛍光回復/消失という優れた特色を有する．

　これまでは「分子間」での分割レポータータンパク質断片どうしの近接による再構成の利用例を述べたが，「分子内」での近接による再構成を利用することで，標的タンパク質の立体構造変化を可視化した例も報告されているので紹介する．アンドロゲン受容体（AR）のリガンド結合ドメイン（AR LBD）は，リガンドが結合すると立体構造変化することが知られている．この AR LBD の両端に，分割したジャマイカ産ヒカリコメツキムシルシフェラーゼ（CBLuc）断片を連結したキメラタンパク質を細胞内に発現させる（図 7.2.26）．AR のリガンドで細胞を刺激すると，AR LBD の立体構造変化が誘起され，分割 CBLuc 断片どうしが近接して生物発光活性を回復する．したがって，近接により再構成した CBLuc 断片からの生物発光を測定することで，AR のリガンドを定量できる[19]．このほか，分子内での近接による再構成を利用した例として，Akt/PKB によるリン酸化を検出するインジケーター，エストロゲン受容体リガンド結合ドメイン（ER LBD）の立体構造変化を指標としたエストロゲンインジケーター，PKA-RIIβ のサイクリック AMP（cAMP）結合ドメインの立体構造変化を指標とした cAMP インジケーターなどが報告されている[20-22]．

　外的な力が働かなくとも，共存するだけで再構成するような分割レポータータンパク質断片が報告されている．GFP よりも頑強に折りたたまれる（フォールディ

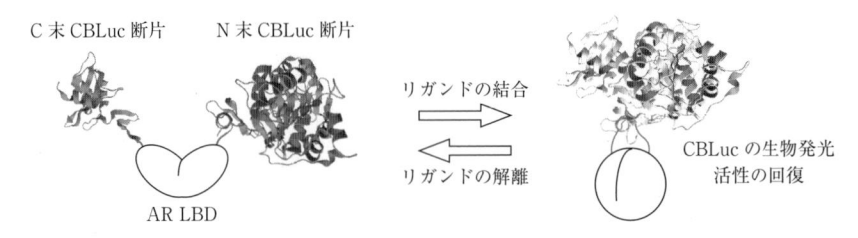

図 7.2.26　AR LBD 立体構造変化に基づく近接による機能回復

される）変異体 superfolder GFP の 1〜214 残基断片（GFP 1-10 OPT）と 214〜230 残基断片（GFP 11）は自発的に再構成し，蛍光回復することが報告された[23]．200 残基以上も重複部分がある Fluc の 1〜475 残基断片と 265〜500 残基断片も自発的に再構成し，共存するだけで生物発光活性を回復することが報告された[24]．いずれの例も，タンパク質局在変化の可視化に利用されている．

3) 立体構造のひずみの解消による再構成

Conti らが行った X 線結晶構造解析により，Fluc は大小二つの N 末端側ドメインおよびカルボキシル末端（C 末端）側ドメインからなることが明らかにされている[25]．Branchini らは，D-ルシフェリンが結合する位置に Arg218, His245, Lys529 残基が，ATP は Tyr340, Lys529 残基近傍にあることを予測した[26]．Fluc の生物発光反応は 2 段階反応であり，第 1 段が ATP を利用した D-ルシフェリンの AMP 化，第 2 段が AMP 化ルシフェリンの酸化反応の触媒である．このことは，Fluc の N 末端側の大ドメインと C 末端側の小ドメインとの相対位置が，Fluc の生物発光活性に大きく影響することを示唆する．実際，Fluc の N 末端と C 末端のアミノ酸残基をプロテインスプライシング反応により短いペプチド鎖で連結した環状 Fluc は，二つのドメインの相対位置関係がひずんでおり生物発光活性をもたない．この原理を利用し，タンパク質分解酵素プロテアーゼの一つであるカスパーゼ-3 の活性を可視化する手法が報告されている[27]．

カスパーゼ-3 が認識して切断するペプチド配列 Asp-Glu-Val-Asp（DEVD）を挟み込むように Fluc の C 末端側断片（Fluc-C）と N 末端側断片（Fluc-N）を連結する．さらにその両端にインテイン DnaE を連結する（図 7.2.27）．このキメラタンパク質を細胞に発現させると，インテインの作用でプロテインスプライシング反応が起こり Fluc は環状化する．未反応物は，キメラタンパク質の C 末端側に連結した PEST 配列の作用で速やかに分解される．カスパーゼ-3 が活性化し DEVD 配列を切断すると，環状 Fluc のひずみは解消されて生物発光活性が回復する．この生物発光活性を指標にカスパーゼ-3 活性を可視化検出できる．環状 Fluc を用い，生きたマウス体内のカスパーゼ-3 活性をリアルタイムで検出できることが報告されている．

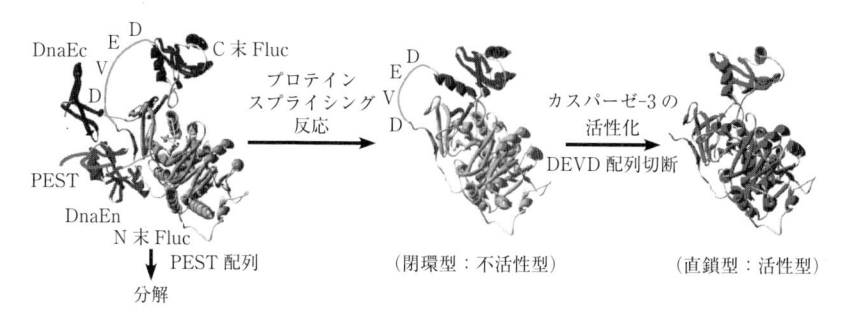

図 7.2.27 カスパーゼ-3 活性を検出する環状ルシフェラーゼ

c. 再構成に用いる分割レポータータンパク質の設計

先にも述べたように，分割したレポータータンパク質断片の一方のみで本来の活性をまったく有しないことは，絶対条件である．この条件を満たしてレポータータンパク質を分割すれば，分割位置はどこでもよいのであろうか．任意の位置で分割して失活したレポータータンパク質断片の多くは，本来の機能を回復（再構成）しない．おそらくは，分割したレポータータンパク質断片のアミノ酸配列は元来のそれとは異なるため，不適切なフォールディングが起こりやすいからであろう．したがって，分割レポータータンパク質を作製する場合，ある程度合理的な設計が必要となる．Fluc や GFP のように立体構造が解明されている場合は，設計のうえで大いに役立つ．元来の二次構造・三次構造の途中で分断せぬよう，ドメインのフォールディングに直接関係ないとおぼしきループやランダムコイルになっている部位の近傍を分割位置候補とすればよい．立体構造が解明されていない場合でも，National Center for Biotechnology Information（NCBI）が提供するBLASTから類似タンパク質を検索し，その類似タンパク質の立体構造が解明されているのであれば参考となる．CBLuc の分割位置は，類似タンパク質 Fluc の立体構造をもとに設計されている[28]．

立体構造が解明されていない場合は，ウェブなどで利用可能な二次構造予測ソフト（たとえば，Pole Bio-Informatique Lyonnais 提供の NPS@ では，10 以上の予測手法から選択可能である）を利用すれば，分割位置をある程度絞れる．分割 Gluc 断片の開発において，二次構造予測ソフト PHD の演算結果をもとに分割位置を選定している[11]．また，これまでタンパク質立体構造予測は敷居の高いものであったが，Swiss Institute of Bioinformatics が提供する SWISS-MODEL などのおかげで，専門的知識がない者でも予測モデリングの演算結果を得やすくなった．モデリングによって得られた情報をもとにした分割レポータータンパク質の開発は報告されていないが，今後，分割位置候補を決める場合の判断基準の一つとなるであろう．

再構成した際により大きな応答を得るためには，さらなる検討を要する．設定した分割位置から 1 残基ずつアミノ酸をずらしたレポータータンパク質断片のミニライブラリーを用意し，断片どうしのすべての組合せを網羅的に検証することが望ましい．Misawa らが報告した ELuc の分割位置は，このようにして決定された[10]．Worms らのグループは Fluc の分割位置をランダムに変えた断片を作製して最も S/N 比の大きい組合せを見いだした[29]．ここで興味深いのは，ELuc 断片や Worms らの Fluc 断片，さらに β-gal 断片でも，ペプチド鎖の一部が重複していることである[13]．分割したおのおのの断片に含まれるドメインが適切にフォールディングするために必要なアミノ酸かもしれないが，詳細は不明である．

まとめ

従来，レポータータンパク質の利用は，遺伝子発現解析ためのレポーターやキメラタンパク質として，本来有している機能をそのまま用いることがほとんどであった．

いわば，誘導された発現パターンの変化を反映する目印である．一方，レポータータンパク質の再構成では，分割レポータータンパク質断片が検出対象の生命現象によって直接活性化される，という点で大きく異なる．レポータータンパク質の再構成を利用すれば，検出対象に応じた多様な設計が可能であることから，イメージングにおいて強力なツールの一つとなっている．ここではレポータータンパク質の再構成とその設計について述べたが，他の機能的タンパク質も同様の概念で分割して再構成できる．たとえば，Cre-loxP 部位特異的組換えに用いられる酵素 Cre の分割がすでに報告されている[30]．また，ラパマイシン存在下で相互作用するタンパク質対 FKBP と FRB や，光照射により相互作用するタンパク質対など，外部刺激により誘導可能な相互作用を示すタンパク質対と組み合わせれば，狙った特定の生命現象のみをマニピュレートすることも可能である．

〔菅野　憲・小澤岳昌〕

文献・注

1) T. Ozawa, et al.: *Anal. Chem.*, **72** (2000), 5151-5157.
2) T. Ozawa, et al.: *Anal. Chem.*, **73** (2001), 5866-5874.
3) T. Ozawa, et al.: *Nat. Biotechnol.*, **21** (2003), 287-293.
4) SB. Kim, et al.: *Proc. Natl. Acad. Sci. USA*, **101** (2004), 11542-11547.
5) SB. Kim, et al.: *Anal. Chem.*, **77** (2005), 6588-6593.
6) SB. Kim, et al.: *Anal. Chem.*, **77** (2005), 6928-6934.
7) SB. Kim, et al.: *Anal. Biochem.*, **362** (2007), 148-150.
8) A. Kaihara, et al.: *Anal. Chem.*, **75** (2003), 4176-4181.
9) R. Paulmurugan and S. S. Gambhir: *Anal. Chem.*, **75** (2003), 1584-1589.
10) N. Misawa, et al.: *Anal. Chem.*, **82** (2010), 2552-2560.
11) I. Remy and S. W. Michnick: *Nat. Methods*, **3** (2006), 977-979.
12) J. N. Pelletier, et al.: *Proc. Natl. Acad. Sci. USA*, **95** (1998), 12141-12146.
13) W. A. Mohler and H. M. Blau: *Proc. Natl. Acad. Sci. USA*, **93** (1996), 12423-12427.
14) A. Galarneau, et al.: *Nat. Biotechnol.*, **20** (2002), 619-622.
15) T. F. Massoud, et al.: *Nat. Med.*, **16** (2010), 921-926.
16) T. Ozawa, et al.: *Nat. Methods*, **4** (2007), 413-419.
17) T. Yamada, et al.: *Anal. Chem.*, **83** (2011), 5708-5714.
18) S. C. Alford, et al.: *Chem. Biol.*, **19** (2012), 353-360.
19) SB Kim, et al.: *Anal. Chem.*, **79** (2007), 1874-1880.
20) L. Zhang, et al.: *Nat. Med.*, **13** (2007), 1114-1119.
21) R. Paulmurugan and S. S. Gambhir: *Proc. Natl. Acad. Sci. USA*, **103** (2006), 15883-15888.
22) M. Takeuchi, et al.: *Anal. Chem.*, **82** (2010), 9306-9313.
23) S. Cabantous, et al.: *Nat. Biotechnol.*, **23** (2005), 102-107.
24) R. Paulmurugan and S. S. Gambhir: *Anal. Chem.*, **77** (2005), 1295-1302.
25) E. Conti, et al.: *Structure*, **4** (1996), 287-298.
26) B. R. Branchini, et al.: *Biochemistry*, **37** (1998), 15311-15319.
27) A. Kanno, et al.: *Angew. Chem. Int. Ed.*, **46** (2007), 7595-7599.

28) N. Hida, et al.: *PLoS ONE*, **4** (2009), e5868.
29) K. E. Luker, et al.: *Proc. Natl. Acad. Sci. USA*, **101** (2004), 12288-12293.
30) N. Jullien, et al.: *Nucleic Acids Res.*, **31** (2003), e131.

7.3 いろいろなイメージング技術

7.3.1 1分子蛍光イメージング（原理と考え方，応用例）

　生体分子の機能を明らかにするためには，生体分子の活性を保ったまま，水溶液中でその動きを観察する必要がある．蛍光色素などの発光体を検出プローブとして生体分子を標識すれば，直径数 nm 程度の生体分子でも光学顕微鏡下で観測可能になる．計測装置の回折限界以内で生体分子が近接する場合，検出シグナルはそれらの平均像となる．また，蛍光体1分子が発する信号は微弱なため，背景光が高い場合はそのなかに埋もれてしまう．個々の生体分子を十分に孤立した環境（大体数 μm 以上の間隔）に置き，エバネッセント照明のような低背景光照明を用いて蛍光体を励起し，プローブ固有の発光周波数のみを透過するバンドパスフィルターを通して，EM-CCD (electron multiplying CCD) などの高感度カメラで蛍光を撮影することで1分子蛍光のイメージングが可能になる．この手法は1分子蛍光イメージング法と呼ばれ，光学顕微鏡下で生きた状態のまま個々の生体分子を「観る」技術である．1分子蛍光イメージング法を用いることで，個々のタンパク質の位置検出，相互作用検出，構造変化検出などが可能になった[1]．精製したタンパク質を用いた *in vitro* 実験では，生体分子モーター1分子がレールタンパク質の上を一方向に運動する様子を観察できる．また，力計測や電流計測といった他の計測との同時計測が可能であり，その用途は多岐にわたる．

a. 酵素反応の1分子イメージング

　船津らは，エバネッセント照明による顕微鏡を用いた1分子の ATPase 反応のイメージング法を開発した[2-4]．ガラス表面上にシアニン色素の一種 Cy5 や GFP (green fluorescent protein) で蛍光標識したミオシンサブフラグメント1(S1)1分子を固定し（図7.3.1(a)），1分子イメージングにより S1 分子の位置を確認する（図7.3.1(b)）．次に，S1 分子に Cy3-ATP（蛍光性 ATP アナログ）が結合・解離する様子をイメージングする．エバネッセント照明を用いると，ガラス基板と溶液界面の近傍に存在しかつ S1 に結合した Cy3-ATP のみが輝点として検出できる．この Cy3-ATP は S1 によって Cy3-ADP とリン酸に加水分解される．ADP は ATP よりもミオシンとの親和性が低いため，Cy3-ADP は S1 から解離しやすく，解離するとブラウン運動のた

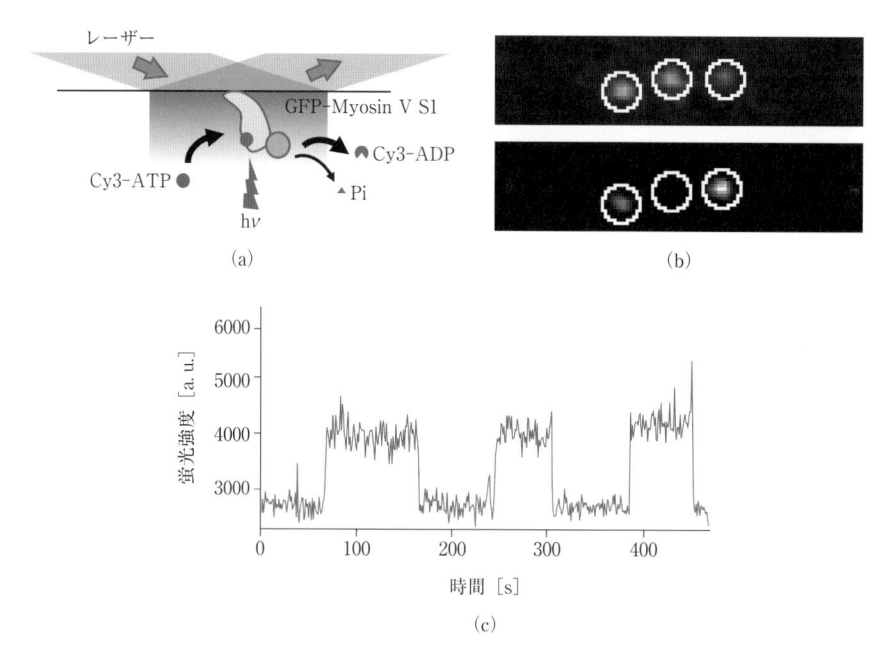

図 7.3.1 (a) GFP-ミオシン V S1 の Cy3-ATP 加水分解反応の模式図, (b) ガラス基板上 GFP (上段) と Cy3 (下段) の 1 分子イメージング, (c) GFP 輝点と同一位置の Cy3 の明滅時間変化

め輝点は観測できなくなる.この輝点の明滅を観察することで,ATP の加水分解サイクルを追跡することが可能となる (図 7.3.1(c)).ほかにも FAD (flavin adenine dinucleotide) の明滅を使って酵素反応を観測する手法もある[5].

b. タンパク質複合体の 1 分子構造変化計測

1 分子蛍光イメージング法を応用すると,生体分子 1 個の構造変化を実時間で観測することが可能になる.生体分子内の構造変化を検出するには,FRET (フェルスター (蛍光) 共鳴エネルギー移動,Förster resonance energy transfer) 法が有効である.FRET 法を用いれば,タンパク質や DNA,RNA などの特定の 2 点間の距離を計測することができ,ナノメートルオーダの物差しとして使える.一つの分子に FRET を起こす二つの蛍光色素をつけ,その距離に応じたそれぞれの蛍光強度の変化を指標にすると,生体分子の動的な構造変化が計測可能になる.応用例として,小塚らによる,アクチンフィラメント中のアクチン 1 分子の構造ゆらぎの計測や[6],安田らによる F_1 モーターの回転計測[7],Ha らによる DNA の巻き戻し過程の計測などがある[8].

c. ミオシン 1 分子の ATP 加水分解反応と力学反応の同時計測

石島らは,1 分子イメージング技術と 1 分子操作技術を融合し,アクトミオシン相

互作用において，ATP加水分解反応と力学反応の同時計測に成功した[3,4,9]．アクチンフィラメントの両端に修飾したビーズを，赤外レーザーを用いて捕捉する．次にアクチンフィラメントを操作し，ガラス表面上に固定したミオシン分子と相互作用させる（図7.3.2(a)）．ATP加水分解反応は上記法により測定し，同時に捕捉したビー

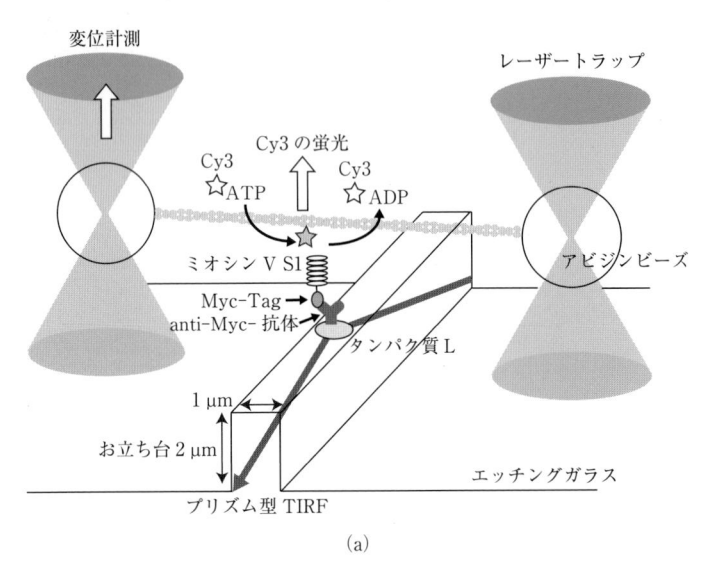

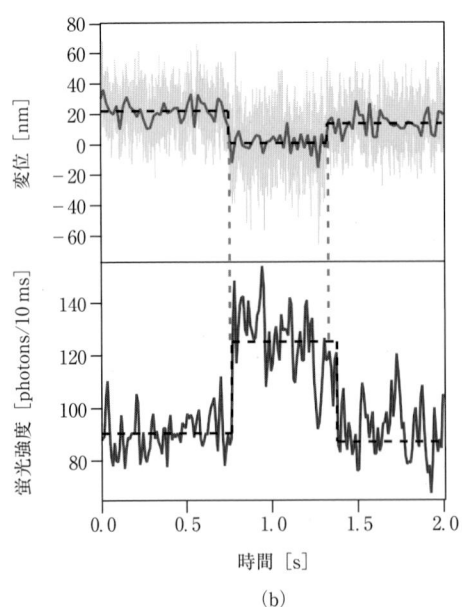

図 7.3.2 (a) ATP加水分解サイクルと力発生の同時観測実験系の模式図，(b) ミオシンの変位（上段）とATP加水分解イベント（下段）の同時計測時系列データ

ズの変位からアクチンフィラメントの変位を求める．アクチンが原点に戻るのに対応してATPが結合し，変位の立ち上がりに対応してADPが解離していることがわかる（図7.3.2(b)）．換言すると，ミオシンはATPと結合していない状態でアクチンフィラメントと結合している．ATPが結合するとミオシンはアクチンから離れ，ミオシン頭部でATPはADPとリン酸に加水分解される．加水分解が終わるとミオシンはふたたびアクチンフィラメントと結合し，変位を発生し，これと同時に，ADPとリン酸がミオシンから解離する．このようにして1分子計測を使って，化学反応と力学反応の対応関係を直接みることがはじめて可能になった．

d. チャネルタンパク質1分子の電気・光学的同時計測

蛍光1分子イメージング法は，一般的に行われているパッチクランプ法（マイクロピペットを用いてチャネルタンパク質を含む膜を細胞からひきはがす方法）や脂質平面膜法（基盤上の細孔に形成させた人工膜に，チャネルタンパク質を含むリポソームを融合させる方法）による単一チャネル電流記録法と組み合わせることにより，1分子チャネル生理学研究にも応用されている[10,11]．チャネルタンパク質1分子の電気・光学的同時計測により，チャネルタンパク質のゲーティングに伴う構造変化や，薬物や制御タンパク質との相互作用などを1分子レベルで直視することが可能となり，生物物理学的，生理学的にたいへん強力な手段となりうる．ウシの気管平滑筋から調製した細胞膜ベシクルに存在するBKチャネルに特異的モノクローナル抗体を介して蛍光標識し，ポリプロピレンなどのプラスティックシート上に開けた細孔（直径100〜200 μm）に形成した人工脂質二重膜に融合させる．蛍光標識されたチャネルが観測されるのとほぼ同時に平面膜を介した電流のゆらぎが観測される．Ca^{2+}存在下ではチャネルは融合前にベシクル膜上に存在するときから開状態にあるので，ベシクルが融合することにより開状態にあったチャネルが人工膜に組み込まれた瞬間を観測していると考えられる．

e. 生細胞での1分子蛍光イメージング

生細胞での1分子蛍光イメージングは2000年頃から行われはじめた[12]．これは徳永らによる対物レンズ型の全反射照明顕微鏡法（total internal reflection fluorescence microscopy：TIRFM）の開発によるところが大きい[13]．この方法では蛍光観察に用いる対物レンズを介してTIRFMを実現するため，in vitroで用いられるプリズム型TIRFMと異なり，サンプルの厚みに制限がない（詳しくは7.2.1.1項参照）．このため，数 μmほどの厚みをもつ細胞がエバネッセント照明下で観察可能になった．エバネッセント照明はガラス近傍の細胞基底面のみを励起するため，細胞内の小胞などに多く存在する自家蛍光をもつ物質が励起されにくい．これにより背景光が抑えられ，細胞膜上の分子1個が発する蛍光が観察できる．また，エバネッセント照明による局所的な励起は励起光による活性酸素の生成を抑え，細胞へのダメージ

の低減にもつながる.これらの理由により生細胞1分子蛍光イメージングには対物レンズ型 TIRFM によるエバネッセント照明がよく用いられる.

細胞基底面だけでなく細胞の上側や細胞内の分子を観察する場合は照明光をサンプルに対して斜めに当てる斜光照明を用いることで,落射照明と比較して背景光を抑えた観察ができる(詳しくは 7.2.1.1 項参照).自家蛍光などの背景光がほとんどない細胞では落射蛍光による1分子蛍光イメージングや1分子感度の測定が行われている[14,15]．

細胞内で1分子蛍光イメージングを行うためには蛍光標識した目的分子を細胞内に導入する必要がある.*in vitro* で化学的に蛍光標識した分子を導入する場合は,エレクトロポレーションやビーズローディング法,マイクロインジェクションなどが用いられる.また,他の蛍光イメージングと同様に GFP などの蛍光タンパク質もよく用いられる.さらに,2009 年頃からは HaloTag などのタンパク質タグが細胞内1分子蛍光イメージングに用いられはじめた[16]．タンパク質タグは酵素を改変したタンパク質で,それ自体は蛍光を発しないが,蛍光性のリガンドと特異的に共有結合する.タンパク質タグと観察対象のタンパク質の融合タンパク質を作製することで,蛍光タンパク質に比べて安定な蛍光をもつ有機蛍光色素を目的分子に標識できる.タンパク質タグに特異的に結合する蛍光性リガンドとして細胞膜透過性のものが市販されており,細胞外液にこのリガンドを加えるだけで簡単に目的タンパク質の蛍光標識が可能である.また染色時の蛍光色素濃度を調整するだけで標識率を変更できる点も,標識率を低く抑える必要のある1分子蛍光イメージングに適した特徴である.

個々の分子の動態を定量的に観察できる1分子蛍光イメージングにより,細胞内分子の動態について多くのことが明らかになってきた.以下に生細胞1分子蛍光イメージングを用いた計測の例をあげる.

1) 分子数の計測

分子1個を検出できる1分子蛍光イメージングの定量性の高さは,共焦点顕微鏡などの他の蛍光イメージングでは検出困難な,数十〜数百個の少数の分子を観察する場合により顕著に発揮される.細胞表面に結合した蛍光性リガンド分子の個数を数え上げることで,細胞応答を引き起こすのに必要な分子の個数が測定されている.これにより,わずか 40 分子程度の神経成長因子の結合が神経細胞の伸張を引き起こし[17],300 分子程度の上皮成長因子の結合が HeLa 細胞のカルシウム応答を引き起こすことが明らかにされた[18]．また,細胞へ結合したリガンド数の時間変化を測定することで,リガンド結合数の時間的なゆらぎが定量できている[19]．さらに,タンパク質複合体を形成するサブユニットの数の定量にも1分子蛍光イメージングが用いられている.これは,複合体の各サブユニットに結合した蛍光分子が退色する過程を測定し,段階的な退色から複合体に何個の蛍光分子が付いているかを定量することで可能になる[20]．

2) 1分子キネティクス計測

蛍光標識したリガンド分子の受容体への結合時間を測定することで,生化学的計測

で得られるのと同等の反応キネティクスを求めることができる[21,22]．1分子蛍光イメージングを用いた計測での反応キネティクスは細胞集団の平均としてではなく細胞ごとに求められる．さらには細胞膜上の領域ごとに反応キネティクスを求めることも可能なため[23]，細胞極性にそった受容体へのリガンド結合の違いを明らかにできる[24]．同様に細胞内のタンパク質が細胞膜の内側に結合する時間を計測することで，タンパク質の膜結合キネティクスを求めることができる[25]．また，細胞膜上の受容体どうしの結合解離キネティクスも計測されている[26-28]．

3) 拡散計測

生細胞での1分子蛍光イメージングは分子の拡散や輸送などの動きの観察にも用いられる[17,29]．細胞膜上の分子の拡散の計測は1995年頃より金コロイド単粒子追跡法を用いて行われてきた[30]．金コロイドと比べて小さな蛍光色素や蛍光タンパク質を用いる1分子蛍光イメージング法では，標識が分子動態に与える影響を抑えることができる．観察された分子の動きから拡散状態の多状態や遷移などの複雑な拡散様式をもつ分子の動態を，細胞膜結合のキネティクスと合わせて総合的に解析する手法が提案されている[31,32]．分子の拡散には分子自体の状態だけではなく，分子を取り巻く局所的な環境の情報も含まれる．このため細胞膜上の微小なドメインの存在が分子の拡散計測をもとに議論されている[33-35]．また，細胞膜上の分子だけでなく細胞内のモータータンパク質の動きも1分子蛍光イメージングで観察されている[36]．

〔小塚　淳・宮永之寛・上田昌宏〕

文献・注

1) S. Weiss：*Science*, **283** (1999), 1676-1683.
2) T. Funatsu, *et al.*：*Nature*, **374** (1995), 555-559.
3) T. Komori, *et al.*：*Biosystems*, **93** (2008), 48-57.
4) T. Komori, *et al.*：*Biophys. J.*, **96** (2009), L04-06.
5) H. P. Lu, *et al.*：*Science*, **282** (1998), 1877-1882.
6) J. Kozuka, *et al.*：*Nat. Chem. Biol.*, **2** (2006), 83-86.
7) R. Yasuda, *et al.*：*PNAS*, **100** (2003), 9314-9318.
8) T. Ha, *et al.*：*Nature*, **419** (2002), 638-641.
9) A. Ishijima, *et al.*：*Cell*, **92** (1998), 161-171.
10) T. Ide, *et al.*：*Jpn. J. Physiol.*, **52** (2002), 429-434.
11) T. Ide, *et al.*：*Langmuir*, **26** (2010), 8540-8543.
12) Y. Sako, *et al.*：*Nat. Cell. Biol.*, **2** (2000), 168-172, doi：10.1038/35004044.
13) M. Tokunaga, *et al.*：*Biochem. Biophys. Res. Commun.*, **235** (1997), 47-53, doi：S0006-291X (97) 96732-2 [pii] 10.1006/bbrc.1997.6732.
14) G. J. Schütz, *et al.*：*EMBO J*, **19** (2000), 892-901, doi：10.1093/emboj/19.5.892.
15) Y. Taniguchi, *et al.*：*Science*, **329** (2010), 533-538, doi：329/5991/533 [pii] 10.1126/science.1188308.
16) Y. Miyanaga, *et al.*：*Methods. Mol. Biol.*, **571** (2009), 417-435.
17) T. Tani, *et al.*：*J. Neurosci.*, **25** (2005), 2181-2191, doi：25/9/2181 [pii] 10.1523/

JNEUROSCI.4570-04.2005.
18) T. Uyemura, et al.: *Biophys. J.*, **88** (2005), 3720-3730, doi: S0006-3495 (05) 73420-2 [pii] 10.1529/biophysj.104.053330.
19) Y. Miyanaga, et al.: *Biosystems*, **88** (2007), 251-260.
20) M. H. Ulbrich and E. Y. Isacoff: *Nat. Methods*, **4** (2007), 319-321.
21) K. Hibino, et al.: *J. Biol. Chem.*, **286** (2011), 36460-36468.
22) M. Hiroshima, et al.: *Proc. Natl. Acad. Sci. USA*, **109**, 13984-13989 (2012).
23) N. Watanabe and T. J. Mitchison: *Science*, **295** (2002), 1083-1086.
24) M. Ueda, et al.: *Science*, **294** (2001), 864-867.
25) S. Matsuoka, et al.: *J. Cell. Sci.* **119** (2006), 1071-1079.
26) I. Chung, et al.: *Nature*, **464** (2010), 783-787.
27) J. A. Hern, et al.: *Proc. Natl. Acad. Sci. USA*, **107** (2010), 2693-2698.
28) R. Kasai, et al.: *J. Cell. Biol.*, **192** (2011), 463-480.
29) R. Iino, et al.: *Biophys. J.*, **80** (2001), 2667-2677, doi: S0006-3495 (01) 76236-4 [pii] 10.1016/S0006-3495 (01) 76236-4.
30) Y. Sako and A. Kusumi: *J. Cell. Biol.*, **129** (1995), 1559-1574.
31) S. Matsuoka, et al.: *Biophys. J.*, **97** (2009), 1115-1124, doi: S0006-3495 (09) 01106-0 [pii] 10.1016/j.bpj.2009.06.007.
32) S. Matsuoka, et al.: *PLoS Comput. Biol.*, **9** (2013), e1002862.
33) A. D. Douglass and R. D. Vale: *Cell*, **121** (2005), 937-950, doi: S0092-8674 (05) 00352-1 [pii] 10.1016/j.cell.2005.04.009.
34) S. Y. Nishimura, et al.: *Biophys. J.*, **90** (2006), 927-938.
35) Y. M. Umehara, et al.: *Biophys. J.*, **95** (2008), 435-450.
36) S. Courty, et al.: *Nano. Lett.*, **6** (2006), 1491-1495.

7.3.2 2光子蛍光イメージング

　レーザー技術の進歩により，多様な光学過程が生物科学・医学へ応用されてきている．とくに非線形光学過程（nonlinear optics）に関する成果をバイオイメージングに応用することがさかんになってきている．その目的は，①既知の光学過程では可視化が困難な分子過程をイメージングする，②高い定量性―時空間分解能を向上させることにある．本書においても多く紹介されている（7.3.3項，7.3.4項）．このうち，蛍光分子の第1電子励起状態への遷移過程が，複数個の光子の同時吸収によるものが多光子励起過程と呼ばれ，これを用いた蛍光顕微鏡が，多光子顕微鏡と呼ばれている．このうちとくに2光子励起を利用したものを2光子顕微鏡と呼んでいる[1]．最近，この顕微鏡法は，脳神経科学の研究を中心に，がん，免疫，骨などにも非常に多く使われるようになってきている[2,3]．2光子顕微鏡は，他の光学顕微鏡法と比較すると，生体内に近い組織的標本の深部断層像を，高い空間分解能で長時間にわたって取得することができるためである．加えて，最近では生体組織中で0.1 fL（フェムトリットル）以下の超微小領域に限局して光化学反応を誘起することが可能であることから，生体

深部における光刺激法・オプトジェネティクスのためのツールとしても応用が広がっている[4]．ここでは，その原理と特徴について論述する．

a. 原理

2光子顕微鏡（多光子顕微鏡）は多光子励起過程を用いた方法論である．他の非線形光学現象である第二次高調波発生（second harmonic generation：SHG）を用いた顕微鏡も2光子顕微鏡と表現されることもあるが，厳密にSHG顕微鏡と区別する際には2光子励起（蛍光）顕微鏡と呼ばれることもある．さて，第1電子励起状態への励起が複数個の光子の同時吸収により起こる多光子励起過程は，量子力学的にきわめて実現される確率の低い過程である（図7.3.3）．通常の（1光子）励起の場合の光子の波長の約2倍，つまりエネルギーとしては約1/2の光子を2個同時に吸収する場合は2光子励起過程，同様にエネルギーが約1/3（波長が約3倍）の光子を3個同時に吸収する場合は3光子励起過程と呼び，これらは総称して多光子励起過程と呼ばれる（4.2節参照）．この多光子励起過程の理論的な検討は，量子力学が誕生間もない1931年にGöppert-Mayerによりすでに検討さ

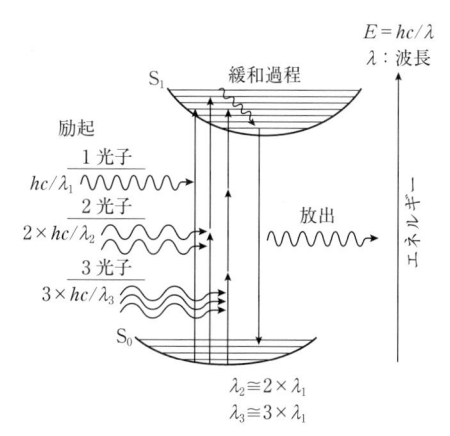

図7.3.3 分子のエネルギー準位と光子吸収・蛍光放出過程

通常の蛍光発生の機構では，第1励起状態（S_1）と基底状態（S_0）の間のエネルギー差に等しいエネルギーをもつ光子を吸収する．S_1できわめて短い緩和過程を経た後，ある確率（量子効率）で光子を放出し，S_0に戻っていく．S_1における滞在時間は10^{-9}sのオーダーである．

表7.3.1 主要な色素の2光子吸収断面積（文献9, 10より改変）

色素	2光子吸収断面積 $\sigma_2 [\mathrm{cm}^4 \cdot \mathrm{s} \cdot \mathrm{photon}]$	蛍光波長 [nm]	2光子励起波長 [nm]
インド-1 Ca^{2+}結合	1.5×10^{-50}	405	590
カスケードブルー	1×10^{-50}	423	750
DAPI	0.16×10^{-50}	450	700
インド-1 フリー	3.5×10^{-50}	490	700
Fura-2 Ca^{2+}結合	12×10^{-50}	510	700
Fura-2 free	11×10^{-50}	510	700
Bodipy	1×10^{-49}	512	920
フルオレセイン	1×10^{-48}	520	782
ルシファーイエロー	1×10^{-50}	533	860
DiI	1×10^{-48}	565	700
ローダミンB	2×10^{-48}	600	840

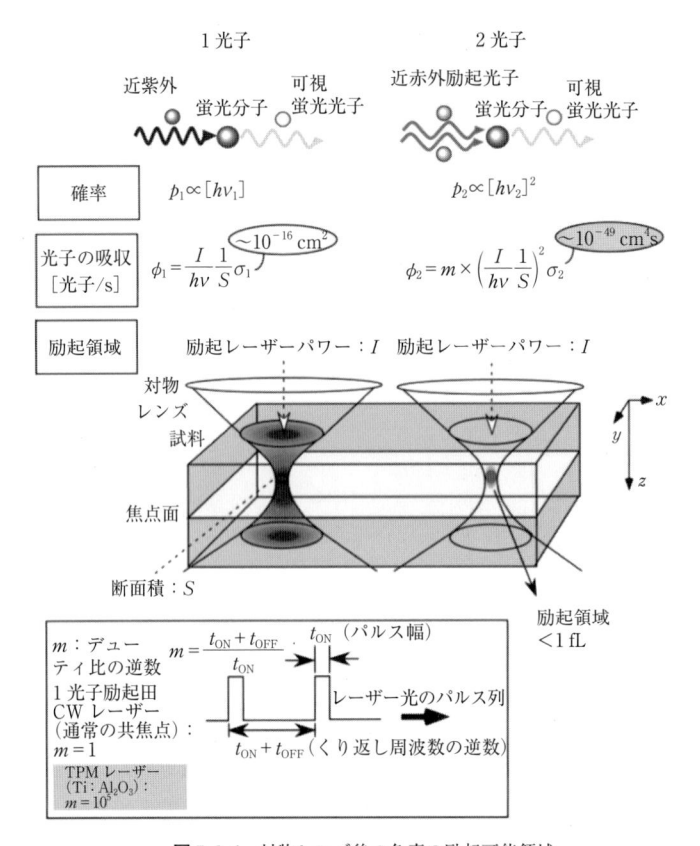

図 7.3.4 対物レンズ後の色素の励起可能領域
通常，1光子吸収過程では，励起は対物後の全光路長にわたって生じる．それに対し，2光子吸収過程では，励起は，非線形性から焦点のビームスポット~fL 以下の極微小領域に限定される．

れていた[5]．実験的な証明は，可視光域ではレーザーの誕生の直後1961年 Kaiser と Garrett によりなされた[6]．蛍光顕微鏡への応用は，1977年 Sheppard らによってはじめて試みられたが，1990年の Webb らの報告が本格的な拡大の引き金になった[1]．

多光子励起過程の実現する確率はきわめて小さい（4.2節参照）（表7.3.1, 図7.3.4）．電気双極子放射を担う分子軌道の電子と複数個の光子との同時相互作用は二次以上の摂動項で記述される．たとえば，レーザービームポインター程度の強度の光が2光子励起を引き起こす確率は，天文学的時間が必要である．実際に実現させるためには光子密度を上げればよい．なぜならば，多光子励起過程の確率は n 光子励起過程の場合は光子密度の n 乗に比例するためである．具体的には，レーザーを利用し高い光強度（P）の光を用いることと，そして，その光を集光させ断面積 S を小さくするこ

とによって，光子密度（$P/(h\nu S)$）を増大させればよい（図 7.3.4）．ここで，h はプランク定数，ν は光の振動数である．

しかし，生体試料の場合，光子密度の増大は随伴して生じる 1 光子過程の光の吸収量 φ_1 の増大につながり，熱的・光的障害が顕在化する．この解決にはパルスレーザーを用いる．すなわち，レーザーを CW（連続発振）からパルスに変更した場合，φ_1 は変化させずに，2 光子過程の光の吸収量 φ_2 のみが増大する．たとえば，生物用 2 光子顕微鏡に用いられるチタン-サファイアレーザーの場合，約 80 MHz 繰返しの約 80 fs のパルスなので φ_2 は約 10^5 倍になる．

この実現確率の光強度に対する非線形性が多光子励起過程における励起の局所性の原因となるが，断層イメージングという特性を生み出す．光子密度は対物レンズの焦点近傍で最大となるため，実現確率はそれを離れると速やかに減少するためである（図 7.3.4）．したがって，2 光子顕微鏡では，蛍光の発生は焦点位置に限局しているので，レーザースポットを試料中で走査させる，あるいは，ステージを移動させるなどしつつ，対物レンズに入ってくる蛍光光子を検出器に取り込むことで，断層画像をコンピュータ上で構成する．

b. 特徴・特性
2 光子顕微鏡の特徴について表 7.3.2 にまとめた．

1) 断層イメージング・空間分解能
光学顕微鏡の空間分解能は，照明系と検出系の光学的空間伝達関数の積で決定される．2 光子顕微鏡の空間分解能が通常の落射蛍光顕微鏡よりも優れているのは，照明系の特性，すなわち，先述の，蛍光物質の励起は対物レンズの焦点でしか生じないという励起の局所性に原因する．光の波動性から，励起用レーザービームは，対物レンズにより絞られた後，「点」ではなく有限のビームスポットになる．ビームスポットの大きさは，ガウスビームをレンズの芯に垂直に入射させたとき，焦点面内で最小半径 $r = 2\lambda/\pi \cdot F/D$（$F$：対物レンズの焦点距離，$D$：入射レーザービーム径，$\lambda$：波長）

表 7.3.2 吸収断面積と光の吸収量のパルス化による向上

	1 光子吸収	2 光子吸収
光の吸収量 ϕ [s^{-1}] σ：吸収断面積，P：励起光パワー，ν：振動数，S：スポット断面積，h：プランク定数，m：パルスのデューティ比の逆数	$\phi_1 = \dfrac{P}{h\nu}\dfrac{1}{S}\sigma_1$ ↓パルス化 ϕ_1：パルス化で変わらない	$\phi_2 = \left(\dfrac{P}{h\nu}\dfrac{1}{S}\right)^2 \sigma_2$ ↓パルス化 $\phi_2 = m \times \left(\dfrac{P}{h\nu}\dfrac{1}{S}\right)^2 \sigma_2$
Fura-2 の Ca^{2+} 結合状態の吸収断面積 $\sigma_{1,2}$	$\sigma_1 = 1.2 \times 10^{-16}\ cm^2$	$\sigma_2 = 1.2 \times 10^{-49}\ cm^4\ s^{-1}$
Fura-2 の Ca^{2+} 結合状態の吸収量 $\phi_{1,2}$ $p = 10\ mW$，スポット径 300 nm	$\phi_1 = 7.5 \times 10^{-8}\ s^{-1}$	$\phi_2 = 1.9 \times 10^{+1}\ s^{-1}$ ↓パルス化 $\phi_2 = 2.4 \times 10^6\ s^{-1}$

となる[7]．

2) 深部到達性・低障害性

励起用の超短光パルスレーザーには，現在では主として，チタン-サファイアレーザーが使用される．レーザーの発振波長は700～1000 nmの近赤外域にあり，最も生体試料が透明になる「生体試料の分光学的な窓」領域に含まれている．したがって，通常の可視光で励起する場合よりも，生体標本により吸収・散乱されることが少なく，より深部の励起が可能である（深部到達性の向上）．熱吸収による細胞障害も低減し，長時間観察が可能となる．また，ノイズとなる背景散乱光が低減するうえ，可視蛍光スペクトルから励起波長が離れているので，全域を可視化に用いることができ，S/Nが向上する．筆者らは最近，大脳新皮質第V層錐体細胞にEYFPを発現する遺伝子導入マウス（トランスジェニックマウス，H-lineマウス）の生体脳において，脳表から1.4 mmの深部まで観察することを可能とし，記憶という大脳機能において重要な役割をになっている脳深部の「海馬」と呼ばれる領域で神経細胞の形態を「生きたまま」（$in\ vivo$）イメージングに成功した（図7.3.5）．

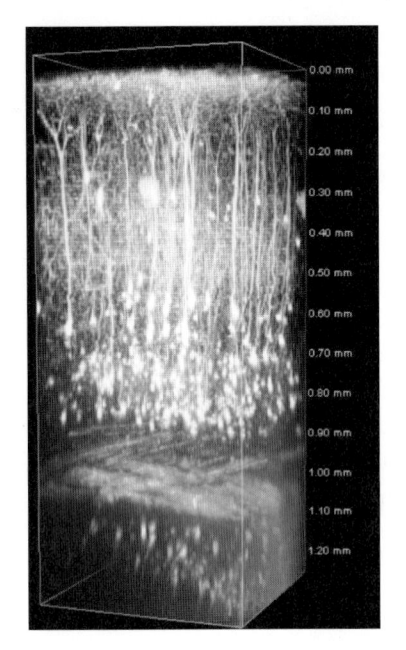

図7.3.5 マウス生体脳における海馬CA1ニューロンと新皮質全層の$in\ vivo$（生きたまま）イメージング

3) 厳密かつ多彩な同時多重イメージング

2光子励起の励起スペクトルは，厳密に1光子励起スペクトルの波長を2倍にしたものとは，一般的に異なる．そのスペクトルの幅は広くなる，あるいは短波長側にシフトする（ブリーシフトのような）現象のため，1光子励起スペクトルの重なりの少ない蛍光分子であっても，多光子励起スペクトルは重なりをもつことがある．したがって，共焦点顕微鏡では不可能な組合せであっても，多光子顕微鏡では同時使用が可能になる組み合わせが増大する．たとえば1励起波長で紫外励起のCa^{2+}指示薬fura-2と緑色光励起の色素テキサスレッドの同時使用も可能である[8]．さらに，2光子顕微鏡では蛍光の発生は焦点位置のみで生じたものを検出器に導入するので，原理的に光学系の色収差などの問題を回避でき．したがって，得られた多色の蛍光画像には視差がない—異なる色素の断層像は原理的に完全に同一の空間位置情報を与えるので，多種の蛍光分子の空間分布を厳密に議論できる．

4) 励起光の内部遮蔽効果の回避

蛍光分子濃度がある程度高くなると，蛍光分子の遮蔽効果により，共焦点顕微鏡で

は焦点面に励起光が至るまでに減衰してしまう．一方，2光子励起では，励起光はほとんど吸収されることがないので，標本深部においても明確な断層像を取得できる．

5） 蛍光色素の退色の拡散による補償

2光子顕微鏡では蛍光色素の退色は焦点に限定されるので，周辺からの拡散により容易に補償されうる．一方，共焦点顕微鏡では，退色が全体的に生じ，拡散による補償効果は薄い．

c. 今後の方向性

1） 超波長化

赤色～近赤外蛍光を発する蛍光プローブ，蛍光タンパク質が最近さかんに開発されている．これは，蛍光側についても，b の 2) において説明した「深部到達性」が有効に働くためである．そのような長波長蛍光プローブを2光子励起させるためには，励起レーザー波長も長波長である必要がある．しかし，現在，広く使われているチタン-サファイアレーザーは1000 nm より長い波長では十分な出力を得ることができない．そこで，現在では，より長波長の超短光パルスレーザーを用いた2光子顕微鏡の研究が進んでいる．レーザー光源としては光パラメトリック発振器（optical parametric oscillator：OPO），Cr：Forsterite，ファイバーレーザーなどが用いられることが多い．

2） 光刺激・光操作

多光子励起過程のもつ励起の局所性という特徴を，蛍光物質の励起のみではなく，他の光化学反応をトリガーすることに利用することも，さかんに研究されている．そのなかには，以前からさかんに研究されていた，通常の光を用いた光操作・光刺激やオプトジェネティクスなどの方法論を，多光子顕微鏡のもつ「局所性」や「生体深部到達性」を加味して，より有効に活用しようとする方向性もある．これらの例としては，まず，局所的な熱上昇や活性酸素発生を介して，細胞膜や細胞内小器官などを破壊する「2光子レーザーアブレーション」，「2光子励起光不活性化法（2光子CALI；chromophore-assisted light inactivation）」，「光力学治療」があげられる．また，紫外線の吸収によりある特定の物質（Ca^{2+}，グルタミン酸など）を放出する試薬（ケージド試薬）を2光子励起させることで，標本内のfL以下の微小領域でその物質を，人為的に出現させることが可能になる[4]．そのほかにも，レーザー光パルスの撃力を利用した遺伝子導入なども報告されている．

このような光刺激や光操作は，生体中における細胞の外科手術という応用可能性があるため，今後さかんに研究されることになるだろう．

〔根本知己・日比輝正・川上良介〕

文献・注

1) W. Denk, et al.: *Science*, **248** (1990), 73-76.
2) T. Okada, et. al.: *PLoS Biology*, **3** (2005), 1047-1061.

3) M. Ishii, *et. al.*: *Nature*, **458** (2009), 524-528.
4) M. Matsuzaki, *et al.*: *Nature*, **429** (2004), 761-766.
5) V. M. Göppert-Mayer: *Ann. Phys.*, **9** (1931), 273-294.
6) W. Kaiser and C. G. B. Garret: *Phys. Rev. Lett*, **7** (1961), 229-231.
7) B. P. James, ed.: Handbook of Biological Confocal Microscopy, Springer, 2007.
8) T. Nemoto, *et al.*: *Nature. Cell. Biol.*, **3** (2001), 253-258.
9) C. Xu and W. W. Webb: *J. Opt. Soc. Am.*, *B*, **13** (1996), 481-491.
10) J. R. Lakowicz and I. Gryczynski, eds.: Topics in Fluorescence Spectroscopy, vol. **5**, Plenum, 1997.

7.3.3 非線形光学効果によるイメージング

a. 非線形光学効果

非線形光学効果とは,物質への光の入射によって,その光学特性が変化する際にみられる光学効果をさす.物質への入射光の強度が低い場合には,その効果はあまり観察されないが,入射光の強度が大きくなると,複数の光子が同時に物質に作用し,非線形な効果が顕著に観察される.前項の蛍光の多光子励起も非線形光学効果の一つであり,顕微イメージングに多用される光学効果の一つである.

多光子励起のほかにも,多様な非線形な光学効果が顕微イメージングに利用されている.なかでも,高調波発生,およびコヒーレントラマン散乱は,観察試料内部の分子や結晶格子の構造および配列に依存した光放出を生じるため,それらの情報をもとに,無標識で顕微観察する際に用いられる.これらの非線形光学効果を用いた顕微鏡も,多光子励起蛍光顕微鏡と同様の原理で,三次元空間のそれぞれの方向に分解能を有し,生体試料内部の観察に効果を発揮する.多光子励起蛍光顕微鏡と同様,高強度のパルス光を試料に照射するため,試料への光損傷には十分注意する必要があるが,他の顕微鏡法では得られない情報を与える点が非線形光学効果の魅力である.以下,高調波発生,コヒーレントラマン散乱の光学過程について簡単に紹介し,それぞれの顕微イメージングへの応用例を紹介する.

b. 高調波発生を利用したイメージング法

物質に光を入射させた際,入射光の波長のちょうど整数分の1の波長の光が発生することがある.このような光は高調波と呼ばれ,レーザー光の波長変換に利用されている.入射光の半分の波長をもつ光を第2高調波,1/3の波長の光を第3高調波と呼ぶ.

光は電磁波であり,周囲の物質に電気的な偏り(電場分極と呼ばれる)を生じ,振動させながら伝搬していく.光の強度が大きくなると,電場分極の振動が光の電場の変化に追従できなくなり,ひずんだ分極振動となる.ひずんだ分極振動はひずんだ電磁波を生み出すため,そこに含まれる2倍,3倍…の振動数をもつ電磁波が高調波となる.振動数と波長は反比例の関係(光速をc,波長をλ,振動数をfとすると,c(一

定)= λf)にあるので，2倍，3倍の振動数をもつ電磁波は，1/2, 1/3の波長をもつ光である．

　高調波発生を利用したイメージングでは，試料は集光されたレーザー光により照明される．レーザー集光点から発する高調波を検出しながら，試料内部を走査することで，試料内で発生する高調波の効率の分布を画像として得ることができる．発生する高調波の強度は，ひずんだ分極の発生のしやすさ（非線形感受率と呼ばれる）と物質の分布や構造とに依存（後述）するため，試料中においてこれらの条件をうまく満たす部分が特異的に観察される．また，多光子励起と同様，近赤外パルスレーザーが光源に用いられる．高調波発生のうち，顕微イメージングには，第2および第3高調波発生がよく用いられている．

1) 第2高調波顕微鏡[1]

　第2高調波は物質の界面や極性をもつ配列構造において発生する．物質界面や極性分子は非反転対称性の構造をもつため，そこで生じる電場分極のひずみが非対称となり，第2高調波発生の条件を満たす[2]．ただし，極性分子であってもその配列がランダムな場合は，平均して無極性となり，第2高調波は発生しない．

　第2高調波顕微鏡は生体試料の観察にも利用されている．上記の第2高調波の発生条件を満たすような，分子やタンパク質の配列構造をもつ部位が特異的に観察される．コラーゲン（三重らせん構造で極性あり），チューブリン（二量体のらせん構造で極性あり），ミオシン（筋原繊維中で極性をもつ配列構造をとる）の観察への利用が多い．観察対象のタンパク質自身から信号光が発せられるため，蛍光プローブなどで試料を標識する必要がなく，*in vivo* での生体組織観察，診断への応用に向けて研究が進んでいる[3-6]．図7.3.6に第2高調波顕微鏡で観察した生体試料の例を示す．

　試料内の配列構造に感度をもつことも第2高調波顕微鏡の特徴である．光の電磁波の振動の方向（偏光方向）と分極を生じる方向とが同じになると，分極のひずみが最大となるためである．このため，試料に照射するレーザー光の偏光を変化させながら

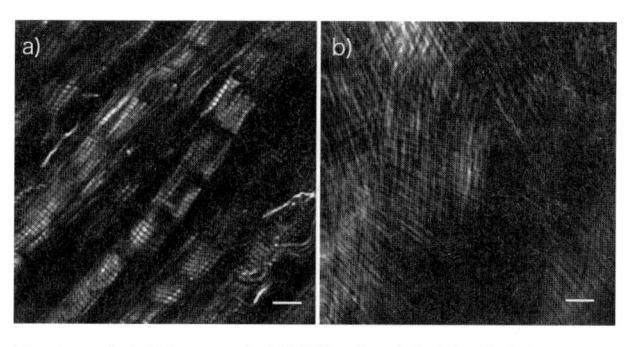

図 7.3.6 a) 無染色のラット心筋細胞の第2高調波像（無染色のミオシンからの強い第2高調波発生が確認できる）と b) メダカ鱗皮のコラーゲン組織の第2高調波像．スケールバー = 10 μm

第2高調波の強度を測定することで,試料内の極性分子の配向を知ることができる[7].このほか,第2高調波発生は,細胞膜電位の測定に利用されている[8].疎水部と親水部とを有する膜電位感受性色素で細胞を染色すると,色素は細胞膜上で同一配向をとり,高い効率で第2高調波を発生する.細胞膜電位が変化すると,色素付近の電場勾配も変化し,膜電位感受性分子の電気的な偏りが変化するため,発生する第2高調波の強度も変化する.

2) 第3高調波顕微鏡

第3高調波は三次の非線形光学効果であり,物質に入射する光に対し1/3の波長をもち,その強度は入射光の強度の三乗に比例する.第3高調波は,第2高調波と異なり,非反転対称性の構造をもたない物質においても発生する.しかし,第3高調波を利用した顕微鏡においても,構造の界面が強調されて観察される.

第3高調波顕微鏡も,近赤外レーザー光を対物レンズにより集光し,その集光点で発生する第3高調波を検出しながらレーザー光を走査することで,試料の観察像を構築する.対物レンズなどを用いて急な角度で集光されたレーザー焦点においては,焦点内部で発生する第3高調波どうしが互いに干渉しあい,その結果,対物レンズの存在する方向には伝搬できず,第3高調波を検出することができない[9].しかし,レーザー光焦点内に屈折率分布の急な変化がある場合にはこの干渉の効果が乱れ,対物レンズを通して第3高調波を検出することができるようになる.このため,第3高調波顕微鏡は,試料表面,および内部の界面や不均一な部分を選択的に観察できる.

第3高調波顕微鏡の生体観察の例では,細胞内の脂質を多く含む部位が第3高調波を強く発することが知られている.これと,上記の構造依存性を利用して,無標識の生きた脳組織内の軸索を特異的に観察した例や,脂肪体の活動を観察した例が報告されている[10,11].

c. コヒーレントラマン散乱を利用したイメージング法

光が分子などで散乱される際,その分子を振動励起状態に励起することがある.光が可視光の場合,光のもつエネルギーの一部が分子の振動励起に使われる.その結果,光のエネルギーが減り,波長が長くなる.このような光散乱の過程をラマン散乱と呼ぶ(図7.3.7(a)).振動励起状態は分子の構造に依存するため,散乱された光の波長を測定すれば,試料中にどのような分子構造が存在するかがわかる.

図7.3.7(b)にHeLa細胞の細胞質に波長532 nmの光を照射した際の散乱光を分光測定した結果を示す.散乱光は広い波長域に多数のピークをもったスペクトルとして観察される.ラマン散乱スペクトルの横軸は,ラマンシフトで示される.ラマンシフトは入射光と散乱光との波数の差(波数=1 cmあたりの波の数($1/\lambda$))であり,その値は,図7.3.7(a)に示したように,光が失ったエネルギーに比例する.

ラマン散乱スペクトルの各ピークは試料内の分子の基本的な構造の振動を示すため,ラマン散乱分光法は強力な材料分析法として知られている.近年は生きた細胞の

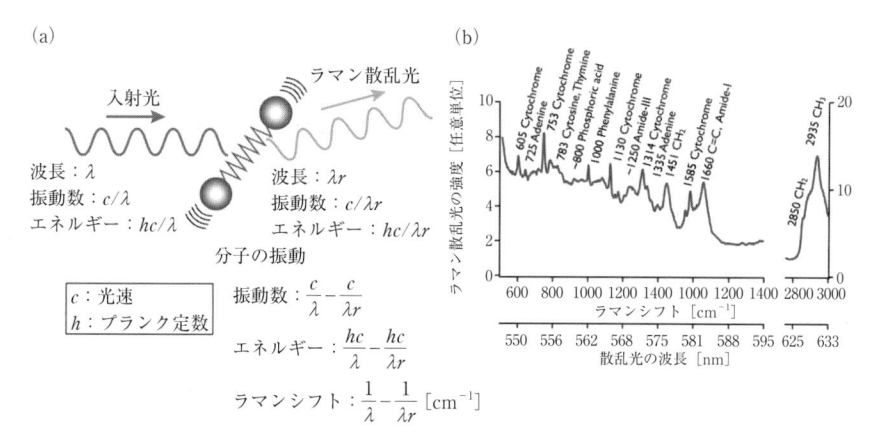

図 7.3.7 (a) 分子によるラマン散乱の概念図と (b) HeLa 細胞の細胞質におけるラマン散乱スペクトル

イメージングにも利用が進んでおり[12-15]，無標識での分子認識が可能な顕微イメージング法として期待されている．

ラマン散乱分光法は強力な材料分析技術であるが，ラマン散乱の発生する確率は低く，他の発光（たとえば蛍光）と比べて，ラマン散乱光の検出は難しい．ローダミンなどの蛍光分子の吸収断面積が約 10^{-16} cm^2 ほどあるのに対し，ラマン散乱の散乱断面積は 10^{-30} cm^2 と低い．この検出の難しさのため，試料中の多数の点の測定を必要とするイメージングには，ラマン散乱はあまり利用されてこなかった．また，蛍光性の試料の場合は，ラマン散乱と同じ波長域に蛍光発光が生じる場合がある．蛍光発光はラマン散乱に比べて大きな強度をもつので，ラマン散乱スペクトルは，蛍光信号のノイズに紛れてしまう．蛍光性の試料の観察が難しいことも通常のラマン散乱分光法の不利な点である．

このようなラマン散乱分光法の弱点を克服するため，近年，コヒーレントラマン散乱の利用が進んでいる．コヒーレントラマン散乱は複数の異なる波長のレーザーを利用し，特定の振動状態への分子の励起を介して散乱光を発生する．イメージングへの利用が進んでいるコヒーレントラマン散乱効果には，コヒーレントアンチストークスラマン散乱（coherent anti-stokes Raman scattering：CARS）および誘導ラマン散乱（stimulated Raman scattering：SRS）があり，これらは通常のラマン散乱の利用と比べて数桁短い時間での撮像を可能とする．以下，CARS，および SRS を利用した顕微観察法についてその原理と特徴を紹介する．

1）CARS 顕微鏡[15]

CARS は，図 7.3.8(a) に示すように，二つの異なる波長をもつ光が物質に入射することにより特定の振動励起状態が誘導され，その振動励起状態にある分子によるラマン散乱を示す．振動励起状態にある分子による光散乱の場合，通常のラマン散乱と

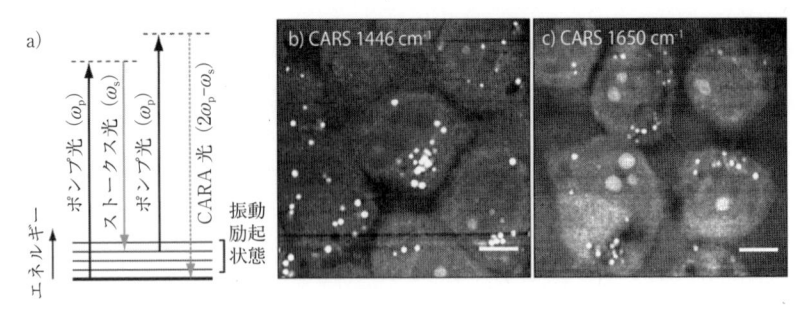

図7.3.8 a) CARS のダイヤグラム，b)，c) CARS 顕微鏡により観察した HeLa 細胞それぞれ，b) CH_2 変角振動，c) アミドI振動モードを検出．画像の白い部分が CARS 光を強く発生した部位を示している（分子振動に依存しない背景光も含む）．

は逆に，分子から光へエネルギーが移動することがある（アンチストークスラマン散乱と呼ばれる）．二つの入射光のうち波長の短い光をポンプ光（図7.3.8(a)の ω_p），長い光をストークス光（同 ω_s）と呼び，その二つの光の振動数の差が試料中の分子のもつ振動と一致した場合に CARS による散乱光（CARS 光と呼ばれる）が発せられる．ポンプ光が見かけ上分子よりエネルギーを受けとることにより CARS 光が生じるため，その波長は分子に入射する光の波長よりも短い．このため，CARS 顕微鏡は，通常のラマン散乱分光での測定が難しい蛍光試料の観察も可能である[16]．また，CARS 光の強度は分子数の二乗に比例するため，通常のラマン散乱光の強度よりも大きくなることが期待され，実際，ビデオレート程度の高速撮像を実現した例も報告されている．ただし，観察対象となる分子が少なくなると，後述する背景光の存在のため，CARS 光の検出が難しくなる．

図7.3.8(b)，(c)に CARS 顕微鏡により観察した HeLa 細胞を示す．ポンプ光に 778.8 nm の光を，ストークス光に 877.7 nm の光を用いて試料を照明し，波長 699.9 nm で得られる CARS 光を測定している．励起された分子振動の波数は，ポンプ光の波数とストークス光の波数との差で与えられ，図7.3.8(b)の場合は，1447 cm^{-1} に現れる CH_2 の変角振動を励起している[17]．また，図7.3.8(c)は，ポンプ光とストークス光の波長を変え，1650 cm^{-1} 付近のアミドI振動モードを検出した例である．CH_2 は脂質分子に多くみられ，また，アミドI振動モードはペプチド結合にみられる振動であるため，図7.3.8(b)，(c)はそれぞれ，脂質分子，およびタンパク質が像のコントラストに大きく寄与していると考えられる．

上記のように CARS 光の計測では，ポンプ光とストークス光の波数の差により測定対象の分子振動を決定する．そのスペクトルの分解能（どれだけ小さな波数の違いまで見分けられるか）は，使用するレーザー光の波数幅に依存し，その値はレーザー光の線幅が小さくなるほど小さくなる（分解能がよくなる）．CARS も非線形光学効果の一つであるため，高強度のモードロック超短パルスレーザーが利用される．レー

ザー光の線幅が小さくなると，パルスレーザーの幅が広がり，パルスピーク強度が低下するため，スペクトル分解能と CARS の誘起効率とはトレードオフの関係にある．通常，6 ps 程度の近赤外レーザー光がよく利用され，そのスペクトル分解能は $3\,\mathrm{cm}^{-1}$ 程度である．生体試料からのラマン散乱ピークは幅の広いものが多く，$3\,\mathrm{cm}^{-1}$ 程度の分解能であっても多くのピークを識別できる．

CARS 分光では，二つの照明光のうちの片方の波長を掃引しながら CARS 光の強度を測定することで，分子振動を示すスペクトルが得られる．また，片方の光の線幅を広くとっておき，同時に複数の波長の CARS 光を発生させ，それを分光器を通して検出すれば，波長を掃引することなく CARS 光のスペクトルが得られる[19]．CARS 光のスペクトルは以下に述べる背景光の存在のため，通常のラマン散乱と異なるピーク形状をもつ．このため，ラマン散乱スペクトルと同等の情報が得られるようなスペクトル解析技術の研究が進んでいる[20]．

CARS 光の信号強度は強く，また蛍光性試料の観察も可能であるが，試料内の分子振動に依存しない背景光が存在する．分子の振動励起状態を介さずとも，その分子もしくは周囲の物質のもつ非線形光学効果（三次の非線形感受率に依存した 4 光波混合）により CARS 光と同じ波長の光が発生するからである．観察対象の分子数が少ない場合は，この背景光に CARS 光が隠れてしまい，分子の振動を反映しないコントラストを画像に与える（図 7.3.8(b), (c) の細胞外における信号はこの背景光と考えられる）．背景光がじゃまになる場合には，CARS 光の偏光計測[21]，時間分解計測[22]，後方散乱計測[23] により，その画像への寄与を軽減すればよい．CARS 光の強さ，および近赤外光の生体透過性の高さを利用し，細胞や生体組織内部をビデオレートで観察した例が報告されている[24,25]．

2) SRS 顕微鏡[26]

SRS も，二つの異なる波長をもつ光を試料に照射し，特定の振動励起状態に分子を励起する．CARS との違いは，その振動励起状態の検出方法にある．CARS 分光では，振動励起状態の分子にポンプ光をさらに分子に作用させ，アンチストークスラマン散乱光を検出するが，SRS 分光では，分子に照射した二つの波長の光の強度の増減を利用して，振動励起状態をつくりだせたか否かを判断する．

図 7.3.9(a) に示すように，ポンプ光とストークス光により振動励起状態が形成される場合，ポンプ光のエネルギーは分子に移動し，そのエネルギー，すなわち波長はストークス光と同じになる．その結果，試料を透過した各波長の光の強度を計測すると，ポンプ光の強度は低下し，ストークス光の強度は増加する（図 7.3.9(b)）．このレーザー強度の変化量を測定すれば SRS を確認できるが，その変化量はきわめて少なく，入射するレーザー光の強度に対し，$10^{-7} \sim 10^{-6}$ 程度しかない．この変化を検出するため，SRS の計測では，片方の照明光の強度を時間的に変調しておき，他方の強度が変調を受けるかどうかを確認する．SRS によるポンプ光の増加，もしくはストークス光の増加は，変調周波数と同じ周波数に現れるので，高い信号対雑音比で透過レー

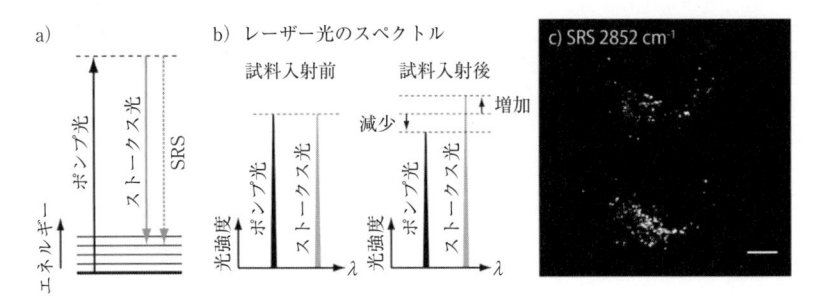

図 7.3.9　a) SRS のダイヤグラム，b) SRS の誘起によるレーザースペクトルの変化と c) SRS 顕微鏡により観察した HeLa 細胞
CH_2 の伸縮振動を検出．画像の白い部分が SRS を強く発生した部位を示している．

ザー強度を計測し，狭帯域の周波数フィルター（通常はロックインアンプを利用する）により，SRS によるレーザー光の強度の変化を計測する．入射させる光の振動数の差で振動する分子が存在しない場合は，SRS が誘起されず，レーザー光の強度も変化しない．

図 7.3.9(c)に，SRS 顕微鏡により観察した SRS の像を示す．ポンプ光およびストークス光に波長 729.5 nm，および 921.2 nm のレーザー光を用い，ストークス光の増加を測定することにより，$2852\ cm^{-1}$ に対応する SRS の分布を得た．$2852\ cm^{-1}$ は CH_2 の伸縮振動に帰属でき，CH_2 を多く含む脂質分子が高いコントラストで観察されている．

SRS 顕微鏡においても，ポンプ光もしくはストークス光の波長を変化させながら SRS を測定することにより，試料の振動分光スペクトルを得ることができる[27]．SRS のスペクトルには，CARS で見られるような分子振動に依存しない背景光が存在しないため，そのスペクトル形状は，通常のラマン散乱と同じになる．

SRS 分光法でも CARS 分光法と同じ程度の分子検出感度が得られることが報告されており[28]，実際，生体組織をビデオレートで SRS イメージングした例が報告されている[29]．

〔藤田克昌〕

文献・注

1) P. J. Campagnola and L. M. Loew：*Nature Biotechnol.*, **21** (2003), 1356.
2) もとの光に対し波長が半分の光を発生させるには，正負で非対称の波形をもつ分極が発生しなければいけないため．
3) W. R. Zipfel, *et al.*：*PNAS*, **100** (2003), 7075.
4) T. Boulesteix, *et al.*：*Opt. Lett.*, **29** (2004), 2031.
5) D. A. Dombeck, *et al.*：*PNAS*, **100** (2003), 7081.
6) S. V. Plotnikov, *et al.*：*Biophys. J.*, **90** (2006), 693.
7) P. Stoller, *et al.*：*Biophys. J.*, **82** (2002), 3330.

8) D. A. Dombeck, et al.: *J. Neurosci.*, **24** (2004), 999.
9) Y. Barad, et al.: *Appl. Phys. Lett.*, **70** (1997), 922.
10) S. Witte, et al.: *Proc. Natl. Acad. Sci. USA*, **108** (2011), 5970.
11) D. Débarre, et al.: *Nat. Method*, **3** (2006), 47.
12) N. Uzunbajakava, et al.: *Biophys. J.*, **84** (2003), 3968.
13) Y. -S. Huang, et al.: *Biochemistry*, **44** (2005), 10009.
14) K. Hamada, et al.: *J. Biomed. Opt.*, **13** (2008), 044027.
15) M. Okada, et al.: *Proc. Natl. Acad. Sci. USA*, **109** (2012), 28.
16) 2光子励起蛍光の波長とCARS光の波長とが重なる場合は，CARS光の検出が難しくなる．
17) 778.8 nmのポンプ光の波数12840 cm^{-1} − 877.7 nmのストークス光の波数11393 cm^{-1} = 1447 cm^{-1}．
18) J. -X. Cheng and X. S. Xie: *J. Phys. Chem. B*, **108** (2004), 827.
19) M. Müller and J. M. Schins: *J. Phys. Chem. B*, **106** (2002), 3715.
20) J. P. R. Day, et al.: *J. Phys. Chem. B*, **115** (2011), 7713.
21) J. X. Cheng, et al.: *Opt. Lett.*, **26** (2001), 1341.
22) A. Volkmer, et al.: *Appl. Phys. Lett.*, **80** (2002), 1505.
23) J. X. Cheng, et al.: *J. Phys. Chem. B*, **105** (2001), 1277.
24) C. L. Evans, et al.: *Proc. Natl. Acad. Sci. USA*, **102** (2005), 16807.
25) T. Minamikawa, et al.: *Opt. Express*, **17** (2009), 9526.
26) C. Freudiger, et al.: *Science*, **322** (2008), 1857.
27) Y. Ozeki, et al.: *Opt. Lett.*, **37** (2012), 431.
28) Y. Ozeki, et al.: *Opt. Express*, **17** (2009), 3651.
29) B. G. Saar, et al.: *Science*, **330** (2010), 1368.

7.3.4 超解像イメージング

a. 光学顕微鏡の空間分解能

　光学顕微鏡の空間分解能とは，大雑把にいえば，どれだけ細かく試料の構造や観察対象を観察できるかを示す指標である．より正確には，二つの微小な発光点を観察する場合，それらがどれだけ近くても観察できるか，すなわち，それらを二つの点として認識できるためにはどれだけ発光点が離れている必要があるかで定義される．カメラや網膜上に試料の像を結像する広視野顕微鏡，およびレーザーを用いたレーザー走査顕微鏡のどちらにおいても，空間分解能は波長の半分程度となり，これが光学顕微鏡の空間分解能の限界とされてきた[1]．

　超解像顕微鏡は，このような古典的な光学顕微鏡の限界をこえた空間分解能を実現する顕微鏡である．これらの顕微鏡では，観察試料に導入した蛍光分子の発光特性をうまく利用して，空間分解能の限界をこえることができた[2,3]．以下，広視野顕微鏡，およびレーザー走査顕微鏡において，空間分解能の限界とそれをこえる手法について紹介する．

b. 広視野顕微鏡の空間分解能と超解像

広視野顕微鏡では，試料における発光をレンズを通して結像する．結像とは，像を観察する面（カメラの受光面や目の網膜）上に，試料内と同様の光の分布を形成することをいう．観察面での光の分布が試料内の分布と同じであれば，その位置にカメラや網膜を配置することで，試料の像を観察できる．

顕微鏡では，微少な発光点はある程度の広がりをもったスポットとして結像される．光は波として伝搬していくため，波が存在できる空間（波長の半分）以下に，光を集光することはできない．図7.3.10(a)に示すように，微細な構造，すなわち蛍光分子の分布は，スポットの広がりによるぼけた像として結像され，そのスポットの広がりにより空間分解能が制限される．

広視野顕微鏡における超解像法では，蛍光分子を同時に結像するのではなく，個別に結像することにより，光の波動性による限界をこえた空間分解能を実現する．図7.3.10(b)のように，試料内の蛍光分子が孤立している場合，その発光点の座標は，像の重心座標で与えられ，その測定誤差は像の大きさよりも小さくできる．このため，各発光点を別々に結像し，その重心位置の計測を繰り返していくと，試料内の蛍光分子の空間分布を得ることができる[4-6]．空間分解能は重心座標の測定誤差で決定される．1分子から検出される蛍光フォトン数をn，蛍光分子の像の広がりをσとすると，座標測定の誤差は$\sigma/\sqrt{n}$（σ：光子を一つ検出した際の測定精度（＝標準偏差））となる．微小な発光点が二つあるとすると，それらが測定誤差の2倍程度離れていれば，二つの像として観察できる．

この超解像法を実現する鍵は，どのようにして蛍光分子を個別に結像するかにある．代表的な方法は，蛍光分子の発光性の有無を切り替える手法である．Dronpaなどの蛍光タンパク質やシアニン色素の一種Cy5のような蛍光分子は，特定の波長の光（スイッチング光）を吸収すると，発光性-無発光性を切り替える[7]．

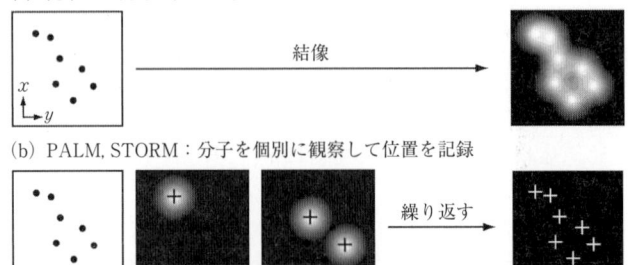

図7.3.10 (a) 広視野顕微鏡における結像
各分子を同時に結像すると，像のぼけのためにそれらを分離できない．(b) 広視野顕微鏡における超解像．各分子を個別に観察し，その座標を求めれば，高い空間分解能の画像が得られる．

7.3 いろいろなイメージング技術

スイッチング可能な蛍光プローブを用いて試料を染色し，それらをはじめは発光しない状態にスイッチしておく．そして，微弱な光を照射して少数の蛍光分子のみを発光性に切り替える（照射される光子数が少ないので，少数の分子のみが発光性に切り替わる）．この状態で発光性の蛍光分子を個別に観察し，座標を求める．座標計測後は，蛍光分子を退色させる，もしくは別の無発光状態にスイッチングさせる．そして，蛍光スイッチング−座標計測を繰り返していくと，試料に含まれる蛍光プローブの分布を高い精度で得ることができる．

これらの手法は，蛍光性のスイッチングの方法の違いにより，PALM (photoactivation localization microscopy)[5]，STORM (stochastic optical reconstruction microscopy)[6]，GSDIM (ground state depletion followed by individual molecule return)[8] などとさまざまな呼び名があるが，蛍光プローブの座標を計測 (localization) するという共通点があるため，まとめて localization（局在化）顕微鏡と呼ばれることが多い．

図 7.3.11 に従来の広視野顕微鏡，および STORM により得られた，HeLa 細胞の微小管の観察像を示す．二つの観察像の比較から，localization により空間分解能が飛躍的に向上していることがわかる．

蛍光プローブの発光/無発光性の切り替えは，スイッチング光を用いずとも行える場合がある．多くの蛍光プローブはブリンキングと呼ばれる蛍光の明滅現象（励起三重項状態への遷移により無発光状態になるが，そのうち基底状態に戻り発光する）を示す[9,10]．高い時間分解能でこの明滅する蛍光分子を観察すれば，近接する蛍光分子をそれらの時間応答から分離することができる．また，蛍光分子を何度か励起すると，長い寿命をもつ無発光状態（ダークステートと呼ばれる）に遷移することがある．試料中のすべての蛍光分子を無発光状態にしておくと，各分子は散発的にダークステートから復帰するので，それを観察するという手もある[8,11]．

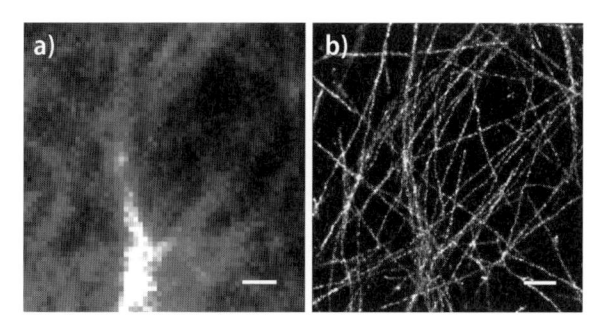

図 7.3.11 HeLa 細胞の微小管の蛍光像
a) 従来の広視野蛍光顕微鏡，b) 超解像顕微鏡 (STORM) により観察．米カリフォルニア大の Bo Huang 博士より提供．スケールバー：1 μm．

(a) 従来の広視野顕微鏡

(b) 構造化照明顕微鏡

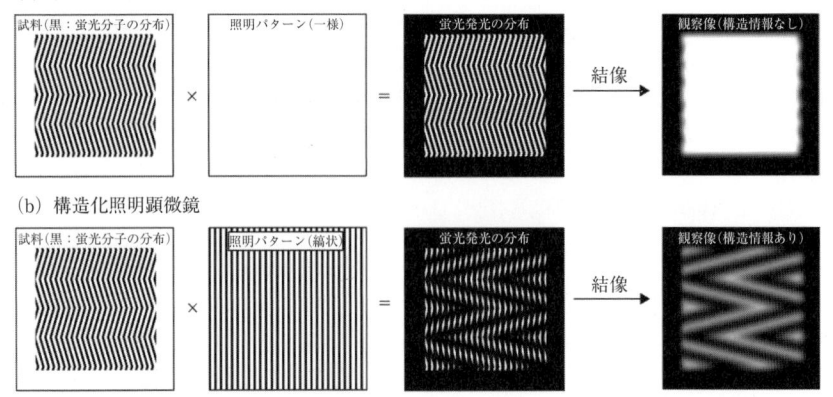

図 7.3.12 (a) 通常の広視野蛍光顕微鏡と (b) 構造化照明顕微鏡の結像の比較
構造化照明顕微鏡の原理．照明を縞状にすることで，微細な構造が，大きな構造として結像される．照明パターンは既知であるため，その情報をもとに微細な構造の情報を得られた像から計算して求める．顕微鏡は大きな構造をコントラスト高く結像する特性（ローパスフィルター）をもつため，微細な構造をモアレ効果で大きな構造として結像すると，通常の方法では観察できない構造を可視化できる．

　Localization 顕微鏡は，最終的な蛍光像を得るのにたくさんの撮像を要求するため，高い時間分解能での観察が苦手である．スイッチングする蛍光分子を選択することはできず，視野にある蛍光分子をランダムに，時間をかけて撮像を繰り返す必要がある．また，蛍光分子一つひとつを信号対雑音比高く検出するためには，高い強度の励起光が必要となる場合がある．生きた試料を観察する際は，試料が受ける光ダメージに十分注意して撮像する必要がある．

　広視野顕微鏡の空間分解能を向上する手法として，構造化照明顕微鏡法もよく知られている[17, 18]．この手法では，細かな縞状のパターンをもつ照明光で試料を照明し，通常用いられる一様照明時に比べ，試料の細かな構造を観察しやすくさせる．図7.3.12に，空間分解能向上の原理を示す．図7.3.12(a)の一様照明では，細かな構造は結像時のぼけにより，うまく観察できない．しかし，図7.3.12(b)のように縞状の照明を用いると，実際の構造よりも大きなパターン（モアレと呼ばれる）が現れ，たとえ結像によるボケが生じたとしても，観察されるモアレに試料の詳細な情報が含まれている．試料の構造は，観察される蛍光像と照明パターンを用いて計算により求める必要がある．詳細は省くが，縞の方向と位相が異なる九つの照明パターンで蛍光像を取得し，それらをフーリエ空間で展開・結合させることにより，試料の構造を得る．よく知られるデコンボリューション法では，結像時に失った情報は復元できないが，構造化照明法では，より細かな構造情報を結像時に取得しているため，解像度の高い観察像を得ることができる．

c. レーザー走査顕微鏡の空間分解能と超解像

レーザー走査顕微鏡は，対物レンズにより集光されたレーザー光により試料を照明し，照明されたスポットからの蛍光を検出する．一度に1点の情報のみしか得られないため，照明スポットを走査しながら，試料の各部位での蛍光を検出することで，試料の画像（＝蛍光プローブの空間分布）を取得する（図7.3.13(a)）．レーザー走査顕微鏡の空間分解能は，照明スポット内のどの程度の範囲から一度に信号光を検出するかで決定される．通常，その大きさは照明スポットの広がりと検出光学系で決定される検出範囲（共焦点顕微鏡の場合は，照明スポットと同程度の大きさ）との積で与えられる．

レーザー顕微鏡における超解像法では，信号光の検出範囲を狭めることで，従来の限界をこえた空間分解能を実現する．照明スポットの大きさは光の波動性により制限されるが，図7.3.13(b)に示すように，何らかの手法により，蛍光を検出する領域を狭め，その検出領域を走査すれば，レーザー顕微鏡の空間分解能を向上できる．

超解像レーザー顕微鏡としてSTED（stimulated emission depletion：STED）顕微鏡がよく知られている[19-21]．STED顕微鏡は，誘導放出（stimulated emission）を利用して蛍光の検出領域を狭める．誘導放出とは，励起状態にある分子に光を照射すると，その光と同じ波長の発光を生じて，励起分子が基底状態に遷移する現象である．図7.3.14に示すように，励起状態にある蛍光分子に単一波長の光を照射すると，蛍光分子はそれと同じ波長の光を放出して基底状態に戻る．それに対し，誘導放出を行う光が存在しない場合には，蛍光分子は，幅広い発光スペクトル内のいずれかの波長の光を放出して，基底状態に戻る．

(a) 従来のレーザー走査顕微鏡：多くの分子/構造を一度に照明・検出

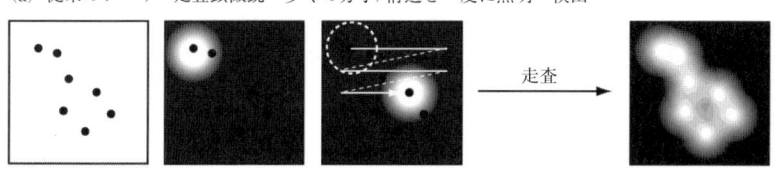

(b) STED：検出範囲を限定して，より細かく観察

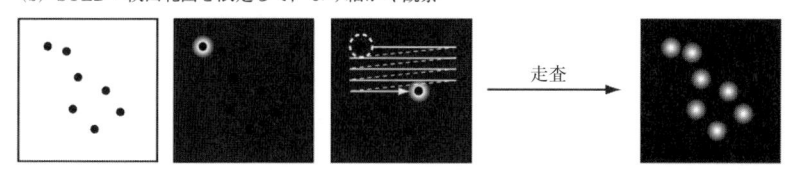

図 7.3.13 (a) レーザー走査顕微鏡における結像．試料を照明するレーザースポットの大きさが主に空間分解能を決定する．(b) レーザー走査顕微鏡における超解像．試料からの蛍光を検出する領域を，レーザースポットサイズ以下に狭めることで，空間分解能を向上させる

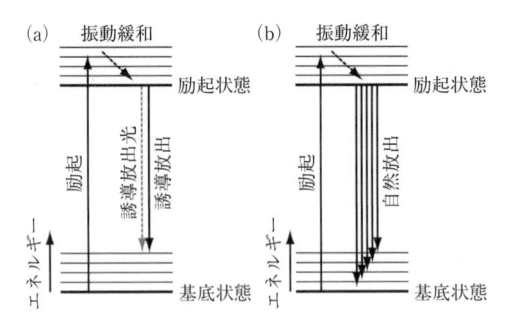

図7.3.14 (a) 誘導放出による発光と (b) 自然放出による発光とにおける蛍光分子のエネルギー状態の変化

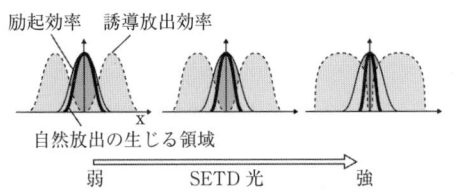

図7.3.15 (a) STED顕微鏡における超解像観察の原理と (b) STED光強度の変化に対する，空間分解能の変化

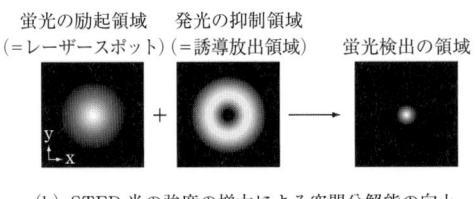

STED顕微鏡における空間分解能の向上の原理を図7.3.15に示す．STED顕微鏡では，蛍光分子を励起する励起光と，誘導放出を行うSTED光とが試料に照射させられる．励起光は対物レンズによりスポット状に集光され，STED光は中心が暗くなるドーナツ状に集光される（図7.3.15(a)．このとき，図7.3.15(b)にあるように，励起された蛍光の周辺部分にある蛍光分子は誘導放出により光を放出し，励起光の中心部分の蛍光分子のみが自然放出により発光を生じる．自然放出による発光の領域はレーザー焦点の大きさよりも小さくなるため，自然放出による発光のみ検出しながらレーザー光を走査すれば，高い空間分解能の観察像を取得できる．自然放出による光放出と誘導放出による発光とを分離して検出するには，図7.3.14に示したように，検出する波長を自然放出による発光のもののみに限定すればよい．

図7.3.16にSTED顕微鏡および共焦点顕微鏡で観察したHeLa細胞を示す．細胞のチューブリンおよびヒストンH3が蛍光染色されており，STED顕微鏡では，共焦点顕微鏡に比べ，高い空間分解能が達成されていることがわかる．

STED顕微鏡では，自然放出の生じる領域をどれだけ小さくできるかで空間分解能が決まる．STED光の強度分布も光の波動性により決定され，中心の暗部も波長の半分程度にしか小さくできない．しかし，誘導放出の効率の分布には波動性の制限は適用されない．誘導放出の効率は100％をこえないため，高い強度のSTED光のもとでは，誘導放出の効率が飽和する．このとき，図7.3.14(b)に示すように，誘導放出は広い領域で飽和するが，暗部での誘導放出の効率はゼロのままであり，自然発光を生じる部位はSTED光の暗部よりも小さくなる．

STED光の強度をどれだけ大きくできるかは,使用する蛍光プローブの光安定性に依存する.STED光の強度が大きくなると,励起-誘導放出のサイクルを何度も繰り返すため,蛍光が退色しやすくなる.理論的な空間分解能の限界は存在せず,ダイヤモンド格子欠陥のようなほぼ退色を生じない試料を用いて,約 8 nm の空間分解能が達成されている[22].生きた試料の観察の場合は,試料への光ダメージも空間分解能を制限する.高い強度のSTED光の照射は試料の活性を低下させる可能性があるためである.

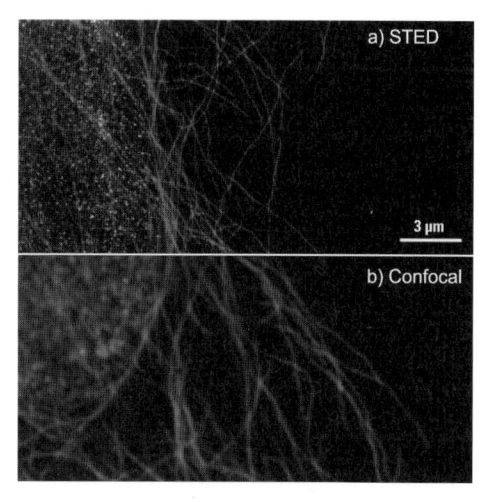

図 7.3.16 a) STED顕微鏡,および b) 共焦点顕微鏡で得られた HeLa 細胞の蛍光像(チューブリンとヒストン H3. ライカマイクロシステムズ社提供.口絵 22 参照)

回折限界をこえた空間分解能を実現するという点では,2光子励起蛍光顕微鏡や高調波発生顕微鏡,コヒーレントラマン散乱顕微鏡も超解像顕微鏡に含むことができるかもしれない(ちなみに,共焦点顕微鏡も超解像顕微鏡と呼ばれた時代がある[23]).これらの顕微鏡では,非線形な光学効果を利用して,信号光の発生をレーザー焦点よりも小さな領域に限定させる.しかし,試料の照明には波長の長い近赤外光が用いられるため,実際の空間分解能は可視光を使った顕微鏡に比べて低い.可視光を照明光に用いながらうまく非線形な光応答を誘起すれば高い空間分解能を実現でき,実際にそのような手法も提案されている[24,25].

〔藤田克昌〕

文献・注

1) 原口徳子ほか編著:生細胞蛍光イメージング,共立出版,2007.
2) S. W. Hell: *Nat. Method.*, **6** (2009), 24.
3) S. W. Hell: *Science*, **316** (2007), 1153.
4) S. T. Hess, *et al.*: *Biophys. J.*, **91** (2006), 4258.
5) E. Betzig, *et al.*: *Science*, **313** (2006), 1642.
6) M. J. Rust, *et al.*: *Nat. Methods*, **3** (2006), 793.
7) 発光性の光スイッチング[12]:蛍光タンパク質では,光吸収による発光団のプロトン付加・離脱による発光団の異性化や[13],発光団周囲の分子構造の変化[14]が,発光団の量子収率や吸収断面積を変化させる.色素分子の場合は,無発光状態(ダークステート,ラジカルイオンを形成しているといわれている[12])と基底状態(発光可能な状態)とスイッチングさせる.ダークステートへの遷移は光励起の繰返しにより発生する.基底状態への復帰は熱緩和や,他の蛍光分子(activator)を付着させて,それを光励起するこ

とにより起こる．後者の例として，Cy3/Cy5 などのシアニン系の色素を利用したものが知られている[15]．このペアでは，ダークステートにある Cy5 の基底状態への遷移を Cy3 への光励起状態で促す．この原理はよくわかっていないが，分子間でのエネルギー移動が寄与している可能性が報告されている[16]．

8) J. Fölling, et al.: *Nat. Method.*, **5** (2008), 943.
9) T. Dertinger, et al.: *Proc. Natl. Acad. Sci. USA*, **106** (2009), 22287.
10) T. M. Watanabe, et al.: *Biophys. J.*, **99** (2010), L50.
11) C. Steinhauer, et al.: *J. Acad. Chem. Soc.*, **130** (2008), 16840.
12) J. Vogelsang, et al.: *Chem. Phys. Chem.*, **11** (2010), 2475.
13) H. Mizuno, et al.: *Proc. Natl. Acad. Sci. USA*, **105** (2008), 9227.
14) K. A. Lukyanov, et al.: *Nat. Rev. Mol. Cell Biol.*, **6** (2005), 885.
15) M. Bates, et al.: *Science*, **317** (2007), 1749.
16) M. Bates, et al.: *Phys. Rev. Lett.*, **94** (2005), 108101.
17) M. G. L. Gustafsson: *J. Microsc.*, **198** (2000), 82.
18) M. G. L. Gustafsson, et al.: *Biophys. J.*, **94** (2008), 4957.
19) S. W. Hell and J. Wichmann: *Opt. Lett.*, **19** (1994), 780.
20) C. A. Wurm, et al.: *Proc. Natl. Acad. Sci. USA*, **108** (2011), 13546.
21) U. V. Nägerla, et al.: *Proc. Natl. Acad. Sci.*, **105** (2008), 18982.
22) E. Rittweger, et al.: *Nat. Photonics*, **3** (2009), 144.
23) 河田　聡編著：超解像の光学，学会出版センター，1999.
24) K. Fujita, et al.: *Phys. Rev. Lett.*, **99** (2007), 228105.
25) J. Humpolícková, et al.: *Biophys. J.*, **97** (2009), 2623.

7.3.5　蛍光相関分光測定とイメージングへの応用

　ここでは，蛍光イメージング法に関連し，かつ相関解析を用いた蛍光相関分光法（fluorescence correlation spectroscopy：FCS）を中心に画像相関分光法（image correlation spectroscopy：ICS）などの手法について述べる．相関解析に関係する教科書[1]や FCS に関しての詳細な解説は本書「3.3.2 蛍光相関分光法」やその他[2,3]を参考にしてほしい．一般に FCS は溶液系を測定対象としてそのなかの分子の動的な性質とその分子数を得る定量的手法である．したがって生細胞内の蛍光分子または蛍光を標識した生体分子が測定対象である．一方，ICS は一度撮影された細胞の蛍光画像などから分子の配置の様子や分子数などを知る方法といえる．両者は別々に発展してきたが，視点を変えると，FCS がほとんどの場合，厳密な意味では観察している生細胞では同時に1カ所，すなわちピンポイント測定しかできず，測定点の詳細な位置決めは可能であるが，複雑・不均一な構造をもつ細胞内の任意の複数点での同時測定は弱点となっていた．それを克服するための2点同時測定や多点同時測定，または高速の直線スキャンを利用して1点から多点，線，面へと測定点の増加した方向の一つとして ICS をみることができる．すなわちここでは現在の蛍光イメージングにおける FCS と ICS の関係を液体と固体の関係ではなく，FCS の多点化を進めた FCS

イメージングの将来形式ととらえてみたい．そのことは近年，レーザー走査型蛍光顕微鏡で蛍光画像を取得した場合，各ピクセル間に存在する時間差，すなわち一枚の画像のなかに含まれるスキャンスピードに由来するピクセル間の時間差を考慮に入れることで，静的と思われる画像からでも分子の動的な情報を汲み取ろうとする後述するRICS（raster scan image correlation spectroscopy）の開発にみることができる．ここではまず「時間相関解析」の項でFCSについて説明を行い，次に「空間相関解析」の項でイメージングへの応用について解説をする．

a. 時間相関解析

相関解析とは不規則現象のなかから特定の情報を抽出しようとするスペクトル解析の一つである[1]．たとえば同じランダムな変動でもその成分がゆっくりした変動で成り立っているのか，それとも急激な変動なのかを知ることができ，一見ランダムな現象のなかに潜む繰り返しを含むさまざまな「現象を解明」する手助けとなる．ここでは，蛍光顕微鏡観察における継時測定（つまり時間軸）における蛍光強度の相関解析（スペクトル解析）について述べる．空間軸に対する蛍光強度変化は後述するICS/ICCSとなる．

1) **生細胞におけるFCS測定**

   a) **共焦点蛍光顕微鏡型FCS**　生細胞を対象とした場合，共焦点レーザー走査型蛍光顕微鏡（laser scanning confocal fluorescence microscope：LSM）を利用したFCS測定が現在のところ一番多い．共焦点光学系を利用した観察領域（confocal volume element）はおおよそサブフェムトリットル以下（$<10^{-15}$ L）となり，たとえば蛍光色素が0.1 μM濃度以下の場合，アボガドロ数から計算される観察領域に存在する蛍光色素分子数は平均60分子以下となる．溶液中にレーザー光を集光して形成した測定領域ではブラウン運動により蛍光色素が出入りをすることで蛍光強度が増減する．すなわち観察分子数を減らすことで観察領域を行き来する自発的な分子運動に由来する数ゆらぎと，さらにそれから生じる蛍光強度のゆらぎが検出可能となる（図7.3.17）．FCSの測定原理は光散乱測定と同じ光強度のゆらぎの自己相関解析に基づくが次にその特徴を述べる．

   b) **特徴**　溶液中や細胞内の分子は周りに動きを制限するものがなければ，熱ゆらぎに由来するブラウン運動というランダムな拡散運動をしている．したがって先に述べた極微小な測定領域にはこのブラウン運動により蛍光分子が絶えず出入りをし（図7.3.17(c)），その分子の動きは検出器を通して蛍光強度の変化として観測されることとなる．すなわちブラウン運動による不規則な動きは微小領域を出入りする蛍光分子の蛍光強度「ゆらぎ」として観測されることになる．

   分子が小さく，速いブラウン運動をしているときには測定領域を通過する時間が短いため，蛍光強度の増減の変化が急になり，速いゆらぎの変化となる（図7.3.18(a)）．溶液の粘性が一定であれば分子が大きいときには，遅いブラウン運動となり測定領域

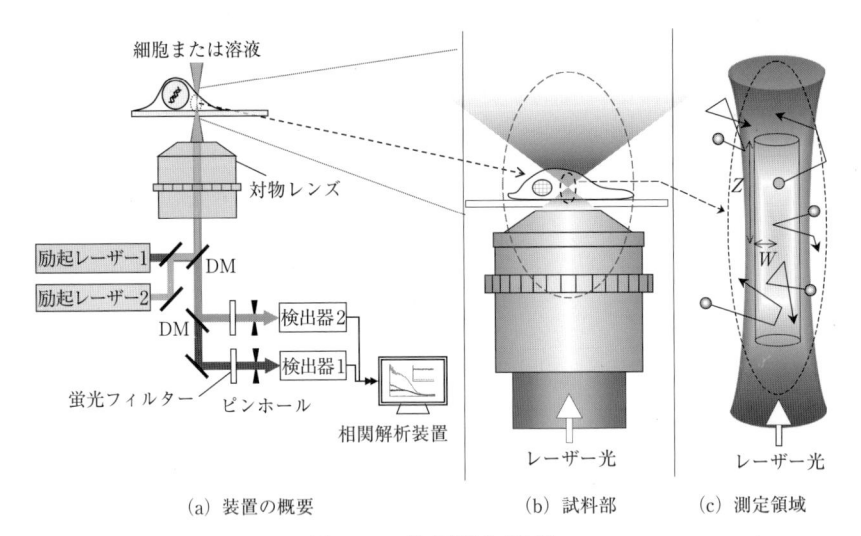

図 7.3.17 蛍光相関分光装置
(a) 蛍光相関 (FCS) 測定ではここに表示している 1 組のレーザー光源と検出器を利用し，FCCS では 2 組のレーザーならびに検出器を利用することが多い．励起光源のレーザー，対物レンズ，検出器ならびに相関解析装置で構成されている．DM：ダイクロイックミラー．(b) 試料測定部の模式図．レーザー光は対物レンズによってカバーグラス上の溶液や細胞のなかの一点に絞られる．(c) 検出領域の拡大模式図．検出領域はここでは半径 w，軸長 $2z$ で定義される円柱状の領域として示した．蛍光分子（○）はブラウン運動により動きまわり領域のなかを出入りし，この円柱のなかで励起され蛍光を発する．

の通過に要する時間がかかるため，蛍光強度の増減が緩やかになる（図 7.3.18(b)）．つまり，ゆらぎの速さの緩急には「分子の大きさ」（分子量，形）に関する情報が含まれていることになる．

次に分子の数について考えてみよう．分子の数が少ないとき，たとえば（先の計算によると 1 nM 程度以下で）平均 1 個以下の分子が測定領域を出入りすることとなり，測定領域内に分子が存在しないときと，存在するときで 0～100% の間で大幅な蛍光強度の増減が観測される（図 7.3.18(a)）．次に分子の数が増加していくと，平均蛍光強度も増加するが，逆に蛍光強度のゆらぎは小さくなる（図 7.3.18(c)）．たとえば平均 100 個の分子が測定領域に存在し，10 個の分子が一挙に出入りをしてもわずか 10% の蛍光強度の増減しか観察されないこととなる（図 7.3.18(d)）．したがって蛍光強度のランダムな増減の大きさ，つまり，ゆらぎの幅の大きさのなかには「分子の数」に関する情報が含まれている．FCS 測定はこのように蛍光強度のゆらぎから「分子の大きさ」と「分子の数」という基本的な物理量を得る方法といえる．このような，ゆらぎから得られた相関関数の曲線は図 7.3.18(e) のようにまとめることができ，1 種類の蛍光強度の変化であるので，蛍光自己相関関数（fluorescence auto-correlation function）と称される．図 7.3.19 に実際の生細胞内における GFP（green fluorescent protein）の FCS 測定の例を示す．

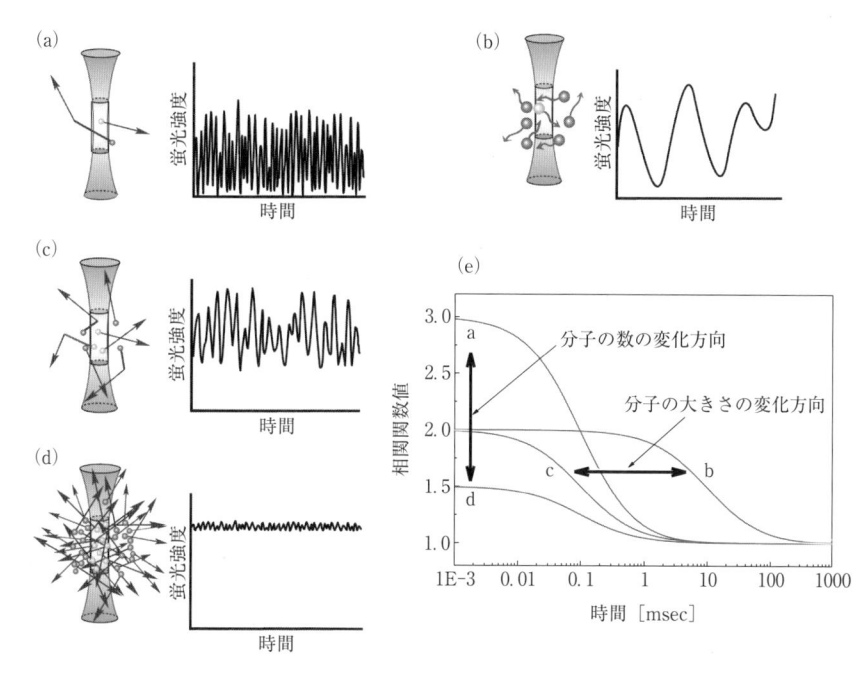

図 7.3.18 FCS の検出領域（共焦点領域）を出入りする蛍光分子と蛍光強度のゆらぎと相関関数の関係

(a) 小さな分子の場合．観察視野の蛍光強度の変化は速やかに上昇し減少する．(b) 大きな分子の場合．観察視野の蛍光強度は緩やかに上昇，減少を繰り返す．(c) 観察領域における分子の数が少ない場合．分子の出入りが離散的になり，大きなゆらぎ幅となる．(d) 観察領域に含まれる分子数が多い場合．蛍光強度の変化は平均化されゆらぎは小さくなる．(e) 自己相関関数の変化と分子数，分子の動きの関係．a, c, d：検出領域に含まれる平均分子数が少ないとゆらぎは大きくなるため自己相関関数の振幅（y 軸切片）も大きい (a)．分子数が増えるとゆらぎは小さくなるために振幅も小さくなる．したがって分子数の増加方向は a から c, d の変化として示される．c, b：分子の大きさが大きくなると，水平の矢印のように相関関数値は c から b へ減衰が遅くなるよう変化する．

　ここに示した相関関数曲線では並進拡散に由来するゆらぎの影響しか考慮していないが，実際にはさまざまな光化学反応などが影響を与える（後述する FRET なども参照）．それを適切に理解し評価しないと定量的な結果を得られないので注意が必要である．とくに多くの蛍光色素の励起一重項から三重項への項間交差は細胞培養などの酸素条件下では数 μs 付近の寿命（三重項へ滞在する時間）を与え，1〜10 μs オーダーの減衰として相関関数に現れる．そのため，相関関数から分子数を求めるときに大きな影響があることを理解し，適切なモデルを使う必要がある[4]．

　また，観察領域内に特定の方向に流れがある場合にも蛍光強度のゆらぎに影響を与えることとなる．測定された相関関数の形とその原因を考える場合に異常拡散 (anomalous diffusion) を想定するなど，さまざまなモデルの報告があるので参考になる[5]．

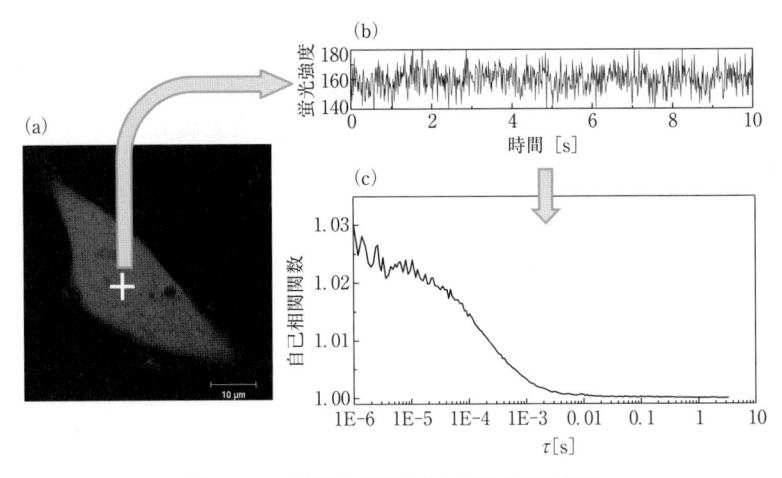

図 7.3.19 生細胞に発現させた GFP の FCS 測定
(a) U2O 細胞核内のクロスで示した場所にレーザー光を照射し，(b) そこからの GFP 由来の蛍光強度の測定を行う．(c) 次に蛍光強度のゆらぎ（b）の自己相関関数を計算し，表示する．最近の FCS 測定では蛍光強度の測定と相関関数の計算はハードウェア相関器によってリアルタイムで行われていることが多い（写真ならびに FCS 測定：北海道大学三國新太郎博士提供）．

2) FCCS 測定

a) 共焦点蛍光顕微鏡型 FCS は溶液における生体分子の動きを解析する方法であり，分子の動きの変化から相互作用の強弱を知ることができる．溶液系での測定の特徴を生かし，生細胞内における生体分子のその場での複合体解析や分子間相互作用解析などに利用されてきた．しかし，拡散定数はアインシュタイン-ストークス（Einstein-Stokes）の式によると，分子を球と仮定した場合には分子半径に反比例する．球の場合，半径が10倍変化することは体積は1000倍変化することを示す．したがって分子の全体の大きさが1000倍変化しても，実際に計測される拡散速度は10倍程度しか変化せず，同じ大きさの分子どうしが結合した（つまり分子量が2倍になる）程度では，相関関数の変化はわずかである．つまり，同じ大きさのタンパク質間の相互作用を検出する目的においては FCS はそれほど敏感な測定方法とはいえない．このような FCS の弱点を克服する手法の一つとして蛍光相互相関分光法（fluorescence cross-correlation spectroscopy：FCCS）がある．

b) 原理と特徴

FCCS は生細胞における分子間相互作用検出に重点をおいた測定方法である．基本的には FCS が1種類の蛍光色素のゆらぎから「分子の動き」と「分子数」を求めることができるのに対して，FCCS は2種類の蛍光色素の同じ観察領域（空間）における蛍光強度の時間に対する変化の同時性（時間）から，おのおのの分子に関する動きと数の情報に加え，2種類の分子の「時空間的同時性」つまり「相互作用」を求める

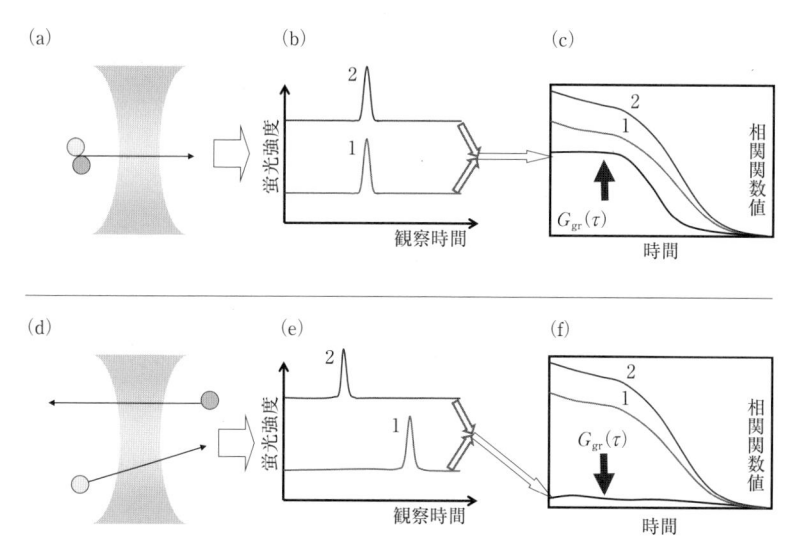

図 7.3.20 蛍光相互相関分光法の概念図（口絵 23 参照）
(a) 2種類の蛍光色素に何らかの相互作用があると，(b) 赤(1)と青(2)の同時シグナル変化が検出され，(c) 赤色蛍光(1)，青色蛍光(2)の自己相関関数と，二つの信号の相互相関関数が求められる．(d) 2種類の蛍光色素に相互作用がないと，(e) 赤(1)と青(2)のシグナルに同時性はなく，(f) そのために低い相互相関関数となる．(c)，(f) いずれの場合も相互相関関数の曲線以外に，自己相関関数の曲線も得られる．

方法である．

2種類の発光波長の異なる蛍光色素を用意し，それぞれ青色蛍光色素または赤色蛍光色素として別々の標的分子に結合させる．おのおのの蛍光標識された分子どうしが直接結合したり，同一の複合体に含まれていたりする場合，分子間の距離や形態に関係なく2種類の蛍光色素は先に述べたFCSと同様の観察領域に同時に出入りし（図7.3.20(a)），青色蛍光と赤色蛍光の強度変化は同時に検出される（図7.3.20(b)）．この2種類の蛍光強度変化の同時性の確率の高さを表したのが蛍光相互相関関数（fluorescence cross-correlation function）であり，同時性が大きいと相互相関は大きくなる（図7.3.20(c)）．反対に，2種類の蛍光標識した分子どうしが相互作用しないときは，それぞれの蛍光色素が独立に観察領域に入るために（図7.3.20(d)）それぞれ独立した同時性のない蛍光強度変化が得られ（図7.3.20(e)），二つのシグナルが同時に検出される可能性は低いために，相互相関関数は小さくなる（図7.3.20(f)）．当然であるがそれぞれの蛍光分子の動きが引き起こす蛍光強度のゆらぎに由来する蛍光自己相関関数は得られる．

3） FRET-FCS/FRET-FCCS

蛍光イメージングのなかで発光波長の異なる蛍光色素を利用する手法としてはFRET（fluorescence resonance energy transfer）がある．FRETの場合，ドナーと

アクセプター間の距離が異なると，両方または片方の蛍光強度が変化する．分子内 FRET の場合でも分子の形状が一定ではなく，フレキシブルに変化すると 1 分子でも蛍光強度が異なることになり，その解析からダイナミックな分子構造変化の情報を得ることが可能となり，その蛍光強度変化の相関解析の手法が FRET-FCS として報告されている[6-8]．構造変化の時間が FRET-FCS では相関関数の減衰時間の一つの要因として得られ，FRET-FCCS では相関関数の新たなピークまたは減衰曲線の肩として検出されることになる．

4) STED-FCS

光の波長以下の分解能で構造を可視化したり位置を決定するような光学顕微鏡観察法を超解像顕微鏡法と呼ぶ（2014 年ノーベル化学賞として記憶に新しい）．そのなかで PALM/STORM（photoactivated localization microscopy/stochastic optical reconstruction microscopy）または SIM（structured illumination microscopy）などは静止画像であるが，STED（stimulated emission depletion）は LSM の共焦点領域の xy 平面の大きさを光の回折限界以下に小さくしたものであり，LSM 観察と同様に分子の動的な情報を得ることが可能である．したがって，STED の蛍光発光を利用して FCS 観察を行う STED-FCS と呼ばれる手法が報告されている[9-11]．観察領域が通常の LSM よりも小さいために動きの遅い拡散現象の場合でも，観察領域を通過する時間が通常の FCS より短く，そのため蛍光消光などのアーティファクトが軽減され，動きの比較的遅い生体膜内におけるリン脂質・タンパク質，ラフト構造の解析に応用されている．また，測定対象の濃度が高い場合でも STED-FCS の観察領域（容量）が小さいぶんだけ，分子数を減らすことが可能で十分なゆらぎが検出でき（図 7.3.18 (a)），解離定数 Kd が大きい，いわゆる弱い相互作用の検出にも期待される．

このほかに，FCS の検出領域を光の波長より小さくする手法として，微小な空間（ナノホール）を利用するゼロモードウェーブガイド法（7.2.1.1 項参照）を利用した FCS 測定がある[12]．この手法は細胞測定への応用は困難であるが，*in vitro* における酵素反応などの解析には有効である．

5) TP-FCS/FCCS, MP-FCS/FCCS

励起光源として 2 光子励起または多光子励起過程を利用した FCS/FCCS 測定を TP（two photon excitation）-FCS/FCCS または MP（multi photon excitation）-FCS/FCCS という[13,14]．長波長励起による組織透過性や，焦点励起箇所以外の蛍光消光の低減など 2 光子励起などの特徴を生かして，モデル動物などの組織や胚における FCS/FCCS 測定に利用されている．

6) FLCS

FLCS（fluorescence lifetime correlation spectroscopy）は時間分解蛍光寿命測定と組み合わせた FCS/FCCS 測定である．励起光源としてパルス光源が必要とされるが，励起・発光波長がほぼ同じでも，蛍光寿命の違いで両者のシグナルを分別してカウントし，それぞれの相関関数を得ることが可能である．また，したがってそれぞれ異な

る寿命をもつシグナル間の相互相関を解析する1波長励起のFCCS測定が可能である[15-17]．さらに，蛍光測定のバックグラウンドとなるような散乱などの影響を寿命成分から分別して取り除くことが可能なので，低濃度測定を可能とし，ダイナミックレンジを拡大することができる．しかし欠点としては蛍光寿命測定を行うためには励起を繰り返す必要があり，そのため測定時間の延長などの問題が指摘され，生細胞測定への応用が制限されている．

7) 多点FCS測定

a) TIR-FCS/MP-TIR-FCS 低バックグラウンド光による蛍光観察が可能な全反射型蛍光顕微鏡（total internal reflection fluorescence microscope：TIRFM）の光学系と，単一分子解析法であるFCSとを組み合わせた全反射蛍光相関法（total internal reflection-fluorescence correlation spectroscopy：TIR-FCS）は古くから注目されていた[18]．近年ではとくに生細胞における細胞膜およびその近傍における分子の相互作用の解析に利用されている[19,20]．通常のFCS測定は共焦点光学系によってつくりだされた微小な測定領域を利用しているが，TIRFM光学系とFCS装置を組み合わせることで，測定を生体膜に限定し測定領域の光軸方向の高さを1/200に縮めるとともに細胞質側からのバックグラウンドシグナルを大幅に低減させることができる特徴を有する．

また，TIR-FCSの光学系はTIRFM検出部の結像面に設置した1本の光ファイバーがFCS測定領域となるような構造をとっている．したがって，結像面に設置したファイバーの数を増やすことでFCSの測定点を増やすことができ，すなわち多点型TIR-FCS（multipoint-TIR-FCS）のシステムが比較的簡単に構築可能である[21]．全反射光学系を利用しているために，カバーガラス表面，すなわち生体膜の観察に限られるが，光ファイバーとその末端にPMT（photomultiplier tube）を設置するだけで多点測定が可能になる．また，検出器にEM-CCD（electron multiplying charge-coupled device）を利用して，さらに観測点を利用した報告もある（後述EMCCD-FCS参照）．

b) Scanning-FCS これまで述べたFCS/FCCS（多点TIR-FCS以外）はほとんどが1カ所にレーザー光の焦点を固定して測定していたが，Scanning-FCSは励起光源となるレーザー光の焦点を生細胞のなかの数μm程度の距離で直線的に繰り返したり，回転させてスキャンすることで主に遅い動きの生体分子の動きを測定しようとする手法である（ただし，最初の報告は励起光を固定して，試料を回転させていた[22]）．後述するRICS（b-2）などもこの範疇に入れることが可能である．このほか，ニポーディスクを回転させて行う方法などの報告がある[23]．とくに近年，使いやすく，精確に，しかも高速でレーザー光を走査し，回転させることが可能なLSMの発達とともにさまざまなScanning-FCS法や生細胞への応用が進んでいる[24,25]．Scanning-FCSは同じ観測点近傍での往復または回転走査に伴う蛍光シグナルの検出であるが，その位置を少しずつずらしていくようになると，次のICS，ICCSやRICSにつながることになる．

b. 空間相関解析

　空間相関とは多くの場合，2枚の画像の間の類似度もしくは類似性探査のパターン構築のために行う解析が多い．複雑な画像のなかから一定の形状の抽出や何らかの力を加えた後の変形の大きさや方向などを定量的に得ることができる．ここでは，蛍光顕微鏡などで取得した，または，取得している画像のなかから得られる生体分子のダイナミックな現象を解明するための手法として紹介する．

1) ICS/ICCS

　FCS/FCCS は蛍光画像上の一点におけるシグナルの時間変化に注目して分子のダイナミックな動きの情報（時間相関）を得ている．それに対して，すでに得られた蛍光画像の空間上のシグナルの分布・配置に注目して分子どうしの配置関係（空間相関）を得ようとする手法が ICS/ICCS (image correlation spectroscopy, image cross correlation spectroscopy) である[26,27]．ICS では取得された画像から分子の分布の様子や，さらに ICCS では2色の蛍光色素の共局在から分子間相互作用を推定することが可能である．

　FCS が「時間」を横軸としてそれに対する蛍光強度の変化を解析したのに対して，ICS では，静止した画像を x 軸方向と y 軸方向の蛍光強度変化としてとらえる．まず x 軸方向における蛍光強度変化の相関解析を行い，それを一段ずつ画像の y 軸方向へずらして相関解析を続ける手法とみなすことができる（図 7.3.21）．実際には x 軸と y 軸も一緒に変化させるために相関関数の表示は三次元となる．FCS は横軸を時間軸として時間に対する蛍光の相関を解析しているのに対して，ICS は空間軸を横軸として空間軸に対する蛍光変化の相関を解析している．両者の関係は FCS のもととなる時間に対する蛍光強度の変化を一定の幅で区切り，二次元的に配列させたものが ICS の解析の対象となる二次元画像となる関係に見なせる（図 7.3.21 (a)，(b)）．

2) RICS/RICCS/CCRICS

　RICS (raster scan image correlation spectroscopy) は，LSM により取得した画像には実はピクセル間の時間差が存在することを考慮してその時間を加味することで得られた画像から生体分子のダイナミックな機能を理解する手法である[28,29]．つまり通常の LSM 画像のなかには空間情報だけではなく，レーザー光をスキャンするということによる時間情報が含まれていることに注目して蛍光分子のダイナミックな情報をも引き出そうとする方法である．水平方向の相関と垂直方向の相関を区別して解析することで速い動きから遅い動きまで検出が可能である（図 7.3.22）．ICS は CCD カメラまたは LSM の両方の画像に応用可能であるが，RICS は LSM の画像の特徴を利用している．この手法は光軸を動かす（スキャン）ということと，対象となる蛍光分子が拡散により動いているため両者の関係が複雑であり，測定解析には注意を要する．2種類の蛍光色素を利用して分子間相互作用を検出する場合は RICCS (raster scan image cross correlation spectroscopy) または，CCRICS (cross correlation RICS) と呼ばれる．

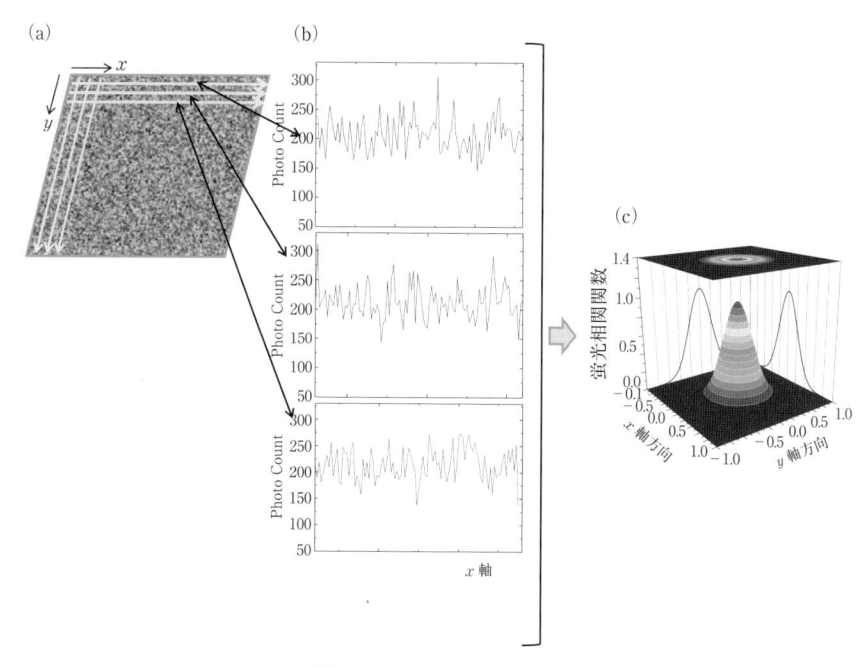

図 7.3.21 ICS と FCS の関係

FCS では時間方向における蛍光強度変化の相関関数を得，ICS では画像を解析する手法として空間方向における蛍光強度変化の相関関数を得る関係と表すことが可能である．FCS 測定ではある一点において蛍光強度の時間変化を繰り返し測定し相関関数の平均を求めている．(a) ICS ではある時刻における二次元画像の x 軸方向に沿った蛍光強度の変化（分布）を測定し，(b) それを y 軸にそって繰り返すことで相関関数の平均を求めることができる．同じく y 軸方向における蛍光強度の相関関数の x 軸にそった回数の平均が投射された曲線も得られる．(c) さらに ICS では xy 平面のあらゆる方向の相関関数を得ることになるので全体の相関関数は三次元的なプロファイルが得られる．上面に示したように二次元マップで表現することも可能である．

3) EMCCD-FCS

これまでの FCS/FCCS は MP-TIR-FCS を除けば，励起レーザー光源を共焦点領域に絞り，それを固定，またはスキャンすることで，FCS/FCCS 測定を行っていた．複雑な区画に分かれている生細胞の観察においては，非常に精密であるが微小な1カ所だけの測定では生命現象を理解するには限界がある．ICS や RICS 測定もその限界への試みであるが，動的な情報を得るには時間分解能は十分ではない．そのため複数点同時測定への試みは数多くなされてきた．2点[30]，4点[31]，また同時ではないが高速多点測定などの報告があったが，完全同時という観点からは十分ではない．しかし近年の高感度 EM-CCD カメラの発達とともにそれを利用する多点 FCS/FCCS 測定の開発研究が行われている．EM-CCD カメラ（512×512 ピクセル）と TIR 光学系を利用して培養細胞の生体膜や[32,33]，SPIM (single plane illumination microscopy)

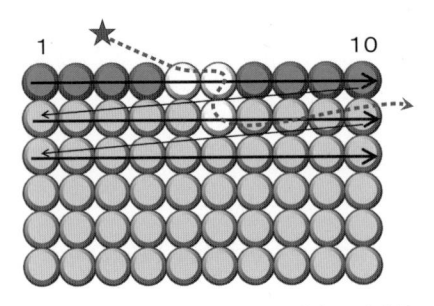

図7.3.22 ラスタースキャン画像相関分光法（RICS）の概念

円は通常のレーザー走査型蛍光顕微鏡のスポットに絞ったレーザー光を示す．これを左から右，それから上段から下段への一次元スキャンを繰り返して二次元画像を構築する（ラスター操作）．速く動く蛍光分子（星型）であれば，5番目のスポットと6番目のスポットにはシグナルが得られるが，2段目のスキャンの6番目のスポットにはシグナルがない．なぜなら1段から2段へスキャンする時間内に拡散してしまうから．一方，遅い動きの分子の場合は，1段目のスキャンの間，まだ5番目のスポットにいるために，6番目のスポットにはシグナルは得られないが，2段目6番目のスポットに存在するために蛍光シグナルが得られることになる．水平方向の相関と垂直方向の相関を区別し，または考慮することで速い動きから遅い動きまで検出が可能である．

または LSFM（light sheet fluorescence microscopy）光学系を利用して生細胞核内数100カ所の同時FCS測定の報告がある[34,35]．

複数点における完全同時FCS測定の利点は，複数個所における時間相関測定だけでなく，測定点間における空間相関（空間相互相関）解析を可能とし，したがって，生細胞内で分子の動く方向や速度をも知ることができる．しかし高感度EM-CCDカメラを利用したFCS測定はまだ時間分解能が低い．今後，さらに高速化，多点測定が可能となると，生細胞内における分子のダイナミックな状態のさらに複雑かつ詳細な情報が得られることが期待される．

まとめ

ここでは生細胞イメージングのなかで時間相関を中心としたFCS/FCCSと空間相関を中心としたICS/ICCSを述べた．両者の関係はFCSが同時多点化したのがICSの究極の形と考えることが可能である．検出している時間領域については，ここでは並進拡散現象が影響する時間領域について注目したが，さらに速い時間領域においては蛍光分子の回転拡散や蛍光寿命，反応速度をも蛍光強度のゆらぎとして観察することができ，FCSの解析対象となる．しかし，その部分についてはここでは割愛したので文献などを参考にされたい[36]．

〔金城政孝〕

文献・注

1) 日野幹雄：スペクトル解析（統計ライブラリー），朝倉書店，1977．
2) 金城政孝：生化学，**82**-12 (2010), 1103-1116．
3) 金城政孝：ぶんせき，**4** (2011), 221-228．
4) J. Widengren, et al.: *J. Phys. Chem.*, **99**-36 (1995), 13368-13379．
5) V. Vukojevic, et al.: *Cell. Mol. Life Sci.*, **62**-5 (2005), 535-550．
6) E. S. Price, et al.: *J. Phys. Chem. B*, **115**-29 (2011), 9320-9326．
7) K. Gurunathan and M. Levitus : *J. Phys. Chem. B*, **114**-2 (2010), 980-986．
8) T. Torres and M. Levitus: *J. Phys. Chem. B*, **111**-25 (2007), 7392-7400．

9) C. Eggeling, et al.: *Nature*, **457**-7233 (2009), 1159-1162.
10) G. Vicidomini, et al.: *Nat. Methods*, **8**-7 (2011), 571-573.
11) V. Mueller, et al.: *Biophys. J.*, **101**-7 (2011), 1651-1660.
12) M. J. Levene, et al.: *Science*, **299**-5607 (2003), 682-686.
13) P. Schwille, et al.: *Biophys. J.*, **77**-4 (1999), 2251-2265.
14) S. A. Kim, et al.: *Nat. Methods*, **4** (2007), 963-973.
15) J. Chen and J. Irudayaraj: *Anal. Chem.*, **82**-15 (2010), 6415-6421.
16) S. Rüttinger and et al.: *J. Fluoresc.*, **20**-1 (2010), 105-114.
17) S. Felekyan, et al.: *Rev. Sci. Instrum.*, **76** (2005), 083104
18) N. L. Thompson and D. Axelrod: *Biophys. J.*, **43**-1 (1983), 103-114.
19) Y. Ohsugi, et al.: *Biophys. J.*, **91**-9 (2006), 3456-3464.
20) N. L. Thompson, et al.: *J. Phys. Chem. B*, **115**-1 (2011), 120-131.
21) Y. Ohsugi and M. Kinjo: *J. Biomed. Opt.*, **14**-1 (2009), 014030-014034.
22) M. Weissman and H. Schindler: *Proc. Natl. Acad. Sci. USA*, **73**-8 (1976), 2776-2780.
23) D. R. Sisan, et al.: *Biophys. J.*, **91**-11 (2006), 4241-4252.
24) J. Ries, et al.: *Nat. Methods*, **6**-9 (2009), 643-645.
25) F. Cardarelli, et al.: *Biophys. J.*, **101**-4 (2011), L27-L29.
26) D. L. Kolin and P. W. Wiseman: *Cell Biochem. Biophys.*, **49** (2007), 141-164.
27) S. Arai, et al.: *Curr. Biol.*, **18**-13 (2008), 987-991.
28) C. M. Brown, et al.: *J. Microsc.*, **229**-1 (2008), 78-91.
29) M. A. Digman and E. Gratton: *Microsc. Res. Tech.*, **72**-4 (2009), 323-332.
30) M. Brinkmeier, et al.: *Anal. Chem.*, **71**-3 (1999), 609-616.
31) H. Blom and M. Gosch: *Curr. Pharm. Biotechnol.*, **5**-2 (2004), 231-241.
32) B. Kannan, et al.: *Anal. Chem.*, **79**-12 (2007), 4463-4470.
33) J. Sankaran, et al.: *Biophys. J.*, **97**-9 (2009), 2630-2639.
34) T. Wohland, et al.: *Opt. Express*, **18**-10 (2010), 10627-10641.
35) J. Capoulade, et al.: *Nat. Biotechnol.*, **29**-9 (2011), 835-839.
36) M. Eigen and R. Rigler: *Proc. Natl. Acad. Sci. USA*, **91**-13 (1994), 5740-5747.

7.3.6 光退色/光活性化を利用したイメージング (FRAP, FDAP)

　シグナル伝達の際に細胞は外界で起こる環境変化を伝達物質などを介して受容し，その情報をさまざまなタンパク質を介して細胞内に伝達して環境変化に対する応答を示す．また，個体発生の分化や発生の段階では形態形成のためのダイナミックな細胞の移動が繰り広げられる．こうした，生体内で起こる分子・細胞の動きを伴う現象を理解するためにはタンパク質レベルや細胞レベルでそれらの空間パターンの推移を観察し，そこに隠された移動速度や相互作用の情報を引き出して考察することがきわめて重要である．このような動態の解析を行う際に均一に蛍光標識された試料を用いると，注目すべき分子や細胞を多数の標識された分子や細胞の集団のなかで認識して追跡し続けなければならず困難をきわめる．しかし，何らかの操作によって，全体が蛍光を発するなかで注目すべき領域の分子や細胞のみが蛍光を発しない状態，もしくは

全体が蛍光を発しないなかで注目すべき領域の分子や細胞のみが蛍光を発するような状態をつくりだしてやれば追跡は容易になる．ここでは，前者を達成する技術として光退色を利用したイメージングを，後者を達成する技術として光活性化を利用したイメージング技術を紹介する．

a. 光退色を利用したイメージング

蛍光イメージングには試料への励起光の照射が不可欠であるが，強い励起光を照射し続けると過剰な励起エネルギーにより発色団の構造変化が起きて不可逆的に蛍光を発しない状態に陥る「光退色」が起こる．通常の蛍光イメージングでは極力励起光の強度は下げてイメージング中に光退色が起こらないように注意を払うのであるが，光退色を利用したイメージングではこの性質を逆に積極的に利用する．すなわち，蛍光タンパク質で標識した標的蛋白質を発現する細胞内の特定の場所に強い励起光を照射して退色を促し，試料中に蛍光強度の低い領域をいったんつくりだす．その後，挙動の推移をイメージングすることにより動態を観測する[1,2]．

1) FRAP

fluorescence recovery after photobleaching（FRAP，光退色後蛍光回復）では細胞の狭い領域で短時間に強い励起光を照射して蛍光物質を退色させ，その後に起こる「照射領域内で退色を受けた蛍光物質の流出」と「領域外の退色を受けていない蛍光物質の流入」による領域内の蛍光強度の回復から分子の動態をイメージングする（図7.3.23(a)）．通常FRAP測定には細胞内の任意の領域への光照射が容易な共焦点レーザー顕微鏡が用いられ，最近では観察用の励起光と光退色のための光照射が高速で切り替え可能な装置の出現により，光退色の直後から蛍光回復を観察することができるようになった．取得した画像から得られる蛍光回復曲線の形状を比較することにより，回復の早いものほどダイナミックに動いているという定性的な評価を容易に行うことができる．また，以下で説明するように蛍光回復曲線の数理モデルに対するカーブフィッティングにより，定性的な比較にとどまらず拡散係数などの分子動態にかかわる物理量を求めることも可能である[1,2]．

蛍光標識した分子と細胞内の構造物や他の分子との間に相互作用がない場合は，分子の動態はブラウン運動によって引き起こされる単純拡散に支配される．単純拡散の拡散係数の解析にはAxelrodにより提案された二次元拡散に対するモデル式を用いたフィッティングが広く用いられている[3]．この方法では，あらかじめ分子を固定した状態の試料（ホルムアルデヒド固定した細胞など）に光退色のための照射を行って拡散が起こる前の状態での光退色イメージを取得し，照射中心からの距離と蛍光強度の関係を表す退色パターンのモデル式を解析により得る．この退色パターンが拡散によりどのように時間変化していくのかを考慮して展開させた蛍光減衰のモデル式に，測定によって得られた蛍光回復曲線をフィッティングさせてやれば拡散係数を求めることができる[1,4]．ただし，この方法は均一な蛍光分子濃度，モデル式に合った退色

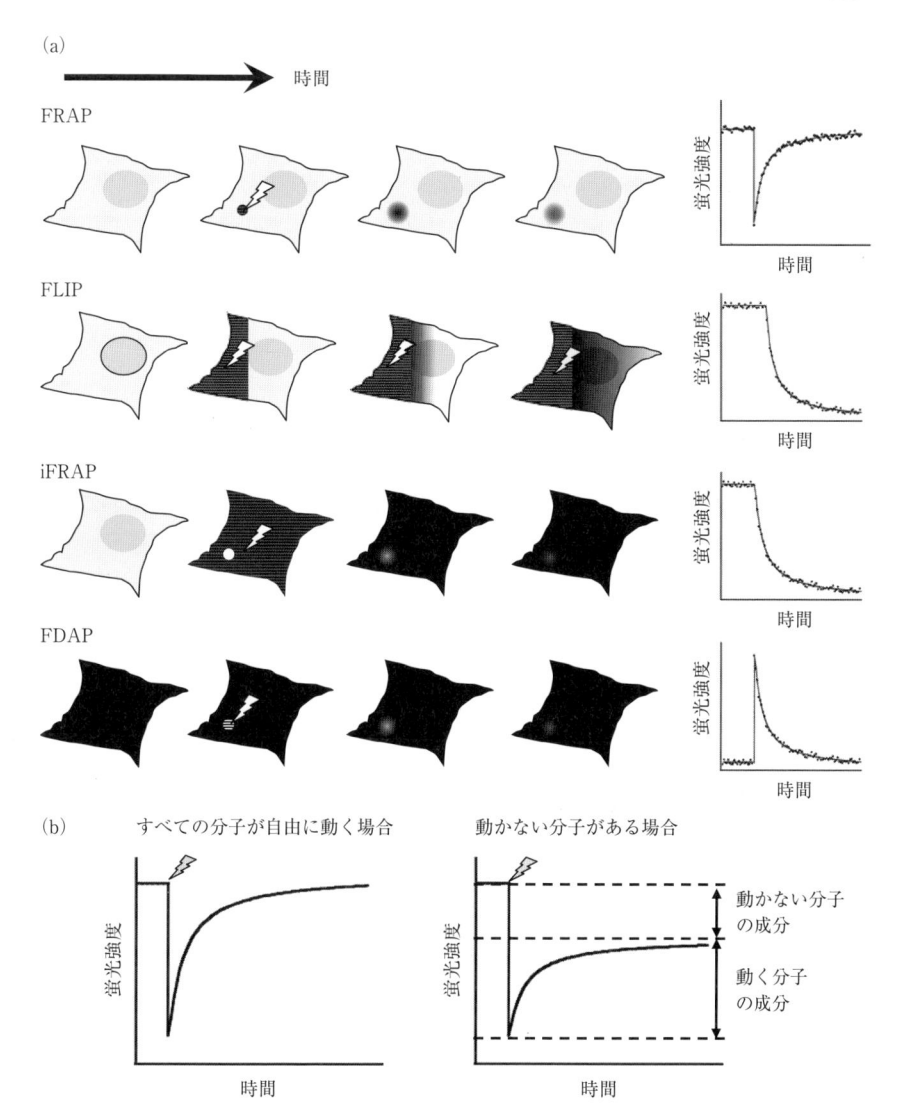

7.3 いろいろなイメージング技術   663

図 7.3.23 光退色/光活性化を利用した生細胞内での拡散係数測定法の概略
(a)（左）それぞれの測定法の概念図．FRAPでは細胞内のある領域の蛍光を短時間で光退色させて蛍光強度を測定する．FLIPでは細胞内の広範囲に退色のための光照射を続けながら照射領域外で蛍光強度を測定する．iFRAPでは細胞内のある領域を残して光退色を行い，その後の蛍光強度を測定する．FDAPでは光活性化蛍光タンパク質を発現する細胞内のある領域に光照射を行い，光活性化した後その領域の蛍光強度を測定する．（右）それぞれの測定で得られる蛍光強度の時間変化のグラフ．
(b) FRAPの蛍光回復カーブ．（左）すべての分子が自由に動く場合は，十分に時間が経つと蛍光強度は光退色前のレベルにまで回復する．（右）動かない分子がある場合は，動く分子が寄与していた蛍光強度の分だけ蛍光強度が回復する．

の空間パターン，等方的な拡散などの前提条件のもとで成り立つもので，細胞内環境を考慮したものにはなっていない．最近では，共焦点顕微鏡画像を細胞質，核，細胞膜，核膜に区分して，それぞれに異なる空隙率を割り当てた三次元細胞モデルを構成し，そのなかでの分子の動きを微視的仮想粒子の運動として格子ボルツマン法（一般の流体力学で用いられる密度，流速などマクロな量に対する方程式を対象とせず，分子気体力学で用いられるボルツマン方程式に類似した方程式を用いることにより，流れ場を計算する）でシミュレーションして拡散係数を求める方法も提案されており[5]，こういった異方性拡散も取り扱うことのできる解析法の発展が期待される．

相互作用がある場合は，標識された分子の動きは相手の分子によって制限を受けるため，単純拡散の場合に比べてその分蛍光回復が遅くなる．相互作用の相手を，たとえば核内のクロマチン構造のように細胞内の動かない，もしくは動きのきわめて遅い構造物と仮定すると，拡散が結合解離に比べて圧倒的に速い場合には標識された分子の動態は結合解離によって支配されることになる[1,4]．それに対して結合解離のほうがはるかに速い場合には標識分子は退色させた領域内で結合・解離を繰り返す．前者の場合は結合・解離を考慮したモデル式を用いる必要があり，後者の場合はさらに拡散を考慮したモデル式を用いた解析をする必要がある[1,4]．

時間相関を用いた FCS（fluorescence correlation spectroscopy，蛍光相関分光法）や RICS（raster imaging correlation spectroscopy）などの拡散係数測定法では動かない成分に関する情報は得られない．それに対して，FRAP では，標識分子のうちの動かない成分は時間経過しても蛍光が回復しきらない成分として観測され，動かないことも情報として抽出することが可能であることを一つの利点としてあげることができる[2]（図 7.3.23(b)）．また，FCS 解析の難しい $\mu m^2 s^{-1}$ を下回る遅い拡散に関しても測定可能である．その一方で，退色には比較的大きなエネルギーを必要とし，生体に影響を与えない範囲の強度で領域内において解析に十分な褪色を起こさせるには退色に時間を要する．したがって，$10\ \mu m^2 s^{-1}$ をこえるような速い拡散については退色中に起こる拡散の影響が無視できなくなり，速い拡散の解析を苦手とする弱点を抱えている[1]．この弱点は，後に述べるように光活性化蛍光タンパク質を用いて同様の測定・解析を行うことにより克服することができる[6,7]．

2) FLIP，iFRAP

FRAP 以外の光退色を利用したイメージングとして FLIP（fluorescence loss in photobleaching）と iFRAP（inverse FRAP）をあげることができる．FLIP では FRAP のように光退色を起こした領域で外部からの蛍光物質の流入により動態を観測する代わりに，光退色領域外に測定領域を設定し，光退色を継続しながら退色した分子の流入によって起こる蛍光強度の減衰として動態を観測する．一般に，光退色の領域は FRAP の場合に比べて広範囲（細胞の 1/4〜1/2）である．速い拡散を示す分子では光退色を受けた分子が観察領域にまでいきわたるまでの時間は短くなるため蛍光減衰の速度は速くなり，減衰速度から相対的に拡散速度を比較することができる[1,2]．

(図 7.3.23(a))．FLIP では細胞内の光退色領域の大きさと位置，観察領域と光退色領域の距離などにより減衰速度が変化するため，拡散係数や解離定数を求める一般的な方法は確立されていない．しかし，定性的な比較には有効であり，FRAP では解析が困難な速い拡散についても比較が可能である[2]．

iFRAP は細胞内の蛍光タンパク質を観察したい領域のみを残してすべて光退色させて，残った蛍光を発する分子の動態を観察する[1,2]（図 7.3.23(a))．FRAP と違い蛍光を発する分子を直接観察するため，解離速度定数の小さい分子の解析には威力を発揮するが，光退色に時間を要するため速い拡散の解析は現実的ではない．iFRAP で得られる画像は次に述べる光活性化を利用したイメージングと同じであるが，細胞の広範囲を強い光を照射して光退色を行うため，細胞に対する光毒性などの影響が懸念される[1,2]．今後は，速い拡散の解析も可能な光活性化を利用したイメージングにシフトされていくことが予想される[2]．

b. 光活性化を利用したイメージング

蛍光タンパク質を用いたイメージング技術の発展により，現在では光刺激により蛍光特性が変化する蛍光タンパク質（光スイッチング蛍光タンパク質）を用いたイメージング技術が一般的に行われるまでになった．これらの蛍光タンパク質を用いると，生体内のごく一部の限定された領域に存在する分子のみに光刺激を与えて蛍光特性を時間・部位特異的に変化させることができる[2,7]．光照射によって蛍光強度が増大する蛍光タンパク質を用いた場合には，退色を利用した場合に対して明暗を反転させたイメージが取得され，高いコントラストでの試料観察が可能となる．この利点を生かして，光刺激により出現させた蛍光を発する分子をタイムラプスイメージングすることにより，生体内のタンパク質動態をとらえるための有用なツールとして広く使われている[2,7]．また，その用途はさらに，超解像イメージングにまで拡大している[7]．

1) 光活性化蛍光タンパク質について

オワンクラゲGFPを改変した光活性化蛍光タンパク質PA-GFPが開発されて以降，光刺激により蛍光状態を変化させることのできる光スイッチング蛍光タンパク質が遺伝子改変や新たな生物種からのスクリーニングにより数多く開発されてイメージングに用いられている[2,7]．初期のものは，多量体を形成したり，発色団形成のために細胞培養温度を低めに設定しなければならないなどの問題を抱えていたが，改良が進み使いやすいものとなった[7]．光スイッチング蛍光タンパク質は，光刺激により蛍光を発しない（非常に弱い）状態から蛍光を発する状態へ変化するもの（光活性化蛍光タンパク質），光刺激により蛍光波長の変化するもの（光変換蛍光タンパク質）に大きく分類され，それぞれを不可逆的なものと可逆的なものの二つにさらに細分することができる[7]（図 7.3.24）．可逆的に変化する光変換蛍光タンパク質については，黄色蛍光タンパク質 EYFP と可逆的な赤色光活性化蛍光タンパク質 rsTagRFP との FRET (Förster resonance energy transfer, 蛍光共鳴エネルギー移動）を介したものにつ

光活性化蛍光タンパク質	例	蛍光の変化	刺激光
不可逆的	PA-GFP	無蛍光→緑色	紫(外)光
可逆的	Dronpa	無蛍光⇄緑色[a]	活性化: 紫(外)光 / 不活性化: 青色光

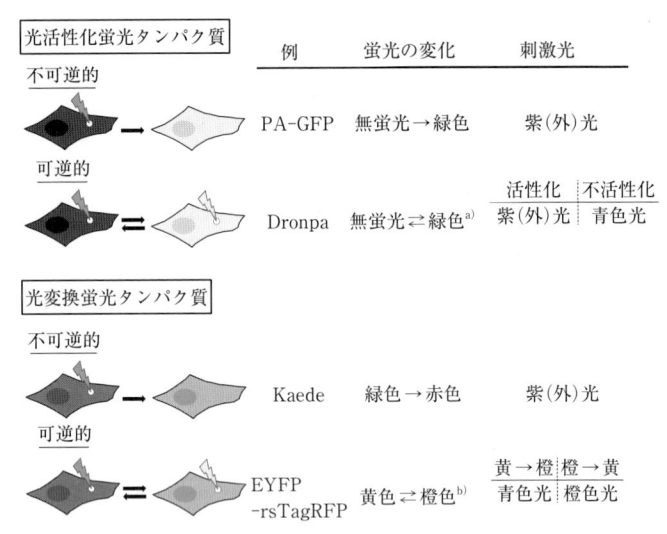

光変換蛍光タンパク質	例	蛍光の変化	刺激光
不可逆的	Kaede	緑色→赤色	紫(外)光
可逆的	EYFP-rsTagRFP	黄色⇄橙色[b]	黄→橙: 青色光 / 橙→黄: 橙色光

a) 初期状態では緑色蛍光を発する
b) 初期状態では橙色蛍光(黄色と赤色のミックス)を発する

図 7.3.24 光スイッチング蛍光タンパク質の種類
例としてそれぞれについて最初に開発された蛍光タンパク質をあげた．左側の図では，局所的に光刺激を与えた各光スイッチングタンパク質が細胞内で拡散して細胞全体で蛍光状態が変化する様子を表している．

いての報告はあるが，単独の蛍光タンパク質で可逆的に色を変換することのできるものはいまだ開発されていない[8]．細胞内でこれらのプローブで標識した標的タンパク質を発現させて，光刺激によりみたい現象に応じた範囲で活性化あるいは光変換させて追跡してやることにより，細胞，オルガネラ，タンパク質レベルでの動態の解析に用いることができる[2,7]．

2) FDAP

光退色を利用したイメージングと同様，光スイッチング蛍光タンパク質を用いれば分子動態のタイムラプスイメージ観測に加えて拡散係数の測定も可能である．光刺激を行うことにより，光退色を利用したイメージングに対して明暗を反転したイメージが得られるため，FRAPと同様の測定・解析を行うことができる[2,7]．FRAPの場合はいったん退色させた蛍光強度の回復を解析するが，光スイッチング蛍光タンパク質を用いる場合は，光刺激により蛍光強度をいったん増大させて，その後光活性化された分子が照射領域外へ流出して強度が減衰するさまを解析する．そのため，測定法の名称はfluorescence decay after photoactivation (FDAP, 光活性化後蛍光減衰) となる[6,7]．PA-GFPやPAmCherryなどの光活性化蛍光タンパク質では，蛍光観測用の励起光と波長の異なる刺激光が光活性化に用いられる．FDAP測定で得られる蛍光減衰カーブはFRAPの蛍光回復カーブに対して縦軸が反転した形状になっている

ため，FRAPのフィッティング関数（仮に$f(t)$とする）を直接利用することはできないが，規格化した蛍光強度に関して$1-f(t)$で表される関係をもとにFDAPのためのフィッティング関数を得ることができる．FRAPの場合は蛍光を発している全分子のうちの何割が退色により蛍光を失っているかで規格化を行うため，FDAPで同様の解析を行う場合にも細胞内で発現している光スイッチング蛍光タンパク質のすべてが蛍光をもつ場合の蛍光強度を求めてそれをもとに規格化する必要がある．したがって，細胞内の蛍光強度が飽和するまで光活性化を行って測定値を得る手順がFRAPの方法に付け加わることとなる[6,7]．このように，測定・解析方法はFRAPの方法に基づいているのであるが，測定できる拡散係数のレンジには違いが生じる．FRAPでは$10\ \mu m^2/s$をこえるような速い拡散を解析する場合には，蛍光が回復するまでに要する時間が短くなるため，光退色を十分に起こさせようとすると退色後の1フレーム目の測定までに拡散による蛍光強度回復が起こる．したがって，拡散のモデル式の前提となる退色パターンが固定細胞などで得たものからかなり広がった状態から回復曲線がスタートすることになり，正しい測定を行うことができない．それに対して，FDAPで光スイッチングを起こすための光パワー密度はFRAPの退色に必要なパワー密度の数十分の一程度で，FRAPと比較して非常に短い時間で光スイッチングを起こすことができるため速い拡散の解析の際でも光スイッチング中の拡散を無視することができる．刺激時間をより短くするためにスポットで0.25 msの刺激を与え，4000 Hzの高速スキャンで時間分解能を高めてやると，溶液中での$100\ \mu m^2\ s^{-1}$に迫る速い拡散の解析も可能である[7]．また，FRAPに基づく方法であるため結合解離を含んだ遅い拡散の解析にも対応可能である[6,7]．最近の報告では，マウス初期胚中で多能性因子OCT4のクロマチン結合反応速度をFDAPにより細胞内で測定し，その違いから細胞系譜を予測できることが見いだされた[9]．

FDAPの測定系にはFCSで用いるような測定のための特別な装置を必要としないため，本法は通常の細胞観察の顕微鏡システムを用いてFCSレベルの速い拡散からFRAPの得意とする遅い拡散に至るまでの幅広いレンジでの拡散係数を求めることができるとともに，定性的な比較が容易な蛍光減衰曲線という形でデータが得られるツールとしてタンパク質動態解析の研究に貢献することが期待される[6,7]（図7.3.25）．

光退色，光活性化を利用したイメージングは，細胞集団や細胞内の任意の場所に任意のタイミングでつくりだしたパターンを追跡することにより，細胞レベルから分

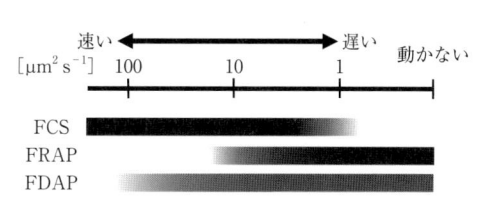

図7.3.25 それぞれの方法で測定することのできる拡散係数の領域

FDAP法では$10\ \mu m^2\ s^{-1}$以下のFRAPが得意とする遅い拡散から，FCSが得意とするそれ以上の速い拡散に至るまで幅広いレンジの拡散係数を測定することができる．

子レベルに至るさまざまな空間スケール,そして時間スケールの分子動態を直感的にわかりやすい形でとらえることのできる汎用性の高い方法である.さらに,FRAPやFDAPによる拡散係数・解離定数の定量的解析を行えば,単純拡散であるのか分子間の相互作用があるのかといった動態の詳細が見えてくる.これらの測定を用いて生体内で起こるイベントの前後で起こる動態変化の解析を行い,細胞や個体の形態形成,細胞内情報伝達といったイベントに隠された動態変化を明らかにして,これらの分野の研究のブレイクスルーを起こすことが期待される. 〔松田知己・永井健治〕

文献・注

1) 和田郁夫ほか:バイオイメージングが分かる(高松哲郎編),羊土社,2005,[62-75].
2) 木村 宏,和田郁夫:講義と実習:生細胞蛍光イメージング(原口徳子ほか編),共立出版,2007,[85-100].
3) D. Axelrod, et al.: *Biophys. J.*, **16** (1976), 1055-1069.
4) 和田郁夫,木村 宏:講義と実習:生細胞蛍光イメージング(原口徳子ほか編),共立出版,2007,[177-187].
5) T. Khün, et al.: *PLoS ONE.*, **6**-8 (2011), e22962
6) T. Matsuda, et al.: *Nat. Methods*, **5**-4 (2008), 339-345.
7) 松田知己,永井健治:蛋白質 核酸 酵素,**53**-14 (2008), [1858-1864].
8) F. V. Subach, et al.: *Chem. Biol.*, **17** (2010), 745-755.
9) N. Plachta, et al.: *Nat. Cell. Biol.*, **13**-2 (2011), 117-123.

7.3.7 蛍光偏光イメージング

　電磁波である光子は,振動面をもちかつ波として重ね合わせることができるため,偏光という性質をもつ.これを水中にある大量の生体分子に応用することで,一般の分光では得られない特徴が明らかにされてきた.偏光解消法や円偏光2色性分析といった技術である.ガラスセルに0.1～1 mLオーダーの標本を加え,その分子の平均としての挙動や構造の異方性などが簡便に数値化できる.これら方法論の基本は前世紀に確立されたといってよく,今後はパルス光源を用いたり検出側の感度を上げることで,より速い反応をとらえるという方向性に発展していくだろう.

　一方,光学顕微鏡技術の発展により,蛍光色素を非常に高い感度で検出することが可能になってきた.90年代には蛍光1分子が水中で画像化され,いまに至るまで数々のタンパク質や核酸の研究に応用されており,「1分子生物物理学(single-molecule biophysics)」という独立した研究分野が確立されつつある.

　蛍光分子の観察を行うとき,偏光は取扱いの難しい要素である.蛍光分子自体が非対称な形をしているため,たとえば直線偏光で励起したときには,個々の分子の向きによって励起効率が異なってしまう.せっかく1分子が観察できる実験系であるにもかかわらず,観察条件がそろわないということになる.多分子の系ではツールとして

活躍する性質が, 1分子ではシグナルのムラの原因となってしまうのである.
　しかし逆に, 信号の強度が偏光に依存するのであれば, その強度から蛍光1分子の構造を取り出すことができるのではないか. このアイデアをもとに, 筆者らを含むいくつかの研究グループは, 新しい原理の光学顕微鏡を開発し, 生体分子モーターに関する画期的な成果を得ることに成功している. ここでは, この新しいイメージング技術の基本と応用例, 測定に応用する際の問題点などについて, 顕微鏡を作製する立場に立ち実用的な側面から解説する.

a. 偏光の基本

　電磁波である光には偏光特性があり, 電場（あるいはそれに垂直な磁場）の振動面が時間的に変化しなければ直線偏光となる. それに対して, 振動面が変化すれば楕円偏光となる. 光の進む軸を含む垂直な二つの振動面を仮定し, それぞれの面で振動する電場の成分の位相がずれていると考えると理解しやすい. 同じ振幅で位相が$\pi/4$ずれていれば円偏光となり, 同じ円偏光でも進行方向に対して右回り/左回りがある.
　難しいのは「ランダム偏光」という考え方である. 水銀やハロゲンランプを光源に用いる場合, 発光するのは気体であって, それは密閉された管のなかを動きまわる. そのため重ね合わせた光の状態は, 瞬間ごとに変化し, 結果として光の偏光は時間的にランダムになると考えることができる. 奇妙なことに, 固体レーザーのように決まった偏光で光を射出する光源に対しても, 偏光状態を攪乱させるという名目の「偏光解消板」という光学素子が光学メーカーより市販されている. これはレーザー光を広げたときに, 部分ごとに偏光成分がそろっていないという特殊な状況をつくる素子であって, 微細な領域に注目する偏光はそろってしまっている. 時間的にランダムであるというわけではないことに注意されたい.

b. 偏光した光の生成

　光源によらず, 偏光子を通過した光は直線偏光となる. はさみで切り取れるようなシート状の製品が使いやすいが, 反射光が信号のノイズになるので, 顕微鏡用のレーザー光源であればガラスではさまれた製品を使用する. 通常, 偏光子の透過率は～80%程度であるため, レーザー強度のロスを抑えたいのであれば偏光ビームスプリッターの透過光として直線偏光を生成することも可能である. ただし, 偏光ビームスプリッターには波長依存性があるので, 波長ごとに素子を準備する必要がある.
　性能のよい偏光子を直交させると光は透過しない. その間に45°の角度で偏光子を入れると, 1枚目の偏光子を透過した光に対して25%の光が透過する. この透過した光の偏光は90°回転していることに注意されたい. 当たり前のことであるが, この単純な作業を通じて, 偏光子は「射影成分だけの光を通過させる」ことによって, 「偏光を回転させる」ことができる光学素子であるということが理解できる.
　1/4波長板（quarter-wave plate：QWP）は光を複屈折させる光学素子である. 結

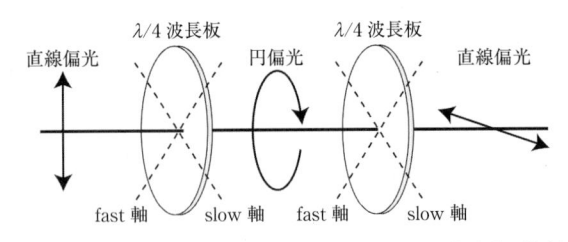

図 7.3.26 固定された直線偏光を任意の方向に変える光学系の模式図

晶に異方性があり，fast 軸と slow 軸に対して $\pi/4$ だけ位相をずらす．直線偏光の光を，その偏光が fast 軸と slow 軸の中間（45°）の角度，かつ素子に対して注意深く垂直に入射すれば，偏光比が 1 に近いきれいな円偏光を生成することができる（図 7.3.26，中央）．

QWP には波長依存性がある．水銀やハロゲンランプはブロードな波長分布をもつため，光源として使用する場合，そこから円偏光を生成するのは難しいことになる．実験のデザインとして円偏光が必要な場合には，固体レーザーや発光ダイオードを用いるという選択になる．

円偏光や斜めの直線偏光を試料に照射したいときに，最も注意しなくてはならないのは，光を反射させることによって偏光が変わってしまうという点である．45° に配置したミラーなどで，反射により光を 90° 曲げるときには，2 本の光軸を含む面に平行な偏光（p 偏光）と垂直な偏光（s 偏光）を定義することができる．反射率そのものも波長依存性があるので，実験に使用する光の波長で p, s それぞれの反射率が同じであるミラーを選択する必要があり，ほとんどの光学機器メーカーの製品でもレーザーの波長ごとに製品が準備されている．しかし，仮に反射率について最適なミラーを選択したとしても，p, s それぞれで反射した光の位相はずれ，しかもそのずれは異なる．仮にもとが完全な円偏光だとしても，反射した光は楕円偏光になってしまうことになるのである．同様の理屈で，斜めの直線偏光を入射しても反射した光はかならず楕円偏光となってしまう．

蛍光顕微鏡下で偏光測定を行う場合には，検出に用いる光軸（通常は対物レンズの光軸）に対して 45° の角度でダイクロイックミラーを配置する．したがって試料に円偏光や斜めの直線偏光を照射するような簡単な実験系をデザインする場合でも，前述の位相の問題を解決しなくてはならない．光学部品メーカーによっては，この位相のずれを特定の波長に限ってマッチングさせて誘電体をコートするという特殊な設計を引き受けてくれる場合がある．特注のため高価にはなるが，こういったダイクロイックミラーで反射させると偏光は崩れない．ただし，実際の製品が設計値どおりにならない場合もあり，ロットごとの差も激しい．

c. 蛍光色素1分子の向きを検出する

　蛍光団は非対称な形状であり，固有の吸収遷移モーメントをもつ．色素が蛍光を発するときには，もし吸収と光放出の間で色素に角度の変化がなければ，発光もこのモーメントにそった光の成分が最も大きくなる．この特徴を生かすことで，蛍光1分子の向きが検出できる．信号を偏光ビームスプリッターで垂直な二つの成分に分け，そのそれぞれの軸（x軸とy軸）への射影成分の強度を定量化すれば，比から角度を見積もることができるわけである（検出方法①，図7.3.27）．

　生体分子を対象にした蛍光イメージングは，通常，水中に試料がある状態で行われる．そのため，蛍光を発しながらも色素あるいは色素でラベルされた領域は角度が激しくゆらぎ，それが偏光比に影響を与える．観察する試料の基板への固定，カメラの時間分解能など，さまざまな要素が偏光比にかかわることになる．

　吸収遷移モーメントがあるために，色素の励起効率は励起光の偏光に依存する．光源の偏光が，このモーメントに一致した場合，励起効率が最も高くなるので色素からのシグナルは最大になる．逆にモーメントと励起の偏光が直交すると最小になる．偏光を時間的に変調すれば，色素は明滅し，その位相からも蛍光1分子の向きが検出できる（検出方法②，図7.3.28）

　①と②の方法では，色素のモーメントおよび励起光の偏光の方向については，観察する光軸に垂直な平面（xy平面）でしか議論する

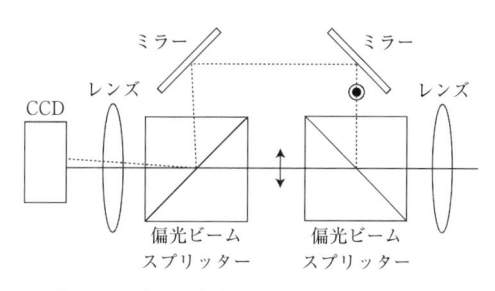

図 7.3.27 信号の偏光成分を分ける方法の模式図

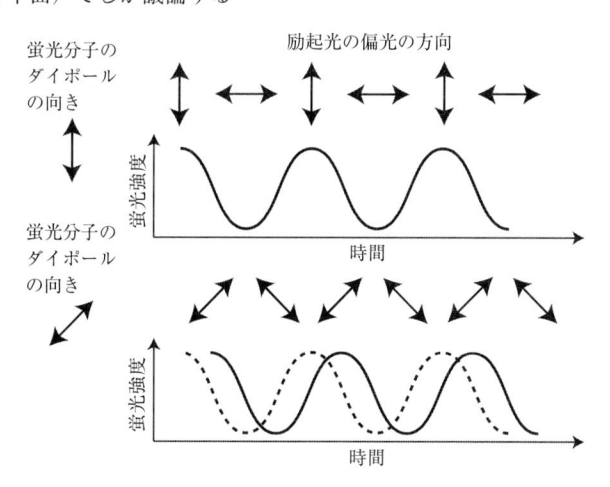

図 7.3.28 励起光の偏光を回転させたときの蛍光強度の変化

ことができない．これに対して，近接場光を用いれば，光学顕微鏡の光軸にそった方向（z 軸方向）に関する成分を抽出することも可能である（検出方法③）．屈折率の異なる媒質の界面に対して，高い屈折率の側から臨界角以上の角度で光を入射すると，低い側の界面でエバネッセント場が生じる．興味深いことに，p 偏光の入射光は，エバネッセント場では z 軸にそった偏光成分を生じさせる[1]．同一の蛍光色素 1 分子に対して，三つ以上の偏光成分で励起してその強度を解析することで，色素の角度を三次元方向に決定することができるのである．

d. 研究への応用例

90 年代には，検出方法②が蛍光色素の観察に用いられはじめ[2]，さらに一本鎖のDNA に結合した蛍光 1 分子の角度変化が水中において非常に高い精度で検出された[3]．2000 年に入ってからはタンパク質の動態の観察への応用が進められ，回転分子モーターである F_1-ATPase の回転[4]，微小管に結合したキネシンモーターの角度の化学状態依存性[5]，Ca^{2+}-ATPase に結合したカルモジュリンの角度変化のダイナミクス[6,7]が報告された．

筆者らのグループにおいても，タンパク質の基質であるアデノシン三リン酸（ATP）の角度を検出することに成功している[8]．ATP のリボースにシアニン系の蛍光団である Cy3 をラベルした試料を準備し，それがガラスに固定した F_1-ATPase に結合・解離する様子を 1 分子レベルでイメージングしたのである．全反射型顕微鏡でありながら，xy 平面で励起光の偏光が回転するという独自の光学顕微鏡を開発し，測定に用いた（図 7.3.29）．F_1-ATPase は，ATP の触媒サイトを三つもっており，その 3 回対称性からサイトは 120° ごとに配置している．この角度の違いを検出することで，1 個の分子のなかにおいて，どのサイトに ATP が結合しているかを区別することができた．偏光イメージングの技術は，生体分子の構造変化のみならず，化学反応という重要な情報を取り出す技術としても役立てることができるのである．

分子全体の動きだけではなく，ドメインの構造を検出するというアプローチも可能である．2008 年に政池ら[9]は，F_1-ATPase の構造変化が大きいと期待されるドメイン内の α ヘリックスにシステインを 2 個導入し，そこに反応基を二つもつローダミンをラベルした（図 7.3.30）．この手法は，色素の吸収遷移モーメントを α ヘリックスの向きにそろえるのに有用である[10,11]．F_1-ATPase は回転モーターであるという性質から，回転軸の向きを詳細に調べることで，中間状態を含む瞬間の化学状態を決定することができる[8,12]．ドメインの構造と軸の向きを同時に観察するという光学顕微鏡の技術によって，化学状態に応じた一連の構造変化が明らかになった．1 分子を対象にした偏光イメージングは，X 線結晶構造解析や電子顕微鏡によるスナップショットの情報とは異なり，活性を維持した 1 個の分子のなかで起きるダイナミクスを明らかにすることができる．これまでに知られていない，新しい構造が発見できるというポテンシャルをもっている技術である．

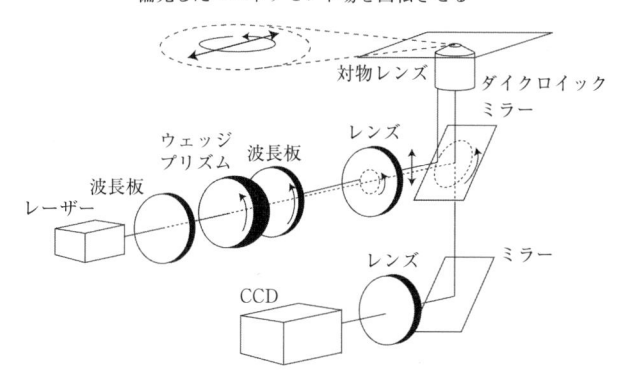

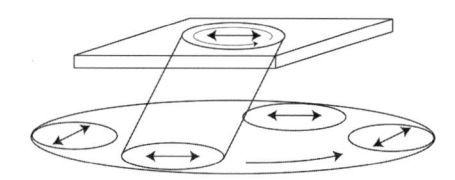

図 7.3.29 偏光変調全反射型蛍光顕微鏡の模式図

検出方法②では，励起光の角度を時間とともに回転させて，蛍光団からのシグナルの明滅を解析する．たとえば検出する側の時間分解能が100 msであっても，明滅のフィッティングには10ポイントは必要であろうから，構造変化を検出するという意味での時間分解能は秒のオーダーになってしまう．速い時間で行き来する構造のダイナミクスを追うような実験では，②の方法では検出系の時間分解能を十分に生かせないという問題が生じる．

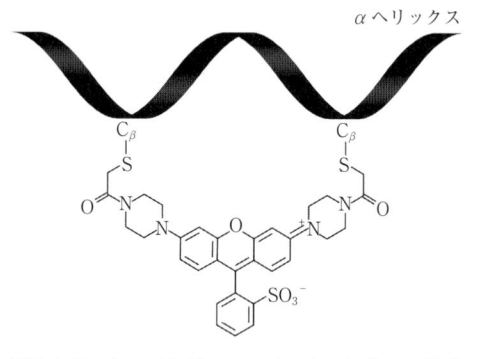

図 7.3.30 タンパク質の α ヘリックスにそって振動モーメントが並んだ色素の結合様式

それに対して検出方法①では，二つに分割された信号の強度比だけで角度を決定するため，測定系の時間分解能がそのまま観察できる最大の分解能となる．この利点を生かし，分子モーターであるミオシン上を滑走するアクチンフィラメントの回転が90年代後半に定量化されている[13]．

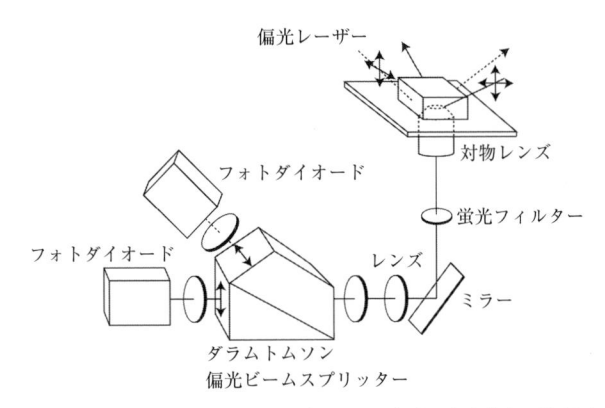

図 7.3.31 プリズム式全反射型顕微鏡による色素の角度検出の模式図

時間分解能が容易に上げられるという利点がありながら，検出方法①に比べ②が多く用いられる理由は，①では絶対角度を決めることのできる範囲が半分しかないという問題点のためである．検出方法①では，角度を強度の成分比から計算するために，色素の角度 θ と $180°-\theta$ は区別することができないため，実効的に求めることのできる角度は $0〜90°$ の範囲となってしまう．それに対して検出方法②では，励起光の偏光が $180°$ 変わるごとに明滅を繰り返すので，$0〜180°$ の範囲で色素の角度が決定できる．もちろん生体分子の構造は $0〜360°$ の範囲で検出できるのが理想だが，モーメントは方向ではなく向きを定義する量なので，残りの $180°$ については時系列のデータをもとに憶測していくしかない．

検出方法③については，ペンシルバニア大学の Goldman のグループが数々の重要な知見を発表している．メーカーから市販されている全反射型蛍光顕微鏡は，開口数の高い対物レンズを用いて，励起のためのレーザーを対物レンズ側から入射するのが一般的である．それに対して Goldman の光学系では，ガラス面にプリズムを接触させ，対物レンズの反対側にエバネッセント場を形成しそこで試料を観察する（図 7.3.31）．レーザーの入射方向を2カ所設け，さらに2通りの偏光を高速で切り替えることで，四つの偏光状態で同じ蛍光1分子が励起できる．ここで得られたシグナルに対して，検出方法①を用いて測定側でも二つの偏光成分を取り出すことで，xy 平面の角度に加え，方位角，さらには色素のゆれの角度も定量化することに成功している．この革新的な光学系により，ミオシン V，ミオシン VI，ミオシン X がアクチン繊維上を動くときの三次元的な構造変化が検出された[14-16]．

e. 展望

蛍光偏光イメージングは，水中における1個の生体分子，およびそのなかの局所的な構造変化を高い精度で検出できるというポテンシャルをもつ．この技術以外にも，

1分子 FRET[17]（Förster resonance energy transfer）やデフォーカスイメージング[18]など，いくつもの革新的な手法が同じねらいで用いられているが，正確な角度の分解能という意味では偏光イメージングに勝るものは報告されていない．方法論がさらに成熟すれば，1分子に注目しながらも，化学状態によって異方性が変化する様子さえ画像化できるようになるだろう．機能する生体分子のダイナミクスをより詳細に調べたいという研究が発展していくなかで，強力なツールとなっていくことが期待される．

〔西坂崇之・須河光弘〕

文献・注

1) D. Axelrod : Noninvasive Techniques in Cell Biology (J. K. Foskett and S. Grinstein, eds.), Wiley-Liss, 1990, [93-127].
2) X. S. Xie and R. C. Dunn : *Science*, **265** (1994), 361-364.
3) T. Ha, *et al.* : *Phys. Rev. Lett.*, **77** (1996), 3979-3982.
4) K. Adachi, *et al.* : *Proc. Natl. Acad. Sci. USA*, **97** (2000), 7243-7247.
5) H. Sosa, *et al.* : *Nat. Struct. Biol.*, **8** (2001), 540-544.
6) K. D. Osborn, *et al.* : *Biochemistry*, **43** (2004), 12937-12944.
7) K. D. Osborn, *et al.* : *Biophys. J.*, **87** (2004), 1892-1899.
8) T. Nishizaka, *et al.* : *Nat. Struct. Mol. Biol.*, **11** (2004), 142-148.
9) T. Masaike, *et al.* : *Nat. Struct. Mol. Biol.*, **15** (2008), 1326-1333.
10) J. E. Corrie, *et al.* : *Nature*, **400** (1999), 425-430.
11) J. E. Corrie, *et al.* : *Bioconjug. Chem.*, **9** (1998), 160-167.
12) R. Yasuda, *et al.* : *Nature*, **410** (2001), 898-904.
13) I. Sase, *et al.* : *Proc. Natl. Acad. Sci. USA*, **94** (1997), 5646-5650.
14) J. N. Forkey, *et al.* : *Nature*, **422** (2003), 399-404.
15) Y. Sun, *et al.* : *Nat. Struct. Mol. Biol.*, **17** (2010), 485-491.
16) Y. Sun, *et al.* : *Molecular Cell*, **28** (2007), 954-964.
17) M. Sugawa, *et al.* : *Biosystems*, **88** (2007), 243-250.
18) E. Toprak, *et al.* : *Proc. Natl. Acad. Sci. USA*, **103** (2006), 6495-6499.

7.3.8 蛍光寿命イメージング

a. 蛍光寿命イメージング

試料から発せられる蛍光において，蛍光強度ではなく蛍光寿命の画像化を行うイメージング技術を蛍光寿命イメージング（fluorescence lifetime imaging または fluorescence lifetime imaging microscopy：FLIM）と呼ぶ．蛍光強度の値は観測している蛍光物質の濃度に比例して増加するが，濃度だけではなく，試料を励起するための励起光の強度やレンズやミラーの汚れ，焦点位置の変化，そして光照射による蛍光物質の分解（光退色）などのさまざまな実験的な要因によっても変化を示す．そのために，特に顕微鏡観察において，蛍光強度の絶対値の変化を定量的に検討することは難しく，蛍光強度の変化に対して，その原因が実験上の問題なのか，それとも科学的

に意味のある変化なのかを判断することが難しい場合がある．一方，蛍光寿命は蛍光物質の物性値であるために，蛍光物質が1種類かつ低濃度であれば，蛍光物質の濃度，光退色，励起光強度のゆらぎ，そして光学系の変化などには依存しない．そのために，顕微鏡下でも蛍光寿命の値および変化量を定量的に検討することができる[1-4]．蛍光寿命の定量性を利用して，FLIMを用いた細胞内のイオン濃度の計測および蛍光共鳴エネルギー移動（Förster resonance energy transfer：FRET）の解析などが提案されている[1]．ここでは蛍光寿命の定式化について概説した後，装置の説明および利点と応用例について紹介する．簡単のために，三次元空間に多数の蛍光分子が均一に分散された試料について検討する．

b. 蛍光寿命の定式化

蛍光寿命は，光などによって電子励起状態に励起された分子が，蛍光を発して電子励起状態から失活するまでの平均時間として定義される．電子励起状態から失活する速度定数を k_f とおくと，k_f の逆数が蛍光寿命（τ_f）となる．k_f は k_r と k_{nr} の和として表すことができる．ここで，k_r は電子励起状態にある分子が蛍光を発して失活する輻射遷移速度定数，k_{nr} は蛍光を発しないで失活する無輻射遷移速度定数である．k_{nr} は電子励起状態のエネルギーを熱エネルギーに変換する内部転換の速度だけではなく，化学反応や項間交差などによって電子励起状態から失活する速度定数も含むとする．τ_f を k_r と k_{nr} を用いて表すと次のようになる．

$$\tau_f = \frac{1}{k_r + k_{nr}} \tag{1}$$

蛍光寿命の値は，輻射遷移速度定数と無輻射遷移速度定数の和の逆数であるために，たとえば電子励起状態から FRET が生じて電子基底状態に戻ると，k_{nr} の値が大きくなり，観測される蛍光寿命が短くなる．

蛍光寿命は，蛍光減衰曲線の測定から求めることができる．蛍光減衰曲線は，パルス状の励起源で試料を光励起したときの蛍光強度の時間変化であり，十分に短いパルス幅をもった励起源で試料を励起したときの蛍光減衰曲線（$I_f(t)$）は，τ_f を用いて式（2）で表される．

$$I_f(t) = I_0 \exp\left(-\frac{t}{\tau_f}\right) \tag{2}$$

ここで，I_0 は $t=0$ における蛍光強度である．$I_f(t)$ は単一の指数関数で減衰し，I_0 の $1/e$ の強度になるときの時間が蛍光寿命になる．複数の蛍光成分が存在するときには，蛍光減衰曲線は，式（3）のように個々の蛍光成分の蛍光減衰曲線の和として観測される．

$$I_f(t) = \sum_n C_n \exp\left(-\frac{t}{\tau_{fn}}\right) \tag{3}$$

C_n は preexponential factor と呼ばれ，観測される蛍光減衰曲線に対して，n 番目の

蛍光寿命（τ_{fn}）の成分の寄与を表す．

c. 時間領域法と周波数領域法

通常の蛍光寿命測定と同様に，FLIM も時間領域法と周波数領域法の二つに分けることができる．時間領域法は，パルス状の光で試料を励起し，二次元画像の各点において，試料の蛍光減衰曲線を直接測定する方法である．蛍光減衰曲線の検出手法としては，時間相関単一光子計数法，ストリークカメラ法，イメージインテンシファイア CCD などを用いた時間ゲート法など，蛍光減衰曲線を測定するさまざまな手法が FLIM にも適用される．時間分解能は，光検出装置の応答時間と励起パルス光のパルス幅によって決まる．蛍光寿命が光検出装置の応答時間よりも遅ければ，パルス幅が短いほど短い寿命まで測定することができる．画像測定を行う顕微鏡部分は，基本的には通常の蛍光顕微鏡と同一である．空間分解能は，他の顕微実験と同様に対物レンズによって決まり，FLIM を用いることによって，一般的には空間分解能は大きく変化しない．

図 7.3.32 に時間相関単一光子計数法を用いた FLIM システムの一例を示す．時間相関単一光子計数法では，レーザー走査顕微鏡が画像取得に用いられる．顕微鏡の配置下にて，対物レンズにて励起レーザー光を試料に集光する．生成した蛍光について，フィルターなどを用いて蛍光波長を選択した後，単一光子計数用の光電子増倍管で蛍光を測定する．励起レーザー光の試料上での集光位置を移動させながら，画像の各点での蛍光減衰曲線を測定し，式 (2) または (3) を用いて蛍光減衰曲線を解析することによって蛍光寿命画像を得る．共焦点や二光子顕微鏡の光学系を用い，対物レンズの位置を移動させて入射光の焦点位置を変化させることによって，試料の高さ方向の分解能も得ることができる．マイクロチャネルプレート内蔵型光電子増倍管を用いることによって，30 ps 以下の時間分解能を得ることができる[4]．

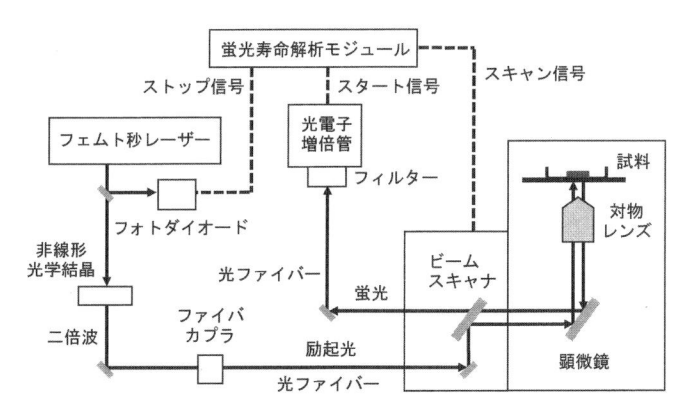

図 7.3.32 時間相関単一光子計数法を用いた蛍光寿命イメージングシステム

CCDなどによる時間ゲート法では，ゲートが開いている時間（ゲート時間）のみ，蛍光信号を測定し画像化する．ゲート幅はナノ秒であり，高速シャッターの役割を果たしている．励起光パルスのタイミングをトリガー信号とした後，トリガー信号を受けてからゲートが開くまでの時間（遅延時間）を変化させながら，各遅延時間において，CCDによって二次元画像を測定する．蛍光強度の遅延時間依存性の解析から蛍光寿命画像を得る．入射光を試料全体に照射することができるCCDを用いれば，二次元画像を一度に測定することができ，時間相関単一光子計数法と比べて測定時間を短縮することができる．

時間領域法は，蛍光減衰曲線を直接測定することができ，式(3)を用いて単一指数関数ではない挙動も解析することができる．しかし一方で，測定時間が長くなるという問題点がある．画像の各点で蛍光減衰曲線を測定する方法では，測定時間が10分以上かかることもあり，試料の光劣化が問題となることがある．時間ゲート法を用いれば測定時間を短縮することができ，秒単位で蛍光寿命画像を得ることもできる．しかし，一般的に用いられるゲート幅は1 ns以上であるために，時間分解能は低下する．また，高価なパルスレーザーを必要とすることも時間領域法の欠点の一つとなる．

周波数領域法は，角周波数(ω)の正弦波状に強度変調された励起光を用いて試料を励起し，同じ角周波数で変調された蛍光成分の位相または振幅から蛍光寿命を求める方法である．式(2)に示す単一指数関数の蛍光減衰の場合，励起光の正弦波に対する蛍光の位相遅れ(ϕ)から，式(4)を用いて蛍光寿命が求められる．

$$\tau_f = \frac{\tan(\phi)}{\omega} \qquad (4)$$

画像測定には，レーザー走査顕微鏡およびCCDと組み合わせた方法の両方が用いられている．光検出装置の周波数特性と励起光の強度変調の角周波数にて時間分解能が決まり，角周波数が高いほど短い寿命を求めることができる．周波数領域法は，時間領域による方法に比べて測定時間を大幅に短縮することができる．また，パルスレーザーをかならずしも必要としないことも利点の一つである．しかし，単一指数関数の減衰を示さない場合は，励起光の変調周波数依存性の測定などを行わなければならない．

このように時間領域法と周波数領域法は，それぞれ長所および短所をもつ．測定において，何を重要視するか（たとえば，蛍光寿命の精度，高速画像測定など）によって，選択する方法が異なるために，FLIMを用いた実験では注意をする必要がある．

d. FLIMの応用

上述のように，光退色などによって，顕微鏡下にて蛍光強度の絶対値を定量評価することは難しく，二つの異なる励起波長または蛍光波長を用いて測定した蛍光強度の比によって蛍光強度のゆらぎの補正を行うレシオ法が用いられる．一方，蛍光寿命の

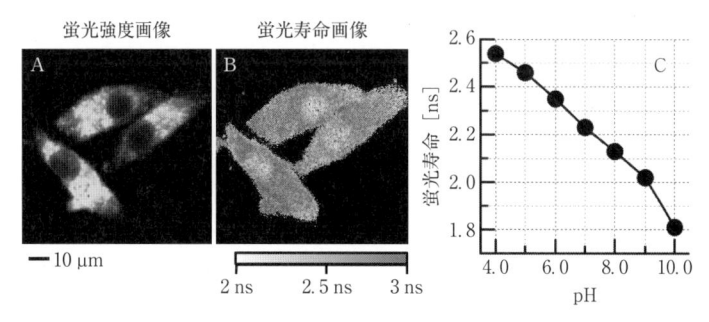

7.3 いろいろなイメージング技術　　679

図7.3.33 FLIMを用いた細胞内pH測定（文献5より許可を得て転載ⓒ2011 American Chemical Society）
細胞内pHが6におけるHeLa細胞内のNADHの蛍光強度画像（A）と蛍光寿命画像（B）．イオノフォアを用いて細胞内外のpHを等しくさせており，細胞外のpHを測定することによって，細胞内のpHを求めることができる．蛍光寿命の値は下のグレイバーにて示してある．蛍光強度画像において，明るく光っている領域がミトコンドリア，暗く円形の領域が核に対応する．（C）ミトコンドリアの領域におけるNADHの蛍光寿命と細胞内pHとの関係．

値は光退色などに依存しないために，レシオ法などを用いなくても蛍光寿命の値および変化量を定量的に解析することができ，細胞内のさまざまなイオン濃度などを求めることができる[2]．図7.3.33に，細胞内に存在する補酵素NADH（nicotinamide adenine dinucleotide）の蛍光寿命画像と細胞内pHとの関係を調べた結果を示す[5]．細胞内pHが増加するにつれて蛍光寿命の値が短くなっており，NADHの蛍光寿命を用いて細胞内pHを測定することができる．NADHは細胞内にもとから存在する蛍光物質であり，自家蛍光物質と呼ばれている．この結果は，NADHの蛍光寿命を用いて無染色で細胞内pHが求められることを示している．また，核とミトコンドリアにおいて，細胞内のNADHの蛍光寿命が異なることもわかる．皮膚などの散乱が大きく蛍光強度の値を定量的に得ることが難しい系において，蛍光寿命を用いた細胞内イオン濃度の計測はとくに有効であると考えられる．

　タンパク質間の相互作用の検出などに用いられているFRETの測定にFLIMが有効であることが示されている[1]．FRETは光励起されたドナー分子から励起されていないアクセプター分子へ励起エネルギーが移動し，ドナーの蛍光強度が減少し，アクセプターの蛍光強度が増加する現象である．このFRETを蛍光減衰曲線から観測すると，図7.3.34のような結果が得られる．ドナーの蛍光減衰曲線は，速く減衰する成分と遅く減衰する成分の2成分にて観測される．速い減衰成分はFRETが生じて蛍光寿命が短くなったドナー分子に対応する．遅い減衰成分は，FRETを生じなかったドナー分子などに対応する．アクセプターの蛍光減衰曲線には，FRETを生じるドナーの蛍光寿命に対応する立ち上がり成分が観測される．FRETを生じるときと生じないときのドナーの蛍光寿命の差を解析することによって，FRETの効率を求

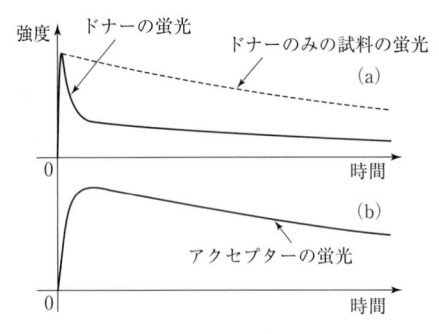

図7.3.34 FRETを示す試料における(a)ドナーと(b)アクセプターの蛍光減衰曲線の概念図
ドナーのみの試料の蛍光減衰曲線も点線にて(a)に示してある.

めることができる.得られたFRET効率とドナーの蛍光スペクトルとアクセプターの吸収スペクトルの重なり積分などの情報を用いて,ドナーとアクセプター間の距離が見積もられる.蛍光減衰曲線を測定することによって,FRETを生じるドナーの蛍光のみを取り出して解析することができ,FRETを起こさなかったドナー分子の寄与などのFRET解析の問題点を解消することができる.

生命科学以外の分野においても,試料温度の空間分布や共重合ポリマーへのFLIMの応用なども報告されている[3].ここで述べたFLIMの特徴を生かすことによって,FLIMがさらに多くの領域へと発展することを確信している.

〔中林孝和〕

文献・注

1) H. Wallrabe and A. Periasamy : *Curr. Opin. Biotechnol.*, **16** (2005), 19-27.
2) 中林孝和,太田信廣:分析化学,**58** (2009), 473-485.
3) M. Y. Berezin and S. Achilefu : *Chem. Rev.*, **110** (2010), 2641-2684.
4) W. Becker, *et al.* : *Microsc. Res. Tech.*, **63** (2004), 58-66.
5) S. Ogikubo, *et al.* : *J. Phys. Chem. B*, **115** (2011), 10385-10390.

7.3.9 吸収イメージング

a. 吸光光度法

光吸収は最も身近な物質と光との相互作用である.分光分析においても,赤外線を用いた赤外分光法からX線を用いたX線吸収分光に至るまで,さまざまな波長の光吸収が用いられている.なかでも,分子の電子遷移に相当する紫外・可視・近赤外領域の光吸収は,吸収スペクトルから化学構造に関する情報が豊富に得られるため,分析化学において非常に重要である.

物質に光を入射し,入射光と透過光の強度比を測定することで光吸収の度合い(吸光度)を求める手法のことを吸光光度法と呼ぶ.試料が希薄溶液の場合,吸光度をα,入射光強度をI_0,透過光強度をIとして,以下に示すランベルト–ベール(Lambert-Beer)の法則が成立する.

$$\alpha = -\log \frac{I}{I_0} = \varepsilon c l \tag{1}$$

ここで，$\varepsilon[\mathrm{M}^{-1}\mathrm{cm}^{-1}]$ は溶質のモル吸光係数で，$c[\mathrm{M}]$ は溶質のモル濃度，$l[\mathrm{cm}]$ は光路長である．したがって，溶質のモル吸光係数をあらかじめ調べておくか，標準試料を用いて検量線を作成すれば未知試料の濃度が決定できる．この原理に基づいて吸光スペクトルの測定や濃度定量を行う吸光光度計が広く普及している．また，イメージング手法としては，透過光の強度や色の変化をみる点で光学顕微鏡の透過光観察に相当する．

しかし，吸光光度法にはいくつかの点で限界がある．まず，光検出器で測定できる強度比は一般に 1/10～1/100 程度であるため，吸光度の小さい試料の測定は困難である．また，原理的に入射光強度 I_0 を上げると透過光強度 I もそれに比例して上昇するため，式 (1) より測定したい強度比 I/I_0 は変化しない．そのため，レーザー誘起蛍光法（laser induced fluorescence：LIF）などとは異なり，高輝度な光源を用いたとしても性能が向上しない．さらに，吸光度は光路長に比例するため，実用的には 1 mm 以上の試料厚みが必要となる．

b. 光熱変換分光法

吸光光度法の欠点を解消する手法として，光熱変換分光法（photothermal spectroscopy）が開発されてきた[1]．光熱変換分光法は光吸収に伴って発生する熱を測定する手法である．光熱変換分光法では，光吸収によって発生する熱が入射光強度 I_0 に比例して増加し，透過光強度 I は測定にかかわらないため，信号が I_0 に比例して増加する．そのため，蛍光光度法と同様に高輝度な光源を用いることで感度が大幅に向上する．また，光熱変換分光法は測定試料の適用範囲が非常に広い．光を吸収して励起状態にある分子が，光子を放出して基底状態に戻ることを輻射遷移，熱を放出して基底状態に戻ることを無輻射遷移と呼ぶ．このとき，輻射遷移の確率 η_r と，無輻射遷移の確率 η_n との間には，

$$\eta_\mathrm{r} + \eta_\mathrm{n} = 1$$

の関係が成り立つが，実際には η_r の値が大きい蛍光分子でも η_r の値が 1 になることはない．また，励起波長と蛍光波長の差（ストークスシフト）に由来するエネルギー差は熱として外部に放出される．したがって，実質的にほとんどの物質は光吸収に伴って熱を放出するため，光熱変換分光法が適用できる．これらのメリットを生かした光熱変換分光法の手法とイメージングへの応用について以下に述べる．

c. 光音響分光法

光音響分光法（photoacoustic spectroscopy：PAS）は最初に開発された光熱変換分光法である[2]．光音響分光法は測定したい試料に断続的に光を照射し，発熱によって温度を周期的に変化させる．すると熱膨張に伴って密度も周期的に変化するので，これを音響波としてマイクロフォンで検知する．一例として，機密性の高い試料セルとマイクロフォンを一体化した光音響セルが市販されており，近赤外の光源などと組

み合わせて用いられている．また，レーザー顕微鏡と組み合わせることもできる[3]．光音響分光法の特長はまず高感度であることと，次に試料の形を選ばないことである．薄膜，粉末，不定形の試料などを非破壊で測定することが可能で，前処理の必要がない．また，生体に与えるダメージが小さいことから，血管やがん細胞など生体組織のイメージングに応用されている[4]．解像度は超音波振動子を用いることでサブミリメートルを実現しており，深さ方向の分析も可能である．近年では，これを利用した断層撮影法の研究が行われている．

d．熱レンズ顕微鏡

光音響分光法に続いて発展したのが熱レンズ分光法（thermal lens spectrometry：TLS）である．熱レンズ分光法は温度変化に伴って生じた屈折率の変化を検出する．とくに，熱レンズ分光法を顕微鏡下で実現した熱レンズ顕微鏡（thermal lens microscope：TLM）は感度・分解能に優れ，イメージングに大きな威力を発揮する．TLMの原理を図7.3.35に示す．励起光（レーザー）を試料溶液に集光すると，熱が発生し温度上昇に伴って溶液の屈折率が変化する．このとき，励起光はガウス型の強度分布をもつため，中心に近いほど温度が高くなる．一般に液体の場合，温度上昇に伴って屈折率は低下するので，溶液中には励起光の焦点に近いほど低くなるような屈折率分布が形成される．この屈折率分布は凹レンズと同じはたらきをするため，熱レンズ効果と呼ばれる．すると，熱レンズによってプローブ光の屈折が起こり，ピンホールを通過することで光密度の変化が検出される．この光密度変化は熱レンズ効果の大きさ，つまり発生する熱量に比例するので，溶液の吸光度および濃度の定量が可能となる．TLMの最大の特長は感度の高さにある．通常の吸光光度法と比べると数桁高感度で，単一分子レベルの感度をもち[5]，金属ナノ粒子のカウンティング[6]が可能である．また，蛍光顕微鏡と比較すると，光吸収さえあれば非蛍光の分子も検出できるという利点がある．とくに，紫外領域の励起光を用いることでDNA・タンパク質などの生体分子を蛍光標識なしで検出することができる[7]．さらに，TLMは励起光およびプローブ光を回折限界まで絞り込むため，検出体積が数fLと非常に小さい．そのため，試料を走査すれば高い空間分解能で吸光度分布を可視化できる．このとき，解像度は励起光スポットの大きさで決まり，高倍率の対物レンズを用いれば解像度は1μm以下となる．これら高感度，非蛍光，高分解能といった特長を生かして，TLMはイメージングへの応用もさかんである．たとえば，図7.3.36に示すようにアポトーシス（細胞の自殺）の過程でミトコンドリアから放出される色素タンパク質シトクロ

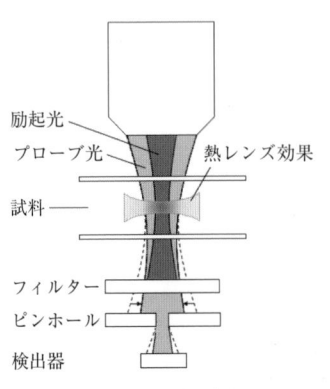

図7.3.35 熱レンズ顕微鏡の原理

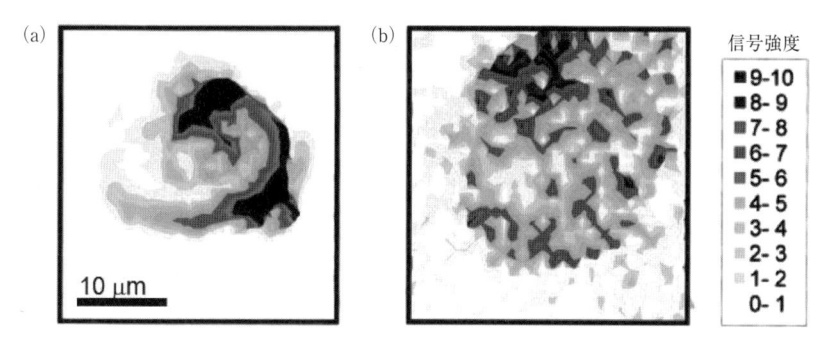

図 7.3.36 熱レンズ顕微鏡によるシトクロム c のイメージング
(a) アポトーシス前, (b) アポトーシス後.

ム c を，単一細胞中かつ無標識で観察した報告がある[8]．また，生体内のリンパ管中を流れるメラノーマ（皮膚がんの一種）細胞を直接観察した例も報告されている[9]．さらに，金属ナノ粒子やカーボンナノチューブと組み合わせたイメージング手法の開発も活発である．

現在，TLM は実用レベルではすでに製品化されており[10]，研究レベルでは単一分子イメージングに向けたさらなる高感度化が進行している．従来の熱レンズ分光法では屈折によるプローブ光のわずかな変化を検出するため，プローブ光自体のもつバックグラウンドが問題となる．そこで，2 本に分離したプローブ光を干渉させることで位相差を検出する微分干渉観察法[11]や，散乱光を検出する暗視野観察法[12]を取り入れることによって，バックグラウンドフリーを実現した新しい TLM が開発されている．

〔北森武彦・清水久史〕

文献・注

1) 澤田嗣郎編：光熱変換分光法とその応用，日本分光法学会測定シリーズ 36，学会出版センター，1997，[5]．
2) 澤田嗣郎編：光音響分光法とその応用 PAS，日本分光法学会測定シリーズ 1，学会出版センター，1982，[10]．
3) T. Nakata, et al.: *Jpn. J. Appl. Phys.*, **31** (1992), 146-148.
4) M. Xu and L. V. Wang: *Rev. Sci. Instrum.*, **77-4** (2006), 041101.
5) M. Tokeshi, et al.: *Anal. Chem.*, **73-9** (2001), 2112-2116.
6) K. Mawatari, et al.: *Anal. Chem.*, **70-23** (1998), 5037-5041.
7) S. Hiki, et al.: *Anal. Chem.*, **78-8** (2006), 2859-2863.
8) E. Tamaki, et al.: *Anal. Chem.*, **74-7** (2002), 1560-1564.
9) E. Galanzha, et al.: *Cytom. Part A*, **73**-A (2003), 884-894.
10) http://www.i-mt.co.jp/index.html
11) H. Shimizu, et al.: *Anal. Chem.*, **81-23** (2009), 9802-9806.
12) A. Gaiduk, et al.: *Science*, **330**-6002 (2010), 353-356.

8

いろいろな光源と発光の応用

8.1 光源

8.1.1 照明[1)]

a. 電気以前の照明光源
1) 原始照明の歴史

　人類が最初に手に入れた光は，プロメテウス（Prometheus）により天上の火が地上に届けられたときに発する，というのはギリシア神話の話である．実際には，火山や落雷時の火事の残り火から火を手に入れていたと考えられる．木々を利用したたき火や松明から漆黒の夜を照らす照明が始まった．自然に頼ることなく火を手に入れるために，火花を利用する火打ち石や摩擦熱を利用する「もみぎり」などで火を点けるようになった．さて燃焼による灯りは，身の周りにある木々を利用したものが主であった時代が長く続いたが，植物性油脂（二宮尊徳がナタネをつくって油と交換して夜読書した），動物性油脂（幕末ペリーが日本に来航したのは，油源であるクジラを捕鯨するための基地の確保が目的である），鉱物性油脂（日本書紀に「燃土」「燃水」が越の国より献上されたことが記されている）も利用された．
　蠟燭（木蠟，蜜蠟）を利用した灯明，燭台，提灯，灯籠，雪洞，油皿をおいた行灯など日本には他国に類をみないほど種々の照明器具が存在している．一つには光の拡散に紙が利用されているので，1200年頃に紙の生産が始まったヨーロッパとは歴史が違うということもあげられよう．なお，蠟燭の明かりというのは，初期の照明の単位となった．たとえば10燭光といえば蠟燭10本分の明かりという意味である．

2) 照明に求められるもの

　ディスプレーがきれいに見えるためには，基準となる光の三原色RGBの色純度が高いほうがよい．ところがディスプレーのように光が直接目に入る光と異なり，照明光は照射された光が対象物から反射されることを前提にしている．照明光に対象物の

8.1 光源

表 8.1.1 種々の光源による平均演色評価数

光源	白熱電球	高圧水銀灯	普通型蛍光灯	三波長型蛍光灯*	電球型蛍光灯	高圧ナトリウムランプ	メタルハライドランプ	LED電球	有機EL[*2]	無機EL
R_a	100	40〜50	≥60	≥80	84	25	70〜96	72	74〜90	80

＊：色評価用は≥99，高演色性は≥95．＊2：販売品．

色を正しく表現できる光の成分を含んでいるかどうかである．いろいろな波長の光を含んだ光は人間の目には色を認識できない．これが白色光である．照明としての白色光の基準は太陽光である．この指標が演色性と呼ばれるもので数値化した形で，8個の評価色素による平均演色評価数 R_a と別の7個の評価色素による特殊演色評価数 R_i が定義されている．一般には，R_a によって評価されている．太陽光を再現していれば，$R_a=100$ で，合致度が悪くなってくれば 100 からどんどん小さくなる．

表 8.1.1 にこの後出てくる照明光源の R_a を示す．太陽光は基本的に黒体放射，すなわち物体の温度による放射である．これと同様な原理である白熱電球は $R_a=100$ である．逆に低圧ナトリウムランプのように 1 波長成分の光しか含まない光では R_a は規定されない．普段利用している蛍光灯も種々多様であり，普通型の R_a はあまりよくない．

b. ガス灯の利用

ガス灯は1792年にイギリスのMurdochによって実用的な形で発明された．石炭ガスを利用した初期のガス灯は裸火であり，後年改良され魚尾灯（ガス放出面積を増やすように火口を広げるように加工された形が魚ひれに譬えられた）で16燭光程度であった．1886年にドイツのWelsbachは白熱させるガスマントルを取り付けるようにした．これにより40燭光まで明るくなった．欧米では電灯普及以前はガス灯により街の照明としていた．日本では，1872年10月31日に横浜にはじめてガス灯が灯った（10月31日はガス記念日である）．日本ではガス灯は1915年まで広く利用されていたが，1937年にはほとんど姿を消した．白熱電球に取って代わられたのである．

上記のガス灯は配管によってガスを供給するものであったが，ガスが供給されないないところでは，アセチレンランプが利用された．炭化カルシウムを水と反応させるとアセチレンが発生するので，これを燃焼させる仕組みである．単純であり手軽であるが，初期はアセチレンの発生量を制御できなかったので，爆発事故などもよく生じていた．その後，発生量を制御できるようになり，広く普及した．1912年スウェーデンのDalénはアセチレンランプでの照明用ガス貯蔵器用の自動調節機の発明によりノーベル賞が授与されている．

c. 白熱電球
1) 白熱電球の開発

　白熱電球の発明者はエジソン（Edison）というのが日本人のイメージであるが，実際，エジソンは白熱電球の開発にかかわった技術者の最終ランナーの一人というのが正しい．その原理は金属線に電流を流して，そのジュール熱により金属線が白熱して発光するというものであり，黒体放射と同じ原理である．

　人類が電気を手に入れることができるようになったのは，1800年，イタリアのボルタ（Volta）によるボルタ電池の発明からである．発電機が発明されるまでは，電池を直並列に組み合わせて電源とした．1801年にフランスのde Thenardが，1802年にイギリスのDavyが金属フィラメントに電流を流して，白熱発光することを発見した．大気中で金属フィラメントを加熱すれば酸化により電流が流れなくなったり，または切れてしまう．そこで1820年にスイスのde la Riveは排気したガラス管を利用して白金コイルを点灯させることに成功した．これが現在の白熱電球のもとになる最初の電球である．フィラメントに竹炭を利用したのもエジソンが最初のように思われるが，1838年にはフランスのde Changyがカーボンフィラメントを利用し，排気した電球での発光も報告された．

　1847年，イギリスのSwanは白金イリジウム線を利用した電球の公開実験を行った．アメリカのGoebelが1848年に炭素フィラメントによる白熱灯を作成し，1854年に竹を炭化したフィラメントを利用した白熱灯を作成した．そして1878年にはスワン（Swan）が木綿糸を炭化した電球を作成し，13.5時間の点灯を実現した．そして1881年にはスワンはロンドンに電灯会社を設立した．

　アメリカのエジソンは1874年にWoodwardとカナダのEvansから炭素フィラメント電球の特許を取得してかなり遅れて白熱電球の開発競争に参戦したが，驚異的な

図 8.1.1　左よりエジソン電球（浅田電球製作所製）と20W白熱電球

開発速度で1879年には炭化した紙を利用した電球で40時間の点灯を実現した．そして1880年には，1200時間の点灯に成功するとともに（このとき京都の竹を利用したと宣伝した），ニューヨークにエジソン電灯会社を設立した．この後，エジソンは特許戦争をスワンにしかけるが，スワンの特許の優位性は覆すことはできず，和解の後1883年にエジソン・スワン電灯会社を設立した．前述したように初期の明るさは蝋燭の本数で表され，「100燭光」などといわれた．また，電力においてもW数で呼ぶのではなく，「点灯数2000個」のように電灯数で発電量を表した．図8.1.1にエジソン電球（浅田電球製作所製）と20 Wの白熱電球の発光状態を示す．20 Wの白熱電球と比べるとエジソン電球は竹フィラメントが赤熱しているように見える．日本では，藤岡市助が1884年に白熱電球の技術をエジソンに教えを請い，1890年に電球製造会社「白熱舎」を設立した．これは現在の東芝につながる会社の一つである．

2) 白熱電球の原理と構造

白熱電球が発光するのは，フィラメントに流れた電流によってジュール熱が生じ，それによりフィラメントが高熱となる．これは黒体輻射と同様であり，電磁波を放射するが，温度上昇とともに長波輻側から，赤外領域，可視光領域と短波長側の電磁波を放射する．3000 Kをこえはじめると可視光領域の放射がはじまるが，完全に発光ピークが可視光領域となり，太陽光のように青色から紫まで含むようになるためには6000 K程度が必要である．問題はこのとき赤外領域などの長波長領域での放射も非常に多いということである．ただ単に発光ピークが短波長側にシフトするのであれば問題はないが，発光ピークが増加するときはそれよりも長波長側はさらに増加する．電圧が一定であるので，ワット数が大きい電球では電流が大きく明るく，また色温度が高くなる．

白熱電球の構造は図8.1.2に示すように，バルブと呼ばれるガラス管，内部封入ガス，フィラメント，口金があり，それを支えたり導入したりする部材から構成されている．白熱電球のフィラメントは，開発の歴史上は金属からカーボンという流れではあったが，最終的には高融点材料であるタングステン（融点3683 K）を利用している．高融点であること以外にフィラメント材料が有すべき特徴としては，高温時にも蒸発しづらいこと（フィラメントが焼き切れたときガラス面に金属が蒸着されているのがわかる），振動や衝撃に耐える機械的強度がある，ことが必要である．

タングステンはもともと加工性がよい金属ではないが，線引き法が開発されて線材化が可能となった．また機械的強度もよくないので，コバルト，レニウム，ガリウムなどを添加して，改善されている．

バルブはソーダ石灰ガラスが利用されるが，ワット数の大きい大容量のものは耐熱性の高いホウケイ酸ガラスを利

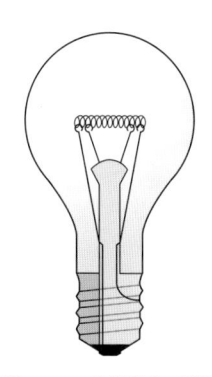

図8.1.2 白熱電球の外観

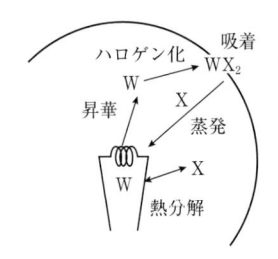

図 8.1.3 ハロゲンサイクル
W：タングステン，X：ハロゲン，
WX₂：ハロゲン化タングステン.

用する．透明な電球もあるが，内部につや消しを施し光の拡散性を高めている．内部は，初期は酸素を減らすために真空にしていたが，フィラメントのタングステンがガラスに真空蒸着されてしまう黒化が生じる．そのため，現在ではアルゴンに窒素を数%添加したガスを封入している（点灯時で大気圧）．これによりタングステンの蒸発は抑制され，フィラメントの長寿命化もしくは高温化が可能となった．

なお，家庭照明用の白熱電球の口金（金属の部分）はイギリスおよび英国連邦を除き，らせん状に溝を切ったねじ巻き形となっていることが多い．溝がある部分と電球の一番下の部分が二つの電極である．これはエジソンの発案（規格として E26 のように表記されている）である．しかし，イギリスでは電球の接続が差し込み式となっており，これはスワンの発案（スワン式は S26 のように表記）である．スワン式は振動などで緩くなることがないので，エジソン式を使用している国でも車の電球などはスワン式であることが多い．現在でも残る電球戦争のなごりである．

3) ハロゲンランプ

メタルハライドランプと呼ばれるランプがあるが，これはハロゲンランプとはまったく別物で，前者は放電管でハロゲンランプは白熱電球である．高温により蒸発したタングステンは真空中や不活性ガス中では単に蒸発しガラス壁面に付着する．白熱電球の封入ガスにハロゲンガスであるヨウ素，臭素を微量に混入させる．ハロゲン（X）存在下では，ハロゲン化タングステン（WX₂）となるが，昇華温度が低いので再蒸発して高温のフィラメントに触れると熱分解されタングステンはフィラメントに戻る．結果的に，ガラス管の黒化が防げるとともにフィラメントの消耗を抑制できる．これをハロゲンサイクルと呼ぶ（図 8.1.3 参照）．

ハロゲンランプではハロゲンサイクルのおかげでフィラメント温度を高温にできる（色温度を高くできる）．またフィラメント温度が同じであれば寿命を 2 倍にできる．また，黒化が生じないので，フィラメントとガラスとの距離を短くできる．ただし，ガラスとの距離が短くなったことにより，ガラスは高温にさらされることになるために，より高温に強い石英ガラスが利用される．ハロゲンサイクルを有効に活用するために形状や設置は制限される．たとえば白熱電球と同様に立てて使用すると管中の対流により上方にタングステンが運ばれてしまい，ハロゲンサイクルが機能しない．そのため，フィラメントとガラス管が広範囲に接近する形となる水平設置が好ましい．

d. 放電灯
1) 放電灯の種類と原理
a) 放電灯と原理　実は白熱電球を除く身の周りにある光源の多くはほとんど

放電灯の範疇に含まれる．水銀灯，蛍光灯，ナトリウムランプ，メタルハライドランプ，キセノンランプ，ネオン管などがあげられる．放電灯は大きく2種類に分けられ，一つはガス放電灯，もう一つはアーク放電灯である．ガス放電灯には電極を有しているものと無電極のものがあり，後者は無電極放電ランプと呼ばれる．以下に主なものを個別に紹介するが，ここではアーク灯について述べる．

放電は，電極間の電圧がしきい電圧をこえると発生する（実際には電極間距離と媒質の圧力の積の関数であるパッション則に依存する）．これは電極間媒質の絶縁破壊であり，火花放電と呼ばれる．詳細は放電の項を参照していただくとして，火花放電が持続されると，持続された放電機構によりコロナ放電（局部破壊放電），グロー放電，アーク放電と形態を変える．アーク放電はフラッシュオーバーとも呼ばれ，持続放電の最終形態であり，低電圧であるが流れる電流量は大きい．放電管はガラス管であるが，高圧系ではほとんど石英ガラスが利用される．

b) アーク灯 アーク灯はアーク放電によるフラッシュオーバーをそのまま照明に利用した照明である．白熱電球が実用化されるよりも前に，1802年にイギリスのDavyがアーク灯の原理を発見し，1815年に電池を2000個つないでデモンストレーションした（ボルタ電池の起電力は約1V）．1848年にイギリスのStaiteは炭素電極を利用して実用的なアーク灯（electric light）を開発した．またロシアのYablochkovは2本の炭素棒を利用し，交流を利用する電気蠟燭を発明した．19世紀半ばまでは発電機がなかったため，電力は電池に頼らざるをえなかったので，電灯の普及は考えられなかった．しかしながら，実用的な発電機が登場するにつれて従来ない電気の光は注目されるようになった．そしてアーク灯は1873年頃から工場や街灯として利用されはじめ，1876年にはパリのコンコルド広場がアーク灯で照らされた．日本では1878年3月25日に工部大学校（東京大学工学部の前身の一つ）にはじめて電灯として点灯されたのもアーク灯である（ちなみに日本ではこれを記念として3月25日を電気の日としている）．

アーク灯の欠点は，高温・高エネルギーのアークによる電極の損傷，強すぎる光強度，10%程度しかない低エネルギー効率，高圧による安全性の問題などがあげられる．白熱電球の普及とともに急速に姿を消した．

2) 水銀灯

水銀灯はガラス管に封入された水銀蒸気下におけるアーク放電による光源である．1886年にドイツのGeißlerによってガイスラー管として知られる放電が確認された．水銀灯は1901年にアメリカのHewittによって発明された．ガラス管には放電電極があり，水銀と希ガスが封入されている．封入ガスの圧力により，低圧水銀ランプと高圧水銀ランプがある．前者の圧力は1～数百Paであり，後者のそれは50～1000 kPaである．低圧水銀ランプでは，184.9 nmと253.7 nmの紫外線を発するので，照明用で一般に水銀灯といえば，高圧水銀ランプをさす．

水銀蒸気の圧力が高くなると，発生した紫外線を再吸収して，水銀の404.7, 435.8,

546.1, 577.0〜579.1 nm の可視光領域の光を発するようになる．低圧水銀ランプでは，184.9 nm と 253.7 nm の紫外光の割合が放射光の 65% であるが，高圧水銀ランプでは，放射光における割合が可視光 15%，赤外光 60%，紫外光（253.7, 365.0 nm）10% になる．発光効率は 54 lm/W である．紫外光を蛍光体によって可視光化すると，60 lm/W まで発光効率は高まる．

3) 蛍光灯

蛍光灯の原理は 1857 年にフランスの Becquerel によって理論的に提案された．低圧水銀ランプの発する紫外線を蛍光体に照射して，可視光に変換して白色光を得る光源が蛍光灯である．このように水銀灯発明前に原理はわかっていたが，実際に形にしたのは 1926 年ドイツの Germer であった．そして GE が Germer の特許を購入して，1938 年に蛍光灯を発売した．

発光の原理は図 8.1.4 に示すように，①熱電子放出された電子により放電が始まる．この際に準安定状態（16.62 eV）に励起された Ne 原子から Ar 原子（電離電圧 15.76 eV）にエネルギーが遷り Ar 原子が電離することによって放電電圧が低下する．この現象をペニング効果と呼び，蛍光灯だけでなく広く利用される．②加速された電子が Hg 原子に衝突する．③励起した Hg が紫外線を発する．④紫外線を管壁に塗られた蛍光物質が吸収し，可視光に変換する．⑤この際，RGB などの混色により，白色光が得られる，というものである．蛍光物質には，Eu^{2+}（青），Eu^{3+}（赤），Tb^{3+}（緑），Mn^{2+}（黄），Mn^{4+}（赤），Sn^{2+}（赤）などの酸化物，リン酸塩，ケイ酸塩などが利用される．この蛍光体の量子効率（入射紫外線光子 1 個に対する可視光光子の数）は 0.7 以上が求められる．

蛍光灯の明るさは放電面積に依存するので，直管形，環形であれば長いほうが明るく消費電力も大きくなる．白熱電球代替として普及してきた電球型は大きさに制限があり，点灯回路も組み込まれているので，普及時はかなり大きくかつ重量があった．現在は大きさも重量も改善されてきている．

Hg は人体にとって有害であるので，RoHS 指令[1] などでは規制される材料である．そのため，蛍光ランプは原理上 Hg を利用しているので，本来利用禁止となるべき製品であるが，代替するものがないために現状では例外品として扱われている．

4) ナトリウムランプ

ナトリウム蒸気雰囲気でのアーク放電による発光をもとにしている．これも封入圧力の違いにより，低圧ナトリウムランプ（0.5 Pa）と高圧ナトリウムランプ（13 kPa）に分かれる．どちらの場合も，少量のペニングガスとして，ネオン，アルゴンが加えられる．低圧ランプは

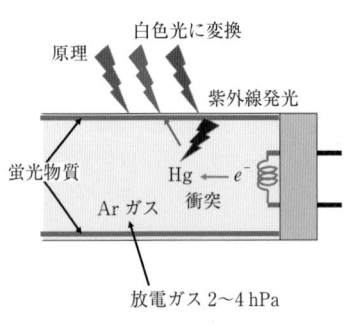

図 8.1.4 蛍光灯の発光原理

表 8.1.2 ナトリウムランプの照明特性

	低圧	高圧	高圧 (演色改善型)	高圧 (高演色型)
圧力 [Pa]	0.5	13〜65 k		
効率 [lm/W]	120〜180	100〜160	80〜100	40〜60
R_a	—	15〜25	60	85

1919年にアメリカのComptonによって，高圧ランプは1932年アメリカのInmanによって発明された．

低圧ナトリウムランプは，ナトリウム原子の輝線スペクトル（D線，D_1 = 589.6 nm, D_2 = 589.0 nm）を利用したもので，トンネルでみられるあの黄色の照明である．このナトリウムランプは黄色成分しかないので演色性は悪い（というより定義できない）が，発光効率は120〜180 lm/Wと非常に高い．

高圧ナトリウムランプは，次に述べるHIDランプの一種である．原理は早くに発表されたが，実用化は1960年のGEからである．圧力を高めたことにより，黄色の光が再吸収されて，発光スペクトルが広がることにより演色性が高まる．ただし，その分発光効率は低下する．なお，ナトリウム蒸気は石英ガラスを侵すので，放電管にはアルミナが利用される（表8.1.2）．

5) HIDランプ

HIDランプとは，高輝度放電ランプ（high intensity discharge lamp）の略称である．金属原子の高圧蒸気中のアーク放電による発光である．上述した高圧水銀灯，高圧ナトリウムランプが含まれ，これらにメタルハライドランプを含めたものである．ここではメタルハライドランプを紹介する．

名前のとおり，ハロゲン化金属を蒸気として利用したアーク放電である．一般的には，タリウム，インジウム，スカンジウムなどのヨウ化物が用いられる．メタルハライドランプは1912年にアメリカのSteinmetzによって特許が申請された．

6) ネオン管

夜の繁華街を彩ってきたネオンサインは，封入ガスとしてネオンを封入した放電管である．放電形態としては，アーク放電ではなくグロー放電である．そのため，電流は小さく（最大20 mA），動作電圧が高い（最大15 kV）．封入圧力は100〜1000 Paである．発光効率は1 lm/W未満とかなり低い．

1902年にフランスのClaudeとドイツのvon Lindeによってガイスラー管を応用してネオン管は発明された．現在のネオン管に近いものは1914年にドイツのSchraterが開発した．ちなみに希ガスの発見はHeは1886年，Neは1893年，Arは1894年，KrとXeは1898年である．ネオン管は赤っぽいオレンジ色の発光であり，ガスの調整でピンクやオレンジもできる．他の希ガス，たとえばアルゴンを利用すれば青などが出せる．ネオン管は細いガラスの形状を加工して，文字や図形を一筆書きで作成す

るが，その長さは最大 15 m（通常は 1.5 m）にすることもできる．また，通電ドライバーの点灯はネオンランプである．

7) 無電極放電ランプ

これまで述べてきた放電灯には，放電管内に電圧を印加するための電極が対で構成されていた．ところが放電では，この電極が徐々に劣化・折損することでランプの寿命を制限する原因の一つであった．無電極放電ランプは電磁誘導を利用することにより，ガス放電を行うものである．高周波を利用してガス放電を行うこと以外は蛍光ランプと同様であり，水銀が励起され，紫外線が発生し，管壁の蛍光塗料により可視光化される．蛍光管を電子レンジに入れると光るが，まさしくこの原理による．高周波では 2.65 MHz，低周波では 140 kHz，230 kHz が利用されている．

e. 省エネルギー型新照明光源

期待される照明光源

日本では蛍光灯の利用率は約 92% と非常に高いが，世界的には白熱電球が圧倒的に利用されている．アメリカでは約 65%，欧州で約 47%，ロシアに至っては約 94% が白熱電球である（もちろんこれには理由があり，蛍光灯は低温だと点灯しないためである）[2]．表 8.1.3 に主要な照明光源の発光効率を含む特徴をまとめた．日本では家庭電力では照明の消費電力は約 15% を占める．諸外国では，白熱電球を蛍光灯に置き換えるだけでも照明にかかわる消費電力を低減させることができる．しかしなが

表 8.1.3 各種照明光源の現在の性能

	白熱電球*	蛍光灯[*2] 上：普通 下：三波長	高圧水銀灯[*3]	高圧 Na ランプ[*4]	メタルハライド[*5]	LED[*6]	有機 EL[*7]	無機 EL[*8]
発光原理	黒体輻射	放電	放電	放電	放電	電界発光 (注入型)	電界発光 (注入型)	電界発光 (真性)
効率 [lm/W]	13〜15	60〜69 70	42	86〜114	64〜80	73〜90	30	—
R_a	100	61〜74 84〜92	40〜50	25〜60	70〜75	70〜74	≥90	80
ランプ価格[*9]［円］	100〜120	250〜400 550〜900	1500〜2300	8300〜14000	7000〜7400	3800〜4100	220000	7800
寿命［1000時間］	1	12	12	24		9〜12	40	20	1
特徴	赤外光多い	原理上 UV 光を含む	原理上 UV 光を含む			可視光のみ	可視光のみ	可視光のみ

*：定格 60 W，*2：管長 830 mm, 定格 32 W，*3：蛍光型 定格 100 W，*4：定格 220 W，*5：定格 250 W，*6：電球タイプ 60 W 相当，*7：パナソニック出光 OLED 照明発表，*8：A4 サイズ 白色 *9：実際には電源部が必要なものが多いので，あくまでも参考．

図 8.1.5 左より 60 W 白熱電球（消費電力 54 W，全光束 810 lm），60 形電球形蛍光灯（10 W，810 lm），50 形 LED 電球（11 W，640 lm）（口絵 24 参照）

ら，日本では蛍光灯を別の照明光源に置き換えなければ，省エネは実現しない．そうしたなかで次世代照明用光源として，半導体 LED と有機 EL が注目されている．図 8.1.5 に 60 W 白熱電球（消費電力 54 W，全光束 810 lm），60 形電球形蛍光灯（10 W，810 lm），50 形 LED 電球（11 W，640 lm）の発光状態を示す．電球形において LED 電球は電球形蛍光灯にはまだ性能（消費電力，全光束，サイズ）は及ばない．

a) 発光ダイオード 発光ダイオード（light-emitting diode：LED）は 1962 年にアメリカの Holonyak によって発明された．LED では，無機半導体のバンドギャップ間での電子と正孔の再結合によるエネルギー放出による発光を利用する．発光エネルギーはほぼバンドギャップに等しいので，非常に半値幅の狭い発光スペクトルとなる．これは蛍光灯などにも利用される無機蛍光体にも当てはまる．そのため，高演色性を実現するためには，青色 LED＋黄色蛍光体のような補色だけでは十分に実現できないので，緑・赤の蛍光体を利用する．光源に青色 LED 以外も利用する手法では，3 本の狭い発光スペクトルの集まりとなり，ディスプレーにはよいが照明には向かない．

直流低電圧駆動であるが，高輝度を実現するためには電流を流す必要があり，電球型 LED の形状をみても明らかなように放熱が問題となる．また，LED チップは光の取り出しが効率よく行えるようにレンズがあり正面（凸部上方）に光が出る．そのため，前方への局所光源となるため，白熱電球型ではソケット側の明るさが著しく減少する．また拡散光源とするためには，電球型では拡散板，平面型では導光板が必要となり，これが本来の高輝度を損なっている．低価格化に伴い，省電力目的で白熱電球

b) 有機 EL 有機 EL の発光メカニズムは LED と同様な注入型電界発光である．詳細については 8.2.2 項もしくは参考文献 4 を参照されたい．ここでは有機 EL 照明に絞って紹介する．有機 EL は LED と異なり完全な面光源である．有機 EL の発光材料の発光スペクトルの半値幅は 50〜100 nm と幅広いので，補色の関係にある（たとえば青と黄）の二つの材料を利用してもそこそこの演色性（R_a＝約 70）が得られる．しかしながら，より高演色性の照明光とするためには，三つから四つの発光材料が必要である．たとえば Lumiotec の製品は R_a＝81 であり，パナソニック社は青（蛍光），緑・赤（りん光）を組み合わせて，$R_a \geq 90$ を達成している．りん光材料の内部量子効率が高いので，発光効率を高くできる．蛍光材料を利用している製品では 11 lm/W であるのに対して，オールりん光材料を利用しているコニカミノルタの製品は 45 lm/W に達する．パナソニック社でも 30 lm/W を実現している．実験室レベルでは，100 lm/W をこえているので，今後，研究開発が進めば新規な面発光光源として市場を形成していくものと思われる．問題点としては，有機 EL は従来の照明器具の概念とはかなり異なっているので，既成製品の代替として普及するのには時間がかかるだろう．

c) 無機 EL[5] LED，有機 EL ともに直流電源を利用し，動作電源には極性があるので，交流を利用すると効率が低下する．過去には直流駆動の無機 EL の開発が行われたが，現在の無機 EL（二重構造絶縁型）は交流電源を利用する．LED と有機 EL が注入型 EL なのに対して，無機 EL は真性 EL である[6]．図 8.1.6 のように ZnS などのホスト半導体に金属イオンを分散させたものが活性（蛍光体）層である．これの両端を電極で挟むが，LED と異なりキャリヤーを注入するためではなく電圧を印加することが目的である．そのためキャリヤー注入（流出）しないように活性層と電極の間はブロッキング層（誘電体層）が挿入されている．ホスト材料には，

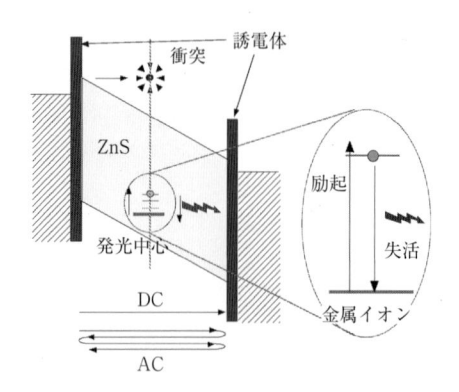

図 8.1.6 二重絶縁型無機 EL の発光原理

ZnS, SrS, CaS, SrGa$_2$S$_4$, BaAl$_2$S, ZnF$_2$ などの材料が用いられる．一方，金属イオンとしては，Mn^{2+}（橙），Pr^{3+}（赤），Sm^{3+}（赤），Eu^{3+}（赤），Tb^{3+}（緑），Tm^{3+}（青）などが知られている．誘電層材料として，Si$_3$N$_4$，Ta$_2$O$_5$，Al$_2$O$_3$，ATO（antimony tin oxide），BaTa$_2$O$_6$ などがある．

半導体中のキャリヤーが印加された電界により加速されエネルギーを得ると，分散された金属イオン（発光中心）に衝突して励起エネルギーを与える．励起した発光中心が基底状態に戻る際に発光する．印加電圧は 200 V 前後であり，周波数は 60 Hz，120 Hz，1 kHz がよく利用される．

積層型有機 EL 開発以前は，非常に活発に研究されており，フラットパネルディスプレーへの応用も検討されたが，液晶ディスプレーの低価格化が進んだため研究は中止されディスプレーへの応用は限定的である．現在は平面発光体としての需要を目指している．白色化も実現し低消費電力であるが，輝度はせいぜい数百 cd/m^2 であり，高輝度化が課題である．また寿命も 1000 時間程度である．　　　　　〔森　竜雄〕

文献・注

1) 全体を通して次の参考文献を参照した．日本電球工業会編：日本電球工業史，1963；電気学会編：照明工学，改訂版，オーム社；山崎俊雄，木本忠昭：電気の技術史，オーム社；世界の大発明・発見・探検・総解説，自由国民社．
2) RoHS 指令とは，2003 年 2 月に EU によって公布された電子・電気機器における特定有害物質の使用制限についての指令である．2006 年 7 月に施行された．restriction of hazardous substances（危険物質に関する制限）の頭文字をとったものである．内容としては，電子・電気機器への鉛，水銀，カドミウム，六価クロム，ポリ臭化ビフェニル（PBB），ポリ臭化ジフェニルエーテル（PBDE）の使用を制限する．なお PBB と PBDE は難燃性添加剤として利用されるが，ポリ塩化ビフェニル（PCB）と同様に生物濃縮される．
3) OECD/IEA：Light's Labour's Lost：Policies for Energy－Efficient Lighting, IEA Press Release, 2006.
4) 森　竜雄：トコトンやさしい有機 EL の本，第 2 版，日刊工業新聞社，2015．
5) 最新無機 EL 開発動向―材料特性と製造技術・応用展開，情報機構，2007．
6) 注入型 EL と真性 EL の違い：電界発光（electroluminescence：EL）には，注入型 EL と真性 EL がある．注入型 EL では電界により電極から電子と正孔を継続的に注入して再結合させることで発光させるものである．一方，真性 EL では電界により加速した電子の運動エネルギーを発光中心に与えて，発光中心が励起後失活する過程で発光を得る．そのため一般に真性 EL では高電界を必要とする．
小林洋志：発光の物理，朝倉書店，2000（ただし，真性 EL を電界励起型 EL と記載）．

8.1.2　レーザー

a.　コヒーレンス

1960 年に最初のレーザー発振（メイマンによるルビーレーザー）が実現された直

後から,レーザーの種類は急速に増えた.発振波長域も,遠赤外域,THz 域から真空紫外域さらには,X 線域にまで広がっている.遠赤外レーザー,赤外レーザー,紫外レーザー,X 線レーザーなどといった発振波長域による分類のほかに,気体レーザー,固体レーザー,液体レーザー,半導体レーザーなどのレーザー利得媒体による分類,あるいはパルスレーザー,連続波発振(continuous wave:CW)レーザーという時間域の発振様式による分類もできる.

レーザー光の通常の光源との異なる特性はコヒーレンス(可干渉性)であり,それには,時間域(t),空間域(r),周波数域(ω),波動ベクトル(k)域のコヒーレンスの4種類がある.

(1) 時間域のコヒーレンス:レーザーの時間域のコヒーレンスにより,レーザー発振周波数(ω)を 3×10^{14} Hz とするとスペクトル半値幅 $\Delta\omega$ を非常に狭く,たとえば中心周波数に対して $\Delta\omega/\omega \sim 10^{-14}$ 程度にすることも可能である.この値は通常の光源と高性能の分光器の組合せで得られる値に比べて 9〜10 桁程度もよい単色性である.

(2) 空間域のコヒーレンス:レーザー波の伝搬方向に垂直な空間(r)域の位相をそろえることによってレーザーの波動ベクトルの幅(Δk)を狭めることができる.その結果,レーザー光線の角度広がりを 1〜0.1 mrad(ミリラジアン)程度にすることは容易である.すなわち,地球から発射されたレーザー光がそのまま月に到達しても 38〜380 km 程度にしか広がらない.

(3) 周波数域のコヒーレンス:レーザー波の周波数(ω)域の位相をそろえることによってパルスレーザーのパルス幅を狭めることができる.きわめて広い帯域で,発振・増幅を行い,その後で適当なパルス圧縮器で低次から高次の群速度分散を補償することで原理的な限界であるスペクトル幅のフーリエ変換の関係にある超短パルスに近いパルスを得る試みが非常に精力的に行われた.その結果各時点における最短パルス競争がなされてきた.最近では,軟 X 線領域の数十 as(1 as(アト秒)=10^{-18} s)パルスの発生も報告されている.

(4) 波動ベクトル域のコヒーレンス:レーザーの波動ベクトル域(k)の位相がそろっていることによって,レーザー光線をその進行方向に垂直な空間において狭い空間に集光することができる.

上の (3),(4) のコヒーレンスを生かして,高出力レーザー光線を発生することができる.たとえば最近では,100 mJ のエネルギーの 100 fs(fs=10^{-15} s)パルスのレーザーは 1 TW(1 TW=10^{12} W)の尖頭出力をもつパルスを発生することができる.これを数百 μm のスポットに集光すると出力密度 10^{15} W/cm^2 になる.その結果,光の電場の強さは 1×10^9 V/cm にも達し,すべての物質をイオン化することが可能である.

上に述べた多くの特長を生かして,レーザーはきわめて多様な分野・用途に利用されている.物理学,化学,生物学,電気・電子工学などの理工学的研究にはもちろん,

実用的にも光通信，光集積回路，直線基準，距離測定，ホログラフィー，加工，切断，溶接，医療（治療・診断）や同位体分離，核融合などである．

文献1～3が，レーザーに関する基礎的な教科書として読まれている．

b. 語源と原理

レーザー発振の機構をごく簡単に説明すると次のようになる．エネルギーの高い準位にある原子（分子，イオンを含む総称をここで原子と呼ぶことにする）は，外界との相互作用なしに光を放出（自然放出と呼ばれる（図8.1.7(b)））するだけでなく，光との相互作用によっても光を放出（誘導放出，induced emissionと呼ばれる（図8.1.7(c)））あるいは吸収する（図8.1.7(a)）ことが，1917年にアインシュタイン（Albert Einstein 1879～1955）によって示された．すなわち，原子の二つのエネルギー準位間のエネルギー差 $\Delta E = E_2 - E_1$（E_2, E_1 はそれぞれ高い，あるいは低いエネルギー準位のエネルギー）に共鳴する周波数 ν（$= \Delta E/h$）の光と相互作用すると，原子が高いエネルギー準位（上準位）にあるならば誘導放出により光を放出し，低いエネルギー準位（下準位）にあるならば吸収する．図8.1.7に示すように，レーザー媒体を形成する原子系を何らかの方法で下準位から上準位へポンピングすると，最初はほとんどの原子が下準位にあり，上準位にあるわずかの原子が自然放出する．ポンピングを強くすると，上準位と下準位の分布の差 ΔN（$= N_2 - N_1$）がだんだん小さくなってくる．

二準位系では ΔN を正にすることができないので三準位系，四準位系などがレーザーに用いられる．他の準位を経由してさらにポンピングを続け，ΔN が正となると，ほかの原子からの自然放出光との相互作用による光の誘導放出が顕著になってくる．その結果，レーザー媒体中の光子数は増大する．このときレーザー媒体が互いに並行

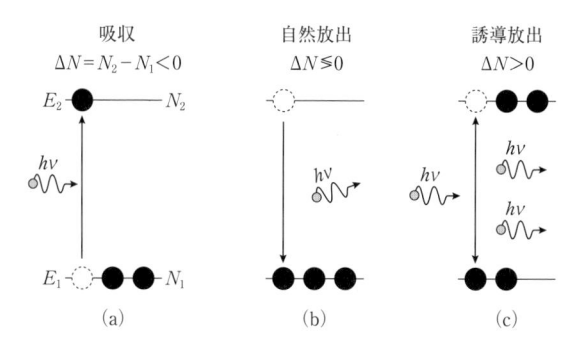

図8.1.7 吸収・自然放出・誘導放出の模式図
原子の二つのエネルギー準位間のエネルギー差 $\Delta E = E_2 - E_1$（E_2, E_1 …はそれぞれ高い，あるいは低いエネルギー準位のエネルギー）に共鳴する周波数 ν（$= \Delta E/h$）の光と相互作用すると，原子が高いエネルギー準位にあるならば誘導放出により光を放出し，低いエネルギー準位にあるならば吸収する．

な2枚の反射鏡からなる光共振器に入っていると，2枚の鏡の間を行き来する方向に進む光のみが増幅され，ついには種々の損失に打ち勝って発振する．ΔN が正の状態は，通常の熱平衡状態の ΔN と符号が逆であるので，反転分布とよばれる．ΔN が正の状態でも自然放出は起き，レーザーの雑音の原因となる．

反転分布を発生するポンピングの方法として，光励起（固体レーザー，液体レーザー，まれに気体レーザー），放電励起（気体レーザー），電流注入励起（半導体レーザー），化学反応（化学レーザーと呼ばれる気体レーザー）などがある[1,2]．

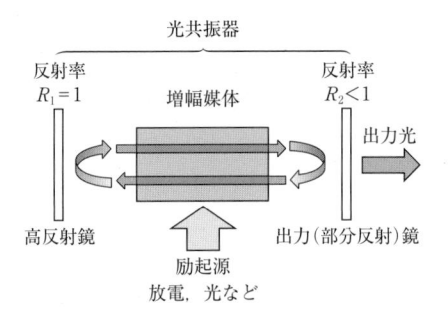

図 8.1.8 レーザーの3構成要素である増幅媒体，光共振器，励起源を示す模式図

c. レーザーの構成要素

一般に，レーザーは図8.1.8に示すように，レーザー増幅媒体，光共振器，励起源を構成要素とする．まずレーザー媒体は原子，分子，イオン，半導体など多様である．たとえば，原子，分子，イオン気体のほかに熱的，機械的に堅牢で熱伝導率のよい透明なガラスあるいは結晶などの担体中に分散された希土類や遷移元素イオン，液体中に溶け込んでいる分子，イオンなどがあげられる．後述するように，上記3要素のなかの光共振器をもたないコヒーレント光源も例外的にある．

d. レーザーの特徴，他の光源との光発生機構との違い

白熱電球は高温加熱されたタングステンフィラメントの黒体放射，蛍光灯は加速された電子の衝撃により励起された原子イオンによる自然放出を利用している．いずれの場合も個々の電子あるいは原子は，他の電子，原子とは無関係に自然放出を行うので，おのおのの自然放出に基づく電磁波の位相は無関係である．したがって，これらの電磁波を重ね合わせた結果は，その位相が時間的にも空間的にも無秩序に変化する．これらの光源から異なった時間に放出される二つの光あるいは異なった位置から放出される二つの光は，互いに干渉しない．すなわち，空間的にも時間的にもインコヒーレント（非可干渉的）である．これに対してレーザー光は原子，イオンが周波数と位相をそろえて誘導放出するので，空間的にも時間的にもコヒーレント（可干渉的）である．最も一般的にはファブリーペロー型共振器の共鳴を用いる．その共鳴スペクトルを構成する各モードの共鳴幅程度のスペクトル幅でこの誘導放出が起きるので，自然放出に比べてずっとスペクトル線幅が狭くすなわち単色性がよくなる．したがってその線幅の逆数で決まるコヒーレンス時間が長くなり，よい時間的コヒーレンスという特性を有することとなる．

e. 種々のレーザー媒質

レーザーをレーザー媒体で分類すると，気体レーザー，固体レーザー，半導体レーザー，液体レーザーの四つに分けられる．

1) 気体レーザー

気体レーザー（gas laser）の媒体となる気体は中性原子，原子イオン，中性分子と多様である．中性原子ではヘリウムネオン（HeNe）レーザー，原子イオンではアルゴン（ガスイオン）レーザー，中性分子では窒素レーザー，炭酸ガスレーザーなどのほか種々のハロゲン化希ガス分子によるエキシマレーザーが代表的である．励起の方法は気体の場合は主に直接放電励起であるが，そのほかに化学反応（化学レーザー），気体動力学過程による励起，共鳴エネルギー移動，ペニング効果のほか，例はきわめて少ないが他の光源による光励起などもある．

上記のHeNeレーザーはHeとNeを約5:1の比率で混ぜた数mmHgの混合気体を放電励起したもので，1961年にはじめて発振した気体レーザーである．可視域から近赤外域に多くの発振線があるが，実用的に最も広く用いられているのは赤色の632.8 nmの発振線である（図8.1.9）．これ以外によく使われるレーザーとして窒素レーザー（337.1 nm），炭酸ガスレーザー（9.6 μm, 10.6 μm）がある．炭酸ガスレーザーの発振に伴う振動準位を，図8.1.10に示す

2) 固体レーザー

固体レーザー（solid-state laser）の媒体となるのは2, 3価の希土類イオンと鉄族の遷移金属である．これらの媒体を担持するホスト固体は酸化物，フッ化物の結

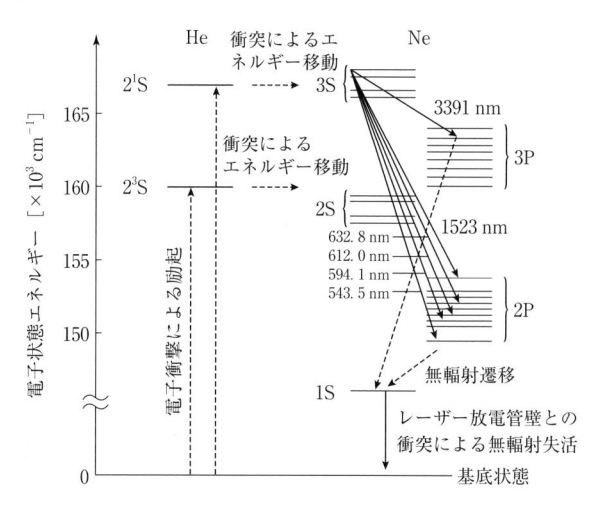

図 8.1.9 HeNeレーザーの増幅過程にかかわるエネルギー準位図 He原子は放電によって励起され，Ne原子との衝突によりNe原子を電子励起する．

晶あるいはケイ酸ガラスあるいはホウ酸ガラスなどである．固体レーザーの励起は光励起による場合が多い．固体は結晶でもガラス中でも媒体による不均一広がりのために吸収スペクトル幅が広いので，Xeランプがよく用いられる．代表的な固体レーザーとしてはじめてレーザー発振が実現されたルビー（$Cr^{3+}:Al_2O_3$）レーザーとNd：ガラスレーザー，Nd：YAGレーザーがあげられる．ルビーレーザーとNdレーザーはおのおの三準位レーザー，四準位レーザーである．Nd：YAGレーザーのYAGはyttrium aluminum garnetの略で，$Y_3Al_5O_{12}$結晶を意味する．この結晶にNd^{3+}をドープしたロッドをレーザー媒体として用いる．YAG結晶は光学的性質が優れ，硬くて丈夫である．これらのレーザーの増幅過程を担う3価イオンCr^{3+}，Nd^{3+}のレーザー増幅過程にかかわるエネルギー準位を各々図8.1.11と図8.1.12に示す．

サファイアにチタンをドープした結晶を用いたチタンサファイアレーザーが，その広い増幅帯域のために最近とくに広く使われている．発振可能な波長は

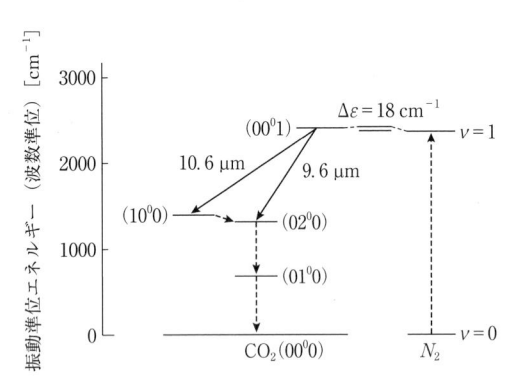

図8.1.10 炭酸ガス（CO_2）レーザーの増幅過程にかかわるエネルギー準位図

CO_2の分子振動には，対称伸縮運動と変角運動，非対称伸縮運動の3種があり，おのおのについて量子数で振動準位を規定し，おのおのの量子数$v=1$だけ励起されている準位は（001）と（010），（001）のように表現される．このうち変角振動はこの紙面内と紙面に垂直な面内の二つの面内での振動で縮退しており，それを（01^10）と（01^10）のように表す．混合する気体であるN_2は，二原子分子であるので伸縮振動しかない．その量子状態は1個の量子数のみで表せる．

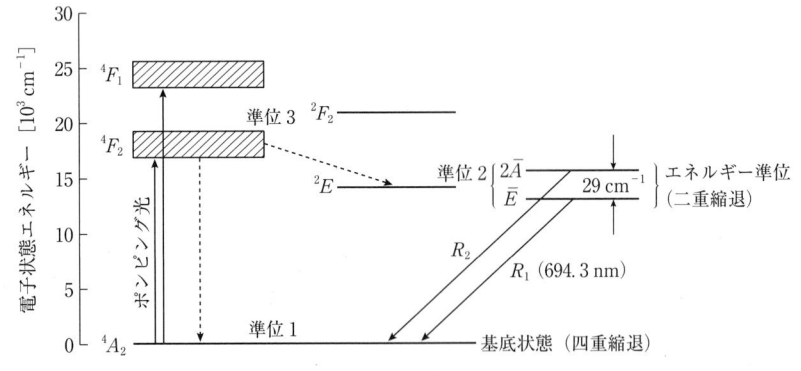

図8.1.11 Cr^{3+}のルビーレーザー増幅過程にかかわるエネルギー準位図
ルビーレーザーは準位1，準位2，準位3からなる三準位レーザーである．

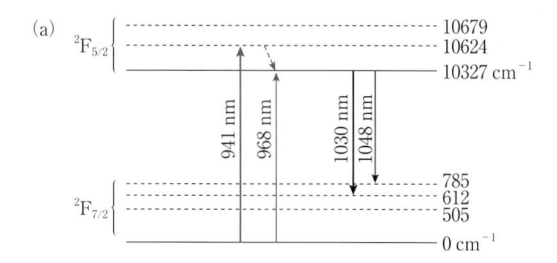

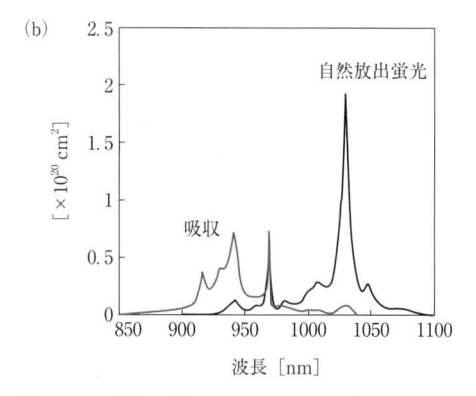

図 8.1.12 (a) Nd^{3+} のレーザーの吸収（励起）過程と増幅過程にかかわるエネルギー準位図と (b) Nd^{3+} の吸収および自然放出蛍光光スペクトル

650〜1100 nm の赤外から近赤外領域にかけてであるが，一番効率よく発振できるのは波長〜800 nm である．励起源にはアルゴンレーザーや Nd：YAG レーザー，Nd：YLF（$LiYF_4$）(yttrium lithium fluoride) レーザー，Nd：YVO_4（yttrium vanadate）レーザーの第 2 高調波が用いられる．チタンサファイアレーザーは利得帯域が広いために，超短パルス発振が可能であり，超高速現象や非線形現象の研究に使用されている．さらに最近その広帯域性を利用して位相ロックをかけた超短パルスレーザーによる光周波数コムを用いた広い波長域の周波数計測が可能になっている．とくにこの成果により，アメリカのホール博士とドイツのヘンシュ博士が 2005 年ノーベル物理学賞を受賞している．

3) 半導体レーザー

半導体を利得媒質とする半導体レーザー（semiconductor laser）の代表的なものは注入型レーザー（図 8.1.13）で，ほかに例外的に光励起あるいは高圧電子線励起によるものもある．発振・励起機構および発振特性が他の固体レーザーと大幅に異なるので，別に分類するのが普通である．たとえば，IV 族元素のシリコン，ゲルマニウムに V 族元素のリン，アンチモンなどを不純物として加えた n 型半導体と III 族のホ

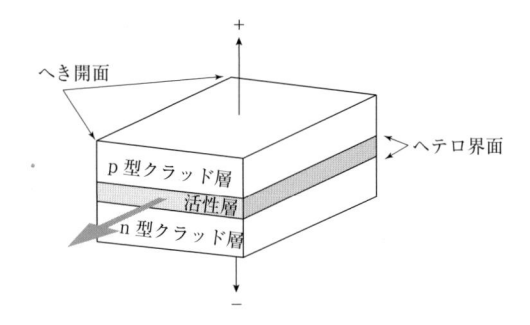

図 8.1.13 半導体レーザーの構造の模式図

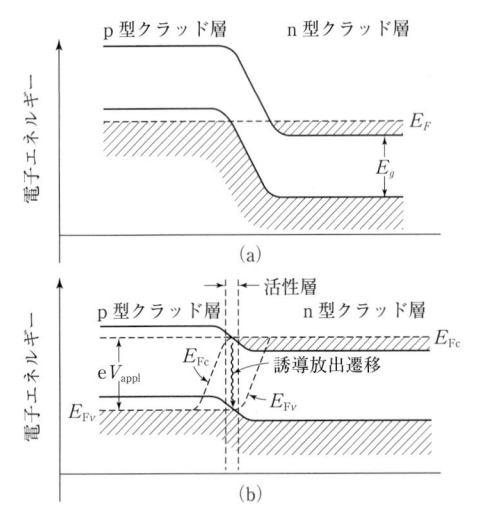

図 8.1.14 半導体レーザーの増幅過程に関与するエネルギーバンド構造の模式図
(a) E_g：バンドギャップエネルギー，E_F：フェルミエネルギー．(b) E_{Fv}：荷電子帯のフェルミエネルギー，E_{Fc}：伝導帯のフェルミエネルギー．

ウ素，アルミニウム，ガリウムなどを不純物として加えた p 型半導体とを接合したダイオードのレーザー発振の機構は図 8.1.14 に示されている．このダイオードに順方向すなわち p 型を正の電極，n 型を負の電極につないで電流を流すと，接合部に注入された電子と正孔が活性領域（図 8.1.14）で再結合し，それによって生ずる発光が半導体結晶のへき開面で反射し，その間を往復する間に増幅され，レーザー発振する．

このように電気エネルギーを直接レーザーのエネルギーに変換するので，数十％という非常に高い変換効率を得ることも可能である．結晶へき開面を共振器鏡とするので，レーザー共振器全体が非常に小型（全部の長さを 1 mm 以下にすることが可能である）であり，単一縦モード発振を得ることも可能である．しかし，そのためレーザー光線の広がり角は他のレーザーに比べて極端に大きく，$\leq 10°$ 程度になる場合がある．

4) 液体レーザー

液体レーザー（liquid laser）は色素溶液をフラッシュランプあるいは，窒素レーザー，Nd:YAG レーザーの第 2，第 3 高調波など，他のパルスレーザーによる光励起により発振させ，波長可変パルス色素レーザーとして用いる場合が多い．パルスレーザーだけでなく，アルゴンイオンレーザーのような CW レーザーを励起光として，波長可変 CW レーザーとしても重要性が高い．波長可変パルス光源あるいは波長可変・CW コヒーレント光源としては，後に述べる光パラメトリック発振器が実用化する以前は，重要なレーザーであった．このレーザーの最も大きな特徴は，利得スペクトル幅が広いので数十 nm 波長を変えて同調（tuning）することが可能である点である．きわめて多種類の

8.1 光源

色素がレーザー発振するので，レーザー色素を取り替えることにより，近紫外から近赤外まで連続的に波長可変になる．このレーザーの第2高調波を発生させたり，励起用レーザー（N_2 レーザーや Nd：YAG レーザーの第2高調波または第3高調波，あるいはエキシマレーザーや Ar レーザーなど）との混合波を発生させると，さらに広い波長域で連続波長可変になる．

f. 種々のレーザー動作様式

断続的にレーザー光を出すパルスレーザーと，連続的にレーザー光を出す CW レーザーに区別することができる．前者は，複数の波長で位相をそろえて同時に発振させるモード同期という手法を用いるか，または Q スイッチという機構を用いて，瞬間的に非常に強いパワーを出すことが可能である．後者はパルス動作と比べると瞬間的なパワーは弱いが，高い時間的コヒーレンスを得ることが可能で，そのため干渉などの現象を観測しやすい．ここでは紙数の制限からとくに広く用いられるパルスレーザーについて主に記述する．また，超高時間分解分光法に広く用いられているチタンサファイアレーザーについて別項を立てて述べる．

1) CW レーザー

CW は continuous wave の意味で連続的に発振するレーザーである．レーザー増幅媒質として気体，固体，液体のすべてについて CW レーザーがある．超高スペクトル分解分光研究に用いられるレーザーや，レーザーポインター，スーパーマーケットなどのバーコードリーダーなど日常しばしば目に触れるレーザーもある．

2) パルスレーザー

パルスレーザーは短い時間幅のなかにエネルギーを集中させることができるため，高いピーク出力を得ることができる．レーザー核融合用途などのとくに大がかりなものでは，ペタワットクラス以上のレーザーも使われる．また時間幅の短いレーザーパルスは，時間とエネルギーの不確定性関係のため広いスペクトル幅をもつ．パルスレーザーは，時間分解分光や非線形光学，またレーザー核融合などの分野で重要な装置である．

(1) Q スイッチレーザー

ジャイアントパルス（エネルギーの高いパルスレーザー光）を得るために使用されるレーザーの技術．一般的に，励起→反転分布→誘導放出の過程を経て得られる光の増幅率はそう大きくない．そこで，Q スイッチ法では非常に多数の原子が励起状態になるまで共振器の Q 値を低くして発振を抑え，十分に多くなったのち再び Q 値を高くし発振させる方法である．譬えるなら，ダムに貯まった水を一気に放出するようなものである．具体的な方法としてレーザー媒質と出力ミラーの間に，回転プリズムや吸収体をおいたり，出力ミラー自身の位置を変えるなどといったさまざま方法がとられる．

Q スイッチ YAG レーザーは，ナノ秒時間分解計測という基礎科学のほか，鋼材切

断などの加工用に，Qスイッチルビー（Cr^{3+}/Al_2O_3）レーザーは，網膜剝離，レーザー凝固などの医療にも用いられている．

(2) モード同期レーザー

超短パルスの発生は主にモード同期という機構による．モード同期レーザーには，固体レーザー，半導体レーザー，色素レーザー，気体レーザーなどがあるが，固体レーザーが最もよく用いられる．そのなかでもチタンサファイアレーザーは，最近とくに広く用いられ，主にカーレンズモード同期という方法によって共振器から数十 fs くらいのパルスを発生することが可能である．

レーザーのモードを制御するモード同期という技術は，最近光通信や，周波数標準用光源を得る手段としても，その重要性が急激に増している．以下に簡単にその原理を説明する．

典型的なレーザーは，レーザーの利得媒質とそれを挟んで同軸上に向かい合って位置する2枚の鏡が構成する光学共振器からなる．レーザー発振の起きる周波数帯域は，レーザー媒質の利得が共振器の損失よりも大きい周波数領域内に限られる．通常のレーザーでは，この周波数領域に多くのモード周波数が存在し，そのためにレーザー出力は，互いに非常に接近した周波数をもった多くの放射からなる場合が多い．

通常のレーザーに何らかの対策を講じない場合には，温度分布の変化やゆらぎ，あるいは機械的振動などのさまざまな原因により，レーザー共振器の長さやそのなかのレーザー媒質，あるいはそれ以外の共振器中の光路上にある媒質（空気も含む）の屈折率が変化する．これによって，共振器のモード周波数が変化する．また，レーザー媒質内の各モード周波数における電場がある程度以上強くなると飽和を起こしはじめる．さらに，レーザー媒質の非線形効果によって引き起こされるモード間相互作用により互いに影響を及ぼしあい，たとえばあるモードの放射エネルギーが他のモードへ移ったりする．その結果，レーザー出力のスペクトルは時間とともに変動するので，それを安定化したり制御を行ったりするのに工夫が必要である．

このような利得スペクトル幅のなかでの出力スペクトルの制御を行うには，二つの方法がある．一つは，利得スペクトル幅のなかの共振器の共振モードが単一になるようにして発振させる方法である．これを単一モード発振という．こうすればさまざまなモードの間の結合や競合が生じないので，安定した出力強度や周波数が期待される．もう一つは，発振しているモード間の間隔を一定にし，さらにその間の位相関係を一定にすることによって，時間依存性が周波数スペクトルのフーリエ変換で期待されるよく制御された出力を得る方法である．このような発振形式のレーザーを「モード同期レーザー」(mode-locked laser) と呼ぶ．このようにして，モード同期をかけたレーザーからは，そのレーザースペクトル幅の逆数程度のパルス幅のパルスがパルス列として出射される．モード同期をかけるには，2通りの方法がある．一つは受動モード同期，もう一つは能動モード同期である．前者では，共振器内に屈折率虚部の非線形性光学特性をもつ可飽和色素，あるいは，実効的に屈折率実部の非線形光学特性を有

するレーザー媒質とアイリスを用いる．能動型モード同期では，外部からモード間周波数差に相当する変調周波数の損失変調あるいは利得変調をかけるとモード同期がかけられる．増幅スペクトル帯域の広いレーザー媒質を用いてモード同期をかけると，その帯域幅の逆数に対応するパルス幅が得られる．さらに短いパルスを得るため，共振器・増幅器を出たパルス光を非線形光学効果を用いてそのスペクトル幅を広げると，10^{-14} s 以下のパルスを発生することも可能になる．これらの詳細は文献[4,5]を参照されたい．

フェムト秒パルスのような超短パルスの特性の計測には，光速度の有限性と，非線形光学効果を用いる．測定したいパルスレーザー光線をビームスプリッターにより，強度が1/2ずつの2光線に分け，マイケルソン干渉計に類似の光学計に入射する．両者を，第2高調波発生非線形効果の大きい結晶の同一スポット上に集光し，第2高調波信号を2光線の間の遅延時間の関数として測定する．非線形光学効果による信号は，2光線が伝搬する際に空間的に重なっている場合に強くなるのでその幅によりパルス幅と決定することができる．フェムト秒パルスを用いた種々の計測の詳しい内容は文献[4,5]にある．

3) チタンサファイアレーザー

超高時間分解吸収分光法や時間分解発光分光法に最も広く用いられるパルスレーザーであるチタンサファイアレーザーについて以下に少し詳しく述べる．

チタンイオン Ti^{3+} をドープしたサファイア（$Ti:Al_2O_3$）は近赤外スペクトル領域に幅広い利得スペクトル幅をもち，レーザー媒質として魅力的である．固体レーザーは色素レーザーに比べ取り扱いが容易であるので，チタンサファイアレーザーは波長可変固体レーザーとしてだけでなく，超短パルスレーザーとして色素レーザーに取って代わった．半導体レーザー励起により，さらに取り扱い，制御性ともに優れたものになった．

アルミナ（Al_2O_3）結晶中のイオンの電子スペクトルは最外殻の1個のd電子の遷移に基づく．チタンの3価イオンの電子エネルギー準位はアルミナホストの結晶場によって，二重縮退励起状態と三重縮退基底状態に分裂する．レーザー用色素のエネルギー準位構造と同様に基底状態の振動準位を含めた四準位系と見なすことができ，一種のフォノン終端レーザーである．吸収極大波長は約 490 nm である．また，自然放出発光は 790 nm 付近に極大をもち，600 nm から，さらに 1100 nm にまで延びている．室温の誘導放出断面積は，極大波長において 3×10^{-19} cm^2 である．

UV 帯の吸収は O^- イオンから Ti^{3+} イオンサイトへの電子移動による Ti^{2+} イオン生成のためであり，また IR 帯の吸収（発振波長域）は Ti^{3+}–Ti^{4+} 対，欠陥などが起因しているとされている．この IR 吸収帯からの発光寿命は，200 K 以下では 3.9 μs と一定であるが，これより高温になると無輻射の多フォノン散乱に誘起された緩和過程によって短くなり，室温では 3.2 μs である．スペクトル広がり特性は測定結果から，均一広がりと見なせる．このように $Ti:Al_2O_3$ は色素に比べて，飽和エネルギーは約

3桁も大きく，また利得帯域幅も広いことから，近赤外域における波長可変化，短パルス化，大出力化に有利である．

g. 反転分布によらないコヒーレント光源

通常の反転分布による「レーザー」とは異なったコヒーレントな光源がある．その代表的な例としてパラメトリック過程[6]に基づくパラメトリック発振器と増幅器，ラマンレーザーおよび自由電子レーザーについて記述する．

1) パラメトリック過程

レーザーは単色性が優れているが，波長を変えることがしばしば困難である．多様な波長領域のコヒーレント光源として近年きわめて重要になってきているパラメトリック発振器・増幅器の原理である光パラメトリック（optical parametric：OP）過程[7]をまず説明する．二次のパラメトリック過程は差周波発生光学過程と考えられる．そのなかのパラメトリック発振は，二つの異なった周波数（一方をポンプ光，他方を信号光と呼ぶ）の2本の入射光線が二次の非線形媒質によりその差周波（アイドラー光と呼ぶ）を発生する過程である．別の見方をすると，入射光に対してその周波数の和が入射光の周波数に等しくなるような条件を満たして発生するパラメトリック蛍光[8]，信号光が増幅されるパラメトリック増幅，発振するパラメトリック発振などの現象などがある．光子描像でみると，差周波発生過程においては，高波数の光子数が1個減少し，低波数の光子数が1個増えかつ新たに，差周波の光子が1個発生する．広義には三次の差周波発生過程である四光波パラメトリック過程も含む．これらの非線形光学の詳細は文献9にわかりやすく書かれている．

2) パラメトリック発振器・増幅器

レーザー利得媒質の電子遷移では直接得られない波長域の光を得る手段として，二次の非線形光学過程である三光波光パラメトリック（OP）過程がある．

光パラメトリック増幅（optical parametric amplification：OPA）は，励起（pump）光 ω_p と信号（signal）光 ω_s と呼ばれる光を BaB_2O_4(BBO)などの二次の非線形結晶に入射して，後者を広帯域増幅し，同時に，その二つの周波数の差周波を有するアイドラー（idler 光 $\omega_i = \omega_p - \omega_s$）が発生される．

パラメトリック増幅の誘導過程による増幅を共振器に持ち込んで発振させるのがパラメトリック発振（optical parametric oscillation：OPO）である．このパラメトリック過程は，増幅媒質の反転分布を必要としない増幅なので，二つの重要な利点がある．①増幅周波数帯域は物質に制限されないので非常に広帯域である．②その応答は瞬時的である．そのために，①波長可変レーザーとして，あるいは必然的に広帯域を必要とする超短パルスレーザーとして広く用いられている．②瞬時的でエネルギーを蓄える機構が存在しないため，増幅器として用いる場合に熱負荷が少なく，冷却の問題やレーザー物質の温度上昇の空間分布の非一様性による熱レンズ効果がない．

問題点としては，増幅器として用いる場合には，増幅の瞬時性のため，励起光と

励起される光とが時間的にも空間的にも重なって非線形媒質に存在しなければならない．したがって連続発振レーザーの増幅器としては利得が小さすぎて用いることはできない．またナノ秒レーザーに用いることも有利ではない．同じ理由で，フェムト秒パルスを増幅する場合にはフェムト秒シード光を用いなければ高い利得を得ることができない．

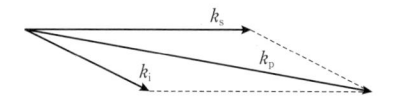

図8.1.15 パラメトリック三光波混合において位相整合条件を満たしている3光波の波動ベクトル間の関係

入射光の波動ベクトル k_p，信号光の波動ベクトル k_s，アイドラー光の波動ベクトル k_i．

　このパラメトリック過程には増幅物質の電子遷移エネルギーの要因による帯域の制限はないが別の制約がある．約50 fsよりも長いパルスの場合には，運動量保存則に対応する位相整合条件が時間幅の極限的な制約になることはないが，20 fsを切るようなパルスの場合には，位相整合条件が増幅スペクトル幅の制約，そしてフーリエ変換の関係から，ひいては発生可能なパルス幅の制約の原因になる．詳しくは文献[9]を参照されたい．

3) ラマンレーザー

　1光子過程である電子遷移の代わりに，2光子過程である誘導ラマン散乱過程を用いてラマンレーザーの発振が可能である[10]．この過程は電子励起状態への瞬時的な仮想的励起であり，通常のレーザーと異なって反転分布を引き起こさない．むしろ即座にその入射光子のエネルギーより低いエネルギーの光子（ストークス光）を放出することによる光増幅が発振を引き起こす機構である．このときの入射光子と出射光子の間の光子エネルギー差はレーザー媒質分子の分子振動エネルギーに等しい．詳しくは文献[9]を参照されたい．

4) 自由電子レーザー

　自由電子レーザーは，電子加速器中に多数の磁石で構成されたアンジュレータと呼ばれる装置を導入して構成する．この装置は，自由電子の進行経路にそって交互に磁石を配置したものである．加速器電場で電子を相対論的な速度にまで加速し，アンジュレーターを通過させる．その際に発生するシンクロトロン放射光を反射鏡で構成された共振器内に閉じ込め，電子ビームと共鳴的な相互作用をさせることによりレーザー発振を行う．発振される光の波長は電子ビームと磁気強度により同調することができる．

〔小林孝嘉〕

文献・注

以下の1～3はレーザーに関する基礎的な教科書として広く読まれており，また入手しやすい．

1) 霜田光一：レーザー物理入門，岩波書店，1983.
2) A. Yariv：Quantum Electronics, John Wiley, 1975.
3) M. O. Scully and W. E. Lamb, Jr.：Laser Physics, Murray Sargent III, Addison-Wesley, 1977.

4) 矢島達夫編：超高速光技術, MARUZEN Advanced Technology 電子・情報・通信編, 丸善, 1990.
5) J. ヘルマン, B. ウィルヘルミ著, 小林孝嘉訳：超短光パルスレーザー, 共立出版, 1991.
6) パラメトリック過程：振動系の振動周波数を決めるパラメータが時間とともに変動することによって発振周波数に変調が加わったり，新しい発振周波数が発生したりすることを，一般的にパラメトリック過程という．ラジオ波などの電磁波に対するエレクトロニクス分野でもその概念が用いられてきた現象である．
7) 光パラメトリック過程：振動系としての波動が光の場合，二次，三次の非線形光学効果の一種としておのおの，三光波パラメトリック混合効果，四光波パラメトリック混合効果などがあり，おのおのの自然放出過程・誘導放出過程がある．三光波 OP 過程には，光パラメトリック蛍光（OPF, OPG），光パラメトリック発振（OPO），光パラメトリック増幅（OPA）などがある．四光波 OP 過程についてもそれらに対応する同様な現象がある．
8) パラメトリック蛍光：OPF, OPG (optical parametric fluorescence, optical parametric generation) と略称されることがある．角周波数 ω_p，波動ベクトル k_p の入射光が二次の非線形光学媒質に入った場合，$\omega_p = \omega_s + \omega_i$ (1)，$k_p = k_s + k_i$ (2) を満たすような角周波数 ω_s，波動ベクトル k_s の信号光と，角周波数 ω_i，波動ベクトル k_i のアイドラー光の光が同時に放出される自然放出過程である．原子・分子等の（電子）励起状態から外部から誘導を引き起こす幅射なしに蛍光放出が起きる場合の自然放出と同じく，ポンプ光によって励起された仮想励起状態からの蛍光放出と考えることができる．この過程を粒子描像で記述すると，したがって上の式 (1), (2) は，エネルギー保存則，運動量保存則に対応する．すなわち，エネルギー $\hbar\omega_s$，運動量 $\hbar k_s$ の信号光子とエネルギー $\hbar\omega_i$，運動量 $\hbar k_i$ のアイドラー光の2光子に光分割される過程であると見なすことができる．運動量保存則については，図 8.1.15 のように運動量ベクトルの間の関係で記述できる．
9) D. L. ミルズ著, 小林孝嘉訳：非線型光学の基礎, World Physics Selection：Monograph, シュプリンガージャパン, 2008.
10) 1光子過程，2光子過程：光と物質との相互作用において物質の種々の固有エネルギー状態間の遷移を引き起こす過程（もとの状態に戻る過程も含む）でそれにかかわる光子の個数が1あるいは2の場合である．さらにはより多くの光子がかかれる多光子過程もある．

8.1.3 放射光と自由電子レーザー

光速近くまで加速した電子が磁石によって曲げられると，電子軌道の接線方向に強力な白色 X 線を発生する．このことは 20 世紀前半に理論的に予測され[1]，素粒子実験用に開発された高エネルギーの円形加速器，電子シンクロトロンではじめて見いだされた[2]．このことから，シンクロトロン放射光（synchrotron radiation：SR），略して放射光と呼ばれている．放射光は赤外から X 線にまでわたる幅広いエネルギー領域をカバーする強力な連続光源であるが，とくにこれまでよい光源がなかった X 線領域での強力な光源として物性科学，生命科学の研究に幅広く利用されるようになった[3]．放射光はさらに進化して，単色に近い光源であるアンジュレータ光，さらに，

放射光とレーザーの特長を併せもった自由電子レーザーへと発展してきている．ここでは，単磁石からの放射光，多数の磁石列による放射光の干渉効果を利用したアンジュレータ光，そして，さらに磁石列を長くしてレーザー増幅した自由電子レーザーについて，それらの原理と性質を概説する．

a. 高速電子による双極子放射

電子を加速すると電磁波を発生する．そのパワー P の空間分布は双極子放射の原理によれば，

$$\frac{dP}{d\Omega} \propto \left(\frac{dv}{dt}\right)^2 \sin^2 \alpha \tag{1}$$

ここで，v は電子の速度，α は加速度の方向からの角度である．このような電磁波の放出はラジオやテレビのアンテナの原理とまったく同じである．しかし，放射光がこれらと大きく異なるのは，光の速度 c に近い高速の電子から放射される電磁波ということである．したがって，これを解釈するには相対論的取扱いが必要になる．

特殊相対性原理[4]と光速度不変の原理[5]によれば，われわれ観測者の立場に立った実験室系と，電子を原点にとった電子基準系（ここでは，′をつけて表す）とはローレンツ変換によって結びつけられる．そして，これから三つの重要な関係が導き出される．

①実験室系の長さ L は，電子基準系では進行方向に $1/\gamma$ 倍縮められる．

$$L' = \frac{L}{\gamma} \quad (\text{ローレンツ収縮}) \tag{2}$$

②進行方向に伝播する光の振動数は電子基準系の振動数の 2γ 倍になる．

$$\omega = 2\gamma\omega' \quad (\text{ドップラー効果}) \tag{3}$$

③電磁波は実験室系で大きく進行方向にせり出し，進行方向からの角度 θ, θ' との間には次式の関係がある[6]．

$$\tan\theta = \frac{1}{\gamma}\frac{\sin\theta'}{\beta + \cos\theta} \quad (\text{前方収束効果}) \tag{4}$$

ここで，γ は電子のエネルギーを表す無次元のパラメータであり，次式で表される．

$$\gamma = \frac{1}{\sqrt{1-\beta^2}} = \frac{m}{m_0} = \frac{E}{m_0 c^2} \approx 1957 E \tag{5}$$

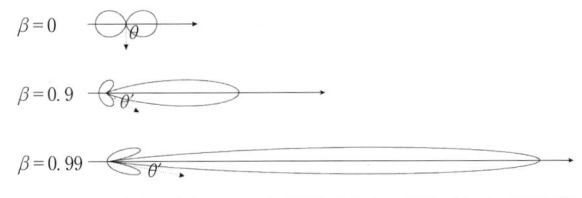

図 8.1.16 電子の速度による電磁場強度分布の変化（$\beta=0$ は電子静止系に相当する）

ここで，$\beta=v/c$，m_0，m はそれぞれ，電子の静止質量，エネルギー E（単位 GeV）をもった電子の質量である．

前方収束効果を示す式（4）からわかるように，電子のエネルギーが増大するにつれて，式（1）の $\sin^2\alpha$ 分布は大きく電子の進行方向にせり出してくる（図 8.1.16 参照）．実際，電磁波が放出される分布は発散角 $\pm\theta\approx 2/\gamma$ のコーン状になる．たとえば，SPring-8 では電子のエネルギー $E=8$ GeV であり，$\beta=0.999999998$，$\gamma\approx 16000$ になる．したがって，発生する放射光の発散角は $\pm\theta\approx 2/16000\approx 0.1$ mrad になり，非常に高い指向性をもっている．

b. 偏向磁石からの放射光

円形の加速器では，電子は円周上に配列された複数の偏向磁石によって曲げられて1周するが，電荷 e の相対論的な電子のエネルギー E は，遠心力とローレンツ力のつりあいから，磁束密度 B（単位 T）と曲率半径 ρ（単位 m）との間に次の関係をもっている．

$$E = ceB\rho \approx 0.3 B \cdot \rho \quad [\text{GeV}] \tag{6}$$

いま，電子が磁場中で円運動をしながら電磁波を放出する様子を実験室系の観測点で調べてみよう．電子が非相対論的な速度で周回するとき，電磁放射の基本角振動数は $\omega_0=v/\rho$ であり，周期 $T=2\pi\rho/v$ の正弦波的な電磁波が放出される．ところが，電子の速度が光速度に近づくと，相対論効果によって電磁波が放出される状況は一変する．前方収束効果③によって，電子の円軌道から観測点への接線に対し，その接点の前後 $\theta=\pm 1/\gamma$ ラジアンの円弧を通過したときしか電磁波が観測できなくなる（図

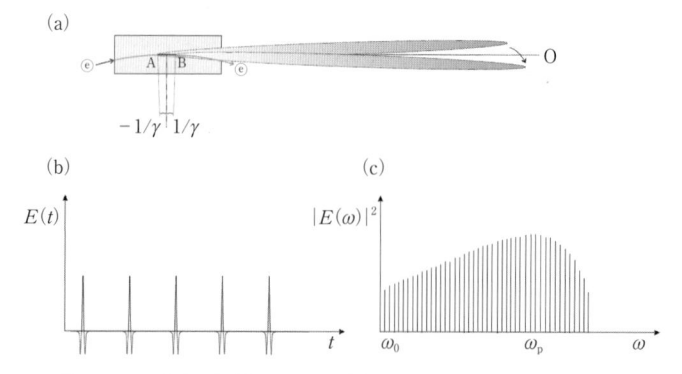

図 8.1.17 電子の高速化による電磁波パルスの短縮化と高調波の発生
(a) 磁場を走り抜ける電子が A 点から B 点を通過するときだけ，接線方向の O 点で電磁波が観測できる．(b) ローレンツ収縮とドップラーシフトで押し縮まったパルスの列が観測される．(c) パルスをフーリエ変換して時間軸から周波数軸に変換すると，基本周波数 ω_0 の γ^3 倍にピーク ω_p をもつ高調波の重ね合せになる．

8.1.17(a)参照).そして,高速の電子からみた座標系では,その円弧はローレンツ収縮①によって$1/\gamma$だけ収縮して見える.さらに,放射された電磁波(放射光)を実験室座標系で観測すると,ドップラー効果②によって時間幅は$1/\gamma$倍短くなる.結果として,観測点での時間幅は$\Delta t = \rho/c\gamma^3$になり,非常に大きく縮まったパルスとなる(図8.1.17(b)参照).この電場の時間変化$E(t)$をフーリエ変換することによって,角振動数分布$\tilde{E}(\omega)$を得ることができる.パルス幅の大幅な縮小によって振動数の高調波成分が主になり,そのピークω_pは基本振動数ω_0のγ^3倍になる(図8.1.17(c)参照).

円形加速器の典型的な基本振動数は$\omega_0/(2\pi) = 500$ MHz 程度であるから,1 GeVの電子エネルギー($\gamma \approx 2000$)で,$\omega_p/(2\pi) \approx 4 \times 10^{18}$ Hz,電子ボルト単位では,$E_p \approx 2.4$ keVになりX線領域に対応する.これらの高調波を含めた全体のスペクトル分布のエネルギー平均値を臨界角振動数,対応する波長を臨界波長と呼び,次式で表される.

$$\omega_c = \frac{3}{2}\gamma^3\omega_0 = \frac{3c\gamma^3}{2\rho} \qquad \lambda_c = \frac{2\pi c}{\omega_c} \tag{7}$$

また,λ_cをB(単位 T),E(単位 GeV)で表すと

$$\lambda_c = \frac{1.86}{B \cdot E^2} \quad [\text{nm}] \tag{7'}$$

電磁放射の偏光の向きは,電子が加速度を受ける方向であり,電子軌道面での放射光は直線偏光になる.軌道面より上下方向に向かうにつれて垂直成分が混入してくるが,位相のずれのため,上下で逆方向の楕円偏光になる.

放射光強度の波長λ,電子軌道面に対する角度φ分布は次式で与えられる.

$$\frac{d^2I}{d\lambda d\varphi} = \frac{27}{32\pi^3}\frac{e^2c}{\rho^3}\left(\frac{\lambda_c}{\lambda}\right)^4\gamma^8[1+X^2]^2\left[K_{2/3}^2(\xi) + \frac{X^2}{1+X^2}K_{1/3}^2(\xi)\right] \tag{8}$$

ここで,$X \equiv \gamma\varphi$,$\xi \equiv (\lambda_c/2\lambda)[1+X^2]^{2/3}$,$K_{1/3}$,$K_{2/3}$は変形ベッセル関数である.すべての角度について積分すると

$$\frac{dI}{d\lambda} = \frac{3^{5/2}}{16\pi^2}\frac{e^2c}{\rho^3}y^3\gamma^7\int_y^\infty K_{5/3}(\Omega)d\Omega \tag{9}$$

ここで,$\lambda_c/\lambda \equiv y$とおいた.上式からわかるように,放射光強度の波長分布はλ_cにのみ依存した関数であり,$\lambda \approx \lambda_c$でピークをもち,$\lambda > \lambda_c$でゆるやかに減少し,$\lambda < \lambda_c$で急激に減少する.式(7')から$\lambda_c$は電子のエネルギー$E$の二乗,磁束密度$B$に反比例した関数であり,電子のエネルギーが大きいほど,磁場が強いほど短波長域にまで到達する.

光源として利用する場合は,安定した波長分布,角度分布をもったものが望ましいので,実際の放射光光源は高速の電子を一定の速度で周回させる電子蓄積リング(electron storage ring)を用いる.ここでは,放射光放出によって失われたエネルギーを高周波加速空洞によって補う.言い換えれば,高周波加速空洞で供給されるマイク

ロ波のエネルギーが同じ電磁波でも周波数が大幅に高い X 線領域に変換されることになる．電子が真空壁に衝突して失われない限りこの変換効率は 100% であるから限りなく効率の高い強力な光源といえる．

電子蓄積リングでは高周波加速空洞の交替電場によって電子が加速されるので，入射時にばらばらであった電子はバンチ（塊）になって周回をするようになる．バンチが偏向磁石を通過するときに放射光を発生するので，放射光はパルス状になるが，その幅は加速器によって，また，運転モードによって異なり，サブナノ秒程度になる．

c. アンジュレータからの放射光

電子蓄積リングにおいて，偏向磁石と偏向磁石の間では電子は直進するが，その間にさまざまな装置をおいて新しい光源にすることができる．これは挿入デバイス（insertion device）と呼ばれていて，その代表的なものがアンジュレータ（undulator）である．これは複数の永久磁石の配列により電子を何回も蛇行させるものである．光速の電子が磁場によって曲げられることで放射光を発生するので，蛇行する位置からの光は先の偏向磁石の場合と同じ白色光であるが，それぞれが相互に干渉しあって単色化する．これは白色光が回折格子によって回折される現象と同じである．その結果，エネルギー幅が狭く，光子密度が高い強力な放射光源となる．

周期長 λ_u の磁場場配列によって正弦形の磁場（式（10））をつくると，速度 v の電子が磁場中では z 方向に進む電子はローレンツ力 $-e\bm{v}\times\bm{B}$ を受けて，横方向に正弦的な振動（式（11））をする．

$$B_y = B_0 \sin \frac{2\pi}{\lambda_u} z \tag{10}$$

$$x = \frac{\lambda_u}{2\pi\gamma} K \sin \frac{2\pi}{\lambda_u} z \tag{11}$$

ここで，磁場 B_0 と周期長 λ_u に比例したパラメータ K を導入した．

$$K \equiv \frac{eB_0 \lambda_u}{2\pi m_0 c} \tag{12}$$

磁場で蛇行する電子の進行方向での平均速度 $\langle v_z \rangle$ は，式（13）で示すように，磁場が強いほど，また，磁場周期が長いほど本来の速度 v よりも遅れることになる．

$$\langle v_z \rangle = v\left[1 - \frac{K^2}{4\gamma^2}\right] \tag{13}$$

傾き θ で蛇行する電子からの放射光を観測するとき，観測点が受ける放射光の電場変化の周期 T は，

$$T = \frac{\lambda_u}{2c\gamma^2}\left[1 + \frac{K^2}{2} + \gamma^2\theta^2\right] \tag{14}$$

波長に直すと式（15）のようになる．

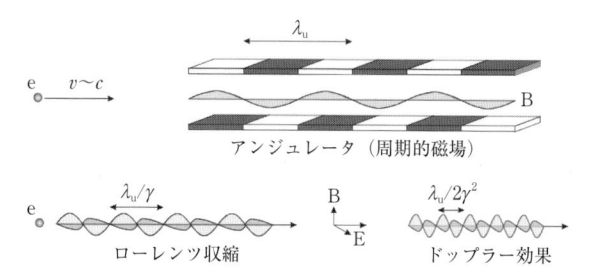

図 8.1.18 アンジュレータの原理

アンジュレータの磁場の周期長は数 cm であるが，高速で入射する電子からみれば，ローレンツ収縮によって，$1/\gamma$ だけ縮む（左下図）．さらに，実験室座標系ではドップラー効果によって $1/\gamma$ 倍短い波長になる．したがって，数 GeV クラスの電子エネルギーであれば，波長は 6～8 桁短くなり X 線領域に達する．

$$\lambda = cT = \frac{\lambda_u}{2\gamma^2}\left[1+\frac{K^2}{2}+\gamma^2\theta^2\right] \tag{15}$$

このアンジュレータの機構を模式的に図 8.1.18 に示した．

磁場を強くすると，K が大きくなり，長波長側にシフトする．また，電子軌道面からずれるほど，長波長側にシフトする．一方，磁場（あるいは K）が大きくなると，正弦波がひずんで，高調波の成分が大きくなってくる．

$$\lambda_n = \frac{\lambda_u}{2n\gamma^2}\left[1+\frac{K^2}{2}+\gamma^2\theta^2\right] \qquad n=1, 2, 3, \cdots \tag{16}$$

そして，磁場を強くした極限では，高調波成分が支配的になり偏向磁石からの放射光と同じになる．ただ，単一の偏向磁石に比べて周期数分だけ強度が増加した強力な光源になり，これをマルチポールウィグラー（multipole Wiggler）と呼ぶ．

理想的な周期磁場によって電子が曲げられ，これによって生じる理想的な周期電場からのアンジュレータ光のエネルギー分布，強度はフーリエ変換によって求めることができる．基本角振動数 $\omega_0(=2\pi/T)$ の N 周期電場のフーリエ変換は

$$\widetilde{E}(\omega) = \sqrt{\frac{2}{\pi}}\int_0^{\frac{N\pi}{\omega_0}}\sin\omega_0 t\sin\omega t\,dt = \frac{1}{\sqrt{2}\pi}\left(\frac{2\omega_0}{\omega^2-\omega_0^2}\right)\sin\frac{\omega}{\omega_0}N\pi \tag{17}$$

したがって，電場強度は

$$I(\omega) = |\widetilde{E}(\omega)|^2 = \frac{2}{\pi}\cdot\frac{\sin^2(N\pi\omega/\omega_0)}{[(\omega/\omega_0)^2-1]^2} \tag{18}$$

式（18）の関数形から，電場強度は $\omega=\omega_0$ でピークをもち，その強度は N^2 に比例し，そのピーク幅は N に反比例する．したがって，磁石列を多くして，周期数 N を増やしていくほど，光の強度，単色性が向上することになる．しかし，実際には電子ビームに時間的・空間的な広がりがあるため，その強度は $N\sim N^2$ の中間になる．

磁場を鉛直方向にかけると，電子は水平方向に蛇行し，水平方向に直線偏光する．

水平方向に磁場をかけると，垂直偏光が得られる．両者の位相をずらしていくことで円偏光も含めて任意の偏光性をもった光を得ることができる．

放射光を特徴づけるもう一つの重要な要素として電子ビームの質がある．円形加速器を走る電子の流れは，流体力学で表現され，エミッタンス（emittance）という量 ε で定義される．

$$\varepsilon_x = \sigma_x \cdot \sigma'_x \qquad \varepsilon_y = \sigma_y \cdot \sigma'_y \quad (19)$$

ここで，$\sigma_x, \sigma_y, \sigma'_x, \sigma'_y$ は電子の水平方向 (x)，垂直方向 (y) の空間広

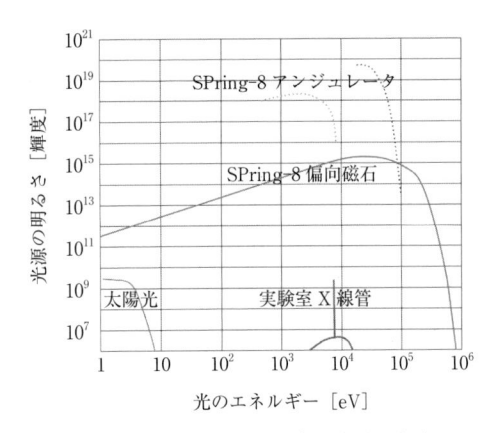

図 8.1.19 SPring-8 の光源からの放射光の輝度のエネルギー依存性

がり，角度広がりをガウス分布の標準偏差で表したものである（なお σ'_x は x の進行方向に対する微分 dx/ds）．エミッタンスはリングの仕様，運転モードで決まる量であり，場所によって変わらない一定の値をもつ．アンジュレータで電子ビームの時間的・空間的広がりを小さくして干渉性を高めるにはできるだけエミッタンスが小さいほどよい．

放射光の強度はしばしば輝度（brightness：光子数/(s・mm²・mrad²・0.01%バンド幅)）によって表される．これは，どれだけ小さな光源サイズから，どれだけ小さい発散角で放出された光かを示す量で，観測点で有効に集められる光量を知るうえで便利である．エミッタンスが小さければ光の輝度は高くなる．アンジュレータの性能（干渉性）をフルに発揮するためには，高輝度であることが望ましく，高輝度放射光源の開発がさかんに進められている．わが国の代表的な高輝度光源 SPring-8 からの放射光の輝度のエネルギー分布を図 8.1.19 に示した．

d. X 線自由電子レーザー

物質の状態間遷移における誘導放射を用いる通常のレーザーに対して，アンジュレータからの光を用いたレーザーが自由電子レーザー（free electron laser：FEL）である．電子のエネルギーは自由に変えられるし，光源になる電子は発光したのち磁石の外に放出されるので，熱がたまることがなく，波長可変の高出力レーザーが期待できる．

最初に開発された FEL は赤外領域のものである．この領域では反射率が 100% に近い良質のミラーがあるので，これを共振器に使うことで比較的容易にレーザー化することができる．問題は満足なミラーがない X 線領域の FEL（XFEL）である．その開発は長年の課題であったが，アンジュレータを通常のものより数十倍の長さにし，

アンジュレータからの光を種光としてレーザー発振させる，SASE（self amplified spontaneous emission）方式を用いることで実現することができた[3]．

この XFEL は高密度，短パルスの電子バンチを発生する電子銃，X 線領域までに加速する線形加速器，そして数百 m の長さをもつアンジュレータから構成される．

もともと，電子バンチは電子の進行方向にガウス分布をしており，アンジュレータの周期磁場によって蛇行することからカオス光を発生するので，光の強度は電子数と周期数の積に比例する（低利得領域）．放射光（電磁波）は互いに直交した電場と磁場の伝搬であり，電子よりも速度が大きいから，後ろで発生した光が先行する電子に追いつくことになる．電子のエネルギーを E_e，その横方向の速度を v_T，電磁波の電場を E_W とするとき，その運動方程式は次式で与えられる．

$$\frac{dE_e}{dt} = -ev_T \cdot E_W \tag{20}$$

電子は蛇行することでわずかに横方向の速度成分をもっているので，電磁波の電場 E_W と相互作用をもち，電子と電磁波でエネルギー移動が起こる．別の表現をすれば，電子はその横方向の速度成分があることで，電磁波の磁場 B_W によるローレンツ力を受けて，進行方向に加速（減速）される．

電子が距離 $\lambda_u/2$ だけ進むとき，電磁波は $\lambda_u/(2\beta)$ だけ進む．その差 Δz は式 (5)，(15) を利用して，

$$\Delta z = \frac{\lambda_u}{2}\left(\frac{1}{\beta}-1\right) = \frac{\lambda_u}{2\gamma^2} \cdot \frac{1}{1+\beta} \approx \frac{\lambda_u}{4\gamma^2} \approx \frac{\lambda_p}{2} \tag{21}$$

ここで，λ_p は磁場周期長 λ_u のアンジュレータ光の波長である．式 (21) は，電子が磁場の半周期 $\lambda_u/2$ 進む間に電磁波は $\lambda_p/2$ だけ余計に進むことを示している．その結果，電子の横方向の速度成分 v_T の向きは変わるが，B_W が逆転するのでローレンツ力は同じ向きになる．こうして磁場のある節より先行する電子は常に減速され，後からくる電子は常に加速されて，λ_p の間隔をもったミクロバンチへと進んでいく．この関係を図 8.1.20 に模式的に示した[7]．

ミクロバンチの間隔が λ_p になったとき，最大のエネルギー移動を起こし，位相のそろった放射光を放出するようになる．電子と光（電磁波）の速度差によって，ミクロバンチ化が進行していく領域が高利得領域である．しかし，電子が放射光を放出すると，その分減速されるので，完全なミクロバンチ状態が崩れる．そして，後ろからきた光によって再びミクロバンチ化される，という振動状態を繰り返すようになる（飽和領域，図 8.1.21 参照）．したがって，レーザー発振を起こさせるためには，アンジュレータを飽和領域に達する以上の長さに設計しなければならない．

この SASE はアンジュレータで発生したショットノイズを増幅していくもので，ワンショットは狭いエネルギー幅であるが，強度に 10% 以上のばらつきがあり，空間的なコヒーレンスはあるものの，時間的コヒーレンスはない．

特定の光エネルギーのレーザー発振を起こさせるためには，種光を増幅させるシー

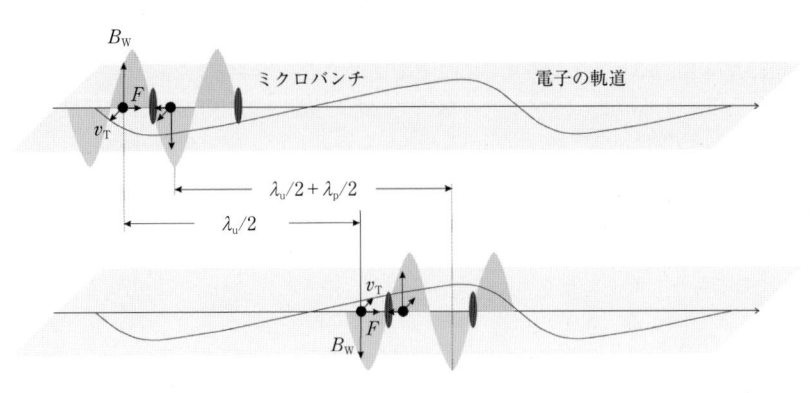

図 8.1.20 進行する電子バンチと電磁波の相互作用によるミクロバンチの形成過程[4]
ある時刻（上図）から電子が $\lambda_u/2$ だけ進んだ時刻（下図）での電子に対する電磁波の力を示す．磁場の節より先行する電子は減速され，後からくる電子は加速されて，ミクロバンチ化が進む．

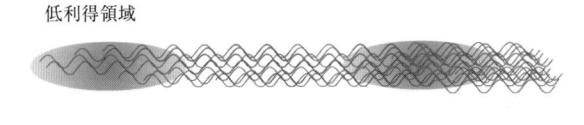

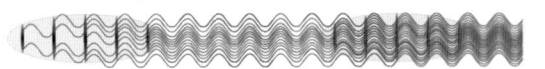

図 8.1.21 アンジュレータの前段領域（低利得）から，しだいにマイクロバンチ化が進み（高利得），後段領域（飽和）に達するにしたがって，しだいに電磁波の位相がそろってくる

ディング技術の導入が必要になる．これには，アンジュレータの増幅領域と飽和領域の間に磁場を挿入して電子だけを曲げ，直進する光を（ダイヤモンドなどの）結晶によって分光，単色化したのち，曲げた電子を再び合流させて単色光のレーザーを発生させる，という方法が開発されている．これによって，エネルギー幅を約 1/1000 に，時間幅を数 fs に短縮することが可能になる．

このような X 線領域の FEL 開発は，スタンフォードの LCLS，わが国の SPring-8 サイトで理研 SACLA が，それぞれ 2009 年，2011 年に稼働を始め，次々に成果を出

しつつある．また，ドイツ，ハンブルグの大型計画 EXFEL をはじめ，欧米でいくつかの XFEL 施設が建設を進めている．この XFEL は放射光とレーザーの利点（X 線領域の光であること，100% コヒーレンス，フェムト秒の短パルス，大パルス強度）を持ち合わせた究極の光源として，今後の利用展開が期待されている．

図 8.1.22 に，1895 年にレントゲンによって発見された X 線が，放射光の出現により，さらに XFEL の開発によってその輝度をいかに進展させてきたかを示す．

〔太田俊明〕

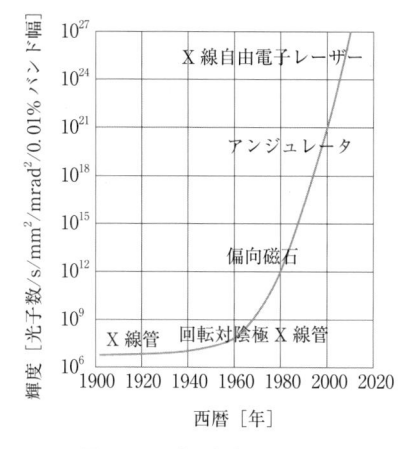

図 8.1.22　光源輝度の時間発展

文献・注

1) D. Ivanenko and I. Pomeranchuk : *Phys. Rev.*, **65** (1944), 343.
2) F. R. Elder, *et al.* : *Phys. Rev.*, **71** (1947), 829-830.
3) 上坪宏道，太田俊明：シンクロトロン放射光，岩波書店，2005．
4) 特殊相対性原理：互いに等速運動する慣性系において，それらの間の座標変換で物理法則が形を変えない．
5) 光速度不変の原理：互いに等速運動するすべての慣性系の観測者（座標系）に対して，光速度は常に一定の値をもつ．
6) 式 (1) の α は加速度の方向からの角度であるのに対し，式 (4) の θ は電子の進行方向からの角度であることに注意．
7) J. Feldhaus, *et al.* : *J. Phys. B*, **8** (2005), S799-819.
8) G. Margaritondo and P. R. Ribic : *J. Synchrotron Radiation*, **18** (2011), 101-108.

8.2　発光の応用

8.2.1　蛍光色材

蛍光は，ヒトの視覚に強い印象を与えることから，イルミネーションをはじめとした身近な装飾品から，最先端科学技術の分野に至るまで広く応用されている．有機蛍光色材となる分子は一般に，π 電子共役系が平面状に広がった骨格構造を有している．その基本骨格に適切な置換基を導入するなどの修飾をほどこすことによって，さまざまな色調に調整される．どのような基本骨格を有する分子系が用いられるかはその用

途によってさまざまである．ここでは，可視光領域に発光する有機材料のうち，すでに実用化されているレーザー色素や実用化レベルにある有機EL用発光材料，および，新しいタイプの蛍光色材として興味がもたれる最近の報告例を簡単に紹介する．

a. レーザー用蛍光色素

色素レーザー（8.1.2項参照）では，外部からのレーザー光（ポンプ光）でレーザー共振器内の蛍光色素溶液中の色素分子を励起し，誘導放出させることによってレーザー光を発生させる．蛍光色素はブロードな蛍光スペクトルを有しているが，レーザー共振器の条件設定を適切に行うことにより，蛍光色素が発光しうる波長範囲のいずれかの波長のレーザー光を得ることができる．したがって，色素を適切に選択し，かつ，装置条件を的確に設定することにより，あらゆる波長のレーザー光を得ることが原理的に可能である．

表 8.2.1 色素レーザーに用いられる蛍光色材の例と，それらを用いて発生することが可能なおよその波長範囲

通称・略称	構造式		およその波長範囲 [nm^{-1}]
	基本骨格	置換基	
クマリン	(クマリン骨格)	$R_1=CH_3, R_2=R_3=H$	425〜460
		$R_1=CH_3, R_2=R_3=C_2H_5$	445〜490
		$R_1=CF_3, R_2=C_2H_5, R_3=H$	480〜560
ローダミン	(ローダミン骨格)	$R_1=H, R_2=C_2H_5$	565〜610
		$R_1=C_2H_5, R_2=H$	595〜640
DCM	(DCM骨格)	—	610〜670
LDS dye	(LDS骨格)	$Ar^{\oplus}=$ (ピリジニウム)	660〜740
		$Ar^{\oplus}=$ (ベンゾチアゾリウム)	700〜740
	(LDS骨格2)	—	790〜850

8.2 発光の応用

色素レーザー用蛍光色素として，蛍光の量子収率が高く，またポンプ光による繰り返し光照射に伴う劣化が起こりにくい π 電子系化合物が有用であり，クマリン（coumarin）類，ローダミン（rhodamine）類，DCM，LDS 色素などがよく用いられる．これらの分子構造と，それらを用いたときに発生できるおよそのレーザー光の波長の範囲を表 8.2.1 にまとめる．これらの材料により可視光領域をほぼ網羅しており，可視光のあらゆる波長のレーザー光を発生させることができるが，目的の波長によっては，効率的にレーザー光を得るために，さらに適切な蛍光色素が用いられる．

b. 有機 EL 素子用発光材料

有機 EL 素子は一般に，有機発光性材料と電荷輸送材料を適切に組み合わせて作製した有機薄膜を 2 枚の電極で挟んだ構造を有している．電極間に電圧をかけることによって膜に陽極から正孔，陰極から電子を注入し，正孔と電子の再結合によって生成する発光材料の励起状態からの蛍光あるいはりん光を取り出す仕組みとなっている（8.2.2 項参照）．発光材料はその中核をなす材料として活発に研究開発が進められている．初期の有機 EL 素子においては，トリス（8-ヒドロキシキノリナト）アルミニウム（tris(8-hydroxyquinolinato)aluminium：Alq_3）（図 8.2.1）が優れた発光材料としてよく用いられていた．その後さまざまな発光色を示す有機 EL 素子用発光材料の研究・開発が進められてきた．それらは，大きく低分子系，高分子系の二つに分けられる．

低分子系材料は，一般に真空蒸着によって製膜される．結晶化などによる素子の劣化が起こりにくいよう，たとえば，図 8.2.2 に示すような安定なアモルファス膜を容易に形成する発光性材料が開発されてきた．また，発光層中に，クマリン誘導体（表 8.2.1）のほか，図 8.2.3 に示すキナ

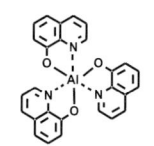

図 8.2.1　Alq_3 の分子構造

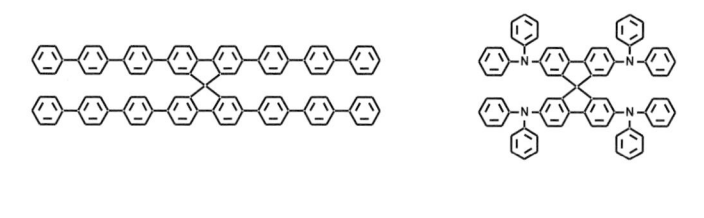

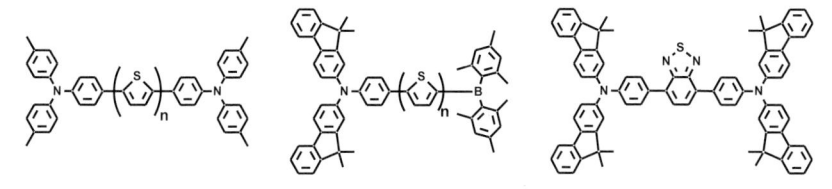

図 8.2.2　有機 EL 素子用低分子系発光材料の例

QA　　　　　ルブレン　　　　　　BPPC

図 8.2.3　ドーパントとして用いられる発光材料の例

PPV　　ポリ(アルキルフルオレン)　ポリ(アルキルチオフェン)　ポリ(ジフェニルアセチレン)

図 8.2.4　有機 EL 素子用高分子系発光材料の例

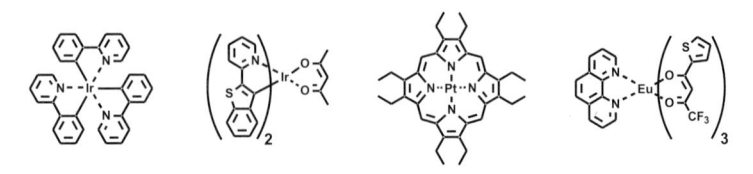

図 8.2.5　有機 EL 素子用りん光発光材料の例

　クリドン（quinacridone）誘導体（QA）やルブレン（rubrene），BPPC をはじめとするペリレンビスイミド誘導体などの蛍光色素をドーピングすることにより，発光効率を向上させたり発光色を変化させたりする工夫もなされてきた．

　一方，高分子系材料は，溶液からのスピンコート法などによって製膜される．スピンコート法の場合，不純物が混入する確率が上がったり，有機薄膜の積層が困難であるなどの問題点があるが，大面積化が可能で，素子作製も容易となることから活発に研究がすすめられた．とくに，図 8.2.4 に示すようなポリ(p-フェニレンビニレン)［poly(p-phnylenevinylene)：PPV］およびその誘導体，ポリ(アルキルフルオレン)［poly(alkylfluorene)］，ポリ(3-アルキルチオフェン)［poly(3-alkylthiophene)］，ポリ(ジフェニルアセチレン)［poly(diphenylacetylene)］などのπ共役系高分子がとりあげられて研究がなされてきた．

　以上の材料は，蛍光を用いる有機 EL 素子に用いられる発光材料であるが，素子の発光効率の観点から，最近ではりん光を示す材料が活発に研究されている．たとえば図 8.2.5 に示すイリジウム（Ir），白金（Pt），ユーロピウム（Eu）など一連の遷移金属錯体，希土類錯体が有機 EL 素子用りん光発光材料として注目され，活発に研究がなされている．

c. 凝集誘起発光

有機蛍光色素は一般に，高濃度の溶液中や固相状態では分子凝集の効果によって発光しなくなってしまう．これに対して，凝集（結晶化）することによって溶液中よりもむしろ発光効率（蛍光量子収率）が向上するという現象がみられることがある．この現象は凝集誘起発光（aggregation-induced emission enhancement：AIEE）と呼ばれ，注目を集めている[1]．これまでにAIEEを示すさまざまな化合物が報告されており，それらの多くは図8.2.6に示したように，いくつかの芳香環やπ電子共役部位が単結合でつながれたような基本骨格を有している．溶液中では単結合まわりに芳香環が自由に回転できるのに対し，凝集することによってこれらの回転が抑えられることが，AIEEの発現にかかわっていると考えられるが，まだ統一的な理解はなされていない．

このようなAIEEを示す材料群は，固体中で発光させることが必要な有機EL素子などのデバイス用の新しい発光材料として興味深いだけでなく，分子の凝集状態の変化を蛍光でモニターすることができるため，さまざまなセンサーへの応用展開も期待される．

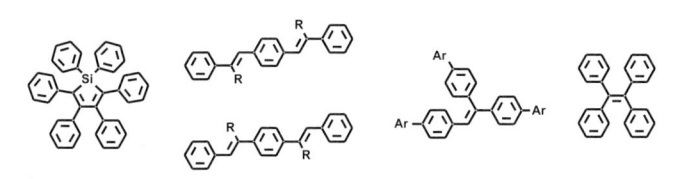

図8.2.6　AIEEを示す化合物の例

d. メカノクロミック発光

結晶状態で発光する有機材料のなかで，その結晶を摩砕する（すりつぶす）などのメカニカルな刺激を与えることによって発光色が変化し，またその発光色をもとに戻すことができるものが見つかっている．このような現象はメカノクロミック発光（あるいはピエゾクロミック発光，メカノフルオロクロミズムなど）と呼ばれる．摩砕によるモルフォロジー変化のタイプによって大きく2種類に分類することができる．

その一つは，結晶構造が摩砕によって，別の結晶構造に変化するタイプのメカノクロミック発光で，図8.2.7に示すような化合物群[2-4]が報告されているほか，AIEEを示す分子のなかにもメカノクロミック発光を示すものが報告されている[5]．これらの結晶を摩砕すると結晶構造の異なる別の結晶に変化し，あるいは結晶欠陥が生じ，それに伴って分子間の相互作用が変化して発光色が変化すると考えられている．加熱あるいは溶媒蒸気にさらすなどの刺激によって結晶構造がもとに戻り，発光色が回復する．

もう一つのタイプは，摩砕によって結晶構造が崩されてアモルファス固体となるタ

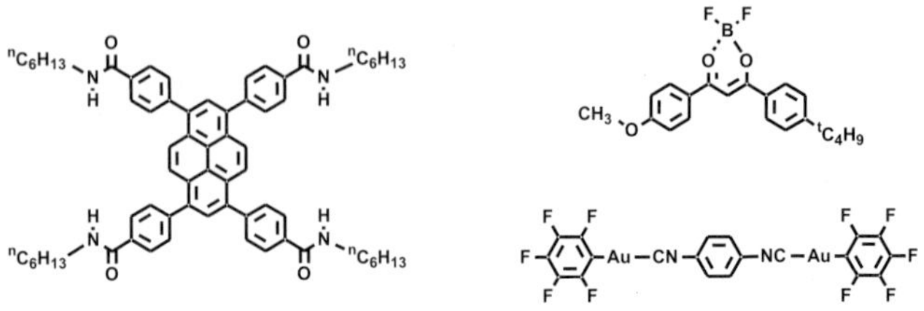

図8.2.7 摩砕により結晶構造が変化するメカノクロミック蛍光材料の例

イプのメカノクロミック発光で，図8.2.8に示すような化合物が報告されている[6-8]．これらは摩砕によって結晶構造が崩れてアモルファス状態となる際に，分子間相互作用が変化したり，励起状態における構造緩和の容易さが変化し，それに基づいて発光色が変化すると考えられている．

さらに，上述のような低分子系化合物を高分子に分散した系において，延伸などのメカニカルストレスによって発光色が変化するという報告もなされており[9,10]，メカノクロミック発光は基礎科学的観点からだけでなく圧力センサーやストレスセンサーなどへの応用の観点からも興味がもたれる．

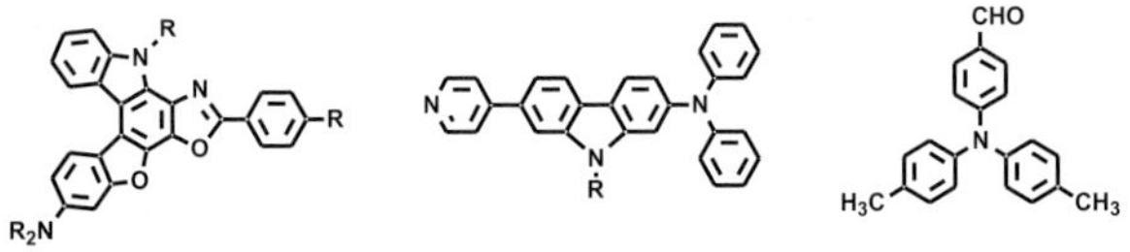

図8.2.8 摩砕によりアモルファス状態となるメカノクロミック蛍光材料の例

〔中野英之〕

文献・注

1) Y. Hong, et al.: *Chem. Soc. Rev.*, **40** (2011), 5361-5388 and references cited therein.
2) Y. Sagara, et al.: *J. Am. Chem. Soc.*, **129** (2007), 1520-1521.
3) G. Zhang, et al.: *J. Am. Chem. Soc.*, **132** (2010), 2160-2162.
4) H. Ito, et al.: *J. Am. Chem. Soc.*, **130** (2008), 10044-10045.
5) S.-J. Yoon, et al.: *J. Am. Chem. Soc.*, **132** (2010), 13675-13683.
6) Y. Ooyama and Y. Harima: *J. Mater. Chem.*, **21** (2011), 8372-8380.
7) Y. Ooyama, et al.: *Tetrahedron*, **68** (2012), 529-533.
8) K. Mizuguchi, et al.: *Mater. Lett.*, **65** (2011), 2658-2661.
9) D. R. T. Roberts and S. J. Holder: *J. Mater. Chem.*, **21** (2011), 8256-8268 and references cited therein.
10) A. Pucci and G. Ruggeri: *J. Mater. Chem.*, **21** (2011), 8282-8291 and references cited therein.

8.2.2 有機 EL 発光材料：新発光機構・レーザーデバイスの可能性

有機 EL は，現在，室温りん光を用いた高効率三重項発光の実現により，100% の内部発光効率が達成されている[1]．そして，有機 EL は超薄型化が可能なこと，高画質動画表示が可能なことから，液晶やプラズマディスプレーと並びうる魅力的なディスプレーとして認識されている．有機 EL は，表示品質としては，液晶を凌駕する性能を有しており，現在，携帯電話のメインディスプレーや有機 EL テレビの商品化[2]が実現している．有機 EL の成功は，本格的な有機半導体デバイスの登場を意味しており，有機トランジスタ，有機レーザーダイオード，有機太陽電池，有機メモリーなどの次世代有機光半導体デバイスへの展開も急速に始まっている．1990 年以降，世界的規模で，新しい有機半導体材料の開発，有機半導体デバイス物理の確立，有機薄膜製膜技術の研究開発が進められてきた．10 V 以下の電圧を有機薄膜に印加すると mA/cm^2 オーダーの電流が流れ，明るい発光が得られ，さらに，超薄膜，超小型，フレキシブル化，可視域全域における発光が可能なことから，これらの特徴を生かした新しいデバイス展開が期待される（図 8.2.9）．

a. 電気をよく流す有機半導体

現在，「有機半導体」という名前が一般的に知られるようになってきたが，有機半導体の起源は 1960 年代初頭の井口，赤松博士らによる芳香族化合物へのドーピングによる電荷移動錯体(CT 錯体)の発見に始まる[3]．そして，1970〜80 年代には化学ドーピング法により高分子薄膜に電荷移動錯体を形成したいわゆる導電性高分子材料へと展開がなされた．このような電子吸引性や電子供与性物質のドーピングにより薄膜中に電荷を発生させ半導体としての機能を得る方法が，一般的な有機半導体の考え方である．

図 8.2.9　フレキシブル有機 EL デバイス

一方,有機ELが用いている有機半導体は上記のドーピングによる手法とは大きく異なり,強電界印加による電極からのキャリヤー注入現象を用いている[4].この手法の特徴は,「100 nm程度」の「有機超薄膜」を用いることである.100 nmの超薄膜に10 Vの電圧を印加すると1 cmに100万V($\sim 10^6$ Vcm^{-1})に達する高電界が有機薄膜内や有機/電極界面に発生し,このような強電界下では,$\sim$0.5 eVに及ぶ比較的大きな電極-有機層界面のエネルギー障壁を越えて電荷注入(carrier injection)が可能になる.注入機構としては,これまでにFowler-Nordheimによるトンネル注入機構,ショットキー機構,局在準位を介した注入モデルなどが提案されている.そして,一度,電荷が電極から有機層へ注入されてしまえば,本来,隣接する分子間のπ電子の重なりによって有機物は電流を流す能力(移動度)が備わっているために電気伝導性が生じることになる.

表8.2.2には,time of flight(TOF)法による典型的な有機単結晶の電子およびホール移動度を示す[5].この表で驚かされるのは,最も基本的な物質であるベンゼンの単結晶においても$\sim$1 cm^2 V^{-1}s^{-1}に達する移動度が実現されていることである.つまり,弱いファンデルワールス力で隣りあうベンゼン環どうしのπ電子の重なりによっても,電子やホールなどの電荷は十分に分子間を移動できることを意味している.少なくとも,一つのベンゼン環が存在すれば,有機化合物は本質的にπ電子の重なりによって電気を流すことができるのである.

表8.2.2 芳香族化合物単結晶の移動度[5]

結 晶	キャリヤー	方 向	移動度 [cm^{2}V^{-1}s^{-1}] (T=300 K)	測定範囲 [K]
ベンゼン	−	A	1.5 (287 K)	173〜278
ナフタレン	−	A	0.51	220〜300
	−	B	0.63	220〜300
	−	C′	0.68	220〜300
	+	A	0.88	220〜300
	+	B	1.41	220〜300
	+	C′	0.99	220〜300
アントラセン	−	A	1.6	77〜300
	−	B	1.0	170〜380
	−	C′	0.4	80〜450
	+	A	1.2	300〜400
	+	B	2.0	300〜400
	+	C′	0.8	170〜450
N-イソプロピルカルバゾール	−	C	1.0	244〜370
ピレン	−	A〜B	0.7	260〜350
	−	C	0.5	260〜350
	+	A〜B	0.7	260〜350
	+	C′	0.5	260〜350

このように，有機薄膜に高電圧を印加して電極から強制的に電荷を注入さえできれば，ドーピングを行わなくても電気伝導性が生じることになる．ここで，電荷輸送機構は，基本的に分子間のホッピング機構によって記述できるが，現実の電荷輸送は電荷トラップによって形成された空間電荷が電荷移動に大きな影響を及ぼしていることがわかっている．現在の最適化された有機 EL 素子においては，陽極と陰極から有機層にそれぞれホールと電子を高効率で注入し，有機層内を移動させることができるようになり，3 V 以下の印加電圧で $100\,\mathrm{mA\,cm^{-2}}$ に達する電流を流すことが実現している[6]．また，フタロシアニン単層膜では，$1\,\mathrm{MA\,cm^{-2}}$ に達する超高電流密度の実現[7]や有機 EL 構造においても～$1000\,\mathrm{A\,cm^{-2}}$ に達する高電流密度が実現でき[8]，有機レーザーダイオードなどの高電流密度デバイスへの展開も見通しが開けてきた．最近では，さらに，新しい電荷注入手法が開発され，電界効果 FET（field effect transistor）によるキャリヤー発生や，CT 錯体による有機層内電荷発生[7]にも大きな注目が集まっている．

b. 有機 EL の発光メカニズム

図 8.2.10 に有機 EL の模式的な発光メカニズムを示す．陽極からはホールが，陰極からは電子がそれぞれ有機層に注入される．注入されたホールと電子はそれぞれ，ラジカルカチオン，ラジカルアニオンを形成し，それぞれ印加電圧にしたがって，隣接分子と電子交換を行い，電荷が移動することになる．そして，ある分子で，電子とホールが再結合し，励起子を生成する．このときに，スピン統計則に則り，一重項励起子が 25%，三重項励起子が 75% 生成され，それぞれ，蛍光，りん光過程を経て発

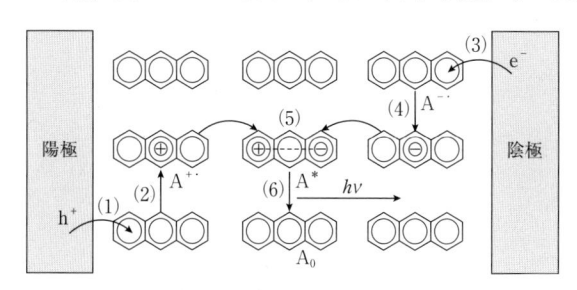

$$A_0 + h^+ + e^- \rightarrow A_0 + h\nu$$

陽極側	ホール注入	$A_0 + h^+ \rightarrow A^{+\cdot}$	(1)
	ホール輸送	$A^{+\cdot} + A_0 \rightarrow A_0 + A^{+\cdot}$	(2)
陰極側	電子注入	$A_0 + e^- \rightarrow A^{-\cdot}$	(3)
	電子輸送	$A^{-\cdot} + A_0 \rightarrow A_0 + A^{-\cdot}$	(4)
有機層内	再結合・励起子生成	$A^{+\cdot} + A^{-\cdot} \rightarrow A^* + A_0$	(5)
	発光	$A^* \rightarrow A_0 + h\nu$	(6)

図 8.2.10 有機 EL の発光機構

光に至る．このため，蛍光性材料を発光層に用いれば，EL発光は蛍光発光と同じに，りん光材料を用いればりん光スペクトルに一致した発光が得られる．

c． りん光材料による100%の発光効率へ

現在の有機ELデバイスは，陽極と陰極から有機層にそれぞれホールと電子を注入し，有機層内での電荷移動・再結合により励起子生成・失活（発光）の各プロセスが高効率で実現されている[1]．とくに，りん光材料を用いた有機りん光EL（electrophosphorescence）デバイスでは，内部量子効率が～100%に達する究極のデバイスが実現された．有機ELの η_{ext} は外部量子効率，①発光層への電子とホールの注入・輸送・再結合比率（γ），②励起子生成効率（η_r），③励起状態からの内部発光量子収率（ϕ_P），④光取り出し効率（η_p）の四つの積からなる（図8.2.11）．究極の発光効率を実現するためには，四つの因子それぞれが100%に近い値に近づける必要がある．ここで，γはp/n接合類似な積層構造の形成により電子とホールの注入・輸送・再結合比率を等しくすることにより，また，内部量子効率（η_{int}）は内部発光量子収率の高い材料を用いることにより100%に近い値を得ることができる．η_rは，電子とホールが再結合する際にスピン統計則に則り一重項励起状態と三重項励起状態が1:3の割合で形成される．そのため，通常，蛍光材料を用いる限り η_r は25%の低い値にとどまってしまうが，りん光材料を用いれば，原理的には75～100%の η_r を得ることが可能になる．また，通常のガラス基板上にデバイスを形成した場合，光導波モードへの結合や陰極金属の消光により，光取り出し効率 η_p は～20%の低い値にとどまってしまう．よって，蛍光材料を発光分子として用いる場合は，最大 η_{ext}＝5%にとどまるが，三重項励起子を発光遷移過程として利用することができれば，原理的には3倍以上，もしくは，系間交差（intersystem crossing：ISC）の確率が～100%であれば，従来より～4倍に達する強い発光効率を得ることが可能となる．

有機ELは，近年，このような三重項励起状態を発光材料に用いることにより発光効率の大幅な向上が達成された（図8.2.12）[13]．これは中心金属に重原子をもつ有機

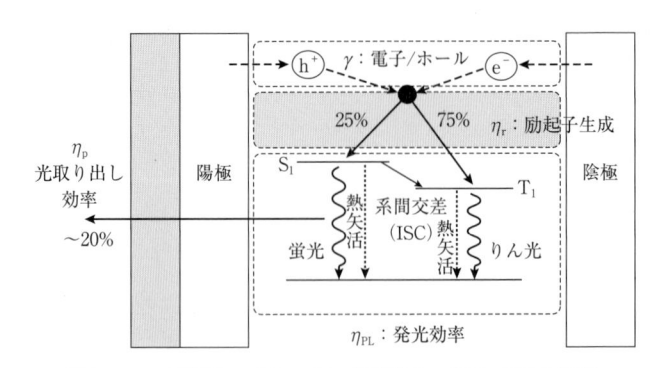

図 8.2.11 有機ELのメカニズム（電荷注入，輸送，再結合過程）

8.2 発光の応用

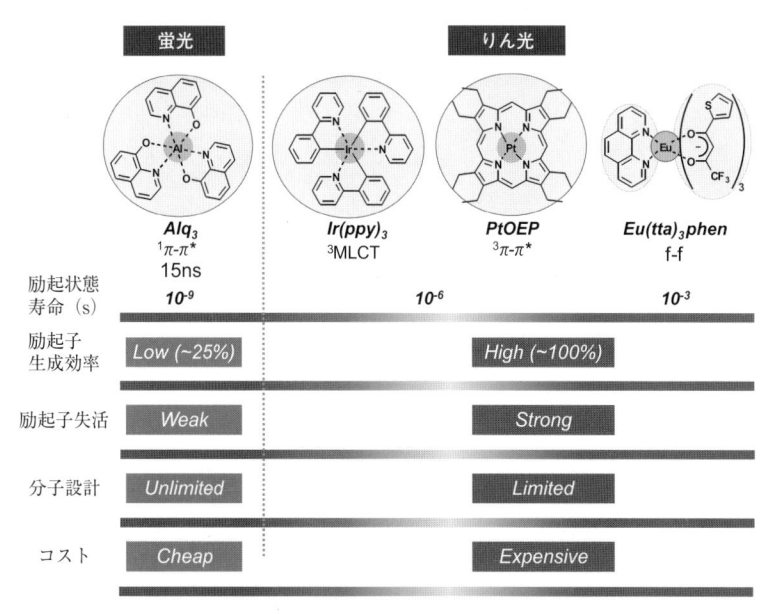

	蛍光	りん光		
	Alq$_3$ $^1\pi$-π^* 15ns	Ir(ppy)$_3$ ^{3}MLCT	PtOEP $^3\pi$-π^*	Eu(tta)$_3$phen f-f
励起状態寿命 (s)	10^{-9}	10^{-6}		10^{-3}
励起子生成効率	Low (~25%)	High (~100%)		
励起子失活	Weak	Strong		
分子設計	Unlimited	Limited		
コスト	Cheap	Expensive		

図 8.2.12 りん光発光材料とその特徴

金属化合物の内部重原子効果により一重項励起子がすべて系間交差により三重項励起子となり,さらに三重項励起子とはいえ,室温において発光遷移の速度定数が $k_r \sim 10^6$ 程度の材料を用いることにより100%に近い効率で発光が実現されている.とくに Ir 系りん光性発光材料を用いることにより,蛍光性発光材料のもつ最大外部量子効率(~5%)の限界を越え,緑色に関しては,ほぼ理論限界の発光効率(20%)まで達している.現在では,色純度の高い高耐久青色りん光材料の開発が急務となっており,エネルギーギャップの広いホスト材料の開発と併せて集中的な材料開発が行われている.

d. 新しい発光機構へ

有機ELは,通常,蛍光分子では75%の三重項励起子は熱失活してしまい,25%の一重項励起子しかEL発光には利用できないが,三重項励起状態からの発光を使えば,究極の効率が得られることになる.このことは電流励起下において,スピン統計則に則り,一重項励起子と三重項励起子が1:3の割合で生成され,さらに一重項準位から三重項準位への系間交差(ISC)が100%の確率で生じることにより,三重項励起子の生成効率が100%まで達していることを意味している.このように,りん光デバイスは優れた有機EL性能を有することから,従来の蛍光性発光材料に代わり,有機ELの基幹発光材料となり,現実に実用化が進んでいる.一方,このような優れ

た発光特性を有するものの,高電流密度領域では発光効率が急激に減少するtriplet-triplet annihilation (TTA) やtriplet-polaron annihilation (TPA) などの励起子失活の発生や,化合物がIr,Ptなどの貴金属を含有する化合物に限定されるなどの問題点があり,再度,基本に戻った幅広い材料開発を行う時期にさしかかっている.

そこで,励起子生成効率を向上させる新たな発光機構として熱活性化遅延蛍光(thermally activated delayed fluorescence:TADF)の利用が提案された[10,11]. 本過程は,一重項準位と三重項準位のエネルギーギャップ(ΔE_{ST})が狭い分子を用いることにより,三重項励起子が,熱エネルギーによってT_1からS_1への逆系間交差(reverse intersystem crossing:RISC)遷移を起こし,S_1から遅延蛍光発光する過程である(図8.2.13).

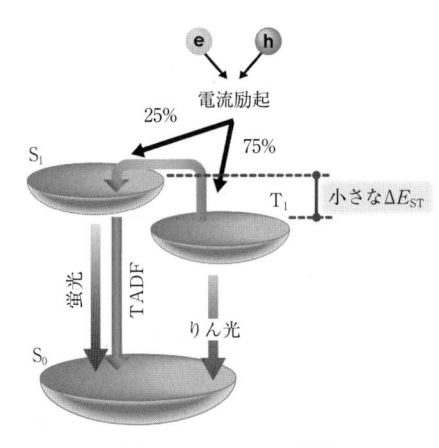

図8.2.13 TADFの原理

しかしながら,これまでに報告されているTADF材料はその発光効率が低く,有機ELの高効率化は困難であった. TADFを利用した有機ELの高効率化には,ΔEが非常に小さい材料が必要である. ここで,ΔEは次のように考えられる. 電子励起に伴い,L軌道(HOMO:highest occupied molecular orbital)の電子対のうち1個の電子がU軌道(LUMO:lowest unoccupied molecular orbital)へ励起された場合,S_1レベルのエネルギーE_SとT_1レベルのエネルギーE_Tは,基底状態と励起状態の電子間の反発を考慮すると,次の式で示される.

$$E_S = (E_U - E_L) + K_{LU}$$
$$E_T = (E_U - E_L) - K_{LU}$$
$$K_{LU} = \iint \phi_L(1)\phi_U(2)\frac{1}{r_{12}}\phi_L(2)\phi_U(1)\,d\tau_1\tau_2$$

ここで,E_U, E_LはU軌道,L軌道のエネルギー,K_{LU}は交換エネルギー,ϕ_LはL軌道の波動関数,ϕ_UはU軌道の波動関数,r_{12}は電子(1)と電子(2)間の距離をそれぞれ示す. したがって,S_1とT_1のエネルギーギャップΔE_{ST}は次の式で示される.

$$\Delta E_{ST} = E_S - E_T = 2K_{LU}$$

この結果より,ΔE_{ST}はK_{LU}の2倍であり,L軌道とU軌道の空間的な重なりで決まることが示される. たとえば,ベンゾフェノンはn-π*性の遷移を有し,n軌道とπ*軌道はたがいに直交しているため,軌道の重なりが小さく,ΔE_{ST}が小さい(ΔE_{ST} = 0.2 eV)が,その発光量子収率η_{PL}は低い. 一方,フルオレンなどのπ-π*性の遷移を有する化合物は高いη_{PL}を示すが,π軌道とπ*軌道の重なりが大きいために,ΔE_{ST}

が大きい（$\Delta E_{ST} \sim 0.9$ eV）．したがって，η_{PL} が高い π-π^* 遷移を実現するためには，ある程度の軌道の重なりを保持した分子を設計し，小さな ΔE_{ST} と高い η_{PL} を両立させる必要がある．実際，分子内にドナーおよびアクセプター性の官能基を導入し，さらに官能基間のπ共役系を切断した分子骨格によって高効率な TADF が報告されている[11,12]．TADF 材料は分子設計が容易であることや低コスト化が可能であることから，今後，有機 EL 発光材料は，TADF 材料に主流が置き換わっていくことが考えられる．

〔安達千波矢〕

文献・注

1) C. Adachi, et al.: *J. Appl. Phys.*, **90** (2001), 5048.
2) http://www.sony.jp/products/Consumer/oel/index.html
3) 井口洋夫：有機半導体，槇書店，1994.
4) 時任静士ほか：有機 EL ディスプレイ，オーム社，2004.
5) J. D. Wright: Molecular Crystals, Cambridge University Press, 1995.
6) T. Matsushima and C. Adachi: *Appl. Phys. Lett.*, **89** (2006), 253506.
7) T. Matsushima and C. Adachi: *Jpn. J. Appl. Phys.*, **46** (2007), L1179.
8) T. Matsushima and C. Adachi: *Jpn. J. Appl. Phys.*, **46** (2007), L861.
9) A. Endo, et al.: *Chem. Phys. Lett.*, **460** (2008), 155-157.
10) A. Endo, et al.: *Adv. Mater.*, **21** (2009), 4802-4906.
11) A. Endo, et al.: *Appl. Phys. Lett.*, **98** (2011), 083302.
12) H. Uoyama, et al.: *Nature*, **492** (2012), 234-238.

8.2.3 蛍光発光および化学発光による生体機能解析

生体機能を解析するためのさまざまな分光学的手法のなかで，蛍光発光は生体成分や生命現象の検出に最も頻繁に利用されている手法である．蛍光のシグナル強度や発光波長は，蛍光団の構造や周辺環境の変化に応じて変化する．この現象を検出の基本原理として，生体成分をセンシングする蛍光センサー分子や酵素反応の蛍光アッセイ法がこれまでに数多く開発されている．一方，化学発光法は蛍光発光法に比べると生体機能解析へ応用される機会は少ないが，化学発光法のもつきわめて高い検出感度や特異性を生かした臨床検査や創薬スクリーニングへの応用は非常にさかんである．

a. 生体成分の蛍光センシング

生体成分の検出を目的とした蛍光センサー分子の開発がこれまでに数多く報告されている．このような蛍光センサー分子は，生体物質の高感度検出や微量分析が可能であること，*in vitro* 実験から細胞，動物個体における *in vivo* バイオイメージングまで幅広く応用できること，使用が簡便で安価であるなどの利点を有する．また，分子設計に基づいてセンサー分子の構造を修飾することで，検出対象となる生体成分に対する親和性，蛍光励起および発光の波長，センサー分子の親疎水性などを自由にコン

トロールできることも，蛍光センサー分子の大きな利点の一つである．多くの生体成分のなかで，金属イオンは重要な生体機能をもつものが多く，これらの金属イオンを選択的に検出する蛍光センサー分子の開発がこれまで非常にさかんに行われてきた[1,2]．金属イオンに対する蛍光センサー分子の多くは，金属イオンと相互作用するリガンド部位と，これに近接して接続した蛍光団から構成されている．リガンド部位へ金属イオンが配位することで，光誘起電子移動（photo-induced electron transfer：PET）や光誘起電荷移動（photo-induced charge transfer：PCT）などの機構により蛍光団の蛍光特性（蛍光強度あるいは励起/発光波長）が変化することでセンシングが可能となる．生理機能に重要な金属イオンとしては，カルシウム，マグネシウム，ナトリウム，亜鉛イオンなどがあり，それぞれに対する蛍光センサー分子が開発され細胞でのバイオイメージングへと応用されている（図8.2.14）[3-5]．

カチオン性の金属イオンは，蛍光センサー分子のリガンド部位をデザインすることで，水溶液中において高親和性かつ選択的に捕捉することが比較的容易である．一方でアニオン種については，イオンサイズが金属カチオンに比べて大きく電荷が分散していること，水溶液中で高度に水和されていることなどから，高い親和性でアニオン種と相互作用できるセンサー分子を設計することが一般的に困難である[6]．また，生体中にはリン酸基やカルボキシル基などをもつ複数の有機アニオン種が多く存在していることから，これらを区別して高選択的に蛍光センシングすることは難しい．これらの理由から生体アニオン種に対する蛍光センサー分子の開発は，イメージングによる検出が可能になっているカチオン種と比較して立ち遅れている状況にある．こ

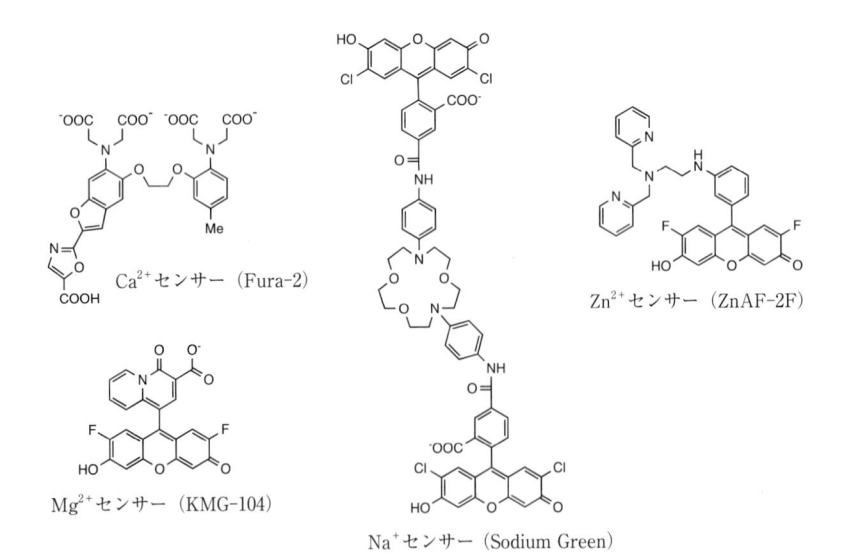

Ca^{2+}センサー（Fura-2）

Zn^{2+}センサー（ZnAF-2F）

Mg^{2+}センサー（KMG-104）

Na$^+$センサー（Sodium Green）

図 8.2.14　金属イオン蛍光センサーの例

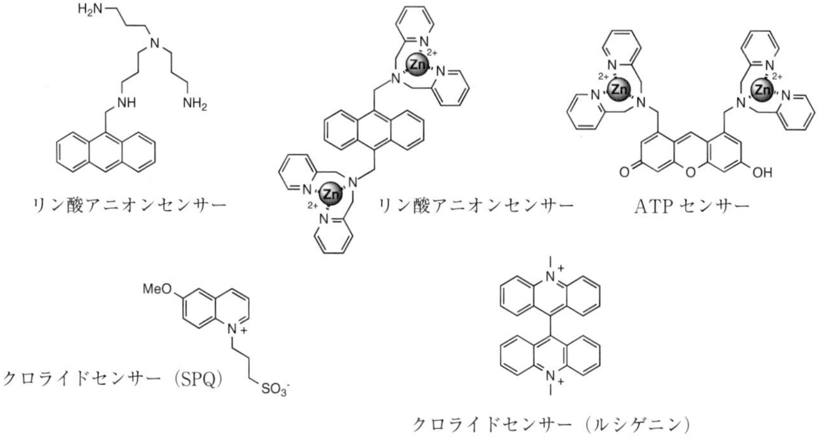

8.2 発光の応用

リン酸アニオンセンサー　　リン酸アニオンセンサー　　ATPセンサー

クロライドセンサー（SPQ）　　　　クロライドセンサー（ルシゲニン）

図 8.2.15　アニオン蛍光センサーの例

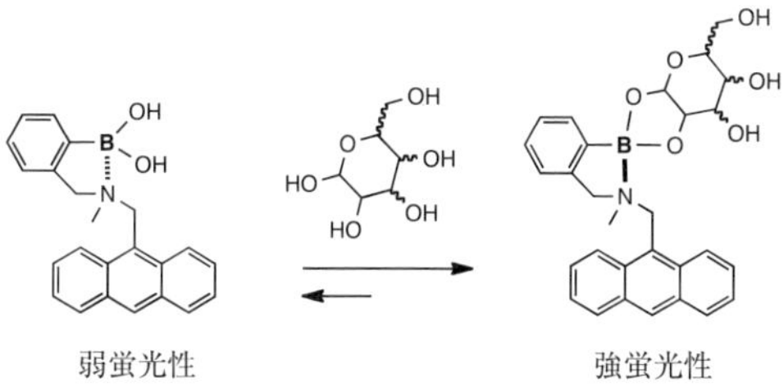

れまでにリン酸アニオン種に対する蛍光センサー分子の報告は多数あり，初期の代表的な研究例としてCzarnikらにより開発されたポリアミン型のリン酸アニオンセンサーが知られている（図8.2.15）[7]．近年，金属－配位子相互作用でリン酸アニオン種を捕捉する亜鉛錯体型の蛍光

弱蛍光性　　　強蛍光性

図 8.2.16　糖を検出するボロン酸型蛍光センサー分子

センサー分子が数多く開発され，ピロリン酸，アデノシン三リン酸（ATP），フォスファチジルセリンなどの検出が報告されている[8-10]．リン酸アニオン以外にアセテート，クロライドイオンなどの生体アニオン種を蛍光センシングできるセンサー分子が開発されているが，それらの多くは有機溶媒中で機能するが水溶液中ではアニオンに対する親和性が弱く十分な蛍光センシング能を示さないものが多い．Verkmanらは，クロライドイオン選択的な蛍光センサー分子としてSPQやルシゲニンを開発している（図8.2.15）[11]．これらのセンサー分子は，クロライドイオンとの衝突に伴う光誘起電子移動（PET）によりクロライドイオンを蛍光減少で検出することが可能である．検出できるクロライドイオン濃度は数mMから数十mMであるが，この範囲は細胞内のクロライドイオン濃度に対応しているため，細胞での蛍光バイオイメージングへ応用することができる．

グルコースをはじめとする糖類は，さまざまな生体機能に重要な役割を果たす化合物である．新海らは，フェニルボロン酸が糖構造中のシス1,2-ジオールとボロン酸

エステルを形成することに着目して，糖類を蛍光センシングできるセンサー分子の開発を行っている[12]．たとえば図 8.2.16 に示すアントラセン型化合物は，グルコースとの相互作用に伴うアミン部位からの光誘起電子移動（PET）の抑制によって，水溶液中のグルコースを蛍光強度の増強によりセンシングすることが可能である．また新海らは，D 体あるいは L 体の単糖を蛍光強度上昇の違いによって不斉識別できるセンサー分子の開発を報告している[13]．これらのボロン酸型センサーは，水溶液中での糖に対する親和性が解離定数（K_d）にしてミリモルオーダーと低いため，細胞系でのイメージングに直接的に応用することは一般に困難であるが，このセンシング機能を組み込んだ，より高度な機能をもつ蛍光センサー分子が報告されている[14,15]．

b. 酵素反応の蛍光検出

これまでに酵素反応を検出する蛍光アッセイ法の開発が数多く報告されている．多くの酵素反応のなかで，タンパク質やペプチドの加水分解を触媒するプロテアーゼ，およびタンパク質をリン酸化するキナーゼに対する蛍光検出システムの開発がとくにさかんに行われている．プロテアーゼに対する蛍光アッセイ法の多くは，プロテアーゼの基質となるペプチドあるいはタンパク質に蛍光色素を導入し，ペプチド鎖の切断に伴って蛍光強度が増強するセンシング機構をもつ．トリプシン，サーモリシン，エラスターゼなど一般的なプロテアーゼ活性を蛍光により検出する場合には，カゼインなどに蛍光色素を複数標識したタンパク質を基質として用いることができる（図 8.2.17(a)）[16]．蛍光色素は修飾タンパク質中でお互いに近接しあい自己消光状態にあるが，プロテアーゼによる切断を受けることで分散し蛍光シグナルを回復する．このとき，蛍光強度の増加は直接プロテアーゼ活性に比例する．一方，特定のプロテアーゼ活性を選択的に検出するアッセイ法としては，7-アミノクマリンをもつ蛍光性ペプチド基質が最も代表的なものとして知られている（図 8.2.17(b)）．7-アミノクマリンはペプチド鎖とアミド結合で連結されているときには消光状態にあるが，プロテアーゼにより加水分解されアミノクマリンが遊離することで強い蛍光を発する．この検出法を応用して，カスパーゼなど特定の酵素に対するアッセイ法の開発[17]，あるいはプロテアーゼの基質となるペプチド配列特異性の探索が行われている[18]．分子内 FRET（fluorescence resonance energy transfer）を利用したプロテアーゼ活性の検出法として，両末端に蛍光団および消光性色素（dabcyl）を導入した基質ペプチドが開発されている（図 8.2.17(c)）．この手法では，プロテアーゼによるペプチド鎖の切断に伴って分子内 FRET が解消され蛍光団の蛍光強度が上昇するしくみとなっている[19,20]．一方，動物個体内でのプロテアーゼ活性を蛍光イメージングするための基質型センサー分子が Weissleder らにより報告されている（図 8.2.17(d)）[21]．このセンサー分子は，近赤外蛍光を発するシアニン色素（Cy5.5）をポリリジン型のポリマーに導入した構造をもつ．Cy5.5 はポリマー内で近接し消光状態にあるが，プロテアーゼによる消化に伴って分散し蛍光強度を回復するセンシング機構となっている．

Weisslederらは，このポリマー型センサーを用いることでがん細胞リソソーム中のプロテアーゼ活性を近赤外蛍光で検出し，サブミリサイズの腫瘍のイメージングに成功している．

　リン酸化は最も代表的なタンパク質の翻訳後修飾であり，とくに細胞内シグナル伝達におけるタンパク質の機能制御に重要な役割を果たしている．ヒトでは500種類以上のプロテインキナーゼが存在しているが，それぞれのキナーゼは基質配列に対する異なる特異性をもつ．そのため10残基程度のペプチドを基質として用いることでキナーゼ選択的な酵素反応アッセイが可能となる[22]．たとえば，プレート上に固定化した基質ペプチドをキナーゼによりリン酸化後，リン酸化ペプチドに対する一次抗体と

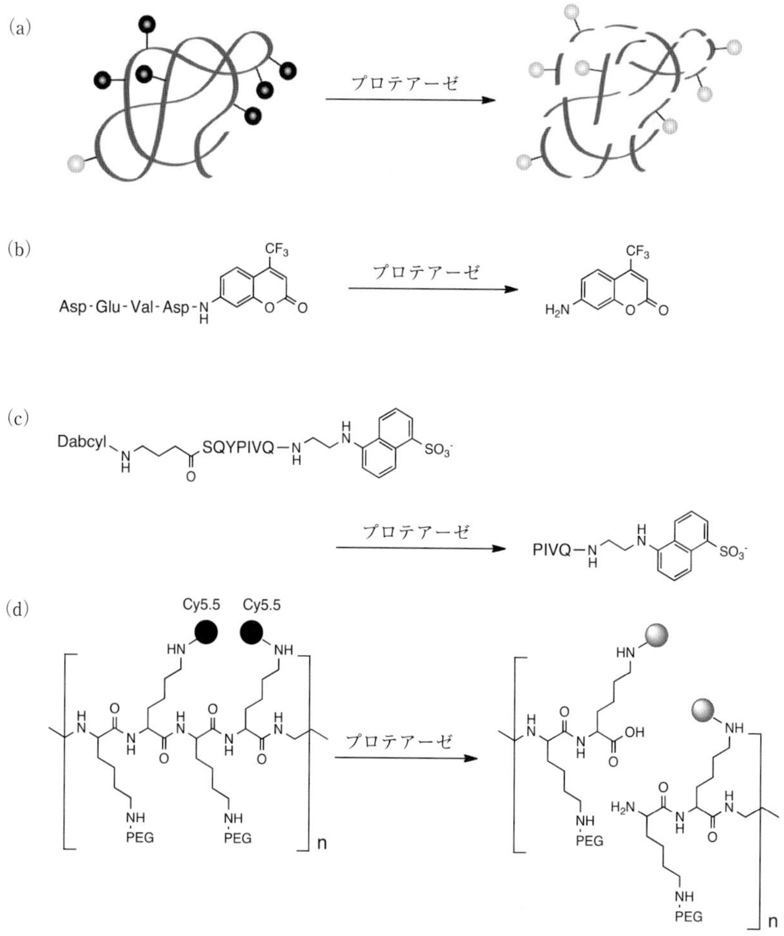

図8.2.17　プロテアーゼ酵素反応の蛍光アッセイ法

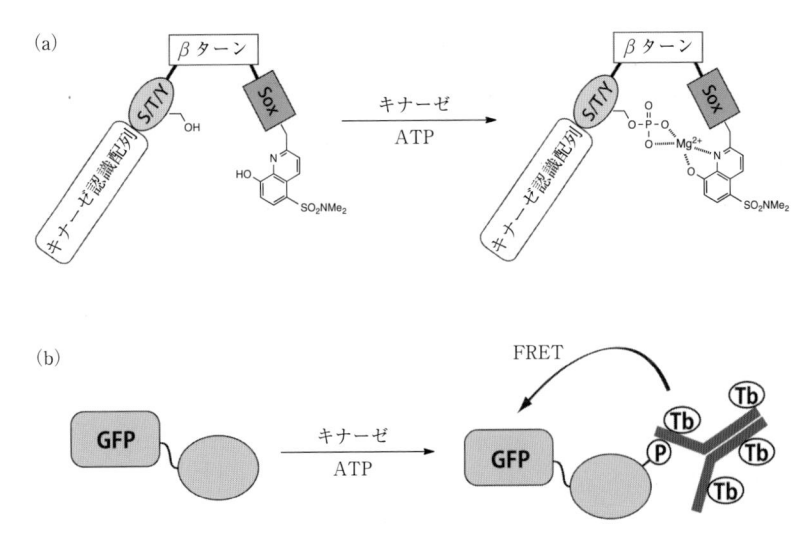

図 8.2.18 キナーゼ酵素反応の蛍光アッセイ法

蛍光修飾二次抗体を用いてキナーゼ活性を検出するシステムが報告されている[23]．このような固定化プレートを用いたアッセイ系は，プロテオミクス研究であるな被リン酸化基質（ホスフォプロテオーム解析）やキナーゼ種（キノーム解析）の網羅的探索研究にとくに有効である[24]．一方で，均一溶液中でのアッセイ法の開発が近年さかんに行われている．Imperialiらは，リン酸化を受ける基質配列に非天然の蛍光性アミノ酸であるSoxを導入したペプチドアッセイ系を報告している（図8.2.18(a)）[25,26]．この系では，キナーゼ反応により基質ペプチドに導入されたリン酸基がSoxへのマグネシウイオンの配位を促進することでSoxの蛍光が上昇するセンシング機構となっている．本アッセイ法は，蛍光上昇の時間変化を追跡してリアルタイムにキナーゼ活性を測定することが可能，100種類以上のさまざまなキナーゼ活性の検出が可能であるなどの利点を有している．このほかに均一溶液系での蛍光アッセイ法としては，テルビウムイオン修飾抗体（Tb-抗体）を利用した時間分解FRETシステム（time-resolved fluorescence resonance energy transfer：TR-FRET）が報告されている（図8.2.18(b)）[27,28]．この手法では，キナーゼによりリン酸化を受けた基質タンパク質中の蛍光タンパク質（GFP）とTb-抗体間で生じるFRET蛍光を検出シグナルとして用いる．テルビウムなどの希土類イオンは，数百μsから数msにおよぶ長寿命の蛍光を発するため，FRETシグナルを一定時間経過後に遅延蛍光としてとらえることが可能である．このため系内に存在する蛍光物質からの蛍光あるいは散乱光などのバックグラウンドシグナルを抑えた高精度なアッセイが可能であり，創薬におけるキナーゼ阻害薬のハイスループットスクリーニングなどにとくに有効である．

プロテアーゼやキナーゼ以外の酵素についても，これまでに多くの蛍光アッセイ法

が開発されている．代表的な例として Zlokarnik らは β-ラクタマーゼの活性を，基質の加水分解反応によって起こる FRET 解消による蛍光変化で検出するシステムを報告している[29]．本手法は，細胞での β-ラクタマーゼ阻害剤のスクリーニングに有効である．この他にもモノアミン酸化酵素（MAO）[30]，糖転移酵素[31]，ヒストン脱アセチル化酵素[32]，シトクロム P450[33] などの活性を蛍光シグナルの増強により検出できる蛍光センサー分子の開発が報告されている．

c. 化学発光・生物発光の応用

化学発光・生物発光は，蛍光よりも一般的に高感度であること，特異性に優れていること，応答のダイナミックレンジが広いこと，発光反応応答が速いことなどからさまざまな生体成分の微量検出，創薬におけるハイスループットスクリーニングなどにひんぱんに応用されている[34,35]．化学発光については，病態や疾病に関連する生体微量成分の検出を目的とした臨床検査における免疫学的測定（イムノアッセイ）への応用が顕著である[34]．近年，全自動の免疫化学発光測定装置が普及するにつれて，イムノアッセイに用いられる検出法は，化学発光が主流を占め，ホルモン，腫瘍マーカー，炎症マーカー，インスリンなど多種類の生体微量成分の自動測定が可能となっている．化学発光イムノアッセイは，検出のモードによって大きく 3 種類に分類できる（図 8.2.19）．すなわち，アクリジニウムエステル誘導体などの化学発光性物質を抗体あるいは抗原に標識して行う化学発光イムノアッセイ（chemiluminescent immunoassay：CLIA），アルカリホスファターゼやペルオキシダーゼなどの酵素を抗体あるいは抗原に標識し，基質となる化学発光性物質の発光反応を検出する化学発光酵素イムノアッセイ（chemiluminescent enzyme immunoassay：CLEIA）がある．三つめは，化学発光種としてルテニウムのトリスピリジル錯体を抗体あるいは抗原に標識し，電気化学反応による発光を検出する電気化学発光イムノアッセイ（electrochemiluminescent immunoassay：ECLIA）である[36]．ECLIA では，電圧を加えることで何度でも連続して発光できるため，持続した安定発光に基づいた高感度検出が可能である．

化学発光に比して生物発光のイムノアッセイへの応用は一般にほとんど普及していない．これは生物発光を触媒するルシフェラーゼなどの酵素が不安定であり，抗体や抗原などに対する修飾酵素としての使用が困難なためである．しかし近年では，進化分子工学的な手法を用いて熱や界面活性剤などに対して安定な酵素が開発されており，生物発光のもつ高い発光効率を利用したさまざまな検出法が報告されている[37,38]．生物発光の代表的な応用例は，ルシフェラーゼを用いた ATP の高感度検出である（図 8.2.20(a)）．ATP は生物に普遍的に存在するエネルギー分子であり，その量は生きている細胞の数と相関する．この原理を利用して，ルシフェリンを基質としたルシフェラーゼ発光により ATP を検出することで，食品中の微生物の存在を確認する衛生検査法が確立されている[39]．一方，細胞における遺伝子の発現レベルを生

(a) CLIA 法に用いられる化学発光反応

アクリジニウムエステル + H_2O_2 → 生成物 + 発光

(b) CLEIA 法に用いられる化学発光反応

アダマンチルジオキセタン誘導体 + アルカリホスファターゼ → 生成物 + 発光

ルミノール + ペルオキシダーゼ / H_2O_2 → 生成物 + 発光

(c) ECLIA 法に用いられる化学発光反応

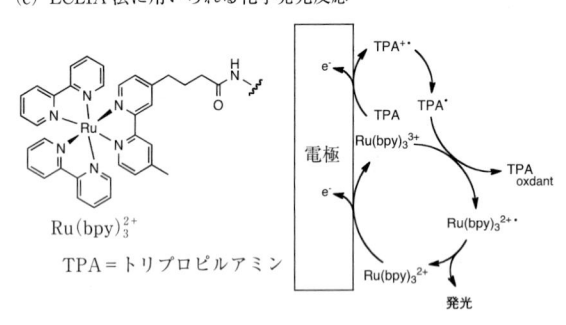

$Ru(bpy)_3^{2+}$
TPA = トリプロピルアミン

電極: e^-, TPA$^{+\cdot}$, TPA$^\cdot$, $Ru(bpy)_3^{3+}$, TPA oxdant, $Ru(bpy)_3^{2+\cdot}$, $Ru(bpy)_3^{2+}$, 発光

図 8.2.19 化学発光のイムノアッセイへの応用

物発光により簡便に検出するレポータージーンアッセイは，分子生物学や創薬研究において広く普及しておりさまざまに応用されている（図 8.2.20(b)）．このアッセイ法では，転写因子が結合するプロモーターの下流にルシフェラーゼの遺伝子を組み込んだベクターを用い，細胞内シグナル伝達を介して遺伝子発現に影響を与える薬物などの効果を，誘導発現されたルシフェラーゼが触媒する化学発光反応で検出する仕組みとなっている[35]．一方，ルシフェラーゼの基質なるルシフェリン誘導体を利用して，チトクロム P450[40] やプロテアーゼ[41] などの酵素活性を検出する手法が開発されてい

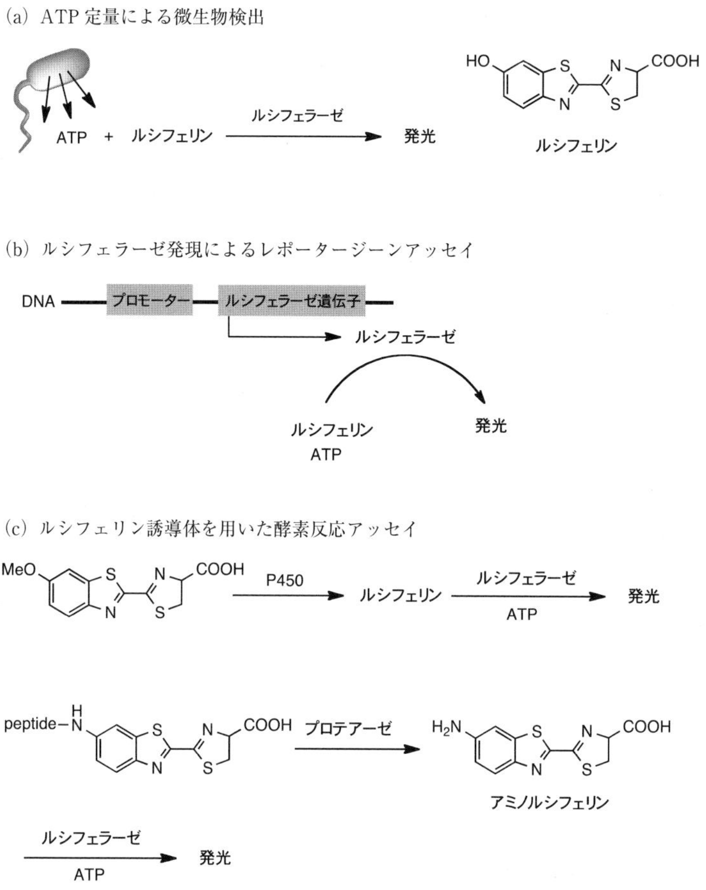

(a) ATP定量による微生物検出

(b) ルシフェラーゼ発現によるレポータージーンアッセイ

(c) ルシフェリン誘導体を用いた酵素反応アッセイ

図 8.2.20 生物発光のさまざまな応用

る（図8.2.20(c)）．ルシフェリンの6位にメトキシ基をもつ6'-O-メチルルシフェリンは，酸化酵素であるシトクロムP450によって脱メチル化を受けることでルシフェリンへと変換された後に発光するため，その発光量はシトクロムP450の活性と相関する．同様の原理により，ルシフェリンの6'位にペプチドを導入したアミノルシフェリン誘導体を用いて，カスパーゼなどのプロテアーゼ活性を生物発光で検出するアッセイシステムが開発されている． 〔王子田彰夫〕

文献・注

1) B. Valeur and I. Leray: *Coord. Chem. Rev.*, **205** (2000), 3-40.
2) W. Dylan. *et al.*: *Nat. Chem. Biol.*, **4** (2008), 168-175.

3) I. Johnson, et al.: The Molecular Probes Handbook: A Guide to Fluorescent Probes and Labeling Technologies, 11th ed., 2010, Chapter 19, 21.
4) K. Komatsu, et al.: *J. Am. Chem. Soc.*, **127** (2005), 10197-10204.
5) H. Komatsu, et al.: *J. Am. Chem. Soc.*, **126** (2004), 16353-16360.
6) D. Curiel, et al.: *Topics in Fluorescence Spectroscopy*, **9** (2005), 59-118.
7) E. Michael, et al.: *J. Am. Chem. Soc.*, **111** (1989), 8735-8737.
8) S. K. Kim, et al.: *Acc. Chem. Res.*, **42** (2009), 23-31.
9) T. Sakamoto, et al.: *Chem. Commun.* (2009), 141-152.
10) E. J. O'Neil and B. D. Smith: *Coor. Chem. Rev.*, **250** (2006), 3068-3080.
11) I. Johnson, et al.: The Molecular Probes Handbook: A Guide to Fluorescent Probes and Labeling Technologies, 11th ed., 2010, Chapter 21.
12) T. D. James and S. Shinkai: *Topics in Fluorescence Spectroscopy*, **10** (2005), 41-68.
13) T. D. James, et al.: *Nature*, **374** (1995), 345-347.
14) E. Nakata, et al.: *J. Am. Chem. Soc.*, **126** (2004), 490-495.
15) T. L. Halo, et al.: *J. Am. Chem. Soc.*, **131** (2009), 438-439.
16) SensoLyte^{TM} Green Protease Assay Kit, AnaSpecm, Inc.
17) ApoAlert$^{®}$ Caspase fluorescent Assay Kits, Clontech Laboratories, Inc.
18) L. Jennifer, et al.: *Proc. Natl. Acad. Sci. USA*, **197** (2000), 7754-7759.
19) D. Edmund, et al.: *Science*, **247** (1990), 954-958.
20) S. Tanskul, et al.: *Biochem. Biophys. Res. Commun.*, **309** (2003), 547-551.
21) R. Weissleder, et al.: *Nat. Biotech.*, **17** (1999), 375-378.
22) J. A. González-Vera: *Chem. Soc. Rev.*, **41** (2012), 1652-1664.
23) T. Benjamin, et al.: *Nat. Biotech.*, **20** (2002), 270-274.
24) R. Arsenault, et al.: *Proteomics*, **11** (2011), 4595-4609.
25) M. D. Shults, et al.: *Nat. Meth.*, **2** (2005), 277-284.
26) Omnia$^{®}$ Kinase Assay キットとして Invitrogen 社より入手可能.
27) M. Steven, et al.: *Anal. Biochem.*, **356** (2006), 108-116.
28) LanthaScreen$^{®}$ Kinase Activity Assay キットとして Invitrogen 社より入手可能.
29) G. Zlokarnik, et al.: *Science*, **279** (1998), 84-88.
30) D. J. Yee, et al.: *J. Am. Chem. Soc.*, **126** (2004), 2282-2283.
31) J. Wongkongkatep, et al.: *Angew. Chem. Int. Ed.*, **118** (2006), 681-684.
32) The Fluor de Lys Assay System$^{®}$, Enzo Life Sciences.
33) Q. Cheng, et al.: *Nat. Protocols*, **4** (2009), 1258-1261.
34) 今井洋一, 近江谷克裕二：バイオ・ケミルミネセンスハンドブック, 丸善, 2006.
35) F. Fan and K. V. Wood: *Assay Drug Develop. Technol.*, **5** (2007), 127-136.
36) Y. Namba, et al.: *Anal. Sci.*, **15** (1999), 1087-1093.
37) N. Hattori, et al.: *Biosci. Biotechnol. Biochem.*, **66** (2002), 2587-2593.
38) D. S. Auld, et al.: *J. Med. Chem.*, **52** (2009), 1450-1458.
39) N. Hattori, et al.: *Anal. Biochem.*, **319** (2003), 287-295.
40) J. J. Cali, et al.: *Expert Opin. Drug Metab. Toxicol.*, **2** (2006), 629-645.
41) M. A. O'Brien, et al.: *J. Biomol. Screen.*, **10** (2005), 137-148.

8.2.4 インテリジェント蛍光プローブ

a. 金属イオンと蛍光プローブ

蛍光プローブは特定の金属イオンや有機分子を，蛍光を用いて検出する簡便かつ高感度な分析法の一つである[1]．とくにアルカリ金属イオンや亜鉛イオンなどの金属イオンは，水などの溶媒に溶解した状態では無色透明であり視覚によって認識することは困難である．そのため，細胞や溶液中におけるこれらの金属イオンの動的挙動をリアルタイムに追跡するためには，蛍光プローブなどの標識試薬によって金属イオンを可視化する必要がある．金属イオンを標的とした蛍光プローブ分子として，これまでに発光部位に化学修飾によって金属イオンとの結合部位を導入した連結型のプローブ分子がさかんに開発されてきた[2,3]．これらの蛍光プローブの共通の作動原理は金属イオンとの相互作用によって蛍光プローブの発光特性が変化（例：発光量子収率変化，発光波長シフト，蛍光寿命変化）することである．発光部位に発光特性の変換を与える機構としては，光誘起電子移動（photoinduced electron transfer：PET），蛍光共鳴エネルギー移動（fluorescence resonance energy transfer：FRET），分子内電荷移動（intramolecular charge transfer：ICT），エキシマー形成などいくつかの手法があり，これらを利用した多様なタイプの蛍光プローブが開発されている．一方で，金属イオンとの認識部位には，特定の金属イオンに対して高い選択性を得るため，金属イオンと安定な単一の錯体種を形成するように分子設計された配位子が利用されることが一般的である．この場合，蛍光プローブは標的の金属イオンに対して，シンプルな発光特性の on-off スイッチングを示すことになる（図 8.2.21(a)）．

一方で，亜鉛イオン（Zn^{2+}）やカルシウムイオン（Ca^{2+}）などの生体内で重要な役割を果たしている金属イオンは，その存在量が細胞部位によってナノモル濃度から

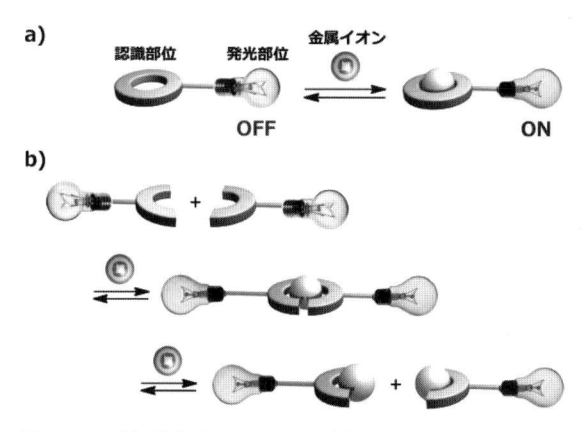

図 8.2.21 (a) 蛍光プローブおよび (b) インテリジェント蛍光プローブの概略図

ミリモル濃度の幅広い分布をもつことが知られている[4]．単純な1段階の化学平衡を利用する従来型の蛍光プローブでは，幅広い濃度域にわたる基質濃度を定量することは容易ではない．そのため従来のシンプルなon-offスイッチングによる検出や可視化だけでなく，複雑な発光特性変化から金属イオンの幅広い濃度変化を情報化することのできる新しい蛍光プローブの開発が求められるようになってきている．

ここでは，蛍光プローブと金属イオンとの多段階錯形成を利用して（図8.2.21(b)），発光特性変化に複雑なスイッチ機能をもたせたインテリジェント蛍光プローブについて紹介する．「インテリジェント蛍光プローブ」という言葉についての定義はさまざまであるが，ここでは主として金属イオンとの段階的錯形成によって発光特性を変化させることのできる蛍光プローブに対してこの言葉を使用する．

b. 金属との多段階錯形成とインテリジェント蛍光プローブ

プローブ分子と金属イオンとの多段階錯形成のイメージを図8.2.22に示す．プローブ分子と金属イオンとの相互作用が可逆的に行なわれる場合，プローブ分子と金属イオンとの錯形成は候補となる複数の錯体種との平衡式で記述することができる．各錯体の生成比は熱力学的支配によって制御され，錯体種の錯形成自由エネルギー変化によって決定される．前述のように，蛍光プローブが金属イオンと安定な単一の錯体種を形成するように設計されている場合，候補となる錯体種のなかから熱力学的支配によって特異的な安定性を有する錯体種が選択される（図8.2.22(a))．一方で，2種類以上の錯体種が同程度の熱力学的安定性を有する場合，これらの錯体種の間での相互変換が可能であり，各錯体の生成比はプローブ分子と金属イオンの濃度あるいは温度変化に応じて変化する（図8.2.22(b))．したがって，多段階平衡を得るためには，複数の錯体種との間で絶妙なエネルギーバランスを達成する必要がある．このような多段階平衡はしばしば金属イオンとの結合部位を複数もつ多座配位子と亜鉛イオンなどの強いルイス酸性度（電子対の受容能）を示す金属イオンとの間において見いだされている（後述）[5-7]．

c. 錯形成を有する種々のインテリジェント蛍光プローブ

Bunzらは，ピリジル基およびジブチルアミノ基（-NBu$_2$）の2種類の金属イオン結合部位を有する十字形分子を合成し，Zn^{2+}イオンに対する発光応答について報告している[6]．この十字形分子の特

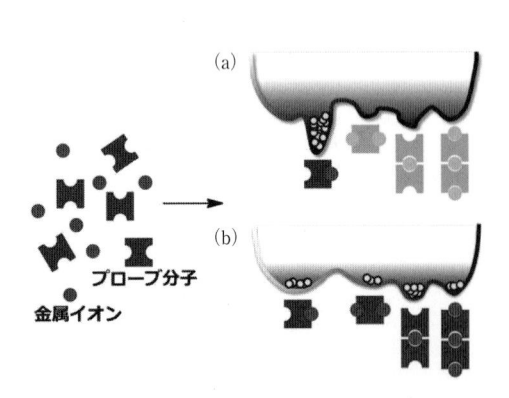

図8.2.22 蛍光プローブと金属イオンとの多段階平衡とそのエネルギー面の概略図

徴は最高被占軌道（highest occupied molecular orbital：HOMO）および最低空軌道（lowest unoccupied molecular orbital：LUMO）がそれぞれ実線および破線で挟んだ範囲に分布している点で，十字形分子の上でちょうど直交する形になっている（図8.2.23）. Zn^{2+} イオンがHOMO上の電子が分布している $-NBu_2$ 基に結合すると，Zn^{2+} イオンの正電荷によってHOMOが安定化され，十字形分子の分子内電荷移動発光は短波長側へとシフトする．逆に，主に Zn^{2+} イオンがLUMOの分布しているピリジル基に結合すると，十字形分子のLUMOすなわち励起状態が安定化され分子内電荷移動発光は長波長側へとシフトする．ジクロロメタン中，十字形分子に対して0.85等量の Zn^{2+} イオンを添加すると，十字形分子の分子内電荷移動発光は短波長側へと大きくシフトする（570→420 nm）．さらに十字形分子に対して1等量以上の Zn^{2+} イオンを存在させると，十字形分子の分子内電荷移動発光は再び長波長側へとシフトする（420→530 nm）．このように，この十字形分子は Zn^{2+} イオンの濃度に応答して発光波長変化をレシオメトリックに変化させる色調可変型のセンサーとして機能する．このようなレシオメトリック型の蛍光センサーは二つの独立した波長の蛍光強度比を検出することが可能であり，検出物質の微妙な濃度変化を正確に測定することができる．

次に，架橋型配位子と金属イオンとの段階的錯形成を利用した蛍光プローブについて紹介する．2,3,5,6-tetrakis(2-pyridyl)pyrazine（TPPZ）はスカンジウムイオン（Sc^{3+}）と段階的錯形成によって，2：1錯体および1：1錯体を形成する（図8.2.24）．この蛍光プローブの特徴はTPPZ配位子および2：1錯体は非発光であるのに対し，1：1錯体は発光性を示す点である[7]．

図8.2.25にTPPZを蛍光プローブとして用いた Sc^{3+} イオンの蛍光検出の例を示す．λ ＝453 nmにおける

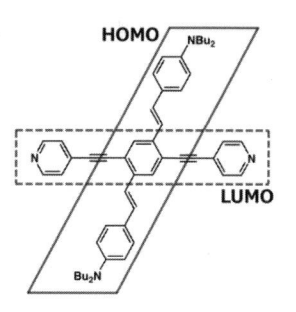

図8.2.23 2種類の金属イオン結合部位を有する十字形分子
実線と破線で挟んだ範囲にそれぞれHOMOおよびLUMOが分布している．

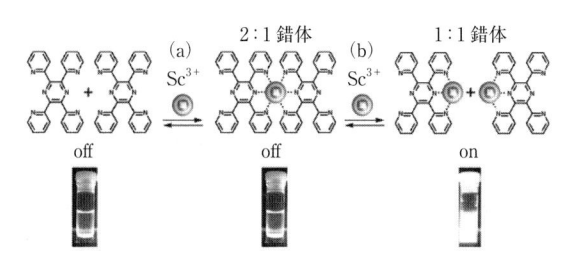

図8.2.24 TPPZ配位子と Sc^{3+} イオンとの段階的錯形成
TPPZ配位子および2：1錯体は非発光であるのに対し，1：1錯体は発光性を示す．

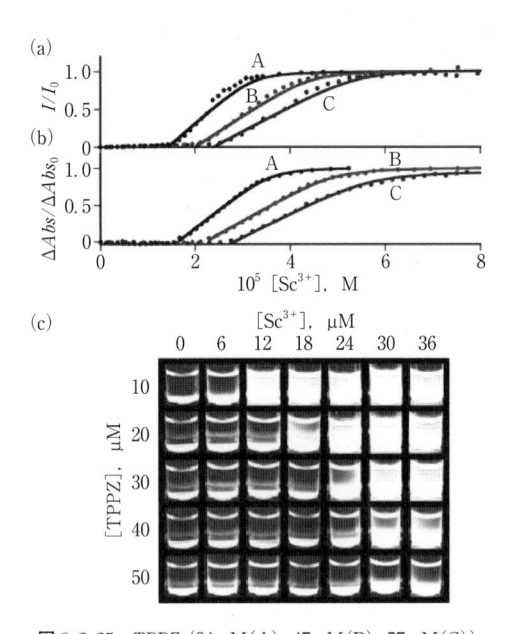

TPPZの発光強度は，Sc^{3+}イオンの濃度変化に対して非線形的に増大されることがわかる．TPPZに対して0.5等量以下のSc^{3+}イオンしか存在しない場合，TPPZの蛍光強度の増大は観測されない．一方，0.5等量以上のSc^{3+}イオンを存在させると，非発光性の2:1錯体が発光性の1:1錯体へと変化し，TPPZの蛍光強度の増大が観測されるようになる．このようなしきい値をもつ非線形的な蛍光強度変化は，幅広い濃度域で存在する金属イオンを可視化するのに有効なツールとなる．その結果を図8.2.25(c)に示す．ここで，TPPZの濃度が異なるサンプルに対して，Sc^{3+}イオンは0～36 μMの幅広い濃度域で存在している．いずれのサンプルもTPPZに対して0.5等量以上のSc^{3+}イオンが存在する場合にのみ強い発光が観測される[8]．このようにTPPZ配位子は金属イオンの濃度に応答したoff-off-on型のスイッチングを示すことで，金属イオンの濃度変化を蛍光プローブの発光強度変化から情報化することのできる蛍光プローブとして機能する．

図8.2.25 TPPZ（34 μM(A)，47 μM(B)，57 μM(C)）のアセトニトリル溶液にSc^{3+}イオンを滴下した際の(a) λ=453 nmの発光強度，(b) λ=303 nmの吸光度変化．(c) TPPZ（0～50 μM）のアセトニトリル溶液にSc^{3+}イオン（0～36 μM）を存在させた際の発光変化

さらに蛍光プローブと金属イオンとの高次組織化を利用したインテリジェント蛍光プローブについても報告されている．アントラセンに三重結合を介してベンズイミダゾールを連結したアントラセン誘導体（BzIm-An）と高次組織化し，プローブ6分子で2個のZn^{2+}イオンを認識する（図8.2.26上段）[9]．この錯形成によってBzIm-Anのアントラセン部位にπ-π相互作用が誘起され，アントラセンのダイマー発光に特徴的な白黄発光が観測される．一方，この錯体はさらに過剰のZn^{2+}イオンを存在させるとプローブ2分子と1個のZn^{2+}イオンとが結合した2:1錯体へと変換される．この2:1錯体の形成によってアントラセン部位に誘起されていたπ-π相互作用が解消され，プローブ分子は再びアントラセンのモノマー発光を示すようになる（図8.2.26上段）．このようなBzIm-Anの発光色調変化を利用したZn^{2+}イオンの蛍光検出を図8.2.26下段に示す．ここでZn^{2+}イオンは0～14 mMの幅広い濃度域で存在し

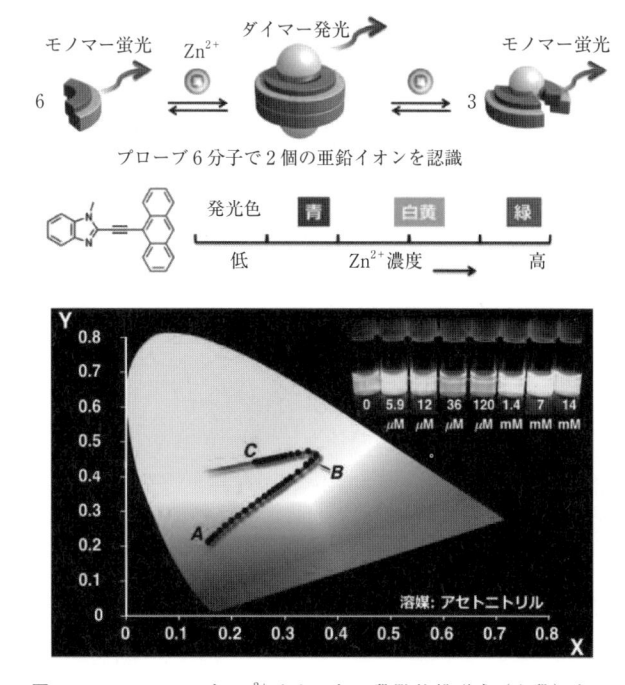

図 8.2.26 BzIm-An と Zn^{2+} イオンとの段階的錯形成（上段）とアセトニトリル中，BzIm-An（50 μM）に Zn^{2+} イオン（0～14 mM）を滴下した際の CIE 色度図（下段．口絵 25 参照）A：0 M，B：75 μM，C：66 mM．

ている．BzIm-An は Zn^{2+} イオンが 36～140 μM の中程度の濃度域でのみアントラセンダイマー発光に由来する白黄発光を示す．この発光色調変化を CIE 色度図上にプロットすると BzIm-An の発光が可視光領域で幅広く変化していることがわかる（図 8.2.26 下段）．またプローブ分子と金属イオンとの錯形成は，BzIm-An に Zn^{2+} イオンを作用させた場合にのみ進行し，BzIm-An が Zn^{2+} イオンに対して高い選択性を有していることがわかっている．このように BzIm-An は Zn^{2+} イオンと段階的な複合体形成を行うことで，Zn^{2+} イオンの濃度変化を発光色調変化によって可視化することのできるプローブとして機能する．

まとめ

ここでは蛍光プローブと金属イオンとの多段階錯形成を利用したインテリジェント蛍光プローブについて述べた．このような作動原理を利用した蛍光検出法はまだ汎用的には用いられていない．しかしながら，その基本的な概念は多くの蛍光プローブに応用が可能であると考えられ，今後，多段階錯形成を利用したさまざまなタイプのイ

ンテリジェント蛍光プローブが開発されることが期待される.

〔湯浅順平・河合　壮〕

文献・注

1) A. P. de Silva, *et al.*：*Chem. Rev.*, **97** (1997), 1515.
2) P. Jiang and Z. Guo：*Coord. Chem. Rev.*, **248** (2004), 205.
3) K. Rurack and U. Resch-Genger：*Chem. Soc. Rev.*, **31** (2002), 116.
4) C. J. Frederickson, *et al.*：*Brain Res.*, **273** (1983), 335.
5) P. N. W. Baxter：*Chem.-Eur. J.*, **8** (2002), 5250.
6) J. N. Wilson and U. H. F. Bunz：*J. Am. Chem. Soc.*, **127** (2005), 4124.
7) J. Yuasa and S. Fukuzumi：*J. Am. Chem. Soc.*, **128** (2006), 15976.
8) このような off-off-on 型の蛍光センサーを極低濃度の金属イオン検出に用いる場合,センサー分子と金属イオンとの大きな結合定数が必要となる.逆に非常に高濃度域の金属イオンを検出する場合,センサー分子の溶媒に対する溶解性や自己消光が問題となる可能性がある.今後,このような点を改善し,かつ金属イオンと段階的に錯形成することのできる新たな off-off-on 型の蛍光センサーが望まれる.
9) T. Ogawa, J. Yuasa, T. Kawai,：*Angew. Chem. Int. Ed.*, **49** (2010), 5110.

8.2.5　ICP 発光分光分析

　ICP とは,inductively coupled plasma の略で,誘導結合プラズマなどと訳される.さまざまな気体で ICP を生成することができるが,アルゴンガスの ICP を光源とする発光分析法が ICP 発光分光分析法(以下,ICP-AES (atomic emission spectroscopy))である.ICP-AES が市販されて,40 年あまりになり,溶液の元素分析には欠かせない分析法となっている.多くの固体も溶液化して分析が可能であり,近年では固体にレーザーを照射して蒸発させて分析する方法や気体を直接分析する方法も実用化されつつある.

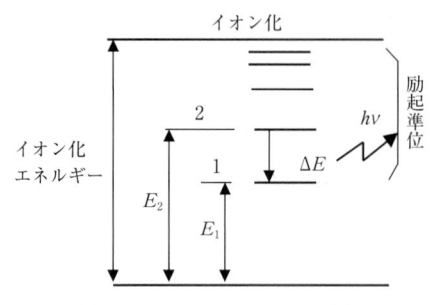

図 8.2.27　原子スペクトルの発生
ν：スペクトル線の振動数,1：低いエネルギー準位,2：高いエネルギー準位.

a.　ICP-AES の原理
1)　発光分光分析の原理

　試料に外部から何らかのエネルギーを与えると,試料に含まれる元素は元素固有の波長の光を放出する.光を発生させるには,試料を気化して原子状態にすること(気化と原子化)と,高速の粒子をつくって非弾性衝突を行わせること(励起)が必要である.これらの過程は通常ほとんど同時に行われている.原子は原子核とそれを取り巻

いてそれぞれ固有の軌道で運動している電子（軌道電子）とからなっている．この原子に何らかの方法で外部からエネルギーを与えると，軌道電子がそのエネルギーを吸収し，定常状態から高いエネルギー準位（E_2）の軌道に移る．しかし，この電子は高いエネルギー準位の軌道にとどまることはできず，$10^{-7} \sim 10^{-8}$ s 程度の短い時間に，より低いエネルギー準位（E_1）の軌道に移る．このとき，電子はこのエネルギーの差 ΔE を光（スペクトル線）として放出する．スペクトル線の振動数を ν とすると ΔE は次の式で表される（図 8.2.27）．

$$\Delta E = E_2 - E_1 = h\nu \qquad h：プランクの定数$$

さらに，振動数 ν と波長 λ との間には次の関係がある．

$$\lambda = \frac{\nu}{c} \qquad c：光速（3 \times 10^8 \text{ m/s}）$$

放出された光の波長と量を測定して，試料中の元素の定性・定量分析を行う．
　この気化・原子化・励起を行う部分を光源と呼び，ICP のほかに化学燃焼や電気的放電が用いられる．

2) ICP-AES の特長と構成
発光分光分析の光源として ICP の優れている点を列記する．
（1）溶液試料が対象のため，検量線作成用試料の作成が容易であり，分析精度も高い．
（2）多くの元素に対して ppb（μg/L）前後の検出下限を有する．
（3）プラズマが高温（約 10000 K）であること，ドーナツ状の穴に試料が入り，その滞留時間が比較的長いことから，化学的干渉（後述）がほとんどない．
（4）自己吸収が少なく，検量線の直線範囲が 5～6 桁にも及ぶ．
（5）同一条件で多くの元素を励起でき，主成分元素，中成分元素，微量成分元素までの多くの元素を同時定量することができる．

図 8.2.28 に ICP-AES の構成を簡単なブロック図で示す．大別すると光源部，分光部，測光部の三つに分けられる．

3) 光源部
試料中の元素を励起して，光を放出させる部分である．
a) プラズマの生成　　プラズマトーチの周囲に巻き付けた高周波誘導コイルに，

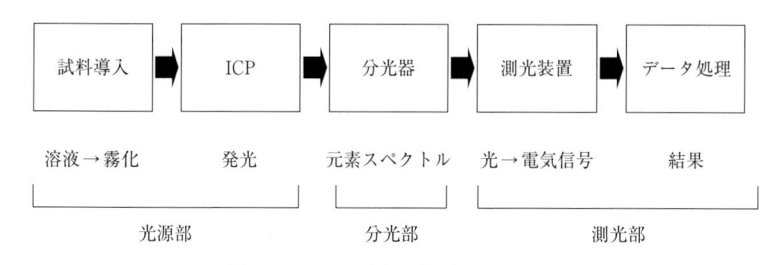

図 8.2.28　ICP 発光分光分析装置の構成

27.12 MHz（もしくは 40.68 MHz）の高周波電流を流すと，コイルの周りに磁力線が形成され，プラズマトーチ内に高周波磁界ができる．電磁誘導によって，この高周波磁界の時間変化に比例した電界が発生する（図 8.2.29）．あらかじめ，プラズマトーチにアルゴンガスを流した状態で，テスラーコイルで放電すると，この放電により生成した電子やアルゴンイオンは，この電界によって加速され，高速で電界内を移動する．この高速電子は，アルゴンガスと衝突を繰り返し，その一部を電離する．ここで，単位時間あたりの電子の発生量が消失量よりも多くなると電子密度が急激に増加し，プラズマトーチの開放端で瞬時にプラズマが発生する．プラズマが発生すると，電子はイオンに引き付けられ，再結合反応が進行する．一方，アルゴンガスは一定速度で高周波磁界の領域を通過し，電子やイオンは消失していく．これにより，アルゴンガスの電離による電子やイオンの生成と消滅がつりあった状態（平衡状態）でプラズマが維持される．安定運転時のコイルには，0.6〜1.4 kW 程度の電力が流され，プラズマの温度は約 10000 K にも到達する．

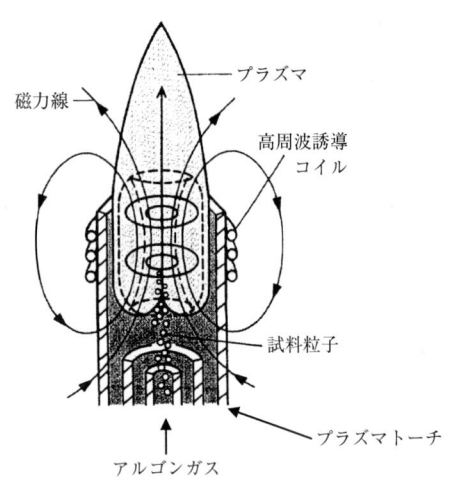

図 8.2.29 プラズマトーチとプラズマの生成

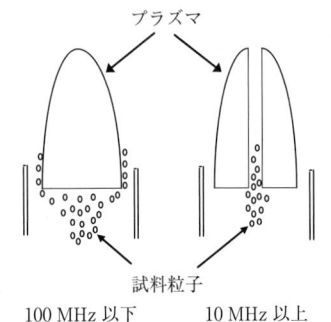

図 8.2.30 プラズマの周波数特性

また，このプラズマがドーナツ状になる現象は，高周波電流の表皮効果といわれている．この表皮効果は，導体断面内の高周波電流密度が一様に分布せず，導体内部よりも表面層に集中する現象である．この結果，電流によるプラズマの加熱が周辺部で生じ，中心部は周辺部からの熱伝導や輻射で加熱されることになる．このようなプラズマの中心にキャリヤーガスが導入されると中心部の温度がさらに下がり，ドーナツ状のプラズマが形成される（図 8.2.30）．

b）プラズマトーチの形状とその役割　プラズマトーチは石英の三重管構造になっていて，外側からそれぞれプラズマガス（冷却ガス），補助ガスおよびキャリヤーガスを流す．プラズマガスは，アルゴンガスを 10〜20 L/min 流す．補助ガスは 0〜

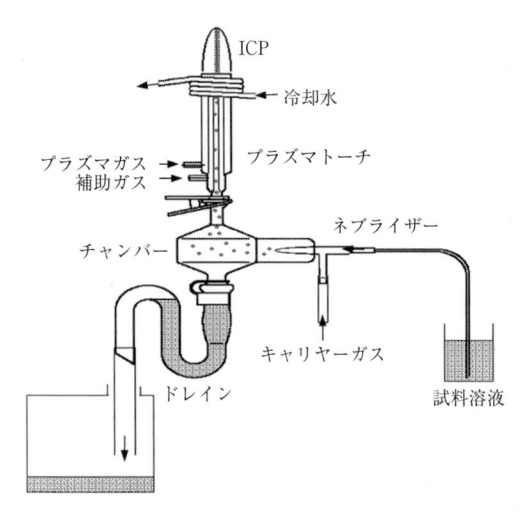

図 8.2.31 試料導入系の一例

5 L/min のアルゴンガスを流すが，このガスの主な役割はプラズマをわずかに浮かせて中間の石英管を保護するためで，試料によっては流さないこともある．キャリヤーガスは霧化した試料溶液をプラズマの中心部に導入するためのもので，1 L/min 前後流す．このガスの流量は試料導入量に直接関係するだけでなく，多すぎるとプラズマを過度に冷却し，試料のプラズマ中での滞留時間を小さくして感度を低下させるので，厳密な調整と安定性が必要である．

　c) **試料導入系**　　一般に，ICP-AES の対象試料は溶液である．図 8.2.31 は試料導入系の一例である．キャリヤーガスはネブライザーで試料を細かな霧状にする機能も有している．

　4) **分光部**

発光分光分析に使用する分光器は，多数の原子スペクトル線を分離しなければならないので，できるだけ分解能の優れたものが必要である．このため吸光光度法や原子吸光法に使われる分光器に比べて，一般に大形かつ高性能（高分解能）で，高価である．

分光器は，回折格子や鏡の配置を考案した考案者の名前で呼ばれることが多いが，平面回折格子は平行な光を入射させて回折するのが標準的な使用法である．シーケンシャル形のモノクロメータでは，ツェルニ・ターナー型と呼ばれる分光器が用いられている（図 8.2.32）．この分光器では，回折格子の角度とスリットの移動により波長の走査を行う．エシェル型と呼ばれる分光器では，回折格子とプリズムなどを用いて平面上にスペクトルが得られる．面状の半導体検出器（CCD, CID など）を使用することにより，複数のスペクトルを同時に収集することができるため，多元素同時分析が可能である．

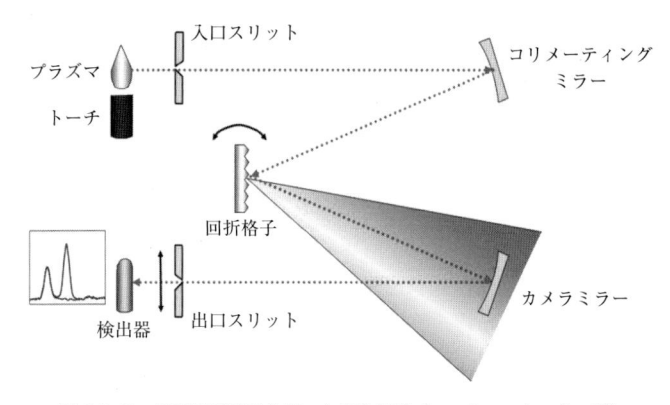

図 8.2.32 平面回折格子を用いた分光器例（ツェルニ・ターナー型）

5) 測光部

得られたスペクトル線の強度を，電気的な信号に変換する部分である．光電子増倍管や CCD で光を電流に変換して出力し，測定する．

6) 干渉

干渉とは，一般に測定に妨害を及ぼす現象をさす．ICP-AES では物理干渉，化学干渉，イオン化干渉および分光干渉が知られている．実際の試料溶液では，目的の元素だけでなく，他の元素や酸・アルカリなどが共存している場合がほとんどである．物理干渉は，試料ごとの比重や粘性の違いにより，プラズマへの試料導入量が変化することに由来する．プラズマへの導入量が減少すると，発光量も通常は減少する．化学干渉は，プラズマ中でさまざまな化合物（たとえば酸化物）が生成し，原子化されない現象である．原子化されないと原子発光は生じないため，やはり発光量が減少する．ICP は高温のプラズマであるため，ほとんどの化合物が分解され，原子化される．このため，一般に化学干渉は生じないとされる．イオン化干渉は試料溶液中に高濃度の共存元素が存在する場合，これらの元素のイオン化のときに発生する電子によって，プラズマ内の電子密度が増加し，イオン化率が変化する現象をいう．結果として，発光量が変化する．一方，分光干渉は共存元素のスペクトルが測定対象元素のスペクトルに重畳する現象をさす．測定対象元素の発光量だけでなく，共存元素の発光量も含めて測定される．精確な定量分析を行うためには，干渉の原因と結果を理解し，適切な対応が必要である．分析時は，干渉の有無の確認を行い，適切なスペクトル線・検量線作成用試料・補正法などの選択を行う．

7) 定量分析

発光分析法は相対分析法のため，含有率が既知の試料（検量線試料）と強度を比較して，未知試料の含有率を算出する．通常は，複数の検量線試料により，検量線を作成する．

8) 検出限界と定量下限

一般に，検出限界と定量下限は次のように定義される．

①検出限界（detection limit：DL，limit of detection：LOD）

測定波長におけるバックグラウンドを繰り返し測定し，その強度（I_B）の変動の標準偏差の3倍に相当する元素濃度．

$DL = 3 \times \sigma_B \times 1/k$ $\sigma_B：I_B$の標準偏差，k：検量線の傾き

②定量下限（limit of quantitative determination：LQD）

検出限界と同様に，$10\,\sigma_B$に相当する元素濃度．

$LQD = 10 \times \sigma_B \times 1/k$ $\sigma_B：I_B$の標準偏差，k：検量線の傾き

b. 分析例

土壌分析の一例を紹介する．測定された試料はNIST（National Institute of Standards and Technology アメリカ国立標準技術研究所）が頒布している標準物質（standard reference materials：SRM）である．SRM2710はMontana Soil I（Highly

表8.2.3 土壌の測定例

元素	検出限界	NIST (SRM2710)		NIST (SRM2711)	
		測定値	認証値	測定値	認証値
Cd	0.02	21.9	21.8±0.2	41.5	41.7±0.25
Pb	0.1	5590	5532±80	1135	1162±31
Cr	0.02	38	39	45	47
As	0.8	645	626±38	105	105±8
Hg	0.3	31	32.6±1.8	6.3	6.25±0.19
Se	0.4	<0.4		2	1.52±0.14
Cu	0.1	2850	2950±130	114	114±2
Ni	0.04	15.0	14.3±1.0	20.4	20.5±1.1
Zn	0.04	6990	6952±91	345	350.4±4.8

前処理：マイクロウェーブ分解装置（Crを除く）
　　　　アルカリ溶融法（Cr）

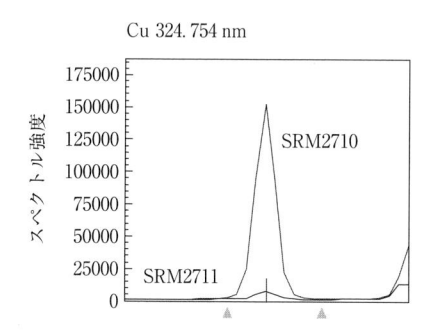

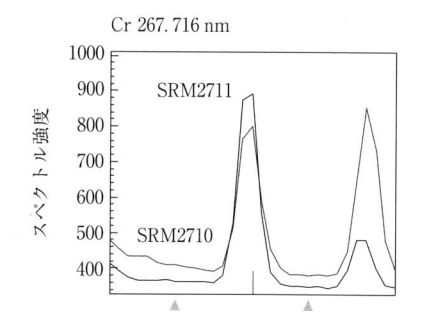

図8.2.33 土壌分析におけるスペクトル線の一例

Elevated Trace Element Concentrations), SRM2711 は Montana Soil II (Moderately Elevated Trace Element Concentrations) である.ICP-AES では試料を溶液化して測定するが,土壌ではほとんどの元素が酸化物で存在しており,開放系での酸分解では分解が困難な元素が多い.この例では,密閉圧力容器とマイクロウェーブ加熱装置を使用する分解方法とアルカリを使用する溶融法を使用した.表8.2.3に示した測定値は認証値とよく一致している.また図8.2.33は,Cu と Cr のスペクトル線プロファイルを示したものである.なお,認証値とは複数の分析所,分析法によって得られた測定結果に基づいて示される分析値である.　　　　　　　　　　〔舛田哲也〕

文献・注

1) JIS K0116 発光分光分析通則
2) 平井昭司監修,日本分析化学会編集:現場で役立つ環境分析の基礎—水と土壌の元素分析,オーム社,2007.
3) 上本道久監修,日本分析化学会関東支部編集:ICP 発光分析・ICP 質量分析の基礎と実際—装置を使いこなすために,オーム社,2008.
4) 平井昭司編著:実務に役立つ! 基本から学べる分析化学,ナツメ社,2012.

付　録

付表1　物理定数表

名称	記号	値	単位
真空中の光速度	c	2.99792458	$10^8 \, \mathrm{m \cdot s^{-1}}$
真空の透磁率	$\mu_0 = 4\pi \times 10^{-7}$	1.2566370614...	$10^{-6} \, \mathrm{m \cdot kg \cdot s^{-2} \cdot A^{-2}}$
真空の誘電率	$\varepsilon_0 = 1/\mu_0 c^2$	8.854187817...	$10^{-12} \, \mathrm{m^{-3} \cdot kg^{-1} \cdot s^4 \cdot A^{-2}}$
万有引力定数	G	6.67408(31)	$10^{-11} \, \mathrm{m^3 \cdot kg^{-1} \cdot s^{-2}}$
電気素量	e	1.6021766208(98)	$10^{-19} \, \mathrm{C}$
電子の質量	m_e	9.10938356(11)	$10^{-31} \, \mathrm{kg}$
陽子の質量	m_p	1.672621898(21)	$10^{-27} \, \mathrm{kg}$
陽子・電子質量比	$m_\mathrm{p}/m_\mathrm{e}$	1.83615267389(17)	10^3
プランク定数	h	6.626070040(81)	$10^{-34} \, \mathrm{J \cdot s}$
	$\hbar = h/2\pi$	1.054571800(13)	$10^{-34} \, \mathrm{J \cdot s}$
ボーア半径	$a_0 = \alpha/4\pi R_\infty$	5.2917721067(12)	$10^{-11} \, \mathrm{m}$
ボーア磁子	μ_B	9.274009994(57)	$10^{-24} \, \mathrm{J \cdot T^{-1}}$
微細構造定数	$\alpha = e^2/4\pi\varepsilon_0 \hbar c$	7.2973525664(17)	10^{-3}
リュードベリ定数	$R_\infty = \alpha^2 m_\mathrm{e} c/2h$	1.0973731568508(65)	$10^7 \, \mathrm{m^{-1}}$
アボガドロ定数	N_A	6.022140857(74)	$10^{23} \, \mathrm{mol^{-1}}$
ファラデー定数	$F = N_\mathrm{A} e$	9.648533289(59)	$10^4 \, \mathrm{C \cdot mol^{-1}}$
モル気体定数	R	8.3144598(48)	$\mathrm{J \cdot mol^{-1} \cdot K^{-1}}$
ボルツマン定数	$k = R/N_\mathrm{A}$	1.38064852(79)	$10^{-23} \, \mathrm{J \cdot K^{-1}}$

CODATA Internationally recommended 2014 values による. 1.38064852(79) は値が 1.38064852 で, 0.00000079 の標準不確かさのあることを示している.

付表 2　エネルギー単位換算表

	J	J・mol^{-1}	kcal・mol^{-1}	°K	cm^{-1}	eV	Hz
1 J =	1	6.02214 ×10^{23}	1.43933 ×10^{20}	7.24297 ×10^{22}	5.03412 ×10^{22}	6.24151 ×10^{18}	1.50919 ×10^{33}
1 J・mol^{-1} =	1.66054 ×10^{-24}	1	2.39006 ×10^{-4}	1.20272 ×10^{-1}	8.35935 ×10^{-2}	1.03643 ×10^{-5}	2.50607 ×10^{-9}
1 kcal・mol^{-1} =	6.94770 ×10^{-21}	4.184 ×10^{3}	1	5.03220 ×10^{2}	3.49755 ×10^{2}	4.33641 ×10^{-2}	1.04854 ×10^{13}
1°K =	1.38065 ×10^{-23}	8.31446	1.98720 ×10^{-3}	1	6.95035 ×10^{-1}	8.61733 ×10^{-5}	2.08366 ×10^{10}
1 cm^{-1} =	1.98645 ×10^{-27}	1.19627 ×10^{1}	2.85914 ×10^{-3}	1.43878	1	1.23984 ×10^{-4}	2.99792 ×10^{10}
1 eV =	1.60218 ×10^{-19}	9.64853 ×10^{4}	2.30605 ×10	1.16045 ×10^{4}	8.06554 ×10^{3}	1	2.41799 ×10^{14}
1 Hz =	6.62607 ×10^{-34}	3.99031 ×10^{-10}	9.53708 ×10^{-14}	4.79924 ×10^{-11}	3.33564 ×10^{-11}	4.13567 ×10^{-15}	1

CODATA Internationally recommended 2014 values を用い，有効数字 7 桁目を四捨五入している．また，1 cal=4.184 J の熱力学カロリーを用いている．

索引

ア 行

アイドラー光 706
アインシュタイン 64
  ——のA係数 328, 329
  ——の関係 86
  ——のB係数 327
アインシュタイン-ストークス
  の式 654
亜鉛ポルフィリン 434
アクチベータ 304
アーク灯 689
アクトミオシン相互作用 625
アーク放電 691
アクリジニウムエステル 492, 735, 736
アクリジン誘導体 491
7-アザインドール二量体 455
アセチレンランプ 685
アゾベンゼン 356, 445
アダマンチルジオキセタン 736
圧電補償電荷 316
アップコンバージョン法 118, 132-134, 136
圧力広がり 232
アデニン 573
アト秒 696
アニオン蛍光センサー 731
アニオンラジカル 508
アニリニウムイオン 419
1-アニリノナフタレン-8-スル
  ホン酸 339
アーバックテイル 86
アバランシェ現象 163
アバランシェフォトダイオード
  117, 119, 160, 163
アフターパルシング 163

アボガドロ数 327
7-アミノクマリン 732
アミノルシフェリン 564
アモルファス固体 721
アルカリ原子 211
アルカリ長石 307
アルカリハライド結晶 266
アルカリホスファターゼ 485
アルゴンレーザー 699
アルミニウム薄膜 405
アロフィコシアニン 576
暗視野観察法 683
アンジュレータ 707, 712
アンチストークス発光 15
アンチストークスラマンスペク
  トル 15
アンチバンチング 28, 287
アンチバンチング状態 58
アンテナ系色素タンパク質 575
暗電流 98, 99
アントシアニン 521
アントシアン 511, 521
アントラセン 349
アンドロゲン受容体 618

イオノルミネセンス 307
イオン化アクセプター 256
イオン解離 423
イオン化干渉 748
イオン化ドナー 256
イオン欠陥 254
イクオリン 500, 562
異常拡散 653
異性化 162
イソアロキサジン 573
位相演算子 52

位相緩和 204
位相緩和時間 72, 377
移相器 180
位相蛍光法 20
位相整合 135
位相整合条件 707
位相敏感検波 182
位相法 124, 126
位相ロックループ 180
1光子過程 153, 336, 707
1光子遷移 332
1光子の状態 28
一次遅れ系 126
一次元系 248
一次光学過程 67
一次の摂動論 217
一重項 475
一重項酸素 349, 507
一重項状態 173, 388
一重項スピン波動関数 325
一重項励起子 725
1分子FRET 675
1分子キネティクス計測 628
1分子蛍光イメージング法 624
1分子構造変化計測 625
1分子生物物理学 668
1分子追跡 550
1分子のATPase反応 624
1分子分光法 193
一酸化窒素 486
イットリウム 471
遺伝子導入法 592
遺伝子発現解析 499, 500, 562, 622
遺伝子発現定量 501
異方性拡散 664
イミダゾピラジノン骨格 499

イムノアッセイ 492, 500, 735
イメージング 617
色中心 171, 265
色の3原色 47
色誘導 47
インコヒーレント 698
インジケーター 620
インターカレート 352
インテイン 617
インテリジェント蛍光プローブ 740, 742
インドール環 573
ウミシイタケルシフェラーゼ 504, 618
ウミホタル 499
運動による先鋭化 73, 433
運動量保存則 707

エアリーディスク 527
永続的ホールバーニング 195
エキサイプレックス 343, 390, 392, 394, 428, 438, 442
エキサイプレックス蛍光 338, 391, 396
エキシトン 243, 439
エキシトン共鳴 439
エキシマー 394, 428, 438, 439, 574
エキシマー蛍光 338, 440
エキシマー形成 739
エキシマーレーザー 699
エキソ電子 317
液体シンチレータ 386
液体レーザー 696, 699, 702
エクステイン 617
エジソン電球 687
エタロン 79
エチジウムブロマイド 352
エネルギー移動 19, 170, 378, 380, 405, 413, 483, 501
——の式 406
エネルギーギャップ則 342, 358, 369, 428
エネルギーシフト 81
エネルギー準位 209, 221
エネルギー生産 510
エネルギーダイヤグラム 69, 173
エネルギー保存 34

エネルギーマイグレーション 416
エバネッセント照明 624, 627
エバネッセント波 35
エバネッセント場 167, 584, 672
エミッタンス 714
エラスチン 574
エルミート演算子 52, 360
エレクトロルミネセンス 12
演色性 685
炎色反応 7
円錐交差 445
エンドサイトーシス 556
エンハンサー 490
円偏光 42, 357

オイラー角 325
応力変調 186
オキシゲナーゼ 500
オキシルシフェリン 498
オージェイオン化 284
オージェ再結合 282-284
オストワルド表色系 48
オゾン 486
オプティカルファイバー 99
オープニング 598
オモクロム 524
オーロラ 288
オーロラ嵐 291
オーロラオーバル 292
オーロラ活動 293
オーロラジェット電流 293
オーロラ帯 292
オーロラ爆発 291
オーロラ粒子 291
オワンクラゲ 536, 608
オワンクラゲ由来GFP 540, 665
音響光学効果 187
音響発光 317
オンサーガー距離 423
オンサーガーの反応場 341
オンサーガー半径 341
温度依存性 111, 346
温度効果 343, 347
温度変調 186

カ 行

回映軸 333
皆既日食 299
開口型 165
開口カンチレバー 166
開口数 162, 165, 595
会合体 429
概日時計 563
概日リズム 510, 515, 516
回折 26
回折限界 165, 174, 595
回折格子 97, 98, 122, 567
解像度 561
回転運動 378
回転緩和時間 380
回転コヒーレンス分光 206
回転軸 333
回転スペクトル 224
回転定数 206, 224, 323
回転のエネルギー 214
回転波近似 217, 219
回転波動関数 321, 324, 325
回転ブラウン運動 380
回転分子モーター 672
回転量子数 215, 364, 389
回転量子ビート 206
回転輪郭 104
外部重原子効果 18
外部変調 180
界面 193, 197
界面電気現象 316
解離エネルギー 214
ガウシアルシフェラーゼ 504, 619
ガウシアンフィルター 596
ガウスの法則 29
カウンターシェーディング 495, 496
化学干渉 748
化学発光 6, 12, 482, 496, 506, 561
化学発光イムノアッセイ 493, 735
化学発光酵素アッセイ 493
化学発光酵素イムノアッセイ 484, 489, 492, 493
化学レーザー 699
過完備系 54
可逆的光活性化蛍光タンパク質

543
架橋型配位子 741
殻 211
角運動量 214, 323
拡散運動 651
拡散型オーロラ 290
拡散係数 662
拡散計測 629
核酸染色蛍光プローブ 532
核酸の染色 609
拡散律速反応 86
角振動数 213
拡張指数関数 131
核トンネリング 426
核内局在配列 618
隠れた変数理論 62
カーゲート法 118
カー効果 56
重なり積分 338
重ね合せの状態 72
過酸化水素 484, 507
過酸化物 483
可視化 197, 616
可視カット紫外透過フィルター 155
過シュウ酸エステル化学発光 486, 490
過剰振動エネルギー 389
カスケード放出 64, 65
ガス灯 685
カスパーゼ-3 621
ガス放電灯 689
画像取得 593
画像処理 594
画像処理ソフト 595
画像相関分光法 650
カソードルミネセンス 11, 273, 299, 302, 305
カチオンラジカル 508
活性酸素 496, 507, 511
活性中間体 483
カップリング試薬 554
価電子 211
価電子帯 548
荷電励起子 285
過渡吸収測定 421
過渡効果 427
過渡的ホールバーニング 86, 195
カドミニウム 557

カーネル 596
カー媒質 149
カバーガラス 591
カプセル化 552
加法混合 47
過飽和色素 704
ガラスボトムディッシュ 591
ガラスレーザー 700
カルサイト 300
カルシウム結合タンパク質ファミリー 500
カルボキシ SNARF 1 351
カルモジュリン 620
カロテノイド 510, 511, 519-521
カロテノイド溶液 151
還元型フラビン $FMNH_2$ 508
がん細胞 554
観察領域 651
換算質量 213, 322
干渉 26
干渉色 26
慣性主軸 324
慣性モーメント 323, 324
間接型半導体 242
間接機構による蛍光の磁場消光 388
間接蛍光抗体法 607
間接遷移型半導体 239
間接遷移発光 242
間接バンド間遷移 240
完全正規直交系 329
観測寿命 477
桿体 45
緩和ダイナミクス 270
緩和励起状態 268

貴金属ナノ構造 169
キサントフィル 520, 521
擬似餌 495, 496
擬似原点 337
基準座標 332
基準振動モード 324
キセノンランプ 94
輝線 298
輝線スペクトル 289
気相非線形蛍光分光法 154
気相分子クラスター 207
気体動力学過程 699
気体の放電 11

気体レーザー 696, 699, 704
基底状態 439, 506
輝点追跡 605
輝度 714
軌道 211
軌道角運動量 173, 212, 387
軌道関数 211, 222
希土類イオン 260
希土類錯体 471, 472
キナーゼ 732
キネシンモーター 672
キノン 523
キノーム解析 734
キノン類 479
逆系間交差 728
逆転領域 426
既約表現 334
逆マクスウェル-ボルツマン分布 247
ギャップモード 275
——の粒径依存性 275
キャビティーダンパー 119
キャリヤー 163
キャリヤーガス 746
求愛（交信） 495
吸光光度法 680
吸光度 92, 93, 100, 106, 680
吸収 218
吸収係数 31, 89, 90, 92, 93
吸収スペクトル 96
吸収線 298
吸収遷移モーメント 378
吸収断面積 162, 278, 295
吸収・発光過程 70
球面調和関数 323
寄与 144
鏡映 333
鏡映面 334
強蛍光性物質 462
凝集誘起発光 721
共焦点蛍光顕微鏡 525
共焦点蛍光顕微鏡型 FCS 651
共焦点蛍光顕微分光 22
共焦点顕微鏡 197, 527, 588
共焦点体積 160
共焦点配置 174
共焦点法 586
共焦点領域 653
共焦点レーザー顕微鏡 160, 162

索 引

共振器モード関数　51
共生発光種　494
鏡像　15
鏡像関係　337, 368
協奏的機構　455
強度相関関数　57
強度透過率　33
強度反射率　33
強度分布　298
共鳴　70
共鳴エネルギー移動　699
共鳴蛍光　71
共鳴条件　273
共鳴多光子イオン化法　191
共鳴トンネル　59
共鳴二次光学過程　268
共鳴ラマン分光法　197
共役構造　460
局在化顕微鏡　645
局在シグナル化配列　505
局在表面プラズモン　272, 277
局在表面プラズモン共鳴　401
局在表面プラズモン共鳴バンド　435
局在励起状態　345, 391, 392
局所実在論　62
局所場因子　279
極地　288
極微弱発光　506
許容遷移　222, 224, 432
均一幅　194
均一広がり　83
近紫外　486, 703
禁制遷移　222, 224, 432
近赤外　486, 556, 703
近接場光　165
近接場光学　165
近接場光学顕微鏡　165
近接場CARS像　168
近接場分光　165
金属ナノ粒子　401, 403
金属微小球　277
金属微粒子　272
金属へのエネルギー移動　402, 403
金属への励起エネルギー移動　401
銀ナノ粒子　403
銀薄膜　404

空間域のコヒーレンス　696
空間解像度　139
空間固定座標　332
空間相関解析　658
空間的ホールバーニング　195
空間フィルタリング　596
クエンチャー　304
グース-ヘンヒェン距離　36
グース-ヘンヒェン効果　35
屈折率　30
クマリン　719
雲隠れ　495
クモヒトデ　495
クラスター　195, 600
クリプトクロム　511, 515, 516
クリプトシアニン　142
グルココルチコイド受容体　618
グルコースオキシダーゼ　489
グルコースの定量法　489
グルタチオン　554, 556
グローカーブ　300
クロージング　598
クロスカップリング　555
クロストーク除去法　591
グロトリアン図　224
グロー発光　565
グローバル解析　146
グロー放電　689, 691
クロリン　519
クロリン環　518
クロロフィル　510, 513, 519, 575
クロロフィル蛍光　514
群速度分散　134
群論　333

系間交差　726
蛍光　6, 14, 17, 173, 304, 419, 476, 482
蛍光アッセイ法　733
蛍光アップコンバージョン法　144
蛍光異方性　551
蛍光イメージング　351, 352, 556, 557, 561, 583, 588, 671
蛍光回復曲線　662
蛍光観察　593
蛍光強度回復　667
蛍光強度増大型Ca^{2+}蛍光プローブ　535
蛍光強度増大型のプローブ　532
蛍光強度のゆらぎ　651
蛍光共鳴エネルギー移動　198, 559, 665, 676, 739
蛍光クロストーク　591
蛍光減衰曲線　143, 676, 677, 679
蛍光減衰の測定　114
蛍光顕微鏡　525
蛍光色材　717
蛍光色素　558
蛍光自己相関関数　652
蛍光種固有の蛍光スペクトル　113
蛍光種のエネルギー　114
蛍光寿命　124, 136, 446, 559, 656, 675-679
蛍光寿命イメージング　675
蛍光寿命イメージング顕微分光法　22
蛍光寿命測定法　21
蛍光寿命変化　739
蛍光消光　160, 387, 573
蛍光色　458
蛍光スペクトル　115, 420, 440
蛍光染色　592, 593
蛍光相関分光測定　650
蛍光相関分光法　22, 159, 580, 650, 664
蛍光相互相関関数　655
蛍光相互相関分光法　654
蛍光増白剤　10
蛍光速度定数　342
蛍光タグ　198
蛍光タンパク質　504, 536, 592
蛍光Dip分光法　157
蛍光灯　9, 689, 690
蛍光の異方性比　378
蛍光波長　590
蛍光発光　458
蛍光幅射緩和率　162
蛍光物質　304
———の色　458
蛍光プローブ　442, 531, 547, 558, 570, 739
蛍光分光計　20
蛍光分子　378
蛍光偏光イメージング　668

索引　*757*

蛍光偏光解消　378
蛍光面　139
蛍光量子収率　16, 99, 108, 489
蛍光励起スペクトル　16, 177, 443
蛍光励起法　153
形状特徴パラメータ　599
蛍りん光　6
欠陥中心　304
結合 NADH　571
結合解離　664
結合状態密度　249
結晶場分裂　261
結晶へき開面　702
ゲーテ　45
ケミルミネセンス　482
ケラチン　575
原子間力顕微鏡　167
原子スペクトル　744
検出限界　749
減衰成分　144
源泉関数　295
検波　180
顕微光学分光　282
顕微分光　20, 193, 197
減法混合　47
コア構造　548
コア/シェル型　551
光化学系　513, 519, 523, 575
光化学反応　513
『光学』　44
光学顕微鏡の空間分解能　166, 168, 643
光学遷移　359, 372
光学的厚み　295
光学的伝達関数　603
交換関係　51
項間交差　18, 19, 113, 160, 173, 199, 206, 359, 365, 368, 370, 371, 388, 390, 391, 419
交換斥力　438
交換相互作用　392
高輝度放射光源　714
高輝度放電ランプ　691
光球　296
抗原　489
抗原抗体反応　489, 492
抗原認識部位　555
光源変調法　180

光合成　510, 513, 515, 516
光合成初期過程　422
交差失活　473
格子間原子　254
光子計数型　138
光子計数法　98
格子欠陥　193, 551
光子数位相スクイーズド状態　55
光子数確定状態　52
光子数分布関数　53
格子定数　551
広視野顕微鏡　643
高周波照射　559
高周波電流　746
高周波誘導コイル　745
高振動励起状態　376
恒星　294
校正　502
恒星大気　295
合成ダイヤモンド　305
構造イメージング　606
構造化照明顕微鏡法　646
構造要素　598
光速　30, 327
光速度　295
光速度不変の原理　709
抗体　489
剛体球近似　381
抗体蛍光ラベル化　463
抗体修飾法　554
光弾性効果　187
光弾性変調器　183
甲虫ルシフェラーゼ　504
高調波発生　636
光電効果　27
光電子増倍管　20, 21, 98, 105, 107, 160, 502, 566
光電導過程　422
高電離プラズマ　229
光度　297
恒等操作　334
光熱変換分光法　681
鉱物性油脂　684
高密度励起　96
光量子　27
光量子計　99
光量子計測　66
光路長　681
国際スペースステーション

289
黒体輻射理論　329
黒体放射（輻射）　6, 27, 101, 506, 686, 698
個数演算子　52
個数状態　52
個体イメージング　509
固体微粒子　299
固体レーザー　696, 699, 704
古典的な光　28, 56
コヒーレンス　696, 698
コヒーレントアンチストークスラマン散乱　639
コヒーレント状態　53
コヒーレントな重ね合せ　202
コヒーレントラマン散乱　636, 638
互変異性化　456
互変異性体　455
小麦胚芽レクチン　610
固有状態　70
コラーゲン　570, 574, 575, 637
コランダム　302
孤立電子対　365, 370, 475
孤立分子系　366, 370
孤立分子状態　97, 358
コロナ　298
コロナ状　290
コンスタントフラクション弁別器　121
コントラスト　598
コンドン近似　79, 333

　　　　サ　行

再吸収　90, 91, 93, 101, 102
最近傍法　601
サイクル平均　31
再結合　229, 230
再構成法　616
最高占有軌道　458
最小不確定状態　54
サイズ選択励起分光　281
再生増幅　150
彩層　298
最低空軌道　741
最低非占有軌道　458
最低励起状態　440
サイト　193
サイトエネルギー分布関数　263

索引

サイト選択蛍光法 263
サイト選択分光法 83
サイト選別分光 193
サイドバンド 183
再配向エネルギー 424, 425
再発光 102
細胞応答を引き起こすのに必要な分子の個数 628
細胞外マトリックス 574
細胞質ゾル 572
細胞毒性 557, 593
細胞内カルシウムイオンの定量 501
細胞内 pH 679
細胞膜 657
細胞膜電位 638
差周波発生光学過程 706
雑音 180
サブタイプ 301
N-サリチリデンアニリン 454
酸解離定数 350
酸解離平衡 350
酸化型フラビン 508
3 原色 45
3 光子吸収 154
3 光子励起過程 631
三光波光パラメトリック 706
三次元励起子効果 251
三重項 475, 653
三重項三重項消滅 384
三重項状態 172, 185, 388
三重項スピン波動関数 325
三重項増感反応 199
三重項励起子 725
三重縮退基底 705
参照信号 180
酸素 512
酸素原子 288
酸素消光反応 348
サンプリング定理 124
散乱型 165
散乱型近接場光学顕微鏡 170
散乱断面積 278

シアニン 535, 556
シアニン色素 429
シアフォース法 167
シェル数 258
1,2-ジオキセタン 483, 485, 492

ジオキセタン構造 498
ジオキセタン中間体 507
紫外線 26, 289
紫外線吸収剤 421
視覚 515
自家蛍光 514, 570, 590
自家蛍光イメージング 574
自家蛍光物質 679
自家発光種 494
時間域のコヒーレンス 696
時間相関解析 651
時間相関光子係数法 117
時間相関単一光子計数法 21, 118, 125, 144, 206, 264, 381, 677
時間波高変換器 120
時間分解異方性（偏光度） 21
時間分解蛍光寿命測定 656
時間分解蛍光スペクトル 114, 135, 146
時間分解蛍光測定 419
時間分解スペクトル 148
時間分解測定 112
時間分解能 121
時間分解ポンプ・プローブ法 206
時間領域法 125, 677, 678
磁気緯度線 292
磁気共鳴分光 171
『色彩論』 45
色素 510
磁気双極子遷移 222
色素レーザー 704, 718
色座標 49
色度図 49
四極子-四極子相互作用 411
磁気量子数 210, 222
シグナル光子 65
シクロメタレート型配位子 467
刺激純度 49
シーケンシャル形モノクロメータ 747
自己吸収効果 108
自己相関関数 160, 653
自己束縛励起子 270, 271, 308
視細胞 45
四重極子モード 275
地震発光 311, 315
シスジシアノビス(1,10-フェナントロリン)ルテニウム(II)錯体 349
シス体 448
シス-トランス光異性化反応 445
磁性粒子 559
自然酸化反応 506
自然寿命 326, 361, 476
自然発光 328
自然幅 70, 194
自然広がり 231
自然放射 229
自然放出 69, 220, 233, 235, 328, 329
自然放出寿命 113, 115
磁束密度 29
実在論 62
実時間追跡 206
質量中心 322
シーディング技術 715
シトクロム 512, 513, 519
磁場 29
——による相互作用 387
磁場強度 387
磁場効果 185, 387
磁場消光 389, 390
磁場変調 185
ジヒドロ葉酸還元酵素 619
1,6-ジフェニルヘキサトリエン 352
ジフェノイルペルオキシド 485
視物質 45, 510, 515
1/4 波長板 669
ジメチルアミノ安息香酸エチルエステル 345
ジメチルアミノベンゾニトリル 345, 375
ジャイアントパルス 703
弱蛍光性物質 462
弱電離プラズマ 228
斜長石 307
ジャブロンスキーダイヤグラム 533
集光 513
集光アンテナ系 519
集光モード 167
シュウ酸エステル 490
シュウ酸ジアリールエステル類 491

索引

シュウ酸誘導体 485
収縮 598
重晶石 304
重水素置換効果 358, 365, 369
重水素放電管 94
集積発光性白金錯体 468, 470
自由電子レーザー 707, 714
周波数域のコヒーレンス 696
周波数計測 701
周波数変調 183
周波数変調分光 172
周波数揺動モデル 73, 81
周波数領域法 20, 117, 124, 125, 127, 677, 678
周辺減光 297
終末糖化産物 574
自由励起子エネルギー 257
自由励起子発光 245
縮重 439
縮退度 330
シュタルク効果 183, 231, 394, 396, 397
シュタルクシフト 187
シュタルク準位 261
シュタルク準位交差分光法 399
シュタルク広がり 232
シュタルク変調 183
シュタルク量子ビート 204, 398
出力のスペクトル 704
受動モード同期 704
寿命広がり 231
腫瘍 556
受容体 554
受容モード 365
主量子数 210
ジュール熱 686, 687
シュレーディンガー方程式 52, 209, 212, 214, 216, 320, 360, 430
準安定状態 222
準位交差 388
純位相緩和速度 81
準静電近似 277
省エネルギー型新照明光源 692
衝撃誘起欠陥中心 302
消光剤 162
消光スペクトル 279

消光性色素 732
消光断面積 278
乗算回路 180
常磁性種 176
照射集光モード 167
照射モード 167
状態密度 234, 235, 360
衝突パルスモード同期レーザー 587
衝突広がり 232
衝突放射モデル 230
小分子極限 361, 363, 364, 371, 388, 390
——における発光特性 361
照明 495, 496
消滅演算子 51
昭和基地 291
植物性油脂 684
燭光 684
ショットキー機構 724
磁力線 288, 289
ジルコン 302, 309
真空蒸着 719
シンクロスキャン 139
シンクロトロン放射 230
シンクロトロン放射光 707, 708
信号光 706
深色効果 432
真性 EL 694
振電状態 329, 359
振電遷移 177
振電相互作用 333, 335, 336
振電バンド 452
振動エネルギー 213, 214
振動・回転スペクトル 225
振動回転相互作用 372
振動緩和 113, 151, 371
振動緩和過程 376, 424
振動コヒーレンス 377
振動子強度 113-115, 251, 330, 331, 336, 368
振動失活 472
振動準位密度 389
振動状態選択的 453
振動数 26
振動スペクトル 224
振動遷移 213
振動波動関数 321, 323-325
振動分極 68, 69

振動量子数 213, 225
振動量子波束 207
振動励起状態 376
侵入距離 35
水銀灯 9, 689
水銀ランプ 94
水浸対物レンズ 593
水素結合 451
水素結合相互作用 439
水素原子 221, 289, 297
——のエネルギー準位 209
水素負イオン 297
水素様イオン 209
錐体 45
スイッチング光 644
水和 373
数理形態学的手法 598
スカラーポテンシャル 36
スカンジウム 471
スクイーズド演算子 55
スクイーズド状態 54, 57
スチルベン 446
ステファン-ボルツマン定数 299
ステファン-ボルツマンの法則 27
ストキャスティックモデル 73
ストークス光 640
ストークスシフト 15, 85, 340, 341, 369, 373, 461, 573
ストークスパラメータ 42
ストークス-ラマンスペクトル 15
ストリークカメラ法 117, 144
ストリーク像 138
ストロマトライト 519
スナギンチャク 540
スネルの法則 32, 103
スーパーオキシド 507
スーパーオキシドイオン 349
スピン一重項状態 330
スピン角運動量 211, 215, 387, 388
スピン-軌道相互作用 18, 173, 205, 338, 359, 365, 369, 390
スピン禁制 18
スピンコート法 720
スピン三重項状態 17, 330,

338, 365
スピン統計則　725
スピン波動関数　325
スピン副準位　347, 388
スープラリニアリティ補正　300
スペクトル　298
スペクトルイメージング　590
スペクトル解析　651
スペクトル拡散　175, 177
スペクトル蛍光顕微鏡　590
スペクトル形状　79, 231
スペクトル光子量　90
スペクトルジャンプ　175, 177
スペクトル表示　94
スペクトルホールバーニング　194
スペクトル量子収率　90

星間物質　299
正孔　548
正孔捕獲中心　265
生細胞　588
生細胞蛍光イメージング　608
生細胞内オルガネラ　464
静磁場　559
星周構造　299
正準量子化　51
正常領域　426
青色光受容自己活性化酵素　178
青色光受容体　515, 516
生成演算子　51
生成変調　186
生体巨大分子　193
生体の光学窓　557
静的消光　16
静電(的)相互作用　373, 438
制動放射　230
生物時計　510
生物発光　13, 15, 482, 561
生物発光共鳴エネルギー移動　565
生物発光スカベンジャー説　496
生物フォトン　493, 506
セイヨウワサビペルオキシダーゼ　489
生理活性物質　562
石英　299, 308

赤外線　27, 289
赤外線放射　299
赤外 Dip 分光法　159
赤外発光　332
赤外レーザー　159
赤色蛍光タンパク質　540
積分球　109
石油ランプ　8
接触帯電　316
絶対発光量子収率（測定法）　489
絶対法　107
絶対誘電率　331
摂動ハミルトニアン　407
ゼーマン効果　185
ゼーマン分裂　257
ゼーマン変調　185
ゼーマン量子ビート　204
セレンテラジン誘導体　565
ゼロ磁場分裂　347
ゼロ磁場分裂エネルギー　347
0-0 遷移　177
セロトニン　573
ゼロバックグラウンド測定　153
ゼロフォノン線　177, 260, 263
ゼロフォノン線蛍光　263
ゼロモードウェーブガイド法　585
遷移エネルギー　394
遷移確率　332
遷移金属イオン　260
遷移金属錯体　465
遷移状態　399, 449
遷移状態理論　426
遷移双極子モーメント　326, 431
遷移モーメント　326, 332, 335, 336, 378, 396
線形応答理論　31
センシタイザー　304
全視野蛍光顕微鏡　525, 527, 529, 588
浅色効果　432
先進ポテンシャル　38
全対称基準振動モード　336
選択蛍光　263
選択則　222, 332
センティネルリンパ節　557
全天カメラ　291

セントロイド　600
全反射　35
全反射型蛍光顕微鏡　657, 674
全反射蛍光　584
全反射蛍光相関法　657
全放射エネルギー　39
前方収束効果　709
前面観測　90

掃引速度　139
増感　199
相関解析　651
相関解析装置　651
増感剤　199, 490
増感りん光分光法　200
増強因子　280
増強効果　277
増強した光電場　170
増強電場　402, 403
増強分光法　169
双極子　68
双極子近似　326
双極子-四極子相互作用　411
双極子-双極子相互作用　16, 199, 406
双極子放射　36, 39, 709
双極子モード　273, 275
双極子モーメント　38, 40, 184, 373, 375
相互作用モード　267
相互相関関数　125, 163, 164
相対発光値　502
相対法　107
相対論効果　274
装置応答関数　143
装置関数　134, 136
挿入デバイス　712
増幅物質　707
促進モード　365
速度変調　186
束縛エネルギー　250
束縛励起子　260
束縛励起子エネルギー　257
側面観測　90
ソノルミネセンス　13
ソフトマッチング　602
ソーレ帯　433, 519, 520
ソレノイドコイル　185

タ 行

第 1 種位相整合　135
対応原理　51
大気　294
ダイクロイックミラー　525, 589, 590, 670
第 3 高調波　636
第 3 高調波顕微鏡　638
対称禁制　335
対称こま分子　324, 325, 388, 389
対称軸　334
対称心　333
対称的なポテンシャル曲線　451
対称面　333
対称要素　333
帯電エアロゾル説　317
ダイナミカルモデル　73
ダイナミックストークスシフト　86, 343
ダイナミックレンジ　141, 590
第 2 高調波　60, 636, 705
第 2 高調波顕微鏡　637
第 2 励起状態　440
対物レンズ型の全反射照明顕微鏡法　627
ダイマー発光　742
タイムラプスイメージング　588
ダイヤモンド　59
ダイヤモンド結晶　171
ダイヤモンドナノ粒子　558, 560
太陽　295
太陽活動　293
太陽系始原物質　305
太陽紫外線　289
太陽像　297
太陽風　288, 293
太陽風磁場　293
太陽風速度　293
太陽風プラズマ　293
楕円掃引　139
楕円偏光　42, 669
ダークステート　645
タグ法　577
多原子分子　215
多元素同時分析　747

多光子励起　96, 631, 636, 656
多光子励起スペクトル　634
多光子励起発光測定　22
多座配位子　740
多重極モード　273
　── の共鳴エネルギー　275
畳み込み　596, 603
多段階錯形成　740
多段階平衡　740
立ち上がり成分　144
多電子原子　222
多フォノン散乱　705
ダブルおよびトリプル分光器　98
単一気泡　13
単一光子計数型蛍光寿命測定計　397
単一光子源　58, 282
単一ナノ粒子の発光　282
単一分子蛍光分光法　22
単一分子分光　171
段階的機構　455
段階的錯形成　740, 741
タングステン-ハロゲンランプ　94
単結晶　353
単結晶人工ダイヤモンド　558
炭酸ガスレーザー　699
単純拡散　662
ターンスタイルデバイス　59
単掃引　139
断熱ハミルトニアン　79
断熱ポテンシャル　267, 269, 271
断熱ポテンシャル面　268
タンパク質　193
タンパク質間相互作用　619
タンパク質タグ　628
タンパク質複合体を形成するサブユニットの数の定量　628

チェレンコフ光　12
遅延蛍光　18, 382, 466, 476, 734
遅延効果　273
遅延ポテンシャル　38
置換異種原子　254

置換基効果　421
地球磁気圏　291
地球の磁場　288
地磁気座標系　292
チタン-サファイアレーザー　633, 700, 704, 705
窒素欠陥中心　59
窒素-格子空隙　558
窒素分子　288
チャネルタンパク質　627
チャネルタンパク質 1 分子の電気・光学的同時計測　627
チャネルロドプシン　517
中間ケース　361, 363, 364, 388, 389, 400
　── における発光特性　362, 371
注入型 EL　694
注入型レーザー　701
チューブリン　637
超音速ジェット　188, 191, 441
超音速ジェット増感りん光分光　200
超音速自由噴流　188
超音速分子線　19, 400
超音速分子ビーム　366
超解像　644
超解像イメージング　665
超解像顕微鏡　643
超解像法　605
超高感度分析　170
超格子　260
超高速現象　701
超高速時間分解分光　445
長石　300, 302, 307
超短（光）パルスレーザー　635, 714
長波長蛍光団　461
長波長蛍光プローブ　635
超微細相互作用　390
超微細相互作用定数　205
超微細分裂量子ビート　205
調和振動子　214, 225, 324, 337
直接機構による磁場効果　387
直接蛍光抗体法　607
直接遷移型半導体　239
直接バンド間遷移　239
直接バンド間遷移発光　240
直線偏光　42, 669
直流増幅法　98

直交位相振幅 55
直交位相振幅演算子 55
直交位相振幅スクイーズド状態 54
チラコイド膜 575
チロシン 574
チロシン二量体 574

強い閉じ込め 253

出会い錯体 424
低温プラズマ 228
低次元系 248
ディジタルロックイン法 182
ディスクリートオーロラ 290
ディフューズオーロラ 290
定量下限 749
デクスター型 17
デクスター機構 406, 412
デコンボリューション 142, 602
デコンボリューション解析 143
データ保存形式 595
テトラピロール 510, 517, 519
テトラフェニルポルフィンテトラスルホニック酸 435
テトラメチルローダミン 580
デフォーカスイメージング 675
デュアルアッセイ 567
デュレン 354
電荷 331
電荷移行 229
電界効果FET 725
電荷移動錯体 486
電荷移動状態 397
電荷移動相互作用 439
電界発光 695
電界発光素子 405
電界放出現象 11
電界放出ディスプレー 11
電荷キャリヤー 398
電荷共鳴状態 441
電荷再結合 423
電荷シフト 423
電荷注入 724
電荷分離 423, 513, 514, 519
電荷分離状態 422
電気化学発光 13

電気化学発光イムノアッセイ 735
電気光学効果 187
電気双極子演算子 217
電気双極子遷移 222
電気双極子モーメント 326, 332, 393, 394, 396, 398, 399
電気多重極子遷移 222
点群 333
電子 548
——の質量 331
電子移動 160
電子エネルギー 213, 215
電子加速器中 707
電子緩和 368
電子供与性基 478
電子供与体 396
電子-格子相互作用 260, 265, 268
——で重みづけられた振動状態密度 265
電子構造 475
電子-受容体 397
電子状態間結合 205
電子衝突励起 229
電子シンクロトロン 708
電子スピン 173
電子スピン角運動量演算子 325
電子スピン共鳴 18, 559
電子スピン多重度 390
電子・正孔個別閉じ込め 253
電子-正孔対 243, 551
電子線 11
電子遷移 213, 370, 475
電子遷移エネルギー 707
電子遷移双極子モーメント 329
電子遷移モーメント 439
電子走行時間広がり 139
電子蓄積リング 711
電子伝達 512, 513
電子トンネリング 426
電磁波 28
電子波動関数 321, 324, 325, 430
電子捕獲中心 265
電子密度 293
電磁誘導 29
電子励起状態 14, 112

点像分布関数 526, 602
電束密度 29
伝導帯 548
伝導帯-アクセプター発光 255
天然ダイヤモンド 305
電場 29
電場吸収スペクトル 394, 396
電場増強効果 401-403
電場発光 396
電場発光スペクトル 394, 396, 398
電場変調 183
電場変調吸収スペクトル 183
電場変調分光法 184, 394, 396
点滅現象 549
電離 229
電離圏 289
電離度 293
電流注入励起 698

透過係数 426
等価線量 300
透過率 34, 93
同期計数法 182
統計的極限 361, 363, 370, 390
——における発光特性 363
銅錯体 470
等色関数 48
透磁率 29
同調 702
動的消光 16
動的ストークスシフト 374
動物性油脂 684
等方的な拡散 664
特殊演色評価数 685
特殊相対性原理 709
特徴空間 600
特徴ベクトル 600
土星 294
ドップラー効果 186, 204, 709
ドップラー幅 195
ドップラー広がり 82, 231
ドナー-アクセプター対発光 260
ドナー-価電子帯発光 255
ドーピング 720
トランスジェニックマウス 505
トランス体 448
トランスフェクション 592

索　引

トリ-9-アントリルボラン　340
トリエキシトン　285
トリオン　285
トリガージッター　139
トリプトファン　508, 570, 573
トリプレットエキシマー　468
トリボルミネセンス　13
トンネリング　175
トンネリング二重分裂幅　452
トンネル効果　452
トンネル障壁　452
トンネル注入機構　724

ナ　行

内殻励起　196
ナイキスト周波数　594
内部遮蔽効果　471
内部重原子効果　18
内部転換　19, 113, 206, 359, 363, 364, 368, 370, 371, 387, 399, 446
内部電場因子　395
内部変換　419
内部変調　180
内部量子効率　726
内部濾光効果　14, 93, 101
ナトリウム　212, 298
ナトリウムランプ　689, 690
ナノ結晶　251, 547
ナノ構造　248, 401-404
ナノ秒時間分解計測　703
ナノ秒パルスレーザー　203
ナノ粒子　281, 547
ナフタレン　354
2-ナフトール　350
南極　292

二原子分子　212, 215, 224
2光子過程　707
2光子吸収　149, 154
2光子蛍光イメージング　630
2光子蛍光励起分光法　153, 156
2光子顕微鏡　631, 633
2光子励起　179, 656
2光子励起過程　631
2光子励起顕微鏡　528
2光子励起光不活性化法　635
2光子励起像　169
2光子励起発光　149

2光子レーザーアブレーション　635
ニコチンアミドアデニンジヌクレオチド　570
二次元ガウス分布フィッティング　604
二次元拡散　662
二次元系　248
二次元検出器　10
二次元発光イメージングシステム　567
二次元励起子　251
二次元励起子効果　251
二次光学過程　67
二次高調波発生　197
二次相関関数　59
二次放出光スペクトル　79
二重蛍光　345, 375, 419
二重縮退励起　705
二重変調　186
二値化画像　598
二値化処理　597
2波長蛍光励起分光法　157
ニポーディスク　657
ニポーディスク共焦点顕微鏡　528, 529
『日本三代実録』　312
『日本書紀』　312
乳がん　556
ニュートン　44
二量体　438
——のハミルトニアン　430

ネオジム錯体　472
ネオン管　691
熱活性化遅延蛍光　728
熱螢光　317
熱散逸過程　514
熱刺激発光　386
熱的光　57
熱発光　14
熱平衡状態　371
熱放射　506
熱力学第一法則　188
熱力学的安定性　740
熱力学的支配　740
熱力学的平衡状態　295
熱ルミネセンス　8, 299
熱ルミネセンス線量計　8
熱励起遅延蛍光　384

熱レンズ顕微鏡　682
熱レンズ効果　682, 706
熱レンズ分光法　682
ネブライザー　747
ノイズ　180
能動モード同期　704
濃度消光　16, 108
ノッチフィルター　233

ハ　行

配位座標モデル　84, 267
配位子交換　552
配位子置換法　552
配位性有機溶媒　551
バイエキシトン　285
背景光　174
配向気体モデル　354
配向分極　425
ハイスループットスクリーニング　734
ハイトラー　70
背面観測　91
パイルアップ効果　122
ハウスキーピング遺伝子　503
パウリの排他律　173, 211
破壊発光　317
白色　44
白色点　49
白色発光素子　470
バクテリアルシフェラーゼ　508
バクテリオクロム　516
バクテリオクロリン環　518
バクテリオクロロフィル　430, 575
バクテリオロドプシン　516
白熱電球　7, 686
波高分析器　121
波数　210
波数表示　94, 101
パーセル因子　237
パーセル効果　233, 236
波長可変パルス光源　702
波長可変レーザー　96
波長表示　94, 101
波長変調　186
白金錯体　468
バックグラウンド　561
発蛍光速度　462

発光イメージング 504, 561
発光キノコ類 495
発光強度 404
発光クラゲ 500
発光現象 288, 289
発光減衰 358
発光甲虫 498
発光サメ 495
発光収率 88, 358, 402
発光寿命 88, 397, 402, 404
発光寿命測定 20
発光スペクトル 88, 100, 177, 482
発光スペクトル測定装置 566
発光性金属錯体 466
発光性タンパク質 15
発光生物 493
発光遷移モーメント 378
発光センサー 351
発光ソルバトクロミズム 349
発光ダイオード 11, 693
発光ダイナミクス 269
発光タンパク質 562, 563
発光の消光 170
発光バクテリア 494
発光プランクトン 495
発光分光分析 744
発光分子種 508
発光ホールバーニング 281, 287
発光量子収率 476, 488, 502, 503, 506, 739
発光量子ビート 19
発光励起スペクトル 15, 20, 88, 96, 100, 104, 106, 172, 177, 369
発光励起スペクトル測定 89
発色団 196
パッセン系列 366
ハッブル宇宙望遠鏡 294
波動関数 209
波動性 28
波動ベクトル域のコヒーレンス 696
波動方程式 30, 37
波動-粒子二重性 50
ハミルトニアン 238
ハミルトニアン演算子 320
パラメトリック過程 707
パラメトリック下方変換 60, 64
パラメトリック発振器 706
バリアフィルター 525, 589
パリティ 222
パルス光のコヒーレンス 203
パルス光励起 76
パルス励起法 117, 124
パルスレーザー 703
パルセーティングオーロラ 290
バルマー系列 222, 366
ハロ 309
ハロゲンサイクル 688
ハロゲンランプ 7, 688
ハロバクテリア 516
ハロロドプシン 517
反群集状態 58
反結合性軌道 370
反射スペクトル 186
反射の法則 32
反射率 34
半値半幅 85
バンチング 28
バンチング状態 58
反転分布 698, 703, 706, 707
半導体 547
半導体検出器 747
半導体レーザー 94, 696, 699, 701, 704
バンド間遷移発光 241, 255
バンドギャップ 548
バンド構造 548
バンド指数 238
バンドスペクトル 226
バンドパスフィルター 181, 568, 589
バンドモデル 238
反応障壁 449
反応速度 186
反応の緩和時間 162

ビアントリル 375
ピエゾクロミック発光 721
非開口型 165
非架橋酸素正孔中心 308
光異性化反応 445
光音響分光法 681
光カーゲート法 21, 148
光カー効果 56, 148
光カーシャッター 149
光活性化 662, 665
光活性化蛍光タンパク質 540, 665
光活性化後蛍光減衰 666
光感受性 561
光共振器 698
光強度 30
——の変調 182
光検出磁気共鳴 178, 559
光検出磁気共鳴スペクトル 559
光検出デバイス 502
ヒカリコメツキムシ 495
ヒカリコメツキムシルシフェラーゼ 619, 620
光散乱 67
光散乱過程 70
光刺激 665
光刺激発光 317
光刺激ルミネセンス 10, 299
光周波数コム 701
光受容体 515
光スイッチング蛍光タンパク質 540, 665
光増感 199
光増感エネルギー移動 473
光退色 175, 662
光退色後蛍光回復 662
光チョッパー 182
光毒性 581, 665
光取り出し効率 726
光の3原色 47
光の散乱 69
光の輻射密度 328
光パラメトリック発振器 635
光ファイバープローブ 166
光変換蛍光タンパク質 542, 665
光捕集色素-タンパク複合体 178
光誘起電荷移動 730
光誘起電子移動 390, 391, 422, 532, 730, 739
光力学治療 635
光励起 698
光励起発光 67
非共鳴条件 70
非局所性 62
非結合 NADH 571
ピコ秒パルスレーザー 203

索引　　765

ピコ秒ラマン分光　446
ピコ秒レーザー　206
微細構造　212
微小開口　166
非侵襲　557
非侵襲蛍光イメージング用プローブ　557
ヒストグラム　598
非線形感受率　197
非線形蛍光法　153
非線形現象　701
非線形光学過程　630
非線形光学結晶　133, 135
非線形光学現象　233
非線形光学効果　277, 636
非線形的　742
非線形媒質　133
非線形分光法　21, 22
非線形マッハ-ツェンダー干渉計　56
非対称こま分子　325, 398
非対称なポテンシャル曲線　451
左回り円偏光　42
非断熱相互作用　205
非調和結合相互作用　206
非調和振動子　214, 225
非調和相互作用　372
非調和定数　214
非定常状態　361
ビート信号　201
1-ヒドロキシピレン-8-スルホン酸　350
ヒドロキシラジカル　507
ピナシアノール　142
ピノプシン　511, 515
被覆剤　553
微分干渉観察法　683
ビームスプリッター　705
比誘電率　339
兵庫県南部地震の地震発光　315
標準蛍光試料　104
標準蛍光物質　99
標準発光物質　102
標準発光ランプ　502
標準溶液　107
標準ランプ　201
標準量子限界　54
標的　442

表皮効果　746
標本化　594
表面温度　297
表面化学修飾　548
表面修飾剤　553
表面増強赤外吸収　170
表面増強ラマン散乱　170, 401
表面プラズモン　277, 401
ピレン　349, 439
頻度因子　426
ピンホール　163

ファブリー-ペロー型共振器　698
ファンデルワールス錯体　443
ファンデルワールス力　191, 438
フィコエリスリン　576
フィコシアニン　576
フィコシアノビリン　576
フィコビリゾーム　575
フィコビリタンパク質　576
フィコビリン　510, 519
フィッティング　127
フィトクロム　511, 515
フィブリル化過程　574
フィルター　98
フェニルアラニン　574
フェニルボロン酸　731
フェムト秒時間分解分光　446
フェムト秒チタンサファイアレーザー　150
フェムト秒パルスレーザー　203, 207, 420, 707
フェルスター型　17
フェルスター型双極子-双極子相互作用　413
フェルスター型の濃度消光　473
フェルスター機構　405
フェルスター距離　613
フェルミの黄金律　218, 407, 436
フォック状態　52
フォトダイオード　99, 105
フォトトロピン　516
フォトニック結晶　233, 235
フォトニック結晶共振器　237
フォトニックバンドギャップ　236

フォトプロテイン　496, 500
フォトルミネセンス　9, 14, 89, 99, 100, 307, 358
フォトルミネセンススペクトル　177
フォトンアンチバンチング　282
フォトンエコー　83
フォトンカウンター　182
フォトンカスケード放出　261
フォトンリサイクル　357
フォノンサイドウィング　177
フォノンサイドバンド　259, 263
フォールディング　198, 622
不確定性関係　51, 231
不確定性原理　62, 63
付加線量法　300
不感時間　122
不均一幅　194, 204
不均一広がり　83, 263, 281
副殻　211
複合体解析　654
輻射エネルギー　94
輻射減衰　359
輻射再結合　283
輻射寿命　172, 330, 331
輻射場との相互作用　361
輻射遷移　681
輻射遷移速度　113, 115, 330, 368
輻射遷移速度定数　401, 402, 676
輻射伝達　295
『輻射の量子論』　71
輻射場　326
輻射幅　361
複素表示　30
複素誘電率　31
復調　186
不純物準位内遷移　260
不純物中心　260, 304
物理干渉　748
プテリジン　522
プテリン　511, 523
ブラウン運動　160, 651, 662
ブラウン管　11
ブラケット系列　366
プラストキノン　513, 523
プラストシアニン　512, 513

プラズマ 228, 288
プラズマガス 746
プラズマCVD法 229
プラズマシート 291
プラズマディスプレー 9
プラズマトーチ 746
プラズモン 169, 284
ブラックホール 299
フラッシュ発光 565
プラトーチェック 300
フラバン 521
フラビン 512, 522, 573
フラビンアデニンジヌクレオチド 570
フラビンタンパク質 573
フラビンモノヌクレオチド 573
フラボノイド 511, 521
フラボン 521
プランク 27
プランク関数 295
フランク-コンドン因子 152, 336, 342, 365, 369, 370, 436, 472
フランク-コンドン原理 226, 267, 336, 373
プランク定数 27, 295, 320
プランクの式 6
フーリエ変換 602
ブリュースター角 34
フリーラジカル 185, 186, 509
ブリンキング 282, 549
フルオレセイン 351, 461
フルオレセンス 304
フレア 298
プレカラムラベル化 491
フレネルの公式 32, 33
フレンケル欠陥対 270
フレンケル励起子 243, 432
プログレッション 337
ブロッホ波動関数 238, 239
プロテアーゼ 621, 732
プロテインスプライシング反応 617, 618
プロテオミクス 734
プロトポルフィリン 576
プロトン移動速度定数 351
プロトン移動反応 419, 451
プロトントンネリング 452
プローブ 166

プローブ光 194
プロメテウス 684
プロモーター 563, 616
分極 68
分極状態 70
分極率 40, 184, 277
分光学的物差し 409
分光干渉 748
分光観測 298
分光感度 108
分光器 96, 747
分散力 438
分子運動 380
——の相関時間 381
分子間振動緩和 377
分子間相互作用解析 654
分子間プロトン移動反応 419
分子間励起状態プロトン移動 454
分子吸光係数 93, 104, 327, 331, 337
分子クラスター 188, 191
分子・原子内コヒーレンス 203
分子固定座標 332
分子内エキシマー 440
分子内エネルギー移動 358, 359, 366, 368
分子内緩和 206, 358, 359, 366, 368
分子内CT励起一重項状態 340
分子内CT励起状態 342
分子内振動エネルギー緩和 206
分子内振動エネルギーの再分配過程 372
分子内振動緩和 376
分子内ダイナミクス 206
分子内電荷移動 421, 739
分子内電荷移動発光 741
分子内電子移動 137, 375, 376
分子内電子緩和速度 369
分子内ヒドロペルオキシド形成 507
分子内ねじれ型電荷移動 345
分子内プロトン移動反応 419

分子内無輻射遷移 359
分子内励起状態プロトン移動 453, 454
分子の大きさ 652
分子の数 652
分子分極率 393, 394, 396
分子変調法 180, 186
分子ローター効果 344, 345
分水嶺 599
分泌型(性)ルシフェラーゼ 504, 563
分布緩和速度 80
分離可能状態 62

閉殻 211
平均演色評価数 685
平均化フィルター 596
平均自由行程 366
平均滞在時間 161
平衡核間距離 438
平衡定数 162
並進拡散 652
並進拡散係数 162
閉包関係 52, 53
ベイポクロミズム 468
ベクター 562
ベクトルポテンシャル 36
ベタイン 375
ヘテロダイン 126
ペニング効果 690, 699
ヘム 512, 518
ヘモグロビン 197, 512, 519
ヘモシアニン 512
ヘリウムネオンレーザー 699
ベール 93
ペルオキシド 483
ベルの不等式 64, 65
変位演算子 53
変換効率 702
偏光 26, 232, 353
偏光異方性 114
偏光解消 16
偏光解消板 98, 669
偏光蛍光スペクトル 354
偏光子 98, 103
偏光度 43, 378
偏光特性 103, 335
偏光度スペクトル 88
偏光比 355
偏光ビームスプリッター 669,

671
偏光変調 183
偏光励起 551
変数分離 323
変調 180
変調分光法 180
ペントシジン 574
ベンハムの独楽 47
弁別器 121

ポアソン分布 53
方位量子数 210
方解石 305
芳香族アザ化合物 477
芳香族アミノ酸 573, 574
芳香族カルボニル化合物 478
放射光 708
放射線誘起欠陥中心 302
放射損失確率 274
膨張 598
放電 186
放電灯 689
放電励起 698
飽和 172
補酵素 571
補助ガス 746
補色 49
補色残像 45, 46
ポストカラムラベル化 491
ホスフォプロテオーム解析 734
補正環 593
蛍石 306
ホタルモドキ科鉄道虫 498
ホタルルシフェラーゼ 618
北極 292
ボックスカー積分器 125
ポッケルス効果 187
ポッケルスセル 119
ホットルミネセンス 268
ポテンシャルエネルギー曲線 212
ポテンシャル曲線 438
ポラリトン 246
ポリアセン 335
ポリエチレンイミン 556
ポリクロメーター 137
ポリピリジンルテニウム錯体 465
ポリフルオレン 357

ポリペプチド鎖 574
ホール光 194
ボルタ電池 686
ボルツマン定数 295
ボルツマン分布 84, 329, 368, 371
ホール伝導説 317
ホールバーニング 177
ホールバーニング分光法 194
ポルフィリン環 518
ポルフィリン誘導体 575
ホルモン 562
ボルン-オッペンハイマー近似 19, 212, 320, 359
ボロン酸型蛍光センサー 731
ポンプ光 640, 706
ポンプ-プローブ法 118, 132, 134

マ 行

マイクロウェーブ加熱装置 750
マイクロタイタープレート 566
マイクロチャネルプレート 138
マイクロチャネルプレート型の光電子増倍管 117, 119
マイクロ波 27
マイクロ波発光 332
マイクロプレート 566
マイケルソン干渉計 705
マクスウェル電磁気学 50
マクスウェルの方程式 28
マクスウェル-ボルツマン分布 240
マグネサイト 306
膜流動性プローブ 352
摩擦転写法 356
摩擦発光 317
松代群発地震における地震発光 313
マッハ数 189
マトリックス要素 217
マルチアノード光電子増倍管 123
マルチエキシトン 282, 288
マルチカラーアッセイ 568
マルチシェル構造 550, 551
マルチポールウィグラー 713

マンセル 47
マンセル表色系 48
ミオシン 637
ミオシンサブフラグメント1 624
右回り円偏光 42
ミクロパンチ化 715
水クラスター 351
密閉圧力容器 750
ミトコンドリア 572
ミーの理論 273
脈動オーロラ 290
無機 EL 12, 694
無蛍光性 113
無秩序 433
無電極放電ランプ 692
無輻射 705
無輻射過程 19, 396, 462
無輻射緩和 551
無輻射失活 421
無輻射失活速度 462
無輻射遷移 260, 428, 476, 681
無輻射遷移速度定数 363, 364, 402, 676
無偏光 42
無放射失活 472
無放射失活速度定数 342
無放射速度定数 347
紫色 LD 129

迷光 97-99, 488
明滅 175
明滅現象 282
メカノクロミック発光 721
メカノフルオロクロミズ 721
メタクロマジー現象 429
メタデータ 595
メタミクト 309
メタルハライドランプ 689
メディアンフィルター 596
メラニン 511, 512, 524, 575
免疫化学的測定 735

モアレ 646
木星 294
モースポテンシャル 214
モデリング 622
モード指数 51

モード体積 233, 237
モード同期 704
モード同期レーザー 704
モードロックレーザー 126
モノマー発光 742
もみぎり 684
モル吸光係数 681

ヤ 行

夜光塗料 8
ヤブロンスキーダイヤグラム 17, 366
ヤングの干渉実験 71

有機EL 12, 355, 694
有機EL素子 719
有機EL発光 392
有機EL用発光材料 718
有機金属化合物 550
有機蛍光色材 717
有機蛍光物質 465
有機色素 10
有機小分子蛍光物質 531
有機小分子蛍光プローブ 530, 532
有機電界発光素子 387
有機発光ダイオード 392
有機半導体 723
有効温度 297
有効主量子数 211
有効ボーア半径 250
有効リュードベリエネルギー 250
誘電分極 133
誘電率 29
誘導吸収 218
誘導発光 327, 328
誘導放出 69, 328, 647, 697, 703
誘導ラマン散乱 639
誘導ラマン散乱過程 707
ユビキノン 523
ゆらぎ 651

ヨウ素分子 78
溶媒極性効果 340
溶媒極性パラメータ 341
溶媒支援プロトン移動 456
溶媒粘度 343
溶媒の屈折率 327

溶媒分子の再配向過程 373
溶媒和 373, 375
溶媒和座標 374
溶媒和時間 374, 375
溶媒和ダイナミクス 86, 373
弱い相互作用 656
弱い閉じ込め 252

ラ 行

ライブイメージング 530
ライマン系列 222, 366
落射照明顕微鏡 604
ラジオフォトルミネセンス 10
ラジオルミネセンス 11
ラジカル 8
ラジカルイオン対 390-392
ラジカル衝突反応 507
ラッセル-サンダース状態 261
ラビ振動 218
ラビ振動数 220
ラビング法 355
ラポルテ禁則 473, 479
ラマン散乱 75, 277, 638
ラマン散乱光 268, 488
ラマンスペクトル 97
ラマンレーザー 707
ラングミュア-ブロジェット膜 435
ランタニド元素 471
ランダム偏光 669
ランデの g 因子 387
ランベルト-ベールの法則 435, 680

リガンド結合数の時間的なゆらぎ 628
離散準位 229
リソソーム染色色素 535
利得スペクトル幅 704
利得媒質 704
リポフェクション法 593
リポフスチン 575
リボフラビン 573
裏面入射型CCDリニアイメージセンサ 107
粒子サイズ 551
粒子性 28
リュードベリエネルギー 246, 257
リュードベリ状態 158

リュードベリ定数 210, 222
量子暗号 58, 65
量子暗号通信 60
量子井戸 248
量子化 594
量子欠損 212
量子光学 50
量子サイズ効果 548
量子細線 248, 260
量子収率 107, 446, 496, 551, 558
量子収量 261
量子的な光 28
量子テレポーテーション 65
量子閉じ込め効果 248
量子ドット 59, 171, 248, 260, 547, 558
量子ビート 361, 363, 389
量子ビート分光 201
量子非破壊測定 56
量子もつれ合い 61
量子リピータ 66
量子ロッド 551
両親媒性ポリマー 552
緑色蛍光タンパク質 355, 456, 570, 580, 608, 616
臨界角振動数 711
臨界波長 711
りん光 6, 14, 17, 173, 466, 476, 482, 719, 720, 723
りん光消光 349
りん光速度定数 347
りん光量子収率 111

ルイス酸性度 740
ルシゲニン 482, 484, 491, 731
ルシフェラーゼ 493, 561, 562, 616, 735
ルシフェリン 493, 497, 561, 562, 735
ルシフェリン誘導体 564
ルシフェリン-ルシフェラーゼ反応 497, 503
ルテニウム錯体 492
ルビーレーザー 700
ルミネセンス 14, 304
ルミノメーター 565
ルミノール 482, 484, 489, 736

励起一重項状態 160, 420

索　引

励起エネルギー移動　160
励起源　698
励起光　590
　——の吸収　458
励起三重項状態　160, 199, 346, 422
励起子　243, 254, 551, 725
　——の拡散係数　385
　——の束縛エネルギー　250
励起子カップリングパラメータ　431
励起子帯　430
励起子閉じ込め　252
励起子発光　244
励起子発光過程　244
励起子分裂エネルギー　434
励起子ボーア半径　244
励起子ポラリトン　246
励起子モデル　430
励起状態　439, 506
励起状態ダイナミクス　373
励起状態二重プロトン移動　455
励起状態プロトン転移　537
励起子リュードベリエネルギー　243
励起スペクトル　477
励起電子　548
励起電子状態　475
励起二量体間　441
励起波長　590
励起フィルター　525, 589
励起プロトン移動反応　350
冷却CCD　502
冷却CCDカメラ　504
冷却用レーザー　703
冷光　497
零次回折光　97
零点エネルギー　52
零点振動　69
零点振動帯　479
冷熱発光　6
レイリー散乱　40
レーザー核融合用途　703
レーザー共振器　704
レーザー光　57
レーザー色素　703, 718
レーザースキャン共焦点顕微鏡　528, 529
レーザー走査顕微鏡　643, 677

レーザー増幅媒体　698
レーザーダイオード　126
レーザー媒質　704
レーザー誘起蛍光法　191, 398, 681
レーザー励起蛍光測定　22
レシオ法　678
レシオメトリック　741
レチナール　448, 510, 515, 516
レポータアッセイ　503
レポーター遺伝子　562
レポータージーンアッセイ　736
レポータータンパク質　616
　——の再構成法　616
レーリー分解能　527
連続スペクトル　289

ろうそく　8
ローカライゼーション法　587
六重極子モード　275
ローダミン　344, 435, 535, 719
ロックインアンプ　180
ロドキノン　523
ロドプシン　448, 510, 515, 517
ローパスフィルター　181
ロフィン　482
ローレンツ形状　360, 361, 363
ローレンツ収縮　709
ローレンツ条件　37
ローレンツ変換　709
ロングパスフィルター　568

ワ　行

ワイドギャップ半導体　243
和周波光　133-136
和周波発生法　21, 133, 197
ワニア励起子　243
ワンドツール　599

欧　文

A 係数　230
A/Dコンバータ　594
A2E　575
Akt/PKB　620
Al 中心　299
Allinger-Blumen 理論　415
AMPPD　485
AO 変調器　182
APD　163, 174

ARE 配列　563
ATP　497, 513
　——の定量　499
ATP 加水分解反応と力学反応の同時計測　626
AVI 形式　595

β-カロテン　75
BaB_2O_4(BBO)　706
bacteriochlorophyll a　178
BBO 結晶　135
BiFC　619
BO 近似　320, 359
BO 相互作用　359
BODIPY　535
Born の式　424

C 末プローブ　618
Ca^{2+} ウェーブ　563
Ca^{2+} オシレーション　563
Ca^{2+} 検出蛍光プローブ　535
Ca^{2+} 振動　620
Ca^{2+} センサー　352
CALI 法　546, 582
cAMP　620
CARS 顕微鏡　639, 640
CCD　526, 590
CCD カメラ　562
CCD 検出器　99
CdSe/ZnS コア/シェル型構造　282
CFP　538
CIE 色度図　743
CIEEL 機構　485
CL1 配列　563
CNN/TEA 錯体　443
CRT　11
CW レーザー　703
Cy3-ATP　624

δ 関数　218
D-A ペア発光　255
D-A ペア発光スペクトル　258
DAPI　609
dd 励起三重項状態　346
ddRFP　620
decay associated spectra　115
Dexter 型のエネルギー移動　199

770　　　　　　　　　　　索　引

DiOC$_6$　609
dipole-dipole 相互作用　407
DLA　413
DTDCI　436

E$_1'$ 中心　299
EF ハンド構造　500
EL 発光　398
El-Sayed の項間交差に関する
　　選択則　476
EM-CCD　657, 659
EMCCD-FCS　659
EO 変調器　182
EQL　311
ERE　563
E-type 遅延蛍光　383
EXAFS 測定　475

F' 中心　266
1/f 雑音　180
F$_A$ 中心　266
facial 体　467
FAD　136, 515, 516, 573
fast modulation limit　73
FCS　160, 162, 163, 664
FDAP　666
FDAS　147
F-H 対　270
FISH　609
FKBP　623
flavin　178
FLCS　656
FLIM　21, 22, 675, 677, 678
FLIP　664
fluo-3　535
Fluorescein　592
fluorescence　173
FMO バクテリオクロロフィル
　　複合体　417
FRAP　581, 662
FRB　623
FRET　16, 22, 198, 409, 550,
　　582, 590, 612, 625, 655, 676,
　　679

γ 線　11
GaAs　239
Ge　239
GFP　457, 500, 524, 591, 608
GFP 発色団　611

GFP 融合タンパク質　608
GFP-uv　537
Gösele-Hauser-Klein 理論
　　415
Green 関数　416
GSDIM　645
Gutmann のアクセプター数
　　349

H-会合体　430
H 型二量体　432
H 中心　269
H$_A$ 中心　270
HALO タグ　592
HaloTag タンパク質　577
HaloTag テクノロジー　578
HBT 干渉計　57
head-to-tail 型　410
　　――の J-会合体　435
HER2 抗体　554
HID ランプ　691
Hoechst33342　592, 609
HOMO　458
HOMO エネルギー　533
HOMO-LUMO ギャップ　459
HRE　563

ICCS　658
ICP　744
ICP 発光分光分析法　744
ICS　658
iFRAP　664
impact limit　72
Indo 1　351
Inokuti-Hirayama の式　413
in vivo イメージング　562
Ivey-Mollwo の関係式　266
IVR　372

J-会合体　429, 432
JPEG 形式　595
Judd-Ofelt 理論　474

Kaede　542
Kasha 則　16, 96, 112, 113, 358,
　　368-370

$L^*a^*b^*$ 表色系　48
lacO/lacI-GFP　609
Lakowicz, J. R.　2

LD　129
Lennard-Jones ポテンシャル
　　438
LH2　177
linear unmixing 法　569
Lippert-Mataga 式　340
Lippert-Mataga プロット　342
Localization 顕微鏡　646
LSPR　401, 402, 404
LSPR バンド　435
LTE　295
LUMO　458
$L^*u^*v^*$ 表色系　48

M 中心　266
M$^+$ 中心　266
Marcus の電子移動理論　424
MCP　138
MCP 開口率　140
meridional 体　467
^{3}MLCT 発光　467
MLCT 励起三重項状態　347
motional narrowing limit　73
mRNA　617
multiple tiff 形式　595

n 型　702
N 末プローブ　618
NADH　679
NADPH　572
NBOHC　299
NCBI　622
Nd：YVO$_4$ レーザー　701
NIST　749
NLS　618
nπ* 状態　339
NPDPH 酸化　507
N-V　558
N-V 中心　171

π 電子系化合物　719
p 型　702
P 枝　226
PAC　178
PA-GFP　665
PALM　22, 543, 605, 645
parallel 型　410
PEM　183
pentacene　171
Perrin-Weber プロット　381

PEST 配列　563
PeT　532
pH センサー　352
PHA　121
Photobactrium 属　495
photoprotein　562
PMT　590
poly-vinyl alcoho　175
π-π^* 遷移　474
π-π 相互作用　742
$^3\pi\pi^*$ 発光　467
$\pi\pi^*$ 励起状態　339
P-type 遅延蛍光　383
Pumilio タンパク質ドメイン　619

Q 枝　226
Q スイッチ　703
Q スイッチレーザー　703
Q 帯　433
Q 値　237
QC　261
QS　261
Quin 2　351

R 枝　226
radiative decay engineering　401
RGB 表色系　48
rhodamine 6G　175
RICS　658, 664
RoHS 指令　690
Ru(bpy)$_3^{2+}$　346

Ru(phen)$_3^{2+}$　346, 349

S_1 状態　113
——の振動励起状態　113
Sapphire　537
SAR 法　301
SASE 方式　715
Scanning-FCS　657
SERS　401, 402
SFG　197
SHG　197
slow modulation limit　73
SNOM　22
species associated spectra　115
SPIM　659
SRS 顕微鏡　641
STAT3　618
static limit　73
STED　22, 656
STED 顕微鏡　542
STED-FCS　656
STED 顕微鏡　647
Stern-Volmer 式　348
St-Laurent の分類　314
STORM　22, 605, 645
SVCell　602
SVL 発光　371

TAC　120
TAT ペプチド　556
TCSPC　118
TDE　487

p-terphenyl　171
terrylene　178
TICT　375
TICT 励起一重項状態　345
TIFF 形式　595
Tl$^+$ 型金属イオン　260
TOF 法　724
TPA　728
TP-FCS　656
TR-FRET　734
TTA　728

ungerade　474

Vivrio 属　495
V_K 中心　270
V_{KA} 中心　270

WOLED　470

X 線　11
Xe ランプ　700
^{3}XLCT　470
XYZ 表色系　48

YAG レーザー　10, 700
Y$_3$Al$_5$O$_{12}$ 結晶　700
YFP　538
Yokota-Tanimoto 理論　415

Z スキャン法　149

編者略歴

木下 修一（きのした しゅういち）
1977年　東京大学大学院理学系研究科化学専攻
　　　　博士課程修了
　　　　大阪大学理学部物理学科助手，北海道
　　　　大学電子科学研究所助教授，大阪大学
　　　　大学院理学研究科教授，大阪大学大学
　　　　院生命機能研究科教授を経て
現　在　大阪大学名誉教授・理学博士

太田 信廣（おおた のぶひろ）
1977年　東北大学大学院理学研究科化学専攻
　　　　博士課程修了
　　　　北海道大学応用電気研究所助手，北海
　　　　道大学工学部助教授，北海道大学電子
　　　　科学研究所教授などを経て
現　在　台湾国立交通大学応用化学系及び分子
　　　　科学研究所講座教授
　　　　北海道大学名誉教授・理学博士

永井 健治（ながい たけはる）
1998年　東京大学大学院医学系研究科博士課程
　　　　修了
　　　　理化学研究所基礎科学特別研究員，
　　　　JSTさきがけ研究員，北海道大学電子
　　　　科学研究所教授などを経て
現　在　大阪大学産業科学研究所教授
　　　　博士（医学）

南 不二雄（みなみ ふじお）
1976年　東京大学大学院工学系研究科物理工学
　　　　専攻博士課程修了
　　　　北海道大学電子科学研究所助教授，
　　　　東京工業大学大学院理工学研究科教授
　　　　などを経て
現　在　東京工業大学名誉教授・工学博士

発 光 の 事 典
　　　―基礎からイメージングまで―　　　　　　定価はカバーに表示

2015年9月20日　初版第1刷

　　　　編　者　木　下　修　一
　　　　　　　　太　田　信　廣
　　　　　　　　永　井　健　治
　　　　　　　　南　　不　二　雄
　　　　発行者　朝　倉　邦　造
　　　　発行所　株式会社　朝　倉　書　店
　　　　　　　　東京都新宿区新小川町6-29
　　　　　　　　郵便番号　162-8707
　　　　　　　　電　話　03（3260）0141
　　　　　　　　FAX　03（3260）0180
　　　　　　　　http://www.asakura.co.jp

〈検印省略〉

ⓒ 2015〈無断複写・転載を禁ず〉　　　　　印刷・製本　東国文化

ISBN 978-4-254-10262-8　C 3540　　　　Printed in Korea

JCOPY　〈（社）出版者著作権管理機構 委託出版物〉

本書の無断複写は著作権法上での例外を除き禁じられています．複写される場合は，
そのつど事前に，（社）出版者著作権管理機構（電話 03-3513-6969，FAX 03-3513-
6979，e-mail: info@jcopy.or.jp）の許諾を得てください．

東北大 八百隆文・東北大 藤井克司・産総研 神門賢二訳

発光ダイオード

22156-5 C3055　　　　B5判 372頁 本体6500円

豊富な図と演習により物理的・技術的な側面を網羅した世界的名著の全訳版〔内容〕発光再結合／電気的特性／光学的特性／接合温度とキャリア温度／電流流れの設計／反射構造／紫外発光素子／共振導波路発光ダイオード／白色光源／光通信／他

前鳥取大 小林洋志著
現代人の物理 7

発光の物理

13627-2 C3342　　　　A5判 216頁 本体4700円

光エレクトロニクスの分野に欠くことのできない発光デバイスの理解のために，その基礎としての発光現象と発光材料の物理から説き明かす入門書。〔内容〕序論／発光現象の物理／発光材料の物理／発光デバイスの物理／あとがき／付録

前農工大 佐藤勝昭著
現代人の物理 1

光と磁気（改訂版）

13628-9 C3342　　　　A5判 256頁 本体4800円

日本応用磁気学会「出版賞」受賞の好著の全面改訂版。〔内容〕光と磁気／磁気光学効果とは何か／光と磁気の現象論／光と磁気の電子論／磁気光学効果の測定方法と解析／磁気光学スペクトルと電子構造／光磁気デバイス／新しい展開／付録

前阪大 櫛田孝司著

光物性物理学（新装版）

13101-7 C3042　　　　A5判 224頁 本体3400円

光を利用した様々な技術の進歩の中でその基礎的分野を簡明に解説。〔内容〕光の古典論と量子論／光と物質との相互作用の古典論／光と物質との相互作用の量子論／核の運動と電子との相互作用／各種物質と光スペクトル／興味ある幾つかの現象

東大 大津元一・テクノ・シナジー 田所利康著
先端光技術シリーズ 1

光学入門
——光の性質を知ろう——

21501-4 C3350　　　　A5判 232頁 本体3900円

先端光技術を体系的に理解するために魅力的な写真・図を多用し，ていねいにわかりやすく解説。〔内容〕先端光技術を学ぶために／波としての光の性質／媒質中の光の伝搬／媒質界面での光の振る舞い（反射と屈折）／干渉／回折／付録

東大 大津元一編　慶大 斎木敏治・北大 戸田泰則著
先端光技術シリーズ 2

光物性入門
——物質の性質を知ろう——

21502-1 C3350　　　　A5判 180頁 本体3000円

先端光技術を理解するために，その基礎の一翼を担う物質の性質，すなわち物質を構成する原子や電子のミクロな視点での光との相互作用をていねいに解説した。〔内容〕光の性質／物質の光学応答／ナノ粒子の光学応答／光学応答の量子論

東大 大津元一編著　東大 成瀬 誠・東大 八井 崇著
先端光技術シリーズ 3

先端光技術入門
——ナノフォトニクスに挑戦しよう——

21503-8 C3350　　　　A5判 224頁 本体3900円

光技術の限界を超えるために提案された日本発の革新技術であるナノフォトニクスを豊富な図表で解説。〔内容〕原理／事例／材料と加工／システムへの展開／将来展望／付録（量子力学の基本事項／電気双極子の作る電場／湯川関数の導出）

東大 大津元一著

ドレスト光子
——光・物質融合工学の原理——

21040-8 C3050　　　　A5判 320頁 本体5400円

近接場光＝ドレスト光子の第一人者による教科書。ナノ寸法領域での光技術の原理と応用を解説〔内容〕ドレスト光子とは何か／ドレスト光子の描像／エネルギー移動と緩和／フォノンとの結合／デバイス／加工／エネルギー変換／他

日本光学測定機工業会編

光計測ポケットブック

21038-5 C3050　　　　A5判 304頁 本体6000円

ユーザの視点から約200項目を各1〜2頁で解説。〔内容〕光学測定（光自体，材料・物質の特性，長さ，寸法，変位・位置，形状，変形，内部，物の動き，流れ，物理量，明るさと色）／光を利用（光源を選ぶ，制御する，よい画像を得る）／他

大阪大学光科学センター編

光科学の世界

21042-2 C3050　　　　A5判 232頁 本体3200円

光は物やその状態を見るために必要不可欠な媒体であるため，光科学はあらゆる分野で重要かつ学際性豊かな基盤技術を提供している。光科学・技術の幅広い知識を解説。〔内容〕特殊な光／社会に貢献する光／光で操る・光を操る／光で探る

東大 大津元一監修
テクノ・シナジー 田所利康・東工大 石川 謙著
イラストレイテッド 光 の 科 学
13113-0 C3042　　B 5 判 128頁 本体3000円

豊富なカラー写真とカラーイラストを通して，教科書だけでは伝わらない光学の基礎とその魅力を紹介。〔内容〕波としての光の性質／ガラスの中で光は何をしているのか／光の振る舞いを調べる／なぜヒマワリは黄色く見えるのか

阪大 木下修一著
シリーズ〈生命機能〉1
生物ナノフォトニクス
――構造色入門――
17741-1 C3345　　A 5 判 288頁 本体3800円

ナノ構造と光の相互作用である"構造色"(発色現象)を中心に，その基礎となる光学現象について詳述。〔内容〕構造色とは／光と色／薄膜干渉と多層膜干渉／回折と回折格子／フォトニック結晶／光散乱／構造色研究の現状と応用／他

前阪大 北川 勲・前名大 磯部 稔著
朝倉化学大系13
天然物化学・生物有機化学 Ⅰ
――天然物化学――
14643-1 C3343　　A 5 判 376頁 本体6500円

"北川版"の決定稿。〔内容〕天然化学物質の生合成(一次代謝と二次代謝／組織・細胞培養)／天然化学物質(天然薬物／天然作用物質／情報伝達物質／海洋天然物質／発がんと抗腫瘍／自然毒)／化学変換(アルカロイド／テルペノイド／配糖体)

前阪大 北川 勲・前名大 磯部 稔著
朝倉化学大系14
天然物化学・生物有機化学 Ⅱ
――全合成・生物有機化学――
14644-8 C3343　　A 5 判 292頁 本体5400円

深化した今世紀の学の姿。〔内容〕天然物質の全合成(パーノレピン／メイタンシン／オカダ酸／トートマイシン／フグ毒テトロドトキシン)／生物有機化学(視物質／生物発光／タンパク質脱リン酸酵素／昆虫休眠／特殊な機能をもつ化合物)

前東大 梅澤喜夫編
化 学 測 定 の 事 典
――確度・精度・感度――
14070-5 C3043　　A 5 判 352頁 本体9500円

化学測定の3要素といわれる"確度""精度""感度"の重要性を説明し，具体的な研究実験例にてその詳細を提示する。〔内容〕細胞機能(石井由晴・柳田敏雄)／プローブ分子(小澤昌昌)／DNAシーケンサー(神原秀記・釜堀政男)／蛍光プローブ(松本和子)／タンパク質(若林健之)／イオン化と質量分析(山下雅道)／隕石(海老原充)／星間分子(山本智)／火山ガス化学組成(野津憲治)／オゾンホール(廣田道夫)／ヒ素試料(中井泉)／ラマン分光(浜口宏夫)／STM(梅澤喜夫・西野智昭)

前北大 松永義夫編著
化学英語[精選]文例辞典
14100-9 C3543　　A 5 判 776頁 本体14000円

化学系の英語論文の執筆・理解に役立つ良質な文例を，学会で英文校閲を務めてきた編集者が精選。化学諸領域の主要ジャーナルや定番教科書などを参考に「よい例文」を収集・作成した。文例は主要語ごと(ABC順)に掲載。各用語には論文執筆に際して注意すべき事項や英語の知識を加えた他，言葉の選択に便利な同義語・類義語情報も付した。巻末には和英対照索引を付し検索に配慮。本文データのPC上での検索も可能とした。

前電通大 木村忠正・東北大 八百隆文・首都大 奥村次徳・前電通大 豊田太郎編
電子材料ハンドブック
22151-0 C3055　　B 5 判 1012頁 本体39000円

材料全般にわたる知識を網羅するとともに，各領域における材料の基本から新しい材料への発展を明らかにし，基礎・応用の研究を行う学生から研究者・技術者にとって十分役立つよう詳説。また，専門外の技術者・開発者にとっても有用な情報源となることも意図する。〔内容〕材料基礎／金属材料／半導体材料／誘電体材料／磁性材料・スピンエレクトロニクス材料／超伝導材料／光機能材料／セラミックス材料／有機材料／カーボン系材料／材料プロセス／材料評価／種々の基本データ

光化学協会光化学の事典編集委員会編

光 化 学 の 事 典

14096-5 C3543　　　　A 5 判　436頁　本体12000円

光化学は，光を吸収して起こる反応などを取り扱い，対象とする物質が有機化合物と無機化合物の別を問わず多様で，広範囲で応用されている。正しい基礎知識と，人類社会に貢献する重要な役割・可能性を，約200のキーワード別に平易な記述で網羅的に解説。〔内容〕光とは／光化学の基礎Ⅰ—物理化学—／光化学の基礎Ⅱ—有機化学—／様々な化合物の光化学／光化学と生活・産業／光化学と健康・医療／光化学と環境・エネルギー／光と生物・生化学／光分析技術(測定)

黒田和男・荒木敬介・大木裕史・武田光夫・
森　伸芳・谷田貝豊彦編

光 学 技 術 の 事 典

21041-5 C3550　　　　A 5 判　488頁　本体13000円

カメラやレーザーを始めとする種々の光学技術に関連する重要用語を約120取り上げ，エッセンスを簡潔・詳細に解説する。原理，設計，製造，検査，材料，素子，画像・信号処理，計測，測光測色，応用技術，最新技術，各種光学機器の仕組みほか，技術の全局面をカバー。技術者・研究者必備のレファレンス。〔内容〕近軸光学／レンズ設計／モールド／屈折率の計測／液晶／レーザー／固体撮像素子／物体認識／形状の計測／欠陥検査／眼の光学系／量子光学／内視鏡／顕微鏡／他

辻内順平・黒田和男・大木裕史・河田　聡・
小嶋　忠・武田光夫・南　節雄・谷田貝豊彦他編

最新 光学技術ハンドブック〈普及版〉

21039-2 C3050　　　　B 5 判　944頁　本体29000円

基礎理論から応用技術まで最新の情報を網羅し，光学技術全般を解説する「現場で役立つ」ハンドブックの定本。〔内容〕[光学技術史] [基礎] 幾何光学／物理光学／量子光学[光学技術] 光学材料／光学素子／光源と測光／結像光学／光学設計／非結像用光学系／フーリエ光学／ホログラフィー／スペックル／薄膜の光学／光学測定／近接場光学／補償光学／散乱媒質／生理光学／色彩工学 [光学機器] 結像光学機器／光計測機器／情報光学機器／医用機器／分光機器／レーザー加工機／他

東大 大津元一・阪大 河田　聡・山梨大 堀　裕和編

ナノ光工学ハンドブック

21033-0 C3050　　　　A 5 判　604頁　本体22000円

ナノ寸法の超微小な光＝近接場光の実用化は，回折限界を超えた重大なブレークスルーであり，通信・デバイス・メモリ・微細加工などへの応用が急発展している。本書はこの近接場光を中心に，ナノ領域の光工学の理論と応用に解説。〔内容〕理論(近接場，電磁気，電子工学，原子間力他)／要素の原理と方法(プローブ，発光，分光，計測他)／プローブ作製技術／生体／固体／有機材料／新材料と極限／微細加工技術／光メモリ／操作技術／ナノ光デバイス／数値計算ソフト／他

早大 石渡信一・前遺伝研 桂　　勲・徳島文理大 桐野　豊・
名大 美宅成樹編

生物物理学ハンドブック

17122-8 C3045　　　　B 5 判　680頁　本体28000円

多彩な生物にも，それを司る分子と法則がある：生物と生命現象を物理的手法で解説する総合事典〔内容〕生物物理学の問うもの／蛋白質(構造と物性／相互作用)／核酸と遺伝情報系／脂質二重層・モデル膜／細胞(構造／エネルギー／膜輸送／情報)／神経生物物理(イオンチャネル／シナプス伝達／感覚系と運動系／脳高次機能)／生体運動(収縮／分子モーター／筋収縮／細胞運動)／光生物学(光エネルギー／情報伝達)／構造生物物理・計算生物物理／生物物理化学／概念・アプローチ／他

上記価格（税別）は 2015 年 8 月現在